STRUCTURAL MECHANIC

해법

구조역학

이명우 지음

도서출판 동화기술

PREFACE

구조역학(Structural Mechanics)은 두 가지 목표 즉, 첫째로 학생들에게 구조역학의 기본개념을 습득시키고, 둘째로 구조역학의 해석능력 및 문제해결능력을 발전시킬 수 있는 기회를 마련해 주는 것이다. 이 책을 준비하면서 저자는 이 두 가지 목표에 유념했다. 이론 및 해석방법들은 충분한 설명과 많은 예제들을 써서 강의하기 쉽고 또 배우기 쉽도록 했기 때문에 학생들도 쉽게 그 개념들을 완전히 이해할 수 있을 것이다. 동시에 기본개념과 역학적인 사고를 요구하도록 되어 있다.

이 책은 대학 3, 4학년 교재 또는 전문대학 교재로 사용하기에 적합하며, 건설 기술계(기술사, 기사) 시험, 행정고등고시 기술직 2차 시험, 7급, 9급 등 토목직 공무원 시험 등을 준비하는 수험생들에게도 이해하기 쉬운 참고서가 되도록 기술하였다.

이 책에서 구조역학은 몇 가지 기본개념의 이해와 간단화된 모델의 사용을 토대로 하고 있다. 이 접근방법은 필요한 공식들을 합리적이고 논리적으로 개발할 수 있게 하며, 실제 구조물의 해석과 설계에 안전하게 적용하는 조건을 분명하게 제시할 수 있도록 하였다. 그리고 구조물의 해석에서 미지의 내력이나 외력을 결정하기 위하여 자유물체도를 광범위하게 사용하였다. 또한『그림으로 된 방정식』을 사용함으로써 하중의 겹침(중첩)과 이로 인해 유발되는 응력과 변형을 이해하는 데 도움이 되도록 하였다.

이 책은 공부하는 학생들의 역학에 대한 지식수준에 관계없이 처음에 구조물이 건조되기까지의 총체적 내용을 구조공학의 역사, 역학의 정의와 구조해석의 기본원리, 구조형태와 구조물의 이상화, 구조해석 이론, 문제 검토, 구조물의 건설과정, 구조해석과 컴퓨터, IT 융복합 스마트 설계를 설명하여 목표를 성취하기 위한 전체 흐름을 이해시키려 노력하였다. 특히 마지막 5편의 매트릭스 구조해석에 필요한 관련 파일 자료를 도서출판 동화기술 홈페이지(www.donghwapub.co.kr)의 자료실에 올려놓았으므로 각자 다운받아 사용하기 바란다.

이 책의 구성을 간단히 소개하면 다음과 같다.

〈Part 1〉 정정 구조물의 해석(2~7장)

〈Part 2〉 일과 에너지(8~9장)

〈Part 3〉 구조물의 처짐(10~11장)

〈Part 4〉 부정정 구조물의 해석(12~18장)

〈Part 5〉 매트릭스 구조해석(19~20장)

이 책은 2장부터 20장까지 각 절 마다 많은 예제에서 내용을 충분히 이해하고, 활용할 수 있도록 전개하였으며, 단순한 구조역학에서 다루는 내용보다 더 많은 내용을 포함하고 있기 때문에 강의자는 자기 판단에 따라 가장 기본적이고 적절하다고 생각되는 주제들을 선택하여 강의할 수 있으며, 또한 과제물로서 또는 수업 중 토론에 적합한 많은 새로운 연습문제가 주어져 있다.

예제 및 연습문제에서는 전면 국제단위계(International System of Units-SI)가 사용되었으며 단위환산에 대해서는 부록에 환산계수들이 주어져 있다.

끝으로 본서를 편집할 때 본문 내용과 예제 및 연습문제 작성에는 『참고문헌』에 나타낸 많은 역학저서들을 참고하였다.

이 책은 개념들을 확장하고 이해하기 쉽게 기술했으며, 많은 예제와 연습문제 및 몇 가지 새로운 내용들(IT 융복합 스마트 설계, 부정정 구조물의 해석에서 라멘, 트러스, 복합구조해석)을 추가하면서 구조물의 여러 가지 해석법에 대해 동일한 예제를 적용하여 완전히 재집필한 것이다. 이 책에 오류가 없도록 최선의 노력을 다했으나 약간의 오류는 피할 수 없을 것으로 생각된다. 오류인 내용과 구성이 미비하고 오탈자 등, 이런 부분을 비롯하여 생략된 부분에 대한 보충설명과 더 많은 문제들은 다음 책 출판 시에 즉시 수정·보완해 나갈 것을 약속드린다. 저자는 독자들이 이 책을 통해 역학에 자신감을 갖게 되기를 기대한다.

본서 출간에 여러 면에서 도와주신 모든 분들께 일일이 감사드리기는 불가능하나, 본인이 많은 것을 배웠던 은사님들(김원배, 박영석, 박홍용 교수 등)과 책에 대하여 충고해 주고 집필하는 동안 협력해준 동료 교수들의 도움을 받았다. 수고를 아끼지 않고 성실히 교정을 맡아 검토해준 홍남골 조교·근로학생들에게 고마운 뜻을 전하고 싶다. 출판에 심혈을 기울여 주신 도서출판 동화기술 정우용 회장님과 이하 직원들에게도 감사를 드린다. 이 작업을 하는 동안 나의 아내 정아와 아들 상원이로부터 끊임없는 격려와 편달을 받았다. 이 모든 분들에게 진심으로 감사를 드리는 바이다.

2017. 12.
홍남골 끝자락에서
長山 이명우

C O N T E N T S

CONTENTS

PART 2 일과 에너지

PART 3 구조물의 처짐

PART 4 부정정 구조물의 해석

CONTENTS

PART 5 매트릭스 구조 해석

CHAPTER 1

시작하면서

1.1 구조공학의 역사

구조역학을 공부하기에 앞서 이 절에서는 구조물이 언제부터 어디서 누구에 의해 무엇을 위해 어떻게 발전하면서 만들어졌는가를 역사적으로 정리한다.

B.C. 3000 — Pyramid에 보와 기둥의 요소가 사용됨

B.C. 582 — Pythagoras의 기하학

B.C. 287~212 — Archimedes에 의해 정역학의 기초와 물체의 중력중심

B.C. 100~A.D. 300 — Romans에 의해 masonry arch의 도입

circa A.D.600 — Indian 수학자들에 의해 arabic numerals의 체계화

1452~1519 — Leonardo da Vinci-힘의 모멘트와 구조재료강도 실험적 연구

1518~1580 — Andrea Palladio(1508~1580) 현대적인 장경 간 트러스 처음 사용

1560 — 프로렌스의 Arno 강에 타원형아치 Santa Trinita교 준공

1564~1642 — Domino Galileo Galilei-재료강도와 동역학의 과학화 도입

1620~1684 — E. Mariotti에 의해 “laws of impact, law of conservation of momentum”

1635~1703 — Robert Hooke는 힘과 변형에 관계된 “Hooke's law”

1640~1718 — Lahire에 의해 아치의 해석

1642~1727 — Isaac Newton에 의해 “laws of motion, law of universal gravitation, development of infinitesimal calculus”

1654~1705 — James Bernoulli에 의해 bent bar의 탄성처짐

1667~1748 — Johann Bernoulli에 의해 가상변위의 원리로 구조물의 처짐

1700~1782 — Daniel Bernoulli에 의해 prismatic bars의 진동

1707~1783 — Leonhard Euler-첫 번째 수학적 역학교과서 및 기둥의 좌굴

1709~1783	Hans Ulrch Grubenmann(스위스, 기술자)이 설계한 Schaffhausen의 Rhine 강의 경간장 70m 목교
1708~1794	Jean Perronet에 의해 Pont de Neuilly교가 설계되어 1773년에 건설, 19C 석조아치교
1736~1806	C. A. Coulomb에 의해 마찰이론, 옹벽과 아치의 안정, 휘어진 보의 중립축의 위치
1736~1813	J. A. Lagrange에 의해 복합적인 구조문제의 해석에 대한 일반화된 좌표와 일반화된 힘
1773~1929	Thomas Young에 의해 탄성계수
1779	Abraham DarbyIII(1750~1791, 영국)에 의해 Coalbrookdale의 Severn 강을 횡단하는 세계 최초의 주철아치교 건설
1785~1836	L. M. Navier에 의해 휨 플레이트의 이론, 탄성이론의 기초방정식, 현수교와 얇은 셸의 해석
1788~1867	Poncelet에 의해 처짐에 있어 전단력의 효과 및 피로현상
1781~1886	A. Cauchy, S. D. Poisson, G. Rame, B. de Saint Venant에 의해 보에서 비틀림, 휨, 전단 그리고, 충격과 진동, 소성이론에 공헌
1790~1888	A. F. Mobius와 S. Whipple에 의해 분절된 구조물(articulated structures) 해석
1816	John Roebling(1806~1869, 미국)에 의해 현수교설계와 건설을 시도, Niagara River교-주경간 250m 철도교
1816	David Brewster에 의해 광탄성학의 개발
1820~1912	W. J. Rankine-보존된 토질계(retained soil systems)의 안정
1821~1881	Carl Culmann에 의해 구조물의 도해법에 의한 해석법
1823	케이블교의 효시인 경간장 40m인 2경간 Dufour교 건설
1824~1887	G. Kirchoff에 의해 평판의 처짐
1826	Thomas Telford(1757~1834, 영국)에 의해 설계되어 완성된 연강체인을 부재로 사용한 경간 116m 현수교인 Wales의 Conway교
1834	Chaley에 의해 주경간장 273m인 스위스의 Fribourg에 Sarine 강을 횡단하는 Graud Pont Suspendu교 설계

1857	B. P. E. Clapeyron(1799~1864, 프랑스)에 의해 변형된 구조(strained structure)에서 외적 및 내적 일량의 이론 및 3연 모멘트 이론
1862	A. Clebsch에 의해 특이함수(singularity functions)의 도입
1863	A. Ritter에 의해 단면법(method of sections) 등장
1864	James Clerk Maxwell과(1831~1879)과 E. Betti에 의해 상반처짐의 이론
1864	H. Tresca에 의해 최대전단응력 항복기준
1867	E. Winkler(1835~1888)에 의해 영향선 개념이 창안
1877	Williot에 의해 트러스 처짐의 준도해적 방법(후에 Otto Mohr에 의해 확장됨)
1848~1931	F. Engesser에 의해 적합성이론, 좌굴의 접선계수이론, 건설된 기둥의 좌굴
1850	Thaddeus Hyatt(1816~1901, 미국)이 철근콘크리트 보를 연구하여 구조세목을 개발
1855	A. Lambot(프랑스)가 철근콘크리트보로 특허
1860	Francois Coignet(1814~1888, 프랑스)는 와이어 메시로 보강강한 철근콘크리트 슬래브 특허
1851~1925	H. Müller-Breslau에 의해 영향선을 다방면으로 응용연구, 트러스 해석의 인장계수법
1873	Alberto Castigliano(1847~1884)에 의해 최소일의 정리
1873	Charles E. Greene(1842~1903)에 의해 모멘트 면적법
1873	Chazelet(프랑스)에 세계최초로 철근콘크리트교가 건설
1874	Otto Mohr(1835~1918)에 의해 부정정 구조물을 해석하기 위한 변위일치법
1872~1940	Robert Maillart는 강교 대신 콘크리트교량의 설계, 즉 구조적 효율성, 경제성 및 경관미를 갖춘 작품을 계획하고 1899~ 1940년 사이에 41개 교를 건설
1880	Koenen(1849~1924, 독일)에 의해 철근콘크리트 부재의 이론적 강도계산이 실시되고 1886년 베를린의 건설사무소에서 실험으로 검증
1883	John Roebling(미국)에 의해 뉴욕의 East River 횡단 현수교 Brooklyn교 준공-경간 488m로 공학적으로 성취된 걸작으로 평가

1890	스위스에 경간장 37.2m인 철근콘크리트 아치교를 Wildegg타운에 건설
1892	Francois Hennebique(1842~1931, 프랑스)에 의해 T빔에 슬래브의 휨저항과 압축저항을 고려
1893	Hennebique에 의해 스터럽과 밴트업을 사용한 종방향 철근과 콘크리트의 일체적 거동을 규명
1897	Ulrich Finsterwalder(독일)는 Dywidag 시스템을 발명하고 세계최초로 PC 교량 Aue교에 적용
1899	J. A. Ewing에 의해 구조부재의 소성거동 개념
1901	Maillart(스위스)는 Zuoz에 위치한 Inn Rive를 횡단하는 30m 아치교 건설
1902	Mrsch는『철근콘크리트의 이론과 적용』이라는 교재를 발간하였고 철근콘크리트 트러스 모델을 개발
1903	스위스의「건축 및 기술자협회」에 의해 철근콘크리트 설계표준인『철근콘크리트 구조』가 발간
1904	Hennebique에 의해 베르린의 Liege에 있는 Outthe 강에 경간장 55m인 콘크리트교량을 건설
1907	Eugene Freyssinet(1879~1962, 프랑스)는 Le Veurdre에 경간 72.5m의 3경간 3힌지 콘크리트아치교 Allie River교를 설계
1909	Ritz에 의해 연속체역학에서 필드문제의 근사해법이 발표
1909	경간 79m 아치교 Mrsh Gmndertobel교 건설
1909	스위스에서 철근콘크리트 구조의 정선된 규격을 발표
1909~1913	T. Von Karman, A. Haar, R. von Mises에 의해 소성이론장의 응용
1911	Hennebique(프랑스)는 로마에 경간장 100m인 Risorgimento교 건설
1914	G.V. Kazinczy에 의해 구조해석에서 소성힌지의 개발
1914	스위스의 경간 100m 철도아치교인 Langwieser 육교 건설
1914~1915	A. Bendixen과 G. A. Maney에 의해 처짐각법이 발표
1919	W. H. Macaulay에 의해 보의 처짐에 특이함수의 사용
1924	Hardy Cross에 의해 모멘트분배법(moment distribution method) 발표
1928	Albert Caquot(1881~1976, 프랑스)는 파리의 Gare du Nord에 경간장 72m 2경간 철도교 Rue Lafayettery 준공

1930	Maillart(스위스)는 3힌지 아치교에서 구조적으로 불필요한 부분을 삭제하고 교량의 조형미를 돋보이게 한 경간 90m인 Salginatobel교 건설
1930	Hardy Cross에 의해 기둥유사법(column-analogy method) 발표
1930	Freyssinnet(프랑스)가 설계한 경간장 186m인 상부는 도로교, 하부는 철도교 Plougastel교 준공
1932	Othmar H. Ammann(1897~1965, 미국)는 20세기 강재현수교의 대가로 주경간장 1,000m가 넘는 Hudson 강을 횡단하는 Washington교 건설
1934	Fraz Dischinger(1887~1953, 독일)는 3경간으로 100m+105m +119m Mosel River를 횡단하는 교량 건설
1938	독일의 Autobahns 고속도로에 경간장 138m인 신축이음장치가 없는 아치교 Teufelstal교 건설
1940	R. V. Southwell에 의해 이완법(relaxation method) 발표
1943	R. Courant는 Ritz법을 확장하여 비틀림 문제해석
1945~1960	J. F. Baker, L. S. Beedle 등에 의해 구조물의 소성거동
1948	Stahlton, A. Brandestini, M. R. Ros가 BBRV PC 시스템을 개발
1949	Gustave Magrel(1889~1955, 벨기에)은 독자적으로 PC 시스템을 개발하여 68m 경간의 세계 최초의 PC 연속교인 2경간 연속교 Maas Kiver교 건설
1950	H. Falkenheiner에 의해 탄성구조물의 해석에 매트릭스 응력법
1951	Finsterwalder(독일)가 좌우평형 캔틸레버공법으로 주경간 62m Balduistein에 Lahn교 건설
1953	S. Levy에 의해 항공구조물의 해석에 semimatrix scheme 발표
1954	R. K. Livesley에 의해 강체연결 뼈대구조물(stiff-jointed frames) 해석에서 강성도(stiffness)의 개념 발표
1954	Leonhardt(독일)는 Danube 강을 횡단하는 334m의 5경간 연속교 Untermarchtal교 설계
1955~1956	J. H. Argyris, S. Kesley, M. T. Turner, R. W. Clough, H. C. Martin, L. J. Topp에 의해 뼈대구조물 해석과 연속체 해석의 개념
1959	V. Z. Vlasov는 변수분리를 이용하여 박판단면이론을 체계화
1960	R. W. Clough에 의해 유한요소법(finite-element method) 도입

1970	V. Kristek는 Vlasov의 이론을 응용발전, 단순화시켜 실용적 해석기법 개발
1960~1988	Wilson, Bathe, Zienkiewicz 등에 의해 중요한 유한요소해석법의 응용
1960~현재	현대적인 Super-Computer와 Personal-Computer의 발전으로 수많은 학자들에 의해 구조물에 관련된 유한요소법, 경계요소법, 유한차분법, 복합요소법 등이 급격히 발전함

구조공학의 발전에 특히 중요한 참고자료에는 Kinney, Timoshenko, Westergaard의 책들을 포함시킬 수 있으며, 이것들로 인해 관련된 기본적인 원칙들이 느리지만 지속적으로 발전할 수 있었다. 수많은 석학들이 개발하기 위해 수천 년을 보낸 구조해석의 이론과 원칙들을 오늘날 대학생들은 단 몇 개월에 배운다는 것은 어찌 보면 아이러니하다 말할 수 있다.

1.2 역학의 정의와 구조해석의 기본원리

이 절에서는 역학을 공부하기에 앞서 구조역학의 정의와 구조해석의 기본원리에 대해서 기술하여 학생들이 역학에 대한 방향설정을 하는 데 조금이나마 도움이 되었으면 한다.

역학(mechanics)은 물리학의 한 부분으로 물체에 작용하는 힘과 물체의 운동과의 관계를 연구하는 학문이다. 즉, 각종 구조물이 외부로부터 작용하는 힘(외력)을 받을 때 "그 내부에는 어떠한 힘(내력)이 생기는가" 또는 "어떻게 변형되는가"라는 것을 역학이라고 하며, 크게 정역학(statics), 동역학(dynamics), 운동학(kinematics)으로 나뉜다. 정역학은 힘의 평형을 다루는 역학으로 물체에 작용하는 힘들이 서로 평형을 이루고 물체가 운동을 일으키지 않는 상태에서 힘의 관계를 다루는 학문이다. 그리고 동역학은 힘과 운동의 관계를 다루는 역학으로 변형과 운동 및 진동에 관련된 분야를 다루는 학문이다. 한편 운동학은 물체의 운동만을 다루는 역학으로 물체 운동의 기하학적 성질을 연구하는 학문이다.

특히 정역학에서는 주로 재료역학(material mechanics), 구조역학(structural mechanics), 응용역학(applied mechanics) 등으로 나누어진다.

재료역학은 공업재료 및 그것으로 만들어진 기계나 구조물의 응력, 변형, 강도 등을 연구하는 학문이다. 구조역학은 역학, 특히 정역학의 일반원리를 응용하여 각종 구조물이 외력을 받았을 경우에 구조물에 발생하는 내력과 변형을 연구하는 응용역학의 한 분야이다. 하중을 받는 구조물에서 구조적 거동을 예측하는 분야이며, 흔히 구조해석(structural analysis) 또는 구조이론

(theory of structures)이라고도 한다. 이것은 사회에 있어서 아주 중요한 과제이다. 실제로 대부분의 기술 영역은 구조시스템의 강도나 변형과 관계되는 의문들을 해결하는 것과 관련되어 있다. 구조설계는 구조물과 요소들을 적절히 배치하고 균형을 맞추어 작용하는 하중을 만족스럽게 지지하도록 하는 것이다. 응용역학은 공학과 역학 사이의 여러 가지 경계문제를 연구하는 물리학의 한 분야로 구조역학, 재료역학, 유체역학, 토질역학, 마찰학 등이 있다. 우리나라의 토목에서는 구조역학과 재료역학을 합쳐서 응용역학이라고 한다.

여기서 구조물이라고 하는 것은 하중을 지지하기 위한 일련의 연결된 부재들로 구성된 집합체이며, 교량이나 고층건물뿐 아니라 스포츠와 오락용 스타디움, 라디오와 TV 타워, 댐, 수조, 발전소, 체육관, 터널, 공장, 관로, 콘크리트 포장, 송신탑, 석유시추 및 생산 플랜트, 저장탱크, 자동차, 선박, 항공기와 우주구조물 등 각종 시설물 및 동체를 망라한 개념이다. 이들 구조물들은 기둥과 같은 단일부재에서부터 건물이나 교량과 같은 엄청난 크기의 구조물에 이르기까지 다양한 크기를 갖는다. 미국 시카고의 Sears Tower의 높이는 435m가 넘으며, 대만의 타이페이 101층 건물의 높이는 501m이다. 영국의 Humber Estuary Bridge의 현수교의 경간의 길이는 1,388m이고, 일본의 Akashi-Kaikyo교의 현수교의 경간의 길이는 1,990m이다. 현재 이탈리아의 본토와 시실리 섬을 연결하는 약 3,250m인 교량을 건설하는 사업이 진행 중에 있다. 이 외에도 많은 초장대교와 초고층 건물의 사업이 진행 중에 있다.

이런 광대한 영역의 크기와 형태를 갖는 구물들을 해석하기 위해서 구조기술자들은 모든 구조시스템에 적용되는 기본원리를 확실하게 이해해야만 한다. 형식이나 용도에 무관하게 모든 구조시스템에 적용되는 기본원리를 배우는 것이 중요하다. 기본원리를 잘 이해한 경우에는 확신을 가지고 새로운 구조물을 해석할 수 있게 될 것이다. 구조해석에 사용되는 기본원리는 Isaac Newton경의 관성의 법칙과 운동의 법칙이다.

① 물체에 가해지는 하중에 의해 물체가 변형하도록 강요되지 않는 한, 물체는 안정된 상태이거나 직선상을 균등하게 운동하고 있다.
② 물체의 변화율 혹은 운동량은 실제 작용하중과 동일하다.
③ 모든 작용에는 크기가 같고 방향이 반대인 반작용이 있다.

이들 운동의 법칙은 다음 식으로 나타낼 수 있다.

$$\sum F = ma \tag{1.2.1}$$

이 식에서 $\sum F$는 물체에 작용하는 모든 힘의 합, m은 물체의 질량, a는 물체의 가속도이다. 이 교재에서는 시스템이 가속되지 않는 정적평형(static equilibrium)이라 하는 다음과 같은 특별한 형태의 평형조건식을 다루게 된다.

$$\sum F = 0 \tag{1.2.2}$$

이들 대부분의 구조물은 움직이지 않거나 또는 일정한 속도로 움직이는 것으로 정적평형의 원칙을 사용하여 구조물에 작용하는 힘과 이들 힘에 의한 구조물의 변형과 변형에 의한 단면력을 결정하는 방법을 공부하게 된다. 이렇게 강조하는 것은 학생들에게 상위과정을 공부하기 위해 필요한 확실한 기초를 제공하여 구조이론이 그렇게 어렵지 않으며, 특별한 경우를 애써 암기할 필요가 없다는 것을 학생들이 확신하기를 기대하고 있기 때문이다.

1.3 구조형태와 구조물의 이상화

1.3.1 개요

역학을 공부하려는 학생들에게는 실제 구조물이 어떻게 구성되어 있으며 구성된 각 부분들이 받는 힘의 작용점, 크기, 방향을 이해하는 것은 대단히 중요하다. 그리고 실제 구조물을 해석하기 위해서는 구조물을 어떻게 모형화하고 풀어내는가를 이해하고 평가하는 점도 매우 중요하다.

구조기술자는 구조물에 힘, 하중, 변위 등이 작용할 때 전체적인 구조물의 응답을 정확하게 예측할 수 있어야만 한다. 이러한 예측은 실제의 구조물에 적절한 가정을 도입하여 해석 가능한 이상화한 구조물로 모형화하고 이를 풀어내는 구조해석에 기초를 두고 있다. 구조물에 작용하는 힘(force)은 크기와 방향으로 정의되며 [그림 1.3.1]에 나타낸 바와 같이 5가지 형태의 단면력(인장, 압축, 휨, 전단, 비틀림)을 발생시킨다. 이들 힘의 효과는 회전과 이동변위를 발생시킨다.

이 구조물이 평형상태라면 구조물을 구성하는 모든 부재도 평형상태이어야 한다. 그리고 전체 구조물에 정적 평형방정식을 적용할 수 있는 것처럼 각 부재에 대해서도 적용이 가능하다. 따라서 각 부재에 작용하는 모든 힘을 포함한 부분도를 그릴 수 있고, 거기에 정적 평형방정식을 각각 적용할 수 있다. 이러한 그림을 자유물체도(FBD, free body diagram)라 한다. 자유물체에 작용하는 힘은 그 부재에만 작용하는 외력과 반력 그리고 인접 부재에서 전달되어 온 내력을 포함한다.

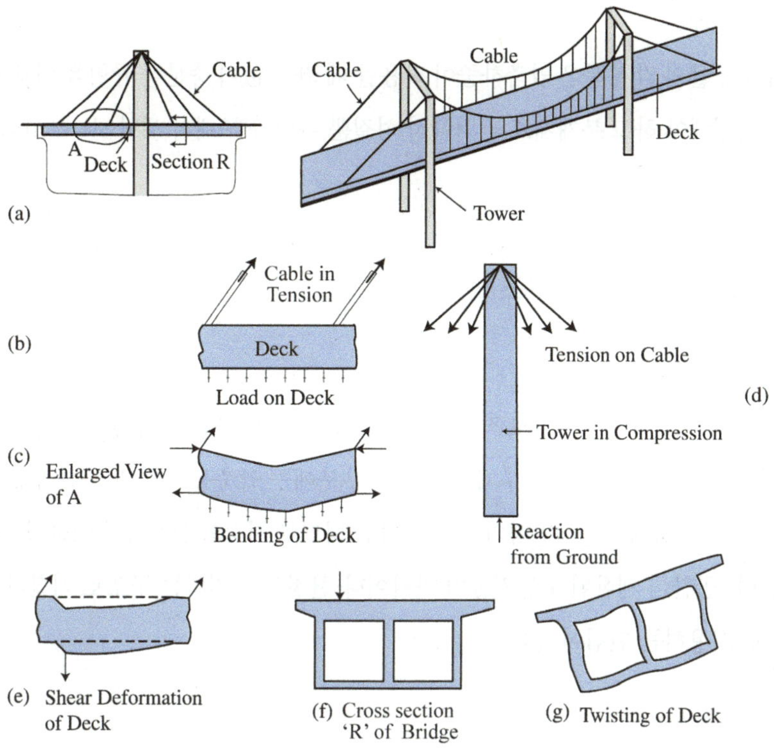

[그림 1.3.1] 구조물에 작용하는 힘의 크기와 방향 그리고 작용점

구조기술자는 실제 구조물이 다음과 같은 기준을 만족할 수 있도록 책임을 다해야만 한다.

[1] 강도(Strength)

구조물과 구조물의 각 부분은 여러 가지 하중에 저항할 수 있도록 충분히 강해야 한다. 즉 구조부재의 계산된 응력들(축력, 전단력, 휨)은 안전성 확보를 위해 구조부재로 선정된 재료의 규정된 허용범위를 초과하지 않아야 한다.

[2] 강성(Stiffness)

구조물과 구조물의 각 부분은 과대하게 하중이 작용하더라도 쏠리거나 변형되지 않도록 충분한 강성을 가져야 한다. 부재의 강성은 부재의 물리적 차원과 부재재료의 역학적 성질의 함수이다. 전체 구조물의 강성은 각 부재들 강성의 함수이다. 구조물의 처짐 또는 변형의 허용치는 일반적으로 실제 설계규정에 사용성으로 규정되어 있다.

[3] 안정(Stability)

구조물과 구조물의 각 부분은 압축하중이 작용할 때 좌굴 없이 충분한 균형을 이루어야 한다. 구조부재는 안정해야 하고 부재재료의 역학적 성질뿐 아니라 부재의 세장(slenderness)에서도 안정해야 한다.

1.3.2 뼈대 또는 일차원 구조물

[1] 보(Beam 또는 Girder)

보는 부재의 축에 직각인 방향으로 작용하는 하중을 지지하는 가장 단순한 휨부재로 단면에는 전단력과 휨모멘트가 발생한다. 휨부재의 오목한 부분에는 압축응력이, 볼록한 부분에는 인장응력이 발생한다. 지점에서 연직방향의 지지만 하면 되므로 지점의 설계가 용이하며 연직공간을 적게 차지한다. 공간이 제한된 고층건물의 바닥이나 천정을 지지하는 구조로 적합하나 재료를 비경제적으로 사용하는 단점이 있다.

[2] 케이블(Cable)

케이블은 휨강성이 없이 단지 인장력만으로 하중을 지지하고 압축에는 저항할 수 없는 구조를 말한다. 따라서 케이블은 인장강도가 큰 재료로 만들어지며, 케이블 구조는 이러한 케이블 인장력의 연직성분이 하중과 평형을 이루도록 설계된 구조이다. 케이블에 작용하는 하중의 위치가 변하거나 몇 개의 하중이 동시에 작용하면 케이블의 기하학적 형상이 많이 변화한다. 수직방향으로 등분포하중이 작용할 때의 케이블 형상은 포물선이 되고, 케이블의 길이에 따라서 일정한 분포하중이 작용하면 현수선(catenary)이 된다. 대표적인 케이블 구조로는 현수교, 사장교와 같은 교량과 지붕구조, 케이블카 등을 들 수 있다.

[3] 아치(Arch)

아치는 하중에 의하여 부재에 발생하는 압축력은 크고, 휨모멘트는 작은 특성을 갖는다. 즉, 케이블 구조의 특성과 거의 반대되는 성질을 갖는다고 말할 수 있다.

[4] 트러스(Truss)

이상적인 트러스는 부재와 부재가 마찰이 없는 힌지로 연결된 구조로서 기본형태는 삼각형이다. 이러한 이상적인 트러스는 절점하중만을 고려하므로 부재에는 축방향력만 발생한다. 그러나 실제 트러스 부재 간의 연결은 연결판을 사용한 볼트이음이거나 용접이음이다. 따라서 이러한 강절(rigid joint)에는 재하 시에 휨 응력이 발생되나, 그 크기가 대단히 작으므로 힌지로 가정하여 해석하여도 만족스런 결과를 얻을 수 있다. 보와 마찬가지로 트러스의 상현재는 압축력, 하현재는 인장응력에 저항하고, 전단에 대한 저항은 수직재와 사재가 감당한다. 트러스 구조는 재료를 경제적으로 사용하기 위해 보에서 휨 응력이 작은 단면의 중앙부에서 휨 응력이 큰 단면의 상하부로 재료를 이동시킨 것과 같은 구조형태로 주로 장지간의 구조물에 적용된다. 장지간의 트러스에서는 압축재의 길이가 길어지고, 압축력이 커지므로 압축재에 좌굴이 발생할 가능성이 있다. 교량, 건물의 지붕이나 브레이싱 등을 트러스로 구성할 수 있다. 송신탑은 일종의 트러스이다.

[5] 격자구조(Horizontal grid)

격자구조는 직교하는 두 방향에 나란하고 각각 등간격인 보로 이루어진 구조다. 면 외 하중을 받을 경우 이것을 연속체이고 보의 간격이 그 경간에 비하여 대단히 작다면 근사적으로 판구조로 볼 수 있다. 격자구조에는 보가 직교로 배열된 경우와 대각 배열된 경우가 있으며, 이 구조계에서 보는 휨과 비틀림에 대해 설계되어야 한다. 얇은 박막 지붕(lamella roof)은 3차원으로 변하는 대각 격자구조이다. 부재가 강체로 연결되어 있다면 이들 부재에는 축방향 압축력, 휨, 비틀림이 조합되어 작용하게 된다. 그러나 추가된 부재들이 유연한 절점을 갖는 삼각뼈대로 더해져 있다면 이들 부재에는 단순한 축방향 인장력이나 압축력이 작용하게 된다.

1.3.3 면 구조물(Surface structures)

[1] 평판(Plane plate)

인장응력과 압축응력 및 휨응력뿐 아니라 비틀림까지 받을 수 있는 구조로서 굴곡이 없는 판을 평판구조라 한다. 평판구조는 작용하는 외적 하중을 구조표면으로 지지하는 구조물로서 구조단면의 중립면이 2차원 평면인 기하형상을 갖는다. 평판구조는 1차원적인 선형 휨 거동 구조인 보의 거동을 2차원적 평면 휨 거동으로 확장한 휨 저항 평면구조물이다. 전형적인 평판구조로는 건물의 바닥판이나 교량의 상판(deck) 등이 있다.

[2] 셸(Shell)

셸 구조는 작용하는 외적 하중을 구조표면에 의해 지지하는 구조물로 곡면의 기하형상을 갖는다. 셸 구조는 1차원 곡선구조인 아치나 케이블의 축압축이나 인장거동을 2차원 곡면거동으로 확장한 곡면구조물이다. 아치와 케이블의 축력은 셸에서 막력(membrane force)으로 나타낸다.

가장 일반적인 셸 구조로는 돔, 스타디움, 곡면 지붕구조 등을 들 수 있다. 셸 구조는 곡면의 기하적 형상, 재료, 변위, 단면력 등이 3차원적으로 상호작용을 하기 때문에 그 해석이론이 매우 복잡하므로 보다 전문적인 역학교재에서 다루게 된다.

[3] 절곡판(Folded plate)

절곡판은 뾰족한 끝단을 갖는 평판이 직으로 구성되어 있으며, 휨이 작용되기 때문에 평판이나 셸로는 만들 수 없다. 절곡판 구조의 판판한 면은 콘크리트 타설로 쉽게 시공할 수 있다.

1.3.4 구조물의 이상화(Idealization)

[1] 구조물의 형태

합리적이고 간편하면서 정확하게 구조물의 여러 부분에서 응력을 계산하기 위해서는 구조해석에 적합하도록 단순하게 구조물을 나타낼 필요가 있다. 구조 요소는 폭과 두께가 있으며, 집중하중은 단일 점에 작용하는 경우가 거의 없고 오히려 집중하중은 작은 면적에 분포된다. 그러나 이런 특징들을 상세하게 고려한다면 구조물의 해석은 거의 불가능할 정도로 어려울 것이다. 실제 구조물을 해석에 적합하도록 단순한 시스템으로 대체하는 과정을 구조 이상화(structural idealization)라 한다.

일반적으로 대부분의 경우 입체뼈대 구조물은 구조물의 부재중심축을 따라 선으로 이상화한 구조물(idealized structure)로 모형화(modeling)하여 구조 요소를 나타낸다. 이러한 방법으로 이상화된 구조물의 스케치를 일반적으로 선-도형(line diagram)이라 한다.

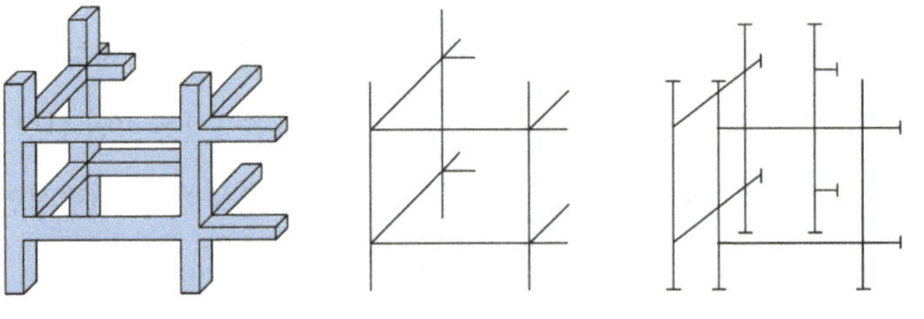

(a) (b) (c)

[그림 1.3.2] 구조물의 모형화

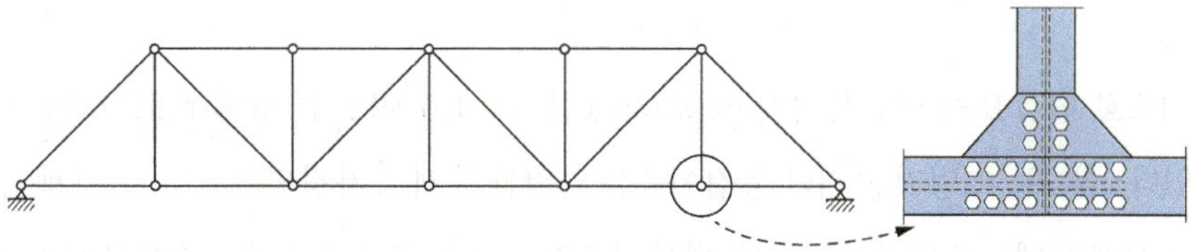

[그림 1.3.3] 트러스에서 이음의 이상화

[그림 1.3.2(a)]는 실제 입체뼈대 구조물이고, [그림 1.3.2(b)]는 실제 구조물을 직선으로 이상화하여 모형화한 골조 구조물이다. 입체 구조물의 해석기법은 매우 복잡하므로 [그림 1.3.2(b)]의 골조 구조물을 [그림 1.3.2(c)]에 나타낸 바와 같이 각각 평면구조물로 분해시킨다. 각 뼈대는 실제 다른 평면뼈대에 결합되고 상호작용함에도 불구하고 구조물 전체 하중의 몫이 각 뼈대에 분담되어 독립적으로 작용하는 것으로 가정되었다.

[그림 1.3.3]에 나타낸 바와 같이 트러스 구조물에서 리벳이나 볼트이음으로 된 실제 이음(actual joint)을 한 점으로 축소하여 핀(pin) 또는 활절(hinge)로 이상화시키는 것이 중요하다. 더구나 빌딩에서 바닥슬래브인 플레이트 구조는 일반적으로 플레이트 또는 셸의 두께를 다른 부재와 비교할 때 얇으므로 평면 세그먼트로 모형화한다.

[그림 1.3.4]에 나타낸 바닥판, 기둥, 아치를 일체로 현장 타설하는 철근콘크리트 아치교를 고려해 보자. 예비설계에서 수직 기둥으로 지지되어 있는 연속 판요소인 바닥판(deck)은 연속보로 해석하고, 연속보의 지점반력으로 기둥(column)을 해석한 다음, 기둥하중을 지지하는 콘크리트 아치(arch)는 곡선보요소로 해석한다.

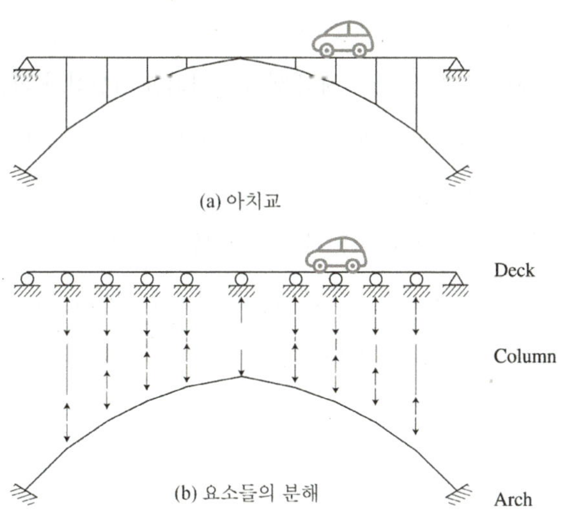

[그림 1.3.4] 철근콘크리트 아치교

[2] 연결(Connections)과 지점 조건(Support conditions)

일반적으로 연결 또는 이음은 핀(pin or hinge, [그림 1.3.3]) 또는 강체(rigid, [그림 1.3.5])로 가정되었다. 실제는 그렇지 않지만 용접이음은 완전한 강체로 가정되었으며, 이렇게 가정된 강체이음은 설계 모멘트를 받게 되고 이음에서 하중작용 전후 조립된 부재의 중심선 사이의 각도를 유지하게 된다.

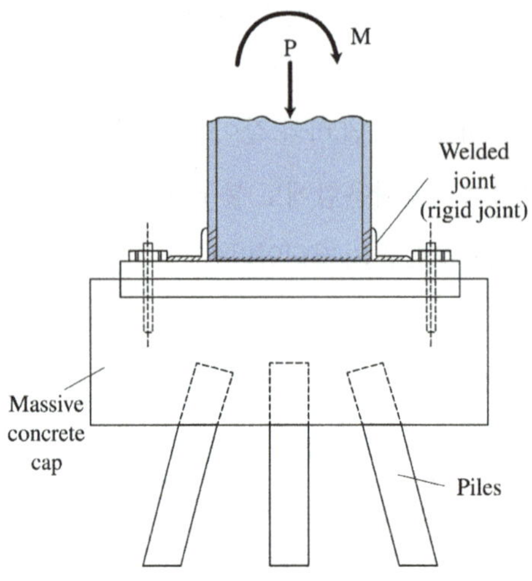

[그림 1.3.5] 강체연결

한편, 실제는 그렇지 않지만 역학에서 볼트이음은 완전한 회전을 허용하는 마찰이 없는 핀으로 가정되며, 이렇게 가정된 핀 연결은 전단력과 비틀림 모멘트는 받을 수 있으나 휨모멘트는 받을 수 없다.

역학에서는 지점(support or bearings)에 대해서도 이러한 이상화가 적용되며, 지점은 고정지점(fixed supports), 회전지점(또는 힌지, hinged supports) 또는 이동지점(roller supports)으로 가정된다. 고정지점은 회전과 이동을 할 수가 없으며, 회전지점은 이동할 수 없고 휨에 대해 회전이 가능하며 비틀림이 구속되어 있다. 이동지점은 지지면에 평행한 방향으로만 이동하고 회전이 가능하다. 실제 [그림 1.3.6(a)]에 나타낸 철재뼈대의 지점은 [그림 1.3.6(b)]와 같이 이상화된다. 지점 A는 고정지점, 지점 D는 회전지점(힌지)으로 이상화되었다. 지점의 여러 가지 형식에 대해서는 2장 구조물의 개론에 나타내었다.

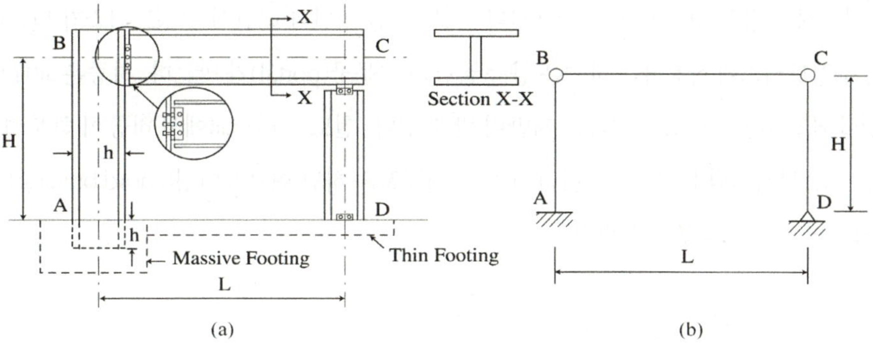

(a) (b)

[그림 1.3.6] 철재뼈대에서 연결의 이상화

[3] 하중

구조물에 작용하는 힘을 하중이라 하고, 구조물을 설계할 때 고려해야 할 하중은 중력, 풍력, 수압, 가속도, 온도변화, 건조수축, 마찰, 지진, 충격 등에 의한 것들이다. 여러 가지 하중에 대해서는 2장 구조물의 개론에 설명되어 있다.

[4] 재료의 거동

모든 구조재료의 거동은 미시적 수준(microscopic level)에서 비등방성(nonisotropic)인 것으로 알고 있다. 강재는 미시적 수준에서 등방성이고 비례한도 내에서 선형탄성거동을 한다. 반면에 철근콘크리트는 비선형거동을 한다.

앞에서 언급한 바와 같이 실제 구조물의 이상화는 구조물의 계획진행에 매우 중요하다. 실제 구조물을 설계하고 시공하는 데 있어서는 이상적인 구조물을 선택하고, 결정하는 데 있어서는 기술자의 경험과 판단이 대단히 중요하다.

1.3.5 힘의 전달

실제 구조물에서 하중이 작용하여 어떻게 구조물을 통하여 지지하는 기초까지 전달되는지 이해하고 평가하는 것은 대단히 중요하다.

[그림 1.3.7(a)]에 나타낸 하로 트러스 철도교를 고려해보자. 철도트랙(railroad)은 가로보(floor beam)에 지지된 종방향 세로보(longitudinal stringer)에 의해 지지된다([그림 1.3.7(b)]). 이들 가로보의 양단은 수직 종방향 트러스의 하단 패널이음에 붙어 있다. 교대에는 수직트러스의 반력이 작용한다. 더구나 열차가 교량 위를 통과하는 것과 풍하중을 결부시켜 상단과 하단 패널이음 위의

수직트러스에 수평력(횡방향력)이 작용한다. 이들 힘을 상단과 하단의 수평트러스가 받는다.

상단 수평트러스에 작용하는 하중은 양측 끝단의 교문구(portal)가 받는다. 하중은 교대의 받침에 전달되고 최종적으로 지지하는 지반이 받게 된다. 철도 트러스교에서 하중이 하부기초로 전달되는 경로를 [그림 1.3.7(c)]에 나타내었다. 가로보와 하단 현브레이싱(chord bracing)에 대해서는 [그림 1.3.7(b)]에 나타내었다.

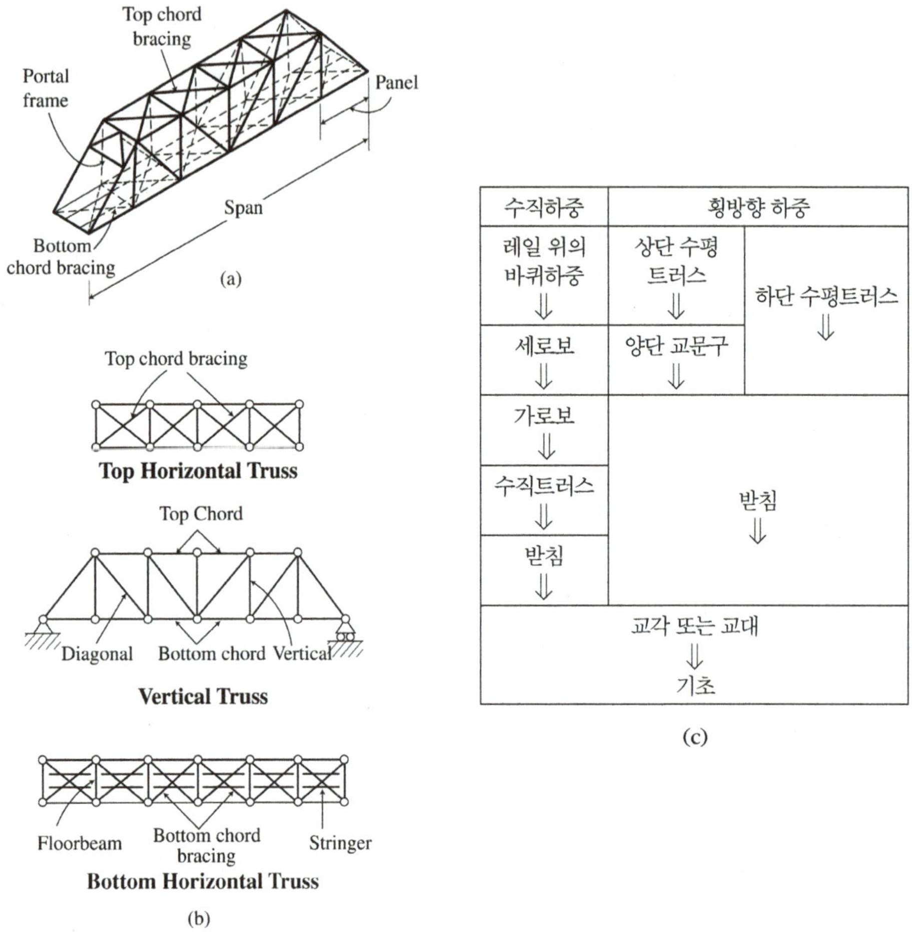

[그림 1.3.7] 하로트러스 철도교의 하중전달

[그림 1.3.8(a)]에 나타낸 현수교를 고려해보자. 현수교는 주형 또는 트러스인 강체, 수직재(hanger), 케이블, 주탑(tower), 정착장치(anchor)로 이루어져 있다. 현수교의 하중 전달과정은 [그림 1.3.8(d)]에 나타낸 바와 같다.

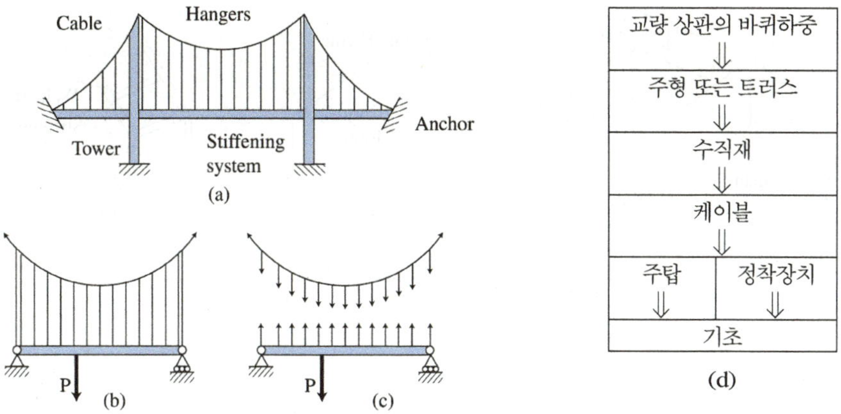

[그림 1.3.8] 현수교의 하중전달

[그림 1.3.9(a)]는 철재뼈대 건물의 표준 골조평면을 나타낸 것이다. 주형 CD는 [그림1.3.9(b)]와 같이 이상화되고, [그림 1.3.9(c)]에 나타낸 바와 같이 복부(web)만으로 기둥에 양단이 연결되어 있다. 이러한 건물의 하중이 전달되는 경로는 [그림 1.3.9(d)]에 나타낸 바와 같다.

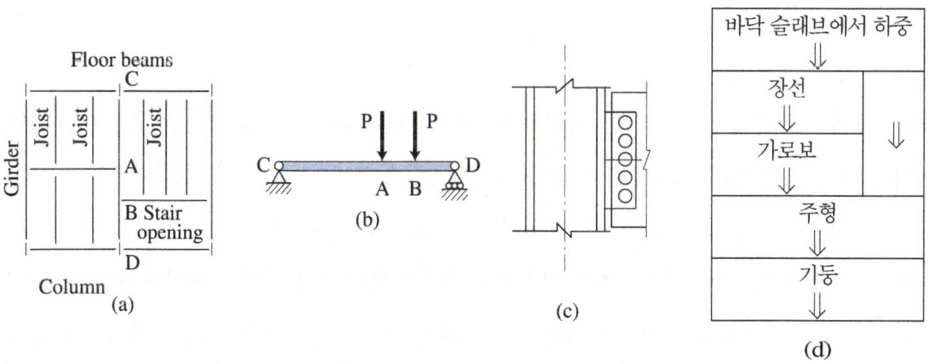

[그림 1.3.9] 철재뼈대 건물의 하중전달

마지막으로 [그림 1.3.10(a)] 나타낸 공장건물의 수직하중, 횡방향하중, 종방향 풍하중의 전달과정을 [그림 1.3.10(d)]에 나타내었다. 이러한 건물에 대한 박공뼈대(gable frame)의 개념적 모형은 뼈대의 큰 처짐을 피하기 위하여 강체이음으로 된 [그림 1.3.10(b)]와 같다. 필요한 강체를 갖기 위한 용접이음은 [그림 1.3.10(c)]에 나타낸 바와 같다.

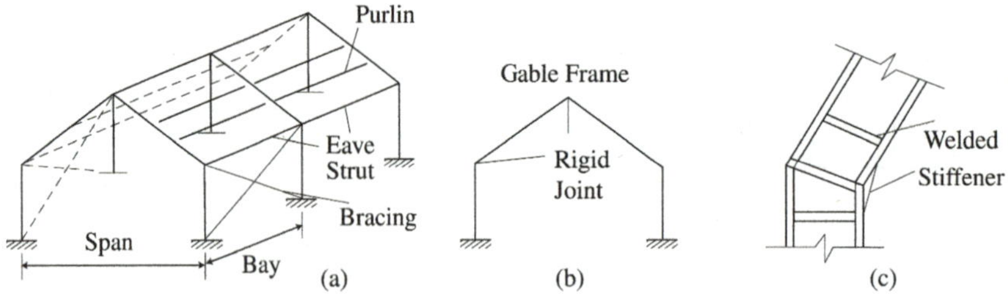

수직하중 ⇓	횡방향 풍하중 ⇓	종방향 풍하중 ⇓
마루대 및 처마 스트럿 ⇓	박공뼈대 ⇓	기둥 간 브레이싱 ⇓
박공뼈대 ⇓		
기초		

(d)

[그림 1.3.10] 공장건물의 하중전달

1.3.6 겹침의 원리

[1] 개요

겹침은 '전체는 각각의 합과 같다'는 논리와 과학에 기초한 원리를 기본으로 한 순수 이론적인 개념이다. 구조해석의 많은 부분이 겹침의 원리에 기초를 두고 있다. 겹침의 원리는 정정 및 부정정 구조물의 해석에 광범위하고 빈번히 사용된다. 여러 가지 원인(작용하중, 온도변화, 지점침하, 정해진 변형, 제작오차 등)이 구조시스템에 동시에 작용하거나 각각의 응답효과(반력과 내력, 변위, 변형도, 응력 등)가 각 원인에 직접적으로 비례한다면, 총 작용력 효과는 각각 응답효과를 모두 합하여 구할 수 있다.

정적 정정 안정구조물(statically determinate stable structures)에 대해 힘의 겹침 효과는 성립한다. 전체 구조물의 초기형상에서 변형은 미소하다. 변형이 없는 형상에서 평형방정식이 성립한다. 더구나 정적 정정구조물에서 힘과 반력은 구조물의 형상에 의존한다. 독립적인 변형과 재료의 성질은 고려하지 않는다.

정적 부정정 구조물에서 분리된 원인에 의한 힘의 겹침 효과는 구조물의 재료가 선형(Hooke의 법칙)이고 심한 일그러짐(distortion)이 없을 때에만 전체 힘의 효과가 성립한다. 변형 효과의 겹침을 고려할 때 변형을 일으키는 원인을 동일하게 다루는 것이 중요하다. 구조물에 심한 일그러짐이 없을 경우에는 정적 정정구조물이나 정적 부정정구조물에서 여러 가지 변형도에 의한 변형의 중첩은 충분히 성립한다. 그러나 하중이 원인이라면 힘과 응력은 변형도나 일그러짐에 관계되고, 이 경우에 구조물이 선형재료라는 조건에 대해서만 적용할 수 있다.

[표 1.3.1]에 정정 및 부정정구조물에서 겹침의 원리의 적용 조건(필요조건과 충분조건)을 요약해 놓았다.

[표 1.3.1] 겹침의 원리의 적용 조건

변형의 겹침				힘의 겹침	
정정 안정구조물		부정정 안정구조물			
변형도에 의한 변형	하중(힘 또는 응력)에 의한 변형	변형도에 의한 변형	하중(힘 또는 응력)에 의한 변형	정정 안정 구조물	부정정 안정 구조물
1. 구조물변형 전혀 없음 (미소변형) 2. 변형도- 변위관계 : 선형	1. 구조물 변형 전혀 없음 (미소변형) 2. 변형도- 변위 관계 : 선형 3. 선형재료	1. 구조물 변형 전혀 없음 (미소변형) 2. 변형도- 변위 관계 : 선형	1. 구조물 변형 전혀 없음 (미소변형) 2. 변형도- 변위 관계 : 선형 3. 선형재료	1. 구조물 변형 전혀 없음 (미소변형) 2. 선형재료 또는 비선형 재료	1. 구조물 변형 전혀 없음 (미소변형) 2. 선형재료

[2] 탄성, 비탄성, 선형, 비선형 거동

구조물에 하중이 작용할 때 응력을 받은 부재의 길이는 변한다. 이때 하중을 제거하면 부재가 원상태의 길이로 복귀하는 구조거동을 탄성(elastic)이라고 한다. 반대로 하중을 제거하더라도 부재가 원상태의 길이로 복귀하지 않는 구조거동을 비탄성(inelastic)이라고 한다. 더구나 구조물의 각 부재의 응력-변형도 관계가 선형일 때 구조물의 거동은 선형(linear)이라 정의하고, 그렇지 않으면 비선형(nonlinear)이라고 말한다.

구조물의 탄성거동은 선형(선형 탄성구조, linear elastic structure, [그림 1.3.11(a)])이거나 비선형(비선형 탄성구조, nonlinear elastic structure, [그림 1.3.11(b)])이라 할 수 있다. 더구나 비탄성거동은 비선형(비선형 비탄성거동, nonlinear inelastic behavior, [그림 1.3.11(c)])이라 할 수 있다.

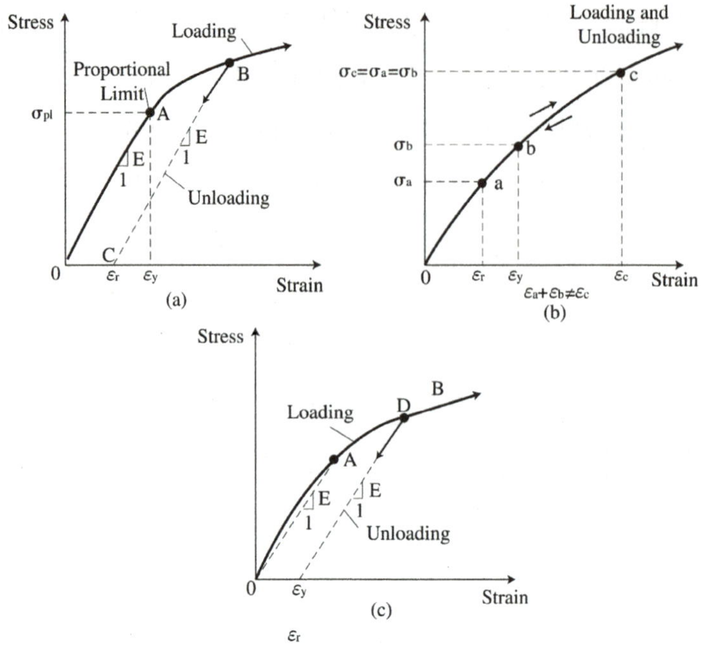

[그림 1.3.11] 재료의 거동

[3] 대칭과 겹침

많은 구조문제의 해석적 접근은 대칭(또는 하중이나 변형이 대칭이거나 역대칭)인 선형 탄성구조물이라면 간단히 할 수 있다. 대칭과 겹침의 원리로 구조물을 분해하여 간단히 해석하는 예를 [그림 1.3.12]에 나타내었다. 실제 대칭과 겹침의 원리에 대한 적용에 대해서는 여러 장에서 다루게 될 것이다.

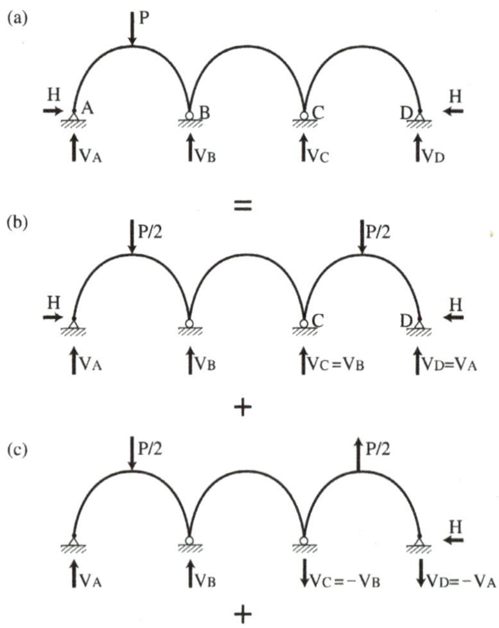

(a) 비대칭 하중작용 = (b) 대칭 하중작용 + (c) 역대칭 하중작용

[그림 1.3.12] 대칭과 겹침의 원리로 구조물을 분해

1.4 구조해석 이론

1.4.1 개요

이 절에서는 구조역학을 공부하기에 앞서 구조해석 이론에 대해 기술하였다. 구조해석의 목적은 하중, 온도변화, 지점침하 등의 외적인 작용을 받는 구조물의 단면력(축력, 전단력, 휨모멘트 등)과 변위와 변형 및 응력분포를 구하여 안전한 구조물을 설계하는 데 있다. 구조해석의 수준과 해석방법 또는 구조 형식, 사용하중, 구조거동 등에 따라 구조해석법과 구조해석이론은 매우 다양하다. 물론 다양하고 전문적인 구조이론을 어느 한 기술자가 모두 알 수는 없다. 그러나 해석상 외력과 내력의 평형조건, 변위와 변형의 적합조건, 재료의 구성조건 그리고 역학적 및 기하학적 경계조건을 만족시켜야 하는 데에 대해서는 충분히 알고 있어야 한다. 오늘날 고도로 전문화된 사회에서는 구조문제에 따라 그 분야의 권위적인 전문가에 의해 특정한 문제에 대한 고급구조해석이나 설계가 이루어져야 하지만, 일반 구조설계자나 전문가는 일반구조물에 대한 고전적인 구조해석이론과 컴퓨터에 의한 구조해석이론 정도는 잘 알고 있어야 한다. 급변하는 다양한 고급구조해석이론에 대한 기초개념을 알고 있어야 복잡한 구조시스템의 해석과 설계를 성공적으로 수행할 수 있을 것이다.

1.4.2 정정 구조해석과 부정정 구조해석

구조물의 '정정성(determinancy)'에서는 정정 구조해석과 '부정정성(indeterminancy)'에서는 부정정 구조해석으로 구분된다.

1.4.3 응력법과 변위법

구조해석방법에 따라 구분하면 크게 응력법(force method)과 변위법(displacement method)으로 구분할 수 있다. 응력법은 미지의 부재력(부정정력, 과잉력 또는 잉여력)을 적합방정식(compatibility equation)으로부터 구하는 해석이론이고, 변위법은 미지의 절점변위를 절점의 평형방정식으로부터 구하는 해석이론이다. 응력법과 변위법에 의한 뼈대구조물의 고전적 해석이 이 교재의 주요 내용이므로 뒤에 가서 상세하게 배우게 될 것이다.

1.4.4 정적 및 동적 해석

작용하중의 특성에 따라 구분하면 정하중(static load)의 작용으로 인한 정적 단면력, 처짐의 해석을 위한 정적 구조해석이론과 구조물의 고유진동수, 진동모드의 동특성해석과 시간에 따라 변하는 동하중(dynamic load)의 작용으로 인한 동적 응답해석을 위한 동적 구조해석이론으로 나눌 수 있다. 실제 대부분의 구조물은 설계단계에서는 동하중을 등가정하중으로 취급하여 정적 해석결과에 의해 구조설계를 한 후에 구조물의 동하중상태에서 정확한 동적 거동을 평가하기 위해 엄밀한 동적 해석을 수행하는데, 장대구조물의 내진 및 내풍설계에서 흔히 사용되는 해석방법이다. 일반 토목구조물에서는 차량, 충돌하중, 폭발, 바람, 지진과 같은 동하중의 작용으로 인한 동적 재하효과로부터 충격하중, 충돌에너지, 돌풍효과, 응답스펙트럼 등을 이용한 등가정 하중효과를 구하여 등가정적 해석만으로 설계하거나 구조안전도를 검토한다.

1.4.5 구조물의 형식에 따른 해석

① 뼈대 구조해석 : 보, 트러스, 라멘

② 면 구조이론 : 평판, 셸

③ 구체 구조해석 : 중력식 옹벽, 댐

고전적인 구조해석이론에서는 이러한 여러 가지 형식의 구조물들에 대한 해석이론이 서로 상이하였지만, 오늘날 유한요소구조해석(FEM, finite element method)에서는 해석이론은 동일하고 다만 이들 구조물의 해석을 위한 요소강성방정식(element stiffness equation)의 차이와 그 해석을 위한 유한요소와 구조모델링 상의 차이만 있을 뿐이다. 뼈대구조물의 해석법도 대개의 뼈대구조물이 원래는 입체적으로 3차원 구조시스템을 이루도록 골조를 형성하고 있지만, 하중의 작용이 면내(in-plane) 하중으로 작용하거나 하중에 따라 평면변형이 지배적인 경우에는 종방향 및 횡방향의 평면구조물로 해석한다. 그러나 뼈대가 불규칙하고 하중이 구조물의 입체적인 3차원 변형을 유발하도록 작용하는 경우에는 입체구조물로 해석해야 한다.

1.4.6 구조물의 설계를 위한 해석

구조설계를 위한 정적 및 동적 구조해석에서는 특별한 경우를 제외하고는 일반적으로 선형해석이론이 사용된다. 실제 토목이나 건축구조물과 같은 거대한 구조물은 외력의 작용 하에 구조물에는 구조물의 전체 치수에 비해 변형의 크기가 대단히 작으므로 구조물이 진동하는 경우를 제외하고는 변형을 감지하기가 어렵다. 이와 같이 일반적인 구조물의 미소변형(small deformation)으로 인하여 작용외력과 탄성변형 사이에는 선형적인 관계가 성립하며 구조물해석을 대단히 쉽게 하는 기본원리의 하나로 겹침의 원리(principle of superposition)가 적용된다. 물론 장주의 좌굴해석은 외력과 휨변형이 비선형이므로 예외이지만 그 외의 선형탄성구조물의 미소변형 구조해석에서는 모두 선형해석이 적용된다. 본 교과서에서 보, 트러스, 라멘, 아치 및 케이블과 같은 뼈대구조물의 해석은 겹침의 원리를 이용하는 선형구조해석이다.

1.4.7 탄소성-비선형해석 및 유한변형-비선형해석

특히 지진이나 태풍과 같은 자연재해하중을 받게 되면, 이로 인하여 구조물의 손상이나 안전도를 해석할 때에는 구조물에 Hooke의 법칙이 성립하는 탄성한계를 넘어 과도한 응력이 발생하는 구조물에 대해서는 비탄성, 탄소성해석을 해야 한다. 이러한 경우는 응력-변형률 관계가 비선형관계와 과도한 탄소성변형을 수반하는 매우 복잡한 탄소성-비선형해석을 하여야 한다. 유연한 장대교(현수교나 사장교 등)에서 작용외력으로 유한변형이 생기게 되면 변형된 구조물에 대해 평형조건으로 해석해야 하므로 유한변형-비선형해석을 하여야 한다.

1.4.8 실무에 필요한 고급구조해석

[1] 구조안정이론(Structural stability theory)

좌굴파괴(구조불안정), 한계상태설계(LSD, Limit State Design), 하중저항계수설계(LRFD, Load & Resistance Factor Design)

[2] 내진해석 및 내풍해석(Seismic and wind resistant analysis)

장대구조물(장대교나 초고층빌딩)

[3] 피로파괴해석(Fatigue fracture analysis)

강구조물의 금속재료 접합부 등 안전도분석 및 피로수명해석

[4] 확률론적 구조해석 또는 구조신뢰성 해석(Structural reliability analysis)

자동차, 선박, 해양, 우주, 항공구조물과 특수한 건설구조물 등 중요구조물의 정밀안전도에 대한 엄밀한 해석

[5] 복합재료 구조해석(Composite material structural analysis)

신소재복합재료인 유리섬유, 탄소섬유, 아라미드섬유 보강재(G-FRP, C-FRP, A-FRP) 등을 사용

1.5 문제 검토

구조해석의 분명한 장점은 처음 사용된 방법이 아닌 다른 방법으로 해석하거나 구조물의 다른 위치에 동일한 방법을 적용하여 수학적으로 검토하는 것이 가능하다는 것이다. 따라서 거의 모든 상황에서 해석이 정확히 된 것인지 결정할 수 있어야 한다. 불행히도 누구나 어이없는 실수를 할 수 있으므로 이런 실수를 절대적으로 최소화시키는 일이 우리들의 최선일 것이다. 본 교재에서 제시된 간단한 산술적 검토로도 이러한 경비가 많이 드는 큰 실수들을 많이 제거할 수 있을 것이다.

결국 최고의 구조설계자는 초기에 가장 적은 실수를 하는 사람이 아니라 그의 가장 큰 실수를 찾아 수정할 줄 아는 사람일 것이다.

1.6 구조물의 건설과정

구조물을 건설하는 과정은 계획, 해석, 설계, 시공의 4단계로 이루어진다. 이 과정을 단계별로 다음에 나타내었다.

1.6.1 계획(Planning)

구조물의 기능을 다할 수 있으면서도 경제적이고 외관이 아름다운 구조형식과 적절한 배치를 결정하는 초기단계이다. 구조물의 기능은 충분한 강도(strength)와 적당한 강성(rigidity)을 보유함을 의미한다. 따라서 구조기술자는 창의적인 상상력, 폭 넓은 경험, 건전한 판단력을 항상 갖추고 있어야 한다.

1.6.2 해석(Analysis)

실제의 구조물에 적절한 가정을 도입하여 해석이 가능케 이상화한 구조물(idealized structure)로 모형화(modeling)하고 이를 풀어내는 과정이 구조해석이다. 따라서 해석자는 역학의 기본원

리를 충분히 이해하고 있어야 할 뿐만 아니라 응용수학에 관한 광범위한 지식, 컴퓨터의 조작과 응용에 관한 능력을 갖추고 있어야만 한다.

이상화된 구조물인 모형은 실제 구조물의 모양과 연결부분 등에 가정을 도입하여 해석이 가능할 정도로 단순화시킨 것이지만 실제 구조물의 거동이 될 수 있도록 정확하게 반영할 수 있어야 한다. 그러나 이것은 실험으로 검증하여야 하는 성질의 것이기 때문에 일일이 실험을 수행할 수 없는 상황에서는 경험에 의한 판단이 큰 몫을 하게 된다. 필요하다고 판단되는 경우에는 복잡한 수치해석의 결과를 검증하기 위하여 축소모형이나 원형크기의 구조물에 대하여 실험을 시행하여야 할 경우도 있다. 예를 들어 사장교나 현수교와 같은 장대교는 풍하중에 특히 취약하기 때문에 풍동시험(wind tunnel test) 등을 시행하게 된다.

해석단계에서는 먼저 하중을 정확하게 추정하고 이상화과정에서 구조물 전체계가 구조적인 안전을 상실하지 않도록 하여야 한다. 하중의 추정에서는 하중의 특성, 크기, 작용위치 및 분포, 작용빈도 등이 포함되며 온도변화의 영향, 지점의 부등침하의 영향도 고려되어야 한다.

구조물의 자중, 즉 사하중은 차량이나 물건과 같은 활하중보다 훨씬 더 정확하게 추정할 수 있다. 활하중의 동적인 영향은 그 특성에 따라 등가의 정하중으로 대치하여 정역학으로 해석할 수도 있고, 구조물이 복잡하면 동역학적인 해석을 해야 하는 경우도 있다. 구조물의 설계하중은 일반적으로 해당 구조물에 관한 설계기준(specifications)이나 설계규준(design codes)에 규정되어 있다. 이를 규정된 내용은 최소한도의 지침일 뿐이며, 구조기술자는 더 정확한 실험자료를 입수할 수 있다면 이를 설계에 이용할 수도 있다.

구조역학은 주로 이 해석단계를 다루는 분야이다.

1.6.3 설계(Design)

해석단계에서 각 부재의 내력과 변형을 계산한 다음에 이 내력과 변형의 최댓값을 적절하게 지지할 수 있는 최소 크기의 부재를 선정하고 부재와 부재의 연결을 설계하는 단계이다. 설계단계에서는 해당 구조물의 설계에 관한 설계기준이나 설계규준에 명시된 규정을 준수하는 것이 무엇보다도 중요하다. 구조물의 재료는 선택된 구조형식에 맞는 것이라야 하며 구입과 운반이 쉽게 이루어져야 하므로 계획단계의 초기에 결정되어야 한다. 모든 구조물은 사용성(serviceability)과 안전(safety)에 관한 요건을 만족하도록 설계되어야 한다. 사용성은 과도한 변형이나 진동, 또는 부식이나 화재 등을 방지할 수 있는 특성을 말하며 안전은 구조물이 파괴되지 않도록 충분한 극한내

하능력을 보유하는 것을 의미한다.

탄성설계에서는 안전에 만족하도록 설계된 구조물은 동시에 적절한 사용성을 갖는 것이 대부분이다. 일반적으로 부재나 연결부의 충분한 강도(strength)는 안전성을 보장하며 적절한 강성(rigidity)은 사용성을 확보하는 것이다.

사용성은 탄성한도 내에서 결정되는 탄성계수나 Poisson 비와 같은 재료의 물성에 의존한다. 반면에 구조물의 극한내하능력은 강재와 같은 연성재료에서의 소성변형(plastic deformation), 콘크리트와 같은 취성재료에서의 급작스러운 취성파괴(brittle fracture), 압축력을 받는 장주에서의 좌굴(buckling), 반복되는 동하중에 의한 피로파괴(fatigue fracture) 등에 따라 결정된다. 여기서 좌굴이나 피로파괴는 그 재료의 탄성한도보다 훨씬 낮은 응력에서 발생한다. 또한 설계과정에서는 구조계 전체로서의 안정이 면밀하게 검토되어야 하며 어떤 부분의 국부적인 파손은 경우에 따라서는 구조물 전체의 파괴로 이어질 수도 있다. 따라서 설계의 최종단계로서 전단응력, 처짐 등을 점검하고, 국부좌굴, 브레이싱, 기둥의 좌굴, 연결부분, 취성파괴 등에 관한 설계세목을 자세하게 검토하여야 할 것이다.

1.6.4 시공(Construction)

이 최종단계는 현장에서 구조물을 조립하고 건립하는 단계이며, 자재, 장비, 기술인력의 획득 및 수송이 포함된다. 이 단계에 이르면 구조기술자는 이미 직접적인 관여를 할 수 있는 위치에서는 벗어나 있다고 볼 수 있지만 시공 전반에 관한 감리 및 감독에 관여하게 되는 경우가 흔히 있게 되며, 또한 설계변경이 불가피해서 재설계를 하게 되는 경우도 있다.

설계자는 항상 계획단계에서의 여러 가지 고려사항을 유념하면서 동시에 시공단계에 있을 수 있는 문제점들을 설계에 반영하도록 하여야 한다. 다시 말해 시공성을 고려한 설계가 이루어져야 한다. 따라서 시공자는 물론이고 설계자도 여러 가지 시공기법과 그 적용범위를 숙지하고 있어야만 할 것이다.

시공단계에서는 특히 품질관리에 대해서 시공자, 감리자, 감독관 모두 최선을 다하여야 하며, 설계도면, 일반 및 특별시방서, 공정표 등을 엄격하게 준수하여 시공하고 있는지를 항상 점검하는 것이 바람직하다.

1.7 구조해석과 컴퓨터

개인 컴퓨터를 사용할 수 있게 된 것은 구조물을 해석하고 설계하는 방법을 급격하게 바꾸었다. 거의 대부분의 공대와 사무실에서 컴퓨터가 구조문제를 풀기 위해 사용되고 있다. 그러나 아직까지도 대부분의 공대에서 구조해석을 가르치는 최선의 방법은 분필과 칠판을 사용하는 것이며(물론 Beam Projects를 사용할 수도 있지만), 컴퓨터 예제가 보조용으로 사용되고 있다는 것은 재미있는 일이다.

오히려 많은 구조공학 교수들은 컴퓨터 적용법을 소개하기에 앞서 학생들이 구조해석과 관련된 이론과 포켓 계산기로 문제를 푸는 법을 먼저 배워야 한다고 느끼고 있다. 교과서에서 배우는 다양한 해법의 원리를 이해하고, 절차를 숙달하는 것은 대단히 중요한 일이다. 그리고 이러한 기본지식을 바탕으로 실제 구조물에 대하여 힘의 흐름을 분석하고 응력의 발생을 예측하는 능력을 갖기 위해서는 다양한 조건의 예제에 대한 폭넓은 역학적 경험과 지식이 필요하다. 그러나 이론적 해석법에 의한 수계산으로 구조물의 거동을 분석하는 것은 계산 자체에 많은 시간과 노력이 요구되므로 다양한 구조물의 역학적 조건을 경험해 보기는 어렵다. 또 계산과정 자체에 몰두하여 자칫하면 나무만 보고 숲은 보지 못할 수도 있다. 따라서 본 교재에서는 모든 장들에 주어진 예제나 문제들을 컴퓨터로 적용해 볼 수 있게 컴퓨터 프로그램 CADAS(Computer Aided Design and Analysis of Structures)의 일부를 첨부해 놓았다. 교수에 따라 함께 사용할 수도, 뺄 수도 있고, 교수가 선호하는 시기까지 일시적으로 남겨둘 수도 있다.

본 교재에 첨부된 컴퓨터 프로그램 외에도 SAP2000, ADINA, NASTRAN, LUSAS, FEAP, MIDAS 등 수많은 상용 프로그램을 사용할 수도 있으나 이들 프로그램의 대부분은 구조물의 입력데이터의 선처리, 변형뿐 아니라 부재(트러스, 케이블, 보, 판, 셸 등)의 단면력 등의 계산은 물론 변위, 단면력 등의 후처리의 기능도 포함하고 있으므로 이들 프로그램의 사용은 상당한 양의 공부가 필요하다.

컴퓨터 프로그램 CADAS는 이들 프로그램에 익숙하지 않은 학생들에게 아주 짧은 시간에 배울 수 있게 선처리와 후처리 및 상당한 부재들을 생략하고 교재의 주된 내용인 트러스, 보, 뼈대, 복합구조의 단면력 계산과정을 다룰 수 있게 특별히 준비된 것이다. 그러나 SAP2000 등은 보다 넓게 사용되고 있는 상용 프로그램으로 완결 본은 많은 나라에서 공학실무에 광범위하게 사용되고 있다. 따라서 비록 이들 프로그램을 배우기 위해서는 상당한 시간과 노력을 필요로 하지만 그러한 노력은 충분히 보상받을 수 있을 것이다. 이것은 학생들이 졸업 후에 엔지니어링에 일하게 된다면 곧바로 사용하게 되는 그러한 종류의 프로그램이며, 이런 지식은 직장에서의 업무를 빠르게 시작할 수 있게 해 줄 것이다.

그러나 사실 지금까지 개발된 프로그램을 효과적으로 응용하려면 풍부한 경험을 필요로 한다. 해석에서 가장 어려운 것은 구조물의 거동에서 중요한 특성에 근사하도록 모델을 작성하는 것이다. 컴퓨터 프로그램은 풍부한 경험을 가진 기술자의 공학적 판단과 대치할 수는 없다. 중요한 사실은 좋은 구조모델의 준비로부터 정확한 출력결과가 나온다는 것이다. 프로그램의 기본가정과 역학을 확실히 이해하고 있어야 잘못된 결과를 판단할 수 있다. 일반적인 컴퓨터 출력의 검토뿐 아니라 기본적인 구조거동에 대해 이해하는 것도 필요하다. 기술자는 정확하게 구조물을 이상화시킬 책임이 있고, 본인이 그 출력결과에 대해 책임을 져야 한다는 사실을 명심해야 한다. 개발된 컴퓨터 프로그램이 출력된 결과를 책임질 수는 없다.

1.8 IT 융복합 스마트 설계

최근의 토목 산업 분야는 급변하는 사회적 정세와 기술적 발전을 충분히 반영하지 못하고 있기 때문에 그 생산성이 현저히 감소하고 있는 추세이다. 따라서 토목 산업 분야에 새로운 기술의 적용과 정보화, 장비의 고도화, 조달의 합리화 등을 통하여 생산성 향상을 이루어야 할 필요가 있으며 이러한 목적을 실현하기 위한 전문 토목 엔지니어의 양성이 시급한 실정이다. 공학전반의 기술발전이 빠르게 이루어지면서 건설분야에서는 시공기술과 설계기술이 눈부시게 발전하고 있다.

특히, 설계기술은 공학이론의 발전과 함께 컴퓨터를 활용한 IT기술이 급속하게 발전하면서 설계방법의 다변화와 함께 편리성이 개선되었다(IT 융복합 스마트 설계). 1970~1980년대에 수작업으로 해왔던 구조물의 설계도면 작성을 1990년대 이후로는 CAD 프로그램의 도움을 받아 컴퓨터 작업을 해오고 있다. 그러나 최근에는 기존의 수작업을 단순히 컴퓨터로 대신하는 개념에서 탈피하여 설계의 전과정을 컴퓨터를 활용하여 수행하려는 시도들이 계속되고 있다. 이런 분야를 최근에 '토목 BIM' 이라 명명하고 있다. 실제로 BIM은 건축분야의 Building Information Modeling에서 출발하였으나 최근에는 토목분야에까지 확장되어 적용되면서 건축의 BIM과는 다른 양상으로 활발하게 개발, 적용되고 있다. 예를 들어 도면을 처음부터 평면도면이 아닌 3차원 도면으로 작성한다던지, 컴퓨터로 설계도면 작성시 공정관리 개념을 도입하여 설계도면과 함께 시공관리를 할 수 있는 형태로 운영하는 경우(3차원과 함께 시간까지 고려하여 4D CAD라고 부르는 경우도 있음)가 많이 있다([그림 1.8.1], [그림 1.8.2]).

[그림 1.8.1] 교량에 대한 3차원 CAD 설계도면의 예(왼쪽)와 시공상세도면의 예(오른쪽)

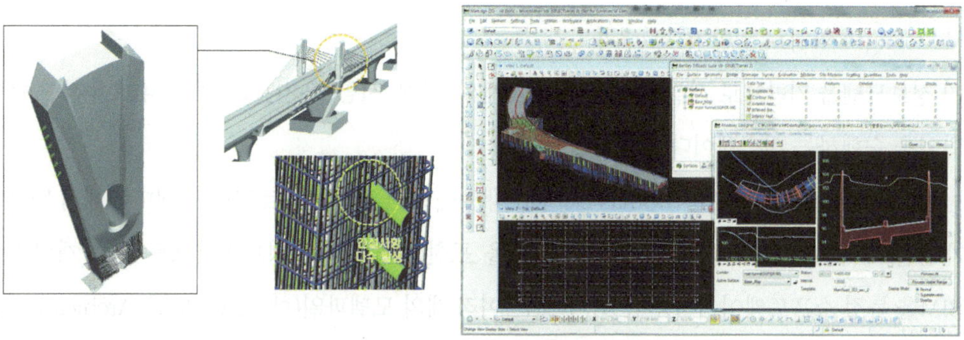

[그림 1.8.2] 토목 BIM의 다양한 활용 예

기존의 토목 분야 공정 시스템은 설계로부터 시공, 유지관리의 단계까지 각각의 격리된 정보를 이용하여 수행되어 왔기 때문에 다수의 건설 정보 손실이 발생되어 왔는데 최근 토목 BIM이 개발되어 단일의 총체적 건설 정보 모델을 수립하여 운영하고 모든 건설 단계에서의 정보 공유화가 가능하게 함으로써 시간적, 경제적 자원의 손실을 최소화하고 토목 산업의 생산성을 향상시키고 있다. 최근 이러한 토목 BIM 활용이 증가되고 있다.

구조물의 계획단계에서부터 토목 BIM을 적용하여 경관설계와 함께 구조물을 계획을 검토하는 경우도 많다. 컴퓨터 시뮬레이션을 통해 가상현장을 구축하고 가상건설을 미리 수행함으로써 공사시 발생할 수 있는 시공상의 어려움이나 공정관리, 장비운용에 많은 insight를 얻을 수 있다. 또한, 선형검토, 토공량 산정도 가능하게 되며 공사에 대한 이해를 획기적으로 증진시킬 수 있다. 이를 잘 활용하면 구조물이 완공된 이후에 유지관리에도 활용이 가능하다.

1.8.1 BIM의 정의

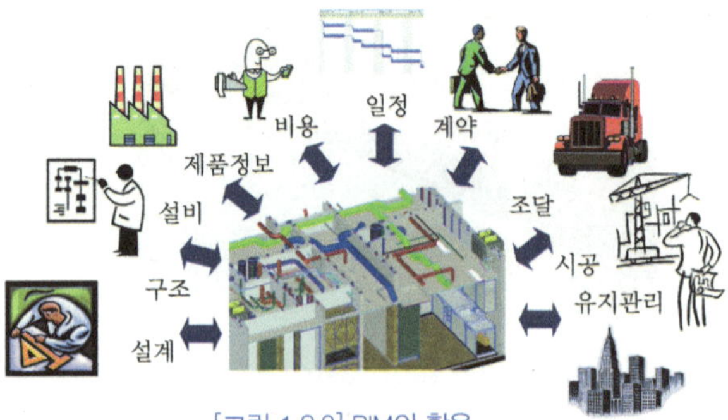

[그림 1.8.3] BIM의 활용

IT를 이용한 건설사업의 건설기술이 설계, 시공, 유지관리 분야에 걸쳐 발전을 거듭하고, 컴퓨터 하드웨어 및 설계전용 소프트웨어의 발전에 따라 설계업무의 전산화 및 자동화가 급속히 진전되고 있다.

BIM은 Building Information Modeling의 약자로 일반적으로 3차원 정보모델을 기반으로 시설물의 생애주기(계획, 설계, 시공, 유지관리)에 걸쳐 효율적인 업무 협업을 수행하는 시스템이다[그림 1.8.3].

국제 빌딩스마트 협회의 Thomas Liebich 박사는 최근 빌딩스마트코리아 세미나에서 BIM의 개념을 세가지로 정리 하였다. 첫째는 건물을 표현하는 하나의 정보집합으로 보는 개념으로 BIM을 특정 소프트웨이에서 만든 하나 또는 여러 개의 모델파일(예: Revit 모델, Archicad 모델 등)로 보는 경우이다. 이 경우에 BIM은 'Building Information Model'로 해석된다. 둘째는 건물의 생애주기 동안의 정보처리 및 관리과정(process)로 보는 견해이다. 이 경우 BIM은 'Building Information Modeling' 또는 'Building Information Management'로 해석된다. 셋째는 BIM을 이러한 것을 구현하는 소프트웨어로 보는 견해로 이 경우 BIM은 'Building Information Modeler'로 해석된다.

[1] BIM의 용어

BIM이란 용어가 처음등장하기 시작한 데에는 다양한 의견이 있으나, 1970년대 후반, Georgia Institute of Technology의 Charles M. Eastman 교수가 Building Product Model 이란 용어를 사용하기 시작한 것이 'Building Information Modeling(BIM)'이란 용어 탄생의 계기이다.

BIM 용어 사용 배경에 대해서 년도 별로 정리하면, 다음 [표 1.8.1]에 나타낸 바와 같다. [그림 1.8.4]에 BIM의 구성요소를 나타내었다.

[표 1.8.1] BIM 용어 사용 배경

년도	주요 내용
1970년대 후반	• Georgia Institute of Technology의 Charles M. Eastman 교수가 Building Product Model 이란 용어를 사용
1986년	• 최근 벤틀리에서 오토데스크로 옮긴 Robert Aish의 1986년 논문'Building Modeling : The key to Integrated Construction'에서 유사 개념 제시
1987년	• 1987년 Graphisoft사의 Archicad가 '가상설계 및 건설 (Virtual Design and Construction)이라는 개념으로 최초 프로그램 개발
1992년	• 1992년 Automation in Construction에 G.A van Nederveen과 F. Tolman이 발표한 'Modelling multiple views on buildings'에서'Building Information Modeling' 이라는 용어사용
2003년	• 2003년 Autodesk사가 'Building Information Modeling' 이라는 제목의 백서를 내면서, 경쟁업체인 Bentley (Bentley and Workman 2003)와 Graphisoft (Bernstein and Pittman 2004)가 유사한 백서를 냈음
–	• 건축캐드 웹진 (The Laiserin Letter)의 편집장인 Jerry Laiserin 이'위대한 논쟁 (the Great Debate)'이라는 제목으로 오토데스크와 벤틀리간의 BIM 에 관한 논쟁을 중계하면서 BIM이라는 용어와 개념이 대중적으로 보급

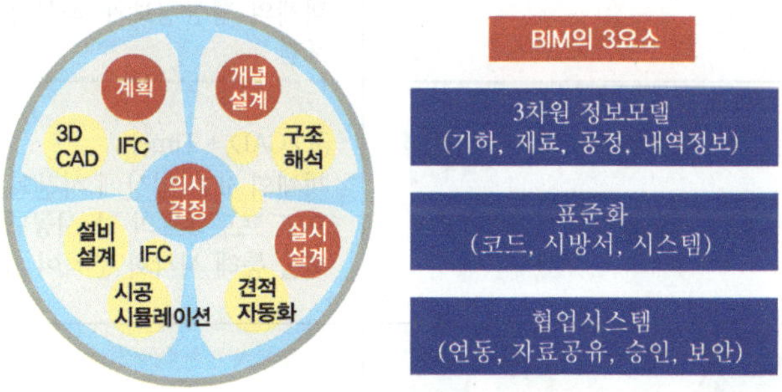

[그림 1.8.4] BIM의 구성요소

[2] BIM의 진화과정별 정의

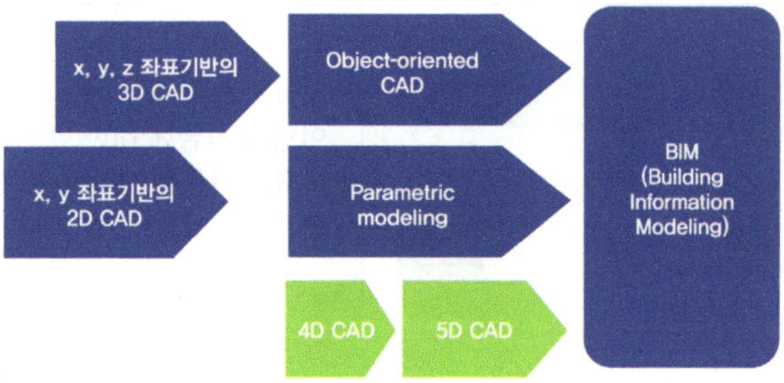

[그림 1.8.5] BIM의 진화과정

[표 1.8.2] BIM의 진화과정

대분류	개념도	주요 특징
x,y 좌표 기반의 2D CAD	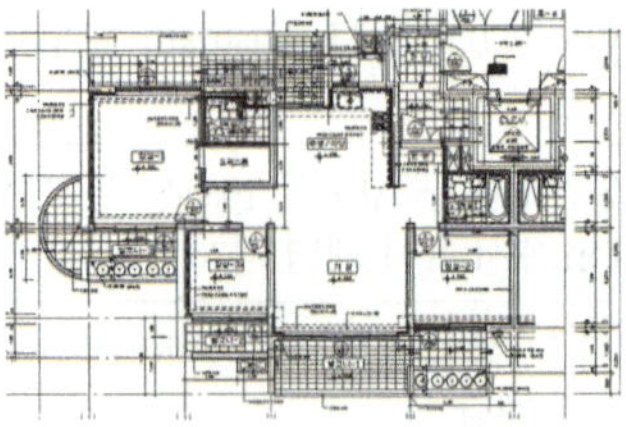	• Computer Aieded Design의 약칭으로 과거 수작업으로 작도했던 2차원 도면을 컴퓨터를 이용하여 설계하는 시스템 • 사용자가 도면정보 사용시 2D로 표현된 정보를 3차원 공간으로 인식/해석하는 과정이 필요
x,y,z 좌표 기반의 3D CAD	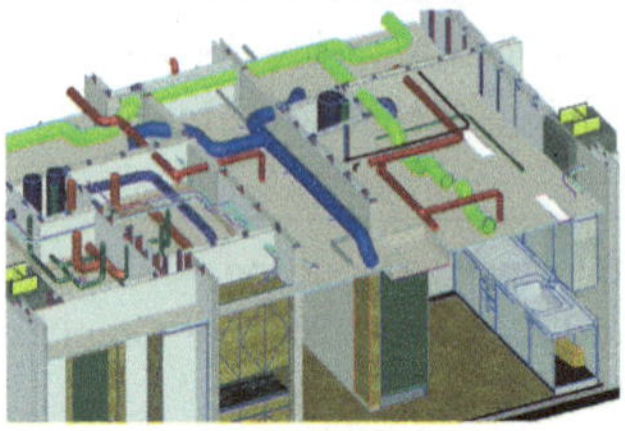	• 3차원 형상을 솔리드 모델링 시스템을 이용하여 컴퓨터에서 구현하는 CAD 설계 시스템 • 객체의 재질, 규격, 물량 등 속성정보는 포함하지 않고 객체의 형상정보만을 표현
Object-oriented & Parametric modeling		• 파라미터와 그 파라미터간의 규칙을 이용하여 객체를 형상화하는 시스템 • 현재 상용중인 BIM Modeler의 기반 시스템으로 BIM 설계 소프트웨어와 다른 CAD 시스템을 구분짓는 주요 기술 • 객체의 형상정보와 속성정보(재료, 물량 등)을 포함
4D CAD	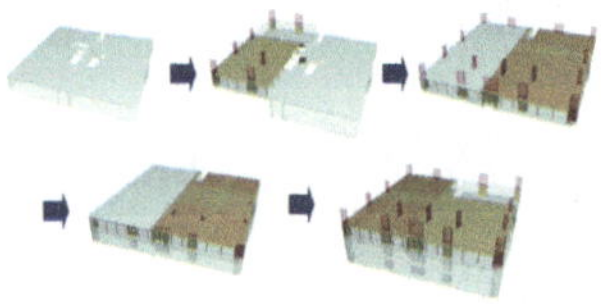	• 3D CAD + Time • 객체의 3D 형상에 시간의 개념을 적용시킨 것으로 프로젝트의 각 시공단계 모습을 시뮬레이션을 통해 시각화 분석이 가능하도록 함.
5D CAD	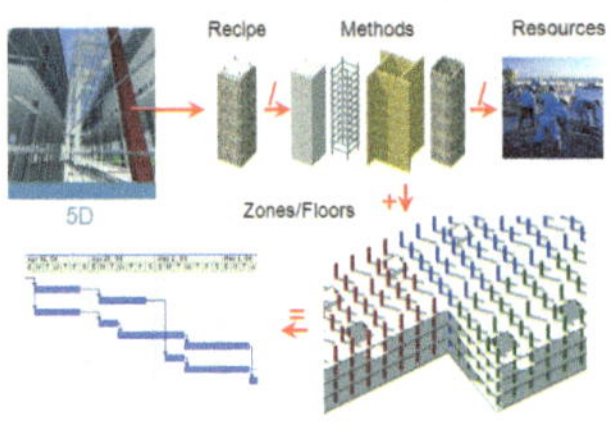	• 3D CAD + Time + Cost • 객체의 3D 형상에 시간, 비용의 개념을 적용시킨 것으로 시공단계 시뮬레이션과 각 단계별 물량정보를 이용하여 자동견적이 가능하게 함.
nD CAD	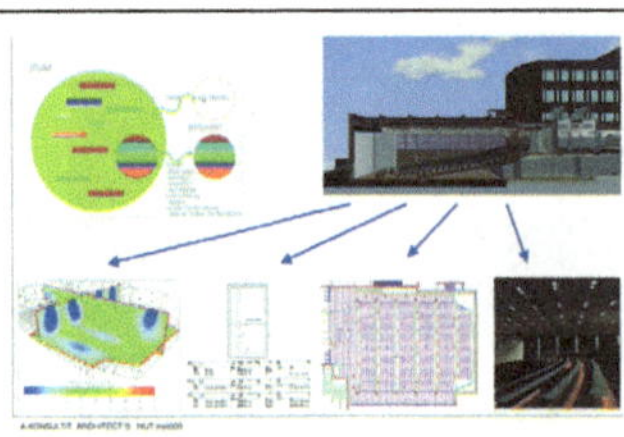	• BIM을 활용하여 얻을 수 있는 추가적인 엔지니어링 분석들에 대한 발전 가능성을 표현 • BIM을 이용한 시설물 완공후의 Energy Analysis를 설계 초기단계에 수행

[3] BIM 프로그램 분석

기존엔 개발된 다양한 3차원 모델링 툴이 있으나, BIM구축을 위해 이용되는 범용 프로그램은 다음 [표 1.8.3]과 같은 4종류가 있다.

[표 1.8.3] 범용 BIM 프로그램

프로그램	Microstation V8i	Revit 2010	Archicad 12	CATIA V5
개발사	Bentley (미국)	Autodesk (미국)	Nemetchek (독일)	Dassault (프랑스)
특징	• 토목 엔지니어링, 시공까지 다양한 분야를 포괄 • 파일기반 시스템으로, 적은 메모리 부하	• 건축 BIM 시장 주도. • 국내 가장 많은 사용자 확보	• BIM 시장에서 가장 오래 전부터 만들어 판매 • BIM 건축설계 프로그램	• 항공, 자동차산업에서 가장 광범위하게 쓰임
장점	• 복잡한 곡면 모델링 기능을 지원 • 파일 기반 시스템으로 적은 메모리 부하	• 프로그램의 사용성 우수 • 다양한 객체 라이브러리	• 배우기 쉬운 인터페이스 • 건축분야 시공, 시설관리 분야를 지원하는 많은 프로그램을 포함	• 강력한 파라메트릭 모델링 • 대부분의 3차원 디테일 모델을 생성 가능
단점	• 시스템 종류가 많고, 시스템을 배우고 다루기 어려움	• 메모리 기반 시스템 • 복잡한 곡면을 지원 안됨	• 파라메트릭 모델링 기능에 있어서 몇 가지 제약 • 메모리기반 시스템	• 초기 투자비가 큼 • 복잡한 인터페이스
국내적용 주요 프로젝트	• 행복도시 금강2교, • 제2돌산대교등	• 대구 두산 위브 더 제니스 등	• 용인시민체육공원 • 성균관대학교 학술정보관	• 행정중심복합도시 1지구 • 동대문 운동장 복합단지

① BIM용 프로그램에 의해 작성된 모델은 콘크리트 등의 주요 수량을 산출할 수 있으며, 투영법에 의한 일반도 작성을 통해 성과품의 적정성을 검토할 수 있다.

② 공정데이터와의 연계를 통해 예상 시공일에 따른 구조물의 시공상태를 3차원적으로 확인 가능하다.

③ 철근 배근을 3D로 시각 및 데이터화하여 철근 배근검토 및 간섭체크를 하여 수정, 보완을 할 수 있고, 철근모델을 도면화할 수 있다.

④ 토목분야에서 가장 활발하게 적용되고 있는 마이크로스테이션(Bentley, 미국)은 작성된 모델을 시공중 공정관리는 물론, 유지관리용 모델로도 활용될 수 있다[그림 1.8.6].

[그림 1.8.6] BIM의 건설 및 유지관리 전 분야에 적용

[4] 건축과 토목 BIM의 차이

① BIM이 먼저 활발하게 도입된 건축분야에 비해 토목분야는 그 규모 및 관련분야가 건축에 비해 매우 광범위하여 적용에 어려움이 있다[표 1.8.4].

② 대규모 작업을 위한 프로그램 선정과 관련 토목 기술자의 양성 및 확보가 중요하다.

[표 1.8.4] 건축과 토목 BIM의 비교

구분	건축분야 BIM
내용	• 비정형 구조물 설계를 위해서는 반드시 필요 • HVAC(공조 시스템), 에너지 효율성 극대화를 위한 해석에 필요 • Building Smart 협회 등 연구개발자 및 기술자 활발한 활동 • 고품격 디자인을 위한 설계사, 유지관리 및 공사비 절감 등을 위해 건축주 주도로 도입

1.8.2 BIM의 필요성

[1] 건설 산업의 생산성

① 세계적으로 건설산업의 생산성은 감소되고 있고, 미국의 경우 제조업은 기술 및 관리 향상을 통해 40년간 2배 이상의 노동생산성이 향상되었으나 건설업은 꾸준히 생산성이 감소되어 왔으며, 한국의 건설산업은 더욱 심각한 실정이다.

② 한국건설산업연구원 분석에 따르면(건설경제 2009.6), 우리나라의 건설업의 노동생산성은 유럽 선진국의 50~60% 수준에 불과하며, 자재 가격 상승률은 5년 평균 4.5%로 가장 높아 자재 수급의 원활화 및 구매 합리화가 생산성 향상을 위한 중요한 과제이다.

③ 정보기술(IT) 관련 비용의 투입비중은 2.9%로 외국에 비해 현저히 낮다(미국 26.4%, 영국 12.2%, 일본 6.2%).

④ 지금까지의 건설업은 경쟁력보다는 정책적 배려에 의존했고, 지식과 영감보다는 근력과 땀으로 버텨온 결과, 새로운 기술의 적용과 정보화, 장비의 고도화, 조달의 합리화 등을 통해 생산성 향상에 노력해야 할 것으로 분석된다.

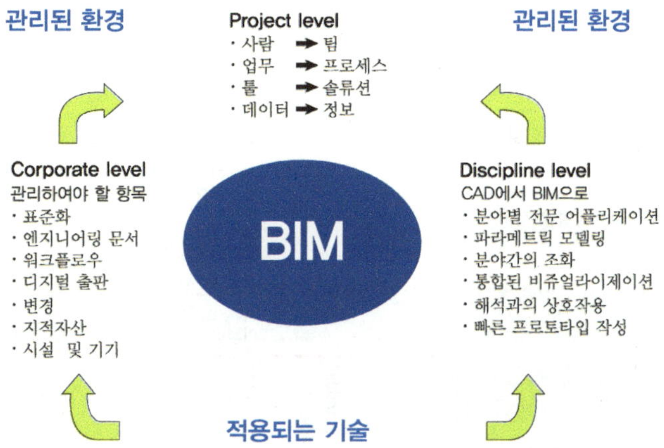

[그림 1.8.7] 건설 패러다임의 변화

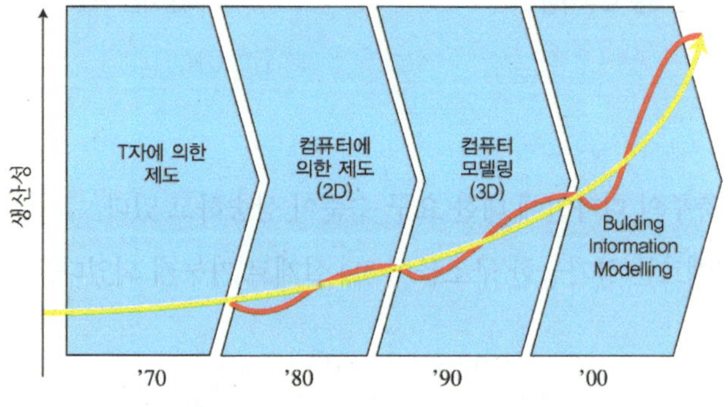

[그림 1.8.8] 건설 패러다임의 변화

[2] 건설 정보의 손실

① 건설분야의 근본적인 문제점은 설계, 건설, 운용의 각 단계가 단절되어 있어, 시간 및 예산, 품질의 저하가 발생할 수 있다.

② 기존 시스템은 설계부터 시공, 유지관리 단계까지 건설 정보가 다수 손실될 가능성이 있다.

③ 하나의 건설정보 모델을 이용하여 시간적, 경제적 손실 최소화할 필요가 있다.

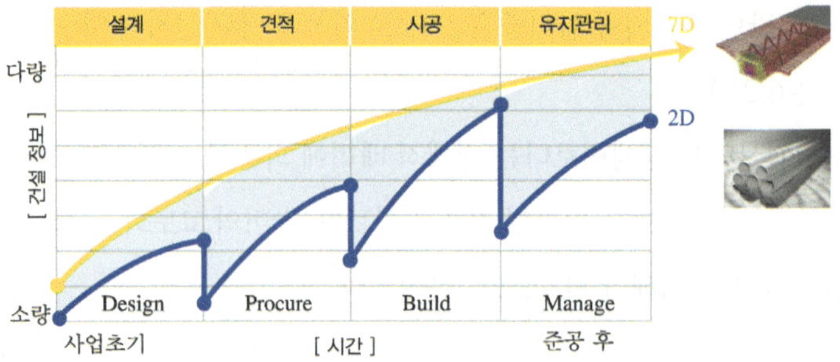

[그림 1.8.9] 건설 정보의 손실

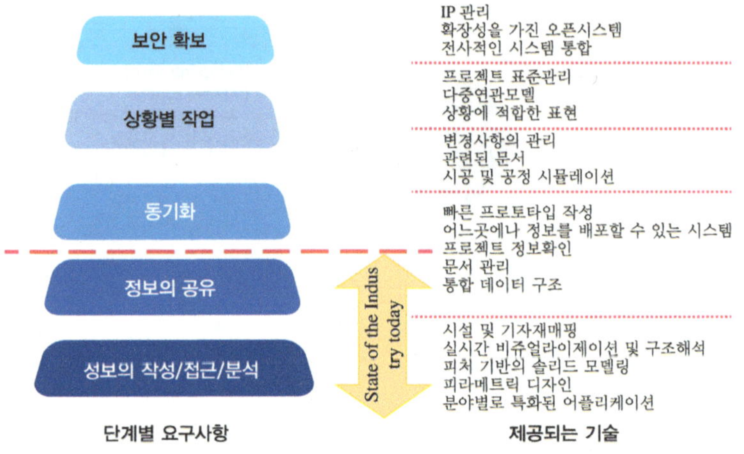

[그림 1.8.10] 건설정보 활용 극대화를 위한 BIM 기술 요건

[3] 미관 및 경관 디자인 중요성 증가

① 발주처 및 건축주의 디자인에 대한 요구 수준이 상승하고 있다.

② 기존의 2D 설계로는 불가능한 구조물이 3D 설계로 가능케 되었다.

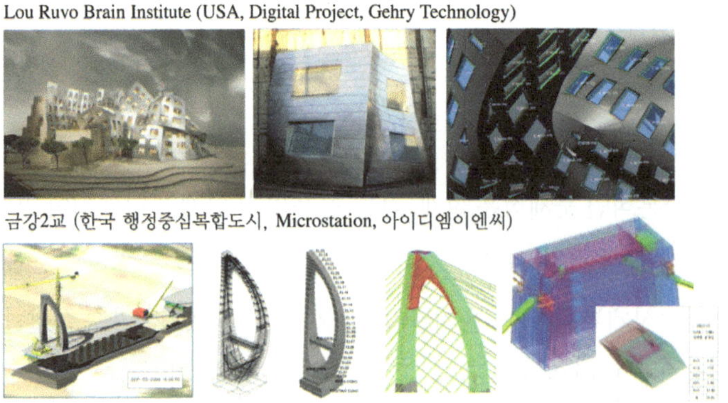

[그림 1.8.11] 미관 및 경관 디자인 중요성 증가

[표 1.8.5] 미관 및 경관 디자인 중요성 증가

대분류	항 목	주요 내용
리스크 감소	커뮤니케이션 향상	• 명확한 커뮤니케이션 채널 필요
	협 업	• 팀간의 커뮤니케이션과 건전한 계약관계
	문제점 예측	• 위험요인 예측
	안전성 향상	• 보험율 감소
비용 감소	관련 연구 증가	• 3D 모델을 이용한 full-scale simulation 활용
	가치 향상	• 폐기물 최소화 및 가치 향상
	사전 제작	• 현장보다는 공장에서 제작
시간 절감	사전시공계획 향상	• 협업을 통한 빠른 사전 계획
	공기 절약	• 시각화를 통한 시공계획
품질 향상	설계수준 향상	• 설계향상, 미적 설계 등
	시공품질 향상	• 시공 절차 및 조립방법 개선, 폐기물 감소, 안전 시공 등
생애주기별 기능 향상	유지관리 요소 향상	• 생애주기별 비용 절감
	에너지 사용 향상	• 에너지 소비 감소

1.8.3 BIM의 설계 도입현황

[1] 해외 BIM 발주 현황

① 최근, 비정형 건축물의 지속적인 증가에 의하여 Qatar National Museum, Abu dhabi Louvre Museum과 같이 중동국가를 중심으로 해외에서 발주되는 신규 공공 프로젝트들의 BIM 기반 발주가 꾸준히 증가하고 있다.

② 미국, 싱가폴 및 유럽을 포함한 주요 선진국에서 BIM의 적용을 의무화하고 있다.

③ Sydney Opera House 등 최근 BIM을 기반으로 한 건설 프로젝트의 진행이 일반적이며, 유지관리비용이 최대 20% 절감하는 것으로 보고되었다.

④ 침체기에 있는 국내 건설 경기상황에서 수익구조의 다변화를 위해서는 해외수주는 필수적이며, 이에 따라 BIM 도입을 서두를 필요가 있다.

[표 1.8.6] 주요 국가에서 BIM의 적용

국가	주요 내용
일본	• JACIC등에서 정부차원의 BIM연구프로젝트 진행
싱가폴	• 정부 CORNET을 통하여 인허가에 BIM 법규 자동체크 활용
호주	• BIM을 활용한 시드니 오페라하우스 유지관리 시스템 개발사례
중국	• BIM을 디자인 협업을 위한 표준으로 목표 설정 • 향후 5년 이내에 IFC 포맷을 건설 표준으로 채택 (2006년 시작)
미국	• 국가 BIM 표준지침 개발 보급 • GSA (연방조달청) 설계계약시 BIM 데이터 제출 의무화
핀란드	• 정부산하 시설물 프로젝트의 개방형 BIM 표준 납품 의무화
노르웨이	• 인허가시 BIM에 의한 에너지 분석자료제출 의무화 • 계획단계부터 사용승인까지 BIM 활용 계획
덴마크	• 2007년 1월 530만 유로이상의 관공사에 개방형 BIM 데이터 제출 의무화
독일	• 기존 조달표준인 GAEB를 기초로 IFC 기반의 새로운 독일조달표준 제정 중
프랑스	• IFC를 국가 BIM 표준으로 제안, 정부에서 BIM 연구지원

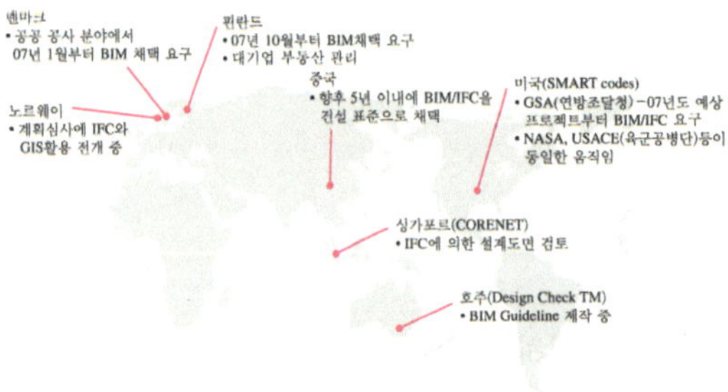

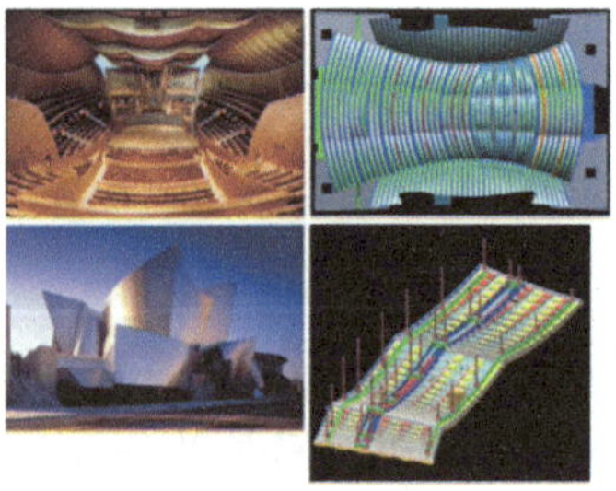

월트디즈니 콘서트홀
(CATIA)

베이징 올림픽 수영장
(Microstation)

베이징 올림픽 수영장
(Microstation)

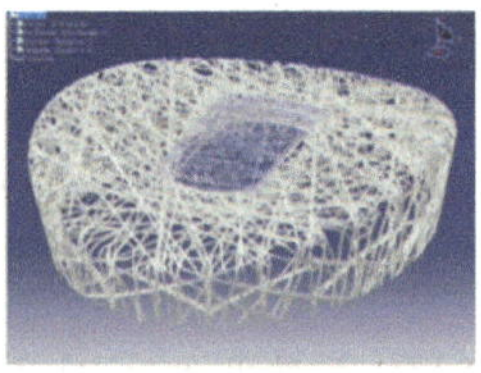

베이징 올림픽 주경기장
(Digital Project)

[그림 1.8.12] 해외 BIM 발주 현황

[2] 국내 BIM 발주 현황

① 2012년 조달청에서 공공 발주되는 시설물 중 500억 이상 T/K에 BIM 적용이 의무화 되었다.

② 용인사만체육공원에서는 국내 최초로 BIM기반 T/K 발주에서 BIM 발주서 작성 및 프로젝트 운영을 지원하였다.

③ 4대강 살리기 사업에서 3차원 설계 및 시뮬레이션이 도입되었다.

[표 1.8.7] 국내 BIM 발주 현황

년도	주요 내용
2006년	• 가상건설시스템 개발 연구단 국내 최초 BIM 도입 (국토부)
2008년	• LH 공사 양주회천지구 BIM 최초 설계 • 한국빌딩 스마트협회 출범 (4.25)
2009년	• 동대문 디자인 플라자 BIM 적용 등
2010년	• 국토해양부 BIM 적용 가이드라인 발표 (건축) • 조달청 "시설사업 BIM 적용 기본지침서 V 1.0" 제정
2011년	• 한국 BIM학회 설립 (5.11)
2012년	• BIM적용 의무화 추진 (조달청 보도 '10.12.27) • Total Service로 발주하는 500억 이상 턴키, 설계공모 공사

[3] 각 국가에서 BIM 가이드라인 현황

① 미국을 비롯한 해외 선진국에서는 이미 BIM 적용에 대한 체계적인 지침이 마련되어 운영 중이며, 2010년 우리나라에서도 건축분야 BIM 가이드라인이 제정되었다.

② 토목분야에서는 가상건설연구단을 중심으로 BIM 가이드라인(안)이 2009년에 제시되었으며, 현재 지속 수정 보완 중에 있다.

[표 1.8.8] 각 국가에서 BIM 가이드라인 현황

국가	가이드라인 명칭	개발기관
한국	BIM 적용설계 가이드 라인	국토해양부
	건축분야 BIM 적용 가이드 라인	국토해양부
미국	BIM Guide Series	GSA
	National Information Building Standards	NBIMS
	General Building Information Handover Guide	NIST
	BIM GUIDELINES & STANDARDS for AEC	Indiana University

국가	가이드라인 명칭	개발기관
미국	BIM STANDARD for Architects, Engineers & Contractors	BuildLACCD
	BIM standards for Architects, Engineers & Contractors	SDCCD
	BIM Standards for A/E/C	Wisconsin
호주	Draft Guideline	CRC-CI
핀란드	BIM Requirement 2007	Senate Properties
노르웨이	BIM Manuals	STATSBYGG
덴마크	3D Working Method	BIPS
독일	BIM/IFC User Guide	IAI
영국	AEC (UK) BIM Standard	AEC (UK)

1.8.4 BIM의 구조물설계 적용사례

[1] 행정중심복합도시내 미호천 1교

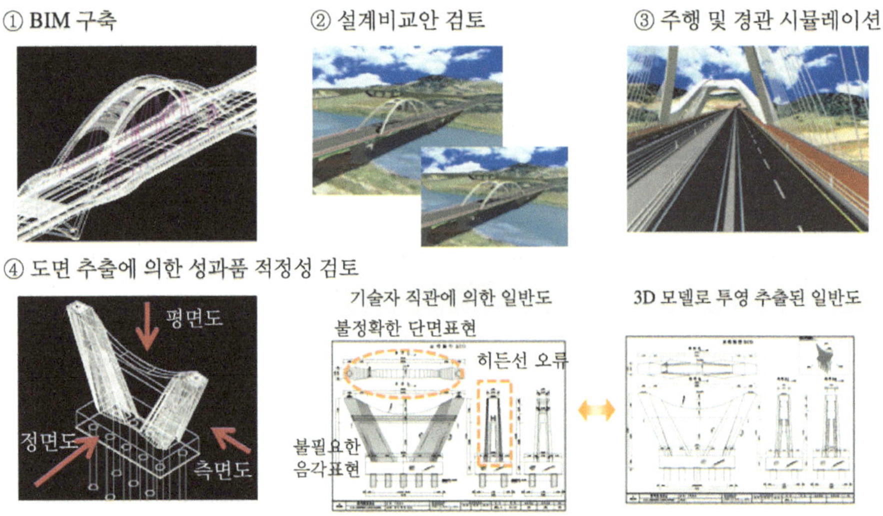

• 3차원 지형과 구조물 모델을 이용한 설계 비교안 검토, 주행 및 경관 시뮬레이션
• 도면추출에 의한 성과품 적정성 검토
• 별도의 동영상 및 CG 비용 절감, 도면 오류에 의한 설계수정 및 보완 기간 감소

[그림 1.8.13] 행정중심복합도시내 미호천 1교 (2008, 유신코퍼레이션)

[2] 자기부상열차 시험선

- 3차원 주변 현황과 노선 및 열차 모델을 이용한 비교안 검토, 주행 시뮬레이션
- 시공성 사전 검토, 유지관리 시설 절감 방안 검토
- 사전 시공성 검토에 의한 시험제작비 절감, 별도의 동영상 및 CG 비용 절감, 유지관리 시설비 절감

[그림 1.8.14] 자기부상열차 시험선(2008, 철도기술연구원)

[3] 두바이 R881-2A 교량 및 도로 시공엔지니어링

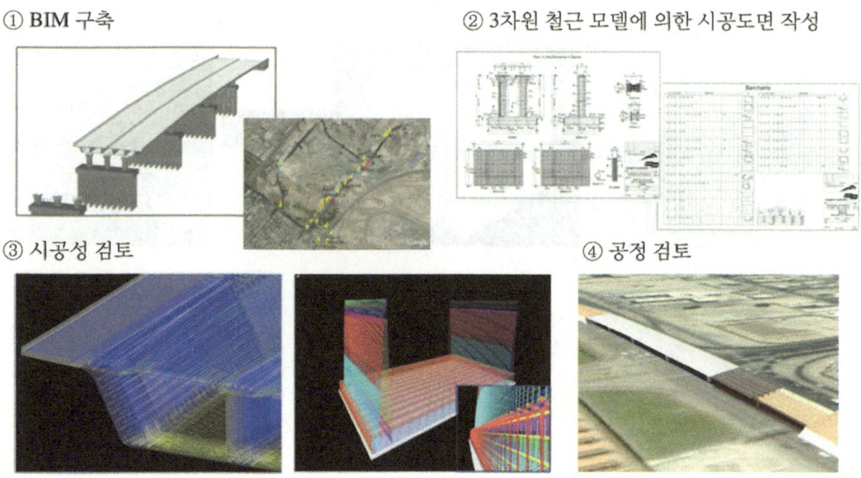

- 3차원 주변 현황과 주요 구조물 모델을 이용한 계획 검토
- 3차원 모델을 이용한 도면 및 수량 산출, 시공성 사전 검토, 공정검토
- 설계 성과품의 품질 확보, 사전 시공성 검토에 의한 시험제작비 절감, 별도의 동영상 및 CG 비용 절감

[그림 1.8.15] 두바이 R881-2A 교량 (30개소) 및 도로 시공엔지니어링 (2008, 성원건설)

[4] 소사-원시 역사 BTL

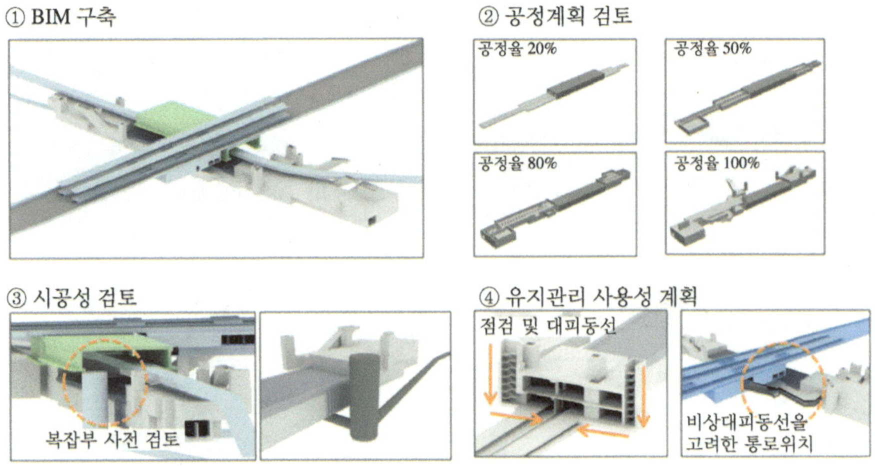

- 3차원 역사 상세 모델을 이용하여 시공성 및 유지관리 사용성 검토
- 공정별 예상 시공모델에 의한 복합공정 최적화 계획
- 시공성 및 유지관리 사용성 검토자료, 연계공정 검토에 의한 공기단축으로 공사비 절감

[그림 1.8.16] 소사-원시 역사 BTL (2008, 포스코 건설)

[5] 적금-영남 앵커리지부 검토

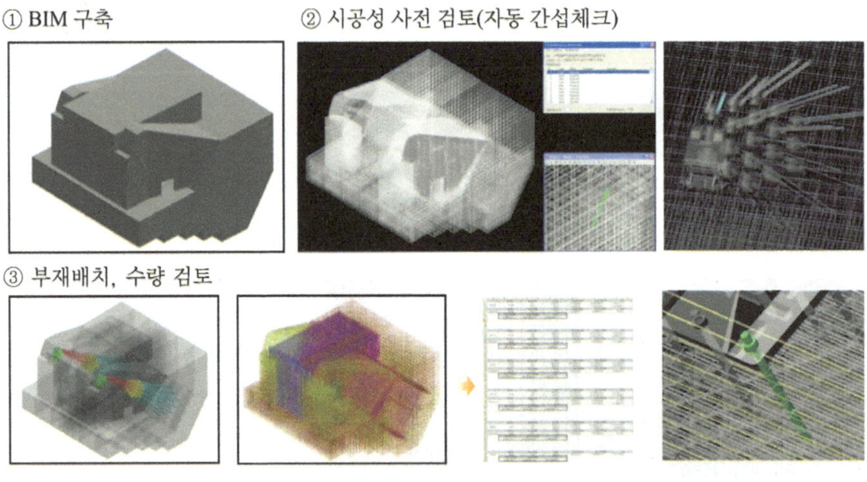

- 현수교 앵커리지부 상세 모델에 의한 설계 및 수량 성과품 적정성 검토
- 3차원 상세 철근 모델 및 장치 모델간 (자동)간섭체크에 의한 시공성 사전 검토
- 복잡한 철근배치와 장치구조의 앵커리지부 사전 시공검토로 도면오류에 의한 추가재료, 가공비 절감

[그림 1.8.17] 적금-영남 앵커리지부 검토 (2008, 대림산업)

[6] 제2돌산대교 성과품 및 공정 검토

① BIM 구축

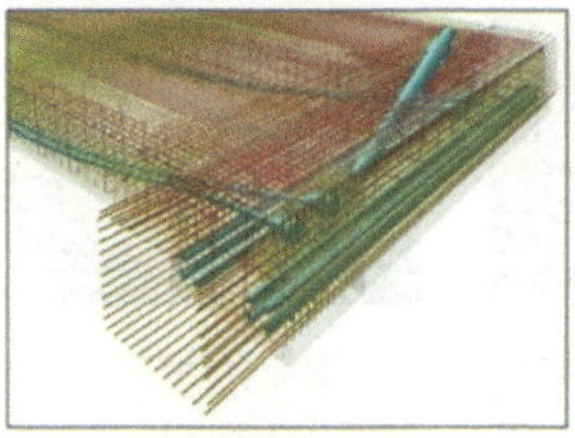

② 시공성 검토(부재간섭 및 작업성 검토)

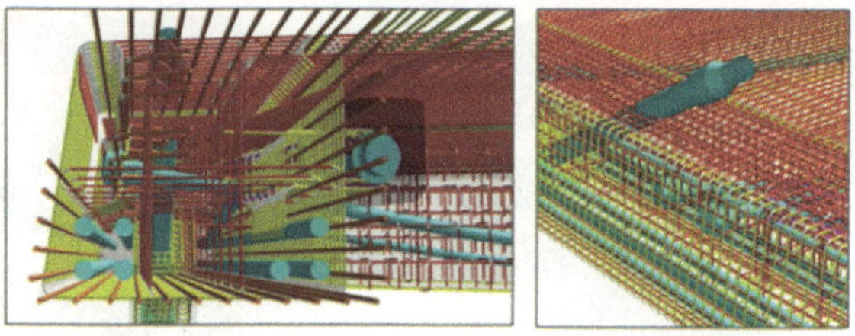

③ 공정 및 장비운영 검토

- 콘크리트 사장교 보강형의 복잡한 부재배치를 3차원 형상으로 시공성 검토
- 철근과 기타 부속장치의 간섭 검토, 주요 공정 및 장비운영 검토
- 사전 시공성 검토로 시험제작비 및 추가적인 재료, 가공비 절감, 사전 장비운영 검토로 공기단축 효과

[그림 1.8.18] 제2돌산대교 성과품 및 공정 검토 (2008, 대림산업)

[7] 이순신대교 3차원 설계 검토

① BIM 구축

② 설계 성과품 검토

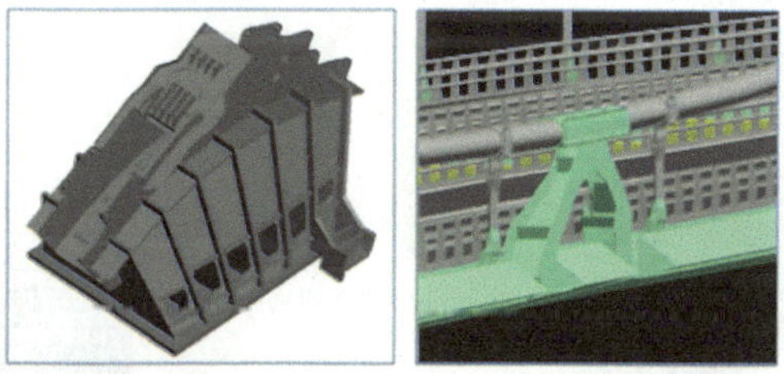

③ 가상현실(VR) 검토

- 초장대 교량의 설계 성과품 검토를 위해 3차원 상세 모델 구축
- 주요 상세 부재 사전 시공성 검토, 홍보용 가상현실 동영상 제작
- 3차원 정밀 모델에 의한 성과품 사전 검토로 추가재료, 가공비 절감, 홍보자료 별도 제작비 절감

[그림 1.8.19] 이순신대교 3차원 설계 검토 (2008, 대림산업)

[8] Hyun-HT 교량 3차원 설계

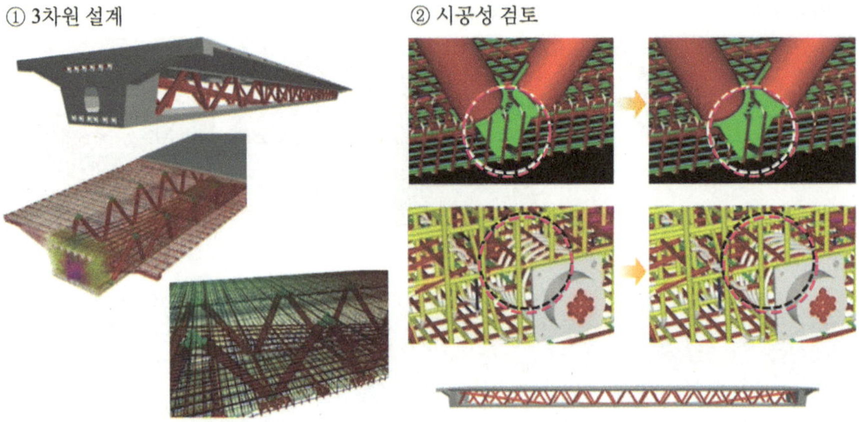

- 다양한 구조부재 및 입체적 형상(트러스)이 적용된 복합교량을 3차원적으로 설계
- 교량 상세부 시공성 사전 검토
- 3차원 설계로 복합교량에 대한 설계기간 단축 및 정밀성 증대, 사전 시공성 검토로 시험제작비 절감

[그림 1.8.20] Hyun-HT 교량 3차원 설계 (2009, 현대건설)

[3] 금강 2교 검토

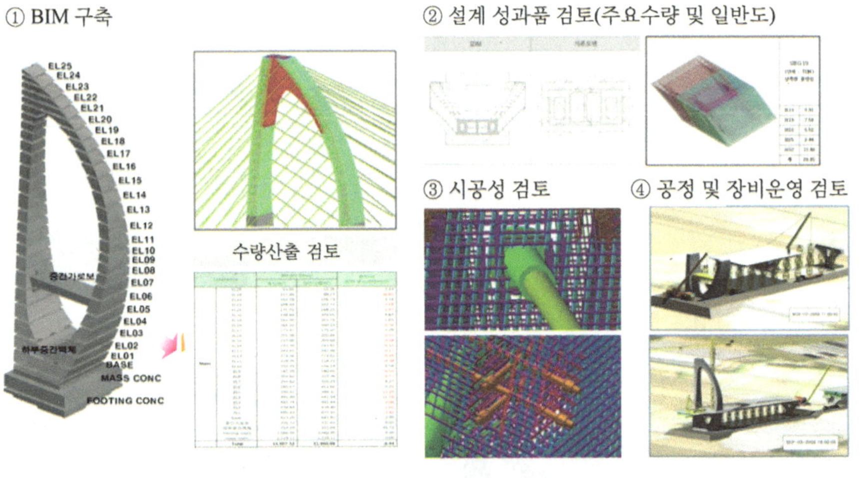

- 3차원적으로 변화하는 단면을 가진 주탑부의 일반도 및 수량 검토에 활용
- 3차원 철근 상세 모델을 이용하여 시공성 사전 검토 및 세그별 수량 산출
- 3차원 설계로 미관을 고려한 곡선형 구조물의 정확한 일반도 및 수량산출과 시공성 검토 이용

[그림 1.8.21] 금강 2교 검토 (2009, 대림산업)

1.8.5 BIM의 설계 적용성 검토결과

[1] BIM 적용내용 및 효과

토목시설물의 전 생애주기에 걸친 BIM 적용 내용 및 효과를 정리하면 다음 [표 1.8.9]와 같다.

[표 1.8.9] 토목 단계별 BIM 적용 내용 및 효과

구분	주요 적용 효과
프로젝트 초기단계	• 개략적인 시설물 모델과 비용 데이터베이스에 연결하여, 초기에 개략 견적을 가능하게 함으로써 발주자의 의사결정 지원 • 초기단계에 분석/시뮬레이션 도구들을 사용하여 설계 대안들을 평가함으로써 전체 프로젝트의 품질향상 기회 제고
설계단계	• 3D 시각화를 통한 설계의도 검토 용이성 향상 • 설계변경 발생시 객체들에 사용된 파라메트릭 규칙에 의해 변경사항이 자동으로 반영, 갱신되어 정확하고 일정한 2D 설계도면을 즉시 생성 가능 • 다양한 설계분야의 조기 협업 • 설계단계 중 견적을 통한 공사비 예측 • 에너지 효율성과 지속 가능성 향상
시공단계	• 설계와 시공계획의 검토 • 설계오류 및 누락의 발견 • 설계 변경 내용에 대한 빠른 대응 • 자재 제작을 위한 기초모델로서 설계 모델 사용 • 향상된 시공기술과 린 건설 기술 적용
유지관리 단계	• 시설물 유지관리 업무 효율성 증대 • 시설물 운영관리 시스템과의 통합

[2] 토목 분야별 BIM 적용 내용 및 효과

① 초창기 토목분야의 BIM은 주로 구조분야, 그 중에서도 교량분야에 집중되었으며, 주로 교량의 3차원 상세 모델링을 통해 케이블 정착구와 간섭문제 해결과 같은 시공성 검토나 시공단계별 시뮬레이션을 통한 사업의 이해를 돕는 목적이었다.

② 2009년 말, 4대강 살리기 등 대형 국가사업이 동시 다발적으로 진행되면서 발주처와 시공사는 효과적인 공사관리 및 시공계획의 방안으로 BIM을 도입하기 시작하였다.

③ 3차원 토목모델을 이용하여, 준설량을 검토하고, 3차원 철근모델을 이용하여 복잡부 및 비정형 구조물의 배근상세를 검토하였으며, 3차원 공정관리(4D) 시스템이 공정 관리 및 공기 단축계획 검토에 이용되었다.

[표 1.8.10] 토목 분야별 BIM 적용 내용 및 효과

토목분야	BIM 적용 내용	주요 적용 효과
구조/교량	• 복잡부 간섭 및 시공성 검토 • 장비운영 계획 검토 • 주요 가시설 계획 • 거푸집 및 철근조립 검토	• Mock-up 비용 절감 • 철근량 최적화
도로/철도	• 토공량 정밀 검토 및 유동계획 • 교통처리 검토 • 부대공 계획 • 장비운영 및 조합 최적화	• 토공 유동 최적화 • 장비 최적 운영
지하철	• 지하 가시설 검토 • 출입구 및 환기구등 돌출물 검토 • 기존 구조물 연결 및 지장물 간섭 검토	• 가시설 계획 최적화 • 지장물 이설 계획
터널	• 갱구부 상세 검토 • 터널내 장비운영(공간) 검토 • 발파암 및 버럭처리 계획 • 터널내 계측관리	• 주요 접합부시공 계획 • 장비 최적 운영
수자원	• 하천 준설량 검토 • 기계 설비 간섭 검토 • 수자원 구조물 배치 및 시공성 검토	• 준설량 최적화 • 설비간섭 사전 해결
항만	• 대형 콘크리트 구조물의 철근조립 검토 및 철근 VE • 유틸리티 관망 시설 검토 • 준설량 검토	• 철근량 최적화 • 토공 유동 최적화
단지	• 토공량 정밀 검토 및 유동계획 • 추가 도면 추출 • 지하 유틸리티 관망 검토	• 토공 유동 최적화 • 관망간섭 사전 해결

[3] 현장내 각 팀별 BIM 활용분야

① 현장내 BIM 프로젝트 진행시 가장 중요한 절차가 현장 기술진과의 아이디어 회의이다.

② 구축된 BIM이 현장에서 적극 활용되기 위해서는 현장을 구성하는 팀별 업무의 특성을 파악하고, 해당 분야별로 BIM을 적극 활용하기 위한 아이템의 발굴 및 관련 솔루션의 개발이 중요하다.

③ 기존에는 착공시 설계도서검토나 샵드로잉 준비를 위해 설계팀에서 BIM을 이용하는 사례가 많았으나, 최근에는 공정 및 기성관리를 위한 공무팀의 활용이나 3차원 시공계획을 위한 공사팀의 활용이 상당히 늘었으며, 이를 위해 현장내 BIM 교육과 관련 기술진의 현장상주 요구가 증가하고 있다.

④ 안전관리팀도 공사중 위험요소를 3차원 가상현장내 아바타를 이용하여 사전 검토하거나, 이를 직원들의 안전교육에 활용하고 있으며, 품질관리팀도 공정계획과 연계하여 최적의 자재조달 계획을 수립하는데 이용한다.

[표 1.8.11] 현장내 각 팀별 BIM 활용분야

토목분야	주요 적용 효과
공무팀	• 공정관리 및 기성관리 • 대발주처 및 대민 설명자료 작성 • BIM과 연계한 각종 공사문서 관리 • 자재 조달 계획
공사팀	• 공사전 3차원 모델로부터 좌표 및 제원 확인 • 부족한 공사용 도면 추출 • 지장물 사전 검토
설계팀	• 3차원 모델을 이용한 설계도면 사전검토 • 가시설 계획 및 설계 • 3차원 철근 모델을 이용한 샵드로잉 작성 및 검토
안전관리팀	• 안전교육(안전교육장), 사전 안전사항 검토 • 장비운영시 안전사항 검토 • BIM과 연계한 각종 계측자료 관리
품질관리팀	• 자재 조달 계획 • BP장 관리방안

1.8.6 BIM의 구조물설계 적용기법

[1] 3차원 일반도 검토

① 3차원 구조물 계획이 완료되면, 이를 이용하여 3차원 구조물과 연동되는 일반도를 작성할 수 있다.

② 정면, 평면, 측면이 3차원 모델과 정확하게 일치하므로 기존 기술자의 직관에 의하던 방법에 비해 품질확보가 확실하며, 계획의 잦은 변경시에도 작업상의 누락이나 오류를 사전에 방지할 수 있다.

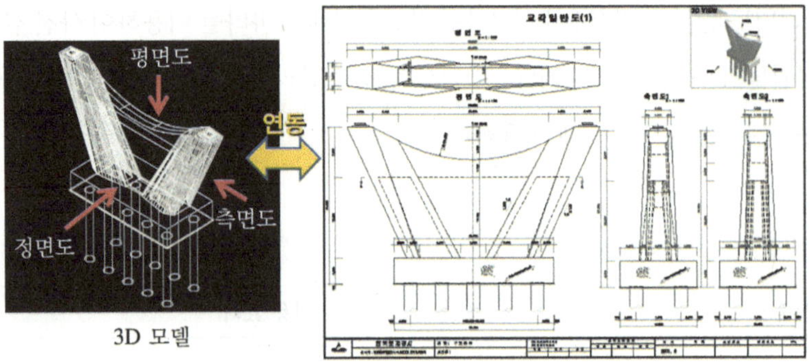

[그림 1.8.22] 3차원 모델로부터 추출한 일반도

구분	엔지니어 직관에 의한 작성 도면	BIM으로부터 추출된 도면
작성 도면	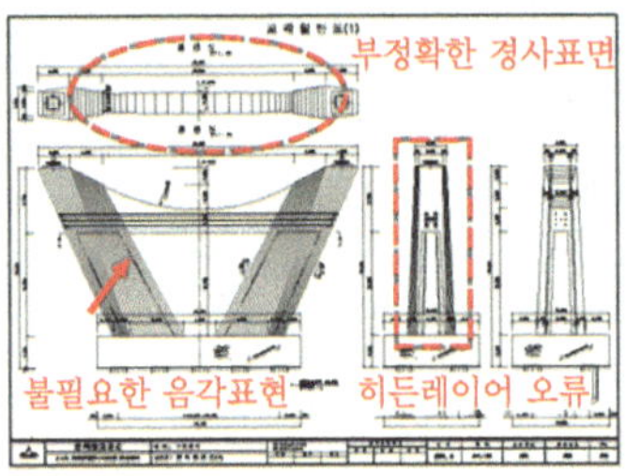	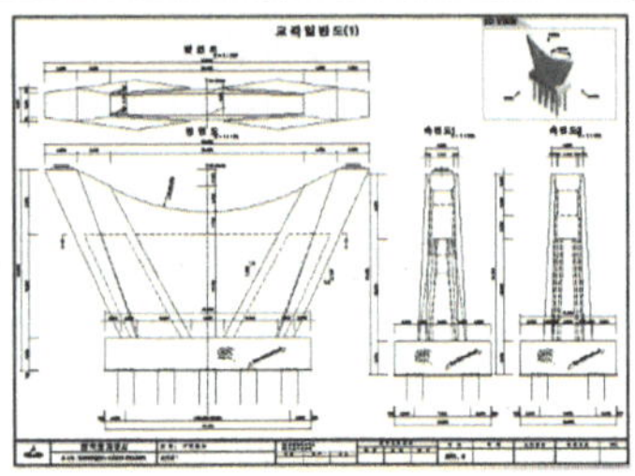

[그림 1.8.23] BIM으로부터 추출된 도면

[2] 3차원 배근도 검토

① 각 면에서 표현되는 철근이 서로 연동되어 3차원 데이터 베이스를 이루는 스마트 배근도는 3차원 모델을 생성시켜 작업자나 감독자의 이해를 도울 뿐 아니라, 부재간섭이나 시공성 검토가 가능하다.

② 사용되는 모든 철근 형상에 대해 데이터 베이스가 구축되기 때문에 철근수량을 자동산출할 수 있을 뿐만 아니라 시공상세도면(샵드로잉)의 자동생성과 철근손율 최소화가 가능한 반입철근량 계획이 추가적으로 가능하다.

③ 내부 철근까지 고려된 3차원 구조물 모델의 구축은 선, 면, 체적 정보를 이용하여 수량을 자동으로 산출할 수 있도록 해주고, 이는 기존의 도면을 보고 수작업에 의해 구하던 수량산출 방식에 비해 오류발생 소지를 없애고 3차원 모델정보만 수정되면 자동으로 수량산출량이 바뀌게 되어 작업시간도 상당히 줄어들게 하는 장점이 있다.

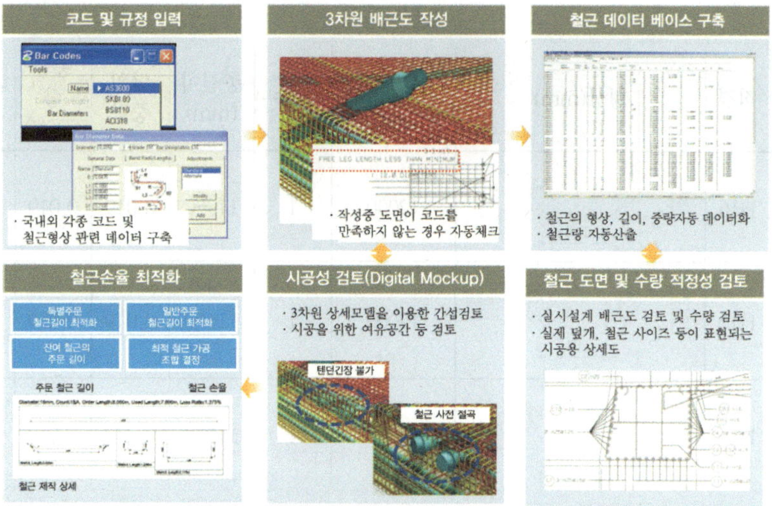

[그림 1.8.24] 3차원 철근상세 모델 구축 방법

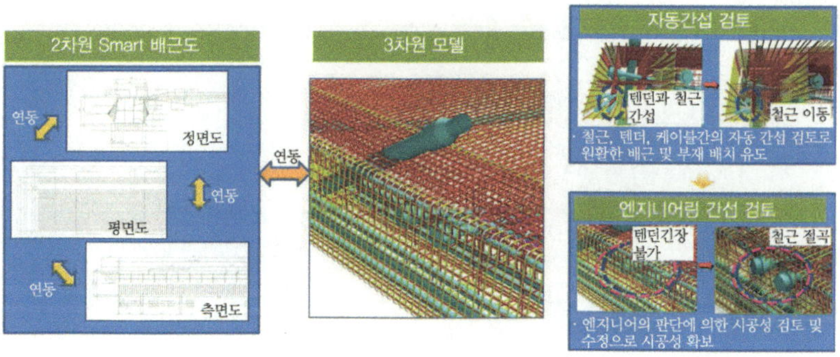

[그림 1.8.25] 3차원 철근상세 모델 구축 개념

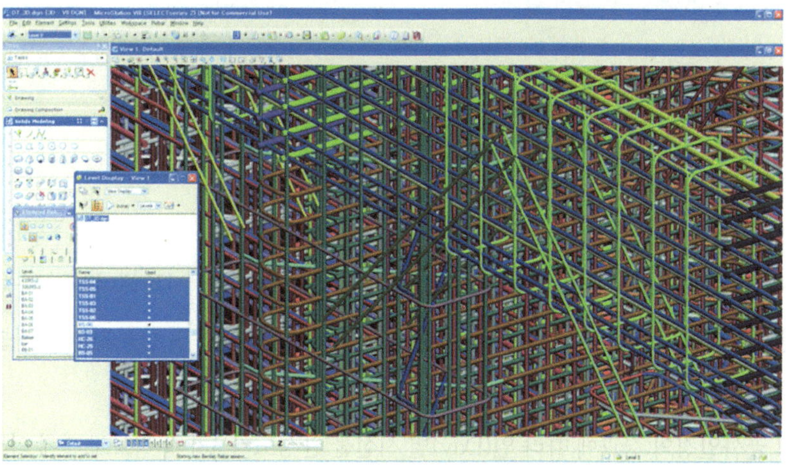

[그림 1.8.26] 철근 마킹별 위치와 형상 확인

철근재료표

번호	직경	형상(mm)	길이(mm)	갯수	총길이 (mm)	단위 중량	총중량 (TCN)	비고
US-21-06	H16	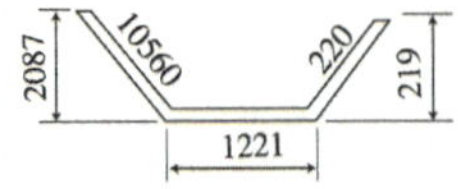	12000	1	11970	0.019	0.019	
US-21-07	H16	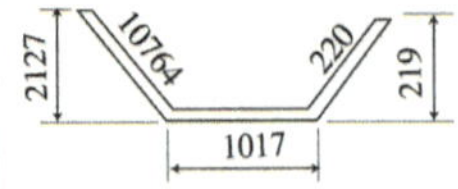	12000	1	11970	0.019	0.019	
US-21-08	H16	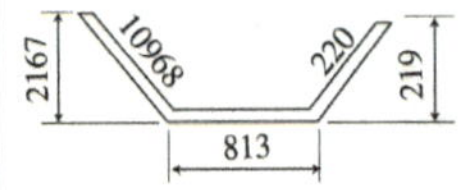	12000	1	11970	0.019	0.019	

[그림 1.8.27] 철근 수량 산출

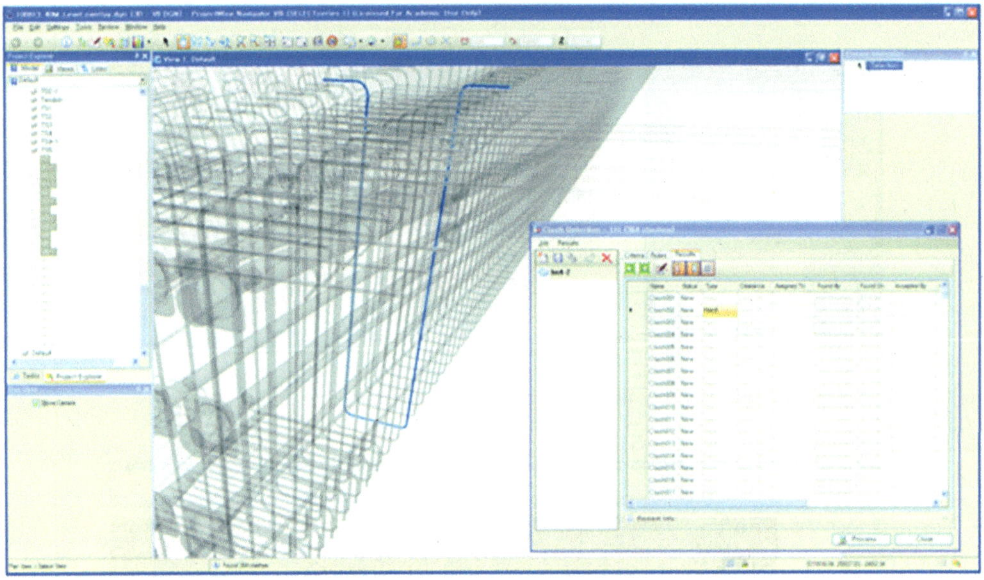

[그림 1.8.28] 철근 자동 간섭 체크

[3] 3차원 공정관리 검토

① 3차원 모델을 공정단계별로 구분하여 예정 공정에 따른 시공 시뮬레이션이 가능하며, 이를 통해 공기의 적정성을 검토할 수 있을 뿐만 아니라, 작업자 및 감독자의 이해를 도울 수 있다.

② 계획 공사일정의 경과에 따라 일(Day)별 시설물 완성도가 3차원 정보모델에 의해 표현되어, 시각적인 공정관리가 가능한 시스템이다.

③ 계획 공정대비 실적공정을 색깔로 표현하여 시각적으로 확인 가능하다.

[4] 적용 프로그램

국내에서 많이 사용되고 있는 미국 Bentley사의 프로그램 Microstation V8i와 Rebar V8i의 주요 특징은 다음과 같다.

(1) Microstation V8i

① MicroStation V8i는 엔지니어, 건축가, GIS 전문가, 건설 전문가와 오너 오퍼레이터에 의해 사회 기반시설을 위한 설계, 모델화, 시각화, 문서화, 지도 제작 등의 프로젝트에 사용된다.

② MicroStation V8i 는 사용자의 데스크탑 환경에 완벽하게 통합되고, 직관적이면서 입증된 다양한 도구들, 대화식 도구 사용 및 타CAD 시스템과의 뛰어난 상호 호환성 기능들을 갖추고 있기 때문에, 다양한 산업 부문의 설계 엔지니어들이 선호한다.

③ 단일 환경에서 DWG와 DGN를 통합하고, DWG 데이터의 가치를 확장하고 다양한 DWG 재사용에 대한 문제를 해결한다.

④ 사용자는 다양한 소프트웨어 제품에서 작성된 3차원 모델을 재사용하고 통합할 수 있으며 대용량 래스터 이미지를 신속하게 처리함으로써 프로젝트 완료 시간을 효율적으로 관리된다.

⑤ MicroStation V8i의 지리 좌표 도구를 사용하여 프로젝트 팀은, 같은 파일 내에서 벡터와 래스터 참조 데이터를 손쉽고 정확하게 부착할 수 있다.

⑥ 프로젝트 수행 시 요구되는 3차원 모델에 대해 완벽하게 좌표를 유지한 상태에서 원하는 뷰의 모양을 잘라내거나 필터링 할 수 있으며, 2D 도면을 추출 해 낼 수 있다.

⑦ 직관적이고 쌍방향 형식의 도구를 통해 보다 신속하게 모델을 작성하고 편집 가능하다.

⑧ 실사에 가까운 이미지를 표현하는 Photo-realistic 룩솔로지 (Luxology) 렌더링 엔진을 탑재하여 프로젝트에 대한 타당성 및 마무리에 대한 적합성을 확인한다.

(2) Bentley Rebar V8i

① Bentley Rebar는 MicroStation 플랫폼을 최대한 사용하여 강력한 콘크리트 상세화 및 스케줄링 시스템을 구현한다.

② 표준 강화 상세 요소를 동적으로 검색하고 평면, 단면 및 고도 뷰에서 3D 강화 모델을 만들고 지능형 파라메트릭 상세화로 막판 설계 변경 사항에도 신속하고 효율적으로 대응한다.

③ 철근 상세화 툴은 직철근 및 폐합철근, 나선철근 등에 대한 다양한 라이브러리를 제공한다.

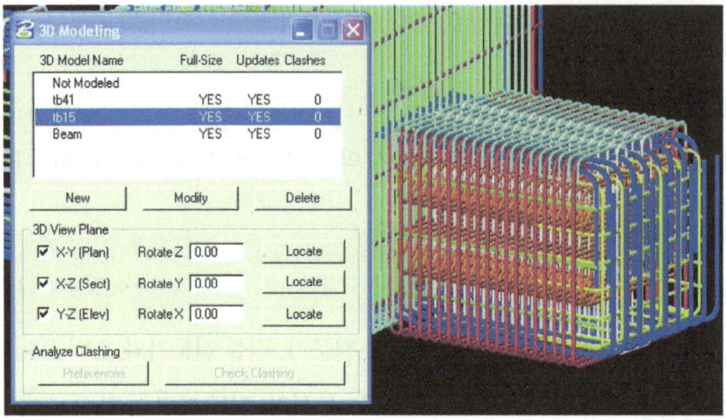

[그림 1.8.29] 3차원 철근 모델 생성

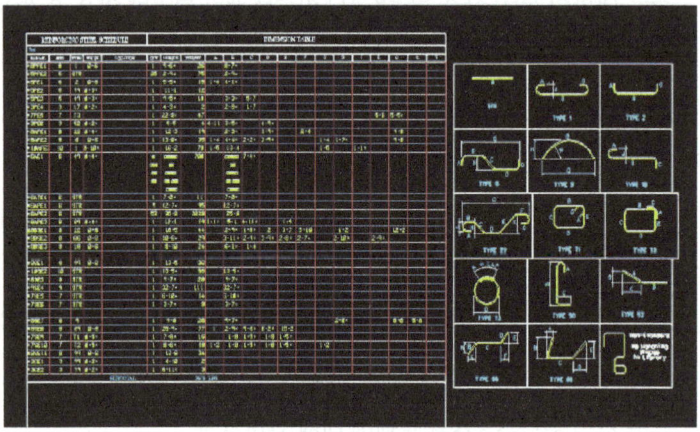

[그림 1.8.30] 철근 재료표 작성

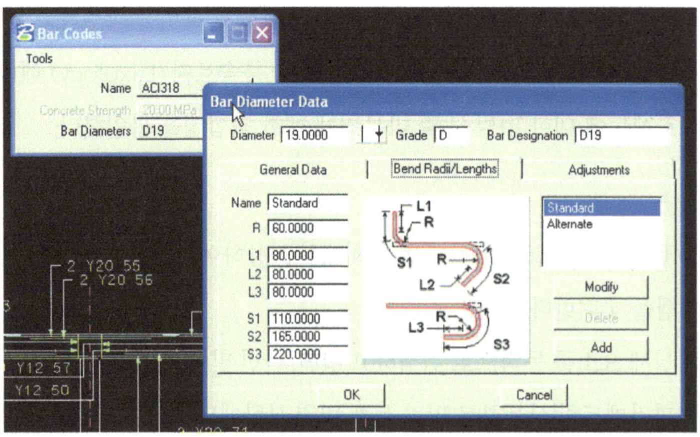

[그림 1.8.31] 다양한 철근 코드 지정

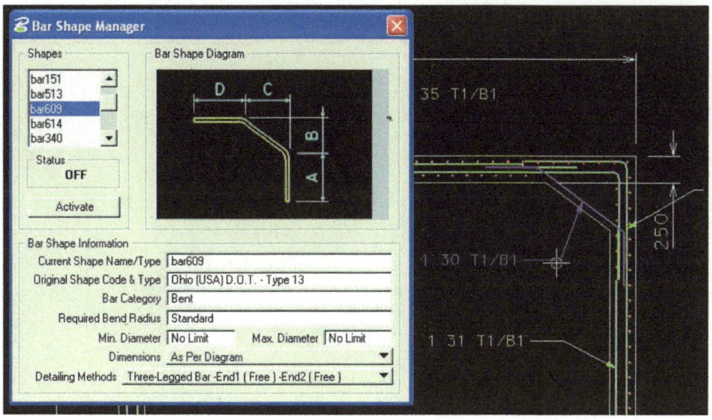

[그림 1.8.32] 다양한 형상의 철근 라이브러리 제공

PART 1

정정 구조물의 해석

CHAPTER 2 구조물의 개론
CHAPTER 3 평면 트러스
CHAPTER 4 정정 보와 라멘의 전단력과 휨모멘트
CHAPTER 5 아치와 케이블
CHAPTER 6 영향선과 이동하중
CHAPTER 7 입체 트러스

STRUCTURAL MECHANICS

A B S T R A C T

일반적으로 사용되고 있는 트러스나 보, 라멘은 정정과 안정성을 판별하는 일반적인 방법에 따라 대부분은 부정정구조이지만, 부정정구조물의 해석을 쉽게 이해하기 위해서는 정정구조물의 단면력에 대한 계산과정이 필요하다. 힘의 평형3조건식인 $\Sigma F_x = 0$, $\Sigma F_y = 0$, $\Sigma M = 0$에 의하여 지점반력을 구하여 단면력을 계산할 수 있는 구조물을 정정구조물이라고 한다. 그러므로 본 1편에서는 정정 트러스, 보와 라멘의 임의의 점에서의 내력의 해석방법과 전단, 휨모멘트, 축력 등에 대한 단면력도의 작성방법을 중점적으로 하는 구조해석을 다루었다.

CHAPTER 2

구조물의 개론

2.1 개요

구조물은 인장, 압축 및 휨을 받는 직선부재와 곡선부재로 결합된 상부구조물과 상부구조물을 지지하고 있는 하부구조물로 구성되어 있다. 상부구조에서 직선부재로 결합된 구조물로는 보, 라멘, 트러스 등이 있으며, 곡선부재로는 아치구조물과 곡선보가 있다. 그리고 하부구조물로는 교대, 교각 등이 있으며, 이 하부구조물은 상부구조물에 작용하는 외력과 자중을 기초지반에 전달하는 역할을 한다. 특히 구조물에 외력이 작용하여 힘을 전달시키는 과정에서 구조물을 구성하고 있는 부재에 응력과 변형이 생긴다.

정확한 구조물설계를 위해서 응력해석차원에서 정역학적 힘의 평형방정식 3조건만으로 구조해석을 할 수 있는 정정구조물과 힘의 평형방정식 3조건만으로는 구조해석을 할 수 없는 부정정구조물로 나누어진다.

2.2 자유물체도와 평형조건

2.2.1 작용외력과 반력

모든 구조물은 자중 외에 그 구조물이 지지하는 다른 요소에 의해 전달되는 사하중 및 각종 활하중과 지진, 풍하중과 같은 자연재해하중이나 온도변화, 지점침하 등과 같이 변형에 의해 유발되는 외력 등 구조수명 간에 다양한 외력의 작용을 받게 되는데 이러한 하중들의 크기, 작용위치, 재하조건이나 재하방법을 정확하게 알거나 결정하기란 매우 어렵고 때로는 예측이 거의 불가능한 경우도 있다. 그러나 대개의 경우 각종 구조물의 관련 설계기준이나 시방서 등 지난 수십 년간의 연구, 시험결과의 도움을 받아 구조물의 설계 시에 고려해야 할 각종 하중의 재하조건 및 하중의 크기를 비교적 정확하게 가정하거나 산정할 수 있다. 그 외에도 이러한 재하조건에 따른 각종 하중들이 구조물에 어떻게 작용하는가에 대한 합리적인 가정도 필요하다. 하중의 종류나 재하조건이 어떻든 간에 결과적으로는 구조해석을 위해서 이들 하중은 구조물상에 특정한 위치에서 지정된 방향으로 일정한 크기를 갖는 집중 또는 분포 외력이나 우력으로 표현된다. 이와 같은 작용외력은 [그림 2.2.1]에서 보는 바와 같이 작용력과 외적 평형(external equilibrium)을 이루는 지지점에서의 반력을 수반하게 된다. 그러므로 구조물은 구조수명 간에 가장 최악의 조건에 대응하는 전체 작용외력 및 반력을 안전하게 지지할 수 있도록 충분한 강도를 가져야 한다.

구조물에 작용하는 외력들은 시간에 무관한 정하중이거나 시간에 따라 변하는 동하중임을 유의하여야 한다. 동하중에 대한 구조해석은 구조동역학(structural dynamics) 또는 구조진동해석(structural vibration analysis) 등으로 일컫는 보다 높은 수준의 구조역학이므로 여기서는 다루지 않으며 정하중이나 등가정하중에 대한 정적구조해석만을 다룬다.

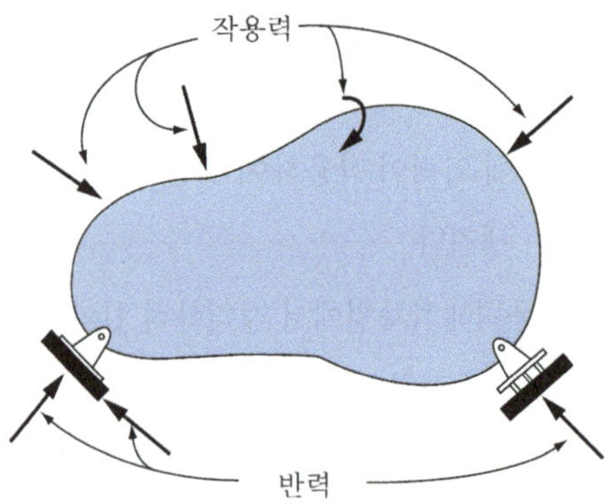

[그림 2.2.1] 작용력과 반력

2.2.2 자유물체도(Free-Body diagram)

구조해석에서 가장 유용한 도구중의 하나가 자유물체도이다. 자유물체도란 구조물의 전체 또는 특정 부분이나 요소에 작용하는 모든 외력과 분리된 타부분에 의해 전달되는 모든 전달력까지를 함께 나타낸 도해적인 스케치이다.

이를테면 [그림 2.2.2(a)]에 보인 임의의 구조체를 고려해보면 전체 구조물의 자유물체도는 작용력과 반력을 포함한 [그림 2.2.2(b)]와 같다. 반면에 [그림 2.2.2(a)]에서 점선 $a-b$를 따라 절단한 경우, 어느 한쪽 부분의 자유물체도에는 절단면에 작용하는 응력(stress) 또는 내력의 분포로 평형상태를 유지하게 된다. 이러한 내적 응력이나 내력은 [그림 2.2.2(c)]의 자유물체도에 보인 바와 같이 그 단면에서 양쪽 부분의 작용-반작용이므로 크기가 같고 방향이 반대인 분포를 갖는다.

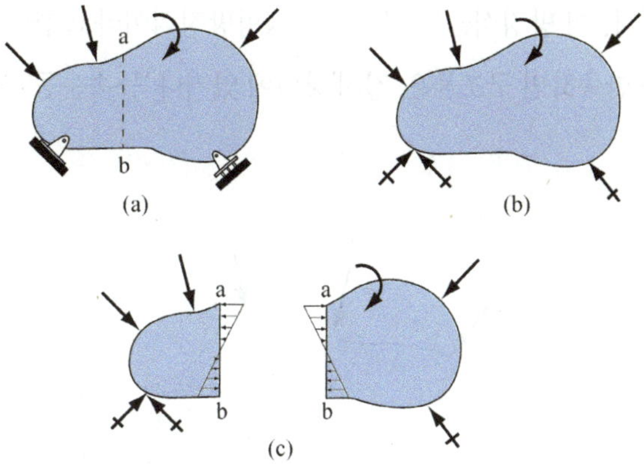

[그림 2.2.2] 자유물체도

전체 구조물의 자유물체도는 구조물에 작용하는 모든 외력, 즉 작용력과 반력사이의 관계를 보여주지만, 반면에 구조물의 일부분의 자유물체도는 내력과 외력 사이의 관계를 도해적으로 나타낸다. 어느 경우에도 각 자유물체도는 구조해석에서 고려하는 모든 것을 내포하고 있는 하나의 독립된 구조단위(structural unit)를 나타낸다. 전체 또는 구조 일부분에 대한 각 자유물체도의 적절한 선정과 이에 따른 각 구조요소의 해석은 구조해석 과정에서 가장 기초적이며 중요한 사항이다.

2.2.3 힘의 평형조건

정역학적으로 최초에 정지 상태에 있거나 등속운동을 하고 있는 구조물이 각종 내력과 외력들의 작용 하에 계속 정지 혹은 등속운동상태, 즉 평형을 유지할 때 이들은 평형상태에 있다고 한다. 구조물 전체가 평형상태에 있음이 확인되면 구조물의 어느 일부분도 평형상태에 있음을 쉽게 알 수 있다.

이와 같이 '정지' 조건이 만족되려면 구조물에 작용하는 모든 힘들이 균형 상태에 있어야 하므로 [그림 2.2.3]과 같이 평면력계를 받는 평면체에 대한 평형조건은 다음과 같이 직교좌표계에 대한 3개의 스칼라 방정식으로 표현된다.

$$\Sigma F_x = 0 \qquad \Sigma F_y = 0 \qquad \Sigma M_z = 0 \tag{2.2.1}$$

여기서, ΣF_x, ΣF_y는 각각 구조물에 작용하는 모든 힘들의 x 및 y방향 성분의 대수합이다. 그리고 ΣM_z는 평면상의 임의의 점에 대해 xy평면에 수직한 z축에 관한 힘성분들의 모멘트의 대수합을 나타낸다. 이 방정식들을 정역학적 평형방정식이라고 한다. 구조물에 작용하는 힘들이 이 방정식들을 만족하면 구조물은 '정지'상태에 있거나 '등속운동'을 하며 평형상태에 있다고 한다.

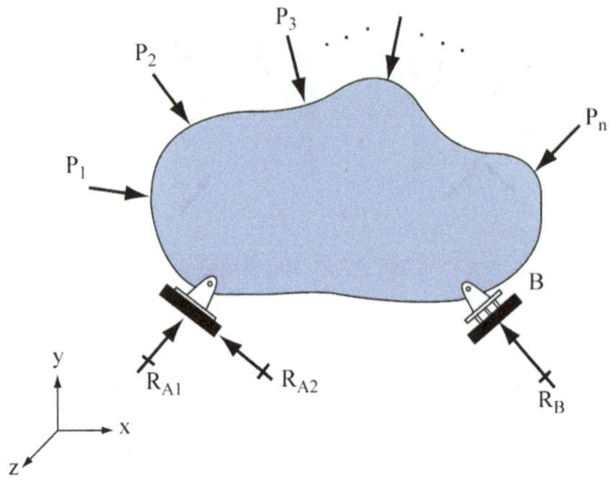

[그림 2.2.3] 평면구조의 평형

식 (2.2.1)은 평형방정식의 가장 일반적인 형태를 나타내지만 때로는 다른 형식이 더 편리한 경우도 있다. 예를 들면 [그림 2.2.4]에 나타낸 xy 평면상의 두 점 a, b에 관한 모멘트의 합을 이용하는 다음과 같은 형태의 등가적인 평형방정식을 사용할 수 있다.

$$\Sigma F_x = 0 \quad \Sigma M_a = 0 \quad \Sigma M_b = 0 \tag{2.2.2}$$

여기서, ΣM_a, ΣM_b는 각각 구조물의 a, b점을 지나는 z축에 관한 모멘트의 합을 나타낸다.

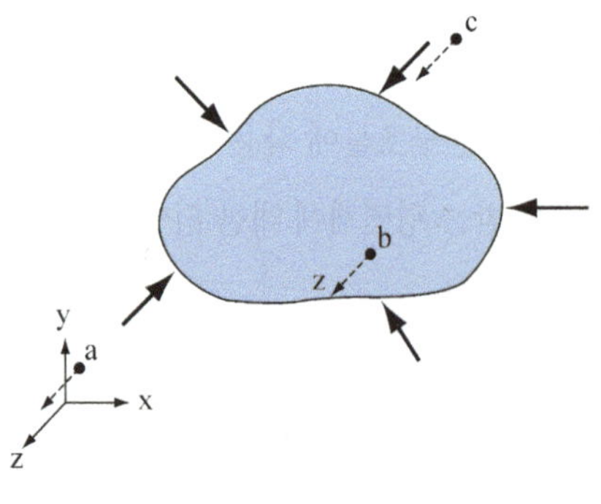

[그림 2.2.4] 평면구조의 등가평형

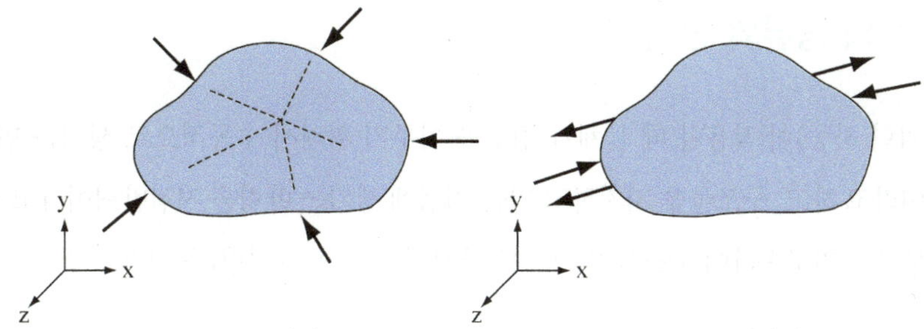

[그림 2.2.5] 특수한 역계

이러한 방정식은 a와 b를 잇는 직선이 x축에 수직이 아닌 한 성립한다. 또 하나의 상이한 등가적인 평형방정식의 형태로는 다음과 같이 3점에 관한 모멘트합의 평형을 이용하는 경우도 있다.

$$\Sigma M_a = 0 \quad \Sigma M_b = 0 \quad \Sigma M_c = 0 \tag{2.2.3}$$

여기서 점 c는 [그림 2.2.4]에 나타낸 바와 같이 a, b와 같은 직선상에 있지 않는 xy평면상에 놓인 점이고, ΣM_c는 점 c에서 z축에 관한 모멘트의 합을 나타낸다.

평면력계의 평면에 관한 특수한 경우로 [그림 2.2.5(a)]에서와 같이 모든 힘들이 한 점을 통과하여 작용하는 동점력계(concurrent force system)를 받을 경우에는 ΣM_z는 자동적으로 만족되기 때문에 평형방정식은 식 (2.2.1)로부터 다음과 같이 줄어든다.

$$\Sigma F_x = 0 \quad \Sigma F_y = 0 \tag{2.2.4}$$

두 번째 특수한 경우로는 [그림 2.2.5(b)]와 같이 평형력을 받는 평형력계(parallel force system)의 경우에는 평행력에 직각인 방향의 힘은 자동적으로 '0'이므로 식 (2.2.1)은 다음과 같이 줄어든다.

$$\sum F_P = 0 \quad \sum M_z = 0 \tag{2.2.5}$$

여기서 ΣF_P는 평행력의 합을 나타낸다.

이상의 두 가지 특별한 경우에는 식 (2.2.2)나 (2.2.3)과 같은 또 다른 등가평형방정식의 형태를 적용할 수 없다. 위에서 기술한 모든 경우는 구조물의 전체 또는 어느 일부분의 평형조건에 모두 적용된다. 각 경우에 대해 고려되는 구조물이나 구조요소의 부분을 자유물체도로 분리한 다음에 모든 작용력과 반력들이 평형조건을 만족하도록 적절한 평형방정식을 세우면 된다.

2.3 지점의 종류와 반력

물체에 외력(하중)이 작용할 때 물체가 평형을 이루기 위해서 수동적으로 생기는 힘을 반력(reaction)이라고 하고, 구조물을 지지하고 있는 지점에 생기는 반력을 지점반력이라고 한다. 지점은 구조물을 지지구속하여 구조물의 위치를 안정시키고 하중(외력)을 지반에 전달해 주는 역할을 한다.

[그림 2.3.1]에 나타낸 바와 같이 보에 하중이 작용하였을 때 정지 상태로 있으려면 보를 지지하는 내력의 힘, 즉 A점과 B점에 반력(저항력)이 필요하다. 이와 같이 구조물이 평형상태를 유지하기 위해서는 구조물의 자중을 포함한 작용하중의 총합은 지점반력과 같아야 한다. 이러한 지점반력 외에 [그림 2.3.2]과 같은 구조물기초에서도 반력을 받게 된다.

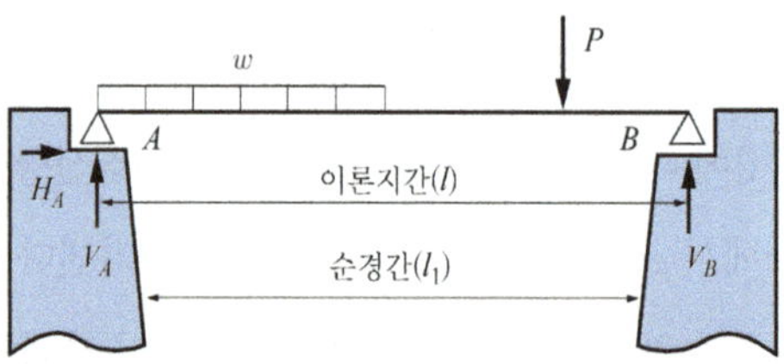

[그림 2.3.1] 보에 작용하는 하중과 반력

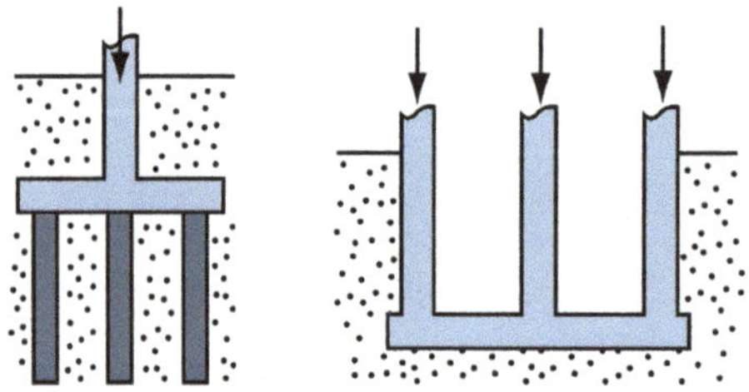

[그림 2.3.2] 구조물기초

반력은 지점구조 상태에 따라 반력수가 달라진다. 지점에는 이동지점(roller support), 회전지점(hinged or pinned support), 고정지점(fixed support), 링크지점(link support) 등이 있다.

이상 지점의 역학적 특성을 [표 2.3.1]과 같이 정리하였다.

[표 2.3.1] 지점의 종류와 반력수 및 링크수

종 류	지점구조상태	기 호	반력수	링크(link) 수
이동지점 (roller support)	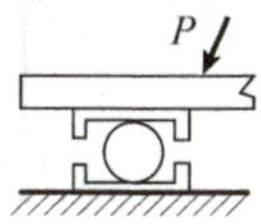	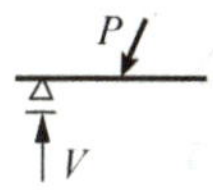	수력반력 1개	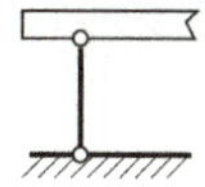 링크 1개
회전지점 (hinged support)	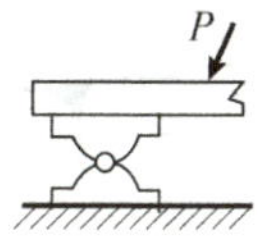	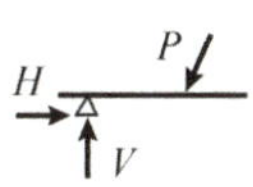	수직반력 1개 수평반력 1개	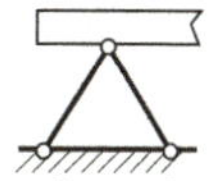 링크 2개
고정지점 (fixed support)	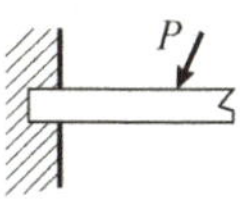	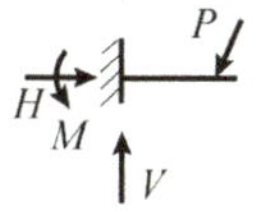	수직반력 1개 수평반력 1개 모멘트반력 1개	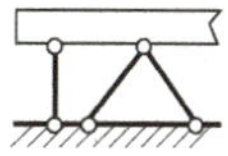 링크 3개
링크지점 (link support)	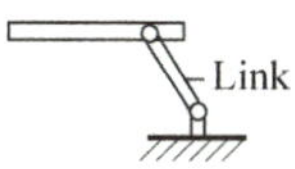	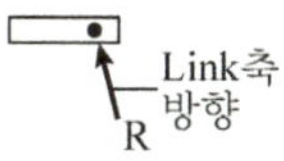	링크 축방향력 1개	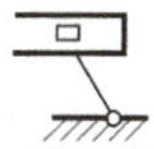 링크 1개

이동지점은 구조물의 이동과 회전을 할 수 있기 때문에 이동 방향이나 회전 방향에 대한 저항이 없다. 따라서 반력은 이동 방향에 수직인 수직반력 1개만 생긴다. 특히 이동지점은 구조물의 신축작용을 하고 있다. 회전지점에서는 구조물의 핀(pin)으로 연결되어 이동할 수 없고 회선만 가능하다. 그러므로 수직반력과 수평반력 2개가 생긴다. 고정지점은 완전히 고정되어 있어 이동과 회전을 할 수가 없다. 고정지점에서 반력은 수직반력, 수평반력, 모멘트 반력 3개가 생긴다. 링크지점은 지지봉으로 지지하는 방향으로 작용하는 1개의 반력이 있다. 하중과 반력은 모두 구조물에 작용하는 외력으로서 하중은 일반적으로 기지의 값이나 반력은 구조해석을 통하여 구해지는 미지의 값이다. 즉, 구조물 전체의 평형조건을 사용하여 반력을 구할 수 있다.

2.4 구조물의 절점

구조물을 결합하고 있는 부재(member)와 부재가 연결된 접합점을 절점(joint) 또는 격점(panel point)이라고 한다. [그림 2.4.1(a)]와 같은 트러스는 회전이 자유로운 활절(hinge joint) 또는 힌지(hinge)로 된 구조이고, [그림 2.4.1(b)]에 나타낸 라멘(또는 뼈대구조)은 부재가 절점에서 강절(rigid joint)되어 부재는 회전이 되지 않고 고정되어 있다. 트러스에서는 절점을 마찰이 전혀 없는 활절로 가정하여 부재에는 축방향 힘만 전달되고 모멘트는 작용하지 않는 것으로 본다. 그러나 라멘에서는 절점을 강절로 보아 축방향력과 전단력, 모멘트가 작용하는 것으로 본다.

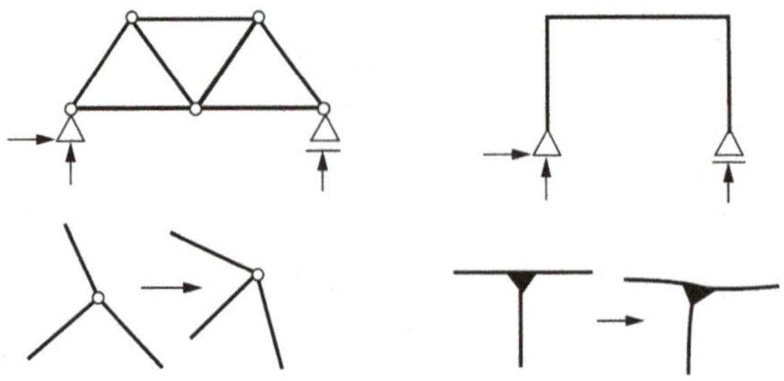

(a) 활절(pin joint or hinge joint) 트러스 (b) 강절(rigid joint) 라멘

[그림 2.4.1] 구조물의 절점

2.5 구조물의 정정과 안정성

2.5.1 안정과 불안정

구조물이 어떠한 외력이 작용하더라도 항상 평형(비김) 상태를 유지하면 구조물은 안정(stable)이라 하고 그렇지 못할 경우에는 불안정(unstable)이라고 한다. 이 안정과 불안정은 외적, 내적으로 구분하여 외력에 의하여 구조물 전체가 이동하지 않을 때를 외적 안정(externally stable)이라 하고, 위치가 이동되면 외적 불안정(externally unstable)이라 한다. 그러므로 외적으로 안정한 것은 구조물을 지지하고 있는 지점반력의 수에 의하여 결정된다. 그리고 구조물에 어떠한 외력이 작용하더라도 구조물의 모양이 변하지 않을 경우를 내적 안정(internally stable)이라 하고, 구조물이 모양이 변할 경우에는 내적 불안정(internally unstable)이라 한다.

2.5.2 정정과 부정정

외적으로 안정인 구조물에서 지점반력을 힘의 평형방정식 3조건($\Sigma F_x = 0$, $\Sigma F_y = 0$, $\Sigma M = 0$)만으로 구할 수 있는 경우를 외적 정정(externally statically derminate)이라 하고, 그러지 못할 경우를 외적 부정정(externally statically indeterminate)이라 한다. 그리고 내적으로 안정인 구조물에서 구조물을 구성하고 있는 모든 부재의 부재력을 힘의 평형방정식에 의하여 구할 수 있는 경우를 내적 정정(internally statically determinate), 평형방정식만으로는 부재력을 구할 수 없는 경우를 내적 부정정(internally statically indeterminate)이라고 한다.

2.5.3 구조물의 판별식

구조물이 외적 및 내적으로 안정인 상태에서 정정, 부정정이 판별되었을 때 정확한 구조계산이 이루어진다.

외적판별식에는 두 방법이 있다.

- 지점반력수(r)에 의해 판별하는 부정정차수 n

$$n = r - 3 \qquad ①$$

- 지점반력수(r), 부재수(m) 및 지점의 링크수(L)에 의해 판별하는 부정정차수 n ([표 2.5.1]참조)

$$n = L + r - 3\mathrm{m} \qquad ②$$

특히 식 ②는 모든 구조물을 판별할 수 있는 식이다.

내적판별식에서는 반력수(r), 부재수(m), 격점수(j)에 의해 판별하는 부정정차수 n

$$n = m + r - 2j \qquad ③$$

트러스구조물이 해당된다.

[1] 외적 판별식

① $n = r - 3 \begin{cases} r = 3 & : \text{정정} \\ r > 3 & : \text{부정정} \\ r < 3 & : \text{불안성} \end{cases}$

n : 외적 부정정차수 r : 지점반력수

② $n = L + r - 3m \begin{cases} L + r = 3m & : \text{정정} \\ L + r > 3m & : \text{부정정} \\ L + r < 3m & : \text{불안정} \end{cases}$

n : 외적 부정정차수, L : 링크수, r : 지점반력수, m : 부재수

[표 2.5.1] 링크수(또는 절점구속도의 수)

① 고정절점(또는 강절)	② 회전절점(또는 활절)
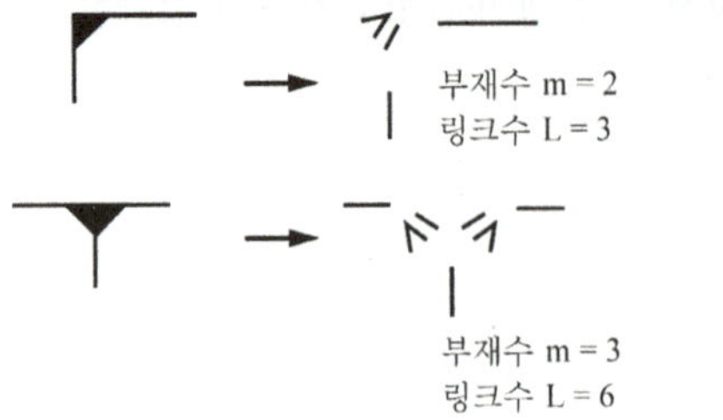	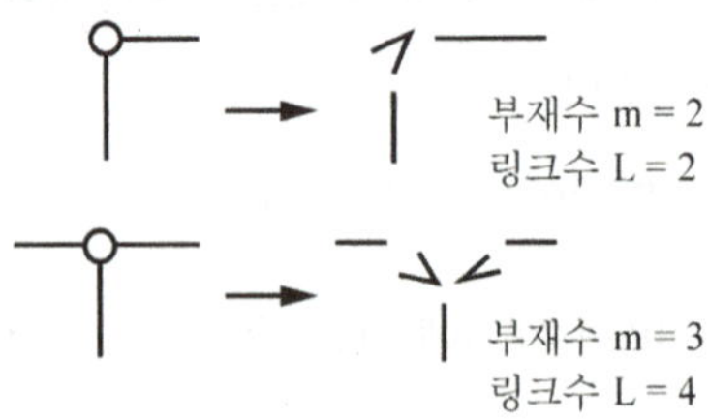

③ 부재의 연결

$\sum i$	2	3	4	5	6		7	8	9

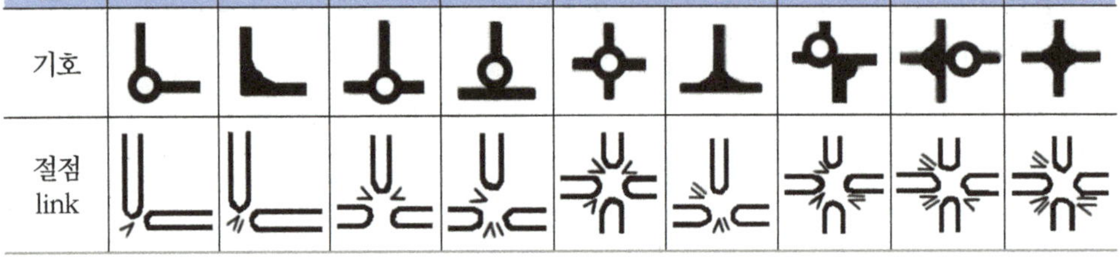

[2] 트러스 내적 판별식

$$n = m + r - 2j \begin{cases} m + r = 2j & : \text{정정} \\ m + r > 2j & : \text{부정정} \\ m + r < 2j & : \text{불안정} \end{cases}$$

n : 내적 부정정차수, m : 부재수, j : 격점수 (절점수), r : 반력수

[3] 조건방정식

(1) 평면뼈대구조물의 조건방정식

지금까지 다룬 구조물에서는 정역학적으로 정정이고 안정한 평면구조물에 대해 최대로 3개의 미지반력을 결정할 수 있었다. 이러한 반력성분은 3개의 정역학적 평형방정식을 적용하여 체계적으로 결정하였다. 때로는 구조물에 특별한 내적 이완 또는 해제조건(release condition)이 존재하는 경우에는 3개의 정정 반력성분보다 많은 반력을 가질 수 있다. 이와 같은 조건은 구조물이 두 개 또는 그 이상의 부분(부)구조요소로 구성되어 있고 정정평형조건이 성립되기 위한 총 방정식에 대응하는 정정 반력 외에 연결부분에서 필요한 평형조건의 수만큼 반력을 더 가질 수 있도록 허용하는 방식으로 해제되어 연결된 경우에 가능하다. 이러한 방정식을 조건방정식이라

말하고 각 조건식은 정정 반력성분의 수를 하나씩 증가시킨다.

위에서 설명한 바와 같이 조건방정식이 없는 구조물에서 외적 안정에 요구되는 최소 반력성분의 수는 평면구조물의 경우 3개이다. 이 수는 가용한 각 조건방정식에 대해 하나씩 증가된다. 그러므로 n_c개의 조건방정식(또는 해제조건)을 가진 구조물에서 외적 안정에 필요한 최소한의 반력성분의 수는 $r=(3+n_c)$이다. 실제 반력성분의 수가 r_a인 경우, 조건방정식을 갖는 구조물의 경우를 포함한 일반적인 정정의 판별기준은 다음과 같이 된다.

$$\text{실제 반력성의 분수} \begin{cases} r_a < (r=3+n_c) & : \text{외적 불안정} \\ r_a = (r=3+n_c) & : \text{외적 정정} \\ r_a > (r=3+n_c) & : \text{외적 부정정} \end{cases}$$

앞에서와 같이 $r_a \geqq r$의 기준이 필요조건은 되지만, 이것만으로는 정정의 분류를 위한 충분조건은 될 수 없다. 즉 모든 반력성분은 안정성을 확보할 수 있도록 배열되어야 한다.

(2) 트러스의 조건방정식

임의의 구조물에 필요한 반력조건의 수는 구조물을 형성하는 트러스 성분의 수(e)에 관계된다. 여기에 n개의 부정정력수인 외적, 내적 또는 외적과 내적을 포함한 방법을 알기 위해서는 별도의 식을 작성하여야 한다. 이 식은 반력에 대해 작성된다. 단순보는 $r=3$이다.

e개로 이루어진 트러스에서 나눌 수 있는 1개의 구조물은 각각 한 점 또는 두 점에서 직접지지대에 지지되어 있다면 일반적으로 3개 이상의 반력조건을 갖는다. 임의의 정정구조물이 되기 위한 필요한 반력수는 다음과 같다.

$$r=3+e-1=e+2$$

여기서 e는 구조물을 구성하는 성분의 단순트러스의 수이다.

① 외적 부정정차수 n_e

$$n_e=r-(e+2)$$

② 내적 부정정차수 n_i

$$n_i=n-n_e$$

[4] 구조물 부정정차수 일반식

구조형식에 무관하게 부정정차수를 결정정하는 일반식은 부정정성의 정의에 따라 모든 뼈대 구조물의 부정정차수 n이 모든 미지의 부재력과 반력성분의 합과 적용 가능한 절점평형방정식의 합의 차이가 되므로 다음과 같이 나타낼 수 있다.

$$n = (m \cdot n_f + n_r) - n_{ec} \cdot j - n_c \qquad ④$$

여기서 m은 부재수, n_f는 부재의 단면력 성분수, n_r은 미지반력 성분수, n_{ec}는 구조절점별 적용 가능한 평형조건수, j는 절점수, n_c는 구조물의 내부 해제(release)의 수이다.

한편 외적 부정정차수 n_e는 단순히 독립된 반력성분수 n_r과 그 구조형식에 적용되는 평형방정식의 수 n_{eq}의 차이이므로 다음과 같이 된다.

$$n_e = n_r - n_{eq} \qquad ⑤$$

내적 부정정차수 n_i를 구하는 경우에는 $n_i = n - n_{eq}$로부터 구한다. [표 2.5.2]는 구조형식별로 보다 구체적인 판별식을 보여주고 있다.

[표 2.5.2] 부정정차수 판별식(2D–평면, 3D–입체)

구조형식 \ 구분		평형 조건수 n_{eq}	절점별 평형조건수 n_{ec}	부재별 단면력수 n_f	부정정차수 n	외적 부정정차수 n_e
부정정 연속보		2	2	2	$(2m+n_r)-2j-n_{re}$	n_r-2
연속보 (축력포함)		3	3	3	$(3m+n_r)-3j-n_{re}$	n_r-3
트러스	2D	3	2	1	$(m+n_r)-2j-n_{re}$	n_r-3
	3D	6	3	1	$(m+n_r)-3j-n_{re}$	n_r-6
라 멘	2D	3	3	3	$(3m+n_r)-3j-n_{re}$	n_r-3
	3D	6	6	6	$(6m+n_r)-6j-n_{re}$	n_r-6
격자구조		3	3	3	$(3m+n_r)-3j-n_{re}$	n_r-3

한편 평면라멘의 경우에는 위의 공식보다 더 편리하게 부정정차수를 결정하는 방법으로 단면법에 의한 라멘의 부정정차수 계산법에 기초를 둔 소위 절단나무기법(cut tree method)을 사용하면 편리하다.

라멘의 부정정차수 n은 모든 라멘의 환(loop)을 만드는 부재들을 독립된 가지를 나무(cantilever)가 되도록 절단한 다음 절단수 n_{cut}에 3을 곱한 후 반력의 해제수 n_{r-re}와 부재의 해제수 n_c를 포함한 만큼 감소시킨다.

$$n = 3 \cdot n_{cut} - (n_{r-re} + n_c) \qquad ⑥$$

예제 2-5-1

[그림 2.5.1(a)]와 같은 구조물의 부정정차수를 구하여라.

(a) 라멘 (b) 링크수

[그림 2.5.1] 라멘의 링크수

풀이

(1) 반력수 $r = 11$ $n = r - 3 = 11 - 3 = 8$차

(2) 링크수 $L = 3 \times 4 = 12$ 부재수 $m = 5$ 반력수 $r = 11$

$\therefore n = L + r - 3m = 12 + 11 - 3 \times 5 = 8$차

예제 2-5-2

[그림 2.5.2(a)]와 같은 연속보의 부정정차수를 구하여라.

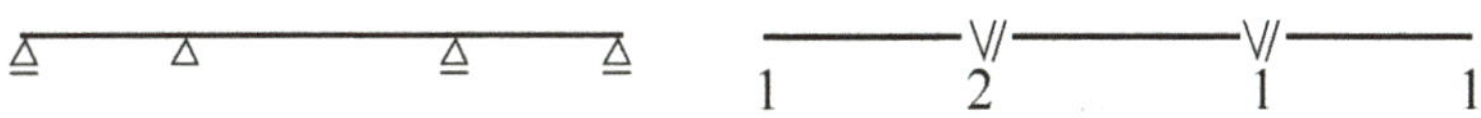

(a) 보 (b) 링크수

[그림 2.5.2] 보의 링크수

풀이

(1) 반력수 $r = 5$ $\therefore n = r - 3 = 5 - 3 = 2$차

(2) 링크수 $L = 3 \times 2 = 6$ 부재수 $m = 3$ 반력수 $r = 5$

$\therefore n = L + r - 3m = 6 + 5 - 3 \times 3 = 2$차

예제 2-5-3

[그림 2.5.3(a)]와 같은 합성라멘의 부정정차수를 구하여라.

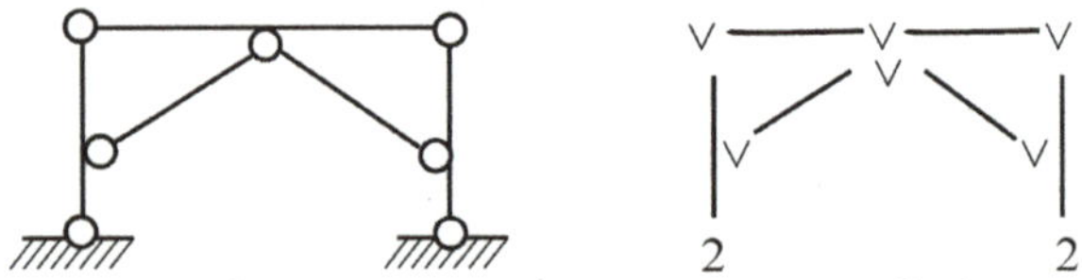

(a) 합성라멘 (b) 링크수

[그림 2.5.3] 합성라멘의 링크수

풀이

$L = 12,\ r = 4,\ m = 5$

$\therefore\ n = L + r - 3m = 12 + 4 - 3 \times 5 = 1$차

예제 2-5-4

[그림 2.5.4(a)]과 같은 합성라멘의 부정정차수를 구하여라.

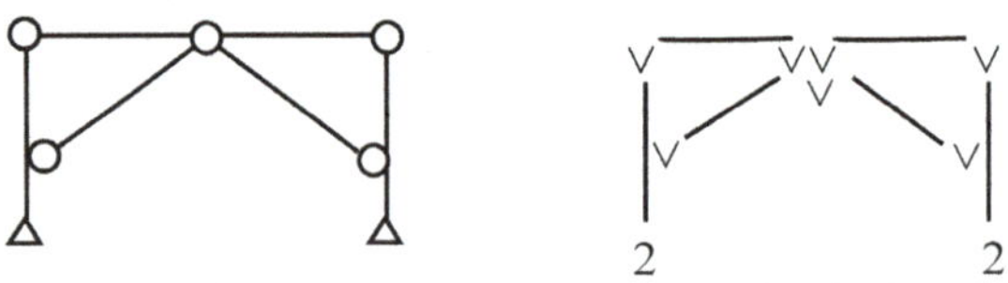

(a) 합성라멘 (b) 링크수

[그림 2.5.4] 합성라멘의 링크수

풀이

$L = 14,\ r = 4,\ m = 6$

$\therefore\ n = L + r - 3m = 14 + 4 - 3 \times 6 = 0$ (정정)

예제 2-5-5

[그림 2.5.5(a)]와 같은 트러스의 부정정차수를 구하여라.

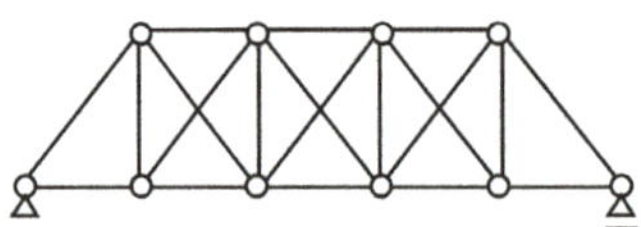

[그림 2.5.5]

풀이

$m = 20,\ r = 3,\ j = 10$

(1) 외적 판별 $\therefore n = r - 3 = 3 - 3 = 0$(외적 정정)

(2) 내적판별 $\therefore n = m + r - 2j$

$= 20 + 3 - 2 \times 10 = 3$차

예제 2-5-6

[그림 2.5.6(a)]와 같은 구조물의 부정정차수를 구하여라.

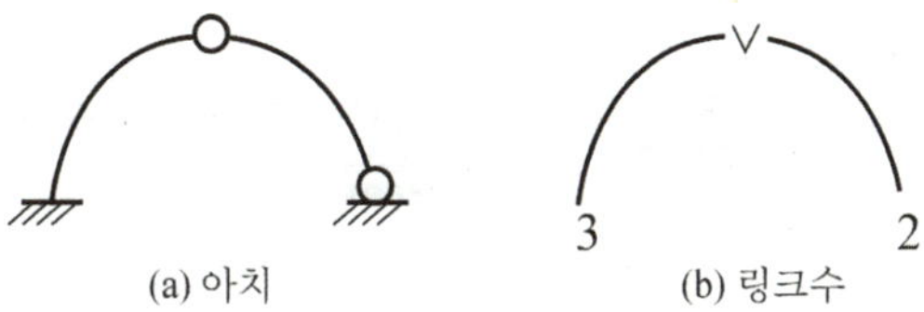

[그림 2.5.6] 아치의 링크수

풀이

$L = 2,\ r = 5,\ m = 2$

$\therefore n = L + r - 3m = 2 + 5 - 3 \times 2 = 1$차

예제 2-5-7

[그림 2.5.7(a)]와 같은 라멘의 부정정차수를 구하여라.

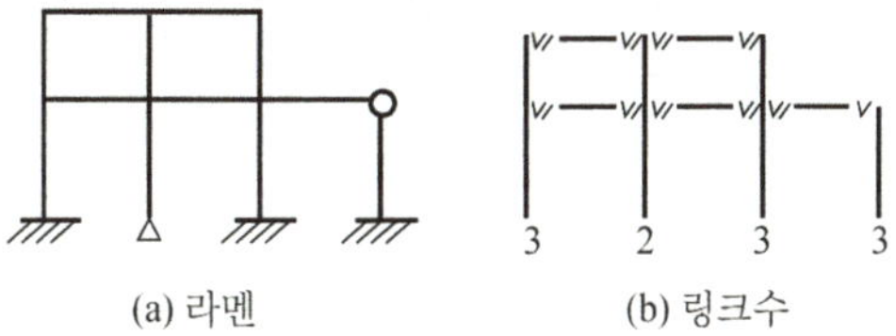

[그림 2.5.7] 라멘의 링크수

풀이

$L = 3 \times 9 + 2 = 29,\ r = 3 \times 3 + 2 = 11,\ m = 9$

$\therefore n = L + r - 3m = 29 + 11 - 3 \times 9 = 13$차

(box수 × 3 - 힌지수 = 5 × 3 - 2 = 13차)

예제 2-5-8

[그림 2.5.8]과 같은 여러 가지 구조물을 판별하여라.

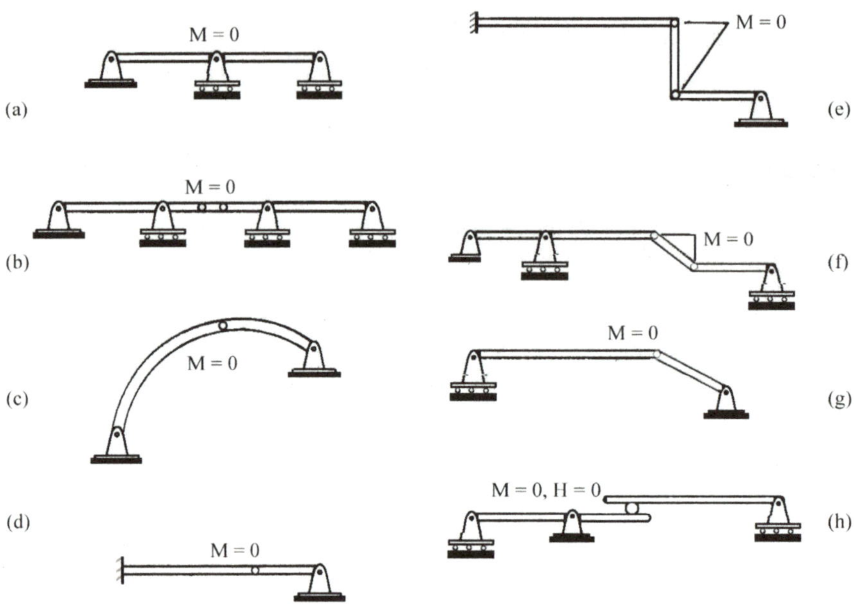

[그림 2.5.8]

풀이

[그림 2.5.8(a)~(h)]의 판별결과는 다음 표와 같다.

[그림 2.5.8]	r_a	n_c	$r=3+n_c$	r_a-r	분류	판정	
(a)	4	1	3 + 1 = 4	4 − 4 = 0	$r_a=r$	정정	안정
(b)	5	2	3 + 2 = 5	5 − 5 = 0	$r_a=r$	정정	안정
(c)	4	1	3 + 1 = 4	4 − 4 = 0	$r_a=r$	정정	안정
(d)	5	1	3 + 1 = 4	5 − 4 = 1	$r_a>r$	부정정	안정
(e)	5	2	3 + 2 = 5	5 − 5 = 0	$r_a=r$	정정	안정
(f)	4	2	3 + 2 = 5	4 − 5 =−1	$r_a<r$	불안정	
(g)	3	1	3 + 1 = 4	3 − 4 =−1	$r_a<r$	불안정	
(h)	4	2	3 + 2 = 5	4 − 5 =−1	$r_a<r$	불안정	

예제 2-5-9

[그림 2.5.9]와 같은 여러 가지 트러스교를 판별하여라.

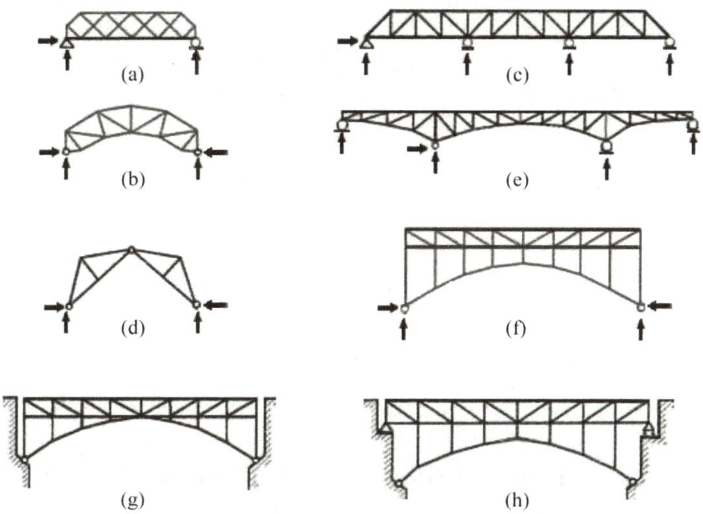

[그림 2.5.9] 트러스

풀이

[그림 2.5.9(a)~(f)]의 판별결과는 다음 표와 같다.

[그림 2.5.9]	r	m	j	e	$n=r+m-2j$	$n_e=r-(e+2)$	판정	
(a)	3	33	18	1	3+33−36=0	3−(1+2)=0	정정	안정
(b)	4	21	12	1	4+21−24=1	4−(1+2)=1	부정정	안정
(c)	5	45	24	1	5+45−48=2	5−(1+2)=2	부정정	안정
(d)	4	10	7	2	4+10−14=0	4−(2+2)=0	정정	안정
(e)	5	63	34	3	5+63−68=0	5−(3+2)=0	정정	안정
(f)	4	50	27	1	4+50−54=0	4−(1+2)=1	불안정	

그리고 [그림 2.5.9(f)]의 역 랭거 트러스는 반력수, 부재수 및 격점수에서 판정하면 정정이지만 반력조건이 1개 많으므로 구조물은 불안정하다. 안정구조물이 되려면 [그림 2.5.9(g)] 또는 [그림 2.5.9(h)]와 같은 구조물이 되어야 한다. 이 경우 외적 1차 부정정정이다.

예제 2-5-10

[그림 2.5.10]와 같은 연속보, 트러스, 평면 라멘에 [표 2.5.2]에 주어진 공식을 적용하여 부정정차수를 구하여라.

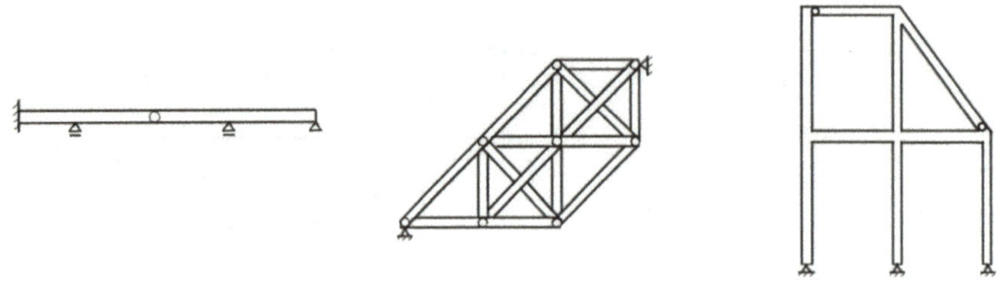

(a) 연속보 (b) 평면 트러스 (c) 평면 라멘

[그림 2.5.10]

풀이

(a) 연속보

부재수 $m=3$, 절점수 $j=4$, 미지반력 성분수 $n_r=5$, 부재단면력 성분수 $n_f=2$,

구조물 내부 해제수 $n_c=1$, 평형조건수 $n_{eq}=2$

$$n=(m\cdot n_f+n_r)-n_{eq}\cdot j-n_c$$
$$=(2\times3+5)-2\times4-1$$
$$=2$$
$$n_e=n_r-n_{eq}=5-2=3$$

(b) 평면 트러스

부재수 $m=16$, 절점수 $j=8$, 미지반력 성분수 $n_r=4$, 부재단면력 성분수 $n_f=1$,

구조물 내부 해제수 $n_c=0$, 평형조건수 $n_{eq}=3$

$$n=(m\cdot n_f+n_r)-n_{eq}\cdot j-n_c$$
$$=(16\times1+4)-2\times8-0$$
$$=4$$
$$n_e=n_r-n_{eq}=4-3=1$$

(c) 평면 라멘

부재수 $m=9$, 절점수 $j=8$, 미지반력 성분수 $n_r=6$, 부재단면력 성분수 $n_f=3$,

구조물 내부 해제수 $n_c=2$, 평형조건수 $n_{eq}=3$

$$n=(m\cdot n_f+n_r)-n_{eq}\cdot j-n_c$$
$$=(9\times3+6)-3\times8-2$$
$$=7$$
$$n_e=n_r-n_{eq}=6-3=3$$

예제2-5-11

[그림 2.5.11]과 같은 라멘에 대해 절단나무기법으로 부정정차수를 계산하여라.

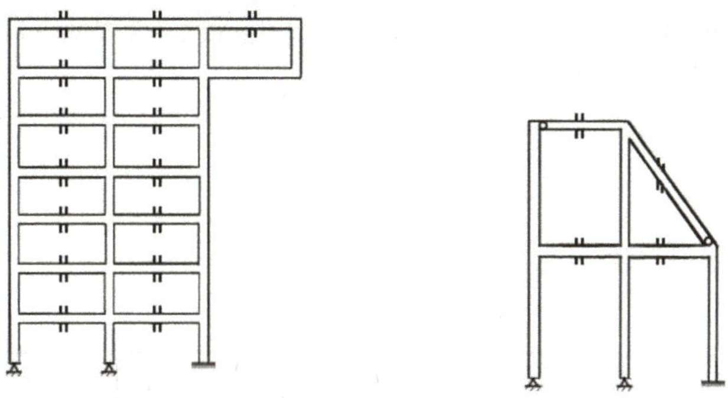

(a) 라멘 (I) (a) 라멘 (II)

[그림 2.5.11] 라멘의 절단나무기법

풀이

(a) 라멘 (I)

$n_{cut} = 15,\ n_{r-re} = 2,\ n_c = 0$

$n = 3 \cdot n_{cut} - (n_{r-re} + n_c)$

$= 3 \times 15 - (2 + 0)$

$= 43$

(b) 라멘 (II)

$n_{cut} = 4,\ n_{r-re} = 3,\ n_c = 2$

$n = 3 \cdot n_{cut} - (n_{r-re} + n_c)$

$= 3 \times 4 - (3 + 2)$

$= 7$

예제 2-5-12

[그림 2.5.12]와 같은 구조물을 판별하라.

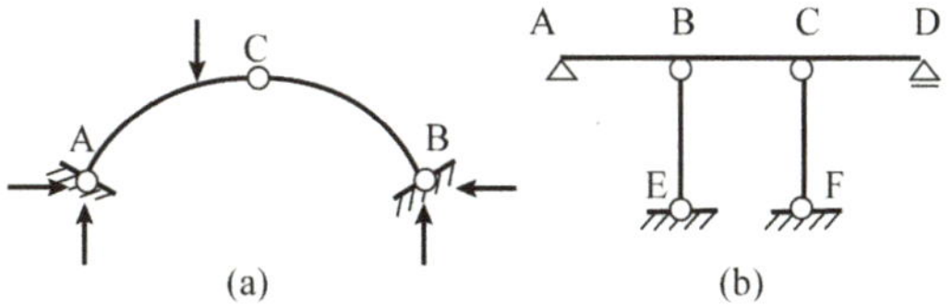

(a) (b)

[그림 2.5.12]

풀이

(a) 구조물에서

$L=2,\ r=4,\quad m=2$

$n=L+r-3m=2+4-3\times2=0$

∴ 안정이며, 정정이다.

(b) 구조물에서

$L=10,\ r=7,\ m=5$

$n=L+r-3m=10+7-3\times5=2$

∴ 안정이고, 2차 부정정이다.

예제 2-5-13

[그림 2.5.13]과 같은 구조물을 판별하라.

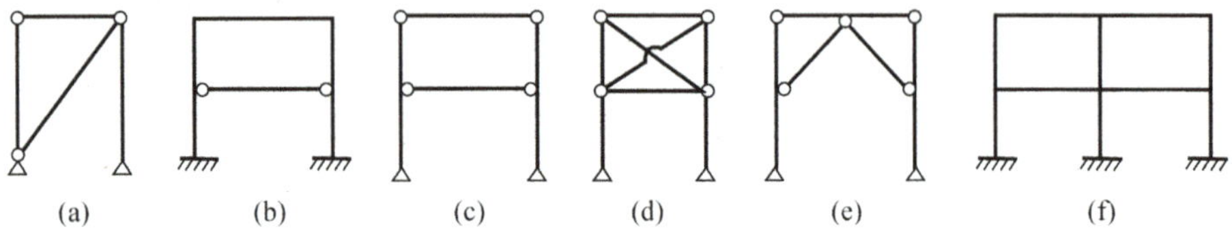

[그림 2.5.13]

풀이

(a) 구조물에서 $L=8\quad r=4\quad m=4$

$n=L+r-3m=8+4-3\times4=0$ ∴ 정정

(b) 구조물에서 $L=16\quad r=6\quad m=6$

$n=L+r-3m=16+6-3\times6=4$ ∴ 4차 부정정

(c) 구조물에서 $L=14\quad r=4\quad m=6$

$n=L+r-3m=14+4-3\times6=0$ ∴ 여기서는 불안정

(d) 구조물에서 $L=20\quad r=4\quad m=8$

$n=L+r-3m=20+4-3\times8=0$ ∴ 여기서는 불안정

(e) 구조물에서 $L=21\quad r=4\quad m=8$

$n=L+r-3m=21+4-3\times8=1$ ∴ 1차 부정정

(f) 구조물에서 $L=33\quad r=9\quad m=10$

$n=L+r-3m=33+9-3\times10=12$ ∴ 12차 부정정

예제 2-5-14

[그림 2.5.14]와 같은 구조물을 판별하라.

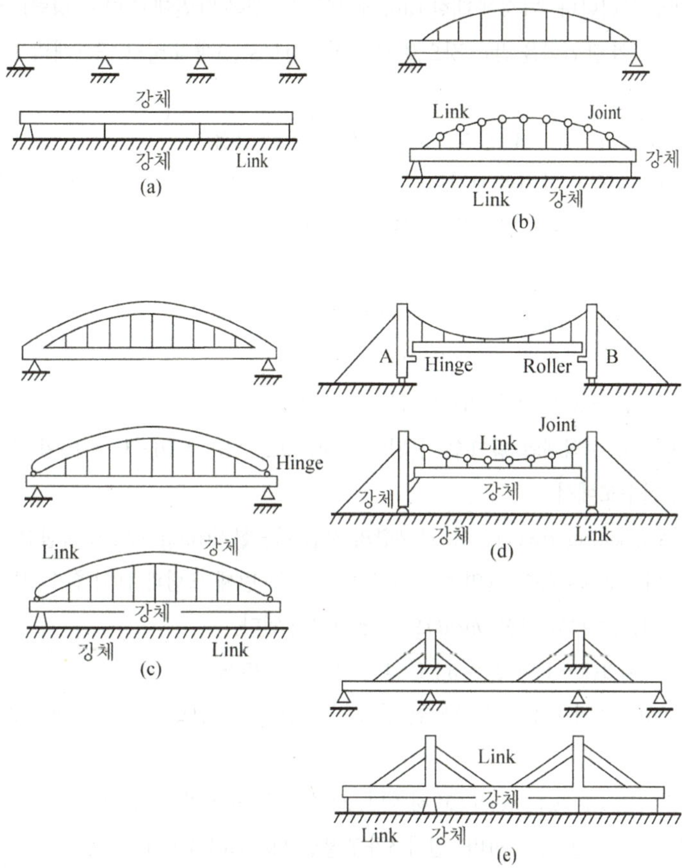

[그림 2.5.14]

풀이

(a) 3경간연속보에서

(1) 반력수 $r = 5$ $\therefore n = r - 3 = 5 - 3 = 2$차 부정정 (외적)

(2) 두 번째 그림과 같이 보와 지반으로 구성된 2개의 강체($k = 2$)로 구성되어 있다.

필요한 링크수 $L = 3(k-1) = 3(2-1) = 3$개

실제로는 $L = 5$가 된다. 그러므로 $\therefore n = 5 - 3 = 2$차 부정정 (외적)

(b) Langer형에서

(1) 반력수 $r = 3$ $\therefore n = r - 3 = 35 - 3 = 0$ 정정 (외적)

(2) 두 번째 그림과 같이 보강형과 지반으로 구성된 2개의 강체($k = 2$)와 9개의 절점($Joint$)으로 구성되어 있다.

필요한 링크수 $L = 3(k-1)+2j = 3(2-1)+2\times 9 = 21$개

실제로는 $L=22$(보강형을 제외한 링크수)가 된다. 그러므로 $\therefore n = 22-21 = 1$차 부정정 (내적)

이 경우, Langer형의 뼈대부재는 1개의 축력만 받는 것으로 보고 설계한다. 그러므로 뼈대부재 1개는 링크 1개로 고려한다. 이것에 대한 Langer형의 보강형은 단면에 축력(수평력), 전단력(수직력), 휨모멘트인 3개의 단면력을 받는 것으로 보고 설계하므로, 3개의 링크, 즉 1개의 강체로 보면 된다.

(c) Lohse형에서

(1) 반력수 $r=3$ $\therefore n = r-3 = 35-3 = 0$ 정정 (외적 정정)

(2) 일반적으로 Lohse형은 아치와 보강형이 핀(pin)으로 결합된 것으로 고려한다. 아치와 보강형의 단면은 단면에 축력(수평력), 전단력(수직력), 휨모멘트인 3개의 단면력을 받는 것으로 보고 강체로 보면 된다. 그리고 수직재는 비교적 세장함으로 축력만 받는 것으로 보기 때문에, 이 부재 1개는 링크 1개로 보면 된다. 결국, Lohse형은 두 번째 그림과 같이 아치, 보강형, 지반의 3개의 강체로 구성된다.

필요한 링크수 $L = 3(k-1) = 3(3-1) = 6$개

실제로는 $L=16$(수직재와 링크수)가 된다. 그러므로 $\therefore n = 16-6 = 10$차 부정정 (내적)

(d) 보강형을 갖는 현수교에서

주탑은 로킹타워(rocking tower)로서, 보강형의 지점 A는 힌지(hinge)받침, 지점 B는 롤러(roller)받침으로 되어 있다. 각 케이블의 단면은 축력만 받는다. 두 번째 드림과 같이 현수교는 지반을 포함한 4개의 강체($k=4$)와 8개의 절점(*Joint*)으로 구성되어 있다.

필요한 링크수 $L = 3(k-1)+2j = 3(4-1)+2\times 8 = 25$개

실제로는 $L=26$(주탑과 보강형을 제외한 링크수)가 된다. 그러므로 $\therefore n = 26-25 = 1$차 부정정 (내적)

(이 경우, 로킹타워(rocking tower)라고 하지만, 2개의 주탑이 지반에 매입되어 고정된 받침이므로 주탑당 1개의 링크가 추가로 필요하다. 결국 3차부정정으로 고려하여야 한다.)

(e) 사장교에서

주탑은 캔틸레버 타워, 보강형은 3경간연속보로 보면 된다. 두 번째 그림과 같이 지반과 구조체(보강형과 주탑)로 된 2개의 강체로 구성된 것으로 보면 된다.

필요한 링크수 $L = 3(k-1) = 3(2-1) = 3$개

실제로는 $L=13$(강체를 제외한 링크수)이 된다. 그러므로 $\therefore n = 13-3 = 10$차 부정정 (내적)

2.6 구조물에 작용하는 하중

구조물에 작용하는 힘을 하중이라 하고, 구조물의 전체적인 크기와 형상 및 사용재료 등이 결정되면 구조물이 지탱해야 할 하중을 결정해야 한다. 구조물의 설계 시에는 구조물의 시공 중 또

는 준공 후에 구조물의 전체 수명 기간 내에 작용하는 모든 하중을 고려한다. 이러한 하중들에 의한 가능한 하중조합들을 고려하여(하중조합은 설계기준에 규정되어 이음) 구조물에 가장 큰 응력을 발생시키는 하중조합을 선택한다.

하중의 종류는 여러 가지로 분류할 수 있으나, 사하중(dead load, 고정하중이라고 함)과 활하중(live load)으로 크게 분류할 수 있다.

사하중이란 하중의 크기와 작용점이 시간에 따라 변하지 않는 하중을 말한다. 사하중으로는 구조물의 자중과 구조물에 영구히 부착되는 물건의 중량 등을 말한다.

활하중은 크기와 작용점이 시간에 따라 변하는 하중을 말한다. 따라서 활하중을 고려할 때는 크기뿐만 아니라 최대응력을 발생시키는 하중의 재하위치도 결정해야 한다. 활하중으로는 차량하중, 보도하중 및 지진하중 등을 들 수 있다.

구조물을 설계할 때 고려해야 할 일반적인 하중은 다음과 같다.

2.6.1 하중의 종류

[1] 고정하중(dead load) – 『LSD 2015 – 3.5 고정하중』

고정하중은 구조물의 자중 · 부속물과 그곳에 부착된 제반설비, 토피, 포장, 장래의 덧씌우기와 계획된 확폭 등에 의한 모든 예측 가능한 중량을 포함한다. 고정하중을 산출할 때는 LSD [표 3.5.1]에 나타낸 단위질량을 사용하여야 한다. 다만, 실질량이 명백한 것은 그 값을 사용한다.

LSD [표 3.5.1] 재료의 단위질량

<table>
<tr><th>재료</th><th>단위질량(kg/m³)</th><th colspan="2">재료</th><th>단위질량(kg/m³)</th></tr>
<tr><td>강재, 주강, 단강</td><td>7,850</td><td colspan="2">역청재(방수용)</td><td>1,100</td></tr>
<tr><td>주철, 주물강재</td><td>7,250</td><td colspan="2">아스팔트 포장재</td><td>2,300</td></tr>
<tr><td>알루미늄 합금</td><td>2,800</td><td colspan="2"></td><td></td></tr>
<tr><td>철근콘크리트</td><td>2,500</td><td rowspan="2">목재</td><td>단단한 것</td><td>960</td></tr>
<tr><td>프리스트레스트콘크리트</td><td>2,500</td><td>무른 것</td><td>800</td></tr>
<tr><td>콘크리트</td><td>2,350</td><td rowspan="2">용수</td><td>담수</td><td>1,000</td></tr>
<tr><td>시멘트 모르타르</td><td>2,150</td><td>해수</td><td>1,025</td></tr>
</table>

[2] 활하중(live load)

■ 도로교의 활하중 – 『LSD 2015– 3.6 활하중』

1) 차량활하중 : LL

(A) 재하차로의 수

(1) 차량활하중의 재하를 위한 재하차로의 수 N은 식 (LSD 3.6.1)과 같다.

$$N = \frac{W_C}{W_P} \text{ 의 정수부} \qquad \text{(LSD 3.6.1)}$$

여기서, W_C= 연석, 방호울타리(중앙분리대 포함)간의 교폭(m), W_P=발주자에 의해 정해진 계획차로의 폭(m).

다만, 식 (LSD 3.6.1)에 의한 N이 1이며 W_C가 6.0m 이상인 경우에는 재하차로의 수(N)를 2로 한다.

(2) 재하차로의 폭 W는 식 (LSD 3.6.2)와 같다.

$$W = \frac{W_C}{N} \leq 3.6\,m \qquad \text{(LSD 3.6.2)}$$

(3) 교량 바닥판상의 차도가 중앙분리대 등에 의해 물리적으로 두 부분으로 나누어져 있는 경우에는 다음을 따른다.

① 두 부분이 영구적인 시설로 분리되어 있는 경우에는 두 부분의 폭을 각각 고려하여 재하차로의 수와 폭을 정하여야 한다.

② 두 부분이 임시적인 시설로 분리되어 있는 경우에는 전체 차도의 폭을 고려하여 재하차로의 수와 폭을 정하여야 한다.

(B) 활하중의 동시재하

LSD [표 3.6.1] 다차로재하계수

재하차로의 수	다차로재하계수 $'m'$
1	1.0
2	0.9
3	0.8
4	0.7
5 이상	0.65

이 조항은 재하차로수에 관계없이 한대의 피로설계트럭하중이 재하되는 피로설계에는 적용되지 않는다. 특별한 언급이 없는 한, 활하중의 최대 영향은 LSD [표 3.6.1]의 다차로재하계수를 곱한 재하차로의 모든 가능한 조합에 의한 영향을 비교하여 결정되어야 한다. 4)에 규정된 보도하중과 1차로 이상의 차량하중을 포함하는 하중조건의 경우에 보도하중을 하나의 재하차로로 취할 수 있다.

(C) 설계 차량활하중

교량이나 이에 부수되는 일반구조물의 노면에 작용하는 차량활하중('KL-510'으로 명명함)은 (1)에 규정된 표준트럭하중과 (2)에 규정된 표준차로하중으로 이루어져 있다.

이 하중들은 재하차로 내에서 횡방향으로 3,000mm의 폭을 점유하는 것으로 가정한다.

(1) 표준트럭하중

표준트럭의 중량과 축간거리는 LSD [그림 3.6.1]과 같다. 충격하중은 [3]에 규정된 대로 적용되어야 한다.

LSD [그림 3.6.1] 표준트럭하중

(2) 표준차로하중

표준차로하중은 종방향으로 균등하게 분포된 하중으로 LSD [표 3.6.2]의 값을 적용한다. 횡방향으로는 3,000 mm의 폭으로 균등하게 분포되어있다. 표준차로하중의 영향에는 충격하중을 적용하지 않는다.

LSD [표 3.6.2] 표준차로하중

$L \leq 60m$	$w = 12.7 \quad (KN/m)$
$L > 60m$	$w = 12.7 \times \left(\frac{60}{L}\right)^{0.10} \quad (KN/m)$

L : 표준차로하중이 재하되는 부분의 지간

(D) 바닥판과 바닥틀을 설계하는 경우의 설계차량활하중

(1) 바닥판과 바닥틀을 설계하는 경우에는 차도부분에 표준트럭하중을 재하한다. 표준트럭하중은 종방향으로는 차로당 1대를 원칙으로 하고, 횡방향으로는 재하 가능한 대수를 재하하되 동시 재하계수를 고려하여 설계부재에 최대응력이 일어나도록 재하한다. 교축직각방향으로 볼 때, 표준트럭하중의 최외측 차륜중심의 재하위치는 차도부분의 단부로부터 300 mm로 한다.

(2) 차륜의 접지면은 표준트럭하중의 각 차륜에 대해 면적이 $(12{,}500/9)P$ (mm^2)인 하나의 직사각형으로 간주하며 이 직사각형의 폭과 길이의 비는 2.5 : 1 로 한다. 여기서, P는 차륜의 중량(KN)이다. 접지면이 연속적인 표면인 경우에 접지압은 규정된 접지면에 균일하게 분포하는 것으로 가정한다. 접지면이 단속적인 경우에는 접지압은 바퀴자국이 있는 실제의 접촉면에 균등하게 분포되어 있으며 규정된 접지면과 실제 접지면의 비만큼 압력을 증가시킨다.

(E) 주거더를 설계하는 경우의 설계차량활하중

(1) 만약 다른 특별한 규정이 없다면 최대 하중영향은 아래의 경우 중 큰 값을 사용한다.

- (C)(1)에 정의된 표준트럭하중의 영향
- (C)(1)에 정의된 표준트럭하중 영향의 75%와 (C)(2)에 정의된 표준차로하중의 영향의 합

(2) 최대 하중효과에 영향을 주지 않는 바퀴는 무시해도 된다.

(3) 재하차로와 각 차로에 재하되는 3,000 mm폭은 최대 하중영향을 갖도록 배치되어야한다.

(4) 표준트럭하중 최외측 차륜중심의 횡방향 재하위치는 차도부분의 단부로부터 600 mm로 한다.

(F) 흙 채움에 의한 윤하중의 분배

채움의 깊이가 600 mm보다 작은 경우 활하중 분배에 대한 채움의 영향을 무시할 수 있다. 암거 상부의 활하중분배는 [LSD 4.6.2.1과 4.6.3.2]의 차량방향과 평행한 바닥판의 규정을 근거로 한다.

채움의 깊이가 600 mm을 초과할 때는 정밀해석 대신에 윤하중이 (D)(2)에 규정된 타이어 접촉면적과 크기가 같은 직사각형에 균등하게 작용하는 분포하중으로 간주하며 양질의 입상 채움에서는 깊이의 1.15배, 다른 채움에서는 그 깊이만큼 증가시킨다. (C)의 규정이 적용된다.

몇 개의 바퀴하중이 중복되어 받는 경우에 전체하중은 전면적에 균일하게 분포시킬 수 있다.

단경간 암거에서 채움의 깊이가 2,400 mm이상이며 경간 길이보다 큰 경우에는 활하중 효과를 무시할 수 있다. 다경간 암거의 경우에는 채움의 깊이가 벽사이 거리보다 크면 활하중효과를

무시할 수 있다. 흙채움을 통한 하중분배에 기초한 콘크리트 바닥판의 활하중과 충격하중에 의한 모멘트가 [LSD 4.6.2.1과 4.6.3.2]에서 계산된 활하중이나 충격하중의 모멘트보다 크면 후자의 모멘트를 사용한다.

(G) 처짐 평가를 위한 하중재하

만약 발주자가 규정된 활하중에 대한 처짐의 허용기준을 요구할 때 처짐은 아래의 값 중 큰 값을 사용해야한다.

- 표준트럭하중만으로 얻은 처짐
- 표준차로하중과 조합된 표준트럭하중의 25%에 의해 얻은 처짐

2) 피로하중

(A) 크기와 형태

피로의 영향을 검토하는 경우의 활하중은 1) (C) (1)에서 규정된 표준트럭하중의 80%를 적용한다. 이때 적용하는 충격계수는 [3]의 충격하중 조항을 적용한다.

(B) 빈도

피로하중의 빈도는 단일차로 일평균트럭교통량($ADTT_{SL}$)을 사용한다. 이 빈도는 교량의 모든 부재에 적용하며 통행차량수가 적은 차로에도 적용한다.

단일차로의 일평균트럭교통량에 대한 확실한 정보가 없을 때는 식 (LSD 3.6.3)의 차로당 통행비율을 적용하여 산정할 수 있다. 즉,

$$ADTT_{SL} = p \times ADTT \qquad \text{(LSD 3.6.3)}$$

여기서, ADTT= 한 방향 일일트럭교통량의 설계수명기간동안 평균값, $ADTT_{SL}$= 한 방향 한 차로의 일일트럭교통량의 설계수명기간동안 평균값, p= LSD [표 3.6.3]의 값

LSD [표 3.6.3] 한 차로에서의 트럭교통량 비율, p

트럭이 통행가능한 차로수	p
1차로	1.00
2차로	0.85
3차로 이상	0.80

(C) 피로설계에서의 하중분배

(1) 정밀한 방법

교량을 [LSD 4.6.11]에 규정된 정밀한 방법으로 해석하는 경우 고려하는 상세부위에 최대 응력이 발생하도록 바닥판의 통행위치나 재하차로의 위치에 관계없이 횡방향, 종방향으로 하나의 설계트럭을 배치한다.

(2) 근사적 방법

교량을 [LSD 4.6.3]에 규정된 것처럼 근사적 하중분배로 해석하는 경우 한 차선의 분배계수를 사용해야한다.

3) 궤도차량하중

교량에 궤도차량하중이 있다면 발주자가 궤도차량하중의 특성과 궤도차량과 일반차량간의 예상되는 상호관계를 규정해야한다.

4) 보도하중

(1) 바닥판과 바닥틀을 설계하는 경우에 보도 등에는 5×10^{-3}MPa의 보도하중이 설계차량 활하중과 동시에 적용된다.

(2) 주거더를 설계하는 경우에 보도 등에는 LSD [표 3.6.4]의 등분포하중을 재하한다.

(3) 보도나 보행자 또는 자전거용 교량에서 유지관리용 또는 이에 부수되는 차량통행이 예상되는 경우 이 하중은 설계에 고려되어야한다. 이 차량에 대해 충격하중은 고려하지 않는다.

LSD [표 3.6.4] 보도 등에 재하하는 등분포하중

지간장 L (m)	$L \leq 80$	$80 < L \leq 130$	$L > 130$
등분포하중의 크기(MPa)	3.5×10^{-3}	$(4.3 - 0.01L) \times 10^{-3}$	3.0×10^{-3}

[참조 – 도로교설계기준, 2010년]

도로교설계에는 표준트럭하중(DB하중)과 이에 대응하는 차선하중(lane loads, DL하중) 중에서 큰 내력을 일으키는 하중을 적용하게 된다.

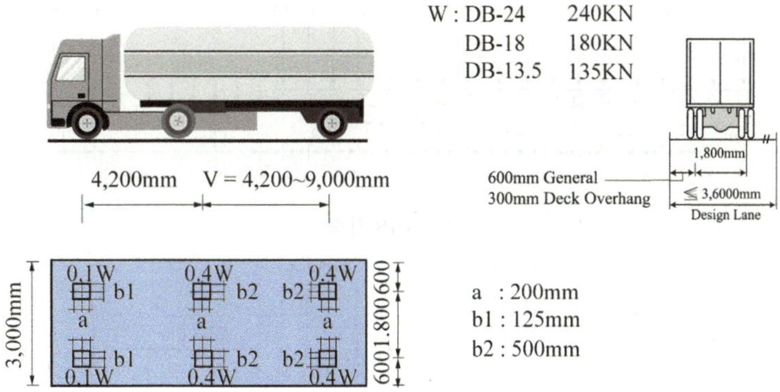

(a) 표준트럭하중

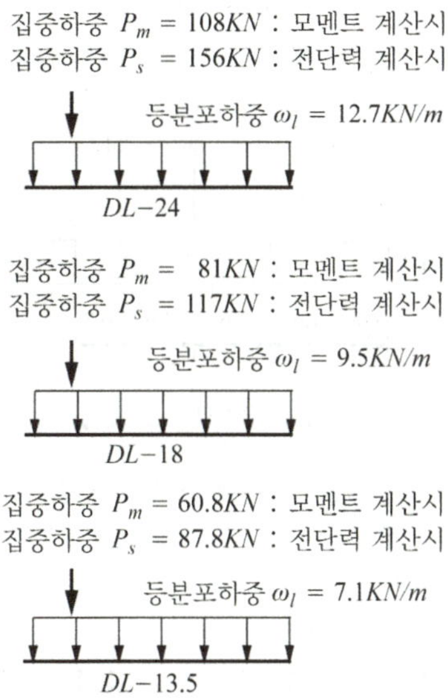

(b) 차선하중

2010 [그림 5.8] 표준트럭하중

- 철도교의 활하중 - 『철도설계기준 – 2.3 활하중』

우리나라 국유철도건설규칙에서 정한 표준열차하중으로는 LS-22 하중(1,2 급선)과 LS-18 하중(3, 4급선)이 있다(『철도교 표준시방서』 참고). 한편 우리나라 고속철도열차하중은 HL-표준열차하중을 사용한다(『고속철도설계 표준시방서』 참고). 외국의 고속철도에서 프랑스는 TGV, 독일은 ICE에서 적용한 열차하중도 있다.

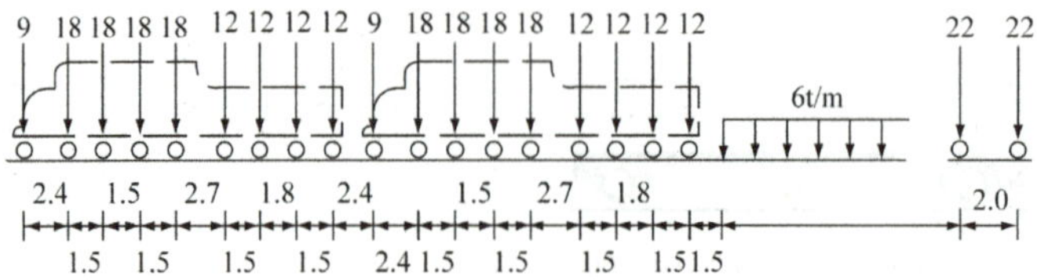

(a) LS-18 하중

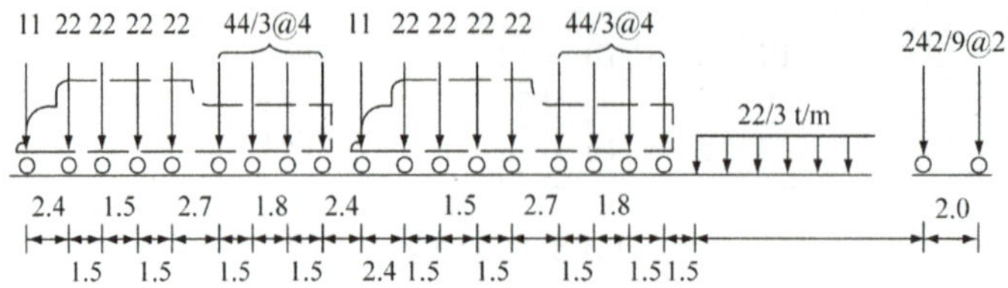

(b) LS-22 하중

LS [그림 2.3.1] 철도교 설계

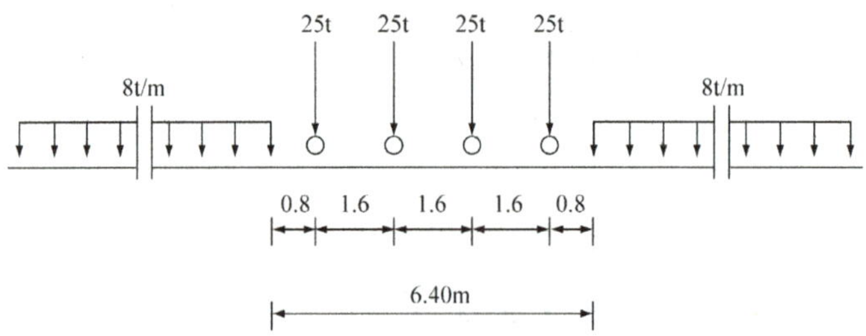

HL [그림 2.3.2] HL-표준열차하중

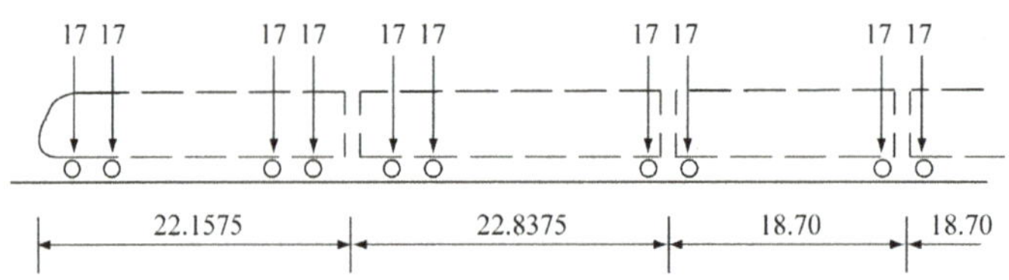

(a) TGV 하중(프랑스)

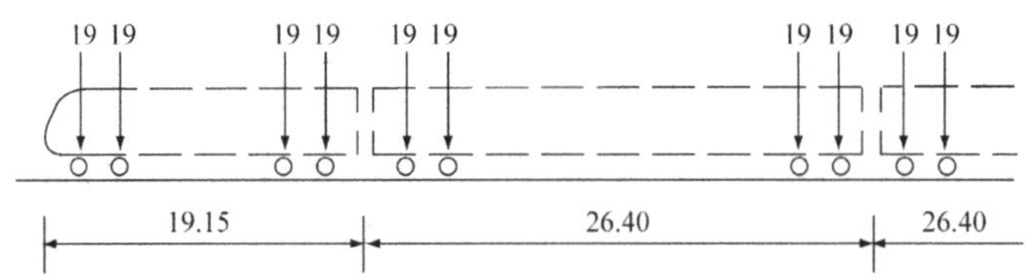

(b) ICE 하중(독일)

TGV [그림 2.3.3] 외국의 고속철도 열차하중

■ 건축물의 활하중

건축물에 작용하는 활하중은 사람, 가구, 사무용구, 가동칸막이, 저장물 등이다. 이러한 활하중을 추정할 때는 현재 사용하는 하중을 고려함은 물론 장차 건물 사용계획이 변경될 경우의 하중 증가분도 고려하여야 한다.

건축물의 바닥은 건축물이 설계되는 목적에 따라 크기가 달라지는 등분포설계하중을 받는다고 가정한다. 이러한 건물의 활하중은 관련건축설계규준 등에 규정되어 있는데, 우리나라 건축물 하중기준 및 해설(2000, p.345, 대한건축학회)에서는 건축물의 등분포 활하중을 [표 2.6.1]와 같이 규정하고 있다.

[표 2.6.1] 건축물의 등분포 활하중

용도		건축물의 부분	활하중 (KN/m^2)
(1)	주택의 거실 또는 병실	가. 주거용 건축물의 거실, 공용실, 복도 나. 공동주택의 발코니	2 3
(2)	병원	가. 객실과 해당 복도 나. 수술실, 공용실과 해당복도	2 3
(3)	숙박시설	가. 개실과 해당 복도 나. 공용실과 해당복도	2 5
(4)	사무실	가. 일반 사무실과 해당복도 나. 로비 다. 특수용도사무실과 해당복도 라. 문서보관실	2 4 5 5
(5)	학교	가. 교실과 해당복도 나. 로비 다. 일반 실험실 라. 중량물 실험실	3 4 3 5
(6)	판매장	가. 상점, 백화점(1층 부분) 나. 상점, 백화점(2층 이상 부분) 다. 창고형 매장	5 4 6
(7)	집회 및 유흥장	가. 로비, 복도 나. 무대 다. 식당 라. 주방(영업용) 마. 극장 및 집회장(고정식) 바. 집회장(이동식) 사. 연회장, 무도장	5 7 5 7 4 5 5

용도			건축물의 부분	활하중 (KN/m²)
(8)	체육시설		가. 체육관 바닥, 옥외경기장	5
			나. 스텐드(고정식)	4
			다. 스텐드(이동식)	5
(9)	도서관		가. 열람실과 해당복도	3
			나. 서고	7
(10)	주차장	옥내 주차구역	가. 승용차 전용	4
			나. 경량트럭 및 빈 버스용도	8
			다. 총중량 180KN 이하의 트럭, 중량차량 용도	12
		옥내 차로와 경사로	가. 승용차 전용	6
			나. 경량트럭 및 빈 버스용도	10
		옥외	가. 승용차, 경량트럭 및 빈 버스용도	12
			나. 총중량 180KN 이하의 트럭용도	16
(11)	창고		가. 경량품 저장창고	6
			나. 중량품 저장창고	12
(12)	공장		가. 경공업 공장	6
			나. 중공업 공장	12
(13)	지붕		가. 접근이 곤란한 지붕	1
			나. 적재물이 거의 없는 지붕	2
			다. 정원 및 집회용도	5
			라. 헬리콥터 정착장(대형인 경우 제외)	5
(14)	기계실		공조실, 전기실, 기계실 등	5
(15)	광장		옥외광장	12

[3] 충격(Impact) : IM

활하중은 교면의 요철, 차량의 가속과 감속, 전후 차량과의 협동작용 등의 여러 가지 이유로 사하중보다 큰 영향을 교량구조에 준다. 일반적으로 이것을 충격이라 하, 충격계수로 충격의 정도를 나타낸다.

■ 도로교 - 『LSD 2015 – 3.7 충격하중』

1) 일반사항

LSD 3.7.2와 3.7.3에서 허용된 경우를 제외하고 원심력과 제동력 이외의 표준트럭하중에 의한 정적효과는 LSD [표 3.7.1]에 규정된 충격하중의 비율에 따라 증가시켜야한다.

- 정적하중에 적용시켜야 할 충격하중계수는 다음과 같다 : (1+IM/100)
- 충격하중은 보도하중이나 표준차로하중에는 적용되지 않는다.

다음과 같은 경우에는 충격하중을 적용할 필요가 없다.

- 상부구조물로부터 수직반력을 받지 않는 옹벽
- 전체가 지표면이하인 기초부재

충격하중은 [LSD 4.7.2.1]의 규정에 따라 충분한 증거에 의해 검증될 수 있다면 연결부를 제외한 다른 부재에 대하여 감소시킬 수 있다.

LSD [표 3.7.1] 충격하중계수, IM

성분		IM
바닥판 신축이음장치를 제외한 모든 다른 부재	피로한계상태를 제외한 모든 한계상태	25%
	피로한계상태	15%

2) 매설된 부재

암거나 매설된 구조물에 대한 충격하중은 백분율로 식 (LSD 3.7.2)와 같다.

$$IM = 40\left(1.0 - 4.1 \times 10^{-4} D_E\right) \geq 0\ \% \qquad \text{(LSD 3.7.2)}$$

여기서, D_E = 구조물을 덮고 있는 최소깊이(mm)

3) 목재부재

목교나 교량의 목재부재에 대해서는 1)에 규정된 충격하중을 LSD [표 3.7.1]에 제시된 값의 50%로 줄일 수 있다.

■ 철도교 -『철도설계기준 – 2.4 충격하중』

1) 강교 및 강합성교

(A) 플레이트거더, 상로트러스의 중간지주 및 하로 트러스의 현수재(hanger)

$$L \leq 30\,m\ ;\ I = 70 - \frac{L^2}{45}$$

$$L > 30\,m\ ;\ I = \frac{540}{L-12} + 20$$

(B) 트러스

$$I=\frac{1,200}{L+7.5}+25$$

(C) 디젤기관차 및 전기기관차

$$L \leq 24\,m \;\; ; I=50-\frac{L^2}{48}$$

$$L > 24\,m \;\; ; I=\frac{180}{L-9}+26$$

2) RC 및 PSC교

$$L \leq 18\,m \;\; ; I=45-\frac{L^2}{45}$$

$$L > 18\,m \;\; ; I=24+\frac{240}{L-0.6}$$

여기서 L은 교량의 지간이다.

■ 고속철도용 전기기관차 - 『고속철도표준시방서 - 충격하중』

휨모멘트에 대한 충격계수 I_m과 전단력에 대한 충격계수 I_s로 구분

1) 주요본선

$$I_m=\frac{1.44}{\sqrt{L_c-0.2}}-0.18$$

$$I_s=\frac{0.96}{\sqrt{L_c-0.2}}-0.12$$

2) 그 외의 선

$$I_m=\frac{2.16}{\sqrt{L_c-0.2}}-0.27$$

$$I_s=\frac{1.44}{\sqrt{L_c-0.2}}-0.18$$

여기서 L_c는 교량의 형식 및 지간에 따른 특정길이로서 고속철도표준시방서에 자세히 규정되어 있다.

2.6.2 하중의 작용상태에 따른 종류

[표 2.6.2] 하중의 종류와 표기법

분류	작용 상태	단위
집중하중		kgf, tf N, kN
등분포하중	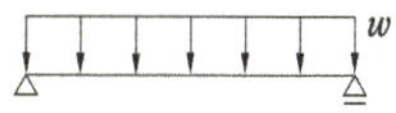	kgf/m, tf/m N/m, kN/m
등변분포하중	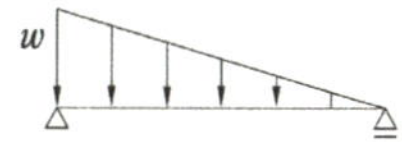	kgf/m, tf/m N/m, kN/m
사다리꼴 등변분포하중	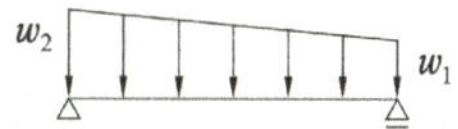	kgf/m, tf/m N/m, kN/m
부등분포하중	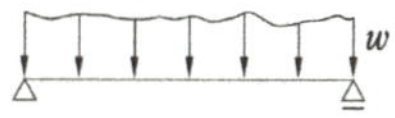	kgf/m, tf/m N/m, kN/m
모멘트하중		kgf · m, tf · m N · m, kN · m,
간접하중	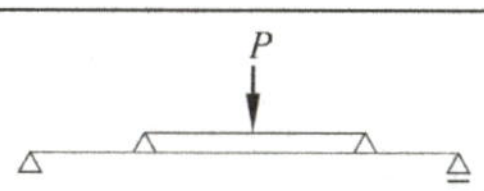	kgf, tf N, kN
이동하중		kgf, tf, kgf/m N, kN, kN/m
연행하중	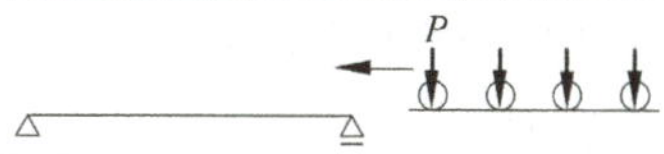	kgf, tf N, kN

실제 구조물설계에서는 관련 기준이나 시방서를 따른다. 우리나라와 외국에서 사용되고 있는 설계시방서 및 관련 기준을 들면 다음 [표 2.6.3]과 같다.

[표 2.6.3] 설계기준, 표준시방서 및 규준

우리나라	외국
도로교 설계기준	General Building Codes
콘크리트구조 설계기준	America National Building Codes
철도 설계기준	Uniform Building Codes
고속철도 설계 표준시방서	American Standard Specifications for Highway
도로의 구조 , 시설기준에 관한 규칙	Bridges, AASHTO
콘크리트 교량 가설 특수공법 설계 , 시공,; 유지관리 지침	Manual of Steel Construction, AISC
건축 규준	Building Code Requirements for

우리나라	외국
철골구조 계산 규준 막구조 설계기준 제진구조 설계지침 면구조 설계지침	Reinforced Concrete, ACI PCI Design Handbook, PCI DIN(독) BS(영) JIS(일)

2.7 정정 구조물의 일반해석 순서

정정 구조물의 부재력 해석은 뒤에서 다루게 되지만, 일반적으로 수계산에 의한 정정 구조물의 구조해석에서 첫 단계는 반력계산이다. 여기서는 정정 구조물의 반력을 구하기 위한 일반해석 순서를 요약하여 제시하였다.

2.7.1 해석 순서

[1] 구조물의 안정, 정정, 부정정 판별

$$\text{실제 반력성분의 수}\begin{cases} r_a < (r = 3 + n_c) & : \text{외적 불안정} \\ r_a = (r = 3 + n_c) & : \text{외적 정정} \\ r_a > (r = 3 + n_c) & : \text{외적 부정정} \end{cases}$$

여기서, n_c은 조건방정식의 수이다.

[2] 자유물체도 작성

(1) 내부 연결힌지 또는 해제가 없는 경우

전체 구조물의 자유물체도 작성

(2) 내부 연결힌지 또는 해제가 있는 경우

연결 격점 혹은 해제단면을 전후로 부분 구조물로 분리시켜 자유물체도 작성

[3] 평형방정식 및 조건방정식의 적용

(1) 내부 연결힌지 또는 해제가 없는 경우

전체 구조물의 자유물체도에 평형방정식을 적용

(2) 내부 연결힌지 또는 해제가 있는 경우

① 미지의 반력 또는 연결부의 미지력에 대한 연립방정식의 해를 구하지 않고, 직접 구해지는 부분 구조물 또는 부재에 대해 평형방정식을 적용

② 차례로 돌아가며 미지의 반력 또는 연결 미지력 계산

[4] 계산결과 검토

사용하지 않는 전체 구조물의 평형방정식을 이용하여 계산결과 검토

EXERCISE

1. [P그림 2.1]과 같은 구조물에서 부정정차수를 구하여라.

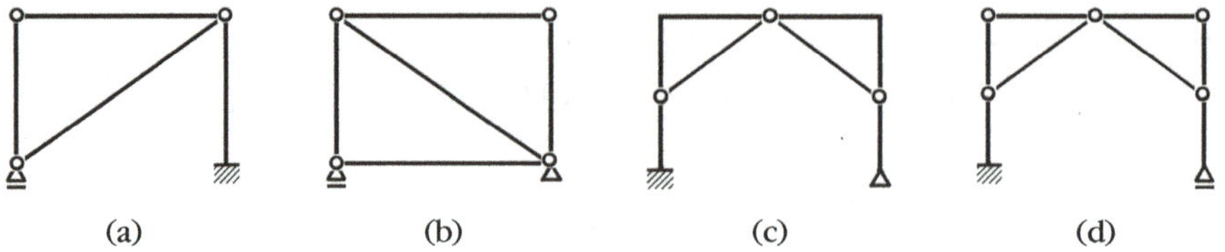

[P그림 2.1]

정답 (a)정정 (b)정정 (c)1차 (d)불안정

2. [P그림 2.2]와 같은 구조물에서 부정정차수를 구하여라.

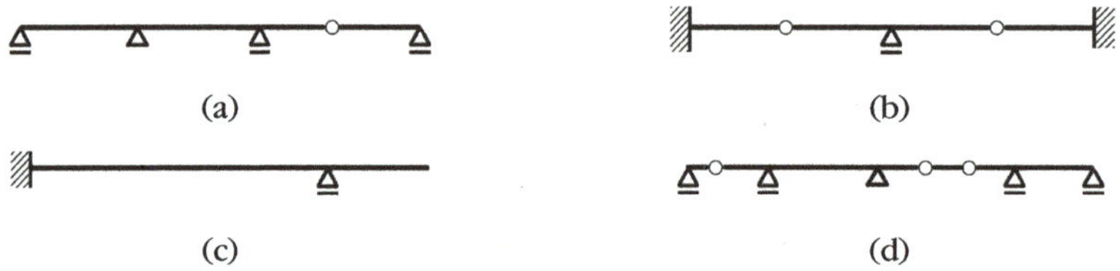

[P그림 2.2]

정답 (a) 1차 (b) 2차 (c) 1차 (d) 정정

3. [P그림 2.3]과 같은 구조물에서 부정정차수를 구하여라.

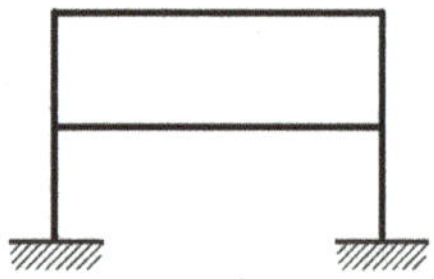

[P그림 2.3]

정답 6차

4. [P그림 2.4]와 같은 트러스 구조물의 부정정차수를 구하여라.

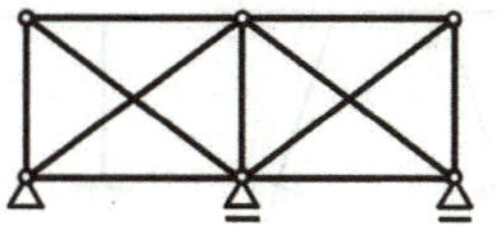

[P그림 2.4]

정답 내적 2차, 외적 1차

5. [P그림 2.5]와 같은 구조물의 부정정차수를 구하여라.

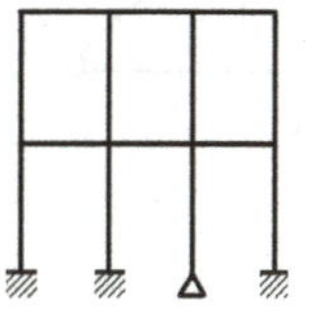

[P그림 2.5]

정답 17차

6. [P그림 2.6]과 같은 구조물의 부정정차수를 구하여라.

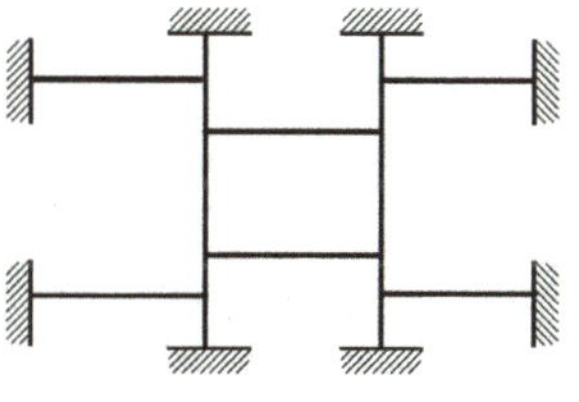

[P그림 2.6]

정답 24차

7. [P그림 2.7]과 같은 구조물을 판별하라.

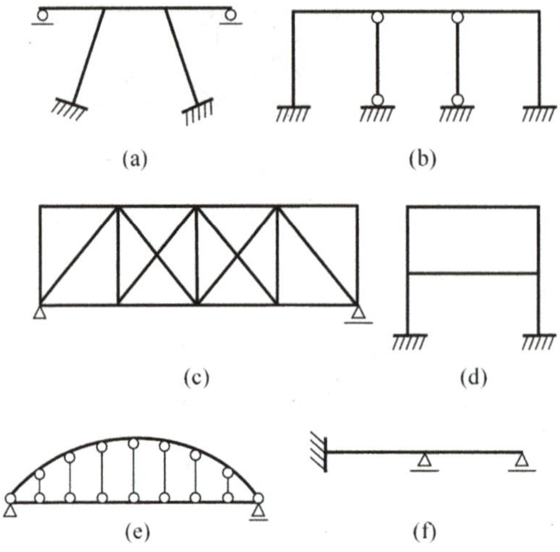

[P그림 2.7]

정답 (a) 5차 부정정

(b) 5차 부정정

(c) 2차 부정정

(d) 6차 부정정

(e) 14차 부정정

(f) 2차 부정정

CHAPTER 3

평면 트러스

3.1 개요

3.1.1 트러스

트러스(truss)란 2개 이상의 직선부재 양단을 마찰이 없는 활절(hinge)로 연결하여, 이것을 하부 구조물이나 기타 지지물과 결합하여 외력에 저항할 수 있도록 조립한 강골조 구조물이다. 트러스의 구조형상은 삼각형을 이루고, 트러스의 각 직선부재는 외력에 대해서 인장 또는 압축, 즉 축방향력에만 저항한다. 이것이 전단력, 휨모멘트 및 축방향력에 저항하는 보 또는 라멘 구조와 다른 점이다.

트러스를 외력에 대하여 안전한 구조체로 만들기 위해 대부분 입체 트러스로 조립한다. 그러나 특수한 경우를 제외하고는 일반적으로 트러스를 평면으로 분해하여 평면응력해석을 한다. 따라서 트러스에 작용하는 외력은 모두 트러스 평면 내에 작용하는 것으로 본다.

실제 트러스의 격점은 완전한 활절이 아니고 리벳, 볼트 또는 용접으로 결합하여 각 부재의 격점은 회전이 구속되어 부재단에서 격점의 중심을 맺는 직선이 부재단면의 축과 일치하지 않을 경우 편심모멘트가 발생한다. 이와 같이 약간의 변형으로 생기는 응력을 2차 응력(secondary stress)이라고 하며, 활절의 마찰 또는 격점의 강성을 고려해야 할 필요성이 있는 트러스에서는 별도로 취급한다. 그러나 일반적으로 트러스의 각 부재에 발생하는 1차 응력(primary stress)인 축방향력만 고려한다.

3.1.2 트러스의 부재 명칭과 종류

[1] 트러스의 부재 명칭

트러스를 구성하고 있는 직선재를 부재(member)라고 한다. 트러스 부재는 I 형 단면에서 플랜지(flange) 역할을 하고 있는 현재(chord member)와 웨브(web) 역할을 하고 있는 복재(web member)로 이루어져 있다.

현재는 상현재(upper chord member)와 하현재(lower chord member), 복재는 수직재(vertical member)와 사재(diagonal member)로 되어 있다. 그리고 각 부재의 연결점을 절점(joint) 또는 격점(panel point)이라고 하며, 격점과 격점 사이의 길이 λ를 격간장(anel length)이라고 한다. [그림 3.1.1]에 표시한 부재 명칭을 요약하면 다음과 같다.

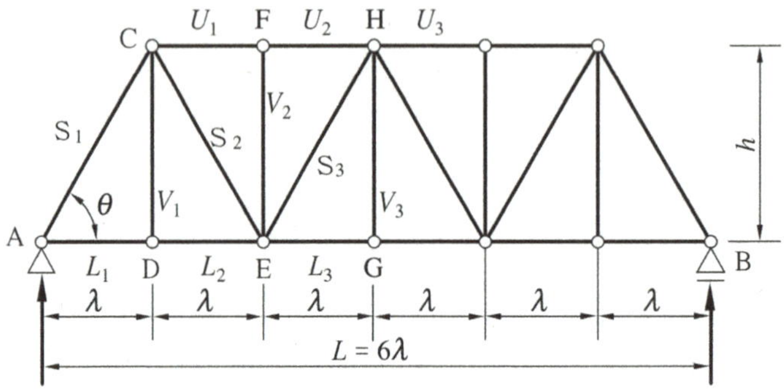

[그림 3.1.1]

- 트러스 부재
  - 현재
    - 상현재 : U_1, U_2⋯
    - 하현재 : L_1, L_2⋯
  - 복재
    - 수직재 : V_1, V_2⋯
    - 사 재 : S_1, S_2⋯

격점 : A, B, C ⋯

격간 : AD 사이

격간장 : λ

[2] 트러스 종류

트러스의 종류로는 외력인 하중의 작용위치에 따라서 다음과 같은 두 종류가 있다.

① 상로 트러스 : 하중이 상현재에 작용하는 트러스

② 하로 트러스 : 하중이 하현재에 작용하는 트러스

상로, 하로 트러스는 사재의 배치에 따라 다음 [그림 3.1.2]에 나타낸 바와 같이 여러 가지 종류로 분류한다.

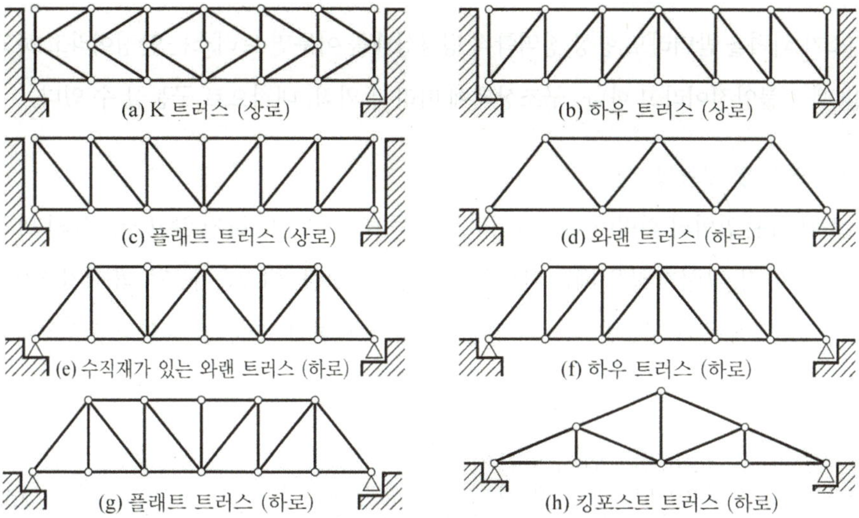

[그림 3.1.2] 트러스의 종류

3.1.3 트러스의 가정과 안정 및 정정

[1] 트러스의 해법상 가정

트러스의 부재력을 구하기 위해서는 다음과 같은 가정 하에 계산이 이루어진다.

① 부재 양단을 연결하는 격점은 전혀 마찰이 없는 활절(hinge 또는 pin)로 연결되어 있다.

② 각 부재는 직선재이다.

③ 격점의 중심을 맺는 직선은 부재의 축과 일치한다.

④ 외력은 모두 격점에 작용한다.

⑤ 모든 외력의 작용선은 트러스와 동일평면 내에 있다.

⑥ 부재응력은 그 구조재료의 탄성한도 이내에 있다.

⑦ 트러스의 변형은 미소하여 이것을 무시하고 하중이 작용한 후에도 격점의 위치에는 변화가 없다.

이상의 가정에 의해서 트러스 부재에는 전단력과 휨모멘트는 작용하지 않고 축방향력만 작용하는 것으로 본다. 따라서 부재에는 인장 또는 압축력이 일정하게 작용하게 되며 이것을 부재력이라고 한다.

[2] 트러스의 안정과 불안정

트러스가 외력을 받더라도 항상 정역학적 평형상태를 이루면 트러스는 안정이라고 하고 그렇지 않을 때는 불안정이라고 한다. 구조상태에 따라서 외적, 내적으로 구분할 수 있다.

(1) 외적 안정 및 불안정

트러스에 어떤 임의의 외력이 작용하더라도 이동 또는 회전도 하지 않고 구조물의 위치를 유지할 때 외적 안정, 그렇지 않을 때는 외적 불안정이라고 한다. 이것은 구조물의 지지조건에 따라 결정되는 것으로 하중과 지점반력(r)이 평형을 이루어야 한다. 그 판별은 외적 판별식에 의해서 결정된다.

$$n = r - 3\,;\ \begin{cases} r < 3\text{이면, 외적 불안정} \\ r = 3\text{이면, 외적 안정이며, 정정트러스} \\ r > 3\text{이면, 외적 안정이며, 부정정트러스} \end{cases} \tag{3.1.1}$$

(2) 내적 안정 및 불안정

트러스에 임의의 외력이 작용하여도 트러스의 형상이 변하지 않을 때를 내적 안정, 변할 때는 내적 불안정이라고 한다. 트러스의 각 부재에는 1개의 축방향력이 작용한다. 축방향력이 작용하는 부재수를 m이라고 하면 m개의 부재력이 있게 된다. 따라서 외적으로 안정이고 정정인 트러스는 $r = 3$이므로 미지력이 되는 트러스의 부재력과 지점반력의 총수는 $(m + 3)$개가 된다. 여기서 트러스의 미지력을 구하기 위한 조건식으로서 트러스의 격점의 총수를 j 개라고 하면 $2j$ 개의 평형조건식 $\Sigma F_x = 0, \Sigma F_y = 0$의 두 식이 성립되어 내적 판별식에 의해서 다음과 같은 결과를 얻게 된다.

$$\begin{cases} m+3 < 2j\text{이면, 내적 불안정} \\ m+3 = 2j\text{이면, 내적 안정이며, 정정트러스} \\ m+3 > 2j\text{이면, 내적 안정이며, 부정정트러스} \end{cases} \tag{3.1.2}$$

위 식에서 내적 안정인 트러스는 식 $m + 3 = 2j$ 또는 $m + 3 > 2j$ 을 만족시키면서 트러스 내에 4변형을 포함하지 않아야 된다. 이것은 트러스와 같이 격점이 활절로 된 구조의 안정은 삼각형이고, 사각형은 외력에 대하여 변형하므로 불안정한 구조가 된다. 또한 내적으로 안정이면서 부정정인 트러스에서 다음과 같이 했을 경우에 n을 내적 부정정차수 또는 내적 n차 부정정 트러스라고 한다.

$$n = m + 3 - 2j \tag{3.1.3}$$

[3] 트러스의 정정과 부정정

안정된 트러스에서 정역학적 평형방정식($\Sigma F_x = 0$, $\Sigma F_y = 0$, $\Sigma M = 0$)만으로 지점 반력과 부재력을 모두 구할 수 있는 것을 정정트러스, 구할 수 없는 것을 부정정트러스라고 한다.

(1) 외적 정정 및 부정정

외적으로 안정인 트러스에서 평형방정식만으로 지점반력을 구할 수 있는 것은 외적 정정트러스, 구할 수 없는 것은 외적 부정정트러스이다.

(2) 내적 정정 및 부정정

내적으로 안정인 트러스에서 모든 부재력을 평형방정식만으로 구할 수 있는 것은 내적 정정트러스, 구할 수 없는 것은 내적 부정정트러스이다.

3.2 평면 트러스의 해법

트러스의 부재력 해법은 가정에 의하여 구조해석을 하는 경우 먼저 지점반력을 구하고, 따라서 각 부재의 축방향력(압축력, 인장력)만 구하면 된다. 이것을 부재력이라고 한다. 부재력을 구하는 데는 다음과 같은 여러 가지 방법이 있으므로 트러스의 구조상태나 목적에 따라 편리한 방법을 이용해야 하며, 정정 트러스에서 지점반력은 단순보의 경우와 동일한 방법으로 구한다.

3.2.1 격점법

트러스의 지점과 격점에 작용하는 외력을 중심으로 절단했을 경우, $\Sigma F_x = 0$, $\Sigma F_y = 0$의 평형방정식을 이용하여 미지의 부재력을 구하는 해법을 격점법이라고 한다. 격점법에서는 절단된 미지의 부재수가 2개 이하에서 해결되며, 계산의 오차가 다른 부재에 영향을 주는 단점이 있다.

[1] 해석순서

(1) 예비 해석

트러스의 반력을 계산한다.

(2) 격점별 미지 부재력 계산

① 격점별 자유물체도 작성 : 격점 둘레로 연결된 부재를 절단하여 각 격점을 분리시켜 작성

② 평형방정식 적용 : 자유물체도상의 격점에 x, y축을 정하고, 힘을 x, y성분으로 분해한 후 $\sum F_x = 0$, $\sum F_y = 0$을 적용하여 그 격점에 연결된 미지 부재력을 계산

(3) 계산결과 검산

최종 격점이나 중간에 이미 구해진 부재력을 가진 격점에 대한 평형방정식으로부터 해석결과 검증

[2] 트러스의 해석 시 유의사항

① 해석은 먼저미지의 부재력이 둘 이하이거나, 육안으로 쉽게 구할 수 있는 격점을 대상으로 차례로 해석해 나간다.

② 격점별 좌표선정 시 연립방정식의 해를 구하지 않고 해석할 수 있도록, 부재축 방향 중에 한 방향을 x좌표로 정한다.

③ 한 격점에서 다음 격점 자유물체도로 해석해 나갈 때, 앞 단계에서 구한 부재력은 작용-반작용 원리에 의해 다른 격점에서 알고 있는 부재력(힘)으로 작용시킨 후에 미지의 부재력만 해석한다.

④ 격점법에 의한 해석은 평형방정식의 해로 구할 수도 있고, 격점 평형력의 폐다각형 원리에 의해 자유물체도상에서 직접 구할 수도 있다.

⑤ 부재력을 해석한 후에는 그 결과를 트러스 위에 표시하는 것이 좋다.

⑥ 부재력이 영(0)인 부재부터 찾아서 먼저 그 결과를 표시한 후에 미지의 부재력을 구하는 것이 좋다.

[3] 격점법의 해석

(1) 예비 해석

[그림 3.2.1]에 나타낸 트러스의 반력을 계산한다.

$$\sum M_B = 0, \quad R_A(l) - P\left(\frac{l}{2}\right) = 0 \qquad \therefore R_A = \frac{P}{2}\ (\uparrow)$$

$$\sum F_y = 0, \quad R_A + R_B - P = 0 \qquad \therefore R_B = \frac{P}{2}\ (\uparrow)$$

(2) 격점별 미지 부재력 계산

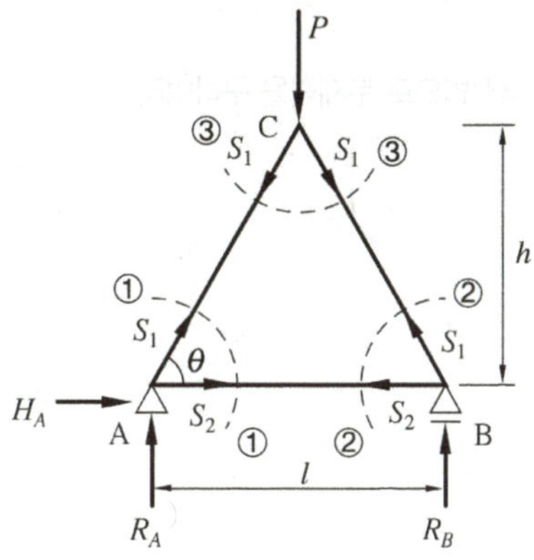

[그림 3.2.1]

[그림 3.2.1]과 같은 트러스의 격점 A에서 절단했을 때 부재력 계산 방법은 다음과 같다.

$\Sigma F_x = 0$에 의하여

$$S_1 \cos\theta + S_2 = 0 \qquad ①$$

$\Sigma F_y = 0$에 의하여

$$R_A + S_1 \sin\theta = 0 \qquad ②$$

식 ①과 ②에 의해서 S_1, S_2 부재력을 구할 수 있다.

$$\left.\begin{aligned} \therefore\ S_1 &= -R_A \frac{1}{\sin\theta}\ (\text{압축재}) \\ \therefore\ S_2 &= R_A \frac{\cos\theta}{\sin\theta}\ (\text{인장재}) \end{aligned}\right\}$$

(3) 계산결과 검산

트러스의 격점 A에서 절단했을 때 힘의 평형조건을 검토해 본다.

$$\sum F_x = 0,\quad -S_1\cos\theta + S_1\cos\theta = 0$$

$$\sum F_y = 0,\quad -S_1\sin\theta - S_1\sin\theta - P = 0$$

$$(R_A \times 1/\sin\theta)\sin\theta + (R_A \times 1/\sin\theta)\sin\theta - P = 0$$

$$(P/2 \times 1/\sin\theta)\sin\theta + (P/2 \times 1/\sin\theta)\sin\theta - P = 0 \quad \therefore \text{O.K.}$$

예제 3-2-1

[그림 3.2.2]와 같은 트러스에서 격점법으로 부재력을 구하여라.

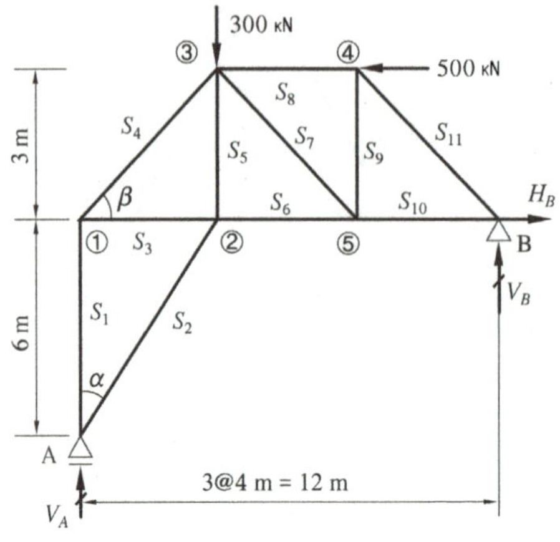

[그림 3.2.2]

풀이

(1) 예비 해석 : [그림 3.2.2]에 나타낸 트러스의 반력을 계산한다.

$\sum F_x = 0$에 의하여 $H_B - 500 = 0 \ \therefore H_B = 500\,\text{kN}$

$\sum F_y = 0$에 의하여 $V_A + V_B = 300$

$\sum M_B = 0$에 의하여 $(V_A) \times (12\,\text{m}) - (300\,\text{kN}) \times (8\,\text{m}) - (500\,\text{kN}) \times (3\,\text{m}) = 0$

$\therefore V_A = 325\,\text{kN} \quad \therefore V_B = 300 - V_A = -25\,\text{kN}\,(\downarrow)$

(2) 격점별 미지 부재력 계산

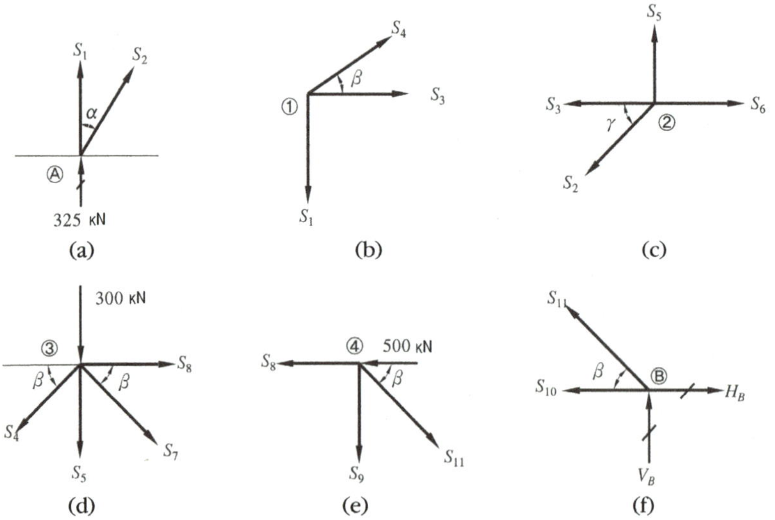

[그림 3.2.2(계속)]

격점 A ([그림 3.2.2(a)])

$\Sigma F_x = 0$에 의하여 $S_2 \cos\alpha' = 0$ $\quad\therefore S_2 = 0$

$\Sigma F_y = 0$에 의하여 $S_1 + 325 + S_2 \sin\alpha' = 0$ $\quad\therefore S_1 = -325\,\text{kN}$ (압축재)

격점 ① ([그림 3.2.2(b)])

$\Sigma F_y = 0$에 의하여 $-S_1 + S_4 \sin\beta = 0$

$$\therefore S_4 = \frac{S_1}{\sin\beta} = -\frac{325}{3/5} = -542\,\text{kN} \text{ (압축재)}$$

$\Sigma F_x = 0$에 의하여 $S_3 + S_4 \cos\beta = 0$

$$\therefore S_3 = -S_4 \cos\beta = 542 \times \frac{4}{5} = 433\,\text{kN} \text{ (인장재)}$$

격점 ② ([그림 3.2.2(c)])

$\Sigma F_y = 0$에 의하여 $S_5 - S_2 \sin\gamma = 0$ $\quad\therefore S_5 = 0$

$\Sigma F_x = 0$에 의하여 $-S_3 - S_2 \cos\gamma + S_6 = 0$ $\quad\therefore S_6 = S_3 = 433\,\text{kN}$ (인장재)

격점 ③ ([그림 3.2.2(d)])

$\Sigma F_y = 0$에 의하여 $-300 - S_5 - S_4 \sin\beta - S_7 \sin\beta = 0$

$$\therefore S_7 = -\frac{300 + S_5 + S_4 \times 3/5}{3/5} = 42\,\text{kN} \text{ (인장재)}$$

$\Sigma F_x = 0$에 의하여 $S_8 + S_7 \cos\beta - S_4 \cos\beta = 0$

$$\therefore S_8 = (S_4 - S_7)\cos\beta = (-542 - 42) \times 4/5$$
$$= -467\,\text{kN} \text{ (압축재)}$$

격점 ④ ([그림 3.2.2(e)])

$\Sigma F_x = 0$에 의하여 $-S_8 - 500 + S_{11} \cos\beta = 0$

$$\therefore S_{11} = \frac{500 + S_8}{\cos\beta} = \frac{33}{4/5} = 41\,\text{kN} \text{ (인장재)}$$

$\Sigma F_y = 0$에 의하여 $-S_9 - S_{11} \sin\beta = 0$

$$\therefore S_9 = -S_{11} \sin\beta = -41 \times 3/5 = -25\,\text{kN} \text{ (압축재)}$$

격점 B ([그림 3.2.2(f)])

$\Sigma F_x = 0$에 의하여 $-S_{10} - S_{11} \cos\beta + H_B = 0$

$$\therefore S_{10} = H_B - S_{11} \cos\beta = 500 - 41 \times \frac{4}{5} = 467\,\text{kN} \text{ (인장재)}$$

(3) 계산결과 검산

격점 ⑤ ([그림 3.2.2])

$\Sigma F_x = 0$에 의하여 $-S_6 + S_{10} - S_7 \cos\beta = 0$

$-433 + 467 - 42(4/5) = 0 \quad \therefore$ O.K.

3.2.2 단면법

트러스 임의의 단면에서 부재수 3개 이하에서 절단하여 절단면의 좌측 또는 우측에 외력(지점 반력 포함)과 절단한 부재력과의 평형조건에 의해서 미지의 부재력을 구하는 해법을 단면법이라 한다. 단면법에는 전단력법과 모멘트법이 있다.

[1] 해석순서

(1) 예비 해석

트러스의 반력을 계산한다.

(2) 미지 부재력 계산

격간별 절단 단면에 대한 평형조건으로부터 미지의 부재력을 차례로 구한다.

- 격간별 자유물체도 작성 : 미지의 부재력을 구하고자 하는 격간에서 그 부재를 절단하는 격간 단면을 분리시켜 작성한다.
- 평형방정식 적용 : 평면트러스 격간의 절단면 어느 한쪽 트러스의 자유물체도상의 미지의 부재력은 3개의 평형방정식 $\Sigma F_x = 0$, $\Sigma F_y = 0$, $\Sigma M = 0$을 편리한 대로 적용하여 구한다.

(3) 계산결과 검산

특정 격간에 대한 미지의 부재력을 모두 구한 후 사용하지 않은 평형조건이나 다른 쪽 절단된 트러스의 평형조건으로부터 해석결과의 검산이 가능하다.

[2] 트러스의 해석 시 유의사항

① 격간별 미지 부재력을 구하기 위하여 격간을 단면으로 절단 시 최소한의 부재를 절단시켜 격간을 분리하도록 절단하는 것이 유리하다.

② 해석의 요령은 미지의 부재력이 3개 이하인 격간에 대해 연립방정식의 해를 피할 수 있는 방법으로 그 격간의 미지력을 차례로 구한다. 일반적으로 3개의 미지력 중 2개의 미지 부재력의 연장선이 만나는 점에 대한 모멘트의 평형조건 $\Sigma M = 0$으로부터 구한다.

③ 격간의 2개의 미지 부재력이 평행이고, 제3의 미지 부재력이 평행이 아니면 평행 부재력 방향에 직각인 방향의 평형조건 $\Sigma F_y = 0$으로부터 구한다.

④ 때로는 격점법과 단면법을 병행하여 해석하면 쉽게 미지 부재력을 구할 수 있다.

[3] 전단력법의 적용 (Culmann의 방법)

전단력법은 부재력을 구하려고 하는 부재를 절단하여 한쪽 방향의 외력과 절단면의 부재력이 평형을 이룬다는 조건에서 $\Sigma F_x = 0$, $\Sigma F_y = 0$, $\Sigma M = 0$의 평형방정식을 이용하여 미지 부재의 부재력을 구한다. 특히 복재인 사재와 수직재의 부재력을 구하는 데 편리하다.

(1) 예비 해석

[그림 3.2.3]에서 트러스의 반력을 계산한다.

$$\Sigma M_B = 0, \quad R_A(l) - P_1(5\lambda) - P_2(4\lambda) - P_3(3\lambda) - P_4(2\lambda) - P_5(\lambda) = 0$$

$$\therefore R_A = [P_1(5\lambda) + P_2(4\lambda) + P_3(3\lambda) + P_4(2\lambda) + P_5(\lambda)]/l$$

$$\Sigma F_y = 0, \quad R_A + R_B - (P_1 + P_2 + P_3 + P_4 + P_5) = 0$$

$$\therefore R_B = \Sigma P - R_A$$

(2) 미지 부재력 계산

격간별 절단 단면에 대한 평형조건으로부터 미지의 부재력을 차례로 구한다.

예제 3-2-2

[그림 3.2.3]에 나타낸 트러스의 부재력을 전단력법으로 구하여라.

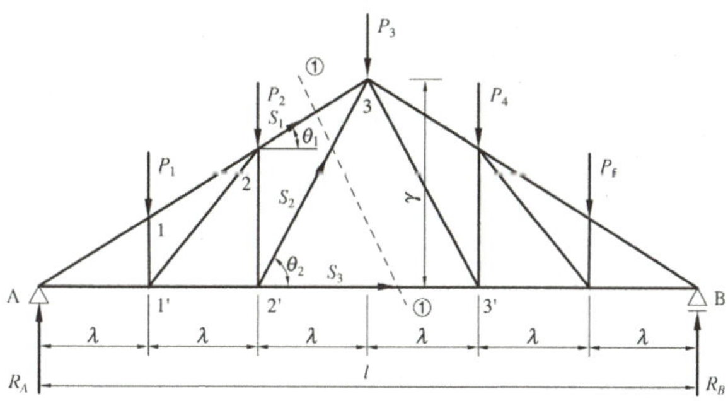

[그림 3.2.3]

풀이

[그림 3.2.3]에 나타낸 트러스에서 ①-① 단면에서 절단했을 경우

$\Sigma F_x = 0$에 의하여, $S_1 \cos\theta_1 + S_2 \cos\theta_2 + S_3 = 0$

$\Sigma F_y = 0$에 의하여, $R_A - P_1 - P_2 + S_1 \sin\theta_1 + S_2 \sin\theta_2 = 0$

$\Sigma M_{at\,3} = 0$에 의하여, $(R_A) \times (3\lambda) - (P_1) \times (2\lambda) - (P_2) \times (\lambda) - (S_3) \times (\gamma) = 0$

위의 식에 의해서 부재력 S_1, S_2, S_3를 구할 수 있다.

(3) 계산결과 검산

[그림 3.2.3]에 나타낸 트러스에서 3번 절점의 우측을 절단했을 경우, 우측 단면에 대해 $\Sigma M_{at\,3} = 0$에 의하여 S_3값을 검산할 수 있다.

$$(-R_B) \times (3\lambda) + (P_5) \times (2\lambda) - (P_4) \times (\lambda) - (S_3) \times (\gamma) = 0$$

$$\therefore S_3 = [(-R_B) \times (3\lambda) + (P_5) \times (2\lambda) + (P_4) \times (\lambda)]/\gamma$$

[4] 모멘트법의 적용 (Ritter의 방법)

트러스를 임의의 단면에서 절단하면 그 어느 한쪽에 작용하는 외력과 절단된 부재력이 평형을 이룬다는 조건으로 $\Sigma M = 0$에 의해서 미지의 부재력을 구한다. 상현재와 하현재를 구하는 데 편리하다.

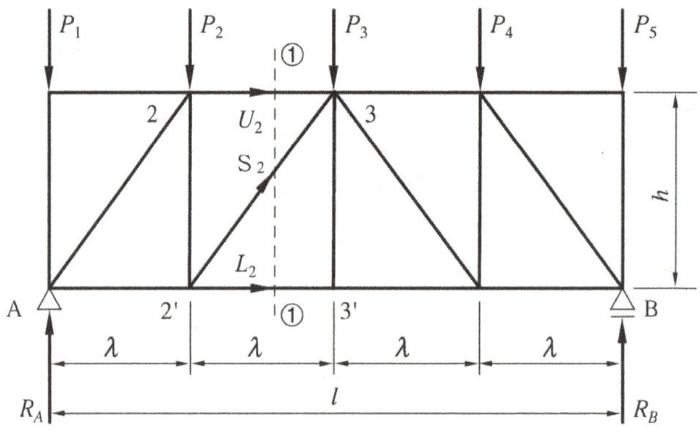

[그림 3.2.4]

(1) 예비 해석

[그림 3.2.4]에서 트러스의 반력을 계산한다.

$$\Sigma M_B = 0, \quad R_A(l) - P_1(4\lambda) - P_2(3\lambda) - P_3(2\lambda) - P_4(\lambda) - P_5(0) = 0$$

$$\therefore R_A = [P_1(4\lambda) + P_2(3\lambda) + P_3(2\lambda) + P_4(\lambda)]/l$$

$$\Sigma F_y = 0, \quad R_A + R_B - (P_1 + P_2 + P_3 + P_4 + P_5) = 0$$

$$\therefore R_B = \Sigma P - R_A$$

(2) 미지 부재력 계산

격간별 절단 단면에 대한 평형조건으로부터 미지의 부재력을 차례로 구한다.

[그림 3.2.4]과 같은 트러스에서 ①-① 단면에서 절단했을 경우

$\sum M_{at\,2'} = 0$에 의하여

$$(R_A - P_1)(\lambda) + (U_2) \times (h) = 0$$

$$\therefore\ U_2 = -\frac{(R_A - P_1)\lambda}{h}$$

$\sum M_{at\,3'} = 0$에 의해서

$$(R_A - P_1) \times (2\lambda) - (P_2) \times (\lambda) - (L_2) \times (h) = 0$$

$$\therefore\ L_2 = \frac{(R_A - P_1) \times 2\lambda - P_2 \times \lambda}{h}$$

(3) 계산결과 검산

[그림 3.2.4]에 나타낸 트러스에서 $3-3'$번 절점의 우측을 절단했을 경우, 우측단면에 대해 $\sum M_{at\,3} = 0$에 의하여 L_2값을 검산할 수 있다.

$$(-R_B + P_5) \times (2\lambda) + (P_4) \times (\lambda) - (L_2) \times (h) = 0$$

$$\therefore\ L_2 = [(-R_B + P_5) \times (2\lambda) + (P_4) \times (\lambda)]/h$$

예제 3-2-3

[그림 3.2.5]과 같은 트러스의 부재력 U_1, S_1을 모멘트법으로 풀어라.

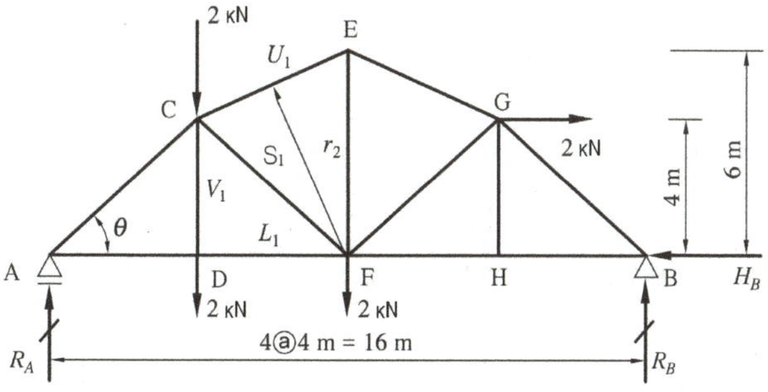

[그림 3.2.5]

풀이

(1) 예비해석 : 지점반력

$\Sigma F_x = 0 \qquad 2 - H_B = 0 \qquad \therefore H_B = 2\,\text{kN}$

$\Sigma M_B = 0$에 의하여

$(R_A) \times (16\text{m}) - (2\text{kN} + 2\text{kN}) \times (12\text{m}) - (2\text{kN}) \times (8\text{m}) + (2\text{kN}) \times (4\text{m}) = 0$

$\therefore R_A = 3.5\,\text{kN}$

$\Sigma F_y = 0 \qquad \therefore R_B = 2.5\,\text{kN}$

(2) 미지 부재력 계산

[그림 3.2.5(a)]에서

$\sin\beta_1 = \dfrac{4}{\sqrt{4^2 + (6-4)^2}} = \dfrac{4}{\sqrt{20}} = 0.8944 \qquad r_2 = 6\sin\beta_1 = 6 \times 0.8944 = 5.4\,\text{m}$

$\cot\alpha_1 = \dfrac{4}{6-4} = 2 \quad \tan\alpha_1 = \dfrac{6}{a_2} \quad a_2 = \dfrac{6}{\tan\alpha_1} = (6) \times (\cot\alpha_1) = (6) \times (2) = 12\,\text{m}$

$a_1 = a_2 - 8 = 4\text{ m} \qquad \sin\theta = \dfrac{4}{\sqrt{4^2 + 4^2}} = \dfrac{1}{\sqrt{2}} = 0.7071$

$d_1 = a_2 \sin\theta = (12) \times (0.7071) = 8.5\,\text{m}$

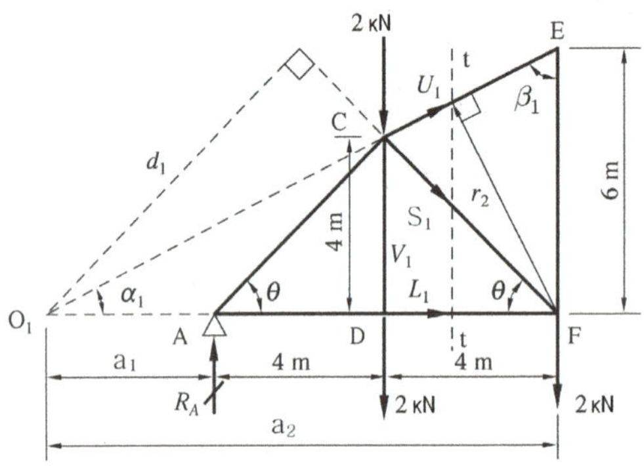

[그림 3.2.5(계속)]

① U_1 계산

단면 t-t를 자르고, $M_F = 0$에 의하여

$(R_A) \times (8\text{m}) - (2\text{kN} + 2\text{kN}) \times (4\text{m}) + (U_1) \times (r_2) = 0$

$(3.5\,\text{kN}) \times (8\text{m}) - (16\text{kN} \cdot \text{m}) + (U_1) \times (5.4\text{m}) = 0 \qquad \therefore U_1 = -2.2\text{kN}$

② S_1 계산

단면 t-t를 자르고, $M_{o_1} = 0$에 의하여

$(S_1) \times (d_1) - (2\text{kN} + 2\text{kN}) \times (4\text{m} + a_1) - (R_A) \times (a_1) = 0$

$(S_1) \times (8.5\,\text{m}) - (4\text{kN}) \times (8\text{m}) - (3.5\text{kN}) \times (4\text{m}) = 0 \qquad \therefore S_1 = -2.1\text{kN}$

예제 3-2-4

[그림 3.2.6]과 같은 하우 트러스에서 U, S, L 부재력을 구하여라.

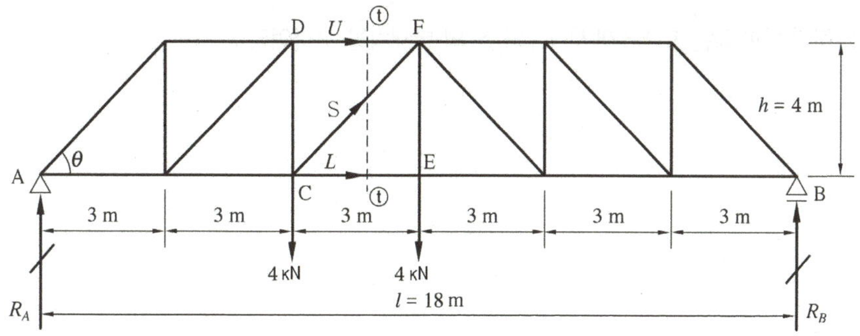

[그림 3.2.6]

풀이

(1) 예비해석 : 지점반력

$\Sigma F_y = 0$

$\Sigma M_B = 0$ 에 의하여 $(R_A) \times (18\,\text{m}) - (4\text{kN}) \times (12\,\text{m}) - (4\text{kN}) \times (9\text{m}) = 0$

$\therefore\ R_A = \dfrac{48+36}{18} = 4.7\,\text{kN}$

(2) 미지 부재력 계산

① S 부재

$\Sigma F_y = 0$에 의하여 $R_A - 4 + S\sin\theta = 0 \qquad 4.7 - 4 + S \times \dfrac{4}{5} = 0$

$\therefore$ S = -0.88kN (압축재)

② U 부재

$\Sigma M_C = 0$에 의하여 $(R_A) \times (6\text{m}) + (U) \times (h) = 0$

$\therefore$ U = $-\dfrac{4.7 \times 6}{4} = -7.1$kN (압축재)

③ L 부재

$\Sigma M_C = 0$에 의하여 $(R_A) \times (9\text{m}) - (4\text{kN}) \times (3\text{m}) - (L) \times (h) = 0$

$\therefore\ L = \dfrac{4.7 \times 9 - 12}{4} = 7.6\,\text{kN}$ (인장재)

EXERCISE

1. [P그림 3.1]과 같은 트러스에서 U_1와 S_1의 부재력을 구하여라.

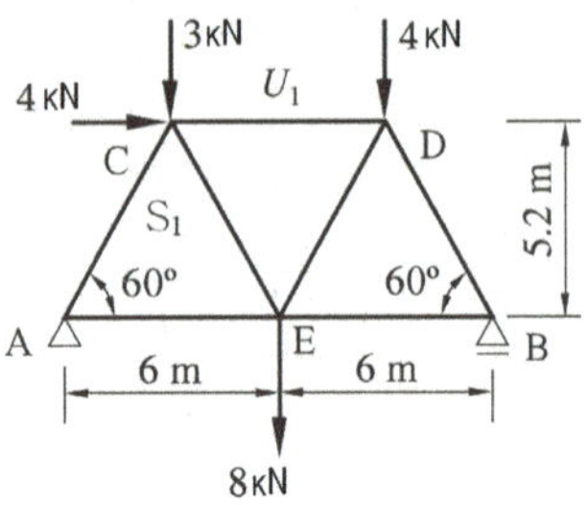

[P그림 3.1]

정답 $S_1 = 2.9\,\mathrm{kN}$ (인장재), $U_1 = -8.6\,\mathrm{kN}$ (압축재)

2. [P그림 3.2]와 같은 트러스에서 S_1의 부재력을 구하여라.

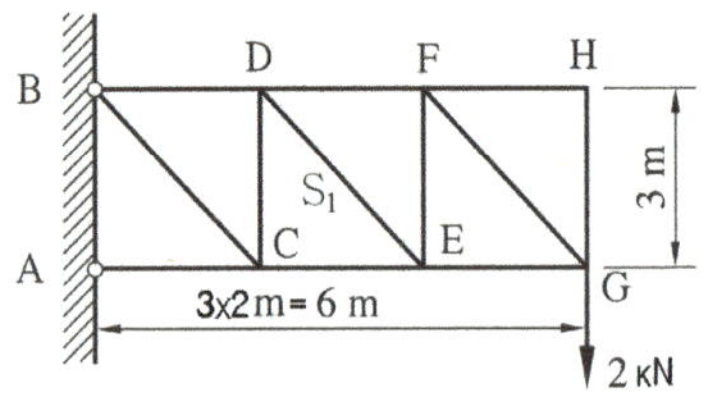

[P그림 3.2]

정답 $S_1 = 2.4\,\mathrm{kN}$(인장재)

3. [P그림 3.3]과 같은 트러스에서 AB 부재의 부재력을 구하여라.

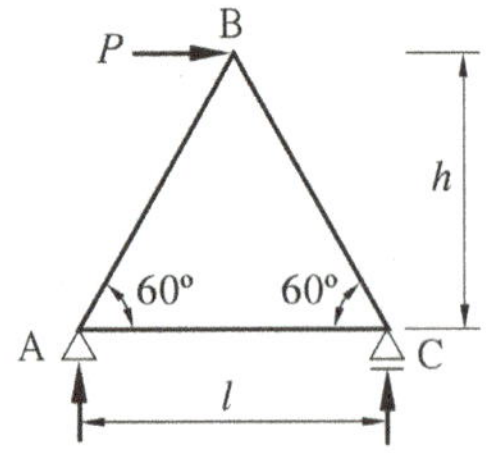

[P그림 3.3]

정답 $AB = \dfrac{2}{\sqrt{3}}\dfrac{Ph}{l}$ (인장재)

4. [P그림 3.4]와 같은 트러스에서 CD 부재의 부재력을 구하여라.

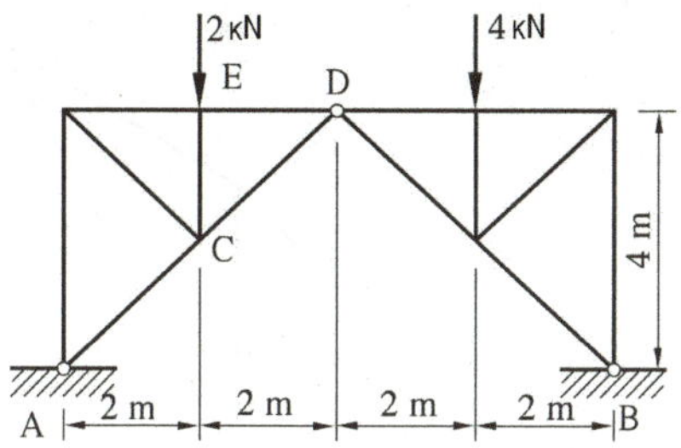

[P그림 3.4]

정답 CD = −0.71 kN (압축재)

5. [P그림 3.5]와 같은 트러스에서 AB 부재의 부재력을 구하여라.

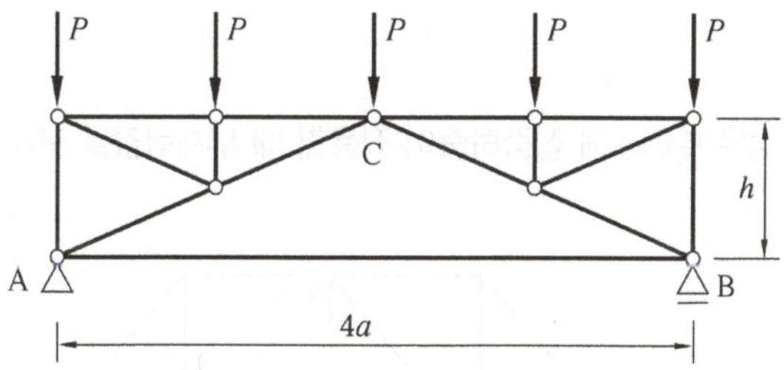

[P그림 3.5]

정답 $AB = \dfrac{2Pa}{h}$ (인장재)

6. [P그림 3.6]과 같은 구조물에서 부재력을 구하여라.

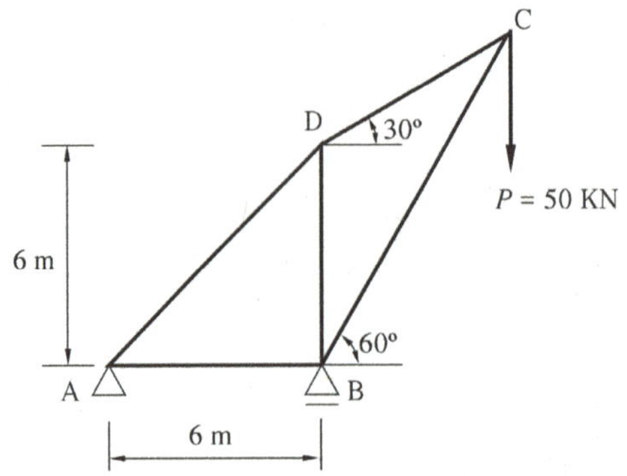

[P그림 3.6]

정답 $AB = 25\sqrt{3}$ kN (압축재), $BC = 50\sqrt{3}$ kN (압축재), $CD = 50$ kN (인장재)

$AD = 25\sqrt{6}$ kN (인장재), $BD = 25(\sqrt{3}-1)$ kN (압축재)

7. [P그림 3.7]과 같은 트러스에 집중하중이 작용할 때 부재력값을 구하여라.

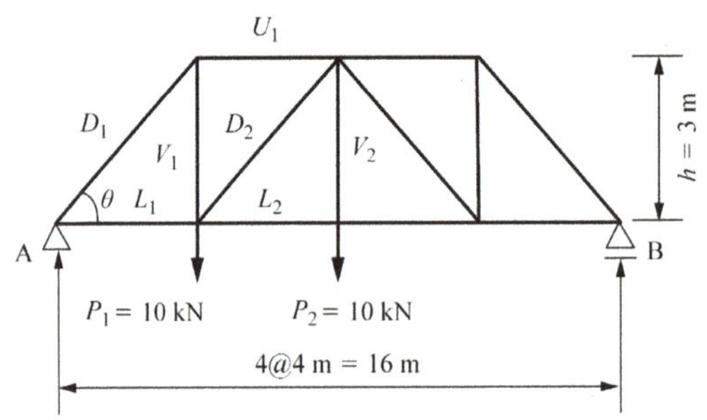

[P그림 3.7]

정답 $L_1 = 16.67$ kN, $L_2 = 20$ kN, $U_1 = -16.67$ kN

$S_1 = -20.83$ kN, $S_2 = -4.17$ kN, $V_1 = 12.5$ kN

$V_2 = 10$ kN

S T R U C T U R A L M E C H A N I C S

CHAPTER 4

정정 보와 라멘의 전단력과 휨모멘트

4.1 개요

앞의 1, 2장에서 기술한 정정 평면구조물의 자유물체도와 평형조건, 겹침의 원리를 기본으로 하는 정정 구조해석의 기본원리는 그대로 정정구조물의 내적 평형력인 부재단면력을 해석하는 데 적용된다. 여기서는 가장 일반적으로 사용되는 평면구조물 중에 정정보와 정정라멘의 단면력을 구하기 위한 해석방법에 관하여 알아본다.

단면에 비하여 길이가 긴 직선부재를 지점에 연결하여 그 축선에 수직방향으로 작용하는 외력을 지지할 수 있도록 수평으로 이루어진 부재를 보(beam)라 한다. 그리고 2개 이상의 수평부재와 수직부재가 고정절점으로 연결되어 있는 뼈대 구조물을 라멘(rahmen 또는 rigid frame)이라 한다. 라멘은 외력으로 인하여 구조물의 모양이 변하더라도 부재의 절점각은 변하지 않는 것으로 보고 있다.

보와 라멘은 휨변형에 의해 외력을 지지하는 구조물로 보의 해석에서는 휨에 의한 전단력 및 휨모멘트가 단면내력으로 고려되어야 하고, 평면 라멘에서는 휨에 의한 단면내력 외에 축방향력도 고려되어야 한다. 대부분의 보와 라멘은 입체 구조물이므로 이들에 대한 엄밀한 구조해석을 위해서는 1.3.4절에서 기술한 구조물의 이상화가 필요하다. 이 장에서는 평면구조물이나 복잡한 구조시스템의 평면부구조물의 해석에 중점을 두었다.

일반적으로 사용되고 있는 보나 라멘은 정정성을 판별하는 일반적인 방법에 따라 대부분은 부정정구조이지만 부정정구조물의 해석을 쉽게 이해하기 위해서는 정정구조물의 단면력에 대한 계산과정이 필요하다. 그러므로 이 장에서는 정정보와 라멘의 임의의 점에서의 내력의 해석방법과 전단, 휨모멘트, 축력 등에 대한 단면력도의 작성방법을 중점적으로 하는 구조해석을 다루었다.

4.2 휨부재의 단면내력 해석

4.2.1 단면내력의 정의

구조해석을 수행하는 목적은 그 구조물이 설계하중을 지지할 수 있는가를 판정하는 데 있다. 따라서 [그림 4.2.1]에 나타낸 바와 같이 구조해석에서는 작용하중에 의해 구조물에 발생되는 단면력인 전단, 휨모멘트 및 축방형력을 산정하는 일이 가장 중요한 일이 된다.

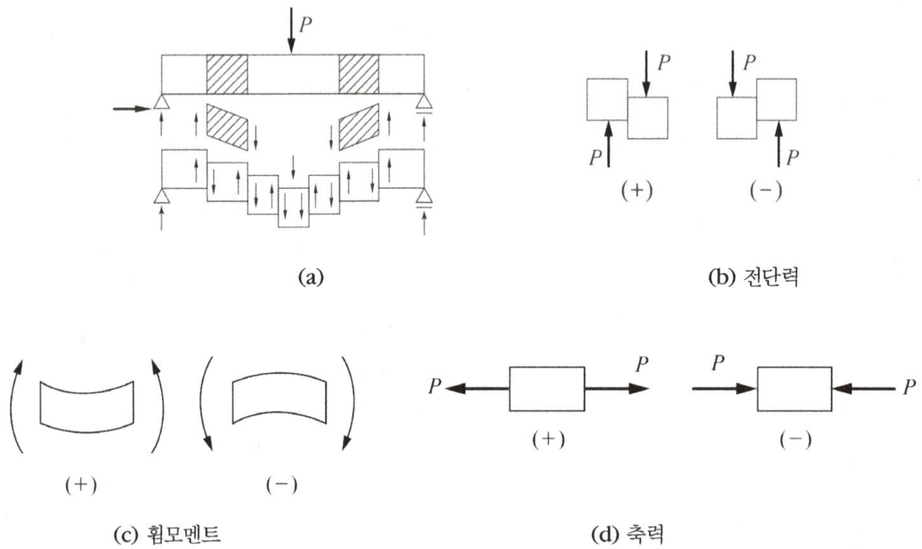

[그림 4.2.1]

단면력은 구조물을 임의의 단면에서 절단한다고 가정할 때, 그 가상의 절단면을 따라서 발생하는 힘으로 정의할 수 있다.

[1] 지점반력

정정보에서 외력의 대수합이 0이고 힘의 모멘트 합도 0이라는 힘의 평형방정식(비김조건식) $\Sigma F_x = 0,\ \Sigma F_y = 0,\ \Sigma M = 0$에 의하여 지점반력을 구하고, 지점반력으로 인하여 보단면에 작용하는 단면력을 구한다. 단위는 kgf, tf, N, kN 등으로 표시한다.

[2] 단면력

(1) 전단력

보의 축에 수직방향으로 힘이 작용하여 부재단면을 절단하려는 힘이다. [그림 4.2.1(a)]와 같이 임의의 단면에 대한 전단력의 크기는 그 점의 좌측 또는 우측 보의 축방향에 수직으로 작용하는 외력의 대수합이다. 전단력 부호는 [그림 4.2.1(b)]에서와 같이 좌측에서 전단력을 계산할 때는 상향(↑)일 때 정(+)이고, 하향(↓)일 때 부(−)가 된다. 우측에서 계산을 할 때는 이와 반대가 된다. 단위는 kgf, tf, N, kN으로 표시한다.

(2) 휨모멘트

부재를 휘게 하는 힘으로 [그림 4.2.1(c)]와 같이 임의의 점 한 단면의 양측 면에서 크기가 같고 방향이 반대인 한 쌍의 모멘트를 말한다. 보의 임의의 단면에 대한 휨모멘트의 크기는 그 단면의 좌측 또는 우측에 작용하는 외력에 대한 모멘트의 대수합이다. 부호는 단순보에서는 [그림 4.2.1(c)]와 같이 부재가 하향(↓)으 처짐이 생길 경우에는 정(+)이고, 부재가 상향(↑)으로 처짐이 생기면 부(−)를 사용한다. 그러나 캔틸레버에서는 이와 반대가 된다. 단위는 kgf·m, tf·m, N·m, kN·m 등으로 표시한다.

(3) 축방향력

부재의 축방향에서 수평력이 작용하여 부재를 압축 또는 인장시키려는 크기가 같고 방향이 반대인 한 쌍의 힘을 말한다. 임의의 단면의 축방향력은 그 단면의 한쪽에 있는 모든 외력의 대수합과 같다. 부호는 [그림 4.2.1(d)]와 같이 인장일 경우에는 정(+), 압축일 경우에는 부(−)로 표시한다. 단위는 kgf , tf, N, kN 등으로 표시한다.

[3] 단순보의 단면력도

보에서 각 단면력을 계산한 결과를 그림으로 나타낸 것을 단면력도(section force diagram)라고 한다. 전단력에 의하여 작성된 선도를 전단력도 V(shearing force diagram), 휨모멘트에 대한 것을 휨모멘트도 M(bending moment diagram), 축방향에 대한 것을 축방향력도 A (axial force diagram)라고 하며, 표기방법은 약자 S.F.D, B.M.D, A.F.D로 한다.

4.2.2 단면내력의 해석순서

[1] 예비해석

① 단면법에 의해 부재를 절단하기 전에 먼저 부재단면의 내력을 구하는 데 있어서 필수적인 지점반력을 결정한다.

② 평형방정식을 이용하여 지점반력을 구한다.

[2] 자유물체도 작성

① 부재에 작용하는 모든 하중들을 정확하게 작용시키고 내력이 결정되어야 할 점에서 부재축에 수직한 가상단면이 노출되도록 절단한다.

② 단면의 좌우측 양면 중 해석에 편리한 어느 한쪽 부분에 대해 자유물체도를 작성한다.

③ 이때 가상단면에 작용하는 미지의 단면내력 A, V, M은 정(+)의 방향으로 작용시킨다.

[3] 평형방정식 적용

(1) 평형방정식

① 절단면에 대한 $\sum M=0$; 모멘트 M 결정

② 절단면에 대한 $\sum F_y=0$; 전단력 V 결정

③ 절단면에 대한 $\sum F_x=0$; 축방향력 A 결정

(2) 해석결과 단면내력의 값이 부(−)이면, 크기는 같으나 작용방향이 자유물체도에서 가정한 방향과 반대임을 의미한다.

4.3 정정보

4.3.1 경사진 하중이 작용할 경우 [그림 4.3.1]

[1] 지점반력

[그림 4.3.1(a)]와 같이 단순보에서 C지점에 경사진 집중하중 P가 작용할 경우에는 먼저 P에 대한 수직분력 V와 수평분력 H 값을 구한다.

$$V = P\sin\theta, H = P\cos\theta$$

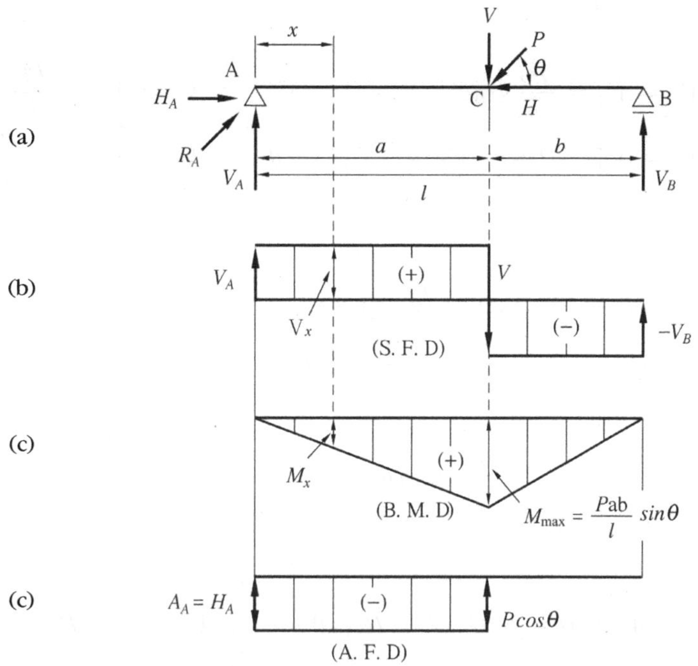

[그림 4.3.1]

평형방정식에 의하여

$\Sigma F_y = 0$에 의하여

$$V_A + V_B = V = P\sin\theta$$

$\Sigma M_B = 0$에 의하여

$$(V_A)\times(l) - (V)\times(b) = 0 \qquad \therefore\ V_A = \frac{Vb}{l} = \frac{Pb}{l}\sin\theta$$

$\Sigma M_A = 0$에 의하여

$$-(V_B)\times(l) + (V)\times(a) = 0 \qquad \therefore\ V_B = \frac{Va}{l} = \frac{Pa}{l}\sin\theta$$

$\Sigma F_x = 0$에 의하여 $\quad H_A - H = 0 \qquad H_A = H = P\cos\theta$

합성반력 R_A는 $\therefore\ R_A = \sqrt{V_A{}^2 + H_A{}^2} = \sqrt{\left(\frac{Pb}{l}\sin\theta\right)^2 + (P\cos\theta)^2}$

[2] 전단력

$0 \le x \le a \;\; V_x = V_A = \dfrac{Pb}{l}\sin\theta \qquad \therefore V_A = V_C = \dfrac{Pb}{l}\sin\theta$

$a \le x \le l \;\; V_x = V_A - P = -V_B = -\dfrac{Pa}{l}\sin\theta \quad \therefore V_B = V_C = -\dfrac{Pa}{l}\sin\theta$

[3] 휨모멘트

$0 \le x \le a \qquad M_x = (V_A)(x) = \dfrac{Pb}{l}\sin\theta x$

$a \le x \le l \qquad M_x = (R_B)(l-x) = \dfrac{Pa}{l}\sin\theta(l-x)$

$\therefore M_A = M_B = M_{x=0} = 0$

$\therefore M_{\max} = M_C = M_{x=a} = \dfrac{Pab}{l}\sin\theta$

[4] 축방향력

$0 \le x \le a \qquad A_x = H = -H_A = -P\cos\theta \qquad \therefore A_{A-C} = -H_A = -P\cos\theta$

$0 \le x \le l \qquad A_{C-B} = A_x = 0$

단면력 계산 결과에 의하여 단면력도를 그리면 [그림 4.3.1(a), (b), (c)]와 같다.

4.3.2 단순보에 등분포하중이 작용할 경우 [그림 4.3.2]

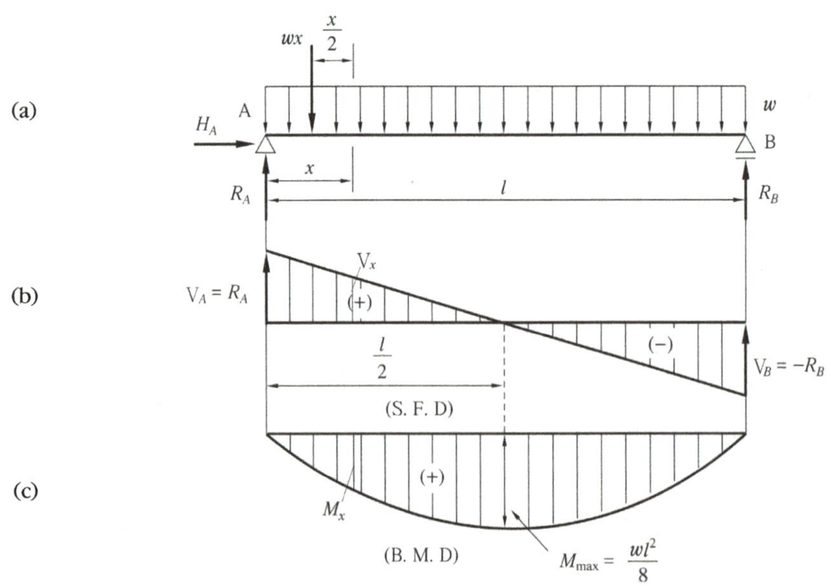

[그림 4.3.2]

[1] 지점반력

$\Sigma F_y = 0$에 의하여 $\quad R_A + R_B = wl$

$\Sigma F_x = 0$에 의하여 $\quad \therefore H_A = 0$

$\Sigma M_B = 0$에 의하여 $\quad (R_A)(l) - [(w)(l)]\left(\frac{l}{2}\right) = 0 \quad \therefore R_A = \frac{wl}{2}\ (\uparrow)$

$\Sigma M_A = 0$에 의하여 $\quad -(R_B)(l) + [(w)(l)]\left(\frac{l}{2}\right) = 0 \quad \therefore R_B = \frac{wl}{2}\ (\uparrow)$

[2] 전단력

$$V_x = R_A - wx = \frac{wl}{2} - wx = w\left(\frac{l}{2} - x\right)$$

$$\therefore V_A = V_{x=0} = R_A = \frac{wl}{2}$$

$$\therefore V_B = V_{x=l} = -\frac{wl}{2} = -R_B$$

전단력이 0이 되는 위치를 구하려면 위 식에서

$$V_x = 0 \quad \frac{wl}{2} - wx = 0 \qquad \therefore x = \frac{l}{2}$$

보의 중앙 $(l/2)$지점에서 전단력이 0이 되며 따라서 휨모멘트는 최대가 된다.

[3] 휨모멘트

$$M_x = (R_A)(x) - (wx)\left(\frac{x}{2}\right) = \frac{wl}{2}x - \frac{wx^2}{2} = \frac{wx}{2}(l - x)\ \text{(2차포물선)}$$

$$M_A = M_{x=0} = 0 \quad M_B = M_{x=l} = 0\ \text{(양측 지점에서 휨모멘트는 0)}$$

$$M_{\max} = M_{x=\frac{l}{2}} = \frac{w}{2}\times\left(\frac{l}{2}\right)\left(l-\left(\frac{l}{2}\right)\right) = \frac{wl^2}{8}$$

[4] 축방향력

$$A_{A-B} = A_x = 0$$

[그림 4.3.2]에서와 같이 등분포하중이 작용하고 있는 단순보에서 전단력([그림 4.3.2(b)])은 $(l/2)$지점에서 최대이고, 휨모멘트([그림 4.3.2(c)])는 중앙지점에서 최대가 된다.

4.3.3 하중, 전단력 및 휨모멘트 사이의 관계

[그림 4.3.3]와 같이 수직하중을 받는 보의 좌측지점에서부터 임의의 거리 x 만큼 떨어진 aa' 단면의 전단력 및 휨모멘트를 V_x 와 M_x 라고 한다. aa' 단면에서 미소거리 dx 만큼 떨어진 bb' 단면에서는 방향이 반대인 전단력 $V_x + dV_x$ 와 $M_x + dM_x$ 인 휨모멘트가 작용한다고 볼 수 있다.

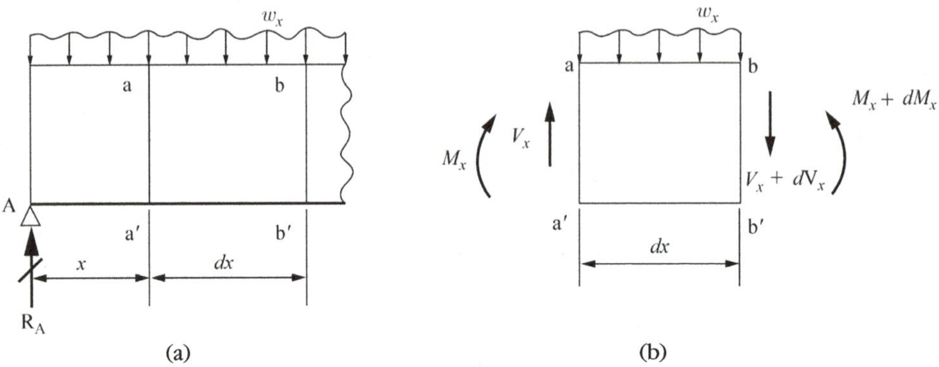

[그림 4.3.3]

[그림 4.3.3(b)]에서 미소구간의 분포하중의 크기를 w_x 라고 하면 힘의 평형방정식에서

$\sum F_y = 0$ 에 의하여

$$V_x - w_x dx - (V_x + dV_x) = 0$$

$$\therefore \frac{dV_x}{dx} = -w_x \qquad ①$$

$\sum M_{b'} = 0$ 에 의하여

$$M_x + V_x dx - \frac{w_x (dx)^2}{2} - M_x + dM_x = 0$$

위 식에서 $(dx)^2$는 미소량이므로 이것을 무시하면

$$\therefore \frac{dM_x}{dx} = V_x \qquad ②$$

식 ①, ②에 의하여

$$\therefore \frac{d^2 M_x}{dx^2} = \frac{d V_x}{dx} = -w_x$$

보의 임의의 단면에 휨모멘트를 거리로 미분하면 그 단면에 작용하는 전단력값이 되고, 다시 전단력을 거리로 미분하면 식과 같이 단위하중에 (−)의 부호를 붙인 $-w_x$가 된다.

전단력과 휨모멘트 관계를 정리하면 다음과 같다.

① 보에서 휨모멘트의 최대 및 최소는 전단력이 0이 되는 단면에서 생긴다.

② 집중하중을 받는 보의 최대, 최소 휨모멘트는 그 좌우에서 전단력 부호가 바뀌는 단면에서 생긴다.

③ 모멘트 하중이 작용하지 않을 때 전단력 면적은 그 지점의 휨모멘트 값이 된다.

④ 하중이 없는 부분의 전단력도는 기선과 같고 휨모멘트는 직선변화를 한다.

예제 4-3-1

[그림 4.3.4]와 같이 단순보에 등분포, 집중하중이 작용할 때 전단력도와 휨모멘트도를 그려라.

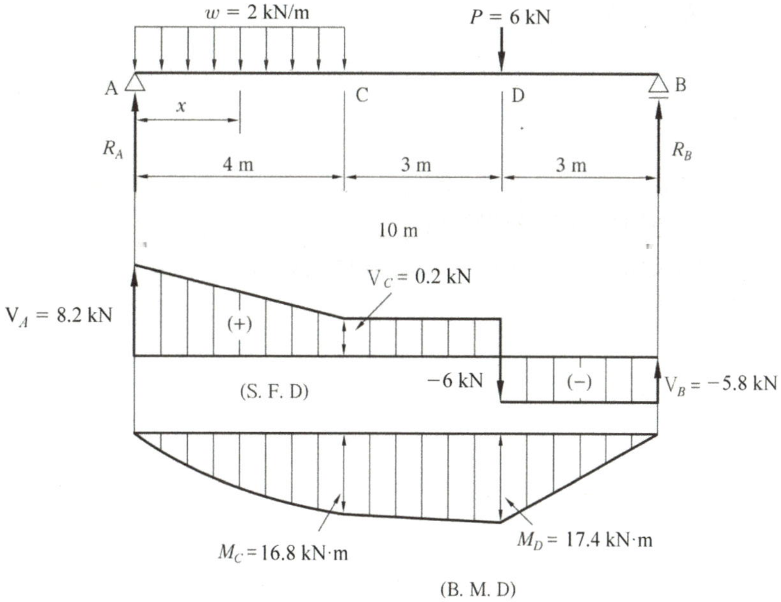

[그림 4.3.4]

풀이

(1) 지점반력

$\Sigma F_y = 0$에 의하여 $R_A + R_B = 8 + 6 = 14\,\text{kN}$

$\Sigma M_B = 0$에 의하여

$$(R_A) \times (10\text{m}) - (2\text{kN/m}) \times (4\text{m}) \times \left(\frac{4}{2}\text{m} + 6\text{m}\right) - (6\text{kN}) \times (3\text{m}) = 0$$

$$\therefore R_A = \frac{82\text{kN} \cdot \text{m}}{10\text{m}} = 8.2\,\text{kN} \ (\uparrow)$$

$\Sigma M_A = 0$에 의하여

$$-(R_B) \times (10\text{m}) + (2\text{kN/m}) \times (4\text{m}) \times \left(\frac{4}{2}\text{m}\right) + (6\,\text{kN}) \times (7\text{m}) = 0$$

$$\therefore R_B = \frac{58\text{kN} \cdot \text{m}}{10\text{m}} = 5.8\text{kN} \ (\uparrow)$$

(2) 전단력

$0 \le x \le 4$ $\quad V_x = R_A - wx = 8.2 - 2x$

$\therefore V_A = V_{x=0} = 8.2\text{kN}$

$\therefore V_C = V_{x=4} = 8.2 - 2 \times 4 = 0.2\,\text{kN}$

$4 \le x \le 7$ $\quad V_x = R_A - 8 = 8.2 - 8 = 0.2\,\text{kN}$

$7 \le x \le 10$ $\quad V_x = R_A - 8 - 6 = -R_B = -5.8\,\text{kN}$

$\therefore V_B = -R_B = -5.8\,\text{kN}$

(3) 휨모멘트

$0 \le x \le 4$ $\quad M_x = (R_A) \times (x) - (wx) \times \left(\frac{x}{2}\right) = 8.2x - x^2$

$x = 4\text{m}$

$\therefore M_C = (8.2) \times (4) - 4^2 = 16.8\,\text{kN} \cdot \text{m}$

$\therefore M_D = (R_B) \times (3\text{m}) = (5.8\text{kN}) \times (3\text{m}) = 17.4\text{kN} \cdot \text{m}$

4.3.4 단순보에 등변분포하중이 작용할 경우 [그림 4.3.5]

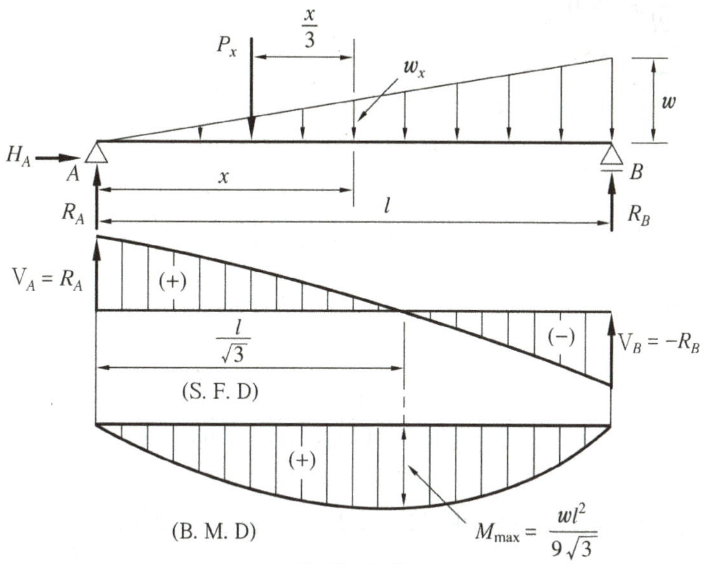

[그림 4.3.5]

[1] 지점반력

$\Sigma F_y = 0$에 의하여 $\quad R_A + R_B = \frac{wl}{2}$

$\Sigma F_x = 0$에 의하여 $\quad \therefore H_A = 0$

$\Sigma M_B = 0$에 의하여 $\quad (R_A)(l) - \left(\frac{wl}{2}\right)\left(\frac{l}{3}\right) = 0 \quad \therefore R_A = \frac{wl}{6}$

$\Sigma M_A = 0$ 에 의하여 $\quad -(R_B)(l) + \left(\frac{wl}{2}\right)\left(\frac{2l}{3}\right) = 0 \quad \therefore R_B = \frac{wl}{3}$

[2] 전단력

$l : w = x : w_x \qquad w_x = \frac{w}{l}x$

$P_x = (w_x)(x)\left(\frac{1}{2}\right) = \frac{w}{2l}x^2$

$V_x = R_A - P_x = \frac{wl}{6} - \frac{w}{2l}x^2$ (2차 포물선)

$\therefore V_A = V_{x=0} = R_A = \frac{wl}{6}$

$\therefore V_B = V_{x=l} = \frac{wl}{6} - \frac{w}{2l}(l)^2 = -\frac{wl}{3} = -R_B$

전단력이 0이 되는 지점

$$V_x = \frac{wl}{6} - \frac{w}{2l}x^2 = 0$$

$$\therefore\ x = \frac{l}{\sqrt{3}}$$

[3] 휨모멘트

$$M_x = (R_A)(x) - (P_x)\left(\frac{x}{3}\right) = \left(\frac{wl}{6}\right)(x) - \left(\frac{w}{2l}x^2\right)\left(\frac{x}{3}\right) = \frac{wl}{6}x - \frac{w}{6l}x^3$$

$$\therefore\ M_A = M_{x=0} = 0$$

$$\therefore\ M_B = M_{x=l} = 0$$

$$\therefore\ M_{\max} = M_{x=\frac{l}{\sqrt{3}}} = \frac{wl}{6}\left(\frac{l}{\sqrt{3}}\right) - \frac{w}{6l}\left(\frac{l}{\sqrt{3}}\right)^3 = \frac{wl^2}{9\sqrt{3}}$$

[그림 4.3.5]와 같이 전단력도는 2차 곡선, 휨모멘트도는 3차 곡선이다.

예제 4-3-2

[그림 4.3.6]과 같은 등변분포하중을 받는 단순보의 전단력도와 휨모멘트도를 그려라.

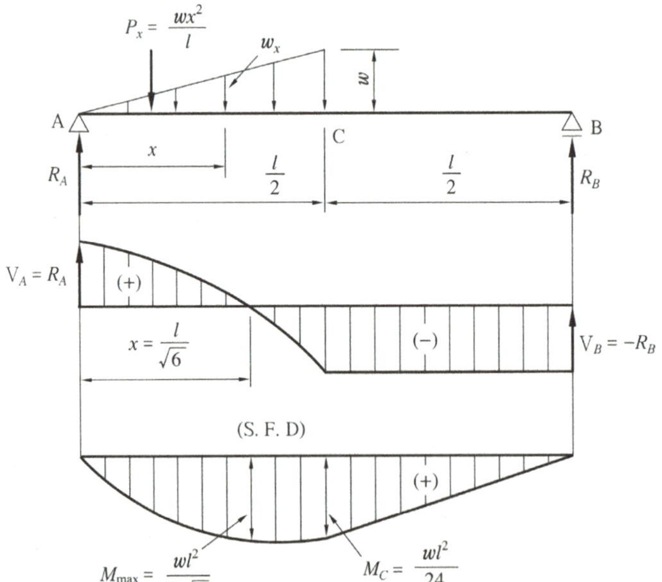

[그림 4.3.6]

풀이

(1) 지점반력

$\Sigma F_y = 0$에 의하여　$R_A + R_B = \frac{wl}{4}$

$\Sigma M_B = 0$에 의하여　$(R_A)(l) - \left(\frac{wl}{4}\right)\left(\frac{1}{3} \cdot \frac{l}{2} + \frac{l}{2}\right) = 0$

$\therefore R_A = \frac{wl}{6}$

$\Sigma M_A = 0$에 의하여　$-(R_B)(l) + \left(\frac{wl}{4}\right)\left(\frac{2}{3} \cdot \frac{l}{2}\right) = 0$

$\therefore R_B = \frac{wl}{12}$

(2) 전단력

$\frac{l}{2} : w = x : w_x \qquad \therefore w_x = \frac{2wx}{l}$

$P_x = xw_x\frac{1}{2} = \frac{x}{2} \times \frac{2wx}{l} = \frac{wx^2}{l}$

$V_x = R_A - P_x = \frac{wl}{6} - \frac{w}{l}x^2$

$\therefore V_A = V_{x=0} = R_A = \frac{wl}{6} \qquad \therefore V_B = V_{x=\frac{l}{2}} = -R_B = \frac{wl}{6} - \frac{w}{l}\left(\frac{l}{2}\right)^2 = -\frac{wl}{12}$

전단력이 0이 되는 지점　$V_x = \frac{wl}{6} - \frac{w}{l}x^2 = 0$

$\frac{wl}{6} - \frac{w}{l}x^2 = 0 \qquad \therefore x = \frac{l}{\sqrt{6}}$

(3) 휨모멘트

$M_x = (R_A)(x) - (P_x)\left(\frac{x}{3}\right) = \frac{wl}{6}x - \frac{w}{3l}x^3$

$\therefore M_C = M_{x=\frac{l}{2}} = \frac{wl}{6} \times \left(\frac{l}{2}\right) - \frac{w}{3l}\left(\frac{l}{2}\right)^3 = \frac{wl^2}{24} = (R_B) \times \left(\frac{l}{2}\right)$

$\therefore M_{\max} = M_{x=\frac{l}{\sqrt{6}}} = \frac{wl}{6} \times \left(\frac{l}{\sqrt{6}}\right) - \frac{w}{3l}\left(\frac{l}{\sqrt{6}}\right)^3 = \frac{wl^2}{9\sqrt{6}}$

BC 구간은 직선변화이다.

예제 4-3-3

[그림 4.3.7]과 같은 단순보에 포물선 등변분포하중이 작용할 때의 단면력을 구하고 단면력도를 그려라.

단, $w_x = \frac{w}{2}z(l-z)$이다.

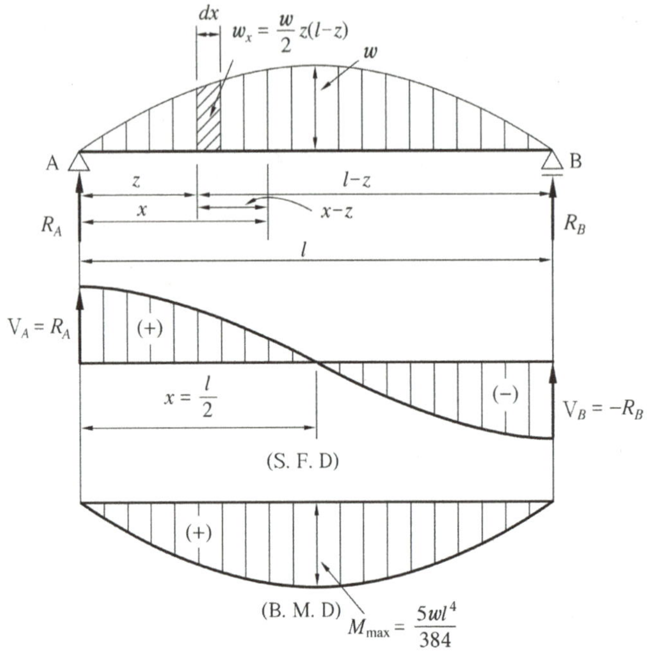

[그림 4.3.7]

풀이

(1) 지점반력

$w_x dz$를 미소집중하중이라고 하면, 미소지점반력 dR_A 값은 $\Sigma M_B = 0$에 의하여

$$dR_A l - w_x dz(l-z) = 0 \qquad \therefore dR_A = \frac{w_x}{l}(l-z)dz$$

그러므로 R_A 값은 dR_A값을 $0 \sim l$까지 적분하면 된다.

$$R_A = \int_0^l dR_A = \int_0^l \frac{w_x}{l}(l-z)dz = \int_0^l \frac{1}{l} \times \frac{w}{2}z(l-z)(l-z)dz$$

$$= \frac{w}{2l}\int_0^1 (l^2 z - 2l z^2 + z^3) = \frac{w}{2l}\left[\frac{l^2 z^2}{2} - \frac{2l z^3}{3} + \frac{z^4}{4}\right]_0^l$$

$$= \frac{w}{2l}\left(\frac{l^4}{2} - \frac{2l^4}{3} + \frac{l^4}{4}\right) = \frac{wl^3}{24}$$

대칭 구조이므로 $\therefore R_A = R_B = \dfrac{wl^3}{24}$

(2) 전단력

$V_x = R_A - (A \sim x$ 사이의 분포하중)

$$V_x = \frac{wl^3}{24} - \int_0^x w_x\, dz = \frac{wl^3}{24} - \int_0^x \frac{w}{2} z(l-z)\, dz = \frac{wl^3}{24} - \frac{w}{2}\left[\frac{lz^2}{2} - \frac{z^3}{3}\right]_0^x$$

$$= \frac{wl^3}{24} - \frac{w}{2}\left(\frac{l}{2}x^2 - \frac{1}{3}x^3\right) = \frac{wl^3}{24} - \frac{w}{4}x^2 + \frac{w}{6}x^3$$

$$\therefore\ V_A = V_{x=0} = R_A = \frac{wl^3}{24}$$

$$\therefore\ V_B = V_{x=l} = \frac{wl^3}{24} - \frac{wl^2}{4}(l) + \frac{w}{6}(l)^3 = -\frac{wl^3}{24} = -R_B$$

전단력이 0인 지점 $V_x = 0 \qquad 2x - l = 0 \qquad \therefore x = \dfrac{l}{2}$

(3) 휨모멘트

$M_x = (R_A)(x) - (A \sim x$ 사이의 분포하중$) \times (x - z)$

$$= R_A x - \int_0^x w_x dz(x-z) = \frac{wl^3}{24}x - \int_0^x \frac{w}{2} z(l-z)(x-z)dz$$

$$= \frac{wl^3}{24}x - \frac{w}{2}\int_0^x (lxz - z^2x + z^3 - lz^2)dz$$

$$= \frac{wl^3}{24}x - \frac{w}{2}x\left[\frac{lz^2}{2} - \frac{z^3}{3}\right]_0^x + \frac{w}{2}\left[\frac{lz^3}{3} - \frac{z^4}{4}\right]_0^x$$

$$= \frac{wl^3}{24}x - \frac{wl}{12}x^3 + \frac{w}{24}x^4 = \frac{wl^4}{24}\left[\frac{x}{l} - 2\left(\frac{x}{l}\right)^3 + \left(\frac{x}{l}\right)^4\right]$$

$$\therefore M_A = M_B = M_{x=0=l} = 0$$

최대 휨모멘트는 $x = \dfrac{l}{2}$지점 $\rightarrow \dfrac{x}{l} - \dfrac{1}{2}$

$$\therefore M_{\max} = \frac{wl^4}{24}\left[\frac{1}{2} - 2\left(\frac{1}{2}\right)^3 + \left(\frac{1}{2}\right)^4\right] = \frac{5wl^4}{384}$$

4.3.5 단순보에 간접집중하중이 작용할 경우

(a)

(b)

(c)

(d)

(e)

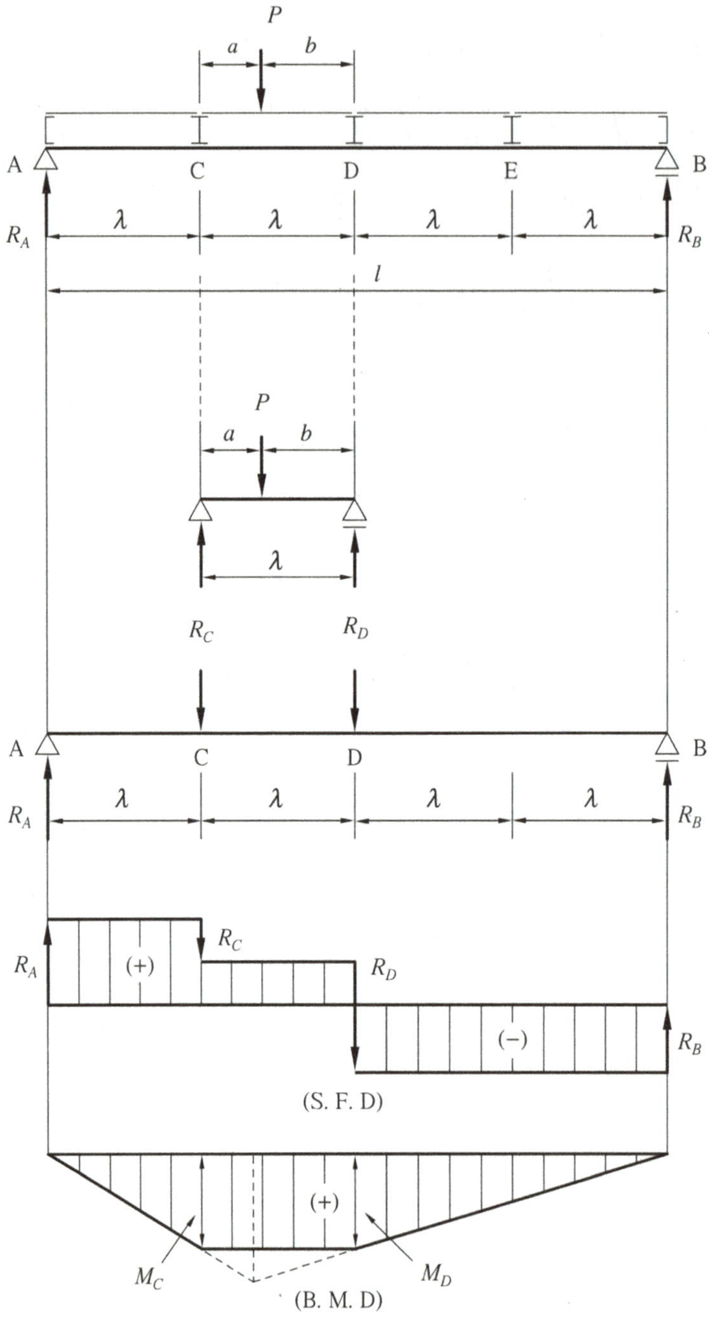

[그림 4.3.8]

[그림 4.3.8(a)]에서 하중 P가 격점 CD 구간에 작용할 경우 하중 P는 AB 보에 간접하중이 된다. CD 구간에서는 하중 P가 직접하중이 되므로 [그림 4.3.8(b)]에 나타낸 바와 같이 CD 구간을 단순보로 생각하여 P에 대한 분력 R_C 와 R_D 를 구한다. 따라서 [그림 4.3.8(c)]와 같이 분력 R_C 와 R_D가 단순보 AB에 직접하중으로 작용한다고 보고, 지점반력 R_A와 R_B 를 구한다. [그림 4.3.8(a)]에서 C, D, E지점을 격점이라 하고 격점과 격점 사이를 격간장(λ)이라 한다.

[1] 지점반력

CD 구간에서

$\Sigma F_y = 0$에 의하여 $\quad R_C + R_D = P \quad \therefore R_C = \dfrac{Pb}{\lambda} \quad \therefore R_D = \dfrac{Pa}{\lambda}$

AB 구간에서

$\Sigma F_y = 0$에 의하여 $\quad R_A + R_B = R_C + R_D = P$

$\Sigma M_B = 0$에 의하여 $\quad (R_A) \times (l) - (R_C) \times (3\lambda) + (R_D) \times (2\lambda) = 0$

$$\therefore R_A = \frac{3R_C\lambda + 2R_D\lambda}{l} = \frac{P(2\lambda + b)}{l}$$

$\Sigma M_A = 0$에 의하여 $\quad -(R_B) \times (l) + (R_C)(\lambda) + (R_D)(2\lambda) = 0$

$$\therefore R_B = \frac{R_C\lambda + 2R_D\lambda}{l} = \frac{P(\lambda + a)}{l}$$

[2] 전단력

$0 \le x \le \lambda \qquad V_x = R_A$

$\lambda \le x \le 2\lambda \qquad V_x = R_A - R_C$

$2\lambda \le x \le 3\lambda \qquad V_x = R_A - R_C - R_D$

[3] 휨모멘트

$M_C = (R_A)(\lambda)$

$M_D = (R_B)(2\lambda) - (R_C)(\lambda) = (R_B)(2\lambda)$

예제 4-3-4

[그림 4.3.9(a)]와 같은 간접등분포하중을 받는 단순보의 단면력도를 그려라.

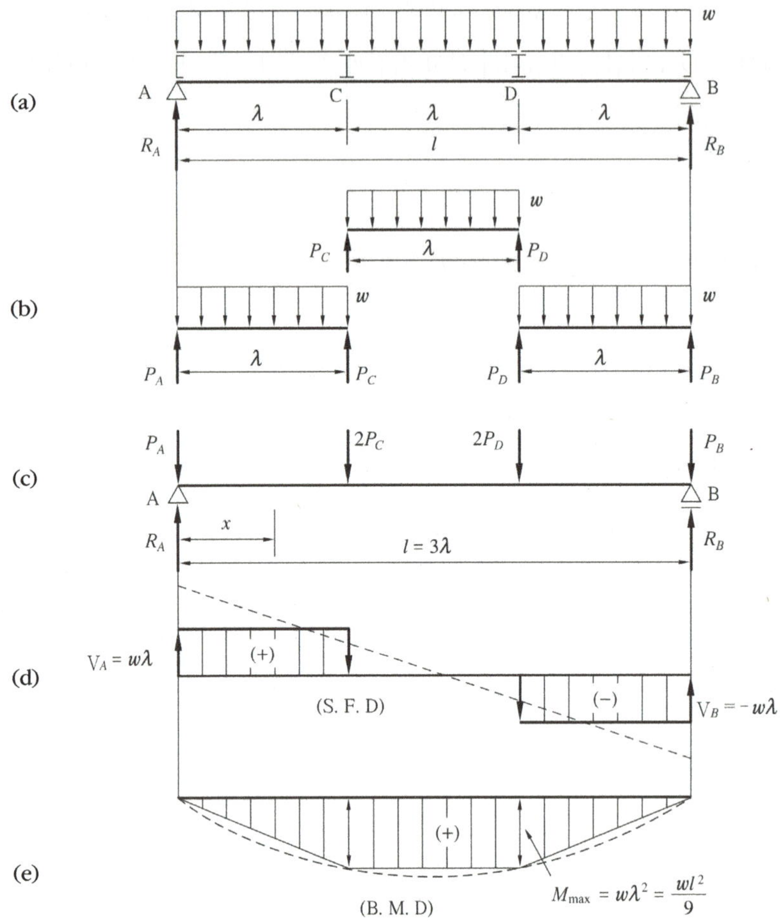

[그림 4.3.9]

풀이

세로보에 작용하는 등분포하중은 가로보를 통하여 [그림 4.3.9(c)]와 같이 AB 주형에 집중하중으로 작용하게 된다. 이와 같이 AB 주형보는 간접하중이 작용하는 단순보가 된다. 그러므로 지점반력은 직접하중을 받는 경우와 같이 구할 수 있다.

(1) 지점반력

A ~ C 구간에서

$\Sigma F_y = 0$에 의하여 $P_A + P_C = w\lambda \quad \therefore P_A = P_C = \dfrac{w\lambda}{2}$

같은 방법에 의하여 $\therefore P_D = P_B = \dfrac{w\lambda}{2}$

따라서

$\Sigma F_y = 0$에 의하여 $R_A + R_B = P_A + 2P_C + 2P_D + P_B = w3\lambda = wl$

$$\therefore R_A = \frac{wl}{2} = \frac{3w\lambda}{2} \quad \therefore R_B = \frac{wl}{2} = \frac{3wl\lambda}{2}$$

(2) 전단력

$0 \le x \le \lambda$

$$V_x = R_A - P_A = \frac{3w\lambda}{2} - \frac{w\lambda}{2} = w\lambda \qquad \therefore V_{A\sim C} = w\lambda$$

$\lambda \le x \le 2\lambda$

$$V_x = R_A - P_A - 2P_C = \frac{3w\lambda}{2} - \frac{w\lambda}{2} - w\lambda = 0 \qquad \therefore V_{C\sim D} = 0$$

$2\lambda \le x \le l$

$$V_x = R_A - P_A - 2P_C - 2P_D = -w\lambda \qquad \therefore V_{D\sim B} = -w\lambda$$

(3) 휨모멘트

$0 \le x \le \lambda$

$$M_x = (R_A) \times (x) - (P_A)(x) = w\lambda x \qquad \therefore M_C = M_{x=\lambda} = w\lambda^2$$

$\lambda \le x \le 2\lambda$

$$M_x = (R_A - P_A)(x) - (2P_C)(x - \lambda) = (R_B - P_4)(x) = w\lambda x$$

$$\therefore M_D = M_{x=\lambda} = w\lambda^2 \quad \therefore M_{\max} = M_C = M_D = w\lambda^2 = \frac{wl^2}{9}$$

등분포하중이 만재한 단순보에서 간접하중으로 작용할 경우 [그림 4.3.9(e)]와 같이 최대 휨모멘트는 10% 감소되었다.

4.3.6 캔틸레버에 모멘트 하중이 작용할 경우 [그림 4.3.10]

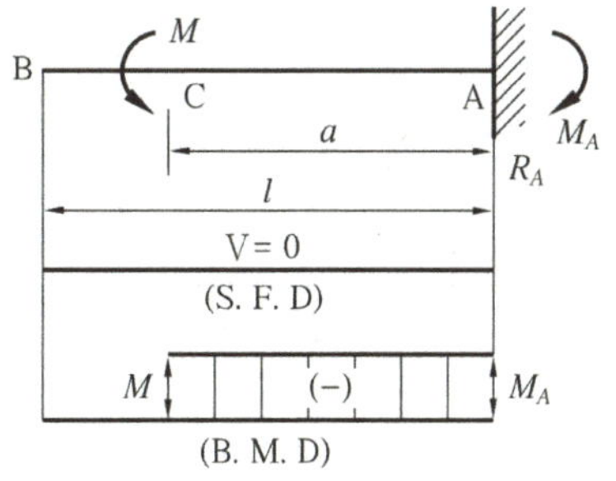

[그림 4.3.10]

[1] 지점반력

$\Sigma F_y = 0$에 의하여 $\therefore R_A = 0$

$\Sigma M_A = 0$에 의하여 $\therefore M_A = -M$

[2] 전단력

$V_x = 0$

[3] 휨모멘트

$M_{B\sim C} = M_x = 0$

$M_{C\sim A} = M_x = -M \quad \therefore M_A = -M$

[그림 4.3.10]과 같이 캔틸레버에 모멘트 하중만 작용할 경우에는 전단력은 0이다. 캔틸레버에 모멘트 하중만 작용할 경우 지점 모멘트의 부호는 [그림 4.3.11]와 같다.

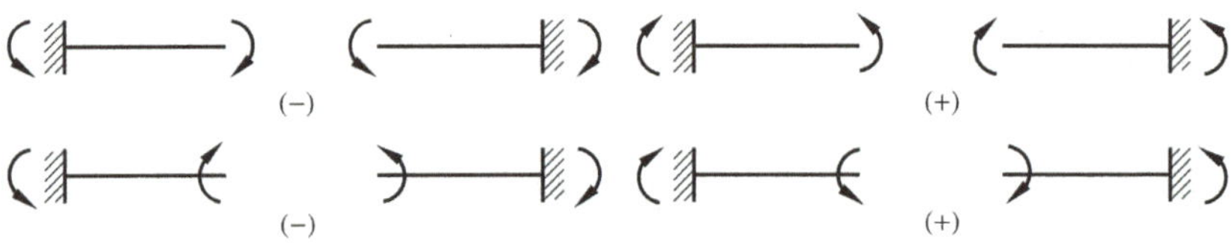

[그림 4.3.11]

예제 4-3-5

[그림 4.3.12]과 같이 모멘트 하중과 집중하중을 받을 때, 전단력도와 휨모멘트도를 그려라.

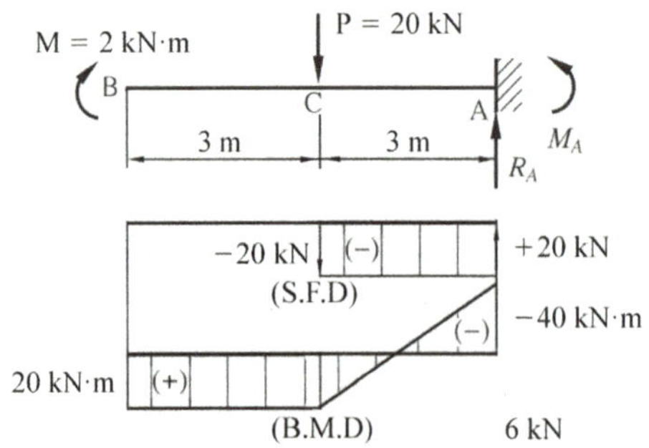

[그림 4.3.12]

풀이

(1) 지점반력

$\Sigma F_y = 0$에 의하여 $\therefore R_A = 20KN$

$\Sigma M_A = 0$에 의하여 $\therefore M_A = 20KN \cdot m - (20KN) \times (3m) = -40KN \cdot m$

(2) 전단력

$\therefore V_{B \sim C} = 0$ $\therefore V_{C \sim A} = -20KN$ $\therefore V_A = -20KN$

(3) 휨모멘트

$M_B = 20KN \cdot m$, $M_C = 20KN \cdot m$,

$M_A = (20KN \cdot m) - (20KN) \times (3m) = -40KN \cdot m$

4.3.7 게르버보의 종류와 해법

부정정 연속보에서 지점반력수−3 또는 지점수−2개의 힌지(hinge, 활절)를 넣어 힘의 평형방정식 3조건으로 구조해석을 할 수 있는 외적 정정보를 게르버보라고 한다. 게르버보는 연속보에 비해 응력해석이 용이할 뿐만 아니라 지점침하에 대한 영향이 적어 연약지반에서 가설할 수 있는 특성이 있다. 그리고 (+), (−) 모멘트를 같게 하여 등단면 설계를 함으로써 경제적인 이점이 있다.

[1] 힌지 1개가 있는 게르버보

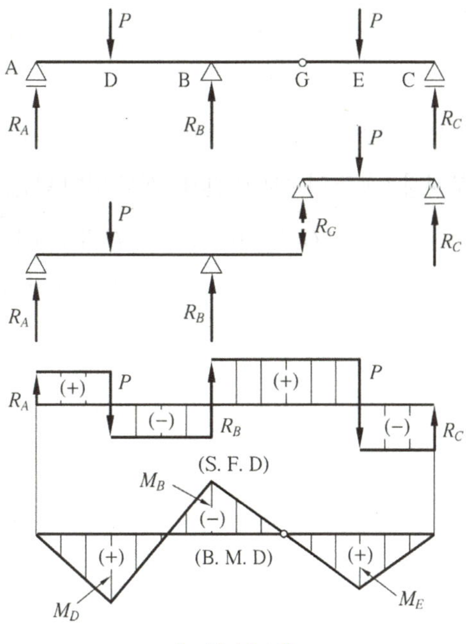

[그림 4.3.13]

[그림 4.3.13]에서 1차 부정정 2경간 연속보에 힌지(활절) 1개를 넣어 단순보 1개와 내민보 1개로 결합된 게르버보이다. 먼저 GC 구간의 단순보에서 지점반력을 구하여 그 반력이 AG 구간의 내민보의 자유단 지점에서 외력으로 작용하는 것으로 보고, 내민보의 A, B지점에서의 지점반력을 계산한다. 단면력 계산과정은 내민보에서 설명한 방식으로 하면 된다.

[2] 외측지간에 힌지 2개가 있는 게르버보

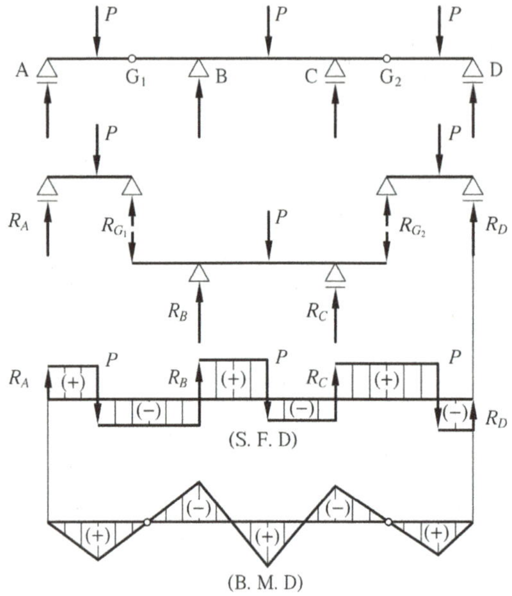

[그림 4.3.14]

[그림 4.3.14] 보는 2차 부정정 3경간 연속보에 힌지 2개를 넣어 단순보 2개와 내민보 1개로 결합된 게르버보이다. 구조계산은 먼저 AG_1의 단순보와 G_2D의 단순보 지점반력을 계산한 다음에 G_1G_2 구간의 내민보의 지점반력 R_A와 R_B를 구한다. 단면력 계산은 위에서 설명한 방법과 같다.

[3] 중앙지간에 힌지 2개가 있는 게르버보

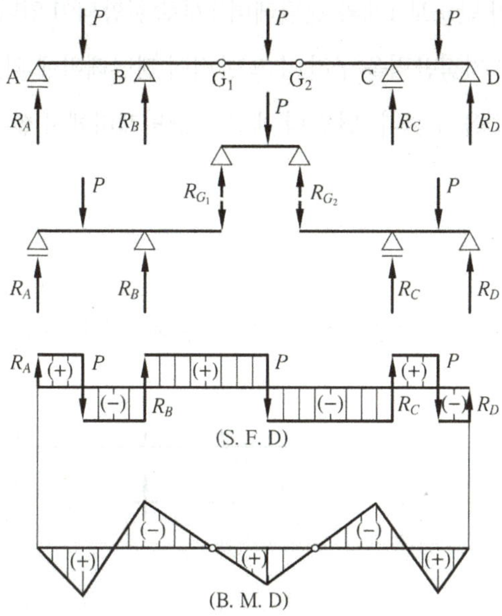

[그림 4.3.15]

[그림 4.3.15] 보는 2차 부정정 3경간 연속보에 중앙지간에 힌지 2개를 넣어 단순보 1개와 내민보 2개로 결합된 게르버보이다. 지점반력 계산은 위에서 설명한 방법과 같다.

[4] 특수 게르버보

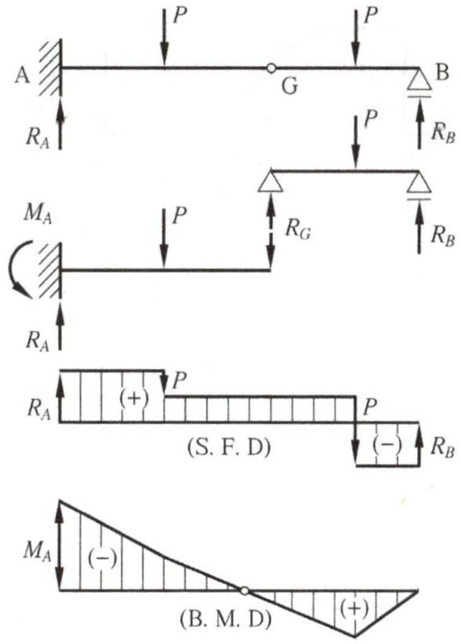

[그림 4.3.16]

[그림 4.3.16] 보는 1차 부정정보를 반력수−3개의 힌지를 넣어 정정보로 만든 게르버보이다. 이 게르버보는 구조상태가 단순보 1개와 캔틸레버 1개로 결합되어 있다. 지점반력 계산은 먼저 GB 구간을 단순보로 보고 지점반력을 구하여 그 반력이 캔틸레버에 외력으로 작용하는 것으로 보고 캔틸레버의 지점반력을 구한다. 단면력 계산은 캔틸레버에서 설명한 방법과 같다.

예제 4-3-6

[그림 4.3.17]과 같은 게르버보에서 하중이 작용할 경우 단면적을 구하고 단면력도를 그려라.

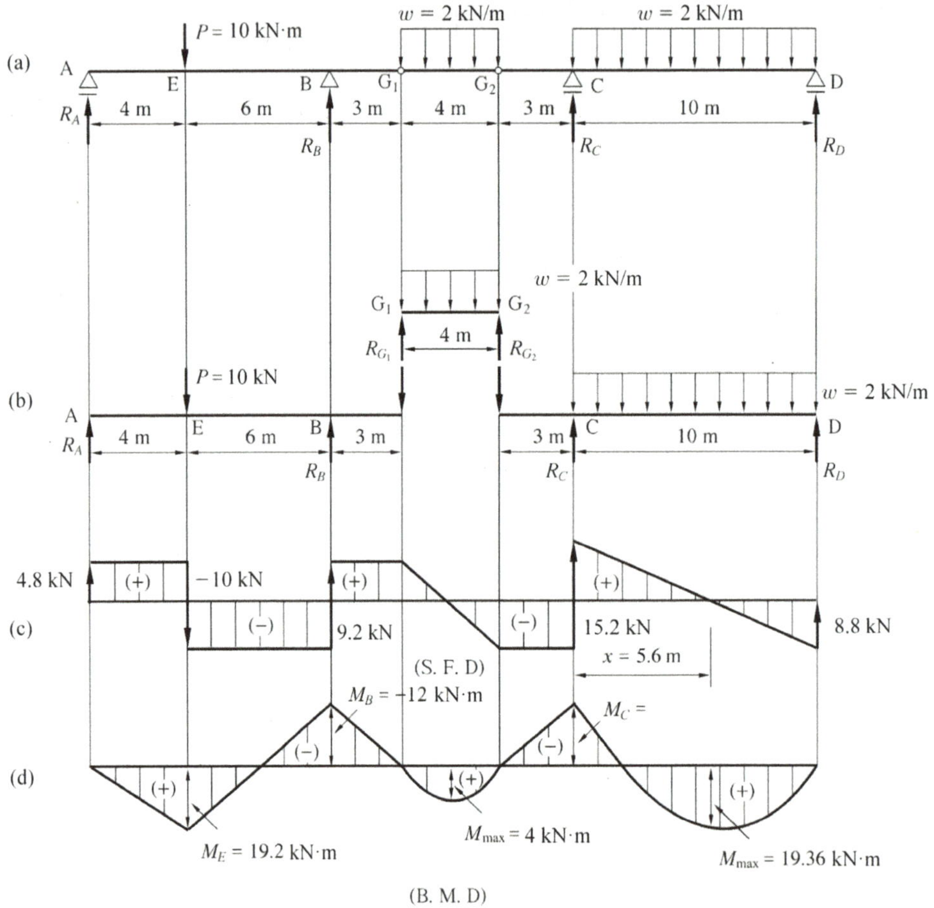

[그림 4.3.17]

풀이

(1) 지점반력

① G_1G_2 부재 (단순보)

$\Sigma F_y = 0$에 의하여 $R_{G1} + R_{G2} = (2\,\text{kN/m}) \times (4\,\text{m}) = 8\,\text{kN}$

$$\therefore R_{G1} = R_{G2} = \frac{8\text{kN}}{2} = 4\,\text{kN}$$

② AG_1 부재 (내민보)

$\Sigma F_y = 0$에 의하여 $R_A + R_B = P + R_{G1} = 14\,\text{kN}$

$\Sigma M_B = 0$에 의하여 $(R_A) \times (10\text{m}) - (10\text{kN}) \times (6\text{m}) + (R_{G1}) \times (3\,\text{m}) = 0$

$$\therefore R_A = \frac{(10\,\text{kN}) \times (6\,\text{m}) - (4\,\text{kN}) \times (3\,\text{m})}{(10\,\text{m})} = 4.8\,\text{kN}$$

$\Sigma M_A = 0$에 의하여 $-(R_B) \times (10\text{m}) + (10\text{kN}) \times (4\text{m}) + (R_{G1}) \times (13\text{m}) = 0$

$$\therefore R_B = \frac{(10\text{kN}) \times (4\text{m}) + (4\text{kN}) \times (13\text{m})}{10\text{m}} = 9.2\text{kN}$$

③ G_2D 부재 (내민보)

$\Sigma F_y = 0$에 의하여 $R_C + R_D = 20 + R_{G2} = 24\text{kN}$

$\Sigma M_D = 0$에 의하여 $(R_C) \times (10\text{m}) - (20\text{kN}) \times (5\text{m}) - (R_{G2}) \times (13\text{m}) = 0$

$$\therefore R_C = \frac{(20\,\text{kN}) \times (5\,\text{m}) + (4\text{kN}) \times (13\,\text{m})}{(10\,\text{m})} = 15.2\,\text{kN}$$

$\Sigma M_C = 0$에 의하여 $-(R_D) \times (10\text{m}) + (20\text{kN}) \times (5\text{m}) - (R_{G2}) \times (3\text{m}) = 0$

$$\therefore R_D = \frac{(20\text{kN}) \times (5\text{m}) - (4\text{kN}) \times (3\text{m})}{(10\text{m})} = 8.8\,\text{kN}$$

(2) 전단력

① AG_1 부재에서

$V_{AE} = R_A = 4.8\,\text{kN}$

$V_{EB} = R_A - P = 4.8 - 10 = -5.2\,\text{kN}$

$V_{BG1} = R_A - P + R_B = 4.8 - 10 + 9.2 = 4\text{kN}$

$V_{G2C} = R_A - P + R_B - (2\text{kN/m}) \times (4\text{m}) = -4\,\text{kN}$

② G_2D 부재에서

$V_x = -R_{G2} + R_C - (w)(x) = -2x + 11.2$

$V_{C(x=0)} = 11.2\,\text{kN}$

$V_{D(x=10)} = -2 \times (10) + 11.2 = -8.8\,\text{kN}$

③ 전단력이 0이 되는 위치 $V_x = 0$에서 $-2x + 11.2 = 0 \quad \therefore x = 5.6\,\text{m}$

(3) 휨모멘트

$M_E = (R_A) \times (4\,\text{m}) = (4.8\text{kN}) \times (4\text{m}) = 19.2\,\text{kN} \cdot \text{m}$

$M_B = -(R_{G1}) \times (3\,\text{m}) = -(4\text{kN}) \times (3\,\text{m}) = -12\,\text{kN} \cdot \text{m}$

① G_1G_2 부재에서 최대 휨모멘트는

$$M_{\max} = \frac{wl^2}{8} = \frac{(2\text{kN/m}) \times (4\text{m})^2}{8} = 4\,\text{kN} \cdot \text{m}$$

$$M_C = -(R_{G2}) \times (3\text{m}) = -(4\text{kN}) \times (3\text{m}) = -12\text{kN} \cdot \text{m}$$

② CD 부재에서 최대 휨모멘트는

$$M_{\max(x=4.4\text{m})} = R_D \times (4.4\text{m}) - 2\text{kN/m} \times \frac{(4.4\text{m})^2}{2}$$

$$= 8.8\text{kN} \times (4.4\text{m}) - (4.4)^2 = 19.36\text{kN} \cdot \text{m}$$

4.4 정정라멘

정정라멘의 해석은 정정보의 해석과 같은 방법으로 정역학의 평형방정식($\Sigma F_x = 0$, $\Sigma F_y = 0$, $\Sigma M = 0$)에 의하여 지점반력을 구하고, 전단력, 휨모멘트, 축방향력인 단면력을 구한다. 물론 정정라멘에서도 하중, 전단력 및 휨모멘트 사이의 관계는 정정보의 경우와 같다. 정정라멘에서 단면력도의 부호는 [그림 4.4.1]와 같다.

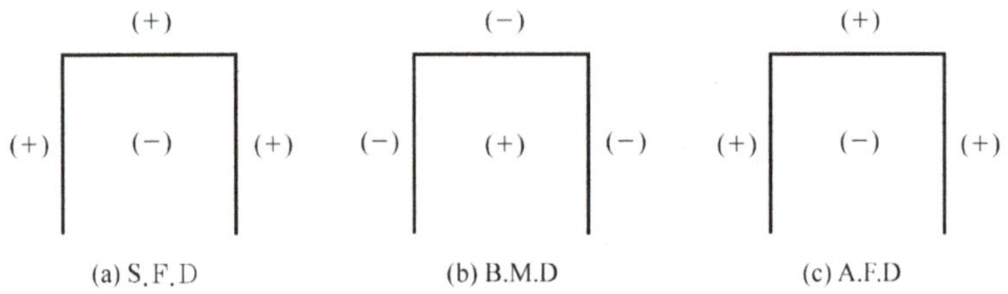

[그림 4.4.1]

정정라멘의 단면력도에서,

① 전단력은 [그림 4.4.1(a)]와 같이 라멘의 외부에서는 부호를 (+), 내부에서는 (−) 부호로 표시한다.

② 휨모멘트의 부호는 [그림 4.4.1(b)]와 같이 라멘의 내부에서는 (+), 외부는 (−)로 표시한다.

③ 축방향력에서 인장을 받는 부재는 (+), 압축을 받는 부재는 (−)로 하고, 부호표시는 [그림 4.4.1(c)]와 같이 라멘의 외부를 (+), 내부에서는 (−)로 표시한다.

4.4.1 집중하중이 작용할 경우

[1] 3이동지점 라멘 [그림 4.4.2]

구조물을 지지하고 있는 지점 3개가 이동(롤러)으로 된 라멘으로서 지점반력은 평형방정식 ($\Sigma F_x = 0,\ \ \Sigma F_y = 0,\ \ \Sigma M = 0$)으로 구하고, 단면력 계산은 단순보계 라멘과 같은 방법으로 구한다.

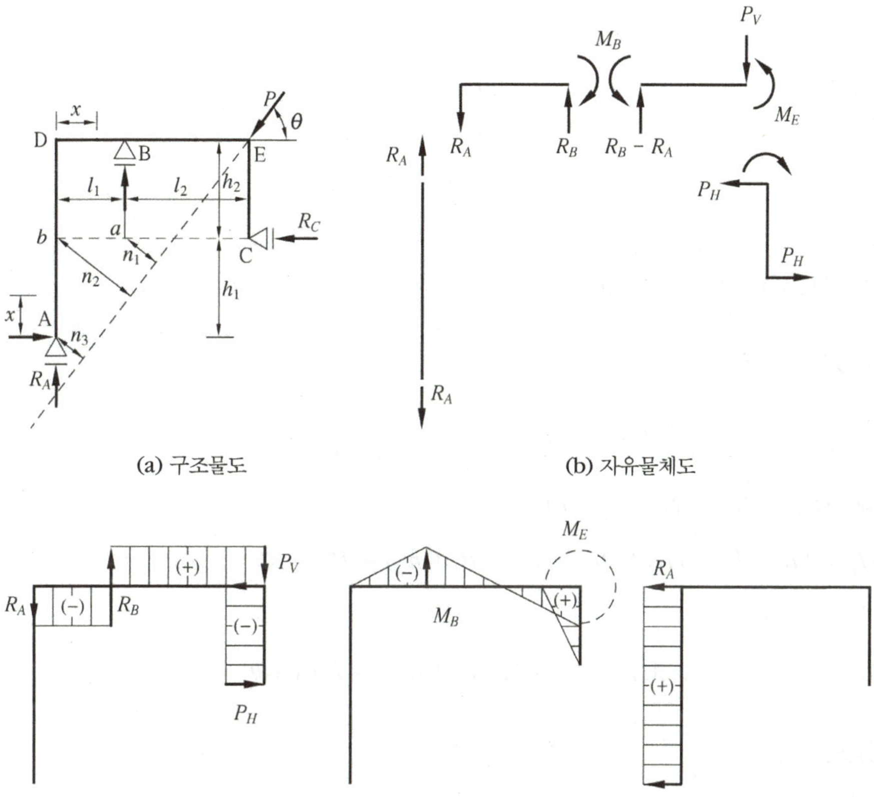

(a) 구조물도 (b) 자유물체도

(c) S.F.D (d) B.M.D (e) A.F.D

[그림 4.4.2]

(1) 지점반력

$P_V = P\sin\theta \qquad \therefore P_H = P\cos\theta$

$\Sigma M_a = 0$에 의하여 $(R_A)(l_1) + (P)(n_1) = 0 \quad \therefore R_A = -\dfrac{Pn_1}{l_1}(\downarrow)$

$\Sigma M_b = 0$에 의하여 $-(R_B)(l_1) + (P)(n_2) = 0 \quad \therefore R_B = \dfrac{Pn_2}{l_1}(\uparrow)$

$\Sigma M_A = 0$에 의하여 $(R_C)(h_1) - (R_B)(l_1) + (P)(n_3) = 0$

$$\therefore\ R_C = \frac{P}{h_1}(n_2 - n_3)\ (\rightarrow)$$

$\Sigma F_x = 0$에 의하여 $R_C - P\cos\theta = 0\ \therefore\ R_C = P\cos\theta\ (\rightarrow)$

(2) 단면력 계산

1) 전단력

AD 부재 $V_x = 0 \qquad \therefore V_{AD} = 0$

DB 부재 $V_x = R_A \qquad \therefore V_{DB} = -\dfrac{Pn_1}{l_1}$

EC 부재 $V_x = -R_C \qquad \therefore V_{EC} = -P\cos\theta$

BE 부재 $V_x = R_A + R_B \qquad \therefore V_{BE} = \dfrac{P(n_2 - n_1)}{l_1} = P\sin\theta$

2) 휨모멘트

AD 부재 $M_x = 0\ \ \therefore M_{AD} = 0$

DB 부재 $M_x = (R_A)(x) = -\dfrac{Pn_1}{l_1}x$

$$\therefore M_{B(x=l_1)} = -\frac{Pn_1}{l_1}(l_1) = -Pn_1$$

BE 부재 $M_x = M_B + (R_B - R_A)(x)$

$$\therefore M_E = (R_A)(l_1) + (R_B - R_A)(l_2) = (R_C)(h_2) = Ph_2\cos\theta$$

EC 부재 $M_x = (R_C)(x)$

$$\therefore M_{C(x=0)} = 0 \qquad \therefore M_{E(x=h_2)} = (P\cos\theta)(h_2) = Ph_2\cos\theta$$

3) 축방향력

AD 부재 $A_{AD} = -R_A = \dfrac{Pn_1}{l_1}$

DE 부재 $A_{DE} = 0$

EC 부재 $A_{EC} = 0$

따라서 단면력도는 [그림 4.4.2(c), (d), (e)]와 같다.

[2] 3활절 라멘 [그림 4.4.3]

1차 부정정라멘을 '$n = r - 3 -$(힌지수)' 식에 의하여 활절 1개를 수평보에 설치하여 정정 라멘으로 만들고 평형방정식($\Sigma F_x = 0,\ \ \Sigma F_y = 0,\ \ \Sigma M = 0$)으로 수직반력을 구한다. 수평반력은 활절에서 모멘트 대수합 식 $\Sigma M_G = 0$에 의하여 계산한다.

(1) 지점반력

$\sum F_y = 0$에 의하여 $R_A - R_D = P$

$\sum M_D = 0$에 의하여 $(R_A) \times (l) - (P) \times \left(\frac{3}{4}l\right) = 0 \quad \therefore R_A = \frac{3P}{4}(\uparrow)$

$\sum M_A = 0$에 의하여 $-(R_D) \times (l) + (P) \times \left(\frac{1}{4}l\right) = 0 \quad \therefore R_D = \frac{P}{4}(\uparrow)$

$\sum F_x = 0$에 의하여 $H_A - H_D = 0 \quad \therefore H_A = H_D$

$\sum M_G = 0$에 의하여 $(R_A) \times \left(\frac{l}{2}\right) - (H_A) \times (h) - (P) \times \left(\frac{l}{4}\right) = 0$

$\therefore H_A = \frac{Pl}{8h}(\rightarrow)$

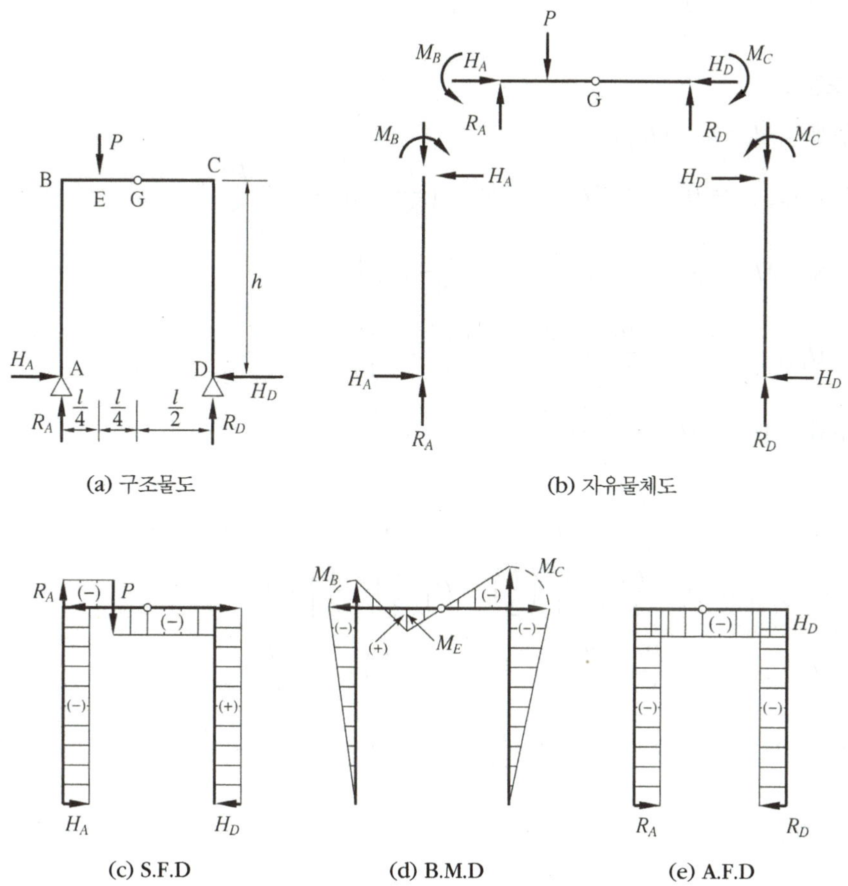

[그림 4.4.3]

(2) 단면력 계산

단면력 계산은 단순보계의 라멘과 동일한 방법으로 계산한다. 라멘의 기둥에서 A, D지점을 캔틸레버의 자유단으로 보고 전단력과 휨모멘트를 계산한다.

1) 전단력

AB 부재 $V_x = -H_A \qquad \therefore V_{AB} = -\dfrac{Pl}{8h}$

BE 부재 $V_x = R_A \qquad \therefore V_{BE} = \dfrac{3P}{4}$

EC 부재 $V_x = R_A - P = -R_D \qquad \therefore V_{EC} = -\dfrac{P}{4}$

CD 부재 $V_x = H_D \qquad \therefore V_{CD} = \dfrac{Pl}{8h}$

2) 휨모멘트

AB 부재 $M_x = -(H_A)(x)$

$$\therefore M_{A(x=0)} = 0 \qquad \therefore M_{B(x=h)} = -\left(\frac{Pl}{8h}\right)(h) = -\frac{Pl}{8}$$

BE 부재 $M_x = M_B + (R_A)(x) = -\dfrac{Pl}{8} + (\dfrac{3P}{4})(x)$

$$\therefore M_{E(x=l/4)} = -\frac{Pl}{8} + \left(\frac{3P}{4}\right) \times \left(\frac{l}{4}\right) = \frac{Pl}{16}$$

BC 부재 $M_x = M_B + \left(\dfrac{3P}{4}\right)(x) - (P)\left(x - \dfrac{l}{4}\right)$

$$= -\frac{Pl}{8} + \frac{3P}{4}x - P\left(x - \frac{l}{4}\right)$$

$$\therefore M_{G(x=l/2)} = -\frac{Pl}{8} + \frac{3P}{4}\left(\frac{l}{2}\right) - P\left[\left(\frac{l}{2}\right) - \frac{l}{4}\right] = 0$$

$$\therefore M_{G(x=l)} = -\frac{Pl}{8} + \frac{3P}{4}(l) - P\left((l) - \frac{l}{4}\right) = -\frac{Pl}{8}$$

CD 부재 $M_x = -(H_D)(x) = -\dfrac{Pl}{8h}x \qquad \therefore M_{C(x=h)} = -\dfrac{Pl}{8}$

3) 축방향력

AB 부재 $A_{AB} = -R_A = -\dfrac{3}{4}P$

BC 부재 $A_{BC} = -H_A = -\dfrac{Pl}{8h}$

DC 부재 $A_{DC} = -R_D = -\dfrac{P}{4}$

위의 결과에 의한 단면력도는 [그림 4.4.3(c), (d), (e)]와 같다.

4.4.2 등분포하중이 작용할 경우

[1] 3이동지점 라멘 [그림 4.4.4]

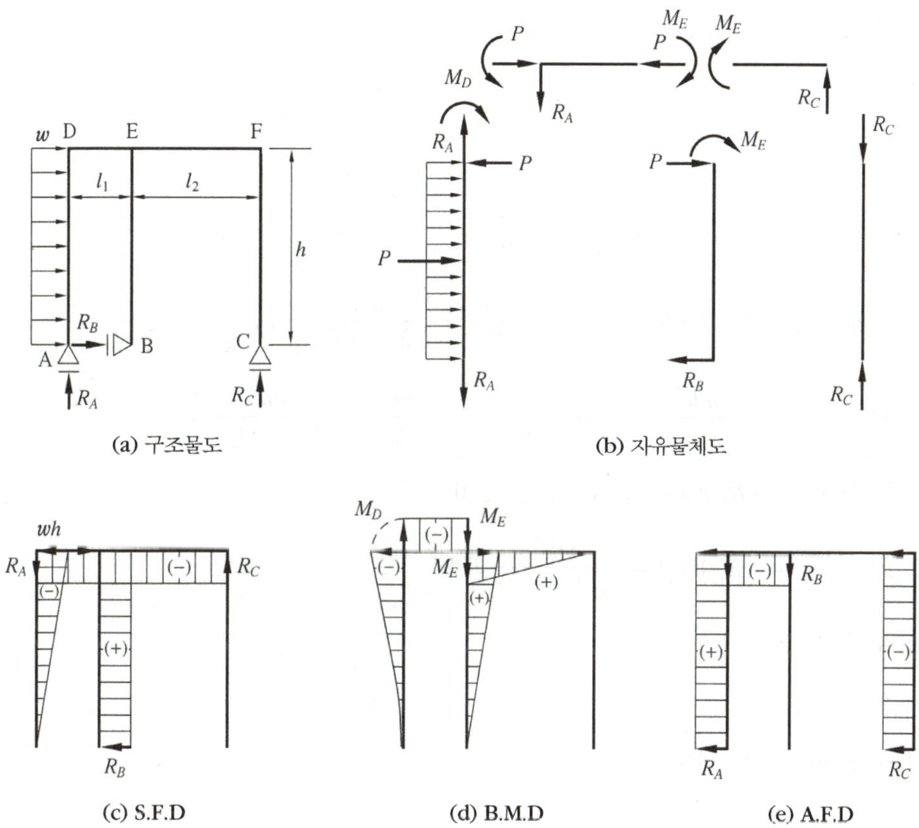

[그림 4.4.4]

(1) 지점반력

$\sum F_x = 0$에 의하여 $(w)(h) + (R_B) = 0 \qquad \therefore R_B = -wh(\leftarrow)$

$\sum M_C = 0$에 의하여 $(R_A) \times (l_1 + l_2) + (w)(h) \times \left(\dfrac{h}{2}\right) = 0$

$$\therefore R_A = -\frac{wh^2}{2(l_1 + l_2)} \ (\downarrow)$$

$\sum F_y = 0$에 의하여 $R_A + R_C = 0 \qquad \therefore R_C = -R_A = \dfrac{wh^2}{2(l_1 + l_2)} \ (\uparrow)$

(2) 단면력 계산

1) 전단력

AD 부재 $V_x = -wx \quad V_A = 0 \quad \therefore V_D = -wh$

DF 부재 $V_x = R_A \quad \therefore V_{DE} = R_A = -\dfrac{wh^2}{2(l_1 + l_2)}$

BE 부재 $V_x = -R_B \quad \therefore V_{BE} = wh$

CF 부재 $V_x = 0 \quad \therefore V_{CF} = 0$

2) 휨모멘트

AD 부재 $M_x = -(w)(x)\left(\dfrac{x}{2}\right) = -\dfrac{wx^2}{2} \quad \therefore M_A = 0 \quad \therefore M_D = -\dfrac{wh^2}{2}$

DE 부재 $M_x = M_D + (R_A)(x) = -\dfrac{wh^2}{2} - \left[\dfrac{wh^2}{2(l_1+l_2)}\right](x)$

$\therefore M_{D(x=0)} = -\dfrac{wh^2}{2} \quad \therefore M_{E(x=l_1)} = -\dfrac{wh^2}{2} - \dfrac{wh^2}{2(l_1+l_2)} \times l_1$

EF 부재 $M_x = (R_C)(x) \quad \therefore M_{F(x=0)} = 0$

$\therefore M_{E(x=l_2)} = (R_C)(l_2) = \dfrac{wh^2}{2(l_1+l_2)} \times l_2$

BE 부재 $M_x = -(R_B)(x) = -wh(x)$

$\therefore M_{B(x=0)} = 0 \quad \therefore M_{E(x=-h)} = -wh(-h) = wh^2$

CF 부재 $M_x = 0 \quad M_{CF} = 0$

3) 축방향력

AD 부재 $A_{AD} = -R_A = \dfrac{wh^2}{2(l_1+l_2)}$

DE 부재 $A_{DE} = R_B = -wh$

CF 부재 $A_{CF} = -R_C = -\dfrac{wh^2}{2(l_1+l_2)}$

EF 부재 $A_{EF} = 0$

EB 부재 $A_{EB} = 0$

따라서 위 결과에 의하여 단면력도는 [그림 4.4.4(c), (d), (e)]와 같다.

[2] 3활절 라멘 [그림 4.4.5]

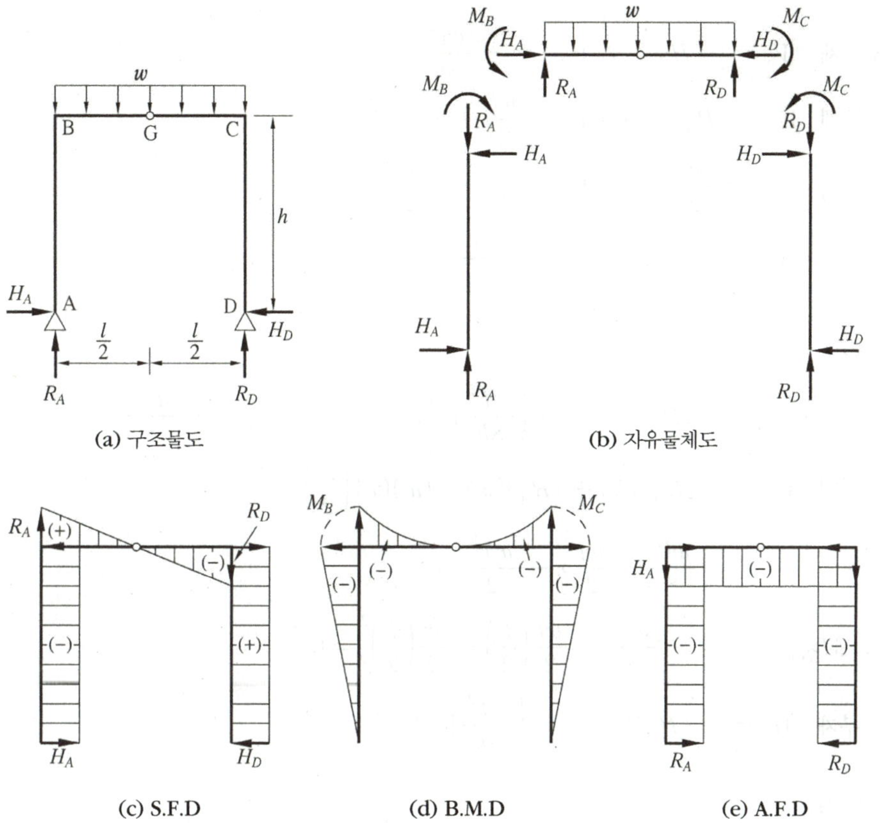

[그림 4.4.5]

(1) 지점반력

$$\Sigma F_y = 0 \quad R_A + R_B - (w)(l) = 0$$

$\Sigma M_D = 0$에 의하여 $(R_A) \times (l) - (w)(l) \times \left(\dfrac{l}{2}\right) = 0$

$$\therefore\ R_A = R_D = \frac{wl}{2}(\uparrow)$$

$\Sigma F_y = 0$에 의하여 $H_A - H_D = 0$

$$\therefore\ H_A = H_D$$

$\Sigma M_G = 0$에 의하여 $(R_A) \times \left(\dfrac{l}{2}\right) - (w)\left(\dfrac{l}{2}\right) \times \left(\dfrac{l}{4}\right) - (H_A) \times (h) = 0$

$$\therefore\ H_A = \frac{wl^2}{8h}(\rightarrow) \qquad \therefore\ H_D = -\frac{wl^2}{8h}(\leftarrow)$$

(2) 단면력 계산

1) 전단력

AB 부재 $V_x = -H_A \quad \therefore V_{AB} = -\dfrac{wl^2}{8h}$

BC 부재 $V_x = (R_A) - (w)(x) = \dfrac{wl}{2} - wx$

$\therefore V_{B(x=0)} = \dfrac{wl}{2} \qquad \therefore V_{C(x=l)} = -\dfrac{wl}{2}$

DC 부재 $V_x = H_D \qquad \therefore V_{DC} = \dfrac{wl^2}{8h}$

2) 휨모멘트

AB 부재 $M_x = -(H_A)(x) = -\left(\dfrac{wl^2}{8h}\right)(x) \quad \therefore M_{B(x=h)} = -\dfrac{wl^2}{8}$

BC 부재 $M_x = -(H_A)(h) + (R_A)(x) - (w)(x)\left(\dfrac{x}{2}\right)$

$$= -\frac{wl^2}{8} + \frac{wl}{2}x - \frac{wx^2}{2}$$

$\therefore M_{G(x=l/2)} = -\dfrac{wl^2}{8} + \dfrac{wl}{2}\left(\dfrac{l}{2}\right) - \dfrac{w}{2}\left(\dfrac{l}{2}\right)^2 = 0$

DC 부재 $M_x = -(H_D)(x) = -\left(\dfrac{wl^2}{8h}\right)(x)$

$\therefore M_{C(x=h)} = -\dfrac{wl^2}{8}$

3) 축방향력

AB 부재 $A_{AB} = -R_A = -\dfrac{wl}{2}$

BC 부재 $A_{BC} = -H_A = -H_D = -\dfrac{wl^2}{8h}$

DC 부재 $A_{DC} = -R_D = -\dfrac{wl}{2}$

위의 결과에 의한 단면력도는 [그림 4.4.5(c), (d), (e)]와 같다.

4.4.3 모멘트하중이 작용할 경우

[1] 3이동지점 라멘 [그림 4.4.6]

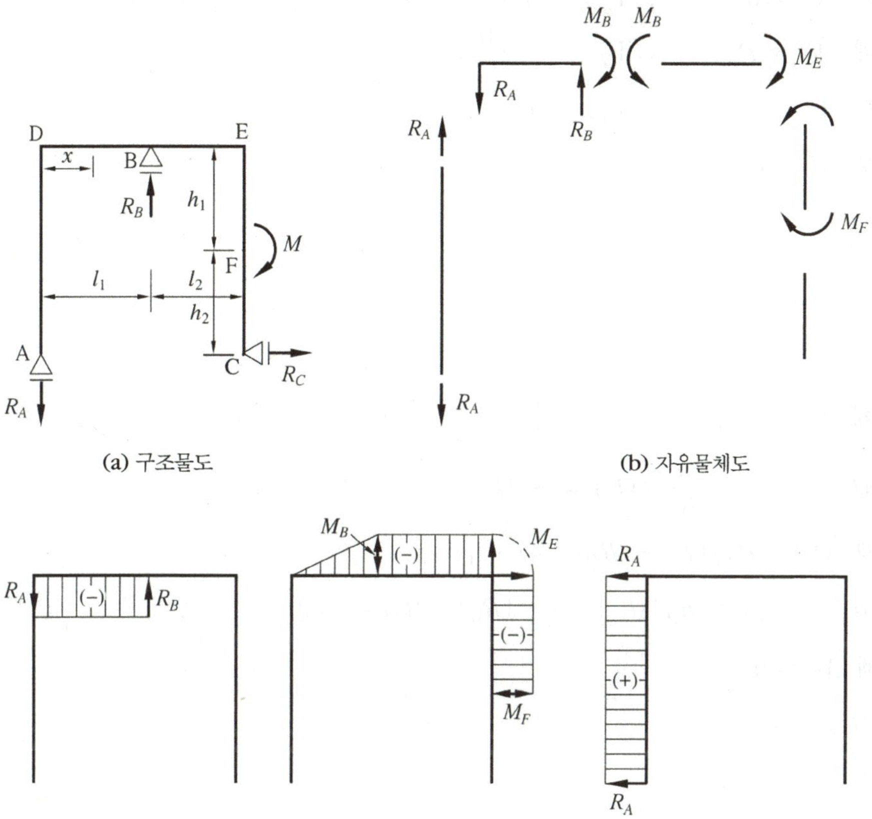

(a) 구조물도 (b) 자유물체도

(c) S.F.D (d) B.M.D (e) A.F.D

[그림 4.4.6]

(1) 지점반력

$\sum M_A = 0$에 의하여 $-(R_B)(l_1) + M = 0 \quad \therefore R_B = \dfrac{M}{l_1}(\uparrow)$

$\sum F_y = 0$에 의하여 $R_A + R_B = 0 \quad \therefore R_A = -R_B = -\dfrac{M}{l_1}(\downarrow)$

$\sum F_x = 0$에 의하여 $\quad \therefore R_C = 0$

(2) 단면력 계산

1) 전단력

AD 부재 $V_x = 0$ $\therefore V_{AD} = 0$

DB 부재 $V_x = R_A$ $\therefore V_{DB} = -\dfrac{M}{l_1}$

BE 부재 $V_x = 0$ $\therefore V_{BE} = 0$

EC 부재 $V_x = 0$ $\therefore V_{EC} = 0$

2) 휨모멘트

AD 부재 $M_x = 0$

$\therefore M_{AD} = 0$

DB 부재 $M_x = (R_A)(x) = -\left(\dfrac{M}{l_1}\right)(x)$

$\therefore M_{B(x=l_1)} = -\dfrac{M}{l_1} \times (l_1) = -M$

BE 부재 $M_x = (R_A)(x) + (R_B) \times (x - l_1)$

$\therefore M_{E(x=l_1+l_2)} = (R_A)(l_1 + l_2) + (R_B) \times (l_2) = -M$

FC 부재 $M_x = 0$

$\therefore M_{FC} = 0$

EF 부재 $M_x = -M$

$\therefore M_{EF} = -M$

3) 축방향력

AD 부재 $A_{AD} = R_A$ DE 부재 $A_{DE} = 0$

EC 부재 $A_{EC} = 0$

따라서 단면력도는 [그림 4.4.6(c), (d), (e)]와 같다.

예제 4-4-1

[그림 4.4.7(a)]와 같은 라멘의 단면력을 구하고 단면력도를 그려라.

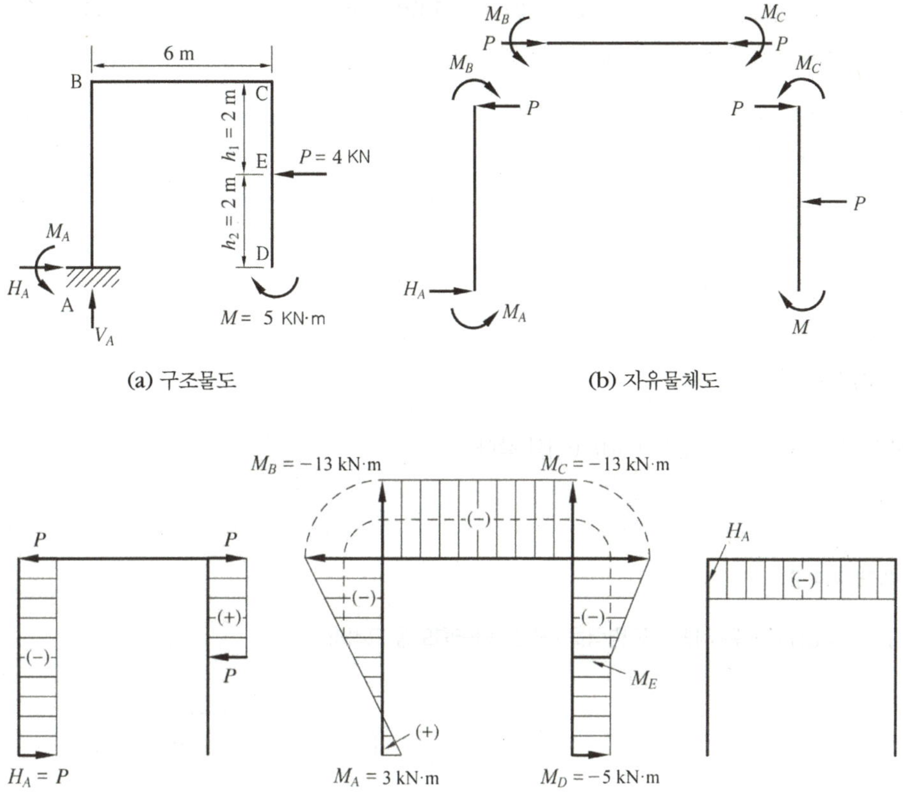

[그림 4.4.7]

풀이

(1) 지점반력

$\Sigma F_y = 0$에 의하여 $\therefore V_A = 0$

$\Sigma F_x = 0$에 의하여 $\therefore H_A = P = 4\,\text{kN}$

$\Sigma M = 0$에 의하여 $\therefore M_A + M - (P)(h_2) = 0$

$\therefore M_A = -M + Ph_2 = -5\text{kN}\cdot\text{m} + (4\text{kN}) \times (2\text{m}) = 3\text{kN}\cdot\text{m}$

(2) 단면력 계산

① 전단력

CD 부재 $V_{CD} = P = 4\,\text{kN}$ $V_D = 0$

BC 부재 $V_{BC} = V_A = 0$

BA 부재 $V_{AB} = -H_A = -4\,\text{kN}$

② 휨모멘트

CD 부재 $M_x = -M \quad \therefore M_D = -5\text{kN}\cdot\text{m} \quad \therefore M_E = -5\text{kN}\cdot\text{m}$

$M_x = -M-(P)(x-h_2) = -5-(4)(x-2)$

$\therefore M_{C(x=h_1+h_2=4\text{m})} = -5-(4)\times(2) = -13\text{kN}\cdot\text{m}$

BC 부재 $M_x = M_C = -13\text{kN}\cdot\text{m}$

$\therefore M_{B(x=6\text{m})} = M_C = -13\text{kN}\cdot\text{m}$

AB 부재 $M_x = M_B+(P)(x) = -13+(4)(x)$

$\therefore M_{A(x=4\text{m})} = -13+4(4) = 3\text{kN}\cdot\text{m}$

③ 축방향력

CD 부재 $A_{CD} = 0$

BC 부재 $A_{BC} = -H_A = -4\text{kN}$

AB 부재 $A_{AB} = 0$

따라서 단면력도는 [그림 4.4.7(c), (d), (e)]와 같다.

예제 4-4-2

[그림 4.4.8(a)]와 같은 라멘의 단면력을 구하고 단면력도를 그려라.

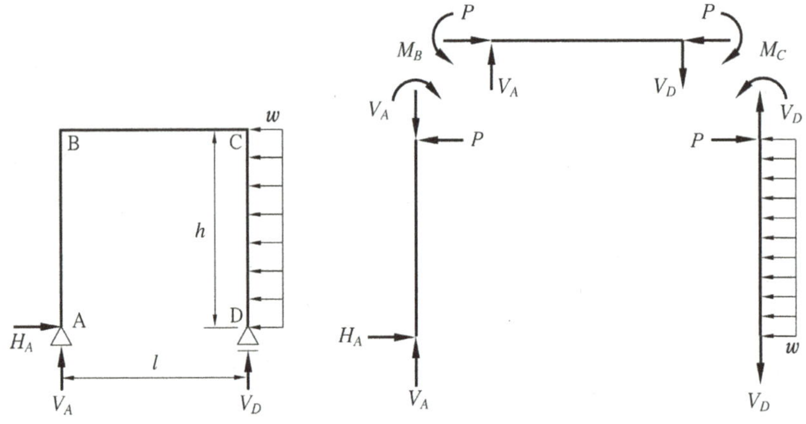

(a) 구조물도 (b) 자유물체도

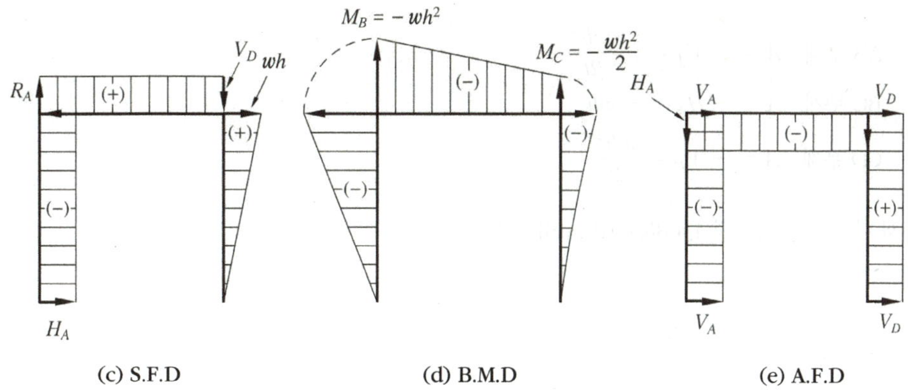

[그림 4.4.8]

풀이

(1) 지점반력

$\Sigma F_y = 0$에 의하여 $V_A + V_D = 0$

$\Sigma F_x = 0$에 의하여 $(H_A) - (w)(h) = 0$ $\therefore H_A = wh(\rightarrow)$

$\Sigma M_D = 0$에 의하여 $(V_A) \times (l) - (w) \times (h) \times \left(\frac{h}{2}\right) = 0$ $\therefore V_A = \frac{wh^2}{2l}(\uparrow)$

$\Sigma M_A = 0$에 의하여 $-(V_D) \times (l) - (w) \times (h) \times \left(\frac{h}{2}\right) = 0$ $\therefore V_D = -\frac{wh^2}{2l}(\downarrow)$

(2) 단면력 계산

① 전단력

AB 부재 $V_x = -H_A = -(w)(h)$ $\therefore V_{AB} = -wh$

BC 부재 $V_x = V_A$ $\therefore V_{BC} = \frac{wh^2}{2l}$

DC 부재 $V_x = (w)(h) - (w)(x)$ $\therefore V_{C(x=0)} = wh - w(0) = wh$

$\therefore V_{D(x=h)} = wh - w(h) = 0$

② 휨모멘트

AB 부재 $M_x = -(H_A)(x) = -(wh)(x)$

$\therefore M_B = -wh^2$

BC 부재 $M_x = M_B + (V_A)(x) = -wh^2 + \left(\frac{wh^2}{2l}\right)(x) = -wh^2 + \frac{wh^2}{2l}x$

$\therefore M_{C(x=l)} = -wh^2 + \frac{wh^2}{2l}(l) = -\frac{wh^2}{2}$

CD 부재 $M_x = M_C + (P)(x) - (w)(x)\left(\frac{x}{2}\right) = -\frac{wh^2}{2} + (wh)(x) - \frac{wx^2}{2}$

$\therefore M_{C(x=h)} = -\frac{wh^2}{2} + wh^2 - \frac{wh^2}{2} = 0$

③ 축방향력

AB 부재 $A = -V_A = -\dfrac{wh^2}{2l}$

BC 부재 $A = -H_A = -wh$

CD 부재 $A = -V_D = \dfrac{wh^2}{2l}$

따라서 단면력도는 [그림 4.4.8(c), (d), (e)]와 같다.

예제 4-4-3

[그림 4.4.9(a)]와 같은 3이동지점 라멘에 등분포하중이 작용할 경우 단면력을 계산하고 단면력도를 그려라.

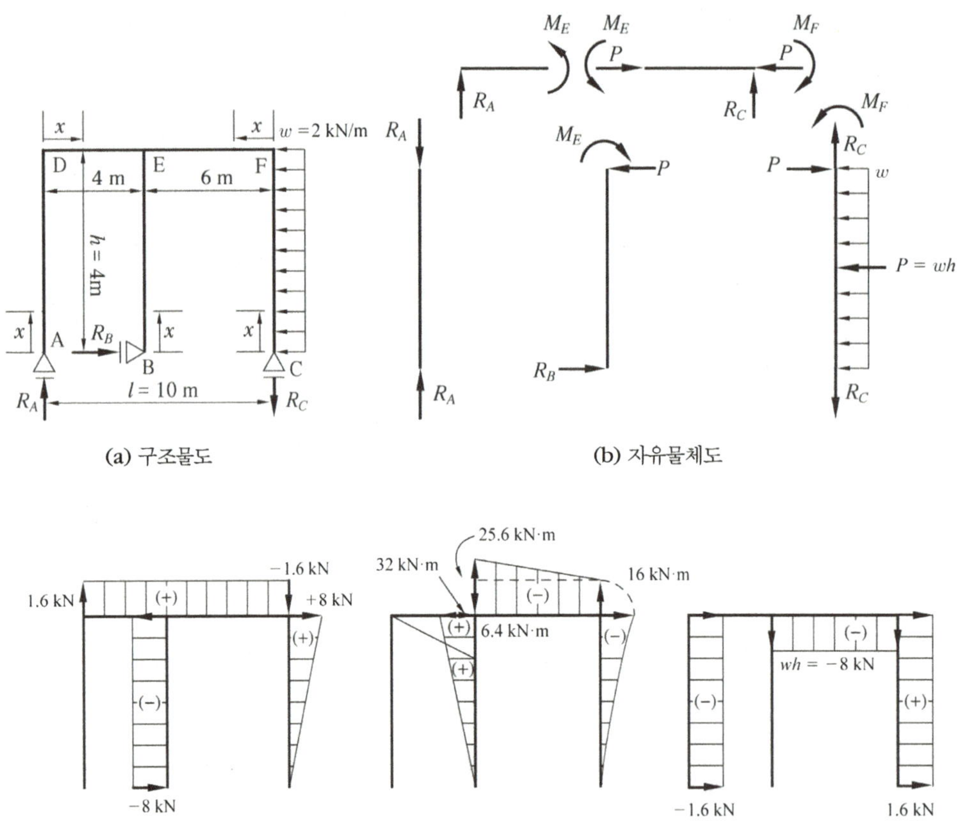

[그림 4.4.9]

풀이

(1) 지점반력

$\Sigma M_C = 0$에 의하여 $(R_A)\times(l) - (w)(h)\times\left(\dfrac{h}{2}\right) = 0$

$\therefore R_A = \dfrac{wh^2}{2l} = \dfrac{2\text{kN/m}\times(4\text{m})^2}{2\times 10m} = 1.6\,\text{kN}(\uparrow)$

$\Sigma F_x = 0$에 의하여 $R_B - wh = 0 \quad \therefore R_B = wh = 2\text{kN/m}\times 4\text{m} = 8\,\text{kN}(\rightarrow)$

$\Sigma F_y = 0$에 의하여 $R_A + R_C = 0 \quad \therefore R_C = -R_A = -1.6\,\text{kN}(\downarrow)$

(2) 단면력 계산

① 전단력

AD 부재 $V_x = 0$

DF 부재 $V_x = R_A = -R_C \qquad \therefore V_{DF} = 1.6\,\text{kN}$

EB 부재 $V_x = -R_B = -wh \qquad \therefore V_{EB} = -8\,\text{kN}$

FC 부재 $V_x = (P) - (w)(x) = wh - wx \qquad \therefore V_F = 8\,\text{kN} \quad \therefore V_C = 0$

② 휨모멘트

AD 부재 $M_x = 0 \qquad \therefore M_{AD} = 0$

DE 부재 $M_x = (R_A)(x) \qquad \therefore M_{E(x=4\text{m})} = (1.6\text{kN})\times(4\text{m}) = 6.4\,\text{kN}\cdot\text{m}$

EB 부재 $M_x = (R_B)(x) \qquad \therefore M_{E(x=4\text{m})} = (8\text{kN})\times(4\text{m}) = 32\,\text{kN}\cdot\text{m}$

FC 부재 $M_x = -(w)(x)\left(\dfrac{x}{2}\right) = -\dfrac{wx^2}{2}$

$\therefore M_{F(x=4)} = -\dfrac{(2\text{kN/m})\times(4\text{m})^2}{2} = -16\,\text{kN}\cdot\text{m}$

$\therefore M_{C(x=0)} = 0$

FE 부재 $M_x = M_F + (R_C)(x) = -\dfrac{wh^2}{2} + (-1.6)(x)$

$\therefore M_{F(x=0)} = -\dfrac{(2)\times(4)^2}{2} + (-1.6)\times(0) = -16\,\text{kN}\cdot\text{m}$

$\therefore M_{E(x=6\text{m})} = -\dfrac{(2)\times(4)^2}{2} + (-1.6)\times(6) = -25.6\,\text{kN}\cdot\text{m}$

③ 축방향력

AD 부재 $A_{AD} = -R_A = -1.6\text{kN}$

BE 부재 $A_{BE} = 0$

DE 부재 $A_{DE} = 0$

EF 부재 $A_{EF} = -R_B = -8\,\text{kN}$

CF 부재 $A_{CF} = -R_C = 1.6\,\text{kN}$

따라서 단면력도는 [그림 4.4.9(c), (d), (e)]와 같다.

EXERCISE

1. [P그림 4.1]과 같은 경사집중하중이 단순보에 작용할 때 단면력을 구하고 단면력도를 그려라.

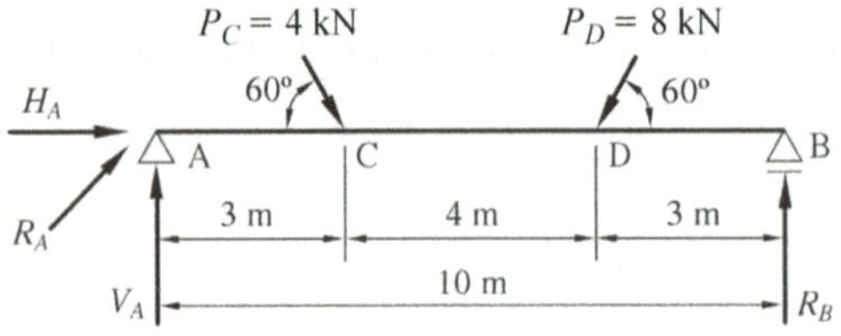

[P그림 4.1]

정답 $A_{AC} = -2\,\text{kN}$

2. [P그림 4.2]와 같은 단순보에 모멘트 하중이 작용할 때 전단력도와 휨모멘트도를 그려라.

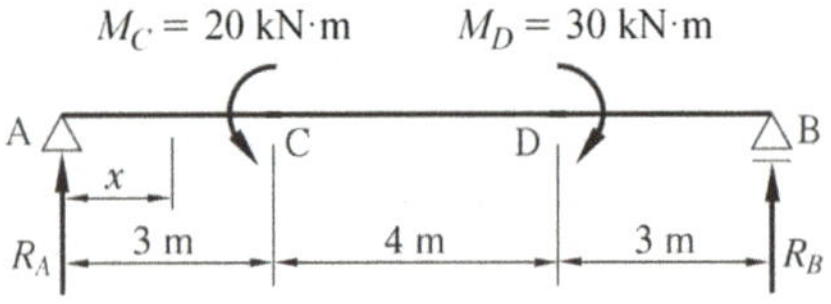

[P그림 4.2]

정답 $R_A = -1\,\text{kN}(\downarrow),\ R_B = 1\,\text{kN}(\uparrow)$

3. [P그림 4.3]과 같은 단순보에 등분포하중이 작용할 때 최대 휨모멘트값을 구하여라.

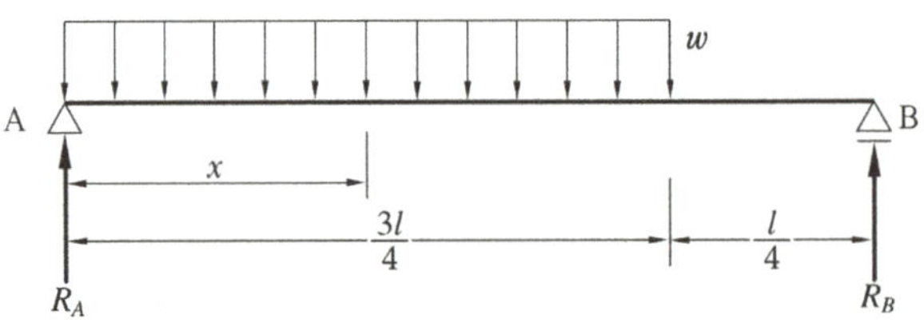

[P그림 4.3]

정답 $M_{max} \fallingdotseq \dfrac{wl^2}{9.1}$

4. [P그림 4.4]와 같은 단순보에 간접하중이 작용할 때 단면력을 구하여라.

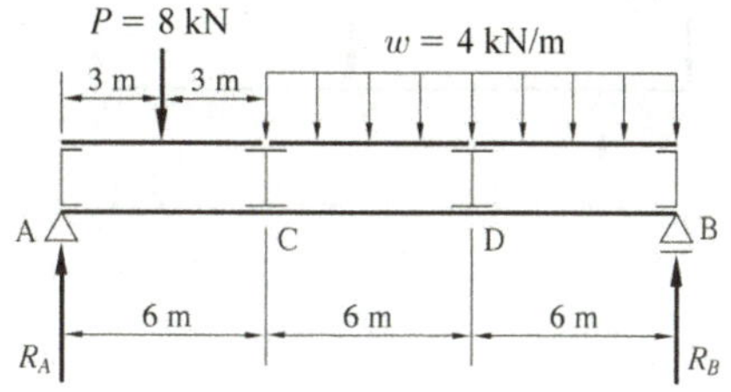

[P그림 4.4]

정답 $R_A = 22.67\,\text{kN}$, $R_B = 33.33\,\text{kN}$

5. [P그림 4.5]와 같은 캔틸레버 (a), (b)에서 최대 휨모멘트비 M_A / M_B 값을 구하여라.

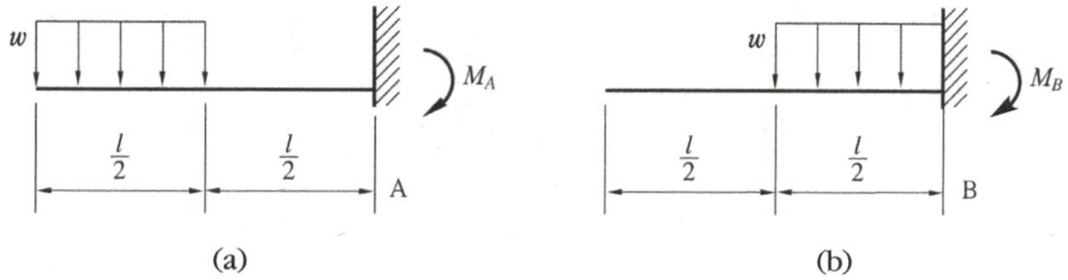

[P그림 4.5]

정답 $\dfrac{M_A}{M_B} = 3$

6. [P그림 4.6]과 같은 캔틸레버에서 지점의 휨모멘트 M_A 값을 구하여라.

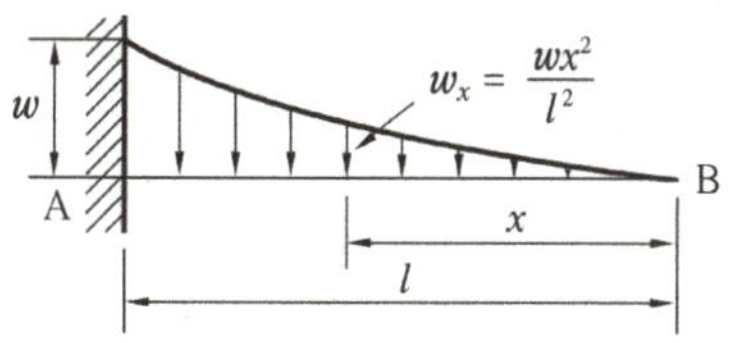

[P그림 4.6]

정답 $M_A = -\dfrac{wl^2}{12}$

7. [P그림 4.7]과 같은 내민보의 전단력도와 휨모멘트도를 그려라.

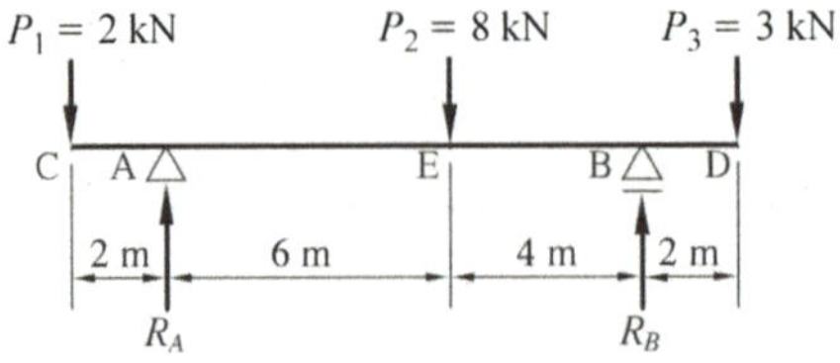

[P그림 4.7]

정답 $M_E = 14\,\text{kN}\cdot\text{m}$

8. [P그림 4.8]과 같은 내민보에서 지점반력과 단면력 V_C와 M_C를 구하여라.

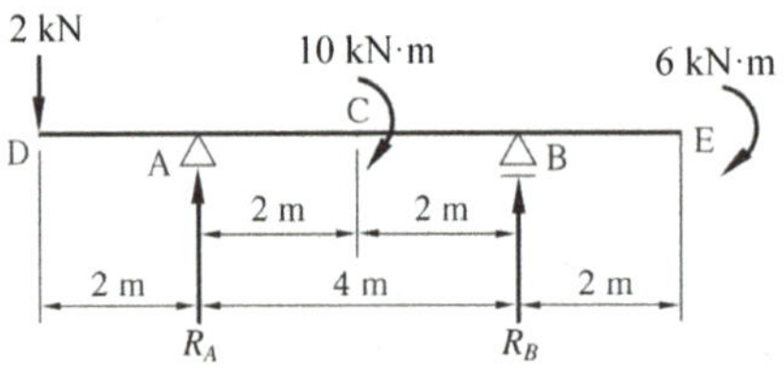

[P그림 4.8]

정답 $R_A = -1\,\text{kN}(\downarrow)$, $R_B = 3\,\text{kN}(\uparrow)$, $V_{CB} = -3\,\text{kN}$, $M_C = -10\,\text{kN}\cdot\text{m}$

9. [P그림 4.9]와 같은 내민보에서 B지점의 지점반력이 $5P$일 때 하중 $5P$의 작용위치 x값을 구하여라.

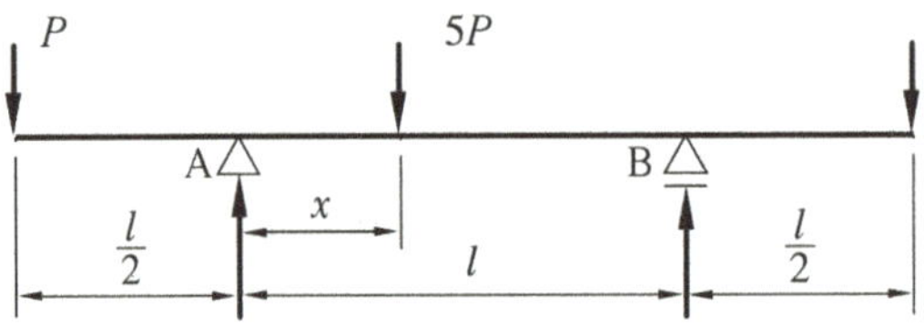

[P그림 4.9]

정답 $x = 0.8l$

10. [P그림 4.10]과 같은 등분포하중을 받는 내민보의 양 지점과 중앙점에서 절대최대 휨모멘트를 같게 하기 위한 l_1의 길이를 구하여라.

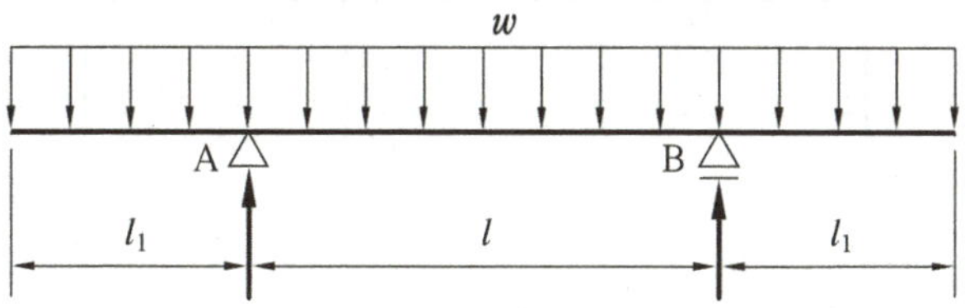

[P그림 4.10]

정답 $l_1 = 0.35l$

11. [P그림 4.11]과 같은 내민보의 전단력도와 휨모멘트도를 그려라.

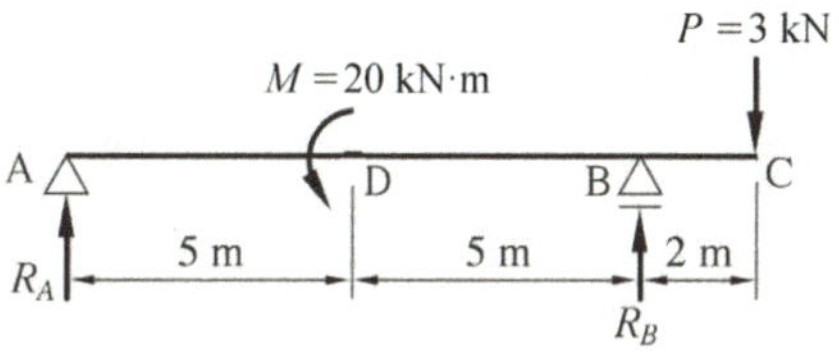

[P그림 4.11]

정답 $R_A = 1.4\,\text{kN}$, $R_B = 1.6\,\text{kN}$

12. [P그림 4.12]와 같은 게르버보의 G지점의 전단력값을 구하여라.

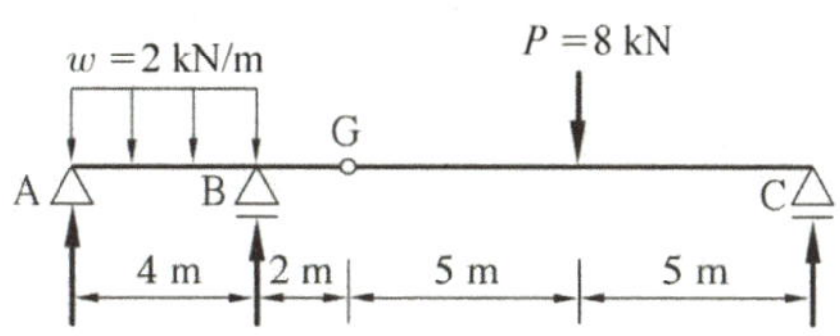

[P그림 4.12]

정답 $V_G = 4\,\text{kN}$

13. [P그림 4.13]과 같은 게르버보에서 BC 구간의 중앙 단면의 휨모멘트를 구하여라.

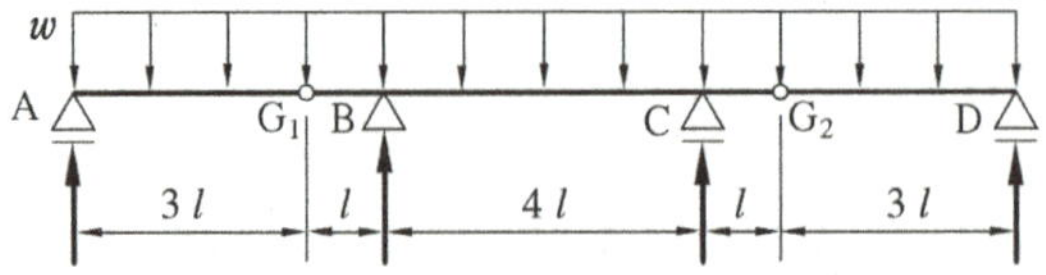

[P그림 4.13]

정답 $M = 0$

14. [P그림 4.14]와 같은 게르버보에 하중이 작용할 경우 단면력을 구하고 단면력도를 그려라.

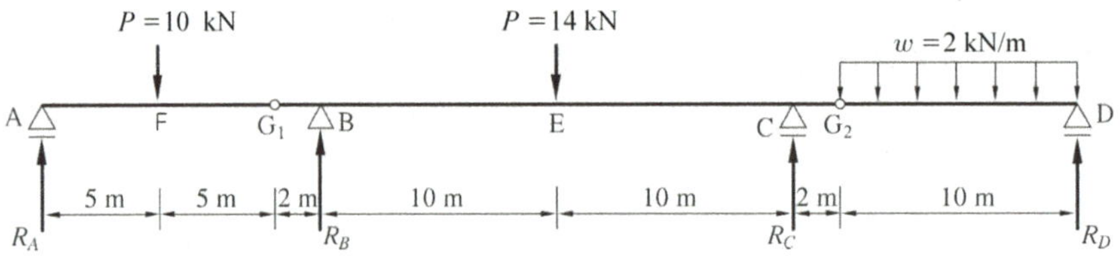

[P그림 4.14]

정답 $M_E = 55\,\text{kN}\cdot\text{m}$

15. [P그림 4.15(a), (b), (c)]와 같은 캔틸레버계 라멘의 단면력을 계산하고 단면력도를 그려라.

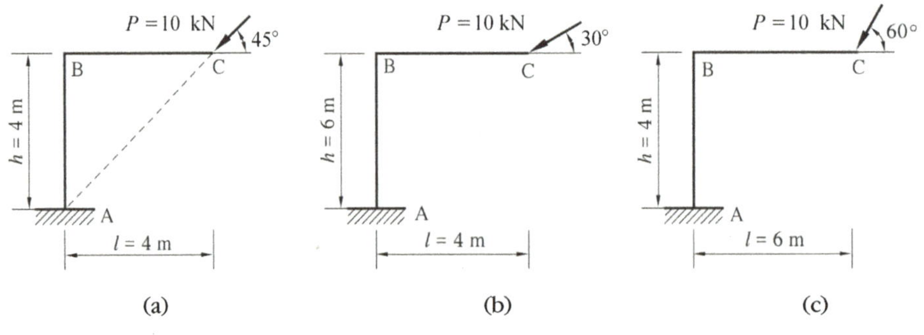

[P그림 4.15]

16. [P그림 4.16(a), (b), (c)]와 같은 단순보계 라멘에서 단면력을 계산하고 단면력도를 그려라.

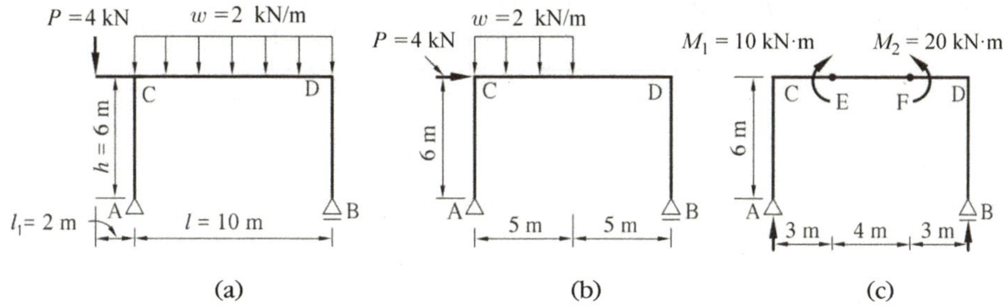

[P그림 4.16]

17. [P그림 4.17(a), (b), (c)]와 같은 3활절 라멘에서 단면력을 계산하고 단면력도를 그려라.

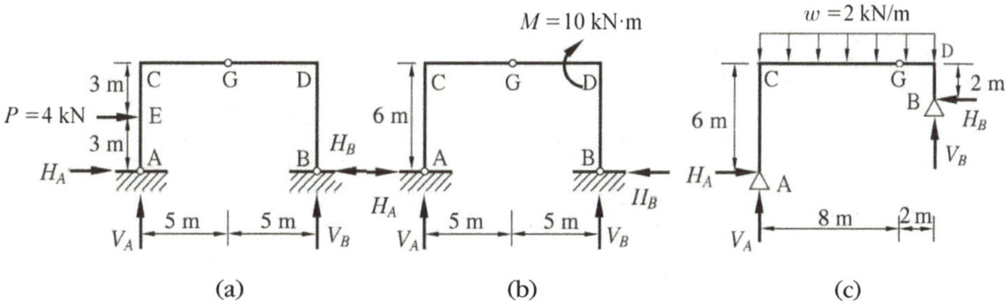

[P그림 4.17]

18. [P그림 4.18(a)]와 같은 단순보계 라멘에서 휨모멘트도를 그려라. 단, 높이는 4 m이다.

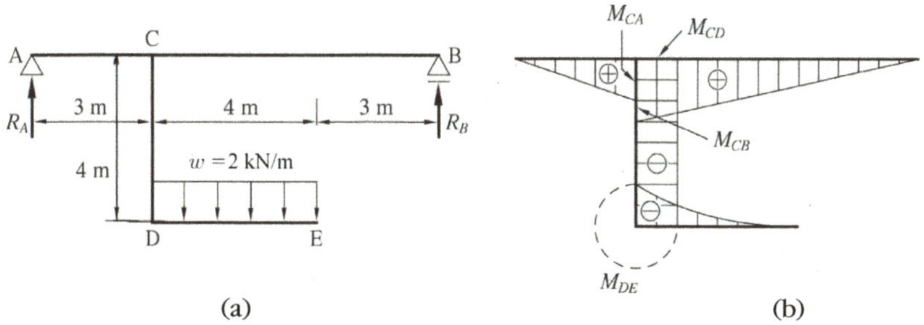

[P그림 4.18]

정답 $M_{CA} = 12\text{kN} \cdot \text{m}$, $M_{CB} = 28\text{kN} \cdot \text{m}$, $M_{CD} = M_D = -16\text{kN} \cdot \text{m}$

19. [P그림 4.19(a)]와 같은 캔틸레버계 라멘에서 휨모멘트를 그려라. 단, 높이는 3 m이다.

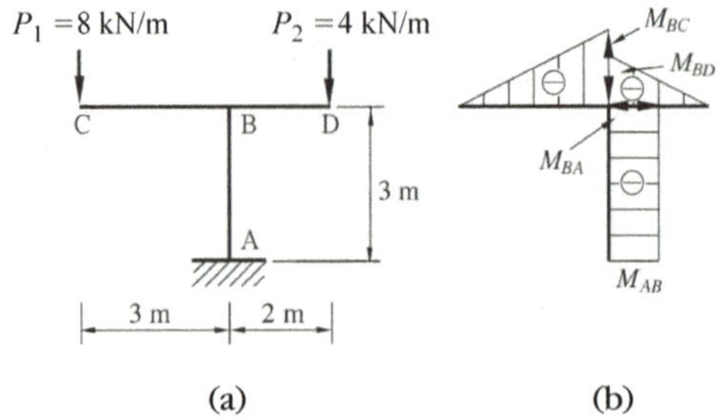

[P그림 4.19]

정답 $M_{BC} = -24\,\text{kN}\cdot\text{m}$, $M_{BD} = -8\,\text{kN}\cdot\text{m}$, $M_{BA} = M_{AB} = -16\,\text{kN}\cdot\text{m}$

20. [P그림 4.20(a)]와 같은 구조물에서 휨모멘트도를 그려라.

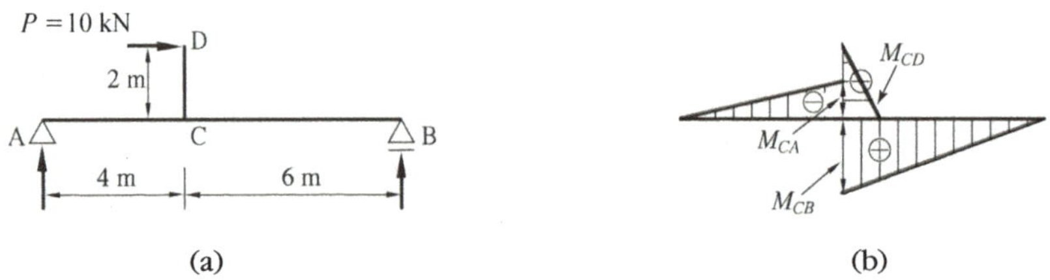

[P그림 4.20]

정답 $M_{CA} = -8\,\text{kN}\cdot\text{m}$, $M_{CB} = +12\,\text{kN}\cdot\text{m}$, $M_{CD} = M_C = 20\,\text{kN}\cdot\text{m}$

CHAPTER 5

아치와 케이블

5.1 정정 아치

단순지지된 구조물에서 지간의 길이가 클수록 그 구조물이 받아야 할 휨모멘트도 급격하게 증가한다. 사하중과 같은 등분포하중을 받는 경우에 휨모멘트는 지간길이의 제곱에 비례한다. 장지간의 구조물에서 경제적인 설계를 위하여 휨모멘트를 감소시킬 필요성은 대단히 중요하다. 휨모멘트를 감소시키는 방법으로는 게르버보와 같은 캔틸레버 구조로 만드는 것, 연속보의 사용 그리고 아치의 채택 등이 있을 수 있다.

아치는 수직으로 작용한 외력 때문에 양단의 지점에서 중앙으로 향하는 비교적 큰 수평반력을 발생시킨다. 따라서 부재의 단면력은 주로 축방향 압축력이라고 할 수 있다. 이는 아치 구조의 중요한 특성이다. 양단의 지점에서 수평반력을 유발한다는 말은 지점에서의 수평변위가 없다는 것을 뜻하기도 한다. 특히 2차 포물선 아치가 수평길이에 연한 수직 등분포하중을 전 길이에 걸쳐 받는 경우에는 각 단면력은 축방향 압축력뿐이다.

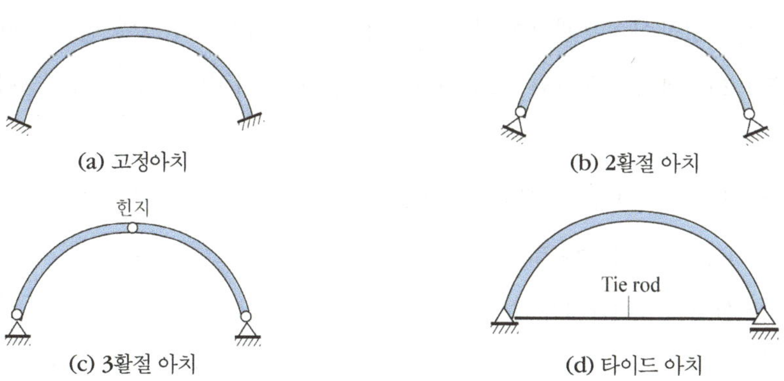

[그림 5.1.1] 아치의 유형

[그림 5.1.1]은 구조계에 의해 분류된 4가지 유형의 아치를 나타내고 있다. [그림 5.1.1(a)]의 고정아치는 3차 부정정, [그림 5.1.1(b)]의 2활절 아치는 1차 부정정, [그림 5.1.1(c)]의 3활절 아치는 정정, 그리고 [그림 5.1.1(d)]의 타이드 아치(tied arch)는 내적으로 1차 부정정이다. 3활절 아치는 미지의 반력성분이 4개이다. 이 미지수를 계산하기 위하여 3개의 평형방정식 외에도 힌지인 C점에서 $M_C = 0$, 즉 힌지의 왼쪽 또는 오른쪽 어느 한쪽에 관하여 $\sum M_C = 0$이라는 한 개의 조건방정식이 추가된다. 따라서 미지수의 수와 방정식의 수가 같게 되어 3활절 아치는 정정이라고 할 수 있다. [그림 5.1.1(d)]는 곡선보의 두 지점을 타이드 재(tied rod)로 연결하여 수평력을 흡수한 타이드 아치이며, 내적으로 1차 부정정이지만 외적(반력)으로 정정이므로 지점의 부등침하에 영향을 받지 않는다.

강재로 된 3활절 아치는 짧거나 중간 정도의 지간을 가진 도로교에 가끔 볼 수 있으며 정정이므로 지점의 부등한 침하가 있을 수 있는 경우에 사용된다. 정정구조물은 지점의 부등침하 시에 응력이 발생하지 않기 때문이다. 강재로 된 2활절 아치는 구체복부(solid rib)인 경우 도로교에서 많이 쓰이는 적용범위가 100m 내지 380m이며, 아치부분을 트러스로 꾸민 강트러스 아치에서는 그 지간길이의 범위가 240~520m이다. 철근 콘크리트로 된 고정 아치는 그 적용범위가 30m 내지 120m이지만 Sydney 항구의 Gladesville교는 304.8m이며 세계 최대의 콘크리트 아치교이다. 또한 강고정 아치는 290m까지 가설된 경우를 볼 수 있다.

2활절 아치와 고정 아치는 외적(반력)인 부정정이므로 지점의 부등침하로 인해서 추가적으로 응력이 발생한다. 따라서 가설지점의 지반이 견고해야 한다.

아치의 장점을 설명하기 위하여 같은 수평길이에 같은 하중 P를 받는 [그림 5.1.2(a)]의 단순보와 [그림 5.1.2(b)]의 아치에 관하여 휨모멘트도를 비교하여 보았다. P를 받는 보의 휨모멘트도는 [그림 5.1.2(c)]에 표시된 바와 같고, 이와 대등한 2활절 아치의 휨모멘트는 [그림 5.1.2(d)]에 표시되어 있다.

여기서 보에서의 V_A, V_B는 각각 아치의 V_A, V_B와 같은 값이므로, AC의 구간에서 보의 휨모멘트는 $M_x = V_A \cdot x$인데 반하여, 같은 구간에서 아치의 휨모멘트는 $M_x = V_A \cdot x - H_A \cdot y$로 감소된다는 사실에 유의하여야 할 것이다. 따라서 아치는 그 형상과 양단의 힌지 지점 때문에 같은 수평 길이에 같은 수직하중을 받는 단순보보다는 훨씬 작은 휨모멘트를 발생시킨다는 사실을 알 수 있다.

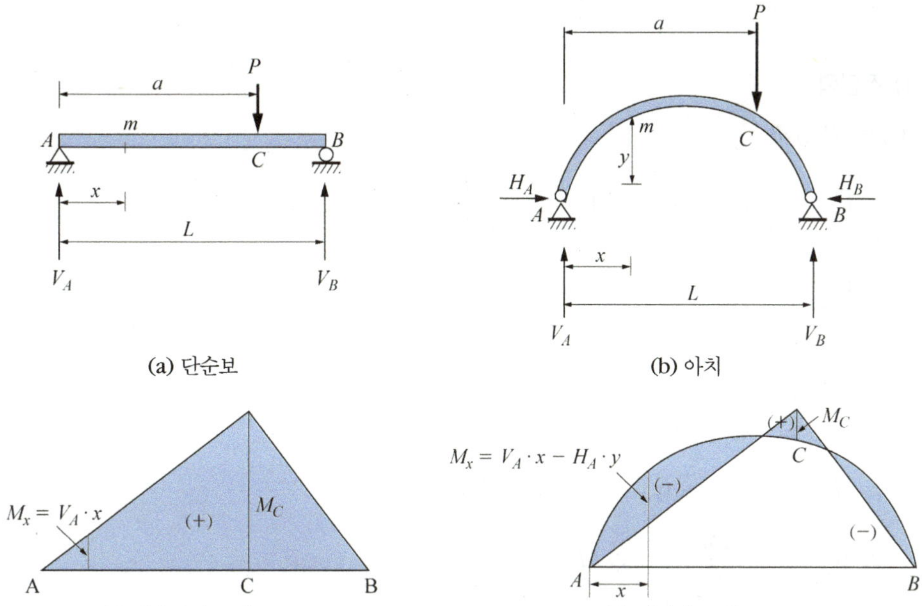

(a) 단순보 (b) 아치

(c) 단순보의 모멘트도 (d) 아치의 모멘트도

[그림 5.1.2] 보와 아치의 비교

5.1.1 캔틸레버계 아치

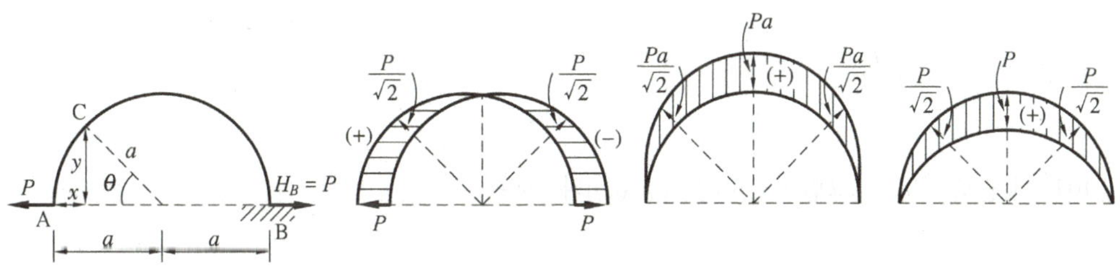

(a) (b) (c) (d)

[그림 5.1.3]

[1] 집중하중이 작용할 경우

(1) 지점반력

$\sum F_x = 0$에 의하여 $\therefore\ H_B = P\ (\rightarrow)$

$\sum F_y = 0$에 의하여 $\therefore\ V_B = 0$

$\sum M = 0$에 의하여 $\therefore\ M_B = 0$

(2) 단면력 계산

1) 전단력

$V_\theta = P\cos\theta$

$\therefore V_{\theta=0} = V_A = P \quad \therefore V_{\theta=\frac{\pi}{4}} = \dfrac{P}{\sqrt{2}}$

$\therefore V_{\theta=\frac{\pi}{2}} = 0 \quad \therefore V_{\theta=\pi} = -P$

2) 휨모멘트

$M_\theta = Py = Pa\sin\theta$

$\therefore M_{\theta=0} = M_A = 0 \quad \therefore M_{\theta=\pi} = M_B = 0$

$\therefore M_{\theta=\frac{\pi}{4}} = \dfrac{Pa}{\sqrt{2}} \quad \therefore M_{\theta=\frac{\pi}{2}} = Pa$

3) 축방향력

$A_\theta = P\sin\theta$

$\therefore A_{\theta=0} = A_A = 0$

$\therefore A_{\theta=\pi} = A_B = 0$

$\therefore A_{\theta=\frac{\pi}{4}} = \dfrac{P}{\sqrt{2}}$

따라서 단면력도는 [그림 5.1.3(b), (c), (d)]와 같다.

예제 5-1-1

[그림 5.1.4(a), (b)]와 같은 캔틸레버계의 아치에서 C지점의 전단력(V_C)과 축방향력(A_C)을 구하여라.

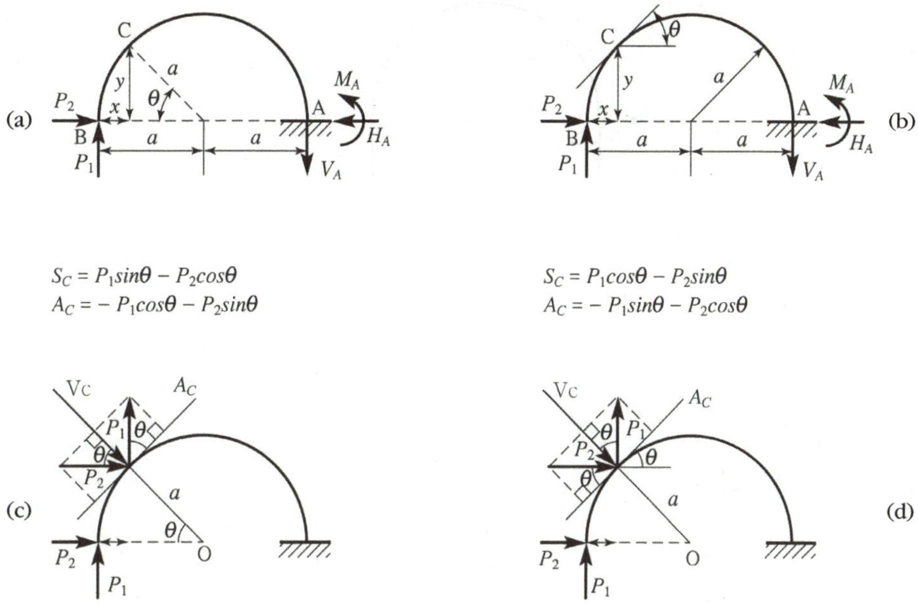

[그림 5.1.4]

풀이

[그림 5.1.4 (a), (c)]에서

$V_c = P_1 \sin\theta - P_2 \cos\theta$

$A_c = -P_1 \cos\theta - P_2 \sin\theta$

[그림 5.1.4 (b), (d)]에서

$V_c = P_1 \cos\theta - P_2 \sin\theta$

$A_c = -P_1 \sin\theta - P_2 \cos\theta$

예제 5-1-2

[그림 5.1.5]와 같은 캔틸레버계 아치에서 C 단면의 축방향력 A_C와 전단력 V_C를 구하여라.

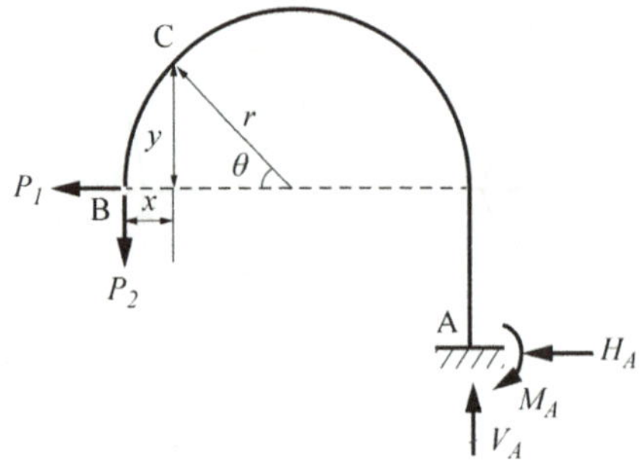

[그림 5.1.5]

풀이

$\therefore\ V_C = P_1\cos\theta - P_2\sin\theta$

$\therefore\ A_C = P_1\sin\theta + P_2\cos\theta$

5.1.2 단순보계 아치

[1] 집중하중이 작용할 경우

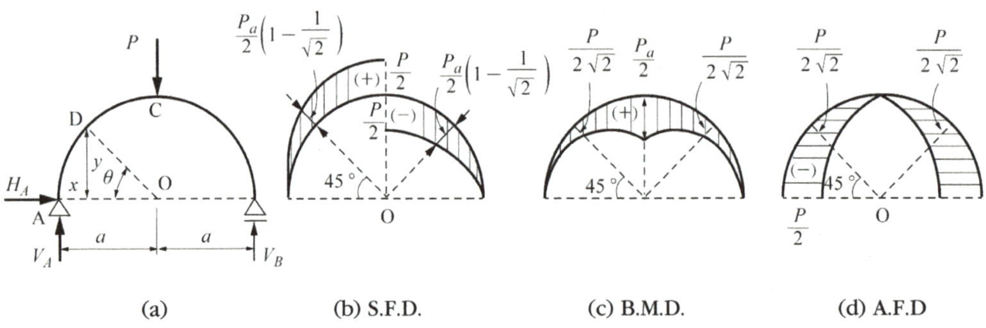

[그림 5.1.6]

(1) 지점반력

$\Sigma F_x = 0$에 의하여 $\therefore\ H_A = 0$

$\Sigma F_y = 0$에 의하여 $\therefore\ V_A + V_B = P$

$$\Sigma M_B = 0 \text{에 의하여} \quad (V_A) \times (2a) - (P)(a) = 0 \qquad \therefore\ V_A = \frac{P}{2}$$

$$\Sigma M_A = 0 \text{에 의하여} \quad -(V_B) \times (2a) + (P)(a) = 0 \qquad \therefore\ V_B = \frac{P}{2}$$

(2) 단면력 계산

1) 전단력

$0 \le x \le a$ 일 때 $V_x = V_A \sin\theta = \dfrac{P}{2}\sin\theta$

$$\therefore V_{\theta=0} = V_A = 0 \qquad \therefore V_{\theta=45^\circ} = \frac{P}{2}\sin 45^\circ = \frac{P}{2\sqrt{2}}$$

$$\therefore V_{\theta=90^\circ} = \left(V_{C(좌)}\right) = \frac{P}{2} \qquad \therefore V_{\theta=90^\circ} = V_C = \frac{P}{2}$$

$a \le x \le 2a$ 구간에서 $V_x = (V_A - P)\sin\theta = -\dfrac{P}{2}\sin\theta$

$$\therefore V_{\theta=90^\circ} = \left(V_{C(우)}\right) = -\frac{P}{2} \qquad \therefore V_{\theta=135^\circ} = -\frac{P}{2\sqrt{2}} \qquad \therefore V_{\theta=180^\circ} = 0$$

2) 휨모멘트

$0 \le x \le a$구간에서 $M_x = V_A x = \dfrac{P}{2}x = \dfrac{P}{2}a(1-\cos\theta)$

$x = a - a\cos\theta = a(1-\cos\theta)$

$$\therefore M_{\theta=0} = M_A = 0$$

$$\therefore M_{\theta=45^\circ} = \frac{Pa}{2}(1-\cos 45^\circ) = \frac{Pa}{2}\left(1 - \frac{1}{\sqrt{2}}\right)$$

$$\therefore M_{\theta=90^\circ} = \frac{Pa}{2}$$

3) 축방향력

$0 \le x \le a$ 구간에서 $A_x = -V_A\cos\theta = -\dfrac{P}{2}\cos\theta$

$$\therefore A_{\theta=0} = A_A = -\frac{P}{2}$$

$$\therefore A_{\theta=45^\circ} = -\frac{P}{2\sqrt{2}}$$

$$\therefore A_{\theta=90^\circ} = 0$$

따라서 단면력도는 [그림 5.1.6(b), (c), (d)]와 같다.

5.1.3 3활절 아치

이미 지적한 바와 같이 3활절 아치는 반력성분이 4개임에도 불구하고 정정인 구조물이다. 왜냐하면 부재 중간에 있는 힌지의 어느 한쪽에 대하여 $\Sigma M = 0$이라는 조건방정식이 성립하기 때문이다. 3활절 아치의 해석을 다음의 예제로 예시하기도 한다.

[1] 집중하중이 작용할 경우

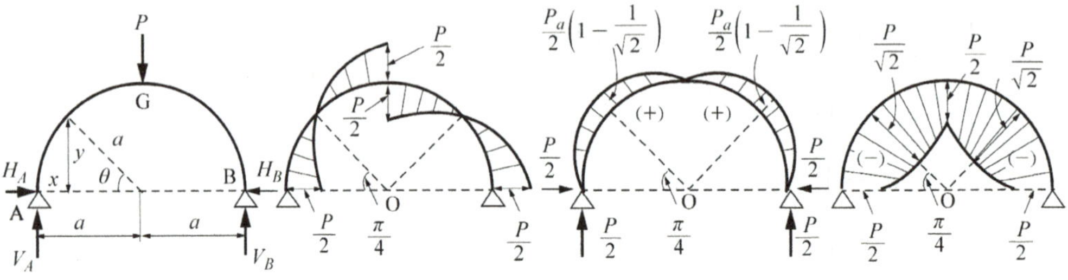

(a) (b) S.F.D. (c) B.M.D. (d) A.F.D

[그림 5.1.7]

(1) 지점반력

$\Sigma F_y = 0$에 의하여 $V_A + V_B = P$(대칭) $\therefore V_A = V_B = \dfrac{P}{2}$

$\Sigma F_x = 0$에 의하여 $H_A - H_B = 0$ $\therefore H_A = H_B$

$\Sigma M_G = 0$에 의하여 $(V_A)\times(a) - (H_A)(a) = 0$ $\therefore H_A = H_B = \dfrac{P}{2}$

(2) 단면력 계산

1) 전단력

$$V_\theta = V_A \sin\theta - H_A \cos\theta = \frac{P}{2}(\sin\theta - \cos\theta)$$

$$\therefore V_A = V_{\theta=0} = \frac{P}{2} \quad \therefore V_B = V_{\theta=180°} = \frac{P}{2} \quad \therefore V_C = V_{\theta=90°} = 0$$

2) 휨모멘트

$x = a(1-\cos\theta)$, $y = a\sin\theta$ 에서

$$M_\theta = (V_A)(x) - (H_A)(y) = \left(\frac{P}{2}\right)[a(1-\cos\theta)] - \left[\left(\frac{P}{2}\right)(a\sin\theta)\right]$$

$$= \frac{Pa}{2}(1 - \sin\theta - \cos\theta)$$

$$\therefore M_{\theta=45°} = \frac{Pa}{2}(1-\sqrt{2})$$

3) 축방향력

$$A_\theta = -(V_A\cos\theta + H_A\sin\theta) = -\frac{P}{2}(\cos\theta + \sin\theta)$$

$$\therefore A_{\theta=0} = -\frac{P}{2} \qquad \therefore A_{\theta=90°} = -\frac{P}{\sqrt{2}} \qquad \therefore A_{\theta=180°} = -\frac{P}{2}$$

따라서 단면력도는 [그림 5.1.7(b), (c), (d)]와 같다.

[2] 등분포하중이 작용할 경우

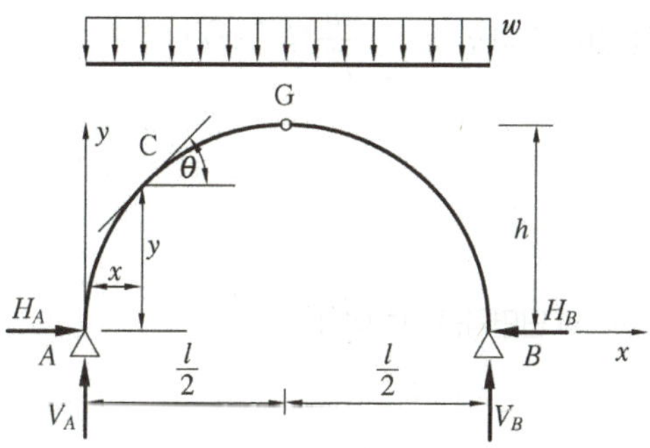

[그림 5.1.8]

$\Sigma M_G = 0$에 의하여

$$(V_A)\times\left(\frac{l}{2}\right) - (H_A)(h) - (w)\left(\frac{l}{2}\right)\left(\frac{l}{4}\right) = 0$$

$$\therefore H_A = H_B = \frac{wl^2}{8h}$$

(1) 지점반력

$\Sigma F_y = 0$에 의하여 $\qquad \therefore V_A = V_B = \frac{wl}{2}$

$\Sigma F_x = 0$에 의하여 $\quad H_A - H_B = 0 \qquad \therefore H_A = H_B$

(2) 단면력 계산

1) 전단력

$$V_x = (V_A - wx)\cos\theta - (H_A)\sin\theta = w\left\{\left(\frac{l}{2} - x\right) - \frac{l^2}{8h}\tan\theta\right\}\cos\theta$$

2) 휨모멘트

$$M_x = (V_A)(x) - (H_A)(y) - (w)(x)\left(\frac{x}{2}\right) = w\left(\frac{l-x}{2}x - \frac{l^2}{8h}y\right)$$

3) 축방향력

$$A_x = -(V_A - wx)\sin\theta - H_A\cos\theta$$

$$= -w\left\{\left(\frac{1}{2} - x\right)\sin\theta + \frac{l^2}{8h}\cos\theta\right\}$$

아치를 포물선으로 만들었다고 하면 $y = \frac{4h}{l^2}(l-x)x$ 이다.

예제 5-1-3

[그림 5.1.9]와 같은 3활절 아치의 단면력을 구하여라.

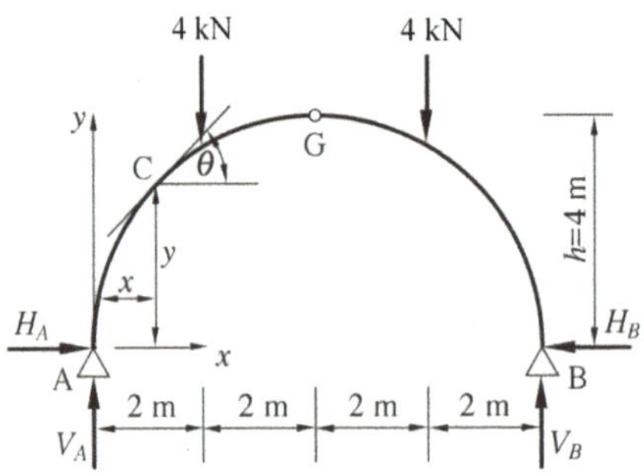

[그림 5.1.9]

풀이

(1) 지점반력

$\Sigma F_y = 0$에 의하여

$V_A + V_B = 8\text{kN}$ (대칭구조), $\quad \therefore V_A = V_B = 4\text{kN}$

$\Sigma M_G = 0$에 의하여 $\quad (V_A)\times(4\text{m}) - (4\text{kN})\times(2\text{m}) - (\text{H}_\text{A})\times(4\text{m}) = 0$

$\therefore H_A = H_B = 2\text{kN}$

(2) 단면력 계산

① $0 \le x \le 2$일 때

$V_x = (R_A)\cos\theta - (H_A)\sin\theta = 4\cos\theta - 2\sin\theta$

$M_x = (R_A)(x) - (H_A)(y) = 4x - 2y$

$A_x = -(R_A)\sin\theta - (H_A)\cos\theta = -(4\sin\theta + 2\cos\theta)$

② $2 \le x \le 4$일 때

$V_x = (R_A - P)\cos\theta - (H_A)\sin\theta = -2\sin\theta$

$M_x = (R_A)(x) - (P)(x-2) - (H_A)(y) = 8 - 2y$

$M_{G(x=4\text{m},\ y=4\text{m})} = 8 - 2 \times (4\text{m}) = 0$

$A_x = -(R_A - P)\sin\theta - (H_A)\cos\theta = -2\cos\theta$

예제 5-1-4

[그림 5.1.10]과 같은 타이드 아치에서 AB 부재력값을 구하여라.

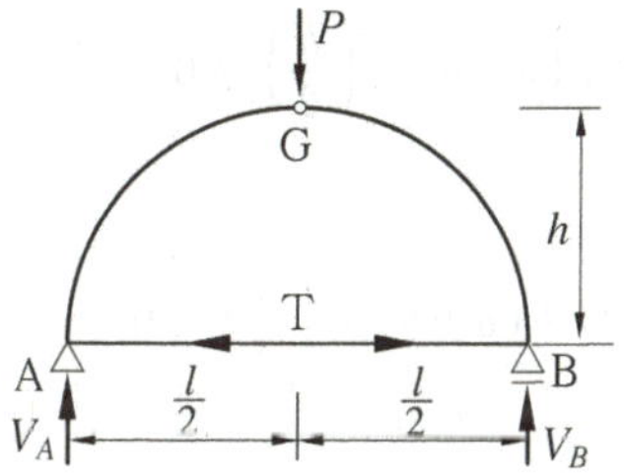

[그림 5.1.10]

풀이

$\Sigma F_x = 0$에 의하여 $V_A + V_B = P$

$\Sigma M_B = 0$에 의하여

$(V_A) \times (l) - (P) \times \left(\frac{l}{2}\right) = 0 \quad \therefore V_A = \frac{P}{2}$

$\Sigma F_x = 0$에 의하여 $\therefore H_A = 0$

AB 부재력 $\Sigma M_G = 0$에 의하여

$(V_A) \times \left(\frac{l}{2}\right) - (T) \times (h) = 0$

$\therefore T = \frac{Pl}{4h}$ (인장재)

예제 5-1-5

[그림 5.1.11]과 같은 3활절 아치에서 수직반력 V_A와 수평반력 H_A 값을 구하여라.

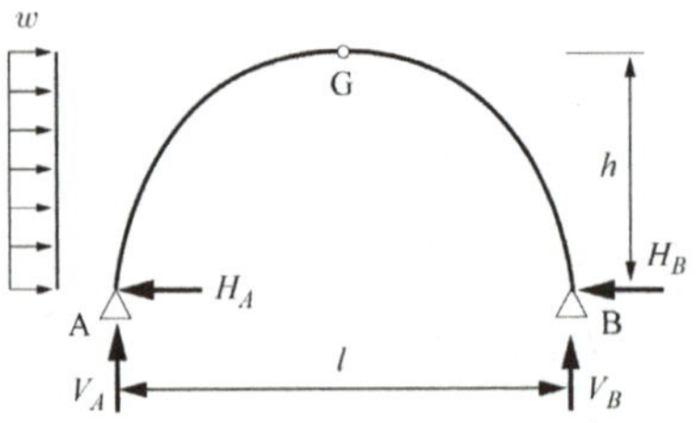

[그림 5.1.11]

풀이

$\Sigma F_y = 0$에 의하여 $V_A + V_B = 0$

$\Sigma M_B = 0$에 의하여 $(V_A) \times (l) + (w)(h) \times \left(\frac{h}{2}\right) = 0$

$\therefore V_A = -\frac{wh^2}{2l}$ (↓)

$\Sigma M_A = 0$에 의하여 $-(V_B) \times (l) + (w)(h) \times \left(\frac{h}{2}\right) = 0$

$\therefore V_B = \frac{wh^2}{2l}$ (↑)

$\Sigma F_x = 0$에 의하여 $H_A + H_B = wh$

$\Sigma M_{G(우)} = 0$에 의하여 $-(V_B) \times \left(\frac{l}{2}\right) + (H_B) \times (h) = 0$ $\therefore H_B = \frac{wh}{4}$

$\Sigma F_x = 0$에 의하여 $\therefore H_A = wh - H_B = \frac{3wh}{4}$

예제 5-1-6

[그림 5.1.12]와 같은 3활절 아치에서 수평반력 H_A를 구하여라.

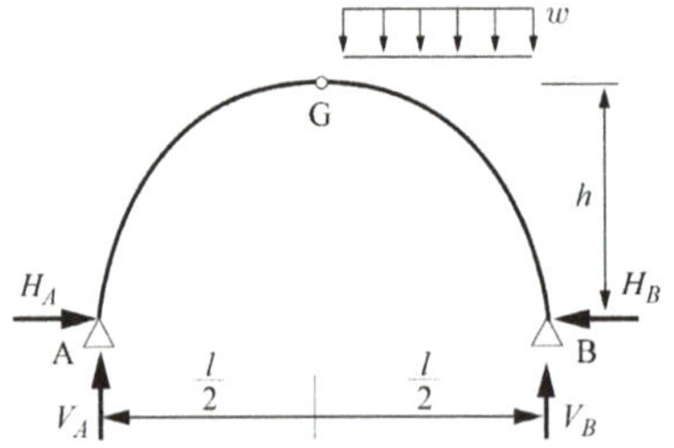

[그림 5.1.12]

풀이

$\Sigma M_B = 0$에 의하여 $(V_A) \times (l) - (w)\left(\frac{l}{2}\right) \times \left(\frac{l}{4}\right) = 0$ $\qquad \therefore V_A = \frac{wl}{8}$

$\Sigma M_A = 0$에 의하여 $-(V_B) \times (l) + (w)\left(\frac{l}{2}\right) \times \left(\frac{3l}{4}\right) = 0$ $\qquad \therefore V_B = \frac{3wl}{8}$

$\Sigma F_y = 0$에 의하여 $V_A + V_B = \frac{wl}{2}$

$\Sigma F_x = 0$에 의하여 $H_A - H_B = 0$ $\qquad \therefore H_A = H_B$

$\Sigma M_G = 0$에 의하여 $(V_A) \times \left(\frac{l}{2}\right) - (H_A)(h) = 0$ $\qquad \therefore H_A = H_B = \frac{wl^2}{16h}$

5.2 정정 케이블

5.2.1 집중하중을 받는 케이블

케이블은 현수교(suspension bridge), 사장교(cable-stayed bridge), 케이블카(cable car) 등에서 하중을 지지하는 주 부재로서 휨모멘트나 압축에는 저항이 불가능하며 오직 장력(tension)만을 견디는 능력이 있다. 또한 송신탑, 기중기(derricks) 등에서 받침줄(guy line)로 사용되기도 한다. 케이블에 작용하는 수직하중은 집중하중, 자중과 같은 등분포하중, 수평길이, 즉 수평투영선에 연하여 균일하게 분포된 외적인 등분포하중이며, 케이블의 모양인 현수선(catenary)이 된다. 자중을 무시하고 수평길이에 연하여 등분포된 하중을 지지하는 케이블은 포물선(parabola)의 형태가 된다.

일반적으로 케이블의 자중은 수평길이에 연하여 작용하는 외적 하중보다 훨씬 작고 현수선은 포물선보다 그 해석이 더 복잡한 편이다. 아치의 단면력이 주로 축방향 압축력인 반면에 케이블의 단면력은 전적으로 축방향 장력이므로 서로 상반된 구조적 특성을 가지고 있다고 할 수 있다.

[그림 5.2.1(a)]에 표시된 바와 같이 집중하중을 받는 케이블을 고려하여 보기로 하자.

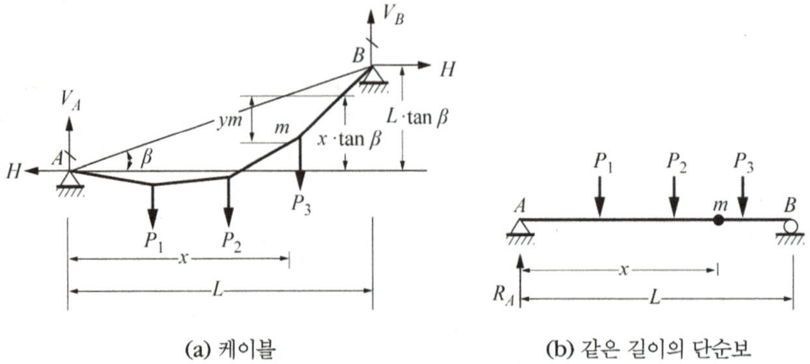

[그림 5.2.1] 집중하중을 받는 케이블

[1] 케이블의 반력성분

이 케이블의 지점 A와 B의 수평반력은 크기가 같고 방향이 반대이며, [그림 5.2.1(a)]에 표시된 반력성분을 (+)방향이라고 가정한다. 수평반력 H는 또한 케이블의 임의의 단면력에서의 장력의 수평성분이기도 하며 어느 단면에서든지 일정한 값이다.

- $\Sigma M_B = 0$: [그림 5.2.1(a)]에서 $\Sigma M_B = 0$을 취하하면 다음과 같이 된다.

$$H(L \cdot \tan\beta) + V_A \cdot L - \sum_{i=1}^{3} P_i(L - x_i) = 0$$

또는

$$V_A = \frac{1}{L}\sum_{i=1}^{3} P_i(L - x_i) - H \cdot \tan\beta \qquad ①$$

여기서, Σ항은 모든 작용하중의 지점 B에 관한 모멘트의 합이며, x_i항은 지점 A로부터 각 i번째 하중까지의 수평거리이다.

- $M_m = 0$: 케이블은 휨모멘트에 대한 저항능력이 없으므로 임의의 점 m의 왼쪽에 관하여 $M_m = 0$을 취하면 다음과 같이 된다.

$$H(x \cdot \tan\beta - y_m) + V_A \cdot x - M_p = 0 \qquad ②$$

여기서, M_p는 점 m의 왼쪽에 있는 하중들의 모멘트의 합이다. 그리고 x는 점 A에서 점 m까지의 수평거리이고, y_m은 점 m과 케이블의 현과의 수직거리이다.

[2] 케이블의 일반정리

식 ①의 V_A의 값을 식 ②에 대입하면 다음과 같이 쓸 수 있다.

$$H(x \cdot \tan\beta - y_m) + \frac{x}{L}\sum_{i=1}^{3} P_i(L - x_i) - H \cdot x \cdot \tan\beta - M_P = 0$$

또는

$$H \cdot y_m = \frac{x}{L}\sum_{i=1}^{3} P_i(L - x_i) - M_P \qquad ③$$

여기서 똑같은 집중하중을 받으며, 길이도 똑같이 L인 [그림 5.2.1(b)]의 단순보를 고려해 보기로 하자. 지점 B에 관하여 $\Sigma M_B = 0$을 취하면 지점 A의 반력은 다음과 같이 쓸 수 있다.

$$R_A = \frac{1}{L}\sum_{i=1}^{3} P_i(L - x_i) \qquad ④$$

단순보에서 m점의 휨모멘트는 m점 왼쪽에 관한 모멘트로부터 다음과 같이 표현할 수 있다.

$$M_m = R_A \cdot x - M_P = \frac{x}{L}\sum_{i=1}^{3} P_i(L - x_i) - M_P \qquad ⑤$$

식 ③과 ⑤의 표현이 똑같다는 사실로부터 다음과 같은 관계식을 쓸 수 있다.

케이블에서 $H \cdot y_m$= 대등한 단순보에서 M_m (5.2.1)

식 (5.2.1)을 케이블의 일반정리식이라 하며 다음과 같이 말할 수 있다. 수직하중을 받는 케이블이 임의의 한 점 m에서 케이블 내력의 수평성분 H와 그 점에서 케이블 현까지의 수직거리 y_m을 곱한 값 $H \cdot y_m$은 같은 하중을 지지하는 같은 길이의 단순보에서 점 m의 모멘트 M_m과 같다.

이 정리는 임의의 수직하중에 대하여도 성립되며, 케이블의 현이 수평이든 경사지든 관계없이 H값이나 현 $\overline{AB}$와 점 i의 수직거리 y_i 등을 구할 때 이용할 수 있다.

[3] 케이블의 장력

케이블의 어떤 점 i의 장력 T_i는 그 수평성분 H와 V_i의 합력이다.

$$T_i = \sqrt{H^2 + V_i^2} \qquad (5.2.2)$$

H가 일정하므로 최대 장력은 V_i가 가장 큰 점, 즉 경사가 가장 큰 지점에서 일어난다. 식 (5.2.2)는 집중하중뿐 아니라 등분포하중을 받는 케이블에도 적용된다.

예제 5-2-1

[그림 5.2.2]에 있는 케이블에서 지점 A의 반력의 수평성분과 수직성분을 구하고, 거리 y_D와 케이블의 최대 장력을 계산하여라.

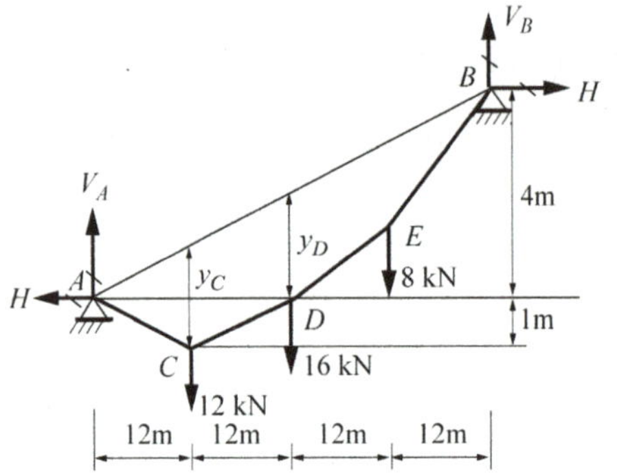

[그림 5.2.2] 집중하중을 받는 케이블

풀이

(1) 지점 A의 수평반력 H와 수직반력 V_A

[그림 5.2.2]에서 $y_c = 1 + \frac{12}{48}(4) = 2\text{m}$ 이므로 점 C에 케이블의 일반정리를 적용한다.

- 단순보의 지점 A의 수직반력 : $\therefore R_A = \frac{1}{48}[8(12) + 16(24) + 12(36)] = 19\text{kN}$ (↑)
- 케이블의 일반정리 : 케이블의 $H \cdot y_c$ = 단순보의 M_C

  $H(2) = 12(R_A) = 12(19) \qquad \therefore H = 114\text{kN}$
- $\Sigma M_B = 0$:

  $(114\text{kN})(4\text{m}) + V_A(48\text{m}) - (12\text{kN})(36\text{m}) - (16\text{kN})(24\text{m}) - (8\text{kN})(12\text{m}) = 0$

  $\therefore V_A = 9.5\text{kN}$ (↑)

(2) y_D의 값 : 점 D에서 $H \cdot y_D$ = 단순보에서 M_D이므로,

$114 y_D = (19)(24) - (12)(12)$

$\therefore y_D = 2.74\text{m}$

(3) 최대 장력 : 케이블에서 최대 장력은 수평성분 H가 일정하기 때문에 EB 부분과 같이 수직성분이 가장 큰 부분에서 일어난다. 케이블 전체에서 $\Sigma F_y = 0$을 취하면 다음과 같이 된다.

$V_A + V_B = 12\text{kN} + 16\text{kN} + 8\text{kN}$

$V_A = 9.5\text{kN}$ 이므로 $\therefore V_B = 26.5\text{kN}$ (↑)

EB 부분의 장력은 H와 V_B의 합력이어야 하므로 식 (5.2.2)로부터 다음과 같이 된다.

$\therefore T_{\max} = \sqrt{26.5^2 + 114^2} = 117.04\text{kN}$

물론, 케이블 전체에 대한 $\Sigma M_B = 0$ 그리고 점 C의 왼쪽에 대한 $M_C = 0$, 이 두 식으로부터 지점 A의 반력성분 V_A와 H를 구한 다음에 D점의 왼쪽에 대하여 $M_D = 0$을 취하여 y_D의 값을 쉽게 구할 수 있다.

5.2.2 등분포하중을 받는 케이블 – 포물선

수평길이에 연하여 균일하게 분포된 수직 등분포하중을 받는 케이블의 모양은 포물선이다. 가령, 현수교의 바닥판이나 송유관 등을 여러 개의 현수재로 매달아 놓은 케이블은 그 모양을 포물선이라고 가정할 수 있다. 케이블 자중 등을 받는 현수선 케이블은 5.2.3절에서 다루게 되는데 적용 빈도도 많지 않고 그 해석이 포물선보다 더 복잡한 편이다. 그러나 이 현수선도 처짐비(sag ratio) h/L가 작아질수록 포물선에 근접한다. 여기서 h는 [그림 5.2.3]에 나타낸 바와 같이 현 $\overline{AB}$의 중앙점과 케이블과의 수직거리이다.

[1] 케이블의 방정식

(1) 원점이 지점 A인 경우

[그림 5.2.3]는 수평길이에 연하여 균일하게 분포된 등분포하중을 받는 케이블이며 지점 A를 원점으로 택한 경우이다. 구조물 전체에 대한 $\Sigma M_B = 0$과 임의의 점 m에 대한 조건식 $M_m = 0$을 적용하면 다음과 같이 된다.

$$\Sigma M_B = 0 \ : V_A \cdot L + H \cdot L \cdot \tan\beta - \frac{wL^2}{2} = 0 \qquad ①$$

$$M_m = 0(m\text{의 왼쪽}) : H(x \cdot \tan\beta - y_m) + V_A \cdot x - \frac{wx^2}{2} = 0 \qquad ②$$

식 ①에서 V_A를 구하고 이를 식 ②에 대입하면 다음과 같은 관계가 성립한다.

$$H \cdot y_m = \frac{wL}{2}x - \frac{w}{2}x^2 \qquad ③$$

식 ③은 그 내용이 식 (5.2.1)의 케이블의 일반정리와 완전히 일치하고 있다. [그림 5.2.3]에서 $x = L/2$일 때 $y_m = h$이므로 이를 식 ③에 적용하면 다음과 같이 된다.

$$\therefore H = \frac{wL^2}{8h} \tag{5.2.3}$$

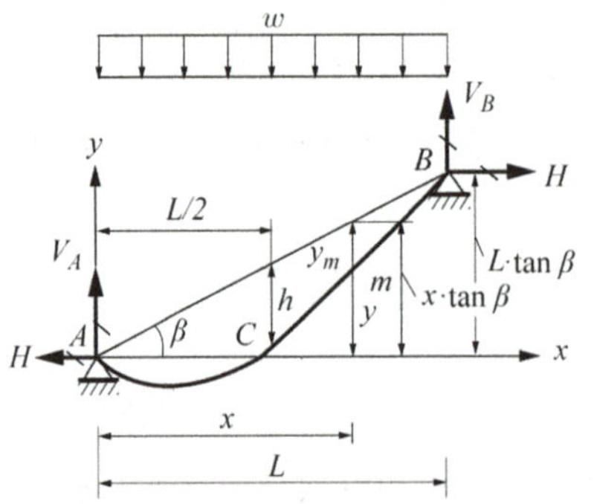

[그림 5.2.3] 등분포하중을 받는 케이블(포물선)

식 (5.2.3)은 케이블의 현이 수평이거나 경사지거나 모두 적용된다. H는 케이블 양단의 수평 반력 이면서 각 점에서의 장력의 수평성분이다. 어느 점에서든지 좌우 어느 한쪽 자유물체도에 $\Sigma F_x = 0$을 적용하면 H값이 일정함을 쉽게 알 수 있다.

식 (5.2.3)을 식 ③에 대입하면 다음과 같이 된다.

$$y_m = \frac{4h}{L^2}(L-x)x \tag{④}$$

[그림 5.2.3]에서 케이블의 방정식은 $y = x \cdot \tan\beta - y_m$ 이므로 여기에 식 ④의 y_m을 대입하면 케이블의 형상은 다음과 같은 포물선이 된다.

$$y = x \cdot \tan\beta - \frac{4h}{L^2}(L-x)x \tag{5.2.4}$$

케이블의 현이 수평이면 $\tan\beta = 0$이므로 위의 식은 다음과 같이 된다.

$$y = \frac{4h}{L^2}(x-L)x \tag{5.2.5}$$

(2) 원점이 최저점 C인 경우

[그림 5.2.4(a)]와 같이 케이블의 최저점 C를 원점으로 택한 좌표계가 더 편리할 수도 있다.

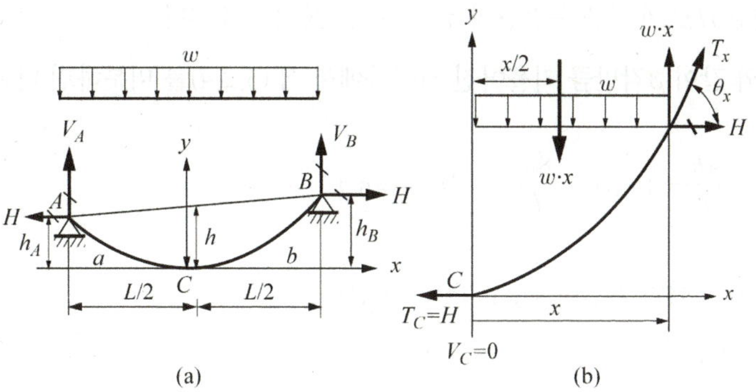

[그림 5.2.4]

[그림 5.2.4(b)]에서 원점 C로부터 거리 x인 점에서 $\tan\theta_x = dy/dx = (wx)/H$이므로 케이블 방정식은 다음과 같다.

$$y = \frac{w}{H}\int x dx = \frac{w}{H}x^2 + C_1$$

$x=0$에서 $y=0$이므로 $C_1=0$이다.

$H=\dfrac{wL^2}{8h}$을 적용하면 케이블의 방정식은 다음과 같이 된다.

$$y = \frac{w}{2H}x^2 = \frac{4h}{L^2}x^2 \qquad (5.2.6)$$

[2] 케이블의 장력

(1) 방법 (Ⅰ)

[그림 5.2.5]과 같이 원점 A로부터 거리 x에 위치한 케이블의 미소길이 ds는 다음과 같다.

$$ds = \sqrt{(dx)^2 + (dy)^2} = dx\sqrt{1+\left(\frac{dy}{dx}\right)^2} \qquad ①$$

그리고 $T_x = H\dfrac{ds}{dx} = H\dfrac{1}{dx}\left(dx\sqrt{1+\left(\dfrac{dy}{dx}\right)^2}\right)$

$$T_x = H\sqrt{1+\left(\frac{dy}{dx}\right)^2} \qquad ②$$

이는 수평성분 H로 케이블 축방향의 장력 T_x를 표시한 것이다.

[그림 5.2.3]와 같이 β각만큼 기울어진 케이블에서 식 (5.2.4)를 미분하면 다음과 같다.

$$\frac{dy}{dx} = \frac{8hx}{L^2} - \frac{4h}{L} + \tan\beta = \frac{8n}{L}x - 4n + \tan\beta \qquad ③$$

여기서, $n = h/L$이며 처짐비(sag ratio)라고 한다.

식 ②에 ③을 대입하면 T_x는 다음과 같이 된다.

$$T_x = H\left(1 + \frac{64n^2}{L^2}x^2 + 16n^2 + \tan^2\beta - \frac{64n^2}{L}x + \frac{16n}{L}x \cdot \tan\beta - 8n \cdot \tan\beta\right)^{\frac{1}{2}} \qquad ④$$

[그림 5.2.3]에 있는 케이블의 단에서의 장력은 다음과 같이 쓸 수 있다.

$$x = 0\text{일 때,} \qquad T_A = H(1 + 16n^2 + \tan^2\beta - 8n \cdot \tan\beta)^{\frac{1}{2}}$$

$$x = L\text{일 때,} \qquad T_B = H(1 + 16n^2 + \tan^2\beta + 8n \cdot \tan\beta)^{\frac{1}{2}} \qquad (5.2.7)$$

[그림 5.2.3]에서 지점 B가 지점 A보다 높기 때문에 최대장력은 T_B가 된다.

케이블의 현이 수평($\beta = 0$)인 경우 양단의 장력이 최대이며 그 값은 다음과 같다.

$$\therefore T_{\max} = H\sqrt{1 + 16n^2} \qquad (5.2.8)$$

(2) 방법 (II)

[그림 5.2.5]로부터 얻은 다음의 표현은 케이블의 방정식 $y = f(x)$가 주어진 모든 경우에 장력 T_x를 쉽게 구할 수 있는 식이다.

$$T_x = \frac{H}{\cos\theta_x} \qquad (5.2.9)$$

여기서 $\theta_x = \tan^{-1}\left(\frac{dy}{dx}\right)$이며, 최대 장력은 기울기 θ_x가 최대인 지점에서 일어난다.

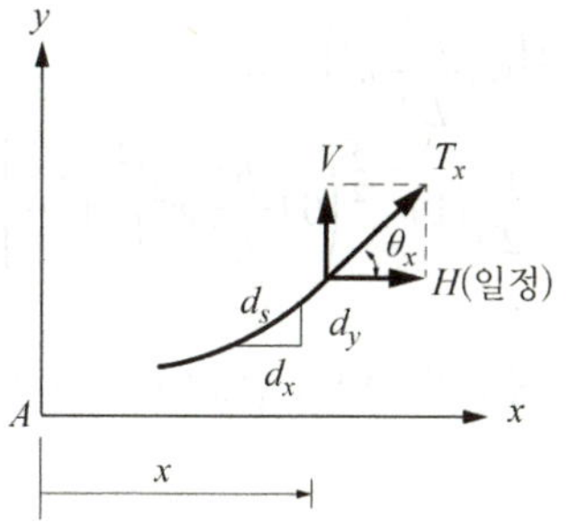

[그림 5.2.5]

[3] 케이블의 길이

(1) 코드가 수평인 경우

[그림 5.2.4(a)]의 케이블에서 지점 A, B의 높이가 같다면 CA의 길이 S_A와 CB의 길이 S_B는 같고 $h_A = h_B = h,\ \ a = b = \dfrac{L}{2}$이다. 따라서 케이블의 길이는 다음과 같이 된다.

$$S_0 = S_A + S_B = 2S_B = 2\int_0^{L/2}\sqrt{1+\left(\frac{dy}{dx}\right)^2}\,dx \qquad ①$$

식 (5.2.6)을 x에 관해서 미분하면 다음과 같다.

$$\frac{dy}{dx} = \frac{8h}{L^2}x \qquad ②$$

식 ②를 ①에 대입하면 다음과 같이 된다.

$$S_o = 2\int_0^{L/2}\sqrt{1+\left(\frac{64h^2}{L^4}x^2\right)}\,dx \qquad ③$$

식 ③을 적분하면 지점 A, B가 수평인 케이블의 길이의 참값은 다음과 같다.

$$S_o = \frac{L}{2}\sqrt{1+16n^2} + \frac{L}{8n}\ln\left(4n+\sqrt{1+16n^2}\right) \qquad (5.2.10)$$

식 ③을 2항 정리를 이용하여 무한급수로 전개하고 처음 몇 개 항만 쓰면 다음과 같은 식을 얻을 수 있다.

$$S_o = 2\int_0^{L/2}\left[(1)^{\frac{1}{2}} + \frac{1}{2}(1)^{-\frac{1}{2}}\left(64\frac{h^2}{L^4}x^2\right) + \frac{1}{2!}\frac{1}{2}\left(-\frac{1}{2}\right)(1)^{-\frac{3}{2}}\left(64\frac{h^2}{L^4}x^2\right)^2 + \cdots\right]dx \quad ④$$

식 ④를 적분하면 다음과 같이 실용적이면서 참값과 거의 같은 근사식을 얻을 수 있다.

$$S_o = L\left(1 + \frac{8}{3}n^2 - \frac{32}{5}n^4 + \cdots\right) \qquad (5.2.11)$$

이 급수는 $n = h/L < 1/4$인 모든 n값에 대하여 급속하게 수렴한다.

(2) 케이블의 현이 각 β만큼 기울어진 경우

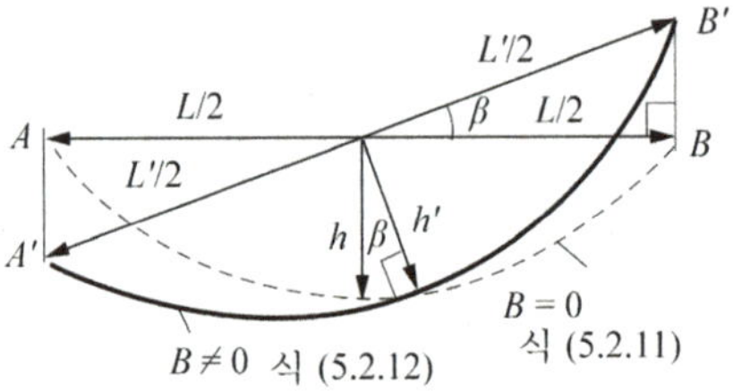

[그림 5.2.6]

케이블의 현 $A'B'$가 각 β만큼 기울어져 있는 경우에 [그림 5.2.6]에서 L', L', h', n'는 다음과 같다.

$$L' = \frac{L}{\cos\beta}, \quad h' \approx h \cdot \cos\beta$$

$$n' = \frac{h'}{L'} = \frac{h \cdot \cos\beta}{L/\cos\beta} = n \cdot \cos^2\beta$$

따라서 $\beta \neq 0$인 경우의 케이블의 길이는 식 (5.2.11)에서 L대신 L', n 대신 n'을 대입하면 실용 면에서 충분한 정확도를 가진 다음과 같은 근사식을 얻을 수 있다.

$$S_o = L'\left(1 + \frac{8}{3}n^2 - \frac{32}{5}n^4 + \cdots\right) \qquad (5.2.12)$$

[4] 케이블의 탄성신장

하중을 받는 케이블이 늘어난 신장량이 필요할 때가 있다. Hooke의 법칙으로부터 이 신장량 ΔS는 다음과 같이 쓸 수 있다.

$$\Delta S = \int_0^{S_0} \frac{T_x}{AE} ds \qquad ①$$

$$\text{또는 } \Delta S = \frac{1}{AE} \int_0^{S_0} \left(H \frac{ds}{dx} \right) ds = \frac{H}{AE} \int_0^L \left[1 + \left(\frac{dy}{dx} \right)^2 \right] dx \qquad ②$$

케이블이 경사진 경우에는, 식 (5.2.4)로부터 $\dfrac{dy}{dx} = \dfrac{8h}{L^2}x - \dfrac{4h}{L} + \tan\beta$ 이므로 식 ②에 이 값을 대입하고 적분하면 ΔS는 다음과 같이 표시된다.

$$\Delta S = \frac{HL}{AE}\left(1 + \frac{16}{3}n^2 + \tan^2\beta \right) \qquad (5.2.13)$$

예제 5-2-2

[그림 5.2.7]에 있는 기울어진 케이블에서, 수평거리 $L = 80\text{m}$, 등분포하중은 수평거리 1m 당 $w = 20\text{kN/m}$, 지점 B는 지점 A보다 20m 높다. 그리고 케이블의 중앙점 C에서 케이블의 현까지의 수직거리(sag)는 5m이다. 이 케이블의 최대 장력, 길이, 그리고 탄성신장량은 얼마인가? 단, $E = 2.1 \times 10^5 \text{MPa}$, $A = 60\text{cm}^2$이다.

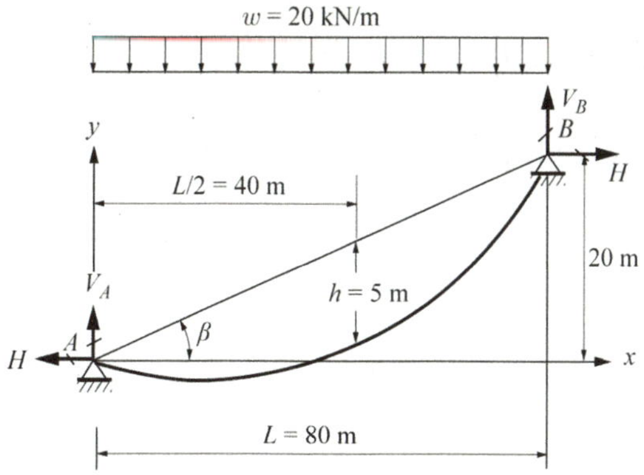

[그림 5.2.7]

풀이

$$H=\frac{wL^2}{8h}=\frac{(20)\times(80)^2}{8\times(5)}=3{,}200\text{ kN}$$

$$n=\frac{h}{L}=\frac{(5)}{(80)}=\frac{1}{16},\quad \tan\beta=\frac{(20)}{(80)}=\frac{1}{4},\quad \sec\beta=\frac{\sqrt{17}}{4}$$

(1) 최대 장력

케이블의 최대 장력은 경사가 가장 큰 지점 B에서 일어나며 식 (5.2.2), (5.2.7) 또는 (5.2.9) 어느 식으로도 계산할 수 있다.

식 (5.2.7) : $T_{\max}=T_B=H(1+16n^2+\tan^2\beta+8n\cdot\tan\beta)^{\frac{1}{2}}$

$$=(3{,}200)\left[1+(16)\left(\frac{1}{16}\right)^2+\left(\frac{1}{4}\right)^2+8\left(\frac{1}{16}\right)\left(\frac{1}{4}\right)\right]^{\frac{1}{2}}=3{,}577.7\text{kN}$$

식 (5.2.2) : $\Sigma M_A=0$으로부터 $V_B=1{,}600\text{kN}$ (↑)이다.

$\therefore T_{\max}=T_B=\sqrt{H^2+V_B^2}=\sqrt{3{,}200^2+1{,}600^2}=3{,}577.7\text{kN}$

(2) 길이

식 (5.2.12)에 $n'=\dfrac{h\cdot\cos\beta}{L\cdot\sec\beta}=\dfrac{n}{\sec^2\beta}=\dfrac{1/16}{(\sqrt{17/4})^2}=\dfrac{1}{17}$ 그리고 $L'=L\cdot\sec\beta$를 대입한다.

$$S_o=L\cdot\sec\beta\left(1+\frac{8}{3}n^2-\frac{32}{5}n^4+\cdots\right)$$

$$=80\left(\frac{\sqrt{17}}{4}\right)\left[1+\left(\frac{8}{3}\right)\left(\frac{1}{17}\right)^2-\left(\frac{32}{5}\right)\left(\frac{1}{17}\right)^4\right]=83.22\text{m}$$

(3) 신장량

$EA=2.1\times10^4\text{kN/cm}^2\times60\text{cm}^2=(21{,}000\times60)\text{kN}$에 식 (5.2.13)을 적용하면 다음과 같이 계산된다.

$$\Delta S=\frac{H\cdot L}{E\cdot A}\left(1+\frac{16}{3}n^2+\tan^2\beta\right)$$

$$=\frac{(3{,}200)\times(80)}{(21{,}000)\times(60)}\left[1+\left(\frac{16}{3}\right)\left(\frac{1}{16}\right)^2+\left(\frac{1}{4}\right)^2\right]=0.22\text{m}$$

예제 5-2-3

[그림 5.2.8]의 케이블의 무게 $w = 2\,\mathrm{kN/m}$ 인 송유관을 지지하고 있다. 다음을 계산하여라.

(1) 케이블의 방정식
(2) 반력성분
(3) 최대 장력
(4) 케이블의 길이

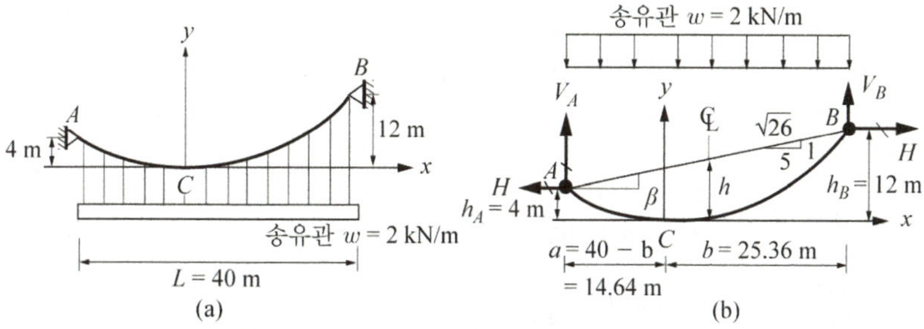

[그림 5.2.8]

풀이

(1) 케이블의 방정식 : 중앙처럼 h값이 미지수이므로 [그림 5.2.8(b)]와 같이 원점인 C인 좌표축을 택한다. 수평선에 연하여 등분포하중을 받는 이 포물선 케이블의 방정식은 식 (5.2.6)을 이용하면 다음과 같이 된다.

$$y = \frac{w}{2H}x^2 = \frac{x^2}{H} \quad ①$$

점 $B(b,\ 12)$ 에서

$$\therefore H = \frac{b^2}{12} \quad ②$$

점 $A(-(40-b),\ 4)$ 에서

$$\therefore H = \frac{[-(40-b)]^2}{4} \quad ③$$

H는 케이블의 모든 점에서 일정하므로 [식 ② = 식 ③]이 되어야 한다.

$$\frac{b^2}{12} = \frac{(40-b)^2}{4} \qquad \therefore b = 25.36\mathrm{m}$$

식 ②로부터

$$\therefore H = \frac{b^2}{12} = \frac{(25.36)^2}{12} = 53.59\mathrm{kN}$$

$b = 25.36$을 식 ①에 대입하면 케이블 ACB의 방정식은 다음과 같이 된다.

$$\therefore y = 0.01866x^2$$

(2) 반력성분 : 구조물 전체에서

$\Sigma M_A = 0: \quad -40V_B + 8H + \frac{w}{2}(40)^2 = 0$

$40V_B = 8(53.59) + \frac{(2)}{2}(40)^2 \quad \therefore V_B = 50.72\text{kN} \ (\uparrow)$

$\Sigma F_A = 0: \quad V_A + V_B = w(40) = 80$

$\therefore V_A = 80 - 50.72 = 29.28\text{kN} \ (\uparrow)$

$\Sigma F_x = 0$: H는 케이블의 모든 점에서 일정하므로

$\therefore H_A = 53.95\text{kN} \ (\leftarrow), \quad \therefore H_B = 53.95\text{kN} \ (\rightarrow)$

(3) 최대 장력 : 최대 장력 $T_{\max}$는 기울기가 가장 큰 지점 B에서 일어난다.

식 (5.2.7)의 적용 : $h = \frac{wL^2}{8H} = \frac{(2)(40)^2}{8(53.95)} = 7.464\text{m}$

$n = \frac{h}{L} = \frac{(7.464)}{(40)} = 0.1866, \quad \tan\beta = \frac{(8)}{(40)} = \frac{1}{5}$

$$\therefore T_{\max} = T_B = H(1 + 16n^2 + \tan^2\beta + 8n \cdot \tan\beta)^{\frac{1}{2}}$$

$$= 53.95\left[1 + 16(0.1866)^2 + \left(\frac{1}{5}\right)^2 + 8(0.1866)\left(\frac{1}{5}\right)\right]^{\frac{1}{2}} = 73.78\text{kN}$$

식 (5.2.9)의 적용 : $y = 0.01866x^2$ 이므로 $\frac{dy}{dx} = 0.03732x$

$\theta_B = \tan^{-1}\left(\frac{dy}{dx}\right)_B = \tan^{-1}[0.03732 \times (25.36)] = 43.42^\circ$

$\therefore T_{\max} = \frac{H}{\cos\theta_B} = \frac{53.59}{\cos 43.42^\circ} = 73.78\text{kN}$

(4) 케이블의 길이, S_o : 식 (5.2.12)를 적용한다.

$\therefore S_o = L'\left(1 + \frac{8}{3}n'^2 - \frac{32}{5}n'^4 + \cdots\right)$

여기서 $L' = L \cdot \sec\beta = 40\left(\frac{\sqrt{26}}{5}\right) = 40.79\text{m}$

$\therefore h' = h \cdot \cos\beta = 7.464\left(\frac{5}{\sqrt{26}}\right) = 7.32\text{m}$

$\therefore n' = \frac{h}{L'} = \frac{7.32}{40.79} = 0.1794$

$\therefore S_o = 40.19\left[1 + \frac{8}{3}(0.1794)^2 - \frac{32}{5}(0.1794)^4 + \cdots\right] = 44.01\text{m}$

예제 5-2-4

[그림 5.2.9(a)]에 있는 현수교는 두 개의 보강트러스가 여러 개의 현수재로 케이블에 매달린 것이다. 보강트러스는 지점 a는 힌지, 지점 b는 롤러로 지지되어 있고, 두 트러스는 c점에서 힌지로 연결되어 있다. 케이블의 모양이 포물선이라고 가정하여 다음을 계산하여라.

(1) 케이블에 작용하는 최대 장력

(2) 각 현수재(hangers)의 평균인장력 및 지점 a, c의 반력

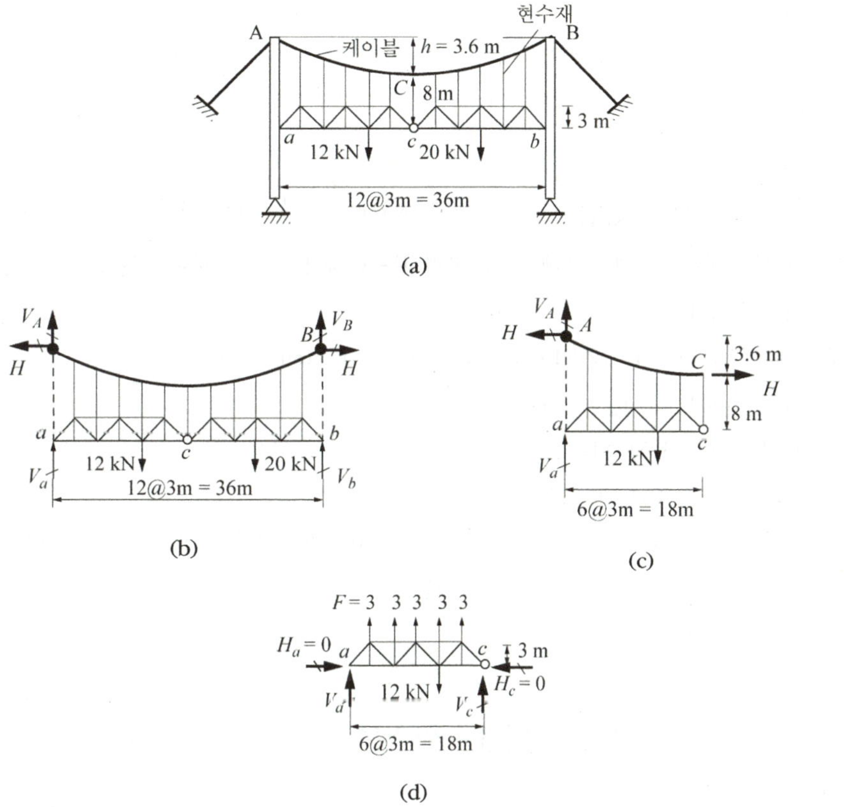

[그림 5.2.9]

풀이

(1) 케이블의 최대 장력

[그림 5.2.9(b)]의 전체 구조에서

$\Sigma M_b = 0 :\quad (V_A + V_B)(36) - (12)(24) - (20)(9) = 0$

$\therefore V_A + V_B = 13\text{kN} \quad (\uparrow)$

[그림 5.2.9(c)]에서 점 c의 왼쪽에 대하여 조건식

$$\sum^{ca} M_C = 0: \quad (V_A + V_a)(18) + (H)(8) - (H)(11.6) - (12)(6) = 0$$

$$\therefore H = 45\text{kN}$$

수평길이에 연하여 분포된 등분포하중을 받는 포물선에서 최대 장력은 식 (5.2.8)로부터 다음과 같이 계산할 수 있다.

$$\therefore T_{\max} = H\sqrt{1+16\left(\frac{h}{L}\right)^2} = 45\sqrt{1+16\left(\frac{3.6}{36}\right)^2} = 48.47\text{kN}$$

(2) 현수재의 평균인장력 및 V_a, V_c

등분포하중 w를 받는 이 포물선 케이블에서 간격이 3m인 각 현수재의 인장력 $F=3w$이며 일정하다고 가정한다. 이 가정은 현수교의 탄성이론에 의한 것이며 더 엄밀한 처짐이론(deflection theory)에서 보면 정확한 것은 아니다.

$$H = \frac{wL^2}{8h}, \quad 즉 \ (45) = \frac{w(36)^2}{8(3.6)} \qquad \therefore w = 1\text{kN/m} \qquad \therefore F = 3w = 3\text{kN}$$

트러스 ac의 부재력을 구하기 위해 a, c의 반력성분 V_a와 V_C를 계산하여야 한다.

[그림 5.2.9(d)]에서

$$\Sigma M_C = 0 : (F)(3+6+9+12+15) - (12\text{kN})(6\text{m}) + V_a(18\text{m}) = 0$$

$$18V_a = 72 - 3(45) \qquad \therefore V_a = -3.5 = 3.5\text{kN} \ (\downarrow)$$

$$\Sigma F_y = 0 : V_a + V_c + 3(5) = 12$$

$$\therefore V_c = 12 - 15 - (-3.5) = 0.5\text{ kN} \ (\uparrow)$$

이제 트러스 ac의 부재력은 격점법 또는 단면법으로 쉽게 계산할 수 있게 된다. 트러스 cb의 경우도 V_b와 V_c를 구한 다음 마찬가지로 계산할 수 있다.

5.2.3 등분포하중을 받는 케이블 – 현수선

가끔 케이블은 자중이나 얼음하중과 같이 케이블 축에 연해서 균일 하게 분포된 등분포하중을 받는 경우가 있다 . 이러한 케이블은 현수선(catenary) 모양을 이루어 포물선보다는 그 해석이 더 복잡하다.

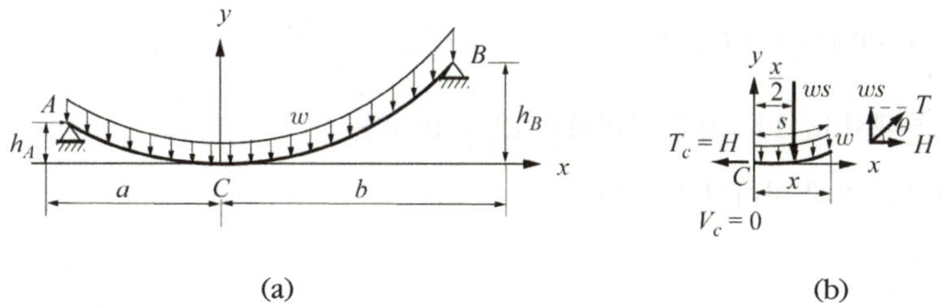

[그림 5.2.10]

[1] 현수선 케이블의 방정식

[그림 5.2.10(a)]는 원점을 케이블의 최하점 C로 정한 경우의 현수선 케이블이고, [그림 5.2.10(b)]는 최하점 C에서 오른쪽으로 유한길이 x까지의 부분에 대한 자유물체도이다. 이 부분의 길이가 s이므로 하중 w로 인한 등가의 집중하중은 ws가 된다. 단면 C의 장력은 수평방향이므로 $T_c = H$이다.

[그림 5.2.10(b)]에서 기울기는

$$\frac{dy}{dx} = \frac{ws}{H} \quad ①$$

x에 관해서 미분하면

$$\frac{d^2y}{dx^2} = \frac{w}{H}\frac{ds}{dx} \quad ②$$

여기서, s는 x와 y의 함수이며 $(ds)^2 = (dx)^2 + (dy)^2$이므로 $ds = dx\sqrt{1+\left(\frac{dy}{dx}\right)^2}$ 이다. 이를 식 ②에 대입하면 다음과 같다.

$$\frac{d^2y}{dx^2} = \frac{w}{H}\sqrt{1+\left(\frac{dy}{dx}\right)^2} \quad ③$$

계산의 편의를 위해서 $\frac{dy}{dx} = f$라 하면 위의 식 ③은 다음과 같이 된다.

$$\frac{df}{dx} = \frac{w}{H}\sqrt{1+f^2} \quad \text{또는} \quad \frac{df}{\sqrt{1+f^2}} = \frac{w}{H}dx \quad ④$$

식 ④를 적분하면 다음과 같이 된다.

$$\ln(f + \sqrt{1+f^2}) = \frac{w}{H}x + C_1 \quad ⑤$$

[그림 5.2.10(b)]에서 $x=0$일 때, C점의 기울기는 $f=\dfrac{dy}{dx}=0$이다.

따라서 식 ⑤에서 $\ln(1)=0$을 고려하면 $C_1=0$이다.

식 ⑤는 다음과 같이 정리될 수 있다.

$$f+\sqrt{1+f^2}=e^{\frac{w}{H}x}$$

$$1+f^2=(e^{\frac{w}{H}x}-f)^2=e^{2\frac{w}{H}x}-2e^{\frac{w}{H}x}f+f^2$$

따라서

$$f=\frac{dy}{dx}=\frac{1}{2e^{\frac{w}{H}x}}(e^{2\frac{w}{H}x}-1)=\frac{1}{2}(e^{\frac{w}{H}x}-e^{-\frac{w}{H}x})=\sinh\frac{wx}{H} \qquad ⑥$$

식 ⑥을 적분하면

$$y=\frac{H}{w}\cosh\frac{w}{H}+C_2 \qquad ⑦$$

점 C의 조건($x=0,\ y=0$)을 대입하면 $C_2=-H/w$가 된다.

따라서 지중과 같이 케이블 길이에 연해서 분포된 등분포하중 w를 받는 케이블의 방정식은 다음과 같이 현수선이 된다.

$$y=\frac{H}{w}\left(\cosh\frac{wx}{H}-1\right) \qquad (5.2.14)$$

[2] 현수선 케이블의 길이 및 장력

케이블의 길이 요소 ds는 다음과 같이 표현할 수 있다.

$$ds=dx\sqrt{1+\left(\frac{dy}{dx}\right)^2}=dx\sqrt{1+f^2}=dx\sqrt{1+\sinh^2\frac{w}{H}x}=\cosh\frac{wx}{H}dx \qquad ⑧$$

식 ⑧을 적분하면 [그림 5.2.10(b)]에서 케이블의 길이 s는 다음과 같이 된다.

$$s=\int\cosh\frac{wx}{H}dx=\frac{H}{w}\ \sinh\frac{wx}{H}+C_3$$

점 C의 조건($x=0$일 때 $s=0$)을 대입하면 C_3이다. 따라서 현수선 케이블의 길이는 다음과 같이 표현된다.

$$s=\frac{H}{w}\sinh\frac{wx}{H} \tag{5.2.15}$$

[그림 5.2.10(b)]에서 장력 $T=\sqrt{H^2+(ws)^2}$ 이므로 현수선 케이블에서 원점 C에서 거리 x에 위치한 케이블 단면의 장력은 다음과 같이 표현할 수 있다.

$$T=\sqrt{H^2+H^2\sinh^2\frac{wx}{H}}=H\sqrt{1+\sinh^2\frac{wx}{H}}$$

따라서

$$T=H\cosh\frac{wx}{H} \tag{5.2.16}$$

또는 식 (5.2.14)를 이용하면 다음과 같이 된다.

$$T=wy+H \tag{5.2.17}$$

여기서 최대 장력은 최대 y값을 갖는 점에서 일어나므로 [그림 5.2.10(a)]에서는 지점 B에서 최대 장력이 일어난다.

지점 A, B의 높이가 서로 다른 현수선 케이블에서는 최저점 C의 좌표를 알 수 없기 때문에 포물선 케이블로 가정하여 [예제 5-2-3]나 [예제 5-2-4]에서와 같이 풀게 된다.

예제 5-2-5

[그림 5.2.11]과 같은 케이블이 등분포하중 $w=2\text{kN/m}$를 받고 있다. 다음 두 경우에 대하여 각각 장력의 수평성분 H, 케이블의 방정식, 최대 장력 T_{max}, 케이블의 전 길이를 구하여라.

(1) 수평길이에 연하여 분포된 경우

(2) 케이블 길이에 따라 분포된 경우

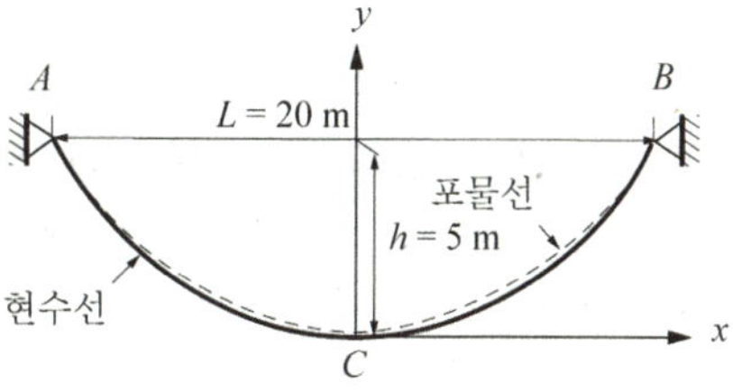

[그림 5.2.11]

풀이

(1) 등분포하중 w가 수평길이에 연하여 분포된 경우(포물선)

장력의 수평성분 : 식 (5.2.3)에서 $H=\dfrac{wL^2}{8h}=\dfrac{(2)(20)^2}{8(5)}=20\text{kN}$

케이블 방정식 : $y=\dfrac{4h}{L^2}x^2=\dfrac{4(5)}{(20)^2}x^2=\dfrac{x^2}{20}$

최대 장력 : $n=\dfrac{h}{L}=\dfrac{(5)}{(20)}=\dfrac{1}{4}$ 이므로

$$T_{\max}=T_A=T_B=H\sqrt{1+16n^2}=(20)\sqrt{1+16\left(\frac{1}{4}\right)^2}=28.28\text{kN}$$

케이블의 길이 : $L=20,\ n=\dfrac{1}{4}$

식 (5.2.11) : $S_o=L\left(1+\dfrac{8}{3}n^2-\dfrac{32}{5}n^4+\cdots\right)=20(1.1417)=22.83\text{m}$ (근사값)

식 (5.2.10) : $S_o=\dfrac{L}{2}\sqrt{1+16n^2}+\dfrac{L}{8n}\ln(4n+\sqrt{1+16n^2})=22.96\text{m}$ (정답)

정답에 대한 근사값의 오차는 0.6% 미만임을 보여주고 있다.

(2) 등분포하중 w가 케이블 길이에 따라 분포된 경우(현수선)

장력의 수평성분 : $y=\dfrac{H}{w}\left(\cosh\dfrac{w}{H}x-1\right)$에 점 B의 조건($x=10$일 때 $y=5$)을 대입하면

$$5=\frac{H}{(2)}\left[\cosh\frac{2}{H}(10)-1\right] \text{ 또는 } \frac{10}{H}=\cos\frac{20}{H}-1$$

시행착오법으로 풀면 장력의 수평성분 $H=21.49\text{kN}$ (일정)

케이블의 방정식 : $y=\dfrac{21.49}{2}\left(\cosh\dfrac{2x}{21.49}-1\right)\cong 10.75(\cosh 0.093x-1)$

최대 장력 : $T_{\max}=T_A=T_B=H\cdot\cosh\left(\dfrac{w\cdot x_B}{H}\right)=21.49\cosh\left[\dfrac{2(10)}{21.49}\right]=31.49\text{kN}$

케이블의 길이 : $S=S_A+S_B=2S_B$

$$=2\left(\frac{H}{w}\sinh\frac{w\cdot x_B}{H}\right)=2\left[\frac{(21.49)}{(2)}\sinh\frac{(2)(10)}{(21.49)}\right]=23.02\text{m}$$

동일한 하중과 처짐비를 택하여 두 케이블의 구조적 거동을 분석하였다.
$h/L=1/4$인 현수선 케이블의 최대 장력은 포물선보다 10.2% 더 크지만 h/L가 작아질수록 현수선 케이블의 거동은 포물선에 가까워진다. 실제의 케이블은 대부분 $h/L<1/4$이고, 현수선 케이블의 자중은 포물선 하중보다 훨씬 작기 때문에 현수선 효과를 무시하고 포물선으로 가정하여 해석하여도 별 차이가 없다.

EXERCISE

1. [P그림 5.1]과 같은 3활절 아치에서 수평반력 H_A, H_B를 구하여라.

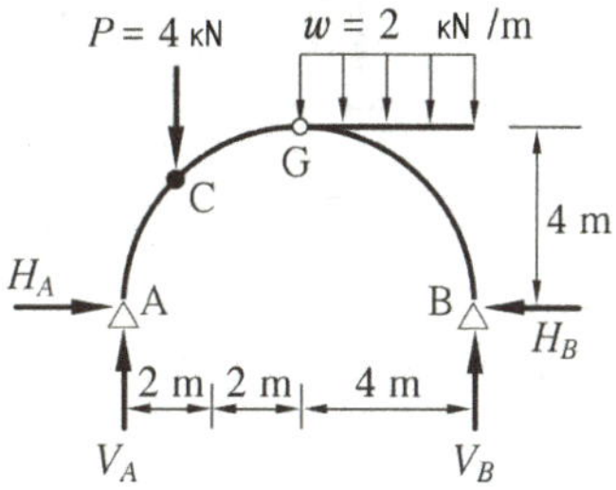

[P그림 5.1]

정답 $V_A = 5kN,\ V_B = 7kN,\ H_A = H_B = 3kN$

2. [P그림 5.2]와 같은 3활절 아치에서 단면력을 구하여라.

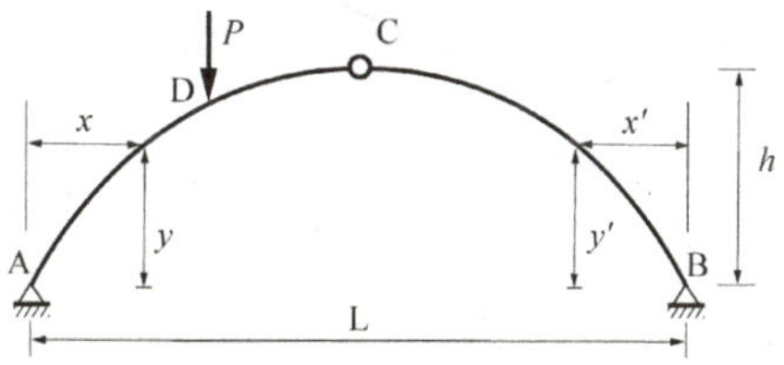

[P그림 5.2]

정답 $V_A = P\dfrac{(L-x)}{L},\ V_B = P\dfrac{x}{L},\ H_A = \dfrac{P}{2}(L-x),\ H_B = -\dfrac{P}{2}(L-x)$

$0 \le x \le D,\ V_x = (V_A)\cos\theta - (H_A)\sin\theta,\ M_x = V_A \cdot x - H_A \cdot y,$

$A_x = -(V_A)\sin\theta - (H_A)\cos\theta$

$D \le x \le L/2,\ V_x = (V_A - P)\cos\theta - (H_A)\sin\theta,$

$M_x = V_A \cdot x - P(x-D) - H_A \cdot y$

$A_x = -(V_A - P)\sin\theta - (H_A)\cos\theta$

$0 \le x' \le C,\ V_{x'} = -(V_B)\cos\theta + (H_B)\sin\theta,\ M_{x'} = -V_B \cdot x' + H_B \cdot y',$

$A_{x'} = (V_B)\sin\theta + (H_A)\cos\theta$

3. [P그림 5.3]과 같은 케이블에서 반력과 장력을 구하여라.

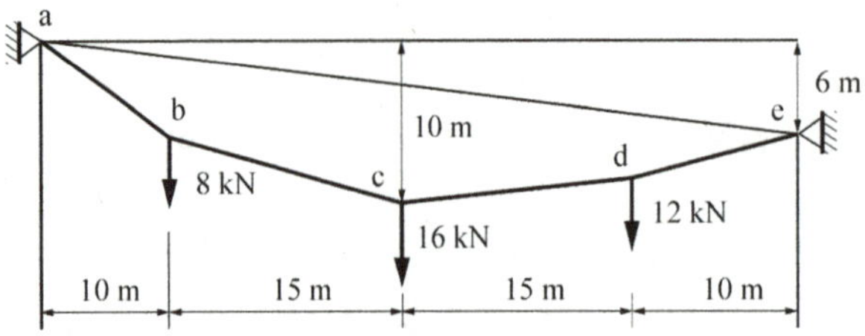

[P그림 5.3]

정답 $R_a = 16.8\,kN,\ H = 42.86\,kN,\ V_a = 21.94\,kN,\ V_b = 14.06\,kN,\ T_{\max} = 48.15\,kN$

4. [P그림 5.4]와 같이 송유관이 케이블 AB로 지지되어 있을 때 필요한 케이블의 최소 길이를 구하여라. 단 처짐(sag)에는 제한이 없고, 케이블의 허용장력은 $3{,}000\,\mathrm{kN}$, 송유관의 하중은 $w = 20\mathrm{kN/m}$이다.

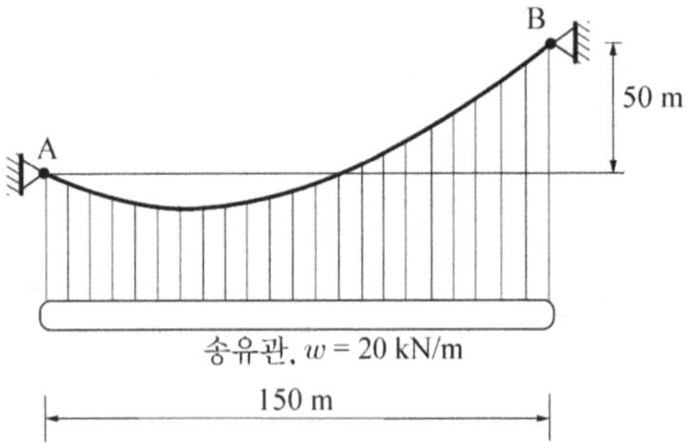

[P그림 5.4]

정답 $S_o = 167m$

5. [P그림 5.5]와 같은 타워가 케이블로 지지되어 있을 때 케이블의 장력의 수평성분 H와 최대 장력 T_{max}를 구하여라. 단 케이블의 자중은 $w = 6\,\mathrm{N/m}$이다.

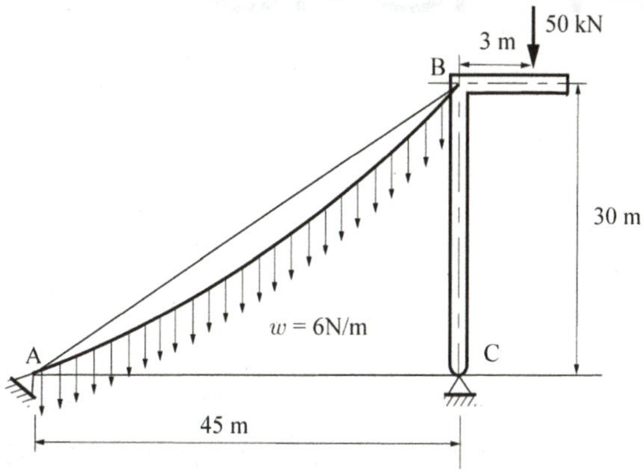

[P그림 5.5]

정답 $h = 0.365m$, $H = 5kN$, $T_{max} = 6.1kN$, $(T_{max})_{app} = 6kN$

6. [P그림 5.6]과 같은 현수교에서 다음을 계산하라.

(a) 케이블의 장력의 수평성분 H

(b) 각 행거의 평균인장력

(c) 지점 a의 반력

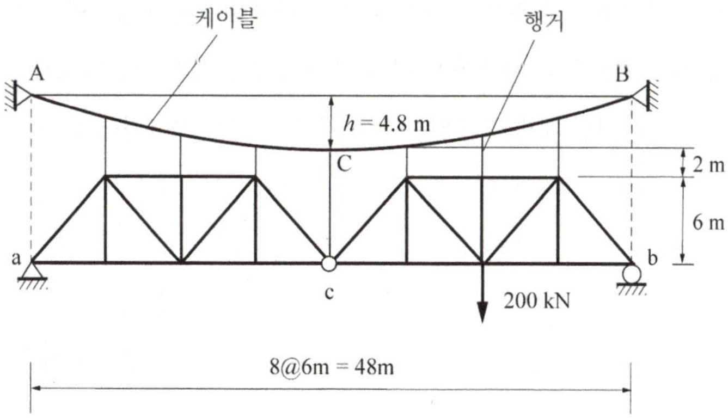

[P그림 5.6]

정답 (a) $H = 250kN$, (b) $F = 25\,kN$, © $V_a = 37.5\,kN(\downarrow)$

CHAPTER 6

영향선과 이동하중

6.1 개요

지금까지는 위치가 고정된 하중을 지지하는 구조물에 대하여 논하였다. 보, 라멘 및 트러스 등 구조물에 상관없이 그리고 구하고자 하는 전단력, 반력 또는 부재력 등 역학적 특성에 상관없이 하중은 고정된 상태였다. 그러나 기술자는 단지 고정된 하중만을 받는 구조물은 실제로 거의 다루지 않으며, 대부분의 구조물들은 경간을 지나가는 이동하중의 영향을 받기 쉽다. 차량과 같은 이동하중을 받는 교량이 대표적인 예이며, 크레인이 설치되어 있는 산업건물이나, 가구와 사람의 하중을 받는 사무실 건물, 컨베이어 벨트를 지탱하는 골조 등 모두가 이동하중을 받고 있다.

구조물의 각 부재는 그 부재에 일어날 수 있는 최대 부재력을 견딜 수 있도록 설계되어야 한다. 설계자는 최대 부재력이 발생할 위치에 활하중을 위치시켜야 하며, 최대 부재력을 발생시키는 활하중의 위치는 부재마다 다를 것이다. 최대 부재력을 일으키는 하중의 위치는 종종 간단한 조사에 의해 결정할 수 있지만, 대부분의 경우 기준이나 도표를 이용하여 그 위치를 찾아야 할 것이다. 그러한 방법으로 가장 유용한 것은 영향선을 사용하는 것이다. 이동하중이 보위에 작용할 때 그 하중의 작용위치에 따라서 각 지점의 반력과 단면력(전단력과 휨모멘트)은 항상 변한다.

영향선(influence line)이란, 1개의 단위하중이 구조물 위를 지나가는 동안에 지점반력 또는 어떤 주어진 단면의 전단력이나 휨모멘트의 크기를 하중이 이동될 때마다 하중이 실린 바로 밑에 표시한 종거로 반력의 영향선, 전단력의 영향선, 휨모멘트의 영향선이라 한다. 보에서 이동하중이나 연행하중이 통과할 때 지점반력을 구하지 않아도 영향선을 이용함으로써 전단력이나 휨모멘트의 극대, 극솟값을 구할 수 있다. 특히 트러스 구조물에서 등분포하중이 통과할 때 부재력 계산을 위해서 영향선을 이용하면 편리하다. 영향선은 독일의 E. Winkler(1835~1888)에 의해 1867년 처음으로 창안되었고, J. J. Wegrauch와 H. Müller-Breslau 등에 의하여 다방면으로 응용 연구된 것으로 특히 이동하중을 받는 교량구조물의 설계에는 대단히 중요하다.

영향선의 용도는 다음과 같은 두 가지라고 볼 수 있다.

① 특정된 기능(V_i, M_i 등)에 대한 영향선을 그렸을 때 그 기능의 최댓값을 주는 활하중의 위치를 결정하여 준다.

② 위치가 결정된 활하중으로 인한 특정된 기능의 최댓값을 산정하기 위하여 영향선을 이용할 수 있다.

이외에도 영향선은 계산과정을 간단하게 하여 주는 효과가 있다.

영향선에서 어느 점에서의 종거는 그 점에 단위하중이 작용할 때의 어느 특정된 기능의 값과 같으므로 이동하중을 받는 보에서 다음과 같은 몇 가지 성질을 들 수 있다.

① 1개의 집중 활하중에 의한 어떤 기능의 최댓값을 얻으려면, 그 기능에 대한 영향선의 종거가 최대인 점에 그 하중이 놓여 져야 한다.

② 1개의 집중 활하중에 의한 어떤 기능의 값은 그 하중의 작용점의 영향선의 종거에 그 집중 활하중의 크기를 곱한 값과 같다.

③ 등분포활하중에 의한 한 기능의 정(+)의 최댓값을 얻기 위하여서는, 영향선이 정(+)인 모든 부분에 걸쳐 하중이 놓여야 한다.

④ 등분포활하중에 의한 어떤 기능의 값은, 그 구조물의 제한된 부분에 놓인 영향선의 면적에 등분포활하중의 강도를 곱한 값과 같다.

6.2 단순보의 영향선

6.2.1 지점반력의 영향선

[1] 집중하중이 작용할 때 R_A, R_B의 영향선

[그림 6.2.1(a)]와 같이 단순보에서 B지점에서 x가 되는 거리에 단위하중 $P=1$이 작용할 때 지점반력 R_A, R_B값은 다음과 같다.

$$\therefore R_A = \frac{Px}{l} = \frac{(1)x}{l} \qquad \therefore R_B = \frac{Px'}{l} = \frac{(1)x'}{l}$$

위 식에서 x가 0에서 거리 l까지 직선 변화할 때 R_A와 R_B의 변화를 선으로 도시한 것을 지점반력 영향선(reaction influence line)이라고 하며, 약자로 [그림 6.2.1(a), (c)]와 같이 R_A, R_B Inf-L이라고 표시한다. 영향선에 의하여 지점반력 계산은 다음과 같은 식으로 구한다.

$$\therefore R_A = Py_1 = \frac{Px}{l} = \frac{(1)x}{l} \qquad \therefore R_B = Py_2 = \frac{Px'}{l} = \frac{(1)x'}{l}$$

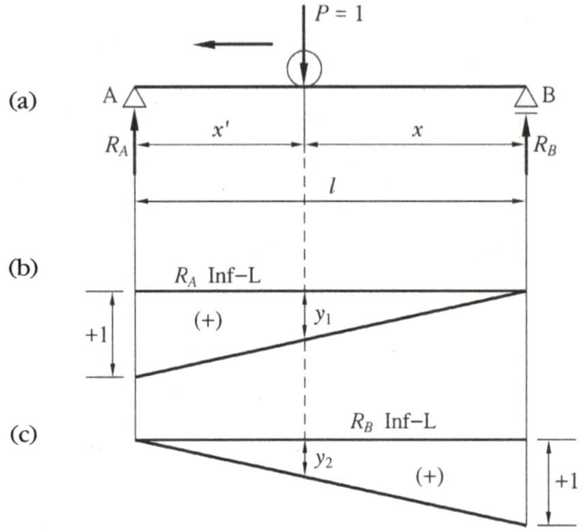

[그림 6.2.1]

[2] 등분포하중이 작용할 때 R_A, R_B의 영향선

[그림 6.2.2(a)]와 같이 등분포하중이 통과할 때 지점반력 계산은 [그림 6.2.2(b), (c)]와 같이 영향선에서 등분포로 하중이 작용하는 구간에 면적 A를 구하여 등분포하중 w를 곱하면 지점반력을 구할 수 있다.

[그림 6.2.2(b)]에서

$$l : 1 = x : y_1 \quad y_1 = \frac{x}{l} \quad A_1 = \frac{x \cdot y_1}{2} \qquad \therefore R_A = A_1 \cdot w$$

[그림 6.2.2(c)]에서

$$l : 1 = x' : y_2 \quad y_2 = \frac{x'}{l} \quad A_2 = \frac{1 + y_2}{2} \times x \quad \therefore R_B = A_2 \cdot w$$

등분포하중이 작용할 때 최대 지점반력은 하중의 한 끝이 지점에 있을 때 구할 수 있다.

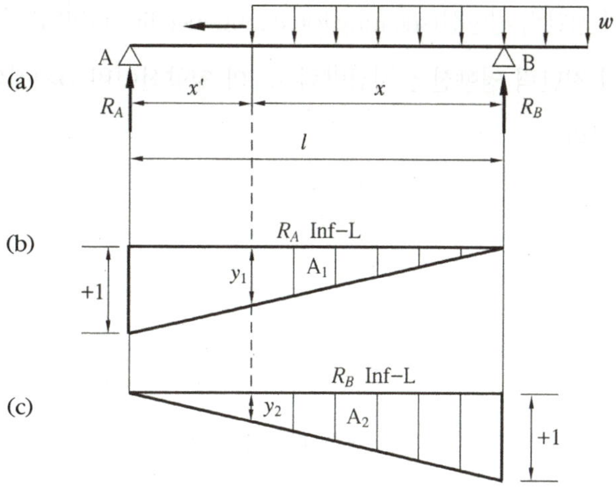

[그림 6.2.2]

6.2.2 전단력의 영향선

[1] 집중하중이 작용할 때 V_C 의 영향선

[그림 6.2.3]과 같이 단순보에 단위하중 $P=1$이 단면 C의 좌측에 있을 때 단면 C의 전단력 V_C는 B지점의 지점반력 $-R_B$의 영향선이다. 그리므로 V_C 의 영향선은 R_B 의 영향선과 같고 부호는 (−)이다. 이와 반대로 단위하중 $P=1$이 단면 C의 우측에 있을 때 단면 C의 전단력 V_C는 A지점의 지점반력 R_A의 영향선이다. 그러므로 V_C 의 영향선은 R_A의 영향선과 같다. [그림 6.2.3(b)]와 같이 C지점에서 영향선도에 수직선을 내려 교점을 DE라고 할 때 A, D, E, B

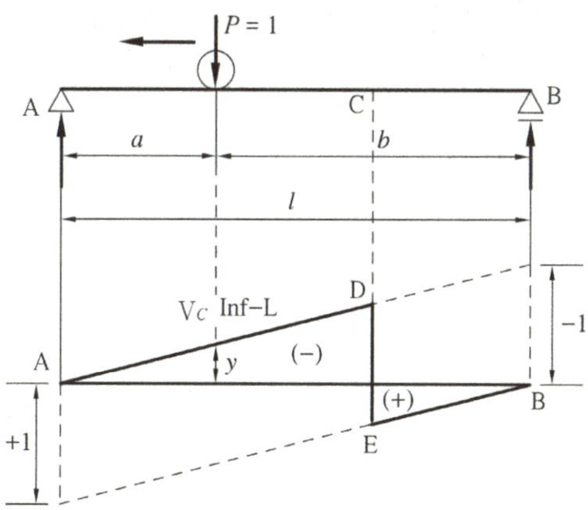

[그림 6.2.3]

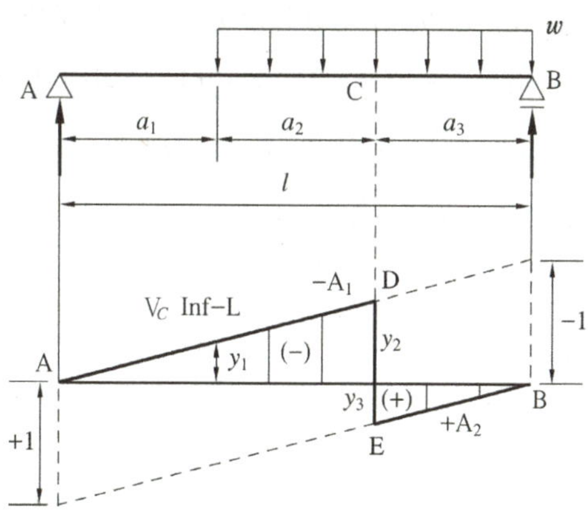

[그림 6.2.4]

의 실선을 단면 C의 전단력 영향선(shearing force influence line)이라고 하며, V_C Inf-L이라고 표시한다. A지점의 전단력 영향선은 지점반력 R_A의 영향선이며 B지점의 전단력 영향선은 $-R_B$의 영향선과 같다.

[2] 등분포하중이 작용할 때 V_C의 영향선

[그림 6.2.4]에서

$$l : -1 = a : y \quad y = -\frac{a}{l} \qquad \therefore V_C = P \cdot y = \frac{-P \cdot a}{l} = -R_B$$

[그림 6.2.4(b)]와 같이 등분포하중이 작용할 때 C단면의 전단력 V_C 값은 그림에서 실선에서 하중이 작용하는 부분에 대한 단면적 $+A_1$과 $-A_2$를 구하고 등분포하중 w를 곱하여 합산하면 된다.

[그림 6.2.4(b)]에서

$$\mathrm{A}_1 = \frac{y_1 + y_2}{2} \times a_2 \quad \mathrm{A}_2 = \frac{y_3 \times a_3}{2} \qquad \therefore V_C = -\mathrm{A}_1 \cdot w + \mathrm{A}_2 \cdot w$$

6.2.3 휨모멘트의 영향선

[1] 집중하중이 작용할 때 M_C의 영향선

[그림 6.2.5(a)]에서 단위하중 $P=1$이 단면 C의 우측에 있을 때 단면 C지점의 휨모멘트 $M_C = R_A \cdot x$ 이다. 이와 반대로 하중이 단면 C의 좌측에 있을 때 휨모멘트 $M_C = R_B \cdot x'$가 된다. R_A와 R_B의 영향선을 x, x' 곱한 것을 이용하여 단면 C지점의 모멘트 영향선을 [그림 6.2.5(b)]와 같이 표시할 수 있다. 그림에서 A', D, B'의 실선 삼각형을 휨모멘트 영향선(bending moment influence line)이라고 하며 약자로 M_C Inf-L이라고 표기한다.

따라서 [그림 6.2.5(b)]에서 집중하중 1개가 작용할 때 임의의 단면 C에 대한 휨모멘트는 다음과 같다.

$$M_C = Py$$

여러 개의 집중하중이 작용할 경우에 M_C는 다음과 같은 식으로 구한다.

$$M_C = P_1 y_1 + P_2 y_2 + P_3 y_3 + \cdots + P_n y_n = \Sigma Py$$

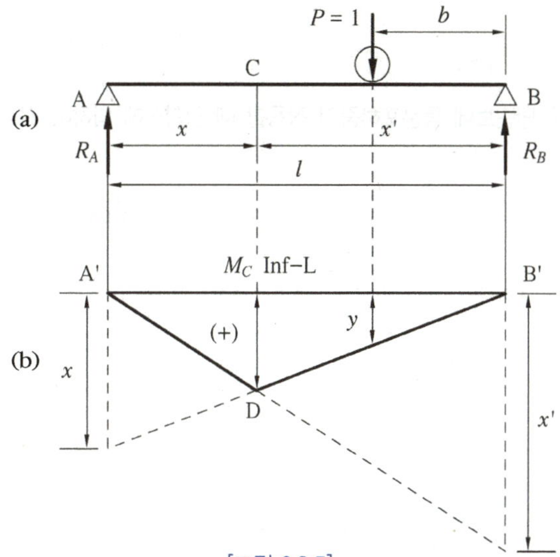

[그림 6.2.5]

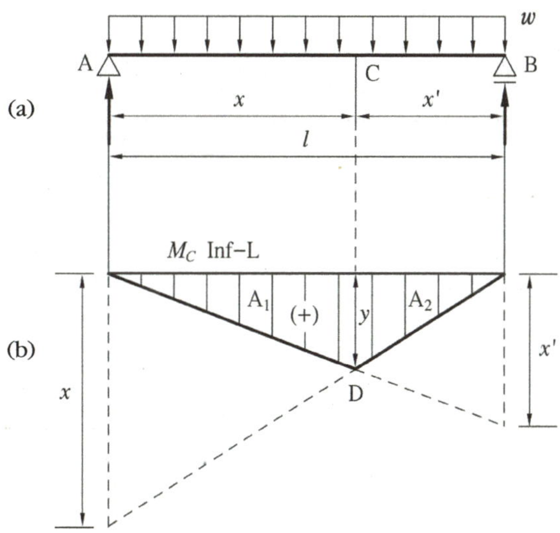

[그림 6.2.6]

[2] 등분포하중이 작용할 때 M_C의 영향선

[그림 6.2.6(a)]와 같이 등분포 하중이 작용할 경우에는 [그림 6.2.6(b)]의 영향선의 선도에 등분포하중이 표시된 면적 A_1과 A_2를 구하여 등분포하중 w를 곱한 값이 C단면의 휨모멘트 M_C 값이 된다.

$$M_C = (A_1 + A_2)w$$

예제 6-2-1

[그림 6.2.7(a)]와 같은 단순보에 등분포하중이 작용할 때 영향선에 의하여 R_A, R_B, V_C, M_C 의 값을 구하여라.

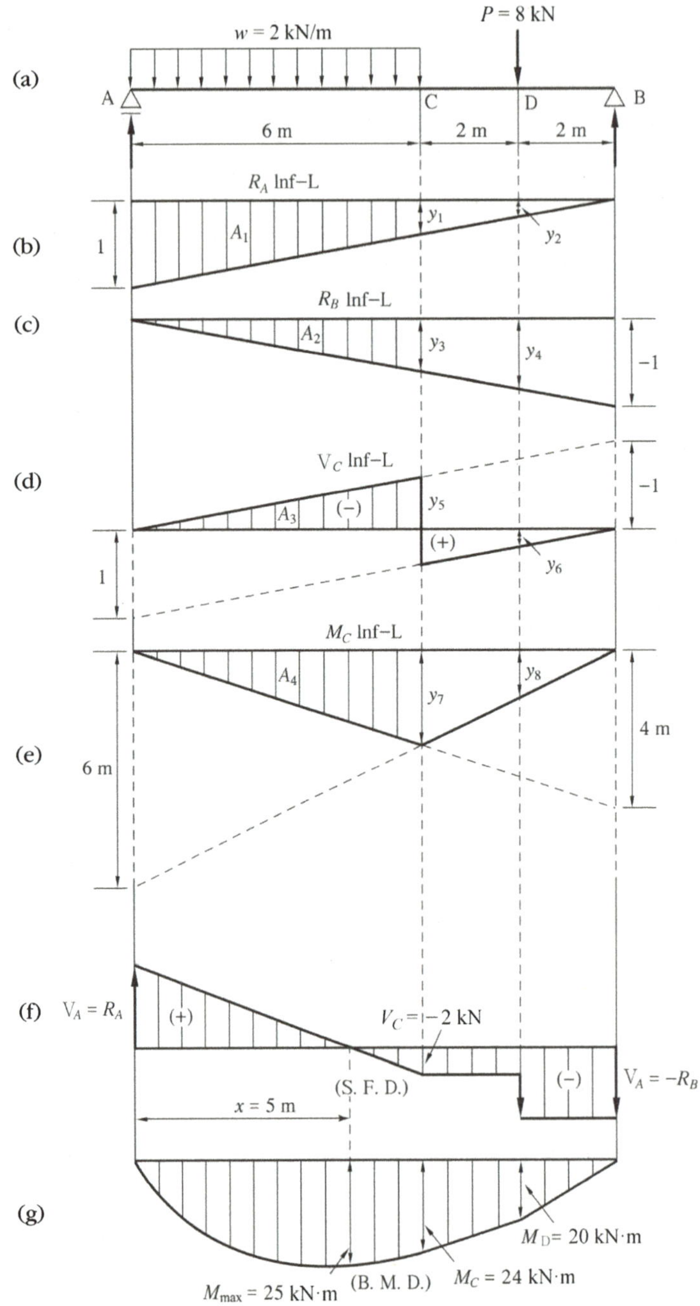

[그림 6.2.7]

풀이

(1) 지점반력 R_A, R_B 계산 ([그림 6.2.7(b), (c)])

[그림 6.2.7(b)]에서

$$10 : 1 = 4 : y_1 \quad y_1 = \frac{4}{10} = 0.4 \quad A_1 = \frac{1+0.4}{2} \times 6 = 4.2$$

$$10 : 1 = 2 : y_2 \quad y_2 = \frac{2}{10} = 0.2$$

$$\therefore R_A = (w)(A_1) + (P)(y_2) = (4.2) \times (2) + (8) \times (0.2) = 10\,\text{kN}$$

[그림 6.7(c)]에서

$$y_3 = \frac{6}{10} = 0.6 \quad A_2 = \frac{y_3 \times 6}{2} = \frac{0.6 \times 6}{2} = 1.8 \quad y_4 = \frac{8}{10} = 0.8$$

$$\therefore R_B = (w)(A_2) + (P)(y_4) = (1.8) \times (2) + (0.8) \times (8) = 10\,\text{kN}$$

(2) 전단력 V_C 계산 ([그림 6.2.7(d)])

$$y_5 = -\frac{6}{10} = -0.6 \quad A_3 = \frac{y_5 \times 6}{2} = \frac{-0.6 \times 6}{2} = -1.8 \quad y_6 = \frac{2}{10} = 0.2$$

$$\therefore V_C = (w)(A_3) + (P)(y_6) = (2) \times (-1.8) + (8) \times (0.2) = -2\,\text{kN}$$

(3) 휨모멘트 M_C 계산 ([그림 6.2.7(e)])

$$10 : 6 = 4 : y_7 \quad y_7 = \frac{24}{10} = 2.4 \quad A_4 = \frac{6 \times 2.4}{2} = 7.2$$

$$10 : 6 = 2 : y_8 \quad y_8 = \frac{12}{10} = 1.2$$

$$\therefore M_C = (w)(A_4) + (P)(y_8) = (2) \times (7.2) + (8) \times (1.2) = 24\,\text{kN} \cdot \text{m}$$

(4) 전단력이 0이 되는 위치 x값은

$V_x = (R_A) - (w)(x) = 10 - 2x \quad V_x = 0$이므로 $\quad 10 - 2x = 0$

$\therefore x = 5\text{m}$ (휨모멘트 최대)

$$M_{\max} = (R_A)(x) - (w)(x)\left(\frac{x}{2}\right) = 10x - \frac{wx^2}{2}$$

$$= 10 \times (5) - \frac{2(5)^2}{2} = 25\,\text{kN} \cdot \text{m}$$

6.2.4 연행하중이 작용할 때 최대 지점반력

[그림 6.2.8]과 같이 연행하중이 단순보 위를 지날 때에는 각 하중이 지점 위에 실릴 때마다 그 지점의 반력이 극대로 되고 그중에서 가장 큰 것이 최대 지점반력(maximum reaction)이 된다.

$$\therefore R_A = P_1 y_1 + P_2 y_2 + \cdots\cdots + P_n y_n$$

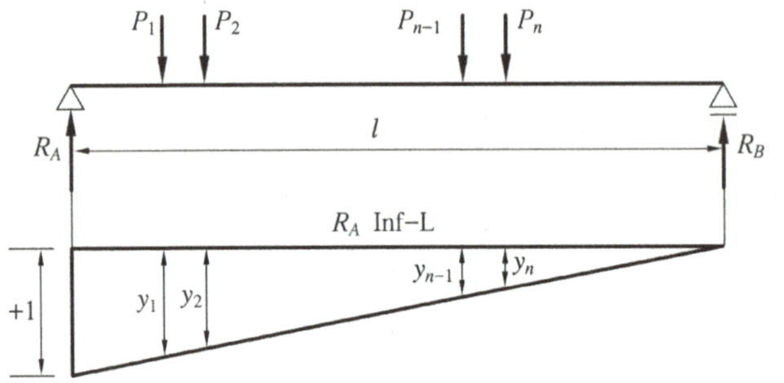

[그림 6.2.8]

6.2.5 임의로 주어진 단면의 최대 전단력

연행하중을 받는 단순보의 임의의 단면에 대한 전단력은, 각 하중이 그 단면에 실리는 순간마다 극대 아니면 극소가 되고, 그중에서 절댓값이 가장 큰 것이 그 단면의 최대 전단력이 된다.

[1] 2개의 집중하중이 이동하는 경우의 최대 전단력

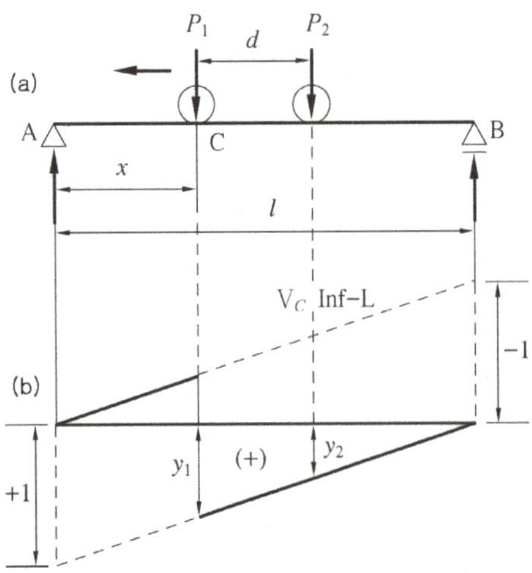

[그림 6.2.9]

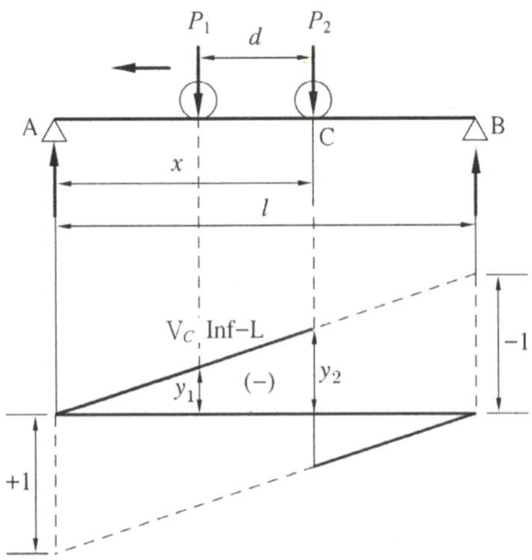

[그림 6.2.10]

$x < \frac{l}{2}$ 일 때 ([그림 6.2.9])

$\therefore \ _{max}V_C = P_1 y_1 + P_2 y_2$

$x > \frac{l}{2}$ 일 때 ([그림 6.2.10])

$\therefore \ _{max}V_C = -(P_1 y_1 + P_2 y_2)$

[2] 등분포하중이 이동하는 경우의 최대 전단력

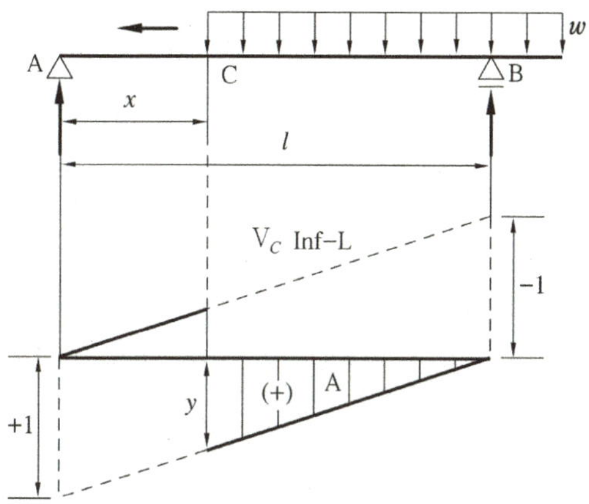

[그림 6.2.11]

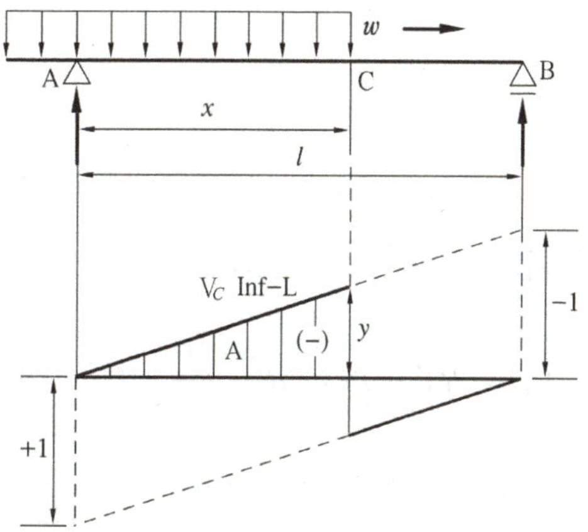

[그림 6.2.12]

$x < \frac{l}{2}$ 일 때 ([그림 6.2.11])

$\therefore \ _{max}V_C = wA$

$x > \frac{l}{2}$ 일 때 ([그림 6.2.12])

$\therefore \ _{max}V_C = -wA$

[그림 6.2.11]과 [그림 6.2.12]와 같이 등분포 하중이 이동하는 경우 임의의 최대 전단력은 단면 C에서의 하중의 상단이 C점에 올 때 $(+)_{max}V_C$, 하중의 후단이 C점에 올 때 $(-)_{max}V_C$가 된다. 이 (+), (–)값 중에서 절댓값이 가장 큰 것이 절대최대 전단력이 된다.

[3] 연행하중이 통과하는 경우의 C 지점의 최대 전단력

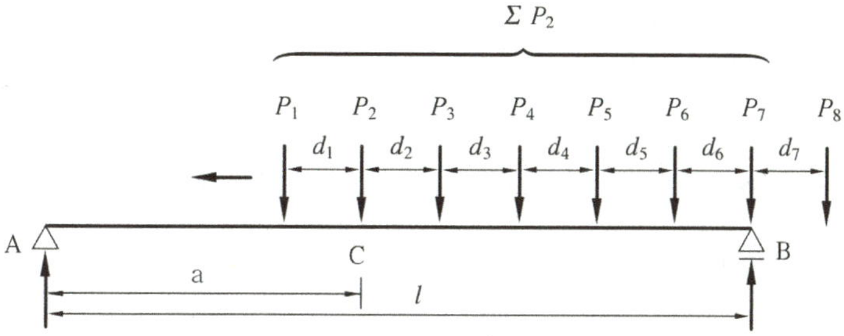

[그림 6.2.13]

최대 전단력이 일어나기 위한 조건식을 [그림 6.2.13]에서 알아보면 다음과 같다. 그림에서 C점 위에 하중이 올 때마다 최대 전단력이 생긴다. 그 주에서 가장 큰 값이 $(+)_{\max} V_C$가 되며, $(-)_{\max} V_C$는 하중을 역으로 이동시켜 구한다.

P_1이 C점에 아주 접근하였을 때 $\Sigma P_1 = R$(여기서 ΣP_1은 P_1이 C점에 접근하였을 때까지의 합력을 의미함)이라면

$$V_C = R_A = R\frac{a}{l}$$

P_2가 C점에 아주 접근하였을 때 $\Sigma P_2 = R$이라면(여기서, ΣP_2은 P_2가 C점에 접근하였을 때까지의 합력을 의미함)

$$V_C' = R_A' - P_1 = R\frac{a+d_1}{l} - P_1$$

V_C와 V_C'의 차이를 구하면

$$V_C' - V_C = R\frac{d_1}{l} - P_1$$

$V_C > V_C'$ 이면

$$R\frac{d_1}{l} - P_1 < 0$$

양변에 $\frac{l}{d_1}$을 곱하면 $R - \frac{l}{d_1}P_1 < 0$ 이므로 $\Sigma P_1 - \frac{l}{d_1}P_1 < 0$

1) $P_1\frac{l}{d_1} > \Sigma P_2$ 이면, P_1이 C지점에 올 때,

$${}_{\max}V_C = R_A$$

2) $P_1\frac{l}{d_1} < \Sigma P_1$ 이고 $P_2\frac{l}{d_2} > \Sigma P_2$ 이면, P_2가 C지점에 올 때,

$${}_{\max}V_C = R_A' - P_1$$

3) $P_2\frac{l}{d_1} < \Sigma P_2$ 이고 $P_3\frac{l}{d_3} > \Sigma P_3$ 이면, P_3이 C지점에 올 때,

$${}_{\max}V_C = R_A'' - P_1 - P_2$$

최대 전단력이 된다.

6.2.6 절대최대 전단력

단순보에서 [그림 6.2.14(a)]와 같이 이동하중이 $P_1 < P_2$일 경우 큰 하중이 B지점에 있을 때 절대최대 전단력(absolute maximum shearing force) 값을 얻을 수 있다. 그 값은 최대 반력과 같다.

$$_{abs}V_{\max} = -(P_1 y_1 + P_2 y_2)$$

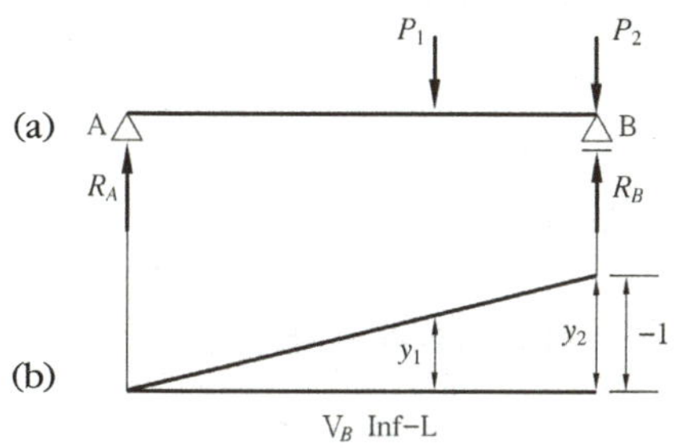

[그림 6.2.14]

6.2.7 임의로 주어진 단면의 최대 휨모멘트

[그림 6.2.15]와 같이 연행하중 $P_1,\ P_2,\ \cdots,\ P_m,\cdots,P_n$이 단순보 위를 지날 때, 최대휨모멘트 M_C를 구해보자.

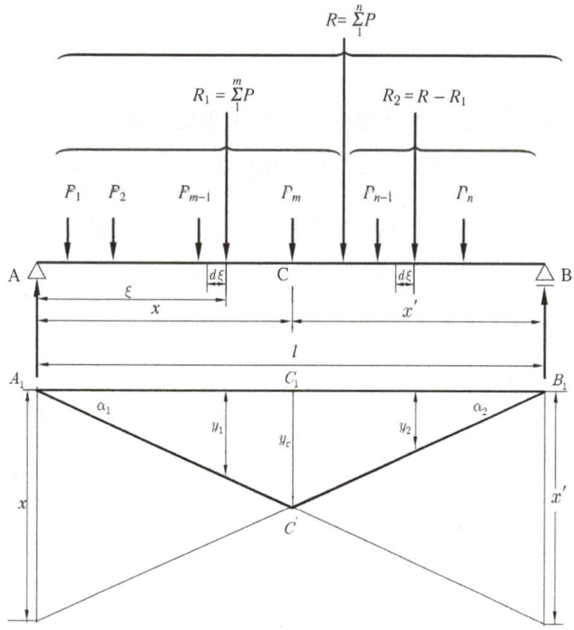

[그림 6.2.15]

연행하중이 단순보 AB 위에 [그림 6.2.15 (a)]와 같이 작용할 때 R_1, R_2는 AC, CB구간에 작용하는 하중의 합력이다. 이때 C점에 대한 휨모멘트의 영향선을 그려서 모멘트 M_C를 구하면 다음과 같다.

$$M_C = R_1 \cdot y_1 + R_2 \cdot y_2$$

연행하중이 극미소거리 $d\xi$만큼 왼쪽으로 이동했다고 하면 이 새로운 위치에 대한 C점의 휨모멘트는 다음과 같이 된다.

$$M_C + dM_C = R_1 \cdot (y_1 - d\xi \cdot \tan\alpha_1) + R_2 \cdot (y_2 + d\xi \cdot \tan\alpha_2)$$

2점사이의 휨모멘트의 차를 구하면 다음과 같다.

$$dM_C = R_2 \cdot d\xi \cdot \tan\alpha_2 - R_1 \cdot d\xi \cdot \tan\alpha_1$$

$$\frac{dM_C}{d\xi} = y_c \cdot \left(\frac{R_2}{x'} - \frac{R_1}{x}\right)$$

M_C가 최대로 되려면 $dM_C/d\xi = 0$이 되어야 하므로 다음 식이 성립되어야 한다.

$$\frac{R_2}{x'} - \frac{R_1}{x} = 0 \qquad ①$$

식 ①은 M_C가 최대로 되기 위한 조건이고 하중이 $d\xi$만큼 왼쪽으로 이동했기 때문에 식 ①의 좌변이 (+)에서 (−)에 옮기고 그 사이에 0을 통과가 필요하다.

이 식 ①이 (+)에서 (−)로 옮기려면 x, x'는 정수이므로 분자가 변화하여야만 된다. 즉, R_2가 줄든가 R_1이 증가하여야만 된다. 그런데 전체하중의 수에는 변화가 없기 때문에 위의 조건을 만족시키기 위해서는 그림에서 보는 바와 같이 하나의 하중 P_m이 C점에 있고 이 하중의 일부는 R_1에 속하고 일부는 R_2에 속한다고 생각하면 된다.

즉, M_C가 최대로 되기 위해서는 반드시 하나의 하중이 점 C에 있고 식 ①을 만족되어야 한다. 식 ①로부터 다음과 나타낼 수 있다.

$$\frac{R_2}{x'} = \frac{R_1}{x}$$

$$\frac{R_1 + R_2}{x + x'} = \frac{R_1}{x}$$

전체하중은 $R = R_1 + R_2$이므로 다음과 같이 된다.

$$\frac{R_1}{x} = \frac{R}{l} \qquad ②$$

식 ②는 M_C의 최대로 되기 위한 하중의 위치를 구하기 위한 식이다.

이상으로부터 P_m이 R_1에 속하여 $R_1 = \sum_1^m P$이라면 다음 식이 성립한다.

$$\frac{\sum_1^m P}{x} > \frac{\sum_1^n P}{l} \qquad ③$$

P_m이 R_2에 속하여 $R_1 = \sum_1^{m-1} P$이라면 다음 식이 성립한다.

$$\frac{\sum_1^{m-1} P}{x} < \frac{\sum_1^n P}{l} \qquad ④$$

따라서 M_C가 최대로 되기 위한 조건으로는 하나의 하중 P_m이 점 C에 있고 식 ②을 만족하든가 또는 식 ③, ④의 부등식을 동시에 만족하면 된다.

이상과 같은 조건을 만족하는 하중의 위치는 하나의 하중계에 대하여 2개 이상 있는 경우도 있다. 이러한 경우는 각각의 위치에 대한 휨모멘트를 구하고 그 중 최대인 값이 최대휨모멘트가 된다.

6.2.8 절대최대 휨모멘트

[그림 6.2.16]과 같이 연행하중이 단순보 위를 지날 때의 절대최대 휨모멘트(absolute maximum bending moment)는 보에 실리는 전하중의 합력의 작용점과 그와 가장 가까운 하중(또는 그 부근의 큰 하중)과의 사이가 보의 지간의 중앙에 의하여 2등분될 때 그 하중 바로 밑의 C지점 단면에서 생긴다.

$$\therefore {}_{abs}M_{\max} = P_1 y_1 + P_2 y_2 + P_2 y_2$$

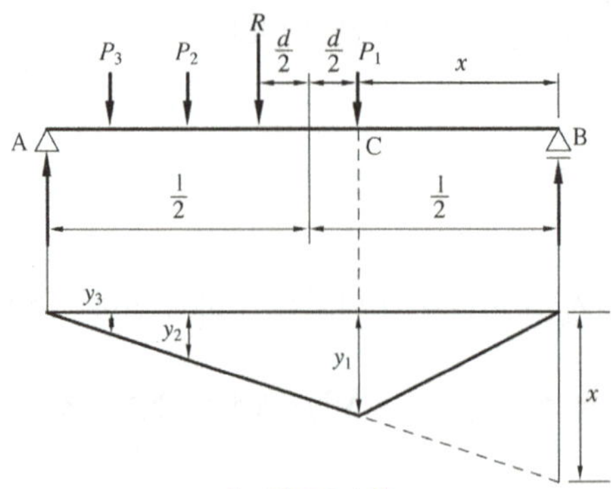

[그림 6.2.16]

예제 6-2-2

[그림 6.2.17]과 같이 단순보 위로 등분포하중을 이동시킬 때 C지점의 최대 휨모멘트를 구하여라.

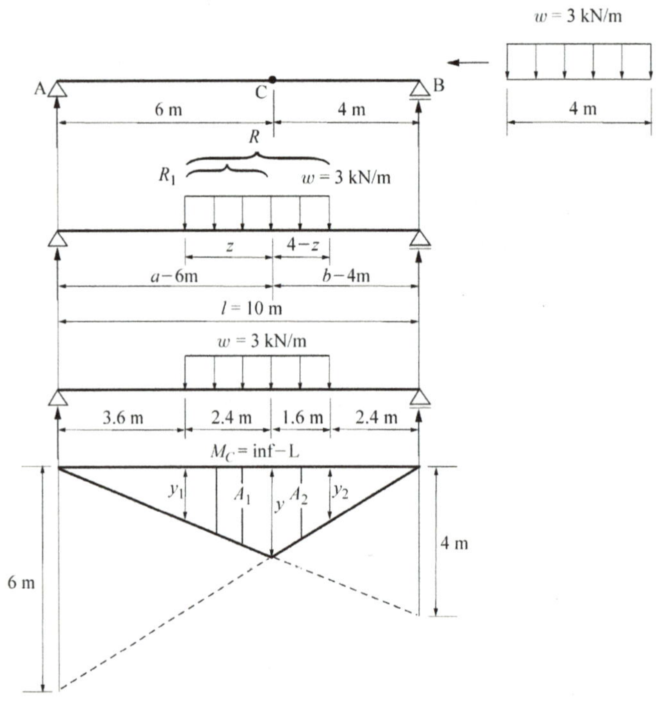

[그림 6.2.17]

풀이

$$\frac{R_1}{a} = \frac{R}{l} \qquad \frac{3z}{6} = \frac{3 \times 4}{10} \qquad \therefore z = \frac{24}{10} = 2.4\,\text{m}$$

$$10 : 4 = 6 : y \qquad y = 2.4\,\text{m}$$

$10 : 4 = 3.6 : y_1 \qquad y_1 = 1.44\,\mathrm{m}$

$10 : 6 = 2.4 : y_2 \qquad y_2 = 1.44\,\mathrm{m}$

$$A_1 = \frac{y_1 + y}{2} \times 2.4 = \frac{1.44 + 2.4}{2} \times 2.4 = 4.608\,\mathrm{m}^2$$

$$A_2 = \frac{y_2 + y}{2} \times 1.6 = \frac{1.44 + 2.4}{2} \times 1.6 = 3.072\,\mathrm{m}^2$$

$$A = A_1 + A_2 = 4.609 + 3.072 = 7.68\,\mathrm{m}^2$$

$$\therefore\ {}_{\max}M_C = (w)(A) = (3\mathrm{kN/m}) \times (7.68\mathrm{m}^2) = 23.04\,\mathrm{kN \cdot m}$$

예제 6-2-3

[그림 6.2.18]과 같이 단순보 위로 이동하중이 통과할 때, C지점의 최대 전단력을 구하여라.

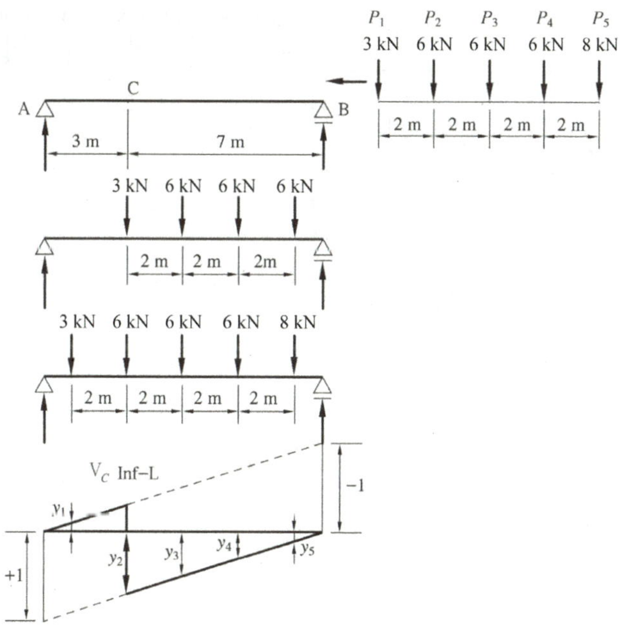

[그림 6.2.18]

풀이

(1) P_1이 C지점에 왔을 때 조건식

$$P_1 \frac{l}{d_1} > \Sigma P_1 \qquad 3 \times \frac{10}{2} = 15\,\mathrm{kN} > 3 + 3 \times 6 = 21\,\mathrm{kN}\ (\text{성립이 안 됨})$$

(2) P_2가 C지점에 왔을 때 조건식

① $P_1 \frac{l}{d_1} < \Sigma P_1 \quad 3 \times \frac{10}{2} = 15\,\mathrm{kN} < 3 + 3 \times 6 = 21\,\mathrm{kN}$ (성립)

② $P_2 \dfrac{l}{d_2} > \Sigma P_2 \quad 6 \times \dfrac{10}{2} = 30\text{kN} > 3 + 3 \times 6 + 8 = 29\text{kN}$ (성립)

$10 : -1 = 1 : y_1 \qquad y_1 = -0.1 \qquad 10 : 1 = 7 : y_2 \qquad y_2 = 0.7$

$10 : 1 = 5 : y_3 \qquad y_3 = 0.5 \qquad 10 : 1 = 3 : y_4 \qquad y_4 = 0.3$

$10 : 1 = 1 : y_5 \qquad y_5 = 0.1$

$\therefore {}_{\max}V_C = (P_1)(y_1) + (P_2)(y_2 + y_3 + y_4) + (P_5)(y_6)$

$= (3\text{kN}) \times (-0.1) + (6\text{kN}) \times (0.7 + 0.5 + 0.3) + (8\text{kN}) \times (0.1)$

$= 9.5\text{kN}$

예제 6-2-4

[그림 6.2.19]와 같이 단순보 위로 이동하중이 통과할 때 C지점의 최대 휨모멘트를 구하여라.

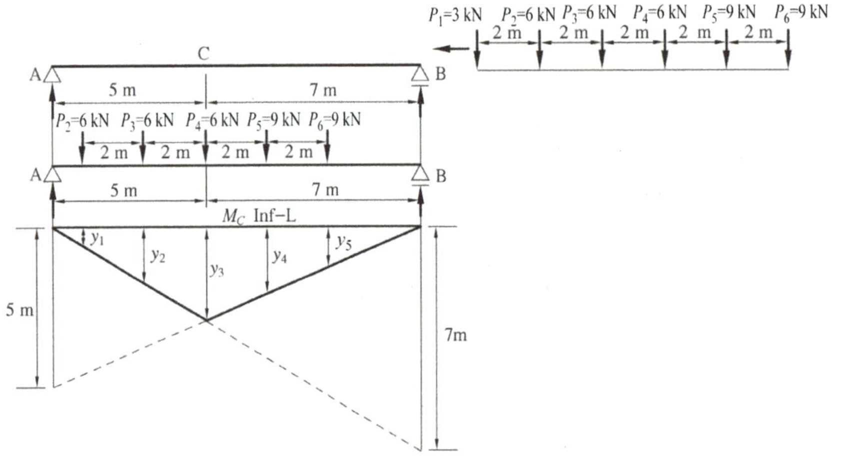

[그림 6.2.19]

풀이

(1) P_3가 C지점에 왔을 때

$\dfrac{l}{a}\Sigma P_{r-1} < \Sigma P < \dfrac{l}{a}\Sigma P_r$

$\dfrac{12}{5} \times (3+6) = 21.6\text{kN} < 3 + 6 \times 3 + 9 \times 2 = 39\text{kN} > \dfrac{12}{5} \times (3+6+6) = 36\text{kN}$

(성립이 안 됨)

(2) P_4가 C지점에 왔을 때

$\dfrac{12}{5} \times (6 \times 2) = 28.8\text{kN} < 6 \times 3 + 9 \times 2 = 36\text{kN} < \dfrac{12}{5} \times 3 \times 6 = 43.2\text{kN}$ (성립)

$y_1 = \dfrac{7}{12},\ y_2 = \dfrac{21}{12},\ y_3 = \dfrac{35}{12},\ y_4 = \dfrac{25}{12},\ y_5 = \dfrac{15}{12}$

$$
\begin{aligned}
{}_{\max}M_C &= (P_2)(y_1) + (P_3)(y_2) + (P_4)(y_3) + (P_5)(y_4) + (P_6)(y_5) \\
&= (6\text{kN}) \times \left(\frac{7}{12} + \frac{21}{12} + \frac{35}{12}\right) + (9\text{kN}) \times \left(\frac{25}{12} + \frac{15}{12}\right) \\
&= 31.5 + 30 = 61.5\,\text{kN} \cdot \text{m}
\end{aligned}
$$

예제 6-2-5

[그림 6.2.20]과 같이 단순보 위에 이동하중이 지날 때 절대최대 전단력을 구하여라.

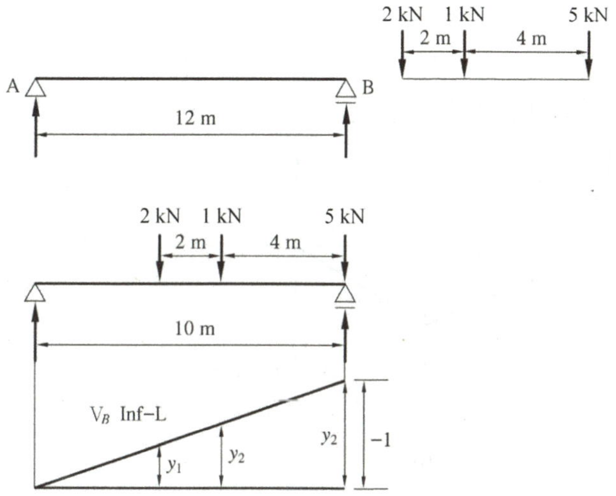

[그림 6.2.20]

풀이

5 tf이 B지점에 있을 때 절대최대 전단력을 구할 수 있다.

$12 : -1 = 6 : y_1 \qquad y_1 = -\dfrac{6}{12} \qquad 12 : -1 = 8 : y_2 \qquad y_2 = -\dfrac{8}{12}$

$12 : -1 = 12 : y_3 \qquad y_3 = -\dfrac{12}{12}$

$$
\begin{aligned}
\therefore {}_{abs}V_{\max} &= (P_1)(y_1) + (P_2)(y_2) + (P_3)(y_3) \\
&= -\left(2\text{kN} \times \frac{6}{12} + 1\text{kN} \times \frac{8}{12} + 5\,\text{kN} \times \frac{12}{12}\right) \\
&= -\frac{12 + 8 + 60}{12} = -6.7\,\text{kN}
\end{aligned}
$$

예제 6-2-6

[그림 6.2.21(a)]와 같이 단순보 위로 이동하중이 지날 때 절대최대 휨모멘트를 구하여라.

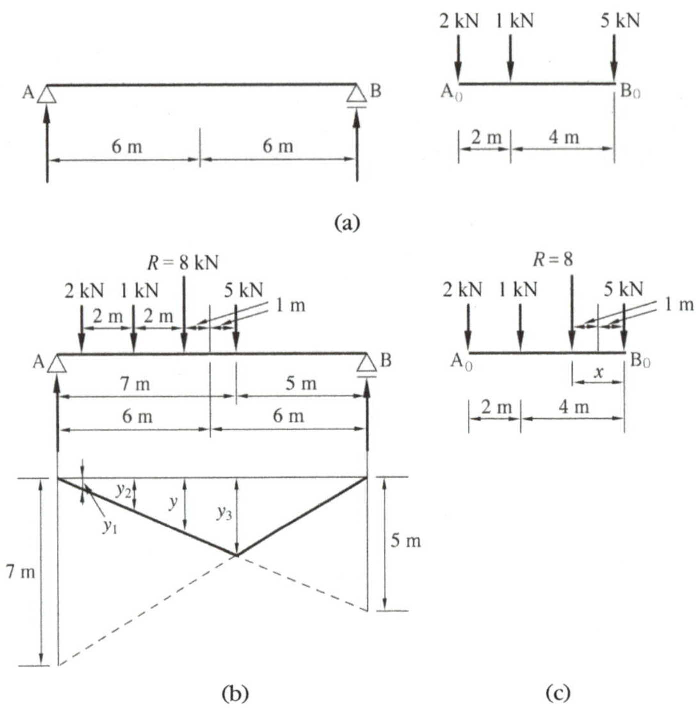

[그림 6.2.21]

풀이

이동하중이 그림과 같은 위치에 왔을 때, 5kN 하중 밑의 단면에서 절대최대 휨모멘트가 된다.

(1) 합력

$$R = 2\text{kN} + 1\text{kN} + 5\text{kN} = 8\text{kN}$$

(2) 합력의 위치 x값은 [그림 6.2.21(c)]에서

$\Sigma M_{B0} = 0$에 의하여 $(2\text{kN}) \times (6\text{m}) + (1\text{kN}) \times (4\text{m}) = (R)(x)$

$$\therefore x = \frac{12+4}{R} = \frac{16\text{kN} \cdot \text{m}}{8\text{kN}} = 2\,\text{m}$$

합력 8 kN와 5 kN 사이의 중간점이 단순보지간 12 m의 중앙 점에 있을 때 절대최대 휨모멘트를 구할 수 있다.

[그림 6.2.21(b)]의 모멘트 영향선에서

$$y_1 = \frac{5}{12},\ y_2 = \frac{15}{12},\ y_3 = \frac{35}{12},\ y = \frac{25}{12}$$

$$_{abs}M_{\max} = (2\text{kN}) \times (y_1) + (1\text{kN}) \times (y_2) + (5\text{kN}) \times (y_3)$$
$$= (2\text{kN}) \times \left(\frac{5}{12}\right) + (1\text{kN}) \times \left(\frac{15}{12}\right) + (5\text{kN}) \times \left(\frac{35}{12}\right) = \frac{200}{12} = \frac{50}{3}\,\text{kN} \cdot \text{m}$$

또는

$$_{abs}M_{\max} = (R) \cdot (y) = (8\text{kN}) \times \left(\frac{25}{12}\right) = \frac{50}{3}\,\text{kN} \cdot \text{m}$$

6.2.9 간접하중을 받는 단순보의 영향선 [그림 6.2.22(a)]

[1] 지점반력의 영향선

지점반력의 영향선은 [그림 6.2.22(b), (c)]에 나타낸 바와 같이 직접하중을 받는 단순보의 영향선과 같다. 이동하중 $P = 1$이 DE 구간에 작용할 때 D, E지점의 반력 P_D와 P_E값은 다음과 같다.

$$\therefore P_D = \frac{P\beta}{\lambda} = \frac{\beta}{\lambda} \qquad \therefore P_E = \frac{P\alpha}{\lambda} = \frac{\alpha}{\lambda}$$

따라서 P작용점의 영향선의 종거거리를 y라고 하면 지점반력 R_A와 R_B는 다음과 같은 식에 의하여 구해진다.

$$R_A = Py = P_D y_D + P_E y_E$$
$$R_B = Py = P_D y_D + P_E y_E$$
$$y = y_D \times \frac{\beta}{\lambda} + y_E \times \frac{\alpha}{\lambda}$$

위 식에서 $\alpha = 0$일 때(D지점) $\quad \therefore y = y_D$

$\alpha = \lambda$일 때(E지점) $\quad \therefore y = y_E$

[2] 전단력의 영향선

전단력의 영향선은 직접하중이 작용할 때 영향선을 그리고 y_D 와 y_E 사이를 직선연결하면 [그림 6.2.22(d)]와 같다.

[3] 휨모멘트 영향선

휨모멘트 영향선도 직접하중이 작용할 때 영향선을 그리고 y_D 와 y_E 사이를 직선연결하면 [그림 6.2.22(e)]와 같다.

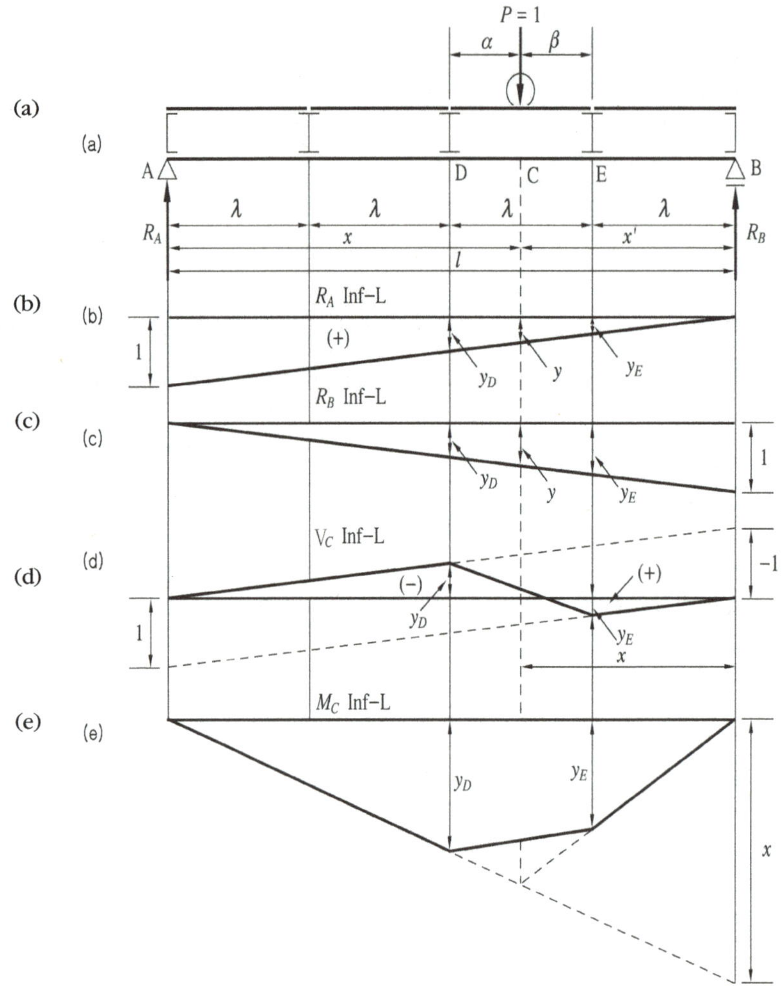

[그림 6.2.22]

예제 6-2-7

[그림 6.2.23(a)]와 같이 간접하중이 작용할 때 지점반력과 C지점의 전단력 및 휨모멘트를 영향선에 의하여 구하여라.

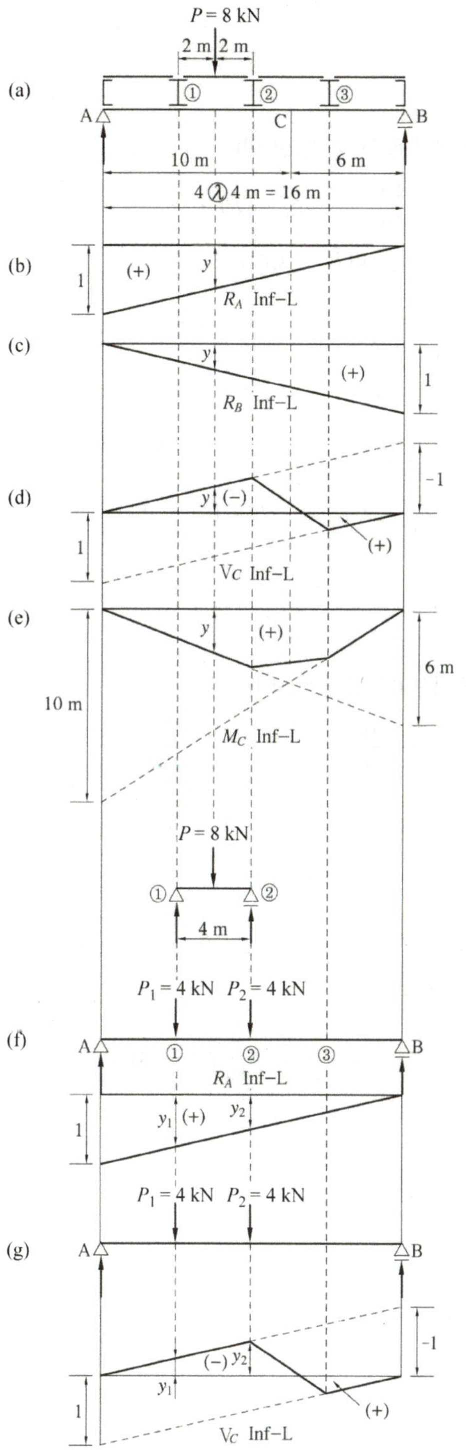
P = 8 kN
2 m 2 m
(a)
A
B
C
① ② ③
10 m
6 m
4 @ 4 m = 16 m
(b)
(+)
R_A Inf-L
(c)
(+)
R_B Inf-L
(d)
(−)
(+)
-1
V_C Inf-L
(e)
(+)
10 m
6 m
M_C Inf-L
P = 8 kN
4 m
P_1 = 4 kN P_2 = 4 kN
(f)
R_A Inf-L
y_1 (+) y_2
(g)
(−) y_2
y_1
(+)
V_C Inf-L

[그림 6.2.23]

풀이

(1) 지점반력 계산

R_A의 영향선에서

① 직접하중이 작용할 때 계산 ([그림 6.2.23(b)])

$$16 : 1 = 10 : y \quad \therefore y = \frac{10}{16} \quad \therefore R_A = (P) \cdot (y) = (8\text{kN}) \times \left(\frac{10}{16}\right) = 5\,\text{kN}$$

② 간접하중이 작용할 때 계산 ([그림 6.2.23(f)])

$$16 : 1 = 12 : y_1 \quad \therefore y_1 = \frac{12}{16} \quad 16 : 1 = 8 : y_2 \quad \therefore y_2 = \frac{8}{16}$$

$$\therefore R_A = (P_1)(y_1) + (P_2)(y_2) = (4\text{kN}) \times \left(\frac{12}{16}\right) + (4\text{kN}) \times \left(\frac{8}{16}\right) = 5\,\text{kN}$$

R_B의 영향선에서 ([그림 6.2.23(c)])

$$16 : 1 = 6 : y \quad \therefore y = \frac{6}{16} \quad \therefore R_B = (P) \times (y) = (8\text{kN}) \times \left(\frac{6}{16}\right) = 3\,\text{kN}$$

(2) 전단력 V_C 계산

V_C의 영향선에서

① 직접하중이 작용할 때 계산 ([그림 6.2.23(d)])

$$16 : 1 = 6 : y \quad \therefore y = -\frac{6}{16}$$

$$\therefore V_C = (P) \times (y) = (8\text{kN}) \times \left(-\frac{6}{16}\right) = -3\,\text{kN}$$

② 간접하중이 작용할 때 계산 ([그림 6.2.23(g)])

$$16 : 1 = 4 : y_1 \quad \therefore y_1 = -\frac{4}{16} \quad 16 : 1 = 8 : y_2 \quad \therefore y_2 = -\frac{8}{16}$$

$$\therefore V_C = (P_1) \times (y_1) + (P_2) \times (y_2)$$

$$= (4\text{kN}) \times \left(-\frac{4}{16}\right) + (4\text{kN}) \times \left(-\frac{8}{16}\right) = -3\,\text{kN}$$

(3) 휨모멘트 M_C 계산

M_C의 영향선에서 ([그림 6.2.23(e)])

$$16 : 6 = 6 : y \quad \therefore y = \frac{36}{16} = 2.25$$

$$\therefore M_C = (P) \times (y) = (8\text{kN}) \times (2.25) = 18\,\text{kN} \cdot \text{m}$$

6.3 캔틸레버의 영향선

6.3.1 지점반력의 영향선

[그림 6.3.1(a)]와 같은 캔틸레버에 단위하중 $P=1$이 B지점에서 x 되는 거리에 작용할 때 P가 AB구간 어느 위치에 있든 상관없이 지점반력 R_A는 1이다. 지점반력의 영향선은 [그림 6.3.1(b)]와 같이 기준선과 나란하게 직선으로 표시한다. 따라서

$$R_A = P \times y_1 = P \times 1$$

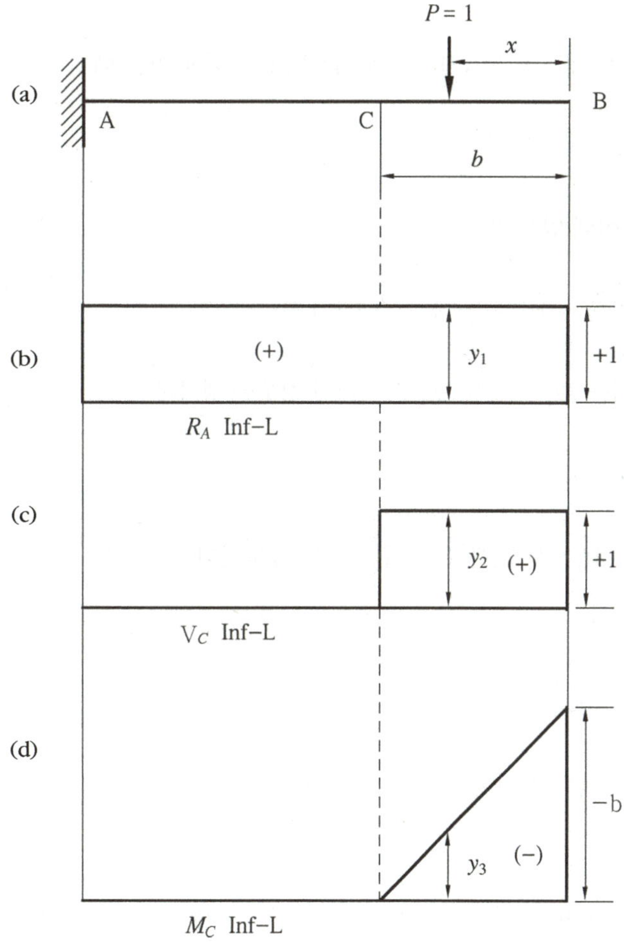

[그림 6.3.1]

6.3.2 전단력 V_C 의 영향선

임의의 단면 C에 대하여 생각하면 하중 P가 AC 사이에 있을 때는 $V_C = 0$이다. 따라서 CB 사이에 있을 때

$$\therefore\ V_C = P \times y_2 = P \times 1$$

이 되며 V_C의 전단력 영향선은 [그림 6.3.1(c)]와 같다.

6.3.3 휨모멘트 M_C 의 영향선

임의 단면 C지점에 대하여 생각하면 하중 P가 AC 사이에 있을 때

$$\therefore\ M_C = 0$$

하중 P가 CB 사이에 있을 때

$$\therefore\ M_C = -(P)(b - x) = -(1) \times (b - x)$$

$x > b$ 인 경우에는 $M_C = 0$이므로 $x < b$ 인 경우만 생각하면

$$\therefore\ M_C = -Py_3 \quad y_3 = (b - x)$$

따라서 휨모멘트 M_C 의 영향선은 [그림 6.3.1(d)]와 같다.

6.4 내민보의 영향선

내민보의 영향선은 단순보의 영향선과 캔틸레버의 영향선을 결합하여 작성한 것으로 다음 설명과 같다.

① 단위하중 $P = 1$이 중앙부를 지날 때의 지점반력의 영향선은 단순보일 때와 같다.

② 내민보의 임의의 단면에 대한 단면력의 영향선에서 하중이 내민보에 실릴 때는 캔틸레버의 경우와 같고, 다른 부분에 실릴 때는 0이다.

③ 중앙부의 임의의 단면에 대한 단면력의 영향선에서 하중이 중앙부에 실릴 때는 단순보와 같다.

[그림 6.4.1(a)]와 같이 내민보에 단위하중 $P=1$이 작용할 때 지점반력과 단면 C의 전단력과 휨모멘트를 영향선으로 구하면 다음과 같다.

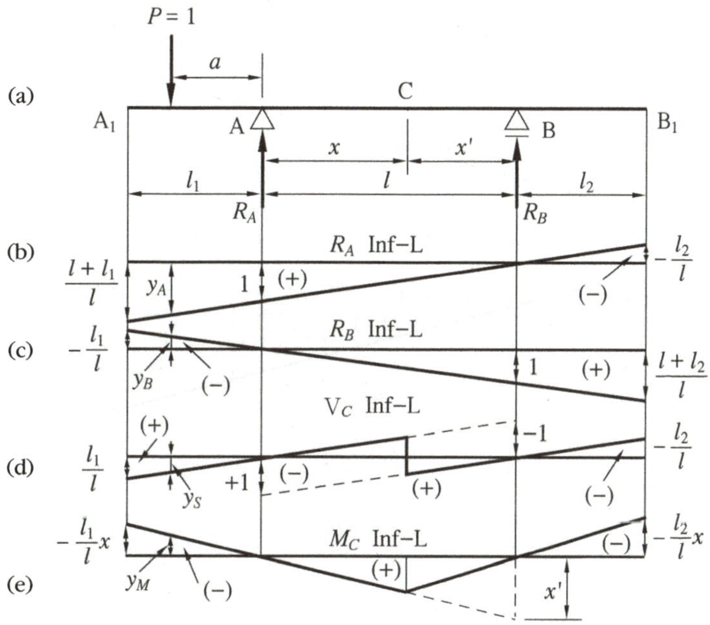

[그림 6.4.1]

6.4.1 지점반력 R_A, R_B 의 영향선

[그림 6.4.1(b)]에서 $\therefore\ R_A = (P)\times(y_A)$

[그림 6.4.1(c)]에서 $\therefore\ R_B = (P)\times(y_B)$

6.4.2 전단력 V_C 의 영향선

[그림 6.4.1(d)]에서 $\therefore\ V_C = (P)\times(y_S)$

6.4.3 휨모멘트 M_C 의 영향선

[그림 6.4.1(e)]에서 $\therefore\ M_C = (P)\times(-\ y_M)$

예제 6-4-1

[그림 6.4.2]과 같은 내민보 하중이 작용할 때 지점반력 R_A와 R_B를 영향선에 의하여 구하여라.

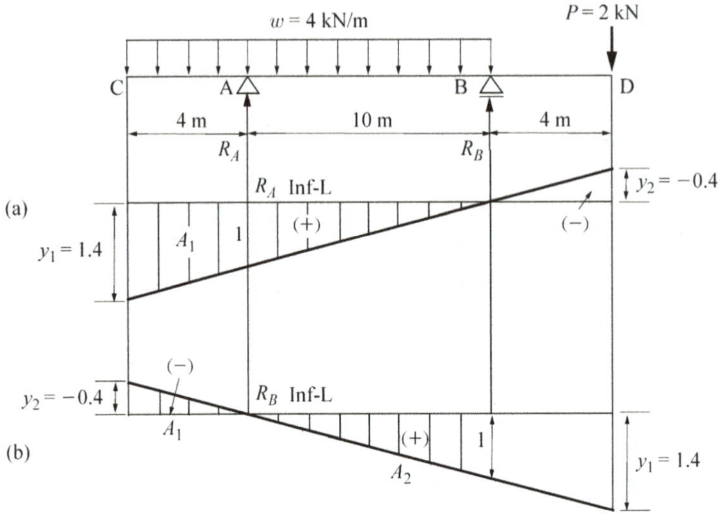

[그림 6.4.2]

풀이

(1) 지점반력

① R_A 계산 ([그림 6.4.2(a)])

$$10 : 1 = 4 : -y_2 \quad y_2 = -\frac{4}{10} = -0.4$$

$$10 : 1 = 14 : y_1 \quad y_1 = \frac{14}{10} = 1.4$$

$$A_1 = \frac{1.4 \times 14}{2} = 9.8\,\text{m}^2$$

$$\therefore R_A - (w)(A_1) + (P) \times (y_2) = (4\text{kN/m}) \times (9.8\text{m}^2) + (2\text{kN}) \times (-0.4\text{m})$$

$$= 38.4\,\text{kN}$$

② R_B 계산 ([그림 6.4.2(b)])

$$A_1 = \frac{0.4 \times 4}{2} = 0.8\,\text{m}^2 \quad A_2 = \frac{10 \times 1}{2} = 5\,\text{m}^2$$

$$\therefore R_B = (w)(A_2 - A_1) + (P)(y_1) = (4\text{kN/m})(5 - 0.8) + (2\text{kN}) \times (1.4) = 19.6\,\text{kN}$$

[검토] $\sum F_y = 0$

$$R_A + R_B - w \times (10+4) - P = 38.4\text{kN} + 19.6\text{kN} - (4\text{kN/m}) \times (14\,\text{m}) - (2\text{kN}) = 0$$

예제 6-4-2

[그림 6.4.3(a)]와 같은 내민보의 C지점의 전단력과 휨모멘트를 영향선에 의하여 구하여라.

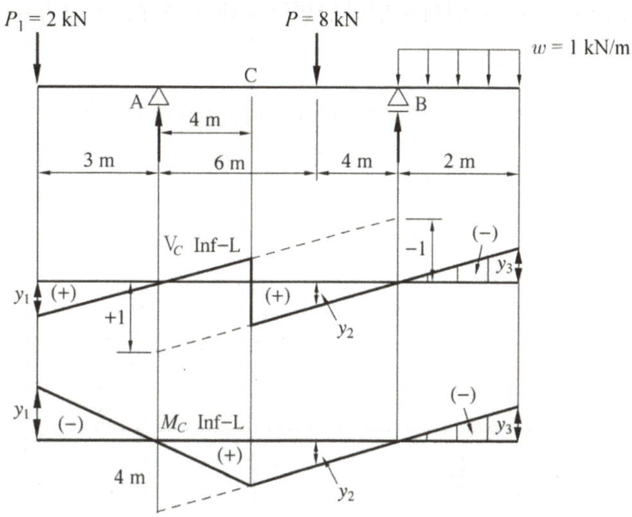

[그림 6.4.3]

풀이

(1) C지점의 전단력 계산 ([그림 6.4.3(b)])

$y_1 = 0.3 \quad y_2 = 0.4 \quad y_3 = -0.2$

$$A = \frac{y_3 \times 2}{2} = \frac{0.2 \times 2}{2} = -0.2\,\text{m}^2$$

$$\therefore V_C = (P_1)(y_1) + (P) \times (y_2) + (w)(A)$$
$$= (2\text{kN}) \times (0.3) + (8\text{kN}) \times (0.4) - (1\text{kN/m}) \times (0.2) = 3.6\,\text{kN}$$

(2) C지점의 휨모멘트 계산 ([그림 6.4.3(c)])

$10 : 6 = 3 : y_1 \quad y_1 = -1.8$

$10 : 4 = 4 : y_2 \quad y_2 = 1.6$

$10 : 4 = 2 : y_3 \quad y_3 = -0.8$

$$A = \frac{0.8 \times 2}{2} = -0.8m^2$$

$$\therefore M_C = (P_1)(y_1) + (P_2)(y_2) + (w)(A)$$
$$= (2\text{kN}) \times (-1.8) + (8\text{kN}) \times (1.6) + (1\text{kN/m}) \times (-0.8) = 8.4\,\text{kN} \cdot \text{m}$$

6.5 게르버보의 영향선

게르버보의 영향선은 단순보와 내민보의 영향선을 결합하여 작성한 것으로 다음 설명과 같다.

① 단순보 부분의 지점반력 및 임의 단면의 단면력에 대한 영향선은 그 부분을 단순보라고 하였을 때의 영향선과 같다.

② 내민 부분의 지점반력 및 임의 단면의 단면력에 대한 영향선은 하중 $P=1$ 이 그 부분에 실릴 때는 내민보의 영향선과 같다.

6.5.1 측경간에 힌지 2개가 있는 경우 [그림 6.5.1(a)]

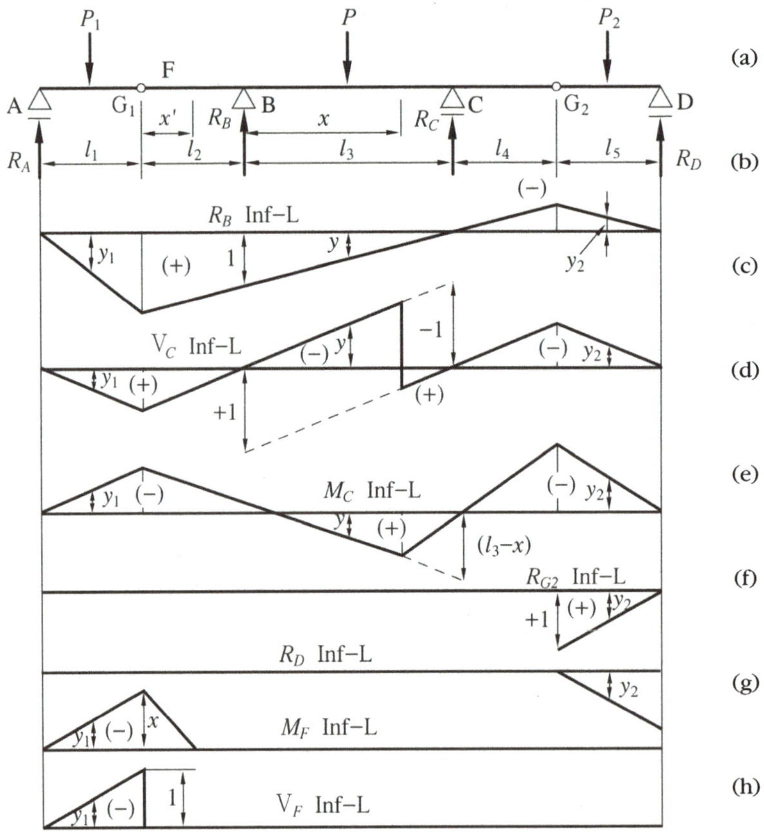

[그림 6.5.1]

[1] 반력 R_B 의 영향선 : [그림 6.5.1(b)]

$$R_B = (P_1)(y_1) + (P)(y) + (P_2)(-y_2)$$

[2] 전단력 V_C의 영향선 : [그림 6.5.1(c)]

$$V_C = (P_1)(y_1) + (P)(-y) + (P_2)(-y_2)$$

[3] 휨모멘트 M_C 의 영향선 : [그림 6.5.1(d)]

$$M_C = (P_1)(y_1) + (P)(y) + (P_2)(-y_2)$$

[4] R_{G2} 의 영향선 : [그림 6.5.1(e)]

$$R_{G2} = (P_2)(y_2)$$

[5] R_D 의 영향선 : [그림 6.5.1(f)]

$$R_D = (P_2)(y_2)$$

[6] M_F 의 영향선 : [그림 6.5.1(g)]

$$M_F = (P_1)(-y_1)$$

[7] V_F 의 영향선 : [그림 6.5.1(h)]

$$V_F = (P_1)(-y_1)$$

6.5.2 중앙경간에 힌지 2개가 있는 경우 [그림 6.5.2(a)]

[그림 6.5.2(a)]는 3경간 게르버보이며 중앙경간에 단순보가 있고 측경간에는 1단의 내민보가 있다.

[1] R_C의 영향선 : [그림 6.5.2(b)]

R_C의 영향선은 내민보의 영향선에 중앙부의 단순보 부분의 영향선을 합하여 연결시킨 것이다.

$$R_C = (P_1)(y_1) + (P)(y) + (P_2)(-y_2)$$

[2] R_A의 영향선 : [그림 6.5.2(c)]

R_A의 영향선은 내민보의 영향선에 중앙부의 단순보 부분의 영향선을 합한 것이다.

$$R_A = (P_1)(y_1) + (P_2)(y_2)$$

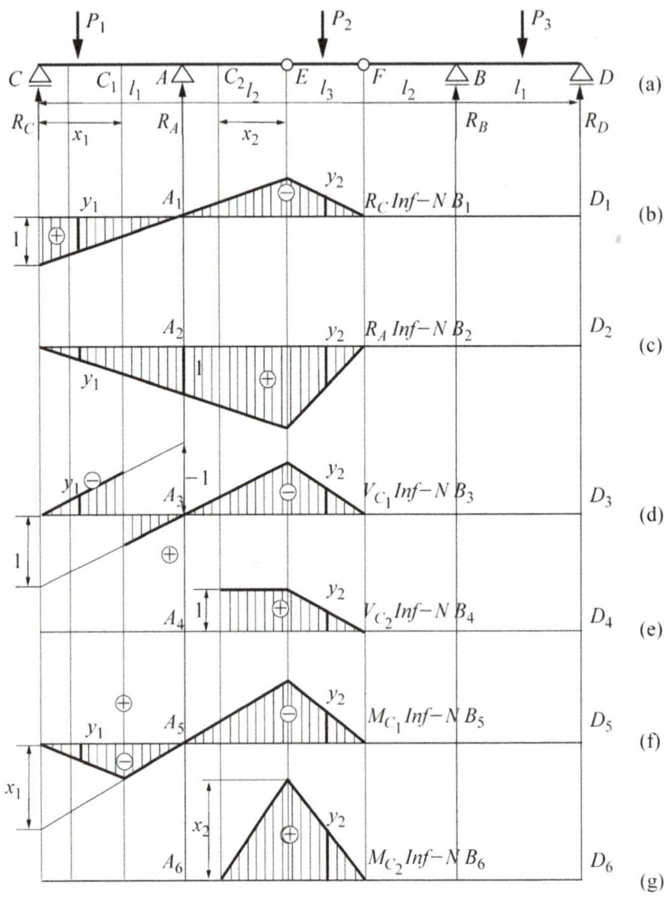

[그림 6.5.2]

[3] V_{C1}의 영향선 : [그림 6.5.2(d)]

V_{C1}의 영향선은 내민보의 영향선에 중앙부에 있는 단순보(EF)의 영향선을 추가하여 연결시킨 것이다.

$$V_{C1} = (P_1)(-y_1) + (P_2)(-y_2)$$

[4] V_{C2} 의 영향선 : [그림 6.5.2(e)]

V_{C2}의 영향선은 캔틸레버 부분의 영향선에 중앙부에 있는 단순보(EF)의 영향선을 추가하여 연결시킨 것이다.

$$V_{C2} = (P_2)(y_2)$$

[5] M_{C1} 의 영향선 : [그림 6.5.2(f)]

M_{C1}의 영향선은 내민보의 영향선에 중앙부에 있는 단순보(EF)의 영향선을 추가하여 연결한 것이다.

$$M_{C1} = (P_1)(y_1) + (P_2)(-y_2)$$

[6] M_{C2} 의 영향선 : [그림 6.5.2(g)]

M_{C2}의 영향선은 내민보에서 캔틸레버 부분의 모멘트 영향선에 중앙부에 있는 단순보(EF)의 영향선을 추가하여 연결시킨 것이다.

$$M_{C2} = (P_2)(-y_2)$$

예제 6-5-1

[그림 6.5.3(a)]와 같이 연행하중이 게르버보 위로 지날 때 R_B 의 최대 크기를 구하여라.

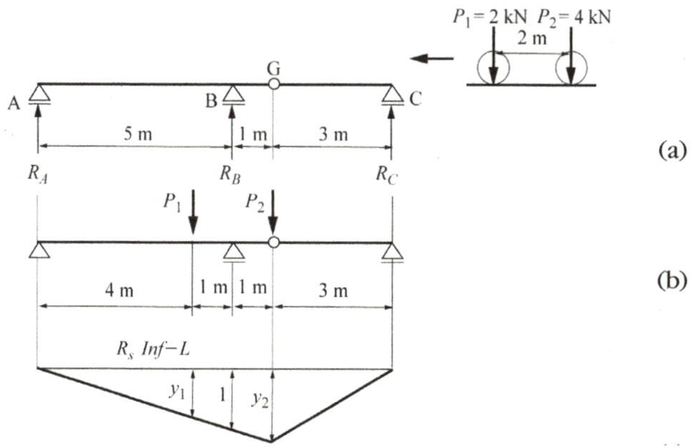

[그림 6.5.3]

풀이

R_B의 계산

$y_1 = \dfrac{4}{5} \qquad y_2 = \dfrac{6}{5}$

$$R_B = (P_1) \times (y_1) + (P_2) \times (y_2) = (2\text{kN})\left(\frac{4}{5}\right) + (4\text{kN})\left(\frac{6}{5}\right) = \frac{32}{5} = 6.4\text{kN}$$

예제 6-5-2

[그림 6.5.4]와 같은 게르버보의 반력 R_A, R_B, R_C 의 값을 영향선으로 구하여라.

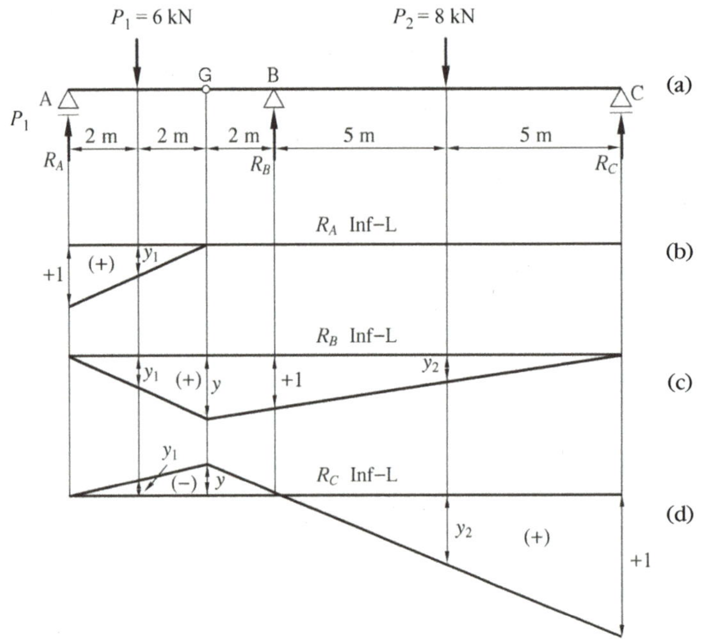

[그림 6.5.4]

풀이

(1) R_A의 계산

$y_1 = \dfrac{2}{4} = \dfrac{1}{2} \qquad \therefore R_A = (P_1) \times (y_1) = (6\text{kN}) \times \left(\dfrac{1}{2}\right) = 3\text{kN}$

(2) R_B의 계산

$10 : 1 = 12 : y \quad y = 1.2 \quad 4 : y = 2 : y_1 \quad y_1 = \dfrac{2y}{4} = \dfrac{2 \times 1.2}{4} = 0.6$

$10 : 1 = 5 : y_2 \quad y_2 = 0.5$

$\therefore R_B = (P_1)(y_1) + (P_2)(y_2) = (6\text{kN}) \times (0.6) + (8\text{kN}) \times (0.5) = 7.6\,\text{kN}$

(3) R_C의 계산

$y = -0.2 \quad y_1 = -0.1 \quad y_2 = 0.5$

$\therefore R_C = (P_1)(y_1) + (P_2)(y_2) = (6\text{kN}) \times (-0.1) + (8\text{kN}) \times (0.5) = 3.4\,\text{kN}$

6.6 트러스의 영향선

트러스에 고정하중이 작용할 때는 부재력을 쉽게 구할 수 있다. 그러나 연행하중이 작용할 때는 시시각각으로 변하는 부재력을 계산하는 데 불편하므로 영향선(influence line)을 이용하여 최대, 최소의 부재력값을 편리하게 구할 수 있다.

트러스의 지점반력의 영향선은 단순보의 지점반력 영향선과 동일하다. 트러스의 임의의 단면 부재에 대한 영향선을 구하면 다음과 같다.

6.6.1 현재의 영향선

[그림 6.6.1(a)]와 같은 플레이트 트러스에서 현재 U_m, L_m의 부재력을 구하기 위해 ②-② 단면에서 절단하여 절점 m, $m-1$에서 모멘트법에 의하여 좌측의 외력에 대한 모멘트의 총합을 M_m, M_{m-1}이라고 하면 부재력은 식 (a)에 의해서 구해진다.

$$U_m = -\frac{M_m}{h}$$
$$L_m = \frac{M_{m-1}}{h} \tag{a}$$

식 (a)에서 M_m, M_{m-1}은 단순보 AB 지간에서 단면 m, $m-1$ 지점의 휨모멘트와 같다. 그러므로 현재 U_m, L_m의 영향선은 M_m, M_{m-1} 영향선의 종거를 각각 $-1/h$배, $1/h$배 한 것이다. 그러므로 A지점에서 U_m 선의 종거는 $-x_m/h$이고, L_m 선의 종거는 x_{m-1}/h이다. 이것을 그림으로 표시하면 [그림 6.6.1(b), (c)]와 같다.

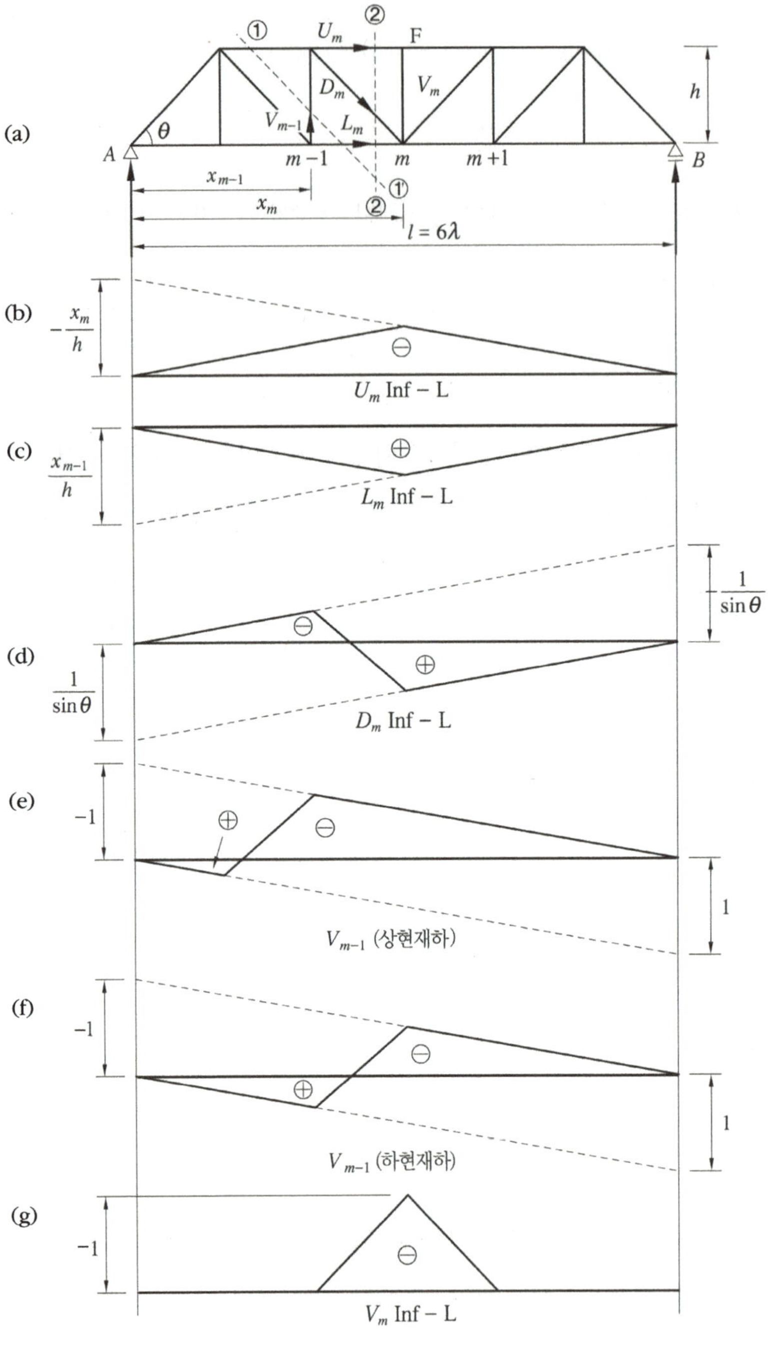

[그림 6.6.1]

6.6.2 사재의 영향선

사재 D_m의 부재력은 ②-② 단면에서 절단하여 절단면의 좌측의 외력에 대한 수직력의 총합을 $S_{m-1,m}$이라 하면

$\Sigma V=0$에 의해서

$$D_m = \frac{1}{\sin\theta} \times S_{m-1,m} \tag{b}$$

식 (b)에서 $S_{m-1,m}$는 간접하중을 받는 단순보 AB 지간의 결점 $m-1$, m에서 전단력이다. 따라서 D_m의 영향선은 $S_{m-1,m}$ 영향선의 종거를 $1/\sin\theta$배 한 것이다. 이것을 그림으로 도시하면 [그림 6.6.1(d)]와 같다.

6.6.3 수직재의 영향선

수직재의 부재력 V_{m-1}은 ①-① 단면에서 절단하여 절단면의 좌측에서 상현에 하중이 작용할 때 외력에 대한 수직력의 총합을 S_{m-1}이라 하고, 하중이 하현에 작용할 때 외력에 대한 수직력의 총합을 S_m이라고 하면

$\Sigma V=0$에 의해서

$$V_{m-1} = -1 \times S_{m-1} \tag{c}$$

$$V_{m-1} = -1 \times S_m$$

식 (c)에서 S_{m-1}, S_m은 간접하중을 받는 단순보 AB 지간의 격점 $m-2$, $m-1$ 및 $m-1$, m에서 전단력이다. 따라서 V_{m-1} 영향선은 [그림 6.6.1(e), (f)]와 같다.

중앙부재 V_m은 하중이 하현에 작용할 경우에 부재력은 작용하지 않는다. 하중이 상현에 작용할 경우 격점 $m-1$, $m+1$ 사이의 수직력은 V_m이므로 V_m의 영향선은 [그림 6.6.1(g)]와 같다.

6.6.4 와랜 트러스의 영향선

위와 같은 방법으로 와랜 트러스, 수직재가 있는 와랜 트러스의 각 부재에 대한 영향선을 그려보면 [그림 6.6.2], [그림 6.6.3]와 같다.

6.6.5 하우 트러스의 영향선

위와 같은 방법으로 하우 트러스의 각 부재에 대한 영향선을 그려보면 [그림 6.6.4]와 같다.

6.6.6 플레이트 트러스의 영향선

위와 같은 방법으로 플레이트 트러스의 각 부재에 대한 영향선을 그려보면 [그림 6.6.5]와 같다.

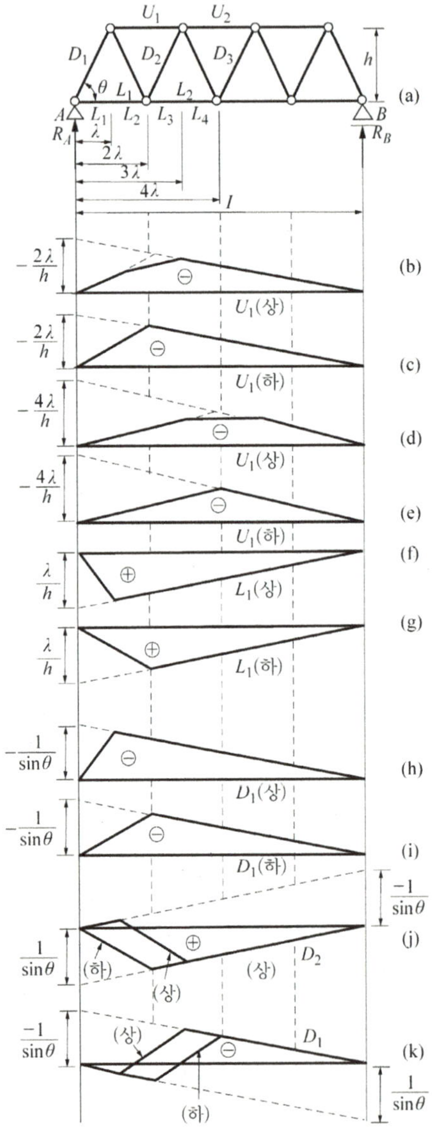

[그림 6.6.2] 와랜 트러스

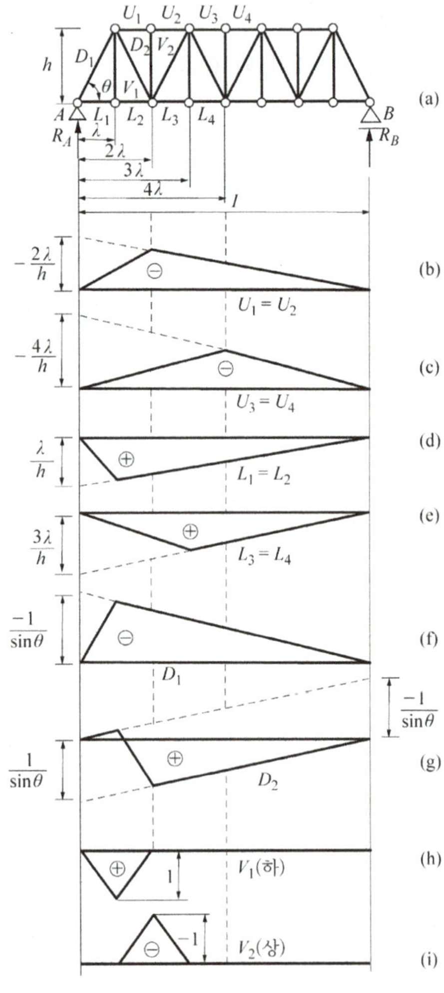

상 : 상현재하
하 : 하현재하

[그림 6.6.3] 수직재가 있는 와랜 트러스

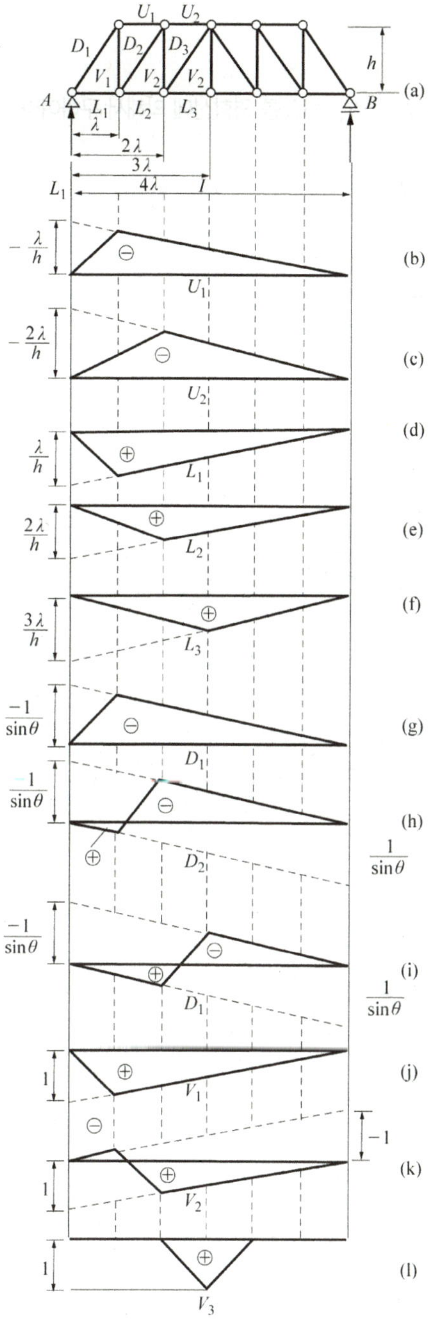

[그림 6.6.4] 하우 트러스

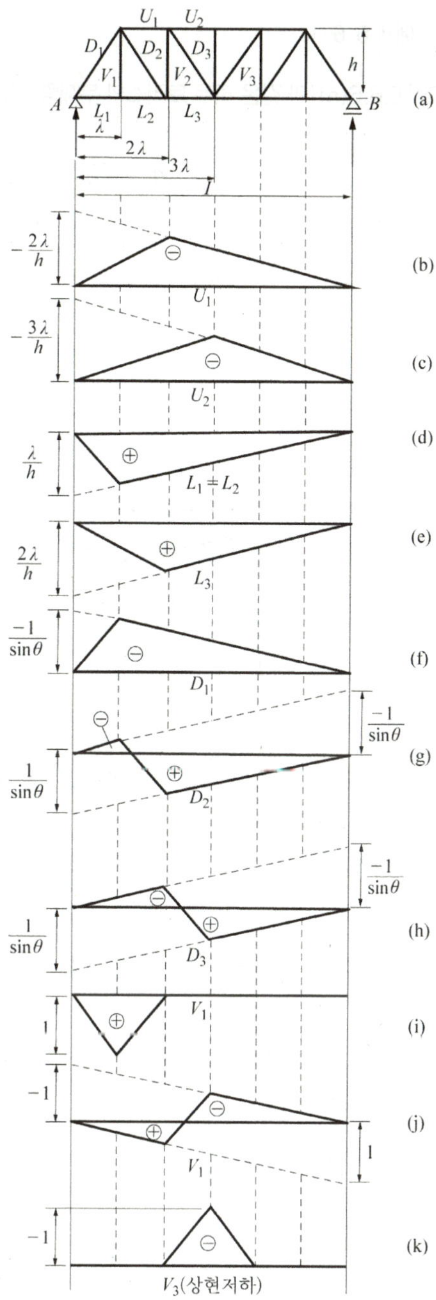

[그림 6.6.5] 플레이트 트러스

예제 6-6-1

[그림 6.6.6(a)]과 같은 하우 트러스의 부재력 U_2, V_2. L_3, S_3, V_3를 영향선에 의해서 구하여라.

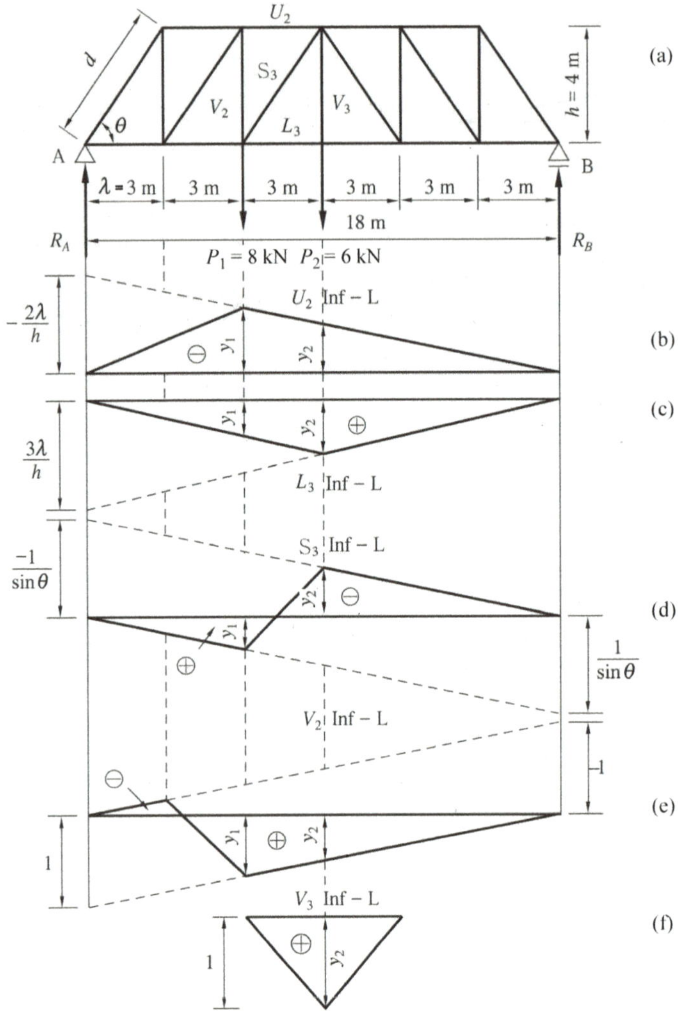

[그림 6.6.6]

풀이

$$\sin\theta = \frac{4}{\sqrt{3^2 + 4^2}} = \frac{4}{5}$$

(1) U_2 계산[그림 6.6.6(b)]

$$y_1 = \frac{12}{18} \times \frac{2\lambda}{h} = -1 \qquad y_2 = \frac{9}{18} \times \frac{2\lambda}{h} = -\frac{3}{4}$$

$$\therefore U_2 = (P_1) \times (y_1) + (P_2) \times (y_2) = (8) \times (-1) + (6) \times \left(-\frac{3}{4}\right) = -12.5\,\text{kN}$$

() L_3 계산[그림 6.6.6(c)]

$$y_2 = \frac{9}{18} \times \frac{3\lambda}{h} = \frac{9}{8} \qquad y_1 = y_2 \times \frac{6}{9} = \frac{6}{8}$$

$$\therefore L_2 = (P_1) \times (y_1) + (P_2) \times (y_2) = (8) \times \left(\frac{6}{8}\right) + (6) \times \left(\frac{9}{8}\right) = 12.75\,\text{kN}$$

(3) S_3 계산[그림 6.6.6(d)]

$$y_1 = \frac{6}{18} \times \frac{1}{\sin\theta} = \frac{5}{12} \quad y_2 = \frac{9}{18} \times \frac{1}{\sin\theta} = -\frac{5}{8}$$

$$\therefore S_3 = (P_1) \times (y_1) + (P_2) \times (y_2) = (8) \times \left(\frac{5}{12}\right) + (6) \times \left(-\frac{5}{8}\right) = -0.42\,\text{kN}$$

(4) V_2 계산[그림 6.6.6(e)]

$$y_1 = \frac{12}{18} = \frac{2}{3} \quad y_2 = \frac{9}{18} = \frac{1}{2}$$

$$\therefore V_2 = (P_1) \times (y_1) + (P_2) \times (y_2) = (8) \times \left(\frac{2}{3}\right) + (6) \times \left(\frac{1}{2}\right) = 8.33\,\text{kN}$$

(5) V_3 계산[그림 6.6.6(f)]

$$\therefore V_3 = (P_2) \times (y_2) = (6) \times (1) = 6\,\text{kN}$$

예제 6-6-2

[그림 6.6.7(a)]와 같은 와랜 트러스의 부재력을 영향선으로 구하여라.

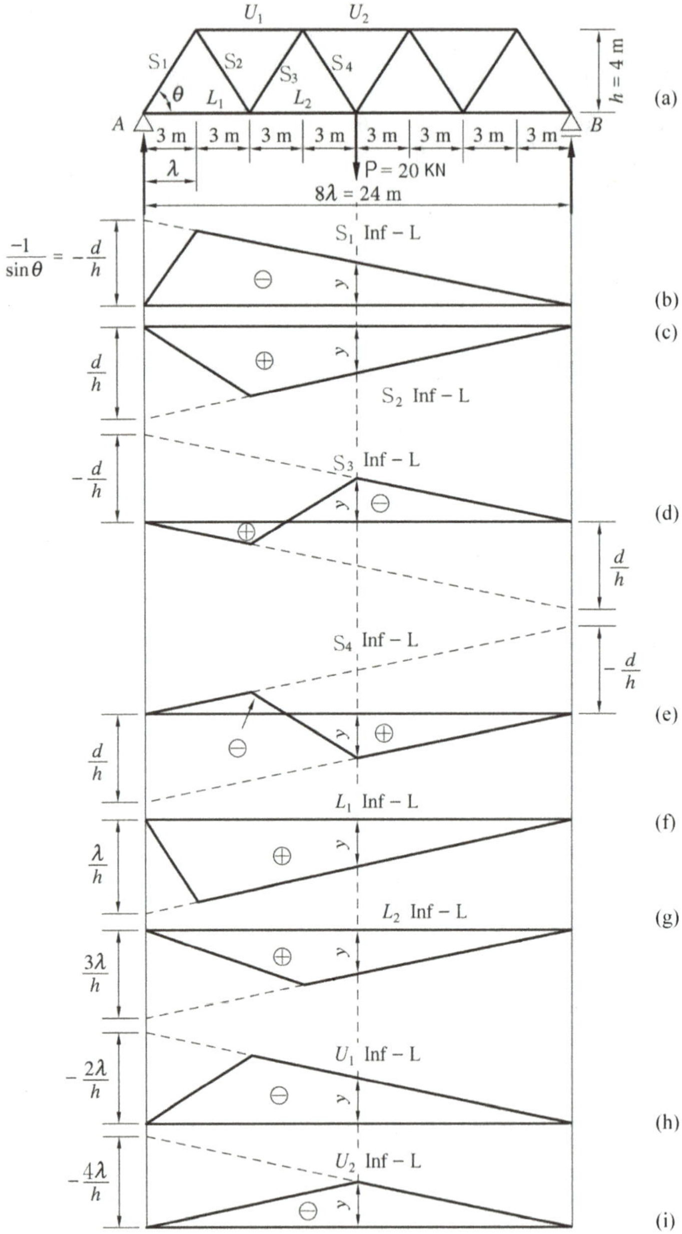

[그림 6.6.7]

풀이

(1) S_1 계산[그림 6.6.7(b)]

$$y = -\frac{12}{24} \times \frac{d}{h} = -\frac{12}{24} \times \frac{5}{4} = -\frac{5}{8} \qquad \therefore S_1 = P \times y = (20) \times \left(-\frac{5}{8}\right) = -12.5\,\mathrm{kN}$$

(2) S_2 계산[그림 6.6.7(c)]

$$y = \frac{12}{24} \times \frac{5}{4} = \frac{5}{8} \qquad \therefore S_2 = P \times y = (20) \times \left(\frac{5}{8}\right) = 12.5\,\mathrm{kN}$$

(3) S_3 계산[그림 6.6.10(d)]

$$y = -\frac{12}{24} \times \frac{5}{4} = -\frac{5}{8} \qquad \therefore S_3 = P \times y = (20) \times \left(-\frac{5}{8}\right) = -12.5\,\mathrm{kN}$$

(4) S_4 계산[그림 6.6.7(e)]

$$y = \frac{12}{24} \times \frac{5}{4} = \frac{5}{8} \qquad \therefore S_4 = P \times y = (20) \times \left(\frac{5}{8}\right) = 12.5\,\mathrm{kN}$$

(5) L_1 계산[그림 6.6.7(f)]

$$y = \frac{12}{24} \times \frac{\lambda}{h} = \frac{12}{24} \times \frac{3}{4} = \frac{3}{8} \qquad \therefore L_1 = P \times y = (20) \times \left(\frac{3}{8}\right) = 7.5\,\mathrm{kN}$$

(6) L_2 계산[그림 6.6.7(g)]

$$y = \frac{12}{24} \times \frac{3 \times 3}{4} = \frac{9}{8} \qquad \therefore L_2 = P \times y = (20) \times \left(\frac{9}{8}\right) = 22.5\,\mathrm{kN}$$

(7) U_1 계산[그림 6.6.7(h)]

$$y = -\frac{12}{24} \times \frac{6}{4} = -\frac{3}{4} \qquad \therefore U_1 = P \times y = (20) \times \left(-\frac{3}{4}\right) = -15\,\mathrm{kN}$$

(8) U_2 계산[그림 6.6.7(i)]

$$y = \frac{12}{24} \times \frac{12}{4} = -\frac{3}{2} \qquad \therefore U_2 = P \times y = (20) \times \left(-\frac{3}{2}\right) = -30\,\mathrm{kN}$$

예제 6-6-3

[그림 6.6.8(a)]과 같은 플레이트 트러스의 부재력을 영향선에 의해서 구하여라.

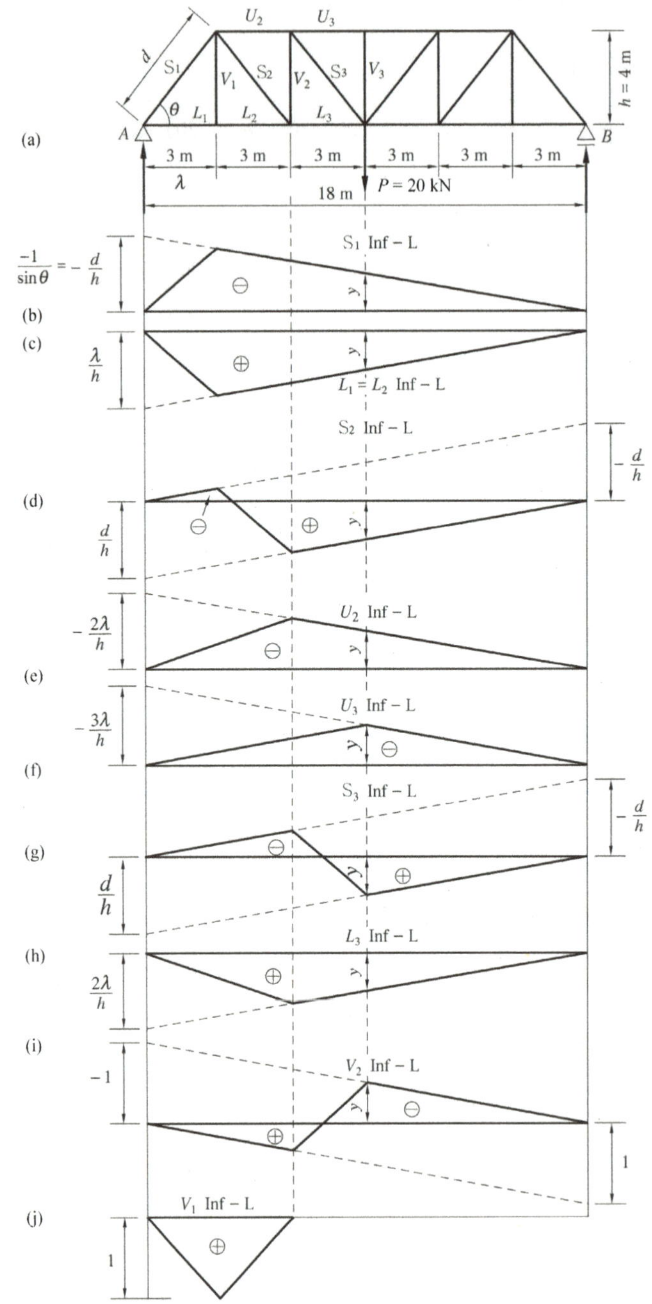

[그림 6.6.8]

풀이

(1) S_1 계산[그림 6.6.8(b)]

$$y = -\frac{9}{18} \times \frac{d}{h} = -\frac{9}{18} \times \frac{5}{4} = -\frac{5}{8} \qquad \therefore S_1 = P \times y = (20) \times \left(-\frac{5}{8}\right) = -12.5\,\text{kN}$$

(2) $L_1 = L_2$ 계산[그림 6.6.8(c)]

$$y = \frac{9}{18} \times \frac{\lambda}{h} = \frac{9}{18} \times \frac{3}{4} = \frac{3}{8} \qquad \therefore L_1 = L_2 = P \times y = (20) \times \left(\frac{3}{8}\right) = 7.5\,\text{kN}$$

(3) V_1 계산[그림 6.6.8(j)]

$$V_1 = 0$$

(4) S_2 계산[그림 6.6.8(c)]

$$y = \frac{9}{18} \times \frac{d}{h} = \frac{9}{18} \times \frac{5}{4} = \frac{5}{8} \qquad \therefore S_2 = P \times y = (20) \times \left(\frac{5}{8}\right) = 12.5\,\text{kN}$$

(5) S_3 계산[그림 6.6.8(g)]

$$y = \frac{9}{18} \times \frac{d}{h} = \frac{9}{18} \times \frac{5}{4} = \frac{5}{8} \qquad \therefore S_3 = P \times y = (20) \times \left(\frac{5}{8}\right) = 12.5\,\text{kN}$$

(6) U_2 계산[그림 6.6.8(e)]

$$y = -\left(\frac{9}{18} \times \frac{2\lambda}{h}\right) = -\frac{9}{18} \times \frac{6}{4} = -\frac{3}{4}$$

$$\therefore U_2 = P \times y = (20) \times \left(-\frac{3}{4}\right) = -15\,\text{kN}$$

(7) U_3 계산[그림 6.6.8(f)]

$$y = -\left(\frac{9}{18} \times \frac{3\lambda}{h}\right) = \frac{9}{18} \times \frac{9}{4} = -\frac{9}{8}$$

$$\therefore U_3 = P \times y = (20) \times \left(-\frac{9}{8}\right) = -22.5\,\text{kN}$$

(8) L_3 계산[그림 6.6.8(h)]

$$y = \frac{9}{18} \times \frac{2\lambda}{h} = \frac{9}{18} \times \frac{6}{4} = \frac{3}{4} \qquad \therefore L_3 = P \times y = (20) \times \left(\frac{3}{4}\right) = 15\,\text{kN}$$

(9) V_2 계산[그림 6.6.8(i)]

$$y = -\frac{1}{2} \qquad \therefore V_2 = P \times y = (20) \times \left(-\frac{1}{2}\right) = -10\,\text{kN}$$

EXERCISE

1. [P그림 6.1]과 같이 게르버보에 연행하중이 이동할 때 지점 B에서 최대 휨모멘트를 구하여라.

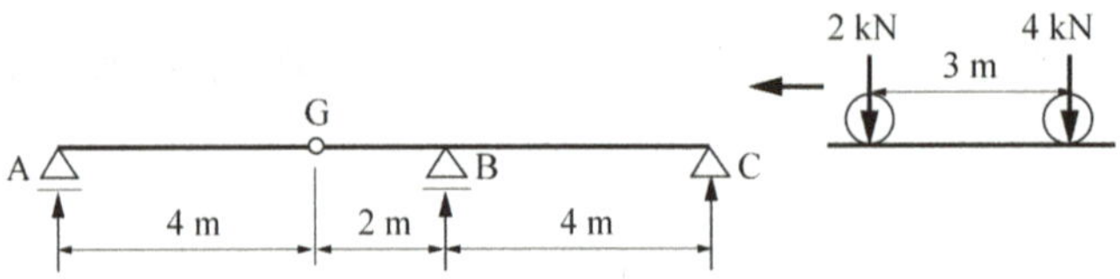

[P그림 6.1]

정답 $M_B = -9\,\text{kN} \cdot \text{m}$

2. [P그림 6.2]와 같은 트러스에 이동하중이 통과할 때 다음 S_3 부재에 대한 최대 부재력을 구하여라.

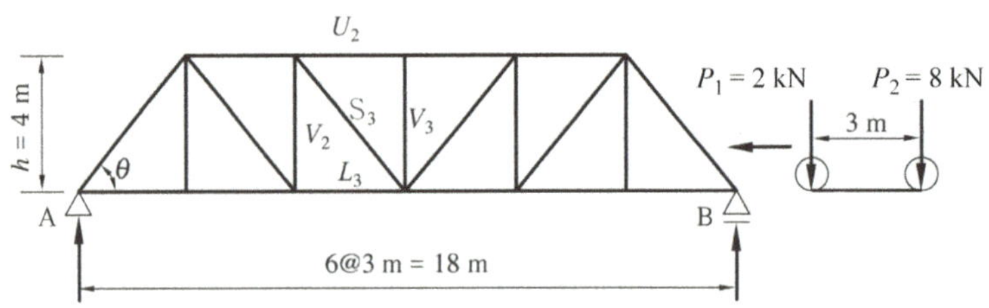

[P그림 6.2]

정답 $S_3 = 10.41\,\text{kN}$

3. [P그림 6.3]과 같은 트러스에 등분포하중이 통과할 경우 V_1 부재력을 구하여라.

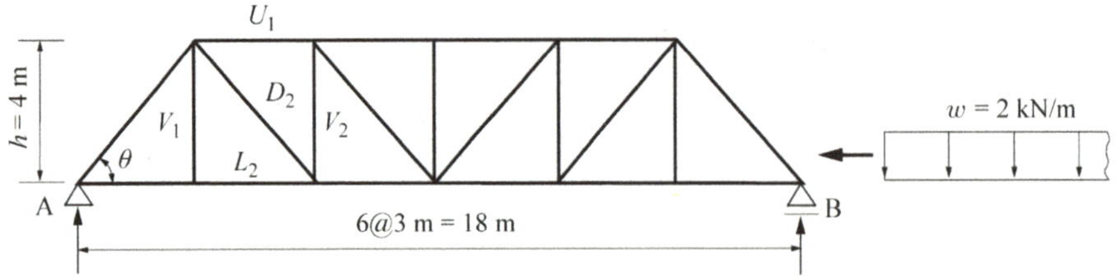

[P그림 6.3]

정답 $V_1 = 6\,\text{kN}$

4. [P그림 6.4]와 같은 트러스에 집중하중이 작용할 때 영향선에 의해 부재력을 구하여라.

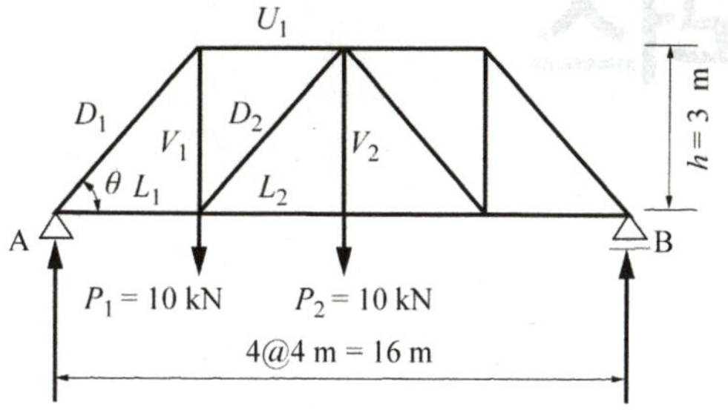

[P그림 6.4]

정답 $L_1 = 16.67\,\text{kN}$, $L_2 = 20\,\text{kN}$, $U_1 = -16.67\,\text{kN}$,

$S_1 = -20.83\,\text{kN}$, $S_2 = -4.17\,\text{kN}$, $V_1 = 12.5\,\text{kN}$, $V_2 = 10\,\text{kN}$

CHAPTER 7

입체 트러스

7.1 개요

부재가 모두 동일 평면 내에 놓여 있지 않은 구조물을 입체뼈대(space frame) 또는 입체구조물이라고 한다. 입체뼈대의 부재들이 축방향력만 받도록 핀 연결된 경우 이를 입체트러스라고 말한다. 구조물은 입체구조물에도 불구하고 이를 여러 평면구조물로 분해해서 동일 평면 내에 작용하는 하중에 대하여 각 평면구조물을 해석함으로써 입체구조물의 해석을 대신하는 경우가 많다. 1장의 1.3.4절 '구조물의 이상화'에서 설명하였듯이 고층건물은 서로 직각인 두 방향에 일정한 간격으로 배열된 몇 개의 평면라멘으로 구성된 것이라고 볼 수 있다. 또한 교량은 2개의 주 트러스, 상현과 하현의 수평브레이싱, 수직브레이싱 그리고 2개의 교문(portals) 등, 몇 개의 평면구조물들로 구성되어 있다고 가정할 수 있다.

또 한 부재가 2개의 평면구조물의 부분으로 생각하여야 하는 경우도 있다. 가령 주 트러스의 단주(end post)는 동시에 교문의 기둥으로도 작용하는 것이다. 이런 부재의 전 응력은 주 트러스의 단주로서의 응력에 교문의 기둥으로서의 응력을 합한 값이라고 할 수 있다. 그러나 어떤 입체구조물에서는 여러 평면구조물로 분해하였을 때, 그중 한 평면구조물의 응력이 이 평면 내에 있지 않은 부재로부터 크게 영향을 받는 경우가 있다. 한 평면구조물과 이 평면에 직각이 아닌 평면에 놓인 부재(또는 평면구조물)의 상호관계에서 더욱 이러한 현상은 두드러지게 나타난다. 한 평면의 트러스의 부재력이 직각이 아닌 방향으로 연결된 다른 트러스 때문에 영향을 받게 되는 경우가 그 한 예라고 할 수 있으며, 이런 트러스는 평면트러스로 가정할 수 없다.

이 종류에 속하는 구조물에는 탑(tower), 돔(dome), 비행기의 뼈대 등이 있으며, 이러한 3차원 구조물은 평면구조물로 가정하여 해석할 수 없다.

7.2 지점의 종류와 평형방정식

입체뼈대의 한 지점은 독립된 3개의 반력성분을 가질 수 있다. 그러나 이들 반력성분 가운데 1개 또는 2개가 0이 되도록 지점을 설계할 수 있다. 평면트러스의 반력은 1개의 반력성분을 주는 롤러(roller), 2개의 반력성분을 주는 힌지(hinge)에 의해 지탱된다. 입체구조물에서도 비슷한 형의 지점이 사용되지만 반력성분의 수는 1개 내지 3개가 된다.

① 힌지지점(hinge support)은 유니버설 절점(universal joint)형의 지점이며 x, y 그리고 z 방향으로 저항할 수 있기 때문에 3개의 반력성분을 갖는다. 구-소켓지점(ball-and-socket support)이라고도 한다.

② 롤러지점(slotted roller support)은 홈파진 롤러지점이며 두 방향으로서의 변위를 방지하고 오직 한 방향으로만 변위가 가능하다. 예를 들면, z방향의 수직반력과, x나 y방향 중 어느 한 방향의 수평반력을 제공하는 등이다. 만일, 홈이 x축 방향으로 파져있다고 하면 yz 평면에서는 평면구조물의 힌지지점과 같고, xy와 xz 평면에서는 평면구조물의 롤러지점과 같다.

③ 구지점(ball support)은 강구, 평판, 평면롤러 등으로 되어 있는 지점이며, 지지면에 직각인 방향의 반력성분만을 갖고 있는 것이다.

입체구조물에 적용되는 정역학적인 평형방정식은 다음과 같다.

$$
\begin{aligned}
&\sum F_x = 0 \quad \sum M_x = 0 \\
&\sum F_y - 0 \quad \sum M_y = 0 \\
&\sum F_z = 0 \quad \sum M_z = 0
\end{aligned} \tag{7.2.1}
$$

식 (7.2.1)로부터 6개의 반력성분은 직접적으로 구할 수 있다.

만일 반력성분이 6개 이상이면 외적으로 부정정이고, 6개이면 외적으로 정정, 6개보다 적으면 불안정이다. 대부분의 입체트러스에서는 부재의 수, 즉 내적으로는 정정이고 반력의 수, 즉 외적으로는 부정정인 경우가 많다. 이런 입체트러스의 반력은 부재력과 동시에 계산하여 나아가면 구할 수 있다.

입체트러스의 기본형은 6개의 부재와 4개의 격점으로 구성된 것이다. 다시 말하면 4개의 삼각형 평면으로 성립되어 있다고 볼 수 있다. 이 기본형은 동일 평면에 놓이지 않은 3개 부재와 1개

격점을 추가할 때마다 확대되어 간다. 이러한 단순 입체트러스는 격점법으로 해석이 가능하기 때문에 반력성분의 수효에 관계없이 항상 내적으로 정정이다.

입체트러스에서 각 격점을 떼어낼 때 3개의 동점력계의 평형방정식($\sum F_x = 0$, $\sum F_y = 0$, $\sum F_z = 0$)을 미지수를 계산하는 데 쓸 수 있다. 한 입체트러스에서 부재의 수를 m, 반력의 수를 r라고 하면 이 트러스가 정정이 되기 위한 조건은 다음과 같다.

$$m + r = 3j \tag{7.2.2}$$

만일 어떤 격점을 떼어내었을 때 모든 부재가 1개 평면 내에 있다면 그 격점에서의 평형방정식은 2개뿐이다. 따라서 식 (7.2.2)의 오른쪽 변은 $3j$에서 그러한 격점의 수를 뺀 것이라야 한다.

$m + r < 3j$이면 불안정한 트러스

$m + r = 3j$이면 정정-안정 : 기하학적 불안정 검토

$m + r > 3j$이면 부정정-안정 : 기하학적 불안정 검토

입체트러스에서 $m + r \geq 3j$는 안정의 필요조건이지 충분조건은 아니다. 입체트러스를 xy, xz, yz 평면에 각각 투영시켰을 때 각 평면 자체에서 반력성분이 3개 또는 3개 이상이면서 동점역계나 평형역계가 아니라야만 입체트러스의 외적 안정을 보장하는 충분조건이 되는 것이다. 또한 위에서 단순 입체트러스에 관해서 언급한 바와 같이 부재배열이 적절해야만 내적 안정을 확보하게 된다. 그리고 부재력 계산과정에서 유일한 해를 얻게 되면 내외적으로 안정된 트러스라고 판정하는 것도 효과적인 방법이다.

7.3 입체트러스의 해석법

7.3.1 개요

입체트러스의 각 부재의 부재력도 평면트러스에서와 마찬가지로 축방향력뿐이라고 가정할 수 있다. 다시 말해서 직선인 부재가 양단에 마찰이 없는 핀으로 연결되어 있고 하중은 격점에만 작용한다는 가정하에서는 각 부재의 내력은 축방향력뿐이다. 공간에서 경사를 갖는 임의의 부재의 축방향력 F는 [그림 7.3.1]에 나타낸 바와 같이 x, y, z 방향의 성분 F_x, F_y, F_z로 분해할 수 있다.

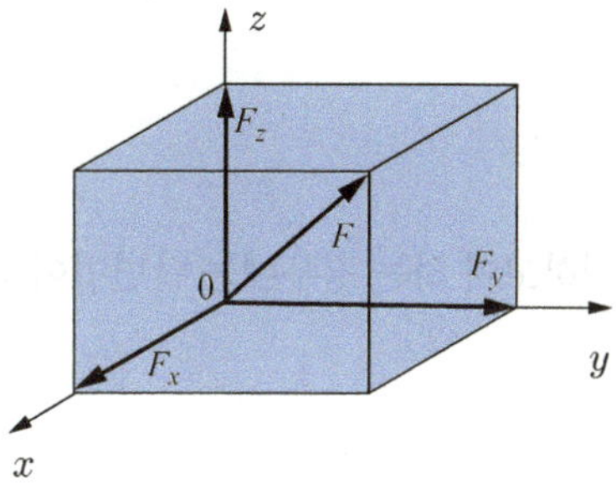

[그림 7.3.1]

트러스 부재의 길이를 l이라 하고, x, y, z방향의 길이의 성분을 각각 l_x, l_y, l_z라 하면 다음과 같은 관계가 성립한다.

$$l^2 = l_x^2 + l_y^2 + l_z^2 \tag{7.3.1}$$

또한

$$F^2 = F_x^2 + F_y^2 + F_z^2 \tag{7.3.2}$$

여기서,

$$F_x = F\left(\frac{l_x}{l}\right) \quad F_y = F\left(\frac{l_y}{l}\right) \quad F_z = F\left(\frac{l_z}{l}\right) \tag{7.3.3}$$

식 (7.3.3)로부터 한 부재력의 성분을 다른 부재력의 성분의 항으로 나타내는 것은 간단하다. 즉, $F_x = F_y(l_x/l_y)$ 등으로 나타낼 수 있다. 따라서 다음과 같은 유용한 관계식을 쓸 수 있다.

$$\frac{F}{l} = \frac{F_x}{l_x} = \frac{F_y}{l_y} = \frac{F_z}{l_z} \tag{7.3.4}$$

일반적으로 입체트러스도 평면트러스와 마찬가지로 단면법이나 격점법 중에 어느 한 방법으로 유사한 해석절차에 따라 부재력을 결정할 수 있다.

7.3.2 해석절차

[1] 단면법

단지 몇 개의 부재력만을 결정하고자 하는 경우에는 단면법이 효율적 해석방법이 된다. 일반 해석절차는 다음과 같다.

(1) 미지의 반력 계산

정정입체트러스의 경우 6개의 미지반력 계산

① 전체 구조물에 대한 자유물체도 작도

② 6개의 평형방정식($\Sigma F_x = 0$, $\Sigma F_y = 0$, $\Sigma F_z = 0$, $\Sigma M_x = 0$, $\Sigma M_y = 0$, $\Sigma M_z = 0$)에 의해 반력 계산

(2) 격간 부재력 계산

격간별 절단 단면에 대한 부재력 계산

① 미지의 부재력을 구하려는 격간의 부재 모두를 절단시켜 트러스를 두 부분으로 분리시켜 부재력을 구하기 쉬운 어느 한 쪽의 자유물체도 작도

② 평형방정식 적용 : 평면트러스와 유사하게 여러 개의 평형방정식 중에 어느 하나를 선택하여 절단된 격간에 미지 부재력을 하나씩 구하도록 한다.

(3) 계산결과의 검토

격간별로 미지의 부재력을 모두 구한 후 사용하지 않은 평행조건이나 절단된 다른 한 쪽 트러스의 평행조건으로부터 해석결과 검증 가능

[2] 격점법

평면트러스의 경우와 마찬가지로 트러스의 모든 부재력을 결정해야 하는 문제에서는 격점법이 적절한 해석법이다. 그 일반 해석 절차도 격점법과 유사하며 다음과 같다.

(1) 미지의 반력계산

(2) 격점별 미지 부재력 계산

① 격점별 자유물체도 작도 : 미지의 부재력이 3개 이하인 격점 둘레로 연결된 부재를 절단하여 격점을 고립시켜서 작도

② 평형방정식의 적용 : 자유물체도상의 격점에 x, y, z좌표의 축을 정하고 모든 힘을 x, y, z 성분으로 분해한 후 $\sum F_x = 0$, $\sum F_y = 0$, $\sum F_z = 0$ 을 풀어서 그 격점에 연결된 미지의 부재력을 계산

(3) 계산결과 검토

평면트러스와 마찬가지로 최종 격점이나 중간에 이미 구해진 부재력을 가진 격점에 대한 평형방정식으로부터 해석결과 검진 가능

7.3.3 해석 시 유의사항

[1] 단면법

① 해석의 요령은 평면트러스에서와 유사하게 미지의 부재력이 6개 이하인 격간에 대해 연립방정식을 피할 수 있는 방법으로 미지력 구해야 한다. 즉, 하나의 미지력을 제외한 나머지 미지력이 어느 축에 평행하거나 힘의 작용선이 좌표축 위의 한 점을 통과하는 경우 그 축에 대한 $\sum M = 0$ 에서 이들 힘의 모멘트는 0이 되므로 연립방정식의 해가 없이도 구할 수 있다.

② 절단된 격간에서 하나의 미지력을 제외한 다른 미지 부재력이 평행이면 평행부재력의 방향에 직각인면 방향의 평형조건 $\sum F = 0$로부터 평행이 아닌 미지 부재력을 구한다.

③ 해석의 요령은 평면트러스의 단면법과 유사하나 3차원에서의 해석이라는 점이 다르고 모멘트 평형조건의 어느 점이 아닌 축에 대한 평형조건이라는 것에 유의해야 한다.

[2] 격점법

① 해석요령은 평면트러스의 격점법과 유사하다. 다만, 연립방정식의 해를 피하도록 3개의 미지 부재력 중에 두 개의 미지 부재력 평면에 수직한 방향을 x축으로 선정하는 것이 좋다. 격점 좌표축이 선정되면, 먼저 각 부재원단의 좌표 값 (x, y, z)으로부터 각 부재축의 좌표축에 대한 방향여현 값을 결정해야 한다.

② 격점부재의 기하학적 형상이 특수한 경우 다음과 같이 쉽게 격점 부재력이 구해진다.

- 경우 1 : 한 격점에 연결된 부재들 중 하나만 제외한 모든 부재가 동일평면 내에 있고 또 외적 하중이 그 격점에 작용하지 않는다면, 다른 부재들과 동일한 평면 내에 있지 않는 하나의 부재의 부재력은 0이 되어야 한다. 이 사실을 입증하기 위해 [그림 7.3.2]를 고려해보자. 여기서 부재 A, B, C는 $x-z$ 평면 내에 있다. F_D의 y성분은 $\sum F_y = 0$을 만족하기 위해서는 0이 되어야 하므로 부재 D의 부재력도 0이다. 같은 이유로 외부하중이 이

절점에 작용하고 y축을 따라 작용하는 힘 성분이 있다면, 부재 D는 $\sum F_y = 0$으로부터 결정되는 하중을 지지하여야 할 것이다.

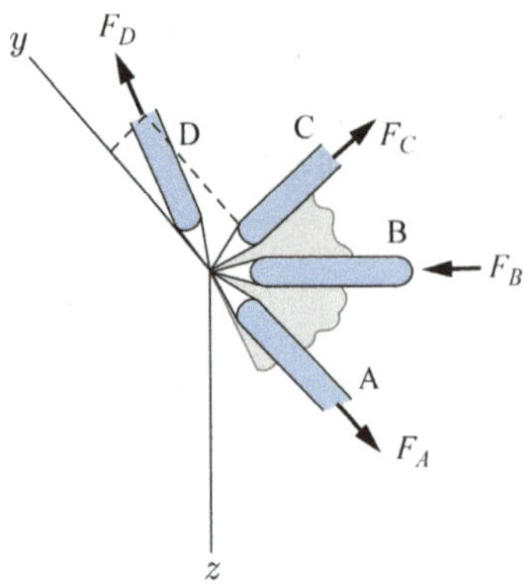

[그림 7.3.2]

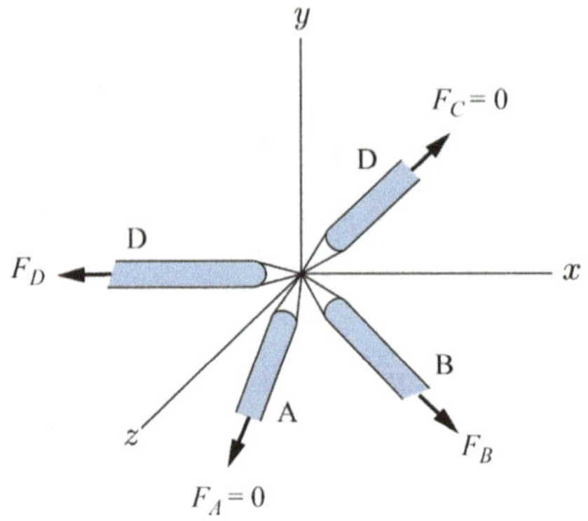

[그림 7.3.3]

- 경우 2 : 한 격점에 연결된 여러 부재들 중 두 개를 제외한 모든 부재의 부재력이 0이면 나머지 두 부재의 부재력도 0이어야 한다. 이때 이 부재들이 같은 선을 따라 놓인 경우는 안 된다. 이러한 상황은 [그림 7.3.3]에 잘 설명되어 있다. [그림 7.3.3]에서 부재 A와 C의 부재력이 0임을 알고 있다고 하자. x좌표축을 부재 D와 같은 방향으로 취한 후 $\sum F_y = 0$ 또는 $\sum F_z = 0$을 적용하면 F_B의 y 또는 z 성분은 0이 된다. 따라서 $F_B = 0$이다. 또 이와 같은 경우에는 $\sum F_x = 0$으로부터 $F_D = 0$이 된다.

③ 전술한 두 가지 경우의 격점의 기하 및 하중조건에 대해서는 특별한 주의를 기울여 해석해야 한다. 왜냐하면 입체트러스는 먼저 부재력이 0인 부재들을 구분함으로써 상당히 간단하게 해석될 수 있기 때문이다.

7.4 입체트러스에 적용되는 정리

기본적인 정역학으로부터 유도된 다음의 정리는 입체트러스 해석에 있어서 유용한 경우가 많다.

[정리 I] 한 격점에 모이는 모든 부재들이 1개의 부재 n을 제외하고 모두 한 평면 안에 놓여 있다면, 부재 n의 부재력의 그 평면에 수직한 성분은 그 격점에 작용하는 외력의 그 평면에 수직한 성분과 같다. 만일, 그 격점에 외력이 작용하지 않는다면 부재 n의 부

재력은 0이다.

[정리 II] 외력을 받지 않는 격점에서 두 부재를 제외한 모든 부재의 부재력이 0이라고 알려진 경우에 이 두 부재도 한 직선상에 놓여 있지 않으면 부재력은 0이다.

7.5 입체트러스의 해석

예제 7-5-1

[그림 7.5.1]와 같은 입체트러스를 해석하여라. 지점 a는 롤러, 지점 b는 구지점, 지점 c는 힌지이다.

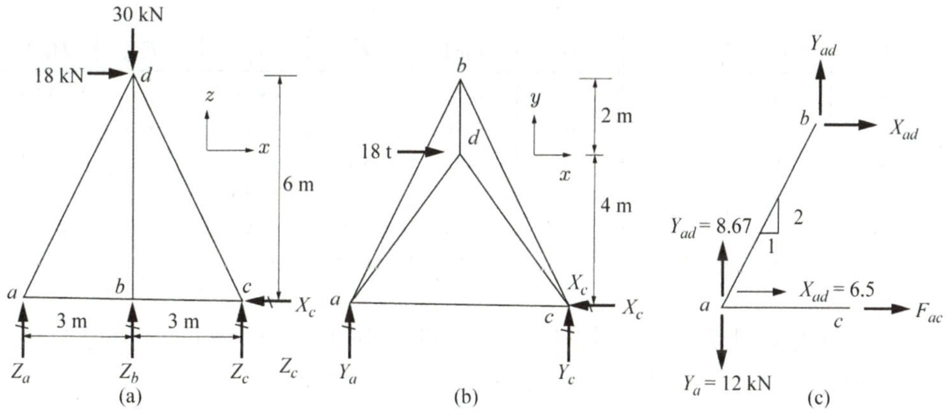

[그림 7.5.1]

풀이

(1) 방법 (I)

지점의 종류에 따라 반력성분을 [그림 7.5.1(a),(b)]에 나타내었다. $3j = m + r$로부터 $3(4) = 6 + 6 = 12$ 이므로 이 입체트러스는 정정이다. 평형방정식을 다음과 같이 차례로 적용하기로 한다.

선 $\overline{ac}$에 관하여

$$\sum M_x = 0, \quad \curvearrowright +: \quad (30)(4) - 6Z_b = 0 \qquad \therefore Z_b = 20 \text{ kN}(\uparrow)$$

Y_a의 작용선에 관하여

$$\sum M_y = 0, \quad \curvearrowright +: \quad (18)(6) + (30)(3) - (20)(3) - 6Z_c = 0 \quad \therefore Z_c = 23 \text{ kN}(\uparrow)$$

$$\sum F_z = 0, \quad \uparrow +: \quad Z_a + 20 + 23 - 30 = 0 \qquad \therefore Z_a = -13 \text{kN} = 13 \text{ kN}(\downarrow)$$

Z_c의 작용선에 관하여

$\sum M_z = 0$, ↷+: $(18)(4) + 6Y_a = 0$ $\therefore Y_a = -12\,\text{kN} = 12\,\text{kN}\,(\downarrow)$

$\sum F_y = 0$, ↑+: $-12 + Y_c = 0$ $\therefore Y_c = 12\,\text{kN}\,(\uparrow)$

$\sum F_x = 0$, →+: $18 - X_c = 0$ $\therefore X_c = 18\,\text{kN}\,(\leftarrow)$

이상과 같이 6개의 반력성분을 구하고 나면 부재력은 격점법으로 쉽게 계산할 수 있다. 격점 a에서 부재 $\overline{ad}$만이 z성분을 갖는 유일한 부재이므로 부재 $\overline{ad}$의 z성분은 Z_a와 크기가 같고 방향이 반대이다. 즉 부재 $\overline{ad}$의 z성분은 13kN(인장)이다. 따라서 부재 $\overline{ad}$의 x성분은 식 (7.3.4)으로부터 $F_x = F_z(l_x/l_z) = 13(3/6) = 6.5\,\text{kN}$(인장), $F_y = F_z l_y(l_z) = 13(4/6) = 8.67\,\text{kN}$(인장)임을 알 수 있다. 따라서 $F_{\overline{ad}} = \sqrt{6.5^2 + 8.67^2 + 13^2} = 16.92\,\text{kN}$(인장)이 된다. 계산을 간단하게 하기 위하여 [표]와 같이 하면 편리하다.

부재	l_x	l_y	l_z	l(m)	F_x	F_y	F_z	F(kN)
$\overline{ab}$	3	6	0	6.71	+1.67	+3.33	0	+3.73
$\overline{ad}$	3	4	6	7.81	+6.5	+8.67	+13	+16.92
$\overline{ac}$	6	0	0	6.0	−8.17	0	0	−8.17
$\overline{bc}$	3	6	0	6.71	+1.67	+3.33	0	+3.73
$\overline{bd}$	0	2	6	6.32	0	−6.67	−20	−21.08
$\overline{cd}$	3	4	6	7.81	−11.5	−15.33	−23	−29.94

가령 부재 $\overline{ab}$와 $\overline{ac}$의 부재력을 구하기 위해서는 [그림 7.5.1(c)]와 같이 절점 a를 고립시킨다. 반력 $Y_a = 12\,\text{kN}$과 부재 $\overline{ad}$에서 계산된 $X_{\overline{ad}} = 6.5\,\text{kN}$, $Y_{\overline{ad}} = 8.67\,\text{kN}$을 표시하여 $\Sigma F_x = 0$과 $\Sigma F_y = 0$을 적용하면 $F_{\overline{ac}}$와 $F_{\overline{ab}}$를 쉽게 구할 수 있다.

(2) 방법 (II)

방법(I)에서와 마찬가지로 우선 반력성분을 계산한다. 다음에 절점 d를 떼어내면 미지부재가 3개뿐이다. 따라서 이 떼어낸 절점 d에 대하여 $\Sigma F_x = 0$, $\Sigma F_y = 0$, $\Sigma F_z = 0$을 적용시켜 연립으로 풀면 부재력 $F_{\overline{ad}}$, $F_{\overline{bd}}$, $F_{\overline{cd}}$를 계산할 수 있다.

(a) $\sum F_x = 0, \quad 18 - \dfrac{3}{7.81}F_{\overline{ad}} + \dfrac{3}{7.81}F_{\overline{cd}} = 0$

(b) $\sum F_y = 0, \quad \dfrac{2}{6.32}F_{\overline{bd}} - \dfrac{4}{7.81}F_{\overline{ad}} - \dfrac{4}{7.81}F_{\overline{cd}} = 0$

(c) $\sum F_z = 0, \quad -30 - \dfrac{6}{6.32}F_{\overline{bd}} - \dfrac{6}{7.81}F_{\overline{ad}} - \dfrac{6}{7.81}F_{\overline{cd}} = 0$

위의 식 (a), (b), (c)를 연립으로 풀면 다음과 같이 3개의 부재력을 얻을 수 있다.

$\therefore F_{\overline{ad}} = 16.92\,\text{kN}\,(\uparrow)$ $\therefore F_{\overline{cd}} = -29.94\,\text{kN}\,(\uparrow)$ $\therefore F_{\overline{bd}} = -21.08\,\text{kN}\,(\uparrow)$

예제 7-5-2

[그림 7.5.2]와 같은 입체트러스를 해석하여라. 지점 b는 힌지, 지점 c와 e는 구지점, 지점 d는 롤러지점이다.

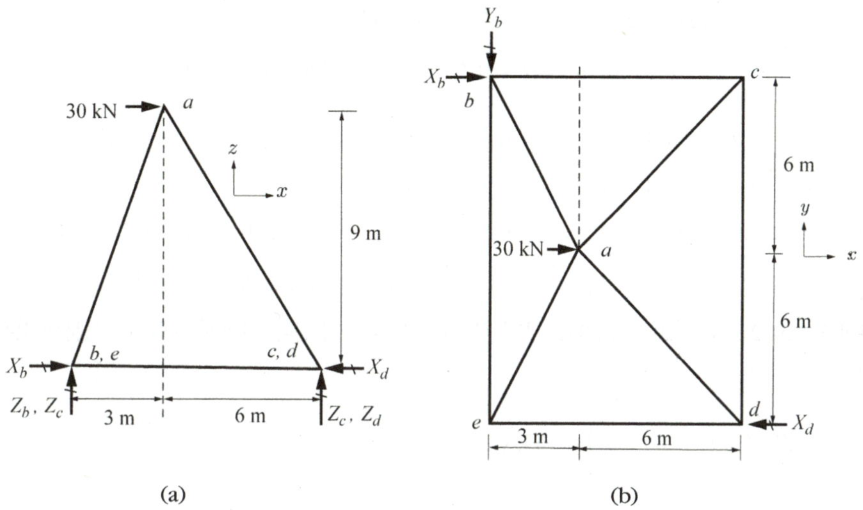

[그림 7.5.2]

풀이

지점의 종류에 대응하는 반력성분을 [그림 7.5.2(a), (b)]에 나타내었다. 반력성분이 7개인데 반하여 평형방정식은 6개이므로 외적으로 부정정이다. 그러나 $3j = m + r$, 즉 $3(5) = 8 + 7 = 15$이 성립하므로 내적으로 정정이다.

비록 이 입체트러스가 반력으로는 부정정일지라도 xy 평면에는 3개의 반력성분만 있기 때문에 쉽게 결정된다. 나머지 4개의 반력성분은 부재력과 연관시켜서 풀어야 한다.

[그림 7.5.2(b)]에서 Z_e의 작용선에 관하여

$$\sum M_z = 0, \quad \curvearrowright+: \quad (30)(6) + 12X_b = 0 \qquad \therefore X_b = -15 = 15\ \text{kN}(\leftarrow)$$

[그림 7.5.2(a)]에서

$$\sum F_x = 0, \quad \rightarrow+: \quad 30 - 15 - X_d = 0 \qquad \therefore X_d = 15\ \text{kN}\ (\leftarrow)$$

$$\sum F_y = 0, \quad \uparrow+: \quad 0 - Y_b = 0 \qquad \therefore Y_b = 0$$

$Z_c = F\ (\uparrow)$라고 가정하면 반력성분 4개는 다음과 같이 F의 항으로 나타낼 수 있다.

선 $\overline{eb}$에 관하여

$$\sum M_y = 0, \quad \curvearrowright+: \quad (30)(9) - 9(F + Z_d) = 0 \qquad \therefore Z_d = (30 - F) \ (\uparrow)$$

선 $\overline{ed}$에 관하여

$$\sum M_x = 0, \quad \curvearrowright+: \quad -12F - 12Z_b = 0 \qquad \therefore Z_b = -F = F \ (\downarrow)$$

$$\sum F_z = 0, \quad \uparrow+: \quad Z_e + F + (30 - F) - F = 0 \qquad \therefore X_e = -(30 - F) = (30 - F) \ (\downarrow)$$

부재 $\overline{ac}$의 z성분은 F(압축)이므로 y성분은 $6F/9 = 2F/3$이다. 부재 $\overline{ad}$의 z성분은 $(30 - F)$(압축)이므로 y성분은 $6/9(30 - F) = 20 - 2F/3$이다.

지금 격점 c를 떼어내어 $\sum F_y = 0$을 취하면, 부재 $\overline{cd}$의 부재력은 $2F/3$(인장)이다. 지금 격점 d를 때어내어 $\sum F_y = 0$을 취하면, 부재 $\overline{cd}$의 부재력은 $(20 - 2F/3)$(인장)이다. 부재 $\overline{cd}$의 부재력에 관한 두 표현은 같아야 하므로 $2F/3 = (20 - 2F/3)$로부터 $F = 15$ kN를 얻게 된다. 따라서 반력의 z성분의 값은 다음과 같다.

$$\therefore Z_d = (30 - F) \ (\uparrow) = (30 - 15) = 15 \text{ kN} \ (\uparrow)$$

$$\therefore Z_b = F \ (\downarrow) = 15 \text{kN} \ (\downarrow)$$

$$\therefore Z_e = (30 - F) \ (\downarrow) = (30 - 15) = 15 \text{kN} \ (\downarrow)$$

$$\therefore Z_c = F \ (\uparrow) = 15 \text{kN} \ (\uparrow)$$

식 (7.3.3) 등을 이용하여 [예제 7-5-1]에서와 마찬가지 방법으로 계산한 결과는 [표]와 같다.

부재	l_x	l_y	l_z	l(m)	F_x	F_y	F_z	F(kN)
$\overline{ab}$	3	6	9	11.22	+5	+10	+15	+18.71
$\overline{ae}$	3	6	9	11.22	+5	+10	+15	+18.71
$\overline{ac}$	6	6	9	12.37	−10	−10	−15	−20.62
$\overline{ad}$	6	6	9	12.37	−10	−10	−15	−20.62
$\overline{be}$	0	12	0	12	0	−10	0	−10
$\overline{bc}$	9	0	0	9	+10	0	0	+10
$\overline{cd}$	0	12	0	12	0	+10	0	+10
$\overline{ed}$	9	0	0	9	−5	0	0	−5

예제 7-5-3

[그림 7.5.3]과 같은 입체트러스를 해석하여라. 지점 a는 힌지, 지점 b와 d는 롤러지점, 지점 c는 구지점이다.

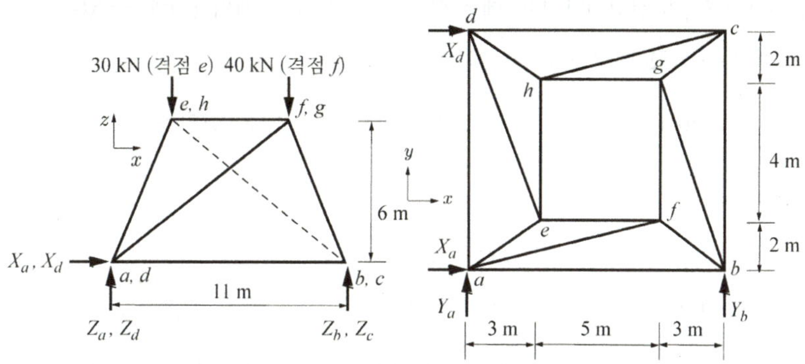

(a) (b)

[그림 7.5.3]

풀이

반력성분이 8개 있으나 [그림 7.5.3]의 트러스는 $3j = m + r$, 즉 $3(8) = 16 + 8 = 24$를 만족시키므로 정정구조물이다.

위에서 앞에서 설명한 [정리]를 이용하면, 격점 h와 g에 외력이 작용하지 않으므로 [정리 I]로부터 격점 h에서 부재 $\overline{eh}$에 부재력이 없고, 격점 g에서 부재 $\overline{gh}$에 부재력이 없다고 할 수 있다. 따라서 [정리 II]에 의하여 부재 $\overline{hd}$와 $\overline{hc}$의 부재력은 있을 수 없다.

격점 e를 떼어내어 자유물체도로 만들고, 선 $\overline{ad}$에 관하여 모멘트를 취하면 $F_{\overline{ef}}$가 결정되고 선 $\overline{ab}$에 관하여 모멘트를 취하면 $F_{\overline{de}}$가 결정된다. 다음에 격점법을 사용하면 $F_{\overline{ae}}$와 $F_{\overline{da}}$를 구할 수 있다.

격점 c를 떼어낸 자유물체도에서

선 $\overline{ad}$에 관하여

$$\sum M_y = 0, \quad \curvearrowright +: \quad (30)(3) + 6F_{\overline{ef}} = 0 \qquad \therefore F_{\overline{ef}} = -15 = 15 \text{ kN(압축)}$$

선 $\overline{ab}$에 관하여

$$\sum M_x = 0, \quad \curvearrowright +: \quad (30)(2) + 6Y_{\overline{de}} + 2Z_{\overline{de}} = 0$$

$$(60) + 6Y_{\overline{de}} + 2(6/6)Y_{\overline{de}} = 0 \qquad \therefore Y_{\overline{de}} = -7.5 = 7.5 \text{ kN(압축)}$$

격점 e에서

$$\sum F_y = 0, \quad \uparrow +: \quad Y_{\overline{de}} - Y_{\overline{ae}} = 0$$

$$-7.5 - Y_{\overline{ae}} = 0 \qquad \therefore Y_{\overline{ae}} = -7.5 = 7.5 \text{kN(압축)}$$

격점 d에서

$$\sum F_y = 0, \quad \uparrow+: \quad -Y_{\overline{de}} - Y_{\overline{da}} = 0 \qquad \therefore F_{\overline{da}} = -Y_{\overline{de}} = -(-7.5) = 7.5\,\text{kN}(\text{인장})$$

격점 f를 떼어내어 자유물체도로 만들고, 선 $\overline{ab}$에 관하여 모멘트를 취하면 $F_{\overline{fg}}$가 결정되고 선 $\overline{bc}$에 관하여 모멘트를 취하면 $F_{\overline{af}}$가 결정된다. 다음에 격점법을 사용하면 부재력을 구할 수 있다.

격점 f를 떼어낸 자유물체도에서 선 $\overline{ab}$에 관하여

$$\sum M_x = 0, \quad \curvearrowright+: \quad (40)(2) + 6F_{\overline{fg}} = 0 \qquad \therefore F_{\overline{fg}} = -13.3 = 13.3\,\text{kN}(\text{압축})$$

선 $\overline{bc}$에 관하여,

$$\sum M_y = 0, \quad \curvearrowright+: \quad -(40)(3) - 6F_{\overline{ef}} - 6X_{\overline{af}} - 3Z_{\overline{af}} = 0$$

$$-(120) - 6(-15) - 6X_{\overline{af}} - 3(6/8)X_{\overline{af}} = 0 \qquad (\text{압축})$$

격점 g를 떼어내어 자유물체도로 만들고, 위에서와 같은 방법을 적용하면 $Y_{\overline{af}} = -3.64 = 3.64$ kN이다. 따라서 $F_{\overline{bg}}$를 구할 수 있다. 나머지 부재력과 반력들은 격점법을 사용하면 쉽게 결정된다. 해석된 결과는 [표]에 나타내었다.

부재	l_x	l_y	l_z	l(m)	F_x	F_y	F_z	F(kN)
$\overline{ab}$	11	0	0	11	+13.64	0	0	+13.64
$\overline{bc}$	0	8	0	8	0	+3.33	0	+3.33
$\overline{cd}$	11	0	0	11	+5	0	0	+5
$\overline{da}$	0	8	0	8	0	+7.5	0	+7.5
$\overline{ae}$	3	2	6	7	−11.25	−7.5	−22.5	−26.25
$\overline{af}$	8	2	6	10.2	−3.64	−0.91	−2.73	−4.64
$\overline{bf}$	3	2	6	7	−18.64	−12.43	−37.28	−43.49
$\overline{bg}$	3	6	6	9	+5	+10	+10	+15
$\overline{cg}$	3	2	6	7	−5	−3.33	−10	−11.67
$\overline{ch}$	8	2	6	10.2	0	0	0	0
$\overline{dh}$	3	2	6	7	0	0	0	0
$\overline{de}$	3	6	6	9	−3.75	−7.5	−7.5	−11.25
$\overline{ef}$	5	0	0	5	−15	0	0	−15
$\overline{fg}$	0	4	0	4	0	−13.33	0	−13.33
$\overline{gh}$	5	0	0	5	0	0	0	0
$\overline{he}$	0	4	0	4	0	0	0	0

반력성분 : $Z_a = 25.23$ kN (↑) $X_a = 1.25$ kN (→)

$Z_b = 27.28$ kN (↑) $X_d = 1.25$ kN (←)

$Z_c = 10$ kN (↑) $Y_a = 0.91$ kN (↑)

$Z_d = 7.5$ kN (↑) $Y_b = 0.9$ kN (↓)

예제 7-5-4

[그림 7.5.4(a)]와 같은 입체트러스를 해석하여라. 지점 A는 짧은 링크(short link), 지점 B는 홈파진 롤러지점, 지점 D는 구지점(ball-and-socket support)으로 지지되어 있다.

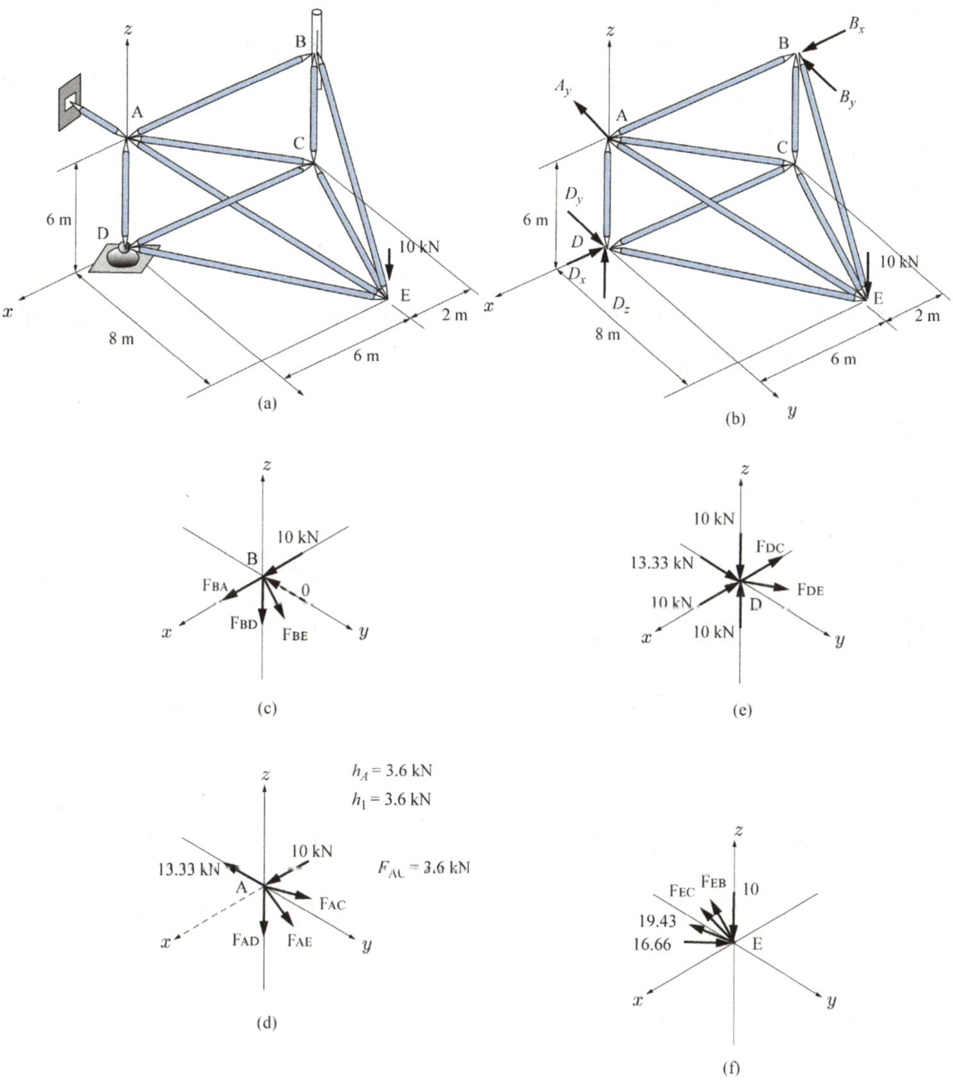

[그림 7.5.4]

풀이

이 트러스는 6개의 미지 반력성분이 있으므로 외적으로 정정이고, $3j = m + r$, 즉 $3(5) = 3(5) = 9 + 6 = 15$ 이므로 내적으로 정정이다. 또한 반력이 공통의 축을 통과하지 않고 모두 평행하지도 않기 때문에 이 트러스는 안정이다.

(1) 미지의 반력계산

[그림 7.5.4(b)]의 전체 트러스에 대한 자유물체도로부터 다음과 같이 구할 수 있다.

$$\sum M_y = 0, \quad \curvearrowright +: \quad B_x(6) - 10(6) = 0 \qquad \therefore B_x = 10\,\text{kN}$$

$$\sum M_z = 0, \quad \curvearrowright +: \quad B_y(8) = 0 \qquad \therefore B_y = 0$$

$$\sum M_x = 0, \quad \curvearrowright +: \quad B_y(6) + A_y(6) - 10(8) = 0 \qquad \therefore A_y = 13.33\,\text{kN}$$

$$\sum F_x = 0, \quad \curvearrowright +: \quad D_x - B_x = 0 \qquad \therefore D_x = 10\,\text{kN}$$

$$\sum F_y = 0, \quad \curvearrowright +: \quad -A_y - B_y + D_y = 0 \qquad \therefore D_y = 13.33\,\text{kN}$$

$$\sum F_z = 0, \quad \curvearrowright +: \quad D_z - 10 = 0 \qquad \therefore D_z = 10\,\text{kN}$$

(2) 격점별 미지 부재력 계산

격점별 자유물체도를 작도하고 평형방정식을 적용하여 미지의 부재력을 계산하면 다음과 같다. 부재는 모두 인장으로 가정한다.

격점 B : [그림 7.5.4(c)]

$$\sum F_y = 0, \quad \uparrow +: \quad F_{\overline{BE}}\left(\frac{8}{10.2}\right) = 0 \qquad \therefore F_{\overline{BE}} = 0$$

$$\sum F_x = 0, \quad \uparrow +: \quad F_{\overline{BA}} + 10 + F_{\overline{BE}}\left(\frac{2}{10.2}\right) = 0 \qquad \therefore F_{\overline{BA}} = -10\,\text{kN}(\text{압축})$$

$$\sum F_z = 0, \quad \uparrow +: \quad -F_{\overline{BC}} + F_{\overline{BE}}\left(\frac{6}{10.2}\right) = 0 \qquad \therefore F_{\overline{BC}} = 0$$

격점 A : [그림 7.5.4(d)]

$$\sum F_y = 0, \quad \uparrow +: -13.33 + F_{\overline{AE}}\left(\frac{8}{11.66}\right) = 0 \qquad \therefore F_{\overline{AE}} = 19.43\,\text{kN}\ (\text{인장})$$

$$\sum F_x = 0, \quad \uparrow +: 10 - F_{\overline{AC}}\left(\frac{8}{10}\right) - 19.43\left(\frac{6}{11.66}\right) = 0 \qquad \therefore F_{\overline{AC}} = 0$$

$$\sum F_z = 0, \quad \uparrow +: -F_{\overline{AD}} - F_{\overline{AC}}\left(\frac{6}{10}\right) - F_{\overline{AE}}\left(\frac{6}{11.66}\right) = 0 \qquad \therefore F_{\overline{AD}} = -10\,\text{kN}\ (\text{압축})$$

격점 D : [그림 7.5.4(e)]

$$\sum F_y = 0, \quad \uparrow +: \quad 13.33 + F_{\overline{DE}}\left(\frac{8}{10}\right) = 0 \qquad \therefore F_{\overline{DE}} = -16.66\,\text{kN}\ (\text{압축})$$

$$\sum F_x = 0, \quad \uparrow +: \quad -10 - F_{\overline{DC}} + 16.66\left(\frac{6}{10}\right) = 0 \qquad \therefore F_{\overline{DC}} = 0$$

(3) 부재력 계산 결과 검산

격점 A : [그림 7.5.4(f)]

$$\sum F_z = 0, \quad : \quad -10 + F_{\overline{EA}}\left(\frac{6}{11.66}\right) = -10 + 19.33\left(\frac{6}{11.66}\right) \approx 0 \quad \text{(검산식)}$$

$$\sum F_x = 0, \quad : \quad -16.66\left(\frac{6}{10}\right) - F_{\overline{EC}}\left(\frac{2}{8.25}\right) + 19.43\left(\frac{6}{11.66}\right) = 0 \quad \therefore F_{\overline{EC}} = 0$$

$$\sum F_y = 0, \quad : \quad 16.66\left(\frac{8}{10}\right) - F_{\overline{EC}}\left(\frac{8}{8.25}\right) - 19.43\left(\frac{8}{11.66}\right) \approx 0 \quad \text{(검산식)}$$

격점 C : 앞의 계산한 값들을 적용하면 부재력 $F_{\overline{AC}} = F_{\overline{BC}} = F_{\overline{CD}} = F_{\overline{CE}} = 0$이 된다.

EXERCISE

1. [P그림 7.1]과 같은 입체트러스의 반력과 부재력을 구하여라.

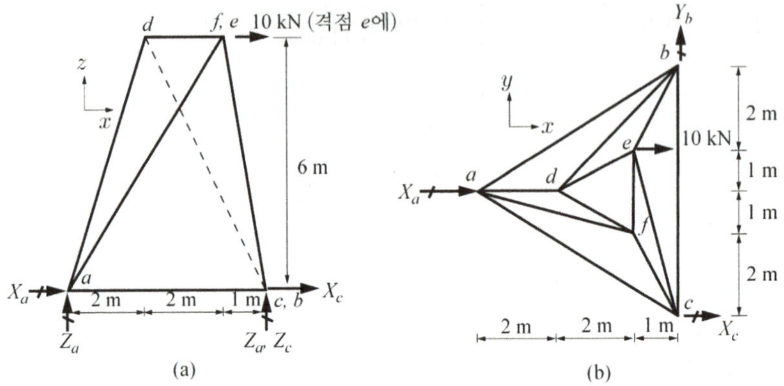

[P그림 7.1]

2. [P그림 7.2]와 같은 입체트러스의 반력과 부재력을 구하여라.

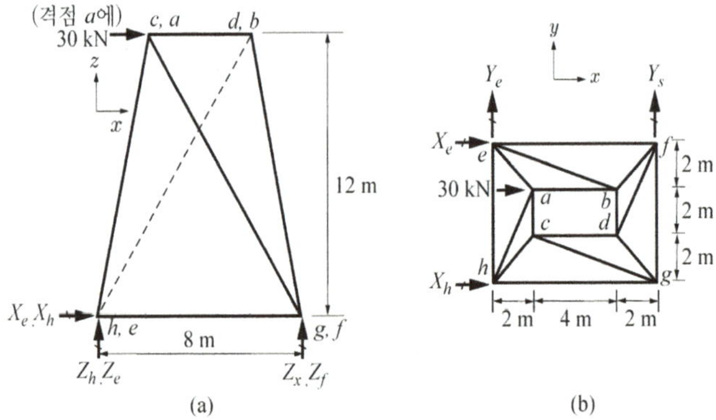

[P그림 7.2]

3. [P그림 7.3]과 같은 입체트러스의 반력과 부재력을 구하여라. 단 A, B, C지점은 힌지지점으로 가정한다.

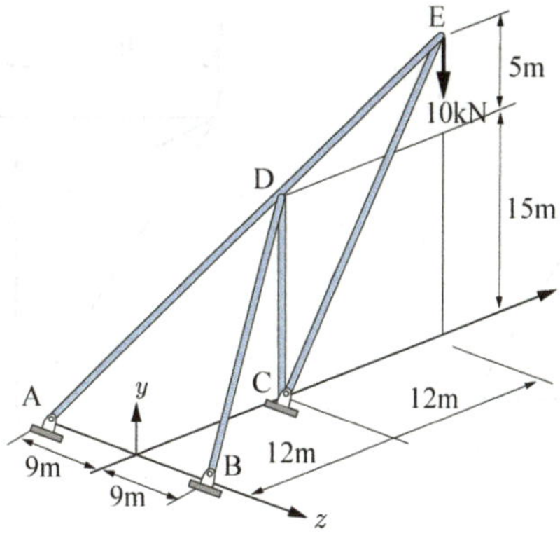

[P그림 7.3]

4. [P그림 7.4]와 같은 입체트러스의 반력과 부재력을 구하여라. 단 A, B, C지점은 구지점(ball support)으로 가정한다.

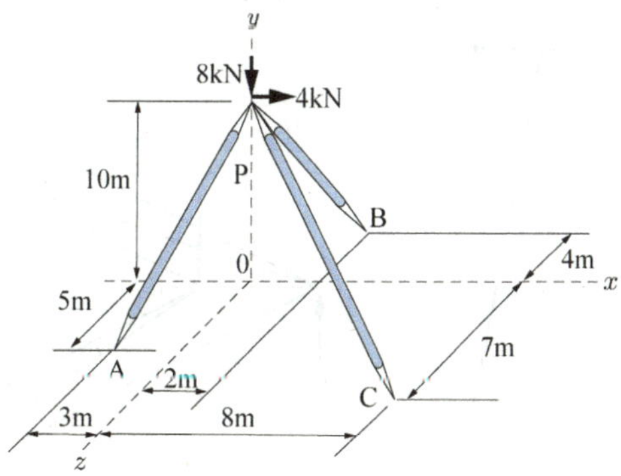

[P그림 7.4]

5. [P그림 7.5]와 같은 입체트러스의 반력과 부재력을 구하여라.

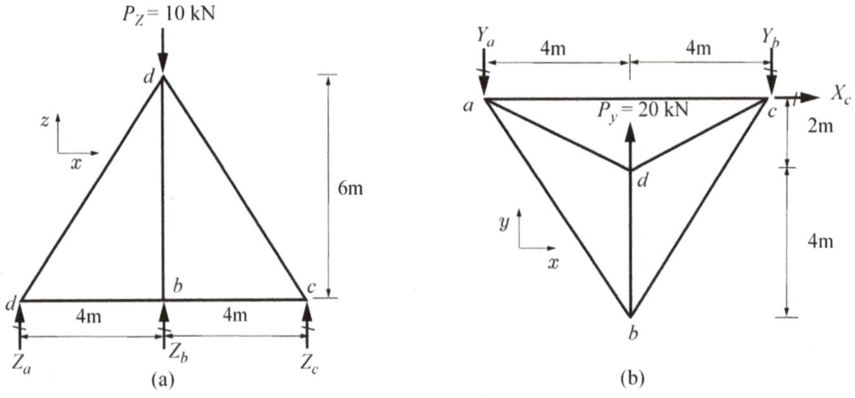

[P그림 7.5]

6. [P그림 7.6]과 같은 입체트러스의 반력과 부재력을 구하여라.

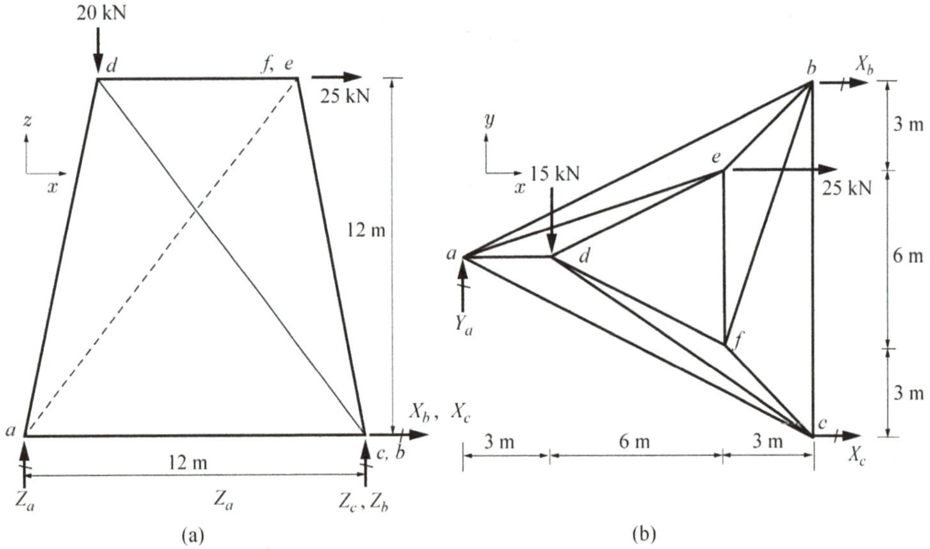

[P그림 7.6]

PART 2

일과 에너지

CHAPTER 8 일과 역학적 에너지
CHAPTER 9 가상일의 원리의 적용과 Casitigliano의 정리

STRUCTURAL MECHANICS

A B S T R A C T

모든 물체는 그것에 해당하는 특수한 요소를 갖는다. 이 특수요소의 하나가 에너지이다. 에너지의 양은 그 물체가 다른 물체에 대해 한 일(work)로 표시한다.

에너지는 역학적 에너지라고 하는 운동에너지와 위치에너지 및 음(音), 열(熱), 광(光), 전기(電氣), 자기(磁器) 및 화학적(化學的)인 에너지가 있다. '어떤 물체에 어떤 원인에 의한 물리적 및 화학적인 변화로 인한 에너지의 변화는 그 물체가 갖는 에너지의 양을 변화시키지 않는다'는 에너지보존의 법칙(principle of conservative of energy)은 잘 알고 있는 바와 같다. 구조물도 자연계에 존재하는 물체의 하나이므로 이 법칙은 성립되며 정정 및 부정정과 정적 및 동적인 관계로 표시되는 수식만 다를 뿐이다.

구조물의 경우에서는 힘(force)이 주가 되므로 역학적인 에너지가 중심이 되나 때로는 열에너지 또는 다른 에너지가 고려되기도 한다. 구조물에 하중이 작용하면 구조물 부재에 변형과 변위에 의한 일이 이루어지며, 이에 따르는 부재내부에는 내력에 의한 일을 받는 결과가 된다. 이것은 위치에너지의 변화량의 총합은 0이 된다는 것을 의미한다.

이 Part에서는 구조물의 외력과 변위에 대응하는 내력과 변형을 적용하여 에너지보존의 법칙을 응용하는 데 목적이 있으며, 가상일과 공액에너지를 포함한 부가적인 개념에 대해 고려하였다. 가상일의 원리는 단위하중법으로 유도되며, 이는 모든 종류의 구조물의 변위나 처짐을 구하는 데 유용하게 사용된다. 변형에너지와 공액에너지를 이용하는 방법은 정정이거나 부정정, 선형이거나 비선형을 막론하고 모든 경우의 해석에 적용할 수 있다.

이 Part에서는 단순한 구조물에 대하여 논하였으며 보다 복잡한 구조물에도 적용할 수 있음을 Part 4에서 나타내었다. 따라서 여기에서는 '고등구조해석'을 위한 응용역학의 기본원리를 도입한 것이라 볼 수 있다.

CHAPTER 8

일과 역학적 에너지

8.1 개요

이 장에서는 구조물의 외력과 변위에 대응하는 내력과 변형을 적용하여 에너지보존의 법칙을 응용하는 데 목적이 있다.

일반적으로 구조물에 있어서는 에너지 이론을 다음과 같이 3가지 종류로 구분한다.

① 변형에너지에 관한 이론

② 공액에너지에 관한 이론

③ 기타 특별한 적용

여기서 ①은 변형에너지로부터, ②는 공액에너지로부터 구조물 또는 부재 간에 성립되는 에너지의 관계조건을 구하는 것이고, ③은 ①과 ②에서 성립된 에너지의 관계조건의 특별한 적용에 대해 고려하는 것이다.

8.2 일 (Work)

물체가 힘의 작용을 받으면 변형과 변위가 일어난다. 물체에 힘이 작용하는 경우 힘의 작용점이 변위를 일으켰다면 '힘은 물체에 일을 하였다'라고 한다. 일의 양은 작용한 힘과 그 작용시간에 힘의 방향으로 일어난 변위성분의 거리를 서로 곱한 값이다. 따라서 일의 단위는 tf · cm, tf · m, N · mm, N · m, kN · m 및 kgf · m가 된다.

일에 관한 문제를 해결하는 데 있어서는 힘이 시각에 따라 변화하는 변동외력에 의한 일과 변화하지 않는 비변동외력에 의한 일, 그리고 모멘트가 하는 일로 나누어 생각하여야 한다.

그러나 변위 및 회전이 작용하는 힘과 직접관계가 없는 원인으로 일어나든가 임의로 가상한 경우 이 변위 및 회전에 대한 작용력이 하는 일을 가상일(virtual work)이라 한다. 한편 작용력에 의한 변위와 회전으로 얻어지는 일을 실제일(actual work)이라 하며, 이외의 다른 원인에 의한 변위와 회전을 가상변위(virtual displacement)와 가상회전(virtual rotation)이라 한다.

8.3 역학적 에너지 (Mechanical energy)

운동하고 있는 물체가 갖고 있는 에너지를 운동에너지라 하고, 물체가 그 위치에 의해 갖고 있는 에너지를 위치에너지라 한다. 이 운동에너지와 위치에너지를 합하여 역학적 에너지 또는 기계적 에너지라 한다.

8.3.1 운동에너지 (Kinetic energy)

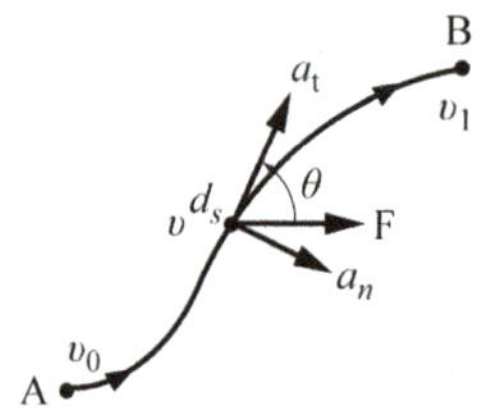

[그림 8.3.1]

운동하고 있는 물체는 물체가 멈출 때까지 그 운동에 상당하는 일을 하는 요소인 운동에너지를 갖고 있다. [그림 8.3.1]에 나타낸 질량 m이 곡선경로 $A \to P \to B$를 그리며 운동하는 것으로 보면 이 곡선상의 임의의 한 점 P를 잡고 이 질점의 속도를 v, 접선가속도를 a_t, 법선가속도를 a_n이라 하면 이 점에는 접선력 ma_t 및 법선력 ma_n이 작용한다.

변위가 작은 경우 변위의 방향과 법선력의 방향은 서로 수직이므로 법선력은 일을 하지 않는다. 따라서 일의 양은 접선력에 관한 것만 생각하면 된다.

여기서 P점부터 ds인 미소변위 사이의 일의 미소량 dW는 다음과 같다.

$$dW = ma_t ds = m\frac{dv}{dt}ds = (mv)dv \qquad ①$$

속도가 v_0로부터 v_1으로 변화된 구간 $A-P-B$ 사이의 일의 양(운동에너지) W는 다음과 같다.

$$W = \int_{v_0}^{v_1} dW = \int_{v_0}^{v_1} (mv)dv = \left(\frac{1}{2}mv^2\right)_{v_0}^{v_1} = \frac{1}{2}mv_1^2 - \frac{1}{2}mv_0^2 \qquad ②$$

위의 식에서 처음 속도가 $v_0 = 0$인 경우 일의 양(운동에너지) W은 다음과 같다.

$$W = \frac{1}{2}mv_1^2$$

8.3.2 위치에너지 (Potential energy)

일반적으로 물체는 그 위치에 상당하는 위치에너지를 갖고 있다. 물체를 어느 위치로부터 다른 위치로 이동시키기 위해서는 힘이 일을 하여야 한다. 이 일의 양은 물체를 움직이는 방향으로 정(+) 또는 부(-)의 값을 갖는다. 예를 들면 [그림 8.3.2]에 나타낸 바와 같이 질량 m의 질점을 지상의 점 A로부터 h의 높이에 있는 위치 B까지 이동시키기 위해서는 중력에 반대방향으로 $-mgh$의 일을 하여야 한다.

다음 질점이 B점으로부터 원위치 A점으로 돌아올 경우의 일의 양은 mgh이다. 즉 질점이 B점 위치에 이르기 위해서는 $-mgh$의 일을 했으나 B점으로 이동했기 때문에 mgh의 일의 양인 에너지를 갖게 된다. 이 에너지는 질점이 B점의 위치에 이동할 때 얻어진 것이므로 위치에너지라 한다. 물체가 위치에너지를 증가시키기 위해서는 부(-)의 일을 해야 한다. 이때 일의 양이 정(+)인 경우에는 물체의 위치에너지는 감소한다는 것을 알 수 있다.

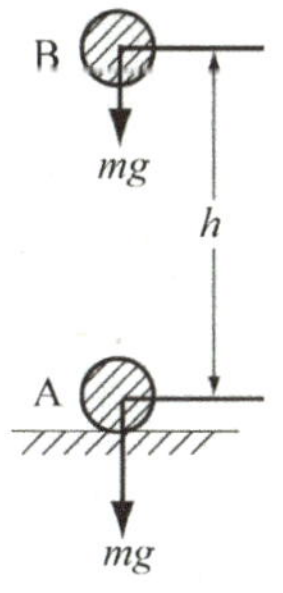

[그림 8.3.2]

8.3.3 역학적 에너지 보존의 원리

앞 절에서 알 수 있는 바와 같이 질점이 A점으로부터 B점으로 이동했다가 A점으로 돌아올 때의 일양의 합은 0이 된다. 이때 A점으로부터 B점으로 이동하기 위한 일은 높이 h에만 관계가 있고 이동 중의 경로에는 관계가 없다. 일반적으로 질점이 임의의 경로를 통하여 원위치로 돌아올 때까지의 일의 양이 0으로 되는 경우 이와 같은 영역을 보존장이라 하고 이때의 힘을 보존력이라 한다. 따라서 중력장도 보존력의 장으로 된다. 보존력장에서의 운동에 있어서 마찰력에 의한 일은 그 경로에 관계가 있으므로 보존력이 아니다. 앞의 [그림 8.3.1]에서 질점이 A점으로부터 B점으로 이동하면 위치에너지의 변화를 일으킨다.

여기서 A점의 위치에너지를 U_0, B점의 위치에너지를 U_1이라 하면 이 이동에 필요한 일의 양 W는 위치에너지의 성질로부터 다음과 같이 된다.

$$-W = U_1 - U_0$$

위의 식에서 보는 바와 같이 이 운동 중에 일어난 일의 양은 W이어야 하며 이 경우의 일의 양은 8.3.1절의 식 ②로 주어진다.

여기서 $K_0 = \frac{1}{2}mv_0^2$, $K_1 = \frac{1}{2}mv_1^2$으로 나타내면 다음과 같이 된다.

$$W = K_1 - K_0 = U_0 - U_1$$

따라서

$$K_1 + U_1 = K_0 + U_0$$

위의 식은 질점이 보존력 장에서 운동하는 경우, 운동에너지와 위치에너지의 합인 역학적 에너지의 양은 일정하다는 역학적 에너지 보존의 원리(principle of conservation of mechanics energy)이다.

8.3.4 변형에너지 (Strain energy)

물체(연속체, continuum body)가 외력을 받으면 일반적으로 변형과 변위를 일으킨다. 여기서 이 계가 보존력장에 있는 경우 역학적 에너지의 보존의 원리에 의하여 다른 에너지의 보충이 없다면 계가 갖고 있는 운동에너지 K와 위치에너지가 어떻게 변화하더라도 운동에너지 K와 위치에너지 U의 합은 일정하다.

$$K + U = \text{const} \quad ①$$

따라서 이 에너지의 변화에 대해서는 다음 식이 성립된다.

$$dK + dU = 0 \quad ②$$

또한 물체는 외력을 받아 변형하여 내력을 일으킨다. 이 내력과 외력은 모두 위치의 이동을 가져오므로 내력, 외력 모두 위치에너지의 변화를 일으킨다. 이 위치에너지는 외력 및 내력의 위치에너지로 나누어지므로 외력 및 내력에 의한 위치에너지를 U_e 및 U_i라 하면 위의 식 ①은 다음과 같이 된다.

$$K + U_e + U_i = \text{const} \quad ③$$

또한 식 ②는 다음과 같이 된다.

$$d(K + U_e + U_i) = 0 \quad ④$$

여기서 우리가 취급하는 구조물의 변화속도는 느린 것이므로 정적인 거동으로 생각해도 별 문제는 아니다. 따라서 운동의 속도를 0으로 취급하면 다음과 같이 된다.

$$d(U_e + U_i) = 0 \qquad \therefore dU_e = -dU_i \quad ⑤$$

이 경우 외력이 하는 일의 양 증가를 dW_e로 나타내면 이것은 외력의 위치에너지의 감소와 같으므로 다음과 같이 된다.

$$dW_e = dU_e \quad ⑥$$

따라서 식 ⑤와 ⑥으로부터 다음과 같이 된다.

$$dW_e = dU_i \quad ⑦$$

위의 식 ⑦은 '외력일의 양 증가는 내력의 위치에너지의 증가와 같다'는 것을 말한다. 이 위치에너지는 요소의 변형에 의하여 일어난 것이므로 변형에너지라고 부른다. 그런데 이 변형에너지는 요소에 대해 응력이 하는 일의 양과 같다. 따라서 외력이 한 일의 양의 증가는 변형에너지 증가와 같다는 것을 알 수 있다.

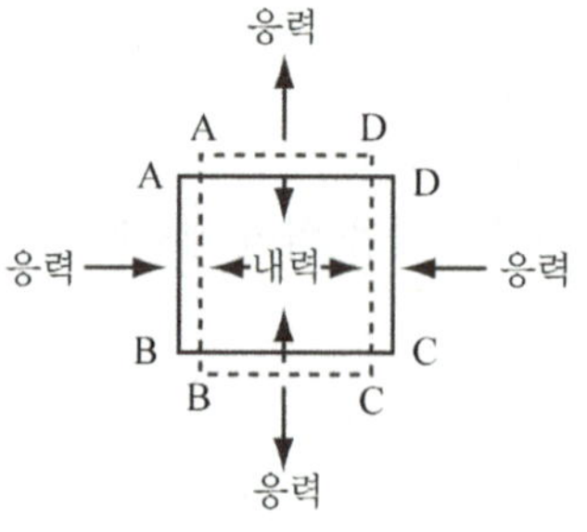

[그림 8.3.3]

지금 연속체의 요소를 [그림 8.3.3]으로 나타내면 $ABCD$주변의 응력은 이것에 연속하는 요소와 반대방향의 평형력으로 되므로 요소의 일은 내력에 의한 일의 양으로 된다. 그러나 내력과 요소의 변형이 반대인 경우에는 내력의 일은 부(−)로 된다. 따라서 내력의 위치에너지는 정(+)으로 된다.

물체가 탄성체인 경우 외력이 한 일을 탄성변형일이라 한다. 여기서 내력일의 양의 증가를 dW_i라 하면 이것은 내부 위치에너지(변형에너지) dU_i의 부호를 반대로 한 것과 같은 값이다.

$$dW_i = dU_i \quad ⑧$$

따라서 내력 일의 양은 변형과 내력의 방향이 반대이므로 부(−)의 값으로 된다. 그럼으로 내력의 위치에너지와 내력 일의 양은 부호가 반대이므로 내력 일의 양이 부(−)의 값인 경우 $dU_i > 0$로 됨을 알 수가 있으며 변형에너지가 증가함을 의미한다. 여기서 외력을 제거하였다면 변형은 원상태로 돌아가므로 내력 일의 양은 정(+)으로 되고 변형에너지는 감소하며 외력이 영(0)으로 되면 변형에너지도 영(0)으로 된다.

강체인 경우에는 요소의 변형은 없으므로 내력은 일을 하지 않는다. 따라서 변형에너지 $U_i = 0$으로 되고 식 ③은 다음과 같이 된다.

$$K + U_e = \text{const} \quad ⑨$$

따라서

$$d(K + U_e) = 0, \quad dK = -dU_e \quad ⑩$$

또한

$$dK = dW_e \qquad ⑪$$

위의 식 ⑪은 '운동에너지의 증가는 외력 일 양의 증가와 같다'는 것을 나타낸다.

지금까지 실제의 변형과 변위에 대한 것이지만 가상변형과 가상변위에서도 똑같이 성립된다.

8.3.5 위치에너지 정류의 원리(Principle of stationary potential energy)

하나의 함수가 여러 가지를 포함하고 있는 경우 그 1차 도함수의 모든 것이 없어지는 점에 있어서 이 함수는 정유(stationary)라 한다. 평형보존역계에 있어서 내력과 외력도 평형상태이므로 미소변위에 대한 내력 및 외력에 대한 위치에너지의 변화는 정유할 수 있으므로 $dU = 0$으로 되어 다음과 같이 된다.

$$dU = dU_e + dU_i = 0 \qquad ①$$

위의 식 ①도 위치에너지의 정유의 원리라 한다.

일반적으로 자유도 n(n개의 변수가 정해져 함수의 값이 확정됨)인 보존계에 대해 그 계의 위치에너지 U는 n개의 일반좌표(x_1, x_2, x_3, $\cdots$, x_n)의 함수로 된다. 따라서 위치에너지 U의 1차 편미분계수가 연속인 경우에는 모든 좌표에 대하여 연속이어야 하므로 다음 식이 성립된다.

$$\frac{\partial U}{\partial x_1} = 0, \quad \frac{\partial U}{\partial x_2} = 0, \quad \cdots, \frac{\partial U}{\partial x_n} = 0 \qquad ②$$

위의 식 ②는 '만일 일반좌표에 대한 위치에너지의 1차 편미분계수가 모두 영(0)인 경우 이 보존계는 평형상태이다'란 것을 의미한다.

그러나 위의 경우보다 더 복잡한 n자유도의 경우에 대해서도 식 ②가 성립된다.

8.3.6 위치에너지 최소의 원리

위치에너지는 위치에 관계하는 에너지이므로 보존역계(우리가 취급하는 구조물은 여기에 속한다)의 안정성 판별식에 적용할 수 있다. 이것은 불안정한 평형에 있어서의 계의 전 위치에너지는 다른 위치에너지에 비하여 상대적으로 최고인데 반하여 안정한 평형에 있어서는 전 위치에너지는 다른 위치에 비하여 상대적으로 최소이다.

위치에너지의 정유의 원리는 계가 평형하기 위한 일반조건을 주는 것이므로 안정의 평형에 대한 필요조건은 되지만 충분조건은 아니다. 이것은 정유원리가 극치를 주는 조건으로 최대 최소의 모든 전 위치에너지 U에 대하여 적용된다. 따라서 보존계의 안정한 평형에 대해서는 전 위치에너지가 다른 위치에 비하여 상대적으로 최소가 되어야 할 제한이 필요하다.

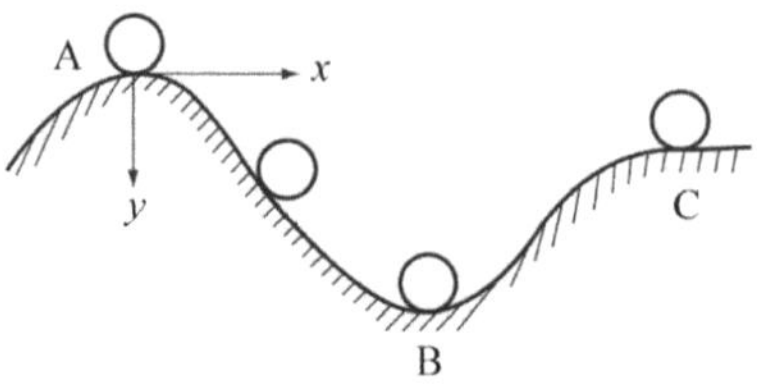

[그림 8.3.4]

실제로 [그림 8.3.4]에 나타낸 연속적인 세 위치 A, B 및 C에 있는 구에 대해 그 안정성을 생각해보자. 이 구의 위치에너지는 구를 강체(rigid body)로 가정하면 위치에너지는 중력에만 의존하게 된다. 이 경우 A점에 있는 구는 미소한 움직임에도 그 정점의 위치로부터 완전히 떨어짐으로 불안정한 평형상태인데 이것은 구의 위치에너지가 그 부근의 것보다 상대적으로 최고이다. 한편 B점에 있는 구는 어떠한 움직임에도 최종적으로 골짜기로 돌아오므로 안정한 평형으로 그 위치에너지는 그 부근의 것보다 작은 값으로 상대적으로 최소가 된다.

또한 C점에 있는 구는 미소한 움직임에 대해 엄격한 수평의 영역에 있으므로 평형상태에 있는 중립적인 평형이므로 그 위치에너지는 부근의 위치에너지에 비해 불변이다.

정상 A로부터의 변위는 y에 있어서 부(−)의 값으로 되어야 하므로 위치에너지는 감소하며 이에 반하여 골짜기로부터의 변화를 할 때에는 위치에너지는 증가한다. 명백한 것은 변위는 위치에너지의 감소를 갖는 점에서는 부근의 모든 점에서는 위치에너지가 상대직으로 최고로 되고 위치에너지가 증가하는 점에서는 부근의 모든 점에 비하여 위치에너지가 상대적으로 최저로 됨을 의미하는 것이다. 여기서 이것을 정리해 보면 다음과 같다.

'물체가 최대의 위치에너지를 갖는다면 불안정한 평형상태이고 최소의 위치에너지를 갖는다면 안정한 평형상태에 있다'는 이것을 위치에너지 최소의 원리(principle of minimum potential energy)라 한다.

8.4 공액일과 공액에너지

8.4.1 실제일과 공액일(Real work and complementary work)

주변으로부터 단절된 구조계가 하중을 받아 변형할 경우 구조계는 떼어낸 구조계이므로 전 에너지는 변화가 없다. 따라서 에너지 보존의 원리에 의하여 외력이 한 일 W_e와 내력이 한 일 W_i의 합은 다음과 같다.

$$W_e + W_i = 0 \quad ①$$

구조계의 내력일은 내력과 변형의 방향과 반대이므로 부(−)의 값이고 구조계의 변형에너지 U_i는 내력에 의한 위치에너지와 같은 정(+)의 값이므로 다음과 같다.

$$U_i = -W_i \quad ②$$

따라서 떼어낸 구조계의 외력일은 다음에 나타낸 구조계의 변형에너지와 같다.

$$W_e = -W_i = U_i \quad ③$$

여기서 [그림 8.4.1]에 나타낸 구조계가 n개의 요소로부터 성립되는 비선형탄성계의 일반적인 경우에 대해 생각한다. 그림에서 $P_1,\ P_2,\ P_3, \cdots,\ P_m$을 m개의 외력으로 힘의 방향으로 일어나는 변위를 $s_1,\ s_2,\ s_3, \cdots,\ s_m$라 한다. 지금 $F_1,\ F_2,\ F_3, \cdots,\ F_m$을 계의 각 요소의 내력으로 이에 따르는 변형을 $e_1,\ e_2,\ e_3, \cdots,\ e_m$라 하면 이 구조계에서 외력의 작용은 영(0)으로부터 서서히 증가하여 최종 값에 달하며 내력도 하중에 대응하여 증가하여 최종 값에 달한다. 만일 지점이 변화하는 경우에는 구조계의 외력인 반력에 의한 일도 포함된다. 여기서 다루기 쉽게 하기 위해 지점을 강체로 생각한다.

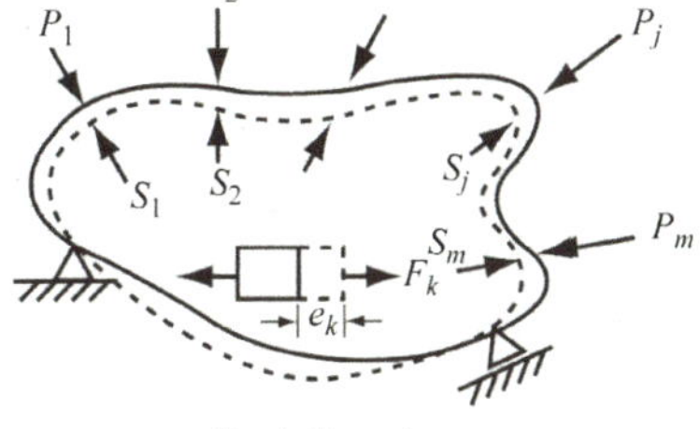

(k = 1, 2, ... n)

[그림 8.4.1]

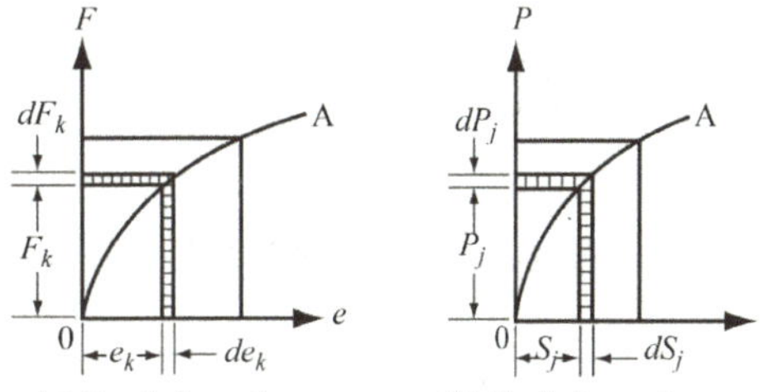

(a) (k = 1, 2, ... n) (b) (j = 1, 2, ... m)

[그림 8.4.2]

[그림 8.4.1]에서 비선형계의 모든 요소의 힘과 변형의 관계가 [그림 8.4.2]과 같이 곡선으로 표시된 경우 내력 F와 F 방향의 변형 e에 의하여 일어나는 요소의 변형에너지는 $\int Fde$인 곡선 아래의 면적으로 주어지므로 전 변형에너지 U_i는 다음과 같이 된다.

$$U_i = \sum_{k=1}^{n} \int_0^{e_k} F_k de_k \tag{8.4.1}$$

또 힘 P의 방향의 변위 s에 대한 힘 P에 의한 계의 외력이 한 일은 $\int Pds$이다. 이것은 [그림 8.4.2(a)]와 같은 특성을 갖는 [그림 8.4.2(b)]의 힘-변형곡선 아래의 면적에 의하여 주어지므로 전 외력 일(실제일, real work)은 다음과 같이 된다.

$$W_e = \sum_{j=1}^{m} \int_0^{S_j} P_j ds_j \tag{8.4.2}$$

에너지 보존의 원리로부터 $W_e = W_i$로 되므로 다음과 같이 된다.

$$W_e = \sum_{j=1}^{m} \int_0^{S_j} P_j ds_j = \sum_{k=1}^{n} \int_0^{e_k} F_k de_k = U_i \tag{8.4.3}$$

위의 일은 실제의 것으로 [그림 8.4.2(a)] 및 [그림 8.4.2(b)]의 OA곡선의 아래 부분의 면적인데 OA곡선의 윗부분의 면적을 생각한다. 위의 식들에서 취급한 외력일은 [그림 8.4.2(b)]에서 곡선의 아래 부분으로 $\int P_j ds_j$로 계산했는데 곡선의 윗부분은 이에 대응 하여 $\int s_j dP_j$가 된다. 이것은 s_j인 변위에 대해 힘 dP_j가 하는 일의 합으로 식 (8.4.2)의 실제일(real work or actual work)에 대응하는 공액일(complementary work)이라고 한다. 여기서 가상일을 고려할 때 외력의 가상일과 내력의 가상일은 같으므로 다음과 같이 된다.

$$\sum_{j=1}^{m} P_j s_j = \sum_{k=1}^{n} F_k e_k \qquad ④$$

위의 식 ④를 식 (8.4.3)에 대입하면 다음과 같이 된다.

$$\sum_{j=1}^{m} P_j s_j - \sum_{j=1}^{m} \int_0^{s_j} P_j ds_j = \sum_{k=1}^{n} F_k e_k - \sum_{k=1}^{n} \int_0^{e_k} F_k de_k \qquad ⑤$$

따라서

$$\sum_{j=1}^{m}(P_j s_j - \int_0^{s_j} P_j ds_j) = \sum_{k=1}^{n}(F_k e_k - \int_0^{e_k} F_k de_k) \quad ⑥$$

식 ⑥의 $P_j s_j - \int_0^{s_j} P_j ds_j$는 [그림 8.4.2(b)]에 대응하는 공액일이고, $F_k e_k - \int_0^{e_k} F_k de_k$는 [그림 8.4.2(a)]에 대한 공액일이며, 그림에서 살펴보면 다음과 같은 식이 성립함을 알 수가 있다.

$$P_j s_j - \int_0^{s_j} P_j ds_j = \int s dP$$

$$F_k e_k - \int_0^{e_k} F_k de_k = \int e dF$$

여기서 외력의 공액일을 C_e로 하고 내력의 공액일을 C_i로 나타내면 다음과 같다.

$$\sum_{k=1}^{n}(F_k e_k - \int_0^{e_k} F_k de_k) = -C_i$$

또한 $C_e = -C_i$이므로 다음 식이 성립한다.

$$C_e + C_i = 0 \quad ⑦$$

따라서 '외력의 공액일과 내력의 공액일의 합은 0이다'.

8.4.2 변형에너지와 공액에너지(Strain energy and complementary energy)

8.3.4절에서 변형에너지의 정의에 의해 [그림 8.4.2(a)]의 경우의 A점에 대한 F를 F_1, e를 e_1으로 표시하는 요소에 대한 변형에너지를 나타내는 식은

$U_i = \int_0^{e_1} F de$이다. 이것에 대한 곡선 OA의 윗부분의 면적은 $U_c = \int_0^{F_1} e dF$로 주어진다.

여기서 U_i를 변형에너지(strain energy)라 하고, U_i에 대응하는 U_c를 공액에너지(또는 응력에너지, complementary energy)라고 한다.

변형에너지 $U_i = \int_0^{e_1} Fde$ (8.4.4)

공액에너지 $U_c = \int_0^{F_1} edF$

식 (8.4.4)에서 변형에너지 U_i는 e에 대해, 공액에너지 U_c는 F에 대해 일차 미분하면 다음과 같이 된다.

$$F_1 = \frac{dU_i}{de}, \qquad e_1 = \frac{dU_c}{dF} \tag{8.4.5}$$

위의 사실로부터 알 수 있는 것은 '변형에너지는 힘을 계산하는 데 사용되고, 공액에너지는 변위를 계산하는데 사용 된다'는 것이다. 만일 요소가 선형계이면 힘-변형곡선은 직선으로 되므로 OA선 상 · 하의 면적은 같은 면적의 삼각형으로 되고 $U_i = U_c$로 되는 것은 명백하다.

요소가 선형계인 힘-변형관계의 비례상수를 k라 하면 $F = ke$로 되고 $dF = kde$ 또한 $de = dF/k$의 관계가 얻어진다.

$$U_i = \int_0^{e_1} Fde = \int_0^{F_1} ke\left(\frac{dF}{k}\right) = \int_0^{F_1} edF = U_c$$

그리고 [그림 9.4.1]에 나타낸 비선형탄성계에 대해 고려해보자. 8.4.1절의 식 ⑦에 의하여 $C_e = -C_i$, 따라서 공액에너지 U_c와 내부 공액에너지 C_i의 사이에는 실제일의 경우와 같은 관계가 성립된다.

$$U_c = -C_i\ , \qquad C_e = U_c \qquad ①$$

따라서 이 계의 전 공액에너지 U_c는 다음과 같다.

$$U_c = \sum_{k=1}^{n} \int_0^{F_k} e_k dF_k \qquad ②$$

또한 이 계의 전 외부공액일 C_e는 다음과 같다.

$$C_e = \sum_{j=1}^{m} \int_0^{P_j} s_j dP_j \qquad ③$$

따라서 $C_e = U_c$로부터

$$\sum_{j=1}^{m} \int_0^{P_j} s_j dP_j = \sum_{k=1}^{n} \int_0^{F_j} e_k dF_k \tag{8.4.6}$$

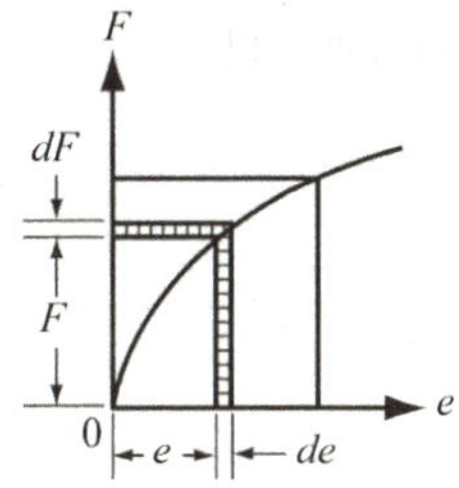

[그림 8.4.3]

[그림 8.4.1]이 탄성적인 선형계라면 힘-변형관계는 [그림 8.4.3]과 같이 나타낼 수 있고 실제 일과 공액일은 같게 된다. 따라서 계의 공액에너지와 변형에너지는 같은 값이므로 이 경우에는 실제 일과 변형에너지를 구하면 된다. 앞의 식 (8.4.1) 및 (8.4.2)를 식 (8.4.6)에 대해 고려하면 다음과 같다.

$$U_c = \frac{1}{2} \sum_{k=1}^{n} F_k e_k \tag{8.4.7}$$

$$W_e = \frac{1}{2} \sum_{j=1}^{m} P_j s_j \tag{8.4.8}$$

예제 8-4-1

[그림 8.4.4]에 나타낸 축방향력 F와 변형 e의 사이에는 $F = k\sqrt{e}$ 의 관계가 성립된다. $F = F_1$으로 될 때의 축변형을 구하여라. 단 k는 상수이다.

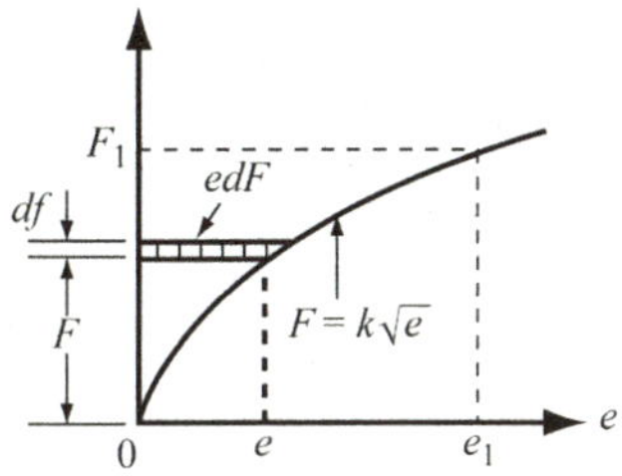

[그림 8.4.4]

풀이

공액에너지 U_c는 다음과 같다.

$$U_c=\int_0^{F_1} edF=\int_0^{F_1}\frac{F^2}{k^2}dF=\frac{F^3}{3k^2}$$

따라서 F_1에 대응하는 축방향 변형 e_1은 다음과 같다.

$$e_1=\frac{dU_c}{dF}=\frac{F^2}{k^2}$$

이 결과는 재료의 특성을 나타내는 조건식 $F=k\sqrt{e}$ 로도 간단히 구할 수 있다.

8.4.3 정류 공액에너지의 원리(Principle of stationary complementary energy)

위치에너지 정유의 원리는 하나의 보존력계의 변형계가 기하학적 적합조건을 유지하면서 변위의 변화가 주어지는 경우 구조계의 평형조건식은 위치에너지 정유의 조건으로부터 구해진다는 것을 의미한다. 한편 하나의 보존계가 평형조건을 만족시키면서 내력을 변화시키는 경우 적합조건은 공액에너지 정유의 조건으로부터 구해진다. 이를테면 [그림 8.4.1]와 같은 역계 $P_1,\ P_2,\ P_3,\cdots,\ P_m$의 작용을 받아 평형된 보존계가 힘들의 작용점에 그 방향으로 변위 $s_1,\ s_2,\ s_3,\ \cdots,\ s_m$을 일으켰을 경우 계가 부정정이면 외력이 일정한 경우 그 계를 평형시키는 많은 내력의 집합을 만드는 것은 가능하다. 또한 변형 e는 내력 F의 함수이고 그 내력 F는 외력을 변화시키지 않고 평형을 지키고 있으나 물리적 성질에 의한 공액에너지의 변화 δU_c는 다음과 같다.

$$\delta U_c=\sum_{k=1}^{n} e_k\delta F_k=\sum_{j=1}^{m}\delta P_j\cdot s_j \qquad ①$$

$$\delta U_c=\sum_{k=1}^{n} e_k\delta F_k-\sum_{j=1}^{m} s_j\delta P_j \qquad ①'$$

또 적합조건을 만족하는 내력의 집합은 $\delta P_j=0\ (j=1,\ 2,\ 3,\ \cdots,\ m)$와 식 ①을 만족하여야 하므로 다음과 같이 된다.

$$\delta U_c=\sum_{k=1}^{n} e_k\delta F_k=0 \quad \text{또는 } \delta U_c=0 \qquad ②$$

식 ②가 갖는 의미는 '하나의 구조계가 평형조건을 만족하는 내력의 모든 상태에 대해서나 적합조건을 만족하는 상태에 대하여 공액에너지의 변화 δU_c를 0으로 만든다'는 정류 공액에너지의 원리인 것이다.

부정정구조물의 해석에 있어서 공액에너지 U_c는 부정정력의 함수가 된다. 지금 계가 부정정량 X_1, X_2, X_3, $\cdots$, X_r의 r차의 부정정계라 하면 공액에너지 U_c의 증분 δU_c는 다음과 같다.

$$\delta U_c = \frac{\partial U_c}{\partial X_1}\delta X_1 + \frac{\partial U_c}{\partial X_2}\delta X_2 + \cdots + \frac{\partial U_c}{\partial X_r}\delta X_r \tag{8.4.9}$$

위의 식에서 δX_1, δX_2, δX_3, $\cdots$, X_r은 서로 독립적이고 외력의 변화가 없는 δU_c를 생각하는 경우 δX_1, δX_2, δX_3, $\cdots$, δX_r의 모두가 0으로 될 수는 없다. 따라서 식 (8.4.9)가 성립되기 위해서는 다음과 같이 되어야 한다.

$$\frac{\partial U_c}{\partial X_1} = \frac{\partial U_c}{\partial X_2} = \cdots = \frac{\partial U_c}{\partial X_r} = 0 \qquad ③$$

이것도 '평형조건을 만족하는 내력의 모든 상태에 대해 적합조건을 만족하는 상태는 공액에너지 함수를 정유시킨다'는 정류 공액에너지의 원리로 알려져 있다. 여기서 부정정구조물에 대한 평형조건식을 만드는 경우 구조물을 r차의 부정정으로 하고, 그 부정정력을 X_1, X_2, X_3, $\cdots$, X_r로 나타내면 공액에너지 U_c는 다른 힘이 평형조건식에 의한 힘의 관계를 사용하여 소거되므로 부정정력만의 함수로 나타낼 수 있다. 따라서 부정정력의 수와 같은 수의 적합조건식을 식 ③에 의하여 얻을 수 있다. 만일 부정정력계가 자기변형을 일으킬 때 부정정력 X_j의 작용점의 힘의 방향의 변위량을 λ_j라 할 때 모든 부정정력이 같은 거동을 한다면 다음과 같이 나타낼 수 있다.

$$\delta U_c = \sum_{k=1}^{n} e_k \delta F_k + \sum_{j=1}^{r} \lambda_j \delta X_j$$

따라서

$$\frac{\partial U_c}{\partial X_j} = \lambda_j \quad (j = 1,\ 2,\ 3,\ \cdots,\ r) \tag{8.4.10}$$

위의 식 (8.4.10)은 '공액에너지는 자기변형이 없는 구조계에 대해서만 일정하다'는 것을 말한다.

8.4.4 가상일의 원리 (Principle of virtual work)

[1] 강체의 경우

가상일의 원리는 평형상태에 있는 계가 가상변위를 받을 때 또는 적합변위와 구속을 받는 계가 가상적인 평형력을 받고 있을 때 에너지보존의 원리의 적용에 대한 기본적인 것이다. 그러나 강체의 경우에는 구속된 상태에서는 변위가 일어나지 않으므로 앞의 경우에만 적용된다. 따라서 강체에 대한 가상일의 원리는 위치에너지 최소의 원리로부터 유도된다.

평형상태의 구조계가 작은 변위에 대해 위치에너지가 증가하는 경우 그 구조계는 안정한 평형에 있다고 본다. 따라서 일의 양은 위치에너지의 증가를 주어야 되므로 만일 계에 작용하는 역계가 한 일의 전량이 임의의 변위에 대해 영(0)으로 된다면 그 계는 안정한 평형상태에 있다고 볼 수 있다. 이 경우 임의의 변위는 무한소 또는 유한이거나 기하학적으로 가능한 가상적인 것이라도 좋다. 여기서 이와 같은 변위를 가상변위라 하고 이것에 의하여 얻어지는 평형조건식을 만드는 원리를 '가상변위의 원리' 또는 '가상일의 원리'라 한다. 그렇지만 가상일의 원리는 위치에너지 최소의 원리를 사용치 않고도 일의 개념을 이용하여 직접 증명할 수 있다. 지금 한 개의 힘 P가 그 힘의 방향의 임의의 변위 δs가 주어지면 힘에 의하여 이루어진 일의 양은 $\delta W = P \cdot \delta s$로 되고 우력 모멘트(또는 짝힘 모멘트) M에 M의 방향의 임의의 회전 $\delta\varphi$가 이동했다면 우력이 한 일의 양은 $\delta W = M \cdot \delta\varphi$이다. 따라서 임의의 변위를 받은 보존력계의 힘과 우력이 동시에 하는 일의 양의 합은 힘과 우력에 의해 이루어진 일의 합이다. 만일 힘과 우력의 구조계가 평형상태라면 합력과 합성우력은 모두 0으로 되므로 그 일의 합은 0으로 된다.

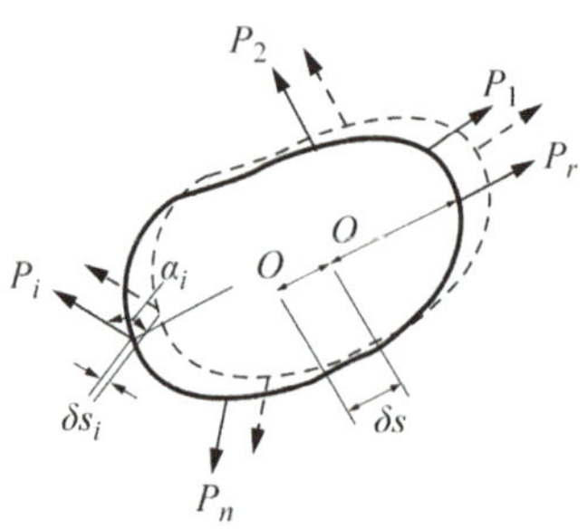

[그림 8.4.5]

[그림 8.4.5]에 나타낸 역계 P_1, P_2, P_3, $\cdots$, P_n의 합력을 P_r이라 하고 P_r 방향에 임의의 변위 δs가 주어졌다면 임의의 힘 P_i에 의한 일은 변위 δs와 이 δs 방향의 힘의 성분을 곱한 값이다.

여기서 힘 P_i와 δs의 정(+)의 방향이 이루는 각을 α_i라 하면 P_i에 의한 일의 양은 다음과 같다.

$$(P_i \cos\alpha_i)\delta s = P_i(\delta s \cos\alpha_i) = P_i \delta s_i \quad ①$$

여기서 δs_i는 δs의 P_i 방향에 대한 변위성분이고, 이 계에 있어서의 모든 힘에 의하여 이루어진 일의 전량은 다음과 같다.

$$P_1\delta s_1 + P_2\delta s_2 + \cdots + P_i\delta s_i + \cdots + P_n\delta s_n \quad ②$$

$$= \sum_{i=1}^{n} P_i \delta s_i = \sum_{i=1}^{n} P_i(\delta s \cos\alpha_i) = \delta s \sum_{i=1}^{n} P_i \cos\alpha_i = P_r \delta s$$

힘이 평형된 경우 합력 $P_r = 0$이고 변위 δs는 임의의 방향으로 가정되므로 평형조건과 식 ②에 의해 다음과 같이 된다.

$$P_1\delta s_1 + P_2\delta s_2 + \cdots + P_i\delta s_i + \cdots + P_n\delta s_n = 0$$

$$\sum_{i=1}^{n} P_i \delta s_i = 0 \quad (8.4.11)$$

위의 식 (8.4.11)은 수학적으로 나타낸 가상일의 원리이지만 구조계의 변위가 미소하거나 유한하더라도 성립되므로 다음과 같이 된다.

$$P_1 s_1 + P_2 s_2 + \cdots + P_i s_i + \cdots + P_n s_n = 0$$

$$\sum_{i=1}^{n} P_i s_i = 0 \quad (8.4.12)$$

여기서 s_1, s_2, s_3, $\cdots$, s_n은 각각 그 하중방향의 변위이다. 때에 따라서는 힘 P_1, P_2, P_3, $\cdots$, P_n의 작용선상에서의 순간속도를 생각하는 것이 편리한 경우도 있다.

이 경우에는 식 (8.4.12)를 시간 t로 미분하면 다음과 같이 된다.

$$P_1\frac{ds_1}{dt} + P_2\frac{ds_2}{dt} + \cdots + P_i\frac{ds_i}{dt} + \cdots + P_n\frac{ds_n}{dt} = 0$$

여기서 $\frac{ds_i}{dt} = s_i$로 나타내면 다음과 같이 된다.

$$\sum_{i=1}^{n} P_i s_i = 0 \quad (8.4.13)$$

위의 식과 같이 나타낸 경우에는 가상속도의 원리(principle of virtual velocity)라 한다.

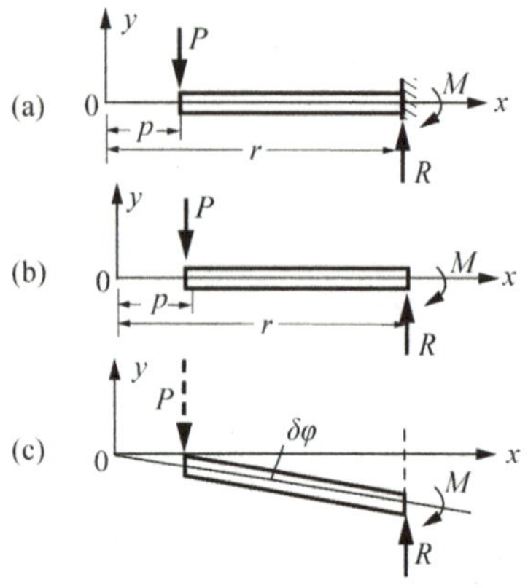

[그림 8.4.6]

[그림 8.4.6]과 같은 캔틸레버에 가상일의 원리를 적용해보자. 이 캔틸레버는 정정이므로 힘의 평형조건으로 풀 수가 있으므로 내력에 의한 변형 및 변위는 생각할 필요가 없다. 그런데 보를 강체로 취급할 수 있으므로 [그림 8.4.6(a), (b)]와 같은 평형된 강체로 생각하면 [그림 8.4.6(b)]에서 y방향에 일정한 가상변위 δy를 주어서 가상일의 원리를 적용하면 다음과 같이 된다.

$$-P\cdot\delta y+R\cdot\delta y=0 \qquad ③$$

식 ③에서 힘 R은 변위의 방향을 향했으므로 부호는 정(+)이고, 하중 P는 변위의 방향과 반대 방향이므로 부(−)로 한다. 이 경우 회전은 이루어지지 않았으므로 M의 일의 양은 0이다. 만일 이 경우 x방향의 가상변위 δx가 주어졌다면 R과 P는 변위의 방향과 직교하므로 아무런 일도 하지 않는다.

[그림 8.4.6(c)]에서 보가 원점 0에 대하여 시계방향으로 가상회전 $d\varphi$를 하였다면 다음과 같이 된다.

$$M\delta\varphi+P\cdot p\delta\varphi-R\cdot r\delta\varphi=0 \qquad ④$$

이들 식 ③과 ④를 간단히 하면 다음과 같이 된다.

$$-P+R=0 \qquad ⑤$$

$$M+P\cdot p-R\cdot r=0$$

식 ⑤는 우리가 잘 알고 있는 $\sum F_y = 0$, $\sum M = 0$인 평형조건식을 의미한다.

[2] 변형계의 경우

구조계가 무수히 많은 점으로 형성되었고 점 간의 거리가 변화하는 변형계의 경우 구조계에 하는 가상일은 가상변위에 대한 실제의 힘에 의한 것과 실제변위에 대한 가상외력의 작용에 의한 것이다.

에너지보존의 원리에 의해 외력 및 내력에 의한 변형계에 하는 전가상일의 합은 영(0)이 되어야 한다. 따라서 가상일의 원리는 변형구조계에 대하여 두 가지의 방법으로 적용된다. 만일 실제의 힘을 받는 구조물이 그 구속조건에 적합한 일련의 가상변위를 받았다고 하면 가상일의 원리는 평형조건을 주게 되며(가상변위의 원리), 일련의 실제 변위를 받는 구조계가 평형한 가상력을 받는다면 가상일의 원리는 적합조건을 주게 된다(가상력의 원리). 가상일의 원리를 적용함에 있어서 구조계가 지켜야 할 필요조건은 구조계에 작용하는 역계의 평형조건과 변위구속조건의 적합조건을 만족하여야 하는 것이다.

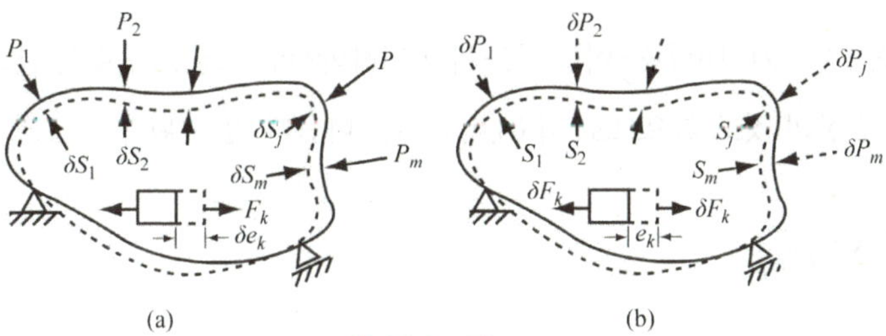

[그림 8.4.7]

이 경우 역계와 변위들의 관계가 원인과 결과이어야 할 필요는 없고 한편이 가상적인 것이라면 다른 한편은 실제적인 것이면 된다. 이를테면 비선형 탄성계에서 n개의 요소로 성립된 변위계의 경우 이 구조계에 구속조건과 일치하는 미소의 변위가 주어지면 [그림 8.4.7(a)]에 나타낸 것과 같이 실제의 외력들의 방향으로 가상변위들이 주어졌다면 변형에너지 U_i의 증가 δU_i는 실제의 외력들과 그것에 대한 가상변위들이 한 일의 양들의 합은 다음과 같다.

$$\delta U_i = \sum_{k=1}^{n} F_k e_k \tag{8.4.14a}$$

이 경우 주의할 점은 가상변위들을 도입하기 이전에 외력의 작용에 의한 진변위가 일어나는 것이다. 따라서 실제의 외력 F_k와 가상변위 δe_k $(k = 1,\ 2,\ 3, \cdots,\ n)$ 사이에는 원인과 결과인 인

과율(causality)이 필요 없다.

즉 가상변위들과 구조물의 실제변위와는 아무런 관계가 없다는 것이다. 한편 구조물의 외력이 한 일의 증가는 다음과 같다.

$$\delta W_e = \sum_{j=1}^{m} P_j \delta s_j \tag{8.4.14b}$$

여기서 에너지보존의 원리에 의하여 외력과 내력이 한 모든 일의 변화는 영(0)으로 되어야 하므로 $\delta W_e + \delta W_i = 0$으로부터 다음과 같이 된다.

$$\delta W_e = -\delta W_i = -(-\delta U_i) = \delta U_i$$

따라서

$$\delta W_e = \delta U_i \quad \text{또는} \quad \sum_{j=1}^{m} P_j \delta s_j = \sum_{k=1}^{n} F_k \delta e_k \tag{8.4.14c}$$

구조계에 주어지는 가상변위는 이들 구조계의 기하학적인 모양을 뚜렷이 변화시키지 않는 한 무한소이거나 유한의 것도 좋으므로 식 (8.4.14c)은 다음과 같이 된다.

$$\sum_{j=1}^{m} P_j s_j = \sum_{k=1}^{n} F_k e_k \tag{8.4.14d}$$

식 (9.4.14c) 또는 (9.4.14d)는 일연의 가상변위가 주어질 수 있는 구조계가 만족해야 되는 평형조건식을 나타낸다.

일연의 실제의 변위를 받는 구조계에 평형력계에 미소한 변화를 준 경우와 [그림 8.4.7(b)]에서 실제변위는 그 방향에 작용하는 일연의 평형을 갖기 위한 가상외력을 받으면 공액에너지의 증가는 실제변위와 그것에 대응하는 가상외력이 하는 일의 합과 같다.

$$\delta U_c = \sum_{k=1}^{n} e_k F_k \tag{8.4.15a}$$

또한 실제변위는 제작 시의 오차, 온도변화 또는 실제의 외력에 의하여 일어나고 일련의 가상외력은 도입 후에 구조에 적용되므로 실제의 변위 e_k와 가상외력 δF_k $(k = 1, 2, 3, \cdots, n)$ 사이에도 인과율은 필요 없다. 이를테면 구조물의 실제변위가 실제의 외력에 의하여 일어났다고 하더라도 실제의 외력과 가상외력의 관계는 없다. 따라서 공액외력에 의한 일 C_e의 가상외력에 의한 증가량 δC_e는 다음과 같다.

$$\delta C_e = \sum_{j=1}^{m} s_j \delta P_j \tag{8.4.15b}$$

여기서 δC_e와 δU_c로 등치하면 다음과 같이 된다.

$$\sum_{j=1}^{m} s_j \delta P_j = \sum_{k=1}^{n} e_k \delta F_k \tag{8.4.15c}$$

여기서 구조계에 작용하는 힘 δP_j 및 δF_k가 실제의 것일 필요는 없으므로 가상력이라 한다. 이들 가상력은 이들이 평형을 이루고 있는 한 무한소나 유한소에 관계하지 않는다. 따라서 가상변위를 취급할 때와 같이 생각하면 다음과 같다.

$$\sum_{j=1}^{m} s_j P_j = \sum_{k=1}^{n} e_k F_k \tag{8.4.15d}$$

식 (8.4.15c) 및 (8.4.15d)는 구조계가 일련의 가상력을 받을 때 구조계가 만족하여야 할 적합조건을 나타낸다. 여기서 식 (8.4.14d)와 (8.4.15d)는 서로 다른 방법으로 유도되었으나 같은 소건식이다.

일반적으로 구조물에 외력이 작용하면 변형 및 변위가 일어나고 그 변형과 변위는 적합조건과 구속조건을 만족하였다. 하지만 가상의 원리를 이용하는 경우에는 힘과 변위 중 하나는 실제의 것이고 다른 하나는 가상적인 것으로 취급한다. 그러나 가상변위의 원리는 평형조건식을 주는 것이므로 어느 특정한 힘을 계산하는데 이용되고, 가상력의 원리는 적합조건을 주는 것이므로 특정한 변위를 계산하는 데 이용된다.

8.4.5 변형에너지법과 공액에너지법 (Method of strain energy and method of complementary energy)

실제의 일과 공액일의 정의로부터 외부 실제일의 양은 $\Sigma \int P ds$로 외부공액일의 양은 $\Sigma \int e dF$로 주어진다는 것을 알 수 있었다. 그런데 외부 실제일은 변위함수로 되고 외부 공액일은 하중과 반력의 함수로 된다. 또한 변형에너지는 변형의 함수이고 공액에너지는 내력의 함수가 된다.

여기서 외부 실제일과 외부 공액일의 관계는 내부 실제일과 내부 공액일의 관계는 대응하는 것으로 이것을 에너지의 개념으로 나타내면 외부 에너지는 외부 공액에너지와 대응하고 내부 에너지는 내부 공액에너지와 대응한다. 따라서 구조계의 변형에너지를 변위의 함수로 나타내고 공액에너지를 외력의 함수로 나타내면 실제일 및 공액일의 개념은 구조해석에 있어서 일반적인 적용을 가능하게 한다. 이것에 대해 이론적으로 설명하면 구조계의 내력은 평형조건으로부터 외력과 관계를 갖고, 변형은 재료의 응력-변형률의 관계에 의해 응력의 항으로 표현되므로 외력의 변위는 적합조건에 의해 변형과 관계가 맺어지기 때문이다.

여기서 [그림 8.4.1]에 나타낸 비선형탄성인 변형계를 고려해보자. 이 구조계는 일련의 하중 P_1, P_2, P_3, $\cdots$, P_n을 받아 하중점에 하중방향의 변위인 s_1, s_2, s_3, $\cdots$, s_n이 일어났다면 하중이 작용하는 사이에 축적된 변형에너지 U_i는 식 (8.4.1) 및 (8.4.3)에 의하여 다음과 같이 된다.

$$U_i = \sum_{k=1}^{n} F_k de_k = \sum_{j=1}^{m} P_j ds_j$$

또는

$$\delta U_i = \sum_{k=1}^{n} F_k \delta e_k = \sum_{j=1}^{m} P_j \delta s_j$$

여기서 변위의 하나인 s_j가 하중 P_j의 방향으로 미소량 δs_j만큼 증가되고 다른 변위는 불변이라면 구조계의 변형에너지의 증가는 다음과 같다.

$$\delta U_i = P_j \delta s_j \tag{①}$$

또한 전 변형에너지 U_i가 변위의 함수로 표시되면 변형에너지의 증분은 U_i의 전 미분으로 표시되지만 s_j를 포함한 항을 제외하고 다른 모든 항은 변위에 변화가 없으므로 사라지고 δs_j 항만 남게 된다.

즉

$$\begin{aligned}\delta U_i &= \frac{\partial U_i}{\partial s_1}\delta s_1 + \frac{\partial U_i}{\partial s_2}\delta s_2 + \frac{\partial U_i}{\partial s_3}\delta s_3 + \cdots + \frac{\partial U_i}{\partial s_m}\delta s_m \\ &= \frac{\partial U_i}{\partial s_j}\delta s_j\end{aligned} \tag{②}$$

여기서 식 ①과 ②를 등치하면 다음과 같다.

$$P_j \delta s_j = \frac{\partial U_i}{\partial s_j} \delta s_j \quad \therefore\ P_j = \frac{\partial U_i}{\partial s_j} \tag{8.4.16}$$

이 방정식은 변형에너지를 변위의 함수로 나타내면 특정한 점에 작용하는 외력을 구할 수 있다. 이것에 대하여 하중이 작용하는 사이에 구조계가 갖는 공액에너지 U_c는 다음과 같다.

$$U_c = \sum_{k=1}^{n} e_k dF_k = \sum_{j=1}^{m} s_j dP_j$$

또는

$$\delta U_c = \sum_{k=1}^{n} e_k \delta F_k = \sum_{j=1}^{m} s_j \delta P_j$$

지금 하중 P_j만이 δP_j만큼 증가되고 다른 하중은 불변인 경우 구조계의 공액에너지 U_c의 증가 δU_c는 다음과 같다.

$$\delta U_c = s_j \delta P_j \quad ③$$

공액에너지 U_c가 외력의 함수로 표시되면 공액에너지의 증분 δU_c는 U_c의 전 미분으로 주어진다. 그러나 외력 P_j의 다른 힘들은 불변량이므로 외력 P_j 항은 영(0)으로 되어 다음과 같이 된다.

$$\begin{aligned} \delta U_c &= \frac{\partial U_c}{\partial P_1}\delta P_1 + \frac{\partial U_c}{\partial P_2}\delta P_2 + \frac{\partial U_c}{\partial P_3}\delta P_3 + \cdot\cdot\cdot\cdot\cdot + \frac{\partial U_c}{\partial P_m}\delta P_m \\ &= \frac{\partial U_c}{\partial P_j}\delta P_j \end{aligned} \quad ④$$

여기서 식 ③과 ④를 등치하면 다음과 같다.

$$\delta U_c = s_j \delta P_j = \frac{\partial U_c}{\partial P_j}\delta P_j \quad \therefore\ s_j = \frac{\partial U_c}{\partial P_j} \tag{8.4.17}$$

따라서 공액에너지 U_c가 외력의 함수로 표시되면 외력이 작용하고 있는 특정한 점의 외력방향의 변위를 구할 수 있게 된다.

구조계가 선형탄성인 특별한 경우 변형에너지와 공액에너지 U_c는 교환이 가능하므로 변형에너지가 외력의 함수로 표시되는 경우 식 (8.4.17)은 다음과 같이 나타낼 수 있다.

$$\therefore\ s_j = \frac{\partial U_i}{\partial P_j} \qquad ⑤$$

이상에서 명백한 것은 선형, 비선형에 관계없이 변형에너지 U_i는 변위의 함수이고 공액에너지는 외력의 함수이므로 변형에너지로부터는 외력을 구하고 공액에너지로 부터는 변위가 구해지는데 선형탄성체의 경우에는 변형에너지와 공액에너지는 같은 값을 가지므로 변형에너지를 변위의 함수로 표시하면 특정한 점의 하중을 구할 수 있고 외력의 함수로 표시하면 변위가 구해진다. 일반적으로 변형에너지함수로부터 외력을 구하든가 선형탄성체의 경우의 변위를 구하는 방법을 변형에너지법(method of strain energy)라 부르고, 공액에너지함수로부터 변위를 구하는 방법을 공액에너지법(method of complementary energy)라 부른다.

8.5 탄성구조물의 변형에너지

선형탄성구조물이 축하중, 비틀림 및 휨을 받아서 일어나는 변화를 구조물 속에 저장되는 변형에너지 값으로 나타낸다. 변형에너지를 이용하는 방법은 정정이거나 부정정, 선형이거나 비선형을 막론하고 모든 경우의 해석에 적용할 수 있다.

에너지방법에 있어서는 하중이 한 외적 일과 내적 변형에너지를 나타내는 과정이 중요하므로 이를 설명하고자 한다.

지금 가변적인 힘 F가 힘의 방향으로 ds만큼 이동하였다면, 이때 한 외적 일 미소량 dW_e은 다음과 같다.

$$dW_e = F \cdot ds \qquad ①$$

$$F = ks \qquad ②$$

따라서 식 ②를 식 ①에 대입하면 외적 일 미소량 dW_e은 다음과 같다.

$$dW_e = (ks)ds$$

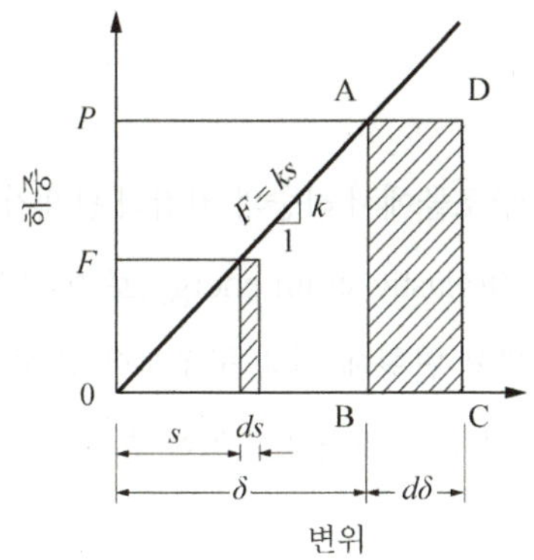

[그림 8.5.1]

겹침의 원리가 적용되는 범위 내에서는 하중 F와 변위 s는 선형적인 관계를 유지하므로 Hooke의 법칙을 적용하면 [그림 8.5.1]와 같다. 여기서 k는 그림의 하중-변위 관계에서 기울기이며 재료의 강도(stiffness)라고 한다.

외력 F가 서서히 작용하여 0에서 P까지 증가할 때, 변위 s가 0에서 δ까지 증가되어 있다면, 하여진 외적 일(external work) W_E은 다음과 같이 나타낼 수 있다.

$$W_E = \int_0^{\delta} ksds = \frac{1}{2}k\delta^2 \qquad ③$$

$P = k\delta$이므로 식 ③의 외적 일 W_E은 다음과 같이 나타낼 수 있다.

$$W_E = \frac{1}{2}P\delta \qquad ④$$

따라서 선형탄성체에서 외적 일은 (외력의 평균치)×(변위)임을 알 수 있다.

이미 하중 P가 작용되어 있는데, 어떤 원인으로 부가적인 처짐 $d\delta$가 P의 작용점에 그 작용선 방향으로 발생하였다면, 이 외력 P가 부가적으로 한 일은 $P \cdot d\delta$가 되며, 그림에서 사각형의 면적 $ABCD$와 같게 된다.

외력으로 휨모멘트 M이 작용하여 각 변위 θ가 생겼다면, 한 외적 일 W_E은 다음과 같이 된다.

$$W_E = \frac{1}{2}M\theta \qquad ⑤$$

그리고 외력으로 비틀림 모멘트 T가 작용하여 비틀림 각 φ가 생겼다면, 한 외적 일 W_E은 다음과 같이 된다.

$$W_E = \frac{1}{2} T\varphi \qquad ⑥$$

서서히 작용하는 외력을 받는 구조물에서 하중과 처짐의 관계가 선형적인 범위 내에서는 모든 외적 일은 내적인 탄성변형에너지(elastic strain energy)로 변환시킬 수 있다. 변형에너지라고 하는 것은 '외력을 받는 구조물에서 변형에 의해 구조물에 축적되는 내적 에너지, 즉 내적 일(internal work)을 말한다'. 이 내적 일은 외력으로 인한 변형에 저항하기 위하여 부재가 지니고 있는 에너지이다.

8.5.1 축방향력에 의한 변형에너지

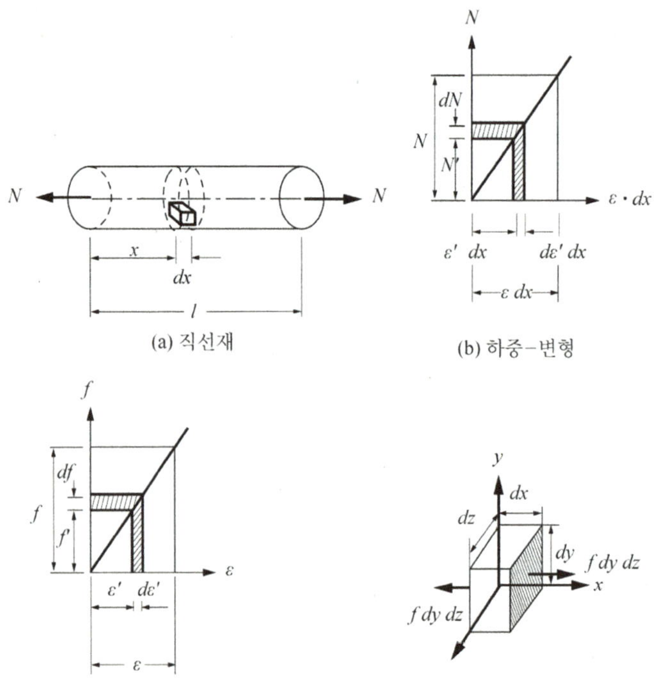

(a) 직선재 (b) 하중-변형 (c) 응력-변형률 (d) 요소의 응력

[그림 8.5.2]

[그림 8.5.2(a)]에 나타낸 직선부재가 단면의 도심을 통하는 축방향 인장력 N을 받는 경우 단면에 일어나는 응력은 일정한 분포력으로 된다.

부재는 선형탄성이므로 축방향력 N의 작용은 0에서부터 서서히 직선적으로 증가하여 최종적으로 N으로 된다. 이 때문에 단면에 일어나는 응력 f도 N과 같은 거동을 한다. 여기서 축방향력 N과 변형 εdx, 응력 f와 변형률 ε, 단면의 요소와 응력의 관계를 [그림 8.5.2(b), (c), (d)]에 나타내었다.

지금 응력이 f로 되는 도중의 응력은 f', 이때의 변형률을 ε'라 하고, f' 및 ε'의 미소한 증분을 df', $d\varepsilon'\varepsilon$라 한다. 이때 미소면적 $dA(=dy \cdot dz)$에 작용하는 f'가 df'만큼 증가하는 사이의 요소$(dxdydz)$에 일어나는 변형에너지는 응력이 하는 일로 다음과 같이 정해진다.

$$f'dA \cdot d\varepsilon' dx \qquad ①$$

따라서 응력 f'가 영(0)으로부터 f로 되는 사이의 요소가 갖는 변형에너지는 다음과 같다.

$$\int_o^f f'dA \cdot d\varepsilon' dx = dA \cdot dx \int_o^f f' d\varepsilon' \qquad ②$$

Hooke의 법칙에 의하여 $\varepsilon' = f'/E, \quad d\varepsilon' = df'/E$이므로 위의 식 ②는 다음과 같이 된다.

$$dA \cdot dx \int_o^f f' d\varepsilon' = dA \cdot dx \int_o^f f' \frac{df'}{E} = \frac{1}{2E} f^2 dA \cdot dx$$

$$\frac{1}{2E} f^2 dA \cdot dx = \frac{1}{2E} f^2 dV \ \text{ 또는 } \ \frac{1}{2} f \varepsilon dV \qquad ③$$

여기서 $dV = dA \cdot dx$이다.

따라서 이 부분의 단면전체의 변형에너지를 dU_N이라 하면 다음과 같다.

$$dU_N = \int_A \frac{f^2}{2E} dA \cdot dx = \frac{f^2}{2E} dx \int_A dA = \frac{1}{2E} f^2 A dx = \frac{N^2}{2EA} dx$$

$$= \frac{1}{2} N \left(\frac{N}{EA} \right) dx \qquad ④$$

그러므로 부재 전체의 변형에너지 U_N은 다음과 같다.

$$U_N = \int_o^l \frac{f^2}{2E} A dx = \int_o^l \frac{N^2}{2EA} dx \qquad (9.5.1a)$$

위의 식 (8.5.1)은 축방향력 N이 일정한 것으로 하였지만 N이 x의 함수인 때에도 사용할 수 있음은 식 ④로부터 알 수 있다. 한편 단면적을 통하여 일정하다면 f도 일정한 값으로 되므로 변형에너지 U_N은 다음과 같이 나타낼 수 있다.

$$U_N = \frac{f^2}{2E}Al = \frac{f^2}{2E}V = \frac{N\,l^2}{2EA} = \frac{1}{2}N\frac{N\,l}{EA} = \frac{1}{2}N\Delta l \tag{8.5.1b}$$

여기서 $\Delta l = \dfrac{N\,l}{EA}$(부재길이의 전 변화량)

8.5.2 휨모멘트에 의한 변형에너지

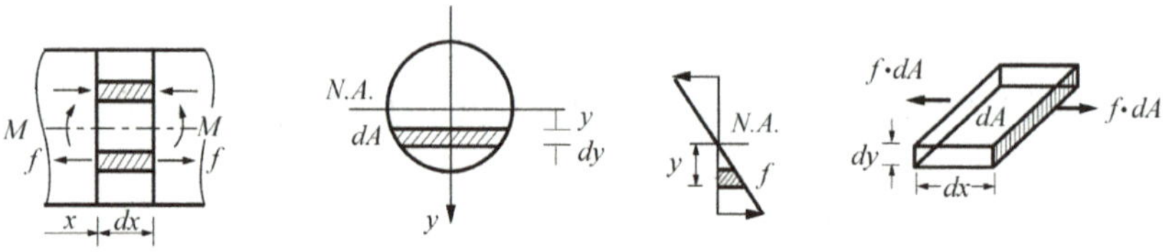

(a) 측면 (b) 단면 (c) 휨응력 (d) 요소의 응력

[그림 8.5.3]

부재에 휨모멘트가 작용하면 그 단면에 일어나는 휨 응력은 단면에 수직으로 분포하지만 그 분포상태가 일정하지는 않다. [그림 8.5.3(d)]와 같은 일정한 내력 $f\,dA$가 작용하는 것으로 생각할 수 있다. 따라서 위의 식 (8.5.1a)을 응용하여 휨모멘트에 의한 변형에너지 U_M은 다음과 같이 구할 수 있다.

$$U_M = \int_o^l \int_A \frac{f^2}{2E}dA\,dx$$

이 식에 $f = \dfrac{M}{I}y$ 인 관계를 대입하면 다음과 같이 된다.

$$U_M = \int_o^l \int_A \frac{1}{2E}\left(\frac{M}{I}y\right)^2 dA\cdot dx$$

$$= \int_o^l \frac{M^2}{2EI^2}\left(\int_A y^2 dA\right)dx = \int_o^l \frac{M^2}{2EI}dx \tag{8.5.2}$$

여기서 I는 중립축에 대한 단면2차모멘트이다.

식 (8.5.2)은 식 (8.5.1a)과 같이 M이 x의 함수인 경우에도 사용할 수 있으며 부재가 길이 전체를 통해 일정한 단면을 갖는다면 다음과 같이 나타낼 수 있다.

$$U_M = \frac{1}{2EI}\int_o^l M^2 dx \tag{8.5.3}$$

보의 처짐 y가 미소한 경우 처짐과 모멘트의 관계식은 다음과 같다.

$$\frac{d^2y}{dx^2} = \pm \frac{M}{EI} \qquad ①$$

따라서

$$\frac{M^2}{EI} = \left(\frac{M}{EI}\right)^2 EI = EI\left(\frac{d^2y}{dx^2}\right)^2 \qquad ②$$

위의 식 ②를 식 (8.5.2)에 대입하면 다음과 같이 된다.

$$U_M = \int_o^l \frac{M^2}{2EI} dx = \frac{1}{2}\int_o^l EI\left(\frac{d^2y}{dx^2}\right)^2 dx \qquad (8.5.4)$$

이 식은 처짐곡선을 알고 있는 경우의 휨변형에너지 계산식이다.

8.5.3 전단력에 의한 변형에너지

전단력의 분포는 단면의 모양에 따라 복잡한 응력분포를 갖는다. 단면은 비틀림을 일으키지 않는 두꺼운 단면을 생각한다. [그림 8.5.4]에는 부재의 길이방향의 일부측면, 단면, 응력의 분포, 단면 미소 요소의 응력을 응력-변형률을 표시한 것이다.

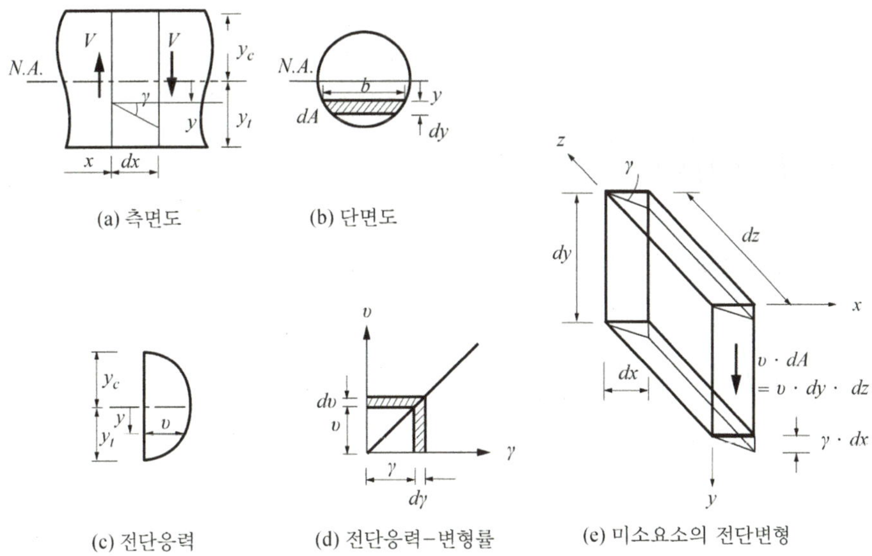

[그림 8.5.4]

여기서 미소길이 dx 부분에 있어서 중립축으로부터 y 거리에 있는 위치의 전단변형률을 γ라 하면 전단변형에 의한 수직변위는 γdx, 이 부분의 전단응력을 v라 하면 미소면적 dA 부분에 작용하는 전단내력이 하는 일의 양은 응력-변형률도에서 생각하면 전단응력이 0에서 v까지 변화하는 데 부재가 받는 일의 양이므로 $(1/2)\times$(내 력)$\times$(변 형) $=(1/2)vdA\cdot\gamma dx$이다. 따라서 이 부분의 전단면적 A에 대해 한 일은 다음과 같다.

$$\int_A \frac{1}{2}v\cdot\gamma dAdx = \frac{1}{2}\int_A \frac{v^2}{G}dA\cdot dx \qquad ①$$

여기서, $\gamma = v/G$

$$v = \frac{V}{I\,b}\int_y^{y_t} ydA = \frac{VS}{I\,b} \qquad ②$$

여기서, V: 전단력, S : 단면1차모멘트, I: 중립축에 대한 단면2차모멘트, b : 중립축으로부터 y거리에 있는 위치의 단면의 폭

식 ②를 식 ①에 대입하여 정리하면 다음과 같이 된다.

$$\frac{1}{2}\int_A \frac{v^2}{G}dAdx = \frac{1}{2}\int_A \frac{1}{G}\left(\frac{V}{Ib}\int_y^{y_t} ydA\right)^2 dA\cdot dx$$

$$= \frac{V^2}{2G}dx\int_A\left(\frac{1}{Ib}\int_y^{y_t} ydA\right)^2 dA = \psi\frac{V^2}{2G}dx \qquad ③$$

여기서

$$\psi = \int_A\left(\frac{1}{Ib}\int_y^{y_t} ydA\right)^2 dA \qquad ④$$

그리고 ψ의 차원을 살펴보면 다음과 같음을 알 수 있다.

$$[\psi] = \left[\int_A\left(\frac{1}{Ib}\int_y^{y_t} ydA\right)^2 dA\right] = \left[\frac{1}{LL^2}LL^2\right]^2[L^2]$$

$$[\psi] = [L^{-2}]$$

즉, ψ의 차원은 길이의 (−2)제곱이다. 위의 ψ의 차원을 생각하여 ψ를 간단히 분모에 단면적 A를 사용하여 다음과 같이 나타낼 수 있다.

$\psi = \dfrac{\kappa}{A}$, κ = 단면의 모양에 따른 무차원 계수, 단면의 분포계수 또는 전단변형계수라고도 함 ⑤

따라서 부재 전체에 대한 전단변형에너지 U_V는 다음과 같다.

$$U_V = \int_o^l \frac{\kappa V^2}{2GA} dx \tag{8.5.5a}$$

여기서 단면이 일정하다면 다음과 같이 나타낼 수 있다.

$$U_V = \frac{\kappa}{2GA} \int_o^l V^2 dx \tag{8.5.5b}$$

[1] 직사각형 단면에 대한 κ의 값

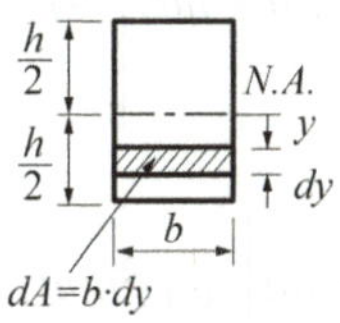

[그림 8.5.5]

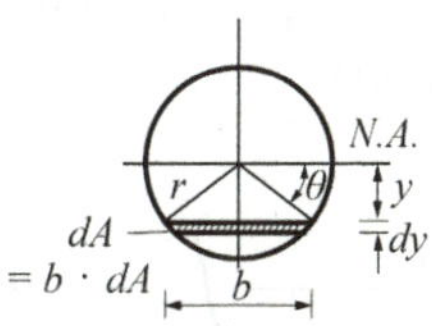

[그림 8.5.6]

$$I = \frac{bh^3}{12}$$

$$\psi = \int_A \left(\frac{1}{Ib} \int_y^{\frac{h}{2}} y dA \right)^2 dA$$

$$= \int_A \left[\frac{1}{\left(\frac{bh^3}{12}\right) \cdot (b)} \int_y^{\frac{h}{2}} y \cdot b dy \right]^2 dA = \int_{-\frac{h}{2}}^{\frac{h}{2}} \left\{ \frac{12}{bh^3} \left[\frac{y^2}{2} \right]_y^{\frac{h}{2}} \right\}^2 b dy$$

$$= \int_{-\frac{h}{2}}^{\frac{h}{2}} \left\{ \frac{12}{bh^3} \cdot \frac{1}{8} (h^2 - 4y^2) \right\}^2 b dy$$

$$= \int_{-\frac{h}{2}}^{\frac{h}{2}} \frac{9}{4bh^6} \left[h^4 - 8h^2 y^2 + 16 y^4 \right] dy$$

$$= \frac{9}{4bh^6} \left[h^4 y - \frac{8}{3} h^2 y^3 + \frac{16}{5} y^5 \right]_{-\frac{h}{2}}^{\frac{h}{2}} = \frac{6}{5} \frac{1}{bh} = \kappa \frac{1}{A}$$

$$\therefore \kappa = \frac{6}{5} = 1.2 \qquad (8.5.6a)$$

직사각형 단면의 전단변형에너지 U_V는 다음과 같다.

$$U_V = \frac{\kappa}{2GA}\int_o^l V^2 dx = \frac{1.2}{2GA}\int_o^l V^2 dx \qquad (8.5.6b)$$

[2] 원형단면의 κ값

$$I = \frac{\pi r^4}{4},\ b = 2rcos\theta,\ y = rsin\theta,\ dy = rcos\theta\, d\theta$$

$$dA = b \cdot dy = 2r\cos\theta \cdot r\cos\theta d\theta \qquad \therefore dA = 2r^2\cos^2\theta \cdot d\theta$$

$$\psi = \int_A \left(\frac{1}{Ib}\int_y^r ydA\right)^2 dA$$

$$= \int_A \left[\frac{1}{\left(\frac{\pi r^4}{4}\right)(2rcos\theta)}\int_\theta^{\pi/2}(r\sin\theta)\cdot(2r^2\cos^2\theta \cdot d\theta)\right]^2 2r^2 \cdot \cos^2\theta d\theta$$

$$= \int_A 2r^2\left[\frac{2r^3}{\left(\frac{\pi r^4}{4}\right)(2r\cos\theta)}\int_o^{\frac{\pi}{2}}\cos^2\theta \cdot \sin\theta \cdot d\theta\right]^2 \cos^2\theta d\theta$$

여기서 $d(\cos\theta) = -\sin\theta \cdot d\theta$이므로 ψ는 다음과 같이 된다.

$$\psi = \int_A 2r^2\left[\frac{4}{\pi r^2\cos\theta}\int_o^{\frac{\pi}{2}}\cos^2\theta \cdot d(-\cos\theta)\right]^2 \cos^2\theta \cdot d\theta$$

$$= \int_A 2r^2\left(-\frac{4}{\pi r^2\cos\theta}\left[\frac{\cos^3\theta}{3}\right]_0^{\frac{\pi}{2}}\right)^2 \cos^2\theta \cdot d\theta$$

$$= \int_{-\frac{\pi}{2}}^{\frac{\pi}{2}} 2r^2\left(\frac{4\cos^2\theta}{3\pi r^2}\right)^2 \cos^2\theta \cdot d\theta = \frac{64}{9\pi^2 r^2}\int_o^{\frac{\pi}{2}}\cos^6\theta \cdot d\theta$$

위의 식에서 $\int_o^{\frac{\pi}{2}}\cos^6\theta \cdot d\theta$의 계산은 다음과 같은 수식으로 계산된다.

$$\int \cos^n\theta\, d\theta = \frac{\sin\theta \cdot \cos^{n-1}\theta}{n} + \frac{n-1}{n}\int \cos^{n-2}d\theta$$

따라서

$$\int \cos^6\theta d\theta = \frac{\sin\theta \cdot \cos^5\theta}{6} + \frac{5}{6}\int \cos^4\theta d\theta$$

$$= \frac{\sin\theta \cdot \cos^5\theta}{6} + \frac{5}{24}\sin\theta \cdot \cos^3\theta + \frac{5}{32}\sin 2\theta + \frac{5}{16}\theta$$

$$\int_o^{\frac{\pi}{2}} \cos^6\theta d\theta = \frac{5}{16} \cdot \frac{\pi}{2} = \frac{5}{32}\pi$$

$$\psi = \frac{64}{9\pi^2 r^2} \cdot \frac{5}{32}\pi = \frac{10}{9}\frac{1}{\pi r^2} = \kappa\frac{1}{A}$$

$$\therefore\ \kappa = \frac{10}{9}$$

$$U_V = \int \frac{\kappa}{2GA} V^2 dx = \frac{5}{9GA}\int V^2 dx \tag{8.5.7}$$

8.5.4 비틀림 모멘트에 의한 변형에너지

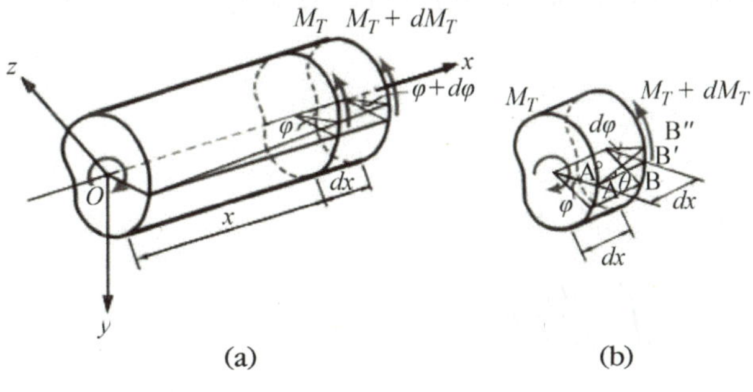

[그림 8.5.7]

[그림 8.5.7]에 나타낸 임의의 형상을 가진 단면의 축의 길이에 따라 변화하는 비틀림 모멘트가 작용하는 경우를 고려해보자.

지금 임의의 단면 x의 비틀림 모멘트를 M_T, 이 단면의 비틀림 각의 증가를 $d\varphi$라 하면 비틀림 각 θ는 다음과 같다.

$$\theta = \frac{d\varphi}{dx} \tag{①}$$

또한 x 점의 비틀림 모멘트 M_T와 그 점의 단위 비틀림 각 φ의 사이에는 아래의 식이 성립한다.

$$M_T = C \cdot \theta \qquad ②$$

여기서 $C = G \cdot J = G \cdot I_T = G \cdot I_P$로 비틀림 강성(torsional rigidity), $J = I_T = I_P$는 단면의 극관성 모멘트(또는 비틀림 상수), G는 전단탄성 계수이다.

식 ①을 식 ②에 대입하여 정리하면 다음과 같이 된다.

$$M_T = C \cdot \theta = C \cdot \frac{d\varphi}{dx} \qquad ③$$

여기서 식 ①에 의하여 단위 길이에 대한 비틀림 각 $\theta = d\varphi/dx$ 이므로 dx 구간의 비틀림 각은 $(d\varphi/dx)dx$로 주어진다. 따라서 비틀림 모멘트 M_T가 하는 일의 양인 비틀림 변형에너지는 다음과 같은 식으로 주어진다.

$$\frac{1}{2} M_T \frac{d\varphi}{dx} dx = \frac{1}{2} C \frac{d\varphi}{dx} \frac{d\varphi}{dx} dx = \frac{1}{2} C \left(\frac{d\varphi}{dx} \right)^2 dx \qquad ④$$

따라서 전 구간에 대한 비틀림 모멘트 M_T가 하는 변형에너지 U_T는 다음과 같은 식으로 주어진다.

$$\begin{aligned} U_T &= \frac{1}{2} C \int_o^l \left(\frac{d\varphi}{dx} \right)^2 dx = \frac{1}{2} C \int_o^l \left(\frac{M_T}{C} \right)^2 dx \\ &= \frac{1}{2} \int_o^l \frac{M_T^2}{C} dx = \int_o^l \frac{M_T^2}{2GI_T} dx \end{aligned}$$

따라서

$$U_T = \frac{1}{2} C \int_o^l \left(\frac{d\varphi}{dx} \right)^2 dx \quad \text{또는} \quad U_T = \int_o^l \frac{M_T^2}{2GI_T} dx \qquad (8.5.8)$$

예제 8-5-1

[그림 8.5.8]에서 전체 변형에너지를 구하여라.

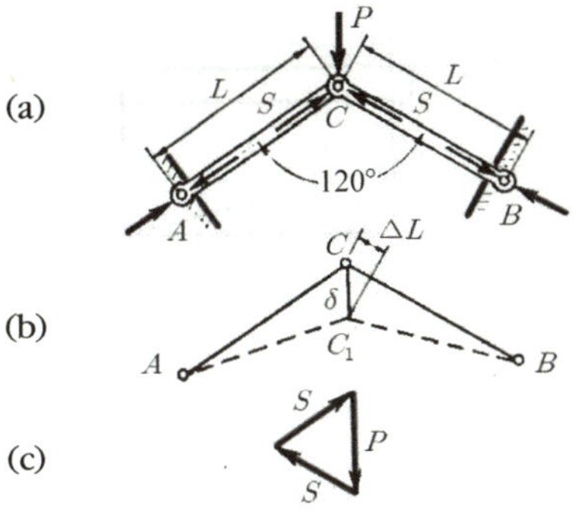

[그림 8.5.8]

풀이

[그림 8.5.8]에서 BC 부재에서 변형 $\Delta\delta$는 다음과 같다.

$$\Delta\delta = \delta \cdot \cos 60^\circ = \frac{\delta}{2}$$

그리고 BC 부재의 변형에너지는 $\frac{1}{2}S \cdot \Delta\delta = \frac{1}{2}S \cdot \frac{S \cdot l}{EA} = \frac{S^2 l}{2EA}$

AC 부재의 변형에너지 : $\frac{1}{2}S \cdot \Delta\delta$

전체 변형에너지 : $W_I = S \cdot \Delta\delta = P \cdot \Delta\delta = \frac{1}{2}P \cdot \delta$

$$W_E = W_I$$

예제 8-5-2

[그림 8.5.9]에 나타낸 캔틸레버에서 끝단의 처짐을 구하여라.

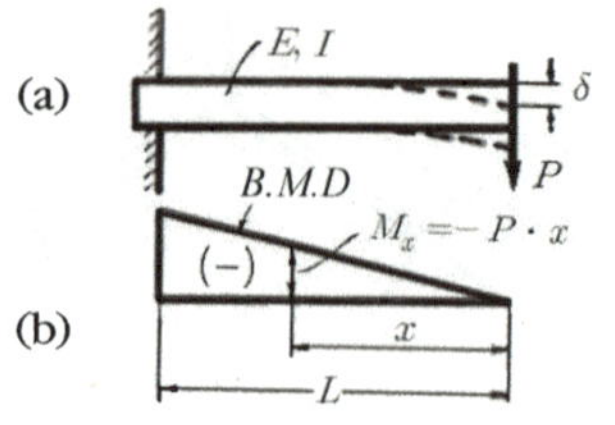

[그림 8.5.9]

풀이

[그림 8.5.9]에 나타낸 캔틸레버에서

$$W_E = \frac{1}{2} P \cdot \delta$$

$$W_I = \int_o^l \frac{M_x^2}{2EI} dx = \int_o^l \frac{(-Px)^2}{2EI} dx$$

$$= \frac{P^2}{2EI} \int_o^l x^2 dx = \frac{P^2 l^3}{6EI}$$

$$W_E = W_I$$

$$\frac{1}{2} P \cdot \delta = \frac{P^2 l^3}{6EI} \qquad \therefore \delta = \frac{Pl^3}{3EI}$$

EXERCISE

1. 탄성계수가 $2.1 \times 10^5\ MPa$인 연강의 탄성한계를 $20KN/cm^2$이라면 최대 탄성에너지는 얼마인가?

정답 $U = 9.5\,\mathrm{N \cdot cm/cm^3}$

2. 단면적이 $30\,\mathrm{cm}^2$, 길이가 $2\,\mathrm{m}$인 알루미늄 막대가 $6KN$의 인장하중을 받고 있다. 이 막대에 저장되는 변형에너지는 얼마인가?

정답 $U_N = 17N \cdot cm$

3. 높이가 h, 폭이 b인 직사각형단면 캔틸레버에 저장되는 휨에 의한 변형에너지를 구하여라.

정답 $U_M = \dfrac{1}{9}\, bhl \dfrac{f_{\max}^2}{2E}$

4. 단순보의 중앙단면에 집중하중 P가 작용할 때 탄성에너지만을 이용하여 최대처짐을 구하여라. 단, EI는 일정하다. (힌트, 휨에 의한 탄성에너지=하중 P와 처짐 δ에 의한 일)

정답 생략

CHAPTER 9

가상일의 원리의 적용과 Casitigliano의 정리

9.1 개요

앞 장에서는 일과 에너지에 대해 설명하였으며, 일은 힘의 작용으로 일어난 변위 및 회전에 대한 일의 양을 나타내는 식들이다. 그러나 변위 및 회전이 작용하는 힘과 직접관계가 없는 원인으로 일어나든가 임의로 가상한 경우 이 변위 및 회전에 대한 작용력이 하는 일을 가상일이라 한다.

본 장에서는 탄성체에 대한 가상일의 원리를 알아보고 이 원리를 구조물의 변형에 적용하여 상세히 설명하고, 그리고 에너지법을 다시 정리하여 Castigliano의 제1정리와 제2정리에 대해 상세히 설명하게 될 것이다.

9.2 가상일의 원리

9.2.1 탄성체에 대한 가상일의 원리

[그림 9.2.1]과 같은 평형력계를 이루는 탄성체 내의 미소 요소를 살펴보면 그 표면에는 f, v 등의 응력만 일어나는 경우((a) 요소)와 경계면을 갖는 요소에는 응력 이외에도 경계면의 하중 등이 작용하는 경우((b)의 경우)가 있다.

이 경우 요소자체로부터 생각하면 P 및 응력 f, v는 외력으로 볼 수도 있다. 여기서 이 탄성체에 작용하는 하중과 관계가 없는 다른 원인(다른 역계에 의해 또는 온도변화 등)에 의해 이 탄성체가 처음의 평형상태를 유지하는 변형 및 변위가 일어났다면 이것을 구성하는 요소도 또한 변형 및 변위를 일으켜 요소에 작용하는 힘은 일(가상일)을 한다.

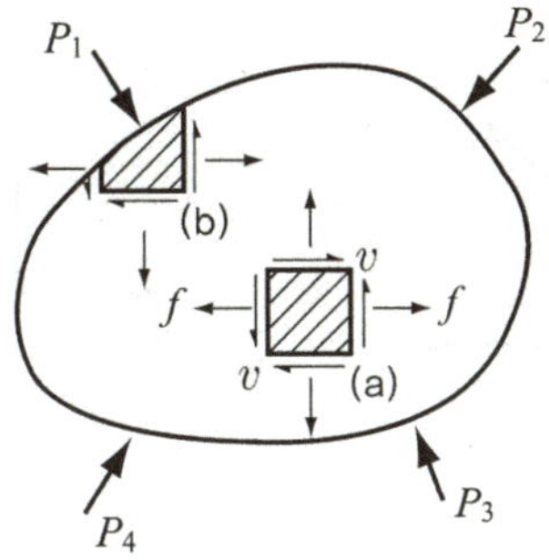

[그림 9.2.1]

그러나 변형 및 변위는 탄성체의 처음의 평형상태를 유지하는 것이므로 이 변형, 변위에 의한 응력의 변화는 없다. 그러므로 가상변위에 의한 변형, 변위를 변형과 변위의 2단계로 나누어 초기변위를 일으키고 다음으로 변형하는 것으로 취급한다. 이렇게 하면 변위에 대한 평형력은 일을 하지 않으므로 일로는 요소의 변형에 대한 것뿐이다. 지금 [그림 9.2.2(a)]와 같은 한 개의 요소에 유의하여 f, v인 응력이 하는 가상일을 살펴보면 x방향의 수직응력을 f_x, 이것의 가상변위를 $\overline{\varepsilon_x}dx$라 하면 f_x의 가상일은 다음과 같다([그림 9.2.2(b)] 참조).

$$f_x\overline{\varepsilon_x}\ dxdydz = f_x\overline{\varepsilon_x}\ dv$$

여기서 dv는 요소의 체적이다.

그리고 전단응력 $v_{xy} = v_{yx}$가 하는 가상일은 다음과 같다([그림 9.2.2(c)] 참조).

$$v_{xy}\ \gamma_{xy}\ dx\ dy\ dz = v_{yx}\ \gamma_{xy}\ dv$$

따라서 [그림 9.2.2(a)]와 같이 요소에 일어나는 응력의 가상일은 다음과 같다.

f_x, f_y, f_z에 의해 $(f_x\overline{\varepsilon_x} + f_y\overline{\varepsilon_y} + f_z\overline{\varepsilon_z})dv$

$v_{xy}(= v_{yx})$, $v_{yz}(= v_{yz})$, $v_{zx}(= v_{zx})$ 에 의해 $(v_{xy}\gamma_{xy} + v_{yz}\gamma_{yz} + v_{zx}\gamma_{zx})dv$

지금 요소에 일어나는 응력이 하는 가상일의 양을 dW_e는 다음과 같다.

$$dW_e = (f_x\overline{\varepsilon_x} + f_y\overline{\varepsilon_y} + f_z\overline{\varepsilon_z}) + (v_{xy}\gamma_{xy} + v_{yz}\gamma_{yz} + v_{zx}\gamma_{zx})dv \tag{9.2.1}$$

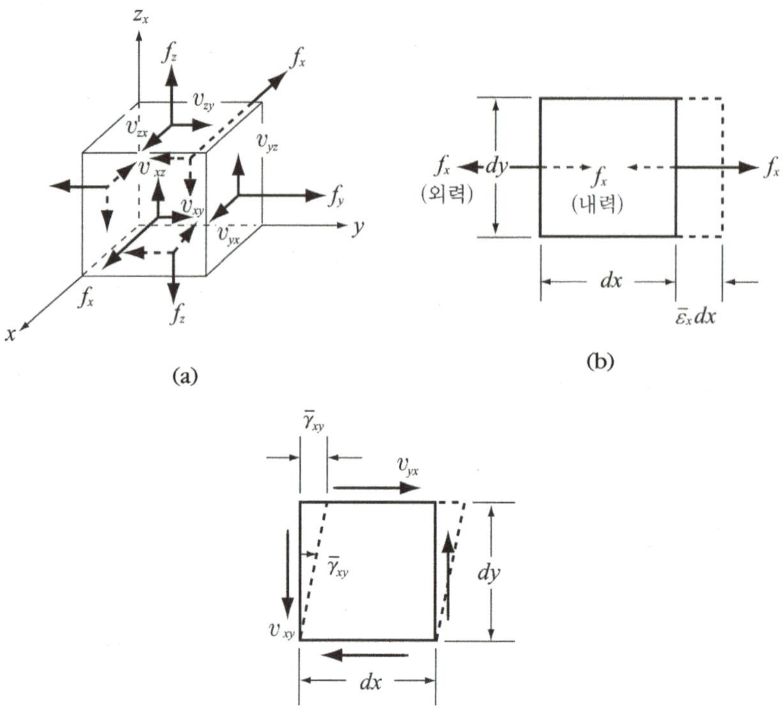

[그림 9.2.2]

한편 요소면의 외력 (f, v)의 일의 양을 합하면 탄성체의 연속성으로부터 요소의 경계면의 변위는 같은 것이므로 서로 소멸되고 남은 것은 탄성체 전체로서 경계면에 작용하는 하중 P와 그 작용점의 하중방향의 가상변위 δ의 곱으로 주어진다. 따라서 외력이 하는 가상일의 양은 다음과 같다.

$$W_e = \sum P\delta \tag{9.2.2}$$

그러나 평형상태에 있는 가상일은 가상일의 원리로부터 다음과 같이 된다.

$$W_e + W_i = 0 \qquad \therefore W_e = -W_i$$

따라서

$$\sum P\delta = \int \{(f_x\varepsilon_x + f_y\varepsilon_y + f_z\varepsilon_z) + (v_{xy}\gamma_{xy} + v_{yz}\gamma_{yz} + v_{zx}\gamma_{zx})\}dv \tag{9.2.3}$$

위의 식 (9.2.3)이 탄성체에 관한 가상일의 원리이다.

9.2.2 가상일의 원리의 구조물에 적용

[1] 구조물의 가상일(I)

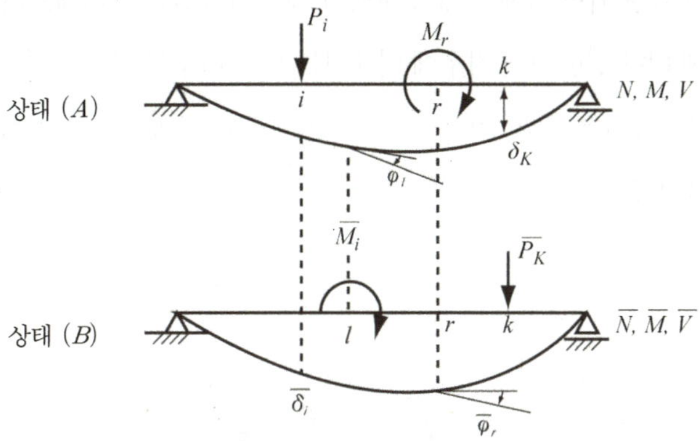

[그림 9.2.3]

가상일의 원리에서 하중상태와 가상변위의 상태는 별개의 것으로 취급되어야 한다. [그림 9.2.3]에 나타낸 보에서 두 하중상태 (A), (B)를 조합시켜 가상일의 원리의 적용을 고려해보자.

지금 (A), (B) 상태에 대한 보의 단면력을 각각 N, M, V 및 $\overline{N}$, $\overline{M}$, $\overline{V}$라 한다. 이 경우 (A) 및 (B)의 상태는 독립적이다.

상태 (A)의 하중점에 대응하는 상태 (B)의 변위(모멘트에 대해서는 처짐각)를 δ(모멘트에 대해서는 $\overline{\varphi}$)로 표시하고, 상태 (B)의 하중점에 대응하는 상태 (A)의 변위(모멘트에 대해서는 처짐각)를 δ(모멘트에 대해서는 φ)로 표시한다.

여기서 상태 (A)의 하중이 상태 (B)의 변위에 대한 일을 생각하면 상태 (A)의 하중과 상태 (B)의 변위와는 독립적인 것이므로 상태 (B)의 변위는 상태 (A)에 대해서는 가상변위가 된다. 따라서 상태 (A)의 하중상태가 상태 (B)인 가상변위에 대해서 하는 가상일을 W_{eA}로 표시하고 상태 (B)인 하중상태가 상태 (A)의 변위에 대해 하는 가상일을 W_{eB}로 표시하면 다음과 같다.

$$W_{eA} = P_i\overline{\delta_i} + M_r\overline{\varphi_r}$$

$$W_{eB} = \overline{P_k}\delta_k + \overline{M_n}\varphi_n \tag{a}$$

일반적인 경우에는 다음과 같다.

$$W_{eA} = \sum_{i=1}^{n} P_i\overline{\delta_i} + \sum_{r=1}^{n} M_r\overline{\varphi_r}$$

$$W_{eB} = \sum_{k=1}^{n} \overline{P_k}\delta_k + \sum_{l=1}^{n} \overline{M_l}\varphi_l \tag{b}$$

다음으로 W_{eA} 인 가상 외력 일에 대해서 내력이 하는 가상일을 고려해보자. 여기서 식 (9.2.3)에 의한 미소 요소에 대한 일반적인 경우에 대해서는 뒤로 미루고 부재단면 전체에 대한 내력 및 변위를 대상으로 고려하기로 한다. 지금 $\overline{N}$, $\overline{M}$, $\overline{V}$ 에 의한 부재의 미소길이에 대한 변형 및 회전각을 구하면 다음과 같다.

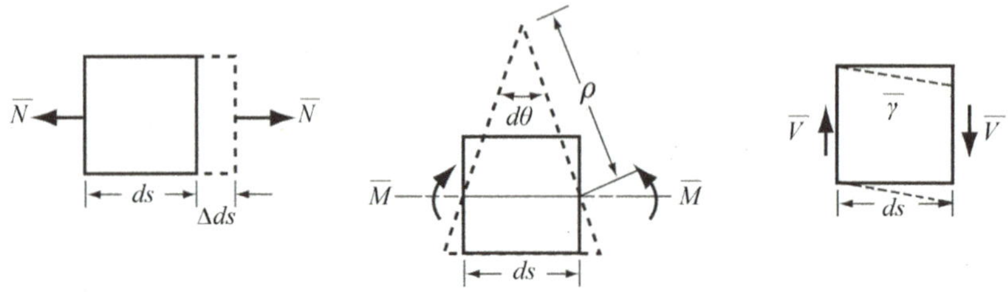

(a) (b) (c)

[그림 9.2.4]

(1) 축방향력 $\overline{N}$에 의한 축방향 변형

[그림 9.2.4(a)]에 나타낸 미소요소의 축방향 변형은 Hook의 법칙에 의하여 다음과 같다.

$$\frac{\overline{N}/A}{\Delta ds/ds} = E$$

$$\therefore \Delta ds = \frac{\overline{N}ds}{EA} \tag{c}$$

여기서 Δds는 $\overline{N}$에 의한 ds의 변형률, A는 부재의 단면적, E는 탄성계수 (Young's modulus)이다.

(2) 휨모멘트 $\overline{M}$에 의한 처짐각

[그림 9.2.4(b)]에 나타낸 바와 같이 요소가 휨모멘트 $\overline{M}$을 받으면 휨변형을 일으킨다. 보의 탄성곡선의 곡률과 휨모멘트 사이에는 $1/\rho = \overline{M}/EI$ 또한 $\rho d\theta = ds$로부터 $1/\rho = d\theta/ds$, 따라서 $1/\rho = \overline{M}/EI = d\theta/ds$로 되므로 다음과 같이 된다.

$$d\theta = \frac{\overline{M}}{EI}ds \tag{d}$$

여기서 EI는 휨강성, ρ는 처짐곡선의 곡률반경이다.

(3) 전단력 $\overline{V}$에 의한 변형

[그림 9.2.4(c)]에 나타낸 바와 같이 요소가 전단력 $\overline{V}$를 받아 변형을 일으킨다. 이 경우 전단력 $\overline{V}$의 단면에 따르는 분포는 단면의 모양에 의하여 여러 가지 분포상태를 이루지만 여기서는 일정한 분포로 생각하면 다음과 같다.

$$\overline{\gamma} = \overline{v}/G = \overline{V}/GA$$

여기서 실제의 전단응력분포는 같지 않으므로 보정계수 κ를 적용시키면 다음과 같다.

$$\overline{\gamma} = \kappa\overline{V}/GA \tag{e}$$

여기서 G는 부재의 전단탄성계수이다.

따라서 내력 $\overline{N}$, $\overline{M}$, $\overline{V}$에 의한 미소요소의 변형, 처짐각에 대한 내력 N, M, V가 하는 가상일의 양 dW_{iA}는 다음과 같다.

$$dW_{iA} = \frac{N\overline{N}}{EA}ds + \frac{M\overline{M}}{EI}ds + \frac{\kappa V\overline{V}}{GA}ds \tag{f}$$

따라서 부재전체에 대한 가상일의 양은 다음과 같다.

$$W_{iA} = \int\frac{N\overline{N}}{EA}ds + \int\frac{M\overline{M}}{EI}ds + \int\frac{\kappa V\overline{V}}{GA}ds \tag{g}$$

같은 방법으로 (B)인 하중상태에 내력이 (A)인 가상변위에 대해 하는 내력의 가상일 W_{iB}는 다음과 같다.

$$W_{iB} = \int\frac{\overline{N}N}{EA}ds + \int\frac{\overline{M}M}{EI}ds + \int\frac{\kappa\overline{V}V}{GA}ds \tag{h}$$

따라서 가상일의 원리로부터 다음과 같이 된다.

$$W_{eA} = W_{iA}\ ,\quad W_{eB} = W_{iB}$$

따라서

$$\sum_i P_i \overline{\delta_i} + \sum_r M_r \overline{\varphi_r} = \int \frac{N\,\overline{N}}{EA} ds + \int \frac{M\,\overline{M}}{EI} ds + \int \frac{\kappa V\,\overline{V}}{GA} ds \tag{9.2.4}$$

$$\sum_k \overline{P_k} \delta_k + \sum_l \overline{M_l} \varphi_l = \int \frac{\overline{N} N}{EA} ds + \int \frac{\overline{M} M}{EI} ds + \int \frac{\kappa \overline{V} V}{GA} ds$$

위의 식 (9.2.4)는 보(또는 구조물)에 대한 가상일의 원리로서 두 식의 우변은 수식적으로 같은 내용을 나타내므로 다음과 같이 나타낼 수 있다.

$$\sum_i P_i \overline{\delta_i} + \sum_r M_r \overline{\varphi_r} = \sum_k \overline{P_k} \delta_k + \sum_l \overline{M_l} \varphi_l \tag{9.2.5}$$

위의 식은 11장에서 설명하려는 Betti의 상반정리(Betti's reciprocal theorem)의 개념을 나타낸다.

[2] 구조물의 가상일(II)

앞 절에서는 보(또는 구조물)의 지점의 침하 및 온도변화가 일어나지 않는 경우를 설명하였다. 이 절에서는 지점의 침하 및 온도변화가 일어나는 경우를 고려해보자.

(1) 지점의 침하가 있는 경우

일반적으로 지점의 반력은 부(−)의 일을 한다. 여기서 상태 (A), (B)에 대한 기호를 다음과 같이 정한다.

상태 (A)의 지점반력을 R, 상태 (B)의 지점반력을 $\overline{R}$, $\overline{R}$ 방향의 변위를 C, 내력을 N, M, V라 한다.

상태 (B)의 지점반력을 $\overline{R}$, 상태 (A)의 지점반력을 R, R 방향의 변위를 $\overline{C}$, 내력을 $\overline{N}$, $\overline{M}$, $\overline{V}$ 라 한다.

여기서 앞 절과 같으므로 이 경우의 가상일의 관계식을 구성하면 다음과 같다.

$$\sum_i P_i \overline{\delta_i} + \sum_r M_r \overline{\varphi_r} - \sum R\overline{C} = \int \frac{N\,\overline{N}}{EA} ds + \int \frac{M\,\overline{M}}{EI} ds + \int \frac{\kappa V\,\overline{V}}{GA} ds$$

$$\sum_k \overline{P_k} \delta_k + \sum_l \overline{M_l} \varphi_l - \sum \overline{R} C = \int \frac{\overline{N} N}{EA} ds + \int \frac{\overline{M} M}{EI} ds + \int \frac{\kappa \overline{V} V}{GA} ds$$

위의 식은 보(또는 구조물)에 대한 가상일의 원리로서 두 식의 우변은 수식적으로 같은 내용을 나타내므로 다음과 같이 나타낼 수 있다.

$$\sum_i P_i \overline{\delta_i} + \sum_r M_r \overline{\varphi_r} - \sum R\overline{C} = \sum_k \overline{P_k}\delta_k + \sum_l \overline{M_l}\varphi_l - \sum \overline{R}C \quad \text{(a)}$$

여기서도 위의 식은 뒤에서 설명하려는 Betti의 상반정리(Betti's reciprocal theorem)의 개념을 나타낸다.

(2) 온도변화와 지점침하가 있는 경우

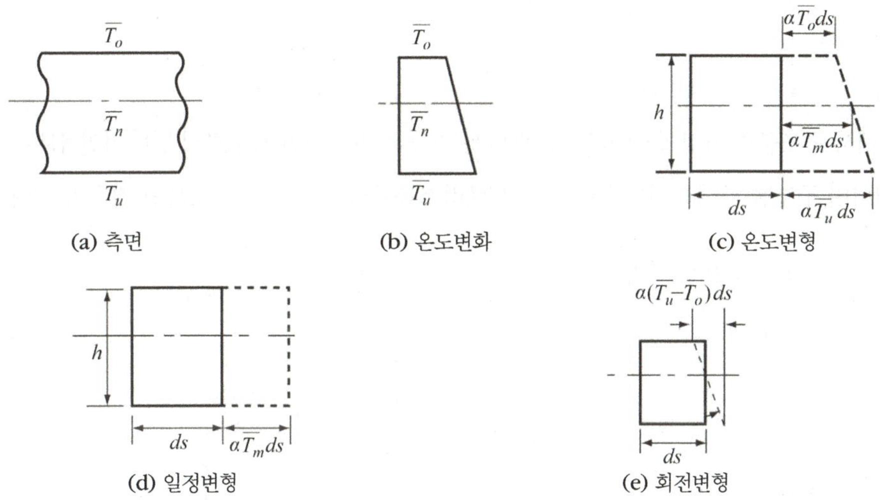

[그림 9.2.5]

앞 절의 상태 (B)에서 온도변화가 있고 지점침하 C가 일어날 때 내력을 $\overline{N}$, $\overline{M}$, $\overline{V}$ 라 한다. 지금 온도변화를 [그림 9.2.5]와 같이 직선변화하고 부재의 상연에서 $\overline{T_o}$, 하연에서 $\overline{T_u}$, 또한 중립축 위치에서의 값을 $\overline{T_m}$라 하면 온도변화에 의한 변형은 [그림 9.2.5(d)]와 같은 일정변형과 [그림 9.2.5(e)]와 같은 회전변형의 합이다. 따라서 전체적인 변형은 축방향 변형과 회전변형에 의한 처짐각에 온도변화에 의한 변형을 더해주면 된다. 여기서 선팽창계수를 α라 하면 다음과 같이 된다.

- 축방향 변형 : $\Delta ds = \left(\dfrac{\overline{N}}{EA} + \alpha\,\overline{T_m}\right)ds$

• 회전변형 : $d\theta = \dfrac{\overline{M}}{EI}ds + d\theta_r = \dfrac{\overline{M}}{EI} + \dfrac{\alpha(\overline{T_u} - \overline{T_o})}{h}ds = \left(\dfrac{\overline{M}}{EI} + \dfrac{\alpha\Delta\overline{T}}{h}\right)ds$

여기서 $d\theta_r$은 온도변화에 의한 처짐각, $\Delta\overline{T} = \overline{T_u} - \overline{T_o}$, h는 보의 높이이다. 따라서 상태 (A)의 하중 및 내력이 상태 (B)의 변형, 변위에 대해 하는 가상일의 양은 다음과 같이 된다.

$$\sum P_i\overline{\delta_i} + \sum M_r\overline{\varphi_r} - \sum R\overline{C}$$

$$= \int N\left(\frac{\overline{N}}{EA} + \alpha\overline{T_m}\right)ds + \int M\left(\frac{\overline{M}}{EI} + \frac{\alpha\Delta\overline{T}}{h}\right)ds + \int\frac{\kappa V\overline{V}}{GA}ds$$

$$= \int\frac{N\overline{N}}{EA}ds + \int\frac{M\overline{M}}{EI}ds + \int\frac{\kappa V\overline{V}}{GA}ds + \int N\alpha\overline{T_m}ds + \int M\frac{\alpha\Delta\overline{T}}{h}ds \quad (9.2.6)$$

[3] 구조물의 가상일(Ⅲ)

앞에서 구조물의 가상일 (I)과 (II)에 다룬 것들은 기본적인 경우로서 일반적인 휨부재에 대한 것이며 구조물에 따라서는 부분적으로 트러스를 구성하는 합성구조물인 경우가 있다.

(1) 복합구조물(트러스를 갖는 휨부재)

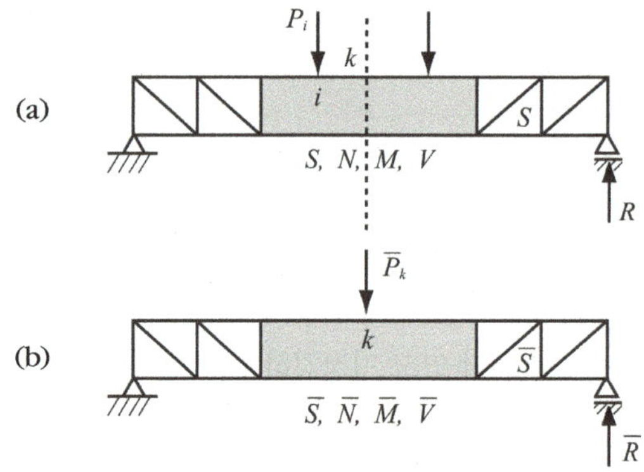

[그림 9.2.6]

[그림 9.2.6]과 같은 휨부재가 부분적으로 트러스로 구성된 경우에 대해 고려해보자. 그림과 같이 실제 하중상태 (A)와 가상 하중상태 (B)를 정해 놓고 상태 (B)에서 가상하중 $\overline{P_k}$ 작용점 방향으로 상태 (A)에서 대응하는 점의 변위를 δ_k, 또한 내력에 관해서는 상태 (A)의 트러스 부분의 내력을 S, 휨부재의 내력을 N, M, V, 상태 (B)에 대해서는 트러스 부분의 내력을 $\overline{S}$, 휨부재의 내력을 $\overline{N}$, $\overline{M}$, $\overline{V}$라 하면 가상일의 원리로부터 다음과 같이 된다.

$$\sum \overline{P_k}\delta_k = \sum \frac{\overline{S}Sl}{EA} + \int \frac{\overline{N}N}{EA}ds$$

$$+ \frac{\overline{M}M}{EI}ds + \int \frac{\kappa \overline{V}V}{GA}ds + \sum \overline{R}C \tag{9.2.7}$$

만일 실제 하중상태 (A)에 온도변화가 있어서 트러스부재에 대해서는 각 부재마다 각각 일정한 온도변화 T, 휨부재에 대해서는 앞 절과 같이 T_m, ΔT가 일어난 것으로 하면 식 (9.2.7)은 다음과 같이 된다.

$$\sum \overline{P_k}\delta_k = \sum \frac{\overline{S}Sl}{EA} + \sum \overline{S}\,\alpha Tl + \int \frac{\overline{N}N}{EA}ds + \int \frac{\overline{M}M}{EI}ds \tag{9.2.8}$$

$$+ \int \frac{\kappa \overline{V}V}{GA}ds + \sum \overline{R}C + \int \overline{N}\alpha T_m ds + \int \overline{M}\frac{\alpha \Delta T}{h}ds$$

여기서 α : 부재의 선팽창계수

T : 트러스부재의 온도변화(℃), $\Delta T = T_u - T_o$

식 (9.2.8)은 한 부재에 대해 설명하였으나 트러스부재 및 휨부재로 구성되었을 때도 똑같이 적용된다.

(2) 트러스

위의 (1)에서는 트러스부분과 휨 부분을 갖는 합성구조물에 대해 설명하였다. 구조물전체가 트러스인 경우에는 식 (9.2.7)과 (9.2.8)은 다음과 같이 된다.

$$\sum \overline{P_k}\delta_k = \sum \frac{\overline{S}Sl}{EA} + \sum \overline{R}C \tag{9.2.7a}$$

$$\sum \overline{P_k}\delta_k = \sum \frac{\overline{S}Sl}{EA} + \sum \overline{S}\,\alpha Tl + \sum \overline{R}C \tag{9.2.8a}$$

지금까지 세 절로 나누어 구조물의 가상일 (I), (II), (III)을 설명하였다.

이것들을 이용하면 구조물의 변형을 주체로 한 적합조건을 세워서 부정정구조물을 풀 수 있다.

[4] 내력이 하는 가상일

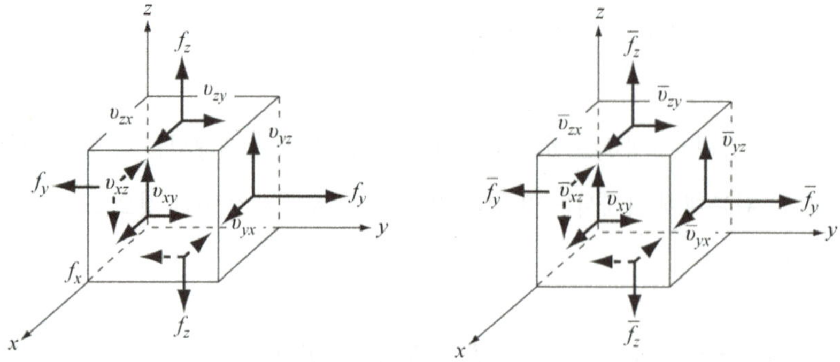

(a) 상태 (A)의 응력 (b) 상태 (B)의 응력

[그림 9.2.7]

[그림 9.2.7]에 나타낸 한 탄성체에 두 하중상태(온도하중 등을 포함) (A), (B)를 정해놓고, 상태 (A)의 내력이 상태 (B)의 가상변위에 대해 하는 가상일을 고려해 보자.

상태 (A)인 탄성체의 임의의 점(x, y, z)의 미소요소의 응력을 f_x, f_y, f_z, v_{xy}, v_{yz}, v_{zx}로, 상태 (B)에 대한 요소의 응력을 $\overline{f_x}$, $\overline{f_y}$, $\overline{f_z}$, $\overline{v_{xy}}$, $\overline{v_{yz}}$, $\overline{v_{zx}}$ 로 한다. 또한 상태 (B)의 변형률을 각각 다음과 같이 한다.

$$
\begin{aligned}
\overline{\varepsilon_x} &= \frac{1}{E}\{\overline{f_x} - v(\overline{f_y} + \overline{f_z}\} + \alpha\overline{T} \\
\overline{\varepsilon_y} &= \frac{1}{E}\{\overline{f_y} - v(\overline{f_z} + \overline{f_x}\} + \alpha\overline{T} \\
\overline{\varepsilon_z} &= \frac{1}{E}\{\overline{f_z} - v(\overline{f_x} + \overline{f_y}\} + \alpha\overline{T} \\
\overline{\gamma_{xy}} &= \frac{\overline{v_{xy}}}{G}, \quad \overline{\gamma_{yz}} = \frac{\overline{v_{yz}}}{G}, \quad \overline{\gamma_{zx}} = \frac{\overline{v_{zx}}}{G}
\end{aligned}
\tag{a}
$$

여기서 α는 부재의 선팽창계수, $\overline{T}$는 상태 (B)의 온도변화, G는 전단탄성계수, ν는 포이슨의 비이다.

이때 상태 (B)의 변형에 대한 상태 (A)의 응력이 하는 요소의 가상일은 다음과 같다.

$$(f_x\overline{\varepsilon_x} + f_y\overline{\varepsilon_y} + f_z\overline{\varepsilon_z} + v_{xy}\overline{\gamma_{xy}} + v_{yz}\overline{\gamma_{yz}} + v_{zx}\overline{\gamma_{zx}})dx\,dy\,dz$$

따라서 탄성체 전체의 가상일 $\overline{W_A}$는 다음과 같다.

$$\overline{W_A} = \int_v (f_x\overline{\varepsilon_x} + f_y\overline{\varepsilon_y} + f_z\overline{\varepsilon_z} + v_{xy}\overline{\gamma_{xy}} + v_{yz}\overline{\gamma_{yz}} + v_{zx}\overline{\gamma_{zx}})dv \tag{b}$$

식 (b)에 식 (a)를 대입하여 정리하면 다음과 같이 된다.

$$\begin{aligned}\overline{W_A} &= \int_v (f_x\overline{\varepsilon_x} + f_y\overline{\varepsilon_y} + f_z\overline{\varepsilon_z} + v_{xy}\overline{\gamma_{xy}} + v_{yz}\overline{\gamma_{yz}} + v_{zx}\overline{\gamma_{zx}})dv \\ &= \int_v \Big[f_x\Big(\frac{1}{E}\{\overline{f_x} - \upsilon(\overline{f_y} + \overline{f_z})\} + \alpha\overline{T}\Big) + f_y\Big(\frac{1}{E}\{\overline{f_y} - \upsilon(\overline{f_z} + \overline{f_x})\} + \alpha\overline{T}\Big) \\ &\quad + f_z\Big(\frac{1}{E}\{\overline{f_z} - \upsilon(\overline{f_x} + \overline{f_y})\} + \alpha\overline{T}\Big) + \frac{1}{G}\big(v_{xy}\overline{v_{xy}} + v_{yz}\overline{v_{yz}} + v_{zx}\overline{v_{zx}}\big)\Big]dv \quad \text{(c)} \\ &= \int_v \Big[\frac{1}{E}(f_x\overline{f_x} + f_y\overline{f_y} + f_z\overline{f_z}) - \frac{\nu}{E}(f_x\overline{f_y} + f_x\overline{f_z} + f_y\overline{f_z} + f_y\overline{f_x} \\ &\quad + f_z\overline{f_x} + f_z\overline{f_y}) + \frac{1}{G}(v_{xy}\overline{v_{xy}} + v_{yz}\overline{v_{yz}} + v_{zx}\overline{v_{zx}}) + \alpha\overline{T}(f_x + f_y + f_z)\Big]dv\end{aligned}$$

위의 식 (c)는 온도변형을 고려한 탄성체의 응력에 의한 가상일의 일반식이다.

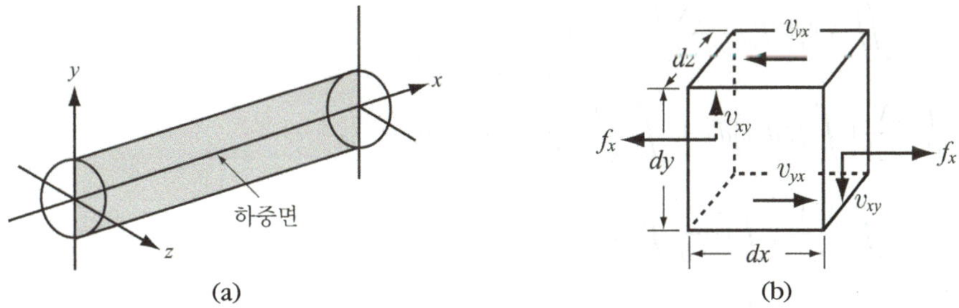

[그림 9.2.8]

그러나 우리가 취급한 보의 하중면은 한 면인 경우가 많으므로 여기서는 하중면을 xy 평면으로 한 [그림 9.2.8(b)]와 같은 평면응력상태를 이루는 것으로 하면 응력은 다음과 같이 된다.

$$f_y = f_z = \overline{f_y} = \overline{f_z} = 0\ ,\ \ v_{yz} = v_{zx} = \overline{v_{yz}} = \overline{v_{zx}} = 0 \tag{d}$$

따라서 $\overline{W_A}$는 다음과 같이 된다.

$$\overline{W_A} = \int_v \frac{1}{E} f_x\overline{f_x}dv + \int_v \frac{1}{G} v_{xy}\overline{v_{xy}}dv + \int_v \alpha\overline{T}f_x dv \tag{e}$$

상태 (A), (B)의 임의의 단면의 축방향력, 휨모멘트, 전단력을 N, M, V 및 $\overline{N}$, $\overline{M}$, $\overline{V}$라 하면, f_x, $\overline{f_x}$, v_{xy}, $\overline{v_{xy}}$는 각각 다음과 같이 된다.

$$f_x = \frac{N}{A} + \frac{M}{I} y \ , \ \overline{f_x} = \frac{\overline{N}}{A} + \frac{\overline{M}}{I} y$$

$$v_{xy} = \frac{V}{I\,b} \int y dA \ , \ \overline{v_{xy}} = \frac{\overline{V}}{I\,b} \int y dA \tag{f}$$

$$\overline{T} = \overline{T_m} + \frac{\Delta\overline{T}}{h} \ , \ \Delta\overline{T} = \overline{T_u} - \overline{T_o}$$

여기서 $\overline{T_m}$은 중립축의 온도변화, $\overline{T_o}$는 부재 상연의 온도변화, $\overline{T_u}$는 부재 하연의 온도변화, b는 좌표 y축 위치의 부재의 폭이다.

위의 값들을 이용하면 식 (e)의 탄성체 전체의 가상일 $\overline{W_A}$는 다음과 같이 된다.

$$\begin{aligned}
\overline{W_A} &= \iint \frac{f_x}{E}\left(\frac{\overline{N}}{A} + \frac{\overline{M}}{I}y\right) dA\,dx + \iint \frac{1}{G}\left\{\left(\frac{V}{I\,b}\int y\,dA\right)\left(\frac{\overline{V}}{I\,b}\int y\,dA\right)\right\} dA\ dx \\
&\quad + \iint \alpha f_x\left(\overline{T_m} + \frac{\Delta\overline{T}}{h} yc\right) dA\ dx \\
&= \int \frac{\overline{N}}{EA}\left(\int f_x dA\right) dx + \int \frac{\overline{M}}{EI}\left(\int f_x y dA\right) dx \\
&\quad + \int \frac{\overline{V}\,V}{G}\left\{\int \left(\frac{1}{I\,b}\int y\,dA\right)^2 dA\right\} dx \\
&\quad + \int \alpha\,\overline{T_m}\left(\int f_x dA\right) dx + \int \frac{\alpha\Delta\overline{T}}{h}\left(\int f_x y dA\right) dx \\
&= \int \frac{N\overline{N}}{EA} dx + \int \frac{M\overline{M}}{EI} dx + \int \frac{\kappa\,V\overline{V}}{GA} dx + \int N\alpha\,\overline{T_m}\,dx + \int M\frac{\alpha\Delta\overline{T}}{h} dx
\end{aligned} \tag{g}$$

위의 식 (g)는 앞에서 구한 식 (9.2.6)과 같다는 것을 알 수 있다. 식 (9.2.6) 또는 (9.2.8)을 활용하여 구조물의 변형 및 부정정력을 구할 수 있다.

9.3 Castigliano의 정리

9.3.1 개요

이 정리는 이탈리아의 Castigliano가 1879년에 발표한 것으로 구조물의 변형(변위와 부재회전각)과 부정정구조물의 해석에 응용된다. 지금 [그림 9.3.1]에 나타낸 선형탄성체에 외력 P_1, P_2, P_3, $\cdots$, P_n 및 M_1, M_2, M_3, $\cdots$, M_n이 작용하여 평형을 유지하고 있다.

이때 변형에 의하여 일어나는 변위는 미소한 것으로 평형상태를 고려할 때 변형 및 변위의 영향은 무시할 수 있다. 여기서 변형에너지 외력(모멘트 포함) 및 외력작용점의 하중방향의 변위(회전각을 포함) 사이에는 다음과 같은 Castigliano의 제1정리 및 제2정리가 성립한다.

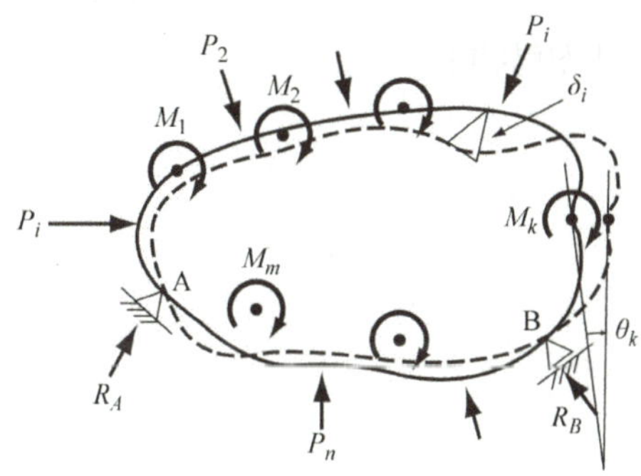

[그림 9.3.1]

[1] Castigliano의 제1정리 (Castigliano's first theorem)

'탄성체에 외력 P_j 또는 모멘트 M_k가 작용할 때, 그 외력 P_j 또는 모멘트 M_k의 전 변형에너지 U_i를 작용점에서의 힘 P_j의 방향으로 일어나는 변위 δ_j 또는 회전각 θ_k로 1차 편미분한 것은 그 점의 힘 P_j 또는 모멘트 M_k와 같다.' 즉 이것은 다음과 같이 나타낼 수 있다.

$$P_j = \frac{\partial U_i}{\partial \delta_j} \quad \text{또는} \quad M_k = \frac{\partial U_i}{\partial \theta_k} \tag{9.3.1}$$

여기서 δ_j는 P_j의 작용점의 P_j 방향의 변위, θ_k는 M_k 작용점의 M_k와 동일한 회전각이다.

[2] Castigliano의 제2정리 (Castigliano' s second theorem)

'탄성체에 외력 P_j 또는 모멘트 M_k가 작용할 때, 그 외력 P_j 또는 모멘트 M_k에 의한 전 변형에너지 U_i를 그 힘 P_j 또는 모멘트 M_k로 1차 편미분한 것은 힘 P_j의 방향의 변위 δ_j 또는 모멘트

M_k의 방향의 회전각 θ_k와 같다.' 즉 이것은 다음과 같이 나타낼 수 있다.

$$\delta_j = \frac{\partial U_i}{\partial P_j} \quad \text{또는} \quad \theta_k = \frac{\partial U_i}{\partial M_k} \tag{9.3.2}$$

여기서 δ_j는 P_j의 작용점의 P_j 방향의 변위, θ_k는 M_k 작용점의 M_k와 동일한 회전각이다.

9.3.2 Castigliano 정리의 유도

[1] Castigliano 제1정리의 유도

[그림 9.3.1]을 대상으로 고려할 때 구조계가 평형상태에 있을 때 선형 및 비선형에 관계없이 위치에너지 정유의 원리에 의하여 외력 및 내력에 의한 위치에너지의 변화는 일어나지 않으므로 위치에너지의 변화 $dU=0$가 성립된다.

$$dU = dU_e + dU_i = 0$$

따라서

$$dU_e = -dU_i \tag{a}$$

여기서 외력이 한 일의 증가량 dW_e는 외력의 위치에너지 U_e의 감소$(-dU_e)$와 같다. 즉

$$dW_e = -dU_e$$

위의 식을 식 (a)에 대입하여 정리하면 다음과 같이 된다.

$$dW_e = dU_i \tag{b}$$

그런데 내력의 위치에너지 U_i, 즉 변형에너지는 다음과 같이 외력과 모멘트의 함수이다.

$$U_i = U_i(P_1,\ P_2,\ P_3,\ \cdots,\ P_n,\ M_1,\ M_2,\ M_3,\ \cdots,\ M_n) \tag{c}$$

지금 외력의 작용하중 P_1, P_2, P_3, $\cdots$, P_j, $\cdots$, P_n의 각각의 방향의 변위로 δ_1, δ_2, δ_3, $\cdots$ δ_j, $\cdots$, δ_n 또한 M_1, M_2, M_3, $\cdots$ M_j $\cdots$ M_n의 각 방향의 회전각을 θ_1, θ_2, θ_3, $\cdots$ θ_j $\cdots$ θ_n이라 하면 외력 P_j에 대한 변위 δ_j만큼 증가시켰다면 U_i의 증가 dU_i는 다음과 같다.

$$dU_i = P_j \, d\delta_i \tag{d}$$

또한 δ_j만의 증가에 대한 U_i의 증가율은 $\partial U_i / \partial \delta_j$로 주어지므로 $d\delta_j$만의 증가에 대한 U_i의 증가 dU_i는 다음과 같다.

$$dU_i = \frac{\partial U_i}{\partial \delta_j} d\delta_j \tag{e}$$

위의 식 (d)와 (e)를 등치하면 다음과 같다.

$$dU_i = P_j \, d\delta_j = \frac{\partial U_i}{\partial \delta_j} d\delta_j \quad \therefore \; P_j = \frac{\partial U_i}{\partial \delta_j} \tag{f}$$

같은 방법으로 M_k의 작용점의 회전각 θ_k만큼 증가하였다면 U_i의 증가 dU_i는 다음과 같다.

$$dU_i = M_k \, d\theta_k = \frac{\partial U_i}{\partial \theta_k} d\theta_k \quad \therefore \; M_k = \frac{\partial U_i}{\partial \theta_k} \tag{g}$$

식 (f)와 (g)는 구조계의 선형과 비선형에 관계없이 성립되는 것이나 선형탄성체에 적용한 것이 Castigliano 제1정리이다.

[그림 9.3.2]에 나타낸 단순보를 선형탄성체로보고 이 정리인 식 (f)와 (g)의 내용을 고려해보기로 하자.

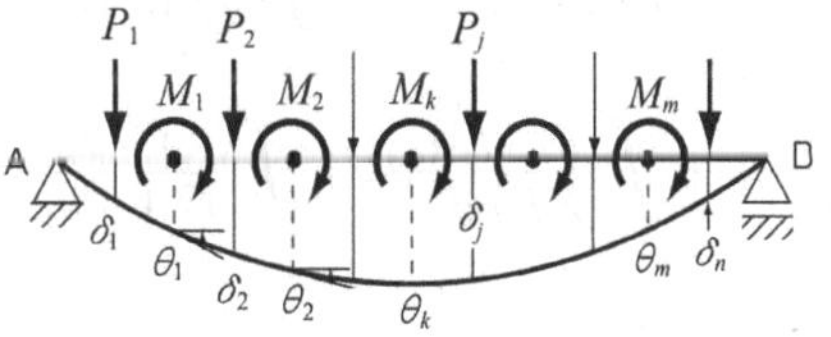

[그림 9.3.2]

식 (c)에 나타낸 보의 변형에너지 U_i는 외력과 모멘트의 함수로 되며 내력을 N, M, V 및 M_T (여기서 이것은 생략함)라 하면 선형탄성계의 변형에너지 U_i는 다음과 같다.

$$U_i = \int \frac{N^2}{2EA} ds + \int \frac{M^2}{2EI} ds + \int \frac{\kappa V^2}{2GA} ds \tag{9.3.3}$$

여기서 N, M, V는 외력의 1차 함수이므로 식 (9.3.3)은 U_i가 외력(모멘트 포함)의 2차의 동차함수로 됨을 명백히 나타낸다.

여기서 주어진 보의 하중작용점 또는 모멘트의 작용점의 변위 또는 회전각에 의한 외력이 한 일의 양 W_e는 다음과 같다.

$$W_e = \frac{1}{2}P_1\delta_1 + \frac{1}{2}P_2\delta_2 + \cdots + \frac{1}{2}P_n\delta_n + \frac{1}{2}M_1\theta_1 + \frac{1}{2}M_2\theta_2 + \cdots + \frac{1}{2}M_n\theta_n = \frac{1}{2}\sum_{j=1}^{n}P_j\delta_j + \frac{1}{2}\sum_{k=1}^{m}M_k\theta_k \tag{9.3.4}$$

그런데 외력이 한 일의 양 W_e는 변형에너지 U_i와 같다.

$$U_i = \frac{1}{2}\sum_{j=1}^{n}P_j\delta_j + \frac{1}{2}\sum_{k=1}^{m}M_k\theta_k \tag{9.3.5}$$

여기서 변위(회전각)는 외력의 1차 함수로 주어진다. 반대로 하중은 변위 또는 회전각의 1차 함수로 되므로 N, M, V도 변위 또는 회전각의 1차 함수로 된다. 따라서 변형에너지 U_i는 변위 및 회전각의 2차의 동차함수로 생각할 수가 있다.

또한 N 및 V에 대해서 같은 성질이므로 다음과 같이 된다.

$$P_j = \frac{\partial U_i}{\partial \delta_j} = \int \frac{N}{EA}\frac{\partial N}{\partial \delta_j}ds + \int \frac{M}{EI}\frac{\partial M}{\partial \delta_j}ds + \int \frac{\kappa V}{GA}\frac{\partial V}{\partial \delta_j}ds \tag{9.3.6a}$$

$$M_k = \frac{\partial U_i}{\partial \theta_k} = \int \frac{N}{EA}\frac{\partial N}{\partial \theta_k}ds + \int \frac{M}{EI}\frac{\partial M}{\partial \theta_k}ds + \int \frac{\kappa V}{GA}\frac{\partial V}{\partial \theta_k}ds \tag{9.3.6b}$$

위의 식에서 N, M 및 V는 변위 및 회전각의 1차 함수이므로 $\partial N/\partial\delta_j$, $\partial M/\partial\delta_j$, $\partial V/\partial\delta_j$ 및 $\partial N/\partial\theta_k$, $\partial M/\partial\theta_k$, $\partial V/\partial\theta_j$는 상수가 된다. 그러므로 식 (9.3.6)은 다음과 같이 된다.

$$\frac{\partial^2 U_i}{\partial \delta_j^2} = \int\left(\frac{\partial N}{\partial \delta_j}\right)^2\frac{ds}{EA} + \int\left(\frac{\partial M}{\partial \delta_j}\right)^2\frac{ds}{EI} + \int\left(\frac{\partial V}{\partial \delta_j}\right)^2\frac{\kappa ds}{GA} \tag{9.3.7a}$$

$$\frac{\partial^2 U_i}{\partial \theta_k^2} = \int\left(\frac{\partial N}{\partial \theta_k}\right)^2\frac{ds}{EA} + \int\left(\frac{\partial M}{\partial \theta_k}\right)^2\frac{ds}{EI} + \int\left(\frac{\partial V}{\partial \theta_k}\right)^2\frac{\kappa ds}{GA} \tag{9.3.7b}$$

위의 식 (9.3.7)에서 $\partial N / \partial \delta_j, \partial M / \partial \delta_j, \partial V / \partial \delta_j$ 및 $\partial N / \partial \theta_k, \partial M / \partial \theta_k, \partial V / \partial \theta_j$는 외력 및 모멘트가 존재하는 한 동시에 영(0)이 되지는 않으므로 다음과 같이 되어야 한다.

$$\frac{\partial^2 U_i}{\partial \delta_j^2} > 0 \quad \text{또는} \quad \frac{\partial^2 U_i}{\partial \theta_k^2} > 0 \tag{9.3.8}$$

그런데 $\partial U_i / \partial \delta_j = 0, \partial^2 U_i / \partial \delta_j^2 > 0$ 또는 $\partial U_i / \partial \theta_k = 0, \partial^2 U_i / \partial \theta_k^2 > 0$가 동시에 성립되는 경우 외력 및 모멘트가 하는 변형에너지 U_i는 최소로 됨을 의미한다. 이를 테면 일을 할 수 없는 변위 δ_j 또는 회전각 θ_k 를 생각하면 이들 변위 또는 회전각은 변형에너지가 최소가 되도록 조절하면서 일어남을 말한다. 이것은 변위 또는 회전각으로 본 최소일의 정리(theorem of least work)이지만 Castigliano 제2정리에 속한다.

예제 10-3-1

캔틸레버의 자유단에 작용하는 하중 P에 의한 변형에너지는 변위의 2차의 동차함수임을 보여라.

풀이

하중작용점의 처짐은 $\delta = \dfrac{Pl^3}{3EI}$ 이므로 $P = \dfrac{3EI\delta}{l^3}$ 로 된다.

따라서 $M = -Px = -\left(\dfrac{3EI\delta}{l^3}\right)x$

따라서 $M^2 = \left(\dfrac{3EI\delta x}{l^3}\right)^2 = \dfrac{9(EI\delta)^2 x^2}{l^6}$ 과 같이 δ의 2차 함수로 된다.

[2] Castigliano 제2정리의 유도

[그림 9.3.1]에 나타낸 구조계가 외력 또는 모멘트를 받을 때 외력 P_j와 그 변위 δ_j, 모멘트 M_k와 그 회전각 θ_k 또한 구조계의 요소 $\xi(\xi = 1,\ 2, 3,\ \cdots\ r)$의 외력에 의한 내력 F_ξ와 그 변형 e_ξ, 모멘트에 의한 내력 $F_{\xi M}$의 관계는 [그림 9.3.3(a), (b), (c), (d)]에 나타낸 바와 같다.

이때 외력 $P_1,\ P_2,\ P_3,\ \cdots\ P_n$, 모멘트 $M_1,\ M_2,\ M_3,\ \cdots\ M_n$에 의한 외력의 공액일 C_e는 다음과 같다.

$$C_e = \sum_{j=1}^{n} \int_0^{P_j} \delta_j' dP_j' + \sum_{k=1}^{m} \int_0^{M_k} \theta_k' dM_k' \tag{a}$$

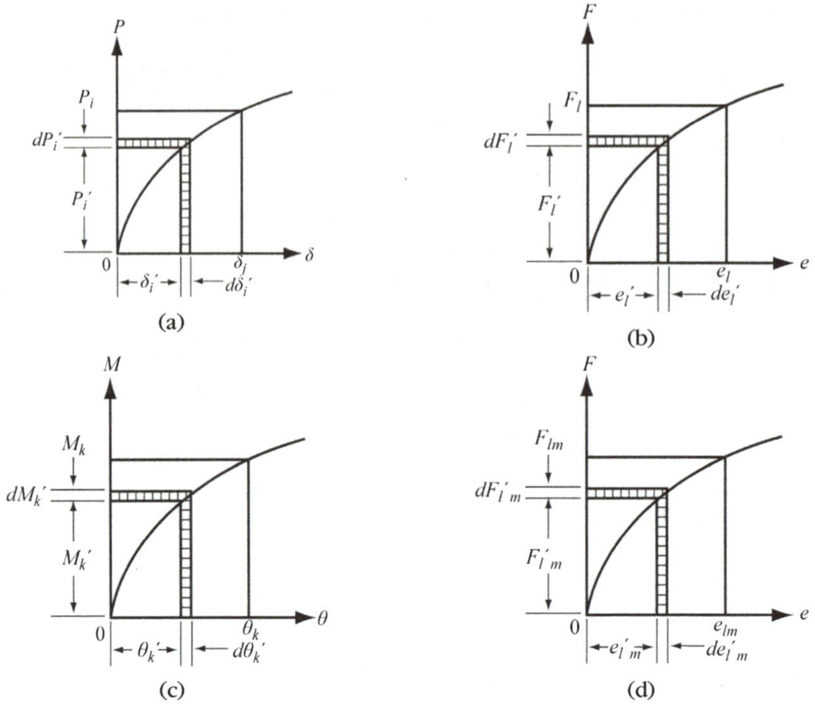

[그림 9.3.3]

또한 내력의 공액일, 즉 공액에너지 U_c는 다음과 같다.

$$U_c = \sum_{i=1}^{r} \int_0^{F_\xi} e_\xi' dF_\xi' + \sum_{i=1}^{r} \int_0^{F_{eM}} e_{\xi M}' dF_{\xi M}' \tag{b}$$

따라서 외력의 공액일과 내력의 공액에너지의 관계로부터 다음과 같이 된다.

$$C_e = -C_i = U_c \tag{c}$$

따라서 식 (a), (b), (c)로부터 외력의 공액일은 다음과 같다.

$$\begin{aligned} C_e &= \sum_{j=1}^{n} \int_0^{P_j} \delta_j' dP_j' + \sum_{k=1}^{m} \int_0^{M_k} \theta_k' dM_k' \\ &= \sum_{i=1}^{r} \int_0^{F_\xi} e_\xi' dF_\xi' + \sum_{i=1}^{r} \int_0^{F_{\xi M}} e_{\xi M}' dF_{\xi M}' = U_c \end{aligned} \tag{d}$$

P_j의 증가 dP_j에 대한 U_c의 증가는 다음과 같다.

$$\frac{\partial U_c}{\partial P_j} dP_j \tag{e}$$

또한 식 (d)로부터 다음과 같이 된다.

$$\frac{\partial U_c}{\partial P_j} = \frac{\partial C_e}{\partial P_j} = \frac{\partial}{\partial P_j} \sum_{j=1}^{n} \int_0^{P_j} \delta_j' \, dP_j' = \delta_j$$

따라서 식 (e)와 위의 식에서 다음과 같이 된다.

$$\frac{\partial U_c}{\partial P_j} dP_j = \delta_j \, dP_j \tag{f}$$

따라서

$$\delta_j = \frac{\partial U_c}{\partial P_j} \tag{9.3.9}$$

같은 방법으로 M_k의 증가 dM_k에 대한 U_c의 증가는 다음과 같다.

$$\frac{\partial U_c}{\partial M_k} dM_k \tag{g}$$

또한

$$\frac{\partial U_c}{\partial M_k} = \frac{\partial C_e}{\partial M_k} = \frac{\partial}{\partial M_k} \sum_{k=1}^{n} \int_0^{M_k} \theta_k' \, dM_k' = \theta_k$$

따라서

$$\frac{\partial U_c}{\partial M_k} dM_k = \theta_k \, dM_k \tag{h}$$

위의 식 (h)에서 θ_k는 다음과 같이 된다.

$$\theta_k = \frac{\partial U_c}{\partial M_k} \tag{9.3.10}$$

식 (9.3.9)과 (9.3.10)은 비선형 탄성구조계에도 적용된다. Castigliano의 정리는 선형 탄성구조계에 대한 것이다. 그런데 선형 탄성구조계에 대해서는 $U_c = U_i$이므로 식 (9.3.9)과 (9.3.10)은 다음과 같이 나타낼 수 있다.

$$\delta_j = \frac{\partial U_i}{\partial P_j} \qquad \theta_k = \frac{\partial U_i}{\partial M_k} \tag{i}$$

위의 식 (i)는 앞 절의 식 (9.3.2)이므로 Castigliano의 제2정리이다. 여기서 [그림 9.3.2]의 경우의 이 정리를 살펴보면 식 (9.3.3)과 (9.3.5)에 의하여 다음과 같이 된다.

$$U_i = \frac{1}{2}\sum_{j=1}^{n} P_j\delta_j + \frac{1}{2}\sum_{k=1}^{m} M_k\theta_k = \int \frac{N^2}{2EA}ds + \int \frac{M^2}{2EI}ds + \int \frac{\kappa V^2}{2GA}ds$$

위의 식의 변형에너지 U_i는 외력에 대한 2차의 동차함수 또한 변위 및 회전각에 대한 2차의 동차함수로 됨을 의미한다. 그러므로 제2정리를 외력에 대한 2차의 동차함수로 취급하는 경우 $\partial U_i / \partial P_j$는 다음과 같다.

$$\begin{aligned}\frac{\partial U_i}{\partial P_j} &= \frac{\partial}{\partial P_j}\left(\int \frac{N^2}{2EA}ds + \int \frac{M^2}{2EI}ds + \int \frac{\kappa V^2}{2GA}ds\right) \\ &= \int N\left(\frac{\partial N}{\partial P_j}\right)\frac{ds}{EA} + \int M\left(\frac{\partial M}{\partial P_j}\right)\frac{ds}{EI} + \int \kappa V\left(\frac{\partial V}{\partial P_j}\right)\frac{ds}{GA}\end{aligned} \tag{j}$$

그리고 $\partial U_i / \partial M_k$에 대해서도 같이 취급되므로 식 (i)는 다음과 같이 된다.

$$\delta_j = \frac{\partial U_i}{\partial P_j} = \int N\left(\frac{\partial N}{\partial P_j}\right)\frac{ds}{EA} + \int M\left(\frac{\partial M}{\partial P_j}\right)\frac{ds}{EI} + \int \kappa V\left(\frac{\partial V}{\partial P_j}\right)\frac{ds}{GA} \tag{9.3.11a}$$

$$\theta_k = \frac{\partial U_i}{\partial M_k} = \int N\left(\frac{\partial N}{\partial M_k}\right)\frac{ds}{EA} + \int M\left(\frac{\partial M}{\partial M_k}\right)\frac{ds}{EI} + \int \kappa V\left(\frac{\partial V}{\partial M_k}\right)\frac{ds}{GA} \tag{9.3.11b}$$

위의 식에서 $\partial N / \partial P_j \quad \partial M / \partial P_j \quad \partial V / \partial P_j$는 다음과 같다.

$\partial N / \partial P_j$는 P_j의 증가에 대한 축방향력 N의 증가율이고, $P_j = 1$에 대한 N값으로 일반적으로 N_j로 나타낸다. $\partial M / \partial P_j$는 P_j의 증가에 대한 휨모멘트 M의 증가율이고 $P_j = 1$에 대한 M값으로 일반적으로 M_j로 나타낸다. $\partial V / \partial P_j$는 P_j의 증가에 대한 전단력 V의 증가율이고 $P_j = 1$에 대한 V값으로 일반적으로 V_j로 나타낸다. 위의 설명으로부터 식 (9.3.11)을 나타내면 다음과 같다.

$$\delta_j = \frac{\partial U_i}{\partial P_j} = \int \frac{NN_j}{EA} ds + \int \frac{MM_j}{EI} ds + \int \frac{\kappa VV_j}{GA} ds$$

$$\theta_k = \frac{\partial U_i}{\partial M_k} = \int \frac{NN_k}{EA} ds + \int \frac{MM_k}{EI} ds + \int \frac{\kappa VV_k}{GA} ds \tag{9.3.12}$$

만일 P_j 또는 M_k의 적용점에서 그 방향의 변위 또는 회전각이 0인 경우에는 P_j 또는 M_k의 증가에 대한 U_i의 변화는 일어나지 않으므로 다음과 같이 나타낼 수 있다.

$$\frac{\partial U_i}{\partial P_j} = 0 \qquad \frac{\partial U_i}{\partial M_k} = 0 \tag{9.3.13}$$

위의 식 (9.3.13)은 제2정리의 특별한 경우로서 그 내용은 다음과 같이 표현된다. '아무런 일을 하지 않는 힘 또는 모멘트로 그 구조계의 전 변형에너지를 1차 편미분한 것은 0이 된다.' 여기서 식 (9.3.12)으로 식 (9.3.13)을 나타내면 다음과 같다.

$$\delta_j = \frac{\partial U_i}{\partial P_j} = \int \frac{NN_j}{EA} ds + \int \frac{MM_j}{EI} ds + \int \frac{\kappa VV_j}{GA} ds = 0$$

$$\theta_k = \frac{\partial U_i}{\partial M_k} = \int \frac{NN_k}{EA} ds + \int \frac{MM_k}{EI} ds + \int \frac{\kappa VV_k}{GA} ds = 0 \tag{9.3.14}$$

또한 탄성변형에 의한 일의 양인 변형에너지 U_i는 외력의 2차의 동차함수이고 N, M 및 V는 외력의 1차 함수이다. 따라서 $\partial N/\partial P_j$ $\partial M/\partial P_j$ $\partial V/\partial P_j$ 또는 $\partial N/\partial M_k \partial M/\partial M_k$ $\partial V/\partial M_k$는 상수이다.

따라서 식 (9.3.12)에 의하여 $\partial^2 U_i/\partial P_j^2$ 와 $\partial^2 U_i/\partial M_k^2$ 를 구하면 다음과 같다.

$$\frac{\partial^2 U_i}{\partial P_j^2} = \int \left(\frac{\partial N}{\partial P_j}\right)^2 \frac{ds}{EA} + \int \left(\frac{\partial M}{\partial P_j}\right)^2 \frac{ds}{EI} + \int \left(\frac{\partial V}{\partial P_j}\right)^2 \frac{\kappa ds}{GA}$$

$$\frac{\partial^2 U_i}{\partial M_k^2} = \int \left(\frac{\partial N}{\partial M_k}\right)^2 \frac{ds}{EA} + \int \left(\frac{\partial M}{\partial M_k}\right)^2 \frac{ds}{EI} + \int \left(\frac{\partial V}{\partial M_k}\right)^2 \frac{\kappa ds}{GA} \tag{9.3.15}$$

위의 식 (9.3.15)에서 $\partial N/\partial P_j$, $\partial M/\partial P_j$, $\partial V/\partial P_j$ 또는 $\partial N/\partial M_k$, $\partial M/\partial M_k$,$\partial V/\partial M_k$ 는 외력 또는 모멘트가 존재하는 한 0으로 될 수 없으므로 다음과 같이 된다.

$$\frac{\partial^2 U_i}{\partial P_j^2} > 0 \qquad \frac{\partial^2 U_i}{\partial M_k^2} > 0 \tag{9.3.16}$$

그러므로

$$\frac{\partial U_i}{\partial P_j} = 0 \quad \text{그리고} \quad \frac{\partial^2 U_i}{\partial P_j^2} > 0 \tag{9.3.17a}$$

$$\frac{\partial U_i}{\partial M_k} = 0 \quad \text{그리고} \quad \frac{\partial^2 U_i}{\partial M_k^2} > 0 \tag{9.3.17b}$$

위의 식 (9.3.17)가 성립할 때 힘 P_j 또는 M_k에 의하여 이루어지는 에너지는 극소로 되는 것이다. 힘의 평형과 U_i의 특성으로 볼 때 U_i가 최소로 된다는 것을 의미한다. 즉, 일을 하지 않는 힘 P_j와 모멘트 M_k를 생각하면 이것들은 변형에너지가 최소로 되기 위하여 작용하는 것을 의미한다.

따라서 식 (9.3.17)는 '탄성구조계에 작용하는 힘 또는 모멘트가 하는 일은 평형상태를 유지하는 데 필요한 최소한도의 것이다'라는 Castigliano의 최소일의 정리(theorem of least work)이다.

위에서 설명한 Castigliano의 정리는 특정한 점의 처짐 및 힘의 계산에 사용되는 것처럼 생각되나 임의의 점에 의한 변위 및 회전각을 계산하는 것이 일반적이다. 특히 Castigliano의 정리는 하중 및 변위 또는 회전각에 한정된 것이 아니라 무하중에 대한 0하중이 존재하는 것으로 생각하여 무변위 및 무회전각에 대한 0변위 및 0회전각이 존재한다는 인식개념으로 확장하면 Castigliano의 정리는 일반적인 부정정구조물의 해석에 유용하다.

9.3.3 Castigliano 정리의 응용

앞 장에서 논의한 바 있는 변형에너지법과 공액에너지법을 다시 정리하면 다음과 같다.

'몇 개의 외력이 작용하고 있는 구조계의 변형에너지 U_i를 외력의 작용점에서 외력의 작용선 방향의 변위의 함수로 표시할 경우, 구조계를 선형과 비선형으로 구별 없이 변형에너지 U_i를 하중점 각각의 변위로 1차 편미분한 것은 그 변위에 대응하는 외력이다'라는 변형에너지법에 의한 것을 Castigliano의 제1정리라 하고, '몇 개의 외력이 작용하고 있는 구조계의 공액에너지 U_c를 외력의 함수로 표시할 때, 공액에너지 U_c를 각각의 외력으로 1차 편미분한 것은 그 외력에 대응하는 변위이다'라는 공액에너지법에 의한 것을 Castigliano의 제2정리라고 한다.

이것들은 선형인 경우나 비선형인 경우 모두에 적용되는 것으로 Castigliano의 정리는 계를 선형인 탄성체로 취급하는 것과 구별된다. 일반적인 Castigliano의 정리라 하면 제2정리인 것으로 $\delta_j = \partial U_c / \partial P_j$를 의미하며, $\partial U_c / \partial P_j = 0$으로 표시되는 최소일의 원리도 여기에 속하는 것으로 보아야 한다.

[1] 탄성계 1차 부정정트러스

예제 9-3-2

[그림 9.3.4]에 나타낸 탄성계 1차 부정정트러스에서 Castigliano의 제1정리와 제2정리를 적용하여 단면력을 구하여라. 단 축강성 EA는 각 부재에 대해 일정하다.

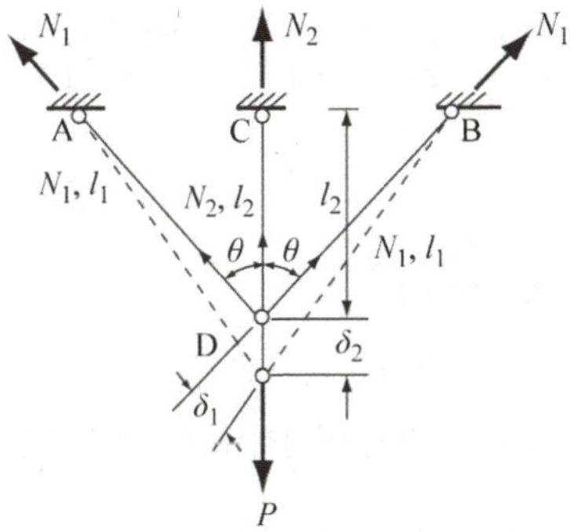

[그림 9.3.4]

풀이

(1) 제1정리 $P_j = \partial U_i / \partial \delta_j$를 적용

절점 D에서의 힘의 평형조건식은 다음과 같다.

$$2N_1\cos\theta + N_2 = P \tag{a}$$

또한 변형관계식은 다음과 같다.

$$\delta_1 = \delta_2\cos\theta, \quad \delta_i = N_i l_i / EA \ (i = 1,2) \tag{b}$$

$\delta_1 = N_1 l_1 / EA$, $\delta_2 = N_2 l_2 / EA$ 에서

$$N_1 = \delta_1 EA / l_1, \ N_2 = \delta_2 EA / l_2 \tag{c}$$

U_i의 일반식은 다음과 같다.

$$U_i = 2\left(\frac{1}{2}N_1\delta_1\right) + \left(\frac{1}{2}N_2\delta_2\right) = N_1\delta_1 + \frac{1}{2}N_2\delta_2 = \delta_1^2\frac{EA}{l_1} + \delta_2^2\frac{EA}{2l_2} = (\delta_2\cos\theta)^2\frac{EA}{l_1} + \delta_2^2\frac{EA}{2l_2}$$

$$=\delta_2^2\cos^2\theta\frac{EA}{l_1}+\delta_2^2\frac{EA}{2l_2}$$

위의 식에서 U_i를 하중작용점의 변위 δ_2로 편미분하면 하중 P가 된다. 즉

$$P=\frac{\partial U_i}{\partial\delta_2}=2\delta_2\cos^2\theta\frac{EA}{l_1}+2\delta_2\frac{EA}{2l_2}=2\delta_2\cos^2\theta\frac{EA}{(l_2/\cos\theta)}+\delta_2\frac{EA}{l_2}=2\delta_2\cos^3\theta\frac{EA}{l_2}+\delta_2\frac{EA}{l_2}$$

$$=\delta_2\frac{EA}{l_2}(2\cos^3\theta+1)=N_2(2\cos^3\theta+1)$$

따라서

$$N_2=\frac{1}{(2\cos^3\theta+1)}P$$

그러므로

$$N_1=\frac{1}{2\cos\theta}(P-N_2)=\frac{1}{2\cos\theta}\left(P-\frac{1}{2\cos^3\theta+1}\right)=\frac{\cos^2\theta}{2\cos^3\theta+1}P$$

이것을 정리하면 다음과 같다.

$$N_1=\frac{\cos^2\theta}{2\cos^3\theta+1}P \qquad N_2=\frac{1}{2\cos^3\theta+1}P \tag{d}$$

(2) 제2정리 $\delta_j=\partial U_c/\partial P_j=\partial U_i/\partial P_j$를 적용

선형탄성체이므로 U_c를 U_i로 바꾸면 된다. 여기서 U_c의 일반식은 다음과 같다.

$$U_c=2N_1\delta_1+N_2\delta_2-2\cdot\frac{1}{2}N_1\delta_1-\frac{1}{2}N_2\delta_2=U_c=N_1\delta_1+\frac{1}{2}N_2\delta_2$$

$$=N_1\frac{N_1l_1}{EA}+\frac{1}{2}N_2\frac{N_2l_2}{EA}=\frac{1}{2EA}(2N_1^2l_1+N_2^2l_2)$$

그러나 C점에서의 $\partial U_c/\partial N_2=0$가 성립되므로 U_c를 N_2의 함수로 표시한다. 그런데 식 (a)에 의하면 $N_1=\frac{1}{2\cos\theta}(P-N_2)$이므로 U_c는 다음과 같이 된다.

$$U_c=\frac{1}{2EA}(2N_1^2l_1+N_2^2l_2)=\frac{1}{2EA}\left[\frac{2l_1}{4\cos^2\theta}(P-N_2)^2+N_2^2l_2\right] \tag{e}$$

따라서 $\partial U_c/\partial N_2=0$을 구하면 다음과 같다.

$$\frac{\partial U_c}{\partial N_2}=\frac{1}{2EA}\left[\frac{4l_1}{4\cos^2\theta}(P-N_2)(-1)+2N_2l_2\right]=0$$

$$\frac{l_1}{\cos^2\theta}(N_2-P)+2N_2l_2=0$$

$$N_2l_2\left(\frac{1}{\cos^3\theta}+2\right)=\frac{Pl_2}{\cos^3\theta}$$

$$\therefore N_2=\frac{1}{2\cos^3\theta+1}P \qquad \therefore N_1=\frac{\cos^2\theta}{2\cos^3\theta+1}P$$

위에서 설명한 바와 같이 (1)의 변형에너지 U_i 및 (2)의 공액에너지 U_c에 의한 두 가지 방법이 있다. (2)의 경우 공액에너지 U_c를 사용하였는데 이 경우는 선형인 경우 변형에너지 U_i를 사용하는 것이 좋다. 그러나 비선형인 경우에는 U_i와 U_c는 확실히 구분하여야 한다.

Castigliano의 정리에서는 하중과 변위는 정비례하는 것으로 가정하여 다루고 있다. 따라서 변위는 하중의 1차 함수가 되고 변형에너지는 하중의 2차 함수가 된다. 그러나 탄성한계 내에서 응력과 변형률은 비례하지만 하중과 변위는 비례하지 않는 경우가 있다. 이때 변형에너지는 하중의 2차함수가 아니며 Castigliano의 정리도 성립되지 않는다.

[2] 봉의 하중 P와 변위 δ과의 관계

예제 9-3-3

[그림 9.3.5(a)]에 나타낸 바와 같은 2개의 봉의 양끝이 회전단으로 결합되어 일직선상에 배치되어 있고 중앙의 결합점 C에 집중하중 P가 작용할 때 봉이 받는 축력과 변위를 구하고, 하중 P와 처짐 δ관계를 고려해 보아라. 단 EA는 부재에 대해 일정하다.

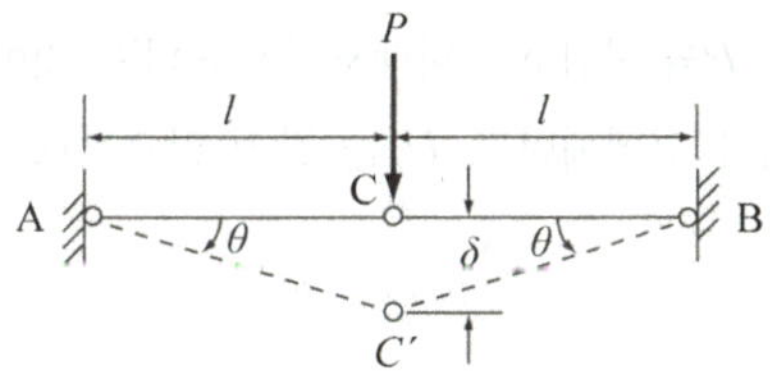

[그림 9.3.5(a)]

풀이

이 구조계에서 힘 P의 작용으로 첫 상태의 C점은 C'로 이동하여 수직변위 δ를 일으키면서 평형을 유지하게 된다. 이때 부재의 변형률 ε은 다음과 같다.

$$\varepsilon = \frac{1}{l}\left(\sqrt{l^2+\delta^2}-l\right) = \left[\sqrt{1+(\delta/l)^2}-1\right]$$

$$= [1+(\delta/l)^2]^{\frac{1}{2}} - 1 = \frac{1}{2}\left(\frac{\delta}{l}\right)^2 + \cdots$$

위의 식에서 $\left(\frac{\delta}{l}\right)^2$ 이상의 고차항을 무시하면 다음과 같이 된다.

$$\varepsilon = \frac{1}{2}\left(\frac{\delta}{l}\right)^2$$

후크의 법칙에 의하여 $f = E\varepsilon = \frac{1}{2}E\left(\frac{\delta}{l}\right)^2$

또한 $N = A \cdot f = \frac{1}{2}AE\left(\frac{\delta}{l}\right)^2$ 및 $\frac{2N}{AE} = \left(\frac{\delta}{l}\right)^2$

따라서 $\frac{\delta}{l}=\sqrt{\frac{2N}{AE}}$

한편 변형에너지 U_i는 다음과 같다.

$$U_i=2\frac{1}{2}N\varepsilon l=N\varepsilon l=\frac{1}{2}AE\left(\frac{\delta}{l}\right)^2\frac{1}{2}\left(\frac{\delta}{l}\right)^2 l=\frac{1}{4}AEl\left(\frac{\delta}{l}\right)^4 \tag{f}$$

따라서 Castigliano의 제1정리에 의하여

$$P=\frac{\partial U_i}{\partial\delta}=\frac{1}{4}AEl\frac{4\delta^3}{l^3}=AE\frac{\delta^3}{l^3}$$

$$\therefore P=AE\left(\frac{\delta}{l}\right)^3=AE\sqrt{\frac{\delta N^3}{(AE)^3}}=\sqrt{\frac{\delta N^3}{AE}}$$

따라서 $P^2=\frac{\delta N^3}{AE}$ $\quad\therefore N^3=\frac{P^2AE}{\delta}$ $\quad\therefore N=\frac{1}{2}\left(\frac{1}{AE}\right)^{\frac{1}{3}}P^{\frac{2}{3}}$

또한

$$\delta=l\sqrt{\frac{2N}{AE}}=l\left(\frac{1}{AE}\right)^{\frac{1}{2}}(2N)^{\frac{1}{2}}=l\left(\frac{P}{AE}\right)^{\frac{1}{3}} \tag{g}$$

위의 결과에서 명백한 것은 '하중 P와 변위 δ는 비례하지 않는다'는 것이다.

따라서 이 경우 변형에너지 U_i와 공액에너지 U_c는 같지 않으므로 다음의 관계만 성립된다([그림 9.3.5(b)] 참조).

$$\frac{\partial U_i}{\partial\delta}=P \quad\Rightarrow\quad \frac{\partial U_c}{\partial P}=\delta$$

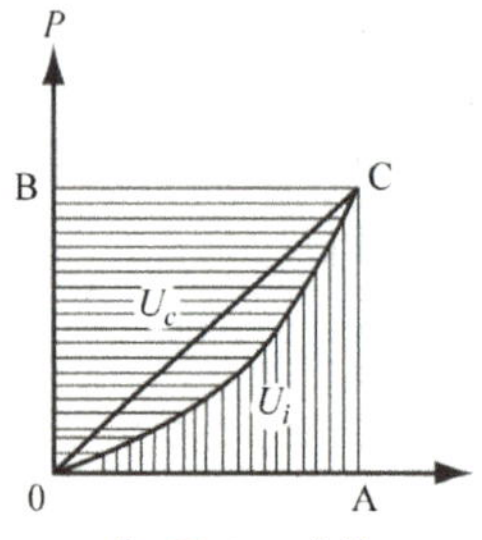

[그림 9.3.5(b)]

물론 $\frac{\partial U_c}{\partial P}\neq\delta$ 이다. 여기서 U_i를 P의 함수로 표시하면 식 (g)로부터 다음과 같이 된다.

$$d\delta=\frac{l}{3}\left(\frac{1}{AE}\right)^{\frac{1}{3}}P^{\frac{2}{3}}dP$$

따라서 변형에너지 U_i는 다음과 같다.

$$U_i=\int_0^{\delta}Pd\delta=\frac{l}{3}\left(\frac{1}{AE}\right)^{\frac{1}{3}}\int_0^{P}P^{\frac{1}{3}}dP=\frac{l}{4}\left(\frac{1}{AE}\right)^{\frac{1}{3}}P^{\frac{4}{3}} \tag{h}$$

식 (h)는 변형에너지 U_i를 P의 함수로 표시한 것이며 δ의 함수로 표시하면 다음과 같다.

$$U_i = \frac{l}{4}\left(\frac{1}{EA}\right)^{\frac{1}{3}} P^{\frac{4}{3}} = \frac{1}{4}EAl\left[\left(\frac{1}{EA}\right)^{\frac{1}{3}}\right]^4 = \frac{1}{4}EAl\left(\frac{\delta}{l}\right)^4$$

위의 식에서 구한 값은 식 (f)에서 구한 값과 같은 것임을 알 수 있다.

여기서 식 (h)를 사용하여 $\partial U_i/\partial P$를 구하면 다음과 같다.

$$\frac{\partial U_i}{\partial P} = \frac{l}{3}\left(\frac{1}{EA}\right)^{\frac{1}{3}} P^{\frac{1}{3}} = \frac{1}{3}\delta \tag{i}$$

위의 식 (i)에서 표시된 것은 Castigliano의 정리가 적용되지 않는다는 것이다. 이 경우의 공액에너지 U_c는 다음과 같다.

$$U_c = \int_0^P \delta\, dP = l\left(\frac{1}{AE}\right)^{\frac{1}{3}} \int_0^P P^{\frac{1}{3}} dP = \frac{3}{4} l\left(\frac{1}{AE}\right)^{\frac{1}{3}} P^{\frac{4}{3}} \tag{j}$$

따라서

$$\frac{\partial U_c}{\partial P} = l\left(\frac{l}{EA}\right)^{\frac{1}{3}} P^{\frac{1}{3}} = \delta \tag{k}$$

위의 식 (k)에서 알 수 있는 것은 U_c를 사용하면 하중과 변위특성에 관계없이 $\partial U_c/\partial P$가 적용됨을 알 수 있다.

[3] Castigliano 제2정리 $\delta = \partial U_i/\partial P$의 적용

우리가 다루는 구조물은 대부분 선형인 탄성구조계로서 $U_c = U_i$인 관계를 고려하면 Castigliano의 제2정리는 다음과 같다.

$$\delta_k = \frac{\partial U_i}{\partial P_k} = \int \frac{NN_P}{EA}ds + \int \frac{MM_P}{EI}ds + \int \frac{\kappa VV_P}{GA}ds = 0$$

$$\theta_k = \frac{\partial U_i}{\partial M_k} = \int \frac{NN_m}{EA}ds + \int \frac{MM_m}{EI}ds + \int \frac{\kappa VV_m}{GA}ds = 0 \tag{9.3.18}$$

여기서 $N_P = \dfrac{\partial N}{\partial P_k} \quad M_P = \dfrac{\partial M}{\partial P_k} \quad V_P = \dfrac{\partial V}{\partial P_k}$

$$N_m = \frac{\partial N}{\partial M_k} \quad M_m = \frac{\partial M}{\partial M_k} \quad V_m = \frac{\partial V}{\partial M_k}$$

[그림 9.3.6]와 같은 합성뼈대구조물(composite frame)을 고려해보자.

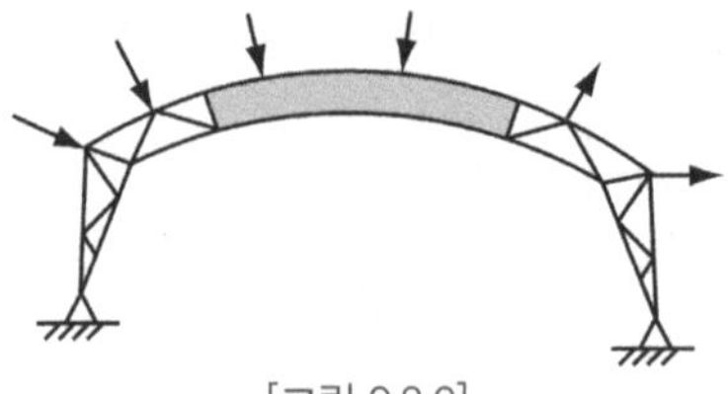

[그림 9.3.6]

트러스부재에는 축방향력 S만 일어남으로 변형에너지는 $U_i = \int \frac{S^2}{2EA} ds$, 여기서 S와 단면적 A가 일정하다면 다음과 같이 된다.

$$U_i = \int_0^l \frac{S^2}{2EA} ds = \frac{S^2 l}{2EA}$$

따라서 트러스부재를 갖는 뼈대구조물의 변형에너지 U_i는 다음과 같다.

$$U_i = \sum \frac{S^2 l}{2EA} + \int \frac{N^2}{2EA} ds + \int \frac{M^2}{2EI} ds + \int \frac{\kappa V^2}{2GA} ds \tag{9.3.19}$$

위의 식에서 δ_k를 구하면 다음과 같다.

$$\delta_k = \frac{\partial U_i}{\partial P_k} = \sum \frac{S l}{EA} S_P + \int \frac{N}{EA} N_P ds + \int \frac{M}{EI} M_P ds + \int \frac{\kappa V}{GA} V_P ds \tag{9.3.20}$$

여기서 $S_P = \frac{\partial S}{\partial P_k}$이다.

트러스의 무하중 절점의 처짐은 휨부재와 같이 다루는 것이 좋다. 만일 트러스부재가 일정한 단면이 아닌 경우의 처짐 δ_k는 다음과 같다.

$$\delta_k = \sum \frac{S S_k}{EA} ds \tag{9.3.21}$$

여기서 S_k는 $P_k = 1$에 대한 트러스부재의 단면력이다.

변형에너지로서 비틀림모멘트 M_T를 고려할 경우에는 다음과 같다.

$$U_i = \sum \frac{S^2 l}{2EA} + \int \frac{N^2}{2EA} ds + \int \frac{M^2}{2EI} ds + \int \frac{\kappa V^2}{2GA} ds + \int \frac{M_T^2}{2GI_P} ds \tag{9.3.22}$$

따라서 처짐 δ_k는 다음과 같이 된다.

$$\delta_k = \frac{\partial U_i}{\partial P_k} = \sum \frac{SS_k}{EA} l + \int \frac{NN_k}{EA} ds$$

$$+ \int \frac{MM_k}{EI} ds + \int \frac{\kappa V V_k}{GA} ds + \int \frac{M_T M_{Tk}}{EI_P} ds \qquad (9.3.23)$$

여기서 $M_{Tk} = \dfrac{\partial M_T}{\partial P_k}$ 이다.

식 (9.3.18)과 (9.3.22)의 내용을 말로 설명하면 선형탄성구조물에 작용하는 하중 중 어느 하중 작용점의 하중방향의 변위 또는 회전각은 그 점의 변위 또는 회전각을 구하는 방법으로 단위하중 또는 단위모멘트를 작용시켰을 때 구조물의 단면력 N_k, M_k, V_k와 하중상태에 대한 단면력 N, M, V를 계산하여 식 (9.3.18)과 (9.3.22)에 대입하면 변위 또는 회전각을 구할 수 있다.

위의 Castigliano의 정리는 하중 작용점에 관한 변위 또는 회전각을 구하는 데 사용되는 식이지만 그것만으로는 응용범위가 좁다. 그러나 Castigliano의 정리를 다음과 같이 확장시켜 해석하면 임의의 점의 변위 및 회전각을 구할 수 있는 일반적인 것이 된다. 원래 이 정리는 하중 작용점의 변위 또는 회전각을 문제로 하고 있지만 하중의 대소에 관계없이 성립되는 것이다. 따라서 하중이 아무리 작더라도 성립하므로 극한적인 0하중이 존재하는 것으로 생각하여 다루면 하중 작용점이나 무하중 작용점을 구분 없이 적용할 수 있다.

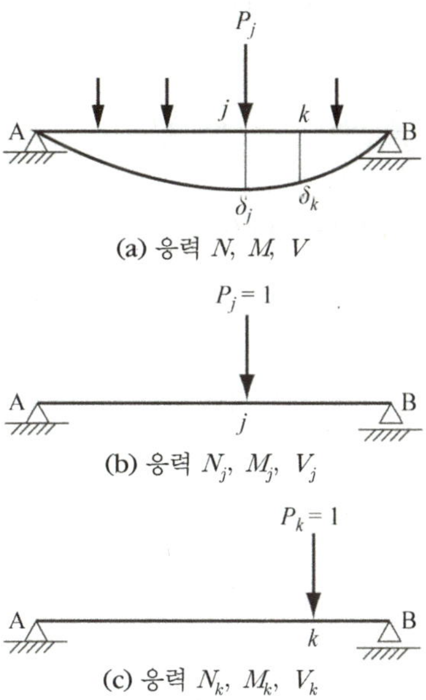

[그림 9.3.7]

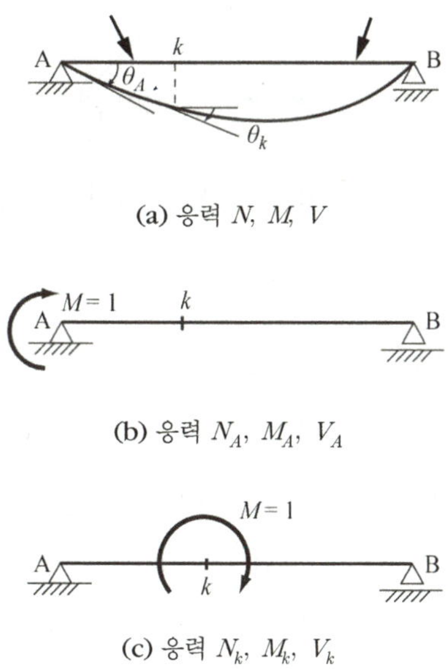

[그림 9.3.8]

(1) 변위 및 회전각 계산에 적용

1) 하중점의 변위

[그림 9.3.7(a)]의 j, k점의 처짐을 구하기 위해서는 다음과 같은 조작이 필요하다. j점의 처짐δ_j는 [그림 9.3.7(a),(b)]의 단면력을, 또한 k점의 처짐 δ_k는 [그림 9.3.7(a),(b)]의 단면력을 조합시켜 식 (9.3.18)을 이용하여 계산한다.

2) 임의의 점의 회전각

모멘트하중의 작용점의 회전각을 구하기 위해서는 앞의 (가)에 준하여 다루면 된다. [그림 9.3.8(a)]와 같은 보의 임의의 회전각(처짐각)의 계산을 고려해보자.

지점 A의 회전각 θ_A를 구하기 위해서는 [그림 9.3.8(a),(b)]의 단면력을, 또한 중간점 k의 회전각 θ_k를 구하기 위해서는 [그림 9.3.8(a),(c)]의 단면력을 조합시켜 식 (9.3.18)을 이용하여 계산한다.

3) 뼈대의 임의의 두 점 간의 상대변위

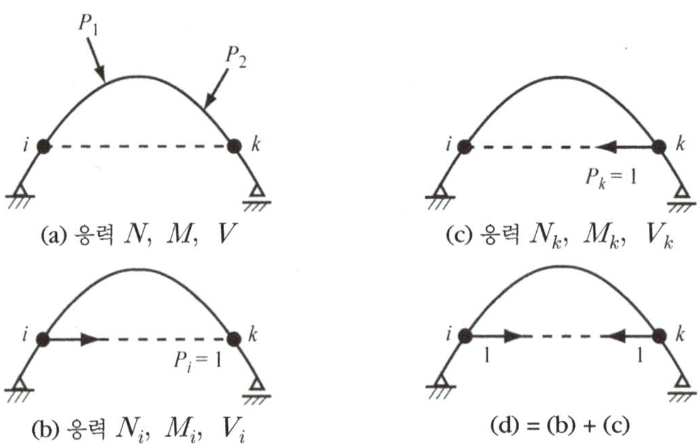

[그림 9.3.9]

[그림 9.3.9(a)]와 같은 뼈대의 i, k 두 점 간의 $\overline{ik}$ 방향의 거리의 변화를 상대변위라 한다. [그림 9.3.9(a)]와 [그림 9.3.9(b)]를 조합하면 i점의 $\overline{ik}$ 방향의 상대변위를, [그림 9.3.9(a)]와 [그림 9.3.9(c)]를 조합하면 k점의 $\overline{ki}$ 방향의 상대변위를 식 (9.3.18)을 사용하여 구할 수 있다. 그런데 [그림 9.3.9(b)]와 [그림 9.3.9(c)]를 겹친 [그림 9.3.9(d)]의 단면력을 [그림 9.3.9(a)]의 단면력에 조합시켜 식 (9.3.18)을 사용하여 i, k점의 상대변위를 구할 수 있다.

4) 부재의 회전각 및 두 부재간의 상대회전각

[그림 9.3.10(a)]와 같은 뼈대의 $\overline{AB}$ 부재 및 $\overline{CD}$ 부재의 회전각을 구하는 방법을 고려해보자.

먼저 $\overline{AB}$ 부재의 회전각을 구한다. [그림 9.3.10(b)]와 같이 A, B점에 $\overline{AB}$ 부재에 수직한 시계방향의 짝힘을 작용시킨 경우의 단면력 N_1과 [그림 9.3.10(a)]인 경우의 단면력을 조합시켜 식 (9.3.18)을 사용하여 A, B점의 $\overline{AB}$ 부재에 수직한 방향의 상대변위를 구하고, 이것을 두 점 사이의 원거리 l_1으로 나누면 $\overline{AB}$ 부재의 시계방향의 회전각이 구해진다.

여기서 상대변위를 l_1으로 나누는 대신 [그림 9.3.10(d)]와 같이 A, B점에 단위하중을 작용시키지 않고 두 점 A, B에 크기가 $1/l_1$인 짝힘을 작용시킨 단면력을 식 (9.3.18)을 사용하면 직접 $\overline{AB}$ 부재의 회전각이 구해진다.

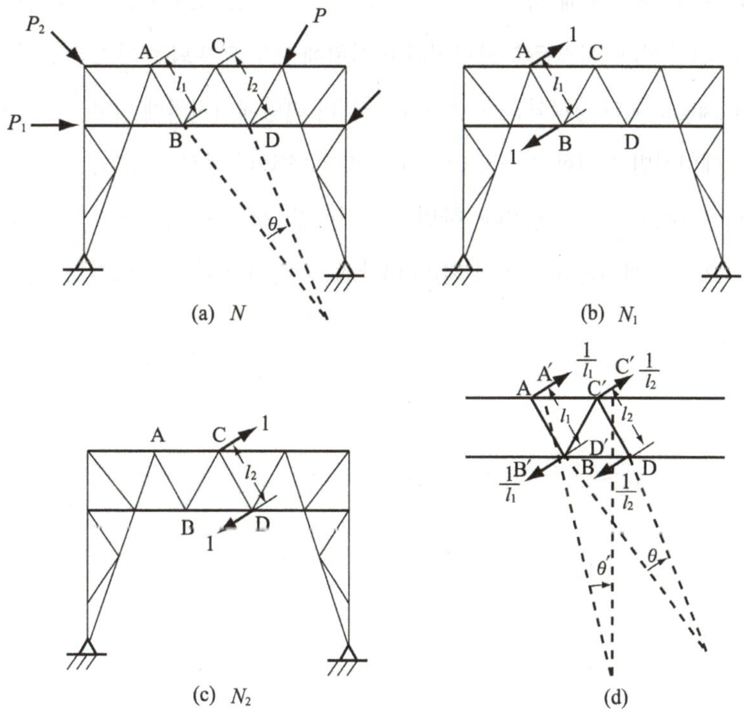

[그림 9.3.10]

같은 방법으로 [그림 9.3.10(c)]의 $\overline{CD}$ 부재의 회전각을 구할 수 있는데, $\overline{AB}$ 부재와 $\overline{CD}$ 부재의 상대회전각은 [그림 9.3.10(d)]에 나타낸 바와 같이 $\overline{AB}$와 $\overline{CD}$가 $\overline{A'B'}$와 $\overline{C'D'}$로 변형하여 부재축과 각각 α, β의 변위각을 이루므로 다음과 같은 관계가 있다.

$\theta + \beta = \angle AEC' \quad \theta' + \alpha = \angle AEC'$

따라서 $\theta + \beta = \theta' + \alpha$

$\overline{AB}$와 $\overline{CD}$의 상대회전각은 $\theta' - \theta$로 주어진다.

따라서 $\theta - \theta' = \alpha - \beta$

앞 장에서 논의한 바 있는 변형에너지법은 '몇 개의 외력이 작용하고 있는 구조계의 변형에너지 U_i를 외력의 작용점에서 외력의 작용선 방향의 변위의 함수로 표시할 경우, 구조계를 선형과 비선형으로 구별 없이 변형에너지 U_i를 하중점의 각각의 변위로 1차 편미분한 것은 그 변위에 대응하는 외력이다' 이고, 공액에너지법은 '몇 개의 외력이 작용하고 있는 구조계의 공액에너지 U_c를 외력의 함수로 표시할 때, 공액에너지 U_c를 각각의 외력으로 1차 편미분한 것은 그 외력에 대응하는 변위이다' 이다. 이것들은 선형이나 비선형에 모두 적용되는 것으로 선형탄성체 구조계만 다루는 Castigliano의 정리와는 구별된다. 그러나 변형에너지법에 의한 것을 Castigliano의 제1정리, 공액에너지법에 의한 것을 Castigliano의 제2정리라 부르고 있다.

일반적으로 Castigliano의 정리라 하면 제2정리인 것으로 $\delta_j = \partial U_c / \partial P_j$를 의미하며, $\partial U_c / \partial P_i = 0$으로 표시되는 최소일의 원리(13장)도 여기에 속한다고 보면 된다.

PART 3

구조물의 처짐

STRUCTURAL MECHANICS

A B S T R A C T

보에 외력이 작용하면 내력으로 인하여 직선이었던 축선은 처짐곡선으로 변형된다. 구조물에 처짐이 발생하면 단면에 응력을 증가시킬 뿐만 아니라, 이동하중이 작용하는 장지간 교량구조에서는 진동으로 인하여 심리적으로 불안감을 준다. 따라서 구조물의 설계에서 규정된 허용처짐을 초과할 경우에는 재료의 균열 또는 파손 등으로 구조물의 손상을 초래하게 되고, 처짐으로 인하여 구조물에 부가되는 휨응력 또는 전단응력이 허용치를 초과하지 않도록 구조물에 대한 처짐을 검토해야 한다.

특히 보에서는 강성이 부족하면 처짐이 커져 이에 대한 검토가 필요하며, 사하중에 대한 처짐은 구조물의 시공 과정에서 솟음(camber)을 미리 줌으로써 예측되는 처짐량을 보정한다. 그리고 처짐과 처짐각을 부정정구조물의 해석에 편리하게 사용할 수 있다.

구조물의 처짐을 구하는 해법으로는 다음과 같은 방법들이 있다.

[1] 기하학적인 방법

① 미분방정식법(differential equation method) 또는 2중적분법(double integral method) – (보와 기둥에 적용)

② 모멘트 면적법(moment area method)-(보와 라멘에 적용)

③ 탄성하중법(elastic load method)-(보와 라멘에 적용)

④ 공액보법(conjugate beam method)-(보와 라멘에 적용)

⑤ 각하중법(angle-weights method 또는 bar-chain method)-(트러스에 적용된 탄성하중법)

⑥ Williot-Mohr 변위도에 의한 해법-(트러스에만 적용됨)

[2] 에너지 방법

⑦ 가상일의 원리(principle of virtual work) 또는 단위하중법(unit load method)-(어떤 형태의 구조물에도 적용됨)

⑧ Castigliano의 제2정리(Castigliano's 2nd theorem)-(어떤 형태의 구조물에도 적용됨)

S T R U C T U R A L M E C H A N I C S

CHAPTER 10

구조물의 처짐-기하학적 방법

10.1 개요

보에 외력이 작용하면 내력으로 인하여 직선이었던 축선은 처짐곡선으로 변형된다. 구조물에 처짐이 발생하면 단면에 응력을 증가시킬 뿐만 아니라, 이동하중이 작용하는 장지간 교량구조에서는 진동으로 인하여 심리적으로 불안감을 준다. 따라서 구조물의 설계에서 규정된 허용 처짐을 초과할 경우에는 재료의 균열 또는 파손 등으로 구조물의 손상을 초래하게 되므로, 처짐으로 인하여 구조물에 부가되는 휨응력 또는 전단응력이 허용치를 초과하지 않아야 한다.

구조물에 대한 사용성에 대한 처짐을 검토해야 한다.

[1] 도로교설계기준 [2010 – 허용응력설계법]

도로교설계기준[2010-허용응력설계법]에서는 교량구조의 처짐에 관한 사용성을 위하여 활하중으로 인한 허용 처짐의 한계 값을 [표 10.1.1]과 같이 규정하고 있다.

[표 10.1.1] 허용 처짐값

교량형식			최대처짐	
관형 형식	종류	지간	단순지지보 및 연속보	게르버보의 캔틸레버
	철근콘크리트 슬래브가 있는 판형	$L \leq 10\text{m}$	L/2,000	L/1,200
		$10\text{m} \leq L \leq 40\text{m}$	$\dfrac{L}{20{,}000/L}$	$\dfrac{L}{12{,}000/L}$
		$L > 40\text{m}$	$L/500$	$L/300$
	기타의 슬래브가 있는 판형		$L/500$	$L/300$
현 수 교 형 식			$L/350$	
사 장 교 형 식			$L/400$	
기 타 형 식			$L/600$	$L/400$

L : 지간장(m)

특히 보에서는 강성이 부족하면 처짐이 커져서 이에 대한 검토가 필요하며, 사하중에 대한 처짐은 구조물의 시공과정에서 솟음(camber)을 미리 줌으로써 예측되는 처짐량을 보정한다.

[2] 도로교설계기준 [2015 – 한계상태설계법]

도로교설계기준[2015-한계상태설계법]에서는 처짐을 다음과 같이 규정하고 있다.

(1) 일반 사항

처짐으로 인한 바람직하지 못한 구조적 또는 심리적 영향을 배제할 수 있도록 교량을 설계한다. 직교이방성 강바닥판을 제외하고 처짐과 높이의 제한이 선택적이라 하더라도 세장성과 처짐에 관한 기존의 성공적 실례와 많은 차이가 있을 경우에는 설계검토를 수행하여 교량의 적절한 기능 수행여부를 결정한다.

동적 해석을 하는 경우, [LSD 4.7]의 원칙과 요구사항을 만족해야 한다.

(2) 처짐기준

아래 사항을 제외하고 이 장의 기준은 선택적인 것으로 간주해야 한다.

- 직교이방성 강바닥판에 대한 규정은 필수적인 것으로 간주해야 한다.
- 격자 강바닥판, 기타 경량 강바닥판 및 경량콘크리트 바닥판은 [LSD 6.14.3.2]의 사용성 규정을 준수해야 한다.

이 기준을 적용하는 경우 차량 활하중에는 충격하중 효과를 포함해야 한다.

발주자가 처짐의 제한을 요구하는 경우 다음 원칙을 적용할 수 있다.

- 최대처짐을 조사하는 경우 모든 재하차로에 하중을 재하하며 모든 지점은 동일한 처짐을 갖는 것으로 가정한다.
- 합성설계의 경우 설계단면은 도로의 전폭과 구조적으로 연속적인 난간, 보도, 중앙분리대를 포함한다.
- 부재간 상대처짐을 조사하는 경우 상대처짐이 가장 크게 발생할 수 있는 재하차로의 개수와 위치를 선정한다.
- [LSD 표 3.4.1]에 제시된 사용하중조합 I 의 활하중 비율은 충격하중계수 IM을 포함하여 사용한다.
- 활하중은 [LSD 3.6.1.7]에 의거한다.
- [LSD 3.6.1.2]의 활하중 동시재하에 대한 규정을 적용한다.

- 사교의 경우 교축직각단면을 사용할 수 있고, 곡교나 곡사교의 경우 방사방향 단면을 사용할 수 있다.

기타 기준이 없는 경우, 아래의 처짐 제한을 강, 알루미늄 또는 콘크리트 구조물에 적용할 수 있다.

• 차량하중, 일반	지간/800
• 차량하중 또는 보행자하중	지간/1,000
• 내민보의 차량하중	지간/300
• 내민보의 차량하중 또는 보행자하중	지간/375

I형 강재 보와 거더 그리고 강박스 및 튜브형 거더에서 플랜지응력 조정으로 영구처짐을 제한하는 경우 [LSD 6.10.5.2와 6.11.7]의 규정을 적용해야 한다.

기타 기준이 없는 경우, 아래의 처짐 제한을 목재 구조물에 적용할 수 있다.

• 차량하중과 보행자 하중	지간/425
• 목재 바닥판위의 차량하중 (인접판간의 극대상대처짐)	2.5 mm

직교이방성 강바닥판에는 다음 규정을 적용해야 한다.

• 강바닥판 위의 차량하중	지간/300
• 직교이방성 강바닥판 가로보 위의 차량하중	지간/1,000
• 직교이방성 강바닥판 가로보 위의 차량하중 (인접 가로보간의 극대상대처짐)	2.5 mm

그리고 처짐과 처짐각을 부정정구조물의 해석에 편리하게 사용할 수 있다.

10.2 탄성곡선

보의 단면이 EI인 보에 하중이 작용하면, 보는 변형되어 [그림 10.2.1]과 같이 직선이었던 ACB 축선은 $AC'B'$ 곡선으로 변형된다. 이와 같이 하중이 작용하여 변형된 보의 축선이 만드는 곡선을 탄성곡선(elastic curve)이라고 한다.

[그림 10.2.1]에서 변형 전 축선의 한 점이 연직방향으로 변형된 거리, 즉 $\overline{CC'}$의 연직거리를 y라고 할 때 y를 처짐(deflection)이라 한다. 또한 각 점의 처짐을 연결하여 이루어진 곡선을 처짐곡선(deflection curve)이라 하며, 이 처짐곡선은 변형이 미소한 범위 내에서는 탄성곡선과 일치한다고 본다. 보의 처짐은 휨모멘트와 전단력에 의해서 발생한다. 그러나 전단력에 의해서 생기는 처짐은 미소하므로 휨모멘트에 의한 처짐만을 고려한다. 일반적으로 처짐의 기호는 δ로 표시하나 본 장에서는 수학적 측면에서 함수식의 혼돈을 피하기 위하여 처짐을 $\delta \Rightarrow y$로 나타내었다.

보에서 하향처짐을 정(+), 상향처짐을 부(−)로 부호를 규정한다. 또한 처짐곡선 상의 한 점에서 그은 접선이 변형전의 보의 축과 이루는 각을 처짐각(deflection angle)이라고 하고 처짐각은 보의 지점에서 최대가 된다. 처짐을 y라고 하면 처짐각 θ는 dy/dx가 된다. 처짐각의 부호는 시계방향으로 회전하여 만들어진 각을 정(+)으로 하고, 시계반대 방향으로 회전할 경우에는 부(−)로 한다.

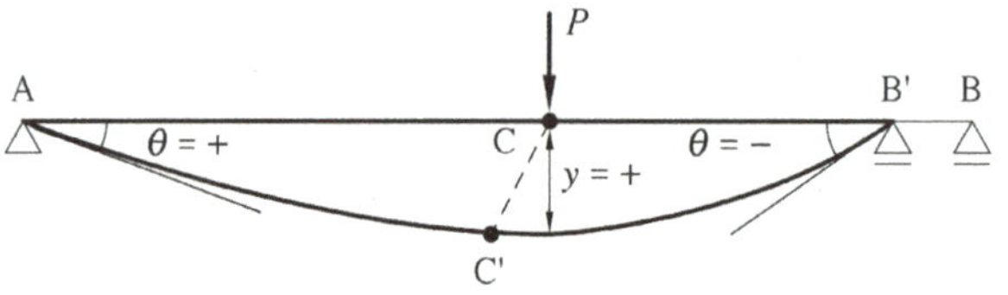

[그림 10.2.1]

[그림 10.2.2(a)]에서 처짐곡선 $A'C'D'B'$는 방정식 $y = f(x)$의 함수형으로 표시하여 임의의 점의 처짐과 처짐각을 알 수 있다.

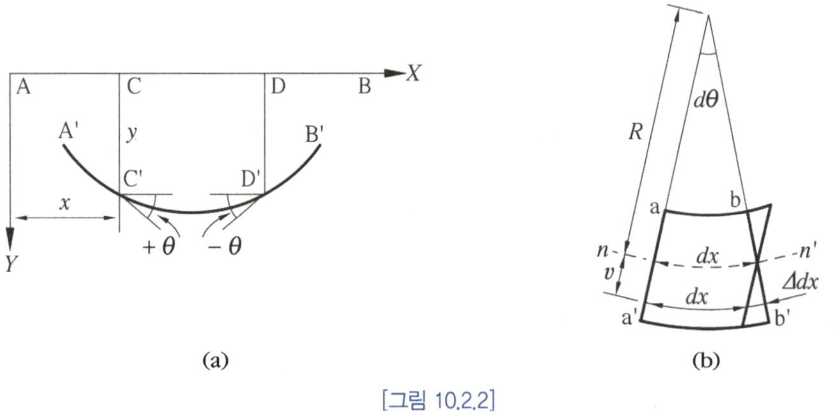

[그림 10.2.2]

처짐곡선의 임의의 점 C'에서 이 곡선의 미소부분 dx를 절단하여 [그림 10.2.2(b)]와 같이 도시해보면 2개의 단면 aa'와 bb'는 평행하던 것이 보의 변형으로 인하여 두 단면 사이에 변위각 $d\theta$가 생긴다. [그림 10.2.2(b)]에서 중립축 nn'는 반지름 R인 원호와 같다.

[그림 10.2.2(b)]에서 보의 중립축 nn'에서 v만큼 떨어진 부분의 변형을 Δdx, 변형률을 ε, 휨 응력을 f_b라고 하면 다음과 같은 식이 성립된다.

$$\frac{R+v}{R} = \frac{dx + \Delta dx}{dx} = 1 + \frac{\Delta dx}{dx} = 1 + \varepsilon_x \quad ①$$

후크의 법칙에 의해서

$$\varepsilon_x = \frac{\Delta dx}{dx} = \frac{f_b}{E} \quad ②$$

단면 aa'에 작용하는 휨모멘트를 M_x라고 하면, 휨 응력 f_b는 다음과 같다.

$$f_b = \frac{M_x}{I} v \quad ③$$

따라서 식 ②와 ③을 식 ①에 대입하면 곡률은 다음과 같은 식이 된다.

$$\frac{1}{R} = \frac{M_x}{EI} \quad ④$$

여기서, $1/R$은 곡률이며 EI는 휨강성이라 하며 등질이고 등단면이면 정수로 된다. 그리고 미분학에서 곡률 $\rho = 1/R$은 다음 식 ⑤이다.

$$\rho = \frac{1}{R} = \frac{\left| \dfrac{d^2 y_x}{dx^2} \right|}{\left\{ 1 + \left(\dfrac{dy_x}{dx} \right)^2 \right\}^{3/2}} \quad ⑤$$

이 방정식에서 구한 탄성처짐곡선의 정확한 모양은 Elastica라고 부른다. Elastica 문제의 수학적 해는 여러 가지 형태의 보와 하중조건에 대해 구해졌다. 해가 길기 때문에 여기서는 생략하였다.

식 ⑤에서 dy_x/dx는 미소하므로 고차항 $(dy_x/dx)^2$을 0으로 보면 곡률 $\rho = 1/R$은 다음 식과 같이 된다.

$$\rho = \frac{1}{R} = \left| \frac{d^2 y_x}{dx^2} \right| \qquad ⑥$$

따라서 식 ⑥과 ④에 의해서 다음과 같은 식을 얻게 된다.

$$\left| \frac{d^2 y_x}{dx^2} \right| = \frac{M_x}{EI} \qquad ⑦$$

그런데 식 ⑦에서 M_x 가 (+)이면 아래로 처지게 된다. 그러나 곡률의 부호는 이와 반대가 되므로 (−)가 된다. 따라서 $d^2 y_x/dx^2 < 0$이다. 또한 M_x 가 (−)이면 위로 처지게 되어 곡률부호는 (+)이므로 $d^2 y_x/dx^2 > 0$이 된다. 따라서 M_x 와 $d^2 y_x/dx^2$는 부호가 상반되어 식 ⑦은 다음과 같은 식으로 된다.

$$\frac{d^2 y_x}{dx^2} = -\frac{M_x}{EI} \qquad (10.2.1)$$

식 (10.2.1)을 탄성곡선방정식(elastic curve equation)이라고 하며, 이것을 적분하여 처짐각 θ와 처짐 y를 구할 수 있다.

10.3 처짐곡선의 미분방정식해법 (이중적분법)

식 (10.2.1)의 탄성곡선방정식을 한 번 적분하면 처짐각 θ값을 구할 수 있다. 그리고 두 번 적분하면 처짐 y값을 얻는다.

$$\theta_x = \frac{dy}{dx} = -\int \frac{M_x}{EI} dx + C_1 \qquad (10.3.1)$$

$$y_x = -\int\int \frac{M_x}{EI} dx\, dx + C_1 x + C_2$$

여기서, C_1과 C_2는 적분상수이다. 이와 같이 탄성곡선방정식을 이용하여 처짐각과 처짐을 구하는 방법을 미분방정식해법(differential equation method) 또는 이중적분법(double integral method)이라고 한다.

예제 10-3-1

[그림 10.3.1]과 같은 단순보에 등분포하중이 작용할 때 처짐과 처짐각을 미분방정식해법으로 구하여라. 단 EI는 일정하다.

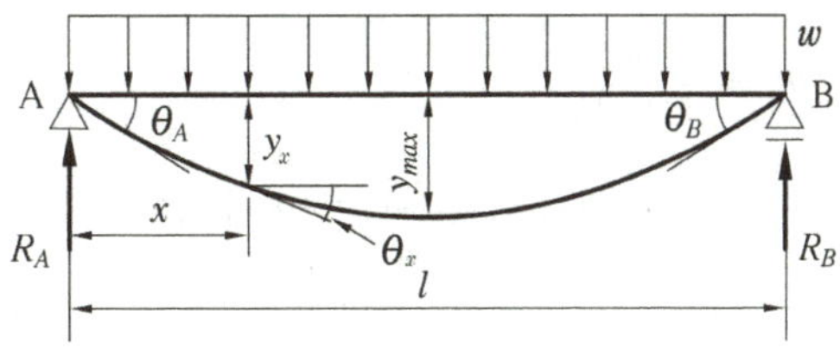

[그림 10.3.1]

풀이

(1) 지점반력

평형조건식에 의해서 $R_A = R_B = \dfrac{wl}{2}$

(2) x지점의 휨모멘트

$$M_x = R_A x - \frac{w}{2}x^2 = \frac{wl}{2}x - \frac{w}{2}x^2$$

(3) 탄성곡선방정식

M_x를 탄성곡선방정식에 대입하여 1차 적분하면 다음과 같이 된다.

$$\frac{d^2 y_x}{dx^2} = -\frac{1}{EI}M_x = -\frac{1}{EI}\left(\frac{wl}{2}x - \frac{w}{2}x^2\right)$$

$$\frac{dy_x}{dx} = \theta = \frac{l}{EI}\left(-\frac{wl}{4}x^2 + \frac{w}{6}x^3\right) + C_1 \qquad ①$$

식 ①을 다시 적분하면 다음과 같다.

$$y_x = \frac{1}{EI}\left(-\frac{wl}{12}x^3 + \frac{w}{24}x^4\right) + C_1 x + C_2 \qquad ②$$

식 ②에서 경계조건을 아래와 같이 적용하면 적분상수 C_1과 C_2는 다음과 같다.

$x = 0$(A지점)이면 $y_{x=0} = 0 \qquad \therefore C_2 = 0$

$x = l$ (B지점)이면 $y_{x=l} = 0 \qquad \therefore C_1 = \dfrac{wl^3}{12EI} - \dfrac{wl^3}{24EI} = \dfrac{wl^3}{24EI}$

C_1과 C_2를 식 ①과 ②에 대입하여 정리하면 다음과 같이 된다.

$$\theta_x = \frac{wl^3}{24EI}\left\{1 - 6\left(\frac{x}{l}\right)^2 + 4\left(\frac{x}{l}\right)^3\right\} \qquad ③$$

$$y_x = \frac{wl^4}{24EI}\left\{\frac{x}{l} - 2\left(\frac{x}{l}\right)^3 + \left(\frac{x}{l}\right)^4\right\} \qquad ④$$

식 ③과 ④는 임의 점 x 지점에 처짐각 θ_x와 처짐 y_x가 된다. 따라서 A와 B 지점에 대해서 탄성곡선의 기울기 θ_A 및 θ_B는 식 ③에 $x=0$ 및 $x=l$을 각각 대입하여 다음과 같은 식을 얻을 수 있다.

$$\therefore \theta_A = \frac{wl^3}{24EI}, \qquad \therefore \theta_B = -\frac{wl^3}{24EI} \qquad ⑤$$

A와 B 지점에서 처짐은 0이고 보의 최대처짐은 보의 중앙에서 일어나므로, 식 ④에 $x = l/2$를 대입하면 최대처짐 $y_{\max}$는 다음 식과 같다.

$$\therefore y_{\max} = \frac{5wl^4}{384EI} \qquad ⑥$$

예제 10-3-2

[그림 10.3.2]와 같은 캔틸레버보에 등분포하중이 작용할 경우 처짐각, 처짐을 미분방정식 해법으로 구하여라. 단 EI는 일정하다.

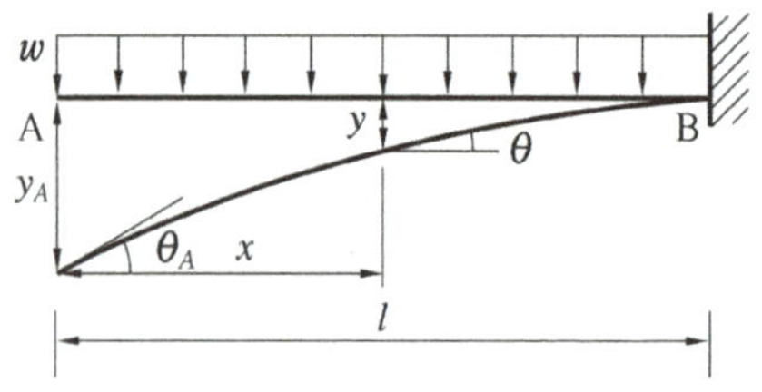

[그림 10.3.2]

풀이

임의의 점 x 지점의 휨모멘트는 다음과 같다.

$$M_x = -\frac{w}{2}x^2$$

M_x를 탄성곡선 방정식에 대입하여 1차 적분하면 다음과 같이 된다.

$$\frac{d^2y_x}{dx^2} = -\frac{M_x}{EI} = \frac{w}{2EI}x^2$$

$$\frac{dy_x}{dx} = \theta_x = \frac{w}{6EI}x^3 + C_1 \qquad ①$$

식 ①을 다시 적분하면 다음과 같이 된다.

$$y_x = \frac{w}{24EI}x^4 + C_1 x + C_2 \qquad ②$$

식 ①, ②에서 경계조건에 의하면 다음과 같이 된다.

$x = l$ (지점 B)이면

$$\theta_B = 0 \quad 0 = \frac{wl^3}{6EI} + C_1 \qquad \therefore C_1 = -\frac{wl^3}{6EI}$$

$x = l$ (지점 B)이면

$$y_B = 0 \quad 0 = \frac{wl^4}{24EI} - \frac{wl^4}{6EI} + C_2 \qquad \therefore C_2 = \frac{wl^4}{8EI}$$

적분상수 C_1과 C_2를 식 ①과 ②에 대입하여 x 지점의 처짐각 θ_x와 처짐 y_x를 구하는 식은 다음과 같다.

$$\theta_x = \frac{w}{6EI}(x^3 - l^3), \qquad y_x = \frac{w}{24EI}(x^4 - 4l^3x + 3l^4) \qquad ③$$

자유단 A 에서의 처짐각 및 최대처짐은 $x = 0$일 경우이므로 이것을 식 ③에 대입하여 정리하면 다음 식과 같다.

$$\theta_A = -\frac{wl^3}{6EI}, \; y_A = y_{\max} = \frac{wl^4}{8EI} \qquad ④$$

예제 10-3-3

[그림 10.3.3]와 같이 집중하중 P가 C 지점에 작용할 경우에 x, x' 지점의 처짐각과 처짐을 미분방정식 해법으로 구하여라. 단 EI는 일정하다.

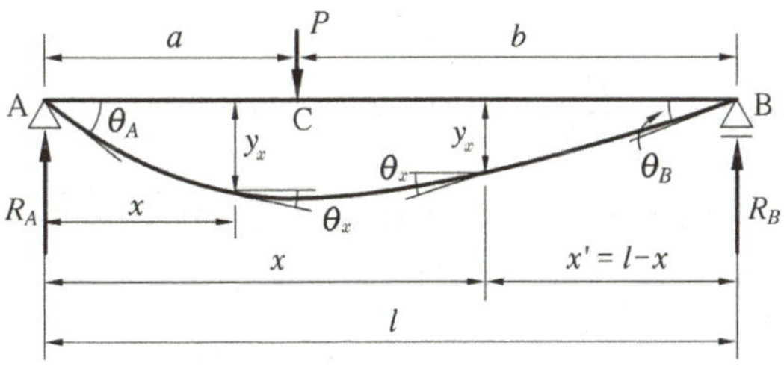

[그림 10.3.3]

풀이

(1) 지점반력

평형조건식에 의해서 $R_A = Pb/l, \quad R_B = Pa/l$

(2) $0 \le x < a$ 구간에서 휨모멘트

$$M_x = R_A x = \frac{Pb}{l}x$$

M_x를 탄성곡선의 미분방정식에 대입하여 1차 적분하면 다음과 같이 된다.

$$\frac{d^2 y_x}{dx^2} = -\frac{M_x}{EI} = -\frac{Pb}{EIl}x$$

$$\theta_x = \frac{dy}{dx} = -\frac{Pb}{EIl}\int x\,dx = -\frac{Pb}{2EIl}x^2 + C_1 \qquad ①$$

식 ①을 x에 대해 적분하면 다음과 같다.

$$y_x = \int \theta\,dx = \int\left(-\frac{Pb}{2EIl}x^2 + C_1\right)dx = -\frac{Pb}{6EIl}x^3 + C_1 x + C_2 \qquad ②$$

(3) $a \le x \le l$ 구간에서 휨모멘트

$$M_x = R_B x' = \frac{Pa}{l}(l - x)$$

M_x를 탄성곡선의 미분방정식에 대입하여 1, 2차 적분하면 다음과 같이 된다.

$$\frac{d^2 y_x}{dx^2} = -\frac{M_x}{EI} = -\frac{Pa}{EIl}(l - x)$$

$$\theta_x = \frac{dy}{dx} = -\frac{Pa}{EIl}\int (l - x)\,dx = -\frac{Pa}{2EIl}(l - x)^2 + C_3 \qquad ③$$

$$y_x = \int \theta = -\frac{Pa}{6EIl}(l - x)^3 + C_3 x + C_4 \qquad ④$$

식 ②와 ④에서 경계조건에 의하면 다음과 같이 된다.

$x = 0$(A지점)이면 $y_{x=0} = 0$, 이것을 식 ②에 대입하면 $C_2 = 0$

$x = l$(B지점)이면 $y_{x=l} = 0$, 이것을 식 `④에 대입하면 $C_4 = -C_3 l$

식 ⑤를 식 ②와 ④에 대입하여 정리하면 다음과 같다.

$0 \le x \le a$ 구간에서 $y_x = -\dfrac{Pb}{6EIl}x^3 + C_1 x$

$a \le x \le l$ 구간에서 $y_x = -\dfrac{Pa}{6EIl}(l - x)^3 - C_3(l - x)$ ⑥

하중 P가 작용하는 C지점에서 처짐각 θ_c와 처짐 y_c는 $x = a$인 경우이다. 따라서 $x = a$에서 AC 구간에서의 식 ①과 ②에 의한 값과 CB 구간에서의 식 ③과 ④에 의한 값이 같다.

이 경계조건에 식 ①과 식 ③, ⑥을 대입하면 다음과 같이 된다.

$$-\frac{Pa^2 b}{2EIl} + C_1 = -\frac{Pab^2}{2EIl} + C_3, \quad -\frac{Pa^3 b}{6EIl} + C_1 a = -\frac{Pab^3}{6EIl} - C_3 b \qquad ⑦$$

식 ⑦을 연립으로 풀어 적분상수 C_1, C_3, C_4를 구하면 다음과 같다.

$$\therefore C_1 = \frac{Pab}{6EIl}(a + 2b), \quad \therefore C_3 = -\frac{Pab}{6EIl}(2a + b), \quad \therefore C_4 = -C_3 l = \frac{Pab}{6EI}(2a + b)$$

C_1, C_2, C_3, C_4를 식 ①, ③, ⑥에 대입하여 정리하면

$0 \le x \le a$ 구간에서

$$\theta_x = \frac{Pb}{6EIl}(l^2 - b^2 - 3x^2),\ y_x = \frac{Pb}{6EIl}x(l^2 - b^2 - x^2) \quad ⑧$$

$a \le x \le l$ 구간에서

$$\theta_x = -\frac{Pa}{6EIl}(l^2 - a^2 - 3x'^2),\ y_x = \frac{Pa}{6EIl}x'(l^2 - a^2 - x'^2) \quad ⑨$$

A, B지점에서의 처짐각은 식 ⑧과 ⑨에서 $x = 0,\ x' = 0$을 놓으면

$$\theta_A = \frac{Pb}{6EIl}(l^2 - b^2), \quad \theta_B = -\frac{Pa}{6EIl}(l^2 - a^2) \quad ⑩$$

또 하중의 작용점 C지점에서 처짐각 θ 와 처짐 y_c는 식 ⑧에 $x = a$를 대입하면

$$\theta_c = \frac{Pab}{3EIl}(b - a),\ y_c = \frac{Pa^2b^2}{3EIl} \quad ⑪$$

하중이 지간 중앙에 있을 때 처짐각 θ_A, θ_B 와 최대처짐 y_{max}는 식 ⑧에 $a = b = l/2$를 대입하면 다음과 같다.

$$\therefore \theta_A = \frac{Pl^2}{16EI}, \quad \therefore \theta_B = -\frac{Pl^2}{16EI}, \quad \therefore y_{max} = \frac{Pl^3}{48EI} \quad ⑫$$

예제 10-3-4

[그림 10.3.4]과 같은 캔틸레버보에 집중하중 P가 작용할 경우 처짐각과 처짐을 미분방정식법으로 구하여라. 단 EI는 일정하다.

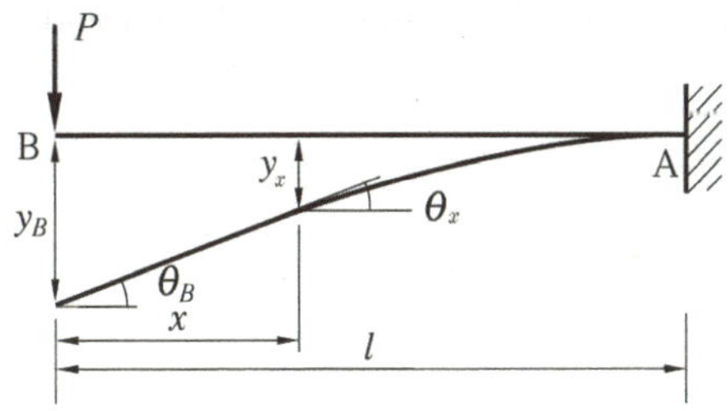

[그림 10.3.4]

풀이

의의 점 x 지점의 휨모멘트는 $M_x = -Px$

M_x를 탄성곡선의 미분방정식에 대입하여 1, 2차 적분하면

$$\frac{d^2y}{dx^2} = -\frac{M_x}{EI} = \frac{P}{EI}x$$

$$\theta_x = \frac{dy}{dx} = \frac{P}{EI}\int x\,dx = \frac{P}{2EI}x^2 + C_1,\quad y_x = \int \theta = \frac{P}{6EI}x^3 + C_1 x + C_2 \qquad ①$$

경계조건에 의하면

$x = l$ (A지점)일 때 $\theta_{x=l} = 0$, $y_{x=l} = 0$이고 이것을 식 ①에 대입하여 정리하면 다음과 같이 된다.

$$0 = \frac{Pl^2}{2EI} + C_1 \qquad \therefore C_1 = -\frac{Pl^2}{2EI}$$

$$0 = \frac{Pl^3}{6EI} + \left(-\frac{Pl^2}{2EI}\right) \times l + C_2 \qquad \therefore C_2 = \frac{Pl^3}{3EI}$$

적분상수 C_1과 C_2를 식 ①에 대입하면 다음과 같이 된다.

$$\theta_x = -\frac{P}{2EI}(l^2 - x^2),\quad y_x = \frac{P}{6EI}(2l^3 - 3l^2 x + x^3) \qquad ②$$

식 ②에 $x = 0$를 대입하면 자유단 B지점의 처짐각 θ_B와 처짐 y_B는 다음 식과 같다.

$$\theta_B = -\frac{Pl^2}{2EI},\quad y_B = y_{\max} = \frac{Pl^3}{3EI} \qquad ③$$

예제 10-3-5

단순보의 아래쪽이 위쪽보다 Δt만큼 온도가 높을 때 온도변화로 인한 단순보의 임의의 점의 처짐각과 처짐을 미분방정식법으로 구하여라. 단 EI는 일정하다.

풀이

[그림 10.2.2(b)]에서와 같이 보의 미소구간을 생각할 때 중립축의 길이 dx에 비교하여 아래쪽은 온도팽창으로 인하여 $\alpha \cdot \Delta t \cdot \frac{dx}{2}$ 만큼 늘어난다. 여기서 α는 선팽창계수이다. 따라서

$$\frac{R + \frac{h}{2}}{R} = \frac{dx + \alpha \cdot \Delta t \cdot \frac{x}{2}}{dx}$$

$$\frac{h}{2R} = \frac{\alpha \cdot \Delta t}{2}$$

$$\frac{1}{R} = \frac{\alpha \cdot \Delta t}{h}$$

지금 온도변화에 의한 처짐을 y_t라 하면

$$\frac{1}{R} = -\frac{d^2 y_t}{dx^2} = \frac{\alpha \cdot \Delta t}{h} \qquad ①$$

단순보의 전지간이 동일단면인 상하연의 온도차가 Δt일 때 식 ①로부터

$$\theta_x = -\frac{dy_t}{dx} = \frac{\alpha \cdot \Delta t}{h}x + C_1 \qquad ②$$

$$y_t = \int \theta_x = -\frac{\alpha \cdot \Delta t}{2h}x^2 + C_1 x + C_2 \qquad ③$$

다음과 같은 경계조건으로부터 상수 C_1, C_2를 구할 수 있다.

$x = \dfrac{l}{2}$ 에서 $\theta_x = 0$ $\qquad \therefore C_1 = \dfrac{\alpha \cdot \Delta t}{2h} l$

$x = 0$, $x = l$ 에서 $y_t = 0$ $\qquad \therefore C_2 = 0$

이 값을 식 ②, ③에 대입하면 다음과 같이 된다.

$$\theta_x = -\frac{\alpha \cdot \Delta t}{h}x + \frac{\alpha \cdot \Delta t}{2h}l = \frac{\alpha \cdot \Delta t}{2h}(l - 2x) \qquad ④$$

$$y_t = -\frac{\alpha \cdot \Delta t}{2h}x^2 - \frac{\alpha \cdot \Delta t}{2h}lx = \frac{\alpha \cdot \Delta t}{2h}x(l - x) \qquad ⑤$$

이 식 ④, ⑤로부터 보의 상하연의 온도변화로 인한 단순보의 임의의 점의 처짐 및 처짐각을 구할 수 있다.

10.4 모멘트면적법

모멘트면적법(moment area method)은 보의 임의의 점에서 처짐이나 처짐각을 구하는 데 적당한 방법이다. 모멘트면적법은 1873년 미국 Michigan 대학교의 Charles E. Greene 교수가 발표한 것이다.

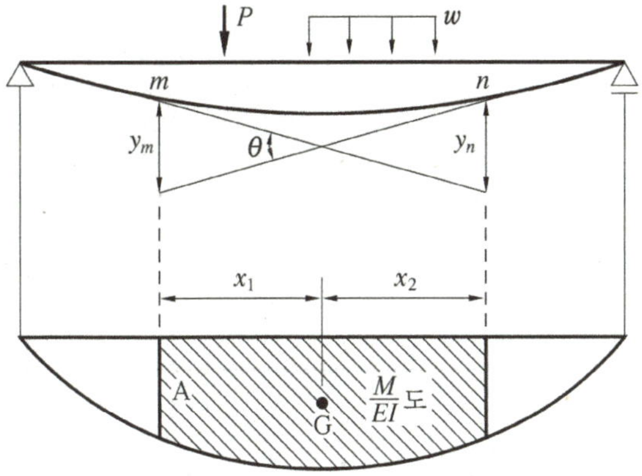

[그림 10.4.1]

[그림 10.4.1]과 같은 단순보의 탄성곡선의 임의의 지점 m과 n에서 접선이 이루는 각은 이 두 지점 간의 휨모멘트도를 하중도로 보고 하중도의 면적을 EI로 나눈 값과 같다. 이것을 모멘트 제1정리라고 하며 처짐각을 구하는 식은 다음과 같다.

$$\theta = \int \frac{M}{EI} dx = \frac{A}{EI} \tag{10.4.1}$$

또한 [그림 10.4.1]의 탄성곡선 상에서 임의의 지점 m에서 탄성곡선에 접하는 접선으로부터 그 탄성곡선의 다른 지점 n까지의 수직거리는 이 두 지점 간의 휨모멘트도 면적의 m 지점을 지나는 축에 대한 단면1차모멘트를 EI로 나눈 값과 같다. 이것을 모멘트 제2정리라고 하며, m, n 지점의 처짐을 구하는 식은 다음과 같다.

$$y_m = \int \frac{M}{EI} x_1 dx = \frac{A}{EI} x_1 \tag{10.4.2}$$

$$y_n = \int \frac{M}{EI} x_2 dx = \frac{A}{EI} x_2$$

여기서 모멘트 제1, 2정리를 Greene의 정리라고도 한다.

예제 10-4-1

[그림 10.4.2(a)]와 같은 단순보에 등분포하중 w가 작용할 경우에 지점의 처짐각과 중앙지점의 최대처짐을 모멘트면적법으로 구하여라. 단 EI는 일정하다.

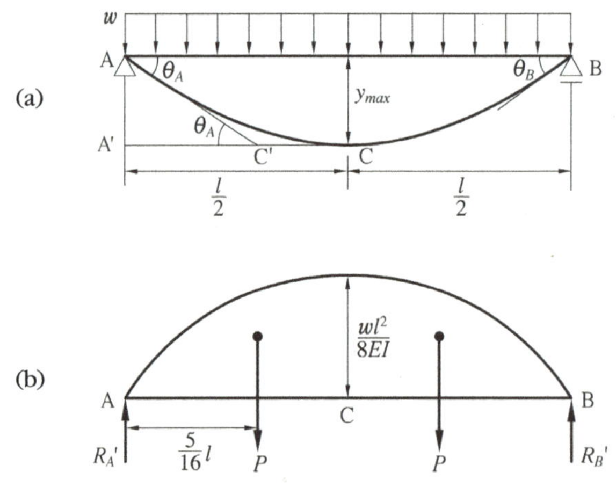

[그림 10.4.2]

풀이

(1) A, B지점의 처짐각

지점의 처짐각 θ_A는 A에서의 접선이 지간 중앙점 C에서의 접선 CC′과 이루는 각 AC′A′과 같다. 모멘트 제1정리에 의하여 처짐각 θ_A는 [그림 10.4.2(b)]의 탄성도(M/EI)에서 반력 $R_A{}'$와 같다.

$$\theta_A = R_A' = P = \left(\frac{l}{2}\right) \times \left(\frac{wl^2}{8EI}\right) \times \left(\frac{2}{3}\right) = \frac{wl^3}{24EI},\ \theta_B = -R_B' = -P = -\frac{wl^3}{24EI}$$

(2) 중앙지점의 최대처짐

[그림 10.4.2(a)]에서 최대처짐 y_{max}는 AA′과 같다.

여기서 $\overline{AA'}$는 모멘트면적법의 제2정리에 의해서 AC 구간의 탄성도의 $\overline{AA'}$ 선에 대한 단면1차모멘트와 같다. AC 사이의 탄성도의 도심은 A 로부터 $5l/16$이다.

$$y_{max} = \overline{AA'} = \left[\left(\frac{l}{2}\right) \times \left(\frac{wl^2}{8EI}\right) \times \left(\frac{2}{3}\right)\right] \times \left(\frac{5l}{16}\right) = \frac{5wl^4}{384EI}$$

10.5 탄성하중법

단순보의 임의의 점에서의 처짐각은 [그림 10.5.1]와 같이 휨모멘트도를 하중으로 생각할 때 그 지점에서 생기는 전단력을 EI로 나눈 값이다.

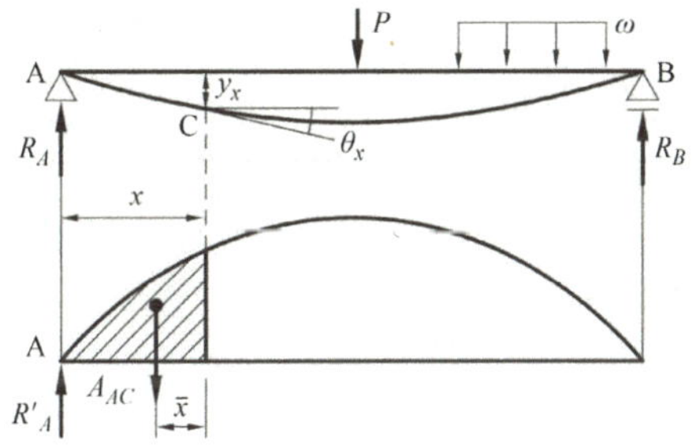

[그림 10.5.1]

$$\theta_x = \frac{1}{EI}(R_A' - A_{AC}) \tag{10.5.1}$$

단순보의 임의의 점에서의 처짐은 휨모멘트도를 하중으로 생각할 때 그 지점에 생기는 휨모멘트를 EI로 나눈 값이다.

$$y_x = \frac{1}{EI}(R_A' x - A_{AC}\bar{x}) \tag{10.5.2}$$

위의 관계를 정리하면 '보에 하중으로 M_x/EI을 작용시켜 전단력 및 휨모멘트를 구하면 이들은 하중에 대한 처짐각 및 처짐이다.' 이것을 모어의 정리(Mohr's theorem)라 하고 M_x/EI를 탄성하중(elastic load)이라 하며 모어의 정리에 의하여 보의 처짐각과 처짐을 구하는 방법을 탄성하중법(elastic load method)이라고도 한다. 탄성하중법을 하중으로 생각하는 휨모멘트도의 면적을 계산의 기초로 하기 때문에 일명 모멘트면적법(moment area method)라고도 한다. 그러나 캔틸레버보, 내민보, 양단 고정보에서 탄성하중법을 사용하여 처짐과 처짐각을 구하려면 공액보법을 적용해야 한다.

예제 10-5-1

[그림 10.5.2]와 같은 등분포하중이 작용하는 단순보의 처짐각과 처짐을 탄성하중법으로 구하여라. 단 EI는 일정하다.

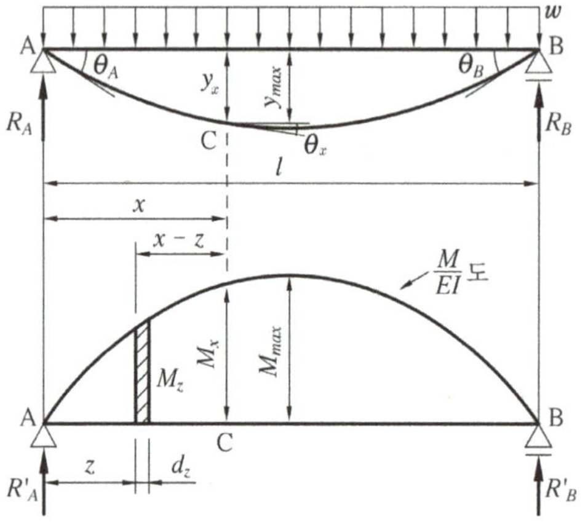

[그림 10.5.2]

풀이

(1) 처짐각(θ_x)

$$\theta_x = \frac{1}{EI}(R_A' - A_{AC})$$

$$R_A = \frac{1}{2} \times \left[\left(\frac{2}{3}l\right) \times (M_{\max})\right] = \frac{1}{2}(\text{모멘트도 면적}) = \frac{1}{2} \times \frac{2}{3}l \times \frac{wl^2}{8} = \frac{wl^3}{24}$$

$$A_{AC} = \int_o^x M_z\,dz = \int_0^x \left(\frac{wl}{2}z - \frac{w}{2}z^2\right)dz = \left[\frac{wl}{2}\frac{z^2}{2} - \frac{w}{2}\frac{z^3}{3}\right]_0^x = \frac{wl}{4}x^2 - \frac{w}{6}x^3$$

$$\therefore\ \theta_x = \frac{1}{EI}\left(\frac{wl^3}{24} - \frac{wl}{4}x^2 + \frac{w}{6}x^3\right) = \frac{wl^3}{24EI}\left\{1 - 6\left(\frac{x}{l}\right)^2 + 4\left(\frac{x}{l}\right)^3\right\}$$

$x = 0$이면 $\quad \therefore\ \theta_{x=0} = \theta_A = \dfrac{wl^3}{24EI}$

$l = 0$이면 $\quad \therefore\ \theta_{x=l} = \theta_B = -\dfrac{wl^3}{24EI}$

(2) 처짐(y)

$$y_x = \frac{1}{EI}M_x{}' = \frac{1}{EI}\{R_A{}'x - A_{AC}(x-z)\}$$

$$= \frac{1}{EI}\left\{R_A{}'x - \int_0^x M_z\,dz(x-z)dz\right\} = \frac{1}{EI}\left\{\frac{wl^3}{24}x - \int_0^x \frac{1}{2}wz(l-z)(x-z)dz\right\}$$

$$= \frac{1}{EI}\left\{\frac{wl^3}{24}x - \int_o^x\left(\frac{wl}{2}xz - \frac{wl}{2}z^2 - \frac{w}{2}xz^2 + \frac{w}{2}z^3\right)dz\right\}$$

$$= \frac{1}{EI}\left\{\frac{wl^3}{24}x - \left(\frac{wl}{4}x^3 - \frac{wl}{6}x^3 - \frac{w}{6}x^4 + \frac{w}{8}x^4\right)\right\}$$

$$= \frac{1}{EI}\left\{\frac{wl^4}{24}x - \left(\frac{2wl}{24}x^3 - \frac{w}{24}x^4\right)\right\}$$

$$\therefore\ y_x = \frac{wl^4}{24EI}\left\{\frac{x}{l} - 2\left(\frac{x}{l}\right)^3 + \left(\frac{x}{l}\right)^4\right\}$$

처짐은 중앙에서 최대가 되므로 $x/l = 1/2$를 대입하면 다음과 같다.

$$\therefore\ y_{x=\frac{l}{2}} = y_{\max} = \frac{5wl^4}{384EI}$$

예제 10-5-2

[그림 10.5.3(a)]와 같은 집중하중이 작용하는 단순보의 처짐각과 처짐을 탄성하중법으로 구하여라. 단, EI는 일정하다.

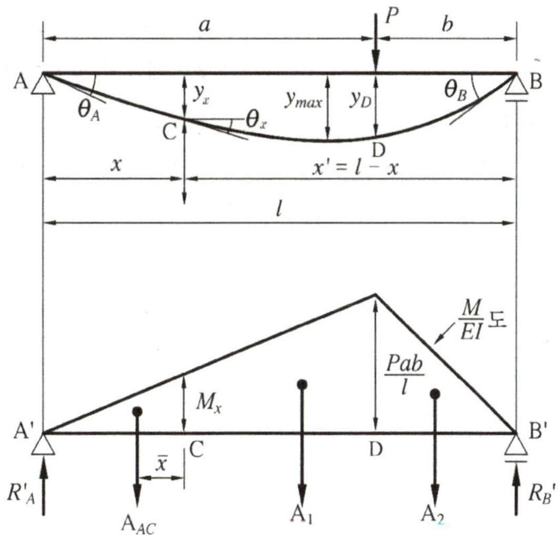

[그림 10.5.3]

풀이

(1) [그림 10.5.3(a)]에서

지점반력은 $R_A = \frac{Pb}{l}$, $R_B = \frac{Pa}{l}$

$0 \le x \le a$ 구간에서 $M_x = \frac{Pb}{l}x$ ①

$a \le x \le l$ 구간에서 $M_x = \frac{Pa}{l}(l-x)$

$\therefore M_D = M_{\max} = R_A \cdot a = \frac{Pab}{l}$

(2) [그림 10.5.3(b)]의 탄성도에서

지점반력 R_A'를 구하면

$$R_A' = \frac{A_1(b+a/3) + A_2\left(\frac{2b}{3}\right)}{l} = \frac{Pab}{6l}(a+2b) \quad ②$$

AC 구간의 탄성도의 면적을 A_{AC} 라고 하면

$$A_{AC} = \frac{1}{2}M_x x = \frac{Pb}{2l}x^2$$

$0 \le x \le a$일 때 처짐각 θ는 식 (10.5.1)에 의하여

$$\theta_x = \frac{1}{EI}(R_A' - A_{AC}) = \frac{1}{EI}\left\{\frac{Pab}{6l}(a+2b) - \frac{Pb}{2l}x^2\right\}$$

$$= \frac{Pb}{6EIl}(l^2 - b^2 - 3x^2) \quad ③$$

식 ③에서 x 대신 $x' = l - x$로 놓고, a를 b로 바꾸고 우변에 (-)부호를 붙이면 $a \le x \le l$ 구간에서의 처짐각 θ 값이 구해진다.

$a \le x \le l$ 일 때

$$\theta_x = -\frac{Pa}{6EIl}(l^2 - a^2 - 3x'^2) \quad ④$$

따라서 A, B지점에서의 처짐각은 식 ③과 ④에 $x = 0$, $x' = 0$을 대입하면

$$\theta_A = \frac{Pb}{6EIl}(l^2 - b^2),\ \theta_B = -\frac{Pa}{6EIl}(l^2 - a^2) \quad ⑤$$

또한 하중 작용점 D지점의 처짐각 θ_D와 처짐 y_D는 식 ③에 $x = a$를 대입하면

$$\theta_D = \frac{Pab}{3EIl}(b-a),\ y_D = \frac{Pa^2b^2}{3EIl} \quad ⑥$$

임의 점에서 처짐 y는 식 (10.5.2)에 의해서

$0 \le x \le a$ 구간에서

$$y_x = \frac{1}{EI}(R_A x - A_{AC}\bar{x}) = \frac{1}{EI}\left\{\frac{Pab}{6l} \times (a+2b) \times x - \frac{Pb}{2l} \times x^2 \times \frac{x}{3}\right\}$$

$$= \frac{Pb}{6EIl}x(x^2 - b^2 - x^2) \qquad ⑦$$

$a \leq x \leq l$ 구간에서는 식 ⑦에서 x 대신 x'로, b를 a로 놓으면

$$y_x = \frac{Pa}{6EIl}x'(l^2 - a^2 - x'^2) \qquad ⑧$$

최대처짐 $y_{\max}$가 되는 위치는 처짐각이 0이 되는 곳이다.

[그림 10.5.3]에서 $a > b$ 이므로 식 ⑦에서 $\frac{dy}{dx} = 0$이 되는 $x = x_0$를 구하면 된다.

$$l^2 - b^2 - 3x^2 = 0 \qquad x = x_0 = \sqrt{\frac{l^2 - b^2}{3}} < a$$

$$\therefore y_{\max} = \frac{Pb}{27EIl}\sqrt{3(l^2 - b^2)^3} \qquad ⑨$$

예제 10-5-3

[그림 10.5.4(a)]와 같은 단순보에 집중하중이 작용할 때 A와 B지점의 처짐각과 최대처짐을 탄성하중법으로 구하여라. 단 EI는 일정하다.

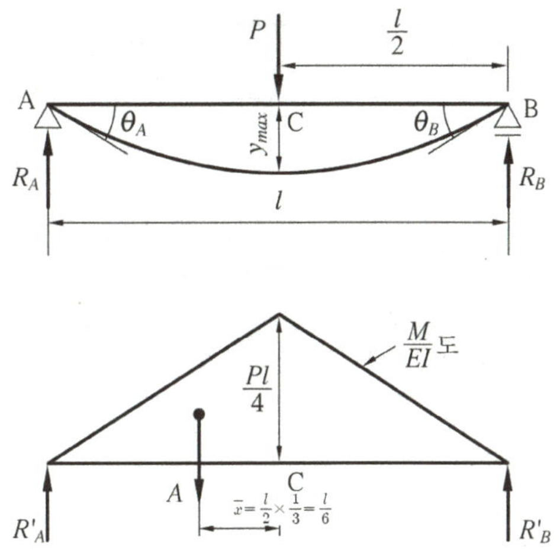

[그림 10.5.4]

풀이

(1) 처짐각 계산

$$\theta = \frac{A}{EI} = \frac{R_A}{EI}$$

$$R_A = \frac{0}{2} \times (\text{모멘트도 면적}) = \frac{1}{2} \times \left[\left(\frac{Pl}{4}\right) \times (l) \times \left(\frac{1}{2}\right)\right] = \frac{Pl^2}{16} = A$$

대칭이므로

$$R_A' = \frac{Pl^2}{16}$$

$$\therefore \theta_B = \frac{R_A'}{EI} = \frac{Pl^2}{16EI}, \quad \therefore \theta_B = -\frac{R_B'}{EI} = -\frac{Pl^2}{16EI}$$

(2) 최대처짐 계산

$$y_{\max} = \frac{1}{EI}\left(R_A' \times \frac{l}{2} - A \times \frac{1}{3} \times \frac{l}{2}\right) = \frac{1}{EI}R_A'\left(\frac{l}{2} - \frac{l}{6}\right)$$

$$= \frac{1}{EI}R_A' \times \frac{l}{3} = \frac{1}{EI} \times \frac{Pl}{16} \times \frac{l}{3}$$

$$\therefore y_{\max} = \frac{Pl^3}{48EI}$$

예제 10-5-4

[그림 10.5.5(a)]와 같은 단순보 지점에 모멘트하중이 작용할 때 처짐각과 처짐을 구하여라. 단, $M_A > M_B$이다. 그리고 EI는 일정하다.

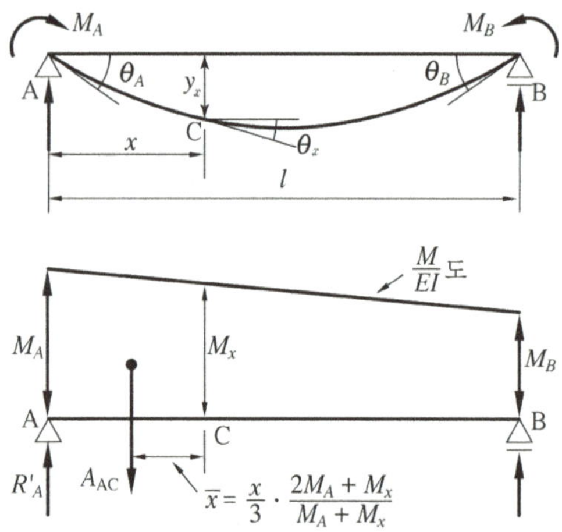

[그림 10.5.5]

풀이

$$R_A = \frac{M_B - M_A}{l} \qquad M_x = \frac{M_B - M_A}{l}x + M_A$$

(1) 처짐각

탄성도에서 $\theta = \frac{1}{EI}(R_A{}' - A_{AC})$ 에서

$$R_A{}' \times l - \left[\frac{M_A + M_B}{2} \times l\right] \times \left[\frac{l}{3} \times \frac{2M_A + M_B}{M_A + M_B}\right] = 0$$

$$R_A{}' = \frac{l}{6}(2M_A + M_B)$$

$$A_{AC} = \frac{M_A + M_x}{2}x$$

$$\theta_x = \frac{1}{EI}\left\{\frac{l}{6}(2M_A + M_B) - \frac{x}{2}(M_A + M_x)\right\}$$

$$= \frac{1}{EI}\left\{\frac{l}{6}(2M_A + M_B) - \frac{x}{2}\left(M_A + \frac{x}{l}(M_B - M_A) + M_A\right)\right\}$$

$$= \frac{M_A l}{6EI}\left\{2 - 6\left(\frac{x}{l}\right) + 3\left(\frac{x}{l}\right)^2\right\} + \frac{M_B l}{6EI}\left\{1 - 3\left(\frac{x}{l}\right)^2\right\}$$

$x = 0$이면 $\quad \therefore \theta_A = \frac{l}{6EI}(2M_A + M_B)$

$x = l$ 이면 $\quad \therefore \theta_B = -\frac{l}{6EI}(M_A + 2M_B)$

(2) 처짐

$$y_x = \frac{1}{EI}(R_A{}'x - A_{AC}\bar{x})$$

$$= \frac{1}{EI}\left\{\frac{l}{6}(2M_A + M_B)x - \frac{x}{2}(M_A + M_x) \times \frac{x}{3} \times \frac{2M_A + M_x}{M_A + M_x}\right\}$$

$$= \frac{M_A l^2}{6EI}\left\{2\left(\frac{x}{l}\right) - 3\left(\frac{x}{l}\right)^2 + \left(\frac{x}{l}\right)^3\right\} + \frac{M_B l^2}{6EI}\left\{\frac{x}{l} - \left(\frac{x}{l}\right)^3\right\}$$

$x = \frac{l}{2}$일 때, $\quad \therefore y_{x=\frac{l}{2}} = y_M = \frac{l^2}{16EI}(M_A + M_B)$ (지간중앙)

$M_A = M_B = M$ 일 때, $\quad \theta_A = \frac{Ml}{2EI},\ \theta_B = -\frac{Ml}{2EI} \quad y_{\max} = \frac{Ml^2}{8EI}$

$M_B = 0$일 때, $\quad \theta_A = \frac{M_A l}{3EI},\ \theta_B = -\frac{M_B l}{6EI} \quad y_M = \frac{M_A l^2}{16EI}$ (지간중앙)

$M_A = 0$일 때, $\quad \theta_A = \frac{M_B l}{6EI},\ \theta_B = -\frac{M_B l}{3EI} \quad y_M = \frac{M_B l^2}{16EI}$ (지간중앙)

예제 10-5-5

[그림 10.5.6(a)]와 같이 휨강성(EI)이 변화하는 단순보 중앙에 집중하중이 작용할 때 C와 D지점의 처짐각과 C지점의 처짐을 구하여라.

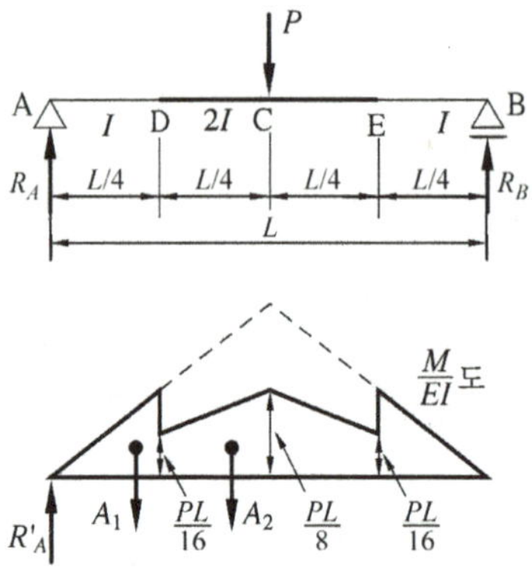

[그림 10.5.6]

풀이

모멘트도에서 점선은 I가 일정할 때를 표시한 것이다. $2I$구간에서의 처짐각이나 처짐은 I가 일정할 때에 비하여 1/2로 줄어들게 된다. 따라서 M/EI도는 1/2로 감소된다.

$$R_A = \frac{P}{2},\quad M_{D-l} = R_A \times \frac{L}{4} = \frac{PL}{8},\qquad M_{D-r} = \frac{PL}{8} \times \frac{1}{2} = \frac{PL}{16},$$

$$M_C = M_{\max} \times \frac{1}{2} = \frac{PL}{4} \times \frac{1}{2} = \frac{PL}{8}$$

$$A_1 = \frac{PL}{8} \times \frac{L}{4} \times \frac{1}{2} = \frac{PL^2}{64},\ A_2 = \frac{\frac{PL}{16} + \frac{PL}{8}}{2} \times \frac{L}{4} = \frac{3PL^2}{128},$$

$$R_A{}' = A_A + A_2 = \frac{PL^2}{64} + \frac{3PL^2}{128} = \frac{5PL^2}{128}$$

$$\therefore \theta_D = \frac{1}{EI}(R_A{}' - A_1) = \frac{3PL^2}{128EI}$$

$$\therefore \theta_C = \frac{1}{EI}\{R_A{}' - (A_1 + A_2)\} = 0$$

$$\therefore \theta_A = \frac{1}{EI} \times R_A{}' = \frac{5PL^2}{128EI}$$

$$\therefore y_{x=\frac{L}{2}} = y_C = \frac{1}{EI}\left\{R_A{}^o \times \frac{L}{2} - A_1\left(\frac{L}{4} \times \frac{1}{3} + \frac{L}{4}\right) - A_2 \times \left(\frac{4}{9} \times \frac{L}{4}\right)\right\} = \frac{3PL^3}{256EI}$$

예제 10-5-6

[그림 10.5.7(a)]와 같은 등분포하중을 받는 캔틸레버의 처짐과 처짐각을 탄성하중법으로 구하여라. 단 EI는 일정하다.

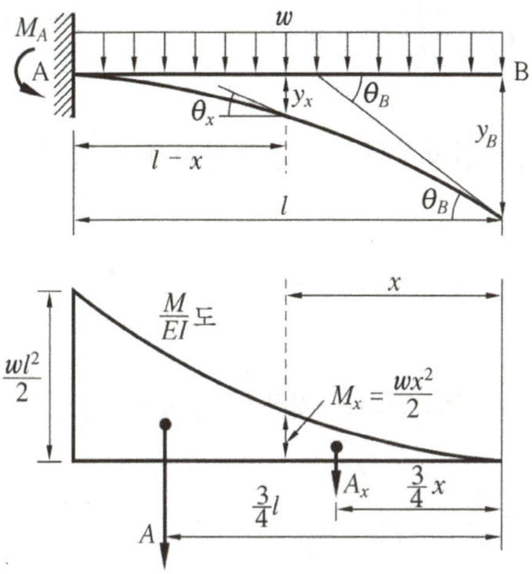

[그림 10.5.7]

풀이

$$M_A = \frac{wl^2}{2} \qquad A = \frac{1}{3} \times M_A \times l = \frac{1}{3} \times \frac{wl^2}{2} \times l = \frac{wl^3}{6}$$

$$M_x = \frac{wx^2}{2} \qquad A_x = \frac{1}{3} \times M_x \times x = \frac{1}{3} \times \frac{wx^2}{2} \times x = \frac{wx^3}{6}$$

(1) 처짐각 계산

$$\theta_x - \frac{A - A_x}{EI} = \frac{1}{EI}\left(\frac{wl^3}{6} - \frac{wx^3}{6}\right)$$

$x = 0$이면, $\therefore \theta_B = \dfrac{wl^3}{6EI}$

$x = l$ 이면, $\therefore \theta_A = 0$ (고정단에서는 처짐각이 0이다.)

(2) 처짐 계산

$$y_x = \frac{1}{EI}\left(A \times \frac{3l}{4} - A_x \times \frac{3x}{4}\right) = \frac{1}{EI}\left(\frac{wl^3}{6} \times \frac{3l}{4} - \frac{wx^3}{6} \times \frac{3x}{4}\right)$$

$$= \frac{1}{EI}\left(\frac{wl^4}{8} - \frac{wx^4}{8}\right)$$

$x = 0$이면, $\therefore y_{\max} = y_B = \dfrac{wl^4}{8EI}$

$x = l$ 이면, $\therefore y_A = 0$

10.6 공액보법

보의 휨모멘트, 전단력 및 하중과의 관계식은 다음과 같다.

$$\frac{d^2M}{dx^2} = -w_x, \quad \frac{dM_x}{dx} = V_x, \quad \frac{dV_x}{dx} = -w_x \tag{a}$$

(10.2.1)식에 나타낸 탄성곡선방정식은 다음과 같이 됨을 알 수 있었다.

$$\frac{d^2y_x}{dx^2} = -\frac{M_x}{EI}, \quad \frac{dy_x}{dx} = \theta_x, \quad \frac{d\theta_x}{dx} = -\frac{M_x}{EI} \tag{b}$$

위의 (a), (b)식에서 다음과 같이 된다는 것을 알 수 있었다.

$$\left.\begin{aligned} M_x &= -\iint w dx \cdot dx + C_1 x + C_2 \\ V_x &= -\int w dx + C_1 \end{aligned}\right] \tag{c}$$

$$\left.\begin{aligned} y_x &= -\iint \frac{M_x}{EI} dx \cdot dx + D_1 x + D_2 \\ \theta_x &= -\int \frac{M_x}{EI} dx + D_1 \end{aligned}\right] \tag{d}$$

이들 식들의 적분상수는 경계조건(B.C.)에 의하여 결정되나 단순보의 경우를 고려하면 다음과 같이 된다.

(c)식에 대하여 $x = 0,\ x = \ell \quad \rightarrow \quad M_x = 0$

(d)식에 대하여 $x = 0,\ x = \ell \quad \rightarrow \quad y_x = 0$

따라서 (c), (d)식은 $Z_x = \dfrac{M_x}{EI}$ 으로 놓으면 다음과 같은 대응 관계가 있음을 알 수 있다.

$$\left.\begin{aligned} w_x &\leftrightarrow Z_x \\ V_x &\leftrightarrow \theta_x \\ M_x &\leftrightarrow y_x \end{aligned}\right] \tag{e}$$

이들 대응관계는 [그림 10.6.1]에서 쉽게 이해할 수 있다.

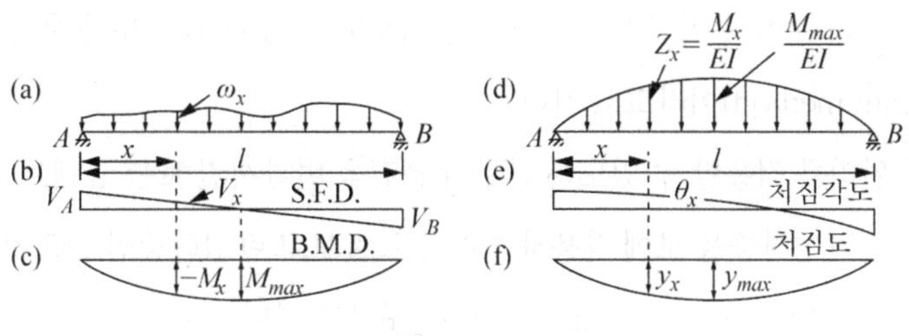

[그림 10.6.1]

즉, w_x에 대하여 V_x, M_x를 구하는 것과 같은 방법으로 Z_x에 대하여 θ_x, y_x를 구할 수 있다. 캔틸레버에 대해 생각해 보면

(c)식에 대하여 $x = \ell \quad \rightarrow \quad M_x = 0, \quad V_x = 0$

(d)식에 대하여 $x = 0 \quad \rightarrow \quad y_x = 0, \quad \theta_x = 0$

이들 관계도 [그림 10.6.2]에 나타낸 관계에서 쉽게 이해할 수 있다.

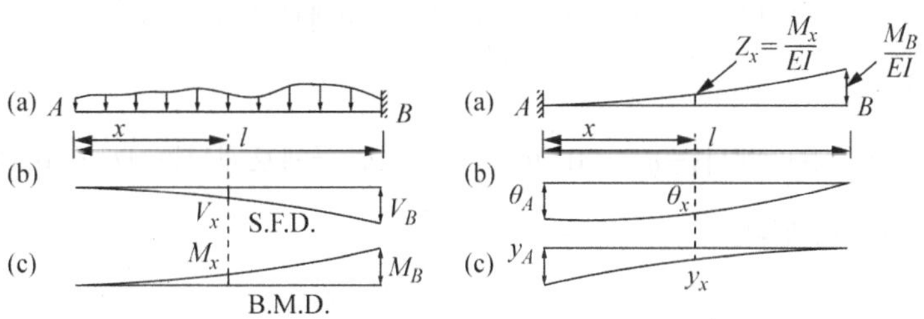

[그림 10.6.2]

이들을 정리하면 다음과 같다.

「보에 하중으로서 $Z_x = \dfrac{M_x}{EI}$를 작용시켜 전단력 및 휨모멘트를 구하면 이들은 하중 w_x에 대한 처짐각 및 처짐이다.」

이것을 Mohr의 정리(Mohr's theorem)라 하고 Z_x를 탄성하중(elastic load) 또는 Z-하중(Z-load)이라 하며 Mohr의 정리에 의하여 보의 처짐각과 처짐을 구하는 방법을 탄성하중법(elastic load method)이라 한다.

탄성하중법을 하중으로 생각하는 M-도의 면적을 계산의 기초로 하기 때문에 일명 모멘트면적법(moment area method)라고도 한다.

또한, Z하중을 받는 보를 주어진 보에 대해서 공액보(conjugate beam)라 하기 때문에 공액보법(conjugate beam method)이라고도 한다.

탄성하중법의 원리를 적용할 수 있도록 단부의 조건을 변화시킨 보를 공액보라고 하며, 공액보에 M/EI이라는 탄성하중을 보에 작용하는 하중으로 보고 탄성하중법으로 처짐과 처짐각을 구하는 방법을 공액보법(conjugate beam method)이라고 한다.

이 방법은 단순보 이외에 캔틸레버보, 내민보, 게르버보 등 모든 정정보에 그대로 적용된다. 여기서 문제가 되는 것은 y_x, θ_x가 불연속한 점인 지점이나 중간힌지 등을 어떻게 처리하느냐, 다시 말해서 주어진 보에 대해서 어떠한 모양의 보를 공액보로 선택하느냐 하는 것이다. 주어진 보의 y_x, θ_x와 공액보의 M_x, θ_x와의 대응관계는 성립되어야 하고 이로서 다음과 같은 규칙이 주어진다.

① 주어진 보의 이동지점 및 회전지점에서는 $y_x = 0$, $\theta_x \neq 0$이므로 공액보에서는 $M_x = 0$, $\theta_x \neq 0$인 교점, 즉 이동지점과 회전지점이 이에 해당된다.

② 주어진 보의 고정지점에는 $y_x = \theta_x = 0$이므로 공액보에서는 $M_x = \theta_x = 0$로 되는 지점, 즉 자유단으로 된다.

③ 주어진 보의 자유단에서는 $y_x \neq 0$, $\theta_x \neq 0$이므로 공액보에서는 $M_x \neq 0$, $V_x \neq 0$인 지점, 즉 고정단이 된다.

④ 주어진 보의 중간지점에서는 $y_x = 0$으로 좌우측의 처짐각이 같으므로 공액보에서는 $M_x = 0$으로 좌우측의 전단력이 같은 힌지로 된다.

⑤ 주어진 보의 중간 힌지에서는 좌우측의 처짐은 같으나 처짐각은 같지 않으므로 공액보에서는 좌우측의 모멘트가 같고 전단력이 같지 않은 점, 즉 중간지점이 이에 해당된다.

10.6.1 단부의 조건

고정단 → 자유단

자유단 → 고정단

내측힌지 → 내측지점

10.6.2 실제보를 공액보로 변환

[그림 10.6.3]은 이상의 규칙을 나타낸 것으로 이로부터 [그림 10.6.4]와 같이 정정보에 대해서 공액보로 하여 처짐각 및 처짐을 구할 수 있다.

휨강성 EI가 보전체에 걸쳐 일정한 경우는 $\frac{M_x}{EI}$ 대신에 M_x를 탄성하중으로 생각하여 계산한 뒤 계산 결과를 EI로 나누어서 처짐각 및 처짐을 계산해도 된다.

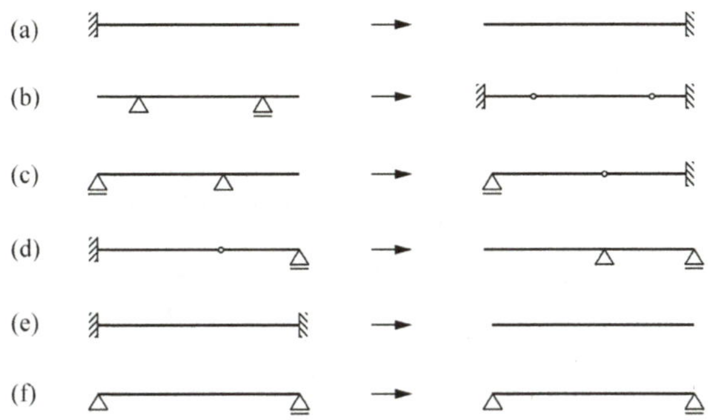

(a) 실제보 (b) 공액보

[그림 10.6.3]

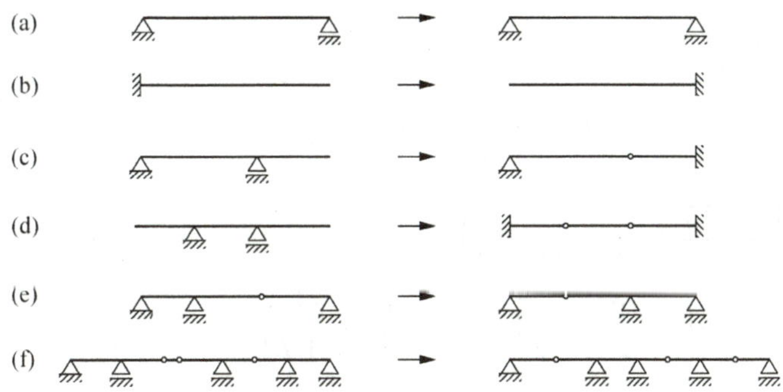

(a) 실제보 (b) 공액보

[그림 10.6.4]

EI가 일정하지 않을 때는 특히 보의 중간에서 단면이 변화하는 경우에 이 탄성하중법을 사용하기가 매우 편리하다.

또한, 보의 특정단면의 처짐각과 처짐을 구하고자 할 때 식 (10.2.1)의 미분방정식을 해석하는 방법으로 전체길이에 걸쳐 y_x, θ_x의 식을 구한 후, 이로부터 계산하여야 하나 탄성하중법은 직접 이를 구할 수 있는 이점이 있다.

예제 10-6-1

[그림 10.6.5(a)]와 같은 캔틸레버의 자유단 B의 처짐 및 처짐각과 C지점의 처짐을 공액보법으로 구하여라. 단 EI는 일정하다.

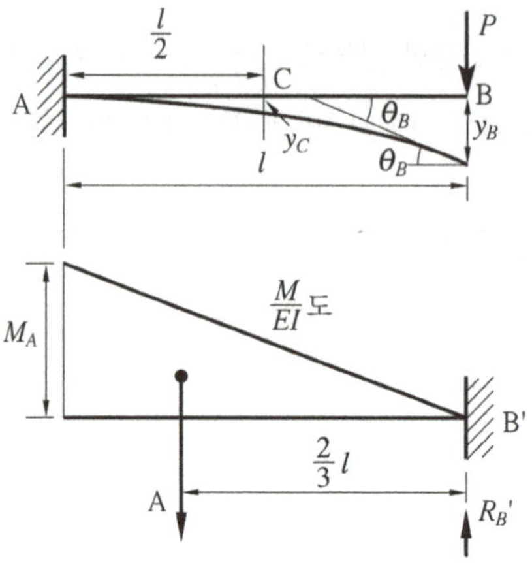

[그림 10.6.5]

풀이

$$M_A = Pl, \qquad M_C = \frac{Pl}{2}, \quad R_B{}' = A = \frac{1}{2} \times M_A \times l = \frac{Pl^2}{2}$$

$$\therefore \theta_B = \frac{A}{EI} = \frac{Pl^2}{2EI}$$

$$\therefore y_B = \frac{1}{EI}\left(A \times \frac{2}{3}l\right) = \frac{1}{EI}\left(\frac{Pl^2}{2} \times \frac{2l}{3}\right) = \frac{Pl^3}{3EI}$$

$$\therefore y_C = \frac{1}{EI}\left(\frac{M_A - M_C}{2} \times \frac{l}{2}\right) \times \left(\frac{5}{9} \times \frac{l}{2}\right)$$

$$= \frac{1}{EI}\left[\frac{1}{2} \times \left(Pl \times \frac{Pl}{2}\right) \times \frac{l}{2}\right] \times \left(\frac{5}{9} \times \frac{l}{2}\right) = \frac{5Pl^3}{48EI}$$

예제 10-6-2

[그림 10.6.6(a)]와 같은 캔틸레버의 B, C점의 처짐각과 처짐을 공액보법으로 구하여라. 단 EI는 일정하다.

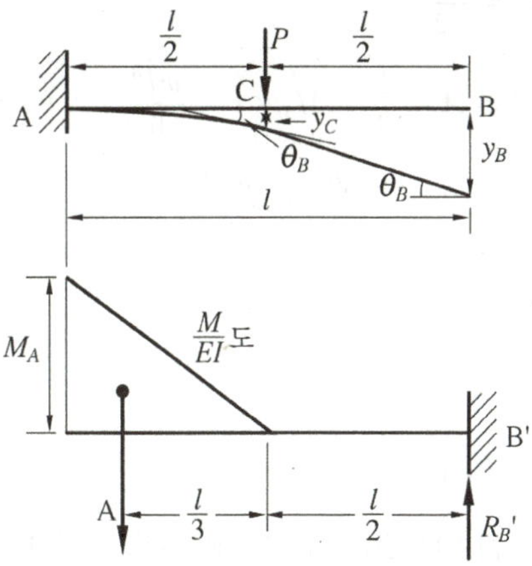

[그림 10.6.6]

풀이

$$M_A = \frac{Pl}{2}, \quad A = \frac{1}{2} \times M_A \times \frac{l}{2} = \frac{l}{4} \times \frac{Pl}{2} = \frac{Pl^2}{8}$$

$$\therefore \theta_C = \theta_B = \frac{A}{EI} = \frac{Pl^2}{8EI}, \quad \therefore y_C = \frac{1}{EI} A \times \frac{l}{3} = \frac{1}{EI} \times \left(\frac{Pl^2}{8}\right) \times \left(\frac{l}{3}\right) = \frac{Pl^3}{24EI}$$

$$\therefore y_B = \frac{1}{EI}\left(A \times \left(\frac{5l}{6}\right)\right) = \frac{1}{EI} \times \left(\frac{Pl^2}{8}\right) \times \left(\frac{5l}{6}\right) = \frac{5Pl^3}{48EI}$$

예제 10-6-3

[그림 10.6.7(a)]와 같은 캔틸레버보의 B점의 처짐각과 처짐을 공액보법으로 구하여라. 단 EI는 일정하다.

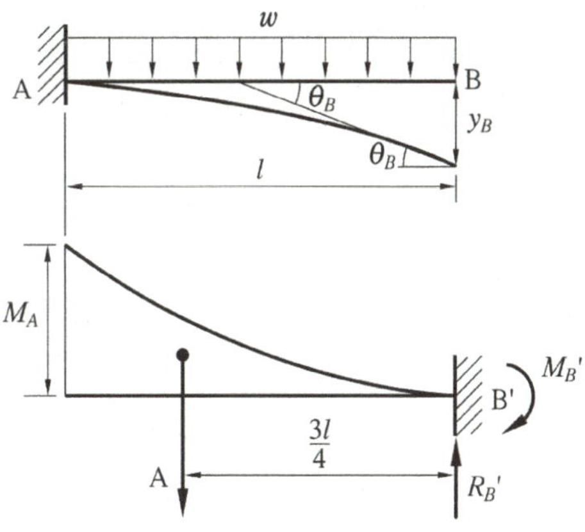

[그림 10.6.7]

풀이

$$M_A = \frac{wl^2}{2}$$

$$R_B{}' = A = \frac{1}{3} \times M_A \times l = \frac{wl^3}{6} \quad \therefore \theta_B = \frac{A}{EI} = \frac{wl^3}{6EI}$$

$$M_B{}' = (A) \times \left(\frac{3l}{4}\right) = \frac{wl^4}{8} \qquad \therefore y_B = \frac{M_B{}'}{EI} = \frac{wl^4}{8EI}$$

예제 10-6-4

[그림 10.6.8(a)]와 같은 캔틸레버의 B점의 처짐각과 처짐을 공액보법으로 구하여라. 단 EI는 일정하다.

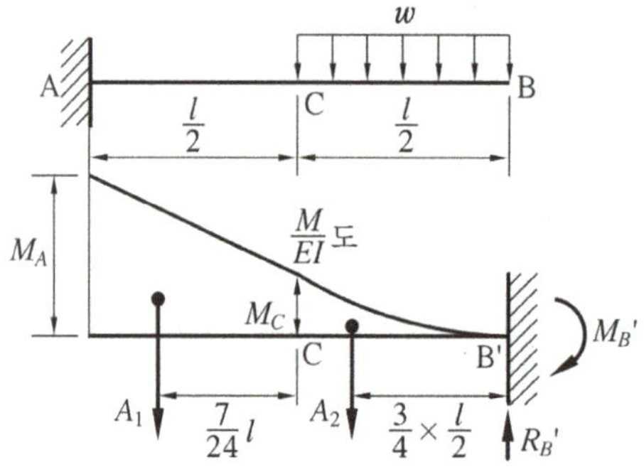

[그림 10.6.8]

풀이

$$M_A = \frac{wl}{2} \times \frac{3}{4}l = \frac{3wl^2}{8}, \quad M_C = \frac{l}{2} \times w \times \frac{l}{4} = \frac{wl^2}{8}$$

$$A_1 = \frac{1}{2}(M_A + M_C) \times \frac{l}{2} = \frac{1}{2}\left(\frac{3wl^2}{8} + \frac{wl^2}{8}\right)\frac{l}{2} = \frac{wl^3}{8}$$

$$A_2 = \frac{1}{3} \times M_C \times \frac{l}{2} = \frac{1}{3} \times \frac{wl^2}{8} \times \frac{l}{2} = \frac{wl^3}{48}$$

$$\therefore \theta_B = \frac{I}{EI}(A_1 + A_2) = \frac{1}{EI}\left(\frac{wl^3}{8} + \frac{wl^3}{48}\right) = \frac{7wl^3}{48EI}$$

$$\therefore y_B = \frac{1}{EI}\left\{A_1 \times \left(\frac{7l}{24} + \frac{l}{2}\right) + A_2\left(\frac{3}{8}l\right)\right\} = \frac{1}{EI}\left(\frac{wl^3}{8} \times \frac{19l}{24} + \frac{wl^3}{48} \times \frac{3}{8}l\right)$$

$$= \frac{1}{EI}\left(\frac{19wl^4}{192} + \frac{wl^4}{128}\right) = \frac{41wl^4}{384EI}$$

예제

[그림 10.6.9(a)]와 같은 캔틸레버에서 C점의 처짐각과 처짐, B지점의 처짐각과 처짐을 모멘트면적법으로 구하여라. 단 EI는 일정하다.

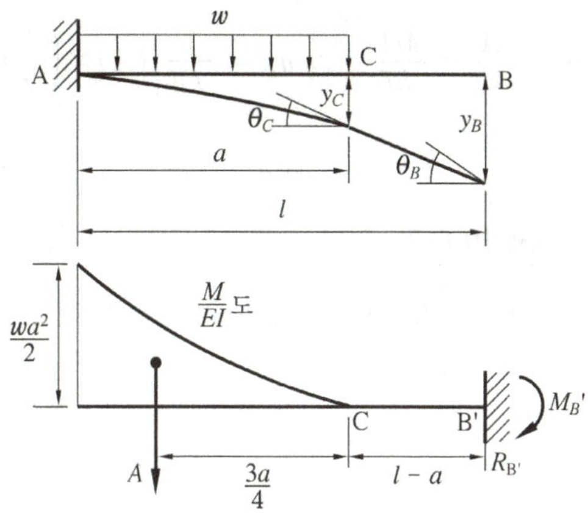

[그림 10.6.9]

풀이

$$M_A = \frac{wa^2}{2} \qquad A = \frac{1}{3} \times M_A \times a = \frac{1}{3} \times \frac{wa^2}{2} \times a = \frac{wa^3}{6}$$

$$\therefore \theta_C = \frac{A}{EI} = \frac{wa^3}{6EI} \qquad \therefore y_C = \frac{1}{EI}(A) \times \left(\frac{3}{4}a\right) = \frac{wa^4}{8EI}$$

$$\therefore \theta_B = \frac{A}{EI} = \frac{wa^3}{6EI} \qquad \therefore y_B = \frac{A}{EI} \times \left(l - \frac{a}{4}\right) = \frac{wa^3}{6EI}\left(l - \frac{a}{4}\right) = \frac{wa^3}{24EI}(4l - a)$$

예제 10-6-6

[그림 10.6.10a)]와 같은 캔틸레버에 모멘트하중이 작용할 때 B점의 처짐각과 처짐을 구하여라. 단, EI는 일정하다.

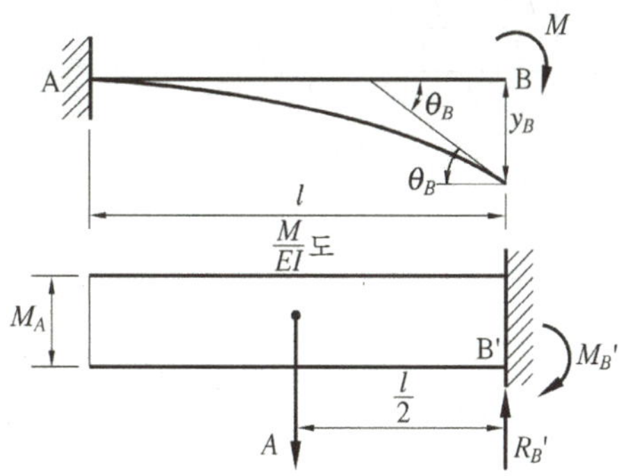

[그림 10.6.10]

풀이

$$M_A = M \qquad A = Ml$$

$$\therefore \theta_B = \frac{A}{EI} = \frac{Ml}{EI} \qquad \therefore y_B = \frac{1}{EI}\left[(A)\times\left(\frac{l}{2}\right)\right] = \frac{Ml^2}{2EI}$$

예제 10-6-7

[그림 10.6.11(a)]와 같이 휨강성이 변화하는 캔틸레버에서 θ_C, y_C, θ_B, y_B를 구하여라.

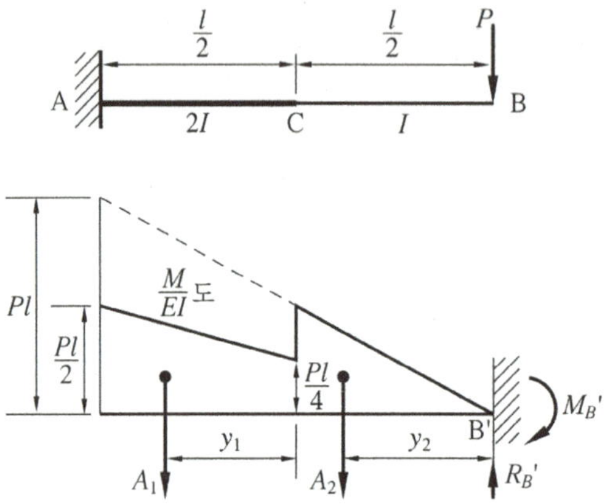

[그림 10.6.11]

풀이

$$M_{Cl} = \frac{Pl}{4},\ M_{Cr} = \frac{Pl}{2},\ M_A = \frac{Pl}{2}$$

$$A_1 = \frac{\left[\frac{Pl}{2} + \frac{Pl}{4}\right]}{2} \times \frac{l}{2} = \frac{3Pl^2}{16},\ A_2 = \frac{Pl}{2} \times \frac{l}{2} \times \frac{1}{2} = \frac{Pl^2}{8}$$

$$\therefore \theta_C = \frac{1}{EI}A_1 = \frac{3Pl^2}{16EI}$$

$$\therefore \theta_B = \frac{1}{EI}(A_1 + A_2) = \frac{1}{EI}\left(\frac{3Pl^2}{16} + \frac{Pl^2}{8}\right) = \frac{5Pl^2}{16EI}$$

$$\therefore y_C = \frac{1}{EI}(A_1 \times y_1) = \frac{1}{EI}\left(\left(\frac{3Pl^2}{16}\right) \times \left(\frac{5}{9} \times \frac{l}{2}\right)\right) = \frac{5Pl^3}{96EI}$$

$$\therefore y_B = \frac{1}{EI}\left\{(A_1)\left(l - \frac{4}{9} \times \frac{l}{2}\right) + (A_2)\left(\frac{2}{3} \times \frac{l}{2}\right)\right\}$$

$$= \frac{1}{EI}\left\{\left(\left[\frac{3Pl^2}{16}\right] \times \left[\frac{7l}{9}\right]\right) + \left(\left[\frac{Pl^2}{8}\right] \times \left[\frac{l}{3}\right]\right)\right\} = \frac{9Pl^3}{48EI}$$

예제 10-6-8

[그림 10.6.12(a)]와 같은 내민보에 집중하중이 작용할 때, C점의 처짐각과 처짐을 구하여라. 단 EI는 일정하다.

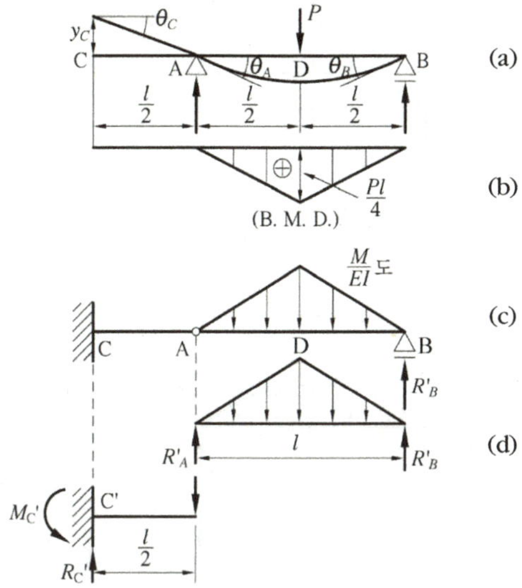

[그림 10.6.12]

풀이

내민보의 휨모멘트에서 A지점을 힌지(hinge), C지점을 고정단으로, M/EI도를 하중으로 생각한 게르버보로 취급하여 전단력과 휨모멘트를 구하여 EI로 나누면 된다.

(1) 처짐각 계산

$$R_A' = \frac{\left(\frac{Pl}{4} \times l \times \frac{1}{2}\right)}{2} = \frac{Pl^2}{16}$$

$$\therefore \theta_A = \frac{R_A'}{EI} = \frac{Pl^2}{16EI} \quad \therefore \theta_B = -\frac{R_B'}{EI} = -\frac{Pl^2}{16EI} \quad \therefore \theta_C = \theta_A = \frac{Pl^2}{16EI}$$

(2) 처짐 계산

[그림 10.6.12(d)]의 캔틸레버에서 고정단의 휨모멘트를 생각하면 된다.

$$\therefore y_C = -\frac{1}{EI}\left(R_A' \times \frac{l}{2}\right) = -\frac{Pl^3}{32EI} \ (\uparrow)$$

예제 10-6-9

[그림 10.6.13(a)]와 같은 중앙에 등분포하중을 받고 있는 내민보에서 C점의 처짐각과 처짐을 구하여라. 단 EI는 일정하다.

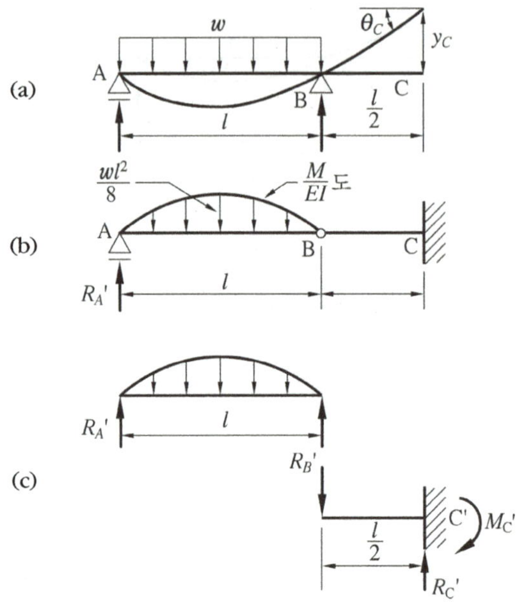

[그림 10.6.13]

풀이

$$M_{\max} = \frac{wl^2}{8},\ R_A' = R_B' = \frac{1}{2} \times \frac{2}{3} \times \frac{wl^2}{8} \times l = \frac{wl^3}{24}$$

(1) 처짐각 계산

C지점의 처짐각은 [그림 10.6.13(b)]에서 BC 구간의 전단력을 EI로 나눈 값이다.

$$\theta_C = \frac{R_B'}{EI} = \frac{wl^3}{24EI}$$

(2) 처짐 계산

C지점의 처짐은 [그림 10.6.13(b)]에서 C지점의 휨모멘트를 EI로 나눈 값이다.

$$M_C = -R_B' \times \frac{l}{2} = -\frac{wl^3}{24} \times \frac{l}{2} = -\frac{wl^4}{48}$$

$$\therefore y_C = \frac{M_C}{EI} = -\frac{wl^4}{48EI} \text{ (위로 처짐)}$$

예제 10-6-10

[그림 10.6.14(a)]와 같은 내민보에 집중하중이 작용할 때, C점의 처짐각과 처짐을 구하여라. 단 EI는 일정하다.

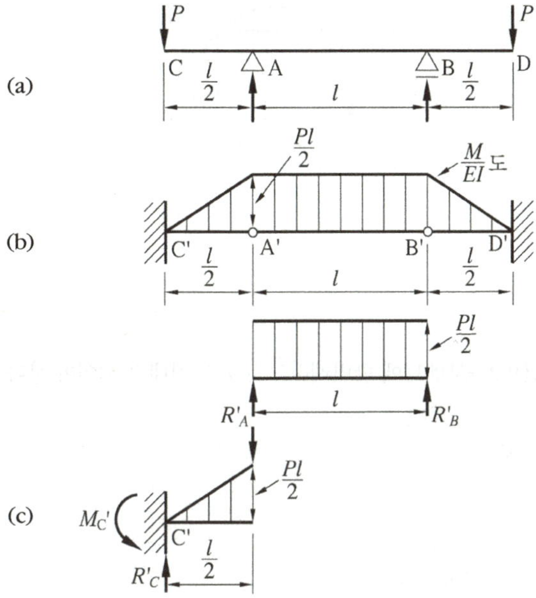

[그림 10.6.14]

풀이

$$R_A' = \frac{1}{2} \times \frac{Pl}{2} \times l = \frac{Pl^2}{4}$$

$$R_C' = \frac{1}{2} \times \frac{Pl}{2} \times \frac{l}{2} + R_A' = \frac{Pl^2}{8} + \frac{Pl^2}{4} = \frac{3Pl^2}{8}(\downarrow)$$

$$M_C' = \frac{Pl^2}{8} \times \frac{2}{3} \times \frac{l}{2} + R_A' \times \frac{l}{2} = \frac{Pl^3}{24} + \frac{Pl^3}{8} = \frac{Pl^3}{6}$$

$$\therefore \theta_C = -\frac{R_C'}{EI} = -\frac{3Pl^2}{8EI}, \quad \therefore y_C = \frac{M_C'}{EI} = \frac{Pl^3}{6EI}$$

예제 10-6-11

[그림 10.6.15(a)]와 같이 지름이 d 인 원목을 제재해서 처짐이 최소가 되는 구형단면을 만들려고 한다. 높이(h)와 폭(b)을 구하여라.

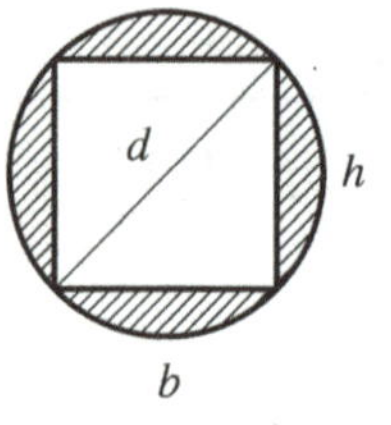

[그림 10.6.15]

풀이

$y = \frac{M_x}{EI}$ 에서 처짐은 단면2차모멘트에 반비례하므로 I가 최대가 되어야 한다.

$$I = \frac{bh^3}{12}, \quad d^2 = b^2 + h^2$$

$$\therefore b = \sqrt{d^2 - h^2}$$

$$I = \frac{1}{12}h^3\sqrt{d^2 - h^2} = \frac{1}{12}(d^2h^6 - h^8)^{\frac{1}{2}}$$

$$\frac{dI}{dh} = \frac{1}{12} \times \frac{1}{2}(d^2h^6 - h^8)^{-\frac{1}{2}}(6d^2h^5 - 8h^7) = \frac{1}{24}\frac{2h^5(3d^2 - 4h^2)}{(d^2h^6 - h^8)^{\frac{1}{2}}}$$

$\frac{dI}{dh} = 0, \qquad 2h^5(3d^2 - 4h^2) = 0, \qquad 3d^2 - 4h^2 = 0$ 에서

$$\therefore h = \frac{\sqrt{3}}{2}d \qquad \therefore b = \frac{1}{2}d$$

처짐이 최소가 되는 단면의 폭과 높이의 비는 $1 : \sqrt{3}$ 이다. 그러나 휨강도를 최대로 하려면 단면계수가 최대로 되어야 한다. 따라서

$$\frac{d}{dx}(Z) = \frac{d}{dx}\left(\frac{bh^2}{6}\right) = 0 \qquad d^2 = b^2 + h^2 \Rightarrow h^2 = d^2 - b^2$$

$$Z = \frac{bh^2}{6} = \frac{b(d^2 - b^2)}{6} = \frac{d^2b - b^3}{6}$$

$$\frac{d}{dx}(Z) = \frac{d}{dx}\left(\frac{h^2b - b^3}{6}\right) = h^2 - 3b^2 = 0 \qquad h^2 - 3b^2 = 0$$

$$\therefore b = \sqrt{\frac{d^2}{3}} = \frac{d}{\sqrt{3}} \qquad \therefore h = \sqrt{d^2 - b^2} = \sqrt{d^2 - \left(\frac{d}{\sqrt{3}}\right)^2} = \sqrt{\frac{2d^2}{3}} = \frac{\sqrt{2}\,d}{\sqrt{3}}$$

휨강도가 최대가 되는 단면의 폭과 높이의 비는 $1 : \sqrt{2}$ 이다.

예제10-6-12

[그림 10.6.16]과 같은 단순보에 등분포하중이 작용할 때, 처짐각 θ_A와 최대처짐 y_{max}을 구하여라. 단 $EI = 7 \times 10^6 \text{kN} \cdot \text{cm}^2$이다.

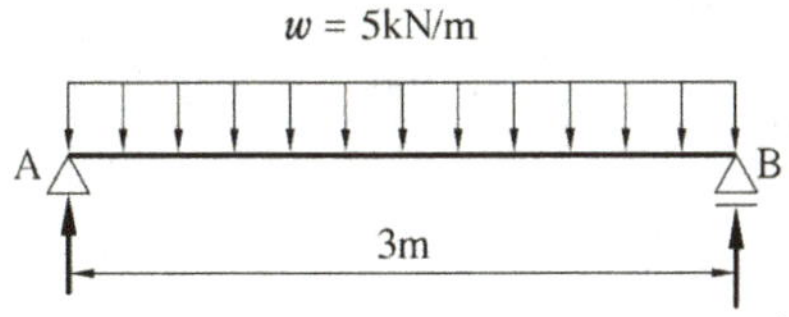

[그림 10.6.16]

풀이

(1) 처짐각 계산(θ_A)

$w = 5\text{kN/m} = 0.05\text{kN/cm}$

$$\theta_A = \frac{wl^3}{24EI} = \frac{(0.05\text{kN/cm}) \times (300\text{cm})^3}{24 \times (7 \times 10^6 \text{kN} \cdot \text{cm}^2)} = \frac{5 \times 27 \times 10^4}{24 \times 7 \times 10^6} \fallingdotseq 0.008\text{rad}$$

$$\therefore \theta_A = 0.008 \times \frac{180}{\pi} \times 60' = 27'$$

(2) 최대처짐 계산(y_{max})

$$\therefore y_{max} = \frac{5wl^4}{384EI} = \frac{5 \times (0.05\text{kN/cm}) \times (300\text{cm})^4}{384 \times (7 \times 10^6 \text{kN} \cdot \text{cm}^2)} = 0.75\text{cm}$$

예제 10-6-13

[그림 10.6.17]와 같은 단순보에서 C와 D점의 처짐을 구하여라. 단, $I = 76{,}000\text{cm}^4$, $E = 2.1 \times 10^3 \text{KN/cm}^2$ 이다.

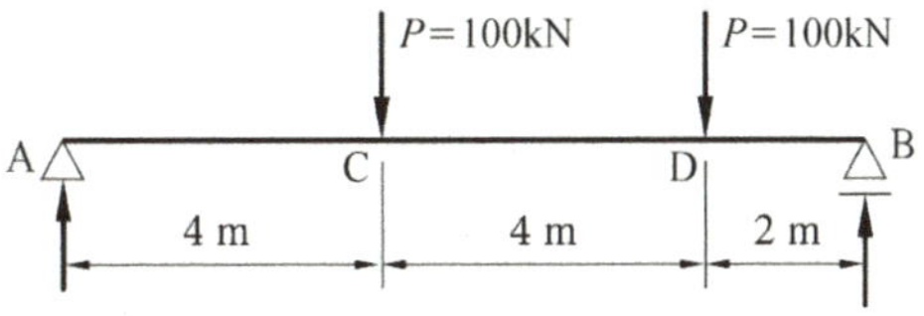

[그림 10.6.17]

풀이

$$y_C = \frac{Pa^2b^2}{3EIl} + \frac{Pb}{6EIl}x(l^2 - b^2 - x^2)$$

$$= \frac{1}{EI}\left\{\frac{100 \times 4^2 \times 6^2}{3 \times 10} + \frac{100 \times 2}{6 \times 10} \times 4 \times (10^2 - 2^2 - 4^2)\right\}$$

$$= \frac{1}{EI}(1{,}920 + 1{,}067) = \frac{1}{1{,}596}(2{,}987) = 1.87\,\text{cm}$$

$$y_D = \frac{Pa}{6EIl}x'(l^2 - a^2 - x'^2) + \frac{Pa^2b^2}{3EIl}$$

$$= \frac{1}{EI}\left\{\frac{100 \times 4}{6 \times 10} \times 2 \times (10^2 - 4^2 - 2^2) + \frac{100 \times 8^2 \times 2^2}{3 \times 10}\right\}$$

$$= \frac{1}{1{,}596}(1{,}067 + 853) = 1.2\,\text{cm}$$

예제 10-6-14

[그림 10.6.18(a)]와 같은 보에서 집중하중 P에 의한 C점의 처짐을 구하여라. 단, EI는 일정하며, $EI = 270{,}000\,\text{KN} \cdot \text{m}^2$이다.

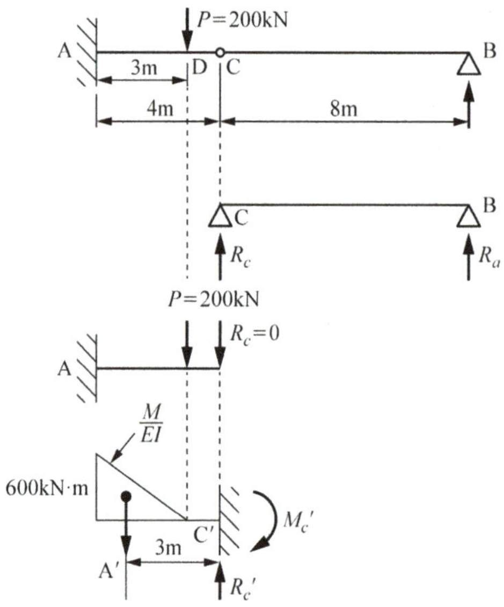

[그림 10.6.18]

풀이

게르버보를 정정보로 바꾸면 캔틸레버와 단순보로 된다.

캔틸레버에서([그림 10.6.18(c)])

$$M_A = -P \times 3 - R_C \times 4 = -200 \times 3 - 0 \times 4 = 600\,\text{KN} \cdot \text{m}$$

[그림 10.6.18(d)]의 탄성하중(M/EI)에 의해서

$A = 600 \times 3 \times 1/2 = 900\,\mathrm{KN \cdot m^2}$

$$\therefore y_c = \frac{1}{EI} M^o_C = \frac{1}{EI}(A \times 3) = \frac{1}{EI}(900 \times 3) = \frac{2,700}{270,000} = 0.01\,\mathrm{m} = 1\,\mathrm{cm}$$

10.7 부등단면 구조물의 처짐

보에서 기울기와 처짐은 Newmark의 방법이라는 수치적 방법으로도 구할 수 있다. 이 방법은 단면이 불균일하여 단면2차모멘트가 여러 가지로 되어 있는 보에서 처짐과 기울기를 구할 때 특히 유용하다. 이 방법은 또한 부등단면(nonprismatic section)으로 된 부재의 임계좌굴을 결정할 때도 사용된다.

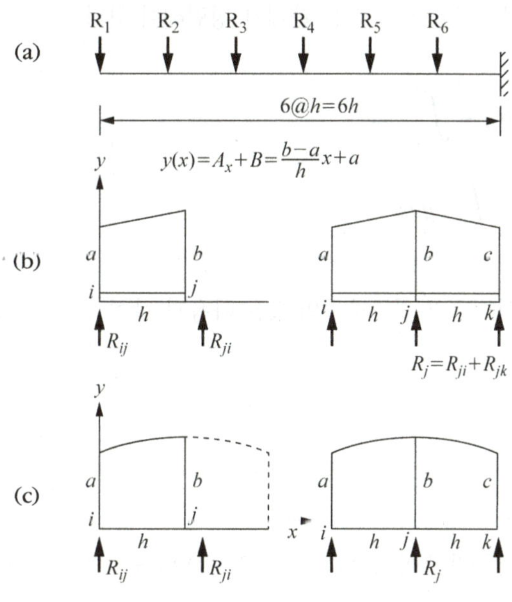

[그림 10.7.1] Newmark의 방법

Newmark의 방법은 공액보상의 불규칙한 M/EI도를 몇 개의 등가의 집중하중으로 변경시킨 다음에 공액보법의 방법을 그대로 적용하는 것이다.

일반적으로 [그림 10.7.1]과 같이 공액보를 몇 개의 구간으로 나누어서 각 구간에 있는 M/EI도의 면적을 그 구간을 대표하는 등가집중하중으로 간주하는 것이다. 반드시 공액보를 같은 간격으로 등분하여야 할 필요는 없다.

문제는 불규칙한 M/EI도를 어떻게 그 구간을 대표하는 등가의 탄성하중으로 변환시키는 데 있다.

[1] M/EI도가 직선인 경우

먼저, M/EI도가 직선인 [그림 10.7.1(b)]와 같은 경우를 고려해 보자. 이 직선은 다음과 같이 표시된다.

$$y(x) = Ax + B \tag{a}$$

경계조건은

$$y(0) = a = B$$
$$y(h) = b = Ah + B \tag{b}$$

식 (b)에서 A와 B를 구하고 이를 식 (a)에 대입하면 다음과 같이 된다.
평형조건을 만족시키려면 다음과 같은 관계가 성립해야 한다.

$$\sum F_y = 0: \ \ R_{ij} + R_{ji} = \int_0^h y dx \tag{c}$$

$$\sum M_i = 0: \ \ hR_{ji} = \int_0^h xy dx \tag{d}$$

식 (c)를 (d)에 대입하면 등가집중하중의 값은 다음과 같이 된다.

$$R_{ij} = \frac{h}{6}(2a + b) \tag{10.7.1a}$$

$$R_{ji} = \frac{h}{6}(a + 2b) \tag{10.7.1b}$$

그러나 M/EI도는 ij구간만 아니라 [그림 10.7.1(b)]의 오른쪽 그림과 같이 jk구간 등으로 연속되어 있는 경우가 대부분이므로 식 (10.7.1a)과 (10.7.1b)을 이용하면 M/EI도가 직선적일 때 j점의 등가집중하중 R_j는 다음과 같이 구한다.

$$R_j = R_{ji} + R_{jk} = \frac{h}{6}(a + 2b) + \frac{h}{6}(2a + c)$$

따라서

$$R_j = \frac{h}{6}(a + 4b + c) \tag{10.7.2}$$

[2] M/EI도가 곡선인 경우

다음에는 M/EI도가 곡선인 [그림 10.7.1(c)]와 같은 경우를 고려해 보기로 한다. 이 곡선의 일반식은 다음과 같다.

$$y(x) = Ax^2 + Bx + C \tag{e}$$

식 (e)에서 계수 A, B, C는 다음의 경계조건으로 구할 수 있다.

$$\begin{aligned} y(0) &= a = C \\ y(h) &= b = Ah^2 + Bh + C \\ y(2h) &= c = 4Ah^2 + 2Bh + C \end{aligned} \tag{f}$$

식 (f)에서 상수 A, B, C를 구하고 이들을 식 (e)에 대입하면 다음과 같이 된다.

$$y(x) = \frac{a - 2b + c}{2h^2}x^2 + \frac{-1.5a + 2b - 0.5c}{h}x + a \tag{g}$$

평형조건을 만족시키기 위해서 [그림 10.7.1(c)]에서 식 (d)가 성립하여야 한다. 식 (g)를 식 (d)에 대입하면 등가집중하중은 다음과 같이 나타낼 수 있다.

$$R_{ij} = \frac{h}{24}(7a + 6b - c) \tag{10.7.3a}$$

$$R_{ji} = \frac{h}{24}(3a + 10b - c) \tag{10.7.3b}$$

M/EI도는 ij구간을 넘어 jk구간 등으로 연속되어 있으므로 [그림 10.7.1(c)]의 오른쪽 그림에서 M/EI도가 곡선일 때 j점의 등가집중하중 R_j는 다음과 같이 쓸 수 있다.

$$R_j = R_{ji} + R_{jk} = \frac{h}{24}(3a + 10b - c) + \frac{h}{24}(3c + 10b - a)$$

따라서

$$R_j = \frac{h}{12}(a + 10b + c) \tag{10.7.4}$$

식 (10.7.4)의 R_j는 [그림 10.7.1(c)]에서 사실상 점 j로부터 점 i와 k쪽으로 각각 $h/2$인 범위

내의 M/EI도의 면적과 거의 비슷한 값이다.

M/EI도가 직선이면 식 (10.7.1)에서 식 (10.7.2)까지, M/EI도가 곡선이면 식 (10.7.3)에서 식 (10.7.4)까지를 이용하여 공액보에서 등분된 각 구간에 대한 등가집중탄성하중을 계산한 다음에, 이들 하중을 공액보에 재하시켜서 공액보법을 적용하면, 원하는 기울기와 처짐을 얻을 수 있다. 공액보에서 등분된 구간의 수효를 증가시킬수록 얻어진 기울기와 처짐의 값은 더 정확하게 된다.

예제 10-7-1

[그림 10.7.2(a)]에 있는 부등단면을 가진 단순보에서 처짐과 기울기를 Newmark의 방법으로 계산하여라.

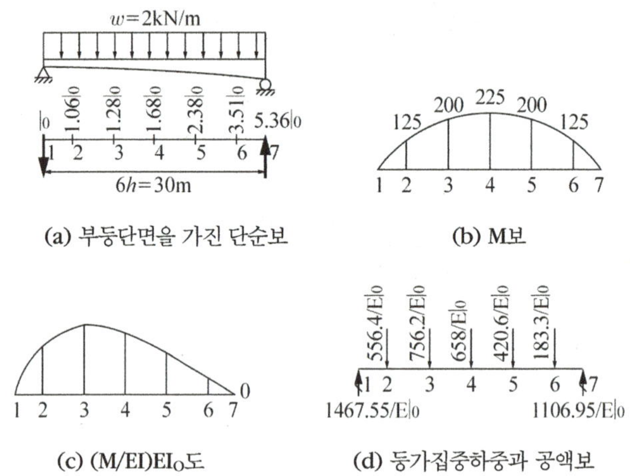

[그림 10.7.2]

풀이

이 부등단면의 단순보는 6개 구간으로 나누어져서 7개의 위치점 1,2,3,$\cdots$ 7까지 주어져 있고 각 위치점의 모멘트를 그 점의 단면2차모멘트 I로 나눈 값은 [그림 10.7.2(c)]에 표시되어 있는 바와 같다. M/EI도가 포물선이므로 식 (10.7.4)을 이용하여 각 위치점의 R_j를 구하면 다음과 같다.

$$R_j = \frac{h}{12}(a+10b+c)$$

따라서

$$R_2 = \frac{5}{12}(0+10\times117.9+156.3) = 556.4\,\text{kN}\cdot\text{m}^2$$

$$R_3 = \frac{5}{12}(117.9+10\times156.3+133.9) = 756.2\,\text{kN}\cdot\text{m}^2$$

$$R_4 = \frac{5}{12}(156.3 + 10 \times 133.9 + 84) = 658.0\,\text{kN} \cdot \text{m}^2$$

$$R_5 = \frac{5}{12}(133.9 + 10 \times 84 + 35.6) = 420.6\,\text{kN} \cdot \text{m}^2$$

$$R_6 = \frac{5}{12}(84 + 10 \times 35.6 + 0) = 183.3\,\text{kN} \cdot \text{m}^2$$

[그림 10.7.2(d)]는 이들 등가집중하중의 값을 재하한 공액보이다. 따라서 [그림 10.7.2(a)]에 있는 실제 보의 기울기와 처짐은 각각 [그림 10.7.2(d)]에 있는 공액보에서의 전단력과 휨모멘트로부터 구할 수 있다. 예를 들면 위치점 3에서의 기울기와 처짐은 다음과 같이 계산된다.

$EI_0\theta_3$ =공액보에서 $V_3 = 1{,}467.55 - 556.4 = 911.15$

$EI_0 y_3$ =공액보에서 $M_3 = 1{,}467.55(10) - 556.4(5) = 11{,}893.5$

[그림 10.7.2(d)]에서 지점 1과 7에는 등가집중하중을 놓을 필요가 없음을 알 수 있다.

10.8 보의 처짐각과 처짐 공식

이상 각 보의 처짐각과 처짐을 정리하여 [표 10.8.1]에 나타내었다.

[표 10.8.1] 처짐각과 처짐

	하중상태	처짐각	처짐
1	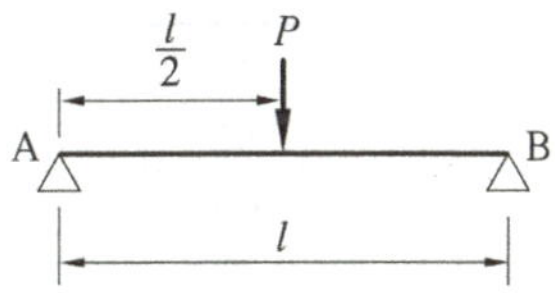	$\theta_A = -\theta_B = \dfrac{Pl^2}{16EI}$	$y_{\max} = \dfrac{Pl^3}{48EI}$
2	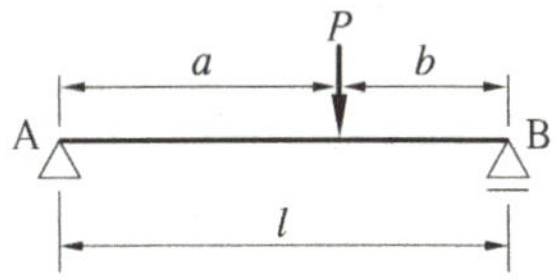	$\theta_A = \dfrac{Pb}{6EIl}(l^2 - b^2)$ $\theta_B = -\dfrac{Pa}{6EIl}(l^2 - a^2)$	$y_C = \dfrac{Pa^2b^2}{3EIl}$
3	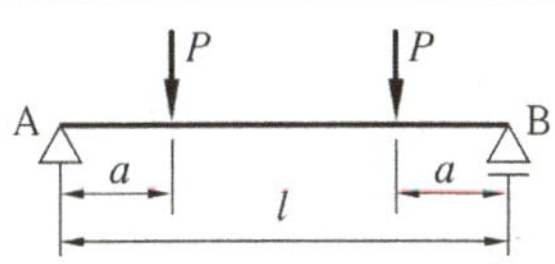	$\theta_A = -\theta_B = \dfrac{Pal}{2EI}\left(1 - \dfrac{a}{l}\right)$	$y_{\max} = \dfrac{Pa}{24EI}(3l^2 - 4a^2)$
4	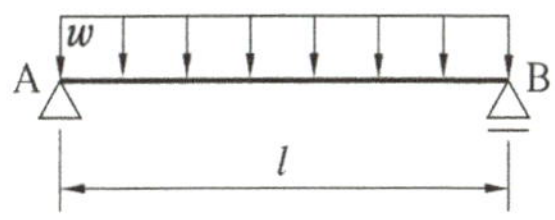	$\theta_A = -\theta_B = \dfrac{wl^3}{24EI}$	$y_{\max} = \dfrac{5wl^4}{384EI}$

	하중상태	처짐각	처짐
5	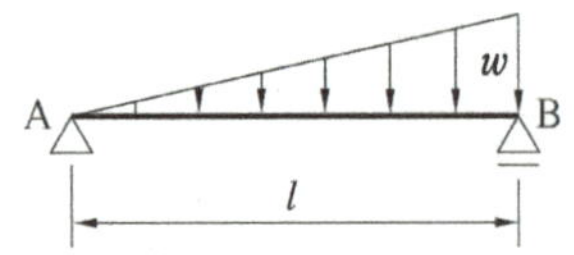	$\theta_A = \dfrac{7wl^3}{360EI}$ $\theta_B = -\dfrac{8wl^3}{360EI}$	$y_{\max} = 0.00652 \times \dfrac{wl^4}{EI}$
6	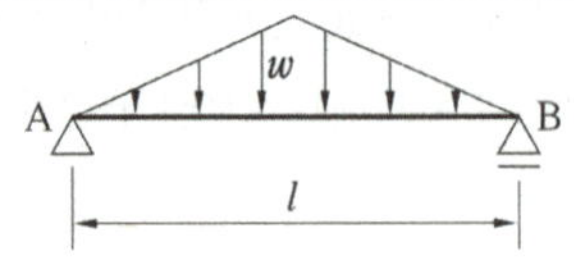	$\theta_A = -\theta_B$ $= \dfrac{5wl^3}{192EI}$	$y_{\max} = \dfrac{wl^4}{120EI}$
7	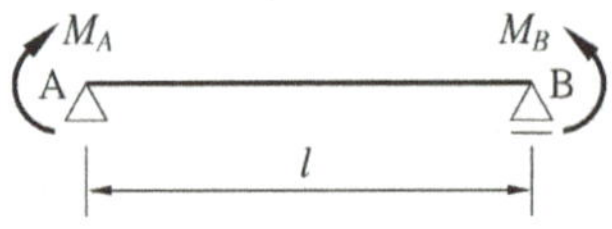	$\theta_A = \dfrac{l}{6EI}(2M_A + M_B)$ $\theta_B = -\dfrac{l}{6EI}(M_A + 2M_B)$	$M_A = M_B = M$ $y_{\max} = \dfrac{Ml^2}{8EI}$
8	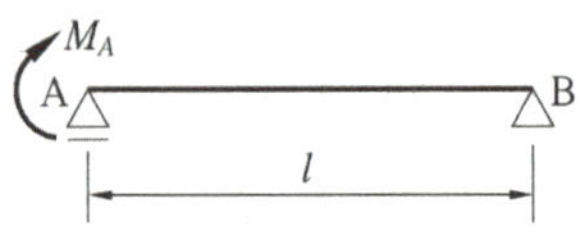	$\theta_A = \dfrac{M_A l}{3EI}$ $\theta_B = -\dfrac{M_A l}{6EI}$	
9	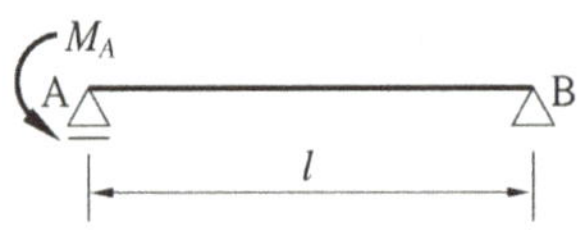	$\theta_A = -\dfrac{M_A l}{3EI}$ $\theta_B = \dfrac{M_A l}{6EI}$	
10	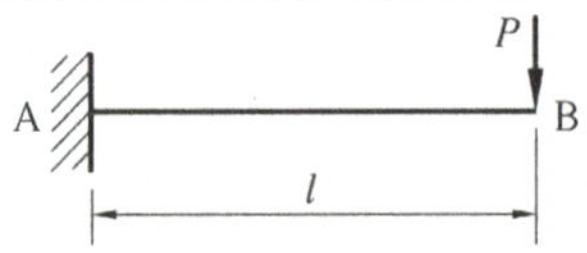	$\theta_B = \dfrac{Pl^2}{2EI}$	$y_B = \dfrac{Pl^3}{3EI}$
11	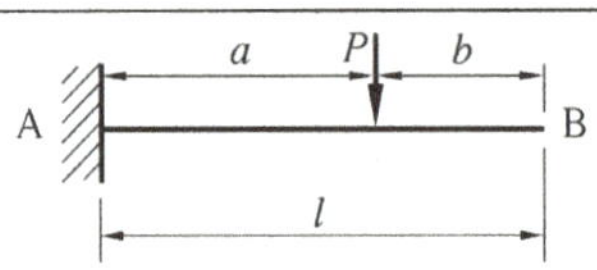	$\theta_C = \theta_B$ $= \dfrac{Pa^2}{2EI}$	$y_B = \dfrac{Pa^2}{6EI}(3l - a)$
12	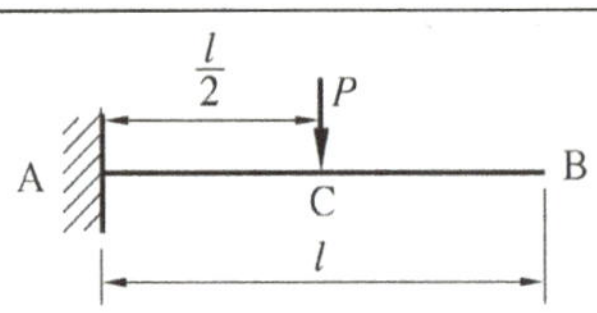	$\theta_C = \theta_B$ $= \dfrac{Pl^2}{8EI}$	$y_B = \dfrac{5Pl^3}{48EI}$
13	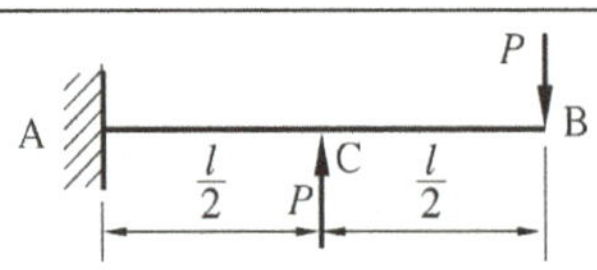	$\theta_B = \dfrac{3Pl^2}{8EI}$	$y_B = \dfrac{11Pl^3}{48EI}$
14	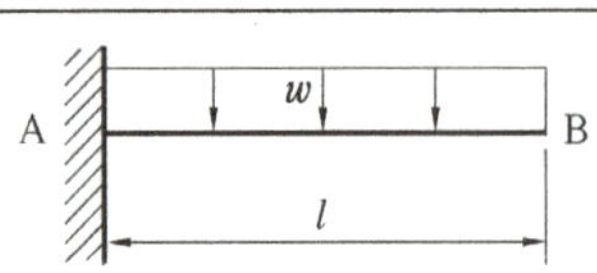	$\theta_B = \dfrac{wl^3}{6EI}$	$y_B = \dfrac{wl^4}{8EI}$

	하중상태	처짐각	처짐
15	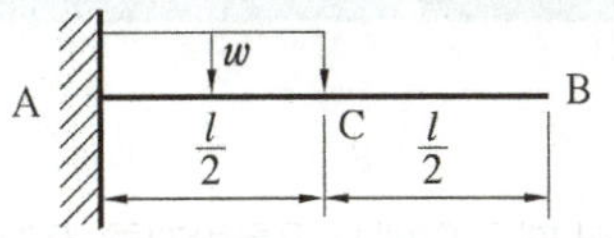	$\theta_C = \theta_B = \dfrac{wl^3}{48EI}$	$y_B = \dfrac{7wl^4}{384EI}$
16	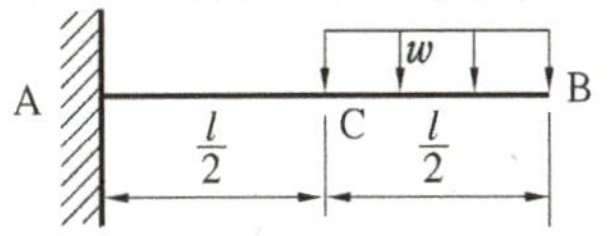	$\theta_B = \dfrac{7wl^3}{48EI}$	$y_B = \dfrac{41wl^4}{384EI}$
17	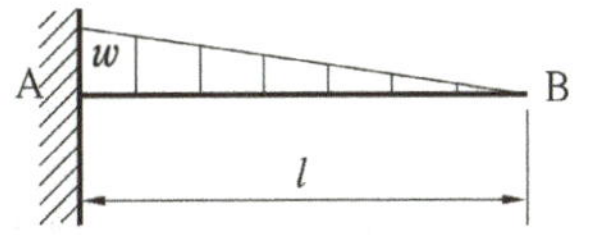	$\theta_B = \dfrac{wl^3}{24EI}$	$y_B = \dfrac{wl^4}{30EI}$
18	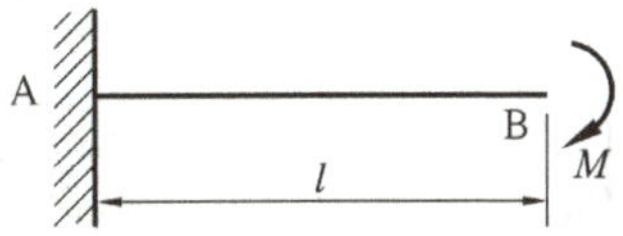	$\theta_B = \dfrac{Ml}{EI}$	$y_B = \dfrac{Ml^2}{2EI}$
19	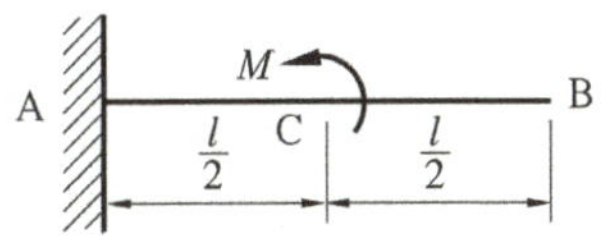	$\theta_B = \dfrac{Ml}{2EI}$	$y_B = \dfrac{3Ml^2}{8EI}$
20	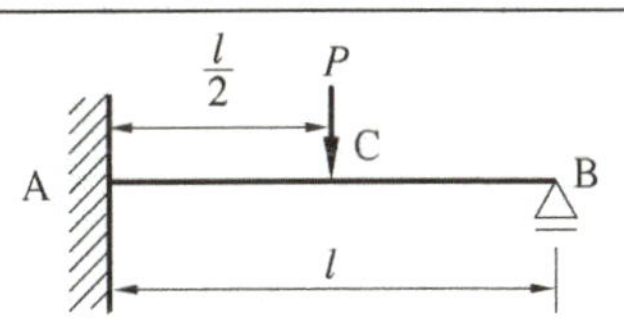	$\theta_B = -\dfrac{Pl^2}{32EI}$	$y_C = \dfrac{7Pl^3}{768EI}$
21	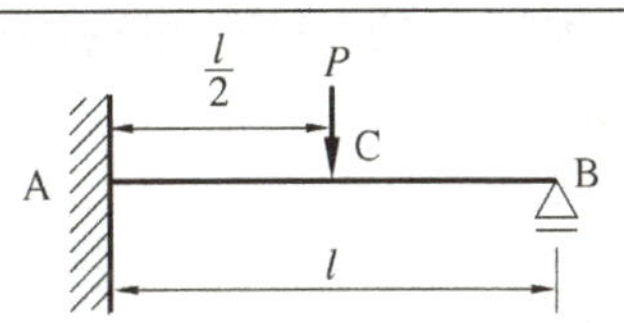	$\theta_B = -\dfrac{wl^3}{8EI}$	$y_{\max} = \dfrac{wl^4}{185EI}$
22	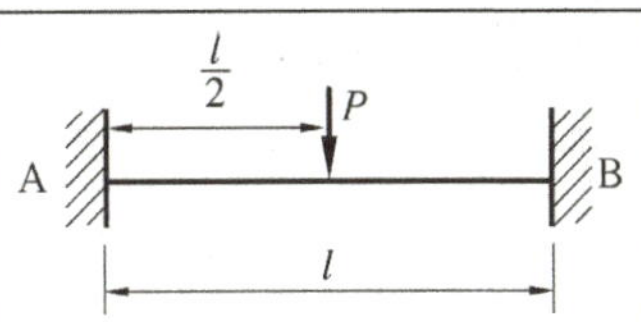		$y_{\max} = \dfrac{wl^4}{192EI}$
23	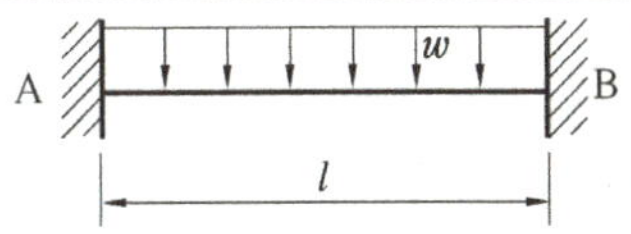		$y_{\max} = \dfrac{wl^4}{384EI}$
24	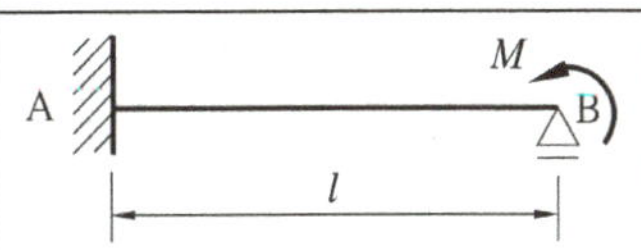	$\theta_B = -\dfrac{Ml}{4EI}$	

EXERCISE

1. 길이 10 m인 단순보 중앙에 집중하중 $P = 20\,\mathrm{KN}$ 가 작용할 때 중앙에서 곡률반지름 R값을 구하여라. 단 $I = 350\,\mathrm{cm}^4$, $E = 2.1 \times 10^5\,\mathrm{MPa}$ 이다.

정답 $R = 14.7\,\mathrm{m}$

2. [P그림 10.1]과 같이 캔틸레버에 하중이 작용할 때 B지점의 처짐을 구하여라. 단 EI 는 일정하다.

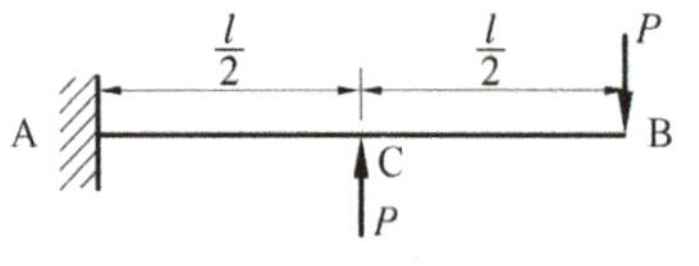

[P그림 10.1]

정답 $y_B = \dfrac{11Pl^3}{48EI}$

3. [P그림 10.2]와 같은 캔틸레버에 집중하중 P가 자유단 B지점에 작용한다. 단면 a와 b를 사용할 때 B지점의 처짐비 y_a/y_b 값을 구하여라. 단 EI는 일정하다.

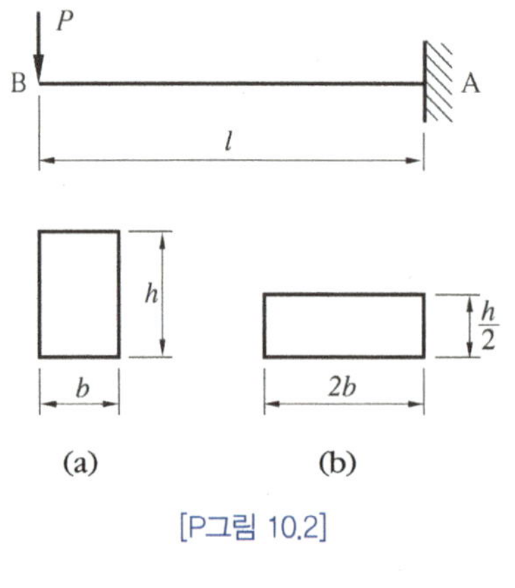

[P그림 10.2]

정답 $\dfrac{y_a}{y_b} = \dfrac{1}{4}$

4. [P그림 10.3]과 같은 캔틸레버에서 자유단 B점에 일어나는 처짐을 구하여라. 단 EI는 일정하다. 단 EI는 일정하다.

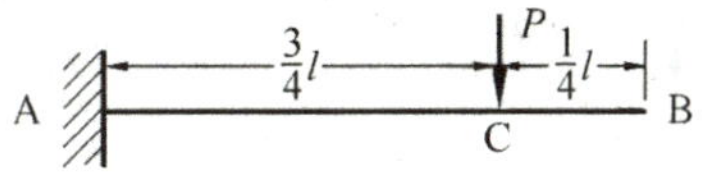

[P그림 10.3]

정답 $y_B = \frac{27Pl^3}{128EI}$

5. [P그림 10.4]와 같은 중앙단면에 모멘트하중이 작용하는 단순보에서 A지점의 처짐각을 구하여라. 단 EI는 일정하다.

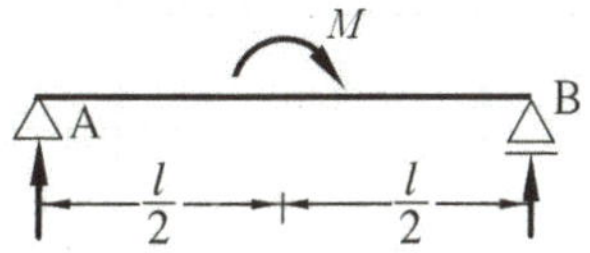

[P그림 10.4]

정답 $\theta_A = -\frac{Ml}{24EI}$

6. [P그림 10.5]와 같이 중중하중을 받는 내민보에서 C지점의 처짐각과 처짐값을 구하여라. 단 EI는 일정하다.

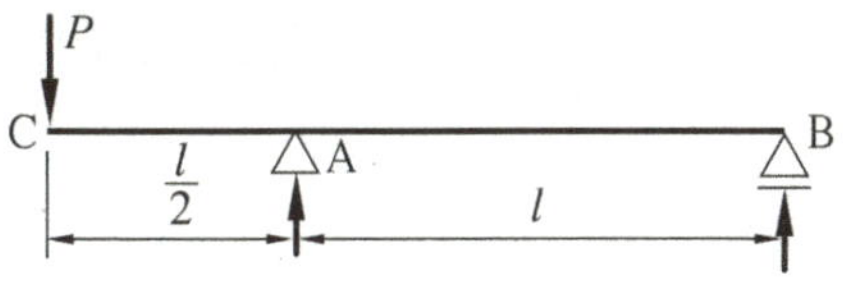

[P그림 10.5]

정답 $\theta_A = -\frac{7Pl^2}{24EI}$ $y_C = \frac{Pl^3}{8EI}$

7. [P그림 10.6]과 같은 보에서 C지점의 처짐을 구하여라. 단 EI는 일정하다.

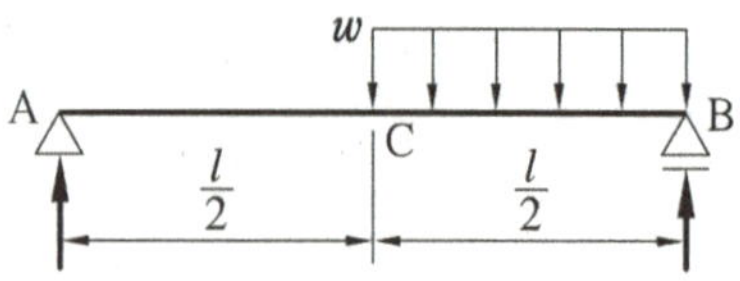

[P그림 10.6]

정답 $y_C = \frac{3wl^4}{512EI}(\downarrow)$

8. [P그림 10.7]과 같은 내민보에서 중앙지점의 처짐을 구하여라. 단 EI는 일정하다.

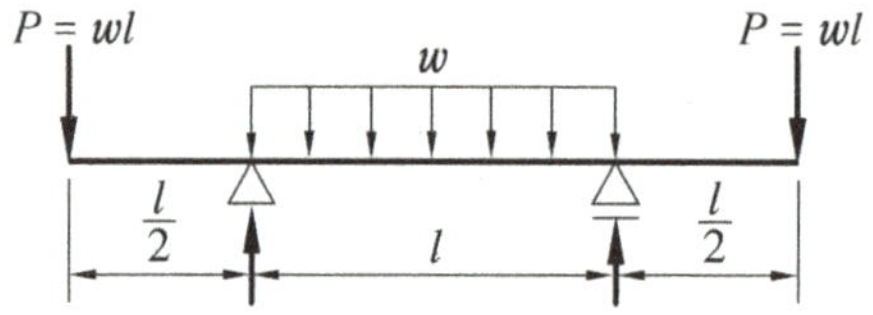

[P그림 10.7]

정답 $y_{\max} = -\frac{19wl^4}{384EI}(\uparrow)$

9. [P그림 10.8]과 같은 등분포하중이 작용하는 게르버보에서 지점 A의 처짐각을 구하여라. 단 EI는 일정하다.

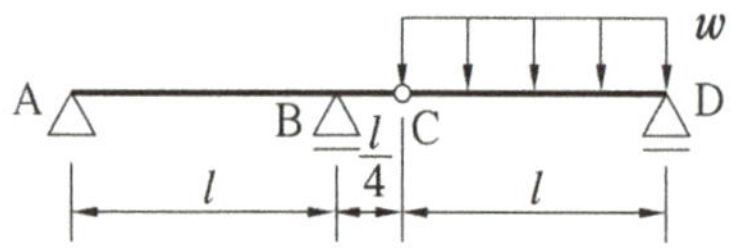

[P그림 10.8]

정답 $\theta_A = -\frac{wl^3}{48EI}$(반시계방향)

10. [P그림 10.9]와 같은 게르버보에서 등분포하중이 작용할 경우 B지점에서의 수직처짐을 구하여라. 단 EI는 일정하다.

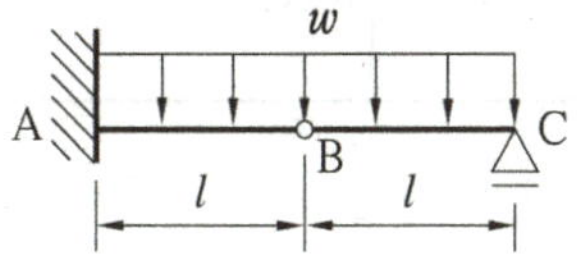

[P그림 10.9]

정답 $y_B = \dfrac{7wl^4}{24EI}(\downarrow)$

11. 길이 l 인 양단 고정보의 중간에 1KN의 집중하중이 작용하여 처짐이 1 mm 이하가 되게 하려면 보의 길이를 몇 cm 이하로 하여야 하는가? 단 $E = 2.1 \times 10^5\,\mathrm{MPa}$, $I = 10\,\mathrm{cm}^4$이다.

정답 $l = 156.59\,\mathrm{cm}$

12. [P그림 10.10]과 같이 중앙점에서 서로 직교하는 두 단순보가 있다. EI는 일정하고 지간의 길이의 비는 1 : 2이다. 교점인 중앙점에 집중하중 P가 작용할 때 이 두 보의 하중 부담률을 구하여라. 단 EI는 일정하다.

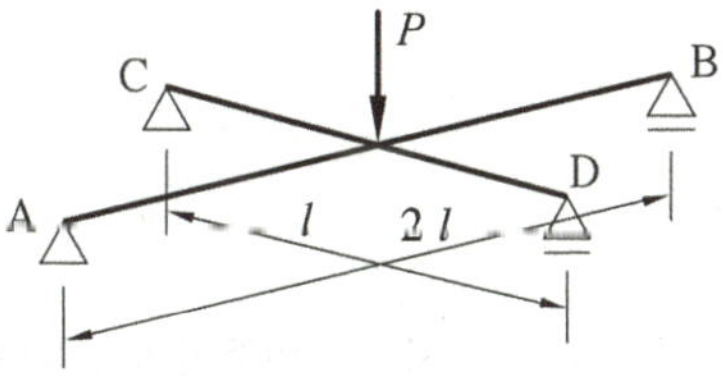

[P그림 10.10]

정답 $P_2 : P_1 = 8 : 1$

13. [P그림 10.11]의 단순보에서 ABC에서의 탄성곡선의 처짐각과 C점의 수직처짐을 모멘트면적법으로 구하여라. 단 $E=2.1\times10^5\,MPa$, $I=9,766\,\text{cm}^4$이다.

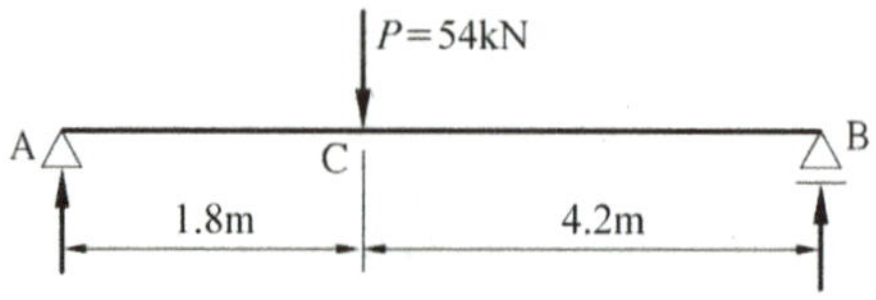

[P그림 10.11]

정답 $\theta_A=5.641\times10^{-3}rad$ (시계방향), $\theta_B=4.313\times10^{-3}rad$ (반시계방향),

$\theta_C=2.654\times10^{-3}rad$ (시계방향), $y_C=0.836\,cm$ (↓)

14. [P그림 10.12]의 단순보의 A단의 처짐각과 중앙점의 처짐을 모멘트면적법으로 구하여라. 단 EI는 일정하다.

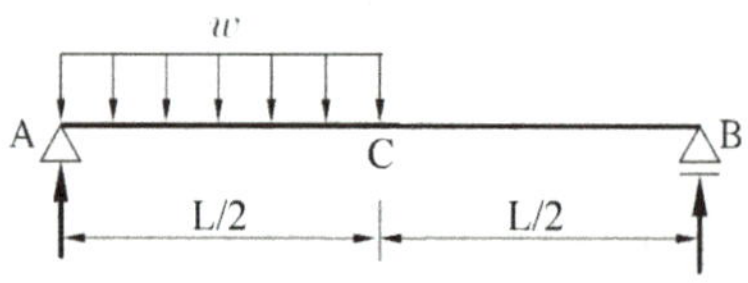

[P그림 10.12]

정답 $\theta_A=15wl^3/768EI$ (시계방향), $\theta_B=13wl^3/768EI$ (반시계방향),

$y_C=3wl^4/512EI$ (↓)

15. [P그림 10.13]의 단순보에서 A와 B의 처짐각과 보중앙의 수직처짐을 모멘트면적으로 구하여라. 단 EI는 일정하다.

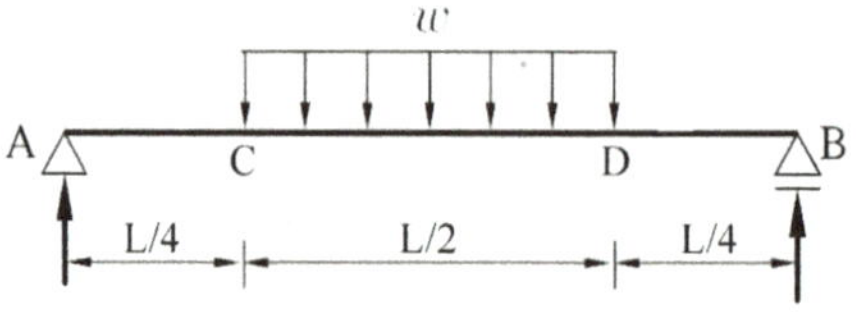

[P그림 10.13]

정답 $\theta_A=11wL^3/384EI$(시계방향), $\theta_B=11wL^3/384EI$(반시계방향)

중앙점의 처짐 $\delta=19wL^4/2.048EI$(↑)

16. [P그림 10.14]의 단순보에서 A와 B의 처짐각과 보중앙의 수직처짐을 모멘트면적법으로 구하여라. 단 E는 일정하다.

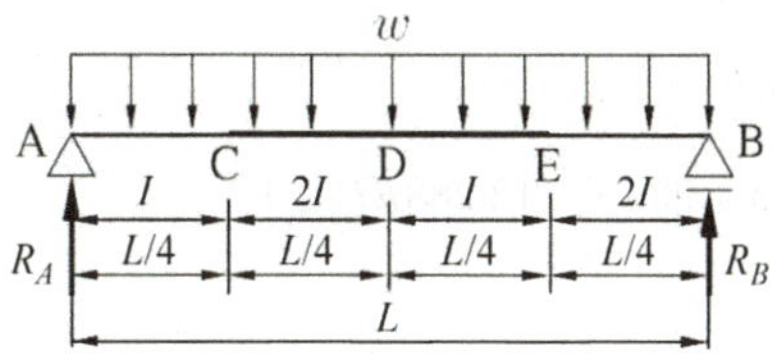

[P그림 10.14]

정답 $\theta_A = 7wL^3/256EI$ 중앙점의 처짐 $\delta_D = 93wL^4/12.288EI(\downarrow)$

17. [P그림 10.15]의 내민보에서 ABC의 자유단 C의 처짐각과 처짐을 모멘트면적법으로 구하여라. 단 EI는 일정하다.

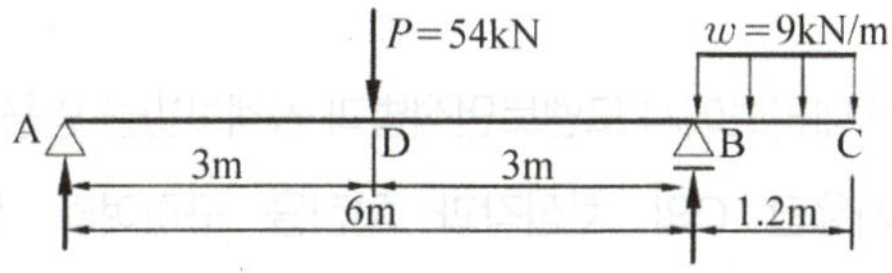

[P그림 10.15]

정답 $\theta_c = 105.91\text{KN}\cdot\text{m}^2/EI$(반시계방향) $\delta_c = 127.92\text{KN}\cdot\text{m}^3/EI(\uparrow)$

18. [P그림 10.11]의 단순보에서 ABC 에서의 탄성곡선의 처짐각과 C점의 수직처짐을 공액보법으로 풀어라. 그리고 최대처짐의 위치와 크기를 결정하여라. 단 EI는 일정하다.

정답 $\theta_A = 5.641\times10^{-3}rad$ (시계방향), $\theta_B = 4.313\times10^{-3}rad$ (반시계방향),

$\theta_C = 2.654\times10^{-3}rad$ (시계방향), $y_C = 0.836\,cm$ $(\downarrow)$

최대 처짐의 위치는 우측 지점 B에서 3.305m이고, 최대 처짐 $y_{\max} = 0.95\,cm$

19. [P그림 10.13]의 단순보에서 A와 B의 처짐각과 보중앙의 수직처짐을 탄성하중법으로 구하여라. 단 EI는 일정하다.

정답 $\theta_A = 11wL^3/384EI$(시계방향), $\theta_B = 11wL^3/384EI$(반시계방향)
중앙점의 처짐 $\delta = 19wL^4/2.048EI(\uparrow)$

20. [P그림 10.14]의 단순보에서 A와 B의 처짐각과 보중앙의 수직처짐을 탄성하중법으로 구하여라. 단 E는 일정하다.

정답 $\theta_A = 7wL^3/256EI_c$

중앙점의 처짐 $\delta = 93wL^4/12.288EI_c(\downarrow)$

21. [P그림 10.15]의 내민보에서 ABC의 자유단 C의 처짐각과 처짐을 공액보법으로 풀어라. 단 EI는 일정하다.

정답 $\theta_c = 105.91\text{KN}\cdot\text{m}^2/EI$ (반시계방향)

$\delta_c = 127.92\,\text{KN}\cdot\text{m}^3/EI(\uparrow)$

22. [P그림 10.16]에 주어진 내민보에서 모멘트면적법과 공액보법을 병용하거나 또는 한 가지 방법으로 내민보 ABC의 자유단 C의 처짐각과 처짐을 구하여라. 단 $E = 2.1\times10^5\,MPa$, $I = 7{,}812\,\text{cm}^4$이다.

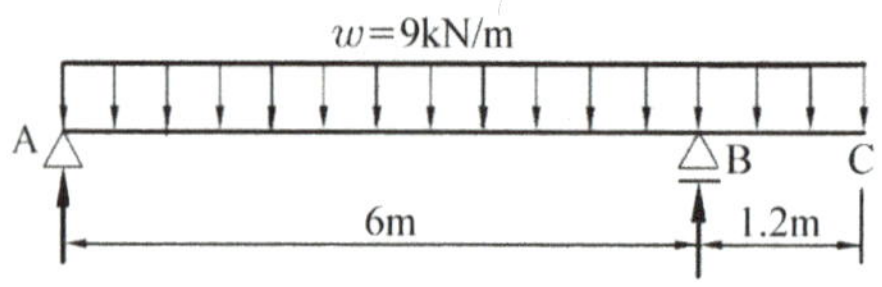

[P그림 10.16]

정답 $\theta_c = 0.399\times10^{-2}rad$ (반시계방향), $\delta_c = 0.483\,cm\ (\uparrow)$

S T R U C T U R A L M E C H A N I C S

CHAPTER 11

구조물의 처짐–에너지 방법

11.1 개요

에너지에 대해서 관련된 여러 가지 법칙에는 다음과 같은 것들이 있다.

① 가상일의 원리
② Castigliano의 정리
③ 최소일의 원리
④ Maxwell-Betti의 상반법칙

특히, 부정정구조물은 「에너지」를 사용하면 해석이 가능하므로 구조역학을 공부하는데 있어서 변형에너지의 개념은 대단히 중요하다. 이 개념은 구조역학(structural mechanics) 분야에서 매우 중요하며, 변형에너지원리(strain energy principles)는 기계나 구조물들이 정하중 및 동하중을 받았을 때의 거동을 해석하는 데 널리 사용된다.

11.2 단위하중법 (또는 가상일의 원리)

가상일의 원리는 John Bernoulli(1700~1782)의 정리에 의하여 1717년 발표된 에너지법의 일종이며, 구조물에 작용한 하중에 의해서 이루어진 외적인 일은 그 구조물에 저장된 내적인 탄성에너지와 같다는 에너지보존법칙에 근거를 둔 방법 중 하나로 이를 단위하중법(unit load method)이라고도 하며, 이 방법은 1864년에 S. C. Maxwell이 그리고 1874년에 O. Mohr가 각각 독자적으로 제안한 방법이기 때문에 맥스웰-모아법(Maxwell-Mohr method), 일명 가(假)하중법이라고도 한다. 모든 구조물의 처짐을 계산할 수 있다.

보나 라멘과 같은 선부재의 변형을 산정할 때 쓰이기도 하지만 트러스나 아치구조 등의 변형이나 부정정 반력을 구할 때 주로 쓰인다. 한편, 온도변화와 구조재료의 수축으로 인한 트러스의 변형률 계산에 대해서도 주로 이 단위하중법을 적용한다.

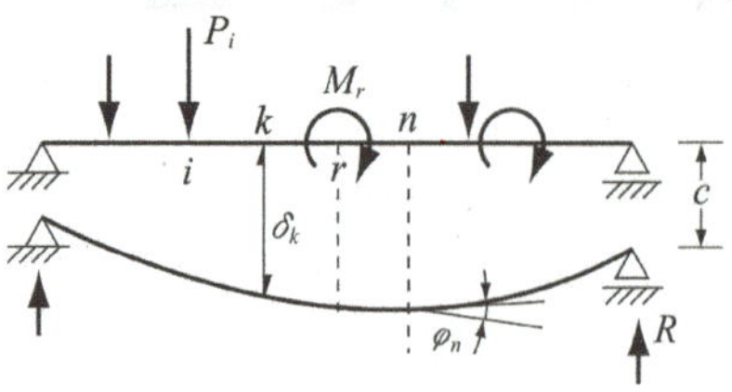

(a)상태 (A) : $N, M, V, T_m, \Delta T = T_u - T_o$

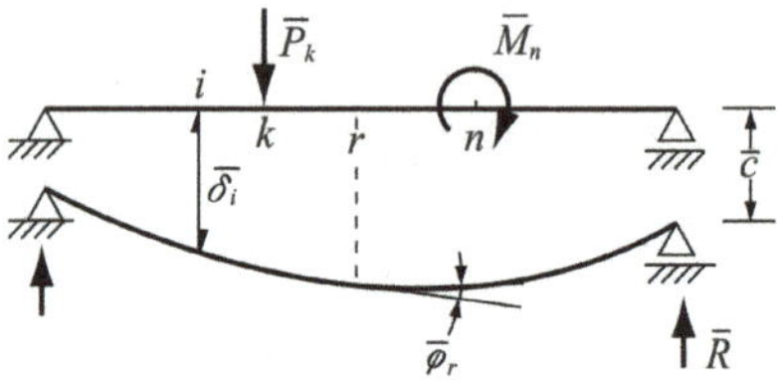

(b) 상태 (B) : $\overline{N}, \overline{M}, \overline{V}, \overline{T_m}, \Delta\overline{T} = \overline{T} = \overline{T_u} - \overline{T_o}$

[그림 11.2.1]

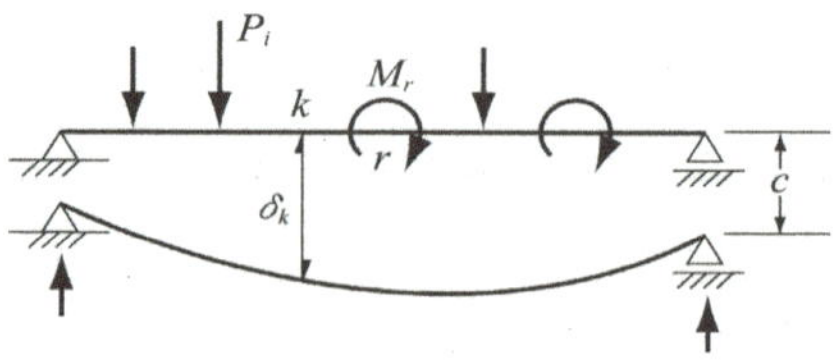

(a) 상태 (A) : $N, M, V, T_m, \Delta T$

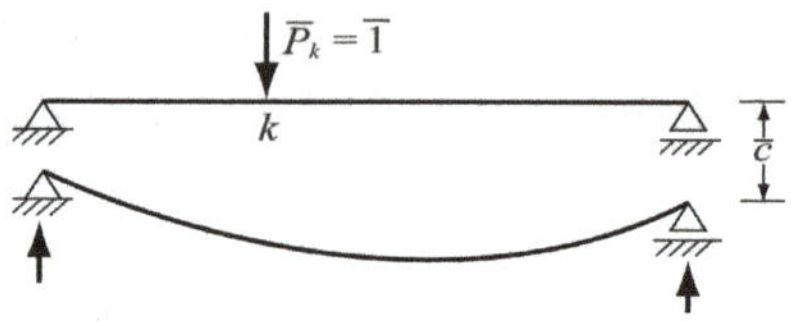

(b) 상태 (B) : $\overline{N}, \overline{M}, \overline{V}$

[그림 11.2.2]

[그림 11.2.1]에 나타낸 보에 두 하중상태 및 온도변화를 받는 (A), (B)인 두 상태를 대상으로 하면 앞에서 설명한 가상일의 원리로부터 상태 (A)의 하중이 상태 (B)의 변위에 대해 하는 가상일은 다음과 같다.

$$\sum P_i\overline{\delta_i} + \sum M_r\overline{\varphi_r} - \sum R\overline{C} = \int \frac{N\,\overline{N}}{EA}ds + \int \frac{M\,\overline{M}}{EI}ds$$

$$+ \int \frac{\kappa V\,\overline{V}}{GA}ds + \int N\alpha\,\overline{T_u}ds + \int M\frac{\alpha\Delta\,\overline{T}}{h}ds \qquad ⓐ$$

같은 방법으로 상태 (B)의 하중이 상태 (A)의 변위에 대해 하는 가상일은 다음과 같다.

$$\sum \overline{P_k}\delta_k + \sum \overline{M_n}\varphi_n - \sum \overline{R}C = \int \frac{\overline{N}\,N}{EA}ds + \int \frac{\overline{M}\,M}{EI}ds$$

$$+ \int \frac{\kappa\,\overline{V}\,V}{GA}ds + \int \overline{N}\alpha\,T_u ds + \int \overline{M}\frac{\alpha\Delta\,T}{h}ds \qquad ⓑ$$

위의 식을 이용하면 보의 임의의 점의 처짐각을 구할 수가 있다.

이를테면 하중상태 (A)인 k점의 처짐 δ_k를 구할 경우 δ_k를 포함한 식 ⓑ에서 $\overline{P_k} = \overline{1}$만이 하중

으로 작용하는 상태를 생각하면 식 ⓑ를 이용하면 직접 δ_k를 구할 수 있다. 이 조작을 [그림 11.2.2]에 표시한 하중상태 (A)의 k점의 처짐 δ_k에 대해 생각한다. 상태 (B)로서 k점의 처짐을 구하는 방향에 $\overline{P_k}=\overline{1}$을 작용시킨 것으로 생각하고 이것에 대해 식 ⓑ를 적용하면 δ_k에 대한 다음 식을 얻는다.

$$\overline{1}\cdot\delta_k=\int\frac{\overline{N}\,N}{EA}ds+\int\frac{\overline{M}\,M}{EI}ds+\kappa\int\frac{\overline{V}\,V}{GA}ds+\int\overline{N}\alpha T_u ds+\int\overline{M}\frac{\alpha\Delta T}{h}ds \quad (11.2.1)$$

식 (11.2.1)은 k점의 수직변위 δ_k에 대해 생각했으나 임의의 점 k의 처짐각 θ_k를 구하는 경우 상태 (B)로서 $\overline{P_k}=\overline{1}$ 대신에 $\overline{M_k}=\overline{1}$을 작용시켜 상태 (A)와 조합시켜 식 ⓑ를 적용하면 다음과 같이 된다.

$$\overline{1}\cdot\theta_k=\int\frac{\overline{N}\,N}{EA}ds+\int\frac{\overline{M}\,M}{EI}ds+\int\frac{\kappa\overline{V}\,V}{GA}ds+\int\overline{N}\alpha T_u ds+\int\overline{M}\frac{\alpha\Delta T}{h}ds+\sum\overline{R}C \quad (11.2.2)$$

위의 식 (11.2.1)과 (11.2.2)를 이용하면 보의 임의의 점 k의 변위 및 처짐각을 구할 수 있다. 여기서 $\overline{N}$, $\overline{M}$, $\overline{V}$는 k점의 단위하중 $\overline{P_k}=\overline{1}$ 또는 단위모멘트 $\overline{M_k}=\overline{1}$을 작용시켰을 때의 임의의 점의 내력을 표시하는데, 보는 방법을 바꾸면 상태 (A)에 대한 내력의 $\overline{P_k}$ 또는 $\overline{M_k}$의 증가로 오는 내력의 증가 비율도 생각할 수 있다. 이와 같은 내력은 Castigliano의 정리(11.3절 참조)를 이용하여 구조물을 해석할 때 N_P, M_P, V_P로 표시한 것이다. 이 경우에도 이 표시를 그대로 따르면 $\overline{N}=N_P$, $\overline{M}=M_P$, $\overline{V}=V_P$로 표시하면 식 (11.2.1)은 다음과 같이 된다.

$$\delta_k=\int\frac{N_P\,N}{EA}ds+\int\frac{M_P\,M}{EI}ds+\int\frac{\kappa V_P\,V}{GA}ds+\int N_P\alpha T_u ds+\int M_P\frac{\alpha\Delta T}{h}ds+\sum R_P C \quad (11.2.3)$$

또한 θ_k를 구하는 식 (11.2.2)를 식 (11.2.3)과 같은 형식으로 바꾸기 위하여 $\overline{N}=N_M$, $\overline{M}=M_M$, $\overline{V}=V_M$로 표시하면 다음과 같이 된다.

$$\theta_k = \int \frac{N_M\, N}{EA} ds + \int \frac{M_M\, M}{EI} ds + \int \frac{\kappa V_M\, V}{GA} ds$$

$$+ \int N_M \alpha\, T_u ds + \int M_M \frac{\alpha \Delta\, T}{h} ds + \sum R_M C \qquad (11.2.4)$$

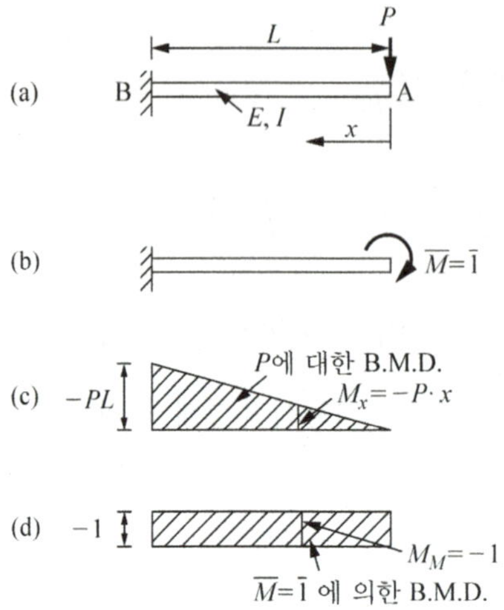

[그림 11.2.3]

끝단에서 수직력 P가 작용할 때 처짐각 θ_A를 가상일의 원리를 이용하여 구해보자.

$\overline{M}=\bar{1}$에 의한 모멘트

$$M_M = -1$$

실제 [그림 11.2.3]과 같은 캔틸레버에서 하중 P에 의한 모멘트

$$M_x = -Px \qquad ⓐ$$

가상일의 원리를 적용하면 다음과 같다.

$$\bar{1}\cdot\theta_A = \int_o^l \frac{M_M M_x}{EI} dx \qquad ⓑ$$

$$\bar{1}\cdot\theta_A = \int_o^l \frac{(-1)(-Px)}{EI} dx \qquad ⓒ$$

$$\therefore \theta_A = \frac{P}{EI}\int_o^l x dx = \frac{Pl^2}{2EI} \qquad ⓓ$$

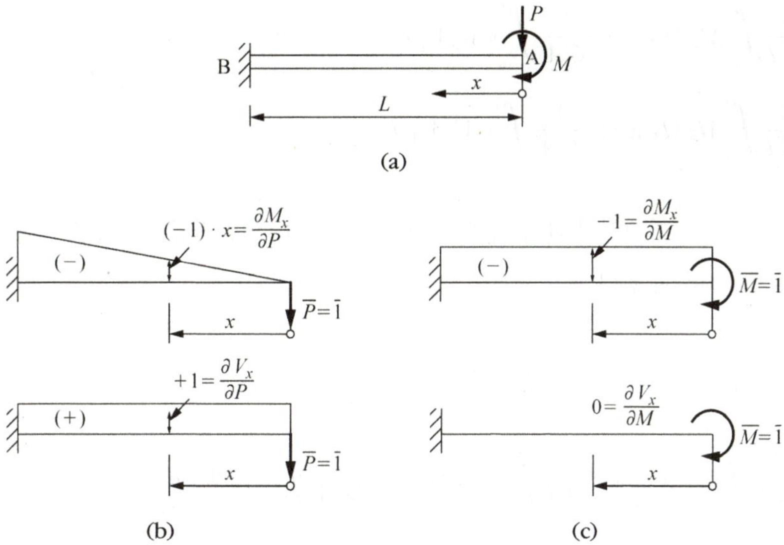

[그림 11.2.4]

그리고 [그림 11.2.4(a)]와 같은 캔틸레버에서 끝단에서 수직력 P와 휨모멘트 M이 작용할 때 끝단에서 변위를 가상일의 원리로 구해보자.

$$\therefore \delta_x = \frac{\partial U}{\partial P} = \frac{\partial}{\partial P}\left(\int_0^l \frac{M_x^2}{2EI}dx + \kappa\int_o^l \frac{V_x^2}{2GA}dx\right)$$

$$= \frac{1}{EI}\int_o^l M_x\frac{\partial M_x}{\partial P}dx + \frac{1}{GA}\int_o^l \kappa V_x\frac{\partial V_x}{\partial P}dx \qquad \text{ⓐ}$$

$$\therefore \theta_x = \frac{\partial U}{\partial M} = \frac{\partial}{\partial M}\left(\int_o^l \frac{M_x^2}{2EI}dx + \int_o^l \frac{\kappa V_x^2}{2GA}dx\right)$$

$$= \frac{1}{EI}\int_o^l M_x\frac{\partial M_x}{\partial M}dx + \frac{\kappa}{GA}\int_o^l V_x\frac{\partial V_x}{\partial M}dx \qquad \text{ⓑ}$$

$$\frac{\partial M_x}{\partial P} = M_P \qquad \frac{\partial M_x}{\partial M} = M_M$$

$$\frac{\partial V_x}{\partial P} = V_P \qquad \frac{\partial V_x}{\partial M} = V_M \qquad \text{ⓒ}$$

위의 식 ⓒ를 식 ⓐ와 ⓑ에 대입하여 정리하면 다음과 같이 된다.

$$\delta_x = \frac{1}{EI}\int_o^l M_x M_P dx + \frac{1}{GA}\int_o^l \kappa V_x V_P dx \quad ⓓ$$

$$\theta_x = \frac{1}{EI}\int_o^l M_x M_M dx + \frac{1}{GA}\int_o^l \kappa V_x V_M dx \quad ⓔ$$

위의 식 ⓓ와 ⓔ는「가상일의 원리」에 의한 계산식이다. 더 일반적인 구조물에 대한「가상일의 원리」의 수식은 다음과 같다.

$$\delta_x = \frac{1}{EA}\int_o^l N_x N_P dx + \frac{1}{EI}\int_o^l M_x M_P dx + \frac{1}{GA}\int_o^l \kappa V_x V_P dx \quad ⓕ$$

$$\theta_x = \frac{1}{EA}\int_o^l N_x N_M dx + \frac{1}{EI}\int_o^l M_x M_M dx + \frac{1}{GA}\int_o^l \kappa V_x V_M dx \quad ⓖ$$

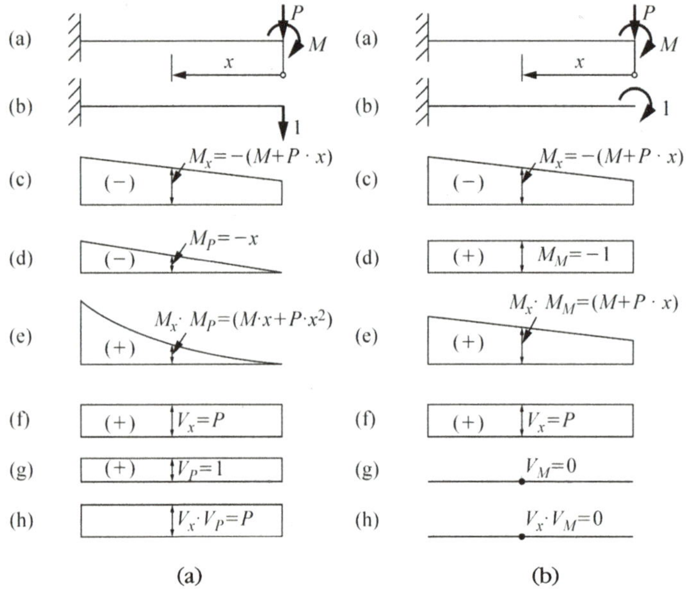

[그림 11.2.5]

위의 식 ⓕ와 ⓖ를 이용하여 [그림 11.2.5(a),(b)]에 주어진 단면력으로부터 변위를 계산해보면 다음과 같이 된다.

$$\begin{aligned}\delta_x &= \frac{1}{EI}\int_o^l M_x M_P\, dx + \frac{1}{GA}\int_o^l \kappa V_x V_P\, dx \\ &= \frac{1}{EI}\int_o^l (-M-Px)(-x)dx + \frac{\kappa}{GA}\int_o^l (P)(1)dx\end{aligned}$$

$$= \frac{1}{EI}\int_o^l (Mx + Px^2)dx + \frac{\kappa}{GA}\int_o^l P\,dx$$

$$= \frac{1}{EI}\left(\frac{Ml^2}{2} + \frac{Pl^3}{3}\right) + \frac{\kappa}{GA}Pl \qquad ⓗ$$

$$\theta_x = \frac{1}{EI}\int_o^l M_x M_M dx + \frac{1}{GA}\int_o^l \kappa V_x V_M dx$$

$$= \frac{1}{EI}\int_o^l (-M - Px)(-1)dx + \frac{\kappa}{GA}\int_o^l (P)(0)dx$$

$$= \frac{1}{EI}\int_o^l (M + Px)dx = \frac{1}{EI}\left(Ml + \frac{Pl^2}{2}\right) \qquad ⓘ$$

임의의 구조물에 대한 임의의 점 k의 처짐각 θ_k과 처짐 δ_k을 구하는 식을 정리해 보면 다음과 같다.

$$\delta_k = \sum\int \frac{N_x N_P}{EA}dx + \sum\int \frac{M_x M_P}{EI}dx + \sum\int \frac{\kappa V_x V_P}{GA}dx + \sum\int \frac{M_{Tx} M_T}{GJ}dx$$
$$+ \sum\int N_P \alpha \triangle T dx + \sum\int M_P \frac{\alpha \Delta T}{h}dx + \Sigma R_P C + \sum\frac{S_P S l}{EA} \qquad (11.2.5)$$

$$\theta_k = \sum\int \frac{N_x N_M}{EA}dx + \sum\int \frac{M_x M_M}{EI}dx + \sum\int \frac{\kappa V_x V_M}{GA}dx + \sum\int \frac{M_{Tx} M_T}{GJ}dx$$
$$+ \sum\int N_M \alpha T_u dx + \sum\int M_M \frac{\alpha \Delta T}{h}dx + \Sigma R_M C$$

여기서, N_x, M_x, V_x, M_{Tx}, S = 실제하중에 의한 임의의 점 단면력([그림 11.2.6(a)])

N_M, M_M, V_M, M_{TM}, R_M= 처짐각을 구할 때 임의의 점에 작용시킨 단위모멘트하중 ($\overline{M} = \overline{1}$)에 의한 단면력([그림 11.2.6(b)])

N_P, M_P, V_P, M_{TP}, R_P, S_P= 처짐을 구할 때 임의의 점에 작용시킨 가상적인 단위집중하중($\overline{P} = \overline{1}$)에 의한 단면력([그림 11.2.6(c)])

T_u =중립축 위치에서 온도변화 ΔT=온도의 일정변형

C =반력방향의 변형 α=선팽창계수

l=부재의 길이 h =부재의 높이

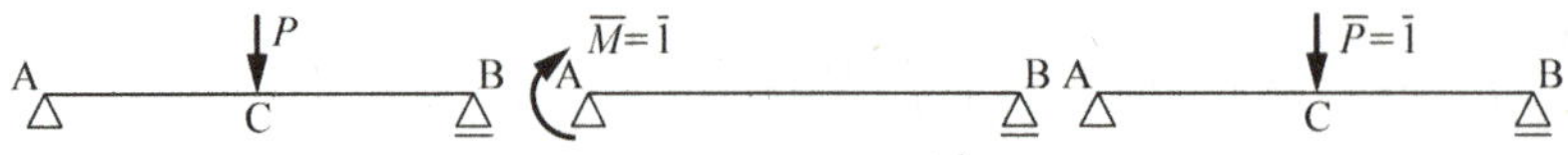

(a) M_x (b) M_M (c) M_P

[그림 11.2.6]

일반구조물의 계산도 보와 같은 단일부재의 변형계산과 이론적인 차이는 없다. 지금 [그림 11.2.7]과 같은 고정아치의 K점의 어떤 방향의 변위를 구하기 위해서는 [그림 11.2.7(b)]에 표시한 것과 같이 K점에 변위를 구하려는 방향에 $\overline{P_K}=\overline{1}$인 가상하중을 작용하는 경우와 [그림 11.2.7(a)]의 실제 하중상태에 대한 취급과 같은 것으로 처짐은 $\overline{P_K}=\overline{1}$, 처짐각은 $\overline{M_K}=\overline{1}$을 작용시키면 가능하다.

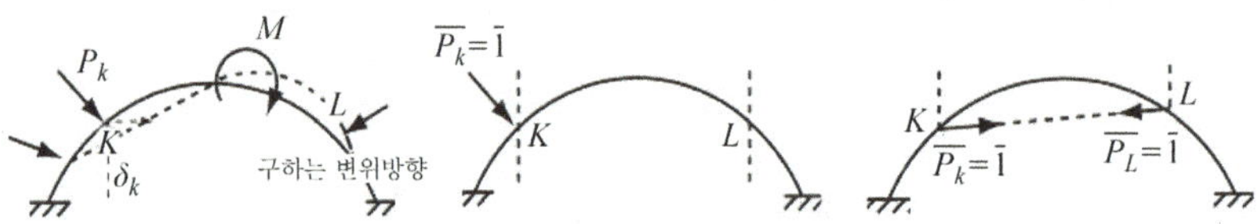

(a) 실제하중 (N, M, V) (b) 가상하중 ($\overline{N}$, $\overline{M}$, $\overline{V}$) (c) 가상하중 ($\overline{N}$, $\overline{M}$, $\overline{V}$)

[그림 11.2.7]

[그림 11.2.7(a)]의 K, L 두 점 간의 $\overline{KL}$ 방향의 상대변위를 구하는 경우에는 가상하중상태로서 [그림 11.2.7(c)]에 표시한 K, L 두 점에 $\overline{KL}$ 방향에 $\overline{P_K}=\overline{1}$, $\overline{P_L}=\overline{1}$인 가상하중을 작용시켰을 경우와 처음 실제 하중상태에 대한 변위와의 사이에 가상일의 원리를 적용하면 다음과 같다.

$$\overline{P_K}\delta_{KL}+\overline{P_L}\delta_{LK}=\overline{W_i} \qquad ⓐ$$

여기서 δ_{KL}은 실제하중상태에 대한 K점의 $\overline{KL}$방향의 변위, δ_{LK}은 실제 하중상태에 대한 L점의 $\overline{LK}$방향의 변위, $\overline{W_i}$는 $\overline{KL}$방향을 향하는 $\overline{P_K}=\overline{1}$, $\overline{P_L}=\overline{1}$인 가상하중에 의한 내력이 실제 하중상태에 의한 변위에 대한 가상일이다.

여기서 $\overline{P_K}=\overline{P_L}=\overline{1}$을 택하면 식 ⓐ는 다음과 같이 된다.

$$\overline{1}\cdot\delta_{KL}+\overline{1}\cdot\delta_{LK}=\overline{W_i}$$

$$\delta_{KL}+\delta_{LK}=\overline{W_i} \qquad ⓑ$$

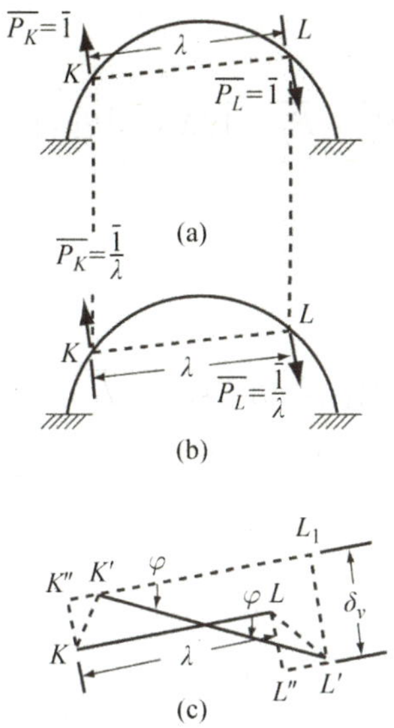

[그림 11.2.8]

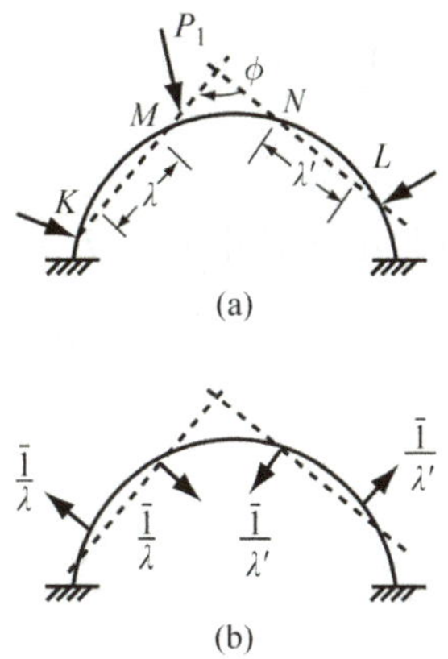

[그림 11.2.9]

식 ⓑ의 좌변은 K, L 두 점 간의 $\overline{KL}$, $\overline{LK}$ 방향의 변위의 합으로 표시되므로 K, L 두 점의 $\overline{KL}$ 방향의 상대변위로 표시한다.

같은 방법으로 [그림 11.2.7(a)]의 $\overline{KL}$에 직각방향의 K, L점의 직각상대변위를 구하기 위해서는 [그림 11.2.8(a)]에 표시한 것과 같이 $\overline{KL}$에 직각으로 K, L점에 가상하중 $\overline{P_K}=\bar{1}$, $\overline{P_L}=\bar{1}$을 동시에 작용시켜 실제 하중상태의 변위와 조합시켜 가상일의 원리를 적용시키면 다음과 같이 된다.

$$\overline{P_K}\delta_{Kv} + P_L\delta_{Lv} = \overline{W_i} \qquad ⓒ$$

여기서 δ_{Kv}는 실제 하중상태에 대한 K점의 $\overline{KL}$에 직각방향변위, δ_{Lv}는 실제 하중상태에 대한 L점의 $\overline{LK}$에 직각방향변위이다.

그런데 $\overline{P_K}=\overline{P_L}=\bar{1}$을 택하면 식 ⓒ는 다음과 같이 된다.

$$\delta_{Kv} + \delta_{Lv} = \overline{W_i} \qquad ⓓ$$

식 ⓓ의 좌변은 K, L점의 $\overline{KL}$에 직각인 상대변위를 표시하므로 이것을 δ_v로 표시하면 다음과 같다.

$$\delta_{Kv} + \delta_{Lv} = \delta_v \qquad ⓔ$$

$\overline{KL}$의 길이를 λ로 하고 $\overline{P_K} = \overline{P_L} = \bar{1}$ 대신에 $\overline{P_K} = \overline{P_L} = \bar{1}/\lambda$로 하면 식 ⓔ는 다음과 같다.

$$\frac{\bar{1}}{\lambda}(\delta_{Kv} + \delta_{Lv}) = \frac{\bar{1}}{\lambda}(\delta_v) \qquad ⓕ$$

실제하중에 의해 K, L점이 K', L'로 변형했을 때 $\overline{KL}$과 $\overline{K'L'}$가 이루는 각을 [그림 11.2.8(a)]에 표시한 φ라 하면, φ는 미소한 각이므로 δ_v와 φ 사이에는 다음과 같은 식이 성립된다.

$$\varphi \cdot \overline{K'L'} = \delta_v$$

따라서

$$\varphi = \delta_v / \overline{K'L'}$$

$$\overline{K'L'} = \lambda + \overline{L''L'} - \overline{K''K'} = \lambda + \Delta\lambda$$

여기서 $\Delta\lambda = \overline{L''L'} - \overline{K''K'}$

따라서

$$\varphi = \frac{\delta_v}{\lambda + \Delta\lambda} = \frac{\delta_v}{\lambda}\left(1 + \frac{\Delta\lambda}{\lambda}\right)^{-1}$$

$$= \frac{\delta_v}{\lambda}\left(1 - \frac{\Delta\lambda}{\lambda} + \frac{\Delta\lambda^2}{\lambda^2} + \cdots\right) = \frac{\delta_v}{\lambda} \qquad \left(\because \frac{\Delta\lambda}{\lambda} \ll 1\right) \qquad ⓖ$$

따라서 식 ⓕ, ⓖ로부터 다음과 같이 된다.

$$\varphi = \frac{\delta_v}{\lambda} = \frac{\bar{1}}{\lambda}(\delta_{Kv} + \delta_{Lv}) \qquad ⓗ$$

즉, $\overline{P_K} = \overline{P_L} = \bar{1}$ 대신에 $\overline{P_K} = \overline{P_L} = \bar{1}/\lambda$인 짝힘을 작용시켰을 때 $\overline{KL}$에 직각인 상대변위가 $\overline{KL}$과 $\overline{K'L'}$가 맺는 각인 $\overline{KL}$의 회전각을 표시한다.

위에서 설명한 것을 응용하면 [그림 11.2.9(a)]와 같은 $\overline{KM}$, $\overline{NL}$의 두 직선이 이루는 각 ϕ의 변화를 알 수 있다. 즉 [그림 11.2.9(b)]의 가상하중도에 표시한 것과 같이 $\bar{1}/\lambda$, $\bar{1}/\lambda'$인 두 짝힘을 작용시킨다. 단 이 경우 가상하중의 작용방향은 $\overline{KM}$에 대해서는 φ가 시계방향으로 되면 일은 정(+)으로 되고, $\overline{NL}$에 대해서는 φ'가 시계방향인 때의 일은 부(−)가 되도록 짝힘의 방향을 정한다.

[그림 11.2.9(a)]에서 $\overline{KM}$, $\overline{LN}$의 시계방향의 회전각을 φ, φ'로 하면, 회전각 $\Delta\phi$는 $\varphi-\varphi'$에 의하여 주어진다. 따라서 처음부터 $\overline{LN}$에 작용시킨 짝힘을 반시계방향으로 하면 [그림 11.2.9(a)]와 [그림 11.2.9(b)]를 조합시키면 ϕ의 회전각 $\Delta\phi$를 구할 수 있다.

위의 두 짝힘이 하는 가상일은 다음과 같다.

$$\bar{1}\cdot\varphi-\bar{1}\cdot\varphi'=\bar{1}(\varphi-\varphi')=\overline{W_i} \qquad ⓘ$$

여기서 φ, φ'는 $\overline{KM}$, $\overline{LN}$의 회전각, 그리고 $\varphi-\varphi'=\Delta\phi$이므로 식 ⓘ는 다음과 같다.

$$\Delta\phi=\overline{W_i} \qquad ⓙ$$

식 ⓙ에 의해 ϕ의 회전각의 변화 $\Delta\phi$를 구할 수 있다. $\Delta\phi$가 정(+)의 값이면 ϕ는 증가를, 부(−)의 값이면 감소를 나타낸다.

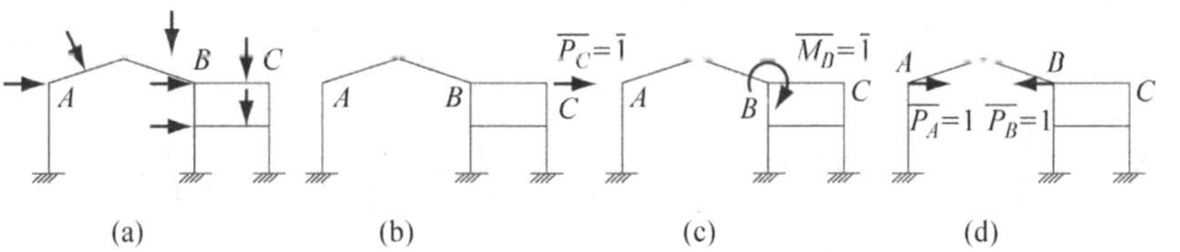

[그림 11.2.10]

지금까지 설명한 것을 일반적인 라멘에 적용할 수 있다. [그림 11.2.10(a)]와 같은 라멘의 C점의 수평변위를 구하는 경우에는 [그림 11.2.10(b)]와 같이 C점에 $\overline{P_C}=\bar{1}$인 가상하중을 작용시키고 B점의 회전각을 구하는 경우에는 [그림 11.2.10(c)]와 같이 B점에 $\overline{M}=\bar{1}$인 가상모멘트를 작용시킨다. 또한 A, B점 사이의 가상수평변위를 구하기 위해서는 [그림 11.2.10(d)]와 같이 $\overline{P_A}=\bar{1}$, $\overline{P_B}=\bar{1}$인 한 구조계의 가상하중을 작용시켜 [그림 11.2.10(a)]의 경우와 조합하여 가상일의 원리에 적용하면 된다.

[그림 11.2.11]과 같은 복합구조물인 경우 9.2.2절의 [3] (1)의 설명에 의하여 (A)상태의 K점의 임의의 방향의 변위 δ_K는 변위를 구하는 방법으로 K점에 가상하중 $\overline{P_K}=\bar{1}$만 작용시킨 (B)상태를 합하는 것으로 하여 가상일의 원리를 적용하면 다음과 같이 된다.

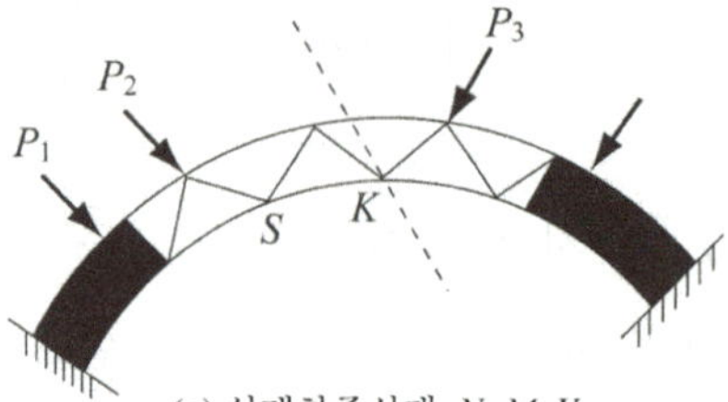

(a) 실제하중상태 N, M, V

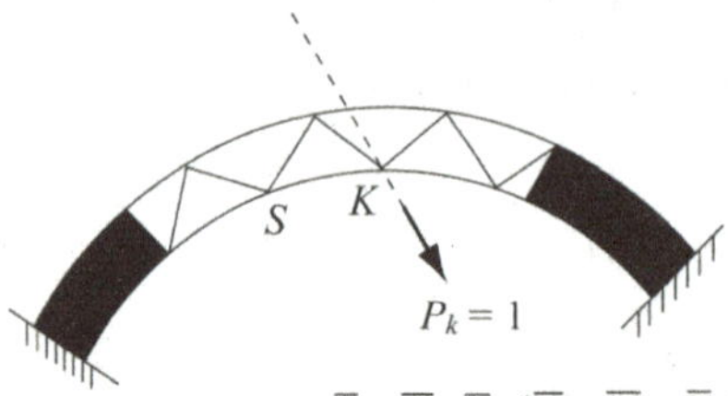

(b) 가상하중상태 $\overline{N}_P, \overline{M}_P, \overline{V}_P\ (\overline{N}_M, \overline{M}_M, \overline{V}_M)$

[그림 11.2.11] 실제하중상태와 가상하중상태

$$\delta_K = \sum \frac{S_P S l}{EA} + \sum S_P \alpha \Delta T l + \sum R_P C + \sum \int \frac{N_P N}{EA} ds + \sum \int \frac{M_P M}{EI} ds + \sum \int \frac{\kappa V_P V}{GA} ds + \sum \int \frac{M_{TP} M_T}{GJ} ds + \sum \int N_P \alpha T_u ds + \sum \int M_P \frac{\alpha \Delta T}{h} ds \tag{11.2.6a}$$

$$\theta_K = \sum \int \frac{N_M N}{EA} ds + \sum \int \frac{M_M M}{EI} ds + \sum \int \frac{\kappa V_M V}{GA} ds + \sum \int \frac{M_{TM} M_T}{GJ} ds + \sum \int N_M \alpha T_u ds + \sum \int M_M \frac{\alpha \Delta T}{h} ds \tag{11.2.6b}$$

식 (11.2.6)에는 온도의 변화를 포함하고 있으나 온도의 변화가 없는 경우에는 T, T_u 및 ΔT를 포함한 항을 제외시키면 된다.

위의 일반식에서 알 수 있는 바와 같이, 여러 상이한 단면력에 대한 내적 가상일의 표현은 동일한 형태임을 알 수 있다. 즉, 단면력으로 인한 변형 Δ 을 구하는 가상일의 방정식은 다음과 같이 나타낼 수 있다.

$$\Delta = \sum \int \frac{(\text{단위하중단면력})(\text{실하중단면력})}{(\text{단면강성})} ds \tag{11.2.7}$$

실제구조물의 변형해석에 적용시 모든 항에 일관성 있는 단위를 사용해야 한다. 이 결과 얻어지는 길이의 단위는 m, cm, mm이고, 회전각도의 단위는 라디안(radian)이다.

단위하중법을 이용하여 변형을 계산하는 과정은 다음과 같다.

① 실제 하중에 의해 생기는 구조물의 단면력 S, N, M, V 을 구한다.

② 구해야 될 θ_K, δ_K에 대응하는 단위하중을 구조물상에 위치시킨다.

③ 단위하중에 의해 생기는 구조물의 단면력 S_P, N_P, M_P, V_P, R_P (또는 N_M, M_M, V_M)를 구한다.

④ 식 (11.2.6)과 같은 항들을 만든 다음 모든 구조물에 대해 각 항을 적분한다.

⑤ 변위 θ_K, δ_K를 얻기 위해 각 항의 결과를 합한다.

이 과정은 뒤에 나오는 예제에 상세히 설명되어 있다.

11.2.1 보와 라멘의 처짐과 처짐각

일반적으로 가상일에 방법에 의한 보나 라멘 등에서 구조물의 도심축선상의 어느 한 점에서의 처짐이나 처짐각은 다음과 같은 해석절차에 의해 구할 수 있다.

[1] 해석절차

(1) 내적 가상단면 해석

① 처짐을 구하려는 점에 처짐의 방향으로 단위하중을 작용시킨다.

② 가상 단위하중만에 의한 각 부재의 가상모멘트 M_P를 각 부재좌표 x의 함수로 구한다.

③ 라멘이나 보-기둥 부재에서 휨변형외에 축변형을 고려할 필요가 있는 경우에는 가상단위하중에 의한 부재의 축력 N_P도 구해야 한다.

(2) 외력에 의한 실제단면력 해석

① 실제하중에 의한 각 부재에 발생하는 휨모멘트 M을 M_P 계산시와 동일한 좌표를 사용하여 구한다.

② 축변형을 고려할 필요가 있는 경우에는 마찬가지로 부재의 축력 N도 구해야 한다.

③ 하중 외에 온도변화가 있는 경우에는 온도변화가 있는 부재의 하단과 상단의 온도차 ΔT와 부재칫수 h를 알아야 한다.

(3) 처짐 해석

가상일의 방정식에 의해 처짐을 해석한다. 즉, 가상일의 방정식 (11.2.6)을 이용하여 처짐 δ_K 이나 처짐각 θ_K를 구한다.

$$\delta_K = \sum \int \frac{N_P N}{EA} ds + \sum \int \frac{M_P M}{EI} ds + \sum \int M_P \frac{\alpha \Delta T}{h} ds$$

$$\theta_K = \sum \int \frac{N_M N}{EA} ds + \sum \int \frac{M_M M}{EI} ds + \sum \int M_M \frac{\alpha \Delta T}{h} ds$$

[2] 해석시 유의사항

① 처짐(이동변위)을 구하는 단위하중은 단위집중하중 1을 처짐을 구하는 처짐방향 또는 (+)방향으로 재하시키고, 처짐각(회전변위)을 구하는 단위하중은 단위우력(모멘트) 1을 회전방향 또는 (+)방향으로 재하시킨다.

② 휨모멘트 M_P, M와 축력 N_P, N는 일상적인 (+)의 부호규약을 적용한다.

③ 보나 수평부재의 좌표설정은 일상적 좌측단을 원점으로 취하지만, 경사부재나 라멘의 부재는 임의단을 원점으로 취해도 무방하다. 다만, 부재력이 일정한 패턴으로 변하는 모든 구간에 부재력을 x의 함수로 표현해야 한다. 이는 각 구간의 임의위치에서 부재를 절단한 자유물체도로부터 구해야 한다.

④ 각 지정된 구간내에서 계산된 적분의 대수적인 부호를 그대로 사용하는 것이 중요하다. 보나 라멘 전체에 대한 모든 적분의 대수적인 합이 정(+)이면, 처짐 δ_K과 처짐각 θ_K는 각각 단위하중 또는 단위우력(모멘트)이 작용하는 방향으로 일어난다. 만약 그 값이 부(−)이면, 변위는 그 반대방향으로 일어난다는 것을 의미한다.

예제 11-2-1

[그림 11.2.12(a)]와 같은 단순보에서 A지점의 처짐각과 C지점의 처짐을 가상일의 원리에 의해서 구하여라. 단 EI는 일정하다.

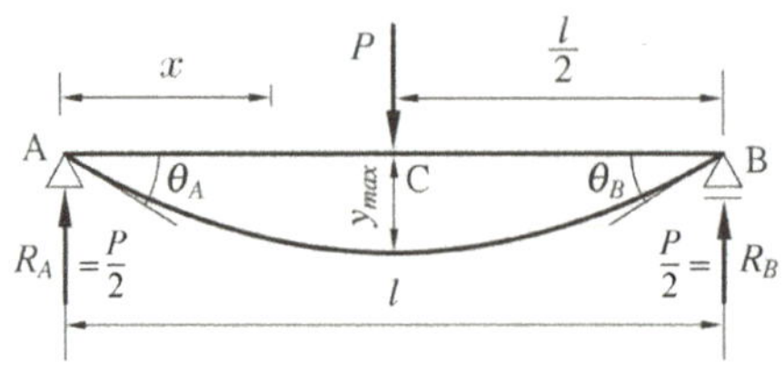

(a) 주어진 보

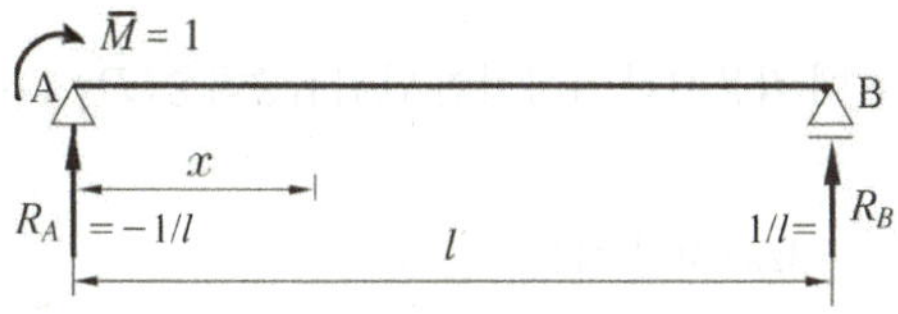

(b) 단위모멘트하중 $\overline{M}$= 1이 작용하는 보

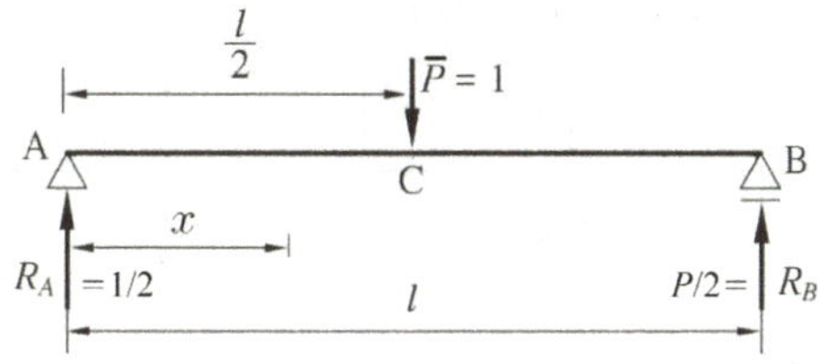

(c) 단위하중 $\overline{P}$= 1이 작용하는 보

[그림 11.2.12]

풀이

[그림 11.2.12(a)]에서 실제하중에 의해 생기는 구조물의 단면력

$$\left.\begin{aligned} M_x &= R_A x = \frac{P}{2}x \\ M_x &= R_B x = \frac{P}{2}x \end{aligned}\right\} \quad \Rightarrow \quad M$$

(1) 처짐각 계산(θ_A)

[그림 11.2.12(b)]에서 지점 A에 작용시킨 단위모멘트하중($\overline{M}$ = 1)에 의한 단면력

$$\left.\begin{aligned} M_x &= \overline{M} + R_A x = 1 - \frac{1}{l}x \\ M_x &= R_B x = \frac{1}{l}x \end{aligned}\right\} \quad \Rightarrow \quad M_M(\text{처짐각 계산})$$

부재	기순점	I	M [그림 11.2.12(a)]	M_M [그림 11.2.12(b)]	MM_M
A~C	A	I	$\frac{P}{2}x$	$1-\frac{1}{l}x$	$\left(\frac{P}{2}x\right)\left(1-\frac{1}{l}x\right)$
C~B	B	I	$\frac{P}{2}x$	$\frac{1}{l}x$	$\left(\frac{P}{2}x\right)\left(\frac{1}{l}x\right)$

$$\theta_A = \int_0^{\frac{l}{2}} \frac{MM_M}{EI}dx + \int_0^{\frac{l}{2}} \frac{MM_M}{EI}dx$$

$$= \frac{1}{EI}\int_0^{\frac{l}{2}}\left(\frac{P}{2}x\right)\left(1-\frac{1}{l}x\right)dx + \frac{1}{EI}\int_0^{\frac{l}{2}}\left(\frac{P}{2}x\right)\left(\frac{1}{l}x\right)dx = \frac{Pl^2}{16EI}\ (\text{시계방향})$$

(2) 처짐 계산(δ_C)

[그림 11.2.12(c)]에서 점 C에 작용시킨 가상적인 단위집중하중($\overline{P}=1$)에 의한 단면력

$$\left.\begin{aligned} M_x &= R_A x = \frac{1}{2}x \\ M_x &= R_B x = \frac{1}{2}x \end{aligned}\right\} \Rightarrow M_P\,(\text{처짐 계산})$$

부재	기준점	I	M[그림 11.2.12(a)]	M_P[그림 11.2.12(c)]	MM_P
A~C	A	I	$\frac{P}{2}x$	$\frac{1}{2}x$	$\left(\frac{Px}{2}\right)\left(\frac{1}{2}x\right)$
C~B	B	I	$\frac{P}{2}x$	$\frac{1}{2}x$	$\left(\frac{Px}{2}\right)\left(\frac{1}{2}x\right)$

$$\delta_C = \int_0^{\frac{l}{2}} \frac{MM_P}{EI}dx + \int_0^{\frac{l}{2}} \frac{MM_P}{EI}dx$$

$$= \frac{1}{EI}\int_0^{\frac{l}{2}}\left(\frac{P}{2}x\right)\left(\frac{1}{2}x\right)dx + \frac{1}{EI}\int_0^{\frac{l}{2}}\left(\frac{P}{2}x\right)\left(\frac{1}{2}x\right)dx = \frac{P\,l^3}{48EI}$$

예제 11-2-2

[그림 11.2.13(a)]와 같은 단순보에 등분포하중이 작용할 때, A지점의 처짐각과 중앙지점의 최대 처짐을 가상일의 방법으로 구하여라. 단, EI, GA는 일정하다.

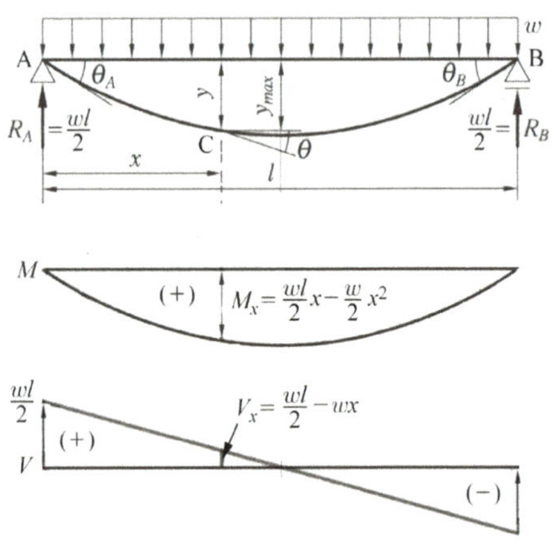

(a) 주어진 보

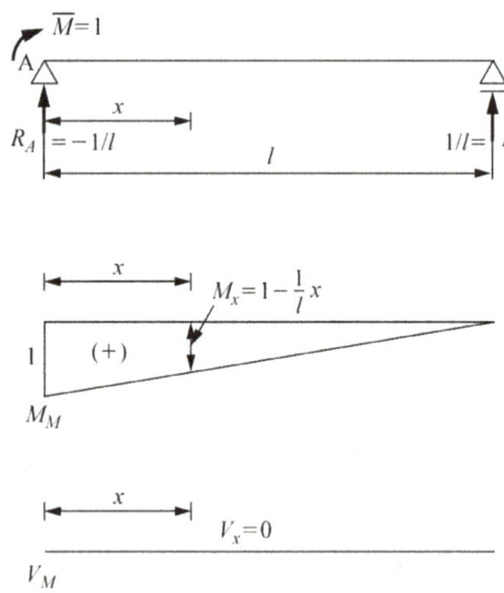

(b) 단위모멘트하중 $\overline{M}=1$이 작용하는 보

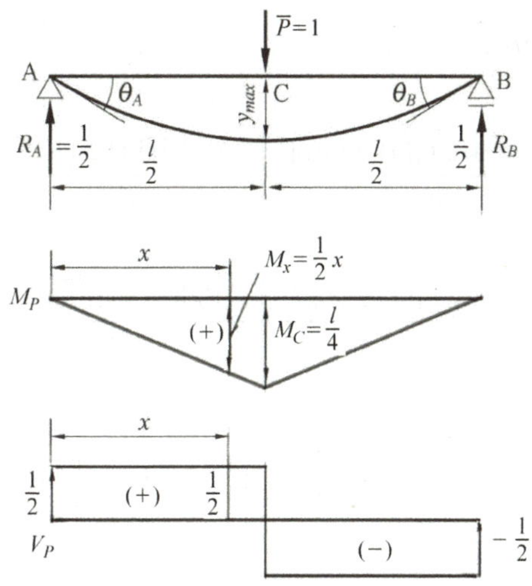

(c) 단위하중 $\overline{P}=1$이 작용하는 보

[그림 11.2.13]

풀이

[그림 11.2.13(a)]에서 실제하중에 의해 생기는 구조물의 단면력

$$0 \le x \le l \qquad \left.\begin{aligned} M_x &= \frac{wl}{2}x - \frac{w}{2}x^2 \\ V_x &= \frac{wl}{2} - wx \end{aligned}\right\} \Rightarrow \quad M$$

(1) 처짐각 계산 (θ_A)

$$\theta_A = \sum \int \frac{MM_m}{EI} dx \text{ 에서}$$

[그림 11.2.13(b)]에서 지점 A에 작용시킨 단위모멘트하중($\overline{M}=1$)에 의한 단면력

$$M_x = \overline{M} - \frac{1}{l}x = 1 - \frac{1}{l}x \qquad \Rightarrow \qquad M_M$$

부재	기준점	I	M[그림 11.2.13(a)]	M_M [그림 11.2.13(b)]	MM_M
A~B	A	I	$\frac{wl}{2}x - \frac{w}{2}x^2$	$1 - \frac{1}{l}x$	$\left(\frac{wl}{2}x - \frac{w}{2}x^2\right)\left(1 - \frac{1}{l}x\right)$

$$\therefore \theta_A = \int_0^l \frac{1}{EI}\left(\frac{wl}{2}x - \frac{w}{2}x^2\right)\left(1 - \frac{1}{l}x\right)dx = \frac{wl^3}{24EI} \text{ (시계방향)}$$

(2) 처짐 계산 ($\delta_{\max}$)

$$\delta_{\max} = \sum \int \frac{MM_P}{EI} dx \text{ 에서}$$

[그림 11.2.13(c)]에서 중앙점 C에 작용시킨 가상적인 단위집중하중($\overline{P}=1$)에 의한 단면력

$$\left.\begin{array}{l} M_x = \dfrac{1}{2}x \\ V_x = \dfrac{1}{2} \end{array}\right\} \quad \Rightarrow \quad M_P\,(\text{처짐계산})$$

부재	기준점	I	M[그림 11.2.13(a)]	M_P [그림 11.2.13(c)]	MM_P
A~B	A	I	$\dfrac{wl}{2}x - \dfrac{w}{2}x^2$	$\dfrac{1}{2}x$	$\left(\dfrac{wl}{2}x - \dfrac{w}{2}x^2\right)\left(\dfrac{1}{2}x\right)$

부재	기준점	A	V[그림 11.2.13(a)]	V_P [그림 11.2.13(c)]	VV_P
A~B	A	A	$\dfrac{wl}{2} - wx$	$\dfrac{1}{2}$	$\left(\dfrac{wl}{2} - wx\right)\left(\dfrac{1}{2}\right)$

$$\delta_{\max} = \int_0^l \frac{1}{EI}\left(\frac{wl}{2}x - \frac{w}{2}x^2\right)\left(\frac{1}{2}x\right)dx + \int_0^l \frac{\kappa}{GA}\left(\frac{wl}{2} - wx\right)\left(\frac{1}{2}\right)dx$$

$$= \frac{5wl^4}{384EI} + \frac{\kappa wl^2}{8GA}$$

(3) δ_s/δ_b 와 (h/l)의 관계도

처짐 δ를 다음과 같이 나타내고 휨에 의한 처짐과 전단에 의한 처짐의 관계를 검토한다.

$$\delta_{\max} = \frac{5wl^4}{384EI}\left(1 + \frac{48\kappa EI}{5GAl^2}\right) = y_b + y_s$$

$I = Ai^2$, $\quad G = \dfrac{mE}{2(m+1)}$ 을 사용하면 ( )의 식은 다음과 같이 된다.

$$(\quad) = 1.0 + \frac{48\kappa EI}{5GAl^2} = 1.0 + \frac{48}{5}\cdot\frac{Ai^2}{Al^2}\cdot\frac{\kappa E}{\dfrac{mE}{2(m+1)}} = 1.0 + \frac{48}{5}\cdot\frac{m+1}{m}\cdot\frac{2\kappa i^2}{l^2}$$

$$= 1.0 + 19.2\frac{m+1}{m}\frac{\kappa i^2}{l^2}$$

여기서 단면이 폭 b와 높이 h인 직사각형단면이라면

$$I = \frac{bh^3}{12},\quad I = Ai^2,\quad \frac{bh^3}{12} = (bh)i^2,\quad i^2 = \frac{h^2}{12},\quad \kappa = \frac{6}{5} = 1.2$$

$$(\quad) = 1.0 + 19.2\frac{m+1}{m}\frac{\kappa i^2}{l^2} = 1.0 + 19.2\cdot\frac{m+1}{m}\cdot\frac{1.2}{l^2}\cdot\frac{h^2}{12}$$

$$= 1.0 + 1.92\frac{m+1}{m}\cdot\left(\frac{h}{l}\right)^2$$

따라서 이 경우의 처짐 $\delta_{\max}$는 다음과 같다.

$$\delta_{\max} = \frac{5wl^4}{384EI}\left[1.0 + 1.92\frac{m+1}{m}\cdot\left(\frac{h}{l}\right)^2\right]$$

여기서 $m = 3,\ 4$의 경우에 대해 (h/l)의 여러 값에 대한 δ_s/δ_b의 값을 [표 11.2.13]에 나타내었다. 또한 이 표에 의한 δ_s/δ_b 와 (h/l)의 관계를 그린 것이 [그림 11.2.14]인데 $(h/l) \le 1/10$ 인 경우에는 전단에 의한 처짐은 3% 미만으로 이것을 무시할 수 있으나 $(h/l) \ge 1/5$의 경우에는 무시할 수 없다.

[표 11.2.13]

m h/l	1/20	1/10	1/5	1/2	1.0	1.5	2.0	2.5
3	0.64	2.56	10.24	64.0	256.0	576.0	1,024	1,600
4	0.60	2.40	9.60	60.0	240.0	540.0	960	1,500

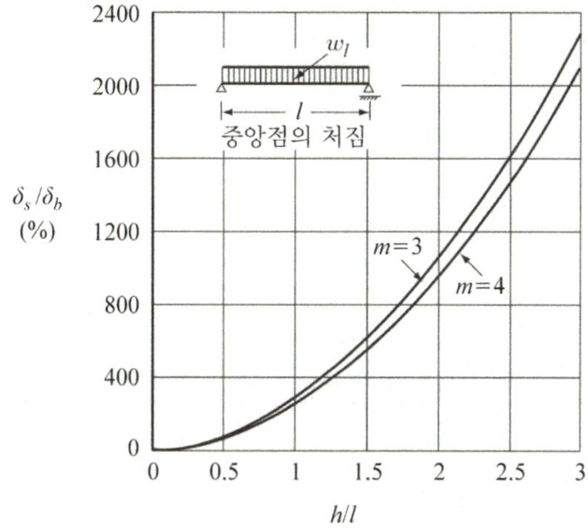

[그림 11.2.14]

예제 11-2-3

[그림 11.2.15(a)]와 같은 단순보에 집중하중이 작용할 때 θ_A, δ_C를 가상일의 원리에 의해서 구하여라. 단 EI는 일정하다.

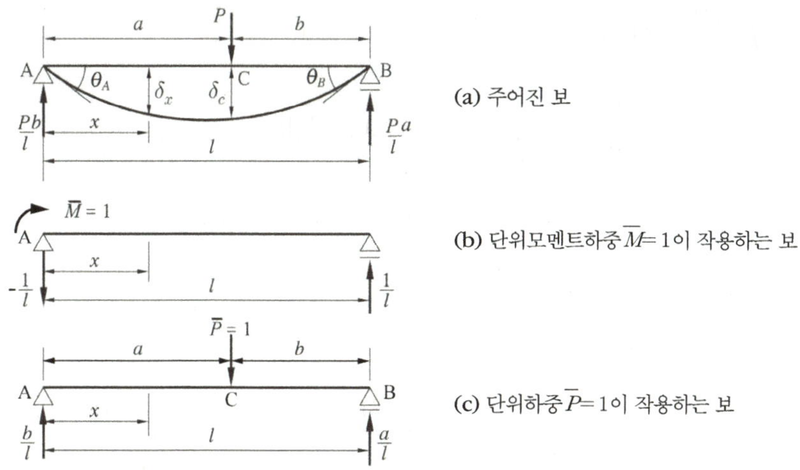

[그림 11.2.15]

풀이

[그림 11.2.15(a)]에서 실제하중에 의해 생기는 구조물의 단면력

$$\left.\begin{aligned} 0 \le x \le a \quad M_x &= \frac{Pb}{l}x \\ 0 \le x \le b \quad M_x &= \frac{Pa}{l}x \end{aligned}\right\} \Rightarrow \quad M$$

(1) 처짐각 계산

$\theta_x = \sum \int \dfrac{MM_M}{EI} dx$ 에서

[그림 11.2.15(b)]에서

$$\left.\begin{aligned} 0 \le x \le a \quad M_x &= 1 - \frac{x}{l} \\ 0 \le x \le b \quad M_x &= \frac{x}{l} \end{aligned}\right\} \Rightarrow \quad M_M \text{ (처짐각)}$$

부재	기준점	I	M[그림 11.2.15(a)]	M_M [그림 11.2.15(b)]	MM_M
A~C	A	I	$\frac{Pb}{l}x$	$1-\frac{x}{l}$	$\left(\frac{Pb}{l}\right)\left(1-\frac{x}{l}\right)$
C~B	B	I	$\frac{Pa}{l}x$	$\frac{x}{l}$	$\left(\frac{Pa}{l}\right)\left(\frac{x}{l}\right)$

$$\theta_A = \int_0^a \frac{MM_M}{EI} dx + \int_0^b \frac{MM_M}{EI} dx$$

$$= \frac{1}{EI}\int_0^a \left(\frac{Pb}{l}x\right)\left(1-\frac{x}{l}\right)dx + \frac{1}{EI}\int_0^b \left(\frac{Pa}{l}x\right)\left(\frac{x}{l}\right)dx = \frac{Pab}{6EIl}(l+b)$$

$$= \frac{Pb}{6EIl}(l^2 - b^2) \qquad \text{(시계방향)}$$

(2) 처짐 계산

$\delta_x = \sum \int \dfrac{MM_P}{EI} dx$ 에서

[그림 11.2.15(c)]에서 $\left.\begin{aligned} M_x &= \frac{b}{l}x \\ M_x &= \frac{a}{l}x \end{aligned}\right\} \Rightarrow \quad M_P$ (처짐)

부재	기준점	I	M[그림 11.2.15(a)]	M_P [그림 11.2.15(c)]	MM_P
A~C	A	I	$\frac{Pb}{l}$	$\frac{b}{l}x$	$\left(\frac{Pb}{l}\right)\left(\frac{b}{l}x\right)$
C~B	B	I	$\frac{Pa}{l}$	$\frac{a}{l}x$	$\left(\frac{Pa}{l}\right)\left(\frac{a}{l}x\right)$

$$\delta_C = \int_0^a \frac{MM_P}{EI} dx + \int_0^b \frac{MM_P}{EI} dx = \frac{1}{EI}\int_0^a \left(\frac{Pb}{l}x\right)\left(\frac{b}{l}x\right)dx + \frac{1}{EI}\int_0^b \left(\frac{Pa}{l}x\right)\left(\frac{a}{l}x\right)dx$$

$$= \frac{Pb^2a^3}{3EIl^2} + \frac{Pa^2b^3}{3EIl^2} = \frac{Pa^2b^2}{3EIl}$$

예제 11-2-4

[그림 11.2.16(a)]와 같은 단순보에 집중하중이 작용할 때, 최대 처짐각과 최대 처짐을 구하여라. 단, E는 일정하다.

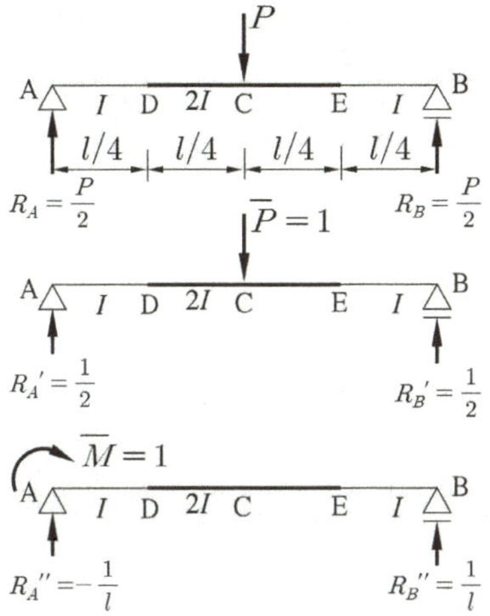

(a) 주어진 보

(b) 단위하중 $\overline{P}=1$이 작용하는 보

(c) 단위모멘트하중 $\overline{M}=1$이 작용하는 보

[그림 11.2.16]

풀이

(1) 처짐 계산

[그림 11.2.16(a), (b)]에서 부재 AD(I) (기준점 A)

$$M=M_x=\frac{P}{2}x \Rightarrow M_P=M_x=\frac{x}{2}$$

[그림 11.2.16(a), (b)]에서 부재 DC(2I) (기준점 D)

$$M=M_x=\frac{P}{2}\left(\frac{l}{4}+x\right) \Rightarrow M_P=M_x=\frac{1}{2}\left(\frac{l}{4}+x\right)$$

[그림 11.2.16(a), (b)]에서 부재 BE(I) (기준점 B)

$$M=M_x=\frac{P}{2}x \Rightarrow M_P=M_x=\frac{x}{2}$$

[그림 11.2.16(a), (b)]에서 부재 EC(2I) (기준점 E)

$$M=M_x=\frac{P}{2}\left(\frac{l}{4}+x\right) \Rightarrow M_P=M_x=\frac{1}{2}\left(\frac{l}{4}+x\right)$$

$\delta_x=\sum\int\frac{MM_P}{EI}dx$ 에서

부재	기준점	I	M[그림 11.2.16(a)]	M_P [그림 11.2.16(b)]	MM_P
A~D	A	I	$\frac{P}{2}x$	$\frac{1}{2}x$	$\left(\frac{P}{2}x\right)\left(\frac{1}{2}x\right)$
D~C	D	$2I$	$\frac{P}{2}\left(\frac{l}{4}+x\right)$	$\frac{1}{2}\left(\frac{l}{4}+x\right)$	$\frac{P}{2}\left(\frac{l}{4}+x\right)\left[\frac{1}{2}\left(\frac{l}{4}+x\right)\right]$
B~E	B	I	$\frac{P}{2}x$	$\frac{1}{2}x$	$\left(\frac{P}{l}x\right)\left(\frac{1}{2}x\right)$
E~C	E	$2I$	$\frac{P}{2}\left(\frac{l}{4}+x\right)$	$\frac{1}{2}\left(\frac{l}{4}+x\right)$	$\frac{P}{2}\left(\frac{l}{4}+x\right)\left[\frac{1}{2}\left(\frac{l}{4}+x\right)\right]$

$$\delta_{\max}=\delta_C=\int_0^{\frac{l}{4}}\frac{MM_P}{EI}dx+\int_0^{\frac{l}{4}}\frac{MM_P}{EI}dx$$

$$=\frac{2}{EI}\int_0^{\frac{l}{4}}\left(\frac{P}{2}x\right)\left(\frac{x}{2}\right)dx+\frac{1}{EI}\int_0^{\frac{l}{4}}\frac{P}{2}\left(\frac{l}{4}+x\right)\left[\frac{1}{2}\left(\frac{l}{4}+x\right)\right]dx$$

$$\therefore\ \delta_{\max}=\delta_C=\frac{3Pl^3}{256EI}\quad(\downarrow \text{방향})$$

(2) 처짐각 계산

[그림 11.2.16(a), (c)]에서 부재 AD(I) (기준점 A)

$$M=M_x=\frac{P}{2}x \quad\Rightarrow\quad M_M=M_x=1-\frac{x}{l}$$

[그림 11.2.16(a),(c)]에서 부재 DC(2I) (기준점 D)

$$M=M_x=\frac{P}{2}\left(\frac{l}{4}+x\right)\quad\Rightarrow\ M_M=M_x=1-\frac{1}{l}\left(\frac{l}{4}+x\right)$$

[그림 11.2.16(a),(c)]에서 부재 BE(I) (기준점 B)

$$M=M_x=\frac{P}{2}x \quad\Rightarrow\quad M_M=M_x=\frac{x}{l}$$

[그림 11.2.16(a),(c)]에서 부재 EC(2I) (기준점 E)

$$M=M_x=\frac{P}{2}\left(\frac{l}{4}+x\right)\quad\Rightarrow\ M_M=M_x=\frac{1}{l}\left(\frac{l}{4}+x\right)$$

부재	기준점	I	M[그림 11.2.16(a)]	M_M [그림 11.2.16(c)]	MM_M
A~D	A	I	$\frac{P}{2}x$	$1-\frac{x}{l}$	$\left(\frac{P}{2}x\right)\left(1-\frac{x}{l}\right)$
D~C	D	$2I$	$\frac{P}{2}\left(\frac{l}{4}+x\right)$	$1-\frac{1}{l}\left(\frac{l}{4}+x\right)$	$\frac{P}{2}\left(\frac{l}{4}+x\right)\left[1-\frac{1}{l}\left(\frac{l}{4}+x\right)\right]$
B~E	B	I	$\frac{P}{2}x$	$\frac{x}{l}$	$\left(\frac{P}{2}x\right)\left(\frac{x}{l}\right)$
E~C	E	$2I$	$\frac{P}{2}\left(\frac{l}{4}+x\right)$	$\frac{1}{2}\left(\frac{l}{4}+x\right)$	$\frac{P}{2}\left(\frac{l}{4}+x\right)\left[\frac{1}{2}\left(\frac{l}{4}+x\right)\right]$

$\theta_x=\sum\int\frac{MM_M}{EI}dx$ 에서

$$\theta_{\max}=\theta_A=\int_0^{\frac{l}{4}}\frac{MM_M}{EI}dx+\int_0^{\frac{l}{4}}\frac{MM_M}{EI}dx$$

$$=\frac{1}{EI}\int_0^{\frac{l}{4}}\left(\frac{P}{2}x\right)\left(1-\frac{x}{l}\right)dx+\frac{1}{2EI}\int_0^{\frac{l}{4}}\frac{P}{2}\left(\frac{l}{4}+x\right)\left[1-\frac{1}{l}\left(\frac{l}{4}+x\right)\right]dx$$

$$+\frac{1}{EI}\int_0^{\frac{l}{4}}\left(\frac{P}{2}x\right)\left(\frac{x}{l}\right)dx+\frac{1}{2EI}\int_0^{\frac{l}{4}}\frac{P}{2}\left(\frac{l}{4}+x\right)\left[\frac{1}{l}\left(\frac{l}{4}+x\right)\right]dx$$

$$\therefore\ \theta_A=\frac{5Pl^2}{128EI}\quad\text{(시계방향)}$$

예제 11-2-5

[그림 11.2.17(a)]와 같은 단순보의 A지점에 모멘트하중 M_A가 작용할 경우 A, B지점의 처짐각을 가상일의 방법으로 구하여라. 단 EI는 일정하다.

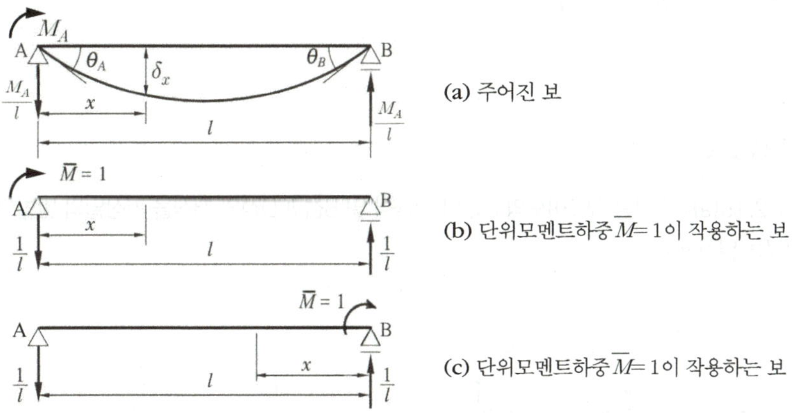

[그림 11.2.17]

풀이

[그림 11.2.17(a)]에서 실제하중에 의해 생기는 구조물의 단면력

$$M_x=M_A+R_Ax=M_A-\frac{M_A}{l}x\quad\Rightarrow\quad M_x=R_Bx=\frac{M_A}{l}x$$

(1) 처짐각 θ_A 계산

[그림 11.2.17(b)]에서

$$\left.M_x=R_Ax+\overline{M}=1-\frac{1}{l}x\right\}\quad\Rightarrow\quad M_M\ (\theta_A)$$

부재	기준점	I	M [그림 11.2.17(a)]	M_M [그림 11.2.17(c)]	MM_M
A~B	A	I	$M_A-\frac{M_A}{l}x$	$1-\frac{1}{l}x$	$\left(M_A-\frac{M_A}{l}x\right)\left(1-\frac{1}{l}x\right)$

$$\theta_A = \int_0^l \frac{MM_M}{EI}dx = \frac{l}{EI}\int_0^l \left(M_A - \frac{M_A}{l}x\right)\left(1-\frac{1}{l}x\right)dx$$

$$= \frac{M_A l}{3EI} \text{ (시계방향)}$$

(2) 처짐각 θ_B 계산

[그림 11.2.17(c)]에서

$$\left. M_x = R_B x - M = \frac{x}{l} - 1 \right\} \Rightarrow M_M \ (\theta_B)$$

부재	기준점	I	M[그림 11.2.17(a)]	M_M [그림 11.2.17(c)]	MM_M
A~B	B	I	$\frac{M_A}{l}x$	$\frac{x}{l}-1$	$\left(\frac{M_A}{l}x\right)\left(\frac{x}{l}-1\right)$

$$\theta_B = \int_0^l \frac{MM_M}{EI}dx = \frac{1}{EI}\int_0^l \left(\frac{M_A}{l}x\right)\left(\frac{x}{l}-1\right)dx$$

$$= -\frac{M_A l}{6EI} \text{ (반시계방향)}$$

예제 11-2-6

[그림 11.2.18(a)]와 같은 게르버보의 D점의 처짐각 및 B점과 D점의 처짐을 가상일의 방법으로 구하여라. 단 EI는 일정하다.

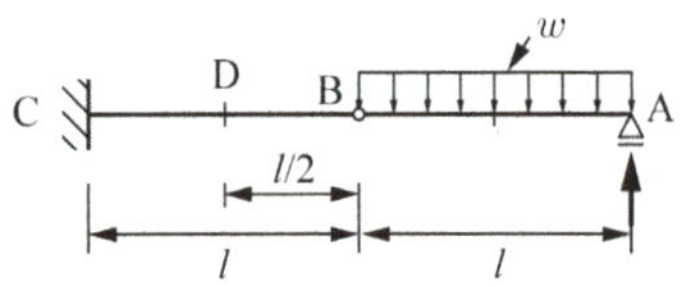

(a) 주어진 보

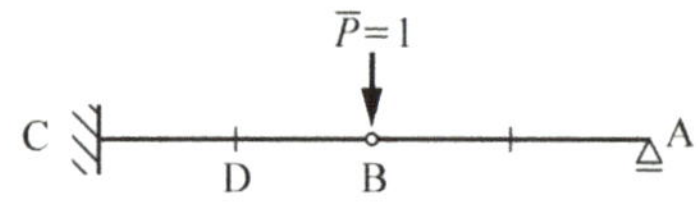

(b) 단위하중이 작용하는 보

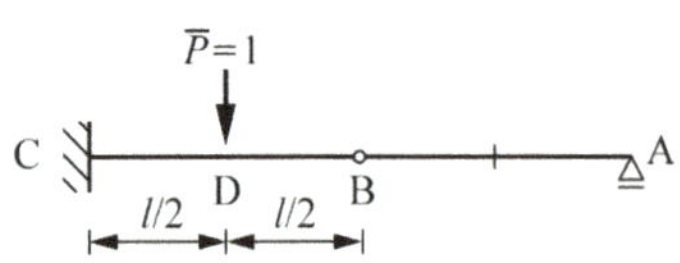

(c) 단위하중이 작용하는 보

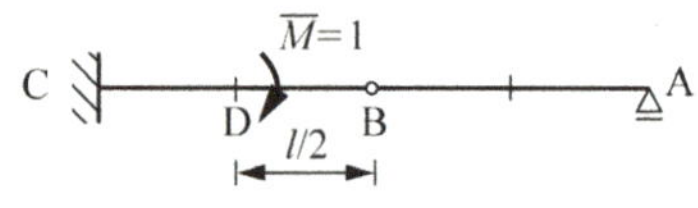

(d) 단위모멘트가 작용하는 보

[그림 11.2.18]

풀이

(1) B점의 처짐 계산 δ_B

[그림 11.2.18(a), (b)]에서 부재 AB(기준점 A),

$$M = M_x = \frac{wl}{2}x - \frac{w}{2}x^2 \Rightarrow M_P = M_x = 0$$

[그림 11.2.18(a), (b)]에서 부재 BC(기준점 B),

$$M = M_x = -\frac{wl}{2}x \Rightarrow M_P = M_x = -x$$

$\delta_x = \int \frac{MM_P}{EI}dx$ 에서

부재	기준점	I	M[그림 11.2.18(a)]	M_P [그림 11.2.18(b)]	MM_P
A~B	A	I	$\frac{wl}{2}x - \frac{w}{2}x^2$	0	$\left(-\frac{wl}{2}x - \frac{w}{2}x^2\right)(0)$
B~C	B	I	$-\frac{wl}{2}x$	$-x$	$\left(-\frac{wl}{2}x\right)(-x)$

$$\delta_B = \int_0^l \frac{MM_P}{EI}dx + \int_0^l \frac{MM_P}{EI}dx = \frac{1}{EI}\int_0^l \left(-\frac{wl}{2}x\right)(-x)dx = \frac{wl^4}{6EI} \quad (\downarrow 방향)$$

(2) D점의 처짐 계산 δ_D

[그림 11.2.18(a), (c)]에서 부재 AB(기준점 A),

$$M = M_x = \frac{wl}{2}x - \frac{w}{2}x^2 \quad \Rightarrow \quad M_P = M_x = 0$$

[그림 11.2.18(a), (c)]에서 부재 BD(기준점 B),

$$M = M_x = -\frac{wl}{2}x \quad \Rightarrow \quad M_P = M_x = 0$$

[그림 11.2.18(a), (c)]에서 부재 BD(기준점 D),

$$M = M_x = -\frac{wl}{2}\left(\frac{l}{2} + x\right) \quad \Rightarrow \quad M_P = M_x = -x$$

$\delta_x = \sum \int \frac{MM_P}{EI}dx$ 에서

부재	기준점	I	M[그림 11.2.18(a)]	M_P [그림 11.2.18(b)]	MM_P
A~B	A	I	$\frac{wl}{2}x - \frac{w}{2}x^2$	0	$\left(\frac{wl}{2}x - \frac{w}{2}x^2\right)(0)$
B~D	B	I	$-\frac{wl}{2}x$	0	$\left(-\frac{wl}{2}x\right)(0)$
B~C	D	I	$-\frac{wl}{2}\left(\frac{l}{2}+x\right)$	$-x$	$\left[-\frac{wl}{2}\left(\frac{l}{2}+x\right)\right](-x)$

$$\delta_D = \int_0^l \frac{MM_P}{EI}dx + \int_0^{\frac{l}{2}} \frac{MM_P}{EI}dx + \int_0^{\frac{l}{2}} \frac{MM_P}{EI}dx = \frac{1}{EI}\int_0^{\frac{l}{2}} \left[-\frac{wl}{2}\left(\frac{l}{2}+x\right)\right](-x)dx$$

$$= \frac{5wl^4}{96EI} \quad (\downarrow)$$

(3) D점의 처짐각 계산 θ_D

[그림 11.2.18(a), (d)]에서 부재 AB(기준점 A),

$$M = M_x = \frac{wl}{2}x - \frac{w}{2}x^2 \quad \Rightarrow \quad M_M = M_x = 0$$

[그림 11.2.18(a), (d)]에서 부재 BD(기준점 B),

$$M = M_x = -\frac{wl}{2}x \quad \Rightarrow \quad M_M = M_x = 0$$

[그림 11.2.18(a), (d)]에서 부재 DC(기준점 D),

$$M = M_x = -\frac{wl}{2}\left(\frac{l}{2}+x\right) \quad \Rightarrow \quad M_M = M_x = -1$$

$\theta_x = \sum \int \frac{MM_M}{EI} dx$ 에서

부재	기준점	I	M[그림 11.2.18(a)]	M_M [그림 11.2.18(d)]	MM_M
A~B	A	I	$\frac{wl}{2}x - \frac{w}{2}x^2$	0	-1
B~D	B	I	$-\frac{wl}{2}x$	0	$\left(-\frac{wl}{2}x\right)(0)$
B~C	D	I	$-\frac{wl}{2}\left(\frac{l}{2}+x\right)$	-1	$\left[-\frac{wl}{2}\left(\frac{l}{2}+x\right)\right](-1)$

$$\theta_{\max} = \theta_A = \int_0^l \frac{MM_M}{EI}dx + \int_0^{\frac{l}{2}} \frac{MM_M}{EI}dx + \int_0^{\frac{l}{2}} \frac{MM_M}{EI}dx$$

$$= \frac{1}{EI}\int_0^l \left(-\frac{wl}{2}\right)\left(\frac{l}{2}+x\right)(-1)dx \quad \therefore \theta_A = \frac{3wl^3}{16EI} \text{ (시계방향)}$$

예제 11-2-7

[그림 11.2.19(a)]와 같은 캔틸레버에서 A점의 처짐각과 처짐을 가상일의 방법으로 구하여라. 단 EI 및 GA는 일정하다.

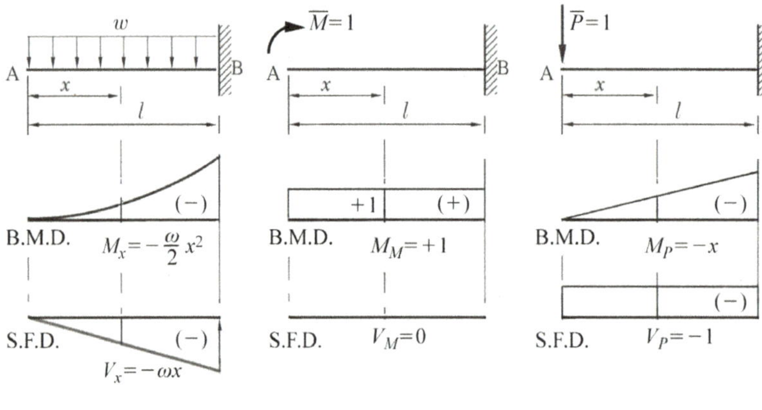

(a) 주어진 보

(b) 단위모멘트하중 $\overline{M}=1$이 점 A에 작용하는 보

(c) 단위하중 $\overline{P}=1$이 점 A에 작용하는 보

[그림 11.2.19]

풀이

[그림 11.2.19(a)]에서

$$M = M_x = -\frac{w}{2}x^2 \qquad V = V_x = -wx$$

(1) 처짐각 계산

[그림 11.2.19(b)]에서

$$M_M = M_x = +1 \qquad \Rightarrow (\theta_B)$$

부재	기준점	I	M[그림 11.2.19(a)]	M_M [그림 11.2.19(b)]	MM_M
A~B	A	I	$-\frac{w}{2}x^2$	$+1$	$\left(-\frac{w}{2}x^2\right)(-1)$

$$\theta_A = \int_0^l \frac{MM_M}{EI}dx = \frac{1}{EI}\int_0^l \left(-\frac{w}{2}x^2\right)(+1)dx = -\frac{wl^3}{6EI} \text{ (반시계방향)}$$

(2) 처짐 계산

[그림 11.2.19(c)]에서

$$M_P = M_x = -x \qquad V_P = -1 \quad \Rightarrow (\delta_A)$$

부재	기준점	I	M[그림 11.2.19(a)]	M_P [그림 11.2.19(c)]	MM_P
A~B	A	I	$-\frac{w}{2}x^2$	$-x$	$\left(-\frac{w}{2}x^2\right)(-x)$

부재	기준점	A	V[그림 11.2.19(a)]	V_P[그림 11.2.19(c)]	VV_P
A~B	A	A	$-wx$	-1	$(-wx)(-1)$

$$\delta_A = \int_0^l \frac{MM_P}{EI}dx + \kappa\int_0^l \frac{VV_P}{GA}dx = \frac{1}{EI}\int_0^l \left(-\frac{w}{2}x^2\right)(-x)dx + \frac{\kappa}{GA}\int_0^l (-wx)(-1)dx$$

$$= \frac{wl^4}{8EI} + \frac{\kappa wl^2}{2GA}$$

전단력의 영향을 무시하면

$$\therefore \delta_A = \frac{wl^4}{8EI}$$

예제 11-2-8

[그림 11.2.20]과 같은 캔틸레버 자유단의 수직변위와 처짐각을 구하여라. 단, EI는 일정하다.

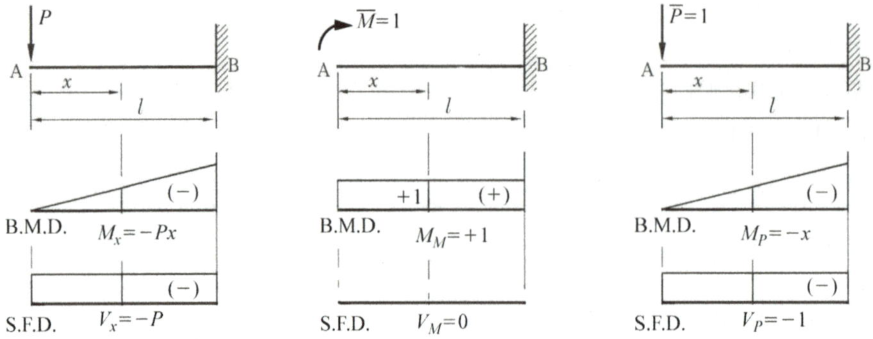

(a) 주어진 보

(b) 단위모멘트하중 $\overline{M}=1$이 점 A에 작용하는 보

(c) 단위하중 $\overline{P}=1$이 점 A에 작용하는 보

[그림 11.2.20]

풀이

[그림 11.2.20(a)]에 실제하중에 의해 생기는 구조물의 단면력을 나타내었다. 이 경우 축방향력은 존재하지 않으므로 휨모멘트 M과 전단력 V만을 고려해보자. 하중 P에 의한 휨모멘트와 전단력을 M, V로 하고, 여기서 임의의 점 x에서 휨모멘트와 전단력은 다음과 같다.

$$M = M_x = -Px \qquad V = V_x = -P$$

(1) 처짐각 계산

A점의 처짐각 θ_A를 구하기 위해서는 [그림 12.2.20(b)]과 같이 θ_A를 구하려는 A점에 단위모멘트 $\overline{M}=1$을 작용시킬 경우의 휨모멘트와 전단력을 M_M, V_M로 한다.

① 휨모멘트

$$M_M = M_x = +1$$

부재	기준점	I	M[그림 11.2.20(a)]	M_M [그림 11.2.20(b)]	MM_M
A~B	A	I	$-Px$	$+1$	$(-Px)(+1)$

② 전단력

$$V_M = V_x = 0$$

부재	기준점	A	V[그림 11.2.20(a)]	V_M [그림 11.2.20(b)]	$V\,V_M$
A~B	A	A	$-P$	0	$(-P)(0)$

[그림 11.2.20(a),(b)]에서 구한 단면력을 식 (11.2.6b)에 대입하여 정리하면 다음과 같이 된다.

$$\therefore \theta_A = \int_0^l \frac{MM_M}{EI}dx = \int_0^l \frac{(-Px)(+1)}{EI}dx = -\frac{Pl^2}{2EI} \text{ (반시계방향)}$$

(2) 처짐 계산

A점의 처짐 δ_A를 구하기 위해서는 [그림 11.2.20(c)]과 같이 처짐을 구하려는 점 A에 단위하중 $\overline{P}=1$을 작용시킬 경우의 휨모멘트와 전단력을 M_P, V_P로 한다.

① 휨모멘트

$M_P = M_x = -x$

부재	기준점	I	M[그림 11.2.20(a)]	M_P [그림 11.2.20(c)]	MM_P
A~B	A	I	$-Px$	$-x$	$(-Px)(-x)$

② 전단력

$V_P = V_x = -1$

부재	기준점	A	V[그림 11.2.20(a)]	V_P [그림 11.2.20(c)]	VV_P
A~B	A	A	$-P$	-1	$(-P)(-1)$

따라서 A점의 수직변위 δ_A는 다음과 같이 구할 수 있다.

$$\delta_A = \int_0^l \frac{MM_P}{EI}dx + \int_0^l \frac{\kappa VV_P}{GA}dx = \int_0^l \frac{(-Px)(-x)}{EI}dx + \kappa\int_0^l \frac{(-P)(-1)}{GA}dx$$

$$= \frac{Pl^3}{3EI} + \frac{\kappa Pl}{GA}$$

전단력의 영향을 무시하면 다음과 같이 된다.

$$\therefore \delta_A = \frac{Pl^3}{3EI}$$

예제 11-2-9

[그림 11.2.21(a)]와 같은 캔틸레버에서 x점의 수직변위 δ_x를 가상일의 방법에 의해서 구하여라. 단, EI, GA는 일정하다.

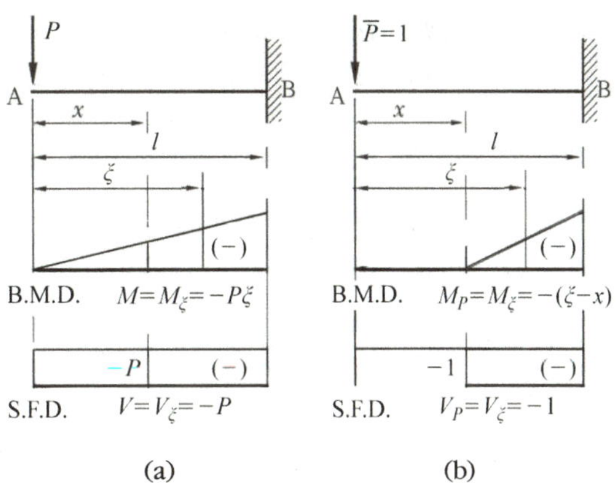

[그림 11.2.21]

풀이

수직변위를 구하려는 점에 작용시킨 단위하중에 의한 M_P, V_P는 x점과 자유단 사이의 x구간에서는 0이다. 따라서 δ_x를 구하는 적분영역은 $x-l$ 구간으로 된다. 지금은 변수를 ξ로 하고, ξ점의 휨모멘트 및 전단력은 다음과 같다.

[그림 11.2.21(a)]에서 $M=-P\xi$ $V=-P$

[그림 11.2.21(b)]에서 $M_P=-(\xi-x)$ $V_P=-1 \Rightarrow (\delta_A)$

(1) 휨모멘트표

부재	기준점	I	M[그림 11.2.21(a)]	M_P [그림 11.2.21(b)]	MM_P
A~B	A	I	$-P\xi$	$-(\xi-x)$	$(-P\xi)[-(\xi-x)]$

(2) 전단력표

부재	기준점	A	V[그림 11.2.21(a)]	V_P [그림 11.2.21(b)]	VV_P
A~B	A	A	$-P$	-1	$(-P)(-1)$

(3) 처짐 계산

$$\delta_x=\int_x^l \frac{MM_P}{EI}dx+\kappa\int_x^l \frac{VV_P}{GA}dx$$

$$=\frac{1}{EI}\int_x^l(-P\xi)[-(\xi-x)]d\xi+\frac{\kappa}{GA}\int_x^l(-P)(-1)d\xi$$

$$=\frac{Pl^3}{3EI}\left[1-\frac{3}{2}\left(\frac{x}{l}\right)+\frac{1}{2}\left(\frac{x}{l}\right)^2\right]+\frac{\kappa P}{GA}(l-x)$$

$x=0$인 경우 $\delta_A=\dfrac{Pl^3}{3EI}+\dfrac{\kappa Pl}{GA}$

(4) δ_s/δ_b와 (h/l)의 관계도

여기서 문제가 되는 것은 휨에 의한 처짐과 전단에 의한 처짐의 비율이다. 이 비율을 검토하기 위하여 위의 식을 아래와 같이 변경시킨다.

$$\delta_A=\frac{Pl^3}{3EI}+\frac{\kappa Pl}{GA}=\frac{Pl^3}{3EI}\left(1+\frac{3\kappa EI}{GAl^2}\right)$$

위 식에 $I=Ar^2$, $G=\dfrac{mE}{2(m+1)}$를 대입한다.

여기서, A : 단면적 r : 단면회전 반지름 I : 중립축에 관한 단면2차모멘트

G : 전단탄성계수 m : 포이슨 수

$$\left(1+\frac{3\kappa EI}{GAl^2}\right)=1+\frac{3\kappa Ar^2}{A\,l^2}\frac{E}{\dfrac{mE}{2(m+1)}}=1+3\kappa\left(\frac{r}{l}\right)^2\cdot\frac{2(m+1)}{m}$$

여기서 단면이 폭 b와 높이 h인 직사각형이라면,

$$I=\frac{bh^3}{12},\quad I=A\,r^2,\quad \frac{bh^3}{12}=(bh)\,r^2,\quad r^2=\frac{h^2}{12},\quad \kappa=\frac{6}{5}=1.2$$

$$\left(1+\frac{3\kappa EI}{GAl^2}\right)=1+3\kappa\left(\frac{r}{l}\right)^2\cdot\frac{2(m+1)}{m}=1+3\times 1.2\times\frac{1}{12}\left(\frac{h}{l}\right)^2\cdot\frac{2(m+1)}{m}$$
$$=1+0.6\frac{(m+1)}{m}\left(\frac{h}{l}\right)^2$$

따라서 이 경우의 δ_A는 다음과 같이 된다.

$$\delta_A=\frac{Pl^3}{3EI}\left[1+0.6\frac{m+1}{m}\left(\frac{h}{l}\right)^2\right]$$

휨에 의한 처짐 δ_b, 전단에 의한 처짐 δ_s라 하면 윗 식의 괄호안 제2항의 값으로 δ_s/δ_b를 나타낼 수 있다. 여기서 $m=3\sim4$에 대한 δ_s/δ_b를 [표]에 나타내었다.

h/l	1/20	1/10	1/5	1/2	1.0	1.5	2.0	2.5	3.0
3	0.20	0.80	3.2	20.0	80.0	180.0	320	500	720
4	0.1875	0.75	3.0	18.75	75.0	168.75	300	468.75	675

또한 이 표에 의한 δ_s/δ_b와 (h/l)의 관계를 그린 것이 [그림 11.2.22]이다. 이 그림에서 (h/l)의 증가에 따르는 δ_s/δ_b의 변화를 알 수 있다. 여기서 $(h/l)=1/20\sim1/10$에 대한 δ_s/δ_b의 값은 0.1875 ~ 0.8% 정도로 전단력에 의한 처짐은 생략할 수 있으나 $(h/l)=2\sim3$인 경우에는 휨의 주체는 전단력임을 알 수 있다.

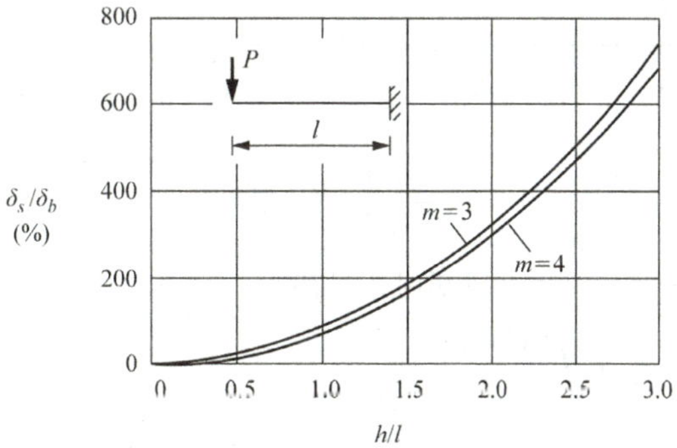

[그림 11.2.22]

예제 11-2-10

[그림 11.2.23(a)]와 같은 라멘의 A지점에서 수평변위, 수직변위, 처짐각을 구하여라. 축방향력과 전단력은 무시한다. 단 E는 일정하다.

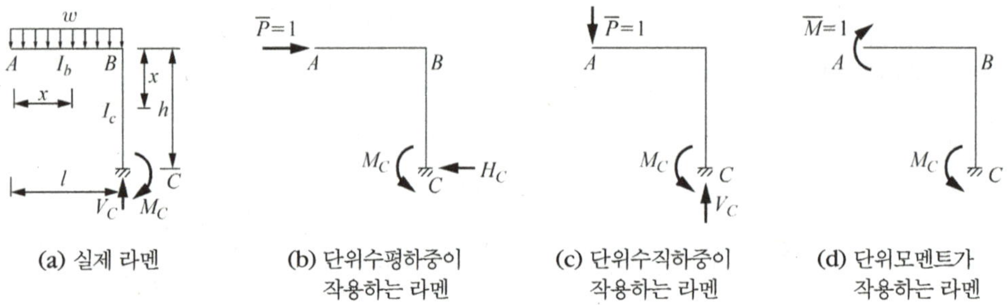

[그림 11.2.23]

풀이

(1) A지점의 수평변위 $\delta_{AH} = \Sigma \int \frac{MM_P}{EI} dx$

부재	기준점	I	M[그림 11.2.23(a)]	M_P [그림 11.2.23(b)]	MM_P
A~B	A	I_b	$-\frac{w}{2}x^2$	0	0
B~C	B	I_c	$-\frac{wl^2}{2}$	$(1)(x)$	$\left(-\frac{wl^2}{2}\right)(x)$

$$\therefore \delta_{AH} = \frac{1}{EI_c}\int_0^h \left(-\frac{wl^2}{2}\right)(x)dx = -\frac{wl^2h^2}{4EI_c} \quad (\leftarrow \text{방향})$$

※ (−) 값이 나오면 가상하중의 방향과 반대로 생긴다.

(2) A지점의 수직변위 $\delta_{AV} = \Sigma \int \frac{MM_P}{EI} dx$

부재	기준점	I	M[그림 11.2.23(a)]	M_P [그림 11.2.23(c)]	MM_P
A~B	A	I_b	$-\frac{w}{2}x^2$	$-(1)(x)$	$\left(-\frac{w}{2}x^2\right)(-x)$
B~C	B	I_c	$-\frac{wl^2}{2}$	$-(1)(l)$	$\left(-\frac{wl^2}{2}\right)(-l)$

$$\therefore \delta_A = \frac{1}{EI_b}\int_0^l \left(-\frac{wx^2}{2}\right)(-x)dx + \frac{1}{EI_c}\int_0^h \left(-\frac{wl^2}{2}\right)(-l)dx$$

$$= \frac{1}{EI_b}\frac{wl^4}{8} + \frac{1}{EI_c}\frac{wl^3}{2}h \quad (\downarrow \text{방향})$$

(3) A지점의 처짐각 $\theta_A = \Sigma \int \frac{M M_M}{EI} dx$

부재	기준점	I	M[그림 11.2.23(a)]	M_M [그림 11.2.23(d)]	MM_M
A~B	A	I_b	$-\frac{w}{2}x^2$	1	$\left(-\frac{w}{2}x^2\right)(1)$
B~C	B	I_c	$-\frac{wl^2}{2}$	1	$\left(-\frac{wl^2}{2}\right)(1)$

$$\therefore \theta_A = \frac{1}{EI_b}\int_0^l \left(-\frac{w}{2}x^2\right)dx + \frac{1}{EI_c}\int_0^h \left(-\frac{wl^2}{2}\right)dx = -\frac{wl^2}{6E}\left(\frac{l}{I_b} + \frac{3h}{I_c}\right) \quad \text{(반시계방향)}$$

예제 11-2-11

[그림 11.2.24]에 나타낸 바와 같이 B점에 모멘트를 받는 정정라멘의 지점 A의 수평변위, B점의 회전각 및 부재 $\overline{AB}$의 부재각을 구하여라.

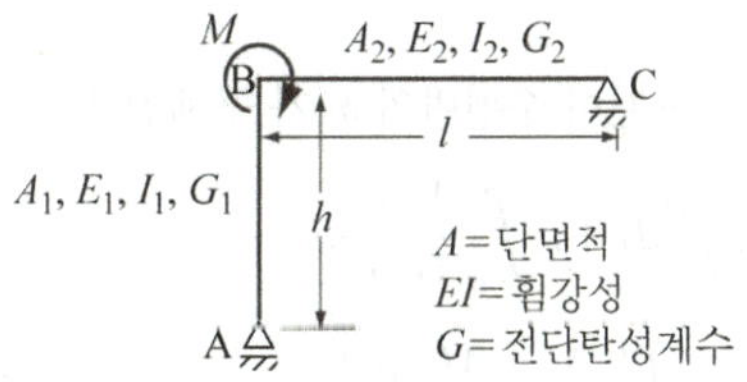

[그림 11.2.24] 실제 라멘

풀이

[그림 11.2.24]에서 실제하중에 의해 생기는 구조물의 단면력은 [그림 11.2.25]에 나타낸 바와 같다.

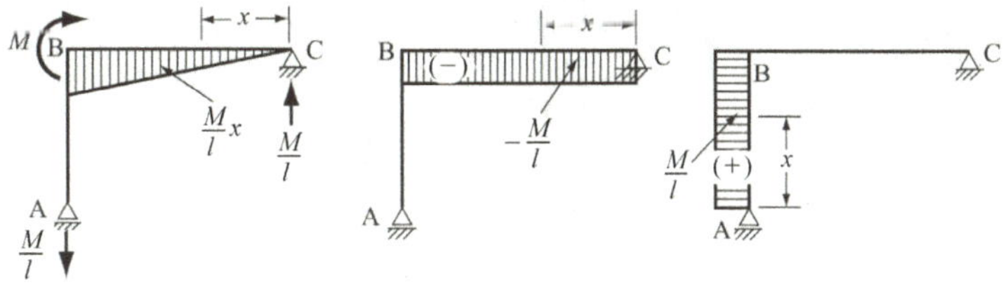

[그림 11.2.25] 실제 주어진 라멘의 단면력

(1) A점의 수평변위

[그림 11.2.26(a)]에 나타낸 바와 같이 수평변위를 구하려는 A점에 가상하중 $\overline{P_A}=1$을 작용시킨 단면력도를 구한다.

① 휨모멘트

부재	기준점	I	M[그림 11.2.25(a)]	M_P [그림 11.2.26(a)]	MM_P
A~B	A	I_1	0	x	$(0)(x)$
B~C	C	I_2	$\frac{M}{l}x$	$\frac{h}{l}x$	$\left(\frac{M}{l}x\right)\left(\frac{h}{l}x\right)$

② 전단력

부재	기준점	A	V[그림 11.2.25(b)]	V_P [그림 11.2.26(b)]	VV_P
A~B	A	A_1	0	+1	$(0)(+1)$
B~C	C	A_2	$-\frac{M}{l}$	$-\frac{h}{l}$	$\left(-\frac{M}{l}\right)\left(-\frac{h}{l}\right)$

③ 축력

부재	기준점	A	N[그림 11.2.25(c)]	N_P [그림 11.2.26(c)]	NN_P
A~B	A	A_1	$\frac{M}{l}$	$\frac{h}{l}$	$\left(\frac{M}{l}\right)\left(\frac{h}{l}\right)$
B~C	C	A_2	0	+1	$(0)(+1)$

두 그림을 서로 조합하면 다음과 같이 수평변위 δ_A가 구해진다.

$$\delta_A = \int_0^h \frac{N N_P}{E_1 A_1}dx + \int_0^l \frac{M M_P}{E_2 I_2}dx + \kappa \int_0^l \frac{V V_P}{G_2 A_2}dx$$

$$= \int_0^h \frac{1}{E_1 A_1}\left(\frac{M}{l}\right)\left(\frac{h}{l}\right)dy + \int_0^l \frac{1}{E_2 I_2}\left(\frac{M}{l}x\right)\left(\frac{h}{l}x\right)dx + \kappa \int_0^l \frac{1}{G_2 A_2}\left(-\frac{M}{l}\right)\left(-\frac{h}{l}\right)dx$$

$$= \frac{Mh^2}{E_1 A_1 l^2} + \frac{Mhl}{3E_2 I_2} + \frac{\kappa M h}{G_2 A_2 l}$$

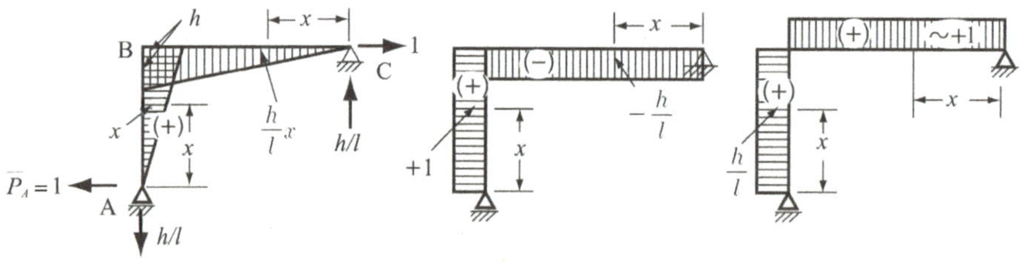

[그림 11.2.26] 수평변위를 구하려는 A점에 가상하중 $\overline{P_A}=1$을 작용

(2) B점의 회전각

가상하중 $\overline{M}=1$에 대한 단면력은 실제하중 작용하중 M의 단면력을 $M=1$로 한 것과 같으므로 [그림 11.2.25]의 단면력를 $M=1$로 하여 이용하면 된다. 이것으로 절점 B의 회전각 θ_B를 구하면 다음과 같다.

① 휨모멘트

부재	기준점	I	M[그림 11.2.25(a)]	M_P [그림 11.2.25(a)′]	MM_P
A~B	A	I_1	0	0	(0)(0)
B~C	C	I_2	$\frac{M}{l}x$	$\frac{1}{l}x$	$\left(\frac{M}{l}x\right)\left(\frac{1}{l}x\right)$

② 전단력

부재	기준점	A	V[그림 11.2.25(b)]	V_P [그림 11.2.25(b)′]	VV_P
A~B	A	A_1	0	0	(0)(0)
B~C	C	A_2	$-\frac{M}{l}$	$-\frac{1}{l}$	$\left(-\frac{M}{l}\right)\left(-\frac{1}{l}\right)$

③ 축력

부재	기준점	A	N[그림 11.2.25(c)]	N_P [그림 11.2.25(c)′]	NN_P
A~B	A	A_1	$\frac{M}{l}$	$\frac{1}{l}$	$\left(\frac{M}{l}\right)\left(\frac{1}{l}\right)$
B~C	C	A_2	0	0	(0)(0)

$$\theta_B = \int_0^h \frac{NN_M}{E_1A_1}dx + \int_0^l \frac{MM_M}{E_2I_2}dx + \kappa\int_0^l \frac{VV_M}{G_2A_2}dx$$
$$= \int_0^h \frac{1}{E_1A_1}\left(\frac{M}{l}\right)\left(\frac{1}{l}\right)dx + \int_0^l \frac{1}{E_2I_2}\left(\frac{M}{l}x\right)\left(\frac{1}{l}x\right)dx + \kappa\int_0^l \frac{1}{G_2A_2}\left(-\frac{M}{l}\right)\left(-\frac{1}{l}\right)dx$$
$$= \frac{Mh}{E_1A_1l^2} + \frac{Ml}{3E_2I_2} + \frac{\kappa M}{G_2A_2l}$$

(3) $\overline{AB}$ 부재의 부재각($R_{AB} = \theta_B$)

$\overline{AB}$ 부재의 부재각을 구하기 위해서는 $\overline{AB}$ 부재에 가상하중으로 [그림 11.2.27]과 같은 짝힘 $1/h$을 작용시킨 경우의 단면력 $\overline{N_P}$, $\overline{M_P}$, $\overline{V_P}$를 구하고 이것을 [그림 11.2.25]의 경우의 단면력과 조합시켜 가상일의 원리를 적용한다.

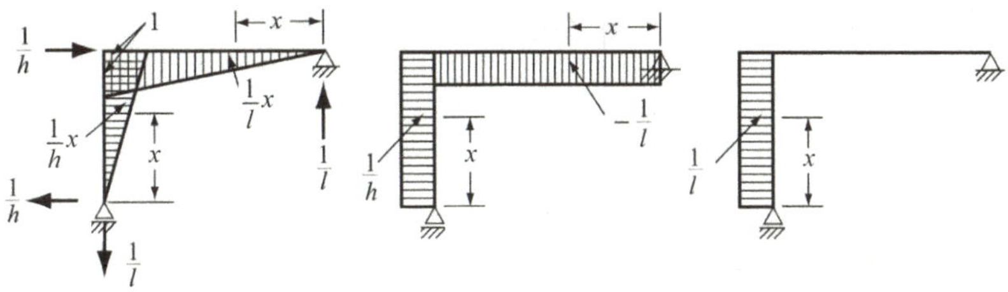

(a) M_P　　(b) V_P　　(c) N_P

[그림 11.2.27] $\overline{AB}$ 부재에 가상하중으로 짝힘 $1/h$을 작용시킨 경우

① 휨모멘트

부재	기준점	I	M[그림 11.2.25(a)]	M_P [그림 11.2.27(a)]	MM_P
A~B	A	I_1	0	$\frac{1}{h}x$	$(0)\left(\frac{1}{h}x\right)$
B~C	C	I_2	$\frac{M}{l}x$	$\frac{1}{l}x$	$\left(\frac{M}{l}x\right)\left(\frac{1}{l}x\right)$

② 전단력

부재	기준점	A	V[그림 11.2.25(b)]	V_P [그림 11.2.27(b)]	VV_P
A~B	A	A_1	0	$\frac{1}{h}$	$(0)\left(\frac{1}{h}\right)$
B~C	C	A_2	$-\frac{M}{l}$	$-\frac{1}{l}$	$\left(-\frac{M}{l}\right)\left(-\frac{1}{l}\right)$

③ 축력

부재	기준점	A	N[그림 11.2.25(c)]	N_P [그림 11.2.27(c)]	NN_P
A~B	A	A_1	$\frac{M}{l}$	$\frac{1}{l}$	$\left(\frac{M}{l}\right)\left(\frac{1}{l}\right)$
B~C	C	A_2	0	0	(0)(0)

$$
\begin{aligned}
R_{AB} = \theta_B &= \int_0^h \frac{N N_P}{E_1 A_1} dx + \int_0^l \frac{M M_P}{E_2 I_2} dx + \kappa \int_0^l \frac{V V_P}{G_2 A_2} dx \\
&= \int_0^h \frac{1}{E_1 A_1}\left(\frac{M}{l}\right)\left(\frac{1}{l}\right)dx + \int_0^l \frac{1}{E_2 I_2}\left(\frac{M}{l}x\right)\left(\frac{1}{l}x\right)dx + \kappa \int_0^l \frac{1}{G_2 A_2}\left(-\frac{M}{l}\right)\left(-\frac{1}{l}\right)dx \\
&= \frac{Mh}{E_1 A_1 l^2} + \frac{Ml}{3E_2 I_2} + \frac{\kappa M}{G_2 A_2 l}
\end{aligned}
$$

이상의 결과를 기본으로 하여 이 라멘의 변형형태를 나타내보면 [그림 11.2.28]과 같다. 이 경우 부재각 R_{AB}가 절점각 θ_B와 같다는 것은 라멘의 특성으로부터 명백함을 알 수 있다.

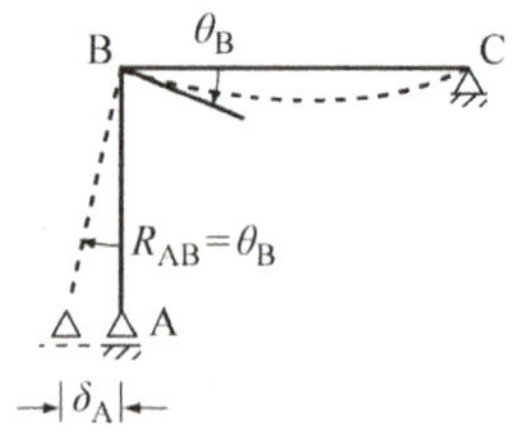

[그림 11.2.28] 실제 주어진 라멘의 변형형태

예제 11-2-12

[그림 11.2.29(a)]와 같은 라멘의 B지점의 수평변위와 C지점의 처짐각을 구하여라. 단, EI는 일정하다.

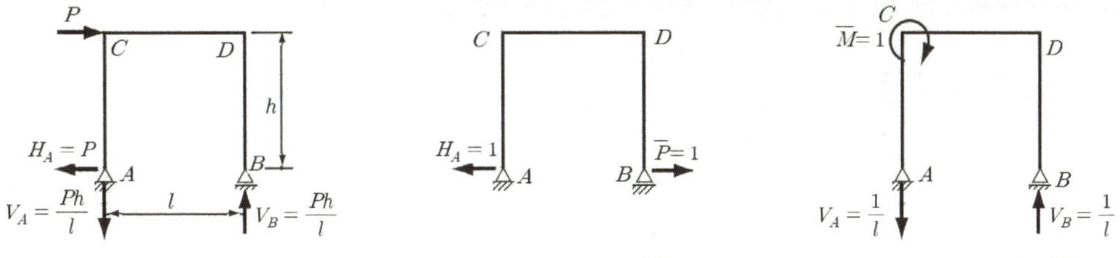

(a) 실제 주어진 라멘 (b) B지점에 가상력 $\overline{P}=1$ (c) C지점에 가상모멘트 $\overline{M}=1$

[그림 11.2.29]

풀이

[그림 11.2.29(a)]에서 실제 주어진 라멘의 반력은 다음과 같다.

$$H_A = P(\leftarrow\text{방향}),\ \ V_A = +\frac{Ph}{l}(\uparrow\text{방향}),\ \ V_B = +\frac{Ph}{l}(\uparrow\text{방향})$$

[그림 11.2.29(b)]에서 B지점에 가상력 $\overline{P}=1$이 작용할 때의 반력은 다음과 같다.

$$H_A = 1(\leftarrow\text{방향})$$

[그림 11.2.29(c)]에서 C지점에 가상모멘트 $\overline{M}=1$이 작용할 때의 반력은 다음과 같다.

$$V_A = -\frac{1}{l}(\downarrow\text{방향}),\ \ V_B = +\frac{1}{l}(\uparrow\text{방향})$$

부재	기준점	M[그림 11.2.29(a)]	M_P [그림 11.2.29(b)]	M_M [그림 11.2.29(c)]
A~C	A	$H_A x = Px$	$H_A x = x$	0
C~D	C	$H_A h - V_A x = Ph - \frac{Ph}{l}x$	$H_A h = h$	$1 - \frac{1}{l}x$
B~D	B	0	$1 \cdot x = x$	0

(1) 처짐 계산

$$\delta_{BH} = \int \frac{MM_P}{EI}x \quad ([\text{그림 } 11.2.29(a), (b)])$$

$$= \frac{1}{EI}\int_0^h (Px)(x)\ dx + \frac{1}{EI}\int_0^l \left(Ph - \frac{Ph}{l}x\right)(h)dx = \frac{Ph^3}{3EI} + \frac{Ph^2 l}{2EI}$$

(2) 처짐각 계산

$$\theta_C = \int \frac{MM_M}{EI}dx \quad ([\text{그림 } 11.2.29(a), (c)])$$

$$= \int_0^l \frac{1}{EI}\left(Ph - \frac{Ph}{l}x\right)\left(1 - \frac{1}{l}x\right)dx = \frac{Phl}{3EI}$$

예제 11-2-13

[그림 11.2.30(a)]와 같이 등분포하중을 받는 라멘의 B점과 C지점에서 수평변위를 가상일의 원리를 사용하여 구하여라. 단, 단, E는 일정하고 축력의 영향은 무시한다.

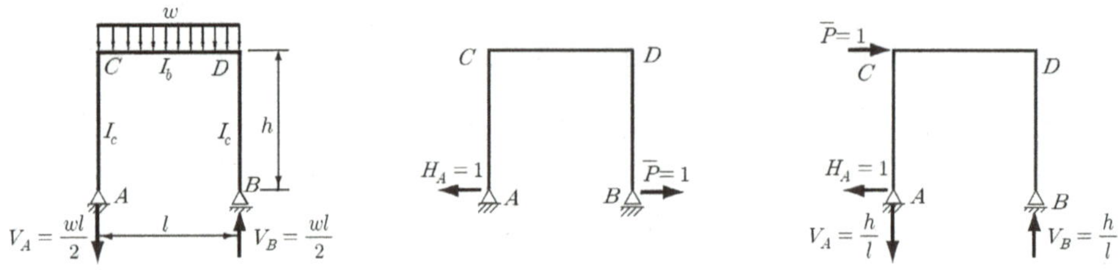

(a) 실제 주어진 라멘　(b) B지점에 가상력 $\overline{P}=1$　(c) C지점에 가상력 $\overline{P}=1$

[그림 11.2.30]

풀이

[그림 11.2.30(a)]에서 실제 주어진 라멘의 반력은 다음과 같다.

$$V_A = \frac{wl}{2}(\uparrow \text{방향}),\ \ V_B = \frac{wl}{2}(\uparrow \text{방향})$$

[그림 11.2.30(b)]에서 B지점에 가상력 $\overline{P}=1$이 작용할 때의 반력은 다음과 같다.

$$H_A = 1(\leftarrow \text{방향})$$

[그림 11.2.30(c)]에서 C지점에 가상력 $\overline{P}=1$이 작용할 때의 반력은 다음과 같다.

$$V_A = -\frac{h}{l}(\downarrow \text{방향}),\ \ V_B = +\frac{h}{l}(\uparrow \text{방향})$$

(1) B점의 수평처짐 δ_{BH}

부재	기준점	I	M[그림 11.2.30(a)]	M_P [그림 11.2.30(b)]
A~C	A	I_c	0	x
C~D	C	I_b	$\left(\frac{wl}{2}x - \frac{w}{2}x^2\right)$	h
B~D	D	I_c	0	x

$$\delta_{BH} = \int \frac{MM_P}{EI}dx = \frac{1}{EI_b}\int_0^l \left(\frac{wl}{2}x - \frac{w}{2}x^2\right)(h)dx = \frac{whl^3}{12EI_b} \quad (\rightarrow \text{방향})$$

(2) C점의 수평처짐(δ_{CH})

부재	기준점	I	M[그림 11.2.30(a)]	M_P [그림 11.2.30(c)]
A~C	A	I_c	0	x
C~D	C	I_b	$\left(\frac{wl}{2}x - \frac{w}{2}x^2\right)$	$h - \frac{h}{l}x$
B~D	D	I_c	0	0

$$\delta_{CH} = \int \frac{MM_P}{EI} dx = \frac{1}{EI_b} \int_0^l \left(\frac{wl}{2} x - \frac{w}{2} x^2 \right) \left(h - \frac{h}{l} x \right) dx = \frac{whl^3}{24EI_b} \quad (\rightarrow \text{방향})$$

11.2.2 아치의 처짐과 처짐각

아치도 일반적으로 가상일에 방법에 의한 보나 라멘 등에서와 같이 구조물의 도심축선상의 어느 한 점에서의 처짐이나 처짐각은 다음과 같은 해석절차에 의해 구할 수 있다.

[1] 해석절차

(1) 내적 가상단면 해석

① 처짐을 구하려는 점에 처짐의 방향으로 단위하중을 작용시킨다.

② 가상 단위하중만에 의한 각 부재의 가상모멘트 M_P를 각 부재좌표 x, y의 함수로 구한다. ($x = r(1 - \cos\theta)$, $y = r\sin\theta$, $ds = rd\theta$[그림 11.2.31(a)] 참조)

③ 아치의 부재에서 휨변형외에 축변형을 고려할 필요가 있는 경우에는 가상단위하중에 의한 부재의 축력 N_P도 구해야 한다.

(2) 외력에 의한 실세단면력 해석

① 실제하중에 의한 각 부재에 발생하는 휨모멘트 M을 M_P 계산시와 동일한 좌표를 사용하여 구한다. ($x = r(1 - \cos\theta)$, $y = r\sin\theta$, $ds = rd\theta$[그림 11.2.31(a)] 참조)

② 축변형을 고려할 필요가 있는 경우에는 마찬가지로 부재의 축력 N도 구해야 한다.

③ 하중 외에 온도변화가 있는 경우에는 온도변화가 있는 부재의 하단과 상단의 온도차 ΔT와 부재칫수 h를 알아야 한다.

(3) 처짐 해석

가상일의 방정식에 의해 처짐을 해석한다. 즉, 가상일의 방정식 식 (11.2.6)을 이용하여 처짐 δ_K이나 처짐각 θ_K를 구한다.

$$\delta_K = \sum \int \frac{N_P N}{EA} ds + \sum \int \frac{M_P M}{EI} ds + \sum \int M_P \frac{\alpha \Delta T}{h} ds$$

$$\theta_K = \sum \int \frac{N_M N}{EA} ds + \sum \int \frac{M_M M}{EI} ds + \sum \int M_M \frac{\alpha \Delta T}{h} ds$$

[2] 해석시 유의사항

① 처짐(이동변위)을 구하는 단위하중은 단위집중하중 1을 처짐을 구하는 처짐방향 또는 (+)방향으로 재하시키고, 처짐각(회전변위)을 구하는 단위하중은 단위우력(모멘트) 1을 회전방향 또는 (+)방향으로 재하시킨다.

② 휨모멘트 M_P, M와 축력 N_P, N는 일상적인 (+)의 부호규약을 적용한다.

③ 보나 수평부재의 좌표설정은 일상적 좌측단을 원점으로 취하지만, 경사부재나 라멘의 부재는 임의단을 원점으로 취해도 무방하다. 다만, 부재력이 일정한 패턴으로 변하는 모든 구간에 부재력을 x, y의 함수로 표현해야 한다. 이는 각 구간의 임의위치에서 부재를 절단한 자유물체도로부터 구해야 한다.

④ 각 지정된 구간내에서 계산된 적분의 대수적인 부호를 그대로 사용하는 것이 중요하다. 보나 라멘 전체에 대한 모든 적분의 대수적인 합이 정(+)이면, 처짐 δ_K과 처짐각 θ_K는 각각 단위하중 또는 단위우력(모멘트)이 작용하는 방향으로 일어난다. 만약 그 값이 부(−)이면, 변위는 그 반대방향으로 일어난다는 것을 의미한다.

예제 11-2-14

[그림 11.2.31(a)]와 같은 단순보식 원호아치가 집중하중을 받을 경우 A지점의 수평변위와 C지점의 수직변위 그리고 A지점의 처짐각을 구하여라. 단 EI는 일정하다.

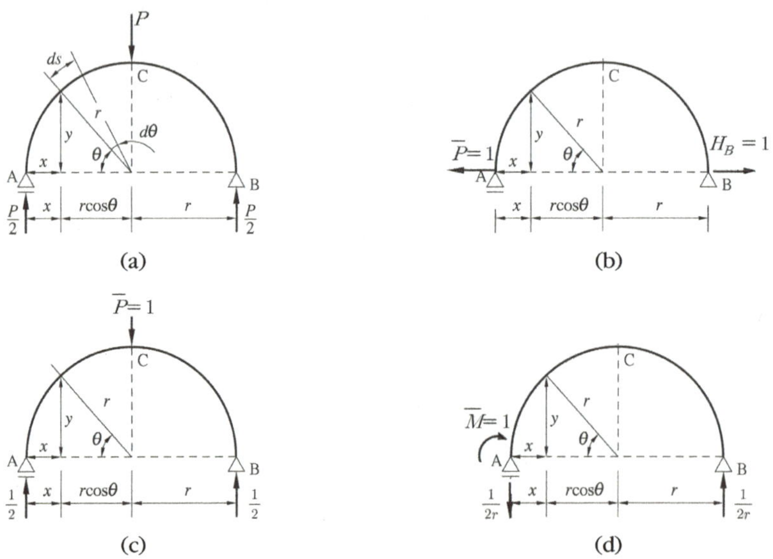

[그림 11.2.31]

풀이

(1) 가상일의 방법

$x = r(1-\cos\theta),\ y = r\sin\theta,\ ds = rd\theta$

① A지점의 수평변위 $\delta_{AH} = \sum\int \frac{MM_P}{EI}ds$

부재	기준점	구간(θ 표시)	M[그림 11.2.31(a)]	M_P [그림 11.2.31(b)]
A~C	A	$0 \sim \frac{\pi}{2}$	$\frac{P}{2}x = \frac{P}{2}r(1-\cos\theta)$	$1y = r\sin\theta$
B~C	B	$0 \sim \frac{\pi}{2}$	$\frac{P}{2}x = \frac{P}{2}r(1-\cos\theta)$	$1y = r\sin\theta$

$\therefore \delta_{AH} = \int \frac{MM_P}{EI}ds = \frac{2}{EI}\int_0^{\frac{\pi}{2}} \frac{P}{2}r(1-\cos\theta)(r\sin\theta)\cdot r\,d\theta = -\frac{Pr^3}{2EI}$(←방향)

② C점의 수직변위 $\delta_{CV} = \int \frac{MM_P}{EI}dx$

부재	기준점	구간	M[그림 11.2.31(a)]	M_P [그림 11.2.31(c)]
A~C	A	$0 \sim \frac{\pi}{2}$	$\frac{P}{2}r(1-\cos\theta)$	$\frac{1}{2}r(1-\cos\theta)$
B~C	B	$0 \sim \frac{\pi}{2}$	$\frac{P}{2}r(1-\cos\theta)$	$\frac{1}{2}r(1-\cos\theta)$

$\therefore \delta_{CV} = \int \frac{MM_P}{EI}ds = \frac{2}{EI}\int_0^{\frac{\pi}{2}} \frac{P}{2}r(1-\cos\theta)\frac{1}{2}r(1-\cos\theta)r\,d\theta = \frac{Pr^3}{2EI}\left(\frac{3}{4}\pi - 2\right)$

③ A지점의 처짐각 $\theta_A = \int \frac{MM_M}{EI}ds$

A~C : $M_M = 1 - \frac{1}{2r}x = 1 - \frac{1}{2r}[r(1-\cos\theta)] = 1 - \frac{1}{2}(1-\cos\theta) = \frac{1}{2}(1+\cos\theta)$

부재	기준점	구간	M[그림 11.2.31(a)]	M_M [그림 11.2.31(d)]
A~C	A	$0 \sim \frac{\pi}{2}$	$\frac{P}{2}r(1-\cos\theta)$	$\frac{1}{2}(1+\cos\theta)$
B~C	B	$0 \sim \frac{\pi}{2}$	$\frac{P}{2}r(1-\cos\theta)$	$\frac{1}{2}(1-\cos\theta)$

$\therefore \theta_A = \int \frac{MM_M}{EI}ds$

$= \frac{1}{EI}\int_0^{\frac{\pi}{2}} \frac{P}{2}r(1-\cos\theta)\frac{1}{2}(1+\cos\theta)\,rd\theta + \frac{1}{EI}\int_0^{\frac{\pi}{2}} \frac{P}{2}r(1-\cos\theta)\frac{1}{2}(1-\cos\theta)rd\theta$

$= \frac{1}{EI}\left(\frac{\pi Pr^2}{4} - \frac{Pr^2}{2}\right) = \frac{Pr^2}{2EI}\left(\frac{\pi}{2} - 1\right)$

예제 11-2-15

[그림 11.2.32(a)]와 같은 단순보식 아치가 등분포하중을 받을 경우 A지점의 수평변위와 C지점의 수적변위를 구하여라. 단 EI는 일정하다.

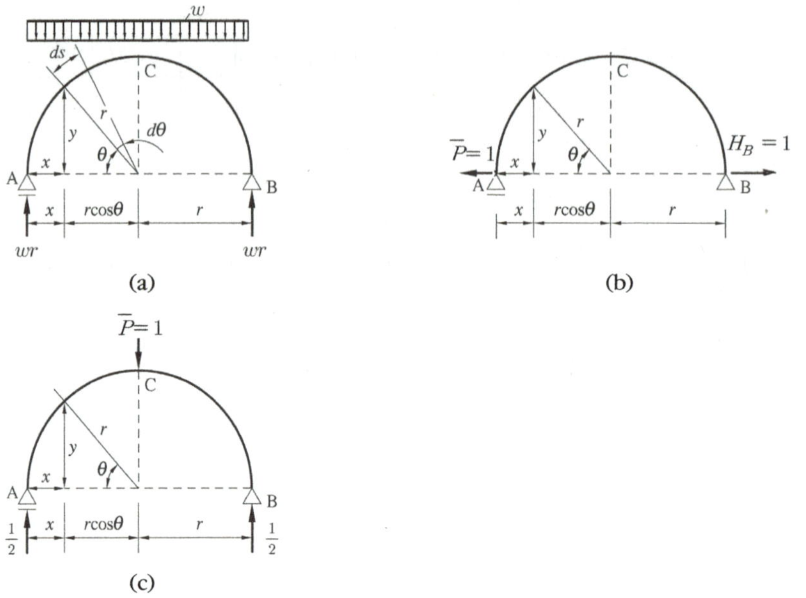

[그림 11.2.32]

풀이

$x = r(1-\cos\theta),\ y = r\sin\theta,\ ds = r\ d\theta$

(1) A지점의 수평변위 $\delta_{AH} = \int \frac{MM_P}{EI} ds$

부재	기준점	구간 (θ 표시)	M[그림 11.2.32(a)]	M_P [그림 11.2.32(b)]
A~B	A	$0 \sim \pi$	$wrx - \frac{wx^2}{2} = wr^2(1-\cos\theta) - \frac{wx^2}{2}(1-\cos\theta)^2$	$r\sin\theta$

$$\delta_{AH} = \int \frac{MM_P}{EI} ds = \frac{1}{EI}\int_0^{\pi}[wr^2(1-\cos\theta) - \frac{wr^2}{2}(1-\cos\theta)^2]\cdot(r\sin\theta)\,r\,d\theta = \frac{2wr^4}{3EI}$$

(2) C점의 수직변위 $\delta_{CV} = \int \frac{MM_P}{EI} ds$

부재	기준점	구간	M[그림 11.2.32(a)]	M_P [그림 11.2.32(c)]
A~C	A	$0 \sim \frac{\pi}{2}$	$wrx - \frac{wx^2}{2} = wr^2(1-\cos\theta) - \frac{wx^2}{2}(1-\cos\theta)^2$	$\frac{r}{2}(1-\cos\theta)$
B~C	B	$0 \sim \frac{\pi}{2}$	$wrx - \frac{wx^2}{2} = wr^2(1-\cos\theta) - \frac{wx^2}{2}(1-\cos\theta)^2$	$\frac{r}{2}(1-\cos\theta)$

$$\therefore \delta_{CV} = \int \frac{MM_P}{EI}ds = \frac{2}{EI}\int_0^{\frac{\pi}{2}}\left[wr^2(1-\cos\theta)-\frac{wr^2}{2}(1-\cos\theta)^2\right]\left[\frac{r}{2}(1-\cos\theta)\right]r\,d\theta$$

$$= \frac{wr^4}{2EI}\left(\frac{\pi}{4}-\frac{1}{3}\right) \quad (\downarrow \text{ 방향})$$

예제11-2-16

[그림 11.2.33(a)]와 같은 3활절 아치가 집중하중을 받을 경우 C점의 수직변위와 A점의 처짐각을 구하여라. 단 EI는 일정하다.

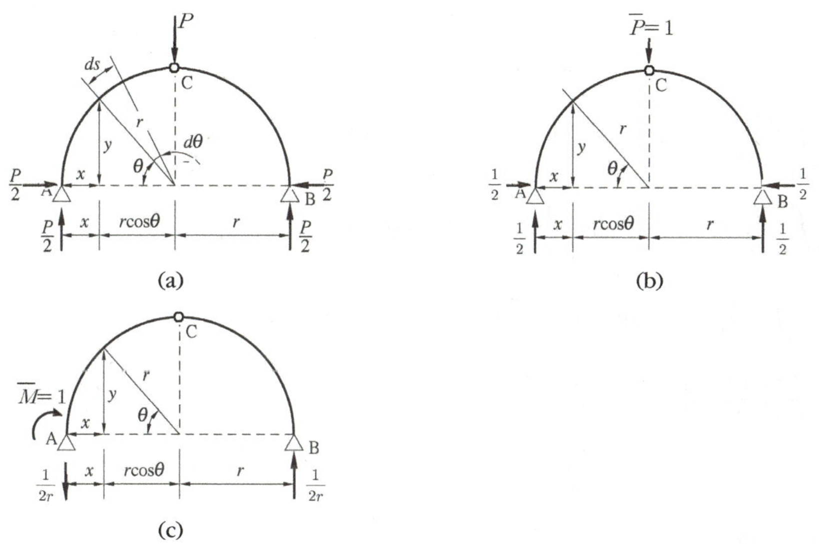

[그림 11.2.33]

풀이

$x = r(1-\cos\theta),\ y = r\sin\theta,\ ds = r\ d\theta$

(1) C점의 수직변위 $\delta_{CV} = \sum\int\frac{MM_P}{EI}ds$

부재	기준점	구간 (θ 표시)	M[그림 11.2.33(a)]	M_P [그림 11.2.33(b)]
A~C	A	$0 \sim \frac{\pi}{2}$	$\frac{P}{2}x-\frac{P}{2}y=\frac{P}{2}(x-y)=\frac{Pr}{2}(1-\cos\theta-\sin\theta)$	$\frac{x}{2}-\frac{y}{2}=\frac{1}{2}(x-y)$ $=\frac{r}{2}(1-\cos\theta-\sin\theta)$
B~C	B	$0 \sim \frac{\pi}{2}$	$\frac{P}{2}x-\frac{P}{2}y=\frac{P}{2}(x-y)=\frac{Pr}{2}(1-\cos\theta-\sin\theta)$	$\frac{x}{2}-\frac{y}{2}=\frac{1}{2}(x-y)$ $=\frac{r}{2}(1-\cos\theta-\sin\theta)$

$$\delta_{CV}=\int\frac{MM_P}{EI}ds=2\int_0^{\frac{\pi}{2}}\frac{Pr}{2}(1-\cos\theta-\sin\theta)\frac{r}{2}(1-\cos\theta-\sin\theta)rd\theta$$

$$=\frac{Pr^3}{2EI}(\pi-3)\quad(\downarrow \text{ 방향})$$

(2) A지점의 처짐각 $\theta_A=\sum\int\frac{MM_M}{EI}ds$

A~C구간 $M_M=\dfrac{(1+\cos\theta-\sin\theta)}{2}$, B~C구간 $M_M=\dfrac{(1-\cos\theta-\sin\theta)}{2}$

부재	기준점	구간 (θ 표시)	M[그림 11.2.33(a)]	M_M [그림 11.2.33(c)]
A~C	A	$0\sim\frac{\pi}{2}$	$\frac{P}{2}x-\frac{P}{2}y=\frac{P}{2}(x-y)=\frac{Pr}{2}(1-\cos\theta-\sin\theta)$	$\frac{(1+\cos\theta-\sin\theta)}{2}$
B~C	B	$0\sim\frac{\pi}{2}$	$\frac{P}{2}x-\frac{P}{2}y=\frac{P}{2}(x-y)=\frac{Pr}{2}(1-\cos\theta-\sin\theta)$	$\frac{(1-\cos\theta-\sin\theta)}{2}$

$$\theta_A=\int\frac{MM_M}{EI}ds$$

$$=\int_0^{\frac{\pi}{2}}\frac{Pr}{2}(1-\cos\theta-\sin\theta)\frac{1}{2}(1+\cos\theta-\sin\theta)rd\theta$$

$$+\int_0^{\frac{\pi}{2}}\frac{Pr}{2}(1-\cos\theta-\sin\theta)\frac{1}{2}(1-\cos\theta-\sin\theta)rd\theta$$

$$=\frac{Pr^2}{4EI}\left(\frac{3\pi}{2}-5\right)$$

예제11-2-17

[그림 11.2.34(a)]와 같은 3활절 아치가 등분포하중을 받을 경우 C점의 수직변위와 A점의 처짐각을 구하여라. 단 EI는 일정하다.

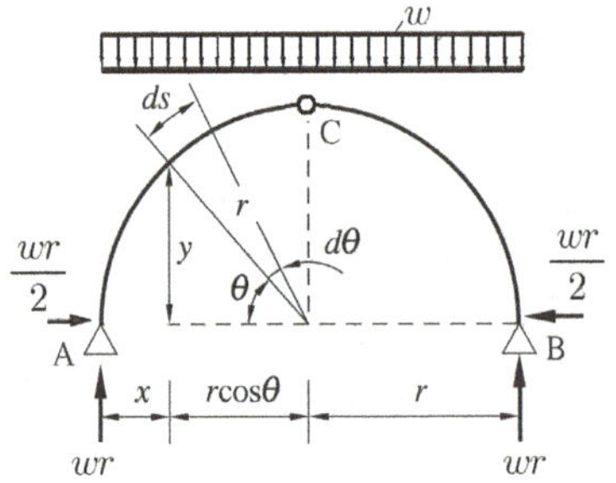

(a) 주어진 아치

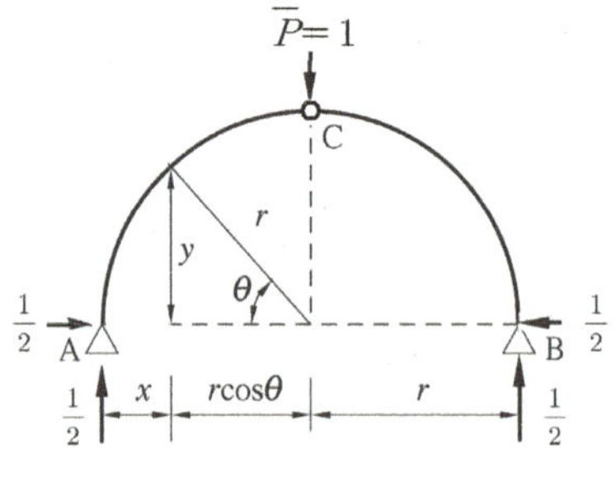

(b) 수직단위하중 $\overline{P}=1$을 가한 아치

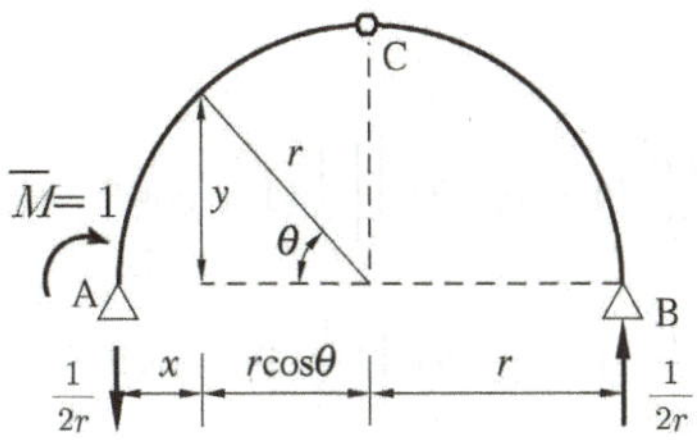

$x = r(1-\cos\theta)$

$y = r\sin\theta$

(c) 단위모멘트 $\overline{M}=1$을 가한 아치

[그림 11.2.34]

풀이

$x = r(1-\cos\theta),\ y = r\sin\theta,\ ds = r\,d\theta$

(1) C점의 수직변위 계산

부재	기준점	구간	M[그림 11.2.34(a)]	M_P [그림 11.2.34(b)]
A~C	A	$0 \sim \frac{\pi}{2}$	$wrx - \frac{wr}{2}y - \frac{w}{2}x^2$ $= wr^2(1-\cos\theta) - \frac{wr^2}{2}\sin\theta - \frac{wr^2}{2}(1-\cos\theta)^2$	$\frac{1}{2}(x-y)$ $= \frac{r}{2}(1-\cos\theta-\sin\theta)$
B~C	B	$0 \sim \frac{\pi}{2}$	$wrx - \frac{wr}{2}y - \frac{w}{2}x^2$ $= wr^2(1-\cos\theta) - \frac{wr^2}{2}\sin\theta - \frac{wr^2}{2}(1-\cos\theta)^2$	$\frac{1}{2}(x-y)$ $= \frac{r}{2}(1-\cos\theta-\sin\theta)$

위에 나타낸 [표]로부터

$$\therefore \delta_{CV} = \int \frac{M M_P}{EI} ds$$

$$= \frac{2}{EI}\int_0^{\frac{\pi}{2}} \left[wr^2(1-\cos\theta) - \frac{wr^2}{2}sin\theta - \frac{wr^2}{2}(1-\cos\theta)^2\right]\left[\frac{r}{2}(1-\cos\theta-\sin\theta)\right] r\,d\theta$$

$$= \frac{wr^4}{4EI}(\pi-3) \quad (\downarrow \text{ 방향})$$

(2) A점의 처짐각

부재	기준점	구간	M [그림 11.2.34(a)]	M_M [그림 11.2.34(c)]
A~C	A	$0 \sim \frac{\pi}{2}$	$wrx - \frac{wr}{2}y - \frac{w}{2}x^2$ $= wr^2(1-\cos\theta) - \frac{wr^2}{2}\sin\theta - \frac{wr^2}{2}(1-\cos\theta)^2$	$\frac{1}{2}(1+\cos\theta-\sin\theta)$
B~C	B	$0 \sim \frac{\pi}{2}$	$wrx - \frac{wr}{2}y - \frac{w}{2}x^2$ $= wr^2(1-\cos\theta) - \frac{wr^2}{2}\sin\theta - \frac{wr^2}{2}(1-\cos\theta)^2$	$\frac{1}{2}(1-\cos\theta-\sin\theta)$

$$\therefore \theta_A = \int \frac{MM_M}{EI} ds$$

$$= \frac{1}{EI}\int_0^{\frac{\pi}{2}} \left[wr^2(1-\cos\theta) - \frac{wr^2}{2}\sin\theta - \frac{wr^2}{2}(1-\cos\theta)^2\right]\left[\frac{1}{2}(1+\cos\theta - \sin\theta)\right] r\, d\theta$$

$$+ \frac{1}{EI}\int_0^{\frac{\pi}{2}} \left[wr^2(1-\cos\theta) - \frac{wr^2}{2}\sin\theta - \frac{wr^2}{2}(1-\cos\theta)^2\right]\left[\frac{1}{2}(1-\cos\theta - \sin\theta)\right] r\, d\theta$$

$$= \frac{wr^3}{2EI}\left(\frac{\pi}{2} - \frac{5}{3}\right) \quad (\downarrow \text{ 방향})$$

예제 11-2-18

[그림 11.2.35(a)]와 같은 단순보식 원호아치가 집중하중을 받을 경우 C점의 수직변위와 A지점의 수평변위를 구하여라. 단 EI는 일정하다.

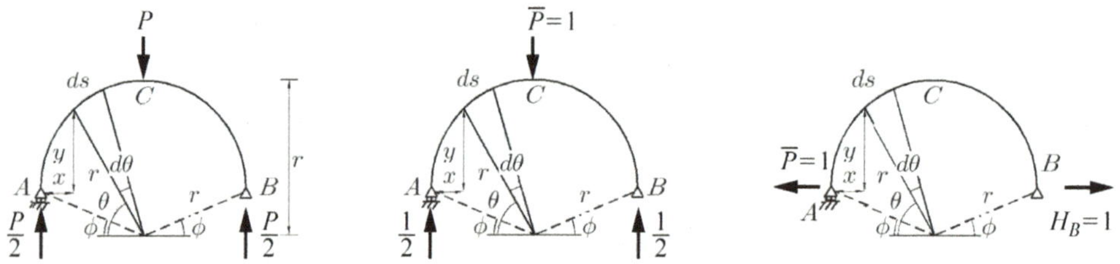

(a) 주어진 아치 (b) 수직단위하중 $\overline{P}=1$을 가한 아치 (c) 단위모멘트 $\overline{M}=1$을 가한 아치

[그림 11.2.35]

풀이

$x = r(\cos\phi - \cos\theta),\ y = r(\sin\theta - \sin\phi),\ ds = rd\theta$

(1) C점의 수직변위 $\delta_{CV} = \sum\int \frac{MM_P}{EI} ds$

부재	기준점	구간	M[그림 11.2.35(a)]	M_P [그림 11.2.35(b)]
A~C	A	$\phi \sim \frac{\pi}{2}$	$\left(\frac{P}{2}\right)\cdot x = \frac{P}{2}r(\cos\phi - \cos\theta)$	$\left(\frac{1}{2}\right)\cdot x = \frac{1}{2}r(\cos\phi - \cos\theta)$
B~C	B	$\phi \sim \frac{\pi}{2}$	$\left(\frac{P}{2}\right)\cdot x = \frac{P}{2}r(\cos\phi - \cos\theta)$	$\left(\frac{1}{2}\right)\cdot x = \frac{1}{2}r(\cos\phi - \cos\theta)$

$$\therefore \delta_{CV} = \int \frac{MM_P}{EI} ds = \frac{2}{EI}\int_\phi^{\frac{\pi}{2}} \left[\left\{\frac{P}{2}r(\cos\phi - \cos\theta)\right\}\left\{\frac{1}{2}r(\cos\phi - \cos\theta)\right\}\right] r\, d\theta$$

$$= \frac{\mathrm{Pr}^3}{2EI}\int_\phi^{\frac{\pi}{2}} \left(\cos^2\phi - 2\cos\phi\cos\theta + \frac{1}{2} + \frac{1}{2}\cos 2\theta\right) d\theta$$

$$= \frac{\mathrm{Pr}^3}{2\mathrm{EI}}\left[\left(\frac{\pi}{2} - \phi\right)\cos^2\phi - 2\cos\phi + \frac{3}{4}\sin 2\phi + \frac{\pi}{4} - \frac{\phi}{2}\right] \quad (\downarrow \text{ 방향})$$

(2) A점의 수평변위 $\delta_{AH} = \sum \int \dfrac{M M_P}{EI} ds$

부재	기준점	구간(θ 표시)	M[그림 11.2.35(a)]	M_P [그림 11.2.35(c)]
A~B	A	$\phi \sim \dfrac{\pi}{2}$	$\left(\dfrac{P}{2}\right) \cdot x = \dfrac{P}{2} r(\cos\phi - \cos\theta)$	$r(\sin\theta - \sin\phi)$
B~C	B	$\phi \sim \dfrac{\pi}{2}$	$\left(\dfrac{P}{2}\right) \cdot x = \dfrac{P}{2} r(\cos\phi - \cos\theta)$	$r(\sin\theta - \sin\phi)$

$$\delta_{AH} = \int \frac{MM_P}{EI} ds = \frac{2}{EI} \int_{\phi}^{\frac{\pi}{2}} \left\{ \frac{P}{2} r(\cos\phi - \cos\theta) \right\} \{ r(\sin\theta - \sin\phi) \} r \, d\theta$$

$$= \frac{\mathrm{Pr}^3}{2EI} \int_{\phi}^{\frac{\pi}{2}} \{ (\cos\phi - \cos\theta)(\sin\theta - \sin\phi) \} \, d\theta$$

$$= \frac{\mathrm{P\,r}^3}{\mathrm{EI}} \left[\frac{1}{2}\left(\phi - \frac{\pi}{2}\right) \sin 2\phi + \frac{3}{4} \cos 2\phi - \frac{1}{4} + \sin\phi \right] \quad (\leftarrow \text{방향})$$

예제11-2-19

[그림 11.2.36(a)]와 같은 단순보식 원호아치가 등분포하중을 받을 경우 C점의 수직변위와 A점의 수평변위를 구하여라. 단 EI는 일정하다.

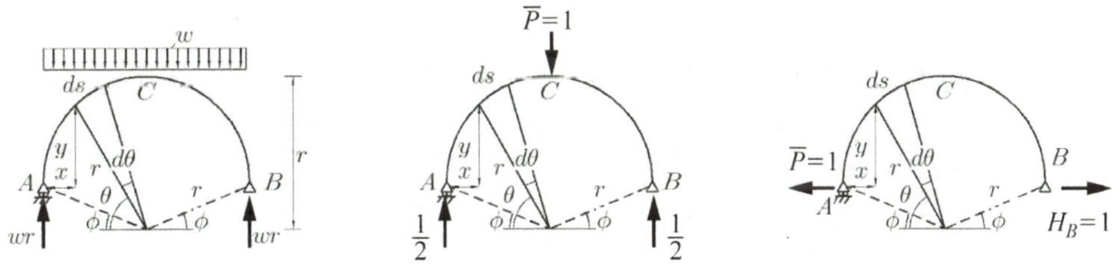

(a) 주어진 아치 (b) 수직단위하중 $\overline{P}=1$을 가한 아치 (c) 수평단위하중 $\overline{P}=1$을 가한 아치

[그림 11.2.36]

풀이

$x = r(\cos\phi - \cos\theta)$, $y = r(\sin\theta - \sin\phi)$, $ds = r d\theta$

(1) C점의 수직변위 $\delta_{CV} = \sum \int \dfrac{MM_P}{EI} ds$

부재	기준점	구간	M[그림 11.2.36(a)]	M_P [그림 11.2.36(b)]
A~C	A	$\phi \sim \dfrac{\pi}{2}$	$(wr) \cdot x - (wx) \cdot \dfrac{x}{2}$ $= w\left\{ r(\cos\phi - \cos\theta) - \dfrac{1}{2} r^2 (\cos\phi - \cos\theta)^2 \right\}$	$\left(\dfrac{1}{2}\right) \cdot x = \dfrac{1}{2} r(\cos\phi - \cos\theta)$
B~C	B	$\phi \sim \dfrac{\pi}{2}$	$(wr) \cdot x - (wx) \cdot \dfrac{x}{2}$ $= w\left\{ r^2(\cos\phi - \cos\theta) - \dfrac{1}{2} r^2 (\cos\phi - \cos\theta)^2 \right\}$	$\left(\dfrac{1}{2}\right) \cdot x = \dfrac{1}{2} r(\cos\phi - \cos\theta)$

$$\therefore \delta_{CV} = \int \frac{MM_P}{EI} ds$$

$$= \frac{2}{EI}\int_{\phi}^{\frac{\pi}{2}} w\left\{r^2(\cos\phi - \cos\theta) - \frac{r^2}{2}(\cos\theta - \cos\phi)^2\right\}\left\{\frac{r}{2}(\cos\phi - \cos\theta)\right\} r\, d\theta$$

$$= \frac{wr^4}{EI}\left[\left(\frac{\phi}{2} - \frac{\pi}{4}\right)\cos^3\phi + \left(\frac{\pi}{2} + \frac{3}{2} - \frac{3}{2}\sin\phi - \phi\right)\cos^2\phi + \left(\frac{3\phi}{4} - \frac{3\pi}{8} - 2\right)\cos\phi\right.$$

$$\left. + \left(\frac{3}{4} + \frac{3}{8}\cos\phi\right)\sin 2\phi + \left(\frac{\pi}{4} - \frac{\phi}{2} - \frac{1}{2}\sin\phi + \frac{1}{6}\sin^3\phi + \frac{1}{3}\right)\right] \quad (\downarrow \text{방향})$$

(2) A점의 수평변위 $\delta_{AH} = \sum \int \frac{MM_P}{EI} ds$

부재	기준점	구간 (θ 표시)	M[그림 11.2.36(a)]	M_P [그림 11.2.36(c)]
A~C	A	$\phi \sim \frac{\pi}{2}$	$(wr)\cdot x - (wx)\cdot \frac{x}{2}$ $= w\left\{r^2(\cos\phi - \cos\theta) - \frac{r^2}{2}(\cos\phi - \cos\theta)^2\right\}$	$r(\sin\theta - \sin\phi)$
B~C	B	$\phi \sim \frac{\pi}{2}$	$(wr)\cdot x - (wx)\cdot \frac{x}{2}$ $= w\left\{r^2(\cos\phi - \cos\theta) - \frac{r^2}{2}(\cos\phi - \cos\theta)^2\right\}$	$r(\sin\theta - \sin\phi)$

$$\therefore \delta_{AH} = \int \frac{MM_P}{EI} ds$$

$$= \frac{2}{EI}\int_{\phi}^{\frac{\pi}{2}} \left[w\left\{r^2(\cos\phi - \cos\theta) - \frac{r^2}{2}(\cos\theta - \cos\phi)^2\right\}\{r(\sin\theta - \sin\phi)\}\right] r\, d\theta$$

$$= \frac{wr^4}{EI}\left[\left(-\frac{2}{3}\right)\cos^3\phi + \left(\frac{\pi}{2}\sin\phi + \frac{1}{2} - \frac{\phi}{2}\sin\phi\right)\cos^2\phi + \left(\frac{3}{4} - \pi\sin\phi + \sin^2\phi + \phi\sin\phi\right)\cos\phi\right.$$

$$\left. + \left(\frac{1}{4}\cos\phi - \frac{1}{4}\right)\cos 2\phi - \sin^2\phi + \left(-\frac{1}{8}\sin 2\phi + \frac{\pi}{4} - \frac{\phi}{4}\right)\sin\phi + \frac{1}{12}\right] \quad (\leftarrow \text{방향})$$

예제11-2-20

[그림 11.2.37(a)]와 같은 $\frac{1}{4}$ 원호의 수평변위와 수직변위를 구하여라. 단 EI는 일정

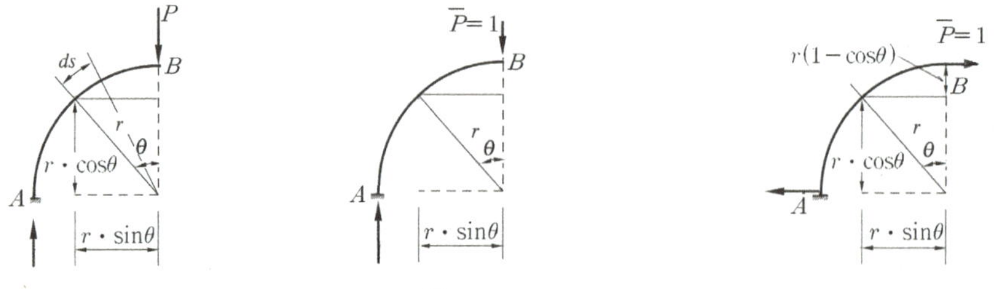

(a) 주어진 아치 (b) 수직단위하중 $\overline{P}=1$을 가한 아치 (c) 수평단위하중 $\overline{P}=1$을 가한 아치

[그림 12.2.37]

풀이

[표]로 구하면 다음과 같다(단위하중법 적용).

부재	기준점	M[그림 11.2.37(a)]	M_P [그림 11.2.37(b)]	M_P [그림 11.2.37(c)]
B~A	B	$-(P)\cdot r\sin\theta$	$-(1)\cdot r\sin\theta$	$-(1)\cdot r(1-\cos\theta)$

(1) B점의 수직변위

$$\delta_{BV} = \int \frac{MM_P}{EI} ds \qquad ([\text{그림 } 11.2.37(a),\ (b)])$$

$$= \frac{1}{EI}\int_0^{\frac{\pi}{2}}(-P\cdot r\sin\theta)(-1\cdot r\sin\theta)rd\theta = \frac{Pr^3}{EI}\int_0^{\frac{\pi}{2}}\sin^2\theta\, d\theta = \frac{\pi Pr^3}{4EI} \qquad (\downarrow \text{방향})$$

(2) B점의 수평변위

$$\delta_{BH} = \int \frac{MM_P}{EI} ds \qquad ([\text{그림 } 11.2.37(a),\ (c)])$$

$$= \frac{1}{EI}\int_0^{\frac{\pi}{2}}(-P\cdot r\sin\theta)\{-r(1-\cos\theta)\}rd\theta = \frac{Pr^3}{EI}\int_0^{\frac{\pi}{2}}\sin\theta(1-\cos\theta)\,d\theta$$

$$= \frac{\pi Pr^3}{2EI} \qquad (\rightarrow \text{방향})$$

예제11-2-21

[그림 11.2.38(a)]와 같은 1/4원호의 축력과 전단력의 효과를 고려하여 수평변위와 수직변위를 구하여라. 단 EI, GA, EA는 일정하다.

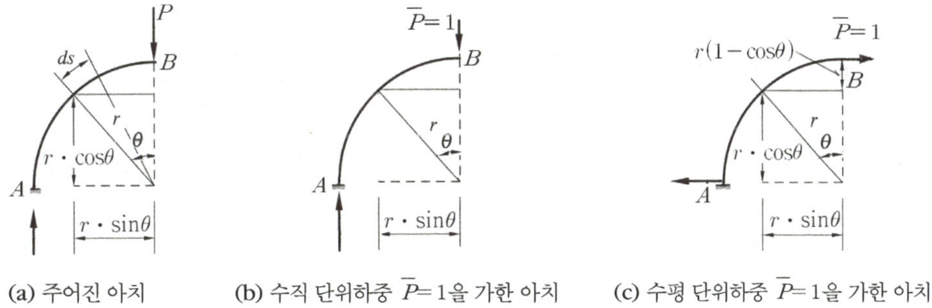

(a) 주어진 아치　(b) 수직 단위하중 $\overline{P}=1$을 가한 아치　(c) 수평 단위하중 $\overline{P}=1$을 가한 아치

[그림 11.2.38]

풀이

[표]로 구하면 다음과 같다(단위하중법 적용).

① 휨모멘트 M에 대하여

부재	기준점	M[그림 11.2.38(a)]	M_P [그림 11.2.38(b)]	M_P [그림 11.2.38(c)]
B~A	B	$-(P)\cdot r\sin\theta$	$-(1)\cdot r\sin\theta$	$-(1)\cdot r(1-\cos\theta)$

② 축력 N에 대하여

부재	기준점	N[그림 11.2.38(a)]	N_P [그림 11.2.38(b)]	N_P [그림 11.2.38(c)]
B~A	B	$-(P)\cdot\sin\theta$	$-(1)\cdot\sin\theta$	$(1)\cdot\cos\theta$

③ 전단력 V에 대하여

부재	기준점	V[그림 11.2.38(a)]	V_P [그림 11.2.38(b)]	V_P [그림 11.2.38(c)]
B~A	B	$(P)\cdot\cos\theta$	$(1)\cdot\cos\theta$	$(1)\cdot\sin\theta$

(1) 수직변위 계산

$$\delta_{BV}=\int\frac{MM_P}{EI}ds+\int\frac{NN_P}{EA}ds+\int\frac{\kappa VV_P}{GA}ds \qquad ([\text{그림 } 11.2.38(a),\ (b)])$$

$$=\frac{1}{EI}\int_0^{\frac{\pi}{2}}\{-(P)\cdot r\sin\theta\}\{-(1)\cdot rsin\theta)\}rd\theta$$

$$+\frac{1}{EA}\int_0^{\frac{\pi}{2}}\{-(P)\cdot\sin\theta\}\{-(1)\cdot\sin\theta\}rd\theta$$

$$+\frac{1}{GA}\int_0^{\frac{\pi}{2}}\kappa\{(P)\cdot\cos\theta\}\{(1)\cdot\cos\theta\}rd\theta$$

$$=\frac{Pr^3\pi}{4EI}+\frac{Pr\pi}{4EA}+\frac{\kappa Pr\pi}{4GA}=\frac{Pr\pi}{4}\left(\frac{r^2}{EI}+\frac{1}{EA}+\frac{\kappa}{GA}\right) \qquad (\downarrow \text{방향})$$

(2) 수평변위 계산

$$\delta_{BH}=\int\frac{MM_P}{EI}ds+\int\frac{NN_P}{EA}ds+\int\frac{\kappa VV_P}{GA}ds \qquad ([\text{그림 } 11.2.38(a),\ (c)])$$

$$=\frac{1}{EI}\int_0^{\frac{\pi}{2}}(-P\cdot r\sin\theta)[-(1)\cdot r(1-\cos\theta)]rd\theta+\frac{1}{EA}\int_0^{\frac{\pi}{2}}(-P\cdot\sin\theta)(1\cdot\cos\theta)rd\theta$$

$$+\frac{1}{GA}\int_0^{\frac{\pi}{2}}\kappa(P\cdot\cos\theta)(1\cdot\sin\theta)rd\theta$$

$$=\frac{Pr^3\pi}{2EI}-\frac{Pr\pi}{2EA}+\frac{\kappa Pr\pi}{2GA}=\frac{Pr\pi}{2}\left(\frac{r^2}{EI}-\frac{1}{EA}+\frac{\kappa}{GA}\right) \qquad (\rightarrow \text{방향})$$

11.2.3 트러스의 처짐

트러스의 격점의 처짐(변위)을 구하는 해법에는 도해적으로 구하는 방법과 해석적으로 구하는 방법이 있다. 일반적으로 사용하고 있는 해석적 방법은 Castigliano의 정리와 가상일의 원리를 이용한다. 여기서 트러스 격점의 처짐 계산은 후크의 법칙을 적용한 가상일의 원리를 이용한다.

[그림 11.2.39(a)]와 같은 트러스에 C지점에 하중 P가 작용하면 부재력 S_1, S_2, S_3가 생긴다. 그리고 C지점에서 수직변위 δ_V와 이동지점인 B에서 수평변위 δ_H가 발생한다. [그림 11.2.39(b)]는 C지점의 수직변위 δ_V를 구하기 위해 C지점에 단위하중 $\overline{P}=1$이 작용할 경우의 부재력이다. 그리고 [그림 11.2.39(c)]는 수평변위 δ_H를 구하기 위해 B지점에 단위하중 $\overline{P}=1$이 작용할 경우에 부재력이다.

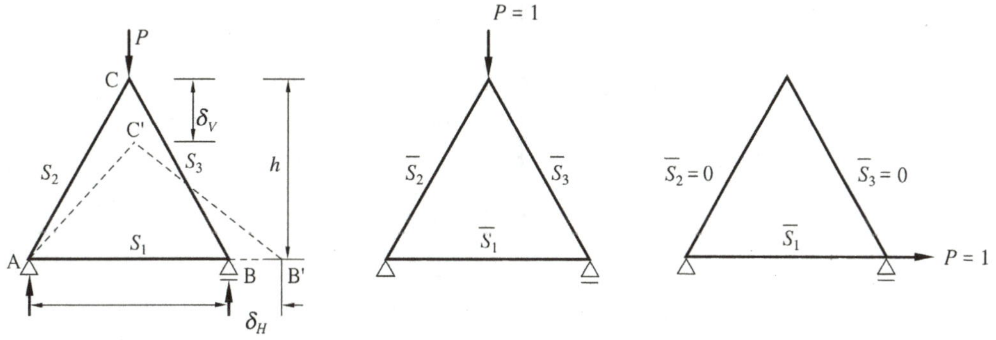

(a) 주어진 트러스 (b) 수직 단위하중 1을 가한 아치 (c) 수평 단위하중 1을 가한 아치

[그림 11.2.39] 트러스의 처짐

[1] 수직변위 (δ_V)

$$\therefore \delta_V = \overline{S_1}\Delta l_1 + \overline{S_2}\Delta l_2 + \overline{S_3}\Delta l_3 \tag{11.2.8}$$

Hooke의 법칙에 의해서

$$\Delta l_1 = \frac{\overline{S_1}\, l_1}{EA_1},\ \Delta l_2 = \frac{\overline{S_2}\, l_2}{EA_2},\ \Delta l_3 = \frac{\overline{S_3}\, l_3}{EA_3}$$

[2] 수평변위 (δ_H)

$$\delta_H = \overline{S_1}\Delta l_1 + \overline{S_2}\Delta l_2 + \overline{S_3}\Delta l_3$$

여기서 $\overline{S_2}=0$, $\overline{S_3}=0$이므로

$$\therefore \delta_H = \overline{S_1}\Delta l_1 \qquad \Delta l_1 = \frac{\overline{S_1}\, l_1}{EA_1} \tag{11.2.9}$$

여기서 E는 탄성계수, A는 부재 단면적, l은 부재 길이, Δl은 부재의 변형량, S는 실제 하중 P가 작용할 때 부재력, $\overline{S}$는 단위하중에 의한 부재력이다.

그리고 [그림 11.2.40]에 나타낸 단순 트러스의 변위에 대해 검토해보자. 단순트러스의 절점 F에 수직하중 P가 작용할 때 절점 F와 절점 G의 수직변위를 구해보자.

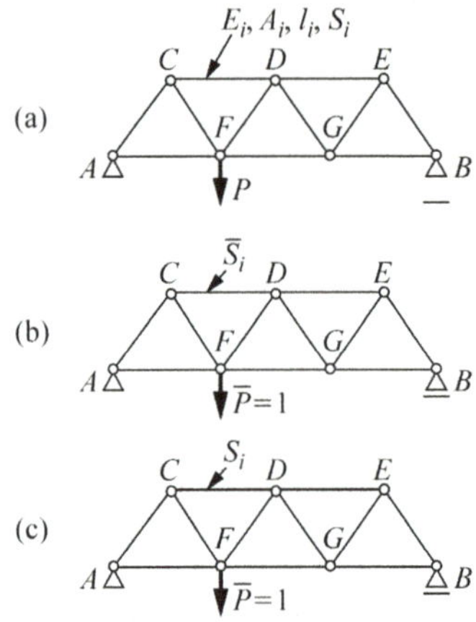

[그림 11.2.40] 단순 트러스의 처짐

임의의 부재 i의 탄성계수는 E_i, 단면적은 A_i, 부재길이 l_i으로 하자. 그리고 실제 수직하중 P가 작용할 때 각 부재의 축력은 S_1, S_2,⋯ S_i,⋯ S_n으로 하고, [그림 11.2.40(b)]와 같이 절점 F에 가상의 수직하중 $\overline{P}=1$ 이 작용 할 때 각 부재의 축력은 $\overline{S_1}$, $\overline{S_2}$,⋯ $\overline{S_i}$,⋯ $\overline{S_n}$으로 구하여 절점 F의 수직변위 δ_{FV}를 구한다.

$$\therefore \delta_{FV} = \frac{S_1\overline{S_2}}{E_1A_1}l_1 + \frac{S_2\overline{S_2}}{E_2A_2}l_2 + \cdots + \frac{S_i\overline{S_i}}{E_iA_i} + \cdots + \frac{S_n\overline{S_n}}{E_nA_n}l_n = \sum_{i=1}^{n}\frac{S_i\overline{S_i}}{E_iA_i}l_i \tag{11.2.10}$$

$S_i = P \cdot \overline{S_i}$을 위의 식에 대입하여 정리하면

$$\therefore \delta_{FV} = P\sum_{i=1}^{n}\frac{(\overline{S_i})^2}{E_iA_i}l_i \tag{11.2.11}$$

그리고 절점 G의 수직변위 δ_{GV}는 절점 G에 가상의 수직하중 $\overline{P}=1$이 작용할 때 각 부재의 축력은 $\overline{S_1}$, $\overline{S_2}, \cdots$ $\overline{S_i}, \cdots$ $\overline{S_n}$으로 구하여([그림 11.2.40(c)]), 다음과 같이 계산한다.

$$\therefore \delta_{GV} = \frac{S_1\overline{S_1}}{E_1A_1}l_1 + \frac{S_2\overline{S_2}}{E_2A_2}l_2 + \cdots + \frac{S_i\overline{S_i}}{E_iA_i}l_i + \cdots + \frac{S_n\overline{S_n}}{E_nA_n}l_n$$

$$= \sum_{i=1}^{n}\frac{S_i\overline{S_i}}{E_iA_i}l_i = P\sum_{i=1}^{n}\frac{(\overline{S_i})^2}{E_iA_i}l_i \quad (\because S_i = P\cdot\overline{S_i}) \tag{11.2.12}$$

[3] 해석 절차

(1) 가상부재력 계산

① 처짐을 구하고자 하는 격점 위치에 처짐의 방향으로 단위하중을 재하시킨다.

② 격점법에 의해 단위하중만에 의한 트러스의 부재력을 계산한다.

③ 계산된 가상부재력을 수치계산표에 옮긴다.

(2) 실제부재력 계산

① 격점법에 의해 모든 작용외력에 의한 각 부재에 작용하는 부재력을 계산한다.

② 온도변화와 제작오차가 있는 부재들의 변형을 가상일의 방정식에서 고려한다.

③ 계산된 부재력, 온도변화, 제작오차 등을 수치계산표에 옮긴다.

(3) 처짐 계산

가상일의 방정식으로부터 처짐(격점변위)을 계산한다.

① 다음과 같은 수치계산표를 이용하여 처짐을 계산한다.

부재 $i-j$	부재 길이 l_i	부재 축강성 EA	가상 부재력 $\overline{S}_i$	실제 부재력 S_i	온도 변화 ΔT	제작 오차 Δl_i	$\dfrac{\overline{S}_i\cdot S_i\cdot l_i}{EA_i}$	$\overline{S}_i\cdot\alpha\cdot\Delta T_i\cdot l_i$	$\overline{S}_i\cdot\Delta l_i$
⋮	⋮	(동일한 경우 생략)	⋮	⋮	⋮	⋮	⋮	⋮	⋮
							Σ	Σ	Σ

② 처짐계산 결과 : $\delta_K = \sum \frac{\overline{S}_i \cdot S_i \cdot l_i}{EA_i} + \sum \overline{S}_i \cdot \alpha \cdot \Delta T_i \cdot l_i + \sum \overline{S}_i \cdot \Delta l_i$

[4] 해석시 유의사항

(1) 해석과정에서 부호사용에 일관성이 있도록 주의해야 한다.

① 부재력은 일상적인 규약에 따라 인장력은 (+), 압축력은 (−)로 가정한다.

② 온도변화 ΔT도 상승시 (+), 하강시 (−)로 가정한다.

③ 제작오차 Δl_i도 부재길이가 증가시에는 (+), 감소시에는 (−)로 가정한다.

④ 처짐계산 결과가 (−)이면, 가정한 처짐과 반대방향

(2) 트러스만이 아니고 모든 형식의 구조물에서 처짐해석시에도 마찬가지이지만, 반력지점에 부등침하가 일어난 것을 고려해야 할 경우에는 이 지점침하로 인한 외적 가상일 W_R을 외적 가상일에 추가시켜야 한다. 단위하중에 의한 반력 r이 이 침하량 ΔR에 의해 하는 외적일은 $W_R = \sum r \cdot \Delta R$로 이 외적일의 부호는 가상반력과 같은 방향이면 (+), 반대방향이면 (−)이다. 따라서 수정된 가상일의 일반방정식은 다음과 같이 된다.

$$\delta E_e + \delta W_R = \delta U$$

$$\overline{1} \cdot \delta + \sum r \cdot \Delta R = \sum \frac{\overline{S} \cdot S \cdot l}{EA} + \cdots\cdots$$

예제11-2-22

[그림 11.2.41(a)]와 같은 트러스의 C지점의 수직변위와 B지점의 수평변위를 구하여라. 단, 각 부재 단면적 $A = 100\,\text{cm}^2$, 탄성계수 $E = 2.1 \times 10^5\,\text{MPa}$이다.

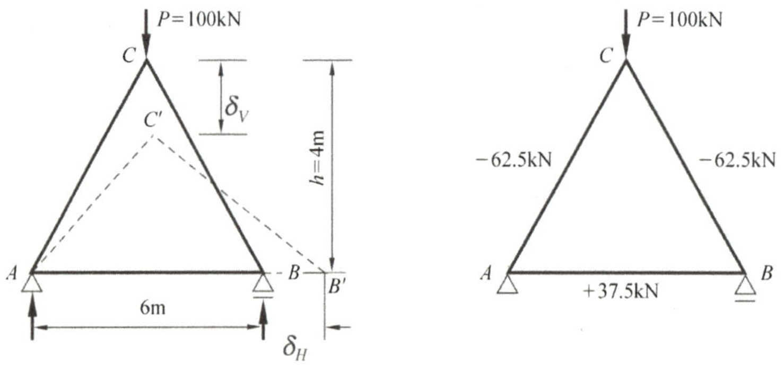

(a) 주어진 트러스 (b) 주어진 트러스의 실제 부재력

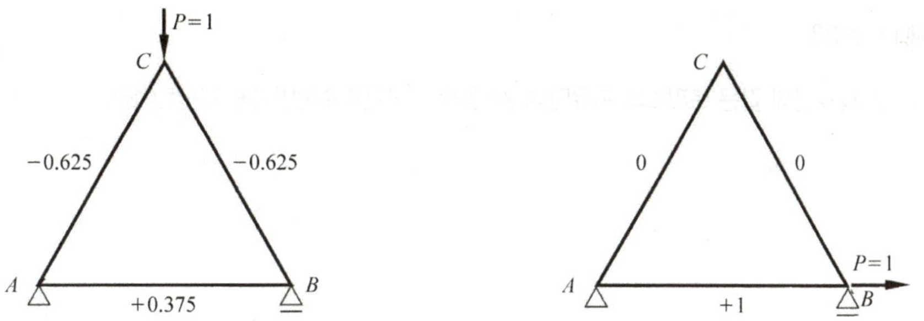

(c) 가상수직하중 $\overline{P}=1$이 C점에 작용할 때의 가상부재력

(d) 상수평하중 $\overline{P}=1$이 B점에 작용할 때의 가상부재력

[그림 11.2.41]

풀이

(1) [그림 11.2.41(b)]는 하중 100KN이 C점에 작용할 때의 실제 부재력(S)

(2) [그림 11.2.41(c)]는 가상수직하중 $\overline{P}=1$이 C점에 작용할 때의 가상부재력($\overline{S}$)

(3) [그림 11.2.41(d)]는 가상수평하중 $\overline{P}=1$이 B점에 작용할 때의 가상부재력 ($\overline{S}$)

① 수직변위(δ_V) 계산

$$AE=(100)\times(2.1\times10^6)=2.1\times10^8\ \text{kgf}=2.1\times10^5\text{tf}=2.1\times10^6\text{KN}$$

$$\frac{1}{AE}=0.48\times10^{-6}/\text{KN}$$

$$\delta_V=\overline{S_1}\Delta l_1+\overline{S_2}\Delta l_2+\overline{S_3}\Delta l_3$$

$$\Delta l_1=\frac{S_1 l_1}{EA_1},\ \ \Delta l_2=\frac{S_2 l_2}{EA_2},\ \ \Delta l_3=\frac{S_3 l_3}{EA_3}\ \text{에서}$$

$$\Delta l_1=(+37.5)\times(6\times100)\times(0.48\times10^{-6})=+0.011\,\text{cm}$$

$$\Delta l_2=(-62.5)\times(5\times100)\times(0.48\times10^{-6})=-0.015\,\text{cm}$$

$$\Delta l_3=(-62.5)\times(5\times100)\times(0.48\times10^{-6})=-0.015\,\text{cm}$$

$$\therefore\ \delta_V=\overline{S_1}\Delta l_1+\overline{S_2}\Delta l_2+\overline{S_3}\Delta l_3=(0.375\times0.011)+2\{(-0.625)\times(-0.015)\}$$

$$=0.022\,\text{cm}$$

② 수평변위(δ_H)계산 : $\overline{S_1}=1,\ \overline{S_2}=0,\ \overline{S_3}=0$이므로

$$\therefore\ \delta_H=\overline{S_1}\Delta l_1+\overline{S_2}\Delta l_2+\overline{S_3}\Delta l_3=1\times0.011=0.011\,\text{cm}$$

예제11-2-23

[그림 11.2.42(a)]와 같은 트러스의 자유단에 일어나는 수직 및 수평변위를 계산하여라.

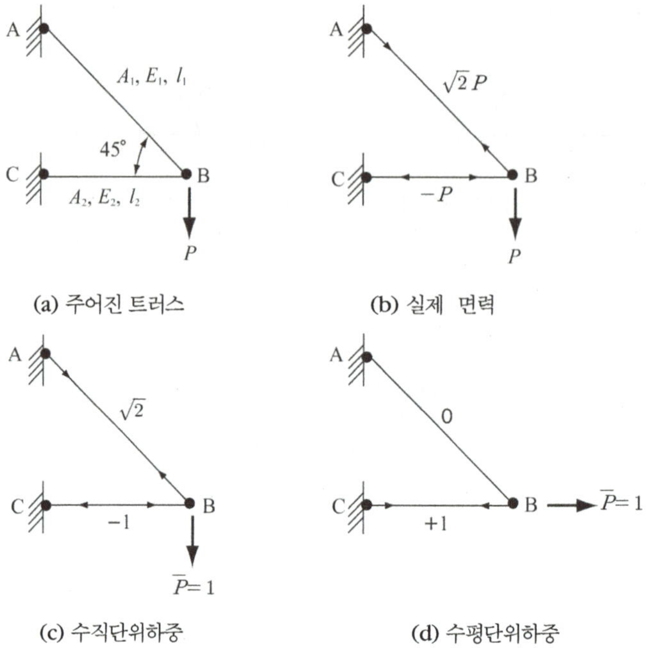

[그림 11.2.42]

풀이

(1) 수직변위

일반적으로 트러스의 변위계산에 대해서는 각 부재의 단면력 및 $\sum S\overline{S}_1 l/EA$를 일괄 표시하여 구한다. [그림 11.2.42(b), (c), (d)]는 각각 하중에 대한 단면력을 나타낸다. 여기서 수직변위 δ_V의 계산을 [표]에 나타내었다.

구분 \ 단면력	S	$\overline{S}$	$S\overline{S}l$	$S\overline{S}l/EA$
$\overline{AB}$부재	$\sqrt{2}P$	$\sqrt{2}$	$2Pl_1$	$2Pl_1/E_1A_1$
$\overline{BC}$부재	$-P$	-1	Pl_2	Pl_2/E_2A_2

따라서 $\delta_V = \sum \frac{S\overline{S}}{EA} l = \frac{2Pl_1}{E_1A_1} + \frac{Pl_2}{E_2A_2}$

(2) 수평변위

수평변위 δ_H를 구하기 위해서는 [그림 11.2.42(d)]에 나타낸 바와 같이 절점 B에 단위수평력을 작용시킬 때의 단면력 $\overline{S}$은 $\overline{AB}$ 부재의 단면력이 0이고, $\overline{BC}$ 부재의 단면력은 1이다. 따라서 특별히 계산표를 만들 필요는 없으며 수평변위 δ_H는 다음과 같이 구해진다.

$$\delta_H = \sum \frac{S\bar{S}}{EA} l = -\frac{P l_2}{E_2 A_2}$$

여기서 $P = 100\,KN,\ A_1 = A_2 = 15\ \text{cm}^2,\ l_1 = 3\ \text{m},\ l_2 = 2.1\,\text{m},\ E_1 = E_2 = 2.1 \times 10^5\ MPa$이라면, 수직변위 δ_V와 수평변위 δ_H는 다음과 같다.

$$\delta_V = \sum \frac{S\bar{S}}{EA} l = \frac{2Pl_1}{E_1 A_1} + \frac{P l_2}{E_2 A_2}$$

$$= \frac{2 \times (100 \times 1{,}000\ \text{N}) \times (3 \times 100\,\text{cm})}{(2.1 \times 10^8\text{N/cm}^2) \times (15\,\text{cm}^2)} + \frac{(100 \times 1{,}000\text{N}) \times (2.1 \times 100\,\text{cm})}{(2.1 \times 10^8\text{N/cm}^2) \times (15\,\text{cm}^2)}$$

$= 0.2572\,\text{cm}$ (↓ 방향)

$$\delta_H = \sum \frac{S\bar{S}}{EA} l = -\frac{P l_2}{E_2 A_2} = -\frac{(100 \times 1{,}000\,\text{N}) \times (2.1 \times 100\,\text{cm})}{(2.1 \times 10^8\text{N/cm}^2) \times (15\,\text{cm}^2)}$$

$= -0.0667\,\text{cm}$ (← 방향)

예제11-2-24

[그림 11.2.43(a)]와 같은 트러스의 D지점의 처짐을 구하여라. 단 $E = 2 \times 10^5 \text{MPa}$이고, ( ) 속의 숫자는 부재의 단면적이다.

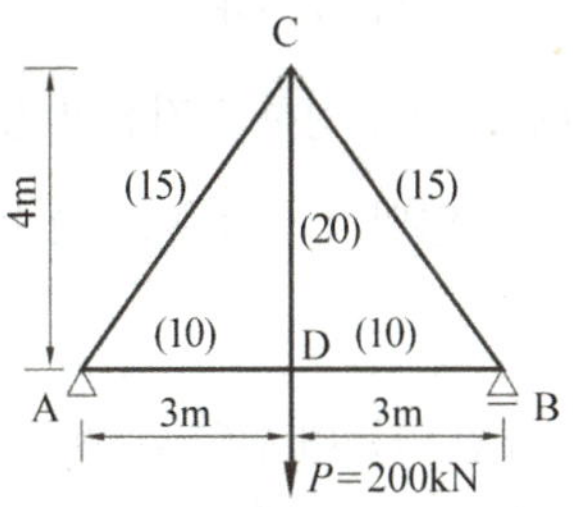

(a) 주어진 트러스

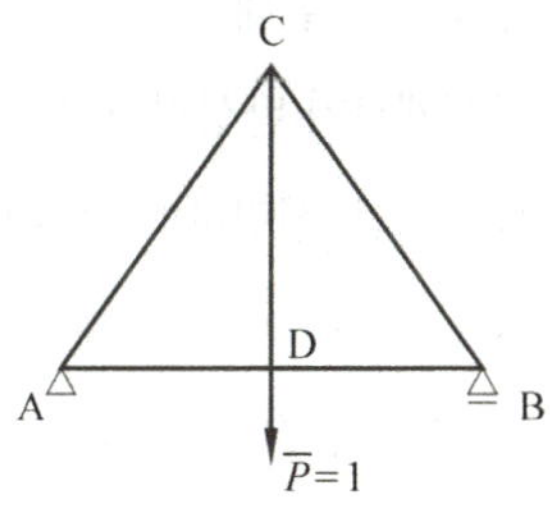

(b) 단위하중 $\bar{P}=1$

[그림 11.2.43]

풀이

가상일의 방법

트러스의 변위 계산은 식 $\therefore\ \delta_D = \sum \frac{S\bar{S}}{EA} l$을 이용한다. 결과는 다음 표와 같다.

(1) 수직처짐 계산

부재	l(cm)	A (cm²)	$\frac{l}{A}$(1/cm)	S(KN)	$\bar{S}$	$S\bar{S}l/A$ (KN/cm)
AD	300	10	30	75	+0.375	843.75
BD	300	10	30	75	0.375	843.75
AC	500	15	33.333	−125	−0.625	2,604.15
BC	500	15	33.333	−125	−0.625	2,604.15
CD	400	20	20	200	1.000	4,000.00
Σ						10,895.80

$$\therefore \delta_D = \sum \frac{S\bar{S}l}{AE} = \frac{10{,}895.8\text{KN/cm}}{2\times 10^4\text{KN/cm}^2} = 0.54479\,\text{cm}\ (\downarrow)$$

11.3 Castigliano의 제2정리

Castigliano의 정리는 1879년 이탈리아의 Alberto Castigliano가 발표한 2개의 이론이다. 본 절에서는 구조물의 변형(처짐각, 처짐)을 구하는 데 필요한 제2정리에 대해서만 다루고, 제2정리를 이용한 부정정구조물 해석을 다루는 최소일의 원리는 13장에서 다룬다.

이 정리는 구성재료가 탄성적이고 후크의 법칙을 따르며 온도가 일정하고 지점의 침하가 없는 임의의 구조물에서만 성립한다. 이러한 조건을 만족시키는 임의의 구조물, 이를테면 [그림 11.3.1]와 같은 보에 대하여 고려해보자.

가령, 이 보에 힘 $P_1,\ P_2,\ \cdots,\ P_n$이 서서히 가해진다고 하면 이들의 힘이 한 외적 일(이것을 W_E라고 한다)은 이 힘들의 어떤 함수이다.

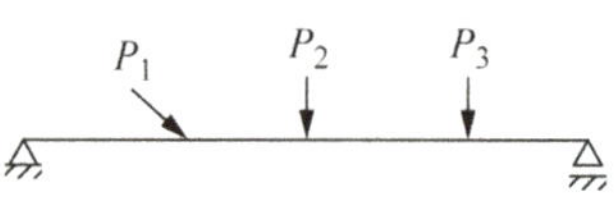

[그림 11.3.1]

에너지보존의 원리에 의하면 한 하중계의 작용상태에서 평형상태를 유지하면서 정지하고 있는 임의의 탄성구조물에 있어서 그 구조물 안에 축적되는 변형에너지, 곧 내적 일은 이들의 하중이 서서히 작용하는 사이에 이들이 하는 외적 일과 같다. 따라서 내적 일 곧, 변형에너지를 W_I로 표시하면 다음과 같이 나타낼 수 있다.

$$W_I = W_E = f(P_1, P_2, \cdots, P_n) \tag{11.3.1}$$

이제 힘 P_n이 미소량 dP_n 만큼 증가하였다고 가정하면 내적 일이 증가하여 다음 양으로 된다.

$$W_I' = W_I + \frac{\partial W_I}{\partial P_n} dP_n \tag{11.3.2}$$

그러나 총 내적 일의 크기는 힘의 작용순서에는 관계없으며, 다만 이들 힘 최종값에만 관계한다. 뿐만 아니라 재료가 후크의 법칙을 따를 때 힘 P_1, P_2, $\cdots$, P_n이 일으키는 변형과 처짐 또 이들이 하는 일은 사전 혹은 사후에 다른 힘들의 작용 여부에 불문하고 이들 모든 원인에 의한 총 축응력이 탄성한도 안에 있는 한 같다. 그래서 만약 최소한 힘 dP_n이 먼저 작용하고, 힘 P_1, P_2, $\cdots$, P_3이 나중에 작용한다고 하더라도 내적 일의 최종값은 식 (11.3.2)으로 주어지는 양과 같게 될 것이다.

먼저 작용하는 힘 dP_n은 미소변위 $d\delta_n$을 일으키고, dP_n의 작용 시에 하는 외적 일은 위 미소량으로 되므로 생략할 수 있다. 만약 이제 힘 P_1, P_2, $\cdots$, P_n이 작용한다고 하면, 이들 만에 의한 외적 일은 dP_n의 존재로 변경되지 않으므로 그 값은 식 (11.3.1)로 주어지는 W_E의 값과 같게 된다.

그러나 이들의 힘이 작용하는 동안에 P_n의 작용점은 δ_n 만큼 이동하며, 따라서 dP_n이 변위에 대해 $(dP_n)(\delta_n)$만큼의 외적 일을 하게 된다. 이런 순서로 재하하는 동안에 전체 구조계가 하는 외적 일의 총량을 W_E'라고 하면, 다음과 같이 나타낼 수 있다.

$$W_E' = W_E + dP_n\delta_n \tag{11.3.3}$$

그런데 에너지보존의 원리에 의하면 $W_E' = W_I'$이므로 다음과 같이 된다.

$$W_E + dP_n\delta_n = W_I + \frac{\partial W_I}{\partial P_n} dP_n \tag{11.3.4}$$

그러나 $W_E = W_I$이므로 식 (11.3.4)는 간단히 다음과 같이 나타낼 수 있다.

$$\frac{\partial W_I}{\partial P_n} = \delta_n \tag{11.3.5}$$

이 방정식은 Castigliano의 제2정리의 수학적 표현이며, 이를 바꾸어 말하면 다음과 같다. '구성재료가 탄성적이고 Hooke의 법칙을 따르며, 온도가 일정하고 지점의 침하가 없는 임의의 구조물에 있어서는 변형에너지의 어느 특정된 힘에 관한 1차 편도함수는 그 힘의 작용점에서 작용선 방향의 변위와 같다.'

Castigliano의 정리를 사용하려면, 먼저 부재 내에 축방향력이나 휨모멘트에 의해 축적되는 변형에너지 U_I, 즉 내적 일을 계산하는 식을 유도할 필요가 있다.

먼저 축방향력에 의한 내적 일을 계산하는 식을 유도해 보자.

어떤 힘 F가 작용하여 이 힘의 방향으로 du만큼의 변위가 생긴다고 하면 이 힘의 하는 일은 $dW = Fdu$이다. 총 변위가 δ이라 하면 이때의 총 외적 일은 다음과 같이 나타낼 수 있다.

$$W_E = \int_{\delta}^{0} Fdu \tag{11.3.6}$$

[그림 11.3.2(a)]와 같이 탄성봉의 끝에 축력이 작용할 때의 일을 계산해 보자. F의 크기가 0에서부터 N까지 서서히 증가하여 봉의 최종 신장량이 δ가 되는 경우의 힘 F와 변위 u 사이의 관계는 [그림 11.3.2(b)]와 같이 $F = (N/\delta)u$이므로 이 값을 식 (11.3.6)에 대입하고 적분하면 다음과 같다.

$$W_E = \int_{\delta}^{0} \frac{N}{\delta} u\, du = \frac{1}{2} N\delta \tag{11.3.7}$$

식 (11.3.7)으로 표현되는 외적 일은 일의 원리(외적 일=내적 일)에 의해 내적 일로 변환되어 봉의 내부에 저장된다. 이 재료는 탄성체이므로 후크의 법칙($f = E\varepsilon$)이 적용되며 $f = N/A$이고 $\varepsilon = \delta/L$이다.

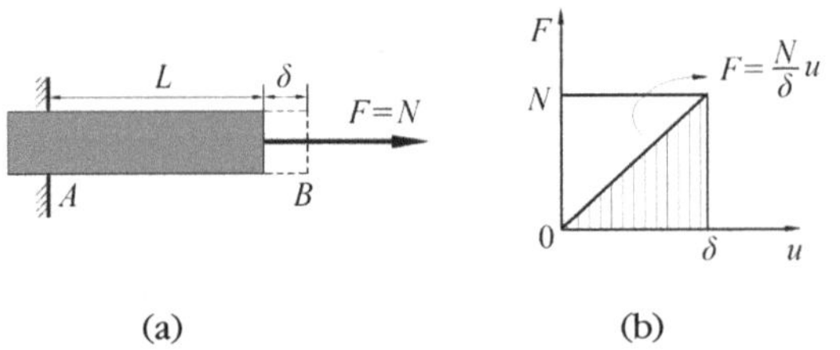

[그림 11.3.2]

이들을 후크의 법칙에 대입하면 $N/A = E\delta/L$이므로 $\delta = NL/EA$이 된다. 이를 식 (11.3.7)에 대입하고 일의 원리에 의하여 내적 일($W_I = U_i$)을 구하면 다음과 같다.

$$U_i = \frac{N^2 L}{2EA} \tag{11.3.8}$$

구조물이 축력을 받는 여러 개의 부재로 구성되어 있다면 그 구조물의 총 내적 일은 모든 부재의 축력(N)에 의한 내적 일의 합이므로 다음과 같이 된다.

$$U_i = \Sigma \frac{N^2 L}{2EA} \tag{11.3.9}$$

이 식을 이번에는 휨모멘트 M이 일으키는 휨응력에 의해서 보 안에 축적되는 변형에너지에 대한 식을 유도한다. [그림 11.3.3(a)]에 보인 바와 같이 P_1, P_2, $\cdots$,P_n의 하중으로 인하여 이 보에는 휨모멘트가 발생하게 되며, 이 휨모멘트 때문에 보에 휨응력이 발생하게 된다.

여기에서 생각하는 보는 후크의 법칙을 따르므로 이 휨응력에 대응하여 이 보는 변형을 일으킨다. 이 변형으로 생기는 변형에너지는 보 안에 축적되는 바 이 변형에너지를 유도하기 위해서 [그림 11.3.3(a)]의 미소요소를 확대한 [그림 11.3.3(b)]에 보인 길이 dx의 미소한 보의 요소를 생각한다. 이 보의 요소는 길이가 dx, 높이가 dy, 단면에 수직한 방향의 폭이 b인 작은 섬유 토막의 묶음이라고 생각할 수 있다. 그런 섬유에 축방향으로 작용하는 축력 N는 다음과 같이 나타낼 수 있다.

$$N = fbdy = \left(\frac{M}{I}y\right)bdy \tag{11.3.10}$$

여기서 f =휨모멘트에 의한 휨응력을 나타낸다.

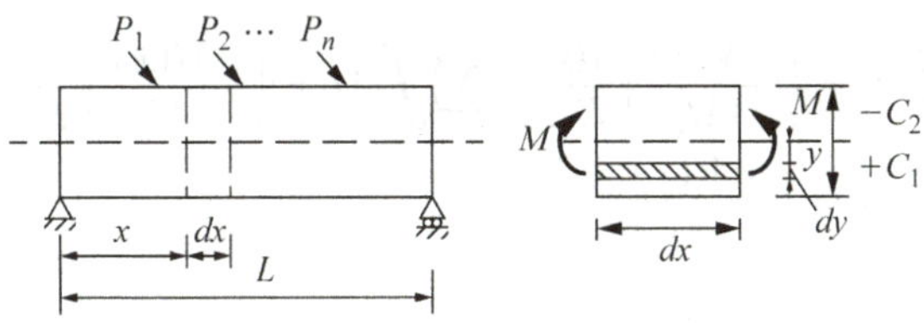

[그림 11.3.3]

보의 이러한 모든 섬유 안에 축적되는 변형에너지는 식 (11.3.9)를 적용하여 구할 수 있으므로 요소 dx 속의 모든 섬유에 대해서 이를 합하고 다음에 이런 양을 그 부재의 전 길이에 걸쳐 합하면 된다. 즉

$$U_i=\int_0^L\int_{-c_2}^{c_1}\left(\frac{M}{I}ybdy\right)^2\frac{dx}{2(bdy)}=\int_0^L\frac{M^2}{2EI}\int_{-c_2}^{-c_1}\frac{by^2dy}{I}dx=\int_0^L\frac{M^2}{2EI}dx \qquad (11.3.11)$$

여기서 $\int_{-c_2}^{c_1} by^2dy= I$이므로 이 구조물의 모든 구성재료에 대해서는 휨모멘트에 의해서 축적되는 변형에너지는 다음과 같다.

$$U_i=\int\frac{M^2}{2EI}dx \qquad (11.3.12)$$

일반적으로 축력에 의해서 보에 축적되는 변형에너지는 생략해도 되므로 이로 인한 변형에너지를 여기서는 고려하지 않는다.

9.3절에서 기술한 Castigliano의 정리를 이용하여 구조물의 처짐을 구하는 방법은 다음과 같이 간단히 표현할 수 있다.

[1] 보, 라멘, 아치의 경우

$$U_i=\sum\int\frac{N^2(x)}{2EA}ds+\sum\int\frac{M^2(x)}{2EI}ds+\sum\int\frac{\kappa V^2(x)}{2GA}ds \qquad (11.3.13)$$

9.3절 식 (9.3.11)으로부터 처짐 δ_k와 처짐각 θ_k는 다음과 같이 된다.

$$\delta_k=\frac{\partial U_i}{\partial P_k}=\sum\int N(x)\left(\frac{\partial N(x)}{\partial P_k}\right)\frac{ds}{EA}+\sum\int M(x)\left(\frac{\partial M(x)}{\partial P_k}\right)\frac{ds}{EI}+\sum\int\kappa V(x)\left(\frac{\partial V(x)}{\partial P_k}\right)\frac{ds}{GA} \qquad (11.3.14a)$$

$$\theta_k=\frac{\partial U_i}{\partial M_k}=\sum\int N(x)\left(\frac{\partial N(x)}{\partial M_k}\right)\frac{ds}{EA}+\sum\int M(x)\left(\frac{\partial M(x)}{\partial M_k}\right)\frac{ds}{EI}+\sum\int\kappa V(x)\left(\frac{\partial V(x)}{\partial M_k}\right)\frac{ds}{GA} \qquad (11.3.14b)$$

[2] 비틀림 모멘트가 포함된 복합구조물의 경우

$$U_i=\sum\frac{S^2(x)\,l}{2EA}+\sum\int\frac{N^2(x)}{2EA}ds+\sum\int\frac{M^2(x)}{2EI}ds+\sum\int\frac{\kappa V^2(x)}{2GA}ds+\sum\int\frac{M_T^2(x)}{2GJ}ds \qquad (11.3.15)$$

따라서 처짐 δ_k와 처짐각 θ_k는 다음과 같이 된다.

$$\begin{aligned}\delta_k &= \frac{\partial U_i}{\partial P_k} \qquad (11.3.16a)\\ &= \sum S(x)\left(\frac{\partial S(x)}{\partial P_k}\right)\frac{l}{EA} + \sum\int N(x)\left(\frac{\partial N(x)}{\partial P_k}\right)\frac{ds}{EA}\\ &\quad + \sum\int M(x)\left(\frac{\partial M(x)}{\partial P_k}\right)\frac{ds}{EI} + \sum\int \kappa V(x)\left(\frac{\partial V(x)}{\partial P_k}\right)\frac{ds}{GA}\\ &\quad + \sum\int M_T(x)\left(\frac{\partial M_T(x)}{\partial P_k}\right)\frac{ds}{GJ}\end{aligned}$$

$$\begin{aligned}\theta_k &= \frac{\partial U_i}{\partial M_k} \qquad (11.3.16b)\\ &= \sum\int N(x)\left(\frac{\partial N(x)}{\partial M_k}\right)\frac{ds}{EA} + \sum\int M(x)\left(\frac{\partial M(x)}{\partial M_k}\right)\frac{ds}{EI}\\ &\quad + \sum\int \kappa V(x)\left(\frac{\partial V(x)}{\partial M_k}\right)\frac{ds}{GA} + \sum\int M_T(x)\left(\frac{\partial M_T(x)}{\partial M_k}\right)\frac{ds}{GJ}\end{aligned}$$

[3] 보, 라멘, 아치 구조물의 처짐 해석 절차

(1) 변량으로 취한 외력 Q 또는 우력(모멘트) M_Q에 의한 휨모멘트 해석

① 보 또는 라멘상의 처짐 또는 처짐각을 구하려는 점에 그 방향으로 변수로 취한 힘 Q 또는 우력(모멘트) M_Q를 작용시킨다. Q와 M_Q에 대응하는 실제하중이 있는 경우에는 잠시 그 하중을 변수로 대치한다.

② 각 부재의 좌표 x_i와 Q 또는 M_Q의 함수로 구조물의 휨모멘트 $M^V(x_i)$를 구한다. (아치의 경우에는 각 부재좌표 x, y의 함수로 구한다. $x = r(1-\cos\theta)$, $y = r\sin\theta$, $ds = rd\theta$[그림 11.3.11(a)] 참조)

(2) 실제하중에 의한 휨모멘트를 해석

각 부재의 휨모멘트를 부재좌표 x_i와 $M^L(x_i)$로 구한다. (아치의 경우에는 각 부재좌표 x, y의 함수로 구한다. $x = r(1-\cos\theta)$, $y = r\sin\theta$, $ds = rd\theta$[그림 11.3.11(a)] 참조)

(3) 휨모멘트의 편미분 해석

① 변수 Q 또는 M_Q에 의한 부재력과 실제하중에 의한 모멘트를 합한 부재 i의 휨모멘트 $M(x_i) = M^V(x_i) + M^L(x_i)$을 구한다.

② Q 또는 M_Q에 대한 휨모멘트 M의 편미분 $\dfrac{\partial M(x_i)}{\partial Q}$ 또는 $\dfrac{\partial M(x_i)}{\partial M_Q}$를 구한다.

(4) Castigliano 제2정리에 의한 처짐 계산

Castigliano 제2정리 식 (11.3.16)을 적용하여 처짐 δ_k이나 처짐각 θ_k를 구한다.

$$\delta_k = \sum \int M(x)\left(\frac{\partial M(x)}{\partial P_k}\right)\frac{ds}{EI}, \quad \theta_k = \sum \int M(x)\left(\frac{\partial M(x)}{\partial M_k}\right)\frac{ds}{EI}$$

[4] 트러스의 경우

$$U_i = \sum \frac{S^2(x)l}{2EA} \tag{11.3.17}$$

트러스의 처짐 δ_k는 다음과 같이 된다.

$$\delta_k = \frac{\partial U_i}{\partial P_k} = \sum S(x)\left(\frac{\partial S(x)}{\partial P_k}\right)\frac{l}{EA} \tag{11.3.18}$$

[5] 트러스 구조물의 처짐 계산 절차

(1) 변량으로 취한 외력 P에 의한 부재력 해석

① 처짐을 구하려는 절점에 그 방향으로 변수로 취한 외력 P를 재하시킨다. P에 대응하는 실제하중이 있는 경우에는 잠시 그 하중을 변량으로 간주하여 P로 대치한다.

② P의 함수로 부재력을 해석한다. 즉, $S_i^P = \alpha_i P$

(2) 실제하중에 의한 휨모멘트를 해석

$S_i^L = \beta_i$

(3) 휨모멘트의 편미분 해석

① 변수 P와 실제하중에 의한 부재력을 합한 부재력 $S_i = S_i^P + S_i^L = \alpha_i P + \beta_i$을 구한다.

② P에 대한 편미분 $\dfrac{\partial S_i}{\partial P} = \alpha_i$를 구한다.

(4) Castigliano 제2정리에 의한 처짐 계산

① 처짐 계산은 다음과 같은 계산도표를 이용하여 수행하는 것이 편리하다.

부재번호 i	부재길이 l_i	부재강성 EA_i	부재력 S_i	$\frac{\partial S_i}{\partial P}=\alpha_i$	$S\left(\frac{\partial S_i}{\partial P}\right)\frac{l_i}{EA}$
1	l_1	EA_1	S_1	α_1	$S_1\alpha_1 l_1/EA_1$
2	l_2	EA_2	S_2	α_2	$S_2\alpha_2 l_2/EA_2$
⋮	⋮	⋮	⋮	⋮	⋮
i	l_i	EA_i	S_i	α_i	$S_i\alpha_i l_i/EA_i$
⋮	⋮	⋮	⋮	⋮	⋮
					$\delta=\sum$

※ 편미분을 취한 후에 부재력 S_i의 변수 P는 실제수치 값을 대입한다. 외력으로 P가 없는 경우에는 $P=0$으로 취한다.

② 처짐 $\delta=\sum S\left(\frac{\partial S_i}{\partial P}\right)\frac{l_i}{EA}$는 도표의 최종열의 $\sum$으로 구해진다. EA가 일정한 경우에는 도표에 포함시키지 않고 도표의 결과를 나중에 EA로 나누면 된다.

11.3.1 캔틸레버에 등분포하중이 작용할 경우

[그림 11.3.4(a)]에서 Castigliano의 정리에 의하여 처짐각 및 처짐곡선식, 최대 처짐각 및 최대 처짐을 구하는 식을 유도하면 다음과 같다.

처짐각의 곡선방정식을 유도하면[그림 11.3.4(b)]에서

원점	구간	M[그림 11.3.4(b)]	$\frac{\partial M}{\partial M_Q}$
A	$0\le g\le x$	$-\frac{1}{2}wg^2$	0
x	$0\le g\le l-x$	$-\frac{w}{2}(x+g)^2-M_Q$	-1

$$\theta_x=\frac{\partial W}{\partial M_Q}=\int\frac{M}{EI}\frac{\partial M}{\partial M_Q}dg=\frac{1}{EI}\int_0^{l-x}\left[-\frac{w}{2}(x+g)^2-M_Q\right](-1)dg\quad(\because M_Q=0)$$

$$=\frac{w(l^3-x^3)}{6EI}$$

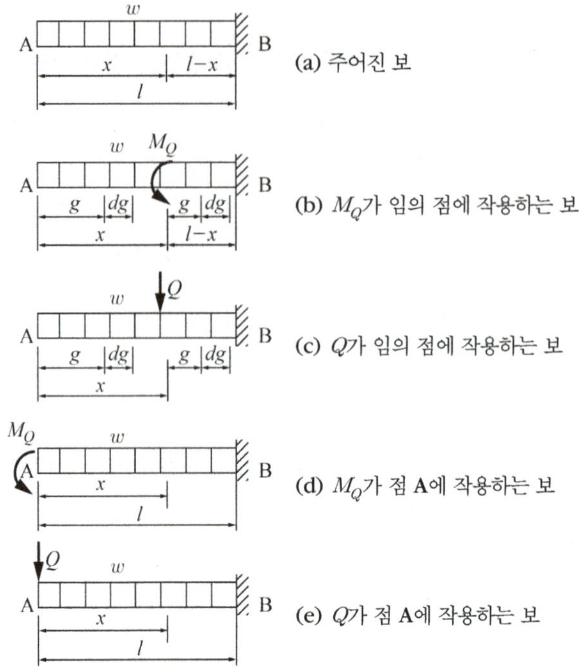

[그림 11.3.4]

처짐곡선 방정식을 유도하려면 [그림 11.3.4(c)]에서

원점	구간	M [그림 11.3.4(c)]	$\dfrac{\partial M}{\partial Q}$
A	$0 \le g \le x$	$-\dfrac{1}{2}wg^2$	0
x	$0 \le g \le l-x$	$-\dfrac{w}{2}(x+g)^2 - Qg$	$-g$

$$\delta_x = \frac{\partial W}{\partial Q} = \int_0^{l-x} \frac{M}{EI}\frac{\partial M}{\partial Q}dg = \frac{1}{EI}\int_0^{l-x}\left[-\frac{w}{2}(x+g)^2 - Qg\right](-g)dg$$

$$= \frac{w}{24EI}(x^4 - 4l^3x + 3l^4) \qquad (\because Q = 0)$$

최대 처짐각은 자유단에서 생기므로 [그림 11.3.4(d)]에서

원점	구간	M [그림 12.3.4(d)]	$\dfrac{\partial M}{\partial M_Q}$
A	$0 \le g \le l$	$-\dfrac{wx^2}{2} - M_Q$	-1

$$\theta_{\max} = \frac{\partial W}{\partial M_Q} = \int \frac{M}{EI}\frac{\partial M}{\partial M_Q}dx = \frac{1}{EI}\int_0^l \left(-\frac{wx^2}{2} - M_Q\right)(-1)dx$$

$$= \frac{wl^3}{6EI} \quad (\text{반시계방향}) \qquad (\because M_Q = 0)$$

최대 처짐은 자유단에서 생기므로 [그림 11.3.4(e)]에서

원점	구간	M [그림 11.3.4(e)]	$\frac{\partial M}{\partial Q}$
A	$0 \le g \le l$	$-Qx - \frac{1}{2}wx^2$	$-x$

$$\delta_{\max} = \frac{\partial W}{\partial Q} = \int \frac{M}{EI}\frac{\partial M}{\partial Q}dx = \frac{1}{EI}\int_0^l \left(-Qx - \frac{wx^2}{2}\right)(-x)dx$$

$$= \frac{wl^4}{8EI} \quad (\downarrow \text{방향})$$

11.3.2 캔틸레버에 집중하중이 작용할 경우

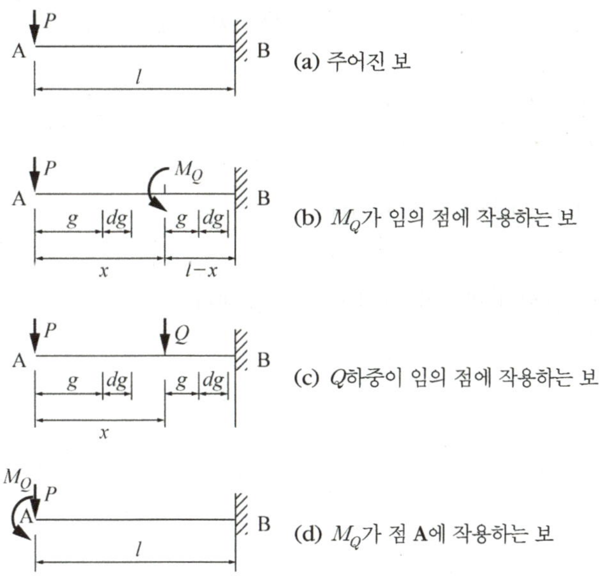

[그림 11.3.5]

[그림 11.3.5(b)]의 x점의 처짐각을 구해보면

원점	구간	M	$\frac{\partial M}{\partial M_Q}$
A	$0 \leq g \leq x$	$-Pg$	0
x	$0 \leq g \leq l-x$	$-P(x+g)-M_Q$	-1

$$\theta_{\max}=\frac{\partial W}{\partial M_Q}=\int \frac{M}{EI}\frac{\partial M}{\partial M_Q}dg$$

$$=\frac{1}{EI}\int_0^{l-x}[-P(x+g)-M_Q](-1)dg$$

$$=\frac{P}{2EI}(l^2-x^2) \qquad (\because M_Q=0)$$

처짐곡선방정식을 유도하면 [그림 11.3.5(c)]로부터

원점	구간	M	$\frac{\partial M}{\partial Q}$
A	$0 \leq g \leq x$	$-Pg$	0
x	$0 \leq g \leq l-x$	$-Qg-P(x+g)$	$-g$

$$\delta_x=\frac{\partial W}{\partial Q}=\int \frac{M}{EI}\frac{\partial M}{\partial Q}dg=\frac{1}{EI}\int_0^{l-x}[-Qg-P(x-g)](-g)dg$$

$$=\frac{P}{6EI}(x^3-3l^2x+2l^3) \quad (\because Q=0)$$

최대 처짐각은 자유단에서 생기며 [그림 11.3.5(d)]에서

원점	구간	M	$\frac{\partial M}{\partial M_Q}$
A	$0 \leq g \leq l$	$-M_Q-Px$	-1

$$\theta_{\max}=\frac{\partial W}{\partial M_Q}=\int \frac{M}{EI}\frac{\partial M}{\partial M_Q}dx=\frac{1}{EI}\int_0^{l}(-M_Q-Px)(-1)dx$$

$$=\frac{Pl^2}{2EI} \quad (\text{반시계방향}) \qquad (\because M_Q=0)$$

최대 처짐도 자유단에서 생기므로 [그림 11.3.5(a)]에서

원점	구간	M	$\dfrac{\partial M}{\partial P}$
A	$0 \le g \le l$	$-Px$	$-x$

$$\delta_{\max} = \frac{\partial W}{\partial Q} = \int \frac{M}{EI}\frac{\partial M}{\partial P}dx = \frac{1}{EI}\int(-Px)(-x)dx = \frac{Pl^3}{3EI} \ (\downarrow \text{ 방향})$$

11.3.3 단순보에 집중하중이 작용할 경우

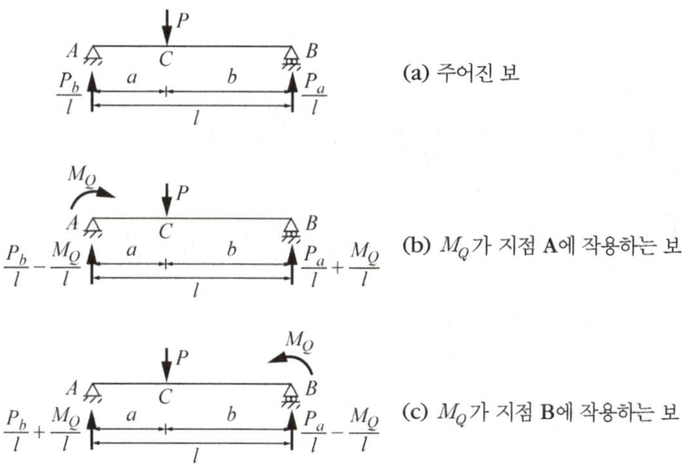

[그림 11.3.6]

A 점의 처짐각은 [그림 11.3.6(b)]에서

원점	구간	M	$\dfrac{\partial M}{\partial M_Q}$
A	$0 \le x \le a$	$\left(\dfrac{Pb}{l}-\dfrac{M_Q}{l}\right)x+M_Q$	$1-\dfrac{x}{l}$
B	$0 \le x \le b$	$\left(\dfrac{Pa}{l}+\dfrac{M_Q}{l}\right)x$	$\dfrac{x}{l}$

$$\theta_A = \frac{\partial W}{\partial M_Q} = \int \frac{M}{EI}\frac{\partial M}{\partial M_Q}dx \quad (\because M_Q = 0)$$

$$= \frac{1}{EI}\int_0^a \left[\left(\frac{Pb}{l} - \frac{M_Q}{l}\right)x + M_Q\right]\left(1 - \frac{x}{l}\right)dx + \frac{1}{EI}\int_0^b \left(\frac{Pa}{l} + \frac{M_Q}{l}\right)x\left(\frac{x}{l}\right)dx$$

$$= \frac{Pab}{6EIl}(a+2b) \quad \text{또는} \quad \frac{Pab}{6EIl}(l+b)$$

B점의 처짐각은 [그림 12.3.6(c)]에서

원점	구간	M	$\frac{\partial M}{\partial M_Q}$
A	$0 \le x \le a$	$\left(\frac{Pb}{l} + \frac{M_Q}{l}\right)x$	$\frac{x}{l}$
B	$0 \le x \le b$	$M_Q + \left(\frac{Pa}{l} - \frac{M_Q}{l}\right)x$	$1 - \frac{x}{l}$

$$\theta_B = \frac{\partial W}{\partial M_Q} = \int \frac{M}{EI}\frac{\partial M}{\partial M_Q}dx = \frac{1}{EI}\int_0^a \left(\frac{Pb}{l} + \frac{M_Q}{l}\right)x\left(\frac{x}{l}\right)dx$$

$$+ \frac{1}{EI}\int_0^b \left[M_Q + \left(\frac{Pa}{l} - \frac{M_Q}{l}\right)x\right]\left(1 - \frac{x}{l}\right)dx \quad (\because M_Q = 0)$$

$$= \frac{Pab}{6EIl}(2a+b) \ \text{또는} \ \frac{Pab}{6EIl}(l+a)$$

C점의 처짐을 유도하면 [그림 11.3.6(a)]에서

원점	구간	M	$\frac{\partial M}{\partial P}$
A	$0 \le x \le a$	$\frac{Pb}{l}x$	$\frac{b}{l}x$
B	$0 \le x \le b$	$\frac{Pa}{l}x$	$\frac{a}{l}x$

$$\delta_c = \frac{\partial W}{\partial P} = \int \frac{M}{EI}\frac{\partial M}{\partial P}dx = \frac{1}{EI}\int_0^a \left(\frac{Pb}{l}x\right)\left(\frac{b}{l}x\right)dx + \frac{1}{EI}\int_0^b \left(\frac{Pa}{l}x\right)\left(\frac{a}{l}x\right)dx$$

$$= \frac{1}{EI}\left(\frac{Pa^3b^2}{3l^2} + \frac{Pa^2b^3}{3l^2}\right) = \frac{Pa^2b^2}{3EIl}$$

11.3.4 단순보에 등분포하중이 작용할 경우

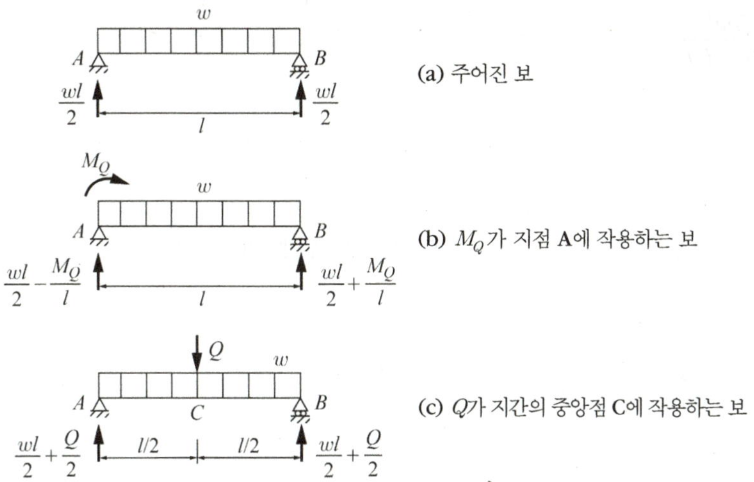

[그림 11.3.7]

[그림 11.3.7(a)]의 최대 처짐각은 양단에서 생기므로 [그림 11.3.7(b)]로부터

원점	구간	M	$\frac{\partial M}{\partial M_Q}$
A	$0 \le x \le l$	$\left(\frac{wl}{2}-\frac{M_Q}{l}\right)x+M_Q-\frac{w}{2}x^2$	$1-\frac{x}{l}$

$$\theta_{\max}=\theta_A=\frac{\partial W}{\partial M_Q}=\int \frac{M}{EI}\frac{\partial M}{\partial M_Q}dx \quad (\because M_Q=0)$$

$$=\frac{1}{EI}\int_0^l\left[\left(\frac{wl}{2}-\frac{M_Q}{l}\right)x+M_Q-\frac{w}{2}x^2\right]\left(1-\frac{x}{l}\right)dx=\frac{wl^3}{24EI}$$

최대 처짐량은 중앙점에서 생기므로 [그림 11.3.7(c)]로부터

원점	구간	M	$\frac{\partial M}{\partial Q}$
A	$0 \le x \le \frac{l}{2}$	$\left(\frac{wl}{2}+\frac{Q}{2}\right)x-\frac{w}{2}x^2$	$\frac{x}{2}$
B	$0 \le x \le \frac{l}{2}$	$\left(\frac{wl}{2}+\frac{Q}{2}\right)x-\frac{w}{2}x^2$	$\frac{x}{2}$

$$\delta_{max} = \frac{\partial W}{\partial Q} = \int \frac{M}{EI}\frac{\partial M}{\partial Q}dx = \frac{2}{EI}\int_0^{\frac{l}{2}} \left[\left(\frac{wl}{2}+\frac{Q}{2}\right)x - \frac{w}{2}x^2\right]\left(\frac{x}{2}\right)dx \quad (\because Q=0)$$

$$= \frac{5wl^4}{384EI}$$

예제 11-3-1

[그림 11.3.8(a)]에 나타낸 단순보의 최대 처짐각 및 최대 수직변위를 구하여라.

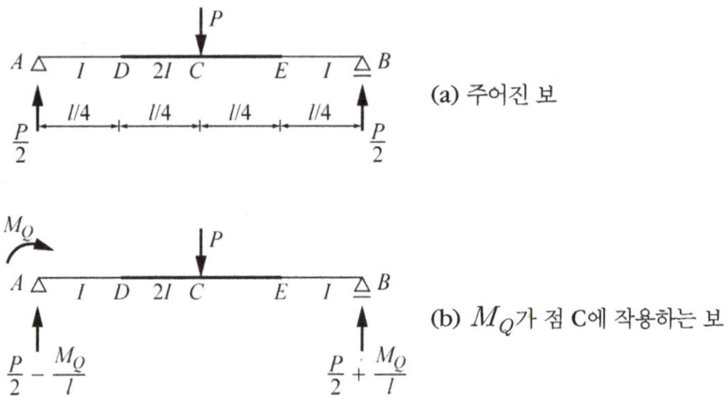

[그림 11.3.8]

풀이

(1) 최대 수직변위는 중앙점에 생기므로 [그림 11.3.8(a)]로부터

부재	원점	I	구간	M	$\frac{\partial M}{\partial P}$
AD	A	I	$0 \le x \le \frac{l}{4}$	$\frac{P}{2}x$	$\frac{1}{2}x$
BE	B	I	$0 \le x \le \frac{l}{4}$	$\frac{P}{2}x$	$\frac{1}{2}x$

부재	원점	I	구간	M	$\frac{\partial M}{\partial P}$
DC	D	2I	$0 \le x \le \frac{l}{4}$	$\frac{P}{2}\left(\frac{l}{4}+x\right)$	$\frac{1}{2}\left(\frac{l}{4}+x\right)$
EC	E	2I	$0 \le x \le \frac{l}{4}$	$\frac{P}{2}\left(\frac{l}{4}+x\right)$	$\frac{1}{2}\left(\frac{l}{4}+x\right)$

$$\delta_{max} = \delta_c = \int \frac{M}{EI}\frac{\partial M}{\partial P}dx = \frac{2}{EI}\int_0^{\frac{l}{4}}\left(\frac{P}{2}x\right)\left(\frac{1}{2}x\right)dx + \frac{2}{2EI}\int_0^{\frac{l}{4}}\left\{\frac{P}{2}\left(\frac{l}{4}+x\right)\right\}\left\{\frac{1}{2}\left(\frac{l}{4}+x\right)\right\}dx$$

$$= \frac{3Pl^3}{256EI}$$

(2) 최대 처짐각은 지점에서 생기므로 [그림 11.3.8(b)]로부터

부재	원점	I	구간	M	$\frac{\partial M}{\partial M_Q}$
AD	A	I	$0 \le x \le \frac{l}{4}$	$\left(\frac{P}{2}-\frac{M_Q}{l}\right)x+M_Q$	$-\frac{x}{l}+1$
BE	B	I	$0 \le x \le \frac{l}{4}$	$\left(\frac{P}{2}+\frac{M_Q}{l}\right)x$	$\frac{x}{l}$
DC	D	2I	$0 \le x \le \frac{l}{4}$	$\left(\frac{P}{2}-\frac{M_Q}{l}\right)\left(\frac{l}{4}+x\right)+M_Q$	$-\frac{1}{l}\left(\frac{l}{4}+x\right)+1$
EC	E	2I	$0 \le x \le \frac{l}{4}$	$\left(\frac{P}{2}+\frac{M_Q}{l}\right)\left(\frac{l}{4}+x\right)$	$\frac{1}{l}\left(\frac{l}{4}+x\right)$

$$\theta_{\max}=\theta_A=\frac{\partial W}{\partial M_Q}=\int\frac{M}{EI}\frac{\partial M}{\partial M_Q}dx$$

$$=\frac{1}{EI}\int_0^{\frac{l}{4}}\left\{\left(\frac{P}{2}-\frac{M_Q}{l}\right)x+M_Q\right\}\left(-\frac{x}{l}+1\right)dx+\frac{1}{EI}\int_0^{\frac{l}{4}}\left\{\left(\frac{P}{2}+\frac{M_Q}{l}\right)x\left(\frac{x}{l}\right)\right\}dx$$

$$+\frac{1}{2EI}\int_0^{\frac{l}{4}}\left\{\left(\frac{P}{2}-\frac{M_Q}{l}\right)\left(\frac{l}{4}+x\right)+M_Q\right\}\left\{-\frac{1}{l}\left(\frac{l}{4}+x\right)+1\right\}dx \qquad (\therefore M_Q=0)$$

$$+\frac{1}{2EI}\int_0^{\frac{l}{4}}\left\{\left(\frac{P}{2}+\frac{M_Q}{l}\right)\left(\frac{l}{4}+x\right)\right\}\left\{\frac{1}{l}\left(\frac{l}{4}+x\right)\right\}dx=\frac{5Pl^2}{128EI}$$

예제 11-3-2

[그림 11.3.9(a)]에 나타낸 보의 A점 및 C점의 처짐각과 C점의 수직변위을 구하여라.

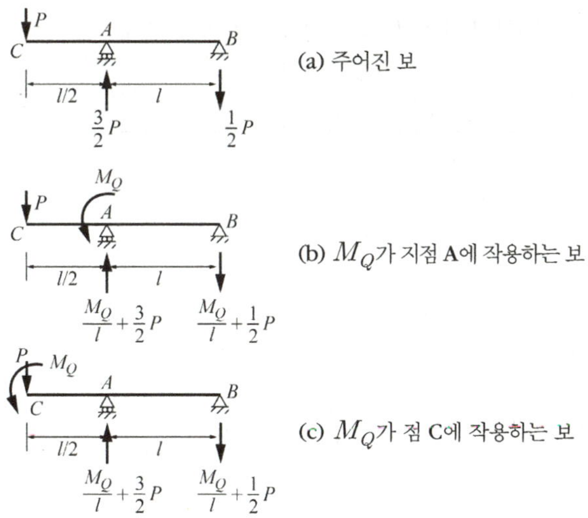

[그림 11.3.9]

풀이

(1) C점의 수직변위를 [그림 11.3.9(a)]로부터 구하면

부재	원점	구간	M	$\frac{\partial M}{\partial P}$
AC	C	$0 \le x \le \frac{l}{2}$	$-Px$	$-x$
AB	B	$0 \le x \le l$	$-\frac{P}{2}x$	$-\frac{x}{2}$

$$\delta_c = \frac{\partial W}{\partial P} = \int \frac{M}{EI}\frac{\partial M}{\partial P}dx = \frac{1}{EI}\int_0^{\frac{l}{2}}(-Px)(-x)dx + \frac{1}{EI}\int_0^l\left(-\frac{P}{2}x\right)\left(-\frac{x}{2}\right)dx \quad (\downarrow \text{방향})$$

$$= \frac{Pl^3}{8EI}$$

(2) A점의 처짐각을 [그림 11.3.9(b)]로부터 구하면(단, M_Q항은 제외)

부재	원점	구간	M	$\frac{\partial M}{\partial M_Q}$
AC	C	$0 \le x \le \frac{l}{2}$	$-Px$	0
AB	B	$0 \le x \le l$	$-\left(\frac{P}{2}+\frac{M_Q}{l}\right)x \Rightarrow -\frac{P}{2}x$	$-\frac{x}{l}$

$$\theta_A = \frac{\partial W}{\partial M_Q} = \int \frac{M}{EI}\frac{\partial M}{\partial M_Q}dx \quad (\because M_Q = 0)$$

$$= \frac{1}{EI}\int_0^l\left(-\frac{P}{2}x\right)\left(-\frac{x}{l}\right)dx = \frac{Pl^2}{6EI} \quad (\text{반시계방향})$$

(3) C점의 처짐각을 구하면 [그림 11.3.9(c)]로부터(단, M_Q항은 제외)

부재	원점	구간	M	$\frac{\partial M}{\partial M_Q}$
AC	C	$0 \le x \le \frac{l}{2}$	$-M_Q - Px \Rightarrow -Px$	-1
ZAB	B	$0 \le x \le l$	$-\left(\frac{P}{2}+\frac{M_Q}{l}\right)x \Rightarrow -\frac{P}{2}x$	$-\frac{x}{l}$

$$\theta_c = \frac{\partial W}{\partial M_Q} = \int \frac{M}{EI}\frac{\partial M}{\partial M_Q}dx \quad (\because M_Q = 0)$$

$$= \frac{1}{EI}\int_0^{\frac{l}{2}}(-Px)(-1)dx + \frac{1}{EI}\int_0^l\left(-\frac{P}{2}x\right)\left(-\frac{x}{l}\right)dx = \frac{7Pl^2}{24EI} \quad (\because M_Q = 0)$$

예제 11-3-4

[그림 11.3.10(a)]에 나타낸 게르버보에서 D점의 처짐각과 B점 및 D점의 수직변위를 구하여라.

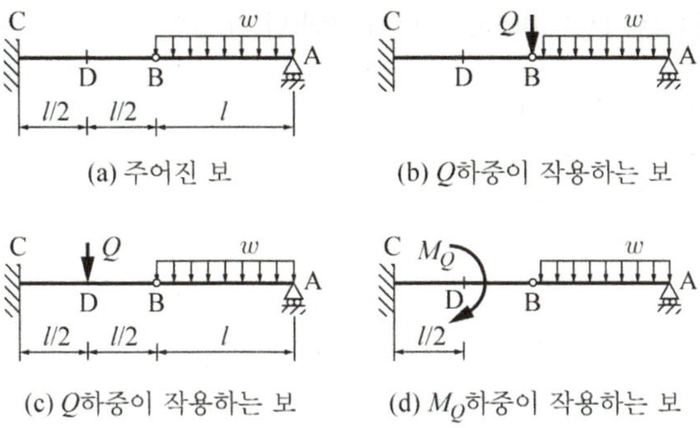

(a) 주어진 보 (b) Q하중이 작용하는 보

(c) Q하중이 작용하는 보 (d) M_Q하중이 작용하는 보

[그림 11.3.10]

풀이

(1) B점의 수직변위 δ_{BV}를 [그림 11.3.10(b)]로부터 구하면(단, Q항은 제외)

부재	원점	구간	M	$\frac{\partial M}{\partial Q}$
AB	A	$0 \le x \le l$	$\frac{wl}{2}x - \frac{w}{2}x^2$	0
BC	B	$0 \le x \le l$	$-\frac{wl}{2}x - Qx \Rightarrow -\frac{wl}{2}x$	$-x$

$$\delta_{BV} = \frac{\partial W}{\partial Q} = \int \frac{M}{EI}\frac{\partial M}{\partial Q}dx \qquad (\because Q=0)$$

$$= \frac{1}{EI}\int_0^l \left(-\frac{wl}{2}x\right)(-x)dx = \frac{wl^4}{6EI}(\downarrow \text{방향})$$

(2) D점의 수직변위 δ_{DV}를 [그림 11.3.10(c)]로부터 구하면(단, Q항은 제외)

부재	원점	구간	M	$\frac{\partial M}{\partial Q}$
AB	A	$0 \le x \le l$	$\frac{wl}{2}x - \frac{w}{2}x^2$	0
BD	B	$0 \le x \le l$	$-\frac{wl}{2}x$	0
DC	D	$0 \le x \le \frac{l}{2}$	$-\frac{wl}{2}\left(\frac{l}{2}+x\right) - Qx \Rightarrow -\frac{wl}{2}\left(\frac{l}{2}+x\right)$	$-x$

$$\delta_{DV} = \frac{\partial W}{\partial Q} = \int \frac{M}{EI}\frac{\partial M}{\partial Q}dx \qquad (\because Q=0)$$

$$= \frac{1}{EI}\int_0^{\frac{l}{2}}\left\{-\frac{wl}{2}\left(\frac{l}{2}+x\right)\right\}(-x)dx = \frac{5wl^4}{96EI}$$

(3) D점의 처짐각 θ_D를 [그림 11.3.10(d)]로부터 구하면(단, M_Q항은 제외)

부재	원점	구간	M	$\frac{\partial M}{\partial M_Q}$
AB	A	$0 \le x \le l$	$\frac{wl}{2}x - \frac{w}{2}x^2$	0
BD	B	$0 \le x \le \frac{l}{2}$	$-\frac{wl}{2}x$	0
DC	D	$0 \le x \le \frac{l}{2}$	$-\frac{wl}{2}\left(\frac{l}{2}+x\right)-M_Q \Rightarrow -\frac{wl}{2}\left(\frac{l}{2}+x\right)$	-1

$$\theta_D = \frac{\partial W}{\partial M_Q} = \int \frac{M}{EI}\frac{\partial M}{\partial M_Q}dx \qquad (\because M_Q=0)$$

$$= \frac{1}{EI}\int_0^{\frac{l}{2}}\left\{-\frac{wl}{2}\left(\frac{l}{2}+x\right)\right\}(-1)dx = \frac{3wl^3}{16EI}$$

11.3.5 단순보계 아치에 집중하중이 작용할 경우

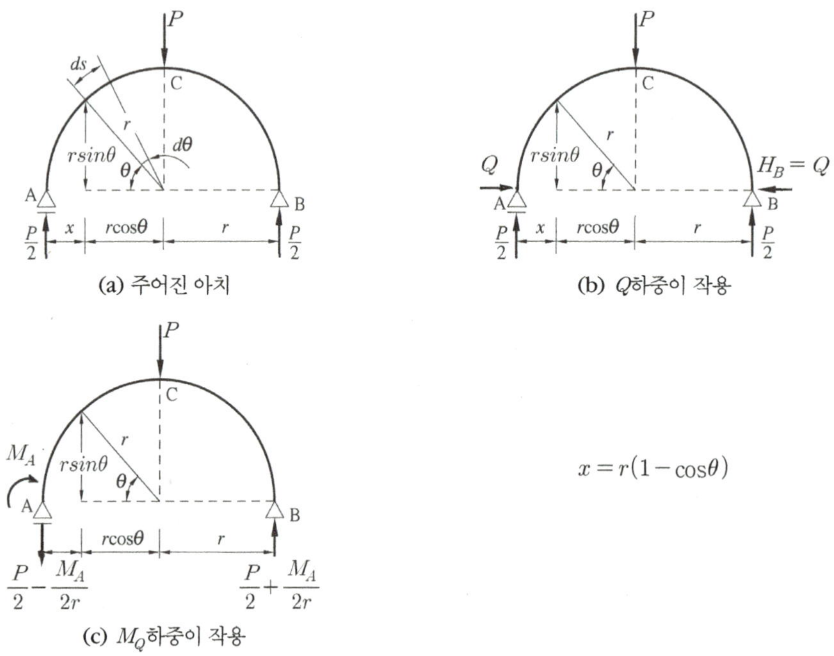

$$x = r(1-\cos\theta)$$

[그림 11.3.11]

[그림 11.3.11(a)]에 주어진 단순보계 아치에 집중하중 P가 작용하는 경우를 고려해 보자.

[그림 11.3.11(b)]로부터 A 점의 수평변위 δ_{AH}는(단, Q항은 제외)

부재	원점	구간	M	$\frac{\partial M}{\partial Q}$
AB	A	$0 \le \theta \le \frac{\pi}{2}$	$\frac{P}{2} \cdot r(1-\cos\theta) - Q \cdot (r sin\theta)$ $\Rightarrow \frac{P}{2} \cdot r(1-\cos\theta)$	$-r\sin\theta$
BC	B	$0 \le \theta \le \frac{\pi}{2}$	$\frac{P}{2} \cdot r(1-\cos\theta) - Q \cdot (r\sin\theta)$ $\Rightarrow \frac{P}{2} \cdot r(1-\cos\theta)$	$-r\sin\theta$

$$\delta_{AH} = \frac{\partial W}{\partial Q} = \int \frac{M}{EI}\frac{\partial M}{\partial Q}ds \qquad (\because Q=0)$$

$$= \frac{2}{EI}\int_0^{\frac{\pi}{2}}\left\{\frac{\text{Pr}}{2}(1-\cos\theta)\right\}(-r\sin\theta)rd\theta = -\frac{Pr^3}{2EI} \quad (\leftarrow\text{방향})$$

[그림 11.3.11(c)]로부터 A 점의 처짐각 θ_A는(단, M_A항은 제외)

부재	원점	구간	M	$\frac{\partial M}{\partial M_A}$
AB	A	$0 \le \theta \le \frac{\pi}{2}$	$\left(\frac{P}{2} - \frac{M_A}{2r}\right) \cdot r(1-\cos\theta) + M_A$ $\Rightarrow \frac{P}{2} \cdot r(1-\cos\theta)$	$\frac{1}{2}(1+\cos\theta)$
BC	B	$0 \le \theta \le \frac{\pi}{2}$	$\left(\frac{P}{2} + \frac{M_A}{2r}\right) \cdot r(1-\cos\theta)$ $\Rightarrow \frac{P}{2} \cdot r(1-\cos\theta)$	$\frac{1}{2}(1-\cos\theta)$

$$\theta_A = \frac{\partial W}{\partial M_A} = \int \frac{M}{EI}\frac{\partial M}{\partial M_A}ds \qquad (\because M_A = 0)$$

$$= \frac{1}{EI}\int_0^{\frac{\pi}{2}}\left\{\left(\frac{P}{2} - \frac{M_A}{2r}\right) \cdot r(1-\cos\theta) + M_A\right\}\left\{\frac{1}{2}(1+\cos\theta)\right\}rd\theta$$

$$+ \frac{1}{EI}\int_0^{\frac{\pi}{2}}\left\{\left(\frac{P}{2} + \frac{M_A}{2r}\right) \cdot r(1-\cos\theta) + M_A\right\}\left\{\frac{1}{2}(1-\cos\theta)\right\}rd\theta$$

$$= \frac{Pr^2}{2EI}\left(\frac{\pi}{2} - 1\right)$$

[그림 11.3.11(a)]로부터 C점의 수직처짐 δ_{CV}는

부재	원점	구간	M	$\frac{\partial M}{\partial P}$
AB	A	$0 \le \theta \le \frac{\pi}{2}$	$\frac{P}{2} \cdot r(1-\cos\theta)$	$\frac{r}{2}(1-\cos\theta)$
BC	B	$0 \le \theta \le \frac{\pi}{2}$	$\frac{P}{2} \cdot r(1-\cos\theta)$	$\frac{r}{2}(1-\cos\theta)$

$$\delta_{CV} = \frac{\partial W}{\partial P} = \int \frac{M}{EI}\frac{\partial M}{\partial P}ds = \frac{2}{EI}\int_0^{\frac{\pi}{2}}\left\{\frac{P}{2}\cdot r(1-\cos\theta)\right\}\left\{\frac{r}{2}(1-\cos\theta)\right\}rd\theta$$

$$= \frac{Pr^3}{2EI}\left(\frac{3}{4}\pi - 2\right)$$

11.3.6 단순보계 아치에 등분포하중이 작용할 경우

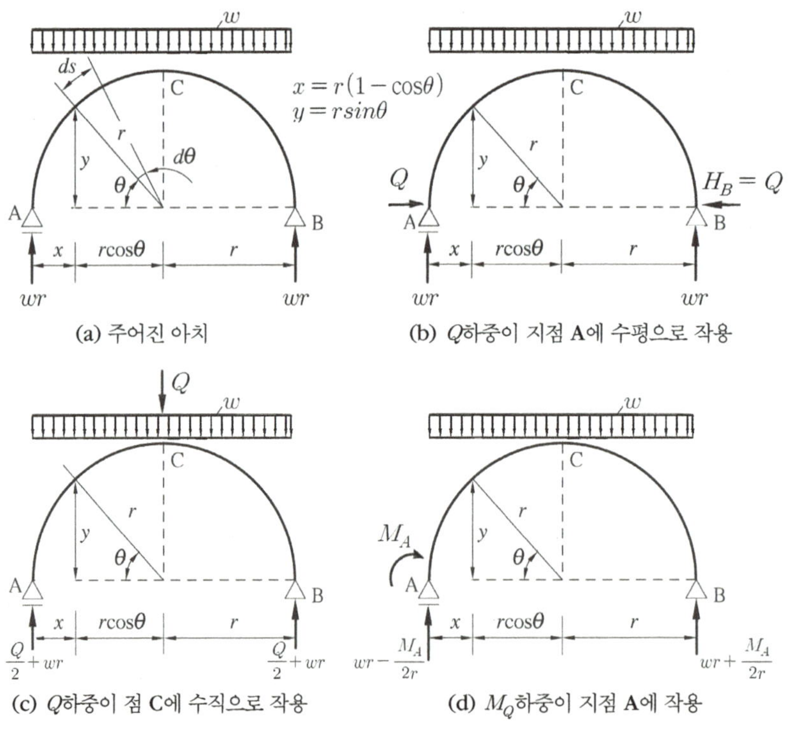

[그림 11.3.12]

[그림 11.3.12(a)]에 주어진 단순보계 아치에 등분포하중 w가 작용하는 경우를 고려해 보자. [그림 11.3.12(b)]에서 A점의 수평변위를 구하면(단, Q항은 제외)

부재	원점	구간	M	$\frac{\partial M}{\partial Q}$
AC	A	$0 \le \theta \le \frac{\pi}{2}$	$wr \cdot r(1-\cos\theta) - Q \cdot r sin\theta - \frac{wr^2}{2}(1-\cos\theta)^2$ $\Rightarrow \quad wr^2(1-\cos\theta) - \frac{wr^2}{2}(1-\cos\theta)^2$	$-r\sin\theta$
BC	B	$0 \le \theta \le \frac{\pi}{2}$	$wr \cdot r(1-\cos\theta) - Q \cdot r sin\theta - \frac{wr^2}{2}(1-\cos\theta)^2$ $\Rightarrow \quad wr^2(1-\cos\theta) - \frac{wr^2}{2}(1-\cos\theta)^2$	$-r\sin\theta$

$$\delta_{AH} = \frac{\partial W}{\partial Q} = \int \frac{M}{EI}\frac{\partial M}{\partial Q} ds \qquad (\because Q = 0)$$

$$= \frac{2}{EI}\int_0^{\frac{\pi}{2}} \left\{ wr^2(1-\cos\theta) - \frac{wr^2}{2}(1-\cos\theta)^2 \right\}(-r\sin\theta) r d\theta$$

$$= -\frac{2wr^4}{3EI} \quad (\leftarrow \text{ 방향})$$

C점의 수직변위를 구하기 위해서 [그림 11.3.12(c)]로부터

부재	원점	구간	M	$\frac{\partial M}{\partial Q}$
AC	A	$0 \le \theta \le \frac{\pi}{2}$	$\left(\frac{Q}{2} + wr\right) \cdot r(1-\cos\theta) - \frac{wr^2}{2}(1-\cos\theta)^2$	$\frac{r}{2}(1-\cos\theta)$
BC	B	$0 \le \theta \le \frac{\pi}{2}$	$\left(\frac{Q}{2} + wr\right) \cdot r(1-\cos\theta) - \frac{wr^2}{2}(1-\cos\theta)^2$	$\frac{r}{2}(1-\cos\theta)$

$$\delta_{CV} = \frac{\partial W}{\partial Q} = \int \frac{M}{EI}\frac{\partial M}{\partial Q} ds \qquad (\because Q = 0)$$

$$= \frac{2}{EI}\int_0^{\frac{\pi}{2}} \left\{ \left(\frac{Q}{2} + wr\right) \cdot r(1-\cos\theta) - \frac{wr^2}{2}(1-\cos\theta)^2 \right\} \left\{ \frac{r}{2}(1-\cos\theta) \right\} r d\theta$$

$$= \frac{wr^4}{2EI}\left(\frac{\pi}{4} - \frac{1}{3}\right)$$

A점의 처짐각을 구하기 위해서 [그림 11.3.12(d)]로부터

부재	원점	구간	M	$\frac{\partial M}{\partial M_Q}$
AC	A	$0 \le \theta \le \frac{\pi}{2}$	$M_Q + \left(wr - \frac{M_Q}{2r}\right) \cdot r(1-\cos\theta) - \frac{wr^2}{2}(1-\cos\theta)^2$	$\frac{1}{2}(1+\cos\theta)$
BC	B	$0 \le \theta \le \frac{\pi}{2}$	$\left(wr + \frac{M_Q}{2r}\right) \cdot r(1-\cos\theta) - \frac{wr^2}{2}(1-\cos\theta)^2$	$\frac{1}{2}(1-\cos\theta)$

$$\theta_A = \frac{\partial W}{\partial M_Q} = \int \frac{M}{EI}\frac{\partial M}{\partial M_Q} ds \qquad (\because M_Q = 0)$$

$$= \frac{1}{EI}\int_0^{\frac{\pi}{2}} \left\{ M_Q + \left(wr + \frac{M_Q}{2r}\right) r(1-\cos\theta) - \frac{wr^2}{2}(1-\cos\theta)^2 \right\}\left\{\frac{1}{2}(1+\cos\theta)\right\} rd\theta$$

$$+ \frac{1}{EI}\int_0^{\frac{\pi}{2}} \left\{ \left(wr + \frac{M_Q}{2r}\right) r(1-\cos\theta) - \frac{wr^2}{2}(1-\cos\theta)^2 \right\}\left\{\frac{1}{2}(1-\cos\theta)\right\} rd\theta$$

$$= \frac{\pi w r^3}{8EI}$$

11.3.7 3활절 아치에 집중하중이 작용할 경우

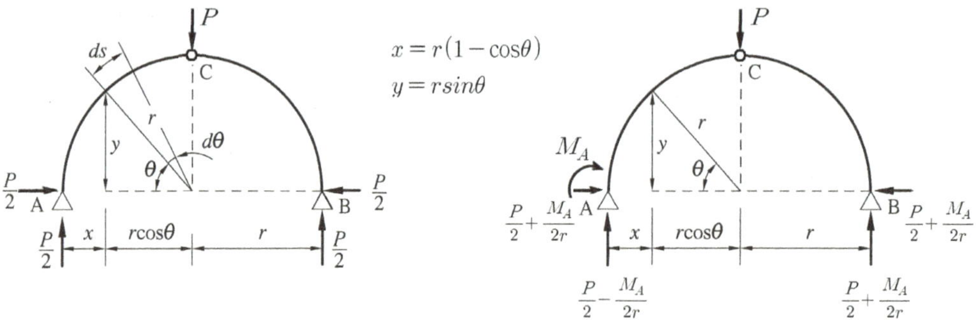

(a) 주어진 아치 (b) M_A가 지점 A에 작용하는 아치

[그림 11.3.13]

C점의 수직변위를 구하면 다음과 같다.

부재	원점	구간	M	$\frac{\partial M}{\partial P}$
AC	A	$0 \le \theta \le \frac{\pi}{2}$	$\frac{P}{2} \cdot r(1-\cos\theta) - \frac{P}{2} \cdot rsin\theta$	$\frac{r}{2}(1-\cos\theta) - \frac{r}{2}\sin\theta$
BC	B	$0 \le \theta \le \frac{\pi}{2}$	$\frac{Pr}{2} \cdot r(1-\cos\theta) - \frac{P}{2} \cdot rsin\theta$	$\frac{r}{2}(1-\cos\theta) - \frac{r}{2}\sin\theta$

$$\delta_{CV} = \frac{\partial W}{\partial P} = \int \frac{M}{EI}\frac{\partial M}{\partial P}ds$$

$$= \frac{2}{EI}\int_0^{\frac{\pi}{2}}\left\{\frac{P}{2} \cdot r(1-\cos\theta) - \frac{P}{2} \cdot rsin\theta\right\}\left\{\frac{r}{2}(1-\cos\theta) - \frac{r}{2}\sin\theta\right\}rd\theta$$

$$= \frac{Pr^3}{2EI}(\pi - 3)$$

A 점의 처짐각을 [그림 11.3.13(b)]로부터 구하면

부재	원점	구간	M	$\frac{\partial M}{\partial M_A}$
AC	A	$0 \le \theta \le \frac{\pi}{2}$	$M_A + \left(\frac{P}{2} - \frac{M_A}{2r}\right) \cdot r(1-\cos\theta) - \left(\frac{P}{2} + \frac{M_A}{2r}\right) \cdot r\sin\theta$ $\Rightarrow \frac{Pr}{2}(1-\cos\theta) - \frac{Pr}{2}\sin\theta$	$\frac{1}{2}(1+\cos\theta - \sin\theta)$
BC	B	$0 \le \theta \le \frac{\pi}{2}$	$\left(\frac{P}{2} + \frac{M_A}{2r}\right) \cdot r(1-\cos\theta) - \left(\frac{P}{2} + \frac{M_A}{2r}\right) \cdot r\sin\theta$ $\Rightarrow \frac{Pr}{2}(1-\cos\theta) - \frac{Pr}{2}\sin\theta$	$\frac{1}{2}(1-\cos\theta - \sin\theta)$

$$\theta_A = \frac{\partial W}{\partial M_A} = \int \frac{M}{EI}\frac{\partial M}{\partial M_A}ds$$

$$= \frac{1}{EI}\int_0^{\frac{\pi}{2}}\left\{\frac{Pr}{2}(1-\cos\theta) - \frac{Pr}{2}\sin\theta\right\}\left\{\frac{1}{2}(1+\cos\theta - \sin\theta)\right\}rd\theta$$

$$+ \frac{1}{EI}\int_0^{\frac{\pi}{2}}\left\{\frac{Pr}{2}(1-\cos\theta) - \frac{Pr}{2}\sin\theta\right\}\left\{\frac{1}{2}(1-\cos\theta - \sin\theta)\right\}rd\theta$$

$$= \frac{Pr^2}{4EI}\left(\frac{3\pi}{2} - 5\right)$$

11.3.8 3활절 아치에 등분포하중이 작용할 경우

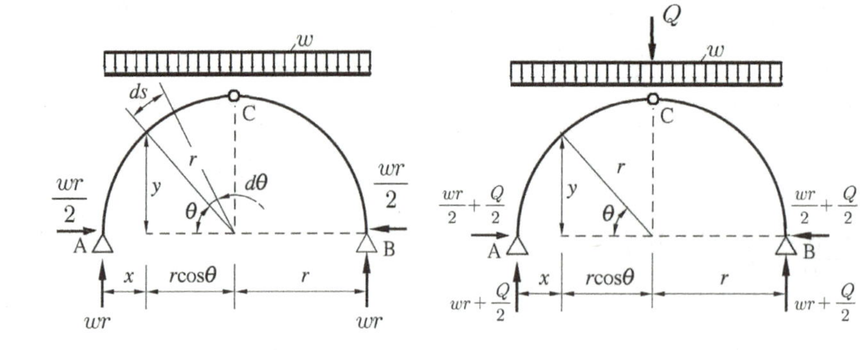

(a) 주어진 아치 (b) Q하중이 점 C에 수직으로 작용

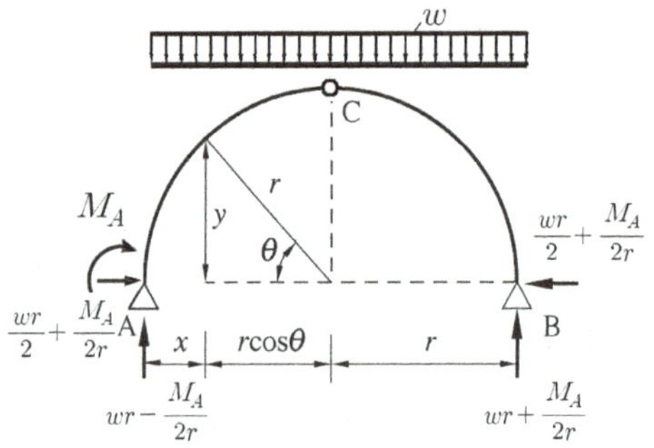

(c) M_A하중이 지점 A에 작용

$$x = r(1-\cos\theta)$$
$$y = r\sin\theta$$

[그림 11.3.14]

C점의 수직변위를 [그림 11.3.14(b)]로부터 구하면(단, Q항은 제외)

부재	원점	구간	M	$\frac{\partial M}{\partial Q}$
AC	A	$0 \le \theta \le \frac{\pi}{2}$	$\left(wr+\frac{Q}{2}\right)\cdot r(1-\cos\theta)-\left(wr+\frac{Q}{2}\right)\cdot r\sin\theta-\frac{wr^2}{2}(1-\cos\theta)^2$ $\Rightarrow wr^2(1-\cos\theta)-wr^2\sin\theta-\frac{wr^2}{2}(1-\cos\theta)^2$	$\frac{r}{2}$ $(1-\cos\theta-\sin\theta)$
BC	B	$0 \le \theta \le \frac{\pi}{2}$	$\left(wr+\frac{Q}{2}\right)\cdot r(1-\cos\theta)-\left(wr+\frac{Q}{2}\right)\cdot r\sin\theta-\frac{wr^2}{2}(1-\cos\theta)^2$ $\Rightarrow wr^2(1-\cos\theta)-wr^2\sin\theta-\frac{wr^2}{2}(1-\cos\theta)^2$	$\frac{r}{2}$ $(1-\cos\theta-\sin\theta)$

$$\delta_{CV} = \frac{\partial W}{\partial Q} = \int \frac{M}{EI}\frac{\partial M}{\partial Q}ds \qquad (\because Q=0)$$

$$= \frac{2}{EI}\int\left\{wr^2(1-\cos\theta)-wr^2\sin\theta-\frac{wr^2}{2}(1-\cos\theta)^2\right\}\left\{\frac{r}{2}(1-\cos\theta-\sin\theta)\right\}rd\theta$$

$$= \frac{wr^4}{4EI}(\pi - 3)$$

A점의 처짐각을 [그림 11.3.14(c)]로부터 구하면(단, M_A항은 제외)

부재	원점	구간	M	$\frac{\partial M}{\partial M_A}$
AC	A	$0 \le \theta \le \frac{\pi}{2}$	$M_A + \left(wr - \frac{M_A}{2r}\right)x - \left(\frac{wr}{2} + \frac{M_A}{2r}\right)y - (wx)\frac{x}{2}$ $\Rightarrow \frac{wr^2}{2}(1 - \cos^2\theta - \sin\theta)$	$\frac{1}{2}(1 + \cos\theta - \sin\theta)$
BC	B	$0 \le \theta \le \frac{\pi}{2}$	$\left(wr + \frac{M_A}{2r}\right)x - \left(\frac{wr}{2} + \frac{M_A}{2r}\right)y - (wx)\frac{x}{2}$ $\Rightarrow \frac{wr^2}{2}(1 - \cos^2\theta - \sin\theta)$	$\frac{1}{2}(1 - \cos\theta - \sin\theta)$

$$\theta_A = \frac{\partial W}{\partial M_A} = \int \frac{M}{EI}\frac{\partial M}{\partial M_A}ds \qquad (\because M_A = 0)$$

$$= \frac{1}{EI}\int_0^{\frac{\pi}{2}}\left[\frac{wr^2}{2}(1 - \cos^2\theta - \sin\theta)\right]\left[\frac{1}{2}(1 + \cos\theta - \sin\theta)\right]rd\theta$$

$$+ \frac{1}{EI}\int_0^{\frac{\pi}{2}}\left[\frac{wr^2}{2}(1 - \cos^2\theta - \sin\theta)\right]\left[\frac{1}{2}(1 - \cos\theta - \sin\theta)\right]rd\theta$$

$$= \frac{wr^3}{2EI}\left(\frac{\pi}{2} - \frac{5}{3}\right)$$

11.3.9 원호아치가 집중하중을 받는 경우

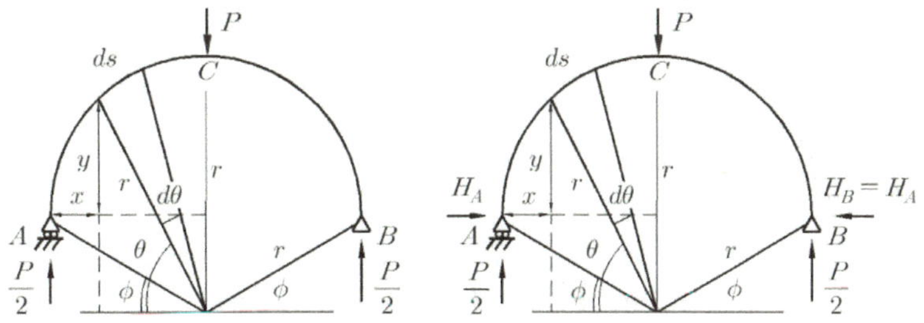

(a) 주어진 아치 (b) H_A하중이 지점 A에 수평으로 작용

[그림 11.3.15]

$x = r(\cos\phi - \cos\theta)$, $y = r(\sin\theta - \sin\phi)$, $ds = rd\theta$

C점의 수직변위를 [그림 11.3.15(a)]로부터

부재	원점	구간	M	$\frac{\partial M}{\partial P}$
AC	A	$\phi \le \theta \le \frac{\pi}{2}$	$\frac{P}{2} \cdot x = \frac{P}{2} \cdot r(\cos\phi - \cos\theta)$	$\frac{r}{2}(\cos\phi - \cos\theta)$
BC	B	$\phi \le \theta \le \frac{\pi}{2}$	$\frac{P}{2} \cdot x = \frac{P}{2} \cdot r(\cos\phi - \cos\theta)$	$\frac{r}{2}(\cos\phi - \cos\theta)$

$$\delta_{CV} = \frac{\partial W}{\partial P} = \int \frac{M}{EI}\frac{\partial M}{\partial P}ds = \frac{2}{EI}\int_{\phi}^{\frac{\pi}{2}}\left[\frac{P}{2} \cdot r(\cos\phi - \cos\theta)\right]\left[\frac{r}{2}(\cos\phi - \cos\theta)\right]rd\theta$$

$$= \frac{Pr^3}{2EI}\left[\left(\frac{\pi}{2} - \phi\right)\cos^2\phi + \frac{3}{4}\sin 2\phi - 2\cos\phi + \frac{\pi}{4} - \frac{\phi}{2}\right]$$

A 점의 수평변위를 [그림 11.3.15(a)] 및 [그림 11.3.15(b)]로부터

부재	원점	구간	M	$\frac{\partial M}{\partial H_A}$
AC	A	$\phi \le \theta \le \frac{\pi}{2}$	$\frac{P}{2} \cdot x - H_A \cdot y$ $= \frac{P}{2} \cdot r(\cos\phi - \cos\theta) - H_A \cdot r(\sin\theta - \sin\phi)$ $\Rightarrow \frac{P}{2} \cdot r(\cos\phi - \cos\theta)$	$-r(\sin\theta - \sin\phi)$
BC	B	$\phi \le \theta \le \frac{\pi}{2}$	$\frac{P}{2} \cdot x - H_A \cdot y$ $= \frac{P}{2} \cdot r(\cos\phi - \cos\theta) - H_A \cdot r(\sin\theta - \sin\phi)$ $\Rightarrow \frac{P}{2} \cdot r(\cos\phi - \cos\theta)$	$-r(\sin\theta - \sin\phi)$

$$\delta_{AH} = \frac{\partial W}{\partial H_A} = \int \frac{M}{EI}\frac{\partial M}{\partial H_A}ds \qquad (\because H_A = 0)$$

$$= \frac{2}{EI}\int_{\phi}^{\frac{\pi}{2}}\left\{\frac{\mathrm{Pr}}{2}(\cos\phi - \cos\theta)\right\}\{-\mathrm{r}(\sin\theta - \sin\phi)\}\mathrm{r}d\theta$$

$$= -\frac{\mathrm{P\,r}^3}{\mathrm{EI}}\left[-\frac{1}{4} + \frac{1}{2}\left(\phi - \frac{\pi}{2}\right)\sin 2\phi + \frac{3}{4}\cos 2\phi + \sin\phi\right] \qquad (\leftarrow\text{방향})$$

11.3.10 원호아치가 등분포하중을 받는 경우

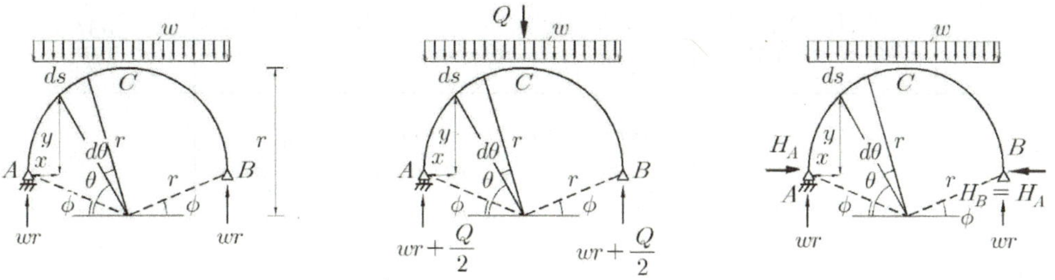

(a) 주어진 아치 (b) Q하중이 점 C에 수직으로 작용 (c) H_A가 지점 A에 수평으로 작용

[그림 11.3.16]

$x = r(\cos\phi - \cos\theta)$, $y = r(\sin\theta - \sin\phi)$, $ds = rd\theta$

C점의 수직변위를 [그림 11.3.16(b)]로부터 구하면(단, Q항은 제외)

부재	원점	구간	M	$\frac{\partial M}{\partial Q}$
AC	A	$\phi \le \theta \le \frac{\pi}{2}$	$\left(wr + \frac{Q}{2}\right) \cdot x - (wx) \cdot \frac{x}{2}$ $= \left(wr + \frac{Q}{2}\right) \cdot r(\cos\phi - \cos\theta) - \frac{wr^2}{2}(\cos\phi - \cos\theta)^2$ $\Rightarrow \quad wr^2(\cos\phi - \cos\theta) - \frac{wr^2}{2}(\cos\phi - \cos\theta)^2$	$\frac{r}{2}(\cos\phi - \cos\theta)$
BC	B	$\phi \le \theta \le \frac{\pi}{2}$	$\left(wl + \frac{Q}{2}\right) \cdot x - (wx) \cdot \frac{x}{2}$ $= \left(wr + \frac{Q}{2}\right) r(\cos\phi - \cos\theta) - \frac{wr^2}{2}(\cos\phi - \cos\theta)^2$ $\Rightarrow \quad wr^2(\cos\phi - \cos\theta) - \frac{wr^2}{2}(\cos\phi - \cos\theta)^2$	$\frac{r}{2}(\cos\phi - \cos\theta)$

$$\delta_{CV} = \frac{\partial W}{\partial Q} = \int \frac{M}{EI}\frac{\partial M}{\partial Q} ds \qquad (\because Q = 0)$$

$$= \frac{2}{EI}\int_{\phi}^{\frac{\pi}{2}} \left\{ wr^2(\cos\phi - \cos\theta) - \frac{wr^2}{2}(\cos\phi - \cos\theta)^2 \right\} \left\{ \frac{r}{2}(\cos\phi - \cos\theta) \right\} rd\theta$$

$$= \frac{wr^4}{EI}\left[\left(\frac{\phi}{2} - \frac{\pi}{4}\right)\cos^3\phi + \left(\frac{\pi}{2} + \frac{3}{2} - \frac{3}{2}sin\phi - \phi\right)\cos^2\phi \right.$$

$$+ \left(\frac{3\phi}{4} - \frac{3\pi}{8} - 2\right)\cos\phi + \left(\frac{3}{4} + \frac{3}{8}cos\phi\right)\sin 2\phi$$

$$\left. + \left(\frac{\pi}{4} - \frac{\phi}{2} - \frac{1}{2}\sin\phi + \frac{1}{6}\sin^3\phi + \frac{1}{3}\right)\right]$$

A 점의 수평변위를 [그림 11.3.16(c)]로부터 구하면(단, H_A 항은 제외)

부재	원점	구간	M	$\dfrac{\partial M}{\partial H_A}$
AC	A	$\phi \le \theta \le \dfrac{\pi}{2}$	$(wr)\cdot x-(H_A)\cdot y-(wx)\cdot \dfrac{x}{2}$ $=(wr)\cdot r(\cos\phi-\cos\theta)-(H_A)\cdot r(\sin\theta-\sin\phi)$ $-\dfrac{wr^2}{2}(\cos\phi-\cos\theta)^2$ $\Rightarrow\quad wr^2(\cos\phi-\cos\theta)-\dfrac{wr^2}{2}(\cos\phi-\cos\theta)^2$	$-r(\sin\theta-\sin\phi)$
BC	B	$\phi \le \theta \le \dfrac{\pi}{2}$	$(wr)\cdot x-(H_A)\cdot y-(wx)\cdot \dfrac{x}{2}$ $=(wr)\cdot r(\cos\phi-\cos\theta)-(H_A)\cdot r(\sin\theta-\sin\phi)$ $-\dfrac{wr^2}{2}(\cos\phi-\cos\theta)^2$ $\Rightarrow\quad wr^2(\cos\phi-\cos\theta)-\dfrac{wr^2}{2}(\cos\phi-\cos\theta)^2$	$-r(\sin\theta-\sin\phi)$

$$\delta_{AH}=\frac{\partial W}{\partial H_A}=\int\frac{M}{EI}\frac{\partial M}{\partial H_A}ds \qquad (\because H_A=0)$$

$$=\frac{2}{EI}\int_{\phi}^{\frac{\pi}{2}}\left\{wr^2(\cos\phi-\cos\theta)-\frac{wr^2}{2}(\cos\phi-\cos\theta)^2\right\}\{-r(\sin\theta-\sin\phi)\}rd\theta$$

$$=-\frac{wr^4}{EI}\Bigg[\left(-\frac{2}{3}\right)\cos^3\phi+\left(\frac{\pi}{2}\sin\phi+1-\frac{1}{2}-\frac{\phi}{2}\sin\phi\right)\cos^2\phi$$

$$+\left(1-\frac{1}{4}-\pi\sin\phi+\sin^2\phi+\phi\sin\phi\right)\cos\phi$$

$$+\left(\frac{1}{4}\cos\phi-\frac{1}{4}\right)\cos2\phi-\sin^2\phi$$

$$+\left(-\frac{1}{8}\sin2\phi+\frac{\pi}{4}-\frac{\phi}{4}\right)\sin\phi+\frac{1}{4}-\frac{1}{6}\Bigg] \quad (\leftarrow 방향)$$

11.3.11 트러스의 처짐

예제 11-3-5

[그림 11.3.17(a)]와 같은 트러스의 D지점의 처짐을 구하여라. 단, $E=2.0\times10^5\,\mathrm{MPa}$이다. 그리고 ( ) 속의 값은 각 부재의 단면적이다.

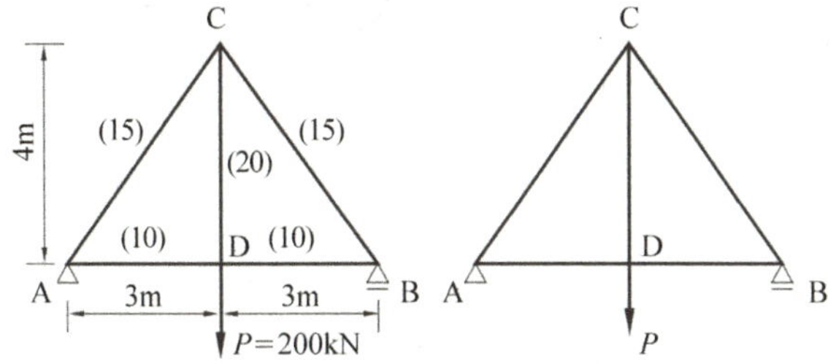

(a) 주어진 트러스 (b) D점에 가상하중 P 작용

[그림 11.3.17]

풀이

주어진 구조물의 구하고자 하는 지점에 가상하중 P을 싣고 부재력을 계산한 뒤 P으로 편미분한다.

부재	$l(cm)$	A(cm^2)	$\frac{l}{A}(cm/cm^2)$	S_P	$\frac{\partial S_P}{\partial P}$	$\frac{S_P l}{A}\frac{\partial S_P}{\partial P}$
AD	300	10	30	+0.375P	0.375	4.219P
BD	300	10	30	+0.375P	0.375	4.219P
AC	500	15	33.333	−0.625P	−0.625	12.891P
BC	500	10	33.333	−0.625P	−0.625	12.891P
CD	400	20	20	+1.0P	1.0	20.000P
Σ						54.220P

$$\delta_D=\Sigma\frac{S_P}{AE}\frac{\partial S_P}{\partial P}l \fallingdotseq \frac{54.22P}{2.0\times10^4} \fallingdotseq \frac{54.22\times200}{2.0\times10^4} \fallingdotseq 0.542\,\mathrm{cm}\ (\downarrow \text{방향})$$

11.3.12 라멘의 처짐

예제 11-3-6

[그림 11.3.18(a)]에 나타낸 라멘에서 A점의 처짐각과 수평 및 수직변위를 구하여라.

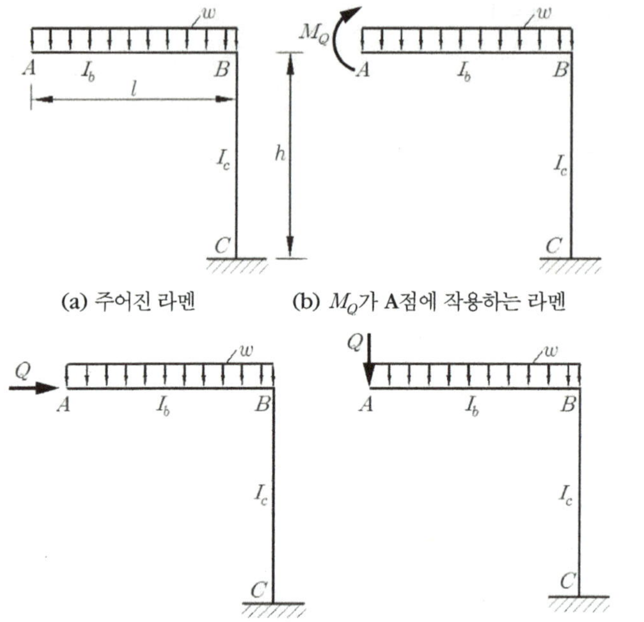

(a) 주어진 라멘 (b) M_Q가 A점에 작용하는 라멘

(c) 수평 Q하중이 A점에 작용하는 라멘 (d) 수직 Q하중이 A점에 작용하는 라멘

[그림 11.3.18]

풀이

(1) A점의 처짐각 θ_A를 [그림 11.3.18(b)]에서 구하면

부재	원점	구간	I	M	$\dfrac{\partial M}{\partial M_Q}$
AB	A	$0 \le x \le l$	I_b	$M_Q - \dfrac{wx^2}{2}$	1
BC	B	$0 \le x \le h$	I_c	$M_Q - \dfrac{wl^2}{2}$	1

$$\theta_A = \frac{\partial W}{\partial M_Q} = \int \frac{M}{EI}\frac{\partial M}{\partial M_Q}dx \quad (\because M_Q = 0)$$

$$= \frac{1}{EI_b}\int_0^l \left(M_Q - \frac{wx^2}{2}\right)dx + \frac{1}{EI_c}\int_0^h \left(M_Q - \frac{w\,l^2}{2}\right)dx$$

$$= \frac{1}{EI_b}\left(-\frac{w\,l^3}{6}\right) + \frac{1}{EI_c}\left(\frac{w\,l^2 h}{2}\right) = -\frac{w\,l^2}{6E}\left(\frac{l}{I_b} + \frac{3h}{I_c}\right) \quad \text{(반시계방향)}$$

(2) A점의 수평변위 δ_{AH}을 [그림 11.3.18(c)]에서 구하면

부재	원점	구간	I	M	$\frac{\partial M}{\partial Q}$
AB	A	$0 \le x \le l$	I_b	$-\frac{wx^2}{2}$	0
BC	B	$0 \le x \le h$	I_c	$-\frac{wl^2}{2}+Q \cdot x$	x

$$\delta_{AH}=\frac{\partial W}{\partial Q}=\int \frac{M}{EI}\frac{\partial M}{\partial Q}dx=\frac{1}{EI_b}\int_0^l\left(-\frac{wx^2}{2}\right)(0)dx+\frac{1}{EI_c}\int_0^h\left(-\frac{wl^2}{2}+Qx\right)(x)dx$$
$$=-\frac{wl^2h^2}{4EI_c} \quad (\leftarrow \text{ 방향})$$

(3) A점의 수직변위 δ_{AV}을 [그림 11.3.18(d)]에서 구하면

부재	원점	구간	I	M	$\frac{\partial M}{\partial Q}$
AB	A	$0 \le x \le l$	I_b	$-\frac{wx^2}{2}-Q \cdot x$	$-x$
BC	B	$0 \le x \le h$	I_c	$-\frac{wl^2}{2}-Q \cdot l$	$-l$

$$\delta_{AV}=\frac{\partial W}{\partial Q}=\int \frac{M}{EI}\frac{\partial M}{\partial Q}dx \qquad (\because P=0)$$
$$=\frac{1}{EI_b}\int_0^l\left(\frac{wx^2}{2}-Qx\right)(-x)dx+\frac{1}{EI_c}\int_0^h\left(-\frac{wl^2}{2}-Ql\right)(-l)dx=\frac{wl^3}{8E}\left(\frac{l}{I_b}+\frac{4h}{I_c}\right) \quad (\downarrow \text{ 방향})$$

예제 11-3-7

[그림 11.3.19(a)]에 나타낸 라멘에서 C점의 처짐각 및 수평변위, B점의 수평변위를 구하여라.

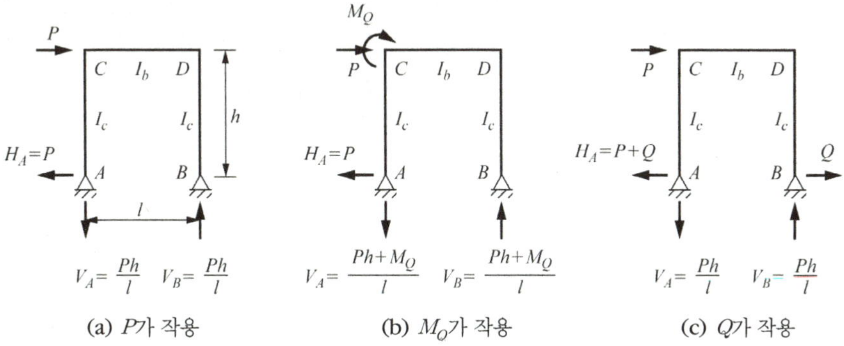

[그림 11.3.19]

풀이

(1) C점의 수평처짐(δ_{HC})을 [그림 11.3.19(a)]에서 구하면

부재	원점	구간	I	M	$\frac{\partial M}{\partial P}$
AC	A	$0 \le x \le h$	I_c	Px	x
DB	B	$0 \le x \le h$	I_c	0	0
CD	C	$0 \le x \le l$	I_b	$Ph-\frac{Ph}{l}x$	$h-\frac{h}{l}x$

$$\delta_{CH} = \frac{\partial W}{\partial P} = \int \frac{M}{EI}\frac{\partial M}{\partial P}dx$$
$$= \frac{1}{EI_c}\int_0^h Px^2 dx + \frac{1}{EI_b}\int_0^l \left(Ph - \frac{Ph}{l}x\right)\left(h - \frac{h}{l}x\right)dx = \frac{Ph^2}{3E}\left(\frac{l}{I_b} + \frac{h}{I_c}\right)$$

(2) C점의 처짐각 θ_c를 [그림 11.3.19(b)]로부터 구하면

부재	원점	구간	I	M	$\frac{\partial M}{\partial M_Q}$
AC	A	$0 \le x \le h$	I_c	Px	0
BD	B	$0 \le x \le h$	I_c	0	0
CD	C	$0 \le x \le l$	I_b	$M_Q-\left(\frac{Ph}{l}+\frac{M_Q}{l}\right)x$	$1-\frac{x}{l}$

$$\theta_c = \frac{\partial W}{\partial M_Q} = \int \frac{M}{EI}\frac{\partial M}{\partial M_Q}dx = \frac{1}{EI_b}\int_0^l \left(Ph - \frac{Ph}{l}x\right)\left(1 - \frac{x}{l}\right)dx = \frac{Phl}{3EI_b}$$

(3) B점의 수평변위 δ_{HB}를 [그림 11.3.19(c)]로부터 구하면

부재	원점	구간	I	M	$\frac{\partial M}{\partial Q}$
AC	A	$0 \le x \le h$	I_c	$(P+Q)x$	x
BD	B	$0 \le x \le h$	I_c	Qx	x
CD	C	$0 \le x \le l$	I_b	$(P+Q)h-\frac{Ph}{l}x$	h

$$\delta_{BH} = \frac{\partial W}{\partial Q} = \int \frac{M}{EI}\frac{\partial M}{\partial Q}dx$$
$$= \frac{1}{EI_c}\int_0^h [(P+Q)x](x)dx + \frac{1}{EI_c}\int_0^h (Qx)(x)dx$$
$$+ \frac{1}{EI_b}\int_0^l \left[(P+Q)h - \frac{Ph}{l}x\right](h)\cdot dx \qquad (\because Q=0)$$
$$= \frac{Ph^3}{3EI_c} + \frac{Ph^2 l}{2EI_b} = \frac{Ph^2}{6EI}\left(\frac{2h}{I_c} + \frac{3l}{I_b}\right)$$

(4) D점의 처짐각 θ_D를 [그림 11.3.19(b)]로부터 구하면

부재	원점	구간	I	M	$\frac{\partial M}{\partial M_Q}$
AC	A	$0 \le x \le h$	I_c	Px	0
BD	B	$0 \le x \le h$	I_c	0	0
CD	C	$0 \le x \le l$	I_b	$-\left(\frac{Ph}{l}+\frac{M_Q}{l}\right)x+Phl$	$-\frac{x}{l}$

$$\theta_D = \frac{\partial W}{\partial M_Q} = \int \frac{M}{EI}\frac{\partial M}{\partial M_Q}dx = \frac{1}{EI_b}\int_0^l \left\{-\left(\frac{Ph}{l}+\frac{M_Q}{l}\right)x+Ph\right\}\left\{-\left(\frac{x}{l}\right)\right\}dx \qquad (\because M_Q=0)$$
$$= -\frac{Phl}{6EI_b}$$

예제 11-3-8

[그림 11.3.20(a)]와 같이 등분포하중을 받는 라멘의 B점과 C지점에서 수평변위를 구하여라. 단 EI는 일정하다.

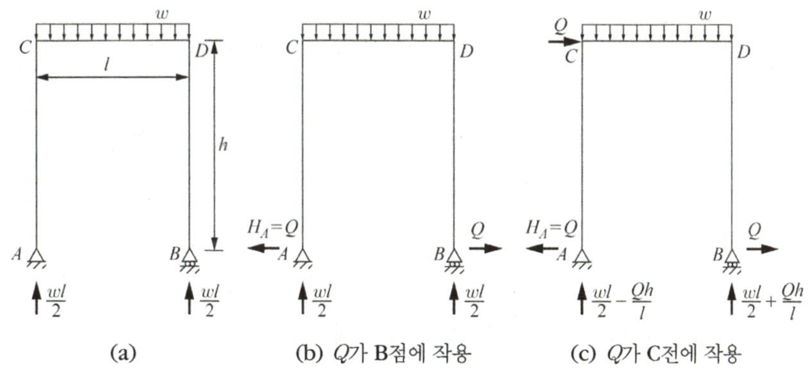

[그림 11.3.20]

풀이

$$R_A = R_B = \frac{wl}{2}, \qquad V_A = \frac{wl}{2} - \frac{Qh}{l}, \qquad R_B = \frac{wl}{2} + \frac{Qh}{l}, \qquad H_A = Q$$

(1) B점의 수평변위를 [그림 11.3.20(b)]로부터 구하면

부재	기준점	구간	I	M[그림 11.3.20(b)]	$\frac{\partial M}{\partial Q}$
AC	A	$0 \le x \le h$	I_c	Qx	x
CD	C	$0 \le x \le l$	I_b	$Qh + \frac{wl}{2}x - \frac{w}{2}x^2$	h
BD	B	$0 \le x \le h$	I_c	Qx	x

$$\delta_{BH} = \frac{\partial W}{\partial Q} = \int \frac{M}{EI}\frac{\partial M}{\partial Q}dx = \frac{1}{EI}\int_0^l \left(Qh + \frac{wl}{2}x - \frac{wx^2}{2}\right)hdx + \frac{2}{EI}\int_0^h Qx^2dx \quad (\because Q=0)$$
$$= \frac{whl^3}{12EI}$$

(2) C점의 수평변위를 [그림 11.3.20(c)]로부터 구하면

부재	기준점	구간	I	M[그림 11.3.20(c)]	$\frac{\partial M}{\partial Q}$
AC	A	$0 \le x \le h$	I_c	Qx	x
CD	C	$0 \le x \le l$	I_b	$Qh + \left(\frac{wl}{2} - \frac{Qh}{l}\right)x - \frac{wx^2}{2}$	$h - \frac{h}{l}x$
BD	B	$0 \le x \le h$	I_c	0	0

$$\delta_{CH} = \frac{\partial W}{\partial Q} = \int \frac{M}{EI}\frac{\partial M}{\partial Q}dx \quad (\because Q=0)$$
$$= \frac{1}{EI}\int_0^h (Qx)(x)dx + \frac{1}{EI}\int_0^l \left\{Qh + \left(\frac{wl}{2} - \frac{Qh}{l}x\right) - \frac{wx^2}{2}\right\}\left(h - \frac{h}{l}x\right)dx$$
$$= \frac{wl^3h}{24EI}$$

11.4 상반정리

11.4.1 Betti의 정리

상반작용의 원리는 Betti의 정리라고도 하며, 그 내용은 다음과 같다.

'한 탄성체에 두 하중계인 i 역계와 k 역계를 생각할 때 i 역계가 k 역계의 작용으로 일어난 변위에 대해 한 가상일의 량과 같다.'

이 원리는 실제의 일에 대해서도 증명되지만 여기서는 가상일의 원리로 고려해보자. 9장의 9.2.2절 [1] 구조물의 가상일(I)에서의 [그림 9.2.3]의 (A), (B)상태에 대해 가상일의 관계식으로 식 (a)가 얻어졌다. 그 전반의 관계식을 표시하면 다음과 같다.

$$\sum P_i\overline{\delta_i} + \sum M_r\overline{\varphi_r} - \sum R\overline{C} = \sum \overline{P_k}\delta_k + \sum \overline{M_l}\varphi_l - \sum \overline{R}C \tag{a}$$

위의 식의 좌우 양변의 제2항과 제3항은 제1항과 거의 같은 표시이므로 제2항과 제3항을 제거하고 간단히 하면 다음과 같다.

$$\sum P_i\overline{\delta_i} = \sum \overline{P_k}\delta_k \tag{b}$$

[그림 11.4.1]에 나타낸 바와 같이 (A)상태의 하중계를 P_i 역계, (B)상태의 하중계를 P_k 역계로 표시하면 다음과 같다.

P_i 역계 : $P\ (P_{i1},\ P_{i2},\ P_{i3},\ \cdots,\ P_{im})$

P_k 역계 : $P\ (P_{k1},\ P_{k2},\ P_{k3},\ \cdots,\ P_{kn})$

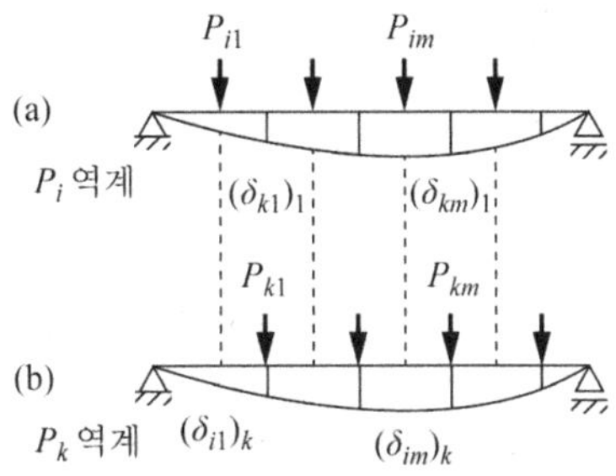

[그림 11.4.1]

P_i 역계가 작용하고 있는 점에 대한 P_k 역계의 작용에 의한 P_i 역계의 각각의 힘의 방향에 대한 변위를 나타내면 다음과 같다.

$(\delta_{i1})_k,\ (\delta_{i2})_k,\ (\delta_{i3})_k,\ \cdots,\ (\delta_{im})_k\ \cdots$

같은 방법으로 P_k 역계가 작용하고 있는 점에 대한 P_i 역계의 작용에 의한 P_k 역계의 각각의 힘의 방향에 대한 변위를 나타내면 다음과 같다.

$(\delta_{k1})_i,\ (\delta_{k2})_i,\ (\delta_{k3})_i,\ \cdots,\ (\delta_{kn})_i\ \cdots$

이것을 식 (b)의 $\sum P_i\overline{\delta_i} = \sum \overline{P_k}\delta_k$ 에 적용하면 다음과 같다.

$$P_{i1}(\delta_{i1})_k + P_{i2}(\delta_{i2})_k + P_{i3}(\delta_{i3})_k + \cdots + P_{im}(\delta_{im})_k \cdots$$
$$= P_{k1}(\delta_{k1})_i + P_{k2}(\delta_{k2})_i + P_{k3}(\delta_{k3})_i + \cdots + P_{kn}(\delta_{kn})_i \cdots$$

위의 식을 정리하면 다음과 같이 나타낼 수 있다.

$$\sum_m P_{im}(\delta_{im})_k = \sum_n P_{kn}(\delta_{kn})_i \tag{11.4.1}$$

위의 식 (11.4.1)을 Betti의 정리(또는 원리)라고 한다.

11.4.2 Maxwell의 정리

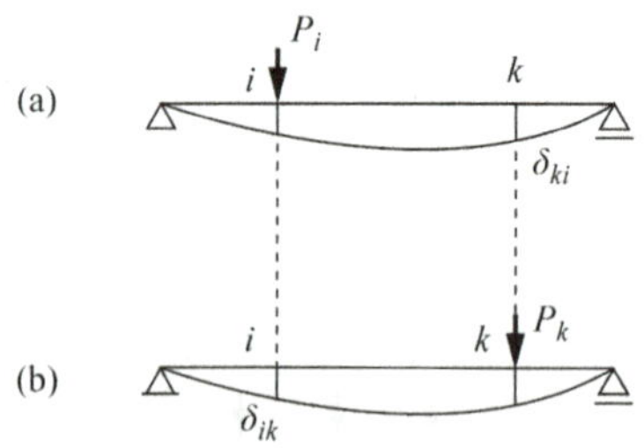

[그림 11.4.2]

[그림 11.4.2]와 같은 두 하중 P_i, P_k에 대해서는 다음과 같은 식이 성립된다.

$$P_i\delta_{ik} = P_k\delta_{ki} \tag{c}$$

특히 $P_i = P_k = 1$인 경우에는 위의 식 (c)는 다음과 같이 된다.

$$\delta_{ik} = \delta_{ki} \tag{11.4.2}$$

즉 i점에 단위하중 $P_i = 1$이 작용한 경우의 k점의 P_k 방향의 변위는 k점에 단위하중 $P_k = 1$이 작용한 경우의 i점의 P_i 방향의 변위와 같다는 것을 의미한다. 이 관계를 Maxwell의 정리(Maxwell's theorem) 또는 상반처짐의 정리라고 하며, 후크의 법칙에 적용되는 모든 구조물에 해당된다. 이 정리는 $P_i = P_k = 1$이 아니더라도 $P_i = P_k$이면 성립된다. 위의 식에서 사용된 기호를 Maxwell의 기호(Maxwell's notation)라 한다.

Maxwell의 정리에 의해 탄성조건식의 특성계수 δ_{ik}의 수를 반감할 수 있다. 위의 식 (11.4.2)는 가상일의 원리에 의하여 다음 식으로 표시된다.

$$\delta_{ki} = \int \frac{M_i m_k}{EI} dx$$

여기서, M_i는 i지점에 작용하는 하중 P 에 의한 임의의 단면의 휨모멘트, m_k는 처짐을 구하려는 k지점에 단위하중을 작용시켰을 때의 임의의 단면 휨모멘트이다.

$$\delta_{ik} = \int \frac{M_k m_i}{EI} dx$$

여기서, M_k는 k지점에 작용하는 하중 P 에 의한 임의의 단면 휨모멘트, m_i는 처짐을 구하려는 i지점에 단위하중을 작용시켰을 때의 임의의 단면 휨모멘트이다.

11.4.3 상반정리

Betti의 정리와 Maxwell의 정리를 상반정리(reciprocal theorem, 상반작용의 정리 또는 변형일치의 정리 또는 겹침의 원리)라 하며, 이는 부정정구조물의 해석과 영향선을 작성할 때 도움이 된다. 변위일치의 방법으로 부정정보를 해석할 때에 이용하면 편리하다.

예제 11-4-1

[그림 11.4.3]에서 A, B점에 작용하는 10 kN 의 하중과 10 kN · m 의 모멘트로 인한 A, B점의 처짐과 처짐각을 공액보 방법으로 결정한 다음에 모든 상반처짐의 관계를 증명하여라.
여기서 $E = 2.1 \times 10^5 MPa$, $I = 11,500 cm^4$ 이다.

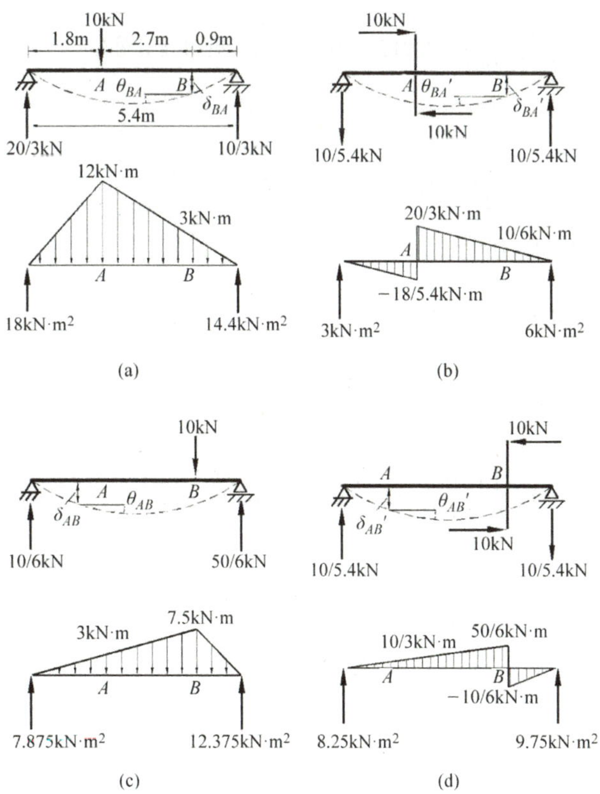

[그림 11.4.3]

풀이

[그림 11.4.3(a)]에 공액보법을 적용하여

$$EI\delta_{BA} = M_B' = (14.4)(0.9) - \frac{1}{2}(3)(0.9)(0.3) \fallingdotseq 12.555\,\text{kN}\cdot\text{m}^3$$

$$\therefore \delta_{BA} = \frac{12.555\times10^9}{(2{,}100{,}000)(11{,}500)} = 0.052\,\text{cm} \fallingdotseq 0.52\times10^{-3}\text{m}$$

$$EI\theta_{BA} = V_B' = 14.4 - \frac{1}{2}(0.9)(3) = 13.05\,\text{kN}\cdot\text{m}^2$$

$$\therefore \theta_{BA} = \frac{13.05\times10^7}{(2{,}100{,}000)(11{,}500)} \fallingdotseq 0.54\times10^{-3}\,\text{radian}\,(\text{반시계방향})$$

[그림 11.4.3(b)]에서

$$EI\delta_{BA}' = M_B' = (6)(0.9) - \frac{1}{2}\left(\frac{10}{6}\right)(0.9)\times\frac{0.9}{3} = 5.175\,\text{kN}\cdot\text{m}^3$$

$$\therefore \delta_{BA}' = \frac{5.175\times10^9}{(2{,}100{,}000)(11{,}500)} = 0.0214\,\text{cm} = 0.214\times10^{-3}\text{m}\,(\downarrow\text{방향})$$

$$EI\theta_{BA}' = V_B' = 6 - \frac{1}{2}\left(\frac{10}{6}\right)(0.9) = 5.25\,\text{kN}\cdot\text{m}^3$$

$$\therefore \theta_{BA}' = \frac{5.25\times10^7}{(2{,}100{,}000)(11{,}500)} \fallingdotseq 0.217\times10^{-3}\,\text{radian}\,(\text{반시계방향})$$

[그림 11.4.3(c)]에서

$$EI\delta_{AB} = M_A' = (7.875)(1.8) - \frac{1}{2}(3)(1.8)(0.6) \fallingdotseq 12.555\,\text{kN}\cdot\text{m}^3$$

$$\therefore \delta_{AB} = 0.052\,\text{cm} \fallingdotseq 0.52\times10^{-3}\text{m}\,(\downarrow\text{방향})$$

$$EI\theta_{AB} = V_A' = 7.875 - \frac{1}{2}(3)(1.8) = 5.175\,\text{kN}\cdot\text{m}^2$$

$$\therefore \theta_{AB} \fallingdotseq 0.214\times10^{-3}\,\text{radian}\,(\text{시계방향})$$

[그림 11.4.3(d)]에서

$$EI\delta_{AB}' = M_A' = (8.25)(1.8) - \frac{1}{2}\left(\frac{10}{3}\right)(1.8)\times(0.6) = 13.05\,\text{kN}\cdot\text{m}^3$$

$$\therefore \delta_{AB}' \fallingdotseq 0.54\times10^{-3}\text{m}\,(\downarrow\text{방향})$$

$$EI\theta_{AB}' = V_A' = 8.25 - \frac{1}{2}\left(\frac{10}{3}\right)(1.8) = 5.25\,\text{kN}\cdot\text{m}^2$$

$$\therefore \theta_{AB}' \fallingdotseq 0.217\times10^{-3}\,\text{radian}\,(\text{시계방향})$$

지금 증명된 상반처짐 관계는

$$\delta_{BA} = \delta_{AB},\quad \theta_{BA}' = \theta_{AB}',\quad \theta_{BA} = \theta_{AB},\quad \delta_{BA}' = \delta_{AB}'$$

11.5 충격하중에 의한 처짐

구조물에 작용한 하중이 속도를 지닌 충격하중이면 정하중을 받을 때보다는 더 큰 처짐과 응력을 나타낸다. [그림 11.5.1(a)]에 있는 보에서 무게 W가 h만큼 높은 곳에서 보 위로 떨어지는 경우를 고려하여 보기로 한다.

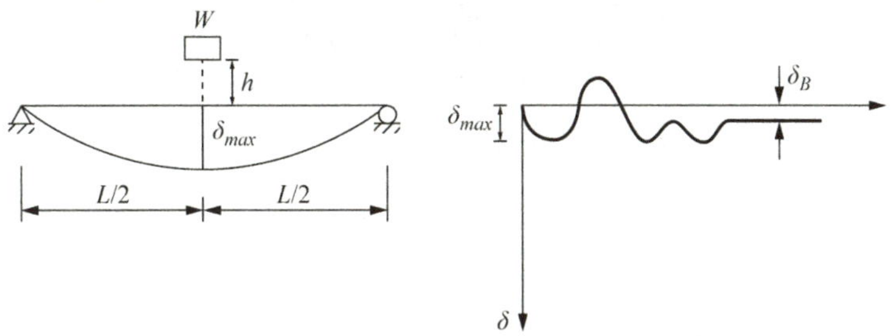

[그림 11.5.1] 충격하중에 의한 처짐

충격하중을 받았을 때 시간에 따른 변위의 변화는 대체로 [그림 11.5.1(b)]처럼 나타난다. 최대의 동적 처짐 δ_{max}는 충격 직후에 나타남을 알 수 있다. 어느 정도의 시간이 지나면 보의 진동이 멎고 정하중에 의한 처짐 δ_{st}를 유지하게 된다. 정하중 W에 의한 처짐이 δ_{st}라면, 최대 처짐 δ_{max}는 정하중 무게인 W에 대응하는 등가의 동하중 P_L에 의해 일어난 것이라고 생각할 수 있다. 따라서 다음과 같은 관계가 성립한다.

$$\frac{\delta_{max}}{\delta_{st}} = \frac{(P_L L^3/48EI)}{(WL^3/48EI)} = \frac{P_L}{W} \tag{11.5.1}$$

식 (11.5.1)의 값을 충격계수(impact factor)라고 한다.

충격을 받고 있는 보의 동적인 처짐은 동하중에 의한 일과 보에 저장된 위치에너지를 같다고 놓음으로써 구할 수 있다. [그림 11.5.1(a)]에 있는 보에서 충격점에서 에너지 손실이 없고, 보의 질량은 무게 W인 물체의 질량에 비해 무시할 만큼 작다고 가정한다. 거리가 $(h+\delta_{max})$인 낙하하는 물체의 위치에너지는 $W(h+\delta_{max})$이며, 이 에너지는 완전히 변형에너지로 저장된다. 보에 저장된 이 변형에너지는 $(P_L/2)\delta_{max}$이다.

따라서 다음 관계식이 성립되어야 한다.

$$W(h+\delta_{\max}) = \frac{P_L}{2}\delta_{\max} \tag{a}$$

그런데 [그림 11.5.1(a)]에 있는 보에서 중앙점의 처짐은 $\delta_{\max} = (P_L L^3)/(48EI)$이므로 $P_L = (48EI/L^3)\delta_{\max}$로 되며 식 (a)는 다음과 같이 쓸 수 있다.

$$W(h+\delta_{\max}) = \frac{P_L}{2}\delta_{\max} = \left(\frac{24EI}{L^3}\delta_{\max}\right)\delta_{\max} = \frac{24EI}{L^3}\delta_{\max}^2 \tag{b}$$

따라서 식 (b)는 다음과 같이 정리될 수 있다.

$$\frac{WL^3}{24EI}(h+\delta_{\max}) = 2\delta_{st}(h+\delta_{\max})$$

또는

$$\delta_{\max}^2 - 2\delta_{st}\delta_{\max} - 2h\delta_{st} = 0 \tag{c}$$

여기서 δ_{st}는 $\dfrac{WL^3}{48EI}$이며 정하중 W에 의한 보의 처짐이다.

식 (c)를 $\delta_{\max}$에 관하여 풀면 다음과 같이 된다.

$$\delta_{\max} = \delta_{st} + \sqrt{\delta_{st}^2 + 2h\delta_{st}}$$

또는

$$\delta_{\max} = \delta_{st}\left(1+\sqrt{1+\frac{2h}{\delta_{st}}}\right) \tag{11.5.2}$$

이 식으로부터 동하중에 의한 $\delta_{\max}$는 정하중에 의한 δ_{st}보다 항상 크다는 것을 알 수 있다. 충격점의 국부적 변형으로 인한 에너지 손실이 있는 경우 또는 보의 질량을 포함시킨 경우에는 식 (11.5.2)의 $\delta_{\max}$는 약간 감소될 것이다. 식 (11.5.2)의 $\delta_{\max}$를 δ_{st}로 나누면 충격계수 i는 다음과 같이 나타낼 수 있다.

$$i = \frac{\delta_{\max}}{\delta_{st}} = 1+\sqrt{1+\frac{2h}{\delta_{st}}} \tag{11.5.3}$$

낙하한 높이 h와 무게 W인 정하중에 의한 처짐을 알게 되면 식 (11.5.3)로부터 쉽게 충격계수의 값을 구할 수 있게 된다. 따라서 식 (11.5.3)에서 등가의 충격하중은 $P_L =$(충격계수)$\times(W)$로부터 얻을 수 있다.

예제 11-5-1

[그림 11.5.2]에 나타낸 단면이 $20\,\text{cm}\times 10\,\text{cm}$인 보에서 무게 $W=1\,\text{kN}$이 높이 $30\,\text{cm}$에서 보위로 떨어질 때 처짐과 단면 B의 최대응력을 구하여라. 이 보는 지점 A에서 힌지로, B에서는 스프링상수 $k=6\,\text{kN/cm}$인 스프링으로 지지되어 있다. 보의 탄성계수 $E=11{,}000\,\text{MPa}$이다.

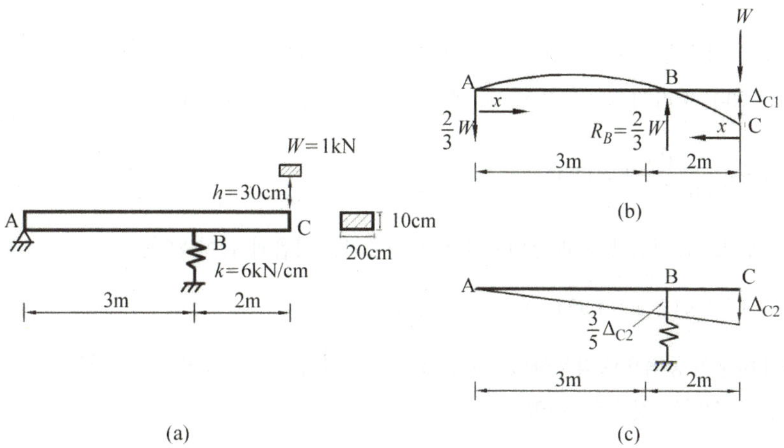

[그림 11.5.2]

풀이

정하중 W에 의한 처짐 $\delta_{st}=\delta_{c1}+\delta_{c2}$

- δ_{c1}의 값: 지점 B를 롤러지점이라 가정한 경우의 δ_{c1}은 Castigliano의 제2정리로부터 다음과 같이 구할 수 있다[그림 11.5.2(b)].

$$\begin{aligned}\delta_{c1} &= \int_C^B M\left(\frac{\partial M}{\partial P}\right)\frac{dx}{EI}\\ &= \int_0^2(-Wx)(-x)\frac{dx}{EI}+\int_0^3\left(-\frac{2}{3}Wx\right)\left(-\frac{2}{3}x\right)\frac{dx}{EI}\\ &= \frac{20W}{3EI}=\frac{666.7}{EI}=\frac{666.7}{110{,}000\times 1666.7}\times(10^4)\\ &= 0.03636\,\text{m}=3.636\,\text{cm}\end{aligned}$$

여기서 $I=\dfrac{20\times 10^3}{12}=1{,}666.7\,\text{cm}^4$이다.

• δ_{c2}의 값 : 지점 B의 스프링의 단축 때문에 일어나는 δ_{c2}는 지점 B에서의 반력이 $R_B = (5/3)\,W$이고 변위가 $(3/5)\delta_{c2}$라는 사실을 고려하여 다음과 같이 계산한다[그림 12.5.2(c)].

$$R_B = k\left(\frac{3}{5}\delta_{c2}\right) = \frac{3}{5}W$$

$$\delta_{c2} = \frac{25}{9}\frac{\mathrm{W}}{\mathrm{k}} = \frac{25}{9}\times\frac{1}{6} = 0.463\,\mathrm{cm}$$

따라서 무게 W인 정하중에 의한 처짐은 다음과 같다.

$$\delta_{st} = \delta_{c1} + \delta_{c2} = 3.636 + 0.463 = 4.1\,\mathrm{cm}$$

• 충격계수 : $i = \dfrac{\delta_{\max}}{\delta_{st}} = 1 + \sqrt{1 + \dfrac{2h}{\delta_{st}}} = 1 + \sqrt{1 + \dfrac{2\times 30}{4.1}} = 4.954$

충격으로 인한 최대 응력 f_L : 정하중 $W = 1\,\mathrm{kN}$으로 인한 최대 모멘트는 B점에 일어나며 $M_B = 1\times 2 = 2\,\mathrm{kN\cdot m}$이다. 따라서 $M_B = 2\,\mathrm{kN\cdot m}$에 의한 최대 휨응력은 다음과 같이 된다.

$$f_{st} = \frac{M_c}{I}y = \frac{2\times 10^5}{1{,}666.7}\times 5 = 600\,\mathrm{N/cm^2} = 6\,\mathrm{MPa}$$

하중 W가 동적으로 작용했을 때 단면 B의 최대 휨응력은 다음과 같이 된다.

$$\mathrm{f_L} = (\text{충격계수})\times(\mathrm{f_{st}}) = 4.954\times 6 = 29.724\,\mathrm{MPa}$$

이 예제에서 하중이 동적으로 작용하였을 때 구조물의 응력이나 처짐은 정적으로 작용한 경우보다 훨씬 크게 확대될 수 있다는 것을 알 수 있다.

E X E R C I S E

1. [P그림 11.1]의 단순보에서 ABC 에서의 탄성곡선의 처짐각과 C점의 수직처짐을 단위하중법으로 구하여라. 단 $E = 2.1 \times 10^5\, MPa$, $I = 9{,}766\,\mathrm{cm}^4$이다.

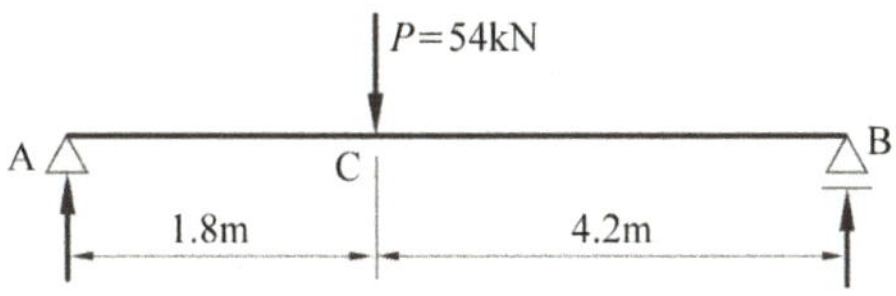

[P그림 11.1]

정답 $\theta_A = 5.641 \times 10^{-3} rad$ (시계방향), $\theta_B = 4.313 \times 10^{-3} rad$ (반시계방향),
$\theta_C = 2.654 \times 10^{-3} rad$ (시계방향), $y_C = 0.836\, cm$ (↓)

2. [P그림 11.2]의 단순보의 A단의 처짐각과 중앙점의 처짐을 단위하중법으로 구하여라. 단 EI는 일정하다.

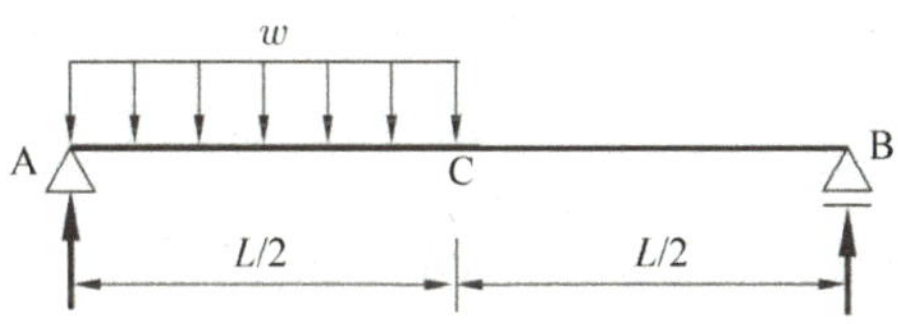

[P그림 11.2]

정답 $\theta_A = 15wl^3/768EI$ (시계방향), $\theta_B = 13wl^3/768EI$ (반시계방향),
$y_C = 3wl^4/512EI$ (↓)

3. [P그림 11.3]의 단순보에서 A와 B의 처짐각과 보중앙의 수직처짐을 단위하중법으로 구하여라. 단 E는 일정하다.

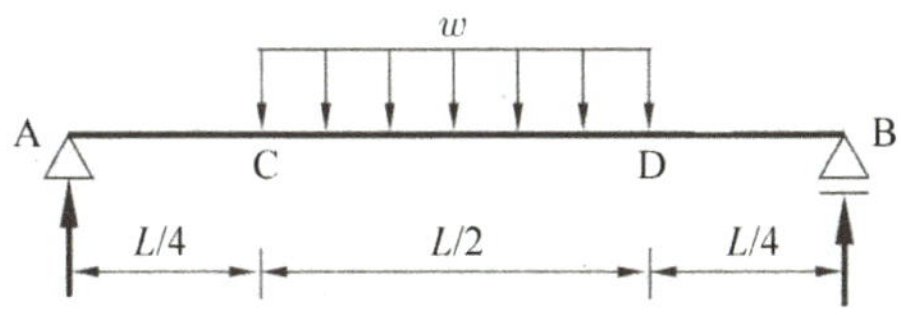

[P그림 11.3]

정답 $\theta_A = 11wL^3/384EI$(시계방향), $\theta_B = 11wL^3/384EI$(반시계방향)
중앙점의 처짐 $\delta = 19wL^4/2.048EI$ (↑)

4. [P그림 11.4]의 단순보에서 A와 B의 처짐각과 보중앙의 수직처짐을 단위하중법으로 구하여라.

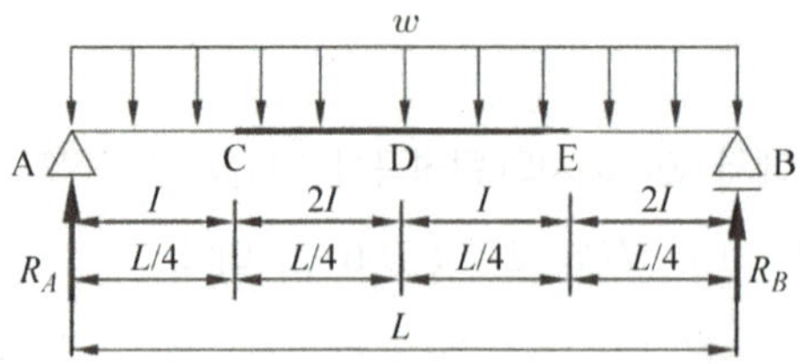

[P그림 11.4]

정답 $\theta_A = 7wL^3/256EI_c$, 중앙점의 처짐 $\delta = 93wL^4/12.288EI_c(\downarrow)$

5. [P그림 11.5]의 돌출보에서 ABC의 자유단 C의 처짐각과 처짐을 단위하중법으로 구하여라. 단 EI는 일정하다.

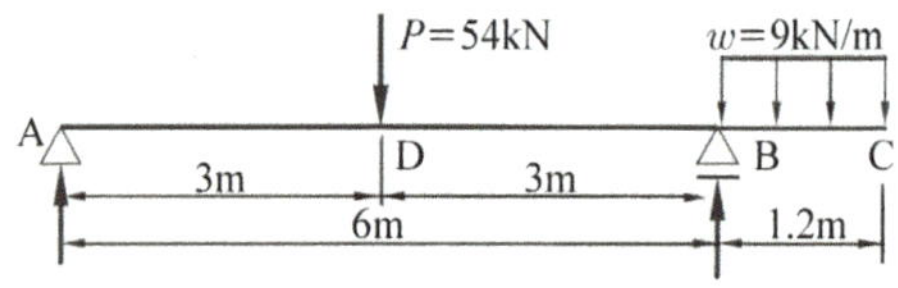

[P그림 11.5]

정답 $\theta_c = 0.00645\,\text{rad}$(반시계방향), $\delta_c = 0.7797\,\text{cm}$ $(\uparrow)$

6. [P그림 11.6]에서 단위하중법으로 내민보 ABC의 자유단 C의 처짐각과 처짐을 구하여라. 단 $E = 2.1 \times 10^5\,MPa$, $I = 7,812\,\text{cm}^4$이다.

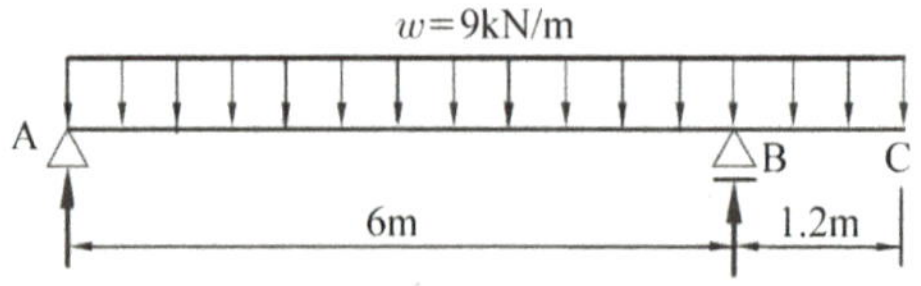

[P그림 11.6]

정답 $\theta_c = 0.399 \times 10^{-2}\,rad$ (반시계방향), $\delta_c = 0.483\,cm$ $(\uparrow)$

7. [P그림 11.1]의 단순보에서 ABC에서의 탄성곡선의 처짐각과 C점의 수직처짐을 Castigliano의 정리를 이용하여 풀어라.

정답 $\theta_A = 5.641 \times 10^{-3} rad$ (시계방향), $\theta_B = 4.313 \times 10^{-3} rad$ (반시계방향),

$\theta_C = 2.654 \times 10^{-3} rad$ (시계방향), $y_C = 0.836\,cm$ (↓)

8. [P그림 11.2]의 캔틸레버 AB의 자유단 A의 처짐각과 처짐을 Castigliano의 정리를 이용하여 풀어라.

정답 $\theta_A = 15wl^3/768EI$ (시계방향), $\theta_B = 13wl^3/768EI$ (반시계방향),

$y_C = 3wl^4/512EI$ (↓)

9. [P그림 11.3]의 단순보에서 A와 B의 처짐각과 보중앙의 수직처짐을 Castigliano의 정리를 이용하여 풀어라.

정답 $\theta_A = 11wL^3/384EI$(시계방향), $\theta_B = 11wL^3/384EI$(반시계방향)

중앙점의 처짐 $\delta = 19wL^4/2.048EI$(↑)

10. [P그림 11.4]의 단순보에서 A와 B의 처짐각과 보중앙의 수직처짐을 Castigliano의 정리를 이용하여 풀어라.

정답 $\theta_A = 7wL^3/256EI_c$

중앙점의 처짐 $\delta = 93wL^4/12.288EI_c$(↓)

11. [P그림 11.5]의 돌출보에서 ABC의 자유단 C의 처짐각과 처짐을 Castigliano의 정리를 이용하여 풀어라.

정답 $\theta_c = 0.00645\,\mathrm{rad}$(반시계방향), $\delta_c = 0.7797\,\mathrm{cm}$ (↑)

12. [P그림 11.6]에서 Castigliano의 정리를 이용하여 내민보 ABC의 자유단 C의 처짐각과 처짐을 구하여라.

정답 $\theta_c = 0.399 \times 10^{-2} rad$ (반시계방향), $\delta_c = 0.483\,cm$ (↑)

13. [P그림 11.7]에 있는 트러스의 절점 L_3의 수평 및 수직처짐을 단위하중법을 사용하여 구하여라. 여기서 모든 현부재의 단면적 $A_c = 18.75\,cm^2$, 모든 복부부재의 단면적 $A_w = 12.5\,cm^2$, 모든 부재의 탄성계수 $E = 2.1 \times 10^5 MPa$이다.

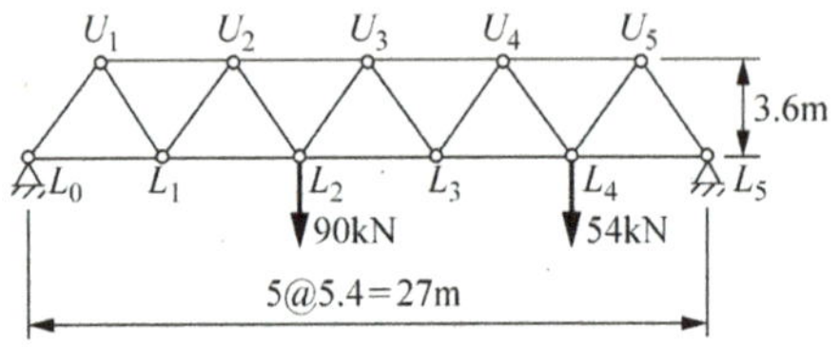

[P그림 11.7]

정답 $\delta_H = 0.5073\,\text{cm}(\rightarrow)$, $\delta_V = 2.345\,\text{cm}(\downarrow)$

14. [P그림 11.7]에 있는 트러스에서 절점 U_2와 L_3 간의 U_2L_3 방향의 상대적 변위를 단위하중법을 사용하여 구하여라.

정답 $\triangle_{U2-L3} = 0.311\,\text{cm}$ (상호접근)

15. [P그림 11.8]에 있는 라멘에서 각]수평처짐, 수직처짐을 가상일의 원리를 사용하여 구하여라. 단 E는 일정하다.

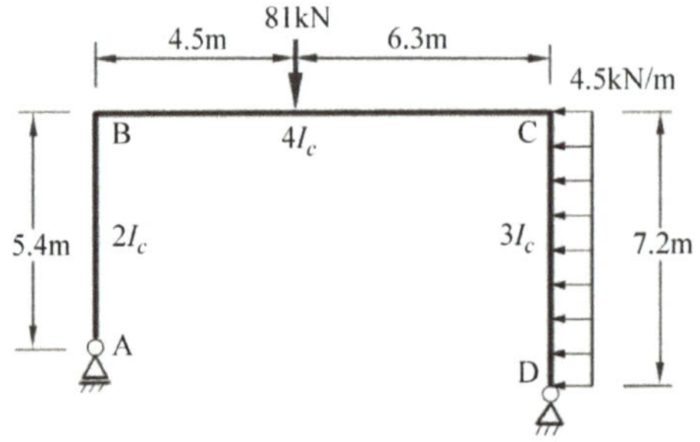

[P그림 11.8]

정답 $\theta_A = \theta_B = 203.985\,\text{kN} \cdot \text{m}^2/EI_c$(시계방향),

$\theta_C = 240.53\ \ \text{kN} \cdot \text{m}^2/EI_c$(시계방향)

$\theta_D = 427.495\,\text{kN} \cdot \text{m}^2/EI_c$(반시계),

A점의 $\delta_H = 3{,}973.07\,\text{kN} \cdot \text{m}^3/EI_c(\leftarrow)$

B 또는 C점의 $\delta_H = 2{,}571.55\,\text{kN} \cdot \text{m}^3/EI_c(\leftarrow)$

16. [P그림 11.9]의 라멘에서 자유단에서의 회전각과 수평처짐을 단위하중법을 사용하여 구하여라. 단 E는 일정하다.

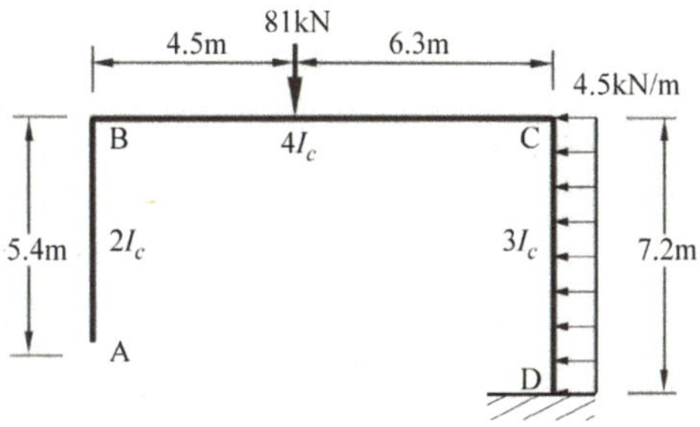

[P그림 11.9]

정답 $\theta_A = 1{,}719.89\,\text{kN} \cdot \text{m}^2/EI_c$(반시계방향)

A점의 $\delta_{AH} = 4{,}374.55\,\text{kN} \cdot \text{m}^3/EI_c(\rightarrow)$

A점의 $\delta_{AV} = 17{,}730.94\,\text{kN} \cdot \text{m}^3/EI_c(\downarrow)$

17. [P그림 11.10]과 같은 트러스에서 C지점의 수직변위 δ_C를 구하여라. 단, 탄성계수 $(E_s) = 2.05 \times 10^5\,\text{MPa}$, BC 부재단면적$(A_s) = 10\,\text{cm}^2$, AC 부재단면적 $(A_s) = 20\,\text{cm}^2$ 이다.

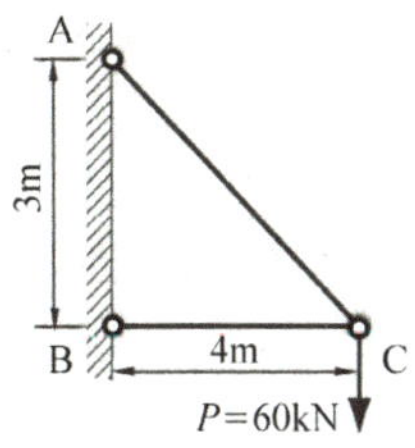

[P그림 11.10]

정답 $\delta_C = 0.51\,\text{cm}$

PART 4

부정정 구조물의 해석

A B S T R A C T

힘의 평형3조건식인 $\Sigma F_x = 0$, $\Sigma F_y = 0$, $\Sigma M = 0$에 의하여 지점반력을 구하여 단면력을 계산할 수 있는 구조물을 정정구조물이라고 한다. 또 힘의 평형3조건식 외에 구조물의 변형 또는 지점에 있어서 변형의 구속에 대한 조건을 고려하지 않으면 반력과 응력을 구할 수 없는 구조물을 부정정구조물이라 한다. 부정정구조물이나 연속보의 한 부분에 재하된 하중은 구조물의 다른 부분에 전단력, 모멘트, 처짐을 유발시킨다. 다시 말하면 기둥에 작용한 하중은 보, 슬래브 그리고 다른 기둥에 영향을 주고 그 반대도 성립한다. 하지만 정정구조물에서는 항상 그렇지는 않다.

지금까지는 교재에서 전적으로 정정구조만을 다루었기 때문에 정정보와 트러스가 마치 현대 구조물의 표본인 것처럼 학생들이 믿도록 하였다. 그러나 현실에서는 이상적으로 완전히 단순 지지된 단순보를 찾기는 매우 어렵고 교재에서나 볼 수 있다. 볼트나 용접으로 된 보와 기둥의 연결은 모멘트가 0인 단순지지가 아니다. 정정트러스에서도 마찬가지다. 볼트나 용접 이음부는 앞서 사용한 가정처럼 마찰을 일으키지 않는 핀이 아니다. 따라서 앞에서 다룬 트러스에 관한 다른 가정들은 완전할 수 없으며, 엄격히 따지면 약간의 모멘트와 2차 응력을 갖고 있기 때문에 모든 트러스는 부정정구조이며, 현장에서 타설된 모든 콘크리트 구조물은 부정정이다.

20세기 초까지 대부분의 기술자들은 부정정구조물의 사용을 기피하였다. 그러나 세 가지 발견, 즉 일체식 철근콘크리트 구조물, 강구조물에서의 아크 용접기술, 현대적 해석기법에 의해 부정정구조물을 사용하게 되었다.

[1] 부정정구조의 장점

부정정구조물과 정정구조물을 비교할 때 대부분의 기술자들이 첫 번째로 고려하는 것은 비용일 것이다. 그러나 특정 구조형식이 항상 경제적이라고 할 수는 없다. 각각 구조물의 환경조건이 다르기 때문에 경제성뿐 아니라 여러 요인들도 함께 고려하여야 한다. 부정정구조물은 다음과 같은 장점들이 있다.

(1) 재료 절약

부정정구조물에서는 정정구조물보다 모멘트가 작게 발생하기 때문에 기술자들이 더 작은 부재를 선택할 수 있다. 재료의 절약은 고속도로 교량에서는 10~20% 정도 가능하고, 철도교에서는 많은 부재력 교번현상이 발생하기 때문에 10% 가량 비용이 절감된다. 같은 크기의 부재라 할지라도 단순지지 구조물보다 연속 구조물이 더 큰 하중을 지지할 수 있다. 또한 연속성은 더 작은 단면의 사용을 가능하게 하고, 경간의 길이나 지점의 이격거리를 더 길게 만들어주기 때문에 빌딩의 기둥 및 교량의 교각수를 줄임으로써 총 건설비용을 줄일 수 있다. 연속 콘크리트나 강구조물의 건설비용은 과거에 핀 절점 등을 사용하여 만들어졌던 정정구조물의 건설비용보다 적게 든다. 일체형 철근콘크리트 구조물은 연속이고 부정정이다. 오히려 힌지나 다른 방법을 사용하여 정정구조물로 만드는 것이 더 어렵고 건설비용도 더 많이 든다. 또한 기둥과 단순보로 만들어진 건물라멘은 외력에 대해 충분한 강도를 갖기 위해서 절점 사이의 경사 브레이싱이 필요하게 된다.

(2) 더 큰 안전성

부정정구조물은 정정구조물보다 더 큰 안전성을 갖는다. 부정정 강구조물이나 철근콘크리트 구조물의 일부분에 초과응력이 발생했을 경우, 부정정구조물은 발생한 응력의 일부분을 더 작은 응력을 받는 인접 부위로 재분배하는 능력을 가지고 있는 반면, 정정구조물은 이러한 능력을 갖고 있지 않다. 정정구조물에서는 작용하는 휨모멘트가 극한모멘트에 도달했을 때 구조물이 파괴될 것이다. 그러나 부정정구조물에서는 응력을 구조물의 인접 부분으로 재분배하기 때문에 이와 같은 파괴현상은 나타나지 않는다. 부정정보나 라멘에서는 어느 한 부분이 극한모멘트에 도달했을 때 파괴되지 않고 모멘트 재분배가 일어난다. 이러한 거동은 세 사람이 어깨에 통나무를 메고 함께 걸어가다가 세 사람 중 한 사람이 피곤해서 그의 어깨를 조금 낮추는 경우와 매우 비슷하다. 즉, 통나무를 따라서 전해지는 반력, 전단력, 모멘트에 상응하는 변화는 동반한 다른 사람들에게 재분배된다.

(3) 더 큰 강성과 더 작은 처짐

부정정구조물은 정정구조물보다 강성이 크고, 더 작은 처짐을 갖는다. 구조물의 연속성 때문에 모든 종류의 하중(수평하중, 연직하중, 이동하중, 기타 하중 등)에 대해서 더 견고하고 더 큰 안전성을 갖고 있다.

(4) 더 매력적인 구조물

정정구조물에서는 오늘날 많이 건설되고 있는 부정정 아치와 라멘 등이 가지고 있는 아름다움과 우아함을 찾아보기란 매우 어렵다.

(5) 캔틸레버 시공에 적용

교량건설 시 캔틸레버공법은 가 시설물 설치를 방해하는 장소(도시 및 해양교통, 깊은 수심, 산악의 깊은 계곡 등)에 매우 적합하다. 연속 부정정 교량과 캔틸레버식의 교량은 캔틸레버공법에 의해 편리하게 시공할 수 있다.

[2] 부정정구조물의 단점

정정구조물과 비교하여 부정정구조물이 갖는 단점은 다음과 같다.

(1) 지점침하

부정정구조물은 기초지반의 상태가 불량한 곳에서는 바람직하지 못하다. 왜냐하면 지점침하나 지점회전이 모멘트, 전단력, 반력 그리고 부재력에 상당한 변화를 발생시키기 때문이다. 불량한 기초지반의 상태가 존재함에도 불구하고 부정정 교량이 사용되는 곳에서는 고정하중에 의한 반력의 측정이 필요하다. 교량의 지점은 계산된 반력을 얻을 때까지 높낮이를 조정한 후 시공한다.

(2) 다른 응력의 발생

부정정구조물에서는 지점침하뿐 아니라 온도변화, 제작오차 또는 각 부재의 내적 변형 등에 의한 부재의 상대적인 위치변화가 발생함에 따라 구조물에 상당한 힘의 변화가 일어난다.

(3) 해석과 설계상의 어려움

부정정구조물의 부재력은 부재의 치수뿐만 아니라 탄성계수, 단면2차모멘트, 단면적 등과 같은 단면특성에 따라 그 크기가 변하며, 이러한 상황은 설계를 어렵게 한다. 부재력은 부재의 크기를 모르면 구할 수 없고, 부재의 크기는 부재력을 모르면 구할 수 없다. 문제는 부재의 치수를 가정하여 부재력을 계산하고, 이런 부재력들에 대한 부재의 설계와 새로운 치수에 대한 부재력을 다시 계산하여 마지막 설계가 나올 때까지 반복작업을 해야 한다는 것이다. 이러한 방법에 의한 설계는 정정구조물의 설계보다 더 많은 시간이 걸리지만 그 비용은 전체 비용의 일부분에 불과하다. 이와 같은 설계는 설계자와 컴퓨터와의 호환작업에 의해 최상의 것이 된다. 이러한 쌍방향 계산은 오늘날 항공기와 자동차 산업에서도 광범위하게 적용되고 있다.

(4) 교번응력

정정구조물에서보다 부정정구조물에서 부재력의 교번이 더 빈번하게 일어난다. 다양한 힘에 저항하고 피로파괴를 방지하기 위해 어느 단면에는 재료의 추가가 필요할 수도 있다.

[3] 부정정구조물의 해석법

부정정 구조물은 평형3조건식으로 구할 수 있는 힘보다 더 많은 미지의 힘들을 갖고 있으므로 부정정구조물은 평형방정식만의 사용으로는 해석이 불가능하고 추가의 방정식을 필요로 한다. 평형3조건식에 의해 구할 수 없는 힘을 과잉력(또는 잉여력, redundant force)이라 하며, 구조물에서 반력이나 부재력이 잉여력으로 간주할 수 있다.

부정정구조물을 해석하기 위한 방법으로는 일반적으로 응력법(force method)과 변위법(displacement method)을 사용하고 있다.

(1) 응력법

응력법은 부정정 반력이나 부정정 내력을 미지수로 취급하여 적합조건(compatibility condition)을 유연도계수(flexibility coefficient)와 부정정력(redundant, 외적 반력 또는 부재단의 내력)의 항으로 표시하여 미지수의 부정정력을 계산한다. 이 방법을 유연도법(flexibility methods) 또는 적합법(compatibility methods)이라고도 하며, 특히 적합조건은 첫째 부정정 반력의 작용점에서 지점의 변위가 0이 되는 경우와, 둘째 부정정 내력이 작용하는 부재단에서 부정정 부재의 상대적 내적변형이 0이 되는 경우이다. 1864년 James Clerk Maxwell은 부정정구조 해석을 위한 첫 번째 응력법을 발표했다. Maxwell이 발표한 응력법은 처짐에 바탕을 두었으나 상호 처짐 정리를 포함한 그의 발표는 많은 관심을 이끌지 못했다. 10년 후에 Otto Mohr가 현재 사용하고 있는 단계까지 이론을 확장하였다. 처짐 계산을 사용한 부정정구조물의 해석은 종종 Maxwell-Mohr 방법 또는 변위일치법(method of consistent displacement)이라고도 한다. 응력법은 부정정 차수가 1차, 2차인 보, 라멘, 트러스를 해석하는 데 유용하며, 또한 단층라멘을 해석하는 데 편리하다. 부정정구조물의 해석에서 응력법의 학습은 부정정구조물의 거동을 이해하는 데 도움을 준다. 이외의 응력법에는 3연모멘트정리(Clapeyron's theorem of three moments)와 최소일의 방법(method of least work) 등이 있다.

(2) 변위법

변위법은 평형조건(equilibrium condition)을 적용하여 절점의 변위(회전과 이동)를 미지수로 하여 절점변위와 부재의 내력을 구하는 방법으로 강성도법(stiffness method)이라고도 한다. 고층빌딩이나 복잡한 트러스와 같은 높은 차수의 부정정구조물의 해석에 사용되는 변위법으로는 처짐각법(slope defection method), 모멘트분배법(moment distribution method), 매트릭스 구조해석법(matrix structural analysis), 유한요소법(finite element method) 등의 방법들이 더 유용하게 사용되고 있다.

[4] 향후 고찰

여기에서는 부정정구조물을 해석하는 고전적인 방법인 응력법으로 변위일치법, Castigliano의 정리를 이용한 최소일의 방법, 3연모멘트 정리가 소개되었고, 변위법으로 처짐각법을 다루었다. 이러한 방법들은 고전적 자료로 실제로는 거의 사용되지 않지만, 이러한 고전적인 방법들이 현대 해석법의 기초가 되므로 알아둘 필요가 있다. 또 오늘날 구조공학에서 흔히 사용되는 부정정구조 해석법(모멘트 분배법과 매트릭스 구조해석법)들을 상세하게 기술하였다. 특히, 매트릭스 구조해석에 바탕을 둔 컴퓨터 해석법들이 오늘날 구조해석기법의 대세를 이루고 있다.

CHAPTER 12

변위일치의 방법

12.1 개요

이동지점(roller) 또는 회전지점(hinge)은 수직방향으로 움직이지 않아 처짐이 없고, 고정지점(fixed)은 처짐 및 처짐각이 없다는 경계조건의 원리를 이용하여 부정정구조물을 해석하는 방법으로서, 구조상태에 따라 적합방정식(compatibility equation), 처짐의 방법(deflection method), 탄성방정식(elastic equation), 겹침방정식(superposition equation) 등으로 계산한다.

12.2 정정기본계와 탄성방정식

부정정구조물의 단면력은 힘의 평형조건만으로 구할 수 없고 변형의 적합조건을 만족하여야 구할 수 있다.

부정정구조물의 일반적인 해석법으로는 먼저 부정정차수와 같은 수의 지점반력 또는 단면력을 적당히 선택하고 지점을 개조하든가, 그리고(또는) 부재를 절단하여 이것들에 의한 구속을 제거하여 안정한 정정구조물로 생각하는 것이다. 이것을 정정기본계라하며 이와 같이 선택한 반력 또는 단면력을 부정정량 또는 부정정력이라 한다.

[그림 12.2.1(a)]에 나타낸 고정아치는 3차 부정정 구조물이므로 A 점의 3개의 반력을 부정정력으로 선택하면 [그림 12.2.1(b)]와 같은 한 지점이 고정인 아치가 정정 기본계이다. 이와 같은 방법을 활용하면 [그림 12.2.1(c)]와 [그림 12.2.1(d)]도 정정기본계로 될 수 도 있다.

정정구조물의 반력, 전단력 및 변형량을 구하는 방법은 앞의 여러 장에서 설명하였다. 여기서 부정정력 X_i 만을 구했다면 겹침의 원리에 의하여 부정정구조물의 반력, 전단력 및 변형량은 다음 식과 같다.

- 반력 : $R = R_0 + \sum_{i=1}^{n} R_i X_i$

- 휨모멘트 : $M = M_0 + \sum_{i=1}^{n} M_i X_i$

- 축방향력 : $N = N_0 + \sum_{i=1}^{n} N_i X_i$ (12.2.1)

- 전단력 : $V = V_0 + \sum_{i=1}^{n} V_i X_i$

- 처짐 : $\delta = \delta_0 + \sum_{i=1}^{n} \delta_i X_i$

여기서 R_0, M_0, N_0, V_0 및 δ_0는 주어진 하중만 작용할 때에 정정기본계의 반력, 단면력(모멘트, 축방향력, 전단력) 및 처짐, R_i, M_i, N_i, V_i 및 δ_i는 단위부정정력 $X_i = 1$이 작용할 때에 정정기본계의 반력, 단면력(모멘트, 축방향력, 전단력) 및 처짐이다.

부정정력 X_i는 변형의 적합조건으로부터 구할 수 있으며, n차의 부정정구조물의 정정기본계에 있어서 부정정력 X_i의 작용점의 그 방향의 변위는 다음과 같다.

$$\delta_i = \delta_{i0} + \sum_{j=1}^{n} \delta_{ij} X_j \quad (i = 1, 2, 3, \cdots, n) \qquad (12.2.2)$$

여기서 δ_{i0}는 주어진 하중만에 의한 정정기본계의 X_i의 작용점의 그 방향의 변위이고, δ_{ij}는 정정기본계에 $X_j = 1$만을 작용시킨 때의 X_i의 작용점의 그 방향의 변위이다.

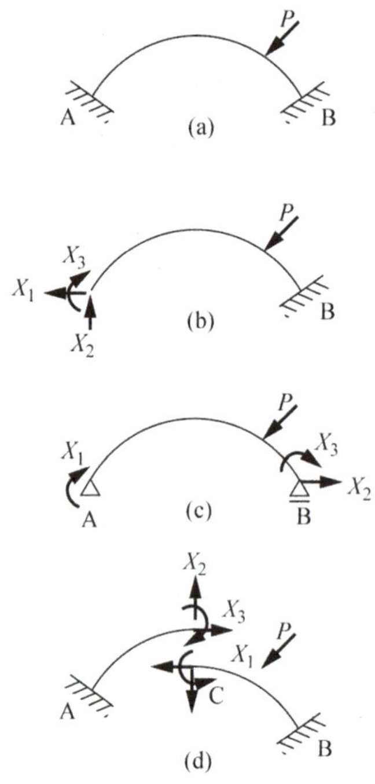

[그림 12.2.1]

부정정력의 작용점에 변위가 없을 때에는 $\delta_i = 0$이므로 다음과 같이 된다.

$$\delta_{i0} + \sum_{j=1}^{n} \delta_{ij} X_j = 0 \qquad \therefore \sum_{j=1}^{n} \delta_{ij} X_j = -\delta_{i0}$$

위와 같은 식이 부정정력의 수만큼 성립되므로 다음과 같은 X_i에 관한 n원 1차 연립방정식이 얻어진다. 이것을 탄성방정식이라 한다.

$$\begin{aligned}
&\delta_{11}X_1+\delta_{12}X_2+\delta_{13}X_3+\cdots+\delta_{1n}X_n=-\delta_{10}\\
&\delta_{21}X_1+\delta_{22}X_2+\delta_{23}X_3+\cdots+\delta_{2n}X_n=-\delta_{20}\\
&\vdots\quad\vdots\quad\vdots\quad\vdots\quad\vdots\quad\vdots\qquad\vdots\quad\vdots\qquad\vdots\\
&\delta_{n1}X_1+\delta_{n2}X_2+\delta_{n3}X_3+\cdots+\delta_{nn}X_n=-\delta_{n0}
\end{aligned} \tag{12.2.3}$$

단면력으로 축방향력, 휨모멘트 및 전단력을 고려할 부재로 된 구조물에서는 변위는 Castigliano의 제2정리에 의해 다음과 같이 된다.

$$\delta_{ij}=\delta_{ji}=\int\frac{N_iN_j}{EA}ds+\int\frac{M_iM_j}{EI}ds+\int\frac{\kappa V_iV_j}{GA}ds \tag{12.2.4}$$

$$\delta_{i0}=\int\frac{N_iN_0}{EA}ds+\int\frac{M_iM_0}{EI}ds+\int\frac{\kappa V_iV_0}{GA}ds$$

트러스구조 또는 트러스부재를 포함한 복합구조인 경우에는 다음 식에 의하든가 이것을 식 (12.2.4)에 포함시키면 된다.

$$\delta_{ij}=\delta_{ji}=\sum\frac{N_iN_j}{EA}l \tag{12.2.5}$$

$$\delta_{i0}=\sum\frac{N_iN_0}{EA}l$$

여기서 N_j, M_j, V_j는 정정기본계에 $M_j=1$만 작용시킨 경우의 단면력이고, 식 (12.2.3)에 나타낸 탄성방정식의 우변은 하중에 의해 결정되므로 하중항이라고 한다. 한편 좌변의 X_i의 계수는 하중과 관계가 없는 구조물의 치수에 의하여 결정되는 특성계수라고 한다. 탄성방정식을 풀어서 X_i를 구하면 이것을 식 (12.2.1)에 대입하여 단면력 등을 구할 수 있다.

탄성방정식을 행렬로 나타내면 다음과 같다.

$$[D]\{X\}=\{Q\} \tag{12.2.6}$$

여기서

$$[D]=\begin{bmatrix}\delta_{11}&\delta_{12}&\cdots&\delta_{1n}\\\delta_{21}&\delta_{22}&\cdots&\delta_{2n}\\\vdots&\vdots&&\vdots\\\delta_{n1}&\delta_{n2}&\cdots&\delta_{nn}\end{bmatrix}\quad\{X\}=\begin{Bmatrix}X_1\\X_2\\\vdots\\X_n\end{Bmatrix}\quad\{Q\}=\begin{Bmatrix}Q_1\\Q_2\\\vdots\\Q_n\end{Bmatrix} \tag{12.2.7}$$

$[D]$는 정방 행렬이며 Maxwell의 상반정리로부터 $\delta_{ij}=\delta_{ji}$이므로 대칭행렬이다. 식 (12.2.6)으로부터 미지의 벡터 $\{X\}$를 풀면 다음과 같다.

$$\{X\}=[D]^{-1}\{Q\} \tag{12.2.8}$$

지점의 변위와 온도변화가 있는 경우에는 식 (12.2.2)에 대응하는 식은 앞 장을 참고하면 다음과 같다.

$$\delta_i=\delta_{i0}+\delta_{iT}-\sum Rr+\sum_j \delta_{ij}X_j \tag{12.2.9}$$

따라서 식 (12.2.6)에 대응하는 식의 우변의 하중항은 다음과 같다.

$$Q_i=-\delta_{i0} \tag{a}$$

$$Q_i=(\delta_i+\sum Rr)-(\delta_{i0}+\delta_{iT}) \tag{b}$$

그리고 δ_{iT}의 일반식은 앞장을 참고하면 다음과 같다.

$$\delta_{iT}=\int N_i\,\alpha\,T_m ds+\int M_i\frac{\alpha(T_u-T_o)}{h}ds \tag{c}$$

여기서 T_o는 부재의 상연에서 온도, T_u는 부재의 하연에서 온도, T_m은 중립축에서의 온도, h는 단면의 높이, α는 부재의 선팽창계수이다.

트러스구조에 대해서는 다음과 같다.

$$\delta_{iT}=\int N_i\alpha\,T_m ds=\sum N_i\alpha\,T_m l \tag{d}$$

정정기본계의 지점의 이동이 있는 경우 하중 $X_i=1$이 작용하면 외력이 하는 가상일의 양 δ_{ir}은 다음과 같이 주어지며 이것은 식 (b)의 제1항과 같다.

$$\delta_{ir}=1\times\delta_i+\sum Rr \tag{e}$$

결국 식 (b)에 나타낸 탄성방정식의 하중항은 다음과 같이 된다.

$$Q_i=\delta_{ir}-(\delta_{i0}+\delta_{iT}) \tag{12.2.10}$$

12.3 변위일치법의 해석절차와 해석시 유의사항

12.3.1 변위일치법의 해석절차

[1] 기본(해제)구조물 형성

① 기본구조물을 만들기 위하여 부정정차수 만큼 미지의 부정정력(반력)을 결정한다.

② 부정정력(반력)에 대응하는 구속을 해제시켜 안정하면서도 정정인 기본구조물을 만든다.

[2] 기본구조물의 처짐 해석

① 기본구조물에 원래 부정정구조물에 작용하는 외적 하중을 가하여 하중에 의한 각각의 부정정력(부정정반력) X_i에 대응하는 해제변위(처짐) δ_{Pi}를 구한다.

② 기본구조물에 부정정력 X_j에 대응하는 단위하중(단위부재력)에 의한 부정정력 X_i에 대응하는 해제변위(처짐) δ_{ij}를 구한다. 따라서 부정정력에 의한 처짐은 $\delta_{X_i} = \delta_{ij} X_j$가 된다.

[3] 적합방정식의 해석

겹침의 원리와 적합조건에 의해 적합방정식(겹침방정식)을 세운다.

① 겹침의 원리에 의해 기본구소물상에서 계산된 하중과 부정정차수와 같은 n개의 부정정력에 의한 각 해제변위를 중첩시켜 합한 결과는 원래 부정정구조물의 구속변형과 탄성곡선의 처짐곡선과 같아야 한다는 적합조건으로부터 겹침방정식을 세운다.

$$0 = \delta_{iP} + \sum_{j=1}^{n} \delta_{ij} X_j \qquad (i = 1, 2, 3, \cdots, n) \tag{12.3.1}$$

② 연립방정식의 해법으로부터 부정정력(반력 또는 부재력)을 구한다.

[4] 반력, 부재력 해석

겹침의 원리와 평형방정식에 의해 나머지 미지의 반력과 부재력을 구한다.

① 기본구조물상에서 하중과 구해진 부정정력을 이용하여 정정구조물의 계산에서와 같이 평형방정식의 계산에 의해 필요한 나머지 미지의 반력, 단면력을 구한 다음(이미 위의 부정정구조해석 고정에서 대부분 구해졌음.), 겹침의 원리에 의해 이 결과들을 합치면 원하는 부재력이나 반력이 구해진다.

② 겹침의 원리에 의해 해석결과를 다음과 같이 일반식으로 나타낼 수 있다.

$$R_i = R_{iP} + \sum_{j=1}^{n} r_{ij} X_j \tag{12.3.2a}$$

$$Q_i = Q_{iP} + \sum_{j=1}^{n} q_{ij} X_j \tag{12.3.2b}$$

여기서 r_{ij}는 X_j 부정정력의 단위 값의 작용에 의한 i의 반력이고, q_{ij}는 X_j 부정정력의 단위 값의 작용에 의한 i의 부재력이다.

12.3.2 변위일치법의 해석시 유의사항

① 부정정구조물의 해석에서 부정정력에 대응하는 구속을 해제하여 정정인 안정한 기본구조물을 형성할 때, 반력이 아닌 부재력의 해제(이완)는 다음 [그림 12.2.1(d)]과 같이 해제단면에 작용하는 크기가 같고 작용방향이 반대인 한 쌍의 힘으로 나타내야 한다.

② 구조물의 해석과정에서 원래 구조물의 처짐곡선과 기본구조물의 하중과 부정정력에 의한 처짐곡선을 스케치하여 부정정력에 대응하는 처짐을 기호로 표시하고 처짐의 적합조건을 표현하는 것이 문제를 올바르게 해석하는데 도움을 준다.

③ 부정정구조물에 하중 외에 온도변화나 제작오차, 지점침하와 같은 변형에 의한 처짐이 생길 때는 기본구조물상에서 부정정력에 대응하는 해제변위에 미치는 이들 변위의 영향을 포함시켜 해석해야 한다.

$$0 = \delta_{iP} + \delta_{iT} + \delta_{iF} + \delta_{iS} + \sum_{j=1}^{n} \delta_{ij} X_j \quad (i = 1, 2, 3, \cdots, n) \tag{12.3.3}$$

여기서, δ_{iT}는 기본구조물에서 온도변화로 인한 i해제변위

δ_{iF}는 기본구조물에서 제작오차로 인한 i해제변위

δ_{iS}는 기본구조물에서 지점침하로 인한 i해제변위

만약 지점침하가 일어난 지점의 반력이 부정정력으로 선정된 경우에는 지점침하 δ_{iS}가 그 지점의 최종 적합변위가 되므로 그 지점의 해제변위에 대한 적합방정식은 다음과 같이 표현된다.

$$\delta_{iS} = \delta_{iP} + \delta_{iT} + \delta_{iF} + \sum_{j=1}^{n} \delta_{ij} X_j \quad (i = 1, 2, 3, \cdots, n) \tag{12.3.4}$$

④ 적합방정식에서 부정정력에 대응하는 단위하중에 의한 처짐계수 δ_{ij}는 M/EI도가 단순한 경우에는 공액보법을 사용하여 구하는 것이 좋다. 그러나 M/EI도가 포물선이나 3차 곡선 이상의 고차곡선인 경우에는 가상일 방법에 의해 구하는 것이 편리하다.

⑤ 해석과정에서 기본구조물에 작용시키는 부정정력에 대응하는 단위하중이나 우력(모멘트)은 가정한 부정정력과 같은 방향으로 작용시킨다. 그리고 해석결과 구한 부정정력이나 부정정반력의 값이 정(+)이면 이 힘은 가정한 부정정력과 같은 방향으로 작용함을 의미하고, 반대로 부(−)일 때는 부정정력은 가전한 방향과 반대방향으로 작용한다는 것을 의미한다.

12.4 부정정 보의 해석

변위일치의 방법을 사용하여 보를 해석하는 것은 12-3절에서 이미 상세하게 설명하였다. 여기서는 12-3절에서 다룬 해석절차를 이용하여 이 해석법을 수치적으로 보다 상세하게 설명하는 몇 가지 부정정보의 해석문제를 예제로 다루었다. 일반적으로 이 방법은 단지 두 개의 처짐계산이 요구되고 다만 한 개의 적합방정식이 요구되는 1차 부정정보 문제를 해석할 때 가장 효과적이다. 고차 부정정보의 해석은 이 책의 14장에서 다루게 될 3연모멘트의 정리나 16장에서 다루게 될 모멘트 분배법에 의해 해석하는 것이 더욱 효과적이다.

예제 12-4-1

[그림 12.4.1(a)]와 같은 집중하중을 받는 양단 고정보를 풀어라. 단 EI는 일정하다.

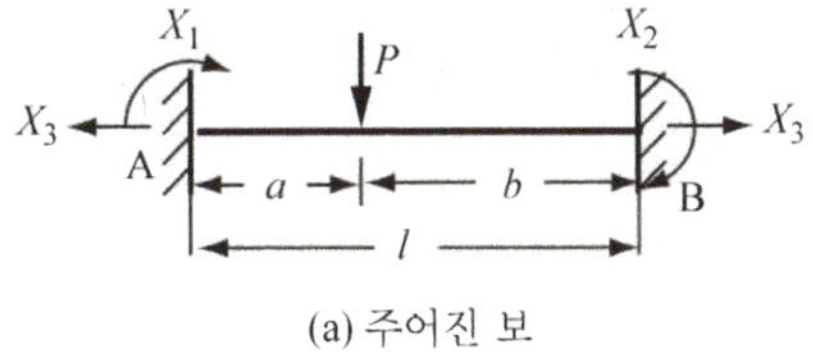

(a) 주어진 보

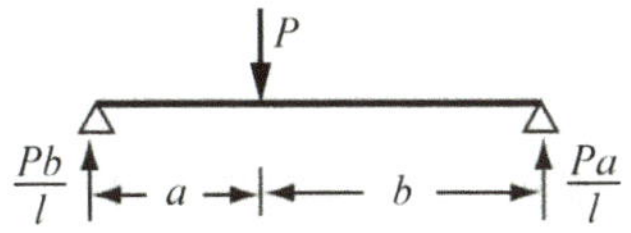

(b) 정정기본계

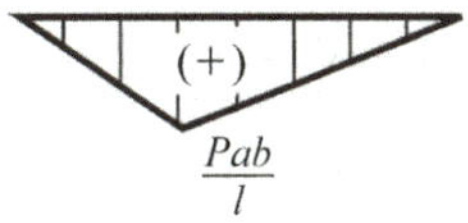

(b′) 정정기본계 휨모멘트

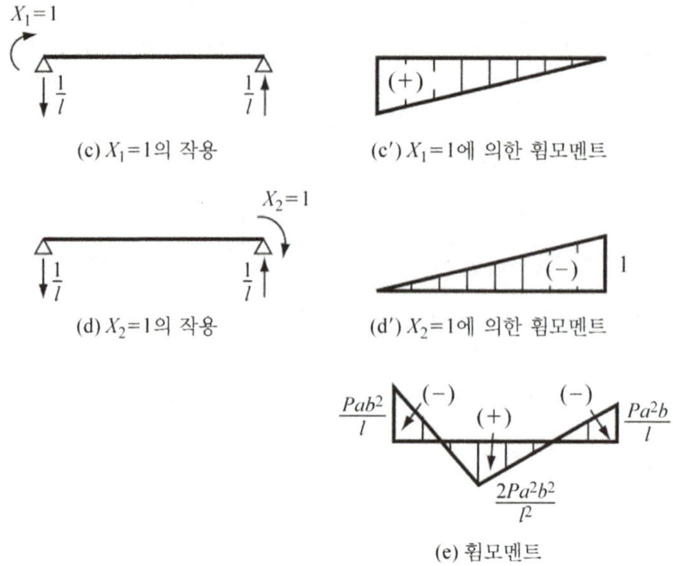

[그림 12.4.1]

풀이

(1) 기본(해제)구조물의 형성

이 양단 고정보는 2차 부정정구조물이므로 부정정력으로 양단의 재단모멘트 및 수평반력을 선택하면 정정기본계는 [그림 12.4.1(b)] 등과 같다. 하중이 보에 수직으로 작용하고 있어서 수평반력을 무시할 수 있다. 따라서 이 보는 겉보기 2차 부정정구조물이다.

(2) 기본구조물의 처짐 해석

[그림 12.4.1(b), (c), (d)]의 하중상태에 의하여 정정기본계에 일어나는 휨모멘트는 [그림 12.4.1(b)', (c)', (d)']와 같이 나타낼 수 있다.

집중하중 P만에 대하여([그림 12.4.1(b)])

$$0 \le x \le a \qquad M_0 = \frac{Pb}{l}x$$

$$a \le x \le l \qquad M_0 = -\frac{Pa}{l}x$$

$X_1 = 1$만에 대하여([그림 12.4.1(c)]) $\quad M_1 = 1 - \frac{1}{l}x$

$X_2 = 1$만에 대하여([그림 12.4.1(d)]) $\quad M_2 = -\frac{1}{l}x$

따라서 휨강성 EI가 일정한 경우 특성계수 및 하중항은 다음과 같다. 단 식 (12.2.4)에서 전단력 및 축방향력에 의한 탄성변형은 무시한다.

$$\delta_{ik} = \delta_{ki} = \int \frac{M_i M_k}{EI} ds \text{ 에서 } EI\delta_{ik} = EI\delta_{ki} = \int M_i M_k ds$$

$$EI\delta_{11} = \int M_1^2 ds = \int_0^l \left(1 - \frac{1}{l}x\right)^2 dx = \frac{l}{3}$$

$$EI\delta_{22} = \int M_2^2 ds = \int_0^l \left(-\frac{1}{l}x\right)^2 dx = \frac{l}{3}$$

$$EI\delta_{12} = EI\delta_{21} = \int M_1 M_2 ds = \int_0^l \left(1 - \frac{1}{l}x\right)\left(-\frac{1}{l}x\right) dx = \frac{l}{6}$$

$$\delta_{i0} = \int \frac{M_i M_0}{EI} ds \text{ 에서 } \quad EI\delta_{i0} = \int M_i M_0 ds$$

$$\begin{aligned} EI\delta_{10} &= \int M_1 M_0 ds = \int_0^a M_1 M_0 dx + \int_a^l M_1 M_0 dx \\ &= \int_0^a \left(1 - \frac{1}{l}x\right)\left(\frac{Pb}{l}x\right) dx + \int_a^l \left(1 - \frac{1}{l}x\right) Pa\left(1 - \frac{1}{l}x\right) dx \\ &= Pab\frac{(a+2b)}{6l} \end{aligned}$$

$$\begin{aligned} EI\delta_{20} &= \int M_1 M_0 ds = \int_0^a M_1 M_0 dx + \int_a^l M_1 M_0 dx \\ &= \int_0^a \left(-\frac{1}{l}x\right)\left(\frac{Pb}{l}x\right) dx + \int_a^l \left(-\frac{1}{l}x\right) Pa\left(1 - \frac{1}{l}x\right) dx \\ &= -Pab\frac{(2a+b)}{6l} \end{aligned}$$

(3) 적합방정식의 해석

이들 값을 식 (12.2.3)에 대입하여 X_1, X_2를 구하면 다음과 같다.

$$X_1 = \frac{Pab^2}{l^2}, \qquad X_2 = \frac{Pa^2b}{l^2}$$

(4) 반력, 부재력의 해석

반력 및 단면력은 식 (12.2.1)을 활용하면 구할 수 있고 휨모멘트는 [그림 12.4.1(e)]에 나타낸 바와 같다.

12.4.1 처짐을 이용하는 방법

[그림 12.4.2(a)]는 1차 부정정보로서 A지점에서 처짐은 없다. 지점반력 R_A를 부정정여력으로 하여 [그림 12.4.2(b), (c)]와 같이 정정기본계인 캔틸레버로 취급한다. 캔틸레버에 하중 P만 작용할 때의 A지점의 처짐 δ_{A1}과 지점반력 R_A가 작용할 때의 A지점의 처짐 δ_{A2}를 계산하여 $\delta_{A1} + \delta_{A2} = 0$이라는 적합조건을 성립시켜 지점반력 R_A를 구할 수 있다.

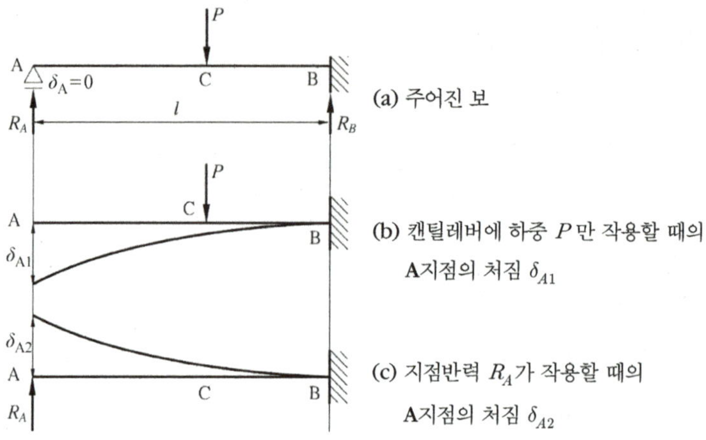

[그림 12.4.2]

[1] 일단지지, 일단고정보에 집중하중이 작용하는 경우

[그림 12.4.3(a)]와 같은 부정정보의 단면력을 구해보자. 단, EI는 일정하다고 가정한다.

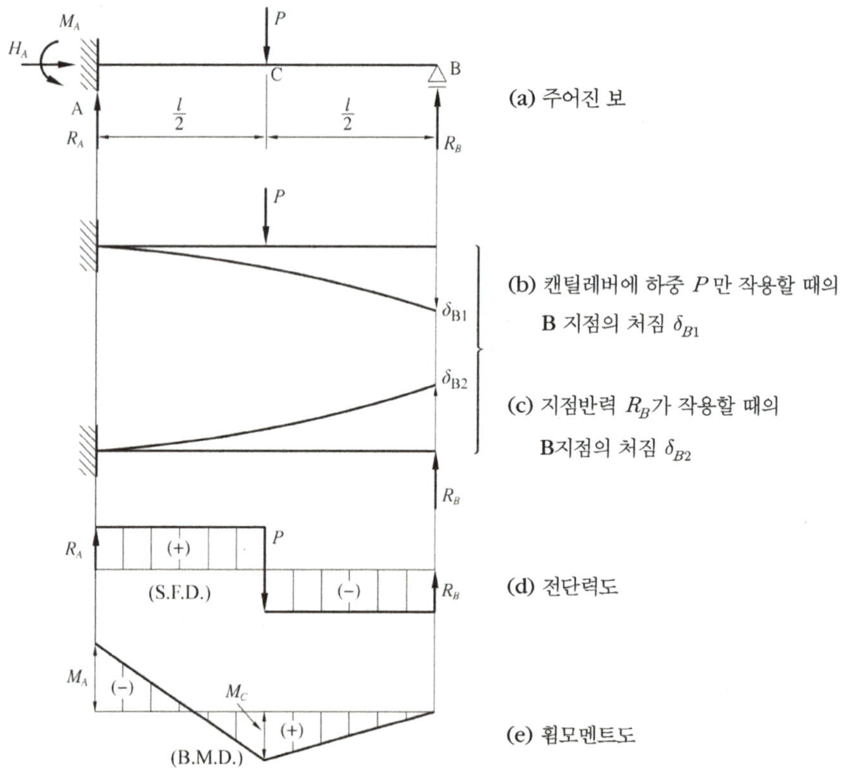

[그림 12.4.3]

(1) 기본(해제)구조물의 형성

[그림 12.4.3(b), (c)]와 같이 정정기본계를 만든다.

(2) 기본구조물의 처짐 해석

[그림 12.4.3(b), (c)]와 같이 정정기본계에 대해 처짐을 구한다.

[그림 12.4.3(b)]에서 P가 작용할 때 처짐 δ_{B1}은

$$\therefore \delta_{B1} = \frac{5Pl^3}{48EI}$$

[그림 12.4.3(c)]에서 캔틸레버 자유단에 R_B가 작용했을 때 처짐 δ_{B2}는

$$\therefore \delta_{B2} = -\frac{R_B l^3}{3EI}$$

(3) 적합방정식의 해석

[그림 12.4.3(b), (c)]와 같은 정정기본계의 B점에서 적합조건에 의해 다음 관계가 만족되어야 한다.

$\delta_B = 0$에 의하여

$$\therefore \delta_{B1} + \delta_{B2} = 0$$

이 적합조건을 만족하는 처짐 값을 대입하여 미지반력을 구한다.

$$\delta_{B1} + \delta_{B2} = \frac{5Pl^3}{48EI} - \frac{R_B l^3}{3EI} = 0, \quad \therefore R_B = \frac{5P}{16}$$

(4) 반력, 부재력 해석

1) 반력

$\Sigma F_y = 0$에 의하여

$$R_A + R_B = P, \quad \therefore R_A = P - R_B = \frac{11P}{16}$$

$\Sigma M_A = 0$에 의하여

$$M_A + P \times \frac{l}{2} - R_B l = 0 \quad \therefore M_A = -\frac{Pl}{2} + \frac{5Pl}{16} = -\frac{3Pl}{16}$$

2) 전단력

$$0 \le x \le \frac{l}{2} \quad V_x = R_A = \frac{11}{16}P \qquad \therefore V_A = \frac{11}{16}P$$

$$\frac{l}{2} \le x \le l \quad V_x = R_A - P = -R_B = -\frac{5}{16}P \qquad \therefore V_B = -\frac{5}{16}P$$

3) 휨모멘트

B지점을 기준해서

$$0 \le x \le \frac{l}{2} \quad M_x = R_B x = \frac{5}{16}Px$$

$$\therefore M_{C(x=\frac{1}{2})} = \frac{5P}{16} \times \left(\frac{l}{2}\right) = \frac{5Pl}{32}$$

$$\frac{l}{2} \le x \le l \quad M_x = R_B x - P\left(x - \frac{l}{2}\right)$$

$$\therefore M_{A(x=l)} = \frac{5}{16}P(l) - P\left[\left(l - \frac{l}{2}\right)\right] = -\frac{3}{16}Pl$$

[2] 2경간 연속보에 집중하중이 작용하는 경우

[그림 12.4.4(a)]와 같은 1차 부정정 2경간 연속보의 지점반력을 구하고 단면력도를 그려보자. 단, EI는 일정하다.

(1) 기본(해제)구조물의 형성 및 해석

[그림 12.4.4(a)]는 대칭구조이므로 절점 B지점에서 [그림 12.4.4(b)]와 같이 2개의 보로 분리하여 지점반력 계산은 앞의 12.4.1 [1]절에서 구한 반력과 지점모멘트를 이용하면 된다.

(2) 반력, 부재력 해석

1) 반력

$$\Sigma F_y = 0 \quad R_A + R_B + R_C = 2P$$

$$\therefore R_A = R_C = \frac{5}{16}P$$

$$\therefore R_B = R_{B_1} + R_{B_2} = 2\left(\frac{11}{16}P\right) = \frac{11}{8}P$$

2) 전단력

$$V_{AD} = R_A = \frac{5}{16}P$$

$$V_{DB} = R_A - P = -\frac{11}{16}P$$

$$V_{BE} = R_A - P + R_B = +\frac{11}{16}P$$

$$V_{EC} = R_A - P + R_B - P = -\frac{5}{16}P = -R_c$$

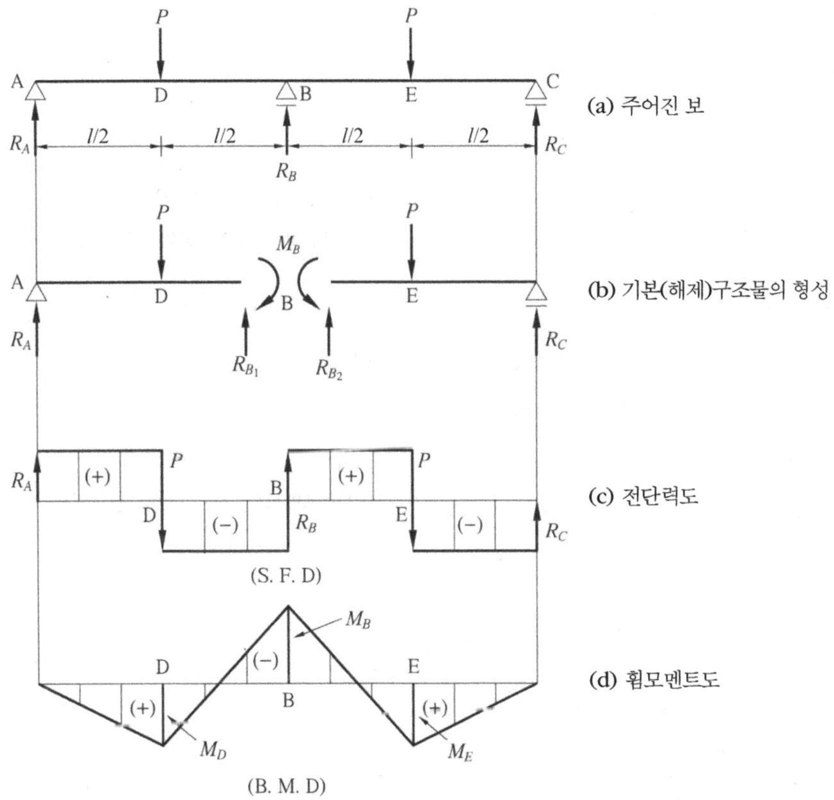

[그림 12.4.4]

3) 휨모멘트

$$M_D = M_E = R_A \times \frac{l}{2} = \frac{5}{32}Pl$$

$$M_B = R_A \times l - P \times \frac{l}{2} = -\frac{3}{16}Pl$$

예제 12-4-2

[그림 12.4.5(a)]와 같은 부정정보의 단면력도를 그려라. 단, EI는 일정하다.

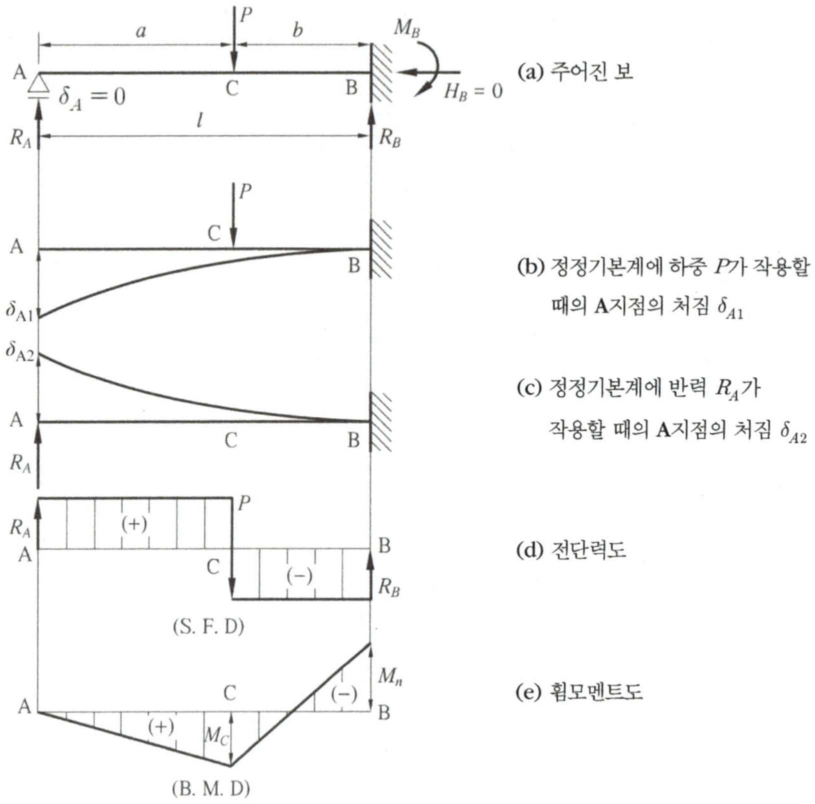

[그림 12.4.5]

풀이

[1] 기본(해제)구조물의 형성

[그림 12.4.5(b), (c)]와 같이 정정기본계를 만든다.

[2] 기본구조물의 처짐 해석

[그림 12.4.5(b), (c)]와 같이 정정기본계에 대해 처짐을 구한다.

[그림 12.4.5(b)]에서 P가 작용할 때 처짐 δ_{A1}은 $\therefore \delta_{A1} = \dfrac{Pb^2(3l-b)}{6EI}$

[그림 12.4.5(c)]에서 캔틸레버의 자유단에 R_A가 작용할 때 처짐 δ_{A2}는 $\therefore \delta_{A2} = -\dfrac{R_A l^3}{3EI}$

[3] 적합방정식의 해석

[그림 12.4.5(b), (c)]와 같은 정정기본계의 B점에서 적합조건에 의해 다음 관계가 만족되어야 한다.

$\delta_A = 0$에 의하여 $\quad \therefore \delta_{A1} + \delta_{A2} = 0$

이 적합조건을 만족하는 처짐 값을 대입하여 미지반력을 구한다.

$$\delta_{A1} + \delta_{A2} = \frac{Pb^2(3l-b)}{6EI} - \frac{R_A l^3}{3EI} = 0 \qquad \therefore R_A = \frac{Pb^2(3l-b)}{2l^3}$$

[4] 반력, 부재력 해석

(1) 지점반력

$\Sigma F_y = 0$에 의하여 $\quad R_A + R_B = P \qquad \therefore R_B = P - R_A = \dfrac{P(2l^3 - 3lb^2 + b^3)}{2l^3}$

$\Sigma M = 0$에 의하여 $\quad -M_B + R_A l - Pb = 0 \qquad \therefore M_B = R_A l - Pb = -\dfrac{Pab(l+a)}{2l^2}$

(2) 전단력

지점반력이 정해지면 임의의 단면의 전단력은 정정보의 경우와 같다.

$0 \le x \le a \qquad V_x = R_A \qquad \therefore V_A = R_A$

$a \le x \le l \qquad V_x = R_A - P = -R_B \qquad \therefore V_B = -R_B$

(3) 휨모멘트

임의의 지점의 휨모멘트는 정정보의 경우와 같다.

$0 \le x \le a \qquad M_x = R_A x \qquad \therefore M_C = \dfrac{Pb^2}{2l^3}(3l-b)a$

$a \le x \le l \qquad M_x = R_A x - P(x-a) \qquad \therefore M_B = R_A l - P(l-a) = -\dfrac{Pab(l+a)}{2l^2}$

고정단이 A지점일 경우 M_A 값은 $\qquad \therefore M_A = -\dfrac{Pab(l+b)}{2l^2}$

[3] 일단지지, 일단고정보에 등분포하중이 작용하는 경우

[그림 12.4.6(a)]와 같은 부정정보에 등분포하중이 작용할 경우의 단면력을 구해보자. 단, EI는 일정하다.

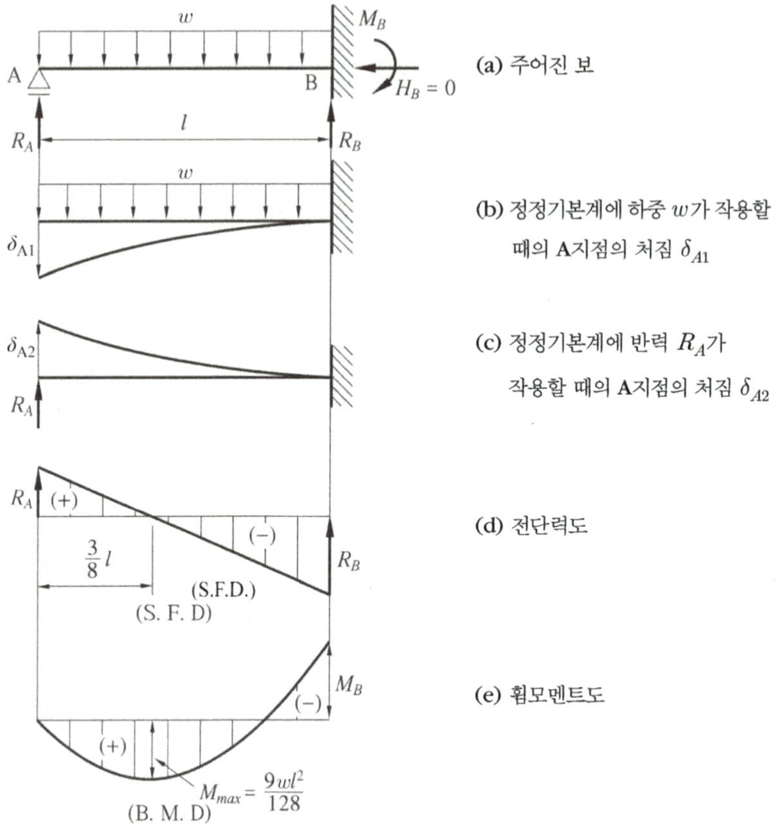

[그림 12.4.6]

(1) 기본(해제)구조물의 형성

[그림 12.4.6(b), (c)]와 같이 정정기본계를 만든다.

(2) 기본구조물의 처짐 해석

[그림 12.4.6(b), (c)]와 같이 정정기본계에 대해 처짐을 구한다.

[그림 12.4.6(b)]에서 캔틸레버에 등분포하중이 작용할 경우 자유단의 처짐 δ_{A1}은

$$\therefore \delta_{A1} = \frac{wl^4}{8EI}$$

[그림 12.4.6(c)]에서 캔틸레버의 자유단에 R_A가 작용할 경우 자유단의 처짐 δ_{A2}는

$$\therefore \delta_{A2} = -\frac{R_A l^3}{3EI}$$

(3) 적합방정식의 해석

[그림 12.4.6(b), (c)]와 같은 정정기본계의 B점에서 적합조건에 의해 다음 관계가 만족되어야 한다.

$\delta_A = 0$에 의하여

$$\therefore \delta_{A1} + \delta_{A2} = 0$$

$$\delta_{A1} + \delta_{A2} = \frac{wl^4}{8EI} - \frac{R_A l^3}{3EI} = 0 \qquad \therefore R_A = \frac{3wl}{8}$$

(4) 반력, 부재력 해석

1) 반력

$\Sigma F_y = 0$에 의하여 $R_A + R_B = wl \quad \therefore R_B = wl - R_A = \frac{5wl}{8}$

$\Sigma M_B = 0$에 의하여 $-M_B + R_A l - \frac{wl^2}{2} = 0$

$$\therefore M_B = \frac{3wl^2}{8} - \frac{wl^2}{2} = -\frac{wl^2}{8}$$

2) 전단력

$$V_x = R_A - wx = \frac{3wl}{8} - wx$$

$$\therefore V_A = V_{x=0} = \frac{3wl}{8}$$

$$\therefore V_B = V_{x=l} = \frac{3wl}{8} - wl = -\frac{5wl}{8} = -R_B$$

전단력이 0인 위치 $\frac{3wl}{8} - wx = 0 \quad \therefore x = \frac{3l}{8}$

3) 휨모멘트

$$M_x = R_A x - \frac{wx^2}{2} = \frac{3wl}{8}x - \frac{wx^2}{2}$$

$$\therefore M_{max} = M_{x=\frac{3l}{8}} = \frac{3wl}{8} \times \left(\frac{3l}{8}\right) - \frac{w}{2}\left(\frac{3l}{8}\right)^2 = \frac{9wl^2}{128}$$

$$\therefore M_B = M_{x=l} = \frac{3wl}{8} \times (l) - \frac{w(l)^2}{2} = -\frac{wl^2}{8}$$

예제 12-4-3

[그림 12.4.7(a)]에 나타낸 바와 같이 단면이 EI로 일정한 캔틸레버의 자유단을 용수철상수 k인 용수철로 받치고 있는 경우의 반력 X_1를 구하여라.

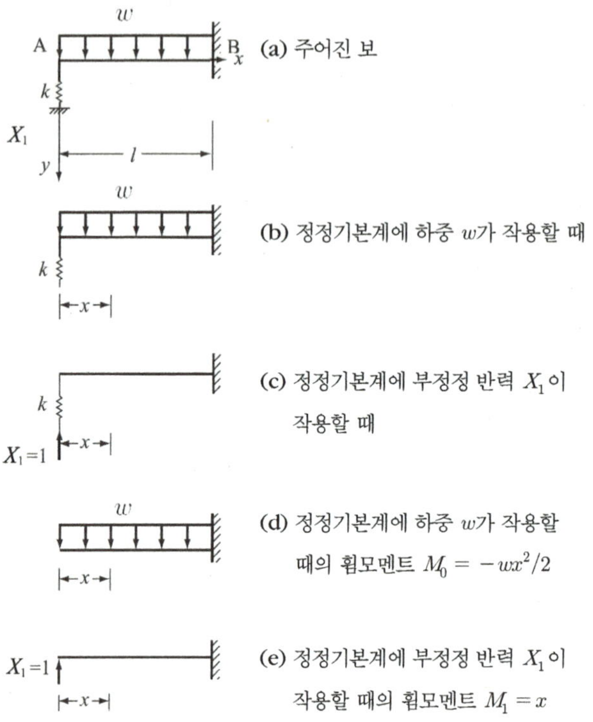

[그림 12.4.7]

풀이

[1] 기본(해제)구조물의 형성

[그림 12.4.7(b), (c)]와 같이 정정기본계를 만든다.

[2] 기본구조물의 처짐 해석

[그림 12.4.7(b), (c)]와 같이 정정기본계에 대해 처짐을 구한다.

정정기본계로서 캔틸레버를 선택하면 [그림 12.4.7(b)]의 상태에서는 $M_0=-wx^2/2$, [그림 12.4.7(c)]에서는 $M_1=x$이다.

따라서

$$\delta_{10}=\int_0^l \frac{M_0 M_1}{EI}dx=\frac{1}{EI}\int_0^l\left(-\frac{wx^2}{2}\right)(x)dx=-\frac{wl^4}{8EI}$$

$$\delta_{11}=\int_0^l \frac{M_1 M_1}{EI}dx=\frac{1}{EI}\int_0^l(x^2)dx=\frac{l^3}{3EI}$$

[3] 적합방정식의 해석

[그림 12.4.7(b), (c)]와 같은 정정기본계의 A점에서 적합조건에 의해 다음 관계가 만족되어야 한다.

$$\delta_{ir} = \sum Rr = (-1)\times\left(\frac{X_1}{k}\right) + 1\times 0 + 1\times l\times 0 = -\frac{X_1}{k}$$

다음과 같은 탄성방정식으로부터 반력 X_1이 구해진다.

$$\delta_{11}X_1 = \delta_{ir} - \delta_{10} = -\frac{X_1}{k} - \delta_{10}, \quad \therefore X_1 = -\frac{\delta_{10}}{\delta_{11}+\dfrac{1}{k}} = \frac{3wl}{8}\frac{1}{1+\dfrac{3EI}{kl^3}}$$

별해

[그림 12.4.7(a)]에서 보에 저장된 변형에너지 U_1, 용수철에 저장된 변형에너지 U_2라 하면

$$U_1 = \int_0^l \frac{M^2}{2EI}dx \qquad M = X_1 x - \frac{w}{2}x^2 \qquad U_2 = \frac{X_1^2}{2k}$$

여기서 이 구조물 전체의 변형에너지 $U = U_1 + U_2$이고, 다음과 같은 최소일의 원리로부터 반력 X_1이 구해진다.

$$\frac{\partial U}{\partial X_1} = \frac{\partial U_1}{\partial X_1} + \frac{\partial U_2}{\partial X_1} = \frac{X_1 l^3}{3EI} - \frac{wl^4}{8EI} + \frac{X_1}{k} = 0$$

$$\therefore X_1 = -\frac{\delta_{10}}{\delta_{11}+\dfrac{1}{k}} = \frac{3wl}{8}\frac{1}{1+\dfrac{3EI}{kl^3}}$$

예제 12-4-4

[그림 12.4.8(a)]와 같이 지점A는 이동지점이고, 지점B는 고정지점인 부정정보를 미분방정식으로 구하여라. 단, EI는 일정하다.

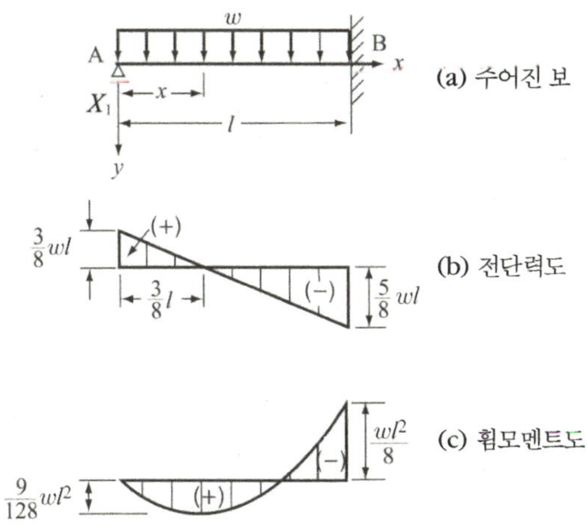

[그림 12.4.8]

풀이

[1] 보의 탄성곡선에 관한 미분방정식

앞에서 설명한 바와 같이 보의 탄성곡선에 관한 미분방정식은 전단력의 영향을 무시하고 나타내면 다음과 같다.

$$EI\frac{d^4\delta_x}{dx^4}=w_x \tag{a}$$

또한

$$EI\frac{d^2\delta_x}{dx^2}=-M_x \tag{b}$$

[2] 보의 탄성곡선 미분방정식의 적분해석

이 식들을 적분한다.

$$M_x=X_1x-\frac{w}{2}x^2$$

$$EI\frac{d^2\delta_x}{dx^2}=-M_x=\frac{w}{2}x^2-X_1x$$

$$EI\frac{d^2\delta_x}{dx^2}=\frac{w}{2}x^2-X_1x \tag{c}$$

[3] 보의 적합조건으로부터 탄성곡선 미분방정식의 해석

적분해석 한 이 식들을 양끝의 경계조건 및 접속점의 연속조건으로부터 적분상수를 정하면 부정정보를 풀 수가 있다. 즉, 이것을 경계조건을 적용하여 적분하면 단면력과 처짐을 구할 수 있다.

$$x=0 \quad \Rightarrow \quad \delta_{x=0}=0$$
$$x=l \quad \Rightarrow \quad \delta_{x=l}=0$$

$$\frac{d\delta_x}{dx}=0$$

$$M_x=-EI\frac{d^2\delta_x}{dx^2}=\frac{3wl}{8}x-\frac{w}{2}x^2$$

$$V_x=-EI\frac{d^3\delta_x}{dx^3}=\frac{3wl}{8}-wx \tag{d}$$

$$\delta_x=\frac{w}{EI}\left(\frac{1}{24}x^4-\frac{l}{16}x^3+\frac{l^3}{48}x\right)$$

식 (d)로부터 $V_x=0$의 위치에서 최대휨모멘트가 생긴다.

$$\frac{3wl}{8}-wx=0 \quad \therefore x=\frac{3}{8}l \qquad \therefore M_{\max}=M_{x=\frac{3}{8}l}=\frac{9}{128}wl^2$$

[4] 2경간 연속보에 등분포하중이 작용하는 경우

[그림 12.4.9(a)]와 같은 1차 부정정 2경간연속보(대칭구조)에 등분포하중이 작용할 경우 지점반력을 구해보자. 단, EI는 일정하다.

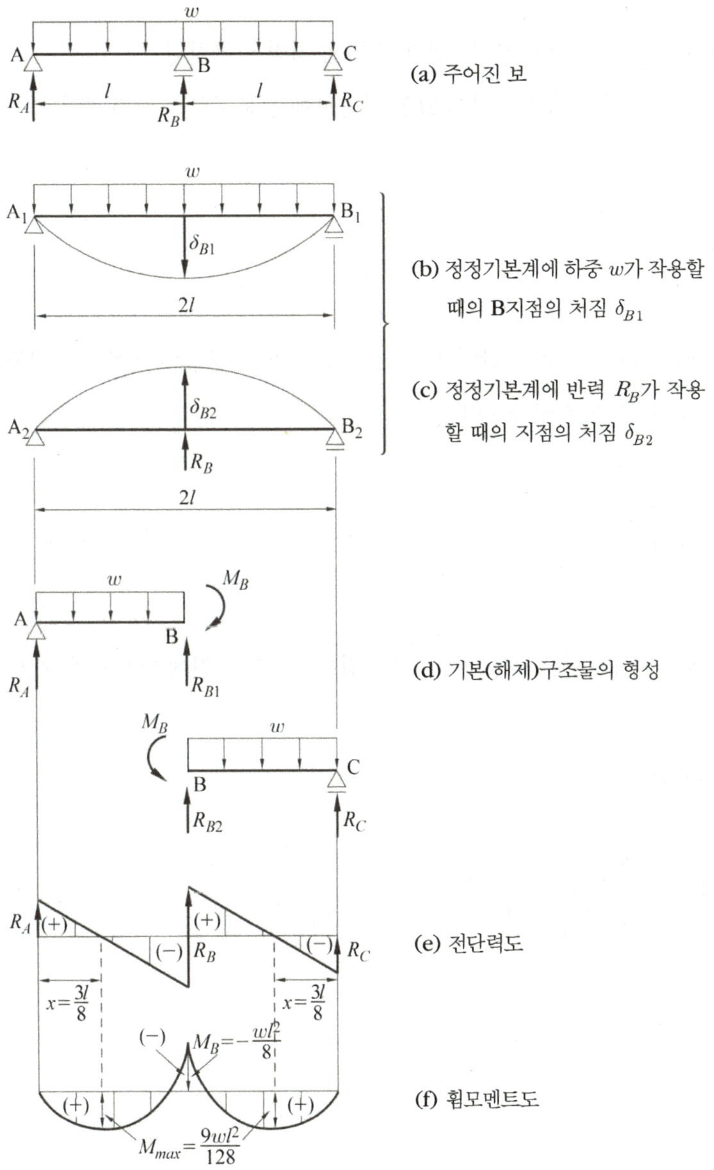

[그림 12.4.9]

(1) 기본(해제)구조물의 형성

[그림 12.4.9(b), (c)]와 같이 정정기본계를 만든다. 1차 부정정이므로 여력은 1개가 된다. 따라서 정정기본계를 이용하여 지점반력 R_B를 구한다.

(2) 기본구조물의 처짐 해석

[그림 12.4.9(b), (c)]와 같이 정정기본계에 대해 처짐을 구한다.

[그림 12.4.9(b)]에서와 같은 지간이 $2l$인 단순보에 등분포하중 w가 작용할 경우의 B지점의 최대 처짐 δ_{B1}은 다음 식으로 구해진다.

$$\delta_{B1} = \frac{5w(2l)^4}{384EI} \qquad ①$$

[그림 12.4.9(c)]에서와 같은 지간이 $2l$인 단순보에 집중하중 R_B가 작용할 경우의 B지점의 최대 처짐 δ_{B2}는 다음 식으로 구해진다.

$$\delta_{B2} = -\frac{R_B(2l)^3}{48EI} \qquad ②$$

(3) 적합방정식의 해석

[그림 12.4.9(b), (c)]와 같은 정정기본계의 B점에서 적합조건에 의해 다음 관계가 만족되어야 한다.

$\delta_B = 0$에 의하여

$$\therefore \delta_{B1} + \delta_{B2} = 0$$

$$\frac{R_B(2l)^3}{48EI} - \frac{5w(2l)^4}{384EI} = 0 \qquad \therefore R_B = \frac{5}{4}wl$$

(4) 반력, 부재력 해석

1) 지점반력

$\sum F_y = 0$에 의하여

$$R_A + R_B + R_C = 2R + R_B = 2wl$$

$$2R = 2wl - \frac{5}{4}wl = \frac{3}{4}wl \quad \therefore R = R_A = R_C = \frac{3}{8}wl$$

2) 전단력

[그림 12.4.9(d)]에서 $AB = BC$ 의 관계이므로 AB구간에서 전단력은

$$V_x = R_A - wx = \frac{3}{8}wl - wx$$

$$V_{x=0} = V_A = R_A = \frac{3}{8}wl$$

$$V_{x=l} = {}_lV_B = \frac{3}{8}wl - wl = -\frac{5}{8}wl$$

전단력이 0이 되는 x지점은, $V_x = 0$에 의하여, $\frac{3}{8}wl - wx = 0$, $\therefore x = \frac{3l}{8}$

(전단력이 0이 되는 지점에서 최대 휨모멘트가 생긴다.)

3) 휨모멘트

$$M_x = R_A x - \frac{w}{2}x^2 = \frac{3}{8}wl \cdot x - \frac{w}{2}x^2$$

$$M_{B(x=l)} = \frac{3wl^2}{8} - \frac{wl^2}{2} = -\frac{wl^2}{8}$$

$$M_{\max\left(x=\frac{3l}{8}\right)} = \frac{3wl}{8} \times \left(\frac{3l}{8}\right) - \frac{w}{2}\left(\frac{3l}{8}\right)^2$$

$$= (\text{전단력 면적}) = \frac{1}{2}R_A \times \frac{3l}{8} = \frac{9wl^2}{128}$$

12.4.2 처짐각을 이용하는 방법

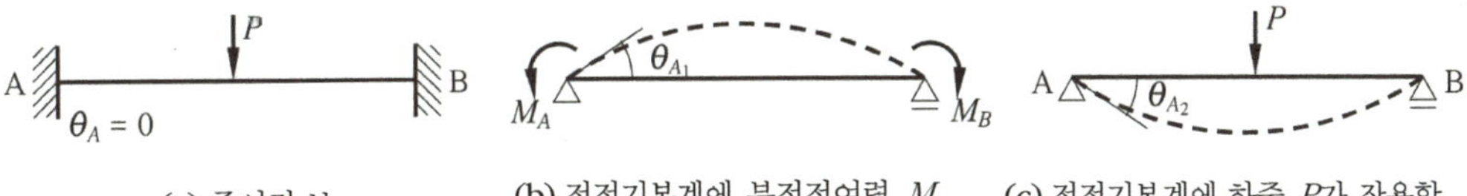

(a) 주어진 보

(b) 정정기본계에 부정정여력 M_A, M_B가 작용할 때의 A, B 지점의 처짐각 θ_{A1}, θ_{B1}

(c) 정정기본계에 하중 P가 작용할 때의 A, B지점의 처짐각 θ_{A2}, θ_{B2}

[그림 12.4.10]

[그림 12.4.10(a)]는 3차 부정정보로서 고정단 A, B지점에 처짐각은 없다. [그림 12.4.10(b)]아 같이 A, B지점에 작용하는 지점모멘트 M_A와 M_B를 부정정여력으로 하여 단순보에 M_A, M_B가 작용할 때 A와 B지점의 처짐각을 θ_{A1}와 θ_{B1}, 그리고 단순보에 하중 P만 작용할 때 A와 B

지점의 처짐각을 θ_{A2}와 θ_{B2}라고 하면, 적합조건 $\theta_{A1}+\theta_{A2}=0$와 $\theta_{B1}+\theta_{B2}=0$에 의해서 지점모멘트 M_A와 M_B를 구할 수 있다.

[1] 양단 고정보에 집중하중이 작용하는 경우

[그림 12.4.11(a)]와 같은 집단하중을 받는 양단 고정보의 전단력도와 휨모멘트를 구해보자. 단, EI는 일정하다.

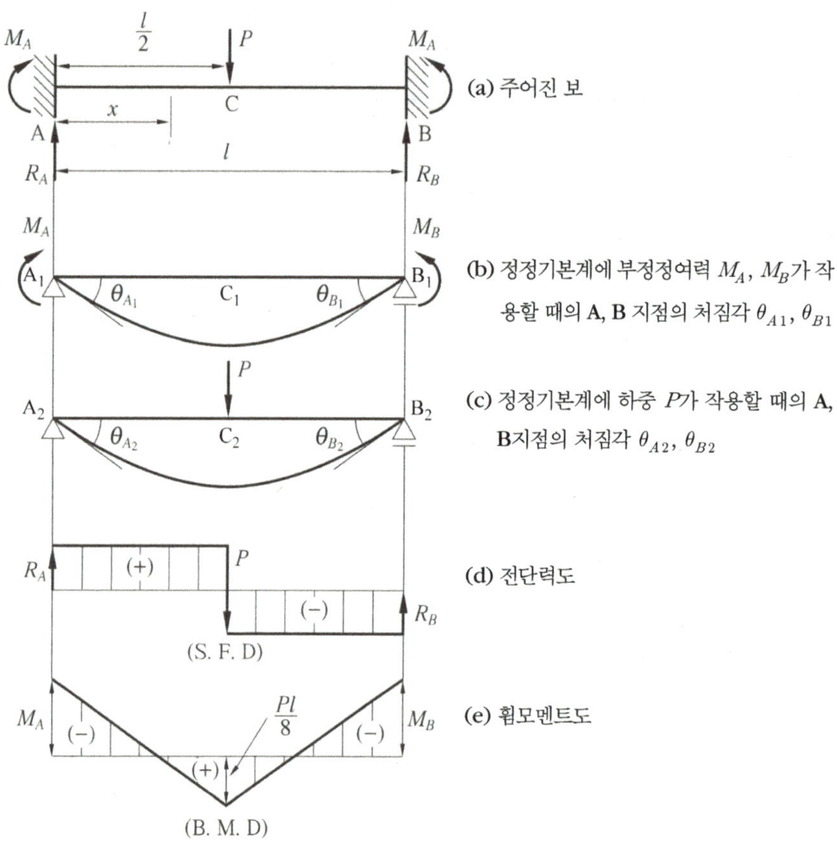

[그림 12.4.11]

(1) 기본(해제)구조물의 형성

[그림 12.4.11(b), (c)]와 같이 정정기본계를 만든다.

(2) 기본구조물의 처짐각 해석

[그림 12.4.11(b), (c)]와 같이 정정기본계에 대해 처짐각을 구한다. 즉, [그림 12.4.11(b), (c)]는 고정단 A, B에서 모멘트 M_A, M_B를 부정정여력으로 하여 단순보에 M_A, M_B 가 작용하는 경우

와 하중 P가 작용하는 경우를 이용하여 지점에서 생기는 처짐각으로 부정정보를 풀이할 수 있다.

[그림 12.4.11(b)]에서와 같이 $M_A = M_B = M$이므로, 단순보에 부정정여력 M_A, M_B가 작용하는 경우의 처짐각 θ_{A1}, θ_{B1}을 구한다.

$$\therefore \theta_{A1} = \frac{l}{6EI}(2M_A + M_B) = \frac{Ml}{2EI}, \quad \therefore \theta_{B1} = -\frac{l}{6EI}(2M_A + M_B) = -\frac{Ml}{2EI}$$

[그림 12.4.11(c)]에서와 같이 단순보에 하중 P가 작용하는 경우의 처짐각 θ_{A2}, θ_{B2}을 구한다.

$$\therefore \theta_{A2} = \frac{Pl^2}{16EI}, \quad \therefore \theta_{B2} = -\frac{Pl^2}{16EI}$$

(3) 적합방정식의 해석

[그림 12.4.11(b), (c)]와 같은 정정기본계의 A, B점에서 적합조건에 의해 다음 관계가 만족되어야 한다.

$\theta_A = 0, \theta_B = 0$ (고정단에서 처짐각은 0이다.)

$$\therefore \theta_{A1} + \theta_{A2} = 0, \quad \therefore \theta_{B1} + \theta_{B2} = 0$$

$$\frac{Ml}{2EI} + \frac{Pl^2}{16EI} = 0 \quad \therefore M = M_A = M_B = -\frac{Pl}{8}$$

(4) 반력, 부재력 해석

1) 지점반력

$\sum F_y = 0$에 의하여 $R_A + R_B = P$

$\sum M_B = 0$에 의하여

$$\therefore R_A = \frac{P}{2} + \frac{M_B - M_A}{l} = \frac{P}{2}$$

$$\therefore R_B = \frac{P}{2} + \frac{M_A - M_B}{l} = \frac{P}{2}$$

2) 전단력

$0 \le x \le \frac{l}{2} \qquad V_x = R_A = \frac{P}{2}$

$\frac{l}{2} \le x \le l \qquad V_x = R_A - P = -R_B = -\frac{P}{2}$

3) 휨모멘트

$0 \le x \le \frac{l}{2}$

$$M_x = R_A x + M_A = \frac{P}{2}x - \frac{Pl}{8}$$

$$\therefore M_A = M_{x=0} = -\frac{Pl}{8} \qquad \therefore M_C = M_{x=\frac{l}{2}} = \frac{P}{2} \times \frac{l}{2} - \frac{Pl}{8} = \frac{Pl}{8}$$

$$\frac{l}{2} \le x \le l$$

$$M_x = R_A x - P\left(x - \frac{l}{2}\right) + M_A = R_B x + M_B$$

$$= \frac{P}{2}x - \frac{Pl}{8}$$

$$\therefore M_B = M_{x=0} = -\frac{Pl}{8}$$

예제 12-4-5

[그림 12.4.12(a)]와 같은 집중하중을 받는 양단 고정보의 전단력도와 휨모멘트도를 그려라. 단, EI는 일정하다.

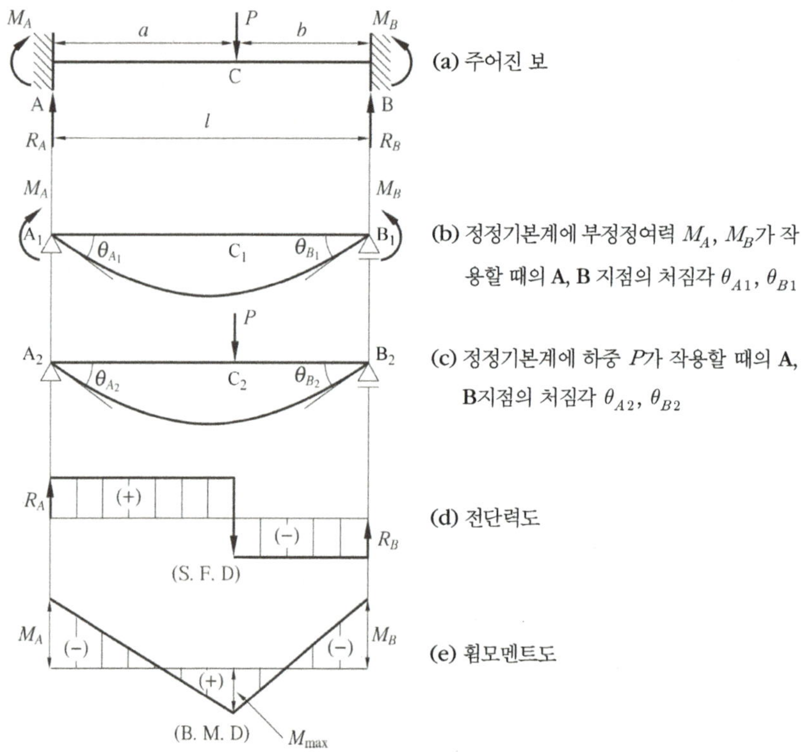

[그림 12.4.12]

풀이

[1] 기본(해제)구조물의 형성

[그림 12.4.12(b), (c)]와 같이 정정기본계를 만든다.

[2] 기본구조물의 처짐각 해석

부정정보를 정정기본계로 하여 지점에서 생기는 처짐각을 이용하여 풀이한다. 즉, [그림 12.4.12(b), (c)]는 고정단 A, B에서 모멘트 M_A, M_B를 부정정여력으로 하여 단순보에 M_A, M_B가 작용하는 경우와 하중 P가 작용하는 경우를 이용하여 지점에서 생기는 처짐각으로 부정정보를 풀이할 수 있다.

[그림 12.4.12(b)]에서와 같이 단순보에 부정정여력 M_A, M_B가 작용하는 경우의 처짐각 θ_{A1}, θ_{B1}을 구한다.

$$\theta_{A1} = \frac{l}{6EI}(2M_A + M_B), \qquad \theta_{B1} = -\frac{l}{6EI}(M_A + 2M_B)$$

[그림 12.4.12(c)]에서 단순보에 하중 P가 작용하는 경우의 처짐각 θ_{A2}, θ_{B2}을 구한다.

$$\theta_{A2} = \frac{Pb}{6EIl}(l^2 - b^2), \qquad \theta_{B2} = -\frac{Pa}{6EIl}(l^2 - a^2)$$

[3] 적합방정식의 해석

[그림 12.4.12(b), (c)]와 같은 정정기본계의 A, B점에서 적합조건에 의해 다음 관계가 만족되어야 한다.

$\theta_A = 0, \theta_B = 0$ (고정단에서 처짐각은 0이다.)

$$\therefore \theta_{A1} + \theta_{A2} = 0 \qquad ①$$

$$\therefore \theta_{B1} + \theta_{B2} = 0 \qquad ②$$

식 ①과 ②를 풀면 $\therefore M_A = -\dfrac{Pab^2}{l^2}$ $\qquad \therefore M_B = \dfrac{Pa^2b}{l^2}$

[4] 반력, 부재력 해석

(1) 지점반력

$\Sigma F_y = 0$에 의하여 $\quad R_A + R_B = P$

$\Sigma M_B = 0$에 의하여 $\quad \therefore R_A = \dfrac{Pb}{l} + \dfrac{M_B - M_A}{l} = \dfrac{Pb^2}{l^3}(l+2a)$

$$\therefore R_B = \frac{Pa}{l} + \frac{M_A - M_B}{l} = \frac{Pa^2}{l^3}(l+2b)$$

(2) 전단력

$0 \le x \le a \quad V_x = R_A = \dfrac{Pb^2}{l^3}(l+2a)$

$a \le x \le l \quad V_x = R_A - P = -R_B = -\dfrac{Pa^2}{l^3}(1+2b)$

(3) 휨모멘트

$$0 \le x \le a \quad M_x = R_A x + M_A = \frac{Pb^2}{l^3}(l+2a)x - \frac{Pab^2}{l^2}$$

$$a \le x \le l \quad M_x = R_A x - P(x-a) + M_A = R_B x + M_B = \frac{Pa^2}{l^3}(l+2b)x - \frac{Pa^2 b}{l^2}$$

[2] 양단 고정보에 등분포하중이 작용하는 경우

예제 12-4-6

[그림 12.4.13(a)]와 같은 등분포하중을 받는 양단 고정보의 전단력도와 휨모멘트도를 그려라.

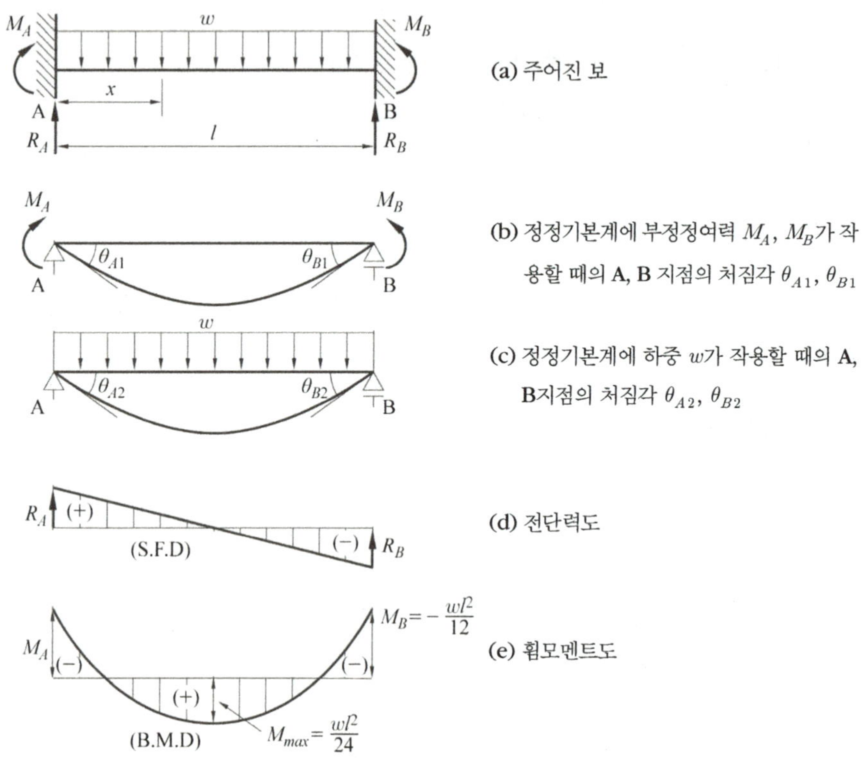

[그림 12.4.13]

풀이

[1] 기본(해제)구조물의 형성

[그림 12.4.13(b), (c)]와 같이 정정기본계를 만든다.

[2] 기본구조물의 처짐각 해석

부정정보를 정정기본계로 하여 지점에서 생기는 처짐각을 이용하여 해석한다. 즉, [그림 12.4.13(b),

(c)]는 고정단 A, B에서 모멘트 M_A, M_B를 부정정여력으로 하여 단순보에 M_A, M_B 가 작용하는 경우와 하중 w가 작용하는 경우를 이용하여 지점에서 생기는 처짐각으로 부정정보를 풀이할 수 있다.

[그림 12.4.13(b)]에서와 같이 단순보에 부정정여력 M_A, M_B 가 작용하는 경우의 처짐각 θ_{A1}, θ_{B1}을 구한다. 본 예제에서 대칭이므로 $M_A = M_B = M$임을 알 수 있다.

$$\theta_{A1} = \frac{l}{6EI}(2M_A + M_B) = \frac{Ml}{2EI}\ ,\ \theta_{B1} = -\frac{l}{6EI}(2M_A + M_B) = -\frac{Ml}{2EI}$$

[그림 12.4.13(c)]에서와 같이 단순보에 하중 P가 작용하는 경우의 처짐각 θ_{A2}, θ_{B2}을 구한다.

$$\theta_{A2} = \frac{wl^3}{24EI},\quad \theta_{B2} = -\frac{wl^3}{24EI}$$

[3] 적합방정식의 해석

[그림 12.4.13(b), (c)]와 같은 정정기본계의 A, B점에서 적합조건에 의해 다음 관계가 만족되어야 한다.

$\theta_A = \theta_B = 0$(고정단에서 처짐각은 0이다.)

$\theta_A = 0$에 의하여 $\quad \therefore \theta_{A1} + \theta_{A2} = 0,\quad \dfrac{Ml}{2EI} + \dfrac{wl^3}{24EI} = 0$

$$\therefore M = M_A = M_B = -\frac{wl^2}{12}$$

[4] 반력, 부재력 해석

(1) 지점반력

$\Sigma F_y = 0$에 의하여 $\quad R_A + R_B = wl$

$\Sigma M_B = 0$에 의하여 $\quad \therefore R_A = \dfrac{wl}{2} + \dfrac{M_B - M_A}{l} = \dfrac{wl}{2}$

$\Sigma M_A = 0$에 의하여 $\quad \therefore R_B = \dfrac{wl}{2} + \dfrac{M_A - M_B}{l} = \dfrac{wl}{2}$

(2) 전단력

$$V_x = R_A - wx = \frac{wl}{2} - wx$$

$$\therefore V_A = V_{x=0} = R_A = \frac{wl}{2}\qquad \therefore V_B = V_{x=l} = \frac{wl}{2} - wl = -R_B = -\frac{wl}{2}$$

전단력이 0인 지점 $V_x = 0\quad \therefore x = \dfrac{l}{2}$

(3) 휨모멘트

$$M_x = R_A x - \frac{wx^2}{2} + M_A = \frac{wl}{2}x - \frac{wx^2}{2} - \frac{wl^2}{12}$$

$$\therefore M_{\max} = M_{x=\frac{l}{2}} = \frac{wl}{2} \times \left(\frac{l}{2}\right) - \frac{w}{2}\left(\frac{l}{2}\right)^2 - \frac{wl^2}{12} = \frac{wl^2}{24}$$

12.5 부정정 라멘의 해석

부정정 라멘구조의 변위일치의 방법에 의한 해석은 부정정보의 해석과 거의 동일하므로 앞의 일반 해석절차를 그대로 적용하면 된다. 다만, 보에서는 없는 축력을 고려해야 하고 부정정 차수가 많은 경우에는 부정정반력 대신에 부정정력을 부재력으로 취하여 그 단면의 구속을 해제시켜 기본(해제)구조물을 만드는 것이 일반적으로 부정정보에서 반력을 부정정력으로 취하는 것과 다른 점이다.

일반적으로, 변위일치법은 단순라멘 또는 불규칙한 기하형태를 갖고 있는 박공라멘(gabled frame, 산형라멘)과 같은 부정정 뼈대구조 문제에 매우 효과적이다. 그러나 고차 부정정구조인 다층라멘은 15장에서 처짐각법이나 16장의 모멘트분배법 또는 19장의 매트릭스 구조해석에 의해 푸는 것이 더욱 효과적이다. 따라서 여기서는 1차 또는 2차 부정정 라멘의 수계산에 의한 체계적인 해석방법을 보여주는 예제만 나타내었다.

예제 12-5-1

[그림 12.5.1(a)]와 같은 라멘의 단면력을 구하여라. EI는 일정하다.

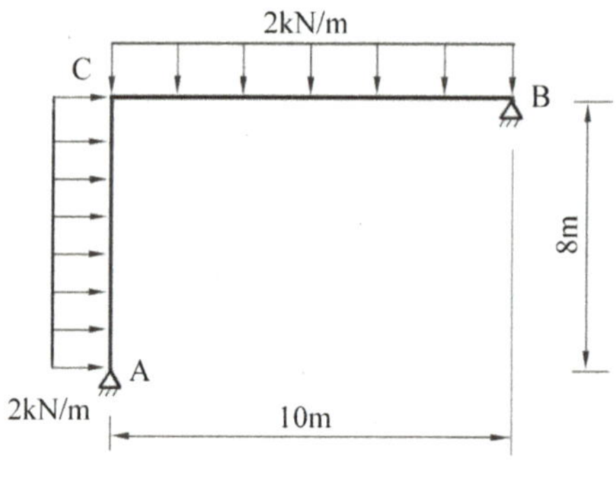

(a)

[그림 12.5.1]

풀이

[1] 기본구조물의 형성

이 라멘은 1차부정정이다. A지점의 수평반력을 부정정력으로 택한다. 따라서 A지점의 핀은 수평방향으로의 구속력이 없는 이동지점으로 대치된다. 결국, 기본구조물은 [그림 12.5.1 (b)]와 같이 정정기본계가 된다.

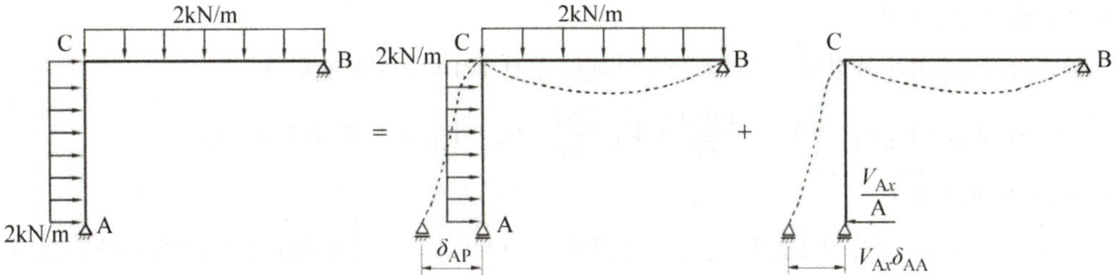

(b)

[그림 12.5.1]

[2] 기본구조물의 처짐 계산 : 가상일의 방법으로 처짐을 구한다.

(1) 외적 하중에 의한 기본구조물의 처짐 δ_{AP} 계산 ; [그림 12.5.1(c), (d)]를 이용하여 다음과 같이 구한다.

$\overline{AC}$부재 ; $M(x_1) = x_1^2,\quad M_P(x_1) = x_1$

$\overline{BC}$부재 ; $M(x_2) = 3.6x_2 - x_2^2,\quad M_P(x_2) = 0.8x_2$

$$\delta_{AP} = \sum \int \frac{M_P M_P}{EI} dx$$

$$= \frac{1}{EI}\int_0^8 (-x_1^2)(x_1)dx_1 + \frac{1}{EI}\int_0^{10}(3.6x_2 - x_2^2)(x_1)dx_2$$

$$= -\frac{2,064}{EI}$$

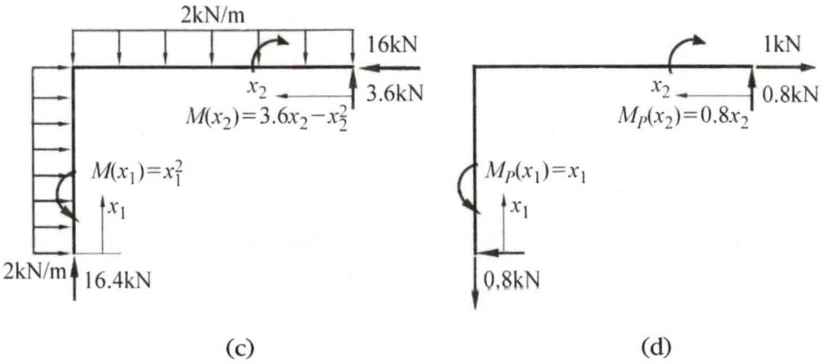

(c) (d)

[그림 12.5.1]

(2) 부정정력에 대응하는 기본구조물의 처짐계수 δ_{AA} 계산 ; [그림 12.5.1(d)]를 이용하여 다음과 같이 구한다.

$$\delta_{AA} = \sum \int \frac{MM_P}{EI} dx$$

$$= \frac{1}{EI}\int_0^8 (x_1)^2 dx_1 + \frac{1}{EI}\int_0^{10}(0.8x_2)^2 dx_2$$

$$= \frac{384}{EI}$$

[3] 적합방정식의 해석

[그림 12.5.1(b)]의 A 점에서 적합조건에 의해 다음 관계가 만족되어야 한다.

$$(\leftarrow +)\quad \delta_{AP}+V_{Ax}\delta_{AA}=0,\qquad \frac{2{,}064}{EI}+V_{Ax}\frac{384}{EI}=0,\qquad V_{Ax}=5.375\,KN\ (\leftarrow +)$$

[4] 반력, 부재력 해석

[그림 12.5.1(c), (d)]의 결과로부터 겹침의 원리에 의해 다음과 같이 나머지의 미지반력을 구할 수 있다.

반력 : $R=R_0+\sum_{i=1}^{n}R_iX_i$

(1) 지점반력

$(\uparrow, +)\ V_{Ay}=16.4-0.8\times 5.375=12.1KN\ (\uparrow, +)$

$(\leftarrow, +)\ V_{Bx}=16-1\times 5.375=10.625KN\ (\leftarrow, +)$

$(\uparrow, +)\ V_{By}=3.6+0.8\times 5.375=7.9KN\ \ (\uparrow, +)$

(2) 전단력

$\overline{AC}$부재 ;

$V_x = V_{Ax} - wx = 5.375 - 2x$

$\therefore\ V_A = V_{x=0} = V_{Ax} = 5.375\,KN$

$\therefore\ V_C = V_{x=8m} = 5.375 - 2\times 8 = -10.625KN$

전단력이 0인 지점 $V_x=0,\quad 5.375-2x=0,\quad \therefore\ x=2.6875m$

$\overline{CB}$부재 :

$V_x = V_{Ay} - wx = 12.1 - 2x$

$\therefore\ V_C = V_{x=0} = V_{Ay} = 12.1\,KN$

$\therefore\ V_B = V_{x=10m} = 12.1 - 2\times 10 = -7.9KN$

전단력이 0인 지점 $V_x=0,\quad 12.1-2x=0,\quad \therefore\ x=6.05m$

(3) 휨모멘트

$\overline{AC}$부재 ;

$$M_x = A_x x - \frac{wx^2}{2} = 5.375x - \frac{2x^2}{2} = 5.375x - x^2$$

$$M_{\max} = M_{x=2.6875m} = 5.375\times 2.6875 - 2.6875^2 \fallingdotseq 7.223KN\cdot m$$

$$M_C = M_{x=8m} = 5.375\times 8 - 8^2 = -21KN\cdot m$$

$\overline{CB}$부재 :

$$M_x = M_C + A_y x - \frac{wx^2}{2} = -21 + 12.1x - \frac{2x^2}{2} = -21 + 12.1x - x^2$$

$$M_{\max} = M_{x=6.05m} = -21 + 12.1\times 6.05 - 6.05^2 \fallingdotseq 15.603KN\cdot m$$

예제 12-5-2

[그림 12.5.2(a)]와 같은 라멘의 단면력을 구하여라. EI는 일정하다.

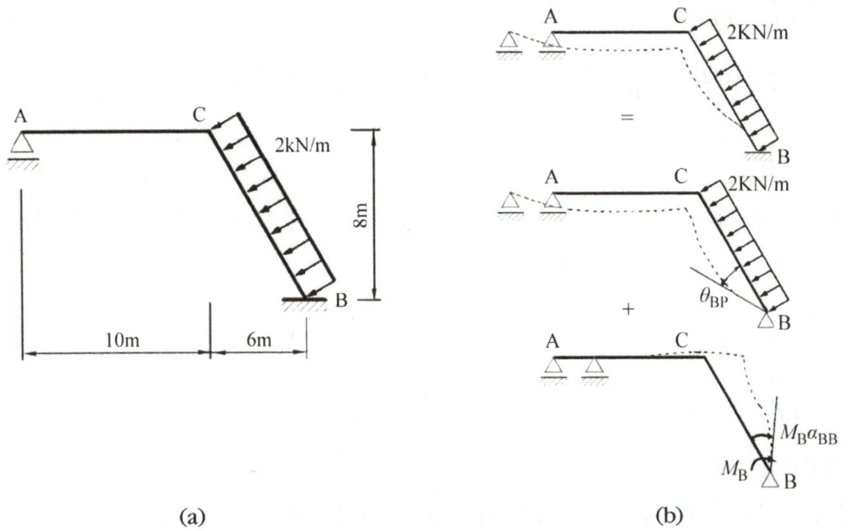

[그림 12.5.2]

풀이

[1] 기본구조물의 형성

이 라멘은 1차부정정이다. B의 M_B를 부정정력으로 택한다. 따라서 B지점은 핀으로 되어 라멘이 B점에서 모멘트를 저항하는 능력이 제거된 정정 기본구조물이 만들어 진다. 결국, 기본구조물은 [그림 12.5.2 (b)]와 같이 정정기본계가 된다.

[2] 기본구조물의 처짐 계산

가상일의 방법으로 처짐을 구한다.

(1) 외적 하중에 의한 기본구조물의 처짐각 θ_{BP} 계산 ; [그림 12.5.2(c), (d)]를 이용하여 다음과 같이 구한다.

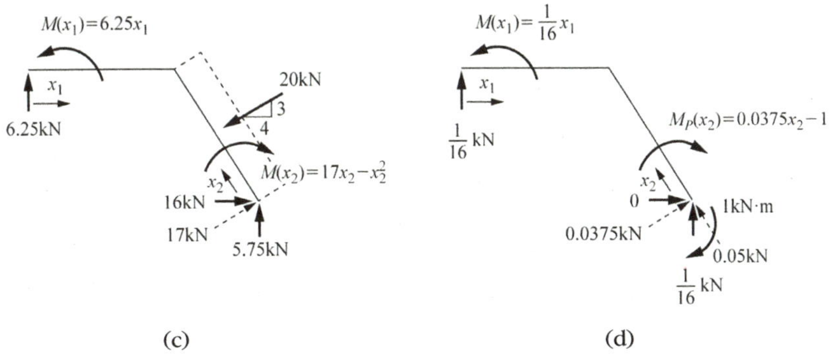

[그림 12.5.2]

$\overline{AC}$부재 ; $M(x_1)=6.25x_1,\qquad M_P(x_1)=\dfrac{1}{16}x_1$

$\overline{BC}$부재 ; $M(x_2)=17x_2-x_2^2,\qquad M_P(x_2)=0.0375x_2-1$

$$\theta_{BP}=\sum\int\frac{MM_P}{EI}dx$$
$$=\frac{1}{EI}\int_0^{10}(6.25x_1)(\frac{1}{16}x_1)dx_1+\frac{1}{EI}\int_0^{10}(17x_2-x_2^2)(0.0375x_2-1)dx_2$$
$$=-\frac{267.71}{EI}$$

(2) 부정정력에 대응하는 기본구조물의 처짐계수 α_{BB} 계산 ; [그림 12.5.2(d)]를 이용하여 다음과 같이 구한다.

$$\alpha_{BB}=\sum\int\frac{M_PM_P}{EI}dx=\frac{1}{EI}\int_0^{10}\left(\frac{1}{16}x_1\right)^2dx_1+\frac{1}{EI}\int_0^{10}(0.0375x_2-1)^2dx_2$$
$$=\frac{8.02}{EI}$$

[3] 적합방정식의 해석

[그림 12.5.2(b)]의 B점에서 적합조건에 의해 다음 관계가 만족되어야 한다.

$$\theta_{BP}+M_B\alpha_{BB}=0,\quad -\frac{267.71}{EI}+M_B\frac{8.02}{EI}=0,\quad M_B=33.38\,KN\cdot m$$

M_B의 부호가 정(+)이라는 것은 가정한 M_B의 방향과 일치한다는 것을 의미한다.

[4] 반력, 부재력 해석

[그림 12.5.2(c), (d), (e)]의 결과들로부터 겹침의 원리에 의해 다음과 같이 나머지의 미지반력을 구할 수 있다.

반력 : $R=R_0+\sum_{i=1}^{n}R_iX_i$

(1) 지점반력

$V_{Ay}=6.26-\dfrac{1}{16}\times 33.38=4.164KN$ (↑, +)

$V_{Bx}=16+0\times 33.38=16KN$ (←, +)

$V_{By}=5.75+\dfrac{1}{16}\times 33.38=7.836KN$ (↑, +)

별해

[그림 12.5.2(b)]의 정정기본계에서 평형조건으로부터 다음과 같이 나머지의 미지반력을 구할 수도 있다.

$\sum M_B=0$ (↷, +)

$V_{Ay}\times 16-2\times 10\times 5+33.38=0\quad \therefore V_{Ay}=4.164KN$ (↑)

$\sum F_x=0$ (→, +)

$$V_{Bx} - 2\times 10\times \frac{8}{10} = 0 \quad \therefore V_{Bx} = 16KN\,(\rightarrow)$$

$$\sum F_y = 0 \;\; (\uparrow, +)$$

$$4.164 - 2\times 10\times \frac{6}{10} + V_{By} = 0 \quad \therefore V_{By} = 7.836KN\,(\uparrow)$$

(2) 전단력과 휨모멘트는 위에서 계산된 지점반력으로부터 쉽게 구할 수 있다.

예제 12-5-3

[그림 12.5.3(a)]와 같은 라멘의 단면력을 구하여라. EI는 일정하다.

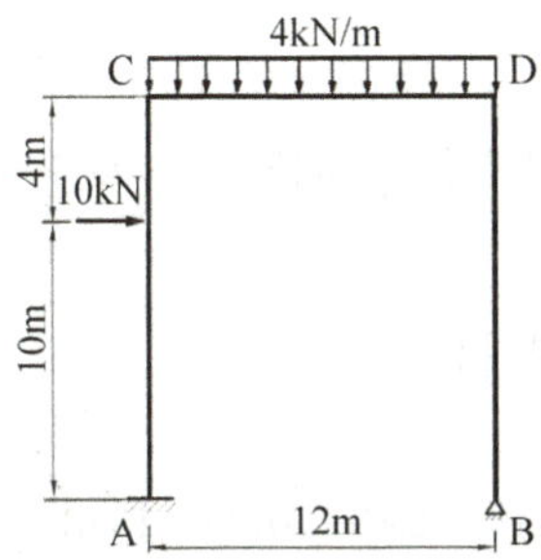

(a)

[그림 12.5.3]

풀이

[1] 기본구조물의 형성

이 라멘은 2차부정정이다. A지점의 모멘트 M_A와 수평반력 V_{Ax}를 부정정력으로 택한다. 따라서 A지점은 이동지점(roller)으로 대치되어 모멘트와 수평방향으로 구속력이 없어진 정정 기본구조물이 만들어 진다. 결국, 기본구조물은 [그림 12.5.3 (b)]와 같이 정정기본계가 된다.

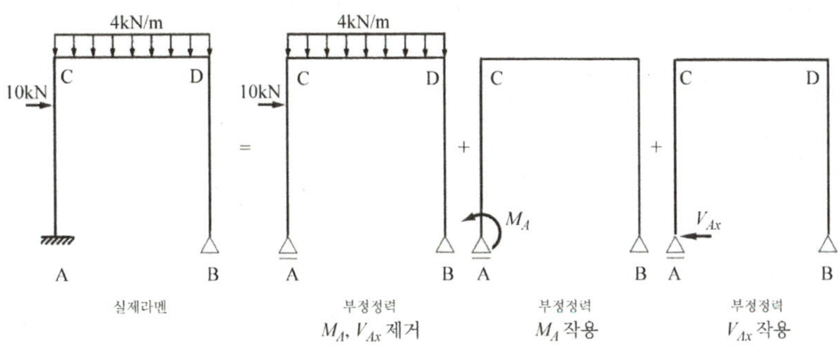

(b)

[그림 12.5.3(계속)]

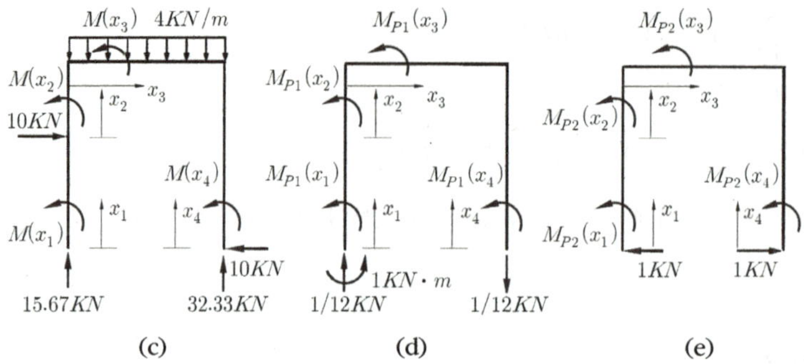

[그림 12.5.3]

[2] 기본구조물의 처짐 계산

가상일의 방법으로 처짐을 구한다.

(1) 외적 하중에 의한 기본구조물의 처짐각 θ_{iP} 계산 ; [그림 12.5.3(c), (d), (e)]를 이용하여 다음과 같이 구한다.

$\overline{AC}$부재 ;

$M(x_1)=0$

$M(x_2)=-10x_2$

$M_{P1}(x_1)=-1$

$M_{P1}(x_2)=-1$

$M_{P2}(x_1)=x_1$

$M_{P2}(x_2)=10+x_2$

$\overline{CD}$부재 ;

$M(x_3)=-2x_3^3-10(4)+15.67x_3$

$M_{P1}(x_3)=\dfrac{1}{12}x_2-1$

$M_{P2}(x_2)=14$

$\overline{BD}$부재 ;

$M(x_4)=10x_4$

$M_{P1}(x_4)=0$

$M_{P2}(x_4)=-x_4$

$$\theta_{AP}=\sum\int\frac{MM_P}{EI}dx$$
$$=\frac{1}{EI}\int_0^{10}(0)(-1)dx_1+\frac{1}{EI}\int_0^4(-10x_2)(-1)dx_2$$
$$+\frac{1}{EI}\int_0^{12}(-2x_3^2-40+15.67x_3)(\frac{1}{12}x_3-1)dx_3$$
$$=\frac{1}{EI}(0+80+151.92+0)=\frac{231.92}{EI}$$

$$\delta_{AP}=\sum\int\frac{MM_P}{EI}dx$$
$$=\frac{1}{EI}\int_0^{10}(0)(x_1)dx_1+\frac{1}{EI}\int_0^4(-10x_2)(10+x_2)dx_2$$
$$+\frac{1}{EI}\int_0^{12}(-2x_3^2-40+15.67x_3)(14)dx_3+\frac{1}{EI}\int_0^{14}(10x_4)(-x_4)dx4$$
$$=-\frac{17,212.64}{EI}$$

(2) 부정정력에 대응하는 기본구조물의 처짐계수 α_{ij} 계산 ; [그림 12.5.3(d), (e)]를 이용하여 다음과 같이 구한다.

$$\alpha_{AAM} = \sum \int \frac{M_{P1} M_{P1}}{EI} dx$$
$$= \frac{1}{EI}\int_0^{10} (-1)^2 dx_1 + \frac{1}{EI}\int_0^{4} (-1)^2 dx_2 + \frac{1}{EI}\int_0^{12} \left(\frac{1}{12}x_3 - 1\right)^2 dx_3$$
$$= \frac{8.02}{EI}$$

$$\alpha_{AAR} = \delta_{AAM} = \sum \int \frac{M_{P1} M_{P2}}{EI} dx$$
$$= \frac{1}{EI}\int_0^{10} (-1)(x_1) dx_1 + \frac{1}{EI}\int_0^{4} (-1)(10 + x_2) dx_2$$
$$+ \frac{1}{EI}\int_0^{12} \left(\frac{1}{12}x_3 - 1\right)(14) dx_3 + \frac{1}{EI}\int_0^{14} (0)(-x_4) dx_4$$
$$= -\frac{182}{EI}$$

$$\delta_{AAR} = \sum \int \frac{M_{P2} M_{P2}}{EI} dx$$
$$= \frac{1}{EI}\int_0^{10} (x_1)^2 dx_1 + \frac{1}{EI}\int_0^{4} (10 + x_2)^2 dx_2$$
$$+ \frac{1}{EI}\int_0^{12} (14)^2 dx_3 + \frac{1}{EI}\int_0^{14} (-x_4)^2 dx_4$$
$$= \frac{4,181.33}{EI}$$

[3] 적합방정식의 해석

[그림 12.5.3(b)]의 A점에서 적합조건에 의해 다음 관계가 만족되어야 한다.

$$\theta_{AP} + M_A \alpha_{AAM} + V_{Ax} \alpha_{AAR} = 0$$
$$\delta_{AP} + M_A \delta_{AAM} + V_{Ax} \delta_{AAR} = 0$$

$$231.92 + 18 M_A - 182\, V_{Ax} = 0$$
$$-17,212.64 - 182 M_A + 4,181.33\, V_{Ax} = 0$$
$$V_{Ax} = 6.35\, KN$$
$$M_A = 51.33\, KN \cdot m$$

[4] 반력, 부재력 해석

[그림 12.5.3(c), (d), (e)]의 결과들로부터 겹침의 원리에 의해 다음과 같이 나머지의 미지반력을 구할 수 있다.

반력 : $R = R_0 + \sum_{i=1}^{n} R_i X_i$

(1) 지점반력

$$V_{Ay} = 15.67 - \frac{1}{12} \times 51.333 + 0 \times 6.35 = 19.95KN\ (\uparrow, +)$$

$$V_{Bx} = -10 + 0 \times 51.33 + 1 \times 6.35 = -3.65KN\ (\leftarrow, +)$$

$$V_{By} = 32.33 - \frac{1}{12} \times 51.33 + 0 \times 6.35 = 28.05KN\ (\uparrow, +)$$

(2) 전단력과 휨모멘트는 위에서 계산된 지점반력으로부터 쉽게 구할 수 있다.

12.6 부정정 트러스의 해석

12-3절의 변위일치의 방법의 일반 해석절차에 따른 부정정 트러스의 해석에서 부재력을 부정정력으로 취한 경우에는 그 부재를 가상절단한 후 그 부재상의 임의의 절단면 양쪽에 정(+)의 축력을 부정정력($X_i = F_i$)으로 작용시켜서 해석해야 한다.

부정정 트러스의 해석을 위하여 필요한 트러스의 부정정 차수는 보통 외관상으로 쉽게 판별하여 결정할 수 있다. 그러나 이것이 어려운 경우, 2-5절과 3-1절에 기술한 ($m + r > 2j$)의 조건을 사용하여 정할 수 있다. 이 식을 이용하면 트러스의 부정정차수는 총미지부재의 수(m)와 지점반력의 수(r)의 합과 각 절점(j)당 2개씩의 가용한 평형방정식의 총수를 비교하여 결정할 수 있다. (부정정 차수: $n = m + r - 2j$)

변위일치의 방법은 부정정차수가 1 또는 2차인 트러스를 해석하는데 매우 적합하다. 2차부정정 이상의 고차 부정정 트러스는 19장에서 다루는 매트릭스 구조해석법에 의해 해석하여야 한다. 12-3절에서 설명한 해석절차를 이용한 트러스구조물에 대한 변위일치법의 적용요령은 [예제 12-6-1]과 [예제 12-6-2]를 통해 쉽게 설명하였다.

예제 12-6-1

[그림 12.6.1(a)]와 같은 트러스에서 부재 $\overline{AD}$의 부재력을 구하여라. EA는 일정하다.

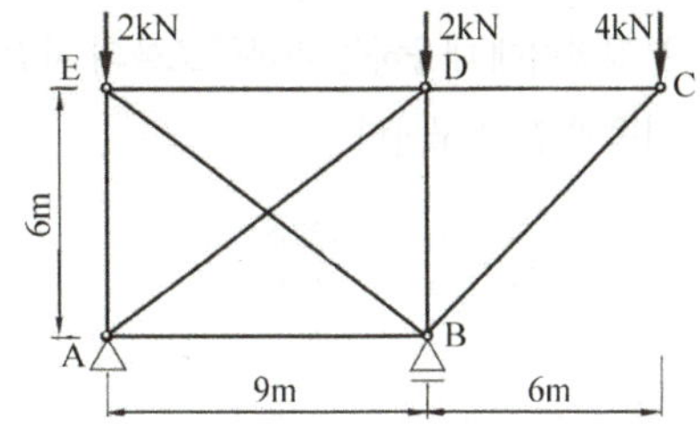

(a)

[그림 12.6.1]

풀이

[1] 기본구조물의 형성

이 트러스는 외관상으로 1차 부정정임을 알 수 있다. 부재 $\overline{AD}$에 작용하는 힘을 구하므로 부재 $\overline{AD}$의 부재력을 부정정력으로 택한다. 이 부재력의 이완을 위해 부재를 절단하여 이 부재에 힘이 걸리지 않도록 하여 트러스가 정정이 되도록 [그림 12.6.1(b)]와 같이 정정기본계를 만든다.

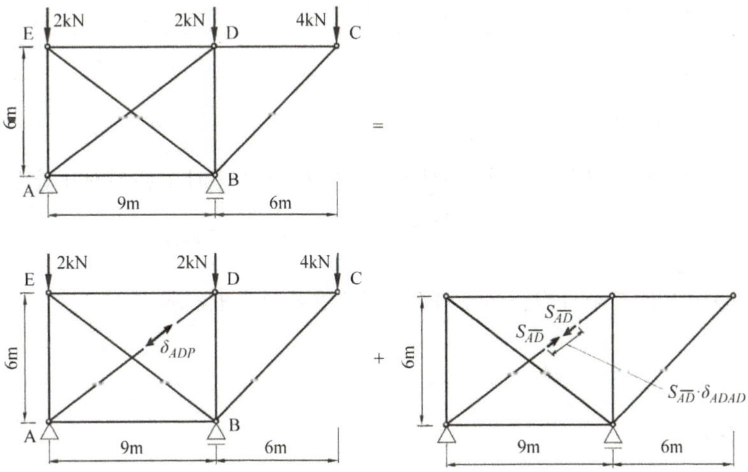

(b)

[그림 12.6.1]

[2] 기본구조물의 처짐 계산

가상일의 방법으로 처짐을 구한다. 실제하중과 가상단위하중에 의한 각 부재력을 격점법을 이용하여 구한다.

(1) 외적 하중에 의한 기본구조물의 처짐 δ_{ADP} 계산 ; [그림 12.6.1(c), (d)]와 [표 12.6.1]를 이용하여 다음과 같이 구할 수 있다.

$$\delta_{ADP} = \sum_{i=1}^{8} \frac{S_i \overline{S}_i l_i}{EA} = - \frac{77.531}{EA}$$

(2) 부정정력에 대응하는 기본구조물의 처짐계수 δ_{ADAD} 계산 ; [그림 12.6.1(e)]와 [표 12.6.1]를 이용하여 다음과 같이 구한다.

$$\delta_{ADP} = \sum_{i=1}^{8} \frac{\overline{S}_i^2 l_i}{EA} = \frac{37.68}{EA}$$

[표 12.6.1]

부재	부재길이 l	S	$\overline{S}$	$S\overline{S}l$	$\overline{S}^2 l$
$\overline{AB}$	9.000	0.00	−0.83	0.000	6.20
$\overline{AD}$	10.820	0.00	1.00	0.000	10.82
$\overline{AE}$	6.000	0.67	−0.55	−2.211	1.82
$\overline{BC}$	8.485	−5.66	0.00	0.000	0.00
$\overline{BD}$	6.000	−2.00	−0.55	6.600	1.82
$\overline{BE}$	10.820	−4.81	1.00	−52.04	10.82
CD	6.000	4.00	0.00	0.000	0.00
$\overline{DE}$	9.000	4.00	−0.83	−29.880	6.20
$\sum$				−77.531	37.68

[3] 적합방정식의 해석

[그림 12.6.1(b)]의 부재 $\overline{AD}$의 절단면에서 적합조건에 의해 다음과 같은 관계가 만족되어야 한다.

$$\delta_{ADP} + S_{\overline{AD}}\delta_{ADAD} = 0, \quad -\frac{77.531}{EA} + S_{\overline{AD}}\frac{37.68}{EA} = 0, \quad S_{\overline{AD}} = 2.06\,KN\ (+, 인장)$$

이 값이 정(+)이므로 부재 $\overline{AD}$는 처음 가정한 것과 같이 인장력을 받는다.

예제 12-6-2

[그림 12.6.2(a)]와 같은 트러스의 단면력을 구하여라. EA는 일정하다.

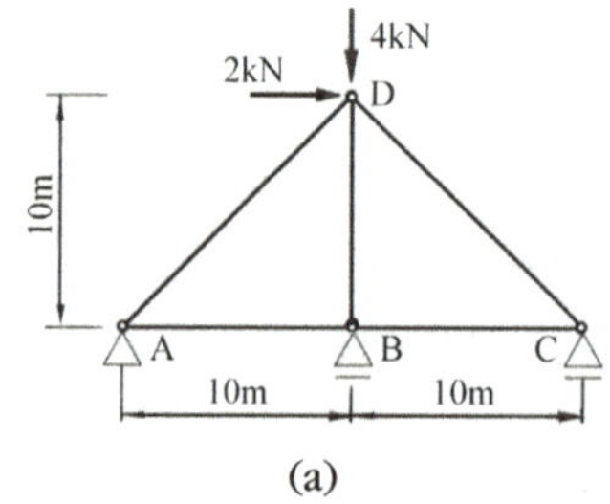

(a)

[그림 12.6.2]

풀이

[1] 기본구조물의 형성

이 트러스는 외관상으로 1차 부정정임을 알 수 있다. 여기서 C지점의 수직반력 V_{Cy}를 부정정력으로 택한다. 따라서 C지점의 이동지점이 제거된 정정 기본구조물이 [그림 12.6.2(b)]와 같이 만들어 진다.

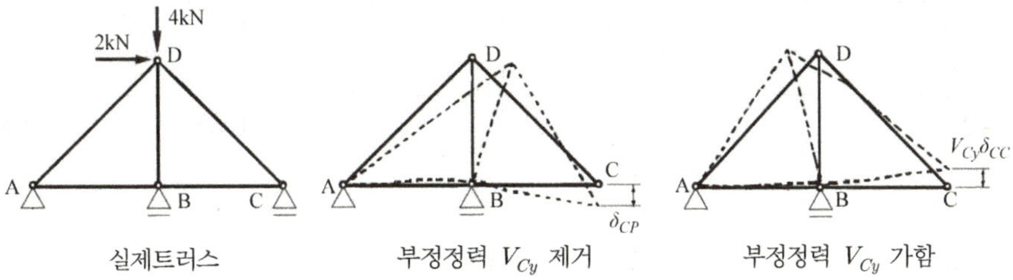

(b)

[그림 12.6.2]

[2] 기본구조물의 처짐 계산

가상일의 방법으로 처짐을 구한다. 실제하중과 가상단위하중에 의한 각 부재력을 격점법을 이용하여 구한다.

(1) 외적 하중에 의한 기본구조물의 처짐 δ_{CP} 계산 ; [그림 12.6.2(c), (d)]와 [표 12.6.2]를 이용하여 다음과 같이 구할 수 있다.

$$\delta_{CP} = \sum_{i=1}^{5} \frac{S_i \overline{S}_i l_i}{EA} = -\frac{179.59}{EA}$$

(2) 부정정력에 대응하는 기본구조물의 처짐계수 δ_{CC} 계산 ; [그림 12.6.2(d)]와 [표 12.6.2(a)]를 이용하여 다음과 같이 구한다.

$$\delta_{CC} = \sum_{i=1}^{5} \frac{\overline{S}_i^2 l_i}{EA} = \frac{116.56}{EA}$$

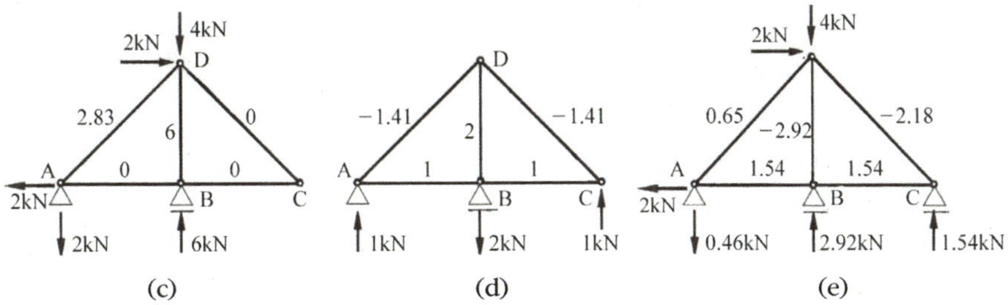

[그림 12.6.2]

[표 12.6.2(a)]

부재	부재길이 l	S	$\bar{S}$	$S\bar{S}l$	$\bar{S}^2 l$
$\overline{AB}$	10.000	0.00	1.000	0.00	10.00
$\overline{AD}$	14.142	2.83	-1.414	-56.59	28.28
$\overline{BC}$	10.000	0.00	1.000	0.00	10.00
$\overline{BD}$	10.000	-6.00	2.000	-120.00	40.00
CD	14.142	0.00	-1.414	0.00	28.28
$\sum$				-179.59	116.56

[3] 적합방정식의 해석

[그림 12.6.2(b)]의 지점 C에서의 적합조건에 의해 다음과 같은 관계가 만족되어야 한다.

$$\delta_{CP}+V_{Cy}\delta_{CC}=0,\quad -\frac{179.59}{EA}+V_{Cy}\frac{116.56}{EA}=0,\quad V_{Cy}=1.54\,KN\ (\uparrow)$$

[표 12.6.2(b)]

부재	부재길이 l	S
$\overline{AB}$	10.000	1.54
$\overline{AD}$	14.142	0.65
$\overline{BC}$	10.000	1.54
$\overline{BD}$	10.000	-2.92
$\overline{CD}$	14.142	-2.18

[4] 반력, 부재력 해석

[표 12.6.2(a)], [그림 12.6.2(c), (d)]의 결과들로부터 겹침의 원리에 의해 다음과 같이 나머지의 미지반력과 미지의 부재력을 구할 수 있다.

$$\text{반력} : R=R_0+\sum_{i=1}^{n}R_iX_i$$

(1) 미지의 지점반력

$(\uparrow,+)\ V_{Ay}=-2+1\times1.54=-0.46KN\,(\downarrow)$

$(\rightarrow,+)\ V_{Ax}=-2+0\times1.54=-2KN\,(\leftarrow)$

$(\uparrow,+)\ V_{By}=6-2\times1.54=2.92KN\ (\uparrow,+)$

별해

[그림 12.6.2(b)]의 정정기본계에서 평형조건으로부터 다음과 같이 나머지의 미지반력을 구할 수도 있다.

$\sum M_B=0\ (\curvearrowright,+)$

$V_{Ay}\times10+2\times10-1.54\times10=0\quad\therefore V_{Ay}=-0.46KN\,(\downarrow)$

$\sum F_x = 0$ (→, +)

$V_{Ax} + 2 = 0 \quad \therefore V_{Ax} = -2KN$ (←)

$\sum F_y = 0$ (↑, +)

$-0.46 - 4 + V_{By} + 1.54 = 0 \quad \therefore V_{By} = 2.92KN$ (↑)

(2) 미지의 부재력

$$Q_i = Q_{iP} + \sum_{j=1}^{n} q_{ij} X_j$$

부재 $\overline{AB}$; $S_{\overline{AB}} = 0 + 1 \times 1.54 = 1.54\,KN$ (인장)

부재 $\overline{AD}$; $S_{\overline{AD}} = 2.83 - 1.414 \times 1.54 = 0.65\,KN$ (인장)

부재 $\overline{BC}$; $S_{\overline{BC}} = 0 + 1 \times 1.54 = 1.54\,KN$ (인장)

부재 $\overline{BD}$; $S_{\overline{BD}} = -6 + 2 \times 1.54 = -2.92\,KN$ (압축)

부재 $\overline{CD}$; $S_{\overline{CD}} = 0 - 1.414 \times 1.54 = -2.18\,KN$ (압축)

12.7 부정정 복합구조의 해석

복합구조는 축력을 받는 부재 또는 트러스 부재와 휨을 받는 부재들에 의해 복합적으로 구성된 구조이다. 이 구조가 부정성이면 변위일치의 방법을 이용하여 쉽게 해석할 수 있다. 12-3절에서 설명한 해석절차를 이용한 복합구조물에 대한 변위일치법의 적용요령은 [예제 12-7-1]과 [예제 12-7-2]를 통해 쉽게 설명하였다.

예제 12-7-1

[그림 12.7.1(a)]와 같은 복합구조의 단면력을 구하여라. 이 복합구조는 D점에서 힌지에 의해 지지되어 있고 C점에서 2개의 봉과 핀으로 연결되어 각 봉은 A점과 B점에서 힌지에 의해 지지되어 있다. 보 $\overline{CD}$의 $E = 2.1 \times 10^5 MPa$, $I = 25,400cm^4$이고, 봉의 $A = 50cm^2$이다

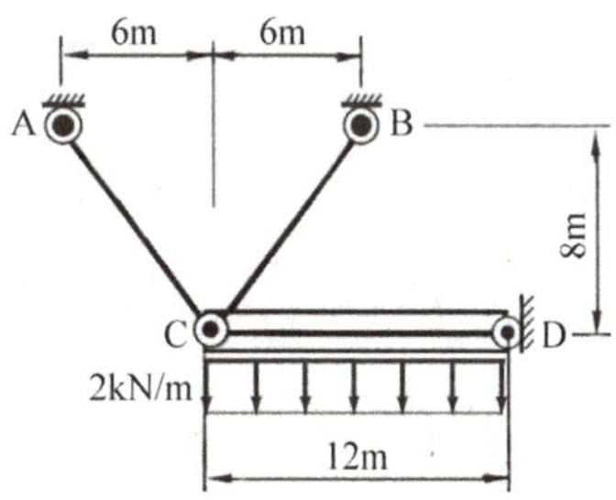

(a)

[그림 12.7.1](계속)

풀이

[1] 기본구조물의 형성

이 복합구조는 외관상으로 1차부정정이다. $\overline{BC}$부재력을 부정정력으로 택한다. 따라서 이 부재의 저항능력을 제거하기 위해 부재를 절단하여 정정 기본구조물이 만들어 진다. 결국, 기본구조물은 [그림 12.7.1 (b)]와 같이 정정기본계가 된다.

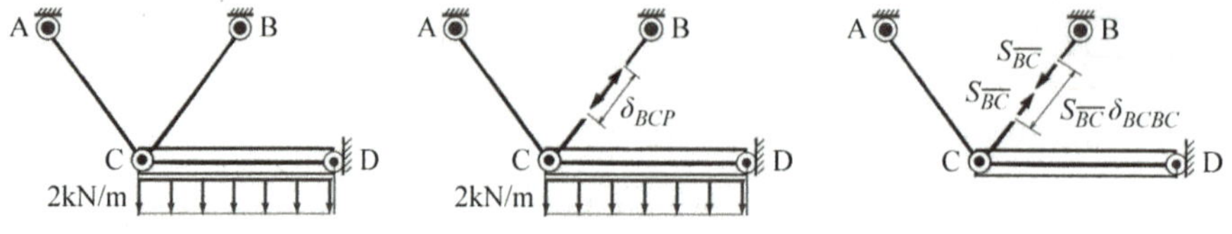

(b)

[그림 12.7.1]

[2] 기본구조물의 처짐 계산

가상일의 방법으로 처짐을 구한다. 실제하중과 가상단위하중에 의한 부재력과 반력은 [그림 12.7.1(c), (d)]와 같이 구한다.

(1) 외적 하중에 의한 기본구조물의 처짐 δ_{BCP} 계산 ; [그림 12.7.1(c), (d)]를 이용하여 다음과 같이 구한다.

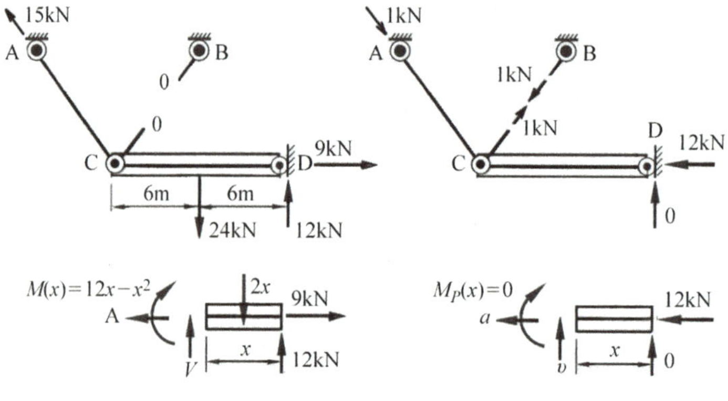

(c) (d)

[그림 12.7.1]

$$\delta_{BCP}=\sum\int\frac{M(x)M_P(x)}{EI}dx+\sum\frac{S\bar{S}l}{EA}$$

$$=\frac{1}{EI}\int_0^{12}(12x-x^2)(0)dx+\frac{(15)(-1)(10)}{EA}+\frac{(0)(1)(10)}{EA}$$

$$=0+\frac{(-150KN\cdot m)(100cm/m)}{(2.1\times10^3KN/cm^2)(50cm^2)}=-0.14286cm$$

(2) 부정정력에 대응하는 기본구조물의 처짐계수 δ_{BCBC} 계산 ; [그림 12.7.1(d)]를 이용하여 다음과 같이 구한다.

$$\delta_{BCBC}=\sum\int\frac{M_P(x)^2}{EI}dx+\sum\frac{\overline{S}^2 l}{EA}=\frac{1}{EI}\int_0^{12}(0)^2dx+\frac{(-1)^2(10)}{EA}+\frac{(1)^2(10)}{EA}$$

$$=0+2\frac{(10KN\cdot m)(100cm/m)}{(2.1\times10^3 KN/cm^2)(50cm^2)}=0.019cm$$

[3] 적합방정식의 해석

[그림 12.7.1(b)]의 $\overline{BC}$부재의 절단면의 상대처짐에 대한 적합조건에 의해 다음 관계가 만족되어야 한다.

$$\delta_{BCP}+S_{\overline{BC}}\delta_{BCBC}=0,\quad -0.14286+S_{\overline{BC}}(0.019)=0,\quad S_{\overline{BC}}=7.52\,KN\ (\text{인장})$$

[4] 반력, 부재력 해석

[그림 12.7.1(c), (d)]의 결과들로부터 겹침의 원리에 의해 다음과 같이 나머지의 미지반력을 구할 수 있다.

(1) 지점반력 ; 반력 : $R=R_0+\sum_{i=1}^{n}R_iX_i$

$$V_{Dy}=12+(0)\times(7.52)=12KN\ (\uparrow,+)$$

$$V_{Dx}=9-1.2\times7.52=0$$

(2) 미지의 부재력

$$S_{\overline{AC}}=15-(1)(7.52)=7.48\,KN\ (\text{인장})$$

예제 12-7-2

[그림 12.7.2(a)]와 같은 복합구조의 단면력을 구하여라. 이 복합구조는 A점에서 고정되어 있고 B점에서 봉과 핀으로 연결되어 봉은 C점에서 힌지에 의해 지지되어 있다. 보 $\overline{AB}$의 $E=2.1\times10^5 MPa$, $I=25,400cm^4$이고, 봉의 $A=40cm^2$이다.

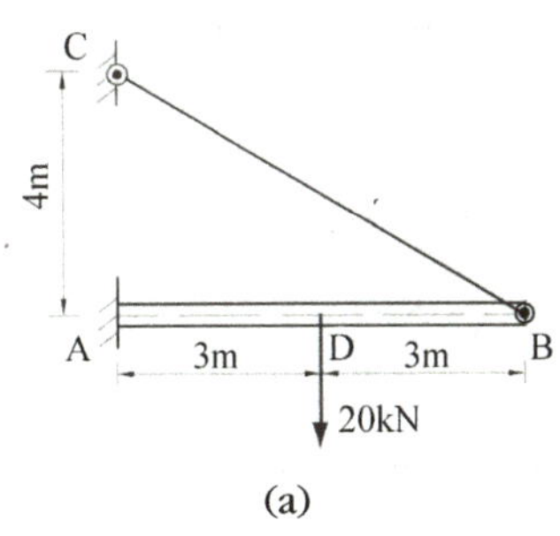

(a)

[그림 12.7.2]

풀이

[1] 기본구조물의 형성

이 복합구조는 외관상으로 1차부정정이다. $\overline{BC}$부재력을 부정정력으로 택한다. 따라서 이 부재의 저항능력을 제거하기 위해 부재를 절단하여 정정 기본구조물이 만들어 진다. 결국, 기본구조물은 [그림 12.7.2(b)]와 같이 정정기본계가 된다.

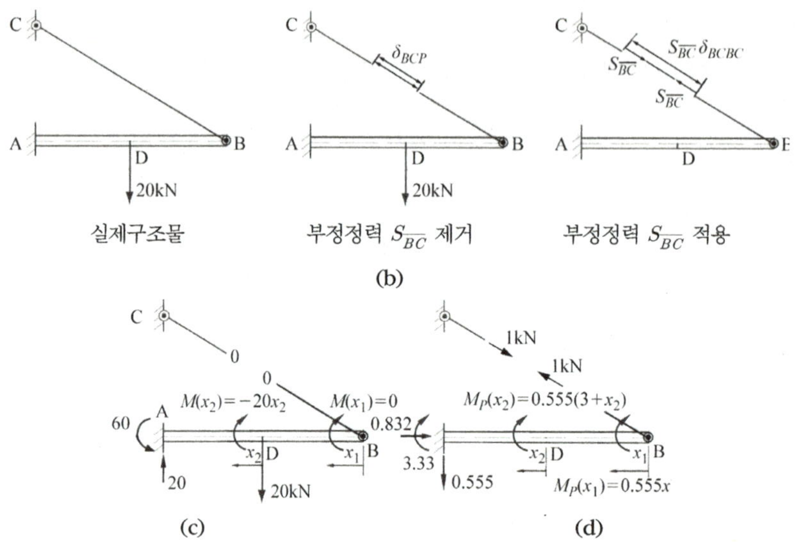

[그림 12.7.2]

[2] 기본구조물의 처짐 계산

가상일의 방법으로 처짐을 구한다. 실제하중과 가상단위하중에 의한 부재력과 반력은 [그림 12.7.2(c), (d)]와 같이 구한다.

$\overline{AB}$부재 ; $M(x_1)=0 \quad (0 \le x_1 \le 3)$

$M(x_2)=-20x_2 \quad (0 \le x_2 \le 3)$

$M_P(x_1)=0.555x_1 \quad (0 \le x_1 \le 3)$

$M_P(x_2)=0.555(3+x_2) \quad (0 \le x_2 \le 3)$

(1) 외적 하중에 의한 기본구조물의 처짐 δ_{BCP} 계산 ; [그림 12.7.2(c), (d)]를 이용하여 다음과 같이 구한다.

$$\begin{aligned}\delta_{BCP} &= \sum\int \frac{M(x_2)M_P(x_2)}{EI}dx + \sum\frac{S\bar{S}l}{EA} \\ &= \frac{1}{EI}\int_0^3(-20x_2)\{0.555(3+x_2)\}dx_2 + \frac{(1)(0)(7.21)}{EA} \\ &= -\frac{249.75}{EI} \\ &= -0.0468\end{aligned}$$

(2) 부정정력에 대응하는 기본구조물의 처짐계수 δ_{BCBC} 계산 ; [그림 12.7.2(d)]를 이용하여 다음과 같이 구한다.

$$\delta_{BCBC} = \sum \int \frac{M_P(x_1)^2}{EI} dx + \sum \frac{\overline{S}^2 l}{EA}$$
$$= \frac{1}{EI}\int_0^3 (0.555x_1)^2 dx_1 + \frac{1}{EI}\int_0^3 \{0.555(3+x_2)\}^2 dx_1 + \frac{(1)^2(7.21)}{EA}$$
$$= \frac{22.176}{EI} + \frac{7.21}{EA}$$
$$= 0.0042$$

[3] 적합방정식의 해석

[그림 12.7.2(b)]의 $\overline{BC}$부재의 절단면의 상대처짐에 대한 적합조건에 의해 다음 관계가 만족되어야 한다.

$$\delta_{BCP} + S_{\overline{BC}}\delta_{BCBC} = 0, \quad -0.0468 + S_{\overline{BC}}(0.0042) = 0, \quad S_{\overline{BC}} = 11.14\,KN \text{ (인장)}$$

[4] 반력, 부재력 해석

[그림 12.7.2(c), (d)]의 결과들로부터 겹침의 원리에 의해 다음과 같이 나머지의 미지반력을 구할 수 있다.

(1) 지점반력 ; 반력 : $R = R_0 + \sum_{i=1}^{n} R_i X_i$

$$V_{Ay} = 20 - (0.555) \times (11.14) = 13.82\,KN\ (\uparrow)$$
$$V_{Ax} = 0 + 0.832 \times (11.14) = 9.268\,KN\ (\rightarrow)$$
$$M_A = -60 + 3.33 \times (11.14) = -22.904\,KN\cdot m = 22.904\,KN\cdot m\ (\curvearrowleft)$$

(2) 미지의 부재력

$\overline{AB}$부재 ; $\sum F_x = 0, \quad V_{Ax} + N_{\overline{AB}} = 0 \quad \therefore N_{\overline{AB}} = -V_{Ax} = -9.268\,KN$ (압축)

$$M_D = M_A + V_{Ay} \times 3 = -22.904 + 13.82 \times 3 = 19.366\,KN\cdot m$$

12.8 부정정 아치의 해석

아치란 위로 보록한 곡선부재가 면내 하중을 받는 구조를 말한다. [그림 12.8.1]에 나타낸 아치들은 교량 등에 사용되는 부정정 아치들이다.

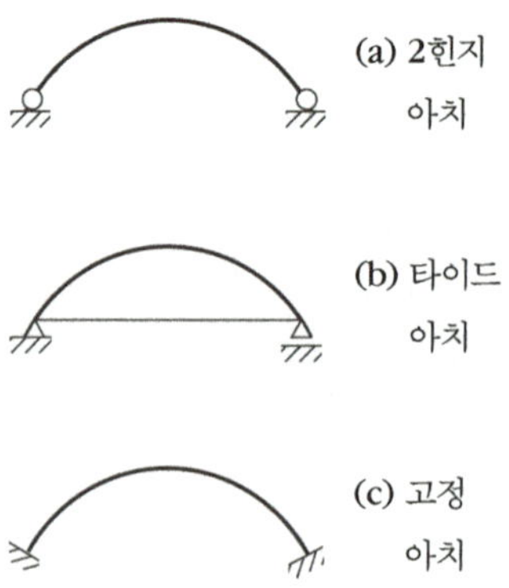

[그림 12.8.1]

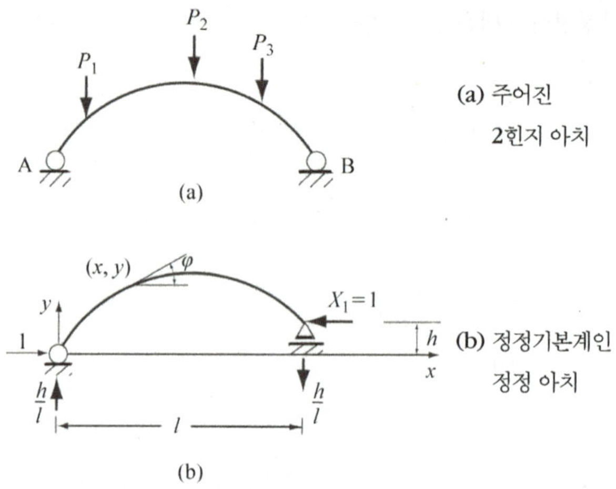

[그림 12.8.2]

12.8.1 2힌지 아치

[1] 기본구조물의 형성

[그림 12.8.2(a)]와 같은 1차 부정정 아치를 2힌지 아치라 한다. 이 아치는 [그림 12.8.2(b)]와 같이 지점 B에 수평반력 X_1을 부정정력으로 정하면 정정기본계인 정정 아치가 된다.

[2] 기본구조물의 처짐 계산

① 정정기본계에 원래 부정정 아치에 작용하는 외적 하중(P_1, P_2, P_3)을 가하여 하중에 의한 부정정력(부정정반력) X_1에 대응하는 해제변위(처짐) δ_{10}를 구한다.

② 정정기본계에 부정정력 X_1에 대응하는 단위하중(단위부재력)에 의한 부정정력 $\overline{X_1} = \overline{1}$에 대응하는 해제변위(처짐) δ_{11}를 구한다. 따라서 부정정력에 의한 처짐은 $\delta_{X_1} = \delta_{11} X_1$가 된다.

[3] 적합방정식의 해석

겹침의 원리와 적합조건에 의해 적합방정식(겹침방정식)을 세운다.

(1) 겹침방정식

겹침의 원리에 의해 정정기본계에서 계산된 하중과 부정정차수와 같은 1개의 부정정력에 의한 각 해제변위를 중첩시켜 합한 결과는 원래 부정정구조물의 구속변형과 탄성곡선의 처짐곡선과 같아야 한다는 적합조건으로부터 겹침방정식을 세운다.

$$0 = \delta_{10} + \delta_{11} X_1$$

(2) 부정정력(반력 또는 부재력)

이 부정정력은 식 (12.2.3), (12.2.6) 및 (12.2.10)으로부터 다음과 같이 된다.

$$X_1 = \frac{\delta_{1r} - (\delta_{10} + \delta_{1T})}{\delta_{11}} \qquad ⓐ$$

지점의 변위와 온도변화가 없는 경우 식 ⓐ는 다음과 같이 된다.

$$X_1 = -\frac{\delta_{10}}{\delta_{11}} \qquad ⓑ$$

여기서 탄성변형에 영향을 주는 전단력의 영향은 무시할 수 있으므로 이들 식의 분모 및 분자는 식 (12.2.4)로부터 다음과 같다.

$$\delta_{10} = \int \frac{N_1 N_0}{EA} ds + \int \frac{M_1 M_0}{EI} ds \qquad ⓒ$$

$$\delta_{11} = \int \frac{N_1^2}{EA} ds + \int \frac{M_1^2}{EI} ds$$

이들 식에서 M_0 및 N_0는 정정기본계 [그림 12.8.2(b)]에 주어진 하중이 작용한 경우의 휨모멘트 및 축방향력이고, M_1 및 N_1은 정정기본계에 단위하중 $\overline{X_1} = \bar{1}$이 작용한 경우의 휨모멘트 및 축방향력이다. [그림 12.8.2(b)]에서 이들의 값은 다음 식으로 표시한다.

$$M_1 = -y + \frac{h}{l}x \qquad N_1 = -\cos\phi - \frac{h}{l}\sin\phi \qquad ⓓ$$

이것을 기본으로 식 ⓑ로부터 부정정력 X_1이 구해지고 임의의 점의 전단력이 계산된다. 간단한 예로 [그림 12.8.2(b)]에서 양측지점 A, B가 동일한 수평선상에 있는 경우에 $h = 0$이고, 일반적으로 식 ⓒ의 제2항은 제1항에 비하여 무시할 수 있으므로 부정정력 X_1은 다음과 같이 된다.

$$X_1 = -\frac{\delta_{10}}{\delta_{11}} = \frac{\int \frac{M_0\, y}{I} ds}{\int \frac{y^2}{I} ds + \int \frac{\cos^2\phi}{A} ds} \qquad ⓔ$$

또한 분모의 제2항은 무시되고 단면이 균일한 경우에는 다음과 같이 된다.

$$X_1 = \frac{\int M_0\, y ds}{\int y^2 ds} \qquad ⓕ$$

[4] 반력, 부재력 해석

겹침의 원리와 평형방정식에 의해 나머지 미지의 반력과 부재력을 구한다.

예제 12-8-1

[그림 12.8.3(a)]와 같은 등분포하중을 받는 단면이 균일한 반원 2힌지 아치의 단면력을 구하여라.

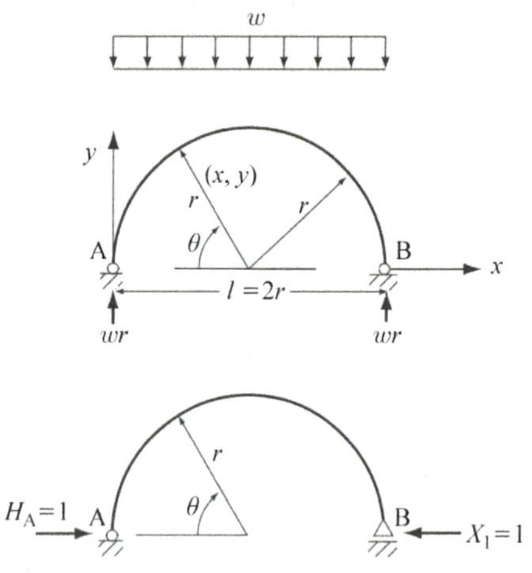

(a) 주어진 2힌지 아치

(b) 정정기본계인 정정 아치

[그림 12.8.3]

풀이

[1] 기본구조물의 형성

[그림 12.8.3(a)]와 같은 1차 부정정 아치를 2힌지 아치라 한다. 이 아치는 [그림 12.8.3(b)]와 같이 지점 B에 수평반력 X_1을 부정정력으로 정하면 정정기본계인 정정 아치가 된다.

[2] 기본구조물의 처짐 계산

(1) 정정기본계에 원래 부정정 아치에 작용하는 외적 하중 w을 가하여 하중에 의한 부정정력(부정정반력) X_1에 대응하는 해제변위(처짐) δ_{10}를 구한다.

(2) 정정기본계에 부정정력 X_1에 대응하는 단위하중(단위부재력)에 의한 부정정력 $\overline{X_1} = \bar{1}$에 대응하는 해제변위(처짐) δ_{11}를 구한다. 따라서 부정정력에 의한 처짐은 $\delta_{X_1} = \delta_{11} X_1$가 된다.

$$M_0 = \frac{wr^2}{2}\sin^2\theta, \quad N_0 = -wr\cos^2\theta, \quad V_0 = wr\sin\theta\cos\theta$$

$$M_1 = -r\sin\theta, \quad N_1 = -\sin\theta, \quad V_1 = -\cos\theta$$

$$\delta_{10} = \int \frac{N_1 N_0}{EA} ds + \int \frac{M_1 M_0}{EI} ds$$

$$\delta_{11} = \int \frac{N_1^2}{EA} ds + \int \frac{M_1^2}{EI} ds$$

[3] 적합방정식의 해석

겹침의 원리와 적합조건에 의해 적합방정식(겹침방정식)을 세운다.

(1) 겹침방정식

$$0 = \delta_{10} + \delta_{11} X_1, \quad \therefore X_1 = -\frac{\delta_{10}}{\delta_{11}}$$

(2) 부정정력(반력 또는 부재력)

$$x = r(1-\cos\theta) \qquad y = r\sin\theta \qquad ds = r\,d\theta$$

$$X_1 = \frac{\int M_0\, y\, ds}{\int y^2 ds} \quad ①$$

$$= \frac{\int \left(\frac{w\, r^2}{2}\sin^2\theta\right)(r\sin\theta)\, ds}{\int (r\sin\theta)^2 ds}$$

$$= \frac{4wr}{3\pi}$$

[4] 반력, 부재력 해석

겹침의 원리와 평형방정식에 의해 나머지 미지의 반력과 부재력을 구한다.

$$M = M_0 + M_1 X_1 = wr^2\left(\frac{1}{2}\sin^2\theta - \frac{4}{3\pi}\sin\theta\right)$$

$$N - N_0 + NX_1 = -wr\left(\cos^2\theta - \frac{4}{3\pi}\sin\theta\right) \quad ②$$

$$V = V_0 + V_1 X_1 = wr\left(\sin\theta\cos\theta - \frac{4}{3\pi}\cos\theta\right)$$

12.8.2 타이드 아치(Tied arch)

2힌지아치의 한 지점을 이동지점으로 만들고 [그림 12.8.4(a)]에 나타낸 것처럼 양측 지점을 인장재로 연결시켜 아치의 변형에 의한 지점의 이동을 제한토록 한 구조물을 타이드 아치(tied arch)라 한다.

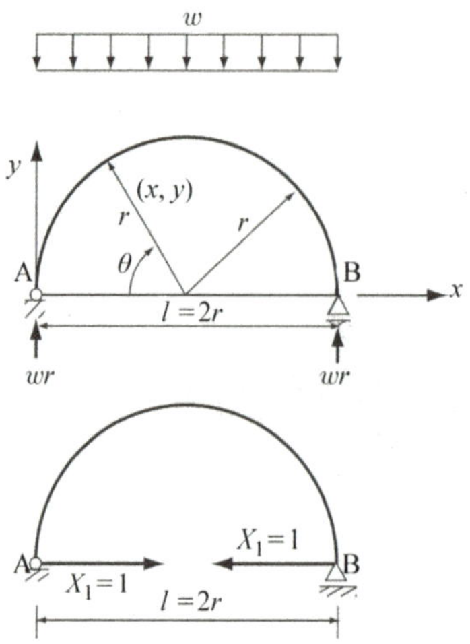

(a) 주어진 타이드 아치

(b) 정정기본계인 정정 아치

[그림 12.8.4]

[1] 기본구조물의 형성

[그림 12.8.4(a)]와 같은 타이드 아치는 외적으로는 정정이고 내적으로는 1차 부정정구조물이다. 이 아치는 [그림 12.8.4(b)]와 같이 타이 부재에 X_1인 부정정력으로 정하면 정정기본계인 정정 아치가 된다.

[2] 기본구조물의 처짐 계산

이 경우 앞에서 12.8.1 2힌지아치의 식 ⓒ에 나타낸 δ_{11}은 다음과 같다.

$$\delta_{11} = \int \frac{N_1^2}{EA} ds + \int \frac{M_1^2}{EI} ds + \frac{l}{EA_t}$$

여기서 N_1, M_1은 단위하중 $\overline{X_1} = \overline{1}$이 작용한 경우의 아치의 축방향력과 휨모멘트이고, A_t는 인장재(tied bar)의 단면적이다.

[3] 적합방정식의 해석

생략

[4] 반력, 부재력 해석

생략

12.8.3 고정 아치(Fixed arch)

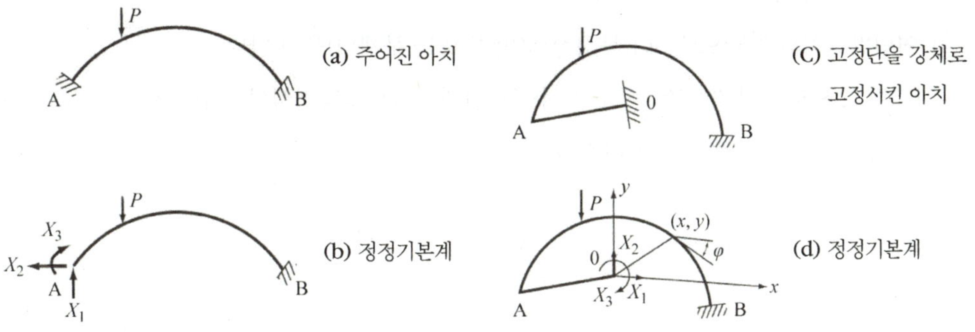

[그림 12.8.5]

[1] 기본구조물의 형성

[그림 12.8.5(a)]에 나타낸 고정아치는 3차 부정정 구조물이고 그 정정기본계는 [그림 12.8.5(b)]와 같이 하면 식 (12.2.3)에 나타낸 탄성방정식은 3원 1차 연립방정식으로 되고 이것을 풀어 부정정력을 구할 수 있다. 그러나 [그림 12.8.5(c)]와 같이 강성이 대단히 큰 부재 $\overline{AO}$로 연결시켜 O점을 고정시킨 구조는 부재 $\overline{AO}$의 탄성변형이 없는 것으로 [그림 12.8.5(a)]와 같은 응력 및 변형상태를 나타낸다. 따라서 [그림 12.8.5(a)]의 정정기본계로 [그림 12.8.5(d)]를 택할 수 있다.

[2] 기본구조물의 처짐 계산

생략

① 기본구조물에 원래 부정정구조물에 작용하는 외적 하중을 가하여 하중에 의한 각각의 부정정력(부정정반력) X_i에 대응하는 해제변위(처짐) δ_{Pi}를 구한다.

② 기본구조물에 부정정력 X_j에 대응하는 단위하중(단위부재력)에 의한 부정정력 X_i에 대응하는 해제변위(처짐) δ_{ij}를 구한다. 따라서 부정정력에 의한 처짐은 $\delta_{X_i} = \delta_{ij}X_j$가 된다.

[3] 적합방정식의 해석

겹침의 원리와 적합조건에 의해 적합방정식(겹침방정식)을 세운다.

① 겹침의 원리에 의해 기본구조물상에서 계산된 하중과 부정정차수와 같은 n개의 부정정력에 의한 각 해제변위를 중첩시켜 합한 결과는 원래 부정정구조물의 구속변형과 탄성곡선

의 처짐곡선과 같아야 한다는 적합조건으로부터 겹침방정식을 세운다.

$$0 = \delta_{iP} + \sum_{j=1}^{n} \delta_{ij} X_j \quad (i = 1, 2, 3, \cdots, n)$$

② 연립방정식의 해법으로부터 부정정력(반력 또는 부재력)을 구한다.

[그림 12.8.5(d)]의 좌표축 $x-y$을 적당히 선택하여 탄성방정식의 계수를 $\delta_{ik} = 0 \ (i \neq k)$로 할 수 있다면 부정정력은 다음과 같다.

$$X_1 = -\frac{\delta_{10}}{\delta_{11}} \qquad X_2 = -\frac{\delta_{20}}{\delta_{22}} \qquad X_1 = -\frac{\delta_{30}}{\delta_{33}} \tag{ⓐ}$$

[그림 12.8.5(d)]에서 단위하중 $\overline{X_1} = \overline{1}$에 의한 단면력은 [표 12.8.1]에 나타낸 바와 같다.

[표 12.8.1]

단면력 \ i	1	2	3
M_i	$-y$	x	1
N_i	$-\cos\phi$	$-\sin\phi$	0
V_i	$-\sin\phi$	$\cos\phi$	0

탄성방정식의 계수 δ_{ik}는 식 (12.2.4)에 나타낸 바와 같이 전단력에 의한 탄성변형을 무시하면 다음과 같다.

$$\delta_{ik} = \delta_{ki} = \int \frac{N_i N_k}{EA} ds + \int \frac{M_i M_k}{EI} ds \tag{ⓑ}$$

따라서

$$\begin{aligned} \delta_{23} = \delta_{32} &= \int \frac{M_2 M_3}{EI} ds = \int \frac{x}{EI} ds \\ \delta_{13} = \delta_{31} &= \int \frac{M_1 M_3}{EI} ds = -\int \frac{x}{EI} ds \\ \delta_{12} = \delta_{21} &= \int \frac{M_1 M_2}{EI} ds + \int \frac{N_1 N_2}{EA} ds = -\int \frac{xy}{EI} ds + \int \frac{\sin\phi \cos\phi}{EA} ds \end{aligned} \tag{ⓒ}$$

위의 식 ⓒ에서 3번째 식의 제2항은 일반적으로 작은 양이므로(대칭인 구조에서는 대칭축을 좌표로 선택할 때 0으로 됨) 생략하면 다음과 같이 된다.

$$\delta_{23} = \delta_{32} = \int \frac{x}{EI} ds = 0$$

$$\delta_{13} = \delta_{31} = -\int \frac{x}{EI} ds = 0 \qquad ⓓ$$

$$\delta_{12} = \delta_{21} = -\int \frac{xy}{EI} ds = 0$$

위의 식 ⓓ가 되도록 좌표축을 선택하면 된다.

식 ⓓ의 제1 및 제2식은 아치의 부재가 $1/EI$ 또는 이것에 비례하는 무게를 가졌다고 가상하면 중심이 좌표점인 것을 의미하고 제3식은 좌표축이 주축임을 의미한다. 이와 같은 원점 O를 탄성중심이라 한다. 이와 같은 방법을 Müller-Breslau의 탄성중심법이라 한다.

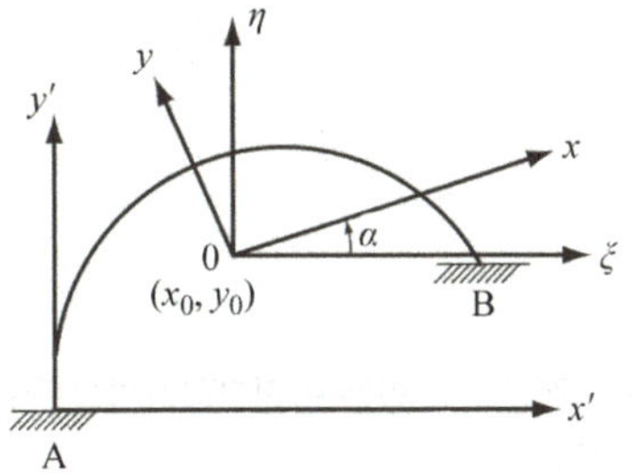

[그림 12.8.6]

[그림 12.8.6]과 같이 임의의 좌표축을 $x'y'$라 하면 탄성중심의 위치는 다음과 같다.

$$x_o = \frac{\int \frac{x'}{EI} ds}{\int \frac{1}{EI} ds} \qquad y_o = \frac{\int \frac{y'}{EI} ds}{\int \frac{1}{EI} ds} \qquad ⓔ$$

또한 좌표축의 방향은 다음과 같다.

$$\tan 2\alpha = \frac{2I_{\xi\eta}}{I_\eta - I_\xi} \qquad ⓕ$$

여기서, $I_\eta = \int \frac{\xi^2}{EI} ds \qquad I_\xi = \int \frac{\eta^2}{EI} ds \qquad I_{\xi\eta} = \int \frac{\eta\xi}{EI} ds$

이와 같이하여 탄성중심이 정해지면 탄성중심에 작용하는 것으로 생각한 부정정력 X_i는 식 ⓐ 및 [표 12.8.1] 등에서 영향이 작은 항을 무시하면 다음과 같이 된다.

$$X_1 = -\frac{\delta_{10}}{\delta_{11}} = \frac{\int \frac{M_0\, y}{EI} ds}{\int \frac{y^2}{EI} ds + \int \frac{\cos^2\phi}{EA} ds}$$

$$X_2 = -\frac{\delta_{20}}{\delta_{22}} = -\frac{\int \frac{M_0\, x}{EI} ds}{\int \frac{x^2}{EI} ds} \quad ⓖ$$

$$X_3 = -\frac{\delta_{30}}{\delta_{33}} = -\frac{\int \frac{M_0}{EI} ds}{\int \frac{1}{EI} ds}$$

[4] 반력, 부재력 해석 : 생략

예제 12-8-2

[그림 12.8.7]과 같이 등분포하중이 작용하고 있는 반원고정아치의 단면력을 구하여라. 단 전부재에 EI는 일정하고 전단력의 영향은 무시한다.

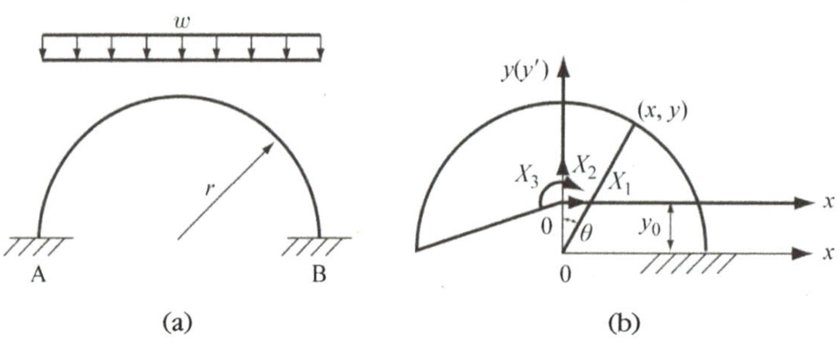

[그림 12.8.7]

풀이

[1] 기본구조물의 형성

[그림 12.8.7(a)]에 나타낸 고정아치를 [그림 12.8.7(b)]와 같이 강성이 대단히 큰 부재 $\overline{AO}$로 연결시켜 부재 $\overline{AO}$의 탄성변형이 없는 것으로 하여 정정기본계로 택할 수 있다.

[2] 기본구조물의 처짐 계산

생략

[3] 적합방정식의 해석

겹침의 원리와 적합조건에 의해 적합방정식(겹침방정식)을 세운다.

(1) 겹침방정식 : 생략

(2) 부정정력(반력 또는 부재력)

고정아치는 대칭축을 갖고 있으므로 y' 축을 대칭축에 일치시키는 좌표축 $x'\,y'$ 로부터 탄성중심의 위치는 식 ⓔ에 의하여 다음과 같이 된다.

$$x_o = \frac{\int \frac{x'}{EI} ds}{\int \frac{1}{EI} ds} = 0 \qquad ①$$

$$y_o = \frac{\int \frac{y'}{EI} ds}{\int \frac{1}{EI} ds} = \frac{\int y' ds}{\int ds} = \frac{2r}{\pi}$$

탄성중심 O' 을 통하는 주축을 $x-y$라 하면 다음과 같이 나타낼 수 있다.

$$x = r\sin\theta \qquad y = r\cos\theta - y_o = r\left(\cos\theta - \frac{2}{\pi}\right) \qquad ds = r\,d\theta$$

$$M_0 = -\frac{w\,r^2}{2}(1+\sin\theta)^2$$

부정정력은 식 ⓖ로부터 다음과 같이 된다.

$$X_1 \fallingdotseq \frac{\int \frac{M_0\,y}{EI} ds}{\int \frac{y^2}{EI} ds} = \frac{\int M_0\,y ds}{\int y^2 ds} = \frac{\int \left[-\frac{wr^2}{2}(1+\sin\theta)^2\right]\left[r(\cos\theta - \frac{2}{\pi})\right] r d\theta}{\int \left[r\left(\cos\theta - \frac{2}{\pi}\right)\right]^2 r d\theta} = \frac{wr}{6\left(\frac{\pi}{2} - \frac{4}{\pi}\right)}$$

$$X_2 = -\frac{\int \frac{M_0\,x}{EI} ds}{\int \frac{x^2}{EI} ds} = -\frac{\int M_0\,x ds}{\int x^2 ds} = -\frac{\int \left[-\frac{wr^2}{2}(1+\sin\theta)^2\right][r\sin\theta] r d\theta}{\int (r\sin\theta)^2 r d\theta} = w\,r \qquad ②$$

$$X_3 = -\frac{\int \frac{M_0}{EI} ds}{\int \frac{1}{EI} ds} = -\frac{\int M_0\,ds}{\int ds} = -\frac{\int \left[-\frac{wr^2}{2}(1+\sin\theta)^2\right] r\,d\theta}{\int r d\theta} = \frac{3}{4} w\,r^2$$

[4] 반력, 부재력 해석

겹침의 원리와 평형방정식에 의해 나머지 미지의 반력과 부재력을 구한다. 단면력은 식 (12.2.1)과 [표 12.8.1]에 의해 다음과 같이 된다.

$$M = M_0 - X_1 y + X_2 x + X_3$$

$$N = N_0 - X_1 \cos\theta + X_2 \sin\theta$$

$$\theta = \theta_0 - X_1 \sin\theta + X_2 \cos\theta$$

EXERCISE

1. [P그림 12.1]과 같은 연속보에서 지점반력 R_B 값을 구하여라. 단, EI는 일정하고 지점침하는 없다.

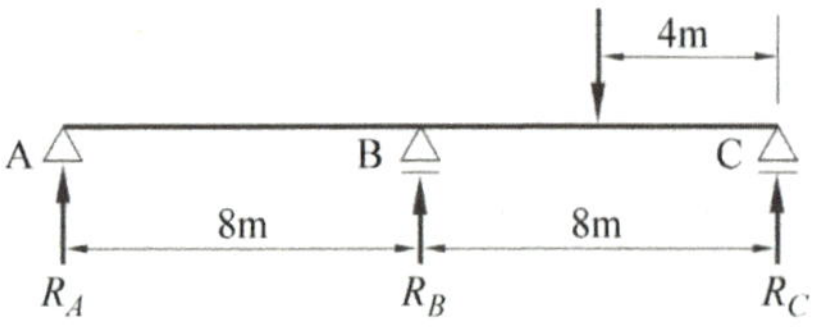

[P그림 12.1]

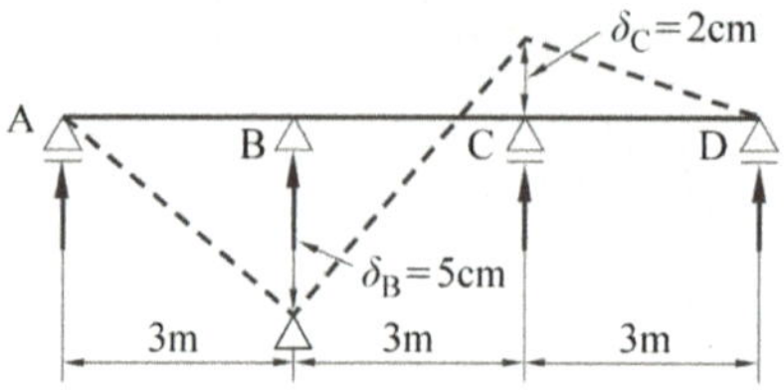

[P그림 12.2]

정답 $R_B = 6.954\,\text{KN}$

2. [P그림 12.2]와 같은 연속보의 B 지점에서 5 cm 아래로, C 지점에서는 2 cm 위로 지점변위를 일으켰다. 변위일치의 법으로 지점모멘트 M_B와 M_C를 구하여라. 단, 지간에 재하된 하중은 없고 EI는 일정하다.

정답 $M_B = \dfrac{38}{15}EI,\ M_C = -\dfrac{32}{15}EI$

3. [P그림 12.3]과 같은 부정정보에서 지점모멘트 M_B 값을 구하여라. 단, 지점침하는 없다.

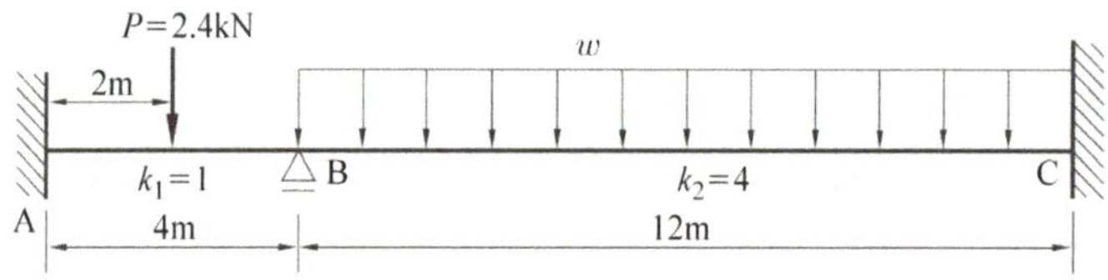

[P그림 12.3]

정답 $M_B = -1.92\,\text{KN}\cdot\text{m}$

4. [P그림 12.4]와 같은 연속보에서 B지점의 휨모멘트 M_B 값을 구하여라.

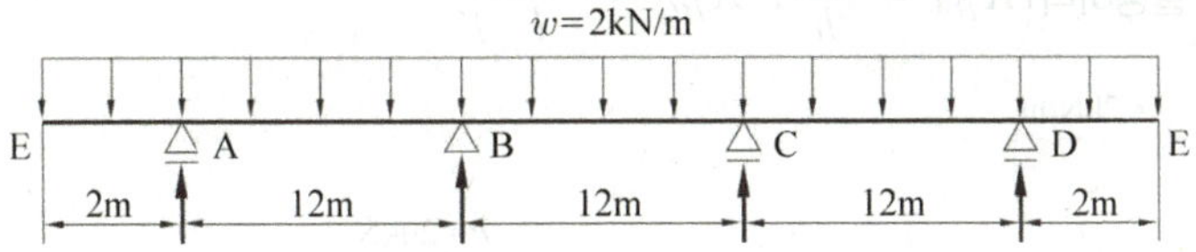

[P그림 12.4]

정답 $M_B = -28\,\mathrm{KN \cdot m}$

5. [P그림 12.5]와 같은 연속보에서 지점반력을 구하고 단면력도를 그려라.

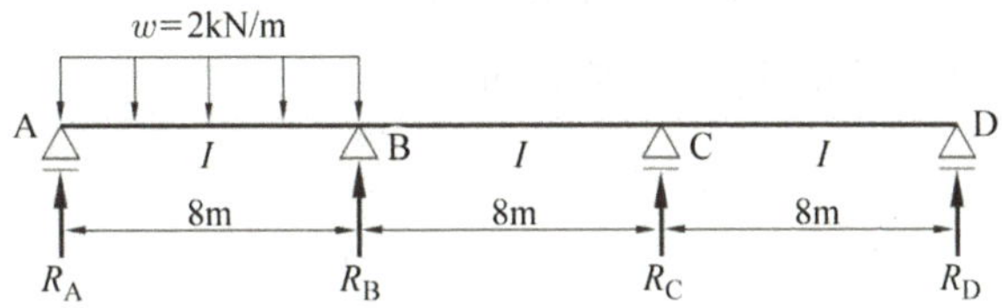

[P그림 12.5]

정답 $M_B = -8.53\,\mathrm{KN \cdot m}$ $M_C = 2.13\,\mathrm{KN \cdot m}$ $R_A = 6.93\,\mathrm{KN}$

$R_B = 10.40\,\mathrm{KN}$ $R_C = -1.59\,\mathrm{KN}$ $R_D = 0.26\,\mathrm{KN}$

6. [P그림 12.6]과 같은 부정정라멘의 지점모멘트를 변위일치법으로 구하여라.

정답 $M_A = 1.8\,\mathrm{KN \cdot m}$

7. [P그림 12.7]과 같은 라멘의 지점모멘트를 변위일치법으로 구하여라.
단, EI는 일정하다$\left(K_{BA} = \dfrac{EI}{h},\ K_{BC} = \dfrac{6EI}{l}\right)$.

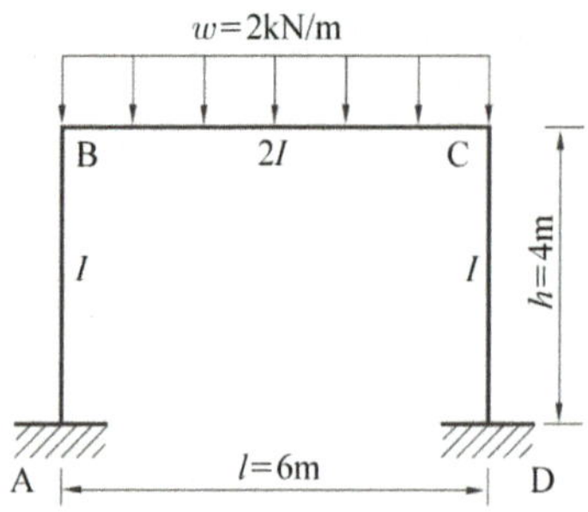

[P그림 12.6]

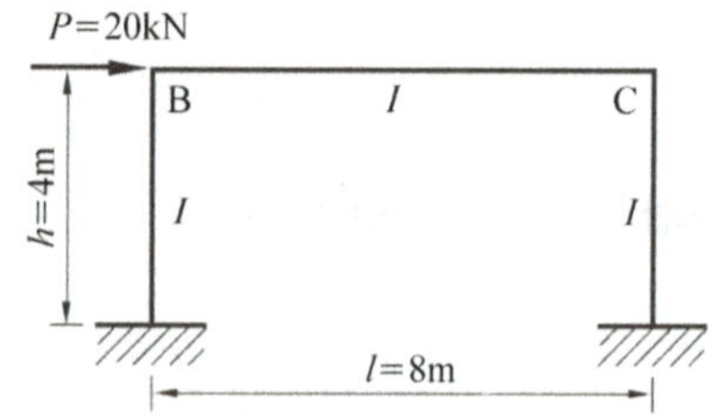

[P그림 12.7]

정답 $M_A = -25\text{KN} \cdot \text{m}\quad M_B = +15\text{KN} \cdot \text{m}$

$M_C = -15\text{tf} \cdot \text{m}\quad M_D = +25\text{tf} \cdot \text{m}$

8. [P그림 12.8]과 은 7경간이 등간격인 연속보의 지점모멘트를 변위일치법으로 구하여라. 단, EI는 일정하고 지점침하는 없다.

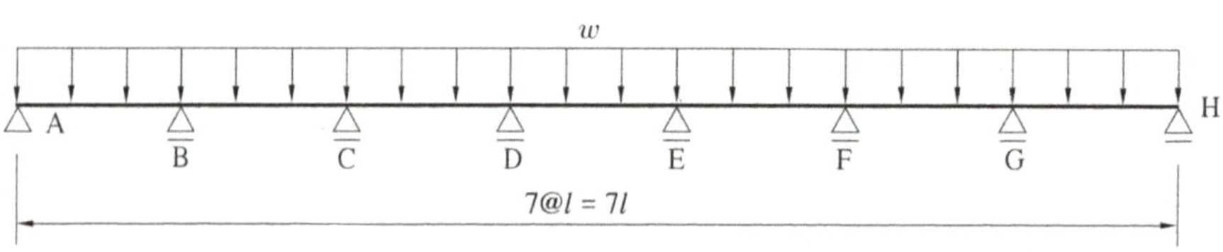

[P그림 12.8]

정답 $M_B = M_G = -\dfrac{5}{142}wl^2,\ M_C = M_F = -\dfrac{11}{142}wl^2,\ M_D = M_E = -\dfrac{6}{71}wl^2$

9. [P그림 12.9]와 같은 관의 M_A, M_C를 구하여라. 단 EI는 일정하다.

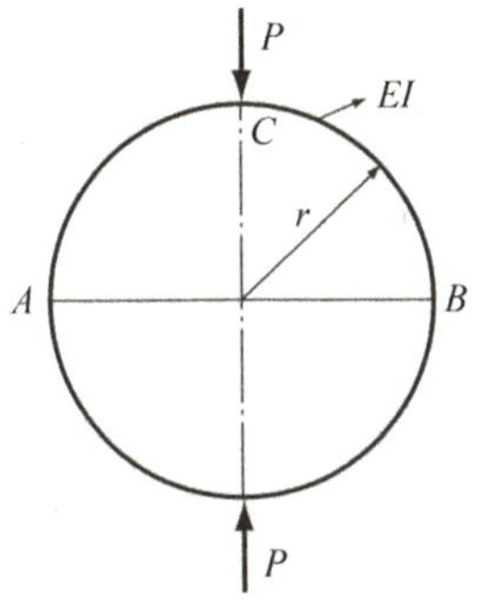

[P그림 12.9]

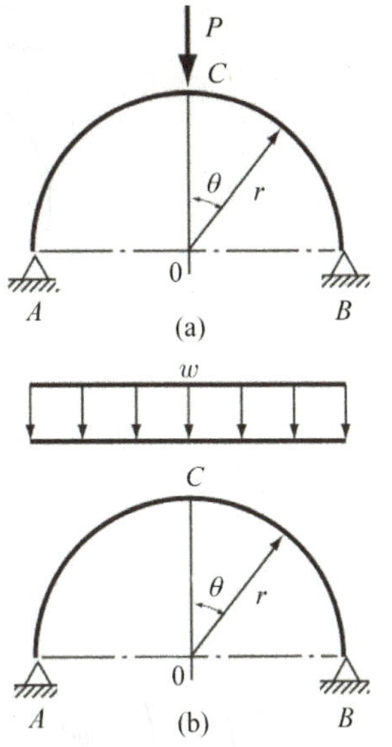

[P그림 12.10]

정답 $M_A = \dfrac{2-\pi}{2\pi}Pr \quad M_C = M_A + \dfrac{P}{2}r = \dfrac{Pr}{\pi}$

10. [P그림 12.10(a), (b)]와 같은 반원 2힌지아치를 풀어라.

정답 (A) $H_A = H_B = \dfrac{P}{\pi} \quad V = V_A = V_B = \dfrac{P}{2}(\uparrow) \quad M_x = V_A x$

$A-C$ 구간 $S = V_A\cos\theta \quad C-B$ 구간 $S = -V_A\cos\theta$

(b) $H_A = H_B = \dfrac{4wr}{3\pi} \quad V = V_A = V_B = wr(\uparrow) \quad M_x = V_A x - \dfrac{wx^2}{2}$

$A-C$ 구간 $S = (V - wx)\cos\theta \quad C-B$ 구간 $S = -(V - wx)\cos\theta$

11. [P그림 12.11(a), (b)]와 같은 고정아치를 풀어라.

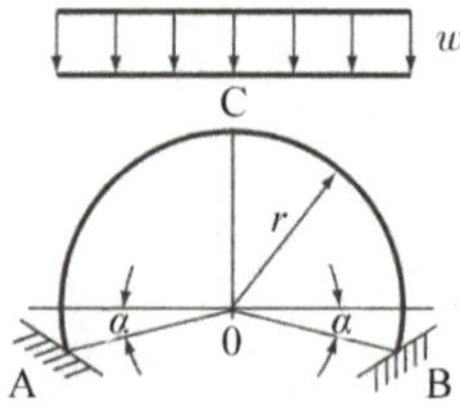

(a)

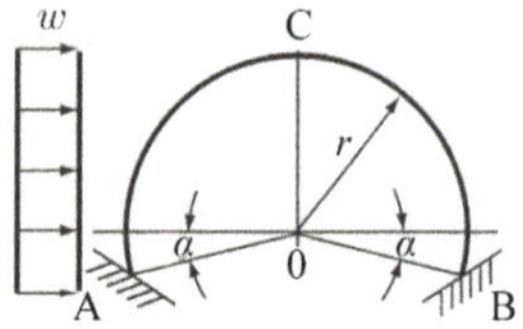

(b)

[P그림 12.11]

정답 (a) $$H_C = \frac{\int ds \int M_0 y ds - \int M_0 ds \int y ds}{\left(\int y ds\right)^2 - \int ds \int y^2 ds}$$

$$S_C = \frac{\int_C^A M_0 x ds - \int_C^B M_0 x ds}{\int x^2 ds}$$

$$M_C = \frac{H_C \int_C^A y ds + \int_C^B M_0 ds}{\int ds}$$

여기서,

$$\int ds = 2r\theta_0$$

$$\int M_0 y ds = -w\, r^4\left(\frac{1}{2}\theta_0 - \sin\theta_0 \cos\theta_0 - \frac{1}{3}\sin\theta_0\right)$$

$$\int M_0 ds = -w\, r^3 \frac{1}{2}(\theta_0 - \sin\theta_0 \cos\theta_0)$$

$$\int y ds = 2\, r^2(\theta_0 - \sin\theta_0)$$

$$\int y^2 ds = 2\, r^3\left(\frac{3}{2}\theta_0 - 2\sin\theta_0 + \frac{1}{4}\sin 2\theta_0\right)$$

$$\int x^2 ds = r^3\left(\theta_0 - \frac{1}{2}\sin 2\theta_0\right)$$

$$\left(\int y ds\right)^2 = 4\, r^2(\theta_0 - \sin\theta_0)$$

$\theta_0 = 90^o + \alpha$

임의의 점 모멘트 $M = M_C + H_C \cdot y - \frac{Px^2}{2}$

임의의 점 축방향력 $N = -Px\ \sin\theta - H_C\ \cos\theta$

임의의 점 전단력 $V = Px\ \cos\theta - H_C\ \sin\theta$ ($A-C$ 구간)

$V = -Px\ \cos\theta + H_C\ \sin\theta$ ($C-B$ 구간)

※ 주의 : θ와 θ_0 는 다름

(b) $H_C = wr\dfrac{\theta_0\left(-\theta_0 + \frac{5}{3}\sin\theta_0 - \sin\theta_0\cos\theta_0 + \frac{1}{3}\sin\theta_0\cos^2\theta_0\right) - \sin\theta_0\mu}{4[(\theta_0 - \sin\theta_0)^2 - \theta_0\mu]}$

$$S_C = wr\frac{\sin^2\theta_0 - \frac{1}{3}cos\theta_0\sin^2\theta_0 + \frac{4}{3}(\cos\theta_0 - 1)}{2(\theta_0 - \sin\theta_0\cos\theta_0)}$$

$$M_C = \frac{-r\left[2H_C(\theta_0 - \sin\theta_0) - \frac{wr}{2}\mu\right]}{2\theta_0} \qquad \left[\mu = \frac{3}{2}\theta_0 - 2\sin\theta_0 + \frac{1}{2}\sin\theta_0\cos\theta_0\right]$$

$A-C$ 구간에서 $M = -V_C\ x + H_C \cdot y + M_C - \frac{Py^2}{2}$

$N = -(H_C - Py)\cos\theta - V_C\ \sin\theta$

$S = -(H_C - Py)\sin\theta + V_C\ \cos\theta$

$C-B$ 구간에서 $M = V_C\ x' + H_C \cdot y + M_C$

$N = -H_C\cos\theta' + V_C\ \sin\theta'$

$S = H_C\sin\theta' + V_C\ \cos\theta'$

CHAPTER 13

최소일의 방법

13.1 개요

앞에서 Castigliano의 정리는 탄성구조물에 외력이 작용할 때 구조물의 변위를 구하는 것들을 다루었다. 본 장에서는 앞에서 설명된 가상일의 원리에 의한 에너지정리 중의 하나인 Castigliano 의 제2정리를 응력법에 의한 해석을 위한 기본구조물에 n개의 부정정력를 작용점에 적용시키면 부정정구조물의 해석을 위한 기본지배방정식이 직접 구해진다. 즉, 부정정력이 작용하는 점에서의 상대처짐이 각각 '0'이라는 적합조건으로 Castigliano의 제2정리를 나타낼 수 있다.

13.2 최소일의 방법

본 절에서는 변위의 해석에 관한 가상일의 원리에 의한 에너지정리 중의 하나인 Castigliano의 제2정리를 응력법에 의한 해석을 위한 기본구조물에 n개의 부정정력를 작용점에 적용시키면 부정정구조물의 해석을 위한 기본지배방정식이 직접 구해진다. 즉, 부정정력이 작용하는 점에서의 상대처짐이 각각 '0'이라는 적합조건으로부터 Castigliano 제2정리는 다음과 같이 표현된다.

$$\delta_1 = \frac{\partial U}{\partial X_1} = 0 \quad \delta_2 = \frac{\partial U}{\partial X_2} = 0 \quad \cdots \quad \delta_n = \frac{\partial U}{\partial X_n} = 0 \tag{13.2.1}$$

여기서, U는 기본구조계의 변형에너지로서 하중뿐만 아니라 미지의 부정정력에 의한 전체 외적 일과 같다.

$$U = W_P + W_x(X_1,\ X_2,\ \cdots,\ X_n) \tag{13.2.2}$$

따라서 식 (13.2.1)은 n개의 미지수 $X_1,\ X_2,\ \cdots,\ X_n$의 함수로 된 n개의 방정식을 제공한다. 식 (13.2.1)의 일반식 $\partial U/\partial X_i = 0$을 최소일의 정리(theorem of least work)라고 일컫는데, 그

이유는 변형에너지의 부정정력에 대한 편도함수가 '0'이 되는, 즉 $\partial U/\partial X_i = 0$이 되는 조건은 미지의 부정정력은 변형에너지를 최소로 하는 값으로 되어야만 한다는 의미를 내포하기 때문이고, 최소변형에너지는 최소일에 해당하므로 최소일의 방법이라는 명칭이 쓰이고 있다.

최소일의 방법은 탄성하중을 받는 구조계에서만 성립하는 에너지정리에 바탕을 두고 있으므로 지점침하나 온도변화, 제작오차 등을 수반하는 구조물에는 적용할 수 없다.

최소일의 방법은 해석과정에서 부정정력을 기본구조계의 하중과 함께 작용하는 미지의 외력으로 취급하고 있다. 이 최소일의 방법은 구조물 형식이나 종류에 관계없이 모든 종류의 구조물에 적용할 수 있다. 다만, 탄성하중만을 받는 구조물에만 적용할 수 있는 해법이란 점과 기본방정식을 자동적으로 세워진다는 장점이 있지만, 수치계산면의 장점이나 효율성이 떨어지는 해석법으로 실용적인 해석법이라고는 볼 수 없다.

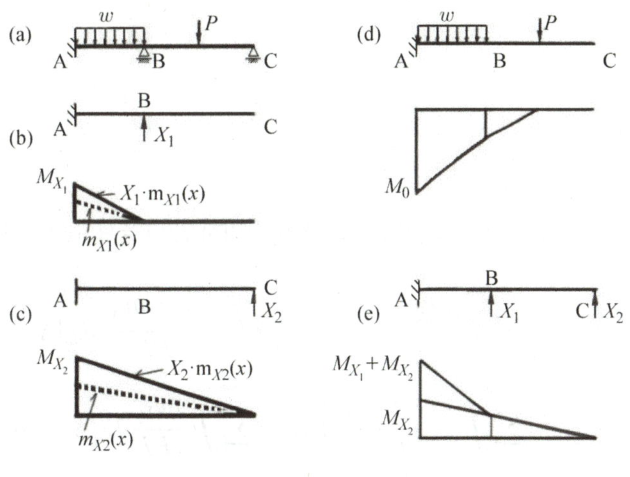

[그림 13.2.1]

먼저 [그림 13.2.1]과 같은 2차부정정 보의 해석을 고려해 보자.

부정정 반력을 $X_1 = R_B$, $X_2 = R_C$로 정하면 기본구조계는 캔틸레버보가 되므로 식 (13.2.1)에 의해 다음과 같이 된다.

$$\delta_B = \frac{\partial U}{\partial X_1} = 0 \qquad \delta_C = \frac{\partial U}{\partial X_2} = 0 \tag{13.2.3}$$

[그림 13.2.1]에서 보의 변형에너지의 일반식은 $U = \sum \int (M^2/EI)dx$이고, $M(x)$는 미지의 부정정력 X_1, X_2의 함수이므로 다음과 같이 된다.

$$\frac{\partial U}{\partial X_1} = \sum\int M\frac{\partial M}{\partial X_1}\frac{dx}{EI} = 0 \qquad \frac{\partial U}{\partial X_2} = \sum\int M\frac{\partial M}{\partial X_2}\frac{dx}{EI} = 0 \tag{13.2.4}$$

그런데 보의 모멘트 $M(x)$은 [그림 13.2.1(d)]와 같이 하중 w와 P로 인한 $M_0(x)$와 부정정력 X_1, X_2로 인한 모멘트 $M_X(x)$를 직접 X_1과 X_2의 함수를 자유물체도로부터 구할 수 있다. 그러나 보다 쉽게 구하기 위하여 X_1과 X_2에 대응하는 단위하중으로 인한 모멘트 $m_{X_1}(x)$과 $m_{X_2}(x)$를 이용하면 $M_X(x)$는 [그림 13.2.1(b), (c)]에 보인 $M_{X_1}(x) = X_1 \cdot m_{X_1}(x)$과 $M_{X_2}(x) = X_2 \cdot m_{X_2}(x)$의 합과 같다. 즉, $M(x)$는 다음과 같이 나타낼 수 있다.

$$M(x) = M_0(x) + X_1 \cdot m_{X_1}(x) + X_2 \cdot m_{X_2}(x) \tag{13.2.5}$$

그러므로

$$\frac{\partial M}{\partial X_1} = m_{X_1}(x)$$
$$\frac{\partial M}{\partial X_2} = m_{X_2}(x) \tag{13.2.6}$$

식 (13.2.5)와 (13.2.6)을 식 (13.2.4)에 대입하여 정리하면 다음과 같이 된다.

$$\sum\int\frac{m_{X_1}M_o(x)}{EI}dx + \left(\sum\int\frac{m_{X_1}^2}{EI}dx\right)X_1 + \left(\sum\int\frac{m_{X_1}\cdot m_{X_2}}{EI}dx\right)X_2 = 0$$
$$\sum\int\frac{m_{X_2}M_o(x)}{EI}dx + \left(\sum\int\frac{m_{X_1}\cdot m_{X_2}}{EI}\right)X_1 + \left(\sum\int\frac{m_{X_2}^2}{EI}dx\right)X_2 = 0 \tag{13.2.7}$$

그런데, 위의 식 (13.2.7)에서 적분항은 다음과 같이 변위일치의 방법의 적합방정식에서 하중과 부정정력의 처짐항임을 알 수 있다.

$$\sum\int\frac{m_{X_1}\cdot M_o(x)}{EI}dx = \Delta_{O_1}$$
$$\sum\int\frac{m_{X_2}\cdot M_o(x)}{EI}dx = \Delta_{O_2}$$
$$\sum\int\frac{m_{X_1}^2}{EI}dx = \delta_{11} \tag{13.2.8}$$

$$\sum\int\frac{m_{X_2}^2}{EI}dx=\delta_{22}$$

$$\sum\int\frac{m_{X_1}\cdot m_{X_2}}{EI}dx=\delta_{12}=\delta_{21}$$

바꾸어 말하면, 결과적으로 최소일의 방법의 부정정력 해석을 위한 최소일의 방정식은 다음과 같이 변위일치의 방법의 기본방정식인 적합방정식과 같아짐을 쉽게 알 수 있다.

$$\begin{aligned}&\Delta_{O_1}+\delta_{11}\cdot X_1+\delta_{12}\cdot X_2=0\\&\Delta_{O_2}+\delta_{21}\cdot X_1+\delta_{22}\cdot X_2=0\end{aligned}\tag{13.2.9}$$

이상과 같은 두 해법 사이의 등가성은 부정정력의 차수가 n개인 임의의 n차 일반 부정정구조물에도 성립하는 본질적인 특성을 쉽게 이해할 수 있다. 그리고 부정정 트러스의 경우 부재 단면력이 축력이므로 변형에너지 $U=\sum(F^2L/2EA)$가 되고, 부정정력 X_i에 대한 편도함수 $\partial U/\partial X_i=\sum\{F(\partial F/\partial X_i)L/EA\}$로 표현되므로 다음과 같은 일반식으로 나타낼 수 있다.

$$\begin{aligned}&\sum F\left(\frac{\partial F}{\partial X_1}\right)\frac{L}{EA}=0\\&\sum F\left(\frac{\partial F}{\partial X_2}\right)\frac{L}{EA}=0\\&\qquad\vdots\\&\sum F\left(\frac{\partial F}{\partial X_n}\right)\frac{L}{EA}=0\end{aligned}\tag{13.2.10}$$

또한, 부정정 라멘구조의 경우, 부재의 휨과 축방향 변형을 동시에 고려하여 해석하는 경우에는 다음과 같은 일반식으로 표현할 수 있다.

$$\begin{aligned}&\sum\int M\left(\frac{\partial M}{\partial X_1}\right)\frac{dx}{EI}+\sum F\left(\frac{\partial F}{\partial X_1}\right)\frac{L}{EA}=0\\&\sum\int M\left(\frac{\partial M}{\partial X_2}\right)\frac{dx}{EI}+\sum F\left(\frac{\partial F}{\partial X_2}\right)\frac{L}{EA}=0\\&\qquad\qquad\vdots\\&\sum\int M\left(\frac{\partial M}{\partial X_n}\right)\frac{dx}{EI}+\sum F\left(\frac{\partial F}{\partial X_n}\right)\frac{L}{EA}=0\end{aligned}\tag{13.2.11}$$

최소일의 방법에 의한 부정정 구조물의 해석절차 및 해석 시 유의사항을 요약하면 다음과 같다.

13.2.1 해석절차

[1] 단면력의 일반식 표현

① 구조물의 부정정차수 만큼의 부정정력을 선정하고 기본구조물을 만든다.

② 부정정력을 미지의 외력으로 하여 구조물의 형식에 따라 구조물의 단면력 $M(x)$, $F(x)$의 일반식을 부정정력의 함수로 표현해야 한다.

[2] 편도함수 및 적분식의 계산

① 단면력의 일반식에 대하여 각 부정정력에 대한 편도함수 $\partial M/\partial X_n$, $\partial F/\partial X_n$를 취하여 그 결과를 식으로 나타낸다.

② 적분식의 계산 : 위에서 구한 단면력과 도함수를 이용해 모든 적분식을 계산한다. 즉, $\sum\int [M(\partial M/\partial X_n)]dx/EI$, $\sum F(\partial F/\partial X_n)L/EA$ 등의 모든 적분식을 계산한다.

[3] 연립방정식의 해

① 연립방정식 작성 : 적분계산 결과를 구조형식별 최소일의 방정식에 대입하여 연립방정식을 작성한다.

② 연립방정식의 해 : 수계산에 의한 해법이나 Gauss 소거법 등에 의해 미지의 부정정력을 구한다.

[4] 부재단면력 계산

부정정력이 계산되어 그 결과를 단면력의 일반식 $M(x)$, $F(x)$에 대입하면 부재단면력들이 구해진다.

13.2.2 해석 시 유의사항

① 최소일의 방법에서 단면력 $M(x)$, $F(x)$의 일반식을 유도할 때, 하중이 여러 종류인 경우에는 하중 하나하나에 대한 단면력을 설정한 공통 좌표의 함수로 나타 내어 그 결과를 합해서 일반식을 나타내는 것이 좋다.

② 단면력에 대한 일반식의 부정정력에 대한 편도함수 $\partial M/\partial X_n$, $\partial F/\partial X_n$는 본질적으로 단위하중에 의한 단면력 m_{X_n}, f_{X_n}와 수치적으로 같게 됨을 유의해야 한다.

③ 최소일의 방법은 외적 하중 외에 지점침하나 온도변화, 제작오차를 수반하는 구조물에는 적용할 수 없음을 유의해야 한다.

13.3 부정정 반력 계산에 적용

부정정구조물의 부정정 반력의 계산에 구조물의 지점이 이동 또는 회전을 일으키게 하여 Castigliano의 제2정리를 적용할 수 있다.

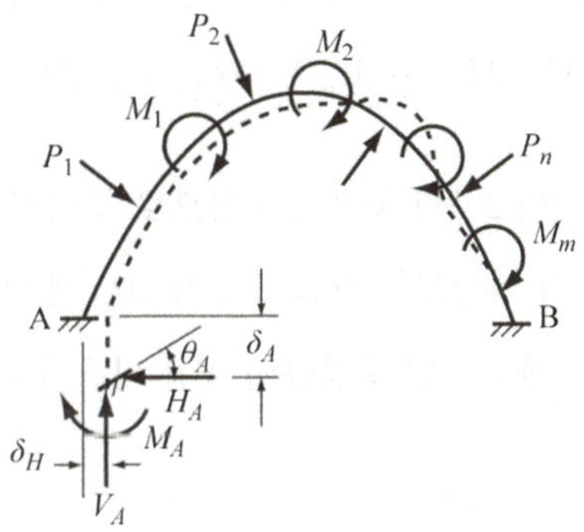

[그림 13.3.1]

[그림 13.3.1]에 나타낸 고정아치의 지점 A가 탄성고정으로 그림에 나타낸 바와 같이 이동과 회전을 일으킨 경우를 고려해보자.

이 아치는 3차 부정정으로 지점 A의 반력 H_A, V_A 및 M_A를 부정정량으로 하고, 이 반력들의 방향의 변위 및 회전각을 δ_H, δ_V 및 θ_A라 하면, 이 경우 지점의 이동 및 회전은 미소량이므로 힘의 평형에는 영향을 주지 않는 것으로 한다. 여기서 이 뼈대 구조물의 전 변형에너지 U_i는 외력의 함수로 된다.

$$U_i = U_i(P_1,\ P_2,\ \cdots\ P_n,\ M_1,\ M_2,\ \cdots\ M_m,\ H_A,\ V_A,\ M_A) \tag{13.3.1}$$

이 경우 외력이 한 일의 양 W_e는 다음과 같다.

$$W_e = \frac{1}{2}\sum P\delta + \frac{1}{2}\sum M\theta \tag{13.3.2}$$

여기서 δ, θ는 외력 및 모멘트의 1차 함수이므로 W_e는 외력의 2차의 동차함수로 된다. 또한 변형에너지 U_i는 외력이 한 일의 양 W_e와 같은 값으로 아래와 같은 N, M, V의 2차의 동차함수이다.

$$U_i = \int \frac{N^2}{2EA} ds + \int \frac{M^2}{2EI} ds + \kappa \int \frac{V^2}{2GA} ds$$

여기서 N, M, V는 외력$(P_1\ P_2\ \cdots\ P_n)$, $(M_1\ M_2\ \cdots\ M_m)$ 및 $(H_A,\ V_A,\ M_A)$의 1차 함수이므로 다음과 같다.

$$\begin{aligned} N &= N(P_1,\ P_2,\ \cdots\ P_n),\ (M_1,\ M_2,\ \cdots\ M_m),\ (H_A,\ V_A,\ M_A) \\ M &= M(P_1,\ P_2,\ \cdots\ P_n),\ (M_1,\ M_2,\ \cdots\ M_m),\ (H_A,\ V_A,\ M_A) \\ V &= V(P_1,\ P_2,\ \cdots\ P_n),\ (M_1,\ M_2,\ \cdots\ M_m),\ (H_A,\ V_A,\ M_A) \end{aligned} \tag{13.3.3}$$

따라서 N^2, M^2, V^2은 외력의 2차의 동차식의 합으로 주어진다. 그러므로 U_i를 H_A, V_A 및 M_A로 각각 1차 편미분하면 각 식은 모두 H_A, V_A 및 M_A에 대한 1차의 동차식이 된다. 여기서 하중 P_1만 작용하는 경우를 생각하면 축방향력 N은 다음과 같다.

$$N = \alpha_1 P_1 + \beta_1 H_A + \beta_2 V_A + \gamma_1 M_A$$

α_1, β_1, β_2 및 γ_1은 뼈대의 특성과 하중에 의해 정해지는 계수이다.

한편 $N^2 = (\alpha_1 P_1 + \beta_1 H_A + \beta_2 V_A + \gamma_1 M_A)^2$

따라서

$$\frac{\partial N^2}{\partial H_A} = \frac{\partial N^2}{\partial N}\frac{\partial N}{\partial H_A} = 2\beta_1(\alpha_1 P_1 + \beta_1 H_A + \beta_2 V_A + \gamma_1 M_A)$$

$$\frac{\partial N^2}{\partial V_A} = \frac{\partial N^2}{\partial N}\frac{\partial N}{\partial V_A} = 2\beta_2(\alpha_1 P_1 + \beta_1 H_A + \beta_2 V_A + \gamma_1 M_A)$$

$$\frac{\partial N^2}{\partial M_A} = \frac{\partial N^2}{\partial N}\frac{\partial N}{\partial M_A} = 2\gamma_1(\alpha_1 P_1 + \beta_1 H_A + \beta_2 V_A + \gamma_1 M_A)$$

같은 방법으로 $\partial M^2/\partial H_A \cdots \partial V^2/\partial H_A$도 각각 H_A, V_A 및 M_A에 대한 1차의 동차식이다.

위의 관계식은 무수히 많은 외력 $P_1\ P_2\ \cdots\ P_n$에 대해서도 성립한다.

여기서 $\partial U_i/\partial H_A = U_1$, $\partial U_i/\partial V_A = U_2$ 및 $\partial U_i/\partial M_A = U_3$, U_1, U_2, U_3는 각각 H_A, V_A 및 M_A에 대한 1차의 동차식으로 다음과 같다.

$$\begin{aligned} U_1 &= U_1\,(H_A, V_A, M_A, C_1) \\ U_2 &= U_2\,(H_A, V_A, M_A, C_2) \\ U_3 &= U_3\,(H_A, V_A, M_A, C_3) \end{aligned} \tag{13.3.4}$$

여기서 C_1, C_2, C_3는 각각의 경우에 대한 상수이다.

Castigliano의 제2정리는 하중방향의 변위를 주는 것이지만 반력에 대한 변위는 반력의 성질상 변위를 저지하는 방향으로 향한다. 그러므로 변위의 방향과 반력의 방향은 반대로 된다. 따라서 반력의 경우 다음 식이 성립된다.

$$\frac{\partial U_i}{\partial H_A} = -\delta_H,\quad \frac{\partial U_i}{\partial V_A} = -\delta_V,\quad \frac{\partial U_i}{\partial M_A} = -\theta_A \tag{13.3.5}$$

여기서 식 (13.3.4)와 식 (13.3.5)을 등치하면 다음과 같이 된다.

$$\begin{aligned} U_1\,(H_A, V_A, M_A, C_1) &= -\delta_H \\ U_2\,(H_A, V_A, M_A, C_2) &= -\delta_V \\ U_3\,(H_A, V_A, M_A, C_3) &= -\theta_A \end{aligned} \tag{13.3.6}$$

위의 식 (13.3.6)은 H_A, V_A 및 M_A를 미지량으로 하는 3원1차 연립방정식인데 이 방정식을 풀면 H_A, V_A 및 M_A가 구해진다.

지점의 변위 δ_H, δ_V, θ_A가 영(0)인 경우 식 (13.3.5) 및 식 (13.3.6)은 다음과 같이 된다.

$$\frac{\partial U_i}{\partial H_A} = 0,\quad \frac{\partial U_i}{\partial V_A} = 0,\quad \frac{\partial U_i}{\partial M_A} = 0 \tag{13.3.5a}$$

$$\begin{aligned} U_1\,(H_A, V_A, M_A, C_1) &= 0 \\ U_2\,(H_A, V_A, M_A, C_2) &= 0 \\ U_3\,(H_A, V_A, M_A, C_3) &= 0 \end{aligned} \tag{13.3.6a}$$

위의 식 (13.3.5a)는 최소일의 원리의 내용을 표시하는 것이므로 최소일의 원리는 Castigliano의 정리의 특별한 경우로 볼 수 있다.

Castigliano의 제2정리를 부정정반력 계산에 적용함에 있어서 부정정반력의 작용지점의 변위 및 회전을 일으킬 때, 부정정력을 미지량으로 하는 연립방정식을 구하였는데 그때 변위 및 회전각을 일으키지 않을 경우는 최소일의 원리를 적용한 것과 일치한다는 것을 설명하였다.

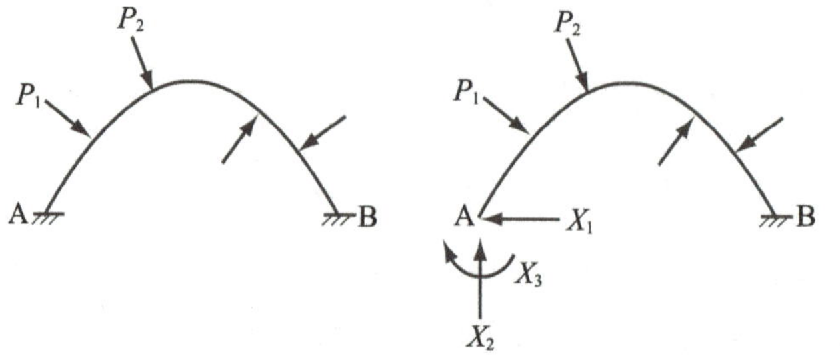

(a) 양단 고정아치(N, M, Q)　　(b) 정정 기본계

[그림 13.3.2] 양단 고정아치

[그림 13.3.2(a)]에 나타낸 바와 같이 양단고정 아치의 A끝의 반력 X_1, X_2, X_3를 부정정력으로 할 때 [그림 13.3.2(a)]의 내력상태는 [그림 13.3.2(b)]와 같은 부정정반력이 일어나지 않게 개조한 캔틸레버에 하중 P_1, P_2,⋯ 또는 반력 X_1, X_2, X_3를 작용시킨 경우의 내력상태와 같게 된다. 이와 같은 부정정 구조물에 부정정력을 작용시켜 정정 구조물로 개조한 것을 정정 기본계(statically determinate principle system)라 하고 이 경우 변형에너지는 다음과 같다.

$$U_i = \int \frac{N^2}{2EA} ds + \int \frac{M^2}{2EI} ds + \kappa \int \frac{V^2}{2GA} ds \tag{13.3.7}$$

[그림 13.3.2(a)]의 지점 A는 고정되어 있어 변위 및 회전각이 발생하지 않으므로 최소일의 원리로부터 다음과 같이 된다.

$$\begin{aligned}
\frac{\partial U_i}{\partial X_i} &= \int N\left(\frac{\partial N}{\partial X_1}\right)\frac{ds}{EA} + \int M\left(\frac{\partial M}{\partial X_1}\right)\frac{ds}{EI} + \kappa\int V\left(\frac{\partial V}{\partial X_1}\right)\frac{ds}{GA} = 0 \\
\frac{\partial U_i}{\partial X_2} &= \int N\left(\frac{\partial N}{\partial X_2}\right)\frac{ds}{EA} + \int M\left(\frac{\partial M}{\partial X_2}\right)\frac{ds}{EI} + \kappa\int V\left(\frac{\partial V}{\partial X_2}\right)\frac{ds}{GA} = 0 \\
\frac{\partial U_i}{\partial X_3} &= \int N\left(\frac{\partial N}{\partial X_3}\right)\frac{ds}{EA} + \int M\left(\frac{\partial M}{\partial X_3}\right)\frac{ds}{EI} + \kappa\int V\left(\frac{\partial V}{\partial X_2}\right)\frac{ds}{GA} = 0
\end{aligned} \tag{13.3.8}$$

정정구조계의 [그림 13.3.2(b)]의 뼈대에 작용하는 외력의 종류에 의하여 내력을 다음과 같이 나타내기로 한다.

정정구조계에 외력만 작용하는 경우의 내력을 N_o, M_o, V_o

정정구조계에 $X_1 = 1$ 작용하는 경우의 내력을 N_1, M_1, V_1

정정구조계에 $X_2 = 1$ 작용하는 경우의 내력을 N_2, M_2, V_2

정정구조계에 $X_3 = 1$ 작용하는 경우의 내력을 N_3, M_3, V_3

또한 [그림 13.3.2(a)]인 양단 고정아치의 내력 N, M, V는 [그림 13.3.2(b)]에 작용하는 외력에 의한 내력의 합계이므로 다음과 같다.

$$
\begin{aligned}
N &= N_0 + N_1X_1 + N_2X_2 + N_3X_3 \\
M &= M_0 + M_1X_1 + M_2X_2 + M_3X_3 \\
V &= V_0 + V_1X_1 + V_2X_2 + V_3X_3
\end{aligned}
\tag{13.3.9}
$$

위의 식으로부터 다음의 관계가 성립된다.

$$
\begin{aligned}
&\frac{\partial N}{\partial X_1} = N_1, \quad \frac{\partial N}{\partial X_2} = N_2, \quad \frac{\partial N}{\partial X_3} = N_3 \\
&\frac{\partial M}{\partial X_1} = M_1, \quad \frac{\partial M}{\partial X_2} = M_2, \quad \frac{\partial M}{\partial X_3} = M_3 \\
&\frac{\partial V}{\partial X_1} = V_1, \quad \frac{\partial V}{\partial X_1} = V_2, \quad \frac{\partial V}{\partial X_3} = V_3
\end{aligned}
\tag{13.3.10}
$$

식 (13.3.9)과 (13.3.10)을 식 (13.3.8)에 대입하여 정리하면 다음과 같이 된다.

$$
\begin{aligned}
&\int (N_0 + N_1X_1 + N_2X_2 + N_3X_3)(N_1)\frac{ds}{EA} \\
&\quad + \int (M_0 + M_1X_1 + M_2X_2 + M_3X_3)(M_1)\frac{ds}{EI} \\
&\quad + \kappa \int (V_0 + V_1X_1 + V_2X_2 + V_3X_3)(V_1)\frac{ds}{GA} = 0
\end{aligned}
$$

이 식을 부정정반력 X_1, X_2, X_3별로 묶어 나타내면 다음과 같이 된다.

$$
\left(\int \frac{N_1^2}{EA} ds + \int \frac{M_1^2}{EI} ds + \kappa \int \frac{V_1^2}{GA} ds \right) X_1
$$

$$+\left(\int \frac{N_1N_2}{EA}ds + \int \frac{M_1M_2}{EI}ds + \kappa \int \frac{V_1V_2}{GA}ds\right)X_2$$

$$+\left(\int \frac{N_1N_3}{EA}ds + \int \frac{M_1M_3}{EI}ds + \kappa \int \frac{V_1V_3}{GA}ds\right)X_3$$

$$+\left(\int \frac{N_1N_0}{EA}ds + \int \frac{M_1M_0}{EI}ds + \kappa \int \frac{V_1V_0}{GA}ds\right) = 0 \quad ⓐ$$

지금 위의 식의 괄호 속의 식을 각각 다음과 같이 나타낸다.

$$\int \frac{N_1N_0}{EA}ds + \int \frac{M_1M_0}{EI}ds + \kappa \int \frac{V_1V_0}{GA}ds = \delta_{10} \quad ⓑ$$

$$\int \frac{N_1^2}{EA}ds + \int \frac{M_1^2}{EI}ds + \kappa \int \frac{V_1^2}{GA}ds = \delta_{11}$$

$$\int \frac{N_1N_2}{EA}ds + \int \frac{M_1M_2}{EI}ds + \kappa \int \frac{V_1V_2}{GA}ds = \delta_{12}$$

$$\int \frac{N_1N_3}{EA}ds + \int \frac{M_1M_3}{EI}ds + \kappa \int \frac{V_1V_3}{GA}ds = \delta_{13}$$

위의 식 ⓑ를 식 ⓐ에 대입하여 정리하면 다음과 같이 된다.

$$\delta_{10} + \delta_{11} \cdot X_1 + \delta_{12} \cdot X_2 + \delta_{13} \cdot X_3 = 0 \quad ⓒ$$

위의 식 ⓐ, ⓑ, ⓒ는 $\partial U_i / \partial X_1 = 0$에 대해 나타내었지만 $\partial U_i / \partial X_2 = 0$, $\partial U_i / \partial X_3 = 0$에 대해서도 같은 식이 만들어진다. 이것들을 일괄적으로 간단히 나타내면 다음과 같이 된다.

$$\delta_{K0} + \delta_{K1} \cdot X_1 + \delta_{K2} \cdot X_2 + \delta_{K3} \cdot X_3 = 0\,(k = 1, 2, 3) \quad (13.3.11)$$

$$\delta_{K0} = \int \frac{N_kN_0}{EA}ds + \int \frac{M_kM_o}{EI}ds + \kappa \int \frac{V_kV_o}{GA}ds$$

$$\delta_{K1} = \int \frac{N_kN_1}{EA}ds + \int \frac{M_kM_1}{EI}ds + \kappa \int \frac{V_kV_1}{GA}ds \quad (13.3.12)$$

$$\delta_{K2} = \int \frac{N_kN_2}{EA}ds + \int \frac{M_kM_2}{EI}ds + \kappa \int \frac{V_kV_2}{GA}ds$$

$$\delta_{K3} = \int \frac{N_kN_3}{EA}ds + \int \frac{M_kM_3}{EI}ds + \kappa \int \frac{V_kV_3}{GA}ds$$

식 (13.3.11)에서 δ_{K0}는 하중항(load term), δ_{K1}, δ_{K2}, δ_{K3}는 특성계수(character coefficient)

라 하며, 이 식을 연립해서 풀면 X_1, X_2, X_3가 구해진다.

위의 설명을 확장시켜 일반적인 지점의 변위, 회전각이 일어나지 않는 외적인 n차 부정정구조의 부정정반력을 X_1, $X_2, \cdots X_k \cdots X_n$ 이라 하고 전 변형에너지를 U_i라 하면 최소일의 원리에 의하여 다음과 같이 나타낼 수 있다.

$$\begin{aligned} &\frac{\partial U_i}{\partial X_1} = 0 \text{으로부터 } U_1(X_1, X_2, \cdots, X_n, C_1) = 0 \\ &\frac{\partial U_i}{\partial X_2} = 0 \text{으로부터 } U_2(X_1, X_2, \cdots, X_n, C_2) = 0 \\ &\frac{\partial U_i}{\partial X_k} = 0 \text{으로부터 } U_k(X_1, X_2, \cdots, X_n, C_k) = 0 \\ &\frac{\partial U_i}{\partial X_n} = 0 \text{으로부터 } U_n(X_1, X_2, \cdots, X_n, C_n) = 0 \end{aligned} \tag{13.3.13}$$

위의 n원 연립방정식을 풀면 n개의 부정정반력 $X_1, X_2, \cdots, X_n$을 구할 수 있다.

이 연립방정식을 풀기 위해 정정 기본계를 만들고 특정한 하중이 작용하는 경우의 내력을 다음과 같이 정한다.

- 정정 기본계에 하중이 작용할 때의 내력 N_0, M_0, V_0
- $X_1 = 1$만 작용할 때의 내력 N_1, M_1, V_1
- $X_2 = 1$만 작용할 때의 내력 N_2, M_2, V_2
- $X_k = 1$만 작용할 때의 내력 N_k, M_k, V_k
- $X_n = 1$만 작용할 때의 내력 N_n, M_n, V_n

이때 겹침의 원리(principles of superposition)에 의하여 N, M, V는 다음과 같이 된다.

$$\begin{aligned} N &= N_0 + N_1X_1 + N_2X_2 + \cdots + N_kX_k + \cdots + N_nX_n \\ M &= M_0 + M_1X_1 + M_2X_2 + \cdots + M_kX_k + \cdots + M_nX_n \\ V &= V_0 + V_1X_1 + V_2X_2 + \cdots + V_kX_k + \cdots + V_nX_n \end{aligned} \tag{13.3.14}$$

또한 최소일의 원리에 의해 다음과 같이 된다.

$$\frac{\partial U_i}{\partial X_k} = \int \frac{NN_k}{EA} ds + \int \frac{MM_k}{EI} ds + \kappa \int \frac{VV_k}{GA} ds = 0 \ (k = 1,\ 2,\ \cdots,\ n) \tag{13.3.15}$$

위의 최소일의 원리에서 X_k방향의 변위(또는 회전각)가 영으로 된다는 것을 알 수 있다. 위의 식에서 제1항은 축력 N에 의한 X_k방향의 변위(또는 회전각), 제2항은 모멘트 M에 의한 X_k방향의 변위(또는 회전각), 제3항은 전단력 V에 의한 X_k방향의 변위(또는 회전각)를 나타낸다.

식 (13.3.15)의 $N,\ M,\ V$에 식 (13.3.14)를 대입하면 다음과 같이 된다.

$$\begin{aligned}\frac{\partial U_i}{\partial X_k}&=\int\frac{N_k}{EA}(N_0+N_1X_1+N_2X_2+\cdots+N_mX_m+\cdots+N_nX_n)ds\\&+\int\frac{M_k}{EI}(M_0+M_1X_1+M_2X_2+\cdots+M_mX_m+\cdots+M_nX_n)ds\\&+\kappa\int\frac{V_k}{GA}(V_0+V_1X_1+V_2X_2+\cdots+V_mX_m+\cdots+V_nX_n)ds=0\end{aligned}\tag{13.3.16}$$

$(k=1,\ 2,\ \cdots,\ n)$

위의 식에서

$\int\frac{N_kM_m}{EA}ds$는 N_m에 의한 X_k방향의 변위(또는 회전각)

$\int\frac{M_kM_m}{EI}ds$는 M_m에 의한 X_k방향의 변위(또는 회전각)

$\kappa\int\frac{V_kV_m}{GA}ds$는 V_m에 의한 X_k방향의 변위(또는 회전각)

$$\delta_{km}=\int\frac{N_kN_m}{EA}ds+\int\frac{M_kM_m}{EI}ds+\kappa\int\frac{V_kV_m}{GA}ds\tag{13.3.17}$$

$(m=1,\ 2,\ \cdots,\ n\ \ k=1,\ 2,\ \cdots,\ n)$

δ_{km}은 정정기본계에 $X_m=1$이 작용하는 경우에 X_k 작용점의 X_k방향의 변위(또는 회전각)를 나타낸다. 따라서 δ_{km}에서의 첨자 k는 변위점과 변위의 방향을 나타내며, 첨자 m은 작용외력 $X_m=1$의 작용점 m을 나타낸다. 따라서 δ_{mk}는 $X_k=1$에 의한 X_m 작용점의 X_m 방향의 변위(또는 회전각)를 나타낸다. 그러나 식 (13.3.17)이 갖는 의미로부터 δ_{mk}는 δ_{km}의 k와 m의 순서를 바꾼 것이므로 다음과 같다.

$$\delta_{mk}=\int\frac{N_mN_k}{EA}ds+\int\frac{M_mM_k}{EI}ds+\kappa\int\frac{V_mV_k}{GA}ds$$

$(m=1,\ 2,\ \cdots,\ n\ \ k=1,\ 2,\ \cdots,\ n)$ (13.3.18)

위의 식 (13.3.17)과 식 (13.3.18)는 스칼라양의 적분이므로 내용은 서로 같아서 다음 관계식이 성립된다.

$$\delta_{mk} = \delta_{km} \tag{13.3.19}$$

[그림 13.3.3]에 나타낸 단순보에서 k점에서 수직력 $X_k = 1$을 작용시킨 경우의 처짐곡선의 m점의 값을 δ_{mk}로 나타내고, 이 보의 m점에 수직력 $X_m = 1$을 작용시킨 경우의 처짐곡선의 m점의 값을 δ_{mk}로 나타낸다. 이 보의 m점에서 수직력 $X_m = 1$을 작용시킨 경우의 처짐곡선의 k점의 값을 δ_{km}으로 나타내면 Castigliano의 제2정리를 적용함에 있어서 δ_{mk}에 대해서는 식 (13.3.18), δ_{km}에 대해서는 식 (13.3.17)이 성립된다는 것을 알 수 있다.

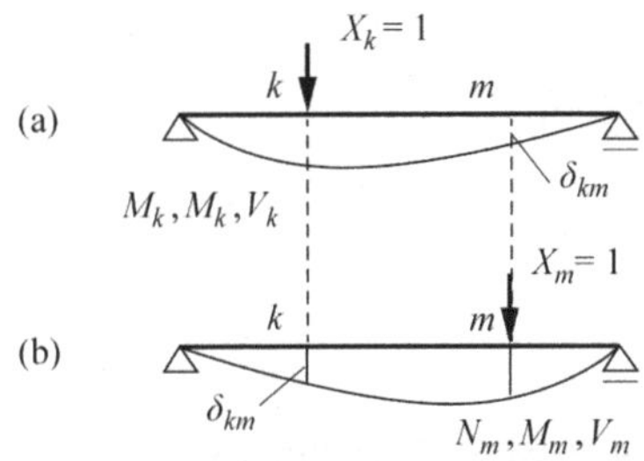

[그림 13.3.3]

이 관계식 (13.3.19)은 Maxwell이 유도한 것이므로 Maxwell의 상반정리(Maxwell's reciprocal theorem or reciprocal principle)라 하고 δ_{km} 및 δ_{mk} 등의 기호를 Maxwell 기호(Maxwell's notation)라 한다.

식 (13.3.16)에 Maxwell 기호를 사용하여 나타내면 다음과 같다.

$$\delta_{k0} + \delta_{k1}X_1 + \delta_{k2}X_2 + \cdots + \delta_{km}X_m + \cdots + \delta_{kn}X_n = 0$$
$$(k = 1,\ 2,\ \cdots,\ n) \tag{13.3.20}$$

여기서 $\delta_{k0}, \delta_{k1}, \delta_{k2}, \cdots, \delta_{kn}$는 다음과 같다.

$$\delta_{k0} = \int \frac{N_k N_0}{EA} ds + \int \frac{M_k M_0}{EI} ds + \kappa \int \frac{V_k V_0}{GA} ds$$
$$\delta_{k1} = \int \frac{N_k N_1}{EA} ds + \int \frac{M_k M_1}{EI} ds + \kappa \int \frac{V_k V_1}{GA} ds$$

$$\delta_{k2} = \int \frac{N_k N_2}{EA} ds + \int \frac{M_k M_2}{EI} ds + \kappa \int \frac{V_k V_2}{GA} ds \tag{13.3.21}$$

......

$$\delta_{km} = \int \frac{N_k N_m}{EA} ds + \int \frac{M_k M_m}{EI} ds + \kappa \int \frac{V_k V_m}{GA} ds$$

......

$$\delta_{kn} = \int \frac{N_k N_n}{EA} ds + \int \frac{M_k M_n}{EI} ds + \kappa \int \frac{V_k V_n}{GA} ds$$

위의 식 (13.3.20)에 나타낸 연립방정식을 탄성조건식, 식 (13.3.21)의 δ_{k0}는 하중항, δ_{k1}, δ_{k2}, $\cdots$, δ_{kn} $(k=1, 2, \cdots, n)$을 특성계수라 한다.

식 (13.3.20)의 n원 1차 연립방정식은 풀어서 부정정반력 $X_1, X_2, \cdots X_n$을 구하는 데 있어서 $\delta_{mk} = \delta_{km}$가 성립되므로 이 특성계수는 반으로 줄어든다. 그런데 δ_{k0}, δ_{km}은 특성으로부터 알 수 있는 바와 같이 항상 미지의 양이다.

예제 13-3-1

[그림 13.3.4(a)]에 나타낸 부정정보에서 최소일의 방법을 써서 지점 B의 반력을 구하여라.

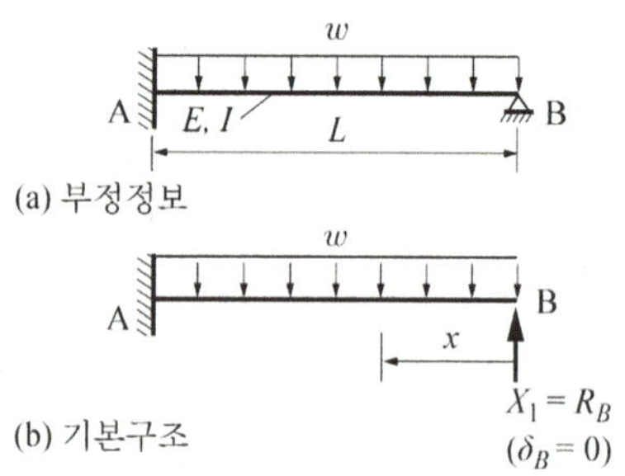

[그림 13.3.4]

풀이

(1) 단면력의 일반식

1차 부정정이므로 B점의 반력 R_B를 부정정력으로 하여 기본 구조물을 나타내면 [그림 13.3.4(b)]와 같이 된다.

$M(x) = X_1 \cdot x - \frac{w}{2}x^2$

(2) 편도함수 및 적분함수

$$\frac{\partial M(x)}{\partial X_1}=x$$

$$\delta_B=\frac{\partial U}{\partial X_1}=\sum\int M\frac{\partial M}{\partial X_1}\frac{dx}{EI}=0 \qquad \delta_B=\int_0^L\left(X_1\cdot x-\frac{w}{2}x^2\right)(x)\frac{dx}{EI}=0$$

(3) 방정식의 해 및 반력

$$X_1\frac{L^3}{3}-\frac{w}{2}\cdot\frac{L^4}{4}=0 \qquad \therefore X_1=R_B=\frac{3}{8}wL(\uparrow)$$

예제 13-3-2

[그림 13.3.5(a)]에 있는 연속보에서 지점 C의 반력을 구하여라. 단, EI는 일정하다.

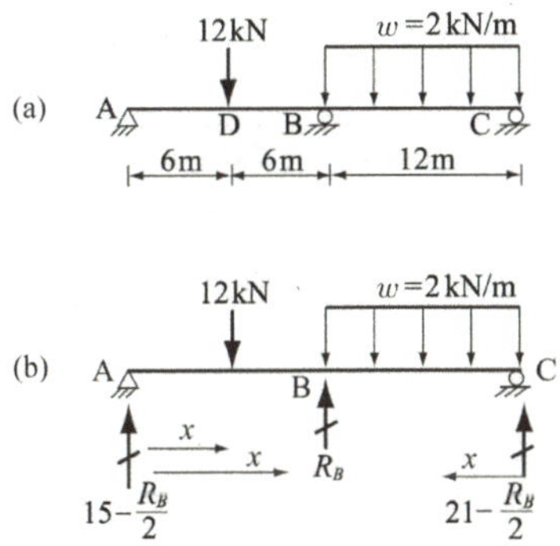

[그림 13.3.5]

풀이

(1) 단면력의 일반식 및 편도함수

지점 B의 반력 R_B를 부정정력으로 택하면

$$\delta_B=\sum\int M\left(\frac{\partial M}{\partial R_B}\right)\frac{dx}{EI}=0$$

구간	원점	적분구간	M	$\partial M/\partial R_B$
AD	A	0~6	$(15-R_B/2)x$	$-x/2$
DB	A	6~12	$(15-R_B/2)x-12(x-6)$	$-x/2$
BC	C	0~12	$(21-R_B/2)x-x^2$	$-x/2$

(2) 적분함수

$$\sum\int M\left(\frac{\partial M}{\partial R_B}\right)\frac{dx}{EI}=0$$

$$=\int_0^6\left(15-\frac{R_B}{2}\right)x\left(-\frac{x}{2}\right)\frac{dx}{EI}+\int_6^{12}\left[\left(15-\frac{R_B}{2}\right)x-12(x-6)\right]\left(-\frac{x}{2}\right)\frac{dx}{EI}$$

$$+\int_6^{12}\left[\left(21-\frac{R_B}{2}\right)x-x^2\right]\left(-\frac{x}{2}\right)\frac{dx}{EI}=0$$

(3) 방정식의 해 및 단면력

$$(-540+18R_B)+(-2{,}700+126R_B)+(-3{,}456+144R_B)=0$$

$$-6{,}696+288R_B=0 \qquad \therefore R_B=23.25\,\text{kN}\ (\uparrow)$$

예제 13-3-3

[그림 13.3.6]과 같은 등분포하중을 받는 한 지점 B는 고정지점이고 다른 한 지점 A가 이동지점인 1차 부정정보가 이동지점 A에 침하 δ_V가 일어났을 때 지점 A의 반력을 구하여라. 단 휨변형만 고려하고 휨강성 EI는 일정하다.

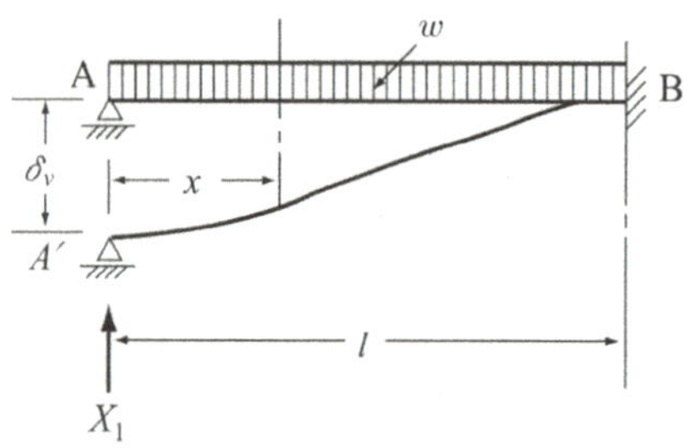

[그림 13.3.6]

풀이

(1) 단면력의 일반식 및 편도함수

지점 A의 반력을 부정정력 X_1이라 하면 지점 A로부터 x거리의 휨모멘트 M과 M에 대한 X_1의 1차 편미분 M_1은 다음과 같다.

$$M=X_1x-\frac{wx^2}{2} \qquad M_1=\frac{\partial M}{\partial X_1}=x$$

(2) 적분함수

여기서 9장의 식 (9.3.18)을 사용하여 정리하면 다음과 같이 된다.

$$\frac{\partial U_i}{\partial X_1}=\int\frac{MM_1}{EI}dx=\int_0^l\frac{x}{EI}\left(X_1x-\frac{wx^2}{2}\right)dx=\frac{1}{EI}\left[\frac{X_1x^3}{3}-\frac{wx^4}{8}\right]_0^l=\frac{1}{EI}\left(\frac{X_1l^3}{3}-\frac{wl^4}{8}\right)$$

이것과 지점 A의 침하 δ_V와 연결시키는 것으로 반력의 경우에는 반력의 방향과 변위의 방향이 반대이므로 식 (9.3.18)은 다음과 같이 된다.

$$\frac{\partial U_i}{\partial X_1}=-\delta_V \qquad \frac{\partial U_i}{\partial X_1}=\frac{1}{EI}\left(\frac{X_1l^3}{3}-\frac{wl^4}{8}\right)=-\delta_V$$

(3) 방정식의 해 및 단면력

$$X_1 = \frac{3EI}{l^3}\left(\frac{wl^4}{8EI} - \delta_V\right) = \frac{3wl}{8} - \frac{3EI\delta_V}{l^3} \qquad \text{(a)}$$

$$\delta_V = 0 \quad \Rightarrow \quad X_1 = \frac{3}{8}wl$$

위의 경우 반력에 대해 특별히 고려하는 것이 없으므로 Castigliano의 제2정리를 그대로 적용하여 $\partial U_i/\partial X_1 = -\delta_V$로 하여도 좋으나, 이 경우 $X_1 = 3EI\delta_V/l^3 - 3wl/8$가 된다. 따라서 $\delta_V = 0$의 경우 반력 $X_1 = -3wl/8$로 되는데 이와 같은 X_1의 값이 부(−)로 되는 경우는 반력을 가정한 방향과 반대방향임을 의미한다. 식 (a)에 의해서 반력은 침하 δ_V가 일어나면 $3EI\delta_V/l^3$만큼 감소함을 나타낸 것이다. $\delta_V = wl^4/8EI$인 경우 $X_1 = 0$으로 되며 이 처짐 δ_V는 지점 A를 제거한 캔틸레버의 자유단의 처짐이다. 이 특성으로부터 다음의 관계가 성립한다.

"$\delta_V \underset{>}{\leq} \dfrac{w\,l^4}{8EI}$에 대해 $X_1 \underset{<}{\geq} 0$으로 된다."

위의 결과에 기초를 둔 반력과 처짐의 관계를 나타낸 것이 [그림 13.3.6(b),(c),(d),(e)]이다. [그림 13.3.6(e)]에서 알 수 있는 것은 $\delta_V > w\,l^4/8EI$인데 $X_1 < 0$으로 되므로 X_1의 방향은 가정한 것과 반대인 아래로 향하는 것이다.

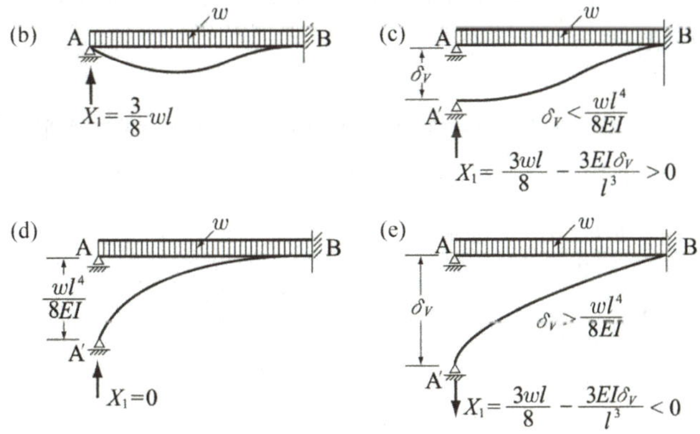

[그림 13.3.6(계속)]

예제 13-3-4

[그림 13.3.7]과 같은 뼈대구조물의 수직부재에 지점침하 δ가 일어난 경우의 수직부재 $\overline{CD}$의 반력을 구하여라.

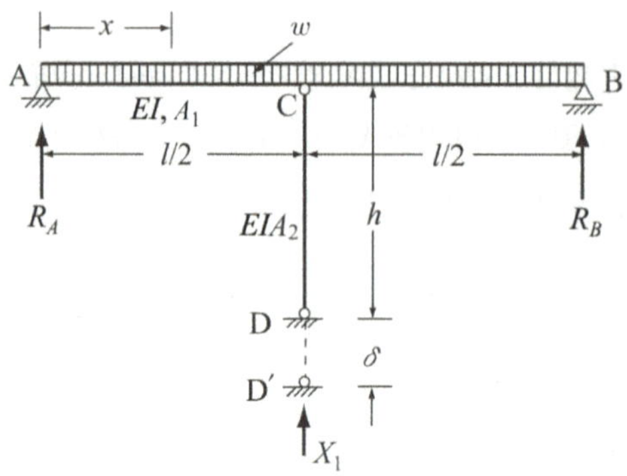

[그림 13.3.7]

풀이

(1) 단면력의 일반식

이 뼈대구조물은 외적 1차 부정정구조물로 취급하고 부정정량으로 수직부재 $\overline{CD}$의 수직반력 X_1을 정한다. 그런데 뼈대의 대칭성으로부터 반력 R_A 및 R_B는 다음과 같이 된다.

$$R_A = R_B = \frac{w\,l - X_1}{2}$$

또한 이 뼈대구조의 수평부재에는 휨모멘트와 전단력만 작용하고 수직부재에는 축방향력만 작용한다. 여기서 수평부재의 휨모멘트 M_x과 전단력 V_x는 다음과 같이 구해진다.

$$M_x = R_A x - \frac{w\,x^2}{2} = \frac{w\,l - X_1}{2}x - \frac{w\,x^2}{2}$$

$$V_x = \frac{dM}{dx} = \frac{w\,l - X_1}{2} - w\,x$$

(2) 편도함수

그런데 휨모멘트 M_x과 전단력 V_x에 대한 X_1의 1차 편미분인 M_1과 V_1은 다음과 같이 된다.

$$M_1 = \frac{\partial M_x}{\partial X_1} = -\frac{x}{2} \qquad V_1 = \frac{\partial V_x}{\partial X_1} = -\frac{1}{2}$$

(3) 적분식

Castigliano의 제2정리에 의하면 다음과 같이 된다.

$$\frac{\partial U_i}{\partial X_1} = -\delta$$

따라서

$$\frac{\partial U_i}{\partial X_1} = \int \frac{NN_1}{EA} ds + \int \frac{MM_1}{EI} ds + \kappa \int \frac{VV_1}{GA} ds = -\delta \tag{a}$$

그리고 수직부재 $\overline{CD}$에는 축방향력 N만 일어나므로 $N = X_1$, 따라서 $\partial N / \partial X_1 = 1$이므로 $\partial U_i / \partial X_1$는 다음과 같이 된다.

$$\begin{aligned}
\frac{\partial U_i}{\partial X_1} &= \int \frac{NN_1}{EA} ds + \int \frac{MM_1}{EI} ds + \kappa \int \frac{VV_1}{GA} ds \\
&= \int_0^h \frac{X_1}{EA_2} ds + 2\int_0^{\frac{l}{2}} \frac{1}{EI}\left(\frac{wl - X_1}{2}x - \frac{wx^2}{2}\right)\left(-\frac{x}{2}\right)dx \\
&\quad + 2\int_0^{\frac{l}{2}} \frac{\kappa}{GA_1}\left(\frac{wl - X_1}{2} - wx\right)\left(-\frac{1}{2}\right)dx \\
&= \frac{X_1 h}{EA_2} - \frac{1}{EI}\left[\frac{wl - X_1}{6}x^3 - \frac{wx^4}{8}\right]_0^{\frac{l}{2}} - \frac{\kappa}{GA_1}\left[\frac{wl - X_1}{2}x - \frac{wx^2}{2}\right]_0^{\frac{l}{2}} \\
&= \frac{X_1 h}{EA_2} - \frac{1}{EI}\left(\frac{w\,l - X_1}{6}\frac{l^3}{8} - \frac{w}{8}\frac{l^4}{16}\right) - \frac{\kappa}{GA_1}\left(\frac{w\,l - X_1}{2}\frac{l}{2} - \frac{w}{2}\frac{l^2}{4}\right) \\
&= \frac{8X_1\,l^3 - 5w\,l^4}{384EI} + \kappa\frac{(2X_1\,l - w\,l^2)}{8GA_1} + \frac{X_1\,h}{EA_2}
\end{aligned}$$

(4) 방정식의 해 및 단면력

따라서 Castigliano의 제2정리에 의하여 다음과 같이 된다.

$$\frac{8X_1\,l^3 - 5w\,l^4}{384EI} + \kappa\frac{(2X_1\,l - w\,l^2)}{8GA_1} + \frac{X_1 h}{EA_2} = -\delta$$

위의 결과로부터

$$\left(\frac{8\,l^3}{384EI} + \frac{\kappa\,l}{4GA_1} + \frac{h}{EA_2}\right)X_1 = \frac{5w\,l^4}{384EI} + \frac{\kappa\,w\,l^2}{8GA_1} - \delta$$

따라서

$$X_1 = \frac{\dfrac{5w\,l^4}{384EI} + \dfrac{\kappa w\,l^2}{8GA_1} - \delta}{\left(\dfrac{8\,l^3}{384EI} + \dfrac{\kappa\,l}{4GA_1} + \dfrac{h}{EA_2}\right)} \tag{b}$$

여기서 $\delta = \dfrac{5w\,l^4}{384EI} + \dfrac{\kappa w\,l^2}{8GA_1}$일 때, $X_1 = 0$으로 되고, 이 δ의 값은 단순보가 등분포하중을 받는 경우의 중앙점의 처짐과 같다.

따라서

$$“\delta \gtreqless \frac{5w\,l^4}{384EI} + \frac{\kappa w\,l^2}{8GA_1} \text{ 일 때, } X \lesseqgtr 0 \text{으로 된다.”}$$

전단력의 영향을 무시하면 X_1은 다음과 같이 된다.

$$X_1 = \frac{\dfrac{5w\,l^4}{384EI} - \delta}{\left(\dfrac{8l^3}{384EI} + \dfrac{h}{EA_2}\right)} = \frac{(5w\,l^4 - 384EI\delta)A_2}{8(A_2 l^3 - 48hI)} = \frac{5}{8}w\,l\left(\frac{1 - \dfrac{384EI}{5w\,l^4}\delta}{1 + 48hIA_2 l^3}\right) \tag{c}$$

$\delta = 0$로 침하량이 없는 경우의 X_1은 다음과 같이 된다.

$$X_1 = \frac{5}{8}w\,l\left(\frac{1}{1 + 48hIA_2 l^3}\right) \tag{d}$$

여기서 수평부재의 단면 회전반지름을 r이라 하면, $I = Ar^2$이므로 X_1은 다음과 같이 된다.

$$X_1 = \frac{5}{8}w\,l\left(\frac{1}{1 + 48(A_1/A_2)(h/l)(r/l)^2}\right) \tag{e}$$

만일 $A_2 = \infty$인 수직부재의 수축을 무시할 수 있는 경우에는 X_1은 다음과 같이 된다.

$$X_1 = \frac{5}{8}w\,l \tag{f}$$

이 값은 [그림 13.3.8]과 같은 연속보의 반력과 같은 값이다.

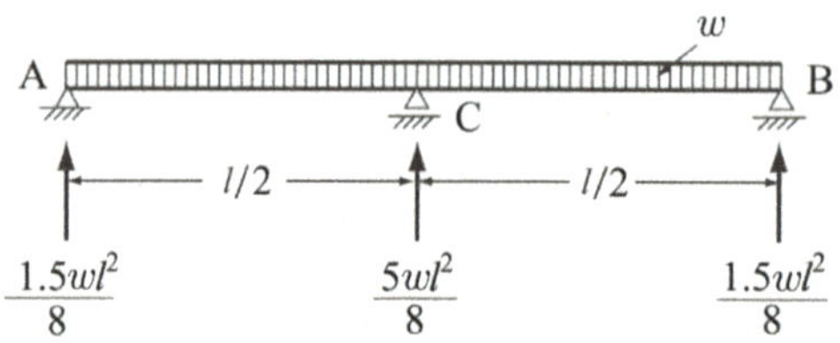

[그림 13.3.8]

13.4 부정정 단면력 계산에 적용

13.3절에서 부정정반력을 계산에 다룬 [그림 13.4.1(a)]와 같은 양단 고정아치는 3차 부정정구조물로 이것을 풀기 위해서는 부정정반력 H_A, V_A, M_A을 취하여 구조물을 외적 부정정으로 취급하여 정정기본계를 만들고, 자유단 A의 반력 H_A, V_A, M_A를 지점 A의 적합조건에 만족하도록 정하면 이것이 지점 A의 반력으로 된다. 이 적합조건을 구하기 위해서는 최소일의 원리가 이

용된다. [그림 13.3.2(b)]에서 보인 바와 같이 어떤 방법이든 부정정반력 H_A, V_A, M_A를 구했다면 그 다음에는 정정기본계가 된다. 이러한 반력을 부정정량으로 취급하는 방법 외에 내적 부정정으로 취급하는 방법도 있다.

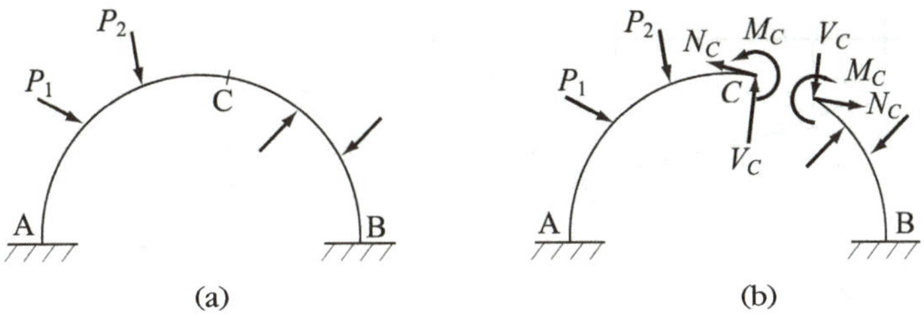

[그림 13.4.1]

위의 [그림 13.4.1(b)]와 같은 임의의 점 C에 있어서 이 아치를 가상적으로 절단하고 여기에 일어났던 내력 N_c, M_c, V_c를 각각 이 단면에 작용시키고 이 내력의 상태는 [그림 13.4.1(a)]의 경우와 같게 된다. 따라서 N_c, M_c, V_c는 C점에 있어서의 변형의 연속조건(적합조건)을 만족하여야 한다. 따라서 C점의 연속조건을 이용하여 내력 N_c, M_c, V_c를 구할 수 있다. 이 N_c, M_c, V_c와 같이 가상단면에 일어나는 내력을 제거했을 때 구조물이 정정으로 되면 이 내력을 부정정력이라 한다. 따라서 부정정 내력을 알고 정정구조물로 취급할 수 있는 구조물을 내적인 부정정구조물이라 한다.

구조물에는 외적과 내적이 동시에 부정정인 것도 있으며 [그림 13.4.2(a)]는 외적 또는 내적 부정정 구조물이다. 부정정 내력의 산정에는 최소일의 원리가 이용된다. [그림 13.4.2(a)]에 나타낸 라멘의 부재 AB가 변형되어 A점이 A'로 B점이 B'로 변형된 경우를 고려해 보자.

라멘의 부재가 어떻게 변형 및 변위가 하였다 하더라고 이것이 파괴되지 않았다면 AB부재의 임의의 점 K가 K'로 변위했지만 부재변형의 연속조건을 만족하여야 한다.

이것은 [그림 13.4.2(b)]의 $A'K'$, $K'B'$ 두 부분의 K'에서의 수직변위, 수평변위 접선각이 서로 같아야 함을 나타내었다. 여기서 $A'B'$ 부재의 K' 점의 내력인 축방향력, 휨모멘트, 전단력을 각각 X_{k-1}, X_k, X_{k+1}로 하고, [그림 13.4.2(c)]와 같은 가상단면 위의 점 K'에 이 단면에 일어났던 내력 X_{k-1}, X_k, X_{k+1}을 작용시키면 내력의 상태는 아무 변화가 없으며 변형도 [그림 13.4.2(b)]의 경우와 같게 된다.

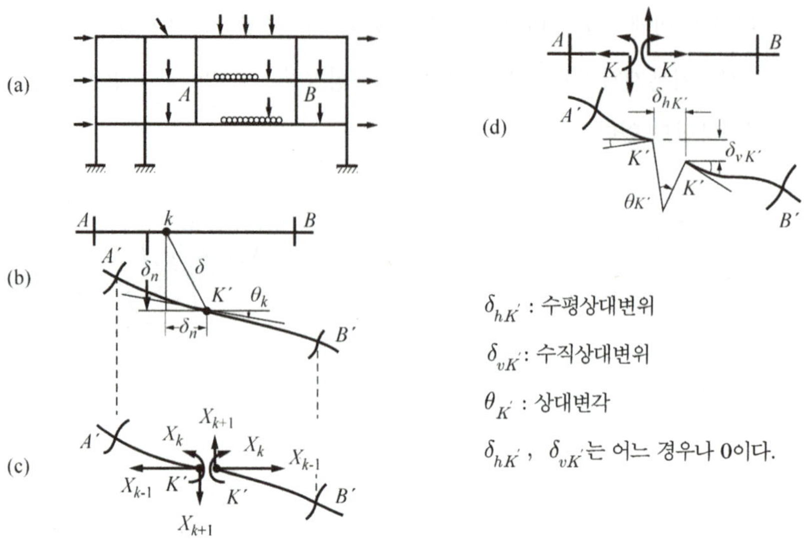

[그림 13.4.2]

따라서 변형의 연속조건으로부터 [그림 13.4.2(c)]의 K' 점에서의 상대수평변위, 상대수직변위, 상대회전각을 0으로 되는 것을 알 수 있다. 여기서 [그림 13.4.2(c)] 상태의 라멘의 전 변형에너지를 U_i라 하면 그림에 나타낸 바와 같이 한 시스템의 내력에 의한 상대변위, 상대회전각이 존재한다면 이들은 아래와 같은 관계가 성립한다.

내력 X_{k-1}에 의한 X_{k-1}방향의 상대변위 $\dfrac{\partial U_i}{\partial X_{k-1}}$

X_k에 의한 X_k방향의 상대회전각 $\dfrac{\partial U_i}{\partial X_k}$

X_{k+1}에 의한 X_{k+1}방향의 상대변위 $\dfrac{\partial U_i}{\partial X_{k+1}}$

K점에 있어서의 상대회전각의 상태를 나타낸 것이 [그림 13.4.2(d)]이다. 앞에서 나타낸 K점에 있어서의 변형의 연속조건으로부터 상대변위 및 상대회전각은 다음과 같이 0으로 된다.

$$\frac{\partial U_i}{\partial X_{k-1}}=0 \qquad \frac{\partial U_i}{\partial X_k}=0 \qquad \frac{\partial U_i}{\partial X_{k+1}}=0 \tag{13.4.1}$$

식 (13.4.1)에서 명백해진 것은 부재가 변형의 연속조건을 만족하는 한 라멘의 전 변형에너지 U_i를 그 점의 내력으로 1차 편미분한 것이 0으로 된다는 것이다. 그런데 변형에너지 U_i는 부정정내력 X_1, X_2, ⋯, X_k,⋯, X_n에 대한 2차의 동차식으로 된다. 여기서 변형의 연속조건에 의하여 모든 부정정내력에 대한 식 (13.4.1)과 같은 관계식이 성립된다. 이것은 X_1, $X_2, \cdots$, X_n을 미지량으로 하는 n원 1차 연립방정식이 성립됨을 말한다. 따라서 이것을 풀면 부정정내력의 모든 것을 구할 수 있다.

이상에서 설명한 바와 같이 구조물이 부정정인 경우 내적이든 외적이든 최소일의 원리를 작용할 수 있어 모든 부정정량에 대하여 이것과 동수인 적합조건식을 만들 수 있다. 만일 부정정반력들이 변위 및 회전각을 일으키는 경우에는 이들 변위 및 회전각에 대한 Castigliano의 제2정리를 적용시키면 이것에 대한 조건식이 만들어진다. 이를테면 식 (13.3.20)에서 X_k 방향의 변위를 δ_k라 하면 다음과 같이 된다.

$$\delta_k = \delta_{k0} + \delta_1 X_1 + \delta_2 X_2 + \cdots + \delta_{kn} X_n \tag{13.4.2}$$

따라서 Castigliano의 제2정리와 최소일의 원리를 이용하면 선형탄성인 어떠한 구조물에 대해서도 탄성조건식은 만들 수 있다.

13.5 부정정 보의 단면력 해석

예제 13-5-1

[그림 13.5.1(a)]와 같은 보의 단면력을 최소일의 방법에 의해 구하여라. EI는 일정하다.

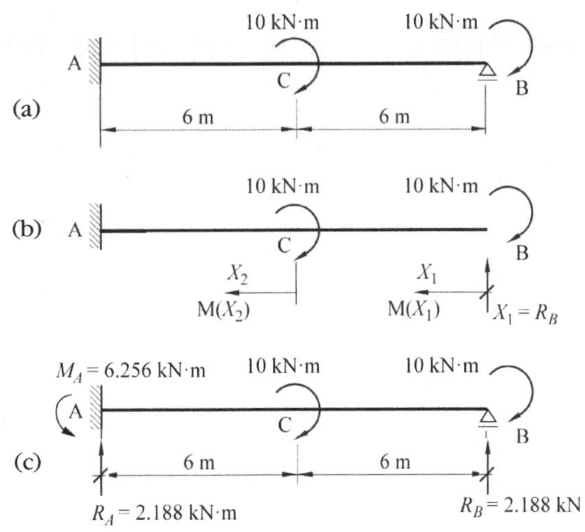

[그림 13.5.1]

풀이

(1) 단면력의 일반식

1차 부정정이므로 B점의 반력 R_B를 부정정력으로 하여 기본 구조물을 나타내면 [그림 13.5.1(b)]와 같이 된다.

$$M(x_1) = X_1 \cdot x_1 - 10, \quad M(x_2) = X_1 \cdot (6 + x_2) - 20$$

(2) 편도함수 및 적분식의 계산

부정정력 X_1에 대한 편도함수는

$$\frac{\partial M(x_1)}{\partial X_1} = x_1, \quad \frac{\partial M(x_2)}{\partial X_1} = 6 + x_2$$

$$\delta_B = \sum \int M \frac{\partial M}{\partial X_1} \frac{dx}{EI}$$

$$= \frac{1}{EI}[\int_0^6 (X_1 \cdot x_1 - 10)(x_1)dx_1 + \int_0^6 (6X_1 + X_1 x_2 - 20)(6 + x_2)dx_2]$$

$$= \frac{1}{EI}(576X_1 - 1{,}260)$$

(3) 방정식의 해

1차 부정정이므로 1개의 최소일의 방정식만 준비한다.

$$\delta_B = 0, \quad \frac{1}{EI}(576X_1 - 1260) = 0, \quad \therefore X_1 = R_B = 2.188 \text{ KN}(\uparrow)$$

(4) 부재단면력 계산

$$M(x_1) = 2.188x_1 - 10$$

$$M(x_2) = 2.188(6 + x_2) - 20 = 2.188x_2 - 17.812$$

전체 구조물의 자유물체도인 [그림 13.5.1(c)]로부터 평형방정식을 적용하여 반력을 구한다.

$$\sum F_y = 0 \ (\uparrow +)$$

$$R_A + 2.188 = 0 \quad \therefore R_A = -2.188 \text{ KN}$$

$$-M_A + 20 - 2.188 \times (12) = 0 \quad \therefore M_A = -6.256 \text{ KN} \cdot \text{m} = 6.256 \text{ KN} \cdot \text{m} (\curvearrowleft)$$

예제 13-5-2

[그림 13.5.2(a)]에 나타낸 부정정보에서 최소일의 방법을 써서 단면력을 구하여라.

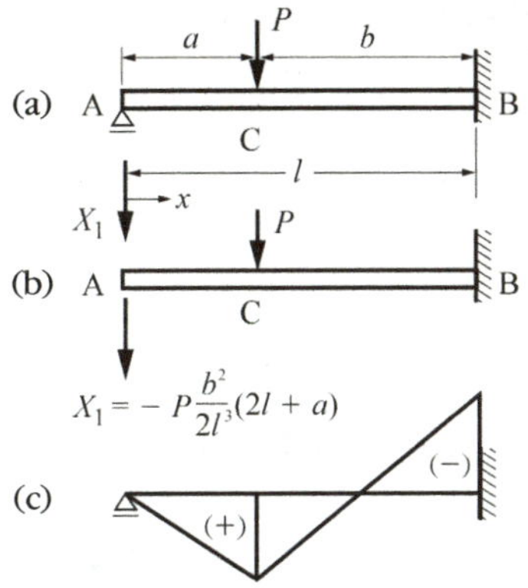

[그림 13.5.2]

풀이

(1) 단면력의 일반식

1차 부정정보이므로

$0 \le x \le a \qquad M(x) = -X_1 \cdot x$

$a \le x \le l \qquad M(x) = -X_1 \cdot x - P(x-a)$

(2) 편도함수 및 적분식의 계산

부정정력 X_1에 대한 편도함수는

$$\delta_1 = \frac{\partial U}{\partial X_1} = \sum \int M \frac{\partial M}{\partial X_1}\frac{dx}{EI} = 0$$

$$U = \sum \int \frac{M^2}{2EI}dx = \frac{1}{2EI}\left[\int_0^a (-X_1 \cdot x)^2 dx + \int_0^l (-X_1 \cdot x - P(x-a))^2 dx\right]$$

$$= \frac{1}{2EI}\left[X_1^2 \int_0^a x^2 dx + X_1^2 \int_a^l x^2 dx + P^2 \int_a^l (x-a)^2 dx + 2X_1 P \int_a^l x(x-a)dx\right]$$

$$\delta_A = \frac{\partial U}{\partial X_1} = \frac{1}{2EI}\left[2X_1 \int_0^a x^2 dx + 2X_1 \int_a^l x^2 dx + 2P \int_0^l x(x-a)dx\right]$$

$$= \frac{1}{2EI}\left[2X_1 \int_0^l x^2 dx + 2P \int_0^l x(x-a)dx\right]$$

$$= \frac{1}{EI}\left[X_1 \cdot \frac{l^3}{3} + P\left\{\frac{l^3 - a^3}{3} - \frac{a(l^2-a^2)}{2}\right\}\right] = \frac{1}{EI}\left[X_1 \cdot \frac{l^3}{3} + P \cdot \frac{b^2(2l+a)}{6}\right]$$

(3) 방정식의 해

1차 부정정이므로 1개의 최소일의 방정식만 준비한다.

$$\delta_A = 0, \qquad \frac{1}{EI}\left[X_1 \cdot \frac{l^3}{3} + P \cdot \frac{b^2(2l+a)}{6}\right] = 0, \quad \therefore X_1 = -P\frac{b^2}{2l^3}(2l+a) \quad (\uparrow)$$

(4) 부재단면력 계산

$$0 \le x \le a \quad M(x) = \frac{Pb^2}{2l^3}(2l+a)x$$

$$a \le x \le l \quad M(x) = \frac{Pb^2}{2l^3}(2l+a)x - P(x-a)$$

예제 13-5-3

[그림 13.5.3(a)]와 같은 양단 고정단보에 집중하중 P가 작용할 경우 단면력을 구하여라.

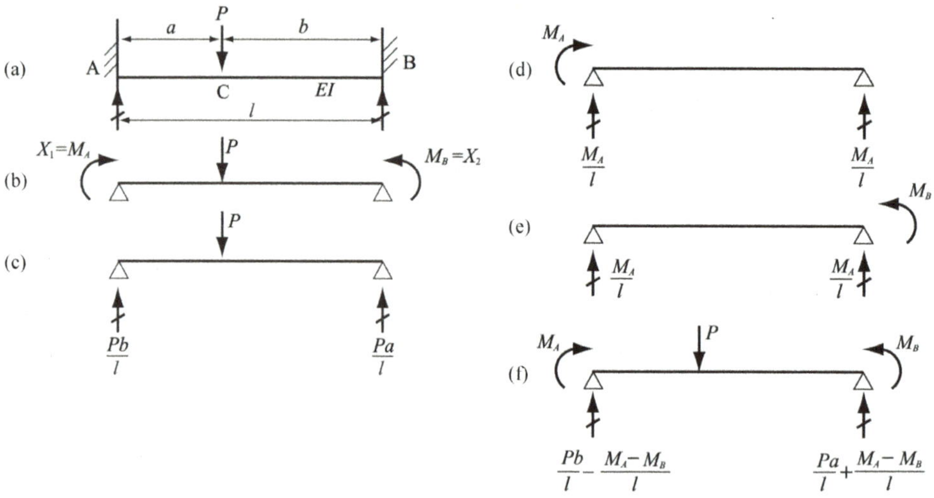

[그림 13.5.3]

풀이

(1) 단면력의 일반식

실제 3차 부정정구조이나 수평변위가 없다고 보면 2차 부정정으로 취급할 수 있다.

$$0 \le x \le a : M(x) = R_A \cdot \ x + M_A = \frac{Pb}{l}x + M_A\frac{l-x}{l} + M_B\frac{x}{l} \qquad ⓐ$$

$$0 \le x \le l : M(x) = R_A \cdot \ x + M_A - P(x-a) = \frac{Pa}{l}(l-x) + M_A\frac{l-x}{l} + M_B\frac{x}{l} \qquad ⓑ$$

(2) 편도함수 및 적분식의 계산

휨모멘트를 받는 보의 전체 변형에너지는 다음과 같다.

$$U = \frac{1}{2EI}\left[\int_0^a\left(P\frac{b}{l}x + M_A\frac{l-x}{l} + M_B\frac{x}{l}\right)^2 dx\right\} + \int_a^l\left(\frac{Pa}{l}(l-a) + M_A\frac{l-x}{l} + M_B\frac{x}{l}\right)^2 dx\right] \qquad ⓒ$$

지점 A의 처짐각 θ_A는 다음과 같다.

$$\theta_A = \frac{\partial U}{\partial M_A} \quad ⓓ$$

지점 B의 처짐각 θ_B는 다음과 같다

$$\theta_B = \frac{\partial U}{\partial M_B} \quad ⓔ$$

$$\begin{aligned}\frac{\partial U}{\partial M_A} &= \frac{1}{EI}\left[\int_0^a \frac{Pb}{l^2}x(l-x)dx + \int_a^l \frac{Pa}{l^2}(l-x)^2dx + \int_0^l \left(M_A\frac{l-x}{l} + M_B\frac{x}{l}\right)\left(\frac{l-x}{l}\right)dx\right] \\ &= \frac{l}{6EI}(2M_A + M_B) + \frac{1}{6EI}\frac{Pab(l+b)}{l} \quad ⓓ'\end{aligned}$$

$$\begin{aligned}\frac{\partial U}{\partial M_B} &= \frac{1}{EI}\left[\int_0^a \frac{Pb}{l^2}x^2dx + \int_a^l \frac{Pa}{l^2}x(l-x)dx + \int_0^l \left(M_A\frac{l-x}{l} + M_B\frac{x}{l}\right)\left(\frac{x}{l}\right)dx\right] \\ &= \frac{l}{6EI}(M_A + 2M_B) + \frac{1}{6EI}\frac{Pab(l+a)}{l} \quad ⓔ'\end{aligned}$$

(3) 연립방정식의 해

양단이 고정이므로 $\theta_A = \theta_A = 0$

$$\therefore M_A = -P\frac{ab^2}{l^2} \qquad \therefore M_B = -P\frac{a^2b}{l^2} \quad ⓕ$$

(4) 부재단면력 계산

위의 식 ⓕ를 식 ⓐ, ⓑ에 대입하면 휨모멘트 단면력에 구해진다.

예제 13-5-4

[그림 13.5.4(a)]에 나타낸 양단 고정보를 최소일의 방법으로 단면력을 구하라. 단, EI는 일정하다.

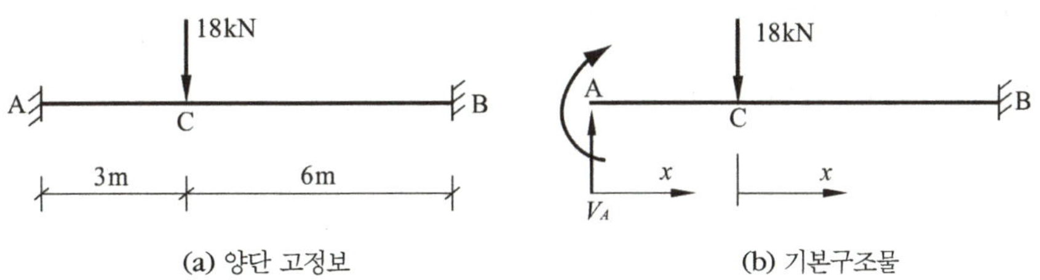

[그림 13.5.4]

풀이

(1) 단면력의 일반식 및 편도함수

이 양단고정보는 수평하중이 없으므로 A점의 수평반력 $H_A = 0$이며 2차 부정정보이다. 지점 A의 M_A와 V_A를 부정정력으로 선택하면 [그림 13.5.4(b)]와 같은 기본구조물을 작성할 수 있다. 단면력 $M(x)$의 일반식을 부정정력 M_A와 V_A의 함수로 나타내기 위하여 정정구조물을 풀어 [표 13.5.4]에 나타내었다.

[표 13.5.4]

구간	x의 원점	적분구간	$M(x)$	$\partial M(x)/\partial M_A$	$\partial M(x)/\partial V_A$
AC	A	0 ~ 3	$M_A + V_A x$	1	x
CB	C	0 ~ 6	$M_A + V_A(3+x) - 18x$	1	$3+x$

(2) 적분식의 계산

부정정력 M_A와 V_A에 대한 단면력의 편도함수 $\partial M(x)/\partial M_A$와 $\partial M(x)/\partial V_A$는 [표]에 나타낸 바와 같다. 또한 최소일의 방법에 의하면 다음과 같은 식이 성립한다.

$$\curvearrowright\ \theta_A(+) = \sum\int M(x)\left(\frac{\partial M(x)}{\partial M_A}\right)\frac{dx}{EI} = 0, \qquad \delta_A(\uparrow) = \sum\int M(x)\left(\frac{\partial M(x)}{\partial V_A}\right)\frac{dx}{EI} = 0$$

$\sum\int M(x)\left(\frac{\partial M(x)}{\partial M_A}\right)\frac{dx}{EI} = 0$으로부터

$$\int_0^3 (M_A + V_A x)(1)\frac{dx}{EI} + \int_0^6 [M_A + V_A(3+x) - 18x](1)\frac{dx}{EI} = 0$$

$9M_A + 40.5V_A = 324$ 또는 $2M_A + 9V_A = 72$ ⓐ

$\sum\int M(x)\left(\frac{\partial M(x)}{\partial V_A}\right)\frac{dx}{EI} = 0$ 으로부터

$$\int_0^3 (M_A + V_A)(x)\frac{dx}{EI} + \int_0^6 [M_A + V_A(3+x) - 18x](3+x)\frac{dx}{EI} = 0$$

$40.5M_A + 243V_A = 2268$ 또는 $M_A + 6V_A = 56$ ⓑ

(3) 연립방정식의 해

ⓐ와 ⓑ를 연립하여 풀면 M_A 와 V_A가 구해진다.

$M_A = -24\,\text{kN}\cdot\text{m}\ (+)$, $V_A = 13.33\,\text{kN}\ (\uparrow)$ ⓒ

(4) 단면력

식 ⓒ에 주어진 M_A와 V_A를 기본구조물에 적용하여 단면력을 구할 수 있다.

$\sum F_y = V_A + V_B - 18 = 0$ ※ $V_B = 4.67\,\text{kN}$

${}_lV_c = V_A = 13.33\,\text{kN}$

$$_rV_c = {}_lV_c - 18\,\text{kN} = 13.33 - 18 = -4.67\,\text{kN}$$

$$_lV_B = {}_rV_C = -4.67\,\text{kN}$$

$$_rV_B = {}_lV_B + V_B = 0$$

$$M_A = -24\,\text{kN}\cdot\text{m}$$

$$M_C = -24 + V_A\cdot(3) = -24 + 13.33\times 3 = 55.99\,\text{kN}\cdot\text{m}$$

$$M_B = -24 + 13.33\times(9) - 18\times(6) = -12.03\,\text{kN}\cdot\text{m}$$

예제 13-5-5

[그림 13.5.5(a)]와 같은 등분포하중을 받는 양단고정보를 최소일의 방법으로 휨모멘트를 구하여라.

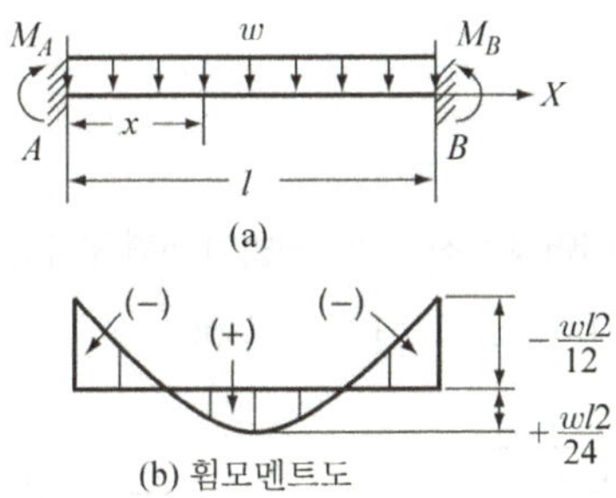

[그림 13.5.5]

풀이

(1) 단면력의 일반식

[그림 13.5.5(a)]의 상태의 변형과 응력의 상태는 좌우대칭이고, 임의의 점의 휨모멘트는 다음과 같이 나타낼 수 있다.

$$M_x = M_A + \frac{wl}{2}x - \frac{w}{2}x^2$$

(2) 편도함수

$$\frac{\partial M_x}{\partial M_A} = 1 \qquad \text{(a)}$$

(3) 적분식의 계산

지점 A는 고정단이므로 M_A에 의한 처짐각 θ_A는 영(0)이므로

$$\theta_A = \frac{\partial U_i}{\partial M_A} = \int \frac{M}{EI}\frac{\partial M}{\partial M_A}ds = \frac{1}{EI}\int_0^l \left(M_A + \frac{wl}{2}x - \frac{w}{2}x^2\right)(1)dx = 0$$

$$= \left[M_A x + \frac{wl}{2}\frac{1}{2}x^2 - \frac{w}{2}\frac{1}{3}x^3\right]_0^l = M_A(l) + \frac{wl}{2}\frac{1}{2}(l)^2 - \frac{w}{2}\frac{1}{3}(l)^3 = M_A l + \frac{wl^3}{4} - \frac{wl^3}{6}$$

(4) 방정식의 해 및 단면력

$$\theta_A = \frac{\partial U_i}{\partial M_A} = 0 \qquad M_A l + \frac{wl^3}{4} - \frac{wl^3}{6} = 0 \quad \therefore M_A = -\frac{wl^2}{12} \tag{b}$$

$$M_x = M_A + \frac{wl}{2}x - \frac{w}{2}x^2$$

따라서 A, B 사이의 최대휨모멘트는 다음과 같다.

$$M_{\max} = \frac{wl^2}{8} - \frac{wl^2}{12} = \frac{wl^2}{24} \tag{c}$$

13.6 부정정 라멘의 단면력 해석

예제 13-6-1

[그림 13.6.1(a)]와 같은 라멘의 단면력을 최소일의 방법에 의해 구하여라.

$E = 2.1 \times 10^5 MPa$, $I = 16{,}000\,\text{cm}^4$, $A = 751\,\text{cm}^2$

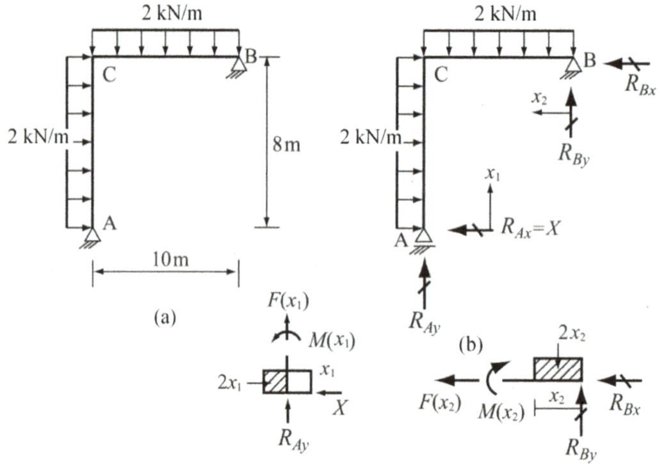

[그림 13.6.1]

풀이

(1) 단면력의 일반식

라멘은 1차 부정정이므로 1개의 부정정력을 A점의 수평반력 $R_{AX} = X$로 정하면 지점 A를 롤러로 대치시킨 [그림 13.6.1(b)]와 같은 기본구조물이 된다. 단면력을 구하기 위하여 먼저 R_{Ay}와 R_{By}, R_{Bx}를 구하면 다음과 같다.

$\sum M_B = 0 \quad (\curvearrowright +) \quad R_{Ay}(10) + X(8) - 16(4) - 20(5) = 0 \qquad \therefore R_{Ay} = 16.4 - 0.8X$

$\sum F_y = 0 \quad (\uparrow +) \quad R_{Ay} + R_{By} - 20 = 0 \qquad \therefore R_{By} = 0.8X + 3.6$

$\sum F_x = 0 \quad (\rightarrow +) \quad 16 - x - R_{Bx} = 0 \qquad \therefore R_{Bx} = 16 - x$

결국, [그림 13.6.1(b)]에 나타낸 바와 같이 x_1, x_2 좌표계를 설정하고 단면력 $M(x)$, $F(x)$의 부정정력 X의 함수로 나타내면 다음과 같다.

$0 \sim 8^m \quad M(x_1) = X \cdot x_1 - x_1^2, \qquad F(x_1) = 0.8X - 16.4$

$0 \sim 10^m \quad M(x_2) = (0.8X + 3.6)x_2 - x_2^2, \qquad F(x_2) = X - 16$

(2) 편도함수 및 적분식의 계산

부정정력 X에 대한 편도함수는 다음과 같다.

$$\frac{\partial M(x_1)}{\partial X} = x_1, \quad \frac{\partial M(x_2)}{\partial X} = 0.8x_2, \quad \frac{\partial F(x_1)}{\partial X} = 0.8, \quad \frac{\partial F(x_2)}{\partial X} = 1$$

따라서 적분식은 다음과 같다.

$$\sum \int M \frac{\partial M}{\partial X} \frac{dx}{EI} = \frac{1}{EI}\left[\int_0^8 (X_1 x_1 - x_1^2)(x_1)dx_1 + \int_0^{16} (0.18x_2 X + 3.6x_2 - x_2^2)(0.8x_2)dx_2\right]$$

$$= \frac{1}{EI}(384X - 2064)$$

$$\sum \int F \frac{\partial F}{\partial X} \frac{dx}{EA} = \frac{1}{EA}[(0.8X - 16.4)(0.8)(8) + (X - 16)(1)(10)]$$

$$= \frac{1}{EA}(15.12X - 264.96)$$

(3) 방정식의 해

본 예제는 1차 부정정이므로 1개의 최소일의 방정식만 존재한다. 즉, 다음과 같다.

$$\frac{1}{EI}(384X - 2064) + \frac{1}{EA}(15.12X - 264.96) = 0$$

이 식에 I, E와 A에 수치값을 대입하여 정리하면 다음과 같이 된다.

$\therefore X = R_{AX} = 5.385$ KN $(\leftarrow)$

(4) 부재단면력의 계산

계산된 부정정력 $X = 5.385$ KN을 대입하면 부재력 함수를 구할 수 있다.

$R_{Ay} = 16.4 - 0.8X = 16.4 - 0.8X(5.385) = 12.092$ KN $(\uparrow)$

$R_{By} = 0.8X + 3.6 = 0.8X(5.385) + 3.6 = 7.908$ KN $(\uparrow)$

$R_{Bx} = 16 - X = 16 - (5.385) = 10.615$ KN $(\leftarrow)$

$M(x_1) = X \cdot x_1 - x_1^2 = 5.385x_1 - x_1^2$

$M(x_2) = (0.8X + 3.6)x_2 - x_2^2 = [0.8X(5.385 + 3.6)]x_2 - x_2^2 = 7.908x_2 - x_2^2$

$F(x_1) = 0.8X - 16.4 = 0.8X(5.385) - 16.4 = -12.092$ KN(압축)

$F(x_2) = X - 16 = (5.385) - 16 = -10.615$ KN(압축)

예제 13-6-2

[그림 13.6.2(a)]에 나타낸 라멘에서 최소일의 방법을 사용하여 단면력을 구하여라. 단, EI는 일정하다.

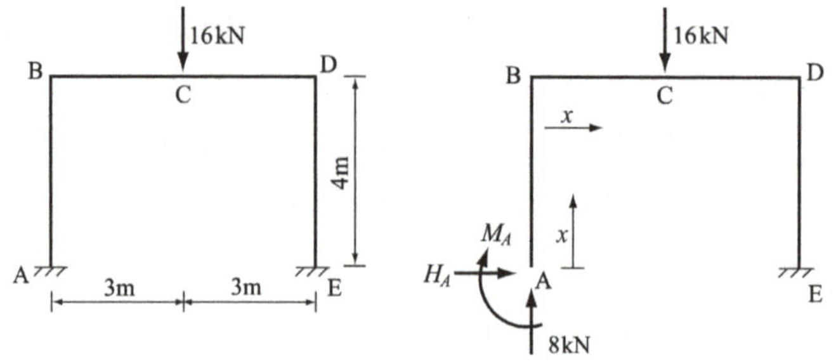

(a) 부정정라멘 (b) 기본구조물

[그림 13.6.2]

풀이

(1) 단면력의 일반식 및 편도함수

이 라멘은 대칭이므로 $V_A = 8\,\text{kN}\ (\uparrow)$임을 쉽게 알아낼 수 있다. 따라서 부정정력을 M_A와 V_A로 선정하여 [그림 13.6.2(b)]와 같은 기본구조물로 작성할 수 있다. 단면력 $M(x)$의 일반식을 부정정력 M_A와 H_A의 함수로 나타내기 위하여 정정구조물을 풀어 [표 13.6.2]에 나타내었다.

[표 13.6.2]

구간	x의 원점	적분구간	$M(x)$	$\partial M(x)/\partial M_A$	$\partial M(x)/\partial H_A$
AB	A	0 ~ 4	$M_A - H_A x$	1	$-x$
BC	B	0 ~ 3	$M_A - 4H_A + 8x$	1	-4

(2) 적분식의 계산

단면력 $M(x)$에 대하여 부정정력 M_A와 H_A에 대한 각 단면력의 편도함수 $\partial M(x)/\partial M_A$와 $\partial M(x)/\partial H_A$는 [표 13.6.2]에 나타내었다. 또한 최소일의 방법에 의하면 다음과 같은 식이 성립한다.

$$\theta_A(+) = \sum\int M(x)\left(\frac{\partial M(x)}{\partial M_A}\right)\frac{dx}{EI} = 0$$

$$\delta_{Ah}(\rightarrow) = \sum\int M(x)\left(\frac{\partial M(x)}{\partial H_A}\right)\frac{dx}{EI} = 0$$

라멘의 중앙에 대해서 구조물과 하중이 모두 대칭이므로 지점 E의 반력은 지점 A의 반력성분과 같다.

$$\sum\int M(x)\left(\frac{\partial M(x)}{\partial M_A}\right)\frac{dx}{EI} = 0$$

$$\frac{2}{EI}\left[\int_A^B M(x)\left(\frac{\partial M(x)}{\partial M_A}\right)dx + \int_B^C M(x)\left(\frac{\partial M(x)}{\partial M_A}\right)dx\right] = 0\text{으로부터}$$

$$\int_0^4 (M_A - H_A \cdot x)(1)dx + \int_0^3 (M_A - 4H_A + 8x)(1)dx = 0$$

$$(4M_A - 8H_A) + (3M_A - 12H_A + 36) = 0, \quad 7M_A - 20H_A + 36 = 0 \qquad ⓐ$$

또한

$$\sum \int M(x)\left(\frac{\partial M(x)}{\partial H_A}\right)\frac{dx}{EI} = 0$$

$$\frac{2}{EI}\left[\int_A^B M(x)\left(\frac{\partial M(x)}{\partial H_A}\right)dx + \int_B^C M(x)\left(\frac{\partial M(x)}{\partial H_A}\right)dx\right] = 0$$ 으로부터

$$\int_0^4 (M_A - H_A \cdot x)(-x)dx + \int_0^3 (M_A - 4H_A + 8x)(-4)dx = 0$$

$$\left(-8M_A + \frac{64}{3}H_A\right) + (-12M_A + 48H_A - 144) = 0, \quad -20M_A - 69.33H_A - 144 = 0 \qquad ⓑ$$

(3) 연립방정식의 해 및 단면력

식 ⓐ와 ⓑ를 연립하여 풀면

$M_A = 4.5$ kN · m, $H_A = 3.37$ kN(→)

예제 13-6-3

[그림 13.6.3(a)]에 나타낸 라멘의 단면력을 최소일의 방법으로 구하어라.

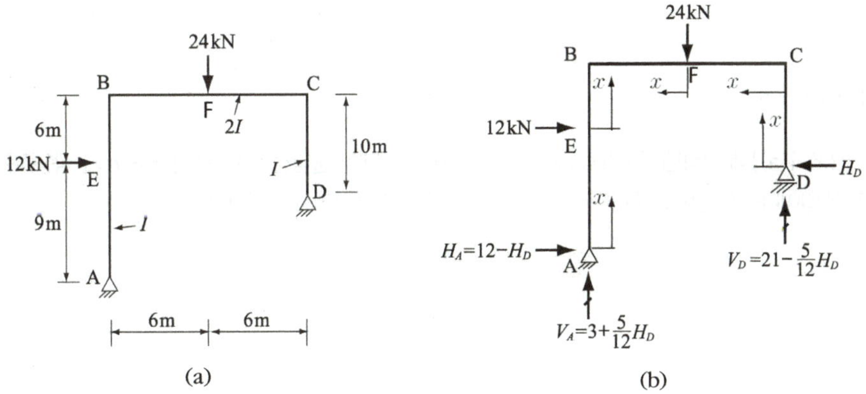

[그림 13.6.3]

풀이

(1) 단면력의 일반식 및 편도함수

라멘의 부정정반력을 H_D로 택하면 [그림 13.6.3(b)]와 같은 기본 정정라멘을 작성할 수 있다. 단면력 $M(x)$의 일반식을 부정정력 M_A와 H_A의 함수로 나타내기 위하여 정정구조물을 풀어 [표 13.6.3]에 나타내었다.

(2) 적분식의 계산

$$\delta_{Dh} = \frac{\partial U}{\partial H_D} = \int_0^l M\left(\frac{\partial M}{\partial H_D}\right)\frac{dx}{EI} = 0$$

$$\frac{\partial U}{\partial H_D} = \frac{1}{EI}\left[\int_0^9 (12-H_D)(-x)dx + \int_0^6 \{(12-H_D)(9+x)-12x\}\{-(9+x)\}dx\right.$$

$$+\int_0^{10}(-H_D \cdot x)(-x)dx + \int_0^6\left[-10H_D - 24x + \left(21-\frac{5}{12}H_D\right)(6+x)\right]\left(-\frac{25}{2}-\frac{5}{12}x\right)dx$$

$$\left.+\int_0^6\left[-10H_D + \left(21-\frac{5}{12}H_D\right)x\right]\left(-10-\frac{5}{12}x\right)dx\right]$$

[표 13.6.3]

부재	원점	구간	$M(x)$	$\partial M/\partial H_D$
AE	A	0~9	$(12-H_D)x$	$-x$
EB	E	0~6	$(12-H_D)(9+x)-12x$	$-(9+x)$
CD	D	0~10	$-H_D \cdot x$	$-x$
BF	F	0~6	$-10H_D-24x+(21-5H_D/12)(6+x)$	$-25/2-5/12x$
CF	C	0~6	$-10H_D+(21-5/12H_D)x$	$-10-5/12x$

(3) 방정식의 해 및 단면력

$$\frac{\partial U}{\partial H_D} = 0 \quad \therefore H_D = 7.158 \text{ kN} \qquad \sum H = 0, \quad H_A = 12 - H_D = 12 - 7.158 = 4.842 \text{ kN}$$

예제 13-6-4

[그림 13.6.4(a)]에 나타낸 구조물 $ABCDE$의 $\overline{BD}$ 부재의 중앙점 C에 수직하중 P가 작용하는 경우 부재에 일어나는 단면력을 구하여라. 단 부재의 단면은 전구간에서 일정하다.

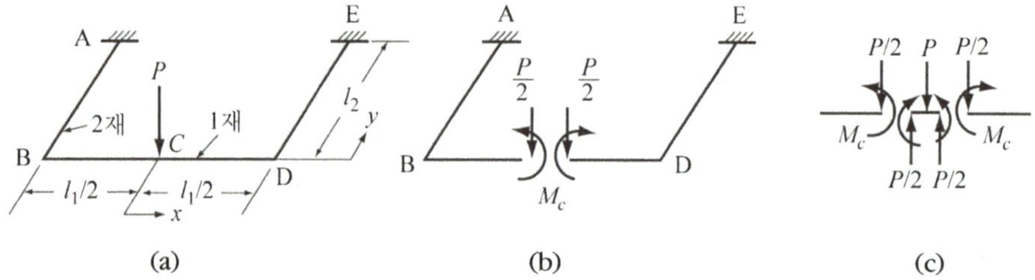

[그림 13.6.4]

풀이

(1) 단면력의 일반식 및 편도함수

[그림 13.6.4(b)]와 같이 뼈대의 대칭점 C를 가상적으로 절단하고 대칭성을 고려하면 그 단면력의 상

태는 [그림 13.6.4(c)]와 같이 C점의 좌우에 일어나는 대칭인 휨모멘트 M_C와 수직력 $P/2$이다. 따라서 [그림 13.6.4(a)]의 단면력 상태와 [그림 13.6.4(b)]의 단면력 상태는 같게 된다. 지금 [그림 13.6.4(b)]의 휨, 전단 및 비틂에 대한 단면력도는 [그림 13.6.4]와 같다. 그림에 보인바와 같이 이 라멘에는 축방향력이 일어나지 않는다. 따라서 이 경우의 변형에너지 U_i는 M, M_T, V에만 관계가 있다.

$$U_i = \int \frac{M^2}{2EI} ds + \kappa \int \frac{V^2}{2GA} ds + \int \frac{M_T^2}{2GI_P} ds$$

또한 C점에서는 상대회전각이 일어나지 않으므로 최소일의 원리가 성립된다.

$$\frac{\partial U_i}{\partial M_C} = \int \frac{M}{EI}\frac{\partial M}{\partial M_C} ds + \kappa \int \frac{V}{GA}\frac{\partial V}{\partial M_C} ds + \int \frac{M_T}{GI_P}\frac{\partial M_T}{\partial M_C} ds = 0 \tag{a}$$

따라서 휨모멘트, 전단력 및 비틀림 모멘트의 일반 관계식은 다음과 같다.

(a) l_1경간인 $\overline{BD}$ 부재

$$M_x = M_C - \frac{P}{2}x \ \ (x\text{의 원점은 } C\text{점이다}), \qquad V_x = -\frac{P}{2} \tag{b}$$

따라서 $\dfrac{\partial M}{\partial M_C} = 1 \qquad \dfrac{\partial V_C}{\partial M_C} = 0 \qquad \dfrac{\partial M_T}{\partial M_C} = 0$

(b) l_2경간인 $\overline{DE}$ 부재

$$M_y = -\frac{P}{2}y \ \ (y\text{의 원점은 } D\text{점이다}), \qquad V_x = -\frac{P}{2}, \qquad M_T = M_C - \frac{Pl_1}{4} \tag{c}$$

따라서 $\dfrac{\partial M}{\partial M_C} = 0 \qquad \dfrac{\partial V_C}{\partial M_C} = 0 \qquad \dfrac{\partial M_T}{\partial M_C} = 1$

(2) 적분식의 계산

식 (a)에 l_1, l_2경간에 대한 값들을 대입하면 다음과 같이 된다.

$$2\int_0^{l_1/2} \frac{M}{EI_1}\left(M_C - \frac{P}{2}x\right)dx + 2\int_0^{l_2} \frac{1}{GI_P}\left(M_C - \frac{Pl_1}{4}\right)dy = 0$$

$$\frac{2}{EI_1}\left[M_C x - \frac{P}{4}x^2\right]_0^{l_1/2} + \frac{2}{GI_P}\left[M_C y - \frac{Pl_1}{2}y\right]_0^{l_2} = 0,$$

$$\frac{2}{EI_1}\left(\frac{M_C l_1}{2} - \frac{Pl_1^2}{16}\right) + \frac{2}{GI_P}\left(M_C l_2 - \frac{Pl_1}{2}l_2\right) = 0$$

(3) 방정식의 해

위의 식을 M_C에 대해 정리하면 다음과 같이 된다.

$$M_C\left(\frac{l_1}{EI_1} + \frac{2l_2}{GI_P}\right) = \frac{Pl_1}{4}\left(\frac{l_1}{2EI_1} + \frac{2l_2}{GI_P}\right) \quad , \therefore M_C = \frac{Pl_1}{4}\frac{\left(\dfrac{l_1}{2EI_1} + \dfrac{2l_2}{GI_P}\right)}{\left(\dfrac{l_1}{EI_1} + \dfrac{2l_2}{GI_P}\right)} = \frac{Pl_1}{4}\frac{\left(1 + \dfrac{GI_P}{4EI_1}\dfrac{l_1}{l_2}\right)}{\left(1 + \dfrac{GI_P}{2EI_1}\dfrac{l_1}{l_2}\right)}$$

(4) 부재단면력의 계산

M_C를 구했다면 그 다음은 정정으로 보고 단면력을 구할 수 있다.

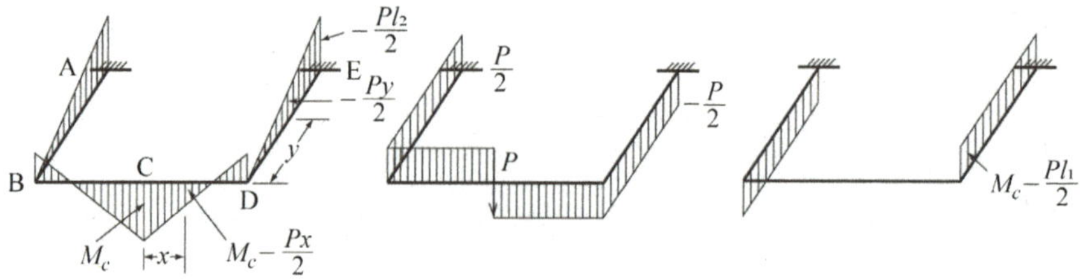

(d) 휨모멘트 M　(e) 전단력 V　(f) 비틀림 모멘트 M_T

[그림 14.6.4(계속)]

13.7 부정정 트러스의 단면력 해석

예제 13-7-1

[그림 13.7.1(a)]에 나타낸 트러스를 최소일의 방법으로 단면력을 구하여라.

단, $E = 2.1 \times 10^5 MPa$이고 ( )안은 단면적 cm^2이다.

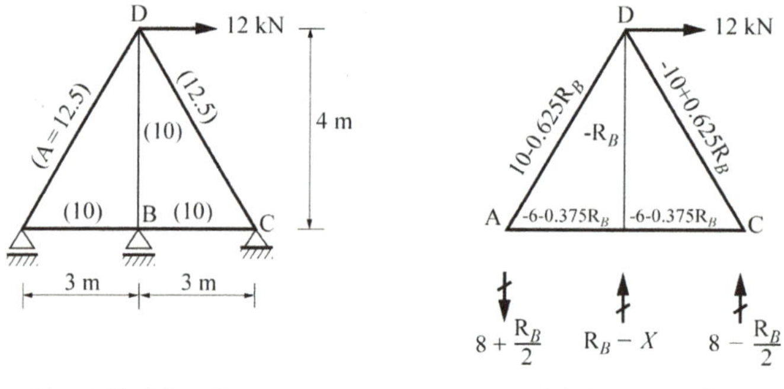

(a) 1차 부정정 트러스　(b) 기본구조물 R_B(하중+)

[그림 13.7.1]

풀이

(1) 단면력의 일반식 및 편도함수

이 트러스는 외적 1차 부정정이다. 1개의 부정정력을 B점의 반력 $R_B = X$로 정하면, [그림13.7.1(b)]와 같이 기본구조물이 된다. 이 트러스에 정역학 법칙을 이용하여 단면력 $F(x)$의 일반식을 부정정력의 함수로 나타내기 위하여 격점법을 이용하여 풀면 [그림 13.7.1(b)]와 다음 [표 13.7.1]과 같다.

[표 13.7.1]

부재	L(cm)	A(cm^2)	L/A	$F(x)$	$\partial F(x)/\partial R_B$	$F\cdot(\partial F(x)/\partial R_B)\cdot L/A$
AB	300	10	30	$-6-0.375R_B$	-0.375	$67.5+4.22R_B$
BC	300	10	30	$-6-0.375R_B$	-0.375	$67.5+4.22R_B$
AD	500	12.5	40	$10+0.625R_B$	0.625	$250+15.63R_B$
CD	500	12.5	40	$-10+0.625R_B$	0.625	$-250+15.63R_B$
BD	400	10	40	$-R_B$	-1	$40R_B$
$\sum$						$135+79.7R_B$

(2) 적분식의 계산

부정정력 R_B에 대한 각 부재력의 편도함수 $\partial F_i/\partial R_B$와 적분식 $\sum[F_i(\partial F_i/\partial R_B)L_i/A_i]$는 [표 13.7.1]에 나타내었다.

$$\therefore R_A = 8+\frac{R_B}{2} = 8+\frac{(-1.693)}{2} = 7.154\text{ kN}\ (\downarrow)$$

$$\therefore R_C = 8-\frac{R_B}{2} = 8+\frac{(-1.693)}{2} = 8.847\text{ kN}\ (\uparrow)$$

(3) 방정식의 해

1차 부정정트러스이므로 1개의 최소일의 방정식이 적용된다.

$\delta_B = 0$

즉, $135+79.7R_B = 0 \quad \therefore R_B = -1.693\text{ kN}\ (\downarrow)$

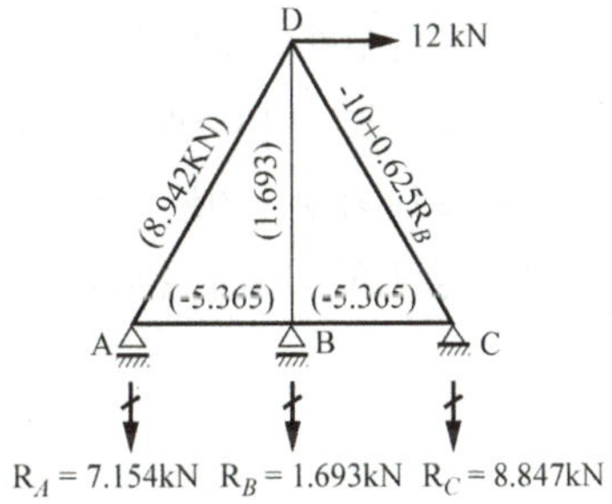

(c) 단면력

[그림 13.7.1(계속)]

(4) 부재단면력 계산

각 부재의 부재력은 [표 13.7.1]에 나타낸 $F(x)$에 $R_B = -1.693$ kN을 대입하여 구할 수 있다.

$\therefore F_{AB} = -6-0.375R_B = -6-0.375(-1.693) = -5.385\text{ kN}$

$\therefore F_{BC} = -6-0.375R_B = -6-0.375(-1.693) = -5.365\text{ kN}$

$\therefore F_{AD} = 10+0.625R_B = 10+0.625(-1.693) = 8.942\text{ kN}$

$\therefore F_{CD} = -10+0.625R_B = 10+0.625(-1.693) = 11.058\text{ kN}$

$\therefore F_{BD} = -R_B = -(-1.693) = 1.693\text{ kN}$

예제 13-7-2

[그림 13.7.2(a)]에 나타낸 부정정 트러스의 부재력을 구하여라.

단, $E = 2.1 \times 10^5 MPa$이고 ( )안은 단면적 cm^2이다.

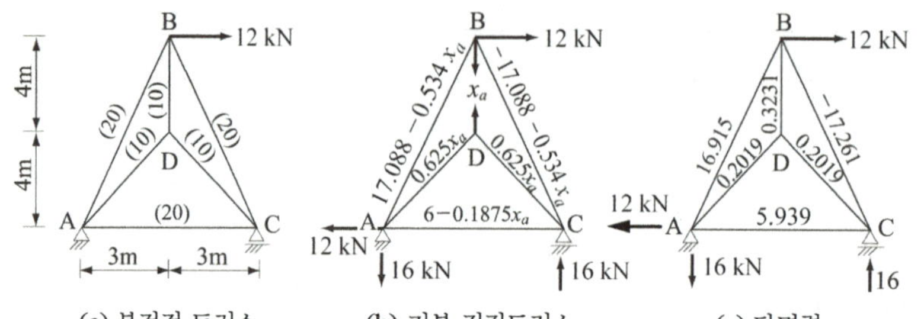

[그림 13.7.2]

풀이

(1) 단면력의 일반식, 편도함수 및 적분식의 계산

이 트러스는 내적 1차 부정정이므로 부재 BD를 과잉부재로 선택하고 과잉력을 X_a로 나타내면 [그림 13.7.2(b)]와 같은 기본정정트러스가 된다. [그림 13.7.2(b)]에 이 트러스에 단면력 $F(x)$의 일반식을 부정정력 X_a의 함수로 나타내었다.

[표 13.7.2]

부재	L (m)	A (cm^2)	L/A (m/cm^2)	$F(x)$ (KN)	$\partial F(x)/\partial X_a$ (KN/KN)	$F(x)\frac{\partial F(x)}{\partial X_a}\frac{L}{A}$ ($KN \cdot m/cm^2$)
AB	8.544	20	0.4272	$17.088 - 0.534X_a$	-0.534	$-3.8982 + 0.1218X_a$
BC	8.544	20	0.4272	$-17.088 - 0.534X_a$	-0.534	$3.8982 + 0.1218X_a$
AC	6	20	0.3	$6 - 0.1875X_a$	-0.1875	$-0.3375 + 0.0105X_a$
AD	5	10	0.5	$0.625X_a$	0.625	$0.1953X_A$
BD	4	10	0.4	X_a	1.0	$0.4X_a$
CD	5	10	0.5	$0.625X_a$	0.625	$0.1953X_a$
$\sum$						$-0.3375 + 1.0447X_a$

부재력으로 인한 전 변형에너지 $U = \sum \frac{F^2 L}{2AE}$이므로, 이 식에 최소일의 원리를 적용하면 다음과 같이 된다.

$$\frac{\partial U}{\partial X_a} = \frac{1}{E}\sum \frac{FL}{A}\frac{\partial F}{\partial X_a} = 0$$

부정정력 X_a에 대한 각 부재력의 편도함수 $\partial F_i / \partial X_a$와 적분식 $\sum \left[F_i \left(\frac{\partial F_i}{\partial X_a} \right) \frac{L_i}{A_i} \right]$는 [표 13.7.2]에 나타내었다.

(2) 방정식의 해

$$\frac{\partial U}{\partial X_a} = 0$$

즉, $\frac{1}{E} \sum \frac{FL}{A} \left(\frac{\partial F}{\partial X_a} \right) = 0 \quad -0.3375 + 1.0447 X_a = 0 \quad \therefore X_a = 0.3231\,\text{KN} = F_{BD}$

(3) 부재 단면력

각 부재의 부재력은 [표 13.7.2]에 나타낸 $F(x)$에 $X_a = 0.3231$ KN를 대입하여 다음과 같이 구할 수 있다.

$F_{AB} = 17.088 - 0.534X_a = 17.088 - 0.534 \times (0.3231) = 16.915\,\text{KN}$

$F_{BC} = -17.088 - 0.534X_a = -17.088 - 0.534 \times (0.3231) = -17.261\,\text{KN}$

$F_{AC} = 6 - 0.1875X_a = 6 - 0.1875 \times (0.3231) = 5.939\,\text{KN}$

$F_{AD} = 0.625X_a = 0.625 \times (0.3231) = 0.2019\,\text{KN}$

$F_{BD} = X_a = 0.3231\,\text{KN}$

$F_{CD} = 0.625X_a = 0.625 \times (0.3231) = 0.2019\,\text{KN}$

예제 13-7-3

[그림 13.7.3(a)]와 같은 부정정 트러스에서 부재력을 최소일의 방법으로 구하여라. 단 EA는 일정하다.

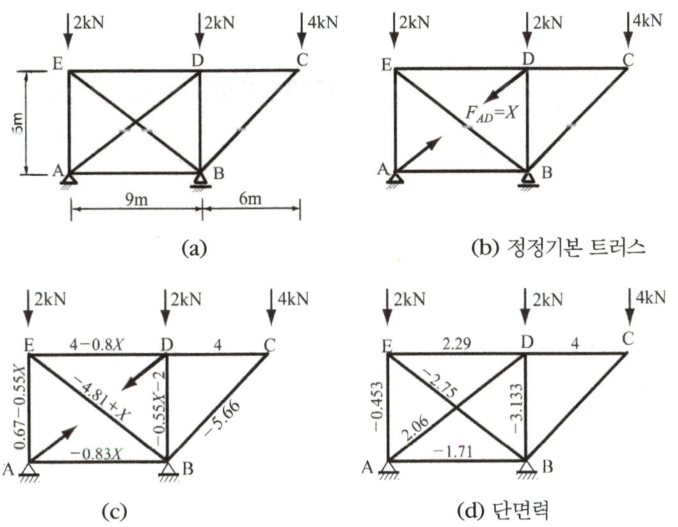

[그림 13.7.3] 부정정트러스

풀이

(1) 단면력의 일반식, 편도함수 및 적분식의 계산

이 트러스는 내적 1차 부정정으로 부재 AD의 부재력을 부정정력으로 선택한다. 이 부재를 절단하여 트러스가 [그림 13.7.3(b)]와 같이 정정기본구조물이 되도록 한다. 단면력 $F(x)$의 일반식을 부정정력의 함수로 나타내기 위하여 격점법을 이용하여 풀면 [그림 13.7.3(c), (d)]와 같다.

[표 13.7.3]

부재	L	$F(x)$	$\partial F(x)/\partial X$	$F(x)(\partial F(x)/\partial X)L(x)$
AB	9	−0.83X	−0.83	6.2X
AD	10.82	X	1	10.82X
AE	6	0.67−0.55X	−0.55	−2.21+1.815X
BC	8.485	−5.66	0	0
BD	6	−0.55X−2	−0.55	6.6+1.815X
BE	10.82	−4.81+X	1	−52+10.28X
CD	6	4	0	0
DE	9	4−0.83X	−0.83	−29.88+6.2X
$\sum$				−77.53+37.67X

부정정력 X에 대한 각 부재력의 편도함수 $\partial F_i/\partial X$는 [표 13.7.3]에 나타낸 바와 같다. 또한 적분식 $\sum F(\partial F/\partial X)L_i$도 [표 13.7.3]에 나타내었다.

(2) 방정식의 해

1차 부정정 트러스이므로 1개의 최소일의 방정식이 적용된다.

$$\frac{\partial U}{\partial X}=0$$

즉, $\frac{1}{EA}\sum F(x)\left(\frac{\partial F(x)}{\partial X}\right)L(x)=0,\quad \frac{1}{EA}(-77.53+37.67X)=0,\ \therefore X=2.06\,\text{kN}=F_{AD}(\text{인장})$

(3) 부재 단면력

각 부재의 부재력은 [표 13.7.3]에 나타낸 $R(x)$에 $X=2.06\,\text{kN}$을 대입하여 다음과 같이 구할 수 있다.

F_{AB} = −0.83×(2.06) = 1.71
F_{AD} = X = 2.06
F_{AE} = 0.67−0.55(2.06) = -0.463
F_{BC} = −5.66
F_{BD} = 0.55(2.06)−2 = -3.133
F_{BE} = 4.81+(2.06) = −2.75
F_{CD} = 4
F_{DE} = 4−0.83×(2.06) = 2.29

13.8 부정정 복합구조의 단면력 해석

예제 13-8-1

[그림 13.8.1(a)]에 나타낸 복합구조물에서 축응력의 영향을 고려하여 부재력을 최소일의 방법을 사용하여 구하여라.

단, $A_1 = 640\,\mathrm{mm}^2$, $A_2 = 64{,}000\,\mathrm{mm}^2$, $I_2 = 128 \times 10^6\,\mathrm{mm}^4$, $E = 2.0 \times 10^5 MPa$

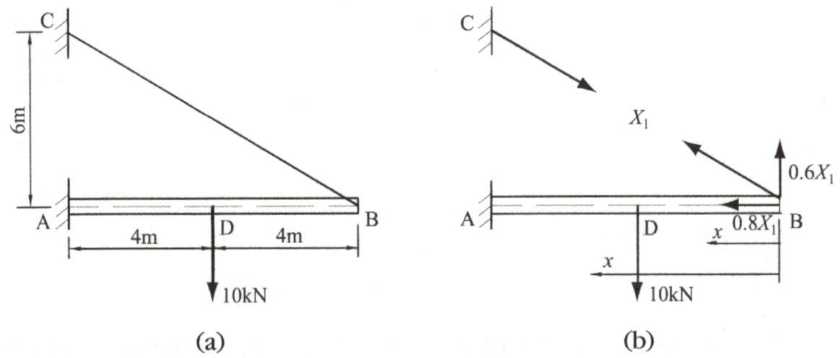

[그림 13.8.1] 복합구조물

풀이

(1) 단면력의 일반식 및 편도함수

이 합성구조물은 1차 부정정이다. 따라서 부재 BC의 부재력을 부정정력으로 선정한다. 이를 위해서는 BC부재를 절단하여 [그림 13.8.1(b)]와 같이 정정 기본구조물이 되도록 한다. 단면력 $M(x)$와 $R(x)$의 일반식을 부정정력의 함수로 나타내기 위하여 정정기본구조물을 풀어서 [그림 13.8.1(b)]와 [표 13.8.1]에 나타내었다.

[표 13.8.1]

구간	x의 원점	적분구간	$M(x)$	$\partial M(x)/\partial X_1$	$F(x)$	$\partial F(x)/\partial X_1$	단면적
BC	B	0 ~ 10	0	0	X_1	1	A_1
BD	B	0 ~ 4	$0.6X_1 \cdot x$	$0.6x$	$-0.8X_1$	-0.8	A_2
DA	B	4 ~ 8	$0.6X_1 \cdot x - 1($	$0.6x$	$-0.8X_1$	-0.8	A_2

(2) 적분식의 계산

부정정력 X에 대한 각 부재력의 편도함수 $\partial M(x)/\partial X$와 $\partial F(x)/\partial X$는 [표 13.8.1]에 나타낸 바와 같다. 또한 부재의 휨과 축변형을 동시에 고려한 경우의 적분식은 다음과 같다.

$$\sum \int M(x)\left(\frac{\partial M(x)}{\partial X_1}\right)\frac{dx}{EI} + \sum F(x)\left(\frac{\partial F(x)}{\partial X_1}\right)\frac{dx}{EI} = 0 \qquad ⓐ$$

즉,

$$\int_0^4 (0.6X_i x)(0.6x)\frac{dx}{EI_2}+\int_4^8 [0.6X_1 \cdot x-10(x-4)](0.6x)\frac{dx}{EI_2}$$

$$+X_1(1)\frac{10}{EA}+2(-0.8X_1)(-0.8)\frac{4}{EA_2}=0$$

따라서

$$\frac{1}{I_2}(7.68X_1)+\frac{1}{I_2}(53.76X_1-320)+\frac{10X_1}{A_1}+\frac{5.12}{A_2}X_1=0 \qquad ⓑ$$

(3) 방정식의 해

$$\frac{I_2}{A_1}=\frac{128\times 10^6}{640}=2\times 10^5 \text{mm}^2=0.2\text{m}^2,\quad \frac{I_2}{A_2}=\frac{128\times 10^6}{640{,}000}=2{,}000\text{mm}^2=0.002\text{m}^2 \qquad ⓒ$$

식 ⓑ는 위의 값을 대입하여 정리하면 다음과 같이 된다.

$$61.44X_1-320+(2X_1+0.01X_1)=0 \quad \text{또는} \quad 61.44X_1+(2.01X_1)=320 \qquad ⓓ$$

$\therefore X_1=5.04\,\text{kN}$(인장)

식 ⓓ에서 알 수 있는 바와 같이 X_1값에 미치는 축방향력의 영향은 불과 2.01/61.44, 즉 3% 정도가 됨을 알 수 있다. 축방향력의 영향을 무시하면 $X_1=5.21\,\text{kN}$ (인장)이 된다.

(4) 부재단면력

축응력의 영향을 고려한 단면력은 [표 13.8.1]의 $M(x)$와 $F(x)$에 $X_1=5.04\,\text{kN}$을 대입하여 다음과 같이 구할 수 있다.

BD $0\sim4$m $M(x)$ $=0.6X_1x=0.6(5.04)x=3.024x$

DA $4\sim8$m $M(x)$ $=0.6X_1x-10(x-4)=0.6(5.04)x-10(x-4)=-6.976x+40$

BD $0\sim4$m $F(x)$ $=-0.8X_1=-0.8(5.04)=-4.032\,\text{kN}$(압축)

DA $4\sim8$m $F(x)$ $=-0.8X_1=-0.8(5.04)=-4.0.2\,\text{kN}$(압축)

예제 13-8-2

[그림 13.8.2(a)]에 나타낸 복합구조물을 최소일의 방법으로 해석하여라. 단, $E=2.0\times10^5\ MPa$이다.

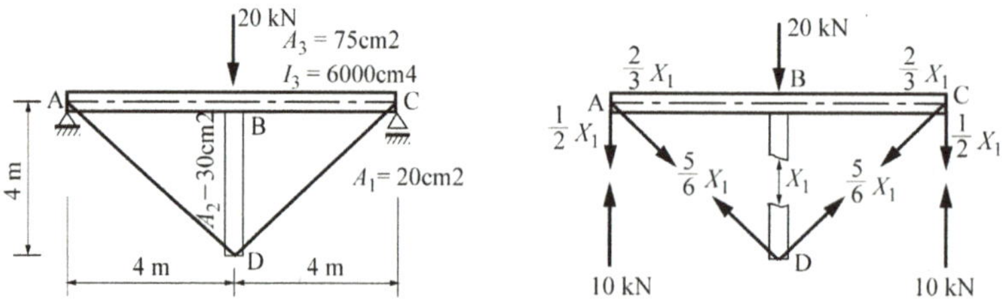

(a) 부정정 합성구조물 (b) 기본 구조물

[그림 13.8.2] 합성구조물

풀이

(1) 단면력의 일반식 및 편도함수

이 합성구조물은 1차 부정정이다. 따라서 부재 BD의 부재력을 부정정력으로 선정한다. 이를 위해서는 BD부재를 절단하여 [그림 13.8.2(b)]와 같이 정정 기본구조물이 되도록 한다. 단면력 $M(x)$와 $F(x)$의 일반식을 부정정력 X_1의 함수로 나타내기 위하여 정정구조물을 풀어서 [그림 13.8.2(b)]와 [표 13.8.2]에 나타내었다.

[표 13.8.2]

구간	x의 원점	길이 또는 적분구간	$M(x)$	$\partial M(x)/\partial X_1$	$F(x)$	$\partial F(x)/\partial X_1$
AD	–	5	–	–	$+5/6X_1$	$+5/6$
BD	–	3	–	–	$-X_1$	-1
CD	–	5	–	–	$+5/6X_1$	$+5/6$
AB	A	0~4	$10x-X_1/2x$	$-\frac{x}{2}$	$-2/3X_1$	$-2/3$
CB	C	0~4	$10x-X_1/2x$	$-\frac{x}{2}$	$-2/3X_1$	$-2/3$

(2) 적분식의 계산

부정정력 X에 대한 각 부재력의 편도함수 $\partial M(x)/\partial X$와 $\partial F(x)/\partial X$는 [표 13.8.2]에 나타낸 바와 같다. 또한 부재의 휨과 축변형을 동시에 고려한 경우의 적분식은 다음과 같다.

$$\sum\int M(x)\left(\frac{\partial M(x)}{\partial X_1}\right)\frac{1}{EI}dx+\sum F(x)\left(\frac{\partial F(x)}{\partial X_1}\right)\frac{L}{EA}dx=0 \qquad ⓐ$$

즉,

$$2\int_0^4\left(10x-\frac{X_1}{2}x\right)\left(-\frac{x}{2}\right)\frac{dx}{EI_3}+\left(-\frac{2}{3}X_1\right)\left(-\frac{2}{3}\right)\frac{8}{EA_3}+2\left(\frac{5}{6}X_1\right)\left(\frac{5}{6}\right)\frac{(5)}{EA_1}+(-X_1)(-1)\frac{(3)}{EA_2}=0$$

$$\frac{1}{I_3}\left(-\frac{640}{3}+\frac{32}{3}X_1\right)+\frac{32}{9}X_1\left(\frac{1}{A_1}\right)+3X_1\left(\frac{1}{A_2}\right)=0 \qquad ⓑ$$

(3) 방정식의 해

$$I_3/A_1=6{,}000/20=300\text{cm}^2=0.03\text{m}^2$$

$$I_3/A_2=6{,}000/30=200\text{cm}^2=0.02\text{m}^2 \qquad ⓒ$$

$$I_3/A_3=6{,}000/75=80\text{cm}^2=0.008\text{m}^2$$

식 ⓒ의 값을 식 ⓑ에 대입하여 정리하면 다음과 같이 된다.

$$-\frac{640}{3}+\frac{32}{3}X_1+(0.028X_1+0.208X_1+0.06X_1)=0$$

$$\frac{32}{3}X_1+(0.296X_1)=\frac{640}{3} \quad ⓓ$$

$\therefore X_1=19.46\text{ kN}$(압축)

식 ⓓ에서 축방향력의 영향은 $0.296X_1$이며 이를 무시한다면 $X_1=20\text{ kN}$(압축)이 된다.

(4) 부재 단면력

축응력의 영향을 고려한 단면력은 [표 13.8.2]의 $M(x)$와 $F(x)$에 $X_1=19.46\text{ kN}$을 대입하여 구할 수 있다.

13.9 부정정 아치의 단면력 해석

예제 13-9-1

[그림 13.9.1(a)]에 나타낸 2힌지 아치를 최소일의 방법으로 단면력을 구하여라. 단 EI는 일정하다.

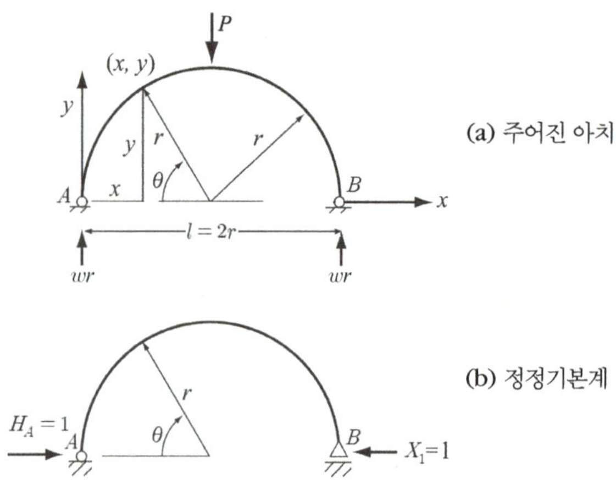

[그림 13.9.1]

풀이

$x=r(1-\cos\theta),\ y=r\sin\theta,\ ds=rd\theta$

(1) 단면력의 일반식

부정정반력을 H_B로 택하면 기본정정아치는 [그림 13.9.1(b)]와 같다.

$$0\le\theta\le\frac{\pi}{2} \qquad M(x)=\frac{P}{2}\cdot r(1-\cos\theta)-H_B\cdot r\sin\theta$$

(2) 편도함수

$$\frac{\partial M(x)}{\partial H_B} = -r\sin\theta$$

(3) 적분식의 계산

$$\frac{\partial U}{\partial H_B} = 0$$

$$\frac{\partial U}{\partial H_B} = \int M(x)\left(\frac{\partial M(x)}{\partial H_B}\right)\frac{dx}{EI} = \frac{2}{EI}\int_0^{\frac{\pi}{2}}\left[\frac{P}{2}r(1-\cos\theta) - H_B r\sin\theta\right](-r sin\theta) r d\theta$$

$$= \frac{2r^3}{EI}\left(-\frac{P}{4} + \frac{\pi}{4}H_B\right)$$

(4) 방정식의 해 및 단면력

$$\frac{\partial U}{\partial H_B} = 0, \quad \frac{2r^3}{EI}\left(-\frac{P}{4} + \frac{\pi}{4}H_B\right) = 0 \qquad \therefore H_B = \frac{P}{\pi}$$

예제 13-9-2

[그림 13.9.2(a)]에 나타낸 2힌지 아치를 최소일의 방법으로 단면력을 구하여라. 단 EI는 일정하다.

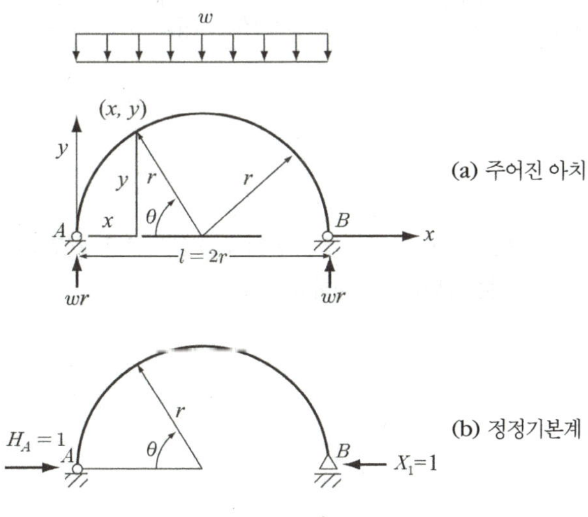

[그림 13.9.2]

풀이

$x = r(1-\cos\theta)$, $y = r sin\theta$, $ds = r d\theta$

(1) 단면력의 일반식

부정정반력을 H_B로 택하면 기본정정아치는 [그림 13.9.2(b)]와 같다.

$$0 \le \theta \le \frac{\pi}{2}$$

$$M(x) = wr \cdot r(1-\cos\theta) - H_B \cdot r\sin\theta - w \cdot x \cdot \frac{x}{2}$$
$$= wr^2(1-\cos\theta) - H_B \cdot r\sin\theta - \frac{wr^2}{2}(1-\cos\theta)^2$$

(2) 편도함수

$$\frac{\partial M(x)}{\partial H_B} = -r\sin\theta$$

(3) 적분식의 계산

$$\frac{\partial U}{\partial H_B} = 0$$

$$\frac{\partial U}{\partial H_B} = \int M(x)\left(\frac{\partial M(x)}{\partial H_B}\right)\frac{dx}{EI}$$
$$= \frac{2}{EI}\int_0^{\frac{\pi}{2}}\left[wr^2(1-\cos\theta) - H_B r\sin\theta - \frac{wr^2}{2}(1-\cos\theta)^2\right](-rsin\theta)rd\theta$$
$$= \frac{2r^3}{EI}\left(\frac{\pi}{4}H_B - \frac{wr}{3}\right)$$

(4) 방정식의 해 및 단면력

$$\frac{\partial U}{\partial H_B} = 0, \qquad \frac{2r^3}{EI}\left(\frac{\pi}{4}H_B - \frac{wr}{3}\right) = 0, \qquad \therefore H_B = \frac{4wr}{3\pi}$$

예제 13-9-3

[그림 13.9.3(a)]에 나타낸 일정한 반지름 r을 갖는 원환을 한 계의 하중 P로 지름방향으로 인장하는 경우의 단면력을 구하여라. 단 원환의 단면은 일정하다.

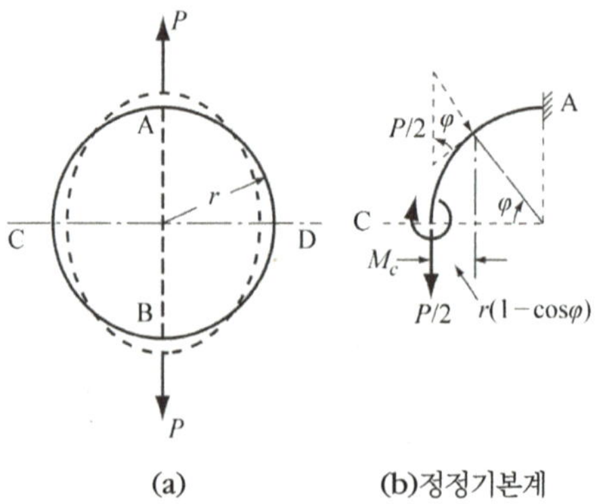

[그림 13.9.3]

풀이

(1) 단면력의 일반식

[그림 13.9.3(a)]에서 보는 바와 같이 대칭뼈대가 한 계의 대칭하중 P를 받으면 단면력과 변형이 대칭으로 일어난다. 그러므로 대칭점 A, B, C, D에는 회전은 일어나지 않고 $\widehat{AC}$, $\widehat{AD}$, $\widehat{BC}$ 및 $\widehat{BD}$의 변형은 같게 되므로 단면력과 변형은 이 원형뼈대의 1/4에 대해 생각하면 된다.

여기서는 [그림 13.9.3(b)]에 나타낸 바와 같이 $\widehat{AC}$ 부분만 고려하기로 한다. 이 경우 A점은 회전을 일으키지 않으므로 고정단으로 하고, 단면 C에 일어나는 단면력을 생각하면 단면력의 대칭성으로부터 전단력은 일어나지 않으므로 단면력은 축방향력 $P/2$와 휨모멘트 M_O뿐이다. 따라서 단면력의 미지량은 M_O만 남게 된다.

[그림 13.9.3(b)]에 있어서 φ의 각을 이루는 힘의 단면의 축방향력 N, 휨모멘트 M 및 전단력 V는 다음과 같다.

$$N=\frac{P}{2}cos\varphi,\qquad M=M_O-\frac{Pr}{2}(1-\cos\varphi),\qquad V=-\frac{P}{2}\sin\varphi$$

(2) 변형에너지

[그림 13.9.3(b)]의 1/4원의 변형에너지를 U_i라 하면 뼈대 전체의 변형에너지는 $4U_i$로 된다. 따라서 이들 단면력에 의한 변형에너지 U_i는 다음과 같이 된다.

$$\begin{aligned}U_i &= \int\frac{N^2}{2EA}ds+\int\frac{M^2}{2EI}ds+\int\frac{\kappa V^2}{2GA}ds\\
&=\int_0^{\pi/2}\frac{N^2}{2EA}rd\varphi+\int_0^{\pi/2}\frac{M^2}{2EI}rd\varphi+\int_0^{\pi/2}\frac{\kappa V^2}{2GA}rd\varphi\\
&=\int_0^{\pi/2}\frac{1}{2EA}\left(\frac{P}{2}\cos\varphi\right)^2 rd\phi+\int_0^{\pi/2}\frac{1}{2EI}\left[M_O-\frac{Pr}{2}(1-\cos\varphi)\right]^2 rd\varphi\\
&\quad+\int_0^{\pi/2}\frac{\kappa}{2GA}\left(-\frac{P}{2}\sin\varphi\right)^2 rd\varphi\\
&=\int_0^{\pi/2}\frac{1}{2EA}\left(\frac{P^2}{4}\cos^2\varphi\right)rd\varphi+\int_0^{\pi/2}\frac{1}{2EI}\left[M_O-\frac{Pr}{2}(1-\cos\varphi)\right]^2 rd\varphi\\
&\quad+\int_0^{\pi/2}\frac{\kappa}{2GA}\left(\frac{P^2}{4}\sin^2\varphi\right)rd\varphi\end{aligned}$$

(3) 적분식의 계산

[그림 13.9.3(b)]의 C점에서의 상대회전각은 일어나지 않으므로 다음과 같은 식이 성립된다.

$$\frac{\partial(4U_i)}{\partial M_O}=0 \quad \text{따라서} \quad \frac{\partial U_i}{\partial M_O}=0$$

따라서 $\dfrac{\partial U_i}{\partial M_O}=0$으로부터

$$\frac{r}{EI}\int_0^{\pi/2}\left[M_O-\frac{Pr}{2}(1-\cos\varphi)\right]d\varphi=0 \text{ 으로부터 } \int_0^{\pi/2}\left[M_O-\frac{Pr}{2}(1-\cos\varphi)\right]d\varphi=0$$

$$\left[M_O\varphi-\frac{Pr}{2}\varphi+\frac{Pr}{2}\sin\varphi\right]_0^{\pi/2}=0\text{ 으로부터 } M_O\left(\frac{\pi}{2}\right)-\frac{Pr}{2}\left(\frac{\pi}{2}\right)+\frac{Pr}{2}\sin\left(\frac{\pi}{2}\right)=0$$

(4) 방정식의 해

$$M_O\frac{\pi}{2}-\frac{Pr}{4}\pi+\frac{Pr}{2}=0,\quad \therefore M_O=\frac{Pr}{2}\left(1-\frac{2}{\pi}\right)\fallingdotseq\frac{Pr}{2}(1-0.0366)=0.1817Pr$$

(5) 부재 단면력

① 임의의 단면 φ위치에서 휨모멘트 M_φ

$$M_\varphi=M_O-\frac{Pr}{2}(1-\cos\varphi)=\frac{Pr}{2}\left(1-\frac{2}{\pi}\right)-\frac{Pr}{2}(1-\cos\varphi)=\frac{Pr}{2}\left(\cos\varphi-\frac{2}{\pi}\right)$$

그런데 $\cos\varphi$가 $\varphi=0\sim\frac{\pi}{2}$에 대해서는 (+)로 되므로 M의 절대치가 최대인 경우는 $\varphi=\frac{\pi}{2}$이다.

$$M_{\varphi=\pi/2}=\frac{Pr}{2}\left[\cos\left(\frac{\pi}{2}\right)-\frac{2}{\pi}\right]=\frac{Pr}{2}\left[-\frac{2}{\pi}\right]=-\frac{Pr}{\pi}=-0.3183Pr$$

$M=0$인 위치는 다음과 같이 구해진다.

$$\cos\varphi-\frac{2}{\pi}=0 \Rightarrow \cos\varphi=\frac{2}{\pi}\fallingdotseq 0.6366 \Rightarrow \therefore\varphi=50^\circ-27'-30''$$

② 축력 N

$\varphi=\frac{\pi}{2}$에서 0

$\varphi=0$에서 $N=\frac{P}{2}$

③ 전단력 V

$\varphi=\frac{\pi}{2}$에서 $V=-\frac{P}{2}$

$\varphi=0$에서 $N=0$

이상에서 계산한 단면력 N, M, V를 [그림 13.9.3(c), (d), (e)]에 나타내었다.

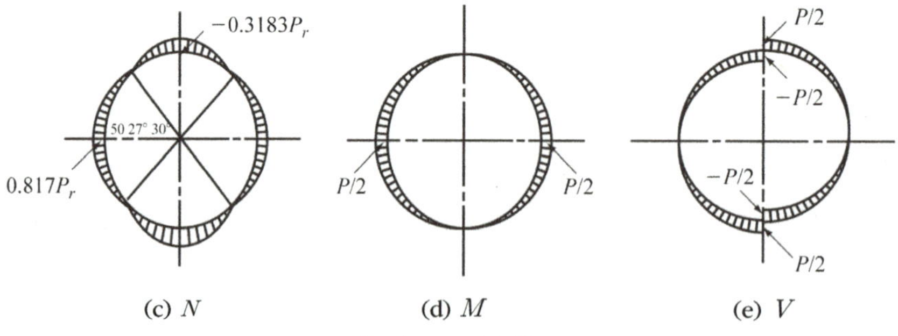

[그림 13.9.3(계속)]

EXERCISE

1. [P그림 13.1]과 같은 연속보에서 최소일의 방법으로 지점반력 R_B 값을 구하여라. 단, EI는 일정하고 지점침하는 없다.

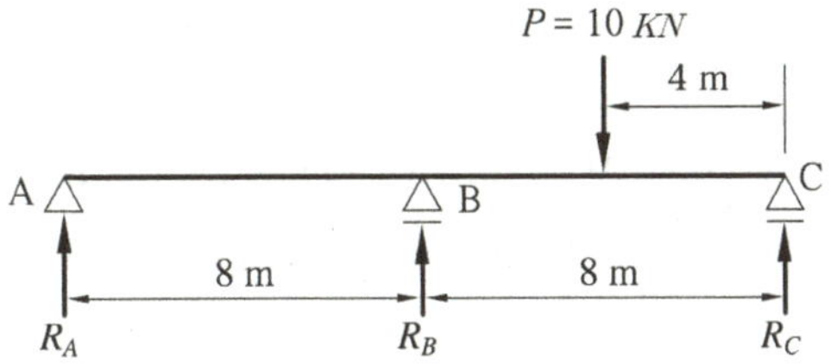

[P그림 13.1]

정답 $R_B = 6.954\ KN$

2. [P그림 13.2]와 같은 부정정보에서 최소일의 방법으로 지점모멘트 M_B 값을 구하여라. 단, 지점침하는 없다.

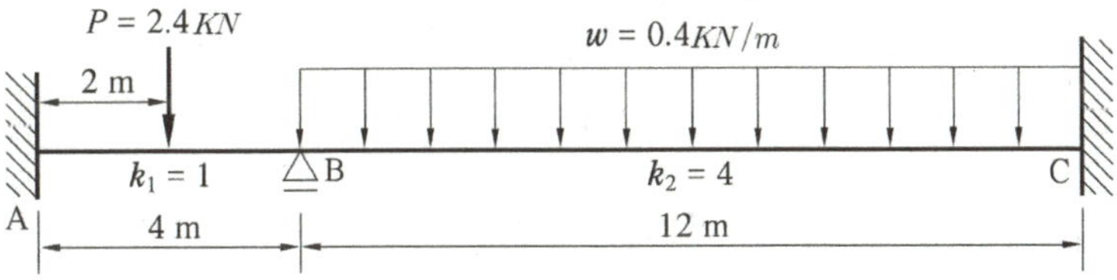

[P그림 13.2]

정답 $M_B = -1.92KN \cdot m$

3. [P그림 13.3]과 같은 연속보에서 최소일의 방법으로 B지점의 휨모멘트 M_B 값을 구하여라.

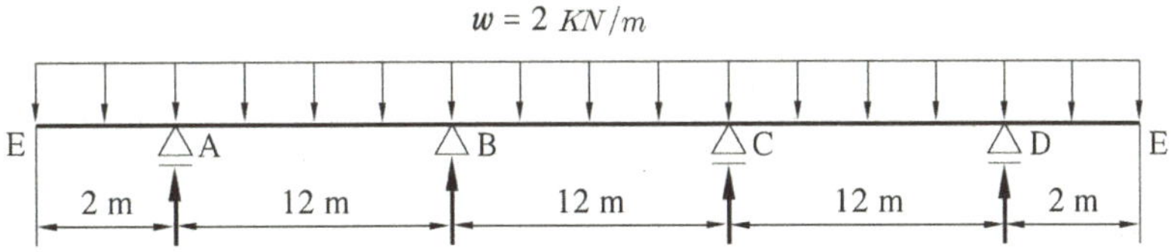

[P그림 13.3]

정답 $M_B = -28\text{KN} \cdot \text{m}$

4. [P그림 13.4]와 같은 연속보를 최소일의 방법으로 단면력을 구하고 단면력도를 그려라.

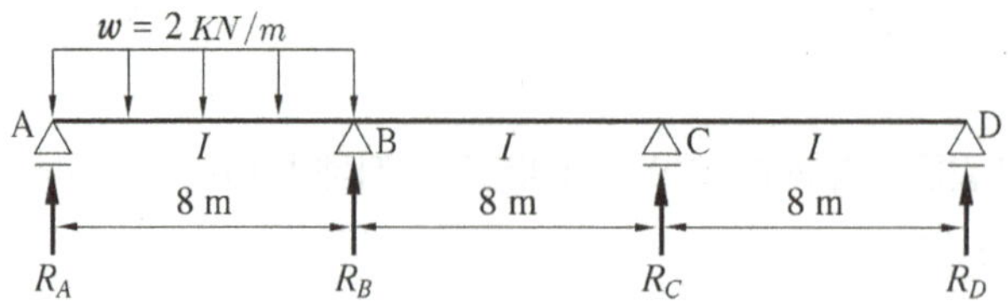

[P그림 13.4]

정답 $M_B = -8.53\,KN \cdot m$ $M_C = 2.13\,KN \cdot m$ $R_A = 6.93 KN$

$R_B = 10.40\,KN$ $R_C = -1.59 KN$ $R_D = 0.26\,KN$

5. [P그림 13.5]과 같이 G지점이 힌지인 부정정보의 M_B, M_C를 최소일의 방법으로 구하여라.

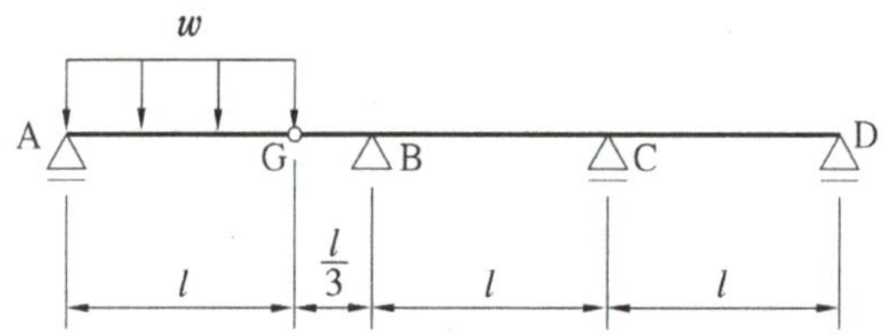

[P그림 13.5]

정답 $M_B = -\dfrac{wl^2}{6}$, $M_C = \dfrac{wl^2}{24}$

6. [P그림 13.6]과 같은 7경간이 등간격인 연속보의 지점모멘트를 최소일의 방법으로 구하여라. 단, EI는 일정하고 지점침하는 없다.

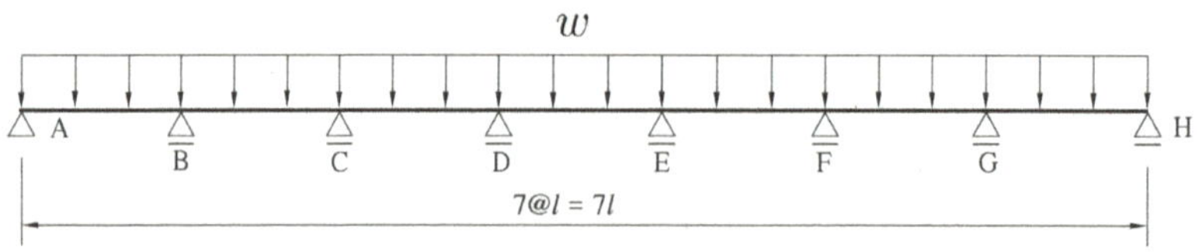

[P그림 13.6]

정답 $M_B = M_G = -\dfrac{5}{142}wl^2$, $M_C = M_F = -\dfrac{11}{142}wl^2$, $M_D = M_E = -\dfrac{6}{71}wl^2$

7. [P그림 13.7]과 같은 부정정 라멘의 지점모멘트를 최소일의 방법으로 구하여라.

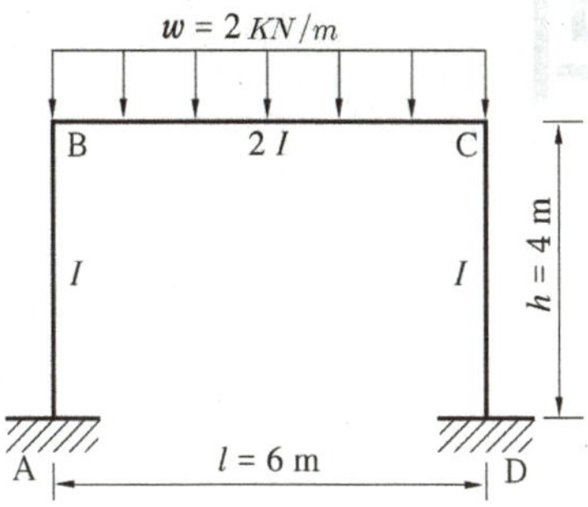

[P그림 13.7]

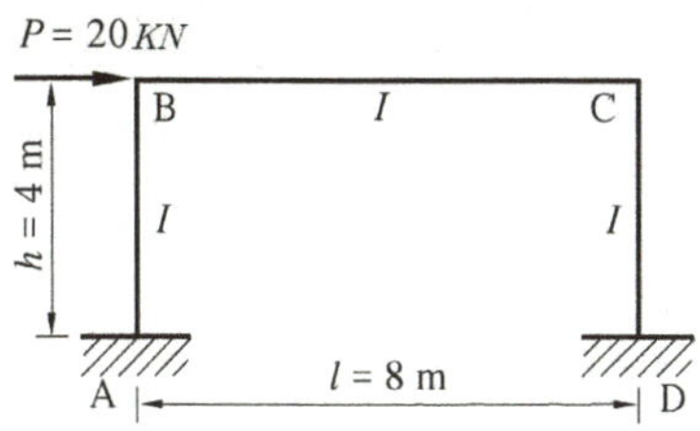

[P그림 13.8]

정답 $M_A = 1.8\text{KN} \cdot \text{m}$

8. [P그림 13.8]과 같은 라멘의 지점모멘트를 최소일의 방법으로 구하여라.

단, EI는 일정하다$\left(K_{BA} = \dfrac{EI}{h},\ K_{BC} = \dfrac{6EI}{l}\right)$.

정답 $M_A = -25KN \cdot m \quad M_B = +15KN \cdot m \quad M_C = -15KN \cdot m \quad M_D = +25KN \cdot m$

9. [P그림 13.9]와 같은 라멘의 모멘트를 최소일의 방법으로 구하여라.

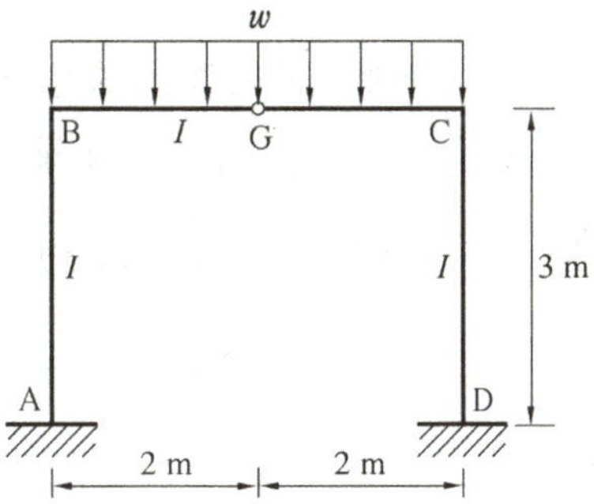

[P그림 13.9]

정답 $M_A = w \quad M_B = -2w$

STRUCTURAL MECHANICS

CHAPTER 14

3연모멘트의 정리

14.1 개요

부정정연속보를 해석하는 고전적인 방법 중에서 빼놓을 수 없는 것은 1855년 프랑스의 Bertot에 의해 창안된 3연모멘트 방정식(three-moment equation)이다. 이 방법은 1857년 프랑스의 기술자 Clapeyron에 의해 보완되어 졌고, 그 후에 1862년에 Bresse에 의하여 오늘날 사용되는 형태로 다듬어 졌다. 3연모멘트법에서 사용되는 3연모멘트 방정식은 연속보에서 임의의 연속된 3개 지점의 휨모멘트 사이의 관계식이다. 이 방법은 단면이 균일하지 않는 연속보해석에도 적용할 수는 있으나, 그 과정이 너무 복잡하여 자주 사용되지 않고 균일단면 연속보의 해석에 주로 사용된다.

14.2 3연모멘트 방정식

[그림 14.2.1(a)]와 같은 연속보에 하중이 작용하면 지점 $m-1$, m, $m+1$에서 δ_{m-1}, δ_m, δ_{m+1}의 지점침하와 지점모멘트 M_{m-1}, M_m, M_{m+1}가 생기면서 보의 축선은 탄성변형하여 [그림 14.2.1(e)]와 같은 처짐곡선을 이루게 된다. 그러므로 연속보의 m 지점 좌우측에서 생기는 처짐각 θ_{ml}와 θ_{mr}는 다음 식으로 보인 것과 같다.

$$\theta_{ml} = \theta_{mr} \qquad ①$$

[그림 14.2.1(a)]의 연속보에서 m 지점을 경계로 하여 정정기본계인 두 개의 단순보로 보자. [그림 14.2.1(c)]와 같이 단순보에 하중이 작용할 경우에 처짐각을 $\theta_{ml'}$ 및 $\theta_{mr'}$라고 하고, [그림 14.2.1(d)]와 같이 절점 모멘트만 작용하였을 때의 처짐각은 $\theta_{ml''}$, $\theta_{mr''}$, 그리고 지점의 침하로 인하여 발생한 부재 회전각을 B_m과 B_{m+1}이라고 하면, m 지점의 처짐각 θ_{ml} 와 θ_{mr}는 위에서

설명한 3개의 각을 합한 것이 된다. 이것을 식으로 나타내면 다음과 같다.

$$\theta_{ml} = \theta_{ml'} + \theta_{ml''} + \beta_m \qquad ②$$

$$\theta_{mr} = \theta_{mr'} + \theta_{mr''} + \beta_{m+1}$$

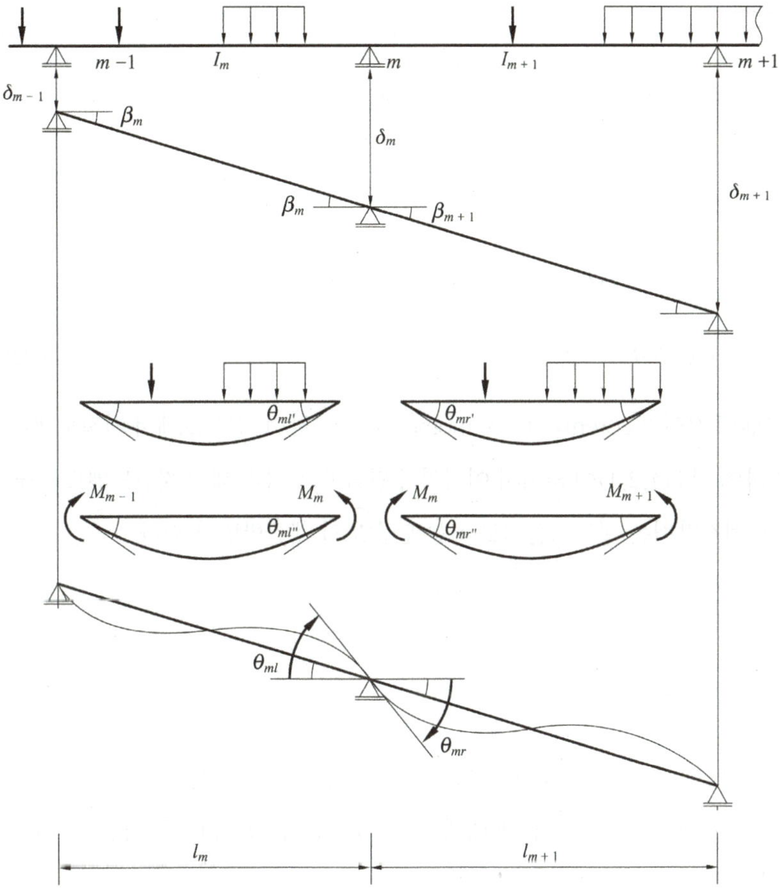

[그림 14.2.1]

식 ②에서 $\theta_{ml'}$ 와 $\theta_{mr'}$ 는 단순보에 작용하는 하중에 따라 구할 수 있는 처짐각이며, 또한 $\theta_{ml''}$ 와 $\theta_{mr''}$ 는 단순보의 지점에 모멘트하중만 작용할 경우에 탄성하중법에 의해서 구한다. 이것을 식으로 표시하면 다음과 같다.

$$\theta_{ml''} = -\frac{l_m}{6EI_m}(2M_m + M_{m-1}) \qquad ③$$

$$\theta_{mr''} = \frac{l_{m+1}}{6EI_{m+1}}(2M_m + M_{m+1})$$

그리고 지점침하로 인하여 생긴 부재의 회전각(부재각)은 부재 길이 l_m 과 l_{m+1}에 의해서 다음 식으로 구한다.

$$\left.\begin{aligned} \beta_m &= \frac{\delta_m - \delta_{m-1}}{l_m} \\ \beta_{m+1} &= \frac{\delta_{m+1} - \delta_m}{l_{m+1}} \end{aligned}\right\} \qquad ④$$

따라서 식 ①에 식 ②, ③, ④를 대입하면 다음 식을 얻게 된다.

$$\theta_{ml'} - \frac{l_m}{6EI_m}(2M_m + M_{m-1}) + \beta_m = \theta_{mr'} + \frac{l_{m+1}}{6EI_{m+1}}(2M_m + M_{m+1}) + \beta_{m+1}$$

$$\therefore \frac{l_m}{I_m}M_{m-1} + 2\left(\frac{l_m}{I_m} + \frac{l_{m+1}}{I_m}\right)M_m + \frac{l_{m+1}}{I_{m+1}}M_{m+1}$$

$$= 6E(\theta_{ml'} - \theta_{mr'}) + 6E(\beta_m - \beta_{m+1}) \qquad (14.2.1)$$

식 (14.2.1)을 3연모멘트 정리(theorem of three moments)라고 하며, 연속보에서 지점모멘트를 부정정여력으로 취하여 식 (14.2.1)에 의해서 여력의 수만큼 방정식을 세워 지점모멘트를 구한다. 따라서 연속보의 지점반력은 정정기본계로 하는 단순보의 계산방법과 같다.

14.2.1 해석절차

[1] 3연모멘트 방정식 준비해석

① 미지의 지점모멘트를 확인하고, 그 수만큼 3연모멘트방정식을 세운다.

② 좌측에서 우측으로 차례로 두 연속지간에 대해 왼쪽($m-1$)-중앙(m)-오른쪽($m+1$)으로 하여 3연모멘트방정식을 만든다.

ⓐ M_{m-1}, M_m, M_{m+1}값 확인 ; 기지 또는 미지지점모멘트 여부

ⓑ 지간장, 단면2차모멘트 계산 ; 단면2차모멘트는 I_m, I_{m+1}의 항으로 표현

ⓒ 하중항 모수 계산 ;

ⓓ 지점침하가 있는 경우 β_m, β_{m+1}항 고려

③ 연속보의 어느 지간 중간에 힌지가 있는 경우에는 전단방정식을 추가해야 한다.

[2] 3연모멘트 방정식의 해석

① 미지의 지점모멘트 수만큼 3연모멘트 연립방정식을 세운다.

② 수계산에 의한 연립방정식의 해법이나 Gauss 소거법에 의해 미지의 지점모멘트를 연립방정식의 해로 구한다.

[3] 반력, 부재력 계산

지간별 자유물체도의 평형방정식으로부터 반력, 부재력을 계산한다.

① 반력계산

ⓐ 지간별로 지간장 전체에 대한 자유물체도로부터 지간 좌우측단의 전단력 계산

ⓑ 지점분리 자유물체도로부터 반력계산, $V_{L_i} + V_{R_i} = R_i$

② 지간별로 임의단면에 대한 자유물체도로부터 단면부재력 계산

14.2.2 해석시 유의사항

① 연속보의 좌우측단이 고정단인 경우에는 지간길이가 '0'인 무한강성의 가상지간을 추가하여 가상의 힌지, 이동지점(roller)에 놓인 것으로 하여 해석한다[그림 14.2.2].

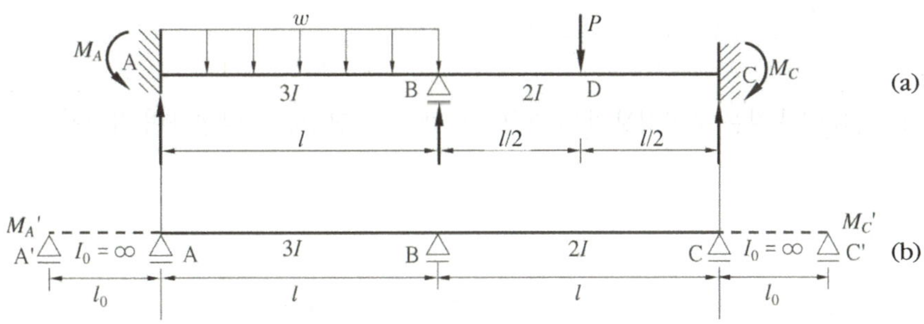

[그림 14.2.2]

② 연속보의 지간중앙에 내부힌지가 있는 경우에는 힌지점의 미지의 처짐이 추가되므로 다음 [그림 14.2.3]와 같이 그 힌지좌우 인접 지간의 전단방정식으로부터 추가 모멘트평형방정식을 구해야 한다. 이 때, 힌지가 포함되어 있는 지간에서의 3연모멘트식은 힌지를 가로질러서 만들어서는 안된다는 점을 유의해야 한다. [그림 14.2.3]와 같은 예의 경우,

$$(\curvearrowright,+)\ \sum M_B = 0;\ M_B + w(l)(l/2) + V_E(l) = 0 \quad ⓐ$$

$$(\curvearrowright,+)\ \sum M_C = 0;\ -M_B - P(l/2) + V_E(l) = 0 \quad ⓑ$$

식 ⓐ에서 식 ⓑ를 빼면, 추가 모멘트평형방정식은 다음과 같이 구해진다.

$$M_B + M_C + Pl/2 + wl^2/2 = 0 \quad ⓒ$$

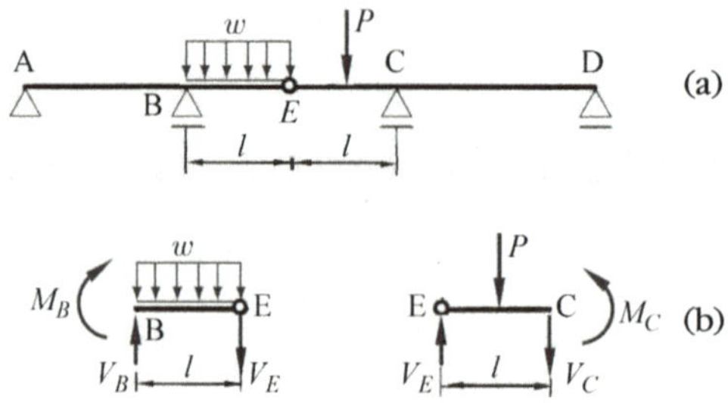

[그림 14.2.3]

14.3 3연모멘트 정리의 적용

14.3.1 연속보에 집중하중이 작용하는 경우

[그림 14.3.1(a)]와 같은 부정정보의 단면력을 구해보자. 단 EI는 일정하며 지점침하는 없다.

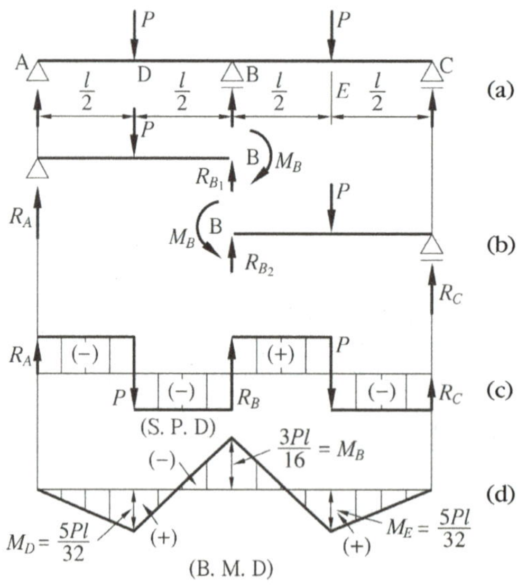

[그림 14.3.1]

[1] 3연모멘트 정리의 해

3연모멘트의 정리에 의해서 풀면

① B지점에서 모멘트식

$$2\left(\frac{l}{I}+\frac{l}{I}\right)M_B = 6E(\theta_{Bl}-\theta_{Br})$$

$$\theta_{Bl} = -\frac{Pl^2}{16EI} \qquad \theta_{Br} = \frac{Pl^2}{16EI}$$

② 방정식의 해

$$4M_B l = 6EI\left(-\frac{Pl^2}{16EI}-\frac{Pl^2}{16EI}\right)$$

$$\therefore M_B = -\frac{3Pl}{16}$$

$$\therefore M_A = M_C = 0$$

[2] 지점반력

$$\therefore R_A = \frac{P}{2}+\frac{M_B}{l} = \frac{P}{2}-\frac{3P}{16} = \frac{5P}{16}$$

$$\therefore R_C = \frac{5P}{16}\text{(대칭구조)}$$

$$R_B = R_{B_1}+R_{B_2}$$

$$\therefore R_B = \left(\frac{P}{2}-\frac{M_B}{l}\right)+\left(\frac{P}{2}-\frac{M_B}{l}\right) = P+2\times\frac{3P}{16} = \frac{11P}{8}$$

[3] 단면력

① 전단력

AB 구간

$$0 \le x \le \frac{l}{2} \qquad V_x = R_A = \frac{5P}{16}$$

$$\frac{l}{2} \le x \le l \qquad V_x = R_A - P = -\frac{11P}{16} = -R_{B_1}$$

BC 구간

$$0 \le x \le \frac{l}{2} \qquad V_x = R_{B_2} = \frac{11P}{16}$$

$$\frac{l}{2} \le x \le l \qquad V_x = R_{B_2} - P = -\frac{5P}{16} = -R_C$$

② 휨모멘트

$$0 \le x \le \frac{l}{2} \quad M_x = R_A x = \frac{5P}{16}x$$

$$\therefore x = \frac{l}{2} \quad M_{D(x=\frac{l}{2})} = \frac{5P}{16} \times \left(\frac{l}{2}\right) = \frac{5Pl}{32}$$

$$\frac{l}{2} \le x \le l \quad M_x = R_A x - P\left(x - \frac{l}{2}\right) = \frac{5P}{16}x - P\left(x - \frac{l}{2}\right)$$

$$\therefore x = l \quad M_{B(x=l)} = \frac{5P}{16} \times (l) - P\left((l) - \frac{l}{2}\right) = \frac{5Pl}{16} - \frac{Pl}{2} = -\frac{3Pl}{16}$$

14.3.2 연속보에 등분포하중이 작용하는 경우

[그림 14.3.2(a)]와 같은 부정정보의 지점모멘트를 3연모멘트 정리에 의해서 구해보자. 단, EI는 일정하며 지점침하는 없다.

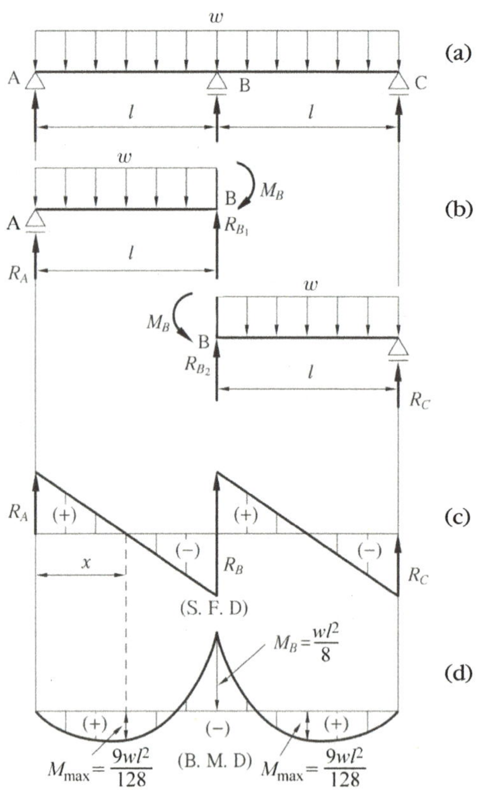

[그림 14.3.2]

[1] 3연모멘트 정리의 해

3연모멘트 정리에 의해서

① B지점에서 모멘트식

$$2\left(\frac{l}{I}+\frac{l}{I}\right)M_B = 6E(\theta_{Bl}-\theta_{Br})$$

$$\theta_{Bl} = -\frac{wl^3}{24EI} \qquad \theta_{Br} = \frac{wl^3}{24EI}$$

② 방정식의 해

$$4M_Bl = 6EI\left(-\frac{wl^3}{24EI}-\frac{wl^3}{24EI}\right) \quad M_B = \frac{6EI}{4l}\times\left(-\frac{wl^3}{12EI}\right)$$

$$\therefore M_B = -\frac{wl^2}{8} \quad \therefore M_A = M_C = 0$$

[2] 지점반력

[그림 14.3.2(b)]에서

$$R_A = \frac{wl}{2}+\frac{M_B}{l} = \frac{wl}{2}-\frac{wl}{8} = \frac{3wl}{8}$$

$$\therefore R_C = \frac{3wl}{8} \text{ (대칭구조)}$$

$$R_B = R_{B1}+R_{B2}$$

$$\therefore R_B = \frac{wl}{2}-\frac{M_B}{l}+\frac{wl}{2}-\frac{M_B}{l} = \frac{wl}{2}+\frac{wl}{8}+\frac{wl}{2}+\frac{wl}{8} = \frac{5wl}{4}$$

[3] 단면력

① 전단력

$$V_x = R_A - wx = \frac{3wl}{8}-wx$$

$$\therefore V_A = V_{x=0} = \frac{3wl}{8} \qquad \therefore V_B = V_{x=l} = \frac{3wl}{8}-w(l) = -\frac{5wl}{8} = -R_{B1}$$

② 휨모멘트

$$M_x = R_Ax - \frac{w}{2}x^2 = \frac{3wl}{8}x - \frac{w}{2}x^2$$

$$\therefore M_B = M_{x=l} = \frac{3wl}{8}(l) - \frac{w}{2}(l)^2 = -\frac{wl^2}{8}$$

전단력이 0인 지점, 즉 $V_x = \dfrac{3wl}{8} - wx = 0$

$\dfrac{3wl}{8} - wx = 0 \quad \therefore x = \dfrac{3}{8}l$

$\therefore M_{\max} = M_{x=\frac{3}{8}l} = \dfrac{3}{8}wl \times \left(\dfrac{3}{8}l\right) - \dfrac{w}{2}\left(\dfrac{3}{8}l\right)^2 = \dfrac{9}{128}w\,l^2$

예제 14-3-1

[그림 14.3.3(a)]와 같은 부정정보의 지점모멘트 M_A, M_B를 3연모멘트 정리에 의해서 구하여라.

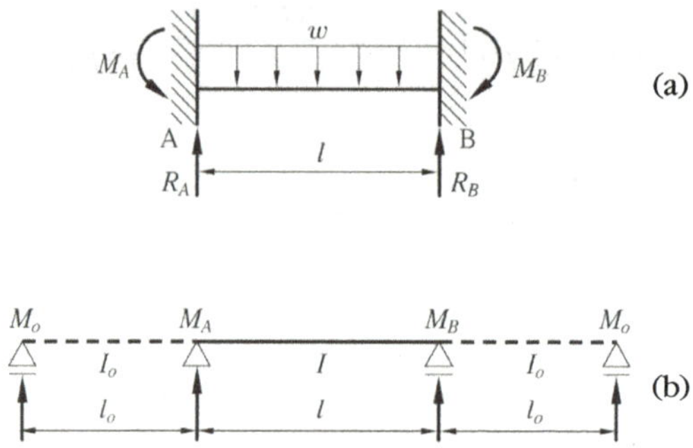

[그림 14.3.3]

풀이

3연모멘트 정리에 의해서 풀면 양단 고정지점에서는 가상적인 보의 길이 l_0를 생각하여 연속보로 보고 풀면 된다($I_0 = \infty$이다).

(1) A지점에서 모멘트식

$$\frac{l_0}{I_0}M_o + 2\left(\frac{l_0}{I_0} + \frac{l}{I}\right)M_A = 6E(\theta_{Al} - \theta_{Ar})$$

$$M_0 = 0,\ \theta_{Al} = 0,\ \theta_{Ar} = \frac{w\,l^3}{24EI}$$

$$2M_A + M_B = \frac{6EI}{l}\left(-\frac{w\,l^3}{24EI}\right) = -\frac{w\,l^2}{4} \qquad ①$$

(2) B지점에서 모멘트식

$$\frac{l}{I}M_A + 2\left(\frac{l}{I} + \frac{l_0}{I_0}\right)M_B + \frac{l_0}{I_0}M_0 = 6E(\theta_{Bl} - \theta_{Br})$$

$$M_0 = 0 \qquad \theta_{Bl} = -\frac{w\,l^3}{24EI} \qquad \theta_{Br} = 0$$

$$M_A + 2M_B = \frac{6EI}{l}\left(-\frac{w\,l^3}{24EI}\right) = -\frac{w\,l^2}{4} \qquad ②$$

(3) 방정식의 해 및 단면력

①×2−②를 하면

$$3M_A = -\frac{w\,l^2}{4} \qquad \therefore M_A = -\frac{w\,l^2}{12}$$

$$\therefore M_B = -\frac{w\,l^2}{4} - 2M_A = -\left(\frac{w\,l^2}{4} - 2\times\frac{w\,l^2}{12}\right) = -\frac{w\,l^2}{12}$$

예제 14-3-2

[그림 14.3.4(a)]와 같은 부정정보의 지점모멘트를 3연모멘트 정리에 의해서 구하여라. 단, EI는 일정하고 침하는 없다.

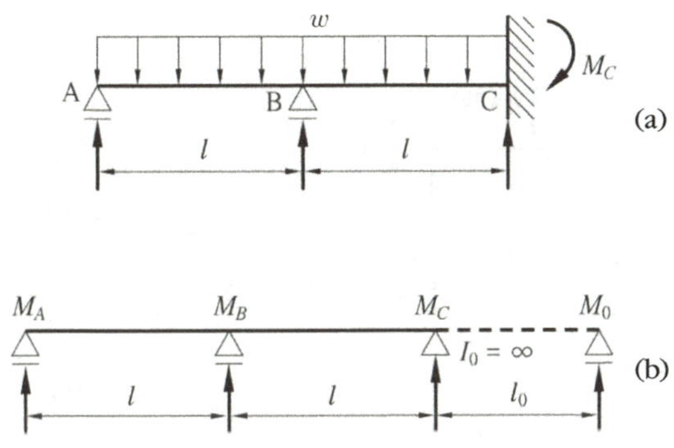

[그림 14.3.4]

풀이

$$M_A = 0$$

(1) B지점에서 모멘트식

$$2\left(\frac{l}{I}+\frac{l}{I}\right)M_B + \frac{l}{I}M_C = 6E(\theta_{Bl'} - \theta_{Br})$$

$$\theta_{Bl} = -\frac{w\,l^3}{24EI} \qquad \theta_{Br} = \frac{w\,l^3}{24EI}$$

$$4M_B + M_C = \frac{6EI}{l}\left(-\frac{w\,l^3}{24EI} - \frac{w\,l^3}{24EI}\right) = -\frac{w\,l^2}{2} \qquad ①$$

(2) C지점에서 모멘트식

$$\frac{l}{I}M_B + 2\left(\frac{l}{I}\right)M_C = 6E(\theta_{Cl} - \theta_{Cr})$$

$$\theta_{Cl} = -\frac{w\,l^3}{24EI},\ \ \theta_{Cr} = 0$$

$$M_B + 2M_C = \frac{6EI}{l}\times\left(-\frac{w\,l^3}{24EI}\right) = -\frac{w\,l^2}{4} \qquad ②$$

(3) 방정식의 해

식 ①×2－②에 의해서

$$7M_B = -\frac{3w\,l}{4}, \quad \therefore M_B = -\frac{3w\,l^2}{28} \quad \therefore M_C = -\frac{2w\,l^2}{28} = -\frac{w\,l^2}{14}$$

예제 14-3-3

[그림 14.3.5(a)]와 같은 부정정보의 단면력을 구하고 S.F.D와 B.M.D를 그려라. 단, EI는 일정하다.

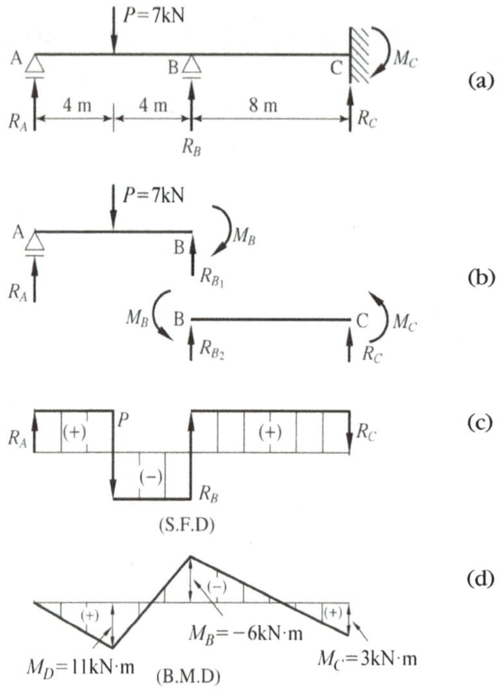

[그림 14.3.5]

풀이

3연모멘트의 정리에 의해서 풀면 다음과 같다.

(1) B지점에서 모멘트식

$$2\left(\frac{l}{I}+\frac{l}{I}\right)M_B + \frac{l}{I}M_C = 6E(\theta_{Bl} - \theta_{Br})$$

$$\theta_{Bl} = -\frac{Pl^2}{16EI}, \qquad \theta_{Br} = 0$$

$$4M_B + M_C = \frac{6EI}{l}\left(-\frac{Pl^2}{16EI}\right) = -\frac{3Pl}{8} \qquad ①$$

(2) C지점에서 모멘트식

$$\frac{l}{I}M_B + 2\left(\frac{l}{I}\right)M_C = 6E(\theta_{Cl} - \theta_{Cr})$$

$$\theta_{cl} = 0, \quad \theta_{cr} = 0$$

$$M_B + 2M_C = 0 \qquad ②$$

(3) 방정식의 해

식 ① × 2 − ②에 의해서

$$7M_B = -\frac{3Pl}{4}$$

$$\therefore M_B = -\frac{3Pl}{28} = -\frac{3\times(7\mathrm{KN})\times(8\mathrm{m})}{28} = -6\ \mathrm{KN}\cdot\mathrm{m}$$

$$\therefore M_C = \frac{3Pl}{56} = \frac{3\times(7\mathrm{KN})\times(8\mathrm{m})}{56} = 3\ \mathrm{KN}\cdot\mathrm{m}$$

(4) 단면력

① 지점반력

$$\therefore R_A = \frac{P}{2} + \frac{M_B}{l} = \frac{(7KN)}{2} - \frac{(6KN\cdot m)}{(8m)} = 2.75\ \mathrm{KN}$$

$$\therefore R_B = R_{B1} + R_{B2} = \frac{(7KN)}{2} + \frac{(6KN\cdot m)}{(8m)} + \frac{(3KN\cdot m)+(6KN\cdot m)}{(8m)} = 5.375\ \mathrm{KN}$$

$$\therefore R_C = \frac{M_B - M_C}{l} = \frac{(-6KN\cdot m)-(3KN\cdot m)}{8} = -1.125\ \mathrm{KN}(\downarrow)$$

② 전단력

$$\therefore V_{A\sim D} = R_A = 2.75\ \mathrm{KN}$$

$$\therefore V_{D\sim B} = R_A - P = 2.75 - 7 = -4.25\ \mathrm{KN}$$

$$\therefore V_{B\sim C} = R_A - P + R_B = 1.125\ \mathrm{KN}$$

③ 휨모멘트

$$\therefore M_D = R_A\times(4\mathrm{m}) = (2.75\mathrm{KN})\times(4\mathrm{m}) = 11\mathrm{KN}\cdot\mathrm{m}$$

$$\therefore M_B = R_A\times(8\mathrm{m}) - (7\mathrm{KN})\times(4\mathrm{m}) = (2.75\mathrm{KN})\times(8\mathrm{m}) - 28\ \mathrm{KN}\cdot\mathrm{m} = -6\ \mathrm{KN}\cdot\mathrm{m}$$

$$\therefore M_C = R_A\times(16\mathrm{m}) - P\times(12\mathrm{m}) + R_B\times(8\mathrm{m})$$

$$= (2.75\,KN)\times(16m) - (7KN)\times(12m) + (5.375\,KN)\times(8m) = 3\ KN\cdot m$$

$$\therefore M_A = 0$$

예제 14-3-4

[그림 14.3.6(a)]와 같은 부정정보를 3연모멘트 정리에 의해서 지점모멘트를 구하여라. 단, EI는 일정하고 침하는 없다.

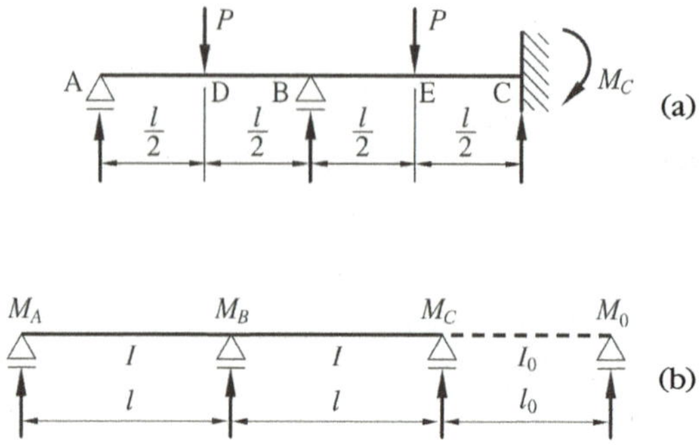

[그림 14.3.6]

풀이

3연모멘트 정리에 의해서

(1) B지점에서 모멘트식

$$2\left(\frac{l}{I}+\frac{l}{I}\right)M_B+\frac{l}{I}M_C=6E(\theta_{Bl}-\theta_{Br})$$

$$\theta_{Bl}=-\frac{Pl^2}{16EI},\qquad \theta_{Br}=\frac{Pl^2}{16EI}$$

$$4M_B+M_C=\frac{6EI}{l}\left(-\frac{Pl^2}{16EI}-\frac{Pl^2}{16EI}\right)=-\frac{12Pl}{16}=-\frac{3Pl}{4} \qquad ①$$

(2) C지점에서 모멘트식

$$\frac{l}{I}M_B+2\left(\frac{l}{I}+\frac{l_0}{I_0}\right)M_C+\frac{l_0}{I_0}M_0=6E(\theta_{Cl}-\theta_{Cr})$$

$$M_0=0,\quad \theta_{Cl}=-\frac{Pl^2}{16EI},\qquad \theta_{Cr}=0$$

$$M_B+2M_C=\frac{6EI}{l}\left(-\frac{Pl^2}{16EI}\right)=-\frac{6Pl}{16}=-\frac{3Pl}{8} \qquad ②$$

(3) 방정식의 해

식 ① × 2 − ②에 의해서

$$7M_B=-\frac{9Pl}{8},\quad \therefore M_B=-\frac{9Pl}{56},\quad \therefore M_C=-\frac{6Pl}{56}$$

예제 14-3-5

[그림 14.3.7(a)]와 같은 부정정보를 3연모멘트 정리에 의해서 지점모멘트를 구하고 단면력도를 그려라. 단, EI는 일정하고 지점침하는 없다.

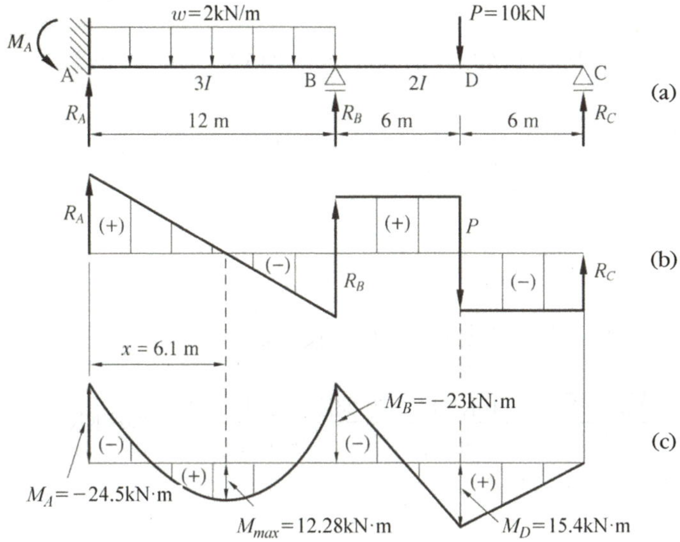

[그림 14.3.7]

풀이

3연모멘트 정리에 의해서

$$\theta_{Al}=0,\quad \theta_{Ar}=\frac{wl^3}{24EI},\quad \theta_{Bl}=-\frac{wl^3}{24EI},\quad \theta_{Br}=\frac{Pl^2}{16EI},\quad M_C=0$$

(1) A지점에서 모멘트식

$$2\left(\frac{l}{I}\right)M_A+\frac{l}{I}M_B=6E(\theta_{Al}-\theta_{Ar})$$

$$2\left(\frac{l}{3I}\right)M_A+\frac{l}{3I}M_B=6E\left(-\frac{wl^3}{24\times 3EI}\right)$$

$$2M_A+M_B=-\frac{wl^2}{4}=-\frac{(2KN/m)(12)^2}{4}=-72 \qquad ①$$

(2) B지점에서 모멘트식

$$\frac{l}{I}M_A+2\left(\frac{l}{I}+\frac{l}{I}\right)M_B=6E(\theta_{Bl}-\theta_{Br})$$

$$\frac{l}{3I}M_A+2\left(\frac{l}{3I}+\frac{l}{2I}\right)M_B=6E\left(-\frac{wl^3}{24\times 3EI}-\frac{Pl^2}{16\times 2EI}\right)$$

$$2M_A+10M_B=-\frac{wl^2}{2}-\frac{9Pl}{8}=-\frac{(2\text{KN/m})(12\text{m})^2}{2}-\frac{9(10\text{KN})(12\text{m})}{8}=-279 \qquad ②$$

(3) 연립방정식의 해

식 ①과 ②를 연립하여 풀면

$\therefore M_B = -23\ \text{KN}\cdot\text{m}, \qquad \therefore M_A = -24.5\ \text{KN}\cdot\text{m}$

(4) 단면력

① 지점반력

$$\therefore R_A = \frac{wl}{2} + \frac{M_B - M_A}{l} = \frac{(2KN)\times(12m)}{2} + \frac{(-23KN\cdot m)-(-24.5KN\cdot m)}{(12m)}$$
$$= 12.13\ KN$$

$$\therefore R_B = \frac{wl}{2} + \frac{M_A - M_B}{l} + \frac{P}{2} + \frac{M_C - M_B}{l}$$
$$= \frac{(2\text{KN/m})\times(12\text{m})}{2} + \frac{(-24.5\text{KN}\cdot\text{m})-(-23\text{KN}\cdot\text{m})}{(12\text{m})}$$
$$+ \frac{(10\text{KN})}{2} + \frac{(0)-(-23\text{KN}\cdot\text{m})}{(12\text{m})} = 18.79\,\text{KN}$$

$$\therefore R_C = \frac{P}{2} + \frac{M_B - M_C}{l} = \frac{(10\text{KN})}{2} + \frac{(-23\text{KN}\cdot\text{m})-(0)}{(12\text{m})} = 3.08\ \text{KN}$$

② 단면력 계산

AB 구간

$$M_x = R_A x - \frac{wx^2}{2} + M_A = 12.13x - x^2 - 24.5$$

$$\frac{dM_x}{dx} = V_x = 12.13 - 2x$$

$$V_A = V_{x=0} = R_A = 12.13\,\text{KN}$$

$$V_B = V_{x=12\text{m}} = 12.13 - 2\times(12m) = -11.87\ \text{KN}$$

전단력이 0이 되는 위치에서 최대 휨모멘트 값을 얻을 수 있다.

$$V_x = 0 \qquad 12.13 - 2x = 0 \qquad \therefore x = 6.1\ \text{m}$$

$$M_{\max(x=6.1\text{m})} = 12.13\times(6.1\text{m}) - (6.1\text{m})^2 - 24.5 = 12.28\ \text{KN}\cdot\text{m}$$

BC 구간

$$M_D = R_C\times(6\text{m}) = (3.08\text{KN})\times(6\text{m}) = 18.48\,\text{KN}\cdot\text{m}$$

$$V_{BD} = R_A - 24 + R_B = 6.92\text{KN}$$

$$V_{DC} = R_A - 24 + R_B - 10 = 3.08\,\text{KN}$$

따라서 전단력도와 휨모멘트도는 [그림 14.3.7(b), (c)]와 같다.

예제 14-3-6

[그림 14.3.8(a)]와 같은 부정정보에서 3연모멘트 정리에 의해서 지점모멘트를 구하고 단면력도를 그려라. 단, EI는 일정하고 지점침하는 없다.

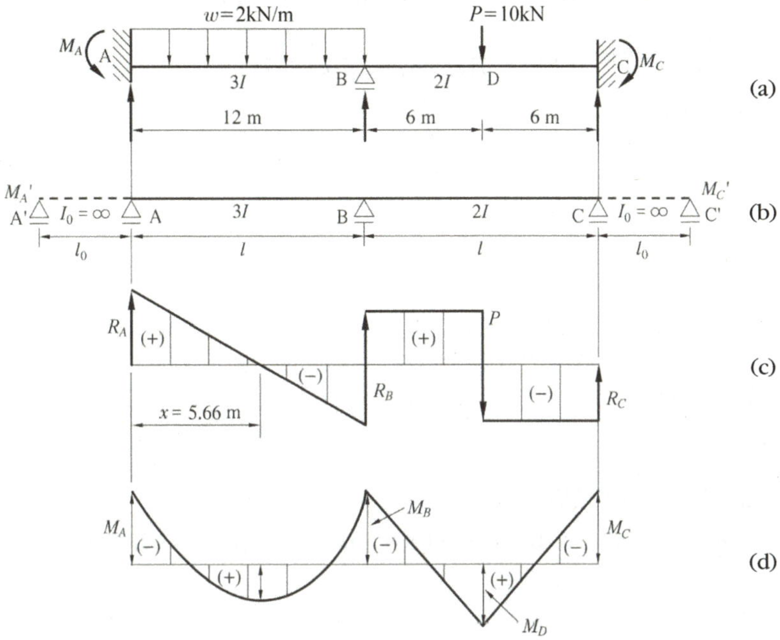

[그림 14.3.8]

풀이

[그림 14.3.8(a)]와 같은 보는 4차 부정정보이다. 지점침하가 없기 때문에 미지수는 3개로 보고 3연모멘트 정리에 의해서 A B, C지점에서 3개의 방정식을 세워야 한다. 따라서 A와 C지점이 고정단이므로 [그림 14.3.8(b)]와 같이 단순지지로 하여 지간 l_0로 연장하고 l_0이 $I_0=\infty$로 본다.

3연모멘트 정리에 의해서

$$\theta_{Al}=0,\ \theta_{Ar}=\frac{wl^3}{24EI},\ \theta_{Bl}=-\frac{wl^3}{24EI},\ \theta_{Br}=\frac{Pl^2}{16EI},$$

$$\theta_{Cl}=-\frac{Pl^2}{16EI},\ \theta_{Cr}=0,\ M_{A'}=M_{C'}=0$$

(1) A지점에서 모멘트식

$$\frac{l_0}{I_0}M_{A'}+2\left(\frac{l_0}{I_0}\right)M_A+\frac{l}{I}M_B=6E(\theta_{Al}-\theta_{Ar})$$

$$2\left(\frac{l}{3I}\right)M_A+\frac{l}{3I}M_B=6E\left(0-\frac{wl^3}{24\times 3EI}\right)$$

$$2M_A + M_B = -\frac{wl^2}{4} = -72 \qquad ①$$

(2) B지점에서 모멘트식

$$\frac{l}{I}M_A + 2\left(\frac{l}{I} + \frac{l}{I}\right)M_B + \frac{l}{2I}M_C = 6E\left(-\frac{wl^3}{24 \times 3EI} - \frac{Pl^2}{16 \times 2EI}\right)$$

$$\frac{l}{3I}M_A + 2\left(\frac{l}{3I} + \frac{l}{2I}\right)M_B = 6E\left(-\frac{wl^3}{24E \times 3I} - \frac{Pl^2}{16E \times 2I}\right)$$

$$2M_A + 10M_B + 3M_C = -279 \qquad ②$$

(3) C지점에서 모멘트식

$$\frac{l}{I}M_B + 2\left(\frac{l}{I} + \frac{l_0}{I_0}\right)M_C' + \frac{l_0}{I_0}M_C = (\theta_{Cl} - \theta_{Cr})$$

$$\frac{l}{2I}M_B + \frac{2l}{2I}M_C = 6E\left(-\frac{Pl^2}{16 \times 2EI} - 0\right)$$

$$M_B + 2M_C = -45 \qquad ③$$

(4) 연립방정식의 해

식 ①과 ②, ③을 연립하여 풀면

$\therefore M_A = -26.7\text{KN} \cdot \text{m}$ $\quad \therefore M_B = -18.6\text{KN} \cdot \text{m}$ $\quad \therefore M_C = -13.2\text{KN} \cdot \text{m}$

(5) 단면력

① 지점반력

$$\therefore R_A = \frac{wl}{2} + \frac{M_B - M_A}{l} = \frac{(2\text{KN/m}) \times (12\text{m})}{2} + \frac{(-26.7\text{KN} \cdot \text{m}) - (-18.6\text{KN} \cdot \text{m})}{(12\text{m})}$$

$$= 11.32\text{ KN}$$

$$\therefore R_B = R_{B1} + R_{B2} = \left(\frac{wl}{2} + \frac{M_A - M_B}{l}\right) + \left(\frac{P}{2} + \frac{M_C - M_B}{l}\right)$$

$$= \left[\frac{(2\text{KN/m}) \times (12\text{m})}{2} + \frac{(-18.6\text{KN} \cdot \text{m}) - (-26.7\text{KN} \cdot \text{m})}{(12\text{m})}\right]$$

$$+ \left[\frac{(10\text{KN})}{2} + \frac{(-13.2\text{KN} \cdot \text{m}) - (-26.7\text{KN} \cdot \text{m})}{(12\text{m})}\right] = 18.8\text{KN}$$

$$\therefore R_C = \frac{P}{2} + \frac{M_B - M_C}{l} = \frac{(10\text{KN})}{2} + \frac{(-26.7\text{KN} \cdot \text{m}) - (-13.2\text{KN} \cdot \text{m})}{(12\text{m})} = 3.88\text{KN}$$

② 단면력 계산

AB 구간에서

$$M_x = R_A x - \frac{w}{2}x^2 - 18.6 \qquad \frac{dM_x}{dx} = V_x = R_A - wx = 11.32 - 2x$$

전단력이 0이 되는 위치는 $V_x = 0$에 의해서

$11.32 - 2x = 0 \qquad \therefore x = 5.66\,\text{m}$

$$M_{\max} = (11.32\text{KN}) \times (5.66\text{m}) - \frac{(2\text{KN/m})}{2} \times (5.66\,\text{m})^2 - 18.6 = 13.44\text{KN} \cdot \text{m}$$

$$M_D = R_C \times (6\text{m}) + M_C = (3.88\text{ KN}) \times (6\text{m}) + (-13.2\text{KN} \cdot \text{m}) = 10.08\text{ tf} \cdot \text{m}$$

따라서 전단력도와 휨모멘트도는 [그림 14.3.8(c), (d)]와 같다.

예제 14-3-7

[그림 14.3.9]와 같은 3경간 연속보의 지점모멘트 M_B, M_C를 3연모멘트 정리에 의해서 구하여라. 단, EI은 일정하다.

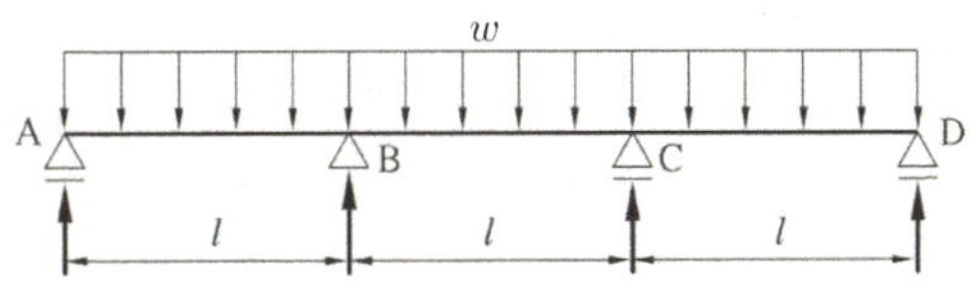

[그림 14.3.9]

풀이

$M_A = M_D = 0, \quad M_B = M_C$

대칭구조이므로 B지점에서 식을 한 번 세우면 된다.

(1) B지점에서 모멘트식

$$2\left(\frac{l}{I} + \frac{l}{I}\right)M_B + \frac{l}{I}M_C = 6E(\theta_{Bl} - \theta_{Br})$$

$$\theta_{Bl} = -\frac{wl^3}{24EI}, \quad \theta_{Br} = \frac{wl^3}{24EI}$$

$$4M_B + M_C = \frac{6EI}{l} \times \left(-\frac{wl^3}{24EI} - \frac{wl^3}{24EI}\right) = -\frac{wl^2}{2}$$

(2) 방정식의 해 및 단면력

$M_A = M_D = 0, \quad M_B = M_C$이므로 다음과 같이 된다.

$$5M_B = -\frac{wl^2}{2} \qquad \therefore M_B = -\frac{wl^2}{10} \qquad \therefore M_C = -\frac{wl^2}{10}$$

예제 14-3-8

[그림 14.3.10(a)]와 같은 3경간 연속보의 단면력을 구하고, 단면력도를 그려라. 단, EI는 일정하고 지점침하는 없다.

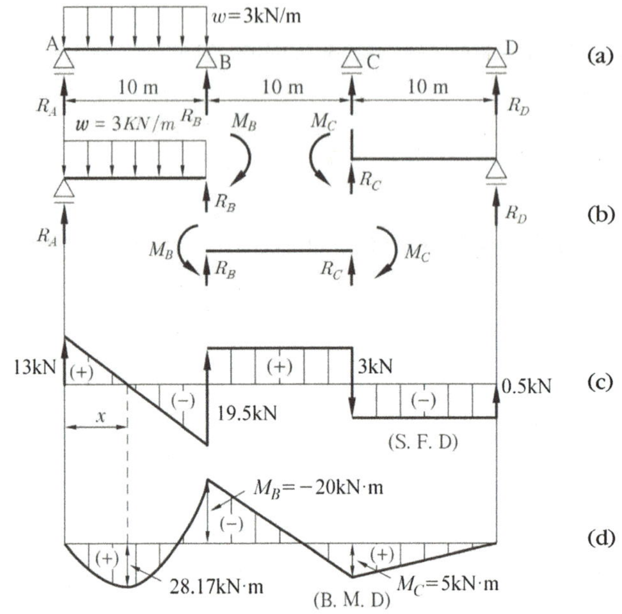

[그림 14.3.10]

풀이

3연모멘트의 정리에 의해서 풀면 다음과 같다.

(1) B지점에서 모멘트식

$$2\left(\frac{l}{I}+\frac{l}{I}\right)M_B+\frac{l}{I}M_C=6E(\theta_{Bl}-\theta_{Br}),\qquad \theta_{Bl}=-\frac{wl^3}{24EI},\qquad \theta_{Br}=0$$

$$4M_B+M_C=\frac{6EI}{l}\left(-\frac{wl^3}{24EI}\right)=-\frac{wl^2}{4} \qquad ①$$

(2) C지점에서 모멘트식

$$\frac{l}{I}M_B+2\left(\frac{l}{I}+\frac{l}{I}\right)M_C=6E(\theta_{Cl}-\theta_{Cr}),\qquad \theta_{Cl}=\theta_{Cr}=0$$

$$M_B+4M_D=0 \qquad ②$$

(3) 연립방정식의 해

식 ① × 4 − ②에 의하여

$$15M_B=-wl^2$$

$$\therefore M_B = -\frac{wl^2}{15} = -\frac{(3\text{KN/m}) \times (10\text{m})^2}{15} = -20\text{KN}\cdot\text{m}$$

$$\therefore M_C = -\frac{wl^2}{4} - 4M_B = -\frac{wl^2}{4} - 4\left(-\frac{wl^2}{15}\right) = \frac{wl^2}{60} = \frac{(3\text{KN/m}) \times (10\text{m})^2}{60} = 5\text{KN}\cdot\text{m}$$

$$\therefore M_A = M_D = 0$$

(4) 단면력

① 지점반력

$$\therefore R_A = \frac{wl}{2} + \frac{M_B}{l} = \frac{(3\text{KN/m}) \times (10\text{m})}{2} + \frac{(-20\text{KN}\cdot\text{m})}{(10\text{m})} = 13\text{KN}$$

$$\therefore R_B = \frac{wl}{2} - \frac{M_B}{l} + \frac{M_C - M_B}{l}$$
$$= \frac{(3\text{KN/m}) \times (10\text{m})}{2} - \frac{(-20\text{KN}\cdot\text{m})}{(10\text{m})} + \frac{(5\text{KN}\cdot\text{m}) - (-20\text{KN}\cdot\text{m})}{(10\text{m})} = 19.5\text{KN}$$

$$\therefore R_C = \frac{M_B - M_C}{l} - \frac{M_C}{l}$$
$$= \frac{(-20\text{KN}\cdot\text{m}) - (5\text{KN}\cdot\text{m})}{(10\text{m})} - \frac{(5\text{KN}\cdot\text{m})}{(10\text{m})} = -3\text{KN}$$

$$\therefore R_D = \frac{M_C}{l} = \frac{(5\text{KN}\cdot\text{m})}{(10\text{m})} = 0.5\text{KN}$$

② 전단력

AB 구간 $V_x = R_A - wx = 13 - 3x$

$\therefore V_A = V_{x=0} = 13 - 3(0) = 13\text{KN}$ $\quad \therefore V_B = V_{x=l} = 13 - 3(10\text{m}) = -17\text{KN}$

전단력이 0인 지점 $\quad 13 - 3x = 0 \quad \therefore x = 4.3\text{m}$

BC 구간 $\therefore V_{B\sim C} = R_A - wl + R_B$

$= (13\text{KN}) - (3\text{KN/m})(10\text{m}) + (19.5\text{KN}) = 2.5\text{KN}$

CD 구간 $\therefore V_{C\sim D} = R_A - wl + R_B + R_C$

$= (13\text{KN}) - (3\text{KN/m})(10\text{m}) + (19.5\text{KN}) + (-3\text{KN}) = -0.5\text{KN} = -R_D$

③ 휨모멘트

AB 구간 $M_x = R_A x - \dfrac{wx^2}{2} = 13x - 1.5x^2$

$\therefore M_B = M_{x=10} = 13 \times (10\text{m}) - 1.5(10\text{m})^2 = -20\text{KN}\cdot\text{m}$

$\therefore M_{\max} = M_{x=4.3\text{m}} = 13 \times (4.3\text{m}) - 1.5 \times (4.3\text{m})^2 = -28.17\ \text{tf}\cdot\text{m}$

CD 구간

$\therefore M_C = R_D \times (10\text{m}) = (0.5\text{KN}) \times (10\text{m}) = 5\text{KN}\cdot\text{m}$

예제 14-3-9

[그림 14.3.11(a)]와 같은 부정정보의 단면력도를 3연모멘트 정리에 의해서 그려라. 단, EI는 일정하고 지점침하는 없다.

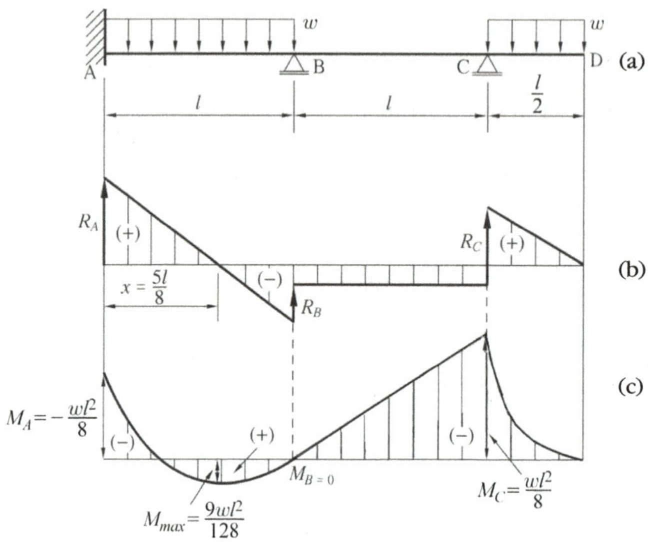

[그림 14.3.11]

풀이

3연모멘트 정리에 의해서 지점모멘트 M_A, M_B, M_C 값은

$$\theta_{Al}=0 \qquad \theta_{Ar}=\frac{w\,l^3}{24EI} \qquad \theta_{Bl}=-\frac{w\,l^3}{24EI} \qquad \theta_{Br}=0$$

(1) A지점에서 모멘트식

$$\frac{l'}{\infty}M_A' + 2\left(\frac{l'}{\infty}+\frac{l}{I}\right)M_A+\frac{l}{I}M_B=6E(\theta_{Al}-\theta_{Ar})$$

$$2\left(\frac{l}{I}\right)M_A+\frac{l}{I}M_B=6E\left(0-\frac{w\,l^3}{24EI}\right) \qquad ①$$

(2) B지점에서 모멘트식

$$\frac{l}{I}M_A+2\left(\frac{l}{I}+\frac{l}{I}\right)M_B+\frac{l}{I}M_C=6E(\theta_{Bl}-\theta_{Br})$$

$$\frac{l}{I}M_A+\frac{l}{I}4M_B+\frac{l}{I}M_C=6E\left(-\frac{w\,l^3}{24EI}\right) \qquad ②$$

(3) 연립방정식의 해

식에서 $M_C = -\frac{w\,l^2}{8}$ 이며, 식 ①과 ②를 정리하면

$$\left.\begin{aligned} 2M_A + M_B &= -\frac{w\,l^2}{4} \\ M_A + 4M_B &= -\frac{w\,l^2}{8} \end{aligned}\right\} \qquad ③$$

식 ③에 의해서 $\therefore M_B = 0$ $\qquad \therefore M_A = -\frac{w\,l^2}{8}$

(4) 단면력

① 지점반력

$$\therefore R_A = \frac{w\,l}{2} + \frac{M_B - M_A}{l} = \frac{w\,l}{2} + \frac{w\,l}{8} = \frac{5w\,l}{8}$$

$$\therefore R_B = \frac{w\,l}{2} + \frac{M_A - M_B}{l} + \frac{M_C - M_B}{l} = \frac{w\,l}{2} - \frac{wl}{8} - \frac{w\,l}{8} = \frac{w\,l}{4}$$

$$\therefore R_C = \frac{M_B - M_C}{l} + \frac{w\,l}{2} = \frac{5w\,l}{8}$$

② 전단력

AB 구간에서, $\quad V_x = R_A - w\,x = \frac{5w\,l}{8} - w\,x$

전단력이 $V_x = 0$이 되는 위치, $\quad \frac{5w\,l}{8} - w\,x = 0 \qquad \therefore x = \frac{5}{8}l$

BC 구간에서, $\quad V_x = R_A + R_B - w\,l = \frac{5}{8}w\,l + \frac{w\,l}{4} - w\,l = -\frac{w\,l}{8}$

③ 휨모멘트

AB 구간에서, $\quad M_x = R_A x - \frac{w}{2}x^2 - \frac{w\,l^2}{8}$

$$\therefore M_{x=0} = M_A = -\frac{w\,l^2}{8}$$

$$\therefore M_{x=l} = M_B = \left(\frac{5}{8}w\,l\right)(l) - \frac{w}{2}(l)^2 - \frac{w\,l^2}{8} = 0$$

$$\therefore M_{\max} = \left(\frac{5}{8}w\,l\right) \times \left(\frac{5}{8}l\right) - \frac{w}{2}\left(\frac{5}{8}l\right)^2 - \frac{w\,l^2}{8} = \frac{9}{128}w\,l^2$$

$$\therefore M_C = -\frac{w\,l^2}{8}$$

예제 14-3-10

[그림 14.3.12(a)]와 같은 4경간 연속보에서 지점모멘트를 구하여라. 단 EI는 일정하고 지점침하는 없다.

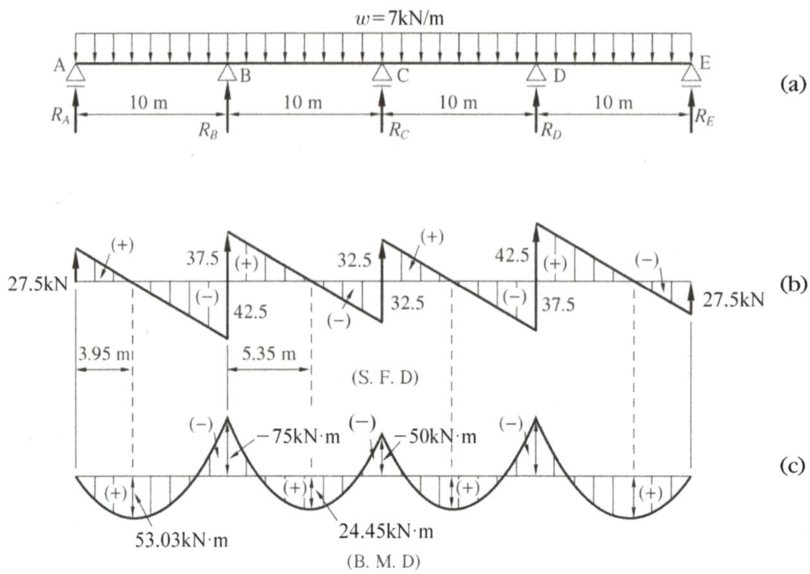

[그림 14.3.12]

풀이

3연모멘트의 정리에 의해서 지점모멘트를 풀면 다음과 같다.

$M_A = M_E = 0, \qquad M_B = M_D$

(1) B지점에서 모멘트식

$$2\left(\frac{l}{I}+\frac{l}{I}\right)M_B+\frac{l}{I}M_C = 6E(\theta_{Bl}-\theta_{Br}), \qquad \theta_{Bl} = -\frac{wl^3}{24EI}, \quad \theta_{Br} = \frac{wl^3}{24EI}$$

$$4M_B + M_C = \frac{6EI}{l}\left(-\frac{wl^3}{24EI}-\frac{wl^3}{24EI}\right) = -\frac{wl^2}{2} \qquad ①$$

(2) C지점에서 모멘트식

$$\frac{l}{I}M_B+2\left(\frac{l}{I}+\frac{l}{I}\right)M_C+\frac{l}{I}M_D = 6E(\theta_{Cl}-\theta_{Cr}),$$

$$\theta_{Cl} = -\frac{wl^3}{24EI}, \quad \theta_{Cr} = \frac{wl^3}{24EI}, \quad M_B = M_D$$

$$M_B + 4M_C + M_B = \frac{6EI}{l}\left(-\frac{wl^3}{24EI}-\frac{wl^3}{24EI}\right) = -\frac{wl^2}{2} \qquad ②$$

(3) 연립방정식의 해석

식 ① × 4 − ②에 의해서

$$\therefore M_B = M_D = -\frac{3wl^2}{28} = -\frac{3\times(7\text{KN/m})\times(10\text{m})^2}{28} = -75\text{KN}\cdot\text{m}$$

$$\therefore M_C = -\frac{wl^2}{14} = -\frac{(7\text{KN/m})\times(10\text{m})^2}{14} = -50\text{KN}\cdot\text{m}$$

(4) 단면력

① 지점반력

$$R_A = R_E, \qquad R_B = R_D$$

$$\Sigma F_y = 0 \qquad R_A + R_B + R_C + R_D + R_E = 4wl = 280\text{KN}$$

$$R_A = R_E = \frac{wl}{2} + \frac{M_B}{l} = \frac{11}{28}wl = 27.5\text{KN}$$

$$R_B = R_D = \frac{wl}{2} - \frac{M_B}{l} + \frac{wl}{2} + \frac{M_C - M_B}{l} = \frac{8}{7}wl = 80\text{KN}$$

$$R_C = \frac{wl}{2} + \frac{M_B - M_C}{l} + \frac{wl}{2} + \frac{M_D - M_C}{l} = \frac{13}{14}wl = 65\text{KN}$$

② 단면력 계산

A~B 지간의 A지점에서 x가 되는 거리에서 휨모멘트와 전단력은

$$M_x = R_A x - \frac{7x^2}{2} = 27.5x - 3.5x^2$$

$$\frac{dM_x}{dx} = V_x = 27.5 - 7x, \quad \therefore V_A = R_A = 27.5\text{KN}, \quad \therefore V_{Bl} = 27.5 - 70 = -42.5\text{KN}$$

최대 휨모멘트는 전단력이 0이 되는 위치이므로

$$V_x = 0, \qquad 27.5 - 7x = 0, \qquad x = 3.93\,\text{m}$$

$$\therefore M_{\max} = 27.5\times(3.93\text{m}) - 3.5\times(3.93\text{m})^2 = 54.03\,\text{KN}\cdot\text{m}$$

BC 지간의 B지점에서 x가 되는 거리에서 휨모멘트와 전단력은

$$M_x = \frac{7x}{2}(10 - x) + \frac{M_C - M_B}{l}x + M_B = 37.5x - 3.5x^2 - 75$$

$$\frac{dM_x}{dx} = V_x = 37.5 - 7x, \quad \therefore V_{x=0} = V_{Br} = 37.5\,\text{KN}$$

$$\therefore V_{x=10\text{m}} = V_{Br} = 37.5 - 7(10\text{m}) = -32.5\,\text{KN}$$

최대 휨모멘트는

$$V_x = 0, \qquad 37.5 - 7x = 0, \qquad x = 5.35\,\text{m}$$

$$\therefore M_{\max} = 37.5\times(5.35\text{m}) - 3.5\times(5.35\text{m})^2 - 75 = 24.45\,\text{KN}\cdot\text{m}$$

전단력도와 휨모멘트도는 [그림 14.3.12(b), (c)]와 같다.

14.3.3 연속보에서 지점침하가 있는 경우

[그림 14.3.13]와 같은 2경간 연속보의 B지점에 침하 δ_B가 생겼을 때 M_B를 구해보자. 단, EI는 일정하다.

지점모멘트를 구하는 것이므로 3연모멘트의 정리에서 하중항만 제외하고 적용시키면 된다.

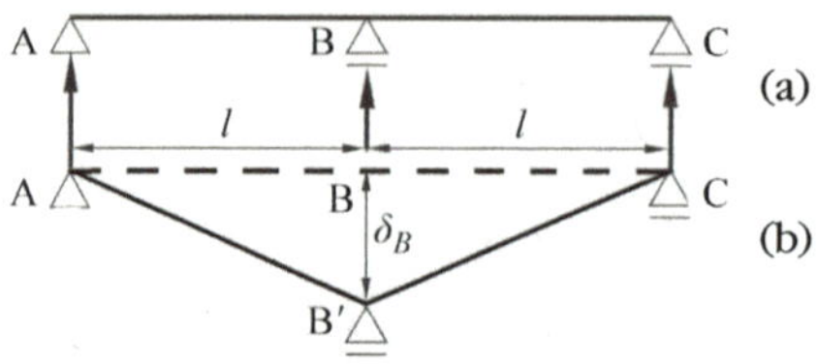

[그림 14.3.13]

[1] 모멘트식

$M_A = M_C = 0$이므로

$$2\left(\frac{l}{I} + \frac{l}{I}\right)M_B = 6E(\beta_m - \beta_{m-1})$$

$$\beta_m = \frac{\delta_B - \delta_A}{l} = \frac{\delta_B}{l}, \qquad \beta_{m+1} = \frac{\delta_C - \delta_B}{l} = -\frac{\delta_B}{l}$$

[2] 방정식의 해 및 단면력

$$4M_B l = 6EI\left(\frac{\delta_B}{l} + \frac{\delta_B}{l}\right) \qquad \therefore M_B = \frac{6EI}{4l} \times \frac{2\delta_B}{l} = \frac{3EI\delta_B}{l^2}$$

예제 14-3-11

[그림 14.3.14]와 같은 3경간 연속보의 B지점에서 10 cm, C지점에서 10 cm의 침하가 생겼을 때 지점 모멘트 M_B와 M_C를 구하여라. 단, $EI = 24 \times 10^9\,\text{kgf} \cdot \text{cm}^2$이다.

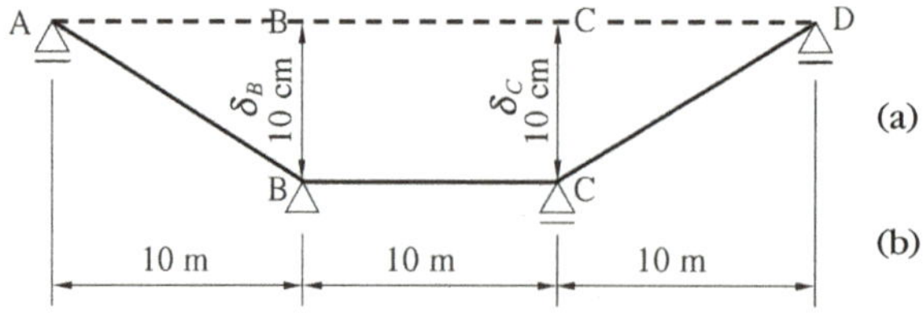

[그림 14.3.14]

풀이

3연모멘트의 정리를 적용하면

$M_A = M_D = 0, \quad M_B = M_C$

(1) B지점에서 모멘트식

$$2\left(\frac{l}{I}+\frac{l}{I}\right)M_B + \frac{l}{I}M_C = 6E(\beta_m - \beta_{m+1})$$

$$\beta_m = \frac{\delta_B - \delta_A}{l} = \frac{\delta_B}{l} = \frac{10}{l}, \qquad \beta_{m-1} = \frac{\delta_C - \delta_B}{l} = \frac{10-10}{l} = 0$$

(2) 방정식의 해 및 단면력 ($M_B = M_C$이므로)

$$4M_B + M_C = \frac{6EI}{l}\left(\frac{10}{l} - 0\right), \qquad 4M_B + M_B = \frac{60EI}{l^2}$$

$$\therefore M_B = \frac{12EI}{l^2} = \frac{12 \times (24 \times 10^7 \mathrm{KN \cdot cm^2})}{(10\mathrm{m})^6} = 2{,}880\ \mathrm{KN \cdot cm} = 28.8\mathrm{KN \cdot m}$$

예제 14-3-12

[그림 14.3.15(a)]의 3경간 연속보에서 B지점에 δ_B 만큼의 침하가 발생하였을 때 휨모멘트도를 그려라. 단, EI는 일정하다.

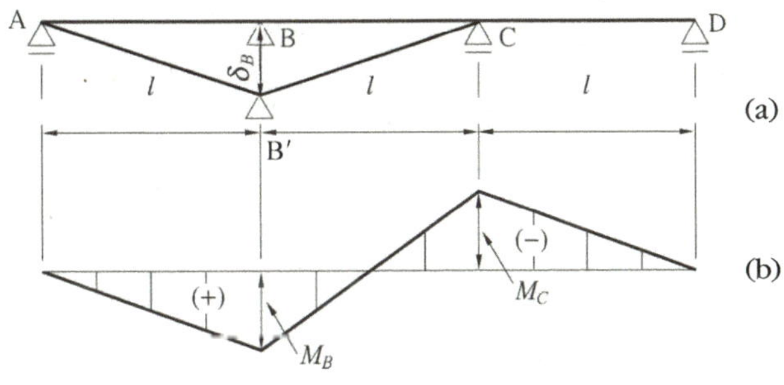

[그림 14.3.15]

풀이

3연모멘트의 정리를 적용하면

$M_A = M_D = 0$

(1) B지점에서 모멘트식

$$2\left(\frac{l}{I}+\frac{l}{I}\right)M_B + \frac{l}{I}M_C = 6E(\beta_m - \beta_{m+1}) = 6E\left\{\frac{\delta}{l} - \left(-\frac{\delta}{l}\right)\right\}$$

$$\beta_m = \frac{\delta_B - \delta_A}{l}, \quad \beta_{m+1} = \frac{\delta_C - \delta_B}{l}$$

$$4M_B + M_C = \frac{12EI\delta_B}{l^2} \qquad ①$$

(2) C지점에서 모멘트식

$$\frac{l}{I}M_B + 2\left(\frac{l}{I} + \frac{l}{I}\right)M_C = 6E\left(-\frac{\delta_B}{l}\right)$$

$$M_B + 4M_C = -\frac{6EI\delta_B}{l^2} \qquad ②$$

(3) 연립방정식의 해 및 단면력

식 ①과 ②에 의해서

$$\therefore M_B = \frac{18EI\delta_B}{5l^2} \qquad \therefore M_C = -\frac{12EI\delta_B}{5l^2}$$

E X E R C I S E

1. [P그림 14.1]과 같은 연속보에서 지점반력 R_B 값을 구하여라. 단, EI는 일정하고 지점침하는 없다.

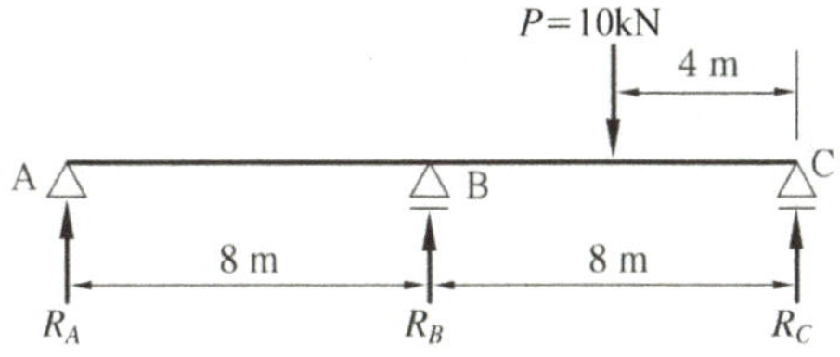

[P그림 14.1]

정답 $R_B = 6.954\,KN$

2. [P그림 14.2]와 같은 부정정보에서 지점모멘트 M_B 값을 구하여라. 단, 지점침하는 없다.

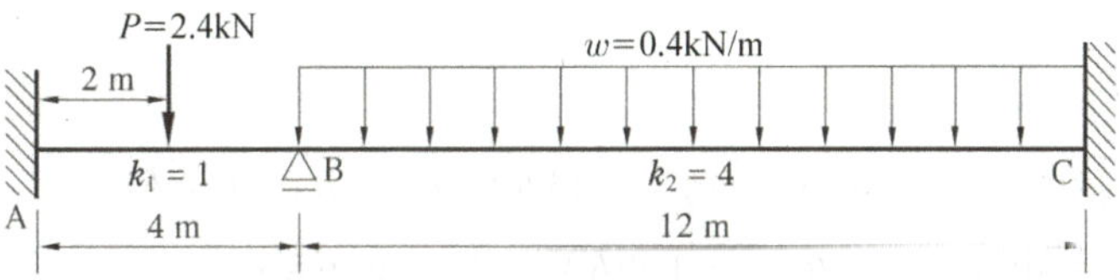

[P그림 14.2]

정답 $M_B = -1.92\,KN \cdot m$

3. [P그림 14.3]과 같은 연속보의 B 지점에서 5 cm 아래로, C 지점에서는 2 cm 위로 지점변위를 일으켰다. 3연모멘트 정리에 의해서 지점모멘트 M_B와 M_C를 구하여라. 단, 지간에 재하된 하중은 없고, EI는 일정하다.

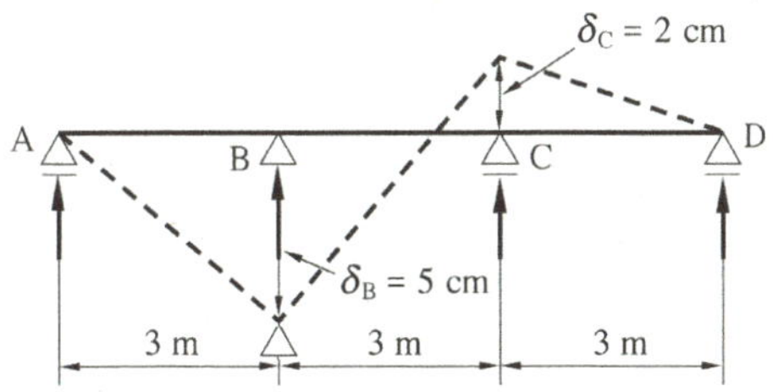

[P그림 14.3]

정답 $M_B = \dfrac{38}{15}EI,\quad M_C = -\dfrac{32}{15}EI$

4. [P그림 14.4]와 같은 연속보에서 B지점의 휨모멘트 M_B 값을 구하여라.

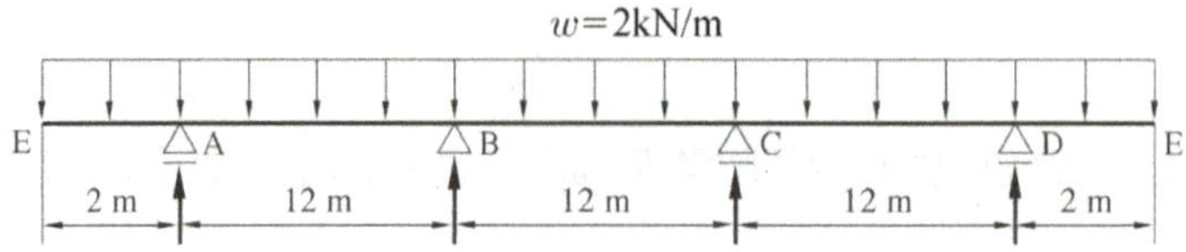

[P그림 14.4]

정답 $M_B = -28KN \cdot m$

5. [P그림 14.5]와 같은 연속보에서 지점반력을 구하고 단면력도를 그려라.

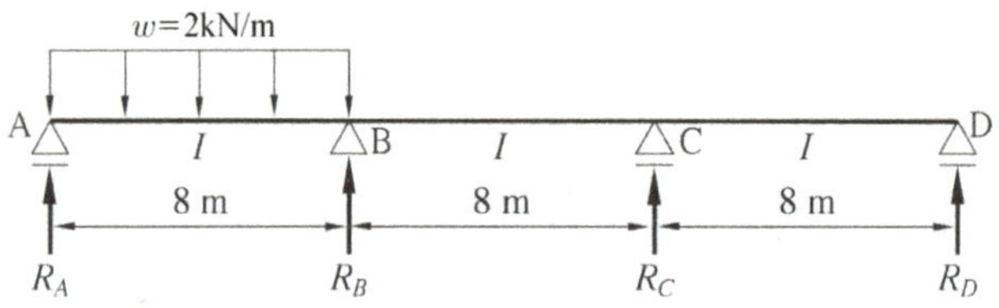

[P그림 14.5]

정답 $M_B = -8.53\,KN \cdot m$ $M_C = 2.13\,KN \cdot m$ $R_A = 6.93KN$

$R_B = 10.40\,KN$ $R_C = -1.59KN$ $R_D = 0.26\,KN$

6. [P그림 14.6]과 같은 7경간이 등간격인 연속보의 지점모멘트를 구하여라. 단, EI는 일정하고 지점침하는 없다.

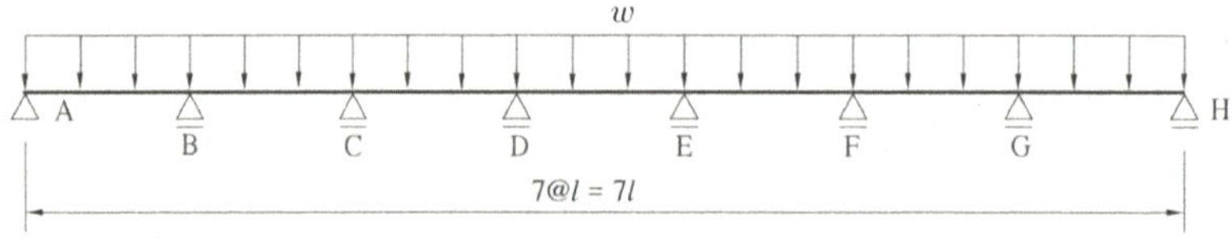

[P그림 14.6]

정답 $M_B = M_G = -\dfrac{5}{142}wl^2$ $M_C = M_F = -\dfrac{11}{142}wl^2$ $M_D = M_E = -\dfrac{6}{71}wl^2$

CHAPTER 15

처짐각법

15.1 개요

처짐각법은 Heinrich Mandelra와 Otto Mohr에 의해 트러스의 2차 응력을 해석하기 위하여 처음 개발되었고, 그 후 1915년 미국 Minnesota 대학의 G. A. Maney 교수는 이 방법을 수정하여 연속보와 강절뼈대(rigid frame)[흔히 라멘(rahmen)이라 함] 구조물의 해석에 이용하였다.

직선부재에 작용하는 하중과 하중으로 인한 변형에 의해서 절점에 생기는 절점각과 부재양단의 상대적 이동량에 의하여 생기는 부재각을 함수로 표시한 기본 식을 만들고, 이 기본 식을 적용한 절점방정식과 층방정식을 이용하여 미지수인 절점각과 부재각을 구한다. 이 값들을 구하여 기본 식에 대입해서 부재의 재단모멘트를 구한다. 이와 같은 방법을 처짐각법(slope defection method)이라고 하며, 특히 연속보와 부정정라멘의 구조해석에 편리하게 이용되고 있다.

15.2 처짐각법의 기본식

15.2.1 처짐각법의 해법상의 가정

① 부재는 직선재이다.

② 절점에 모인 각 부재는 모두 완전한 강결로 취급한다.

③ 휨모멘트에 의해서 생기는 부재의 변형을 고려한다.

③ 축방향력과 전단력에 의해서 생기는 부재의 변형은 무시한다.

15.2.2 미지수 절점각과 부재각의 판정

미지수인 절점각과 부재각의 판정은 처짐각법에 의한 부정정구조물의 해법상 가장 기본적이며 판정 과정은 다음과 같다.

[1] 절점각(θ)의 판정

절점에서는 반드시 절점각이 발생하는 것으로 본다. 단, 절점에 있어서 탄성곡선의 접선이 중립축에 평행하거나 일치하는 경우에는 절점을 고정단과 같은 결과로 보고, 이러한 경우에 절점각은 발생하지 않는 것으로 본다.

그리고 이동지점이나 회전지점에서 모멘트는 0이므로 재단모멘트 식이 성립하지 않기 때문에 이동지점과 회전지점에서는 절점각을 고려하지 않는다.

[2] 부재각(R)의 판정

부재각은 부재양단의 상대적 이동량에 의해서 생기는 변위각이기 때문에 부재이동량이 생기는 부재에는 반드시 부재각 R이 발생한다. 일반적으로 1개의 층으로 이루어진 라멘에서 구조와 하중이 대칭인 경우에는 부재각은 발생하지 않지만 구조와 하중 중에 어느 쪽이든 비대칭인 경우에는 부재각 R이 생긴다.

[그림 15.2.1]과 같은 라멘에서 구조와 하중이 비대칭이지만 부재가 이동할 수 없는 경우에는 부재각 R이 발생하지 않는다.

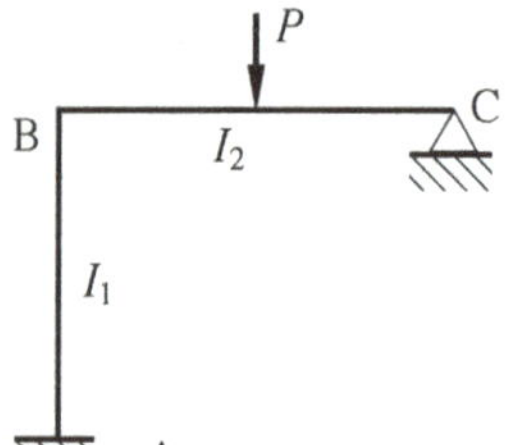

[그림 15.2.1]

[3] 미지량의 수를 줄이는 방법

처짐각법에 의한 연속보나 부정정라멘의 해석은 미지수가 적을수록 간단해진다. 미지수를 적게 하기 위해서는 가능한 한 구조와 하중의 배치를 대칭구조로 해야 한다. 이와 같은 경우에 구조의 중심을 경계로 한쪽만 고려하여 미지수를 줄임으로써 구조해석을 간편하게 할 수 있다.

이상과 같이 구조와 하중이 대칭인가 비대칭인가 또는 지점의 조건과 절점수 등에 의한 미지수량의 판정에 의해서 처짐각법의 해석이 이루어진다.

15.2.3 처짐각법의 기본식

[1] 양단 A, B 지점이 절점인 부재의 기본식

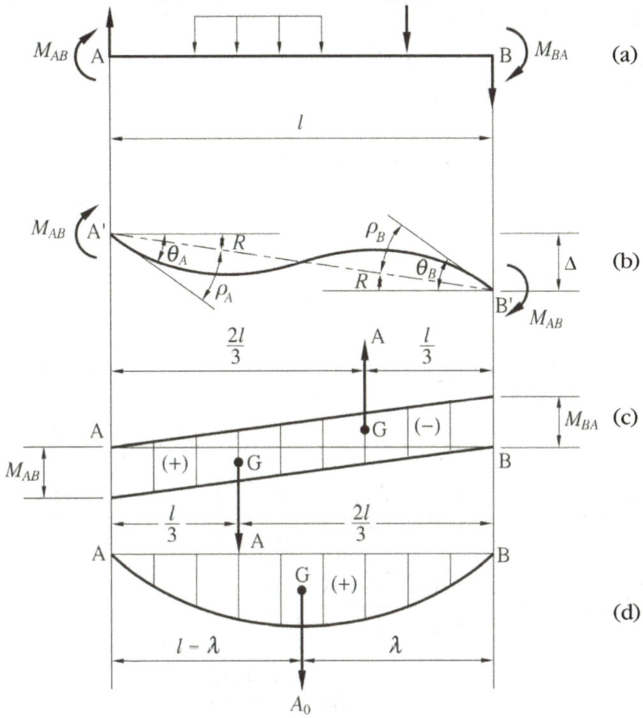

[그림 15.2.2]

[그림 15.2.2(a)]와 같이 부재 AB에 하중이 작용하고 부재단에 모멘트 M_{AB}와 M_{BA}가 작용하면 부재 AB는 [그림 15.2.2(b)]와 같이 A는 A'로 B는 B'로 이동하여 A, B지점은 상대적으로 d만큼 변위가 발생하여 직선부재 AB는 $A'B'$로 탄성곡선을 이루게 된다.

여기서 직선부재 AB가 $A'B'$의 접선과 이루는 각을 θ_A, θ_B라 하고, 탄성곡선이 직선 $A'B'$와 접선을 이루는 각을 ρ_A, ρ_B, 그리고 부재의 변위 △에 의한 변위각을 R이라고 하면, θ_A와 θ_B는 절점각, R은 부재각, 그리고 ρ_A와 ρ_B를 접선각이라고 한다.

이와 같은 경우에 부재 AB에 모멘트만 작용할 경우 그리고 하중만 작용할 경우의 모멘트도를 그리면 [그림 15.2.2(c), (d)]와 같다. 따라서 모멘트도에서 탄성하중법을 이용하여 접선각 ρ_A와 ρ_B를 구한다. 접선각 ρ_A와 ρ_B의 식에 의해서 처짐각법 기본 식을 나타내는 재단모멘트 M_{AB}와 M_{BA}를 다음과 같이 구할 수 있다.

[그림 15.2.2(b), (c), (d)]에서 접선각 ρ_A와 ρ_B는 다음 식으로 표시된다.

$$\rho_A = \theta_A - R$$

$$= \frac{1}{EI}\left(\frac{M_{AB}l}{2} \times \frac{2l}{3} \times \frac{1}{l} - \frac{M_{BA}l}{2} \times \frac{l}{3} \times \frac{1}{l} + \frac{A_0\lambda}{l}\right)$$

$$= \frac{l}{6EI}\left(2M_{AB} - M_{BA} + \frac{6A_0\lambda}{l^2}\right)$$

$$2M_{AB} - M_{BA} = \frac{6EI}{l}(\theta_A - R) - \frac{6A_o\lambda}{l^2}$$

위 식에서 강도 $\frac{I}{l}$를 K_{AB}로 대치하면 다음 식과 같다.

$$\therefore 2M_{AB} - M_{BA} = 6EK_{AB}(\theta_A - R) - \frac{6A_0\lambda}{l^2} \qquad ①$$

$$\rho_B = \theta_B - R$$

$$= -\frac{1}{EI}\left(\frac{M_{AB}l}{2} \times \frac{l}{3} \times \frac{1}{l} - \frac{M_{BA}l}{2} \times \frac{2l}{3} \times \frac{1}{l} + \frac{A_0(l-\lambda)}{l}\right)$$

$$= -\frac{l}{6El}\left(M_{AB} - 2M_{BA} + \frac{6A_0(l-\lambda)}{l^2}\right)$$

$$\therefore M_{AB} - 2M_{BA} = -6EK_{AB}(\theta_B - R) - \frac{6A_0(l-\lambda)}{l^2} \qquad ②$$

식 ①과 ②에 의해서 구한 M_{AB}와 M_{BA}는 다음 식과 같다.

$$\left.\begin{aligned} M_{AB} &= 2EK_{AB}(2\theta_A + \theta_B - 3R) - \frac{2A_0(3\lambda - l)}{l^2} \\ M_{BA} &= 2EK_{BA}(\theta_A + 2\theta_B - 3R) + \frac{2A_0(2l - 3\lambda)}{l^2} \end{aligned}\right\} \qquad ③$$

식 ③에서 하중항 값을 C_{AB}, C_{BA}라고 하면 다음 식과 같다.

$$\left.\begin{aligned} C_{AB} &= \frac{2A_0(3\lambda - l)}{l^2} \\ C_{BA} &= \frac{2A_0(2l - 3\lambda)}{l^2} \end{aligned}\right\} \qquad ④$$

식 ④로 제시한 하중항 값은 부재의 연결 상태와 작용하는 하중에 따라 달라진다. 식 ④를 식 ③에 대입하면 양단 절점인 부재 AB의 처짐각법 기본 식을 나타내는 재단모멘트(절점모멘트) M_{AB}, M_{BA}를 구하는 식은 다음 식 (15.2.1)과 같다.

$$M_{AB} = 2EK_{AB}(2\theta_A + \theta_B - 3R) - C_{AB} \tag{15.2.1}$$
$$M_{BA} = 2EK_{BA}(\theta_A + 2\theta_B - 3R) + C_{BA}$$

[2] 1단 고정, 타단 절점인 부재의 기본식

(1) A지점 고정단, B지점 절점인 경우

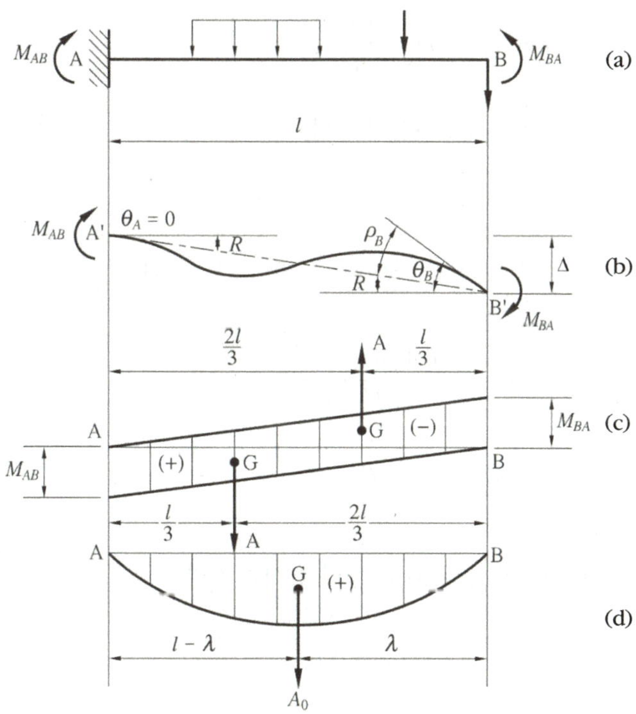

[그림 15.2.3]

[그림 15.2.3]과 같이 A지점이 고정단이고, B지점이 절점인 부재 AB에서 A지점의 절점각 θ_A는 0이 된다. 따라서 [그림 15.2.3(b)]에서 부재각 R은 변위 Δ가 시계방향으로 이동할 때 부호를 (+)로 정하고, 접선각 ρ_A는 부호를 (−)로 하면

$$-\rho_A = R \qquad \therefore \rho_A = -R$$

따라서 탄성하중법에 의하여 접선각 ρ_A는 다음의 식으로 된다.

$$\begin{aligned}\rho_A &= -R \\ &= \frac{1}{EI}\left(\frac{M_{AB}l}{2}\times\frac{2l}{3}\times\frac{1}{l}-\frac{M_{AB}l}{2}\times\frac{l}{3}\times\frac{1}{l}+\frac{A_0\lambda}{l}\right) \\ &= \frac{l}{6EI}\left(2M_{AB}-M_{BA}+\frac{6A_0\lambda}{l^2}\right)\end{aligned}$$

$$2M_{AB}-M_{BA}=\frac{6EI}{l}(-R)-\frac{6A_0\lambda}{l^2}$$

위 식에서 $\frac{I}{l}=K_{AB}$로 대치하면 식 ①과 같다.

$$\therefore 2M_{AB}-M_{BA}=6EK_{AB}(-R)-\frac{6A_0\lambda}{l^2} \qquad ①$$

또한 접선각 ρ_B를 나타내는 식은 다음과 같다.

$$\begin{aligned}\rho_B &= \theta_B - R \\ &= -\frac{1}{EI}\left(\frac{M_{AB}l}{2}\times\frac{l}{3}\times\frac{1}{l}-\frac{M_{BA}l}{2}\times\frac{2l}{3}\times\frac{1}{l}+\frac{A_0(l-\lambda)}{l}\right) \\ &= -\frac{l}{6EI}\left(M_{AB}-2M_{BA}+\frac{6A_0(l-\lambda)}{l^2}\right)\end{aligned}$$

$$\therefore M_{AB}-2M_{AB}=-6EK(\theta_B-R)-\frac{6A_0(l-\lambda)}{l^2} \qquad ②$$

식 ①과 ②에 의해서 구한 M_{AB}와 M_{BA}는 다음 식과 같다.

$$M_{AB}=2EK_{AB}(\theta_B-3R)-\frac{2A_0(3l-\lambda)}{l^2} \qquad ③$$

$$M_{BA}=2EK_{BA}(2\theta_B-3R)+\frac{2A_0(2l-3\lambda)}{l^2}$$

식 ③에 하중항 C_{AB}와 C_{BA}를 대입하면 처짐각법 기본식은 다음 식 (15.2.2)와 같다.

$$M_{AB}=2EK_{AB}(\theta_B-3R)-C_{AB} \qquad (15.2.2)$$

$$M_{BA}=2EK_{BA}(2\theta_B-3R)+C_{BA}$$

(2) B지점이 고정단, A지점이 절점인 경우

이와 같은 경우에는 [그림 15.2.3(a)]에서 위치가 반대이므로 재단모멘트 M_{AB}와 M_{BA}는 식 (15.2.3)과 같다.

$\theta_B = 0,\ \theta_A \neq 0,\ R \neq 0$이므로

$$M_{AB} = 2EK_{AB}(2\theta_A - 3R) - C_{AB} \tag{15.2.3}$$
$$M_{BA} = 2EK_{BA}(\theta_A - 3R) + C_{BA}$$

[3] 1단 절점, 타단 이동지점 또는 회전지점인 부재의 기본식

(1) A지점이 절점, B지점이 이동지점 또는 회전지점인 경우

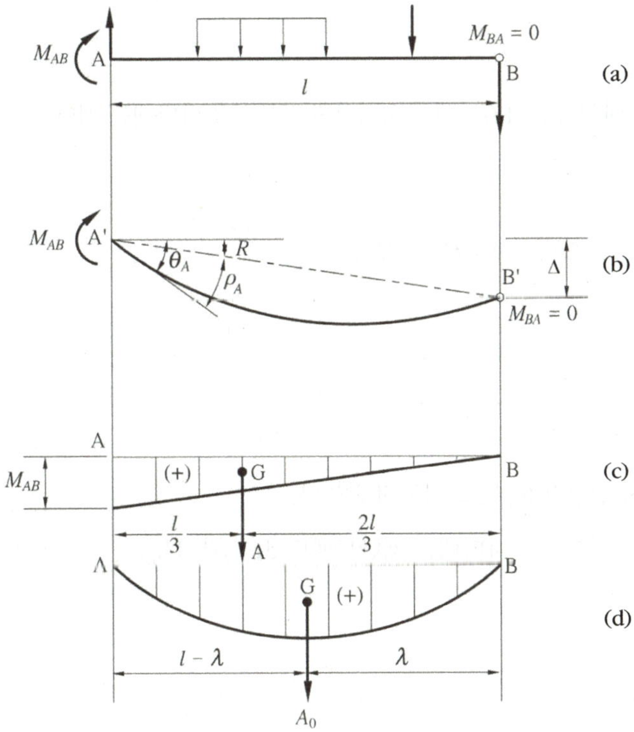

[그림 15.2.4]

[그림 15.2.4(a)]와 같이 B지점이 이동지점 또는 회전지점인 경우에는 B지점에 모멘트가 발생하지 않으므로 B지점의 절점각 θ_B는 고려하지 않는다. 따라서

$$M_{AB} \neq 0, \qquad M_{BA} = 0$$

이므로 접선각 r_A는 다음 식으로 표시된다.

$$r_A = \theta_A - R = \frac{1}{EI}\left(M_{AB} \times \frac{l}{2} \times \frac{2l}{3} \times \frac{1}{l} + \frac{A_0\lambda}{l}\right) = \frac{l}{3EI}\left(M_{AB} + \frac{3A_0\lambda}{l^2}\right)$$

$$M_{AB} = \frac{3EI}{l}(\theta_A - R) - \frac{3A_0\lambda}{l^2} \qquad ①$$

위 식에서 강도 $\frac{I}{l}$를 K_{AB}로 대치하면 재단모멘트 M_{AB}는 다음 식과 같다.

$$M_{AB} = 2EK_{AB}(1.5\theta_A - 1.5R) - \frac{3A_0\lambda}{l^2} \qquad ②$$

식 ②에서 하중항 값을 H_{AB}라고 하면 다음 식으로 구할 수 있다.

$$H_{AB} = \frac{3A_0\lambda}{l^2} \qquad ③$$

식 ③을 식 ②에 대입하면 AB부재의 처짐각법 기본식을 나타내는 재단모멘트 M_{AB}와 M_{BA} 식은 다음과 같다.

$$M_{AB} = 2EK_{AB}(1.5\theta_A - 1.5R) - H_{AB} \qquad (15.2.4)$$

$$M_{BA} = 0$$

(2) B지점이 절점, A 지점이 이동지점 또는 회전지점인 경우

이와 같은 경우에는 [그림 15.2.4(a)]에서 위치가 반대이므로 A 지점에서는 모멘트 M_{AB}는 0이므로 A 지점에서 절점각 θ_A는 고려하지 않는다.

따라서 처짐각법 기본식을 나타내는 재단모멘트 M_{AB}와 M_{BA}는 식 (15.2.5)와 같다.

$$M_{AB} = 0 \qquad (15.2.5)$$

$$M_{BA} = 2EK_{BA}(1.5\theta_B - 1.5R) - H_{BA}$$

위 식에서 하중항 H_{AB}, H_{BA} 값은 [표 15.2.1]을 참고하면 된다.

15.2.4 평형조건식

[1] 절점방정식

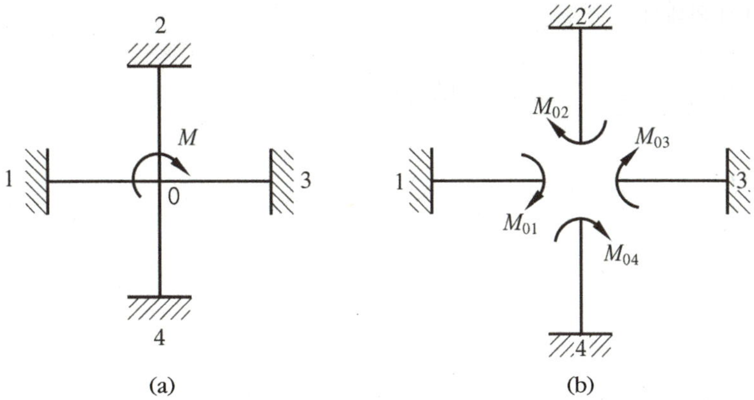

[그림 15.2.5]

절점에 모인 각 부재의 재단모멘트의 합은 0이 되어야 한다. 따라서 절점방정식(joint equilibrium equation)은 절점 수만큼 방정식이 생긴다. [그림 15.2.5]에서와 같이 모멘트하중이 절점에 작용할 때, 부재에 생기는 재단모멘트의 합은 외력 모멘트 M 과 같아야 한다.

$\Sigma M = 0$에 의해서

$$M - (M_{01} + M_{02} + M_{03} + M_{04}) = 0 \tag{15.2.6}$$

[2] 단층 라멘의 층방정식

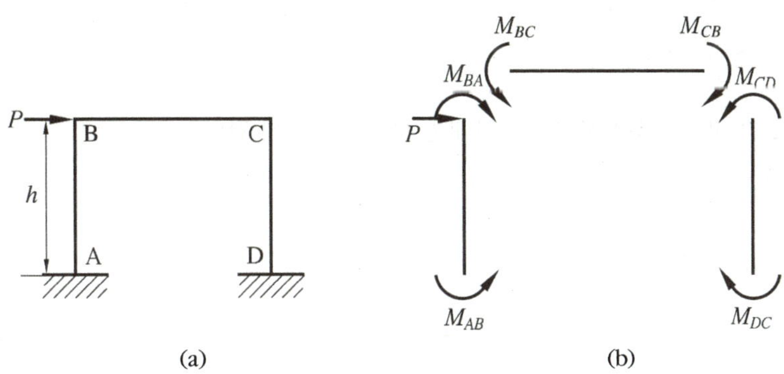

[그림 15.2.6]

층방정식(story equilibrium equation)에서는 층에서 발생한 전단력의 총합은 그 층에 작용하는 외력 수평하중과 같다고 본다. 즉,

$$\Sigma(M_{상} + M_{하}) + (\text{그 층의 수평력}) \times (\text{기둥의 높이}) = 0$$

[그림 15.2.6]에서 층방정식은 식 (15.2.7)과 같다.

$\Sigma H = 0$에 의해서

$$P = -\left(\frac{M_{AB} + M_{BA}}{h} + \frac{M_{DC} + M_{CD}}{h}\right)$$

$$M_{AB} + M_{BA} + M_{DC} + M_{CD} + Ph = 0 \tag{15.2.7}$$

[3] 다층 다경간 라멘의 층방정식

(1) 기둥 높이가 같을 때($\alpha = \beta = 1$)

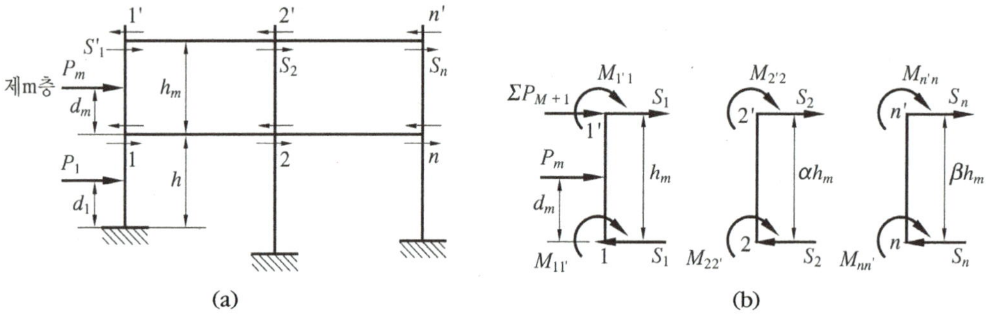

[그림 15.2.7]

[그림 15.2.7(a)]의 m층에서 위층의 횡하중의 총합은 그 m층의 전단력의 합과 같다.

$$S_1' + S_2 + S_n = \Sigma P_{m+1} \tag{15.2.8}$$

[그림 15.2.7(b)]에서 층방정식을 나타내는 수식은 다음과 같다.

기둥 11′에서 $\Sigma M_{at\,1} = 0$인 경우

$$M_{11'} + M_{1'1} + S_1' h_m + P_m d_m = 0 \qquad ①$$

기둥 22′에서 $\Sigma M_{at\,2} = 0$인 경우

$$M_{22'} + M_{2'2} + S_2 h_m = 0 \qquad ②$$

기둥 nn'에서 $\Sigma M_{at\,n} = 0$인 경우

$$M_{nn'} + M_{n'n} + S_n h_m = 0 \quad ③$$

① +② +③ 을 하면

$$(M_{11'} + M_{1'1}) + (M_{22'} + M_{2'2}) + (M_{nn'} + M_{n'n})$$
$$+ (S_1' + S_2 + S_n) h_m + P_m d_m = 0 \quad ④$$

따라서 식 (15.2.8)에 의해서 다층 다경간 층방정식을 정리하면 다음 식과 같다.

$$(M_{11'} + M_{1'1}) + (M_{22'} + M_{2'2}) + (M_{nn'} + M_{n'n})$$
$$+ \Sigma P_{m+1} h_m + P_m d_m = 0 \quad (15.2.9)$$

위 식에서 기둥의 상단과 하단에 작용하는 단모멘트를 $M_{상}$, $M_{하}$로 표시하면, 식 (15.2.9)는 다음 식과 같이 표시된다.

$$\Sigma(M_{상} + M_{하}) + (\text{그 층의 외력에 의한 전단력}) \times (\text{기둥 높이})$$
$$+ (\text{그 층의 수평력}) \times (\text{하단에서 작용점까지의 거리}) = 0 \quad (15.2.10)$$

식 (15.2.10)을 다층 다경간 라멘의 층방정식이라고 한다.

(2) 기둥 높이가 다를 때($\alpha \neq \beta$)

기둥의 높이가 다를 경우에는 다음 식을 적용한다.

$$(M_{11'} + M_{1'1}) + \frac{1}{\alpha}(M_{22'} + M_{2'2}) + \frac{1}{\beta}(M_{nn'} + M_{n'n}) + \Sigma P_{m+1} h_m$$
$$+ P_m d_m = 0 \quad (15.2.11)$$

15.2.5 하중항

고정단모멘트(fixed end moment)를 하중항이라고 하며, 약자로 FEM이라고 표기한다.

[1] 양단 고정보

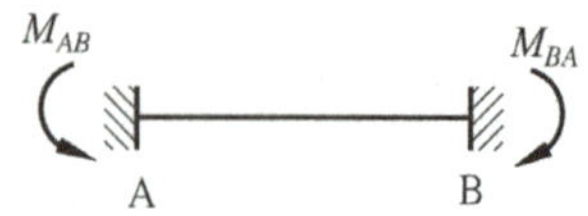

[그림 15.2.8]

[2] 1단 고정, 타단 이동지점 및 회전지점

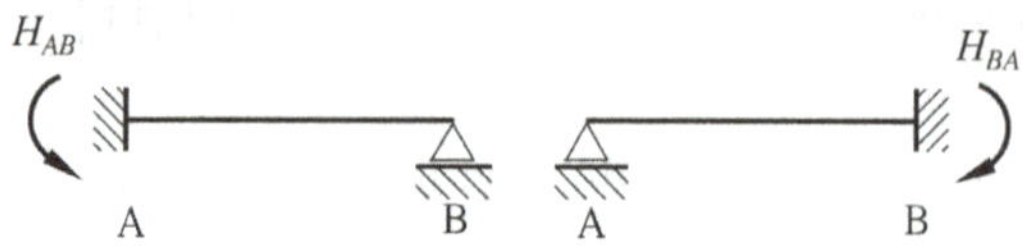

[그림 15.2.9]

하중항 값은 작용하는 하중에 따라 달라지며 그 값은 [표 15.2.1]을 참고하면 된다.

[표 15.2.1] 하중항(C, H)

하중상태 \ 하중항	C_{AB}	C_{BA}	H_{AB}	H_{BA}
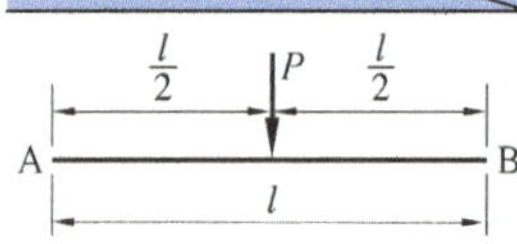	$\frac{Pl}{8}$	$\frac{Pl}{8}$	$\frac{3Pl}{16}$	$\frac{3Pl}{16}$
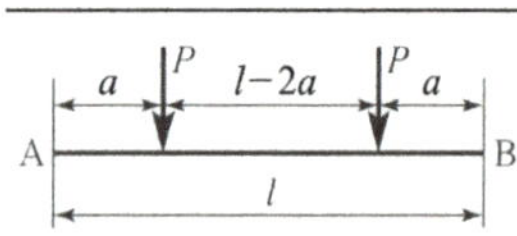	$\frac{Pa}{l}(l-a)$	$\frac{Pa}{l}(l-a)$	$\frac{3Pa}{2l}(l-a)$	$\frac{3Pa}{2l}(l-a)$
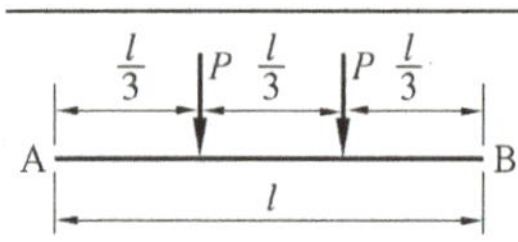	$\frac{2}{9}Pl$	$\frac{2}{9}Pl$	$\frac{Pl}{3}$	$\frac{Pl}{3}$
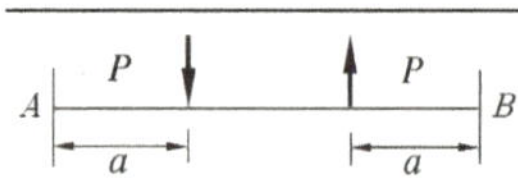	$\frac{Pa}{l^2}(l-a)(l-2a)$	$\frac{Pa}{l^2}(l-a)(l-2a)$		
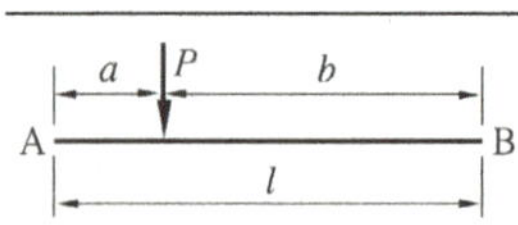	$\frac{Pab^2}{l^2}$	$\frac{Pa^2b}{l^2}$	$\frac{Pab}{2l^2}(l+b)$	$\frac{Pab}{2l^2}(l+a)$
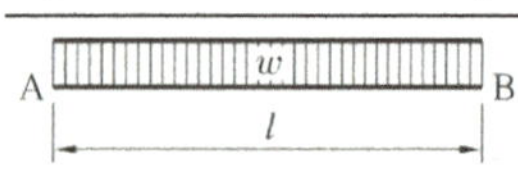	$\frac{wl^2}{12}$	$\frac{wl^2}{12}$	$\frac{wl^2}{8}$	$\frac{wl^2}{8}$
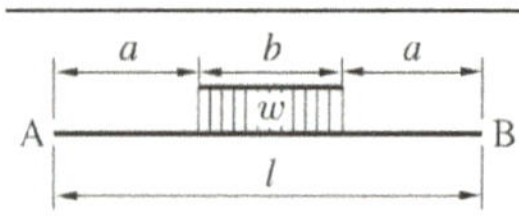	$\frac{wb}{12l}\{6a(a+b)+b^2\}$	$\frac{wb}{12l}\{6a(a+b)+b^2\}$	$\frac{wb}{8l}\{6a(a+b)+b^2\}$	$\frac{wb}{8l}\{6a(a+b)+b^2\}$

하중항 / 하중상태	C_{AB}	C_{BA}	H_{AB}	H_{BA}
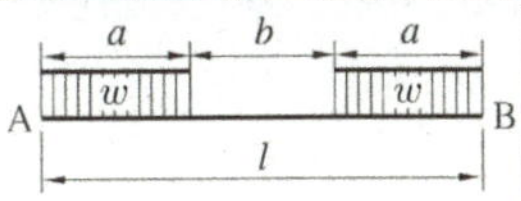	$\frac{wa^2}{6l}(3l-2a)$	$\frac{wa^2}{6l}(3l-2a)$	$\frac{wa^2}{4l}(3l-2a)$	$\frac{wa^2}{4l}(3l-2a)$
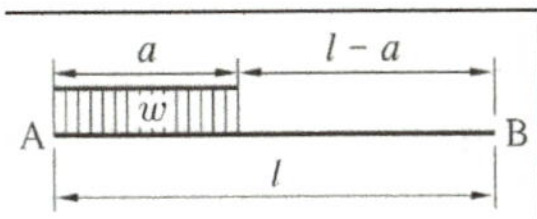	$\frac{wa^2}{12l^2}(3a^2-8al+6l^2)$	$\frac{wa^3}{12l^2}(4l-3a)$	$\frac{wa^2}{8l^2}(2l-a)^2$	$\frac{wa^2}{8l^2}(2l^2-a^2)$
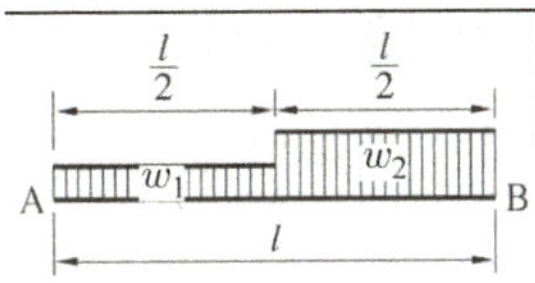	$\frac{(11w_1+5w_2)l^2}{192}$	$\frac{(5w_1+11w_2)l^2}{192}$	$\frac{(9w_1+7w_2)l^2}{128}$	$\frac{(7w_1+9w_2)l^2}{128}$
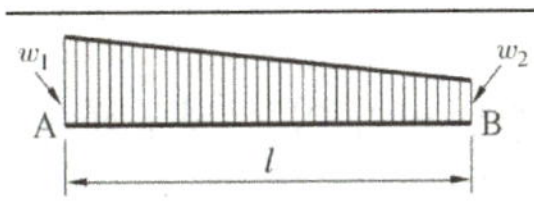	$\frac{l^2}{60}(3w_1+2w_2)$	$\frac{l^2}{60}(2w_1+3w_2)$	$\frac{l^2}{120}(8w_1+7w_2)$	$\frac{l^2}{120}(7w_1+8w_2)$
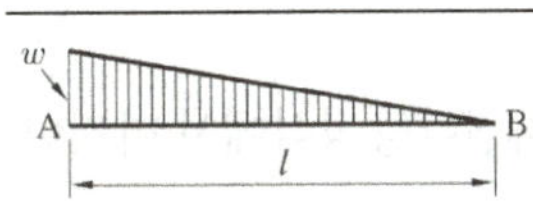	$\frac{wl^2}{20}$	$\frac{wl^2}{30}$	$\frac{wl^2}{15}$	$\frac{7}{120}wl^2$
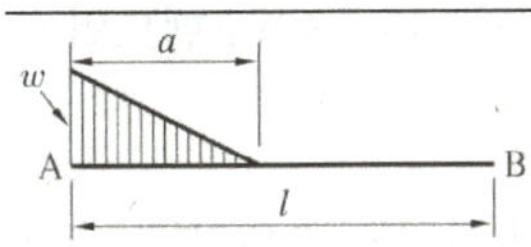	$\frac{wa^2}{60l^2}(3a^2-10al+10l^2)$	$\frac{wa^3}{60l^3}(5l-3a)$	$\frac{wa^2}{120l^2}(3a^2-15al+20l^2)$	$\frac{wa^2}{120l^2}(10l^2-3a^2)$
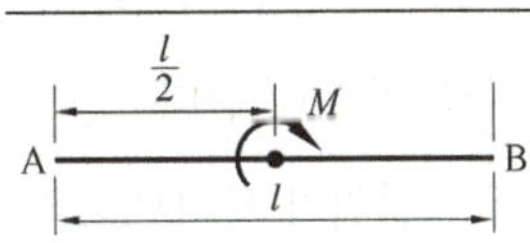	$\frac{M}{4}$	$\frac{M}{4}$	$\frac{3M}{8}$	$\frac{3M}{8}$
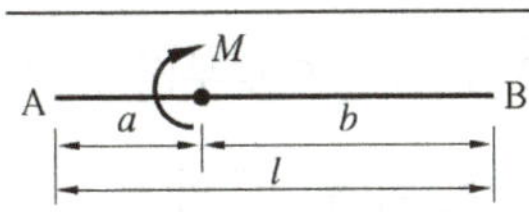	$\frac{M}{l^2}b(2a-b)$	$\frac{M}{l^2}a(2b-a)$	$\frac{M}{2l^2}(l^2-3b^2)$	$\frac{M}{2l^2}(l^2-3a^2)$

15.2.6 해석절차

[1] 해석준비 및 고정단모멘트 계산

① 구조물의 모든 지점과 절점에 차례로 번호나 기호를 부여하여 명시한다.

② 구조물의 미지의 회전각, 변위와 미지의 부재단모멘트를 확인한다.

③ 부재강도 계산 ; 부재별로 상대강도를 계산한다.

④ 고정단모멘트의 계산 ; 부재지간에 하중이 작용하는 경우에는 [표 15.2.1]에 주어진 양단의 고정단모멘트를 계산한다.

[2] 부재별 처짐각방정식

각 부재별로 1단계에서 계산한 결과를 이용하여 미지의 부재단모멘트 M_{AB}, M_{BA}를 미지의 처짐각 θ_i, θ_j와 $R = d/l_{ij}$의 함수로 처짐각방정식을 만든다.

[3] 평형방정식의 정식화

① 절점평형방정식 ; 부재의 내부힌지나 라멘의 횡방향변위가 없는 경우
미지의 회전각이 있는 자유회전절점마다 휨모멘트의 절점평형방정식을 세운다.
($\sum_i M_{ij} + M_i = 0$; 이때 M_i는 i 절점의 외적 우력, $\sum M_{ij}$는 i 절점에 연결된 모든 부재의 i단 모멘트)

② 라멘의 층방정식(전단방정식) ; 부재의 내부힌지나 라멘의 횡방향변위가 있는 경우에 필요한 추가 평형방정식

ⓐ 연속보에서 내부힌지가 있는 경우, 내부힌지점의 처짐 d가 처짐각방정식에서 미지변량이 되므로 추가 평형방정식으로 그 지간의 전단방정식이 필요하다. (3연모멘트법에서 설명한 전단방정식과 동일한 방정식이다.)

ⓑ 라멘에서 횡변위(side sway)로 인하여 부재에 상대변위 Δ가 생기는 경우, 부재단의 전단력에 대한 평형조건을 독립된 횡변위 Δ의 수만큼 추가로 필요로 한다. 정형(regular) 라멘의 경우에는 횡변위로 인하여 층별로 기둥부재에 횡변위가 생기므로 각 층에서의 기둥부재의 수평전단력과 수평하중의 평형조건 $\sum F_x = 0$으로부터 층별 전단방정식(층방정식)을 세워서 추가 평형방정식을 구할 수 있다. 이때 기둥의 전단력은 기둥부재단모멘트의 함수로 나타내어야 한다.

[4] 처짐 계산(평형방정식의 해)

① 위에서 구한 절점모멘트평형방정식과 전단방정식내에 부재별 처짐각방정식의 부재단모멘트를 대입하여 처짐각과 변위의 함수로 평형방정식을 나타낸다.

② 미지의 처짐각 θ_i와 횡변위 R_i의 함수로 표현된 평형방정식을 연립방정식으로 정리한다.

③ 이 연립방정식을 수계산 또는 Gauss소거법에 의해 풀어서 미지의 처짐각 θ_i와 횡변위 R_i를 구한다.

[5] 부재력 계산

① 부재단모멘트 계산 ; 구해진 처짐각과 횡변위를 처짐각방정식에 대입하여 부재단모멘트를 계산한다.

② 부재단모멘트가 구해지면, 부재별 자유물체도로부터 필요한 부재력을 구하고, 부재단전단력을 구하여 지점반력을 구한다.

15.2.7 해석시 유의사항

① 처짐각법에 의한 부정정구조물의 해석에서 해석을 위한 미지수는 부재별 단모멘트와 절점변위이지만, 부재단 모멘트는 절점변위만 구해지면 처짐각 방정식에서 바로 구해지므로 어디까지나 기본변량은 자유절점별 절점회전각 θ_i와 횡방향 상대처짐 R_i이다. 따라서 해석을 위한 절점모멘트 평형방정식의 수는 미지의 절점회전각 θ_i가 있는 각 절점당 하나씩 있으므로, 횡방향 변위가 없이 회전각 θ_i만이 미지변량인 문제에서는 자동적으로 절점평형방정식의 수=미지절점회전각이 된다. 그렇지만, 부재별로 횡방향 상대변위 R_i가 있는 경우에는 독립된 횡변위의 수만큼 부재별, 또는 층별로 전단방정식을 추가로 구해야만 문제의 해석이 가능하다. :

총평형방정식의 수 = 절점모멘트 평형방정식의 수
+ 부재별, 또는 층별로 전단방정식의 수
= 절점회전각 θ_i의 수 + 부재 횡방향 상대변위 R_i의 수

② 처짐각법에 의한 부정정구조해석의 준비해석단계에서는 우선, 모든 지점이나 절점에 차례로 고유번호나 기호를 부여한 다음, $i-j$절점에 연결된 부재의 부재강도 K_{ij}는 기준강도 K_0의 상대값으로 $K_{ij}=C_{ij}K_0$로 표시하는 것이 오류 없는 계산의 편의상 유리하다.

③ 해석과정에서 부재의 미지의 부재단 휨모멘트와 회전각은 처짐각법의 부호규약에 따른 정(+)의 방향으로 가정해야 한다. 보나 라멘의 지간단이 핀으로 지지되어 있는 경우에는 처짐각방정식은 식(15.2.4), (15.2.5)를 적용하여 연속(구속)단에 대해서만 한 개의 처짐각방정식을 만들어야 한다. 또한, 고정단지점에서는 탄성회전각이 '0'임을 유의해야 한다.

④ 처짐각법에 의한 해석결과, 부재단휨모멘트와 절점 회전각이 부(−)이면 반시계방향의 작용을 의미하며, 반대로 정(+)이면 시계방향으로 작용함을 의미한다.

15.3 부정정 보의 해석

15.3.1 2경간 연속보의 해석

예제 15-3-1

[그림 15.3.1]과 같은 부정정보의 지점모멘트를 처짐각법에 의해 구해보자. 단, E는 일정하고 지점침하는 없다($R=0$).

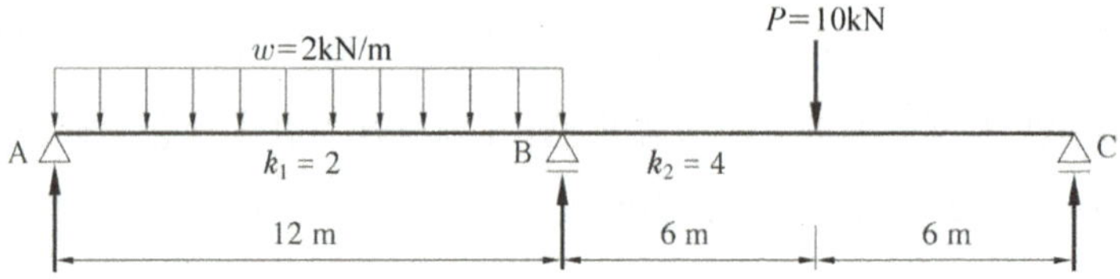

[그림 15.3.1]

풀이

(1) 미지수

$\theta_A=\theta_C=R=0,\quad \theta_B\neq 0,\quad M_A=M_C=0$

미지수는 1개이므로 B지점에서 절점방정식 1개가 성립된다($\Sigma M_B=0$).

(2) 강비 계산 (k)

$k_{ab}=k_{ba}=k_1=2,\quad k_{bc}=k_{cb}=k_2=4$

(3) 하중항 계산 ([표 15.2.1] 참조)

$$H_{BA}=\frac{wl^2}{8}=\frac{(2\text{KN/m})(12\text{m})^2}{8}=36\ \text{KN}\cdot\text{m},$$

$$H_{BC}=\frac{3Pl}{16}=\frac{3(10\text{KN})(12\text{m})}{16}=22.5\ \text{KN}\cdot\text{m}$$

(4) 처짐각법 기본식

$M_{AB}=0$

$M_{BA}=2EK_{BA}(1.5\theta_B-1.5R)+H_{BA}=k_1(1.5\theta_B)+H_{BA}=2(1.5\theta_B)+36$

$M_{BC}=2EK_{BC}(1.5\theta_B-1.5R)-H_{BC}=k_2(1.5\theta_B)-H_{BC}=4(1.5\theta_B)-22.5$

$M_{CB}=0$

(5) 절점방정식

$\Sigma M_B=0$에 의하여

$M_{BA} + M_{BC} = 0$

$3\theta_B + 36 + 6\theta_B - 22.5 = 0 \quad \therefore \theta_B = -\dfrac{13.5}{9} = 1.5$

(6) 재단모멘트

θ_B를 처짐각법 기본식에 대입하면 재단모멘트값을 구할 수 있다.

$M_{AB} = 0$

$M_{BA} = -2 \times 1.5 \times (1.5) + 36 = +31.5 \text{ KN} \cdot \text{m}$

$M_{BC} = -4 \times 1.5 \times (1.5) - 22.5 = -31.5 \text{ KN} \cdot \text{m}$

$M_{CB} = 0$

(7) 지점모멘트

$M_B = -31.5 \text{ KN} \cdot \text{m}$

※ 지점반력을 구할 때는 모멘트 부호에 주의해야 한다.

지점모멘트를 사용할 때에는

$R_A = \dfrac{wl}{2} + \dfrac{M_B - M_A}{l}$

$R_B = \dfrac{wl}{2} + \dfrac{M_A - M_B}{l} + P + \dfrac{M_C - M_B}{l}$

새단모멘트를 사용할 때에는

$R_A = \dfrac{wl}{2} - \dfrac{M_{AB} - M_{BA}}{l}$

$R_B = \dfrac{wl}{2} + \dfrac{M_{AB} + M_{BA}}{l} + P - \dfrac{M_{BC} + M_{CB}}{l}$

예제 15-3-2

[그림 15.3.2]과 같은 부정정보에서 M_B 값을 구하여라. 단, 침하는 없다.

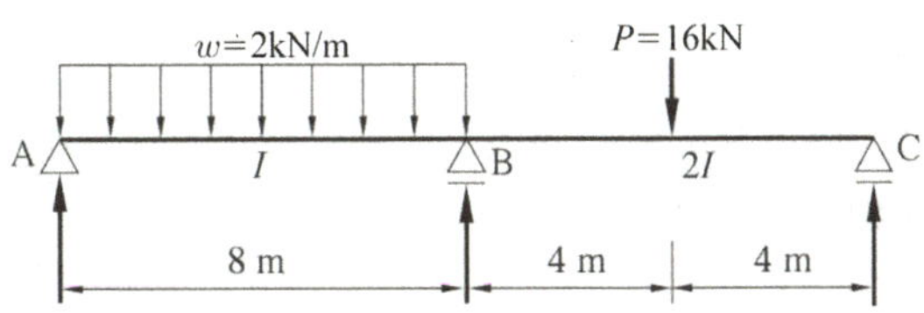

[그림 15.3.2]

풀이

(1) 미지수

절점 모멘트는 처짐각법에 의해서 구한다.

$M_A = M_C = 0$

$\theta_B =$ 미지수 1개, R = 부재각은 0이다.

미지수는 1개이므로 B지점에서 절점방정식 1개가 성립된다($\Sigma M_B = 0$).

(2) 강도 계산 (K)

$$K_{BA} = \frac{I}{8},\qquad K_{BC} = \frac{2I}{8},\qquad K_0 = K_{BA} : \text{기준강도}$$

(3) 강비 계산 (k)

$$k_{ba} = \frac{K_{BA}}{K_0} = 1,\quad k_{bc} = \frac{K_{BC}}{K_0} = \frac{\frac{2I}{8}}{\frac{I}{8}} = 2$$

(4) 하중항 계산 ([표 15.2.1] 참조)

$$H_{BA} = \frac{wl^2}{8} = \frac{(2\text{KN/m}) \times (8\text{m})^2}{8} = 16\ \text{KN} \cdot \text{m}$$

$$H_{BC} = \frac{3Pl}{16} = \frac{3 \times (16\text{KN}) \times (8\text{m})}{16} = 24\ \text{KN} \cdot \text{m}$$

(5) 처짐각법 기본식

$M_{AB} = M_{CB} = 0$

$M_{BA} = 2EK_{BA}(1.5\theta_B - 1.5R) + H_{BA} = k_{ba}(1.5\theta_B) + H_{BA} = 1.5\theta_B + 16$

$M_{BC} = 2EK_{BC}(1.5\theta_B - 1.5R) - H_{BC} = k_{bc}(1.5\theta_B) - H_{BC} = 2 \times 1.5\theta_B - 24$

위의 절점식에서 2EK 대신에 강비 k로 사용하면 편리하며, 침하가 없을 경우에 부재각 R은 0이다.

(6) 절점방정식

$\Sigma M_B = 0$에 의하여

$M_{BA} + M_{BC} = 0$

$$1.5\theta_B + 16 + 3\theta_B - 24 = 0 \qquad \therefore \theta_B = \frac{8}{4.5} = 1.78$$

(7) 재단모멘트 계산

$M_{AB} = 0$

$M_{BA} = 1.5 \times (1.78) + 16 = 18.7\ \text{KN} \cdot \text{m}$

$M_{BC} = 3 \times (1.78) - 24 = -18.7\ \text{KN} \cdot \text{m}$

$M_{CB} = 0$

(8) 지점모멘트

$\therefore M_B = -18.7\ \text{KN} \cdot \text{m}$

예제 15-3-3

[그림 15.3.3]와 같은 부정정보에서 M_A, M_B 값을 구해보자. 단, 지점침하는 없다. 단 E는 일정하다.

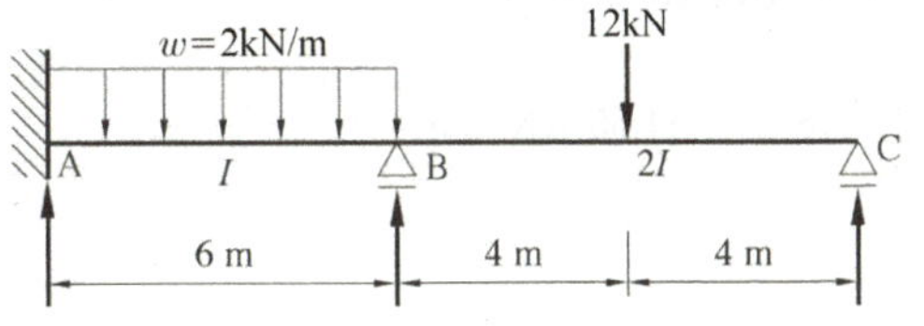

[그림 15.3.3]

풀이

(1) 미지수

처짐각법에 의해서 절점 모멘트를 구한다.

$M_C = 0 \quad \theta_A = 0 \quad R = 0 \quad \theta_B \neq 0$

미지수는 1개이므로 B지점에서 절점방정식 1개가 성립된다($\sum M_B = 0$).

(2) 강도 계산(K)

$$K_{BA} = \frac{I}{6} \qquad K_{BC} = \frac{2I}{8} \qquad K_0 = K_{BA} : \text{기준강도}$$

(3) 강비 계산 (k)

$$k_{ab} = k_{ba} = \frac{K_{BA}}{K_0} = 1 \qquad k_{bc} = \frac{K_{BC}}{K_0} = \frac{2I}{8} \times \frac{6}{I} = 1.5$$

(4) 하중항 계산 ([표 15.2.1] 참조)

$$C_{AB} = C_{BA} = \frac{wl^2}{12} = \frac{(2\ \mathrm{KN/m}) \times (6\mathrm{m})^2}{12} = 6\ \mathrm{KN \cdot m}$$

$$H_{BC} = \frac{3Pl}{16} = \frac{3 \times (12\mathrm{KN}) \times (8\mathrm{m})}{16} = 18\ \mathrm{KN \cdot m}$$

(5) 처짐각법 기본식

$$M_{AB} = 2EK_{AB}(2\theta_A + \theta_B - 3R) - C_{AB} = k_{ba}(\theta_B) - C_{AB} = \theta_B - 6$$

$$M_{BA} = 2EK_{BA}(\theta_A + 2\theta_B - 3R) + C_{BA} = k_{ba}(2\theta_B) + C_{AB} = 2\theta_B + 6$$

$$M_{BC} = 2EK_{BC}(1.5\theta_B - 1.5R) - H_{BC} = k_{bc}(1.5\theta_B) - H_{BC} = 2.25\theta_B - 18$$

$$M_{CB} = 0$$

(6) 절점방정식

$\Sigma M_B = 0$에 의하여

$$M_{BA} + M_{BC} = 2\theta_B + 6 + 2.25\theta_B - 18 = 0 \qquad \therefore \theta_B = \frac{12}{4.25}$$

(7) 재단모멘트

$$M_{AB} = \left(\frac{12}{4.25}\right) - 6 = -3.18 \text{ KN} \cdot \text{m}$$

$$M_{BA} = 2 \times \left(\frac{12}{4.25}\right) + 6 = 11.65 \text{ KN} \cdot \text{m}$$

$$M_{BC} = 2.25 \times \left(\frac{12}{4.25}\right) - 18 = -11.65 \text{ KN} \cdot \text{m}$$

$$M_{CB} = 0$$

(8) 지점모멘트

$\therefore M_A = -3.18 \text{ KN} \cdot \text{m}$

$\therefore M_B = -11.65 \text{ KN} \cdot \text{m}$

예제 15-3-4

[그림 15.3.4]과 같은 부정정보의 지점모멘트를 처짐각법에 의해서 구하여라. 단 E는 일정하고 지점침하는 없다.

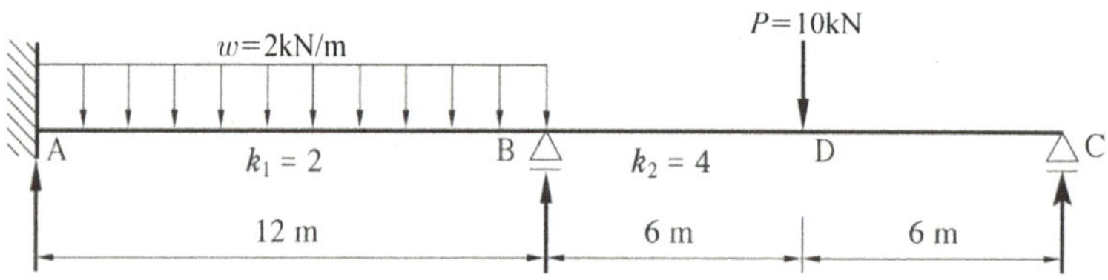

[그림 15.3.4]

풀이

(1) 미지수

$n = r - 3 = 5 - 3 = 2$차 (미지수 2개)

$\theta_A = 0 \quad \theta_C = 0 \quad R = 0 \quad \theta_B \neq 0 \quad M_C = 0$

미지수 1개, 따라서 B지점에서 절점 방정식 1개가 성립된다($\Sigma M_B = 0$).

(3) 강비 계산 (k)

$k_{ab} = k_{ba} = k_1 = 2, \qquad k_{bc} = k_{cb} = k_2 = 4$

(4) 하중항 계산 ([표 15.2.1] 참조)

$$C_{AB} = C_{BA} = \frac{wl^2}{12} = \frac{(2\text{KN/m})(12\text{m})^2}{12} = 24 \text{ KN} \cdot \text{m}$$

$$H_{BC} = \frac{3Pl}{16} = \frac{3(10\text{KN})(12\text{m})}{16} = 22.5 \text{ KN} \cdot \text{m}$$

(5) 처짐각법 기본식

$M_{AB} = 2EK_{AB}(2\theta_A + \theta_B - 3R) - C_{AB} = k_1(\theta_B) - C_{AB} = 2(\theta_B) - 24$

$M_{BA} = 2EK_{BA}(\theta_A + 2\theta_B - 3R) + C_{BA} = k_1(2\theta_B) + C_{BA} = 2(2\theta_B) + 24$

$M_{BC} = 2EK_{BC}(1.5\theta_B - 1.5R) - H_{BC} = k_2(1.5\theta_B) - H_{BC} = 4(1.5\theta_B) - 22.5$

$M_{CB} = 0$

(6) 절점 방정식

$\sum M_B = 0$에 의하여

$M_{BA} + M_{BC} = 0$

$4\theta_B + 24 + 6\theta_B - 22.5 = 0 \quad \therefore \theta_B = -\dfrac{1.5}{10} = -0.15$

(7) 재단모멘트

θ_B를 처짐각법 기본식에 대입하면 재단모멘트를 구할 수 있다.

$M_{AB} = 2 \times (-0.15) - 24 = -24.3$ KN · m

$M_{BA} = 2 \times 2 \times (-0.15) + 24 = +23.4$ KN · m

$M_{BC} = 4 \times 1.5 \times (-0.15) - 22.5 = -23.4$ KN · m

$M_{CB} = 0$

(8) 지점모멘트

$\therefore M_A = -24.3$ KN · m $\quad \therefore M_B = -23.4$ KN · m $\quad \therefore M_C = 0$

예제 15-3-5

[그림 15.3.5]와 같은 부정정보의 지점모멘트를 처짐각법에 의해서 구하여라. 단 E는 일정하고 지점침하는 없다(R = 0).

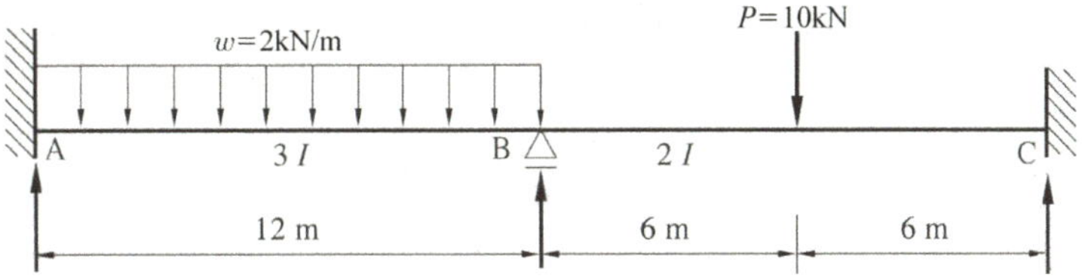

[그림 15.3.5]

풀이

(1) 미지수

$n = r - 3 = 5 - 3 = 4$차 (미지수 4개)

$\theta_A = 0$ (고정단), $\theta_C = 0$ (고정단), $R = 0$, $\theta_B \neq 0$

미지수는 1개이므로 B점에서 절점 방정식 1개가 성립된다($\sum M_B = 0$).

(2) 강도 계산 (K)

$$K_{AB} = K_{BA} = \frac{I_1}{l} = \frac{3I}{12},\ K_{BC} = K_{CB} = \frac{I_2}{l} = \frac{2I}{12},\ K_0 = K_{AB} = \frac{I_1}{l} = \frac{3I}{l} : \text{기준강도}$$

(3) 강비 계산 (k)

$$k_{ab} = k_{ba} = \frac{K_{AB}}{K_0} = 1 \qquad k_{bc} = k_{cb} = \frac{K_{BC}}{K_0} = 0.67$$

(4) 하중항 계산 ([표 15.2.1] 참조)

$$C_{AB} = C_{BA} = \frac{wl^2}{12} = 24\ \text{KN} \cdot \text{m} \qquad C_{BC} = C_{CB} = \frac{Pl}{8} = 15\ \text{KN} \cdot \text{m}$$

(5) 처짐각법 기본식

$$M_{AB} = 2EK_{AB}(2\theta_A + \theta_B - 3R) - C_{AB} = k_{ab}(\theta_B) - C_{AB} = 1(\theta_B) - 24$$

$$M_{BA} = 2EK_{BA}(\theta_A + 2\theta_B - 3R) + C_{BA} = k_{ba}(2\theta_B) + C_{AB} = 1(2\theta_B) + 24$$

$$M_{BC} = 2EK_{BC}(2\theta_B + \theta_C - 3R) - C_{BC} = k_{bc}(2\theta_B) - C_{BC} = 0.67(2\theta_B) - 15$$

$$M_{CB} = 2EK_{CB}(\theta_B + 2\theta_C - 3R) + C_{CB} = k_{cb}(\theta_B) + C_{CB} = 0.67(2\theta_B) + 15$$

(6) 절점방정식

$\Sigma M_B = 0$에 의해서

$M_{BA} + M_{BC} = 0$

$2\theta_B + 24 + 1.34\theta_B - 15 = 0 \qquad 3.34\theta_B = -9 \qquad \therefore \theta_B = -2.7$

(7) 재단모멘트

θ_B를 처짐각법 기본식에 대입하면 재단모멘트를 구할 수 있다.

$M_{AB} = (-2.7) - 24 = -26.7$ KN · m

$M_{BA} = (-2.7) \times 2 + 24 = +18.6$ KN · m

$M_{BC} = 0.67 \times 2 \times (-2.7) - 15 = -18.6$ KN · m

$M_{CB} = 0.67 \times (-2.7) + 15 = +13.2$ KNf · m

(8) 지점모멘트

$\therefore M_A = -26.7$ KN · m $\quad \therefore M_B = -18.6$ KN · m $\quad \therefore M_C = -13.2$ KN · m

예제 15-3-6

[그림 15.3.6]와 같은 부정정보의 재단모멘트를 처짐각법에 의해서 구하여라. 단, 지점침하는 없다.

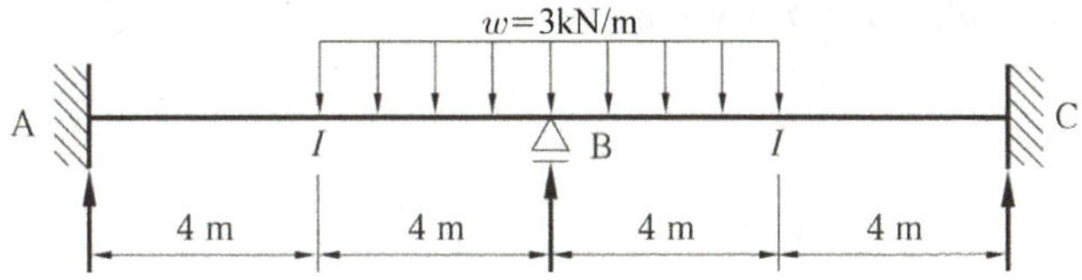

[그림 15.3.6]

풀이

(1) 미지수

$\theta_A = \theta_C = R = 0, \qquad \theta_B \neq 0$

미지수는 1개이므로 B점에서 절점 방정식 1개가 성립된다($\sum M_B = 0$).

(2) 강도와 강비계산

대칭구조이므로 강도와 강비가 같다.

$k_{ab} = k_{ba} = k_{bc} = k_{cb} = 1$

(3) 하중항 계산 ([표 15.2.1] 참조)

대칭구조이므로 재단모멘트는 하중항 값이다.

$$C_{AB} = \frac{5wl^2}{192} = \frac{5 \times (3\text{KN/m}) \times (8\text{m})^2}{192} = 5\ \text{KN} \cdot \text{m} = C_{CB}$$

$$C_{BA} = \frac{11wl^2}{192} = \frac{11 \times (3\text{KN/m}) \times (8\text{m})^2}{192} = 11\ \text{KN} \cdot \text{m} = C_{BC}$$

(4) 처짐각법 기본식

$M_{AB} = \theta_B - C_{AB} = \theta_B - 5$

$M_{BA} = 2\theta_B + C_{BA} = 2\theta_B + 11$

$M_{BC} = 2\theta_B - C_{BC} = 2\theta_B - 11$

$M_{CB} = \theta_B + C_{CB} = \theta_B + 5$

(5) 절점방정식

$\Sigma M_B = 0$에 의하여

$M_{BA} + M_{BC} = (2\theta_B + 11) + (2\theta_B - 11) = 0$

$\therefore \theta_B = 0$

(6) 재단모멘트

θ_B를 처짐각법 기본식에 대입하면 재단모멘트를 구할 수 있다.

$M_{AB} = \theta_B - C_{AB} = \theta_B - 5 = -5 \text{ KN}\cdot\text{m}$

$M_{BA} = 2\theta_B + C_{BA} = 2\theta_B + 11 = 11 \text{ KN}\cdot\text{m}$

$M_{BC} = 2\theta_B - C_{BC} = 2\theta_B - 11 = -11 \text{ KN}\cdot\text{m}$

$M_{CB} = \theta_B + C_{CB} = \theta_B + 5 = 5 \text{ KN}\cdot\text{m}$

예제 15-3-7

[그림 15.3.7]과 같은 부정정보의 재단모멘트를 처짐각법에 의해서 구하여라. 단, 지점침하는 없다.

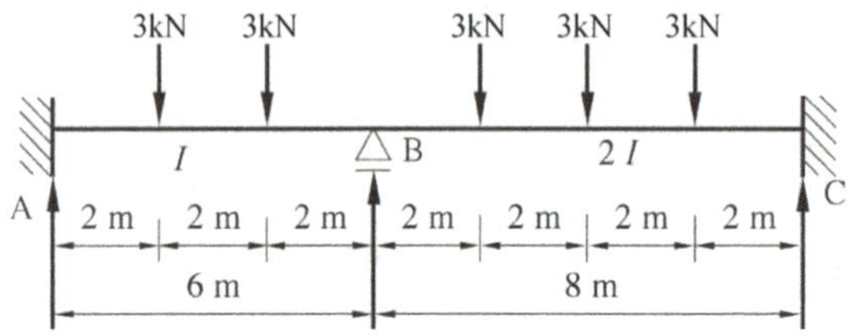

[그림 15.3.7]

풀이

(1) 미지수

$\theta_A = \theta_C = R = 0 \quad \theta_B \neq 0$

미지수는 1개이므로 B지점에서 절점방정식 1개가 성립된다($\sum M_B = 0$).

(2) 강도 계산 (K)

$$K_{AB} = K_{BA} = \frac{I}{6}, \quad K_{BC} = K_{CB} = \frac{2I}{8}, \quad K_0 = K_{BA} : \text{기준강도}$$

(3) 강비 계산 (k)

$$k_{ab} = k_{ba} = \frac{K_{AB}}{K_0} = 1, \quad k_{bc} = k_{cb} = \frac{K_{BC}}{K_0} = \frac{2I}{8} \times \frac{6}{I} = 1.5$$

(4) 하중항 계산 ([표 15.2.1] 참조)

$$C_{AB} = C_{BA} = \frac{2Pl}{9} = \frac{2 \times (3KN) \times (6m)}{9} = 4 \text{ KN}\cdot\text{m}$$

$$C_{BC} = C_{CB} = \frac{5Pl}{16} = \frac{5 \times (3KN) \times (8m)}{16} = 7.5 \text{ KN}\cdot\text{m}$$

(5) 처짐각법 기본식

$M_{AB} = k_{ab}(\theta_B) - C_{AB} = \theta_B - 4$

$M_{BA} = k_{ba}(2\theta_B) + C_{BA} = 2\theta_B + 4$

$M_{BC} = k_{ba}(2\theta_B) - C_{BC} = 1.5 \times 2\theta_B - 7.5$

$M_{CB} = k_{bc}(\theta_B) + C_{CB} = 1.5\theta_B + 7.5$

(6) 절점방정식

$\Sigma M_B = 0$에 의해서

$M_{BA} + M_{BC} = 2\theta_B + 4 + 3\theta_B - 7.5 = 0 \qquad \therefore \theta_B = 0.7$

(7) 재단모멘트

$M_{AB} = (0.7) - 4 = -3.3$ KN · m

$M_{BA} = 2 \times (0.7) + 4 = 5.4$ KN · m

$M_{BC} = 3 \times (0.7) - 7.5 = -5.4$ KN · m

$M_{CB} = 1.5 \times (0.7) + 7.5 = 8.55$ KN · m

15.3.2 3경간 연속보의 해석

예제 15-3-8

[그림 15.3.8]과 같은 3차 부정정 3경간 연속보의 지점모멘트를 처짐각법에 의해서 구해보자. 단, EI는 일정하고 지점침하는 없다($R = 0$).

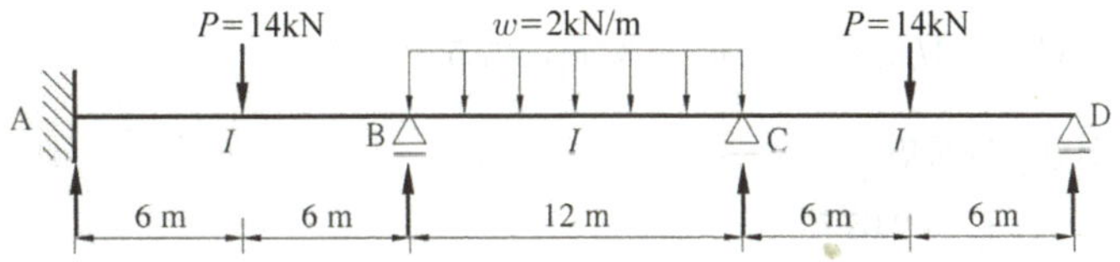

[그림 15.3.8]

풀이

(1) 미지수

$n - r - 3 - 6 - 3 - 3$차 (미지수 3개)

$\theta_A = \theta_D = 0, \quad R = 0, \quad \theta_B \neq 0, \quad \theta_C \neq 0 \quad \therefore$ 미지수 2개

절점방정식 2개가 성립된다($\sum M_B = 0$, $\sum M_C = 0$). ①

(2) 강도 계산 (K)

EI가 일정하므로 강도는 $K = I/l$

(3) 강비 계산 (k)

$k_{ba} = k_{bc} = k_{cb} = k_{cd} = 1$

(4) 하중항 계산 ([표 15.2.1] 참조)

$$C_{AB}=C_{BA}=\frac{Pl}{8}=\frac{(14\text{KN})\times(12\text{m})}{8}=21\ \text{KN}\cdot\text{m}$$

$$C_{BC}=C_{CB}=\frac{wl^2}{12}=\frac{(2\text{KN/m})\times(12\text{m})^2}{12}=24\ \text{KN}\cdot\text{m}$$

$$H_{CD}=\frac{3Pl}{16}=\frac{3\times(14\text{KN})\times(12\text{m})}{16}=31.5\ \text{KN}\cdot\text{m}$$

(5) 처짐각법 기본식

$M_{AB}=k_{ab}(\theta_B)-C_{AB}=1(\theta_B)-21$

$M_{BA}=k_{ba}(2\theta_B)+C_{BA}=1(2\theta_B)+21$

$M_{BC}=k_{bc}(2\theta_B+\theta_C)-C_{BC}=1(2\theta_B+\theta_C)-24$

$M_{CB}=k_{cb}(\theta_B+2\theta_C)+C_{CB}=1(\theta_B+2\theta_C)+24$

$M_{CD}=k_{cd}(1.5\theta_C)-H_{CD}=1(1.5\theta_C)-31.5$

$M_{DC}=0$

(6) 절점 방정식

식 ①에 의하여

$\Sigma M_B=0 \qquad M_{BA}+M_{BC}=0 \qquad 4\theta_B+\theta_C=3$ ②

$\Sigma M_C=0 \qquad M_{CB}+M_{CD}=0 \qquad \theta_B+3.5\theta_C=7.5$ ③

식 ②와 ③을 연립하여 풀면

$\therefore \theta_B=0.23 \qquad \therefore \theta_C=2.077$

(7) 재단모멘트

$\therefore M_{AB}=-20.77\ \text{KN}\cdot\text{m} \quad \therefore M_{BA}=21.46\ \text{KN}\cdot\text{m} \quad \therefore M_{BC}=-21.46\ \text{KN}\cdot\text{m}$

$\therefore M_{CB}=28.38\ \text{KN}\cdot\text{m} \quad \therefore M_{CD}=-28.38\ \text{KN}\cdot\text{m} \quad \therefore M_{DC}=0$

(8) 지점모멘트

$\therefore M_A=-20.77\ \text{KN}\cdot\text{m} \quad \therefore M_B=-21.46\ \text{KN}\cdot\text{m},$

$\therefore M_C=-28.38\ \text{KN}\cdot\text{m} \quad \therefore M_D=0$

예제 15-3-9

[그림 15.3.9]와 같은 부정정보의 지점모멘트를 처짐각법에 의해서 구하여라. 단, EI는 일정하고 지점 침하는 없다($R=0$).

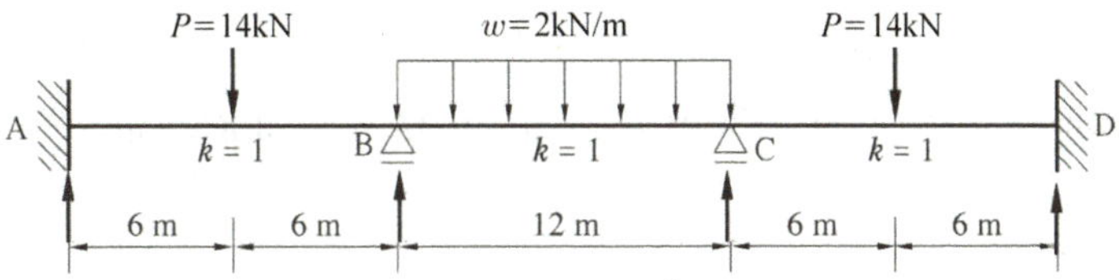

[그림 15.3.9]

풀이

(1) 미지수

$n = r - 3 = 8 - 3 = 5$차 (미지수 5개)

대칭구조이므로

$\theta_A = \theta_D = 0,\quad R = 0,\quad \theta_B = \theta_C \neq 0 \quad \therefore$ 미지수 1개

절점 방정식 1개가 성립된다($\Sigma M_B = 0$). ①

(2) 강비 계산 (k)

$k_{ba} = k_{bc} = k_{ca} = k_{cd} = 1$

(3) 하중항 계산 ([표 15.2.1] 참조)

$$C_{AB} = C_{BA} = \frac{Pl}{8} = \frac{(14\text{KN}) \times (12\text{m})}{8} = 21\ \text{KN} \cdot \text{m}$$

$$C_{BC} = C_{CB} = \frac{wl^2}{12} = \frac{(2\text{KN/m}) \times (12\text{m})^2}{12} = 24\ \text{KN} \cdot \text{m}$$

(4) 처짐각법 기본식

$$M_{AB} = 2EK_{AB}(2\theta_A + \theta_B - 3R) - C_{AB} = k_{ab}(\theta_B) - C_{AB} = 1(\theta_B) - 21$$

$$M_{BA} = 2EK_{BA}(\theta_A + 2\theta_B - 3R) + C_{BA} = k_{ba}(2\theta_B) + C_{BA} = 1(2\theta_B) + 21$$

$$M_{BC} = 2EK_{BC}(2\theta_B + \theta_C - 3R) - C_{BC} = k_{bc}(\theta_B) - C_{BC} = 1(\theta_B) - 24$$

(5) 절점방정식

식 ①에 의해서

$\Sigma M_B = 0$에 의하여

$M_{BA} + M_{BC} = 0$

$$2\theta_B + 21 + \theta_B - 24 = 0 \quad \therefore \theta_B = \frac{3}{3} = 1$$

(6) 재단모멘트

$M_{AB} = M_{DC} = (1) - 21 = -20$ KN · m

$M_{BA} = M_{CD} = 2 \times (1) + 21 = +23$ KN · m

$M_{BC} = M_{CB} = (1) - 24 = -23$ KN · m

(7) 지점모멘트

$\therefore M_A = -20$ KN · m, $\therefore M_B = -23$ KN · m, $\therefore M_C = -23$ KN · m,

$\therefore M_D = -20$ KN · m

예제 15-3-10

[그림 15.3.10]와 같은 부정정보의 재단모멘트를 처짐각법에 의해서 구하여라. 단, 지점침하는 없다.

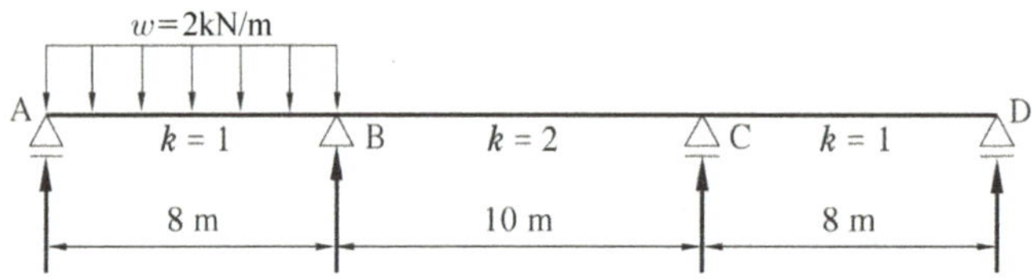

[그림 15.3.10]

풀이

(1) 미지수

$M_A = M_C = 0$

$\theta_A = \theta_D = R = 0 \quad \theta_B \neq 0 \quad \theta_C \neq 0$

θ_B, θ_C : 미지수 2개($\Sigma M_B = 0, \ \Sigma M_C = 0$)

(2) 강비 계산 (k)

$k_{ba} = k_{cd} = 1, \quad k_{bc} = k_{cb} = 2$

(3) 하중항 계산 ([표 15.2.1] 참조)

$$H_{BA} = \frac{wl^2}{8} = \frac{(2\text{KN/m}) \times (8\text{m})^2}{8} = 16 \text{ KN} \cdot \text{m}$$

$C_{BC} = C_{CB} = H_{CD} = 0$

(4) 처짐각법 기본식

$M_{BA} = 2EK_{BA}(1.5\theta_B - 1.5R) + H_{BA} = k_{ba}(1.5\theta_B) + H_{BA} = 1.5\theta_B + 16$

$M_{BC} = 2EK_{BC}(2\theta_B + \theta_C - 3R) - C_{BC} = k_{bc}(2\theta_B + \theta_C) = 2(2\theta_B + \theta_C)$

$M_{CB} = 2EK_{CB}(\theta_B + 2\theta_C - 3R) + C_{CB} = k_{cb}(\theta_B + 2\theta_C) = 2(\theta_B + 2\theta_C)$

$M_{CD} = 2EK_{CD}(1.5\theta_C - 1.5R) - H_{CD} = k_{cd}(1.5\theta_C) = 1.5\theta_C$

(5) 절점방정식

$\Sigma M_B = 0$에 의하여

$5.5\theta_B + 2\theta_C = -16$

$M_{BA} + M_{BC} = 1.5\theta_B + 16 + 4\theta_B + 2\theta_C = 0$ ①

$\Sigma M_C = 0$에 의하여

$M_{CB} + M_{CD} = 2\theta_B + 4\theta_C + 1.5\theta_C = 0$

$2\theta_B + 5.5\theta_C = 0$ ②

식 ①과 ②에 의해서

$\therefore \theta_B = -3.35 \quad \therefore \theta_C = 1.22$

(6) 재단모멘트

$\therefore M_{BA} = 1.5 \times (-3.35) + 16 = 10.97$ KN · m

$\therefore M_{BC} = 4 \times (-3.35) + 2 \times (1.22) = -10.96$ KN · m

$\therefore M_{CB} = 2 \times (-3.35) + 4 \times (1.22) = -1.82$ KN · m

$\therefore M_{CD} = 1.5 \times (1.22) = 1.83$ KN · m

15.3.3 지점침하가 있는 연속보의 해석

예제15-3-11

[그림 15.3.11]와 같은 연속보의 B지점에서 δ_B만큼 침하되었을 경우, 재단모멘트를 처짐각법으로 구해보자. 단, E, I, l 은 일정하다.

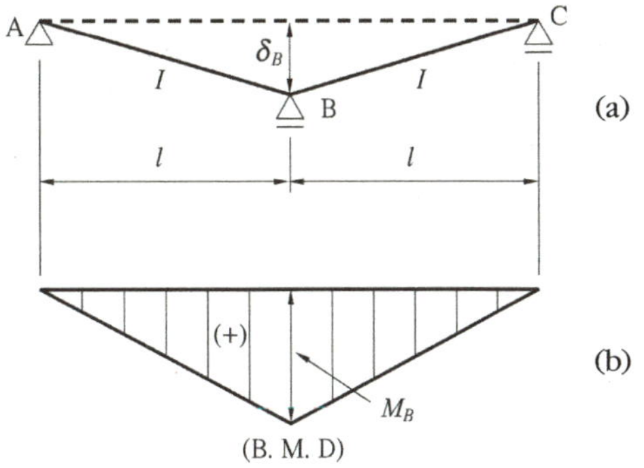

[그림 15.3.11]

풀이

(1) 수미지

$M_A = M_C = 0,\ \theta_A = \theta_C = 0,\ \theta_B \neq 0,\ R \neq 0,\ \theta_B \neq 0,\ R \neq 0$ (부재각) : 미지수 2개

B지점에서 절점방정식 1개가 성립한다($\sum M_B = 0$).

(2) 강도 계산 (K)

$K = K_{BA} = K_{BC} = I/l$ (일정)

(3) 부재각 계산 (R)

$$R = \frac{\delta_B}{l}$$

(4) 하중항 계산 ([표 15.2.1] 참조)

하중이 없으므로 $H_{BA} = H_{BC} = 0$이다.

(5) 처짐각법 기본식

$$M_{BA} = 2EK(1.5\theta_B - 1.5R) + H_{BA} = 2EK(1.5\theta_B - 1.5R)$$

$$= \frac{2EI}{l}\left(1.5\theta_B - 1.5\frac{\delta_B}{l}\right) \quad ①$$

$$M_{BC} = 2EK(1.5\theta_B - 1.5R) - H_{BC} = 2EK(1.5\theta_B - 1.5R)$$

$$= \frac{2EI}{l}\left(1.5\theta_B + 1.5\frac{\delta_B}{l}\right) \quad ②$$

(6) 절점방정식

$\sum M_B = 0$에 의하여

$$M_{BA} + M_{BC} = \frac{2EI}{l}\left(1.5\theta_B + 1.5\theta_B - 1.5\frac{\delta_B}{l} + 1.5\frac{\delta_B}{l}\right) = 0 \qquad \therefore \theta_B = 0$$

(7) 재단모멘트

$$M_{BA} = \frac{2EI}{l}\left(0 - 1.5\frac{\delta_B}{l}\right) = -\frac{3EI\delta_B}{l^2}$$

$$M_{BC} = \frac{2EI}{l}\left(0 + 1.5\frac{\delta_B}{l}\right) = \frac{3EI\delta_B}{l^2}$$

(8) 지점모멘트

※ B지점의 휨모멘트 : $M_B = \dfrac{3EI\delta_B}{l^2}$

예제 15-3-12

[그림 15.3.12]와 같은 연속보의 B 지점에서 3 cm 침하되었을 경우 재단모멘트를 처짐각법으로 구하여라. 단, $EI = 14 \times 10^5$ N · cm^{2}이다.

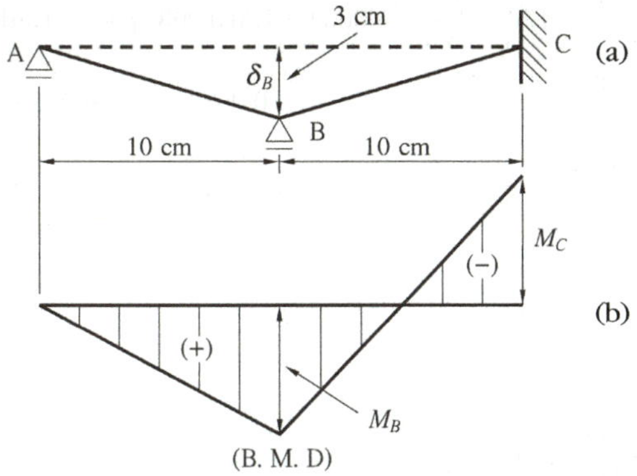

[그림 15.3.12]

풀이

(1) 미지수

$M_A = 0 \quad \theta_A = \theta_C = 0 \quad \theta_B \neq 0 \quad R \neq 0$

θ_B, R : 미지수 2개

B지점에서 절점방정식 1개가 성립한다($n \Sigma M_B = 0$).

(2) 강도 계산 (K)

$K = K_{BA} = K_{BC} = \dfrac{I}{l}$ (일정)

(3) 부재각 계산 (R)

$R = \dfrac{\delta}{l} = \dfrac{3}{1{,}000} = 0.003$

(4) 하중항 계산 ([표 15.2.1] 참조)

하중이 없으므로 $H_{BA} = C_{BC} = C_{CB} = 0$이다.

(5) 처짐각법 기본식

$$M_{BA} = 2EK(1.5\theta_B - 1.5R) - H_{BA} = \frac{2EI}{l}(1.5\theta_B - 1.5R)$$

$$M_{BC} = 2EK(2\theta_B + \theta_C - 3R) - C_{BC} = \frac{2EI}{l}(2\theta_B + 3R)$$

$$M_{CB} = 2EK(\theta_B + 2\theta_C - 3R) + C_{CB} = \frac{2EI}{l}(\theta_B + 3R)$$

(6) 절점방정식

$$\Sigma M_B = 0\text{에 의하여, } M_{BA} + M_{BC} = \frac{2EI}{l}(1.5\theta_B + 2\theta_B + 3R - 1.5R) = 0$$

$$\therefore \theta_B = -\frac{1.5}{3.5}R$$

(7) 재단모멘트

$$\therefore M_{BA} = \frac{2\times(14\times10^7)}{1{,}000}\left\{1.5\left(-\frac{1.5}{3.5}\right)(0.003) - 1.5(0.003)\right\} = -1{,}800\text{ N}\cdot\text{cm}$$

$$\therefore M_{BC} = \frac{2\times(14\times10^7)}{1{,}000}\left\{2\left(-\frac{1.5}{3.5}\right)(0.003) + 3\ (0.003)\right\} = 1{,}800\text{ N}\cdot\text{cm}$$

$$\therefore M_{CB} = \frac{2\times(14\times10^7)}{1{,}000}\left\{\left(-\frac{1.5}{3.5}\right)(0.003) + 3(0.003)\right\} = 2{,}160\text{ N}\cdot\text{cm}$$

(8) 지점모멘트

$\therefore M_B = 1{,}800\text{ N}\cdot\text{cm}$ $\qquad \therefore M_C = -2{,}160\text{ N}\cdot\text{cm}$

(9) 지점반력

$$\therefore R_A = -\frac{M_{BA}}{l} = \frac{1{,}800}{1{,}000} = 1.8\text{ N}$$

$$\therefore R_B = \frac{M_{BA}}{l} - \frac{M_{BC}+M_{CB}}{l} = -\frac{1{,}800}{1{,}000} - \frac{1{,}800+2{,}160}{1{,}000} = -5.76\text{ N}$$

$$\therefore R_C = \frac{M_{BC}+M_{CB}}{l} = \frac{1{,}800+2{,}160}{1{,}000} = 3.96\text{ N}$$

15.4 부정정 라멘의 해석

15.4.1 절점의 횡변위가 없는 경우

예제 15-4-1

[그림 15.4.1]과 같은 부정정 라멘을 처짐각법으로 구하여라. 단, E는 일정하다.

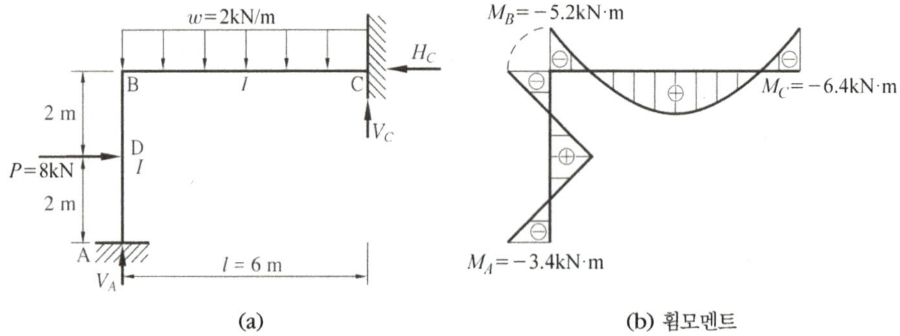

[그림 15.4.1]

풀이

(1) 미지수

$\theta_A = 0 \quad \theta_C = 0 \quad R = 0 \quad \theta_B \neq 0$ 미지수 1개

B지점에서 절점방정식 1개가 성립된다($\Sigma M_B = 0$).

(2) 강도 계산(K)

$K_{BA} = I/h = I/4 \qquad K_{BC} = I/l = I/6$

(3) 강비 계산 (k)

$k = K_{BA}/K_{BC} = (I/4)/(I/6) = 3/2 \qquad k_{ab} = k_{ba} = 3 \qquad k_{bc} = k_{cb} = 2$

(4) 하중항 계산 ([표 15.2.1] 참조)

$$C_{AB} = C_{BA} = \frac{Pl}{8} = \frac{(8\text{KN}) \times (4\text{m})}{8} = 4\text{KN} \cdot \text{m}$$

$$C_{BC} = C_{CB} = \frac{wl^2}{12} = \frac{(2\text{KN/m}) \times (6\text{m})^2}{12} = 6\text{KN} \cdot \text{m}$$

(5) 처짐각법 기본식

$M_{AB} = k_{ab}(\theta_B) - C_{AB} = 3(\theta_B) - 4$

$M_{BA} = k_{ba}(2\theta_B) + C_{BA} = 3(2\theta_B) + 4$

$M_{BC} = k_{bc}(2\theta_B) - C_{BC} = 2(2\theta_B) - 6$

$M_{CB} = k_{cb}(\theta_B) + C_{CB} = 2(\theta_B) + 6$

(6) 절점 방정식

$\Sigma M_B = 0$에 의하여

$M_{BA} + M_{BC} = 0, \qquad 6\theta_B + 4 + 4\theta_B - 6 = 0, \qquad \therefore \theta_B = 0.2$

(7) 재단모멘트

$\therefore M_{AB} = -3.4\text{KN} \cdot \text{m} \qquad \therefore M_{BA} = +5.2\text{KN} \cdot \text{m}$

$\therefore M_{BC} = -5.2\text{KN} \cdot \text{m} \qquad \therefore M_{CB} = +6.4\text{KN} \cdot \text{m}$

(8) 지점반력

$$\therefore V_A = R_{BC} - \frac{M_{BC} + M_{CB}}{l} = 5.8\text{ KN}$$

$$\therefore V_C = R_{CB} + \frac{M_{BC} + M_{CB}}{l} = 6.2\text{ KN}$$

$$\therefore H_A = R_{AB} - \frac{M_{AB} + M_{BA}}{h} = 3.6\text{ KN}$$

$$\therefore H_C = R_{BA} + \frac{M_{AB} + M_{BA}}{h} = 4.4\text{ KN}$$

예제 15-4-2

[그림 15.4.2]와 같은 부정정 라멘의 재단모멘트를 처짐각법으로 구하여라.

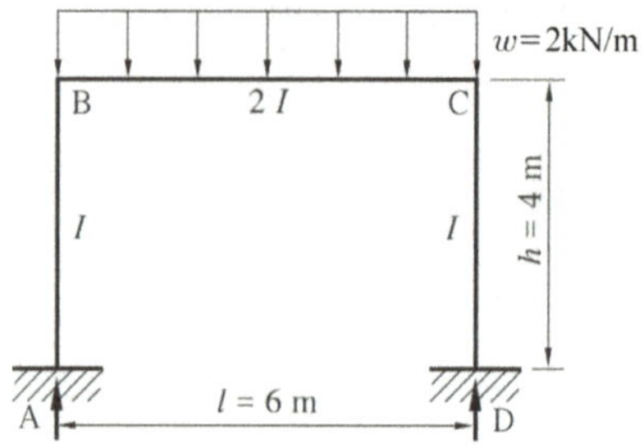

[그림 15.4.2]

풀이

(1) 미지수

대칭 라멘이므로 절점 B, C지점이 지점으로 된 3경간 연속보로 취급하면 편리하다.

$M_A = M_D,\quad M_B = M_C,\ \theta_A = \theta_D = 0,\quad R = 0,\quad \theta_B = -\theta_C$: 미지수 1개

(2) 강도 계산(K)

$$K_{AB} = K_{BA} = \frac{I}{h} = \frac{I}{4},\quad K_{BC} = K_{CB} = \frac{I}{l} = \frac{2I}{6},\quad K_0 = K_{BC} : \text{기준강도}$$

(3) 강비 계산 (k)

$$k_{ab} = k_{ba} = \frac{K_{BA}}{K_0} = \frac{I}{4} \times \frac{6}{2I} = 0.75,\quad k_{bc} = k_{cb} = \frac{K_{BC}}{K_0} = 1$$

(4) 하중항 계산 ([표 15.2.1] 참조)

$$C_{BC} = C_{CB} = \frac{wl^2}{12} = \frac{(2\text{KN/m}) \times (6\text{m})^2}{12} = 6\,\text{KN}\cdot\text{m}$$

(5) 처짐각법 기본식

$$M_{AB} = 2EK_{AB}(2\theta_A + \theta_B - 3R) - C_{AB} = k_{ac}(\theta_B) = 0.75\theta_B$$

$$M_{BA} = 2EK_{BA}(\theta_A + 2\theta_B - 3R) + C_{BA} = k_{ba}(2\theta) = 1.5\theta$$

$$M_{BC} = 2EK_{BC}(2\theta_B + \theta_C - 3R) - C_{BC} = k_{bc}(2\theta_B - \theta_B) - C_{BC} = \theta_B - 6$$

(6) 절점방정식

$\Sigma M_B = 0$에 의하여

$$M_{BA} + M_{BC} = 1.5\theta_B + \theta_B - 6 = 0,\quad \therefore \theta_B = +2.4$$

(7) 재단모멘트

$M_{AB} = 0.75 \times (2.4) = 1.8 \text{ KN} \cdot \text{m} = M_{DC}$

$M_{BA} = 1.5 \times (2.4) = 3.6 \text{ KN} \cdot \text{m} = -M_{CD}$

$M_{BC} = (2.4) - 6 = -3.6 \text{ KN} \cdot \text{m} = M_{CB}$

(8) 지점반력

※ $R_A = \dfrac{wl}{2}(\uparrow),\ H_A = -\dfrac{M_{AB} + M_{BA}}{h}(\rightarrow)$

예제 15-4-3

[그림 15.4.3]과 같은 부정정 라멘의 재단모멘트를 처짐각법에 의해서 구하여라. 단, 침하는 없다.

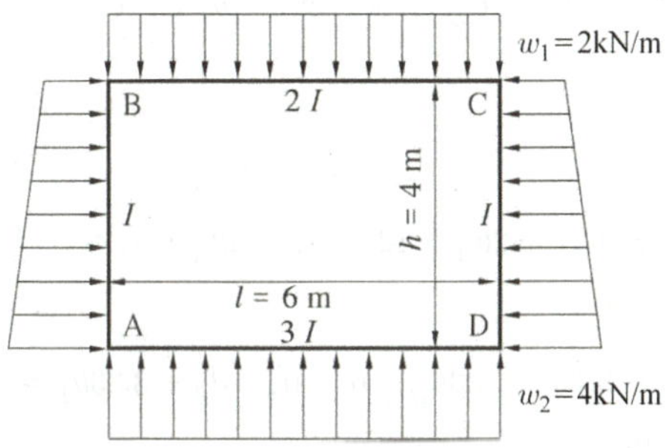

[그림 15.4.3]

풀이

(1) 미지수

대칭구조이므로 절반만 계산하면 된다.

$M_A = M_D, \quad M_B = M_C, \quad R = 0,$

$\theta_A = -\theta_D, \quad \theta_B = -\theta_C$: 미지수 2개

따라서 A, B지점에서 절점방정식 2개가 성립된다($\Sigma M_A = 0,\ \Sigma M_B = 0$).

(2) 강도 계산 (K)

$K_{AB} = I/h = I/4, \quad K_{BC} = I/l = (2I)/6, \quad K_{AD} = I/l = (3I)/6, \quad K_0 = K_{AB}$: 기준강도

(3) 강비 계산 (k)

$k_{bc} = K_{BC}/K_0 = (2I/6) \times (4/I) = 1.33, \quad k_{ad} = K_{AD}/K_0 = (3I/6) \times (4/I) = 2$

$k_{ab} = k_{ba} = K_{AB}/K_0 = 1$

(4) 하중항 계산 ([표 15.2.1] 참조)

$$C_{BC}=C_{CB}=\frac{w_1 l^2}{12}=\frac{(2\text{KN/m})\times(6\text{m})^2}{12}=6\text{KN}\cdot\text{m}$$

$$C_{AD}=C_{DA}=\frac{w_2 l^2}{12}=\frac{(4\text{KN/m})\times(6\text{m})^2}{12}=12\text{KN}\cdot\text{m}$$

$$C_{AB}=\frac{h^2}{60}(2w_1+3w_2)=\frac{(4)^2}{60}[2(2\text{KN/m})+3(4\text{KN/m})]=4.27\text{KN}\cdot\text{m}$$

$$C_{BA}=\frac{h^2}{60}(3w_1+2w_2)=\frac{(4)^2}{60}[3(2\text{KM/m})+2(4\text{KN/m})]=3.73\text{KN}\cdot\text{m}$$

(5) 처짐각법 기본식

$$M_{AB}=2EK_{AB}(2\theta_A+\theta_B-3R)-C_{AB}=2\theta_A+\theta_B-4.27$$

$$M_{AD}=2EK_{AD}(2\theta_A+\theta_D-3R)+C_{AD}=k_{ad}(2\theta_A-\theta_A)+C_{AD}=2\theta_A+12$$

$$M_{BA}=2EK_{BA}(2\theta_B+\theta_A-3R)+C_{BA}=2\theta_B+\theta_A+3.73$$

$$M_{BC}=2EK_{BC}(2\theta_B+\theta_C-3R)-C_{BC}=k_{bc}(2\theta_B-\theta_B)-C_{BC}=1.33\theta_B-6$$

(6) 절점방정식

$\sum M_A=0$에 의하여

$M_{AB}+M_{AD}=2\theta_A+\theta_B-4.27+2\theta_A+12=0,\quad 4\theta_A+\theta_B=-7.73$ ①

$\sum M_B=0$에 의하여

$M_{BA}+M_{BC}=2\theta_B+\theta_A+3.73+1.33\theta_B-6=0,\quad \theta_A+3.33\theta_B=2.27$ ②

식 ①과 ②를 연립하여 풀면

$\therefore\ \theta_A=-2.27\quad \therefore\ \theta_B=1.36$

(7) 재단모멘트

$$M_{AB}=2\times(-2.27)+(1.36)-4.27=-7.5\text{KN}\cdot\text{m}$$

$$M_{AD}=2\times(-2.27)+12=7.5\text{KN}\cdot\text{m}$$

$$M_{BA}=2\times(1.36)+(-2.27)+3.73=4.2\text{KN}\cdot\text{m}$$

$$M_{BC}=1.33\times1.36-6=-4.2\text{KN}\cdot\text{m}$$

(8) 지점모멘트

$\therefore\ M_A=M_D=-7.5\text{KN}\cdot\text{m}\quad \therefore\ M_B=M_C=-4.2\text{KN}\cdot\text{m}$

예제 15-4-4

[그림 15.4.4(a)]와 같은 부정정 라멘의 재단모멘트를 처짐각법에 의하여 구하고, 휨모멘트도를 그려라. 단, E 는 동일하다.

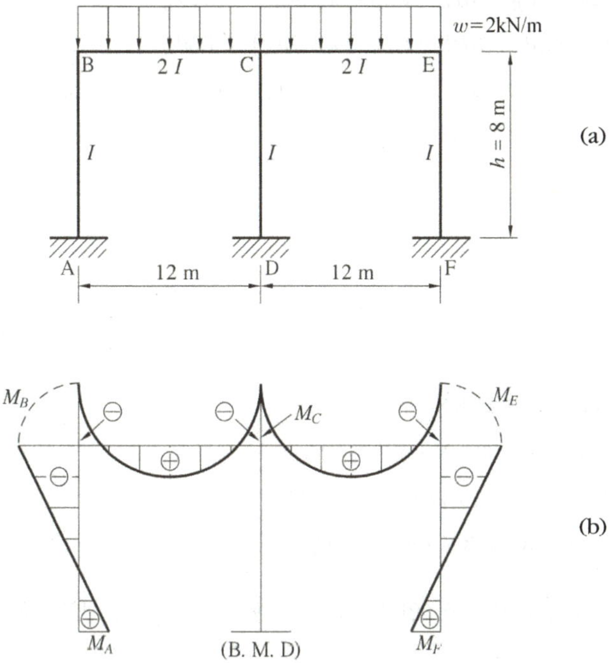

[그림 15.4.4]

풀이

(1) 미지수

대칭구조이므로 절반만 계산하면 된다.

$M_A = M_F,\ M_B = M_E,\quad M_D = 0,\quad M_{CD} = 0,\quad \theta_A = \theta_D = \theta_f = \theta_C = 0,\quad R = 0$

$\theta_B = -\theta_E$: 미지수 1개

대칭구조이므로 B지점에서 절점방정식 1개가 성립 된다($\sum M_B = 0$).

(2) 강도 계산 (K)

$K_{BA} = I/8,\qquad K_{BC} = (2I)/12,\qquad K_0 = K_{BC}$: 기준강도

(3) 강비 계산 (k)

$k_{ab} = k_{ba} = K_{BA}/K_0 = (I/8) \times (12/2I) = 0.75,\quad k_{bc} = k_{cb} = \dfrac{K_{BC}}{K_0} = 1$

(4) 하중항 계산 ([표 15.2.1] 참조)

$$C_{BC}=C_{CB}=\frac{wl^2}{12}=\frac{(2\text{KN/m})\times(12\text{m})^2}{12}=24\text{KN}\cdot\text{m}$$

(5) 처짐각법 기본식

$$M_{AB}=2EK_{AB}(2\theta_A+\theta_B-3R)-C_{AB}=k_{ab}(\theta_B)=0.75\theta_B$$

$$M_{BA}=2EK_{BA}(\theta_A+2\theta_B-3R)+C_{BA}=k_{ba}(2\theta_B)=1.5\theta_B$$

$$M_{BC}=2EK_{BC}(2\theta_B+\theta_C-3R)-C_{BC}=k_{bc}(2\theta_B)-C_{BC}=2\theta_B+24$$

$$M_{CB}=2EK_{CB}(\theta_B+2\theta_C-3R)+C_{CB}=k_{cb}(\theta_B)+C_{CB}=\theta_B+24$$

(6) 절점방정식

$\sum M_B=0$에 의하여

$$M_{BA}+M_{BC}=1.5\theta_B+2\theta_B-24=0,\quad \therefore\ \theta_B=\frac{24}{3.5}=6.86$$

(7) 재단모멘트

$$M_{AB}=0.75\times(6.86)=5.15\text{ KN}\cdot\text{m}=M_{FE}$$

$$M_{BA}=1.5\times(6.86)=10.30\text{ KN}\cdot\text{m}=-M_{EF}$$

$$M_{BC}=2\times(6.86)-24=-10.30\text{ KN}\cdot\text{m}=M_{EC}$$

$$M_{CB}=(6.86)+24=30.86\text{ KN}\cdot\text{m}=-M_{CE}$$

※ [그림 15.4.4(a)]와 같은 대칭구조일 경우 CD기둥에서 모멘트는 발생하지 않는다.

15.4.2 절점의 횡변위가 있는 경우

예제 15-4-5

[그림 15.4.5]와 같은 수평하중을 받는 부정정 라멘을 처짐각법으로 단면력을 구하여라. 단, E는 일정하다고 가정한다.

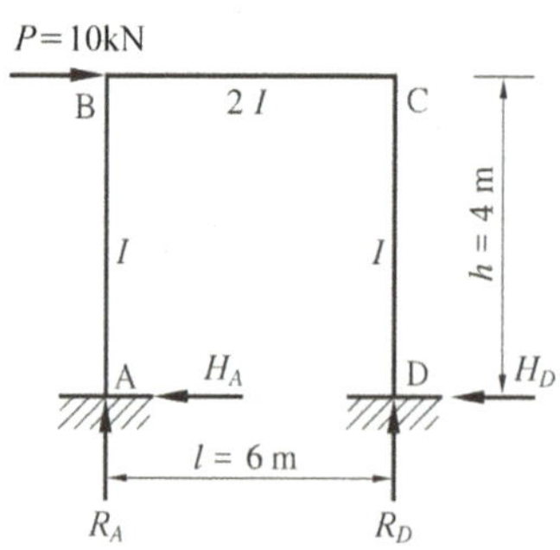

[그림 15.4.5]

풀이

(1) 미지수

기둥에서 부재각 R 이 발생한다.

$M_A = -M_D$, $M_B = -M_C$, $\theta_A = \theta_D = 0$, $\theta_B = \theta_C \neq 0$, $R \neq 0$

따라서 위와 같은 조건에 의해서 미지수가 2개이므로 절점방정식과 층방정식이 성립된다.

(2) 강도 계산 (K)

$K_{BA} = (I/4)$, $K_{BC} = (2I/6)$, $K_0 = K_{BC}$: 기준강도

(3) 강비 계산 (k)

$k_{ab} = k_{ba} = K_{BA}/K_0 = (I/4) \times (6/2I) = 0.75$

$k_{ba} = K_{BC}/K_0 = 1$

(4) 하중항 계산 ([표 15.2.1] 참조)

하중 P가 B점에 올 경우에는 하중항 계산이 필요 없고 층방정식에만 적용한다.

(5) 처짐각법 기본식

$M_{AB} = 2EK_{AB}(2\theta_A + \theta_B - 3R) - C_{AB} = k_{ab}(\theta_B - 3R) = 0.75\theta_B - 2.25R$

$M_{BA} = 2EK_{BA}(\theta_A + 2\theta_B - 3R) + C_{BA} = k_{ba}(2\theta_B - 3R) = 1.5\theta_B - 2.25R$

$M_{BC} = 2EK_{BC}(2\theta_B + \theta_C - 3R) - C_{BC} = k_{ba}(2\theta_B + \theta_B) = 3\theta_B$

(6) 절점방정식

$\Sigma M_B = 0$에 의하여

$M_{BA} + M_{BC} = 1.5\theta_B - 2.25R + 3\theta_B$, $4.5\theta_B - 2.25R = 0$ ①

(7) 층방정식(전단력방정식)

$M_{AB} + M_{BA} + M_{CD} + M_{DC} + Ph = 0$

$2(M_{AB} + M_{BA}) = -Ph$

$2(0.75\theta_B - 2.25R + 1.5\theta_B - 2.25R) = -(10) \times (4)$

$4.5\theta_B - 9R = -40$ ②

식 ①과 ②를 연립하여 풀면

$\therefore \theta_B = 2.96$ $\quad \therefore R = 5.93$

(8) 재단모멘트

$\therefore M_{AB} = 0.75 \times (2.96) - 2.25 \times (5.93) = -11.1\,\text{KN} \cdot \text{m} = M_{DC}$

$\therefore M_{BA} = 1.5 \times (2.96) - 2.25 \times (5.93) = -8.9\,\text{KN} \cdot \text{m} = M_{CD}$

$\therefore M_{BC} = 3 \times (2.96) = 8.9\,\text{KN} \cdot \text{m} = M_{CB}$

(9) 지점모멘트

$\therefore M_A = -11.1$ KN · m　　$\therefore M_B = 8.9$ KN · m

$\therefore M_C = -8.9$ KN · m　　$\therefore M_D = 11.1$ KN · m

(10) 지점반력

$$\therefore R_A = -\frac{M_{BC}}{l} = -\frac{8.9}{6} = -1.48\text{ KN}(\downarrow)$$

$$\therefore R_D = \frac{M_{CB}}{l} = \frac{8.9}{6} = 1.48\text{ KN}(\uparrow)$$

$$\therefore H_A = -\frac{M_{AB}+M_{BA}}{h} = 5\text{ KN} = \frac{P}{2}(\leftarrow)$$

$$\therefore H_D = \frac{M_{DC}+M_{CD}}{h} = 5\text{ KN} = \frac{P}{2}(\leftarrow)$$

예제 15-4-6

[그림 15.4.6]과 같은 부정정 라멘의 재단모멘트를 처짐각법으로 구하여라.

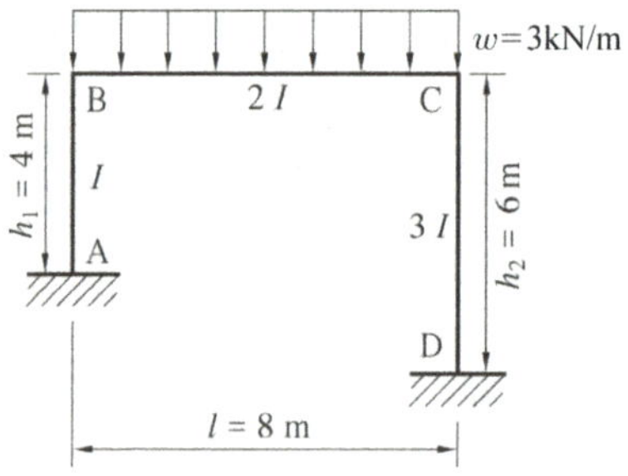

[그림 15.4.6]

풀이

(1) 미지수

$\theta_A = 0 \quad \theta_D = 0 \quad \theta_B \neq 0 \quad \theta_C \neq 0 \quad R \neq 0$: 미지수 3개

(2) 강도 계산 (K)

$K_{BA} = I/h_1 = I/4,\quad K_{BC} = I/l = 2I/8 = I/4,\quad K_{CD} = I/h_2 = 3I/6 = I/2$

$K_0 = K_{BC} = I/4$: 기준강도

(3) 강비 계산 (k)

$k_{ab} = k_{ba} = K_{BA}/K_0 = 1 \quad k_{bc} = k_{cb} = K_{BC}/K_0 = 1 \quad k_{cd} = k_{dc} = K_{CD}/K_0 = 2$

(4) 부재각 계산 (R)

$R_1 = d/h_1 \qquad d = R_1 h_1 \qquad R_2 = d/h_2 = 1/h_2(R_1 h_1) = nR_1 = (2/3)R_1$

여기서 d는 부재의 변위, R_1, R_2는 부재의 변위에 의한 변위각이다.

(5) 하중항 ([표 15.2.1] 참조)

$$C_{BC} = C_{CB} = \frac{wl^2}{12} = \frac{(3\mathrm{KN/m}) \times (8\mathrm{m})^2}{12} = 16\ \mathrm{KN \cdot m}$$

(6) 처짐각법 기본식

$M_{AB} = k_{ab}(2\theta_A + \theta_B - 3R_1) - C_{AB} = 1(\theta_B - 3R_1)$

$M_{BA} = k_{ba}(\theta_A + 2\theta_B - 3R_1) + C_{BA} = 1(2\theta_B - 3R_1)$

$M_{BC} = k_{bc}(2\theta_B + \theta_C - 3R) - C_{BC} = 1(2\theta_B + \theta_C) - 16$

$M_{CB} = k_{cb}(\theta_B + 2\theta_C - 3R) + C_{CB} = 1(\theta_B + 2\theta_C) + 16$

$M_{CD} = k_{cd}(2\theta_C + \theta_D - 3R_2) - C_{CD} = 2(2\theta_C - 3nR_1)$

$M_{DC} = k_{dc}(\theta_C + 2\theta_D - 3R_2) + C_{DC} = 2(\theta_C - 3nR_1)$

(7) 절점방정식

$\sum M_B = 0$

$M_{BA} + M_{BC} = 0, \quad 4\theta_B + \theta_C - 3R_1 = 16$ ①

$\sum M_C = 0$

$M_{CB} + M_{CD} = 0, \quad \theta_B + 6\theta_C - 4R_1 = -16$ ②

(8) 층방정식

$(M_{AB} + M_{BA})/h_1 + (M_{CD} + M_{DC})/h_2 = 0, \quad 9\theta_B + 12\theta_C - 34R_1 = 0$ ③

(9) 미지수의 연립방정식

$4\theta_B + \theta_C - 3R_1 = 16$

$\theta_B + 6\theta_C - 4R_1 = -16$ ④

$9\theta_B + 12\theta_C - 34R_1 = 0$

위식 ④를 연립하여 풀면

$\therefore \theta_B = \frac{616}{125} \qquad \therefore \theta_C = -\frac{428}{125} \qquad \therefore R_1 = \frac{12}{125}$

(10) 재단모멘트

$$M_{AB} = \theta_B - 3R_1 = \frac{616}{125} - 3 \times \frac{12}{125} = -4.640\,\mathrm{KN \cdot m}$$

$$M_{BA} = 2\theta_B - 3R_1 = 2 \times \frac{616}{125} - 3 \times \frac{12}{125} = 9.568\,\mathrm{KN \cdot m}$$

$$M_{BC}=2\theta_B+\theta_C-16=2\times\frac{616}{125}-\frac{428}{125}-16=-9.568\,\text{KN}\cdot\text{m}$$

$$M_{CB}=\theta_B+2\theta_C+16=\frac{616}{125}+2\times(-\frac{428}{125})+16=14.08\,\text{KN}\cdot\text{m}$$

$$M_{CD}=4\theta_C-4R_1=4\times\left(-\frac{428}{125}\right)-4\times\frac{12}{125}=-14.08\text{KN}\cdot\text{m}$$

$$M_{DC}=2\theta_C-4R_1=2\times\left(-\frac{428}{125}\right)-4\times\frac{12}{125}=-7.232\text{KN}\cdot\text{m}$$

E X E R C I S E

1. [P그림 15.1]과 같은 연속보에서 단면력을 처짐각법으로 구하여라. 단, EI는 일정하고 지점침하는 없다.

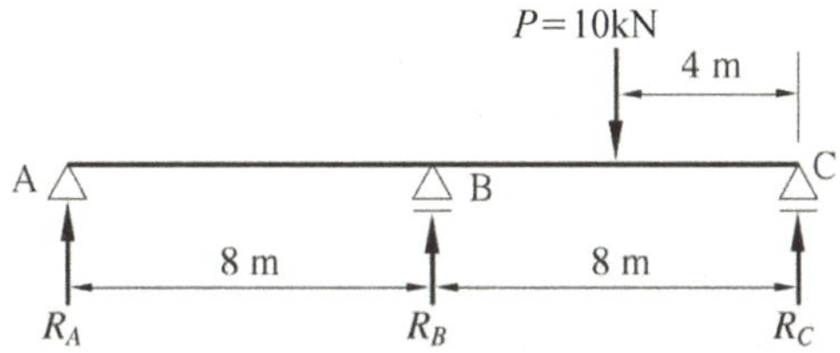

[P그림 15.1]

정답 $R_B = 6.954$ KN

2. [P그림 15.2]와 같은 부정정보에서 단면력을 처짐각법으로 구하여라. 단, 지점침하는 없다.

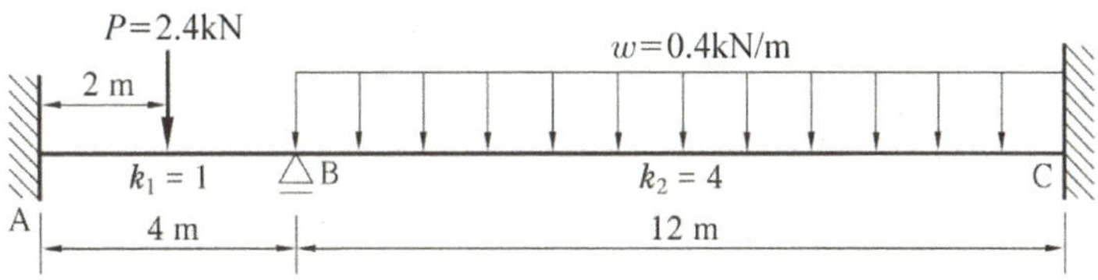

[P그림 15.2]

정답 $M_B = -1.92$ KN · m

3. [P그림 15.3]과 같은 연속보의 B 지점에서 5 cm 아래로, C 지점에서는 2 cm 위로 지점변위를 일으켰다. 처짐각법으로 지점모멘트 M_B와 M_C를 구하여라. 단, 지간에 재하된 하중은 없고 EI는 일정하다.

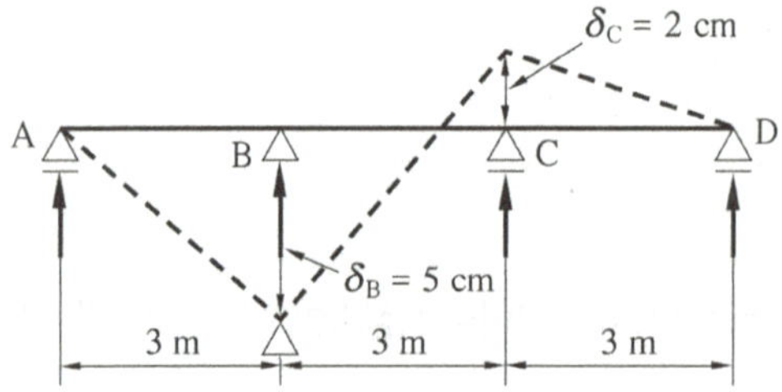

[P그림 15.3]

정답 $M_B = \dfrac{38}{15}EI \quad M_C = -\dfrac{32}{15}EI$

4. [P그림 15.4]와 같은 연속보에서 B지점의 휨모멘트 M_B 값을 처짐각법으로 구하여라.

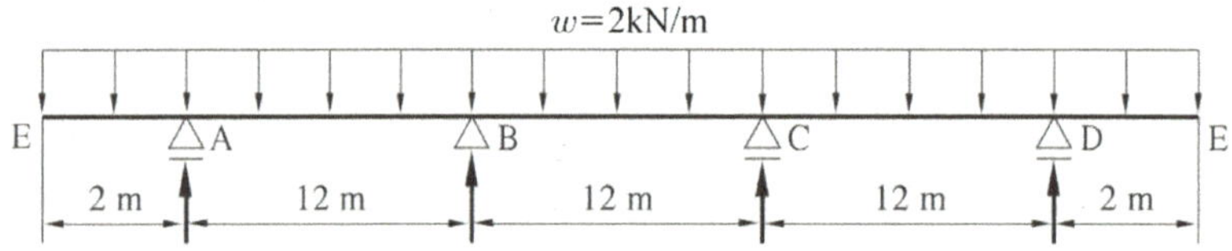

[P그림 15.4]

정답 $M_B = -28\,\text{KN}\cdot\text{m}$

5. [P그림 15.5]와 같은 연속보에서 처짐각법으로 단면력을 구하고 단면력도를 그려라.

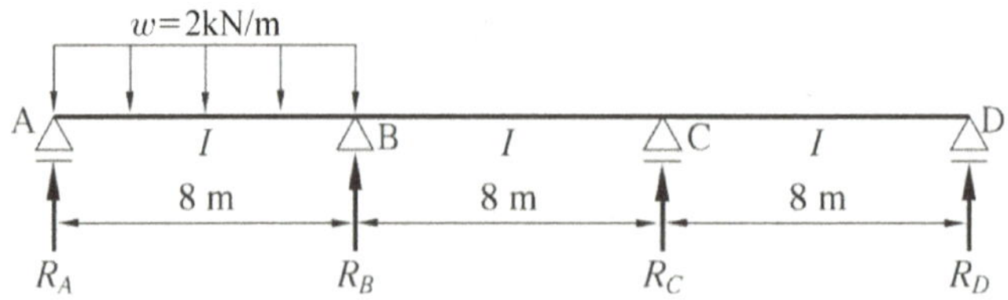

[P그림 15.5]

정답 $M_B = -8.53\,\text{KN}\cdot\text{m} \quad M_C = 2.13\,\text{KN}\cdot\text{m} \quad R_A = 6.93\,\text{KN}$

$R_B = 10.40\,\text{KN} \quad R_C = -1.59\,\text{KN} \quad R_D = 0.26\,\text{KN}$

6. [P그림 15.6]과 같은 부정정라멘의 지점모멘트를 처짐각법에 의해서 구하여라.

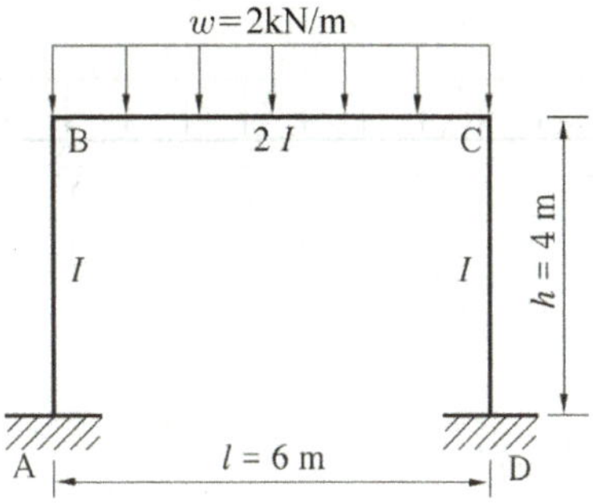

[P그림 15.6]

정답 $M_A = 1.8\,\text{KN} \cdot \text{m}$

7. [P그림 15.7]과 같은 라멘의 지점모멘트를 처짐각법으로 구하여라.

단, EI는 일정하다. $\left(K_{BA} = \dfrac{EI}{h},\ K_{BC} = \dfrac{6EI}{l}\right)$

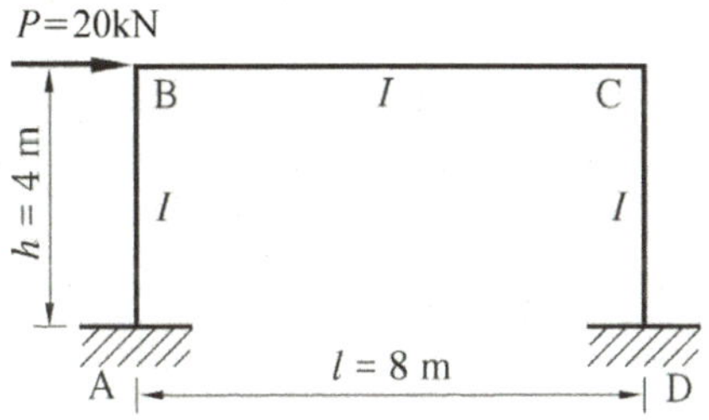

[P그림 15.7]

정답 $M_A = -25\,\text{KN} \cdot \text{m}$ $\quad M_B = +15\,\text{KN} \cdot \text{m}$

$M_C = -15\,\text{KN} \cdot \text{m}$ $\quad M_D = +25\,\text{KN} \cdot \text{m}$

8. [P그림 15.8]과 같은 7 경간이 등간격인 연속보의 지점모멘트를 구하여라. 단, EI는 일정하고 지점침하는 없다.

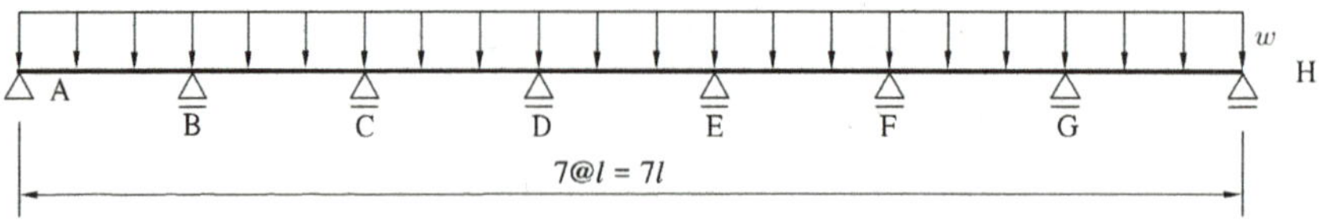

[P그림 15.8]

정답 $M_B = M_G = -\dfrac{5}{142}wl^2$

$$M_C = M_F = -\frac{11}{142}wl^2$$

$$M_D = M_E = -\frac{6}{71}wl^2$$

CHAPTER 16

모멘트분배법

16.1 개요

모멘트분배법(moment distribution method)은 처짐각법과 같이 연속보 또는 부정정 라멘의 구조해석에 널리 이용하고 있다.

이 해석방법은 미국 Illinois 대학의 Hardy Cross 교수에 의해서 1932년에 제안된 '고정단 모멘트의 분배에 의한 연속뼈대의 해법'으로 다른 구조해석법에 비하여 공식의 암기가 필요하지 않고 간단한 사칙계산의 되풀이만으로 해답을 얻을 수 있다. 다만 똑같은 성질의 계산을 여러 번 반복해야 한다는 점이 단점이다. 즉 어느 정도 정확한 답을 얻기 위해서는 여러 번의 분배와 전달과정을 거쳐야 하며, 따라서 필연적으로 계산의 번잡을 가져온다는 사실이다.

모멘트분배법에 있어서 물리적 개념과 계산과정을 보면 여기에는 규칙적인 법칙이 존재하고 있음을 알 수 있으며, 이 법칙을 수식계수 또는 급수 등으로 고치거나 치환함으로써 분배과정을 줄일 수 있다. 모멘트분배법에서 분배과정은 상대강도를 일반적으로 사용하고 있는 해법이 있으며, 미국 Stanford 대학의 James M. Gere 교수가 1962년에 제시한 회전강도(절대강도)를 이용함으로써 간단한 부정정구조물을 단 한 번의 분배과정으로 재단모멘트를 구할 수 있는 편리한 해법 등이 있다.

16.2 모멘트분배법의 전개

16.2.1 부호규약 및 정의

[1] 부호규약

모멘트분배법에서도 처짐각법에서 사용한 부호규약을 그대로 사용한다. 즉, 시계방향의 재단모멘트와 회전각을 양(+)으로 정의한다.

[2] 부재강도(K)와 기준강도(K_0) 계산

부재의 강도는 부재단면의 단면2차모멘트를 부재의 길이로 나눈 값으로 K로 표시한다.

$$K = \frac{I}{l} \tag{16.2.1}$$

절점에 모인 부재들의 강도 중에서 임의로 선택하여 기준으로 정한 강도를 기준강도라 하고, K_0로 표시한다.

[3] 강비(k) 계산

강비(stiffness ratio)는 부재의 강도를 기준강도로 나눈 값이며, k로 표시한다.

$$k = \frac{K}{K_0} \tag{16.2.2}$$

예제 16-2-1

[그림 16.2.1]과 같은 부정정보의 강비를 구하여라.

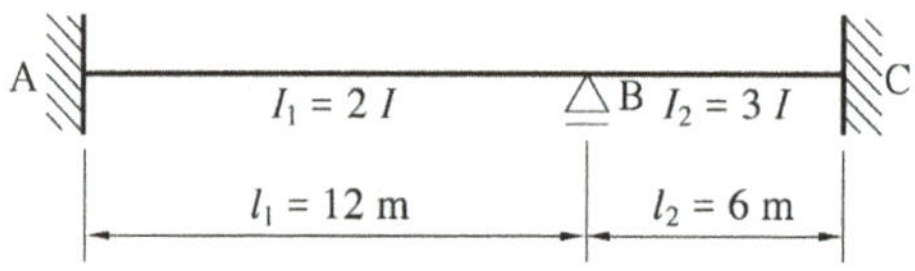

[그림 16.2.1]

풀이

(1) 강도

$$K_{AB} = K_{BA} = \frac{I_1}{l_1} = \frac{2I}{12} = \frac{I}{6}$$

$$K_{BC} = K_{CB} = \frac{I_2}{l_2} = \frac{3I}{6} = \frac{I}{2}$$

(2) 강비 계산

$K_o = K_{BA}$ 이라고 하면

$$k_{ba} = \frac{K_{BA}}{K_0} = 1 \qquad k_{bc} = \frac{K_{BC}}{K_0} = \frac{\frac{I}{2}}{\frac{I}{6}} = 3$$

[4] 수정된 유효강도(Effective Stiffness)와 유효강비(Effective Stiffness Ratio)

모멘트 분배법에 있어서 부재의 양단이 고정된 경우를 기준으로 하여 상대부재의 강비를 결정하는데, 1단 고정 타단 활절 또는 이동단의 부재, 대칭구조의 부재, 역대칭 변형을 하는 부재의 경우에는 그 부재의 강비에 계수를 적절하게 수정하여 다른 부재와 같게 하여 분배율을 계산한다. 이와 같이 수정된 강비를 유효강비(effective stiffness ratio) 또는 등가강비(equivalent stiffness ratio)라고 한다.

(1) 1단 절점, 타단 이동단 또는 회전단 부재의 유효강비

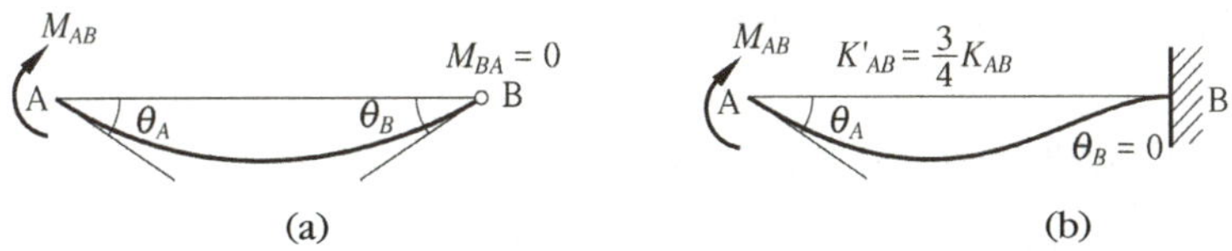

[그림 16.2.2]

[그림 16.2.2(a)]에서 A지점이 절점이고, B지점이 회전단일 경우에 B지점에서는 모멘트가 없다. 따라서 $M_{BA}=0$이다.

처짐각법의 기본식에 의해서 다음과 같이 된다.

$$M_{AB}=2EK_{AB}(2\theta_A+\theta_B) \qquad ①$$

$$M_{BA}=2EK_{BA}(\theta_A+2\theta_B)=0 \qquad ②$$

식 ②에서 $\theta_B=-\theta_A/2$를 식 ①에 대입하면 다음과 같이 된다.

$$M_{AB}=2EK_{AB}\left(\frac{3}{2}\theta_A\right)=2E\frac{3}{4}K_{AB}(2\theta_A) \qquad ③$$

식 ③에서 $K_{AB}'=(3/4)K_{AB}$라고 하면 다음과 같이 된다.

$$M_{AB}=2EK_{AB}'(2\theta_A) \qquad ④$$

여기서 부재강도(K_{AB})의 3/4을 사용하면, [그림 16.2.2(a)]와 같은 부재는 [그림 16.2.2(b)]와 같이 고정단보로 취급된다. 따라서 $(3/4)K_{AB}$를 유효강도(effective stiffness)라고 한다. 강비 k_{ab}일 때 수정계수 3/4을 곱한 $(3/4)k_{ab}$를 유효강비(effective stiffness ratio)라고 한다.

(2) 대칭 라멘에 대칭하중이 작용할 경우의 유효강비

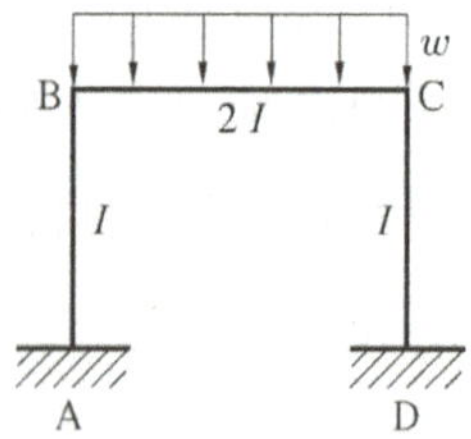

[그림 16.2.3]

[그림 16.2.3]에서와 같이 라멘이 대칭일 경우에는 B, C지점의 절점각은 같고 부호는 반대가 된다. 따라서 $\theta_B = -\theta_C$이므로 처짐각법 기본 식에 의해서 다음과 같이 된다.

$$M_{BC} = 2EK_{BC}(2\theta_B + \theta_C) = 2EK_{BC}(\theta_B)$$

$$M_{BC} = 2E\frac{1}{2}K_{BC}(2\theta_B) \quad ①$$

식 ①에서 $K_{BC}' = (1/2)K_{BC}$ 라고 하면

$$M_{BC} = 2EK_{BC}'(2\theta_B) \quad ②$$

식 ②에서 $(1/2)K_{BC}$를 유효강도라 하고, 강비 k_{bc}일 때 수정계수$(1/2)$을 곱한 $(1/2)k_{bc}$를 유효강비라고 한다.

(3) 대칭 라멘에 역대칭 하중이 작용할 경우의 유효강비

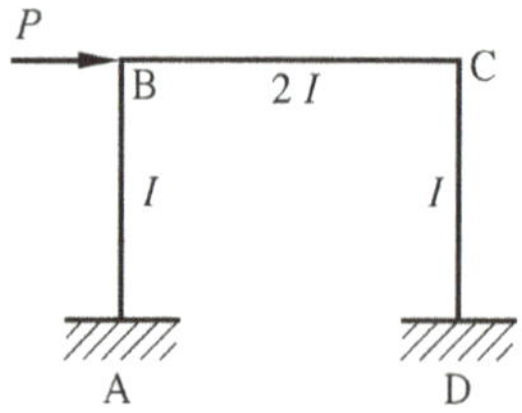

[그림 16.2.4]

[그림 16.2.4]에서와 같이 대칭 라멘에 수평하중이 B지점에 작용할 때 B, C지점의 절점각은 같으며 또한 부호도 같다. 따라서 $\theta_B = \theta_C$ 이므로 처짐각법 기본식에 의해서 다음과 같이 된다.

$$M_{BC} = 2EK_{BC}(2\theta_B + \theta_C) = 2EK_{BC}(3\theta_B)$$

$$M_{BC} = 2E\frac{3}{2}K_{BC}(2\theta_B) \quad ①$$

식 ①에서 $K_{BC}' = (3/2)K_{BC}$ 라고 하면

$$M_{BC} = 2EK_{BC}'(2\theta_B) \quad ②$$

식 ①에서 $(3/2)K_{BC}$를 유효강도라고 하고, 강비 k_{bc}일 때 수정계수 (3/2)을 곱한 $(3/2)k_{bc}$를 유효강비라고 한다.

[5] 전달률(Carry-Over Factors) / 전달모멘트(Carry-Over Moments)

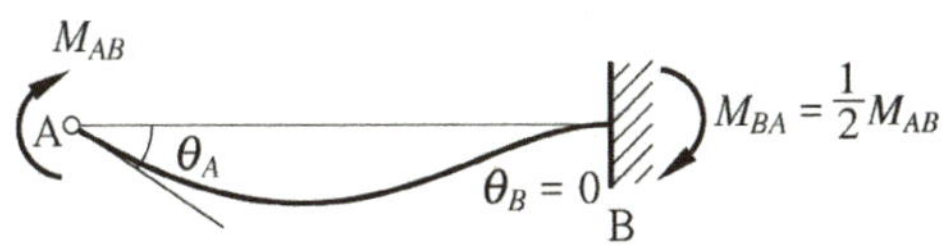

[그림 16.2.5]

[그림 16.2.5]와 같이 A 지점이 절점, B 지점이 고정단인 부재에서 $\theta_B = 0$이다. 따라서 처짐각법의 기본식에 의하여 다음과 같이 된다.

$$M_{AB} = 2EK_{AB}(2\theta_A) \quad ①$$

$$M_{BA} = 2E_{BA}(\theta_A) \quad ②$$

식 ①과 ②에 의해서 B 지점에 생기는 모멘트는 다음과 같이 된다.

$$M_{BA} = \frac{1}{2}M_{AB} \quad (16.2.3)$$

식 (16.2.3)과 같이 A 지점에 발생한 모멘트는 고정된 B 지점에 A 지점의 모멘트 $(1/2)M_{AB}$가 전달된다. 절점에서 고정단으로 전달되는 계수, 즉 전달률(Carry-over Factors, COF)은 (1/2)이고, $(1/2)M_{AB}$를 전달모멘트(Carry-over Moments, COM)라고 한다.

[6] 분배율(Distribution Factors)

임의로 선택한 부재에 분배되는 모멘트는 평형모멘트에 대한 비율을 분배율(Distribution Factors, DF 또는 f)이라 한다. 임의의 부재 분배율은 그 절점에 모인 모든 부재의 강비 총합과 임의로 선택한 부재 강비의 비로 나타낸다.

예제 16-2-2

[그림 16.2.6]과 같은 부재의 분배율을 구하여라.

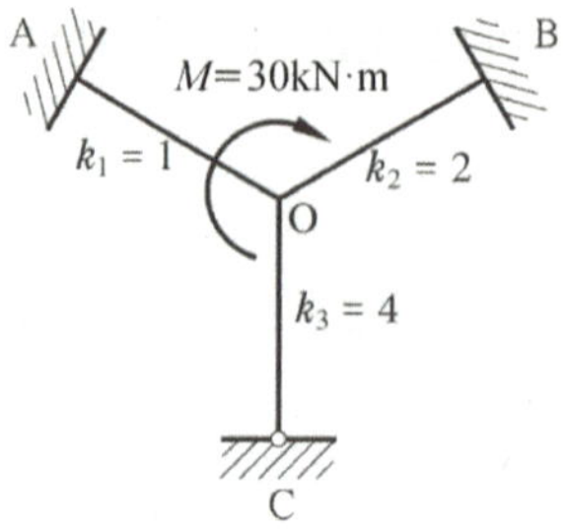

[그림 16.2.6]

풀이

$$DF_{OA}=f_{oa}=\frac{k_1}{k_1+k_2+\frac{3}{4}k_3}=\frac{1}{6},\quad DF_{OB}=f_{ob}=\frac{k_2}{k_1+k_2+\frac{3}{4}k_3}=\frac{2}{6}$$

$$DF_{OC}=f_{oc}=\frac{\frac{3}{4}k_3}{k_1+k_2+\frac{3}{4}k_3}=\frac{3}{6}$$

C지점이 이동지점 또는 회전지점일 경우는 유효강비 $(3/4)k_3$를 적용한다.

※ 각 부재의 분배율의 합한 값은 항상 1이다. 즉, $f_{oa}+f_{ob}+f_{oc}=\frac{1}{6}+\frac{2}{6}+\frac{3}{6}=1$

[7] 분배모멘트(Distributed Moments)

절점에서 발생한 불균형모멘트 또는 외력모멘트가 작용할 때 분배율에 의해서 각 부재에 분배된 모멘트를 분배모멘트(Distributed Moments, DM)라고 한다. 분배모멘트는 강비의 비율에 비례하여 분배되며, 절점에서 분배된 모멘트는 고정단 지점으로 그 값의 (1/2)이 전달되며, 이동지점 또는 활절 지점으로는 전달하지 않는다.

예제 16-2-3

[그림 16.2.6]과 같은 구조물에 외력모멘트 30 KN · m가 작용할 때 지점모멘트 M_A, M_B, M_C를 구하여라.

풀이

절점에서 계산된 분배모멘트는 고정단 지점으로 1/2값이 전달되며, 이동지점 또는 활절 지점으로는 전달하지 않는다.

$M_{OA} = M \times f_{oa} = 30 \times \frac{1}{6} = 5\ \text{KN} \cdot \text{m}$ $\therefore M_{AO} = M_A = 2.5\ \text{KN} \cdot \text{m}$

$M_{OB} = M \times f_{ob} = 30 \times \frac{2}{6} = 10\ \text{KN} \cdot \text{m}$ $\therefore M_{BO} = M_B = 5\ \text{KN} \cdot \text{m}$

$M_{OC} = M \times f_{ac} = 30 \times \frac{3}{6} = 15\ \text{KN} \cdot \text{m}$ $\therefore M_{CO} = M_C = 0$

[8] 하중항(Fixed-End Moments)

고정단모멘트(Fixed-end Moments)를 하중항이라 하며, 약자로 FEM으로 표기한다. 처짐각법에서 설명하였으며 15장 처짐각법의 [표 15.2.1]을 참고하면 된다.

[9] 불균형모멘트(Unbalanced Moments)

먼저 구조물의 절점이 구속된 것으로 고려한다. 하지만 절점이 비구속 상태가 되면서 절점에서 고정단모멘트의 합이 0이 아니라면 회전할 것이다. 0과 단부모멘트의 실제 합과의 차이가 불균형모멘트(Unbalanced Moments, UM)라고 한다.

[10] 회전강도(Rotational Stiffness)

한 절점에 모인 각 부재의 평형모멘트는 부재에서 발생한 회전강도에 의해서 분배된다. 하중이 작용하는 상태에 따라 변형하는 부재의 회전강도를 구해보면 다음과 같다.

(1) 1단 절점, 타단 고정인 부재의 회전강도

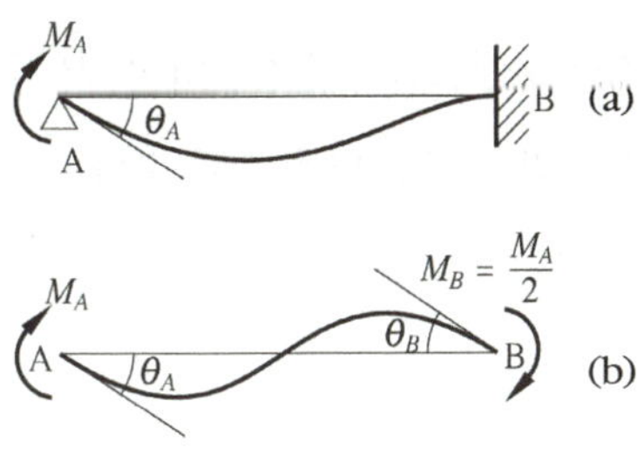

[그림 16.2.7]

[그림 16.2.7]과 같이 A 지점이 절점이고, B 지점이 고정단인 부재에서 A 지점에 모멘트 M_A가 작용함으로써 A 지점에 회전각 θ_A가 발생한다. AB 부재의 회전강도를 K_{AB}라고 하면 다음 식과 같다.

$$K_{AB} = \frac{1}{\theta_A} M_A \qquad ①$$

[그림 16.2.7(a)]와 같은 경우 B지점의 지점모멘트는 처짐각법 기본 식에 의하여 $M_B = (1/2)M_A$이다. 따라서 B지점의 구속된 고정단을 해제하여 정정기본계로 하면 [그림 16.2.7(b)]와 같은 탄성곡선을 얻게 된다.

[그림 16.2.7(b)]에서 회전각 θ_A는 다음 식과 같다.

$$\theta_A = \frac{l}{6EI}(2M_A + M_B) = \frac{l}{6EI}\left(2M_A - \frac{1}{2}M_A\right) = \frac{l}{4EI}M_A \qquad ②$$

식 ②를 식 ①에 대입하면, AB 부재의 회전강도 K_{AB}는 다음 식과 같다.

$$K_{AB} = \frac{4EI}{l} \qquad (16.2.4)$$

K_{AB}를 회전강도 또는 절대강도라고도 한다.

(2) 1단 절점, 타단 이동지점인 부재의 회전강도

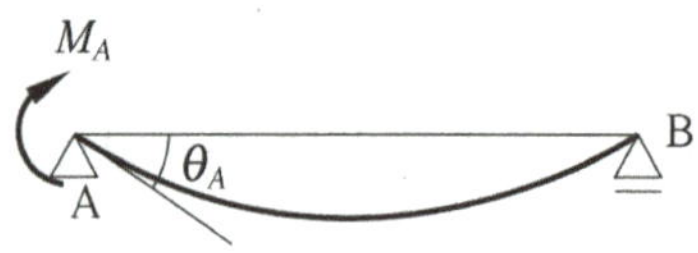

[그림 16.2.8]

[그림 16.2.8]에서 절점 A지점에 모멘트 M_A가 작용하고, B 지점에는 모멘트가 작용하지 않는다. AB부재의 회전강도를 K_{AB}라고 하면 다음 식과 같다.

$$K_{AB} = \frac{1}{\theta_A} M_A \qquad ①$$

식 ①에서 회전각 θ_A는 다음 식과 같다.

$$\theta_A = \frac{l}{6EI}(2M_A + M_B) = \frac{l}{3EI}M_A \qquad ②$$

식 ②를 식 ①에 대입하면 AB 부재의 회전강도 K_{AB}는 다음 식과 같다.

$$K_{AB} = \frac{3EI}{l} \tag{16.2.5}$$

예제 16-2-4

[그림 16.2.9]와 같은 연속보에서 분배율을 구하여라. 단, E는 일정하다.

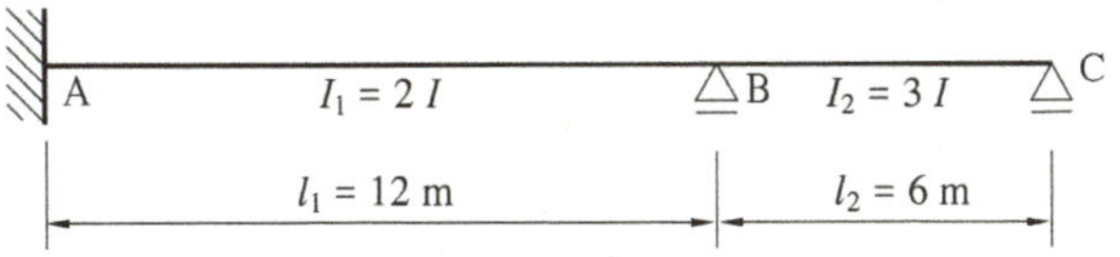

[그림 16.2.9]

풀이

(1) 강도

$$K_{BA} = \frac{4EI_1}{l_1} = \frac{4\times 2EI}{12} = \frac{2EI}{3}, \qquad K_{BC} = \frac{3EI_2}{l_2} = \frac{3\times 3EI}{6} = \frac{3EI}{2}$$

(2) 강비 계산

$$k = \frac{K_{BA}}{K_{BC}} = \frac{4}{9}, \qquad k_{ba} = 4, \qquad k_{bc} = 9$$

(3) 분배율

$$DF_{BA} = f_{ba} = \frac{k_{ba}}{k_{ba}+k_{bc}} = \frac{4}{13}, \qquad DF_{BC} = f_{bc} = \frac{k_{bc}}{k_{ba}+k_{bc}} = \frac{9}{13}$$

분배율의 합은 1이다. 즉, $f_{ba}+f_{bc} = \frac{4}{13}+\frac{9}{13} = 1$

(3) 대칭하중이 작용하는 부재의 회전강도

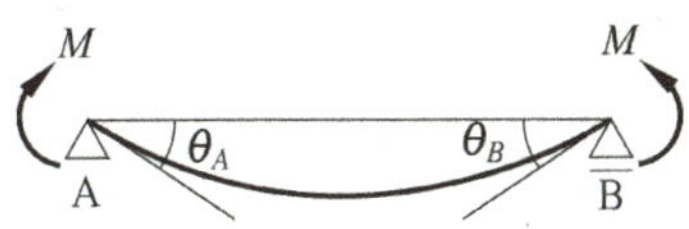

[그림 16.2.10]

[그림 16.2.10]과 같은 A, B지점에 대칭모멘트가 작용할 때 AB 부재의 회전강도 K_{AB}는 다음 식과 같다.

$$K_{AB} = \frac{1}{\theta_A}M \tag{①}$$

식 ①의 회전각 θ_A는 다음 식으로 표시된다.

$$\theta_A = \frac{l}{6EI}(2M_A + M_B) = \frac{l}{6EI}(2M + M) = \frac{1}{2EI}M \qquad ②$$

식 ①, ②에 의해서 AB 부재의 회전강도 K_{AB}는 다음 식과 같다.

$$K_{AB} = \frac{2EI}{l} \qquad (16.2.6)$$

예제 16-2-5

[그림 16.2.11]과 같은 대칭 라멘에 등분포하중이 작용할 때 분배율을 구하여라. 단, E는 일정하다.

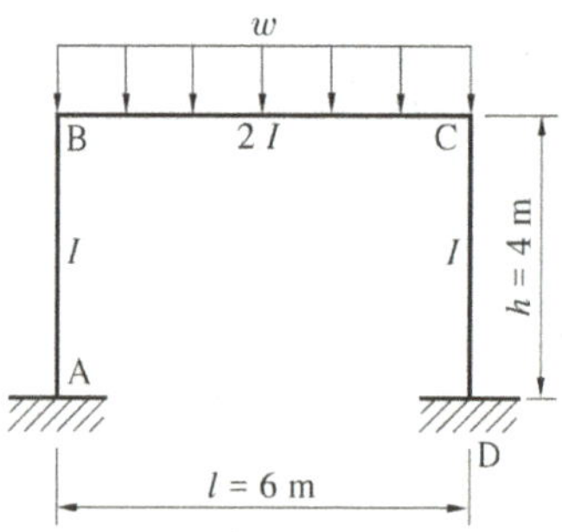

[그림 16.2.11]

풀이

(1) 강도

$$K_{AB} = K_{BA} = \frac{4EI}{h} = \frac{4EI}{4}, \qquad K_{BC} = K_{CB} = \frac{2EI}{l} = \frac{4EI}{6}$$

(2) 강비 계산

$$k = \frac{K_{BA}}{K_{BC}} = \frac{3}{2}, \qquad k_{ba} = 3, \qquad k_{bc} = 2$$

(3) 분배율 계산

$$DF_{BA} = f_{ba} = \frac{k_{ba}}{k_{ba} + k_{bc}} = \frac{3}{5}, \quad DF_{BC} = f_{bc} = \frac{k_{bc}}{k_{ba} + k_{bc}} = \frac{2}{5}$$

분배율의 합은 1이다. 즉, $f_{ba} + f_{bc} = \frac{3}{5} + \frac{2}{5} = 1$

(4) 대칭구조에 역대칭 하중이 작용하는 부재의 회전강도

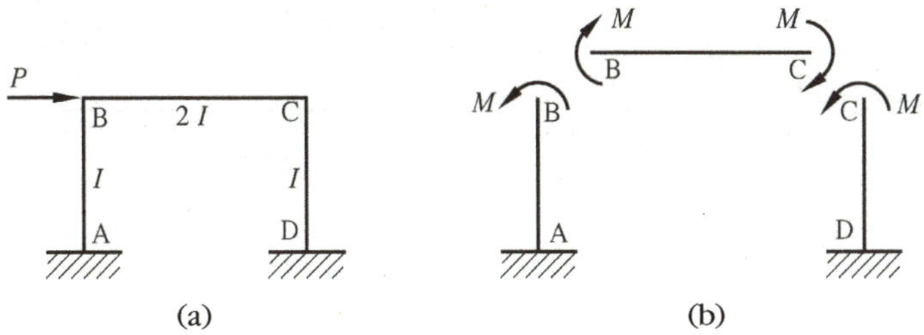

[그림 16.2.12]

[그림 16.2.12(a)]와 같은 대칭라멘에 수평하중 P로 인한 부재 BA 및 CD의 고정단모멘트는 같다. 즉 $M_B = -M_C$이다. 따라서 이들 두 절점을 평형시킨다면 BA 및 CD부재에는 같은 양의 모멘트가 분배된다. 이것은 B 및 C절점이 같은 각도만큼 회전하여 BA 및 CD부재는 똑같은 변형을 한다는 것을 뜻하며, 따라서 이와 같은 상태에서는 BA, CD 어느 부재도 상대 부재에 대하여 하중의 지지 또는 구속을 미치는 것이 아니고 각각 상단이 자유단인 캔틸레버와 똑같은 거동을 하는 것과 같다. 그러므로 BA 및 CD부재의 회전강도는 탄성적인 지지가 없는 캔틸레버 보의 강도와 같다. [그림 16.2.12(a)]에서 수평부재와 수직부재의 회전강도는 다음과 같은 절차에 의해서 구할 수 있다.

㉮ BC 수평부재의 회전강도([그림 16.2.13])

$$K_{BC} = \frac{1}{\theta_B}M \qquad ①$$

위 식에서 절점각 θ_B는 식 ②이다.

$$\theta_B = \frac{l}{6EI}(2M_B + M_C) = \frac{l}{6EI}(2M - M) = \frac{l}{6EI}M \qquad ②$$

식 ②를 식 ①에 대입하면 역대칭하중이 작용하는 부재의 회전강도 K_{BC}는 다음 식으로 표시된다.

$$K_{BC} = \frac{6EI}{l} \qquad (16.2.7)$$

[그림 16.2.13]

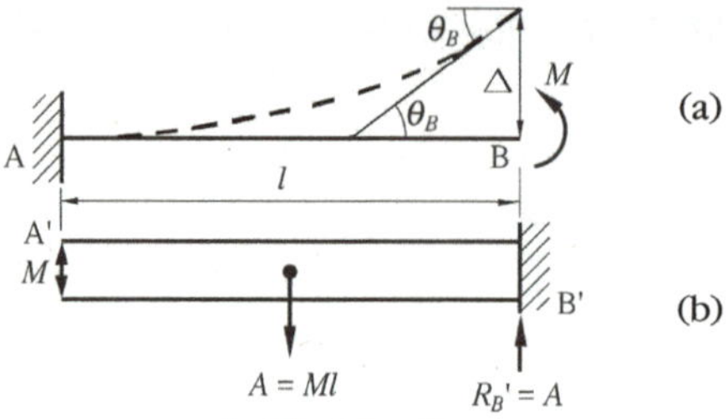

[그림 16.2.14]

㉯ BA 수직부재(캔틸레버)의 회전강도([그림 16.2.14])

$$K_{BA} = \frac{M}{\theta_B} \quad ①$$

위 식에서 절점각 θ_B는 공액보법에 의해서 다음 식과 같다.

$$\theta_B = \frac{1}{EI}R_B{}' = \frac{l}{EI}M \quad ②$$

식 ②를 식 ①에 대입하면 BA 수직부재의 회전강도 K_{BA}는 다음 식으로 표시된다.

$$K_{BA} = \frac{EI}{l} \quad (16.2.8)$$

16.2.2 모멘트분배법의 해석절차

[1] 분배율 및 고정단모멘트 계산

① 모든 부재의 강도(K) 및 수정강도(K), 강비(k) 계산 ;

② 각 절점별 연결부재의 분배율(DF), 전달률(COF)을 계산한다.

③ 절점이 회전하지 않도록 구속한다.

④ 모든 부재의 하중항(고정단모멘트, FEM)를 계산 ; 15장 처짐각법의 [표 16.2.1] 하중항 이용

[2] 모멘트분배

① 최초로 구속을 해제할 절점을 선택하고 그 절점에서 불균형모멘트(UM)를 구한다.

② 절점에 모인 부재에 대한 분배모멘트(DM)를 다음과 같은 3가지 요령 중에 하나를 택하여 수행한다(작성요령은 예제에 설명되어 있다).

ⓐ 제1방법 ; 도표상에서 분배작업

한 절점씩 돌아가면서 불균형모멘트 분배/전달 후 다시 잠그는 분배를 단계적으로 수렴시까지 반복

ⓑ 제2방법 ; 도표상에서 분배

모든 절점의 불균형모멘트를 동시에 분배/전달하는 방식으로 수렴시까지 반복

ⓒ 제3방법 ; 도표대신에 구조물선도상에서 직접 분배 / 전달작업을 수행

③ 수렴된 분배도표상의 부재단의 모멘트분배 열에 기록된 모든 고정단모멘트(FEM) / 분배모멘트(DM) / 전달모멘트(COM)를 합하면 부재별 재단모멘트(Final Moments, FM)가 구해진다. 연속보의 경우, 절점 양단 부재의 재단모멘트는 허용오차범위 내에서 크기가 같고 부호가 반대인 균형재단모멘트(Total Balanced Moments, TBM)가 구해졌는가를 확인해야 한다.

[3] 반력, 부재력 계산 : 처짐각법에서와 동일함

① 반력은, 지간별 부재의 자유물체도로부터 재단모멘트의 함수로 전단력을 구한 후, 지점의 자유물체도로부터 지점전단력의 합으로 구한다.

② 나머지 필요한 부재력은 원하는 단면의 자유물체도의 평형조건에 의해 구한다.

16.3 부정정구조물의 해석에 적용

16.3.1 절점의 횡변위가 없는 경우

예제 16-3-1

[그림 16.3.1(a)]와 같은 부정정보에서 지점모멘트 M_A와 M_B를 구하여라. 단, AB, AC 부재에서 EI는 동일하다.

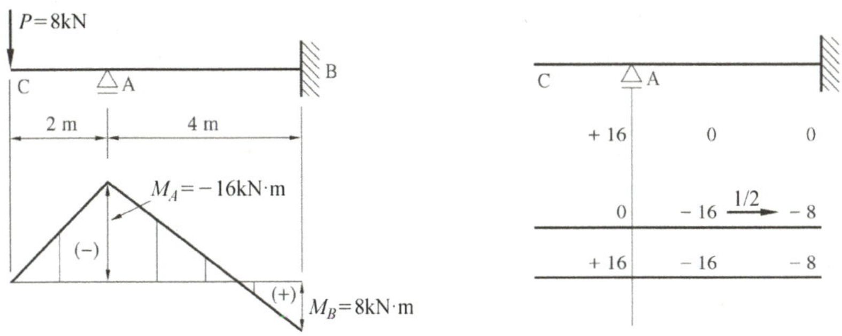

(a) (b)

[그림 16.3.1]

풀이

(1) 하중항(FEM) 계산

[그림 16.3.1(a)]에서 AC 부재는 캔틸레버이므로

$M_{AC} = (8\text{KN}) \times (2\text{m}) = 16\ \text{KN} \cdot \text{m}$

(2) 불균형모멘트(UM)

절점 A 지점에서 양단 부재에 발생한 절점모멘트의 차이를 불균형모멘트라고 하며, 분배모멘트를 계산할 때는 부호를 반대로 하여 계산한다.

$UM_A = -(M_{AC}) = -(16) = -16\text{KN} \cdot \text{m}$

(3) 전달모멘트(COM)

절점에서 계산된 분배모멘트는 고정단 지점으로 $1/2$값이 전달되며, 이동지점 또는 활절 지점으로는 전달하지 않는다.

(4) 재단모멘트(FM)

$\therefore M_{AC} = +16\ \text{KN} \cdot \text{m}, \quad \therefore M_{AB} = -16\ \text{KN} \cdot \text{m}, \quad \therefore M_{BA} = -8\ \text{KN} \cdot \text{m}$

(5) 지점모멘트

$\therefore M_A = -16\ \text{KN} \cdot \text{m}, \quad \therefore M_B = +8\ \text{KN} \cdot \text{m}$

예제 16-3-2

[그림 16.3.2(a)]와 같은 부정정보에서 B지점의 모멘트를 구하여라. 단, AB, AC 부재에서 EI는 동일하다.

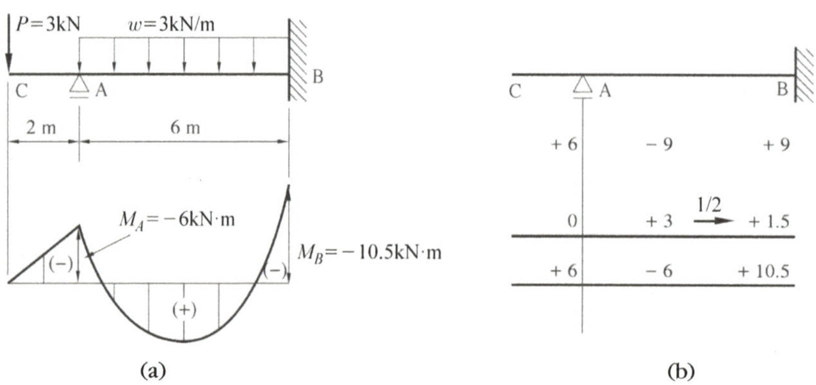

[그림 16.3.2]

풀이

(1) 하중항(FEM) 계산

$M_{AC} = (3KN) \times (2m) = 6 \text{ KN} \cdot \text{m}, \quad C_{AB} = -\dfrac{wl^2}{12} = -9 \text{ KN} \cdot \text{m},$

$C_{BA} = \dfrac{wl^2}{12} = +9 \text{ KN} \cdot \text{m}$

(2) 불균형모멘트(UM)

절점 A 지점에서 양단 부재에 발생한 절점모멘트의 차이를 불균형모멘트라고 하며, 분배모멘트를 계산할 때는 부호를 반대로 하여 계산한다.

$UM_A = -(M_{AC} + C_{AB}) = -(6-9) = 3 \text{ KN} \cdot \text{m}$

(3) 전달모멘트(COM)

절점에서 계산된 분배모멘트는 고정단 지점으로 1/2값이 전달되며, 이동지점 또는 활절 지점으로는 전달하지 않는다.

(4) 재단모멘트(FM)

$\therefore M_{AC} = +6 \text{ KN} \cdot \text{m}, \quad \therefore M_{AB} = -9+3 = -6 \text{ KN} \cdot \text{m}, \quad \therefore M_{BA} = +9+1.5 = +10.5 \text{ KN} \cdot \text{m}$

(5) 지점모멘트

$\therefore M_A = -6 \text{ KN} \cdot \text{m}, \qquad \therefore M_B = -10.5 \text{ KN} \cdot \text{m}$

예제 16-3-3

[그림 16.3.3]과 같은 부정정보의 지점모멘트를 모멘트분배법에 의해서 구하여라. 단, EI는 일정하다.

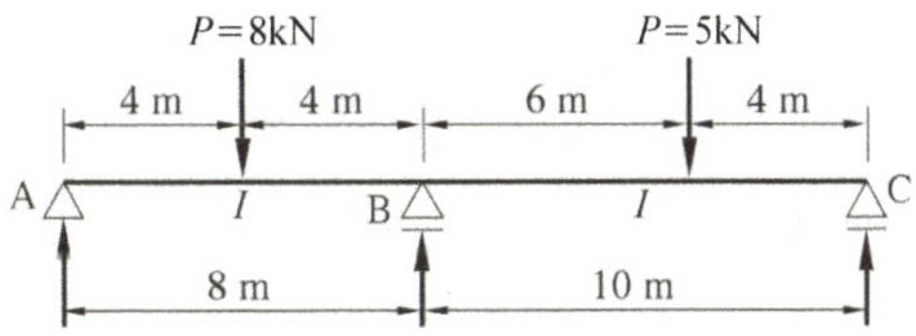

[그림 16.3.3]

풀이

(1) 강도(K)

$K_{BA} = \dfrac{I}{l} = \dfrac{I}{8}, \qquad K_{BC} = \dfrac{I}{l} = \dfrac{I}{10}$

(2) 강비(k)

$k = \dfrac{K_{BA}}{K_{BC}} = \dfrac{5}{4}, \qquad k_{ba} = 5, \quad k_{bc} = 4$

(3) 분배율(DF)

$$f_{ba} = \frac{k_{ba}}{k_{ba}+k_{bc}} = \frac{5}{5+4} = \frac{5}{9}, \qquad f_{bc} = \frac{k_{bc}}{k_{ba}+k_{bc}} = \frac{4}{5+4} = \frac{4}{9}$$

두 개 분배율의 합은 1이다. 즉, $f_{ba}+f_{bc} = \frac{5}{9}+\frac{4}{9} = 1$

(4) 하중항(FEM)

$$H_{BA} = \frac{3Pl}{16} = \frac{3\times(8\text{KN})\times(8\text{m})}{16} = 12\ \text{KN}\cdot\text{m}$$

$$H_{BC} = -\frac{Pab}{2l^2}(l+b) = -\frac{(5\text{KN})\times(6\text{m})\times(4\text{m})}{2\times(10m)^2}[(10m)+(4m)] = -8.4\ \text{KN}\cdot\text{m}$$

(5) 불균형모멘트(UM)

절점 B지점에서 양단 부재에 발생한 절점모멘트의 차이를 불균형모멘트라고 하며, 분배모멘트를 계산할 때는 부호를 반대로 하여 계산한다.

$UM_B = -(H_{BA}+H_{BC}) = -(12\ \text{KN}\cdot\text{m} - 8.4\ \text{KN}\cdot\text{m}) = -3.6\ \text{KN}\cdot\text{m}$

(6) 분배모멘트(DM)

지 점	A	B ($UM_B = -3.6\text{KN}\cdot\text{m}$)		C
부 재	AB	BA	BC	CD
강 비(k)		5	4	
분배율(DF)		5/9	4/9	
하중항(FEM)	0	+12	-8.4	0
분배모멘트(DM)		-2	-1.6	
재단모멘트(FM)	0	+10	-10	0

$$DM_{BA} = UM_B \times f_{ba} = -3.6\ \text{KN}\cdot\text{m}\times\frac{5}{9} = -2\ \text{KN}\cdot\text{m}$$

$$DM_{BC} = UM_B \times f_{bc} = -3.6\ \text{KN}\cdot\text{m}\times\frac{4}{9} = -1.6\ \text{KN}\cdot\text{m}$$

(7) 전달모멘트(COM)

절점에서 계산된 분배모멘트는 고정단 지점으로 1/2값이 전달되며, 이동지점 또는 활절 지점으로는 전달하지 않는다.

(8) 재단모멘트(FM)

$\therefore M_{BA} = 12-2 = 10\text{KN}\cdot\text{m}, \qquad \therefore M_{BC} = -8.4-1.6 = -10\text{KN}\cdot\text{m}$

(9) 지점모멘트

$\therefore M_B = -10\text{KN}\cdot\text{m}$

예제 16-3-4

[그림 16.3.4]와 같은 부정정보의 지점모멘트를 모멘트분배법으로 구하여라. 단, E는 일정하고, 지점침하는 없다($R = 0$).

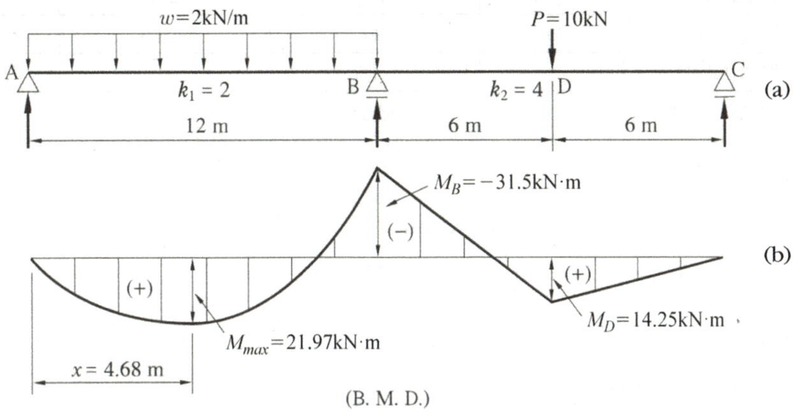

[그림 16.3.4]

풀이

(1) 강비(k)

$k_1 = 2, \quad k_2 = 4$

(2) 분배율(DF)

$$f_{ba} = \frac{k_1}{k_1 + k_2} = \frac{2}{6} = \frac{1}{3}, \qquad f_{bc} = \frac{k_2}{k_1 + k_2} = \frac{4}{6} = \frac{2}{3}$$

(3) 하중항(FEM)

$$H_{AB} = 0, \qquad H_{BA} = \frac{wl^2}{8} = 36 \text{ KN}\cdot\text{m}, \quad H_{BC} = -\frac{3Pl}{16} = -22.5 \text{ KN}\cdot\text{m}, \quad H_{CB} = 0$$

(4) 불균형모멘트(UM)

절점 B지점에서 양단 부재에 발생한 절점모멘트의 차이를 불균형모멘트라고 하며, 분배모멘트를 계산할 때는 부호를 반대로 하여 계산한다.

$$UM_B = -(H_{BA} + H_{BC}) = -(36 - 22.5) = -13.5 \text{ KN}\cdot\text{m}$$

(5) 분배모멘트(DM)

$$DM_{BA} = UM_B \times f_{ba} = -13.5 \times 1/3 = -4.5 \text{ KN}\cdot\text{m}$$

$$DM_{BC} = UM_B \times f_{bc} = -13.5 \times 2/3 = -9 \text{ KN}\cdot\text{m}$$

(6) 전달모멘트(COM)

절점에서 계산된 분배모멘트는 고정단 지점으로 1/2값이 전달되며, 이동지점 또는 활절 지점으로는 전달하지 않는다.

지 점	A	B		C
		$(UM_B = -13.5\text{KN}\cdot\text{m})$		
부 재	AB	BA	BC	CB
강 비(k)		2	4	
분배율(DF)		1/3	2/3	
하중항(FEM)	0	36	−22.5	0
분배모멘트(DM)	0	−4.5	−9	0
재단모멘트(FM)	0	+31.5	−31.5	0

(7) 재단모멘트(FM)

$M_{AB} = 0,\quad M_{BA} = 36 - 4.5 = +31.5\ \text{KN}\cdot\text{m},$

$M_{BC} = -22.5 - 9 = -31.5\ \text{KN}\cdot\text{m},\quad M_{CB} = 0$

(8) 지점모멘트

$\therefore M_B = -31.5\ \text{KN}\cdot\text{m}$

(9) 지점반력

$$R_A = \frac{wl}{2} + \frac{M_B}{l} = 9.375\ \text{KN},\qquad R_C = \frac{P}{2} + \frac{M_B}{l} = 2.375\ \text{KN}$$

$$R_B = \frac{wl}{2} - \frac{M_B}{l} + \frac{P}{2} - \frac{M_B}{l} = 22.25\ \text{KN}$$

예제 16-3-5

[그림 16.3.5]와 같은 부정정보의 지점모멘트를 모멘트분배법에 의해서 구하여라.
단, E는 일정하고 지점침하는 없다($R = 0$).

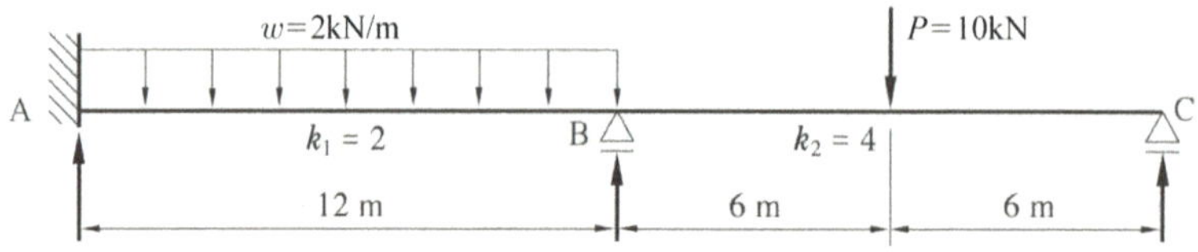

[그림 16.3.5]

풀이

(1) 유효강비

[그림 16.3.5]와 같은 비대칭 보(1단 절점, 타단 이동단 또는 회전단)에서 강비 k로 주어질 경우에는 BC 부재의 강비 k_2에는 유효강비 $(3/4)$을 곱해 수정하는 것이 편리하다.

$$\left(K_{BA} = \frac{4EI}{l},\ K_{BC} = \frac{3EI}{l} \qquad \rightarrow \qquad K_{BA} : K_{BC} = 1 : \frac{3}{4}\right)$$

(2) 분배율(DF)

$$f_{ba} = \frac{k_1}{k_1 + k_2 \times \left(\frac{3}{4}\right)} = \frac{2}{5}, \qquad f_{bc} = \frac{k_2 \times \frac{3}{4}}{k_1 + k_2 \times \left(\frac{3}{4}\right)} = \frac{3}{5}$$

(3) 하중항(FEM)

$$C_{AB} = -\frac{wl^2}{12} = -24 \text{ KN}\cdot\text{m}, \quad C_{BA} = \frac{wl^2}{12} = 24 \text{ KN}\cdot\text{m},$$

$$H_{BC} = -\frac{3Pl}{16} = -22.5 \text{ KN}\cdot\text{m}$$

(4) 불균형모멘트(UM)

절점 B지점에서 양단 부재에 발생한 절점모멘트의 차이를 불균형모멘트라고 하며, 분배모멘트를 계산할 때는 부호를 반대로 하여 계산한다.

$$UM_B = -(C_{BA} + H_{BC}) = -(24 - 22.5) = -1.5 \text{ KN}\cdot\text{m}$$

(5) 분배모멘트(DM)

$$DM_{BA} = UM_B \times f_{ba} = -1.5 \times \frac{2}{5} = -0.6 \text{ KN}\cdot\text{m}$$

$$DM_{BC} = UM_B \times f_{bc} = -1.5 \times \frac{3}{5} = -0.9 \text{KN}\cdot\text{m}$$

(6) 전달모멘트(COM)

절점에서 계산된 분배모멘트는 고정단 지점으로 1/2값이 전달되며, 이동지점 또는 활절 지점으로는 전달하지 않는다.

지 점	A	B ($UM_B = -1.5$ KN·m)		C
부 재	AB	BA	BC	CB
강 비(k)		2	3	
분배율(DF)		2/5	3/5	
하중항(FEM)	-24	+24	-22.5	0
분배모멘트(DM)		-0.6	-0.9	
전달모멘트(COM)	-0.3			
재단모멘트(FM)	-24.3	+23.4	-23.4	0

(7) 재단모멘트(FM)

재단모멘트 = 하중항 + 분배모멘트 + 전달모멘트

$\therefore M_{AB} = -24 - 0.3 = -24.3$ KN·m, $\quad \therefore M_{BA} = +24 - 0.6 = +23.4$ KN·m

$\therefore M_{BC} = -22.5 - 0.9 = -23.4$ KN·m, $\quad \therefore M_{CB} = 0$

(8) 지점모멘트

$\therefore M_A = -24.3 \text{ KN}\cdot\text{m}$, $\therefore M_B = -23.4 \text{ KN}\cdot\text{m}$, $\therefore M_C = 0$

예제 16-3-6

[그림 16.3.6]과 같은 부정정보의 지점모멘트를 모멘트분해법에 의해서 구하여라. 단, E는 일정하고 지점침하는 없다.

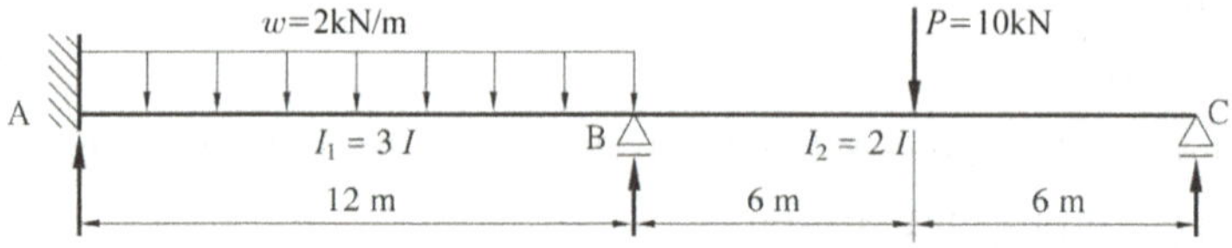

[그림 16.3.6]

풀이

(1) 회전강도(절대강도, K)

$$K_{BA} = \frac{4EI_1}{l} = \frac{12EI}{l}, \qquad K_{BC} = \frac{3EI_2}{l} = \frac{6EI}{l}$$

(2) 강비(k)

$$k = \frac{K_{BA}}{K_{BC}} = \frac{12EI/l}{6EI/l} = \frac{2}{1}, \qquad k_{ba} = 2, \qquad k_{bc} = 1$$

(3) 분배율(DF)

$$f_{ba} = \frac{k_{ba}}{k_{ba}+k_{bc}} = \frac{2}{3}, \qquad f_{bc} = \frac{k_{bc}}{k_{ba}+k_{bc}} = \frac{1}{3}$$

(4) 하중항(FEM)

$$FEM_{AB} = C_{AB} = -\frac{wl^2}{12} = -24 \text{ KN}\cdot\text{m}, \qquad FEM_{BA} = C_{BA} = \frac{wl^2}{12} = 24 \text{ KN}\cdot\text{m}$$

$$FEM_{BC} = H_{BC} = -\frac{3Pl}{16} = -22.5 \text{ KN}\cdot\text{m}$$

(5) 불균형모멘트(UM)

절점 B지점에서 양단 부재에 발생한 절점모멘트의 차이를 불균형모멘트라고 하며, 분배모멘트를 계산할 때는 부호를 반대로 하여 계산한다.

$$UM_B = -(C_{BA}+C_{BC}) = -(24-22.5) = -1.5 \text{ KN}\cdot\text{m}$$

(6) 분배모멘트(DM)

$$DM_{BA} = UM_B \times f_{ba} = -1.5 \times \frac{2}{3} = -1 \text{ KN}\cdot\text{m}$$

$$DM_{BC} = UM_B \times f_{bc} = -1.5 \times \frac{1}{3} = -0.5 \text{ KN}\cdot\text{m}$$

(7) 전달모멘트(COM)

절점에서 계산된 분배모멘트는 고정단 지점으로 1/2값이 전달되며, 이동지점 또는 활절 지점으로는 전달하지 않는다.

지 점	A	B ($UM_B = -1.5$KN·m)		C
부 재	AB	BA	BC	CB
강 비(k)		2	1	
분배율(DF)		2/3	1/3	
하중항(FEM)	-24	+24	-22.5	0
분배모멘트(DM)		-1	-0.5	
전달모멘트(COM)	-0.5			
재단모멘트(FM)	-24.5	+23.0	-23.0	0

(8) 재단모멘트(FM)

$\therefore M_{AB} = -24 - 0.5 = -24.5$ KN·m, $\therefore M_{BA} = 24 - 1 = +23$ KN·m

$\therefore M_{BC} = -22.5 - 0.5 = -23$ KN·m, $\therefore M_{CB} = 0$

(9) 지점모멘트

$\therefore M_A = -24.5$ KN·m, $\therefore M_B = -23$ KN·m, $\therefore M_C = 0$

예제 16-3-7

[그림 16.3.7]과 같은 부정정보의 지점모멘트를 모멘트분배법에 의해서 구하여라. 단, E는 일정하고 지점침하는 없다.

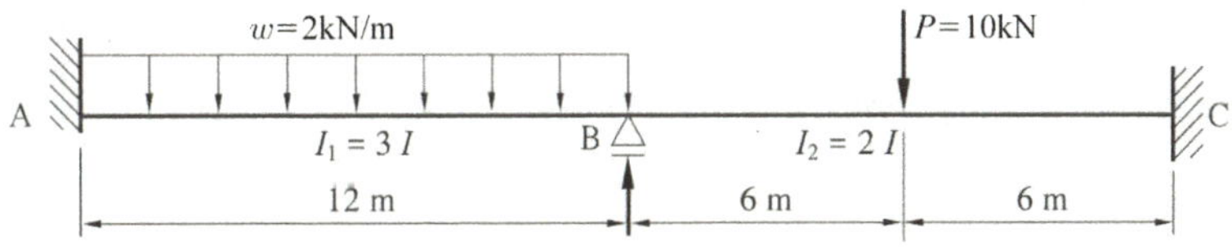

[그림 16.3.7]

풀이

(1) 회전강도(절대강도, K)

$$K_{BA} = \frac{4EI_1}{l} = \frac{12EI}{l}, \qquad K_{BC} = \frac{4EI_2}{l} = \frac{8EI}{l}$$

(2) 강비(k)

$$k = \frac{12EI/l}{8EI/l} = \frac{3}{2}, \qquad k_{ba} = 3, \qquad k_{bc} = 2$$

(3) 분배율(DF)

$$f_{ba}=\frac{k_{ba}}{k_{ba}+k_{bc}}=\frac{3}{5},\qquad f_{bc}=\frac{k_{bc}}{k_{ba}+k_{bc}}=\frac{2}{5}$$

(4) 하중항(FEM)

$$C_{AB}=-\frac{wl^2}{12}=-24\ \mathrm{KN\cdot m},\qquad C_{BA}=\frac{wl^2}{12}=24\ \mathrm{KN\cdot m}$$

$$C_{BC}=-\frac{Pl}{8}=-15\ \mathrm{KN\cdot m},\quad C_{CB}=\frac{Pl}{8}=15\ \mathrm{KN\cdot m}$$

(5) 불균형모멘트(UM)

$$UM_B=-(C_{BA}+C_{BC})=-(24-15)=-9\ \mathrm{KN\cdot m}$$

(6) 분배모멘트(DM)

$$DM_{BA}=UM_B\times f_{ba}=-9\times\frac{3}{5}=-5.4\ \mathrm{KN\cdot m}$$

$$DM_{BC}=UM_B\times f_{bc}=-9\times\frac{2}{5}=-3.6\ \mathrm{KN\cdot m}$$

(7) 전달모멘트(COM)

절점에서 계산된 분배모멘트는 고정단 지점으로 1/2값이 전달된다.

지 점	A	B ($UM_B=-9\mathrm{KN\cdot m}$)		C
부 재	AB	BA	BC	CB
강 비(k)		3	2	
분배율(DF)		3/5	2/5	
하중항(FEM)	−24	+24	−15	+15
분배모멘트(DM)		−5.4	−3.6	
전달모멘트(COM)	−2.7			−1.8
재단모멘트(FM)	−26.7	+18.6	−18.6	+13.2

(8) 재단모멘트(FM)

$\therefore M_{AB}=-24-2.7=-26.7\ \mathrm{KN\cdot m}$, $\therefore M_{BA}=+24-5.4=+18.6\ \mathrm{KN\cdot m}$,

$\therefore M_{BC}=-15-3.6=-18.6\ \mathrm{KN\cdot m}$, $\therefore M_{CB}=+15-1.8=+13.2\ \mathrm{KN\cdot m}$

(9) 지점모멘트

$\therefore M_A=-26.7\ \mathrm{KN\cdot m}$, $\therefore M_B=-18.6\ \mathrm{KN\cdot m}$, $\therefore M_C=-13.2\ \mathrm{KN\cdot m}$

(10) 지점반력

$$※\ \therefore R_A=\frac{wl}{2}-\frac{M_{AB}+M_{BA}}{l},\quad \therefore R_A=\frac{wl}{2}+\frac{M_B-M_A}{l}$$

예제 16-3-8

[그림 16.3.8]과 같은 연속보의 재단모멘트를 모멘트분배법으로 구하여라. 단, E 는 동일하다.

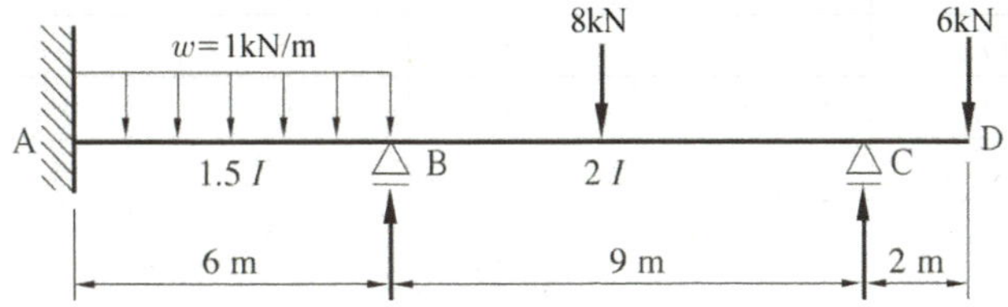

[그림 16.3.8]

풀이

(1) 강도(K)

$$K_{BA} = \frac{I}{l} = \frac{1.5I}{6}, \quad K_{BC} = \frac{3}{4} \times \frac{I}{l} = \frac{3}{4} \times \frac{2I}{9} = \frac{I}{6}$$

(2) 강비(k)

$$k = \frac{1.5I}{6} / \frac{I}{6} = 1.5, \quad k_{ba} = 1.5, \quad k_{bc} = 1$$

(3) 분배율(DF)

$$DF_{BA} = \frac{1.5}{1.5+1} = \frac{3}{5}, \quad DF_{BC} = \frac{1}{1.5+1} = \frac{2}{5}$$

(4) 하중항(FEM)

$$C_{AB} = -\frac{wl^2}{12} = -\frac{(1\mathrm{KN/m}) \times (6\mathrm{m})^2}{12} = -3\mathrm{KN \cdot m}, \quad C_{BA} = 3\mathrm{KN \cdot m}$$

$$-C_{BC} = C_{CB} = \frac{Pl}{8} = \frac{(8\mathrm{KN}) \times (9\mathrm{m})}{8} = 9\ \mathrm{KN \cdot m}$$

$$M_{CD} = -6 \times 2 = -12\ \mathrm{KN \cdot m}$$

(5) 불균형모멘트(UM)

$$UM_C^{(1)} = -(C_{CB} + M_{CD}) = -(9-12) = 3\ \mathrm{KN \cdot m},$$

$$UM_B^{(2)} = -(C_{BA} + C_{BC} + COM(1)) = -(3-9+1.5) = 4.5\mathrm{KN \cdot m}$$

(6) 분배모멘트(DM)

$$DM_{BC} = UM_B \times f_{ba} = 4.5 \times \frac{2}{5} = 1.8\ \mathrm{KN \cdot m},$$

$$DM_{BA} = UM_B \times f_{ba} = 4.5 \times \frac{3}{5} = 2.7\ \mathrm{KN \cdot m}$$

(7) 전달모멘트(COM)

절점에서 계산된 분배모멘트는 고정단 지점으로 1/2값이 전달되며, 이동지점 또는 활절 지점으로는 전달하지 않는다.

지 점	A	B		C	
		(UM_B = 4.5 KN · m (2))		(UM_C = 3 KN · m (1))	
부 재	AB	BA	BC	CB	CD
강 비(k)		1.5	1		
분배율(DF)		3/5	2/5		
하중항(FEM)	−3	+3	−9	+9	−12
불균형모멘트(UM)				+3	0
전달모멘트(COM)(1)			+1.5		
분배모멘트(DM)		+2.7	+1.8		
전달모멘트(COM)(2)	+1.35				
재단모멘트(FM)	−1.65	+5.7	−5.7	+12	−12

(8) 재단모멘트(FM)

$\therefore M_{AB} = -3 + 1.35 = -1.65$ KN · m $\therefore M_{BA} = +3 + 2.7 = 5.7$ KN · m

$\therefore M_{BC} = -9 + 1.5 + 1.8 = -5.7$ KN · m $\therefore M_{CB} = +9 + 3 = +12.0$ KN · m

$\therefore M_{CD} = -12.0$ KN · m

예제 16-3-9

[그림 16.3.9]와 같은 부정정보를 모멘트분배법에 의해서 지점모멘트를 구하여라.
단, EI와 l 은 일정하고 지점침하는 없다.

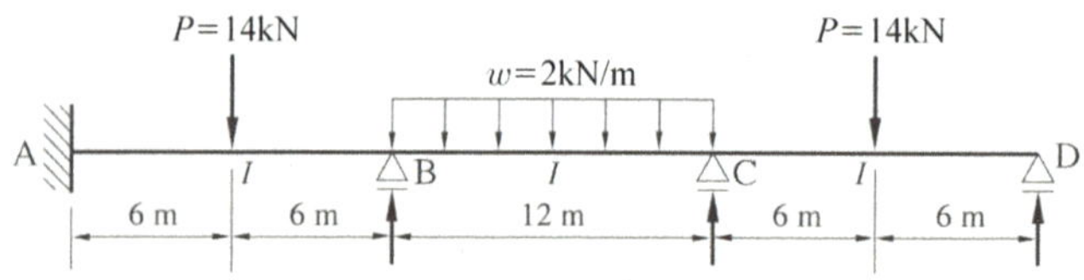

[그림 16.3.9]

풀이

(1) 회전강도(절대강도, K)

$$K_{AB} = K_{BA} = \frac{4EI}{l}, \qquad K_{BC} = K_{CB} = \frac{4EI}{l}, \qquad K_{CD} = K_{DC} = \frac{3EI}{l}$$

(2) 강비(k)

$$k = \frac{K_{BA}}{K_{BC}} = \frac{1}{1}, \quad k_{ba} = 1, \quad k_{bc} = 1 \quad k = \frac{K_{CB}}{K_{CD}} = \frac{4}{3}, \quad k_{cb} = 4, \quad k_{cd} = 3$$

(3) 분배율(DF)

$$f_{ba} = \frac{k_{ba}}{k_{ba} + k_{bc}} = \frac{1}{2}, \quad f_{bc} = \frac{k_{bc}}{k_{ba} + k_{bc}} = \frac{1}{2}, \quad f_{cb} = \frac{k_{cb}}{k_{cb} + k_{cd}} = \frac{4}{7}$$

$$f_{cb} = \frac{k_{cb}}{k_{cb}+k_{cd}} = \frac{4}{7},\ f_{cd} = \frac{k_{cd}}{k_{cd}+k_{cd}} = \frac{3}{7}$$

(4) 하중항(FEM)

$$-C_{AB} = C_{BA} = \frac{Pl}{8} = \frac{(14\text{KN})\times(12\text{m})}{8} = 21\ \text{KN}\cdot\text{m}$$

$$-C_{BC} = C_{CB} = \frac{wl^2}{12} = \frac{(2\text{KN/m})\times(12\text{m})^2}{12} = 24\ \text{KN}\cdot\text{m}$$

$$H_{CD} = -\frac{3Pl}{16} = -\frac{3\times(14\text{KN})\times(12\text{m})}{16} = -31.5\ \text{KN}\cdot\text{m}$$

(5) 불균형모멘트(UM)

$$UM_C^{(1)} = -(C_{CB}+H_{CD}) = -(24-31.5) = 7.5\ \text{KN}\cdot\text{m}$$

$$UM_B^{(2)} = -(C_{BA}+C_{BC}+COM_1) = -(21-24+2.138) = 0.862\ \text{KN}\cdot\text{m}$$

$$UM_C^{(3)} = -(COM_2) = -(0.2155) = -0.2155\ \text{KN}\cdot\text{m}$$

$$UM_B^{(4)} = -(COM_3) = -(-0.0614) = 0.0614\ \text{KN}\cdot\text{m}$$

(6) 분배모멘트(DM)

분배과정은 4회에 걸쳐 이루어졌으며 계산과정은 표에 나타낸 바와 같다.

불균형모멘트[( ) 속은 분배 횟수]

지 점	A	B		C		D
		UM_B +0.0614(4) +0.862(2)		UM_C −0.2155(3) +7.5(1)		
부 재	AB	BA	BC	CB	CD	DC
강 비(k)		1	1	4	3	
분배율(DF)		0.5	0.5	0.57	0.43	
하중항(FEM)	−21	+21	−24	+24	−31.5	
분배모멘트(DM) (1)			+2.138	+4.275	+3.225	
전달모멘트(COM) (1)						
분배모멘트(DM) (2)		+0.431	+0.431			
전달모멘트(COM) (2)	+0.2155			+0.2155		
분배모멘트(DM) (3)				−0.12284	−0.0927	
전달모멘트(COM) (3)			−0.0614			
분배모멘트(DM) (4)		+0.0307	+0.0307			
전달모멘트(COM) (4)	+0.01535			+0.01535		
재단모멘트(FM)	−20.769	+21.462	−21.462	+28.383	−28.368	0

(7) 전달모멘트(COM)

절점에서 계산된 분배모멘트는 고정단 지점으로 1/2값이 전달되며, 이동지점 또는 활절 지점으로는 전달하지 않는다.

(8) 재단모멘트

$\therefore M_{AB} = -21 + 0.2155 + 0.01535 = -20.769$ KN · m

$\therefore M_{BA} = +21 + 0.431 + 0.0307 = +21.462$ KN · m

$\therefore M_{BC} = -24 + 2.138 + 0.431 - 0.0614 + 0.0307 = -21.462$ KN · m

$\therefore M_{CB} = +24 + 4.275 + 0.2155 - 0.12284 + 0.01535 = +28.383$ KN · m

$\therefore M_{CD} = -31.5 + 3.225 - 0.0927 = -28.368$ KN · m

(9) 지점모멘트

$\therefore M_A = -20.77$ KN · m $\quad \therefore M_B = -21.46$ KN · m $\quad \therefore M_C \fallingdotseq -28.40$ KN · m $\quad \therefore M_D = 0$

예제 16-3-10

[그림 16.3.10]과 같은 부정정보의 지점모멘트를 모멘트분배법에 의해서 구하여라. 단, EI와 l은 일정하고 지점침하는 없다.

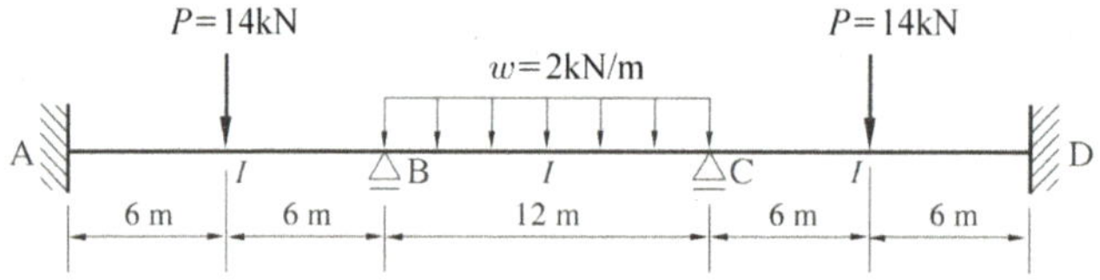

[그림 16.3.10]

풀이

(1) 회전강도(절대강도, K)

$$K_{AB} = K_{BA} = K_{BC} = K_{CB} = K_{CD} = K_{DC} = \frac{4EI}{l}$$

(2) 강비(k)

각 부재의 EI와 l이 모두 동일하므로 강비 $k = 1$이다.

(3) 분배율(DF)

$$f_{ba} = \frac{k_{ba}}{k_{ba} + k_{bc}} = \frac{1}{2}, \quad f_{bc} = \frac{k_{bc}}{k_{ba} + k_{bc}} = \frac{1}{2}, \quad f_{cb} = \frac{k_{cb}}{k_{cb} + k_{cd}} = \frac{1}{2}, \quad f_{cd} = \frac{k_{cd}}{k_{cb} + k_{cd}} = \frac{1}{2}$$

(4) 하중항(FEM)

$$-C_{AB} = C_{BA} = \frac{Pl}{8} = \frac{(14\text{KN}) \times (12\text{m})}{8} = 21 \text{ KN} \cdot \text{m}$$

$$-C_{BC} = C_{CB} = \frac{wl^2}{12} = \frac{(2\text{KN/m}) \times (12\text{m})^2}{12} = 24 \text{ KN} \cdot \text{m}$$

(5) 불균형모멘트(UM)

$$UM_B \begin{pmatrix} -(C_{BA} + C_{BC}) = +0.187 \text{ KN} \cdot \text{m}(3) \\ -(C_{BA} + C_{BC}) = +0.750 \text{KN} \cdot \text{m}(2) \\ -(C_{BA} + C_{BC}) = +3.000 \text{KN} \cdot \text{m}(1) \end{pmatrix} \qquad UM_C \begin{pmatrix} -(C_{CB} + C_{CD}) = -0.187 \text{KN} \cdot \text{m}(3) \\ -(C_{CB} + C_{CD}) = -0.750 \text{ KN} \cdot \text{m}(2) \\ -(C_{CB} + C_{CD}) = -3.000 \text{ KN} \cdot \text{m}(1) \end{pmatrix}$$

(6) 분배모멘트(DM)

3경간 연속보에서는 1회에 분배과정이 처리되지 않고 다음 표에서와 같이 3회에 걸쳐 분배가 완료된다.

지 점	A	B		C		D
부 재	AB	BA		BC		CB
강 비(k)		1	1	1	1	
분배율(DF)		1/2	1/2	1/2	1/2	
하중항(FEM)	−21	+21	-24	+24	−21	+21
분배모멘트(DM) (1)		+1.5	+1.5	−1.5	−1.5	
전달모멘트(COM) (1)	+0.75		−0.75	+0.75		−0.75
분배모멘트(DM) (2)		+0.375	+0.375	−0.375	−0.375	
전달모멘트(COM) (2)	+0.187		−0.187	+0.187		−0.187
분배모멘트(DM) (3)		+0.09	+0.09	−0.09	−0.09	
전달모멘트(COM) (3)	+0.045			+0.045		−0.045
재단모멘트(FM)	−20.0	+23.0	−23.0	+23.0	−23.0	−20.0

(7) 전달모멘트(COM)

절점에서 계산된 분배모멘트는 고정단 지점으로 1/2값이 전달된다.

(8) 재단모멘트(FM)

$\therefore M_A = -20$ KN · m, $\therefore M_B = -23$ KN · m, $\therefore M_C = -23$ KN · m,

$\therefore M_D = -20$ KN · m

예제 16-3-11

[그림 16.3.11]와 같은 라멘의 휨모멘트도를 그려라. 단, E 는 일정하다.

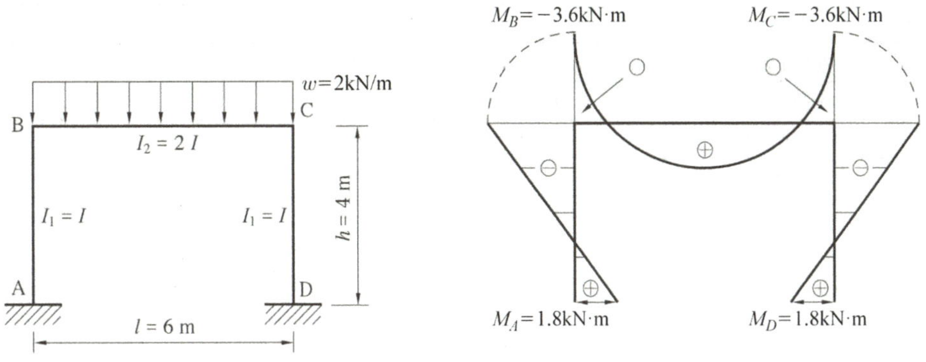

(a) (b)

[그림 16.3.11]

풀이

재단모멘트를 모멘트분배법에 의해서 구하려면 대칭구조이므로 라멘의 중앙 좌측만 계산하면 된다.

(1) 강도(K)

$$K_{BA} = \frac{4EI_1}{h} = \frac{4I}{4} = I, \qquad K_{BC} = \frac{2EI_2}{l} = \frac{2\times 2I}{6} = \frac{2I}{3}$$: 절대강도 (E는 생략)

(2) 강비(k)

$$k = I/\left(\frac{2I}{3}\right) = \frac{3}{2}, \qquad k_{ba} = 3, \qquad k_{bc} = 2$$

(3) 분배율(DF)

$$f_{ba} = \frac{k_{ba}}{k_{ba}+k_{bc}} = \frac{3}{3+2} = \frac{3}{5} \qquad f_{bc} = \frac{k_{bc}}{k_{ba}+k_{bc}} = \frac{2}{3+2} = \frac{2}{5}$$

(4) 하중항(FEM)

$$-C_{BC} = C_{CB} = \frac{wl^2}{12} = \frac{(2\text{KN/m})\times(6\text{m})^2}{12} = 6\text{ KN}\cdot\text{m}$$

(5) 불균형모멘트(UM)

$$UM_B = -(C_{BC}) = -(-6) = 6\text{KN}\cdot\text{m}$$

(6) 분배모멘트(DM)

$$DM_{BA} = UM_B \times f_{ba} = 6\times\frac{3}{5} = 3.6\text{ KN}\cdot\text{m}, \quad DM_{BC} = UM_B \times f_{ba} = 6\times\frac{2}{5} = 2.4\text{ KN}\cdot\text{m}$$

(7) 전달모멘트(COM)

절점에서 계산된 분배모멘트는 고정단 지점으로 1/2값이 전달된다.

지 점	A	B ($UM_B = 6\text{KN}\cdot\text{m}$)	
부 재	AB	BA	BC
강 비(k)		3	2
분배율(DF)		3/5	2/5
하중항(FEM)	0	0	−6
분배모멘트(DM)		+3.6	+2.4
전달모멘트(COM)	+1.8		
재단모멘트(FM)	+1.8	+3.6	−3.6

(8) 재단모멘트(FM)

$\therefore M_{AB} = 1.8\text{ KN}\cdot\text{m} = M_{DC}, \qquad \therefore M_{BA} = -3.6\text{ KN}\cdot\text{m} = M_{CD},$

$\therefore M_{BC} = -3.6\text{ KN}\cdot\text{m} = M_{CB}$

예제 16-3-12

[그림 16.3.12]와 같은 라멘의 재단모멘트를 모멘트분배법으로 구하여라. 단, E는 일정하다.

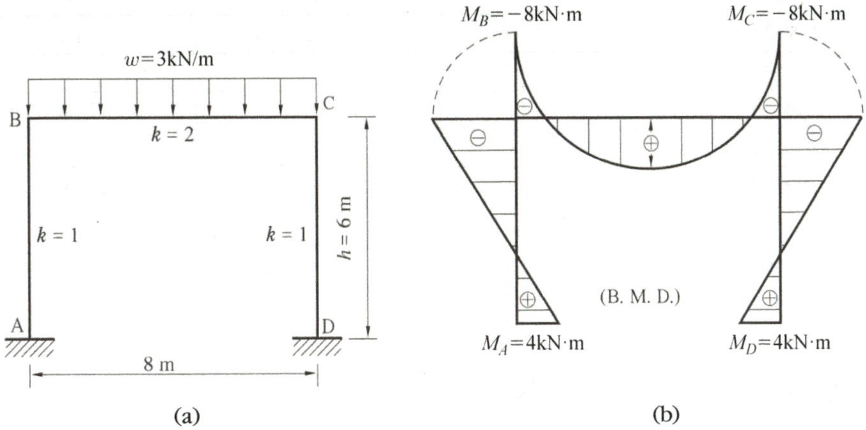

[그림 16.3.12]

풀이

대칭 라멘에 대칭하중이 작용하므로 BC 부재의 유효강비는 $(1/2)k$ 이다. 따라서 라멘의 중앙 좌측만 계산하면 된다.

(1) 강비(k)

$$k_{ba} = 1, \quad k_{bc} = \frac{1}{2} \times 2 = 1 \text{ (유효강비)}$$

(2) 분배율(DF)

$$f_{ba} = \frac{k_{ba}}{k_{ba} + k_{bc}} = \frac{1}{1+1} = \frac{1}{2}, \quad f_{bc} = \frac{k_{bc}}{k_{ba} + k_{bc}} = \frac{1}{1+1} = \frac{1}{2}$$

(2) 하중항(FEM)

$$C_{BC} = -\frac{wl^2}{12} = -\frac{(3\text{KN/m}) \times (8\text{m})^2}{12} = -16 \text{ KN} \cdot \text{m}$$

(3) 불균형모멘트(UM)

$$UM_B = -(C_{BC}) = -(-16) = 16 \text{ KN} \cdot \text{m}$$

(4) 분배모멘트(DM)

$$DM_{BA} = UM_B \times f_{ba} = +16 \times \frac{1}{2} = +8 \text{ KN} \cdot \text{m},$$

$$DM_{BC} = UM_B \times f_{ba} = +16 \times \frac{1}{2} = +8 \text{ KN} \cdot \text{m}$$

(5) 전달모멘트(COM)

절점에서 계산된 분배모멘트는 고정단 지점으로 1/2값이 전달된다.

지 점	A	B ($UM_B = 16$ KN · m)	
부 재	AB	BA	BC
강 비(k)		1	1
분배율(DF)		1/2	1/2
하중항(FEM)	0	0	−16
분배모멘트(DM)		+8	+8
전달모멘트(COM)	+4		
재단모멘트(FM)	+4	+8	−8

(6) 재단모멘트(FM)

$\therefore M_{AB} = +4\text{KN} \cdot \text{m}$, $\therefore M_{BA} = +8\text{KN} \cdot \text{m}$, $\therefore M_{BC} = -8\text{ KN} \cdot \text{m}$

(7) 지점모멘트

$\therefore M_A = 4\text{KN} \cdot \text{m}$, $\therefore M_B = -8\text{KN} \cdot \text{m}$

16.3.2 절점의 횡변위가 있는 경우

예제 16-3-13

[그림 16.3.13(a)]와 같이 수평하중을 받는 라멘의 지점모멘트를 모멘트 분배법으로 구하여라. 단, E는 일정하다.

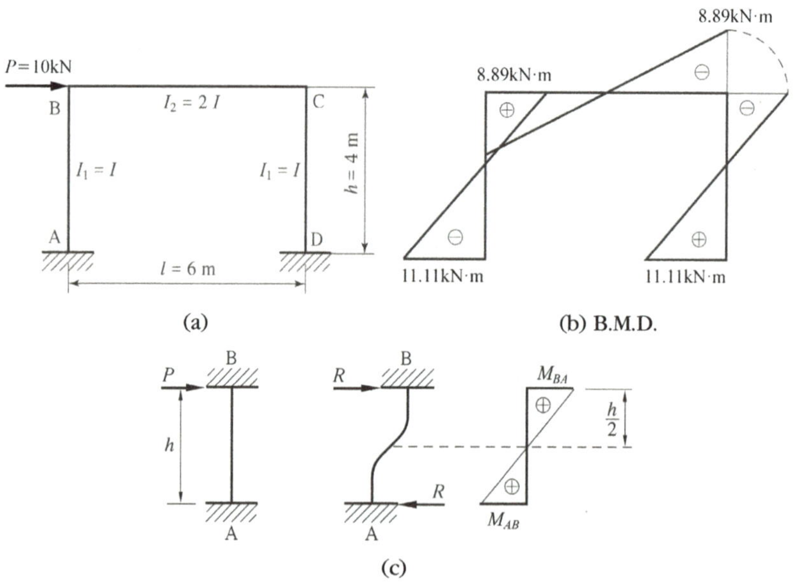

[그림 16.3.13]

풀이

(1) 강도(K) : 절대강도를 적용하면 (E는 생략함)

$$K_{BA}=\frac{EI}{l}=\frac{I}{4},\qquad K_{BC}=\frac{6EI}{l}=\frac{6\times 2I}{6}=2I$$

(2) 강비(k)

$$k=\frac{I}{4}/2I=\frac{1}{8},\qquad k_{ba}=1,\qquad k_{bc}=8$$

(2) 분배율(DF)

$$f_{ba}=\frac{1}{1+8}=\frac{1}{9},\quad f_{bc}=\frac{8}{1+8}=\frac{8}{9}$$

(3) 하중항(FEM)

J. M. Gere의 이동모멘트 분배법에서 이동강도를 참고하면 [그림 16.3.13(c)]에서

$$R=\frac{T_{BA}}{T_{BA}+T_{CD}}\times P=\frac{\frac{12EI}{l^3}}{\frac{12EI}{l^3}+\frac{12EI}{l^3}}\times P=\frac{P}{2}$$

$T_{BA}=T_{CD}$ (이동강도)

$$M_{AB}=M_{BA}=R\times\frac{h}{2}=\frac{Ph}{4}$$

$$C_{AB}=C_{BA}=\frac{Ph}{4}=\frac{(10\text{KN})\times(4\text{m})}{4}=10\,\text{KN}\cdot\text{m}$$

(4) 불균형모멘트(UM)

$$UM_B=-(C_{BA})=-(10)=-10\ \text{KN}\cdot\text{m}$$

(5) 분배모멘트(DM)

$$DM_{BA}=UM_B\times f_{ba}=-10\times\frac{1}{9}=-1.11\ \text{KN}\cdot\text{m}$$

$$DM_{BC}=UM_B\times f_{bc}=-10\times\frac{8}{9}=-8.89\ \text{KN}\cdot\text{m}$$

(6) 전달률(COF)/전달모멘트(COM)

분배모멘트 M_{BA} 값이 고정단 쪽으로 (−1)배 전달된다.

지 점	A	B ($UM_B=-10$ KN · m)	
부 재	AB	BA	BC
강 비(k)		1	8
분배율(DF)		1/9	8/9
전달률(COF)		(←) -1	0
하중항(FEM)	+10	+10	0
분배모멘트(DM)		−1.11	−8.89
전달모멘트(COM)	+1.11		
재단모멘트(FM)	+11.11	+8.89	−8.89

(7) 재단모멘트(FM)

$\therefore M_{AB} = +11.11\,\mathrm{KN\cdot m}$, $\therefore M_{BA} = +8.89\,\mathrm{KN\cdot m}$, $\therefore M_{BC} = -8.89\,\mathrm{KN\cdot m}$

(8) 지점모멘트

$\therefore M_A = -11.11\ \mathrm{KN\cdot m}$, $\therefore M_C = -8.89\ \mathrm{KN\cdot m}$,

$\therefore M_B = 8.89\ \mathrm{KN\cdot m}$, $\therefore M_D = +11.11\ \mathrm{KN\cdot m}$

따라서 휨모멘트도는 [그림 16.3.13(b)]와 같다.

예제16-3-14

[그림 16.3.14]과 같은 대칭구조 라멘에 비대칭하중이 작용하는 경우 회전강도를 이용한 모멘트분배법으로 라멘의 재단모멘트를 구하여라. 단, E 는 동일하다.

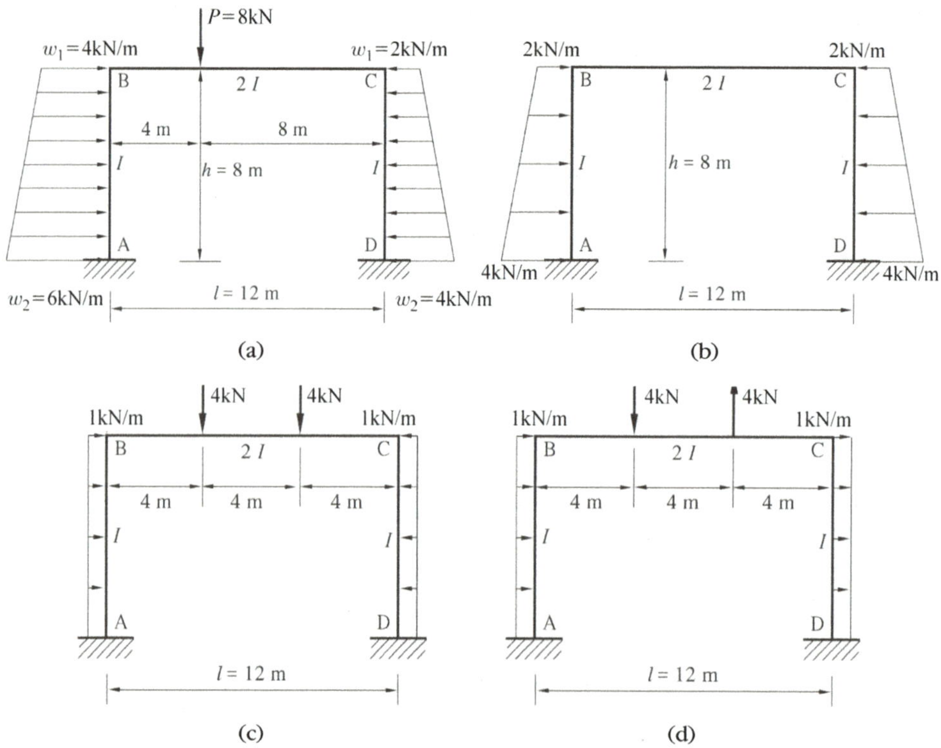

[그림 16.3.14]

풀이

[그림 16.3.14(a)]와 같은 라멘을 [그림 16.3.14(b), (c), (d)]와 같이 3개로 나누어서 해석한 결과를 합산하면 각 절점의 재단모멘트 값이 된다.

(1) [그림 16.3.14(b)]의 재단모멘트 계산

① 강도(K)

$$K_{BA} = \frac{4EI}{h} = \frac{4EI}{6}, \quad K_{BC} = \frac{2EI_1}{l} = \frac{2E \times 2I}{12} = \frac{4EI}{12}$$

② 강비(k)

$$k = \frac{K_{BA}}{K_{BC}} = \frac{2}{1}, \quad k_{ba} = 2, \quad k_{bc} = 1$$

③ 분배율(DF)

$$f_{ba} = \frac{k_{ba}}{k_{ba}+k_{bc}} = \frac{2}{2+1} = \frac{2}{3}, \qquad f_{bc} = \frac{k_{bc}}{k_{ba}+k_{bc}} = \frac{1}{2+1} = \frac{1}{3}$$

④ 하중항(FEM)

$$C_{AB} = +\frac{h^2}{60}(3w_2 + 2w_1) = +9.6 \text{ KN} \cdot \text{m}, \quad C_{BA} = -\frac{h^2}{60}(3w_1 + 2w_2) = -8.4 \text{ KN} \cdot \text{m},$$

$$C_{BC} = 0$$

⑤ 불균형모멘트(UM)

$$UM_B = -(C_{BA}) = -(-8.4) = 8.4 \text{KN} \cdot \text{m}$$

⑥ 분배모멘트(DM)

$$DM_{BA} = UM_B \times f_{ba} = 8.4 \times \frac{2}{3} = +5.63 \text{ KN} \cdot \text{m}$$

$$DM_{BC} = UM_B \times f_{bc} = 8.4 \times \frac{1}{3} = +2.77 \text{ KN} \cdot \text{m}$$

⑦ 전달률(COF)/전달모멘트(COM)

$$\text{COF}_{\text{BA}} = \frac{1}{2}, \quad \text{COF}_{\text{BC}} = 0$$

분배모멘트 M_{BA} 값이 고정단 쪽으로 (1/2)배 전달된다.

지점	A	B (UM_B = 8.4KN · m)	
부 재	AB	BA	BC
강 비(k)		2	1
분배율(DF)		2/3	1/3
전달률(COF)		1/2	0
하중항(FEM)	+9.60	−8.40	0
분배모멘트(DM)		+5.63	+2.77
전달모멘트(COM)	+2.81		
재단모멘트(FM)	+12.41	−2.77	+2.77

⑧ 재단모멘트 계산

$\therefore M_{AB} = +12.41\,\text{KN}\cdot\text{m}$, $\therefore M_{BA} = -2.77\,\text{KN}\cdot\text{m}$, $\therefore M_{BC} = +2.77\,\text{KN}\cdot\text{m}$

(2) [그림 16.3.14(c)]의 재단모멘트 계산

강비, 분배율, 전달률은 [그림 16.3.14(a)]의 경우와 같다.

① 하중항(FEM)

$$C_{AB} = +\frac{wh^2}{12} = +3\ \text{KN}\cdot\text{m},\qquad C_{BA} = -\frac{wh^2}{12} = -3\ \text{KN}\cdot\text{m}$$

$$C_{BC} = \frac{Pa}{l}(l-a) = +10.67\ \text{KN}\cdot\text{m}$$

② 불균형모멘트(UM)

$UM_B = -(C_{BA} + C_{BC}) = -(-3+10.67) = -7.67\,\text{KN}\cdot\text{m}$

③ 분배모멘트(DM)

$$DM_{BA} = UM_B \times f_{ba} = -7.67 \times \frac{2}{3} = -5.14\,\text{KN}\cdot\text{m}$$

$$DM_{BC} = UM_B \times f_{bc} = -7.67 \times \frac{1}{3} = -2.53\,\text{KN}\cdot\text{m}$$

④ 전달률(COF)/전달모멘트(COM)

$$\text{COF}_{\text{BA}} = \frac{1}{2},\qquad \text{COF}_{\text{BC}} = 0$$

분배모멘트 M_{BA} 값이 고정단 쪽으로 (1/2)배 전달된다.

지 점	A	B ($UM_B = -7.67\,\text{KN}\cdot\text{m}$)	
부 재	AB	BA	BC
강비(k)		2	1
분배율(DF)		2/3	1/3
전달률(COF)		1/2	0
하중항(FEM)	+3	-3	+10.67
분배모멘트(DM)		-5.14	-2.53
전달모멘트(COM)	-2.57		
재단모멘트	+0.43	-8.14	+8.14

⑤ 재단모멘트

$\therefore M_{AB} = +0.43\,\text{KN}\cdot\text{m}$, $\therefore M_{BA} = -8.14\,\text{KN}\cdot\text{m}$, $\therefore M_{BC} = +8.14\,\text{KN}\cdot\text{m}$

(3) [그림 16.3.14(d)]의 재단모멘트 계산

① 강도(K)

$$K_{BA} = \frac{EI}{h} = \frac{EI}{6},\quad K_{BC} = \frac{6EI_1}{l} = \frac{12EI}{12}$$

② 강비(k)

$$k = \frac{K_{BA}}{K_{BC}} = \frac{1}{6}, \quad k_{ba} = 1, \quad k_{bc} = 6$$

③ 분배율(DF)

$$f_{ba} = \frac{k_{ba}}{k_{ba} + k_{bc}} = \frac{1}{1+6} = \frac{1}{7}, \quad f_{bc} = \frac{k_{bc}}{k_{ba} + k_{bc}} = \frac{6}{1+6} = \frac{6}{7}$$

④ 하중항(FEM)

$$C_{AB} = +\frac{wh^2}{12} + \frac{wh}{2} \times \frac{h}{2} = \frac{wh^2}{3} = +12\,\text{KN}\cdot\text{m}$$

$$C_{BA} = -\frac{wh^2}{12} + \frac{wh}{2} \times \frac{h}{2} = \frac{wh^2}{6} = +6\,\text{KN}\cdot\text{m}$$

$$C_{BC} = \frac{Pa}{l^2}(l-a)(l-2a) = +3.56\,\text{KN}\cdot\text{m}$$

⑤ 불균형모멘트(UM)

$$UM_B = -(C_{BA} + C_{BC}) = -(6+3.56) = -9.56\,\text{KN}\cdot\text{m}$$

⑥ 분배모멘트(DM)

$$DM_{BA} = UM_B \times f_{ba} = -9.56 \times \frac{1}{7} = -1.34\,\text{KN}\cdot\text{m}$$

$$DM_{BC} = UM_B \times f_{bc} = -9.56 \times \frac{6}{7} = -8.22\,\text{KN}\cdot\text{m}$$

⑦ 전달률(COF)/전달모멘트(COM)

$COF_{BA} = -1, \quad COF_{BC} = 0$

분배모멘트 M_{BA} 값이 고정단 쪽으로 (-1)배 전달된다.

지점	A	B ($UM_B = -9.56\,\text{KN}\cdot\text{m}$)	
부재	AB	BA	BC
강비(k)		1	6
분배율(DF)		1/7	6/7
전달률(COF)		-1	0
하중항(FEM)	+12	+6	+3.56
분배모멘트(DM)		-1.34	-8.22
전달모멘트(COM)	+1.34		
재단모멘트(FM)	+13.34	+4.66	-4.66

⑧ 재단모멘트(FM)

$\therefore M_{AB} = +13.34\,\text{KN}\cdot\text{m}, \quad \therefore M_{BA} = +4.66\,\text{KN}\cdot\text{m}, \quad \therefore M_{BC} = -4.66\,\text{KN}\cdot\text{m}$

(4) 최종 재단모멘트

	M_{AB}	M_{BA}	M_{BC}	M_{CB}	M_{CD}	M_{DC}
(b)	+12.41	−2.77	+2.77	−2.77	+2.77	−12.41
(c)	+0.43	−8.14	+8.14	−8.15	+8.15	−0.43
(d)	+13.34	+4.66	−4.66	−4.66	+4.66	+13.34
계(KN·m)	+26.18	−6.25	+6.25	−15.58	+15.58	+0.50

(5) 지점모멘트

$\therefore M_A = -26.18$ KN · m, $\therefore M_B = -6.25$ KN · m

$\therefore M_C = -15.58$ KN · m, $\therefore M_D = -0.50$ KN · m

EXERCISE

1. [P그림 16.1]과 같은 연속보에서 단면력을 구하여라. 단, EI는 일정하다.

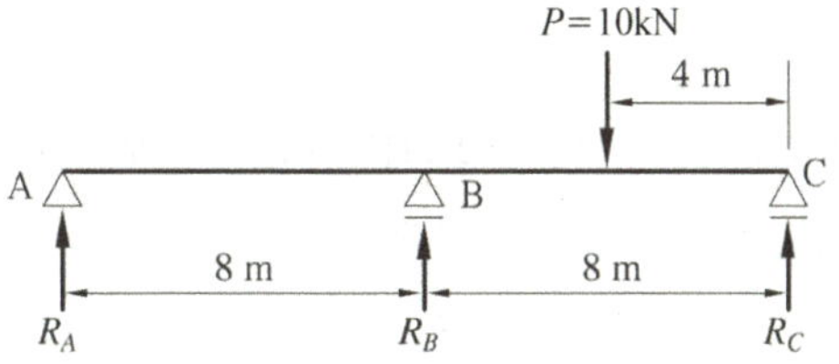

[P그림 16.1]

정답 $R_B = 6.954KN$

2. [P그림 16.2]와 같은 부정정보에서 단면력을 구하여라.

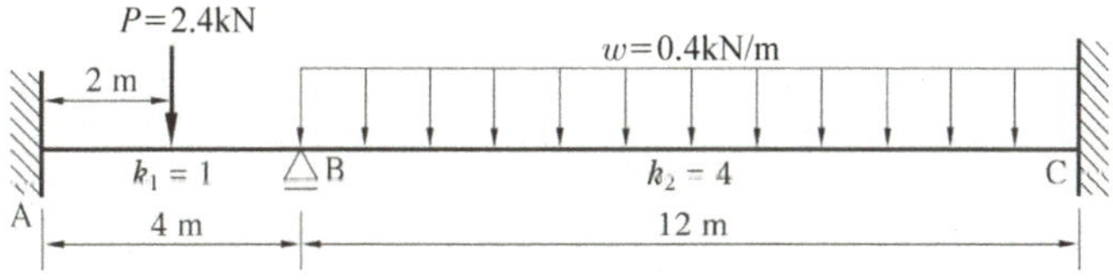

[P그림 16.2]

정답 $M_B = -1.92\,\text{KN}\cdot\text{m}$

3. [P그림 16.3]과 같은 연속보에서 단면력을 구하여라.

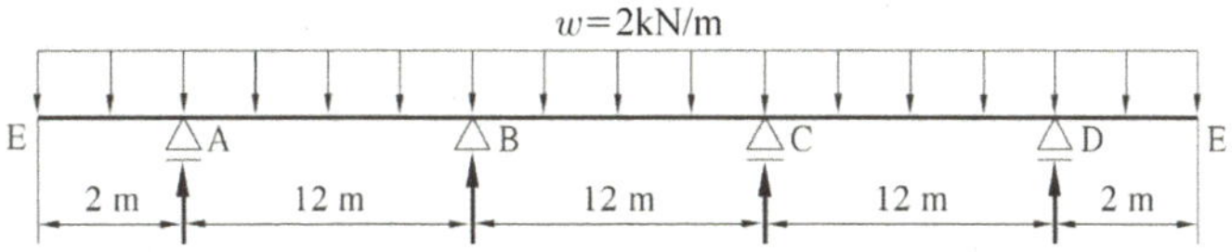

[P그림 16.3]

정답 $M_B = -28\,\text{KN}\cdot\text{m}$

4. [P그림 16.4]와 같은 연속보에서 지점반력을 구하고 단면력도를 그려라.

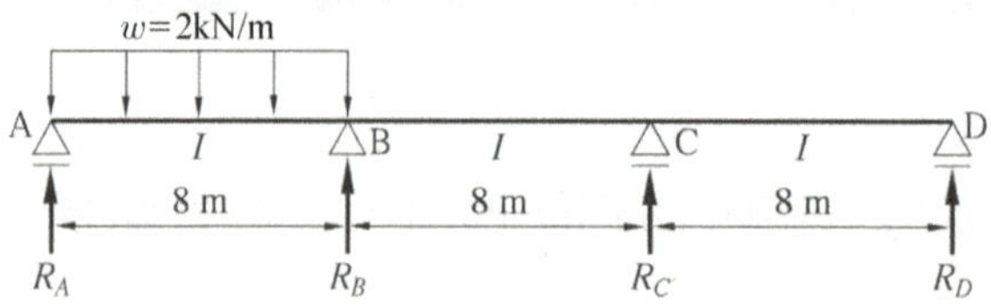

[P그림 16.4]

정답 $M_B = -8.53\,\text{KN}\cdot\text{m}$ $M_C = 2.13\,\text{KN}\cdot\text{m}$ $R_A = 6.93\,\text{KN}$

$R_B = 10.40\,\text{KN}$ $R_C = -1.59\,\text{KN}$ $R_D = 0.26\,\text{KN}$

5. [P그림 16.5]와 같은 부정정 라멘의 지점 A의 모멘트를 구하여라.

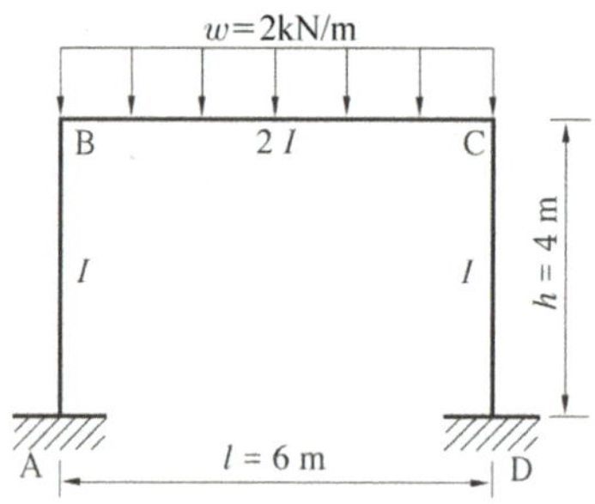

[P그림 16.5]

정답 $M_A = 1.8\,\text{KN}\cdot\text{m}$

6. [P그림 16.6]과 같은 라멘의 지점모멘트를 캔틸레버 모멘트분배법에 의해서 구하여라.

단, EI는 일정하다$\left(K_{BA} = \dfrac{EI}{h},\ K_{BC} = \dfrac{6EI}{l}\right)$.

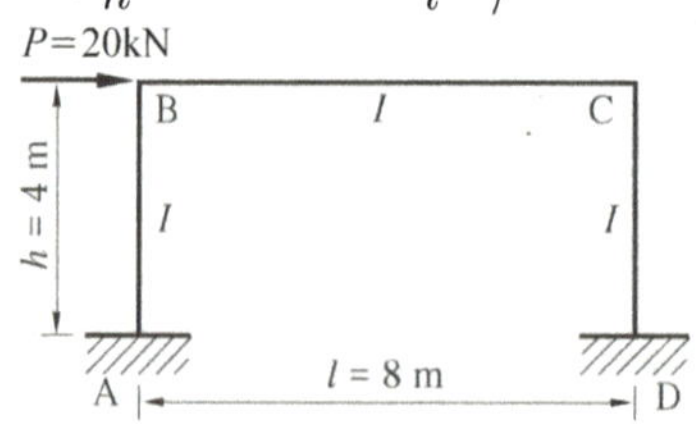

[P그림 16.6]

정답 $M_A = -25\,\text{KN}\cdot\text{m}$ $M_B = +15\,\text{KN}\cdot\text{m}$

$M_C = -15\,\text{KN}\cdot\text{m}$ $M_D = +25\,\text{KN}\cdot\text{m}$

7. [P그림 16.7]과 같은 7경간이 등간격인 연속보의 지점모멘트를 구하여라. 단, EI는 일정하다.

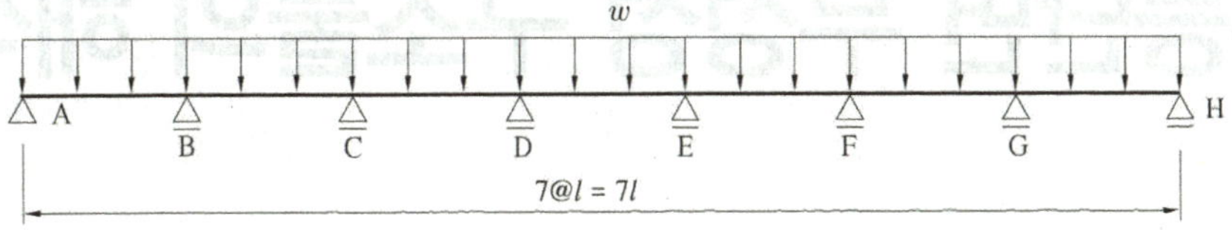

[P그림 16.7]

정답 $M_B = M_G = -\frac{5}{142}wl^2$, $M_C = M_F = -\frac{11}{142}wl^2$, $M_D = M_E = -\frac{6}{71}wl^2$

S T R U C T U R A L   M E C H A N I C S

CHAPTER 17

부등단면 부정정 구조물의 해석

17.1 부등단면인 보에 대한 모멘트분배법

이 절에서는 부등단면의 부재(또는 변단면의 부재, nonprismatic members)로 이루어진 연속보와 부정정구조물의 해석에 있어서 모멘트분배법을 적용할 때 필요한 전달률, 강도 등을 구하는 방법을 다루기로 한다. 16장에서 유도된 모멘트분배법은 한 부재 내에서 E와 I가 일정한 부정정구조물의 해석에 관한 것이었지만, 그 기본개념은 한 부재 내에서 단면마다 I가 변하는 변단면 부재로 구성된 연속보와 라멘의 해석에 그대로 적용할 수 있다. 그러나 이때 고정단모멘트, 강도, 그리고 전달률의 값은 16장 모멘트분배법에서 구한 값을 그대로 사용할 수는 없다. 여기서는 I가 변하는 직선부재로 구성된 연속보와 부정정 라멘의 해석에 적용하게 될 모멘트 분배법의 개념에 관한 일반식을 유도하기로 한다.

17.1.1 전달률

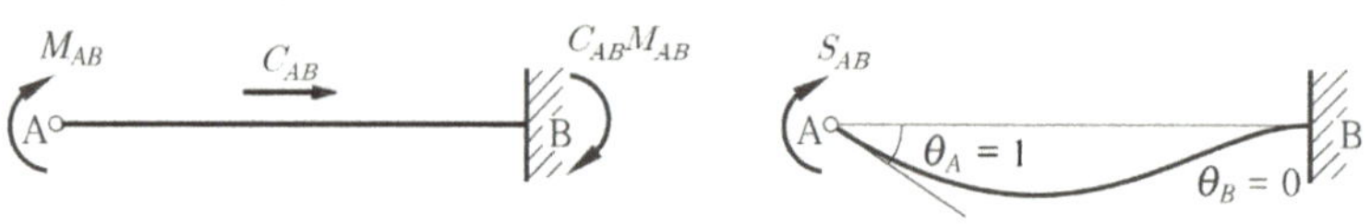

(a) 전달률 C_{AB} (b) 강도 S_{AB}

[그림 17.1.1]

전달모멘트 M_{BA}는 A단이 작용 모멘트 M_{AB}에 의해서 회전할 때 고정단 B로 전달되어 온 모멘트를 말한다. [그림 17.1.1(a)]에서 전달모멘트 M_{BA}는 다음과 같이 된다.

$$M_{BA} = C_{AB}M_{AB} \tag{17.1.1}$$

여기서 C_{AB}는 A에서 B로 가는 전달률(carry-over factors)이라 하며, A단의 작용 모멘트 M_{AB}가 1일 때 원단 B에서 유발되는 모멘트라고 정의할 수 있다. 단면이 균일한 부재에 대해서는 전달률이 1/2이다. 또 단면의 모양이 부재길이의 중앙에 관하여 대칭일 때만 $C_{AB} = C_{BA}$가 된다.

17.1.2 강도

[그림 17.1.1(b)]에서 단면2차모멘트 I가 가변적이라면 A단에서의 모멘트는 처짐각방정식으로부터 다음과 같은 일반형으로 쓸 수 있다.

$$M_{AB} = S_{AB}\theta_A \tag{a}$$

여기서 S_{AB}는 부재 AB에서 A단의 강도(stiffness)이다. 식 (a)로부터 S_{AB}는 A단에 $\theta_A = 1$을 일으키는 데 필요한 재단모멘트 M_{AB}라고 정의할 수 있다. 단면이 균일한 부재의 강도는 $S_{AB} = 4EK_{AB}$이다. 일반적으로 한 부재는 양단에서 서로 다른 강도를 갖게 되지만, 단면의 모양이 부재길이의 중앙에 관하여 대칭일 때는 $S_{AB} = S_{BA}$가 된다.

17.1.3 전달률과 강도와의 관계

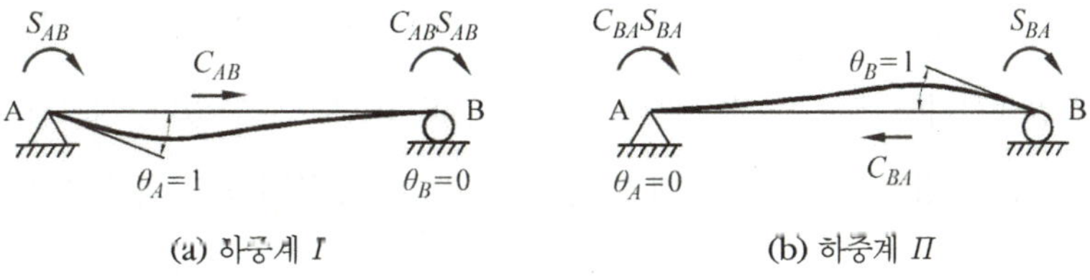

[그림 17.1.2]

한 부재 AB가 강도 S_{AB}와 S_{BA}, 그리고 전달률 C_{AB}와 C_{BA}를 가지고 있다고 하자. [그림 17.1.2]에 2개의 독립된 하중계 I와 II가 표시되어 있다.

하중계 I은 A단에 $\theta_A = 1$을 일으키는 모멘트 S_{AB}가 작용하고 있으며 B단은 고정되어 있다. 반면에 하중계 II는 B단에 $\theta_B = 1$을 일으키는 모멘트 S_{BA}가 작용하고 있으며 A단은 고정되어 있다.

이 두 하중계에서 Betti의 법칙을 적용하면 다음과 같이 된다.

$$\sum M_{kI}\theta_{kII} = \sum M_{kII}\theta_{kI} \tag{a}$$

여기서, M_{kI} =하중계 I에서의 절점 k의 모멘트, S_{AB}, $C_{AB}S_{AB}$ 등

θ_{kII} =하중계 II에서의 절점 k의 기울기, θ_A, θ_B 등

[그림 17.1.2]에서

$\sum$(하중계 I에서 절점 k의 M_k)(하중계 II에서 대응하는 절점 k의 θ_k)

= $\sum$(하중계 II에서 한 절점 k의 M_k)(하중계 II에서 대응하는 절점 k의 θ_k)

즉,

$$(S_{AB})(0) + (C_{AB}S_{AB})(1) = (C_{BA}S_{BA})(1) + (S_{BA})(0) \tag{b}$$

또는

$$C_{AB}S_{AB} = C_{BA}S_{BA} \tag{17.1.2}$$

이 식은 전달률과 강도의 값을 검산하거나 수정 강도, 수정 고정모멘트를 구할 때 도움이 된다.

17.1.4 수정강도

한 부재 AB에서 A단의 수정강도 S_{AB}^R은 B단이 고정 이외의 실제조건하에 있는 동안 A단에 $\theta_A = 1$을 발생시키는 데 소요되는 재단모멘트 M_{AB}라고 정의할 수 있다. 여기서 실제조건이란 B단이 힌지로 된 경우, $\theta_B = -\theta_A$(대칭)인 경우, $\theta_B = \theta_A$(역대칭)인 경우 등을 말한다.

[1] 한 단 B가 힌지로 된 경우

부재 AB에서 B단이 단순지지로 되어 있는 경우에 A단의 수정강도 S_{ij}^R은 전달률 C_{AB}와 C_{BA}, 그리고 강도 K_{AB}의 값을 이미 알고 있다면, 다음과 같이 쉽게 계산할 수 있다. [그림 17.1.3(a)]는 [그림 17.1.3(b)]와 [그림 17.1.3(c)]를 겹친 것이라고 할 수 있다. 즉, [그림 17.1.3(b)]와 같이 부재 AB에서 B단을 고정시키고 A단에 모멘트 S_{AB}로 작용시키면 $\theta_A = 1$이 일어나고 B단에 $C_{AB}S_{AB}$라는 전달모멘트가 유발된다.

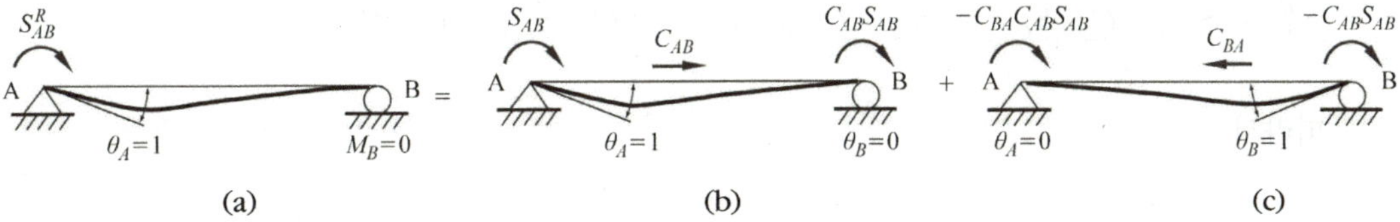

[그림 17.1.3]

그리고 [그림 17.1.3(c)]와 같이 A단을 고정시키고 B단을 풀면, B단은 불균형모멘트 $C_{AB}S_{AB}$에 의하여 회전하고 분배모멘트 $-C_{AB}S_{AB}$를 일으킬 것이다. 따라서 전달모멘트 $-C_{BA}C_{AB}S_{AB}$가 A단에 발생한다. [그림 18.1.3(a)]의 변형상태는 바로 [그림 17.1.3(b)]와 [그림 17.1.3(c)]를 겹친 것과 같아질 것이며, A에서 전 재단모멘트는 수정강도와 같게 될 것이다. 즉, B단이 힌지인 경우 A단의 수정강도 S_{AB}^R은 다음과 같이 된다.

$$S_{AB}^R = (1 - C_{AB}C_{BA})S_{AB} \tag{17.1.3}$$

단면이 균일한 부재에서는 $C_{AB} = C_{BA} = 1/2$이므로 $S_{AB}^R = (3/4)S_{AB}$이다.

[2] 부재 중앙에 관하여 대칭인 경우

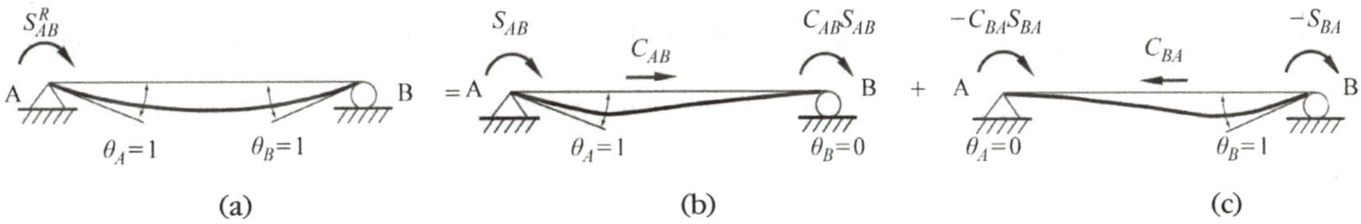

[그림 17.1.4]

이 경우는 부재가 휘어진 모양이 $\theta_B = -\theta_A$라는 대칭조건을 이룬다. 즉, [그림 17.1.4(a)]는 [그림 17.1.4(b)]와 [그림 17.1.4(c)]가 겹친 것이라고 볼 수 있다. [그림 17.1.4(b)]는 S_{AB}를 결정하는 방법 그대로이다. [그림 17.1.4(c)]는 B단에서 실제조건 $\theta_B = 1$을 회복시키는 데 필요한 재단모멘트 $-S_{BA}$가 작용되어 있다. 따라서 전달모멘트 $-C_{BA}S_{BA}$가 A단에 전달되어 온다. [그림 17.1.4(b)]와 [그림 17.1.4(c)]를 겹친 결과로부터 부재가 대칭인 경우에 A단의 수정강도 S_{AB}^R은 다음과 같이 된다.

$$S_{AB}^{R} = S_{AB} - C_{BA}S_{BA} = S_{AB} - C_{AB}S_{AB} \quad (\because C_{BA}S_{BA} = C_{AB}S_{AB})$$

따라서

$$S_{AB}^{R} = (1 - C_{AB})S_{AB} \tag{17.1.4}$$

단면이 균일한 부재에서는 $C_{AB} = 1/2$이므로 $S_{AB}^{R} = (1/2)S_{AB}$이다.

[2] 부재 중앙에 관하여 역대칭인 경우

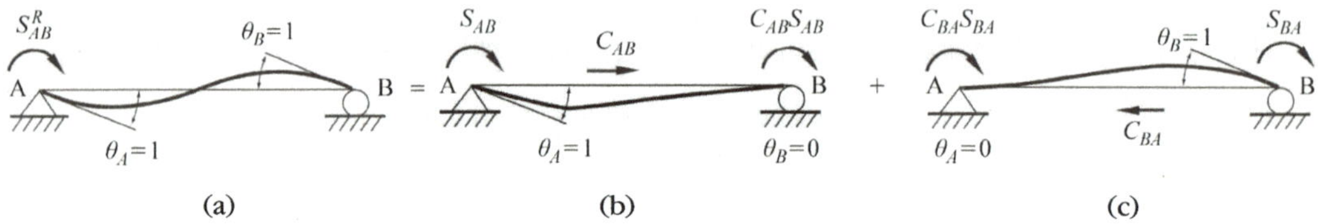

[그림 17.1.5]

이 경우는 [그림 17.1.5(a)]와 같이 부재 AB의 탄성곡선에서 $\theta_B = \theta_A$라는 역대칭 조건을 이루는 경우를 말한다. [그림 17.1.5(a)]는 [그림 17.1.5(b)]와 [그림 17.1.5(c)]가 겹쳐진 것이다.

부재 AB에서 B단을 고정시키고 A단에 모멘트 S_{AB}를 작용시키면 타단 B에 $C_{AB}S_{AB}$라는 전달모멘트가 일어난다[그림 17.1.5(b)]. 이제 A단을 고정시키고 B단에 모멘트 S_{BA}라는 모멘트를 작용시키면 $\theta_B = 1$이 발생하여 B단의 실제조건이 된다. 이 S_{BA}로 인해 A단에는 $C_{BA}S_{BA}$라는 전달모멘트가 전달된다[그림 17.1.5(c)].

[그림 17.1.5(b)]와 [그림 17.1.5(c)]를 겹치면 부재가 역대칭인 경우에 A단의 수정 강도 S_{AB}^{R}은 다음과 같다.

$$S_{AB}^{R} = S_{AB} + C_{BA}S_{BA} = S_{AB} + C_{AB}S_{AB}$$

따라서

$$S_{AB}^{R} = (1 + C_{AB})S_{AB} \tag{17.1.5}$$

단면이 균일한 부재에서는 $C_{AB} = 1/2$이므로 $S_{AB}^{R} = (3/2)S_{AB}$가 된다.

17.1.5 분배율

이상과 같이 계산된 강도(또는 수정강도)로부터 부재 AB의 A단의 분배율은 다음과 같이 계산된다.

$$DF_{AB} = \frac{S_{AB}(\text{또는 } S_{AB}^{R})}{\sum_{A} S} \tag{17.1.6}$$

여기서 $\sum_{A} S$는 절점 A에 모이는 각 부재의 강도(또는 수정강도)의 합이다.

17.1.6 절점의 횡변위로 인한 고정단모멘트

단면이 균일한 부재가 시계방향으로 회전하여 생기는 절점변위 Δ 때문에 부재 양단에서 일어나는 고정단모멘트는 $-6EI\Delta/l^2$이었다. 그러나 부등단면의 부재가 절점변위를 일으킨 경우에 고정단모멘트(Fixed end Moment, 약자로 FEM)는 다음과 같은 과정으로 산정될 수 있다. 여기서 절점의 횡변위는 양단 A, B의 상대적인 절점이동(Joint Translation)을 의미한다.

① [그림 17.1.6(b)]처럼 양단의 고정을 풀어준다. 여기서 $\theta_A = \theta_B = \Delta/l$이다.

② [그림 17.1.6(c)]처럼 B단을 잠그고 $\theta_A = -\Delta/l$을 발생시킨다면 [그림 17.1.6(b)]와 합쳐서 실제조건 $\theta_A = 0$이 될 것이다. S_{AB}는 $\theta_A = 1$을 일으키는 데 소요되는 A단 모멘트이므로 A단에 $-S_{AB}(\Delta/l)$을 작용시켜야 하며, 이 값은 B단으로 $-C_{AB}S_{AB}(\Delta/l)$만큼 전달된다.

③ [그림 17.1.6(d)]에 나타낸 바와 같이 A단을 잠그고 실제조건 $\theta_B = 0$을 회복시키기 위하여 B단에 $\theta_B = -\Delta/l$을 발생시켜야 한다. 따라서 B단에 $-S_{AB}(\Delta/l)$을 작용시켜야 하며 A단으로 $-C_{BA}S_{BA}(\Delta/l)$만큼 전달되어 간다.

[그림 17.1.6(b), (c), (d)]를 겹치면 절점변위가 일어나서 양단 A와 B가 고정되어 있는 [그림 17.1.6(a)]의 상태와 같아지게 된다. 그러므로 절점변위에 의한 고정단모멘트는 다음과 같이 쓸 수 있다.

$$\begin{aligned} FEM_{AB} &= -S_{AB}\left(\frac{\Delta}{l}\right) - C_{BA}S_{BA}\left(\frac{\Delta}{l}\right) \\ FEM_{BA} &= -S_{BA}\left(\frac{\Delta}{l}\right) - C_{AB}S_{AB}\left(\frac{\Delta}{l}\right) \end{aligned} \tag{a}$$

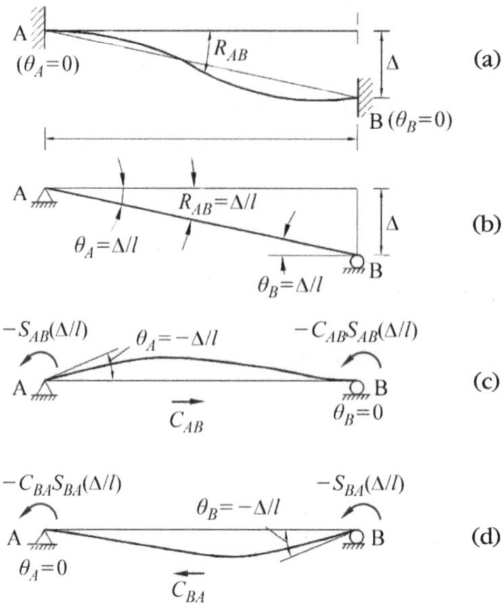

[그림 17.1.6]

그런데 식 (17.1.2)에 의해서 $C_{AB}S_{AB}=C_{BA}S_{BA}$ 이므로 절점변위 Δ 로 인한 고정단모멘트는 다음과 같이 쓸 수 있다.

$$FEM_{AB}=-\frac{\Delta}{l}(C_{AB}+1)S_{AB}$$
$$FEM_{BA}=-\frac{\Delta}{l}(C_{BA}+1)S_{BA} \tag{17.1.7}$$

단면이 균일한 부재에서는 $C_{AB}=C_{BA}=1/2$, $S_{AB}=S_{BA}=4EI/l$ 이므로 고정단모멘트는 다음과 같이 된다.

$$FEM_{AB}=FEM_{BA}=-\frac{6EI}{l^2}\Delta \tag{b}$$

만일 B단이 힌지로 되어 있다면, 일반적으로 A단의 수정 고정단모멘트 FEM_{AB}^R은 처음에는 양단이 고정되어 있다고 가정해서 B단을 힌지조건으로 회복시킴으로써 계산할 수 있다.

$$FEM_{AB}^R=FEM_{AB}-C_{BA}(FEM_{BA}) \tag{c}$$

이 표현은 A단 고정, B단 힌지로 된 보의 모멘트 분배과정을 상기해보면 쉽게 이해할 수 있다. 식 (17.1.7)을 식 (c)에 대입하고 식 (17.1.2)를 이용하면 절점변위에 의한 수정 고정단모멘트를 다음과 같이 얻을 수 있다.

$$FEM_{AB}^{R} = -\frac{\Delta}{l}(1 - C_{AB}C_{BA})S_{AB} \tag{17.1.8}$$

17.2 부등단면인 보에 대한 처짐각법

균일단면인 직선부재 AB에 대한 처짐각방정식은 이미 15장에서 유도한 바와 같이 다음과 같이 나타낸다.

$$\begin{aligned} M_{AB} &= 2EK_{AB}[2\theta_A + \theta_B - 3R] + FEM_{AB} \\ &= 4EK_{AB}\theta_A + 2EK_{AB}\theta_B - 6EK_{AB}R + FEM_{AB} \end{aligned}$$

이 식과 동일한 개념을 이용하면 부등단면의 부재에 대한 처짐각방정식의 일반형은 다음과 같이 쓸 수 있다.

$$M_{AB} = [S_{AB}\theta_A + C_{BA}S_{BA}\theta_B - (1 + C_{AB})S_{AB}R] + FEM_{AB}$$

또는

$$M_{AB} = S_{AB}[\theta_A + C_{AB}\theta_B - (1 + C_{AB})R] + FEM_{AB} \tag{17.2.1}$$

여기서 부등단면의 부재에 대하여 전달률 C_{AB}, 강도 S_{AB}, 그리고 고정단모멘트 FEM_{AB}를 결정하는 과정은 17.3절의 '기둥유사법', 17.4절의 '모멘트면적법(또는 공액보법)의 이용', 그리고 17.5절의 '최소일의 방법' 등의 방법을 고려할 수 있다.

이렇게 전달률, 강도, 고정단모멘트가 결정되면 이 부등단면의 부정정구조물을 해석하기 위해서 식 (17.2.1)을 적용하는 처짐각법을 사용할 수도 있고, 균일단면의 경우를 설명한 16장과 똑같은 과정으로 모멘트분배법을 수행할 수도 있다.

17.3 기둥유사법

기둥유사법(column analogy)은 고정단보, 단일지간의 아치 등 3차 부정정까지의 구조물을 해석하는 데 쓰이는 방법이며 1932년 Hardy Cross 교수가 제시한 것이다. 그러나 가장 중요한 용도는 부등단면의 부재로 구성된 연속보와 부정정라멘을 모멘트 분배법으로 풀 때의 전달률, 강도, 고정단모멘트를 산정하는 데 있다고 할 수 있다. 양단의 고정단모멘트가 편심하중을 받는 단주에 발생하는 응력과 유사하다고 하여 기둥유사법이라고도 한다.

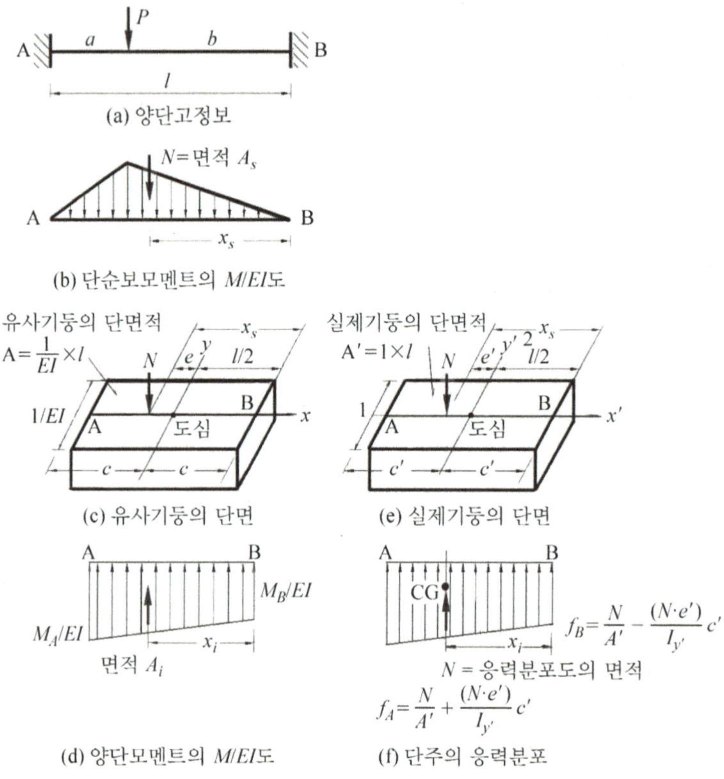

[그림 17.3.1]

[그림 17.3.1(a)]에 나타낸 양단 고정보를 고려해 보자. 이 양단 고정보에서 P라는 하중이 작용하여 M_A와 M_B라는 고정단모멘트를 발생시킬 것이다. 이때 모멘트도는 [그림 17.3.1(b)]의 단순보모멘트와 [그림 17.3.1(d)]에 나타낸 양단모멘트를 합한 것이다.

여기서 다음의 두 가지 사실로 정리할 수 있다.

① $\theta_A = \theta_B = 0$, 따라서 A점과 B점의 접선의 교각은 0이 되므로 모멘트 면적 제1정리에 의해서 [그림 17.3.1]에서 [그림 17.3.1(b)]의 면적 (+)A_S는 [그림 17.3.1(d)]의 면적 (-)A_i와 같아야 한다. 즉, $A_S = A_i$이다.

② 점 A에서의 접선(수평선)과 점 B와의 수직거리는 0이다. 모멘트 면적 제2정리에 의하여 다음과 같이 된다.

$$\triangle_B = \left(\frac{M}{EI}\right)_{AB} \times x_B = -A_S + A_i \cdot x_i = 0$$

즉, $A_S x_S = A_i x_i$이다. 여기서 $A_S = A_i$이므로 $x_S = x_i$가 된다.

한편 [그림 17.3.1(e)]의 편심축하중 N을 받는 단면적 $1 \times l$인 실제의 단주에서, 응력분포도의 면적은 작용하중 N과 같고, 그 도심은 바로 N의 작용점과 일치하며, $x_S = x_i$이다. 실제의 단주에서 축방향의 압축력 N이 편심 e'에 작용할 때 두 연단의 압축응력은 다음과 같이 나타낼 수 있다.

$$f_A = \frac{N}{A'} + \frac{(N \cdot e')}{I_y'} c' = \frac{N}{A'} + \frac{(N \cdot e')}{S_y'}$$

$$f_B = \frac{N}{A'} - \frac{(N \cdot e')}{I_y'} c' = \frac{N}{A'} - \frac{(N \cdot e')}{S_y'} \qquad \text{(a)}$$

양단 고정보에서 고정단모멘트의 M/EI도의 면적 A_i는 단순보모멘트의 M/EI도의 면적 A_S와 같고 $x_i = x_S$이므로 편심축하중 N을 받는 [그림 17.3.1(e)]의 단주와 동일한 조건이다. 따라서 [그림 17.3.1(c)]의 유사기둥을 단주와 비교하면 $N = A_S$라는 하중이 편심거리 e에 작용하여 [그림 17.3.1(d)]의 M/EI와 같은 응력을 유발시킨 것과 같다고 할 수 있다. 따라서 단주에서 편심하중 N으로 인한 응력분포도는 양단 고정보에서 양단모멘트의 M/EI도와 대등한 것이 된다. 이것이 바로 기둥유사법이라고 부르는 이유라 할 수 있다. 그러므로 유사기둥에서 축방향력의 압축력 $N = A_S$가 편심거리 e에 작용할 때 양단에서 식 (a)와 유사하게 다음의 관계가 성립한다.

$$\frac{M_A}{EI} = \frac{N}{1 \times l} + \frac{(N \cdot e)}{1 \times \frac{l^3}{12}} c$$

$$\frac{M_B}{EI} = \frac{N}{1 \times l} - \frac{(N \cdot e)}{1 \times \frac{l^3}{12}} c \tag{b}$$

식 (b)에 양변에 EI를 곱하면, 즉 유사기둥의 단면을 $1 \times l$ 대신에 [그림 17.3.1(c)]처럼 l/EI로 하면 A, B단의 고정단모멘트는 다음과 같이 쓸 수 있다.

$$M_A = \frac{N}{A} + \frac{(N \cdot e)}{S_y}$$

$$M_B = \frac{N}{A} - \frac{(N \cdot e)}{S_y} \tag{17.3.1}$$

여기서,

$N = A_S$ (단순보 모멘트의 M/EI도의 면적)

A = 유사기둥의 단면적, [그림 17.3.1(c)]에서는 l/EI이며 I는 양단 고정보의 단면2차모멘트

$M = N \cdot e$

e = 유사기둥의 단면의 도심에서 N의 작용점까지의 거리, 편심

c = 유사기둥의 단면의 도심에서 A 또는 B까지의 거리, $l/2$

$$S_y = \frac{I_y}{c}, \text{ [그림 17.3.1(c)]에서 } \frac{\frac{1}{12}\left(\frac{1}{EI} \times l^3\right)}{\left(\frac{l}{2}\right)} = \frac{l^2}{6EI}$$

여기서, I_y = 유사기둥 단면의 도심축 y에 관한 단면2차모멘트,

$$\frac{1}{12}\left(\frac{1}{EI} \times l^3\right)$$

예제 17-3-1

[그림 17.3.2(a)]에 있는 양단 고정보에서 기둥유사법을 사용하여 고정단모멘트 M_A와 M_B를 구하여라. 단, EI는 일정하다.

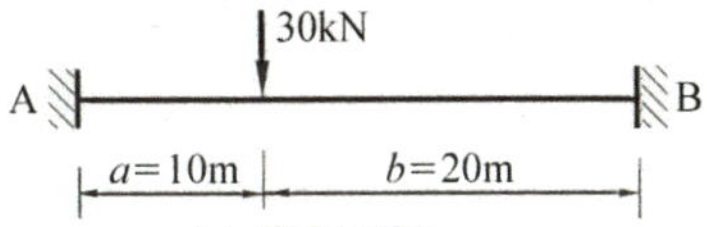

(a) 양단고정보

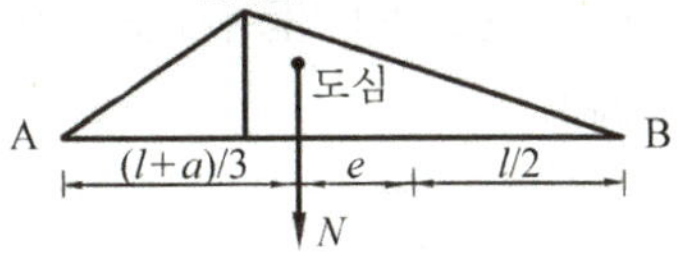

(b) 단순보모멘트의 M/EI도

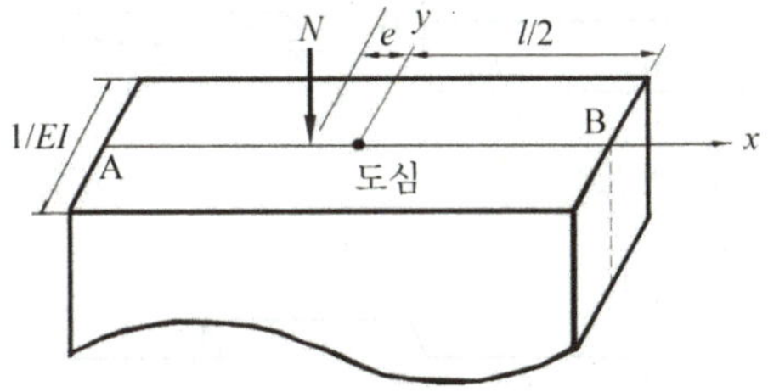

(c) 유사기둥의 단면

[그림 17.3.2]

풀이

$$M_A = \frac{N}{A} + \frac{(N \cdot e)}{S_y}$$

여기서,

$$N = \frac{1}{2}\left(\frac{200}{EI}\right)(30) = \frac{3000}{EI}$$

$$A = \frac{l}{EI} = \frac{30}{EI}$$

$$e = \frac{l}{2} - \frac{l+a}{3} = 15 - \frac{30+10}{3} = 1.67\,\text{m}$$

$$c = \frac{l}{2} = \frac{30}{2} = 15\,\text{m}$$

$$S_y = \frac{I_y}{c} = \frac{\frac{1}{12}\left(\frac{1}{EI} \times l^3\right)}{\left(\frac{l}{2}\right)} = \frac{l^2}{6EI} = \frac{30^2}{6EI} = \frac{150}{EI}$$

$$M_A = \frac{\frac{3000}{EI}}{\frac{30}{EI}} + \frac{\left(\frac{3000}{EI}\right)\times 1.67}{\frac{150}{EI}} = 100 + 33.3 = 133.3\,\text{KN} \cdot \text{m} \text{ (반시계방향)}$$

$$M_B = \frac{N}{A} - \frac{(N \cdot e)}{S_y} = 100 - 33.3 = 66.7\,\text{KN} \cdot \text{m} \text{ (시계방향)}$$

예제 17-3-2

[그림 17.3.3(a)]에 있는 일단힌지-타단고정보에서 기둥유사법을 이용하여 A단에서 강도 S_{AB}, A에서부터 B까지의 전달률 C_{AB}를 계산하여라.

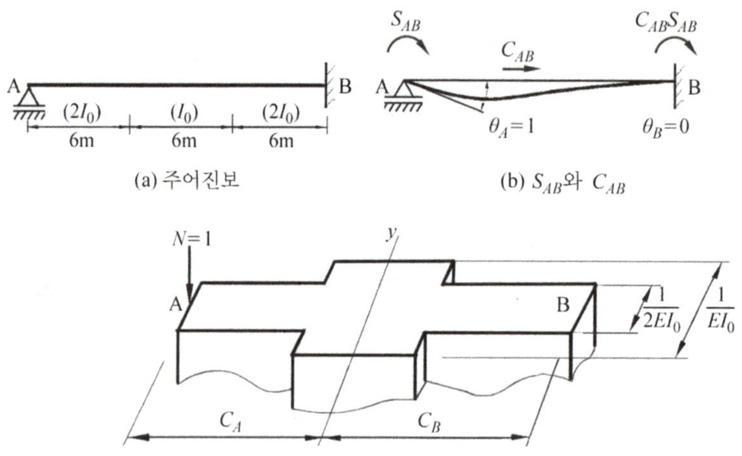

[그림 17.3.3]

풀이

부재 AB에서 A단에서의 강도는 B단이 고정되어 있을 때 $\theta_A = 1$을 유발시키는 데 필요한 A 단의 재단모멘트 S_{AB}를 말한다. $\theta_A = 1$은 AB 간의 M/EI도 면적이 1이라는 것을 의미하므로 $N=1$이다. 또한 B점의 접선과 A점과의 수직거리는 0이므로 AB 간의 M/EI도의 면적을 A 점에 관하여 1차모멘트를 취한 값은 0이라야 한다. 바로 이 사실은 $N=1$이라는 하중을 A단에 놓아야 한다는 것을 의미한다. 다시 말해서 $N=1$의 편심 e는 c_A와 같게 된다. 여기서 c_A는 유사기둥 단면의 도심으로부터 A까지의 거리이다.

$$S_{AB} = f_A = \frac{N}{A} + \frac{(N \cdot e)}{S_y}$$

여기서, $N=1$, $A = \left(\frac{l}{2EI_o} \times 6\right) \times 2 + \left(\frac{l}{EI_o} \times 6\right) = \frac{12}{EI_o}$

$$e = c_A = 9\,\text{m}$$

$$S_y = \frac{I_y}{c_A} = \frac{1}{9}\left[\frac{1}{12}\frac{1}{2EI_o}\times(18)^3 + \frac{1}{12}\frac{1}{2EI_o}\times(6)^3\right]$$
$$= \frac{1}{9}\left(\frac{252}{EI_o}\right) = \frac{28}{EI_o}$$

따라서 부재 AB에서 A단의 강도 S_{AB}는 $\theta_A = 1$을 발생시키는 M_{AB}이므로 다음과 같이 된다.

$$S_{AB} = \frac{1}{\left(\frac{12}{EI_o}\right)} + \frac{1\times 9}{\left(\frac{28}{EI_o}\right)} = \frac{EI_o}{12} + \frac{9EI_o}{28} = 0.4048EI_o$$

A단에 S_{AB}가 작용할 때 B단에 일어나는 재단모멘트는 다음과 같이 된다.

$$M_{BA} = C_{AB}S_{AB} = \frac{N}{A} - \frac{(N\cdot e)}{S_y} = \frac{EI_o}{12} - \frac{9EI_o}{28} = -0.2381EI_o$$

따라서 부재 AB에서 A로부터 B까지의 전달률은 다음과 같이 계산된다.

$$C_{AB} = \frac{C_{AB}S_{AB}}{S_{AB}} = \frac{N/A - Nc_A^2/I_y}{N/A + Nc_A^2/I_y} = \frac{-0.2381/EI_o}{+0.4048/EI_o} = -0.5882$$

여기서 주의할 것은 모멘트 분배법의 부호규약에 의하면 M_{BA}는 $+0.2381EI_o$이라야 하므로 전달률 C_{AB}도 $+0.5882$이다.

B단의 강도와 전달률을 계산하기 위해서는 $N=1$을 B단에 놓아야 함은 물론이다.

17.4 부등단면인 보에 대한 모멘트면적법

부등단면의 부재에서 고정단모멘트, 전달률, 그리고 강도를 산정하는 실용적인 방법은 모멘트면적법(또는 공액보법)을 이용하는 것이다. 다음에 예제로서 모멘트면적법의 과정을 예시하였다.

예제 17-4-1

[그림 17.4.1(a)]에 있는 I가 균일하지 않는 보 AB에 전달률 C_{AB}와 강도 S_{AB}를 구하여라. 보의 폭은 일정하다.

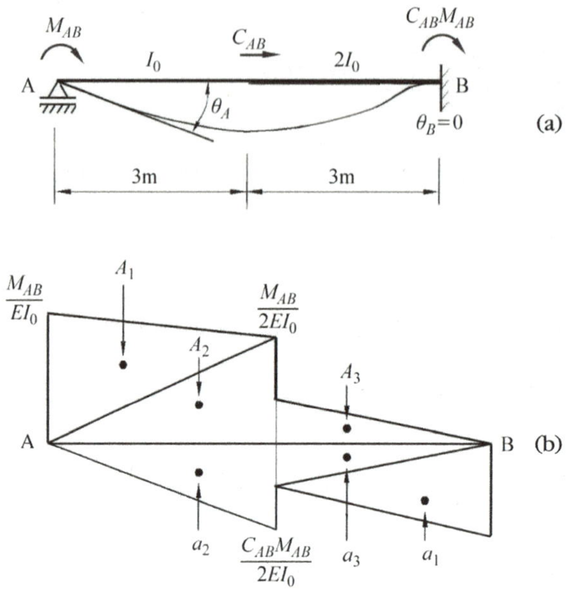

[그림 17.4.1]

풀이

(1) 전달률 C_{AB} : Δ_A = 수평선(여기서는 B점의 접선)과 A점의 수직거리 = 0

모멘트 면적 제2정리에 의하여 다음과 같이 된다.

$$\left(\frac{M}{EI}\right)_{AB} \times x_A = 0 \tag{a}$$

식 (a)에 [그림 17.4.1(b)]의 (M/EI)도를 적용하면 다음과 같이 된다.

$$\begin{aligned} & A_1\left(\frac{1}{3}\times 3\right)+A_2\left(\frac{2}{3}\times 3\right)+A_3\left(3+\frac{1}{3}\times 3\right) \\ & \quad = a_1\left(3+\frac{2}{3}\times 3\right)+a_2\left(\frac{2}{3}\times 3\right)+a_3\left(3+\frac{1}{3}\times 3\right) \end{aligned} \tag{b}$$

[그림 17.4.1(b)]에서

$$A_1 = \frac{1}{2}(3)\left(\frac{M_{AB}}{EI_o}\right) = \frac{3M_{AB}}{2EI_o}, \quad A_2 = \frac{1}{2}A_1, \quad A_3 = \frac{1}{4}A_1 \tag{c}$$

그리고

$$a_1 = a_2 = C_{AB}A_2 = \frac{1}{2}C_{AB}A_1, \qquad a_3 = C_{AB}A_3 = \frac{1}{4}C_{AB}A_1 \tag{d}$$

식 (c), (d)를 (b)에 대입하여 정리하면 다음과 같이 된다.

$$A_1(1) + \left(\frac{1}{2}A_1\right)(2) + \left(\frac{1}{4}A_1\right)(2) = \left(\frac{1}{2}C_{AB}A_1\right)(5) + \left(\frac{1}{2}C_{AB}A_1\right)(2) + \left(\frac{1}{4}C_{AB}A_1\right)(4)$$

따라서

$$3 = C_{AB}\left(\frac{9}{2}\right) \qquad \therefore C_{AB} = \frac{2}{3}$$

(2) 전달률 C_{BA} : 전달률 C_{BA}는 A단은 고정, B단은 단순지지로 하여 B단에 M_{BA}, A단에 $C_{BA}M_{BA}$를 작용시켜 C_{AB}를 결정할 때와 비슷한 방법으로 하면 된다. 즉,

$$\Delta_B = 0 = \left(\frac{M}{EI}\right)_{AB} \times x_B \text{ 또는 } \sum A_i x_{Bi} = 0$$

여기서 A_i는 (M/EI)도에서 i부분의 면적이며 x_{Bi}는 지점 B로부터 i부분의 도심까지의 거리이다.

(3) 강도 S_{AB} : 보 AB의 A단의 강도는 A단에 $\theta_A = 1$을 일으키는 데 소요되는 모멘트 M_{AB}이므로, [그림 17.4.1(a)]에서 $\theta_A = 1$, $M_{AB} = S_{AB}$, $C_{AB} = 2/3$로 대치한다.

$\theta_A = 1 =$ 수평선(B점의 접선)과 A점의 접선의 교각

모멘트 면적 제1정리에 의해서[10-4〉 모멘트 면적법, 식(10.4.1) 참조]

$$\left(\frac{M}{EI}\right)_{AB} = 1 \text{ 또는 } \sum A_i = 1 \tag{e}$$

[그림 17.4.1(b)]의 (M/EI)도를 이용하면 다음과 같이 된다.

$$A_1 + A_2 + A_3 - (a_1 + a_2 + a_3) = 1 \tag{f}$$

식 (c), (d)의 값을 (f)에 대입하면 다음과 같이 된다.

$$A_1 + \frac{1}{2}A_1 + \frac{1}{4}A_1 - C_{AB}\left(\frac{1}{2}A_1 + \frac{1}{2}A_1 + \frac{1}{4}A_1\right) = 1$$

$$\text{또는 } \frac{7}{4}A_1 - C_{AB}\left(\frac{5}{4}A_1\right) = 1$$

$$A_1 = \frac{3M_{AB}}{2EI_o}, \quad C_{AB} = \frac{2}{3} \text{ 이므로 } S_{AB} = \frac{8}{11}EI_o$$

예제 17-4-2

[그림 17.4.2(a)]에 나타낸 양단고정보이고 등분포하중 $w = 2\ \mathrm{KN/m}$를 받을 경우에 고정단모멘트 M_A와 M_B를 구하여라. 그리고 앞 예제처럼 지점 A가 이동지점인 경우일 때 모멘트 분배법으로 고정단모멘트를 구하여라.

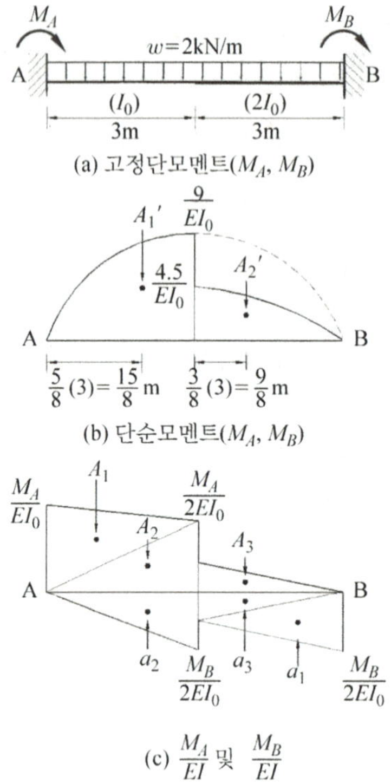

[그림 17.4.2]

풀이

(1) 고정단모멘트

[그림 17.4.2(b)]는 등분포하중 w로 인한 단순보모멘트를 EI로 나눈 것이며, 여기서 A_1'와 A_2'는 다음과 같다.

$$A_1' = \frac{2}{3}\left(\frac{L}{2}\right)\left(\frac{wL^2}{8EI_o}\right) = \frac{2}{3}\left(\frac{6}{2}\right)\left(\frac{2(6)^2}{8EI_o}\right) = \frac{18}{EI_o}$$

$$A_2' = \frac{1}{2}A_1' = \frac{9}{EI_o}$$

앞 예에서 M_{AB} 대신 고정단 A의 모멘트 M_A, $C_{AB}M_{AB}$ 대신 고정단 B의 모멘트 M_B로 놓는다. [그림 17.4.2(c)]는 고정단모멘트 M_A와 M_B를 EI로 나눈 탄성하중이며 각 구간의 탄성하중이며 각 구간의 탄성하중 A_i는 앞 예제의 식 (c)와 (d)를 참조하면 된다. 즉

$$A_1 = \frac{1}{2}(3)\left(\frac{M_A}{EI_o}\right) = \frac{3M_A}{2EI_o} \qquad A_2 = \frac{1}{2}A_1 \qquad A_3 = \frac{1}{4}A_1$$

그리고

$$a_1 = a_2 = \frac{1}{2}(3)\left(\frac{M_B}{2EI_o}\right) = \frac{3M_B}{4EI_o} \qquad a_3 = \frac{1}{2}a_1$$

[그림 17.4.2(a)]의 고정보는 $\theta_A = 0$, $\Delta_A = 0$이라는 경계조건을 가지고 있다.

① 경계조건 (Ⅰ) : $\theta_A = 0 = \left(\frac{M}{EI}\right)_{AB}$

즉,

$$\begin{aligned}\sum A_i &= (A_1' + A_2') + (A_1 + A_2 + A_3) - (a_1 + a_2 + a_3) \\ &= \left(\frac{18}{EI_o} + \frac{9}{EI_o}\right) + \frac{3M_A}{2EI_o}\left(1 + \frac{1}{2} + \frac{1}{4}\right) - \frac{3M_B}{4EI_o}\left(\frac{1}{2} + \frac{1}{2} + \frac{1}{4}\right) = 0\end{aligned}$$

$$7M_A - 5M_B = -72 \tag{1}$$

여기서 A_1'와 A_2'는 그림 (b)에서, 그리고 A_i, a_i는 그림 (c)에서 구한 값들이다.

② 경계조건 (Ⅱ) : $\Delta_A = 0 = \left(\frac{M}{EI}\right)_{AB} \times x_A$

즉,

$$\sum A_i x_{Ai} = \left[A_1'\left(\frac{15}{8}\right) + A_2'\left(3 + \frac{8}{9}\right)\right]$$

$$+ [A_1(1) + A_2(2) + A_3(3+1)] - [a_1(3+2) + a_2(2) + a_3(3+1)]$$

$$= \frac{18}{EI_o}\left(\frac{15}{8}\right) + \frac{9}{EI_o}\left(\frac{9}{8}\right) + \frac{3M_A}{2EI_o}(1+1+1) - \frac{3M_B}{4EI_o}(5+2+2) = 0$$

따라서

$$M_A - \frac{3}{2}M_B = -\frac{63}{4} \tag{2}$$

식 (1)과 (2)를 연립으로 풀면 다음과 같이 된다.

$M_A = -5.318\,\text{kN}\cdot\text{m}$ (반시계방향) $\qquad M_B = +6.955\,\text{kN}\cdot\text{m}$ (시계방향)

(2) 모멘트 분배법에 의한 해석

[그림 17.4.2(a)]의 보에 $w = 2\,\text{kN/m}$가 작용할 때 모멘트 분배법을 적용하여 해석하기로 한다. 이미 전달률 $C_{AB} = 2/3$, $FEM_{AB} = -5.318\,\text{kN}\cdot\text{m}$, $FEM_{BA} = +6.955\,\text{kN}\cdot\text{m}$를 계산하였다. 분배률 $DF_{AB} = S_{AB}/\sum_A S = S_{AB}/S_{AB} = 1$이다.

[그림 17.4.2(a)]의 보가 $w = 2\,\text{kN/m}$를 받는 경우에 모멘트 분배법의 해석결과는 $M_B = 10.5\,\text{kN}\cdot\text{m}$ (시계방향)$= -10.5\,\text{kN}\cdot\text{m}$ 임을 보여주고 있다.

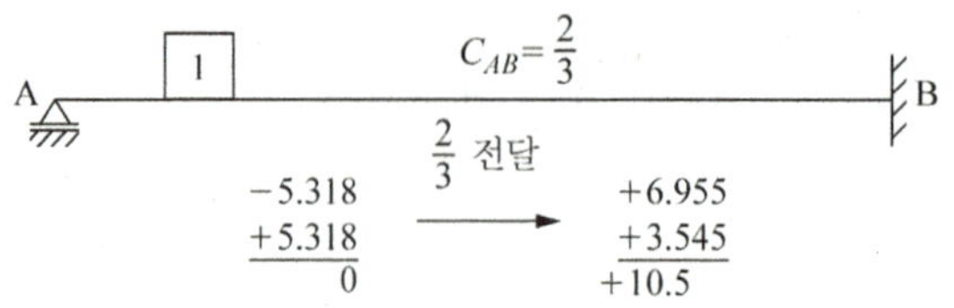

[그림 17.4.2(d)]

예제 17-4-5

[그림 17.4.3(a)]에 있는 I가 변하는 보에서 전달률 C_{AB}과 강도 S_{AB}를 구하여라. 보의 폭은 일정하다.

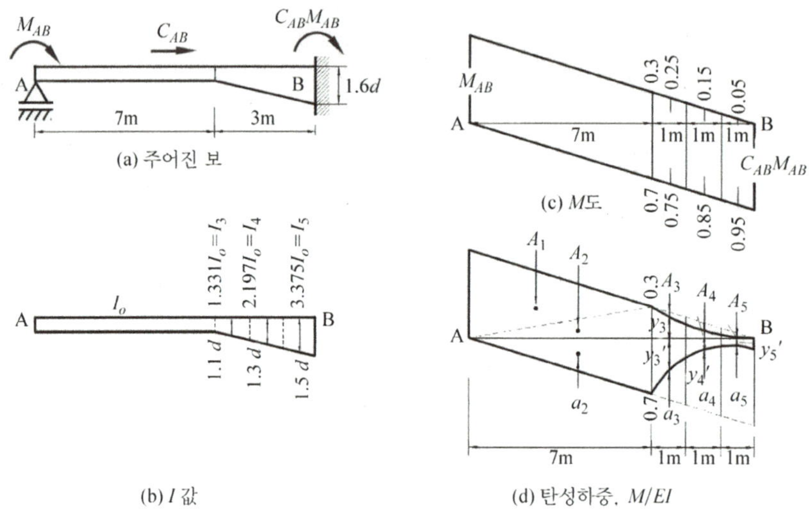

[그림 17.4.3]

풀이

(1) 전달률 C_{AB} : [그림 17.4.3(a)]의 보에서 A단에 모멘트 M_{AB}가 작용할 때 B단으로 $C_{AB}M_{AB}$만큼 전달된다. M도는 [그림 17.4.3(c)]에 그려져 있으며 이를 EI로 나눈 (M/EI) 도는 [그림 17.4.3(d)]와 같다. [그림 17.4.3(b)]에서 단면2차모멘트는 다음과 같다.

$$I_o=\frac{bd^3}{12}\ ,\ I_3=\frac{b(1.1d)^3}{12}=\frac{(1.1)^3bd^3}{12}=1.331I_o\ ,\ \ I_4=\frac{b(1.3d)^3}{12}=\frac{(1.3)^3bd^3}{12}=2.197I_o,$$

$$I_5=\frac{b(1.5d)^3}{12}=\frac{(1.5)^3bd^3}{12}=3.375I_o \qquad \text{(a)}$$

[그림 17.4.3(d)]에서 y_3, y_4, y_5 는 다음과 같다.

$$y_3=\frac{0.25M_{AB}}{E(1.331I_o)}=0.1878\frac{M_{AB}}{EI_o} \qquad y_4=\frac{0.15M_{AB}}{E(2.197I_o)}=0.0683\frac{M_{AB}}{EI_o}$$

$$y_5 = \frac{0.05M_{AB}}{E(3.375I_o)} = 0.0148\frac{M_{AB}}{EI_o} \tag{b}$$

그리고

$$\begin{aligned} y_3{}' &= \frac{0.75C_{AB}M_{AB}}{E(1.331I_o)} = 0.5635\frac{C_{AB}M_{AB}}{EI_o} \\ y_4{}' &= \frac{0.85C_{AB}M_{AB}}{E(2.197I_o)} = 0.3869\frac{C_{AB}M_{AB}}{EI_o} \\ y_5{}' &= \frac{0.95C_{AB}M_{AB}}{E(3.375I_o)} = 0.2815\frac{C_{AB}M_{AB}}{EI_o} \end{aligned} \tag{c}$$

$$\begin{aligned} A_1 &= \frac{1}{2}(7)\frac{M_{AB}}{EI_o} = 3.5\frac{M_{AB}}{EI_o} \\ A_2 &= \frac{1}{2}(7)\frac{0.3M_{AB}}{EI_o} = 1.05\frac{M_{AB}}{EI_o} \\ A_3 &= (1)(y_3) = 0.1878\frac{M_{AB}}{EI_o} \\ A_4 &= (1)(y_4) = 0.0683\frac{M_{AB}}{EI_o} \\ A_5 &= (1)(y_5) = 0.0148\frac{M_{AB}}{EI_o} \end{aligned} \tag{d}$$

$$\begin{aligned} a_2 &= \frac{1}{2}(7)\left(\frac{0.7C_{AB}M_{AB}}{EI_o}\right) = 2.45\frac{C_{AB}M_{AB}}{EI_o} \\ a_3 &= (1)(y_3{}') = 0.5635\frac{C_{AB}M_{AB}}{EI_o} \\ a_4 &= (1)(y_4{}') = 0.3869\frac{C_{AB}M_{AB}}{EI_o} \\ a_5 &= (1)(y_5{}') = 0.2815\frac{C_{AB}M_{AB}}{EI_o} \end{aligned} \tag{e}$$

[그림 17.4.3(a)]에서

$\triangle_A$=수평선(여기서는 B점의 접선과 A점의 수직거리=0

=모멘트면적 제2정리에 의해 $\left(\frac{M}{EI}\right)_{AB} \times x_A$

또는

$$\sum A_i x_{Ai} = 0 \tag{f}$$

$$A_1\left(\frac{1}{3}\times 7\right) + A_2\left(\frac{2}{3}\times 7\right) + A_3(7.5) + A_4(8.5) + A_5(9.5L)$$

$$-\left[a_2\left(\frac{2}{3}\times 7\right) + a_3(7.5) + a_4(8.5) + a_5(9.5)\right] = 0 \tag{g}$$

식 (g)에 (d)와 (e)의 값을 대입하면 다음과 같이 된다.

$$[3.5(2.33L)+1.05(4.67)+0.1878(7.5)+0.0683(8.5)+0.0148(9.5)]\frac{M_{AB}}{EI_o}$$
$$-[2.45(4.67)+0.5635(7.5)+0.3869(8.5)+0.2815(9.5)]\frac{C_{AB}M_{AB}}{EI_o}=0$$

$$15.19-C_{AB}(21.63)=0 \qquad \therefore C_{AB}=0.7023$$

(2) 강도 S_{AB} : 보 AB의 A단의 강도 S_{AB}는 A단에 $\theta_A=1$을 일으키는 데 소요되는 모멘트 M_{AB}이므로 $\theta_A=1,\ M_{AB}=S_{AB},\ C_{AB}=0.7023$이다.

θ_A=수평선(여기서는 B점의 접선)과 A점의 접선의 교각=1

모멘트면적 제1정리를 이용하면 다음과 같이 된다.

$$\left(\frac{M}{EI}\right)_{AB}=1 \qquad \sum A_i=1 \tag{h}$$

[그림 17.4.3(d)]를 이용하면 다음과 같다.

$$A_1+A_2+A_3+A_4+A_5-(a_2+a_3+a_4+a_5)=1 \tag{i}$$

식 (d)와 (e)를 식 (i)에 대입하여 정리하면 다음과 같이 된다.

$$(3.5+1.05+0.1878+0.0683+0.0148)\frac{S_{AB}}{EI_o}$$
$$-(2.45+0.5635+0.3869+0.2815)\frac{C_{AB}S_{AB}}{EI_o}=1$$

$$4.821\frac{S_{AB}}{EI_o}-(0.3682)\frac{(0.7023)S_{AB}}{EI_o}=1 \qquad \therefore S_{AB}=0.4474EI_o$$

본 예제와 같이 Haunch가 있는 보에서는 변단면 부분을 세분할수록 C_{AB}, S_{AB}, 고정단모멘트 값은 더 정확해진다.

17.5 부등단면인 보에 대한 최소일의 방법

여기서는 부등단면의 부재에서 고정단모멘트, 전달률 그리고 강도를 최소일의 방법으로 계산하는 과정을 설명하기로 한다. 여기서 가변적인 단면 2차모멘트 I_x는 x의 함수로 표시할 수 있고 적분항 내에 포함되었을 때 적분 가능한 경우라고 가정한다.

17.5.1 고정단모멘트

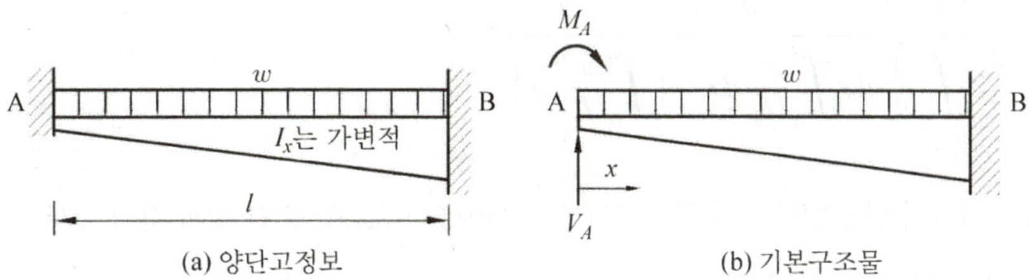

[그림 17.5.1]

하중을 받는 양단 고정보에서 I_x가 가변적일 때, [그림 17.5.1]에서 $\theta_A = 0$과 $\Delta_A = 0$이라는 단부조건을 이용하여 최소일의 방법을 적용하면 다음과 같이 된다.

$$\theta_A = \int_0^l M\left(\frac{\partial M}{\partial M_A}\right)\frac{dx}{EI_x} = 0 \tag{a}$$

$$\Delta_A = \int_0^l M\left(\frac{\partial M}{\partial V_A}\right)\frac{dx}{EI_x} = 0 \tag{b}$$

보가 동일한 재료로 되어 있다면 E는 일정하다. [그림 17.5.1(b)]에서 A단에서 거리 x인 단면의 모멘트는 다음과 같다.

$$M = M_A + V_A x - \frac{wx^2}{2} \tag{c}$$

따라서

$$\frac{\partial M}{\partial M_A} = 1 \tag{d}$$

$$\frac{\partial M}{\partial V_A} = x$$

식 (c)와 (d)를 (a)와 (b)에 대입하면 다음과 같이 된다.

$$M_A \int_0^l \frac{1}{I_x}dx + V_A \int_0^l \frac{x}{I_x}dx - \frac{w}{2}\int_0^l \frac{x^2}{I_x}dx = 0$$

$$M_A \int_0^l \frac{x}{I_x}dx + V_A \int_0^l \frac{x^2}{I_x}dx - \frac{w}{2}\int_0^l \frac{x^3}{I_x}dx = 0 \tag{e}$$

(e)에서 V_A를 소거하면 고정단모멘트 M_A는 다음과 같이 된다.

$$M_A = \frac{w}{2}\frac{\left(\int_0^l \frac{x^2}{I_x}dx\right)^2 - \int_0^l \frac{x}{I_x}dx\int_0^l \frac{x^3}{I_x}dx}{\int_0^l \frac{1}{I_x}dx\int_0^l \frac{x^2}{I_x}dx - \left(\int_0^l \frac{x}{I_x}dx\right)^2} \tag{17.5.1}$$

단 B에서의 고정단모멘트의 표현은 식 (17.5.1)에 (−)부호를 붙인 것과 같다. 그러나 이때 x의 원점은 A가 아니라 B단이다.

17.5.2 전달률

단면2차모멘트 I_x가 가변적인 부재 AB에서도 A단의 전달률은 작용모멘트 M_{AB}에 대한 전달모멘트 M_{BA}의 비로 정의된다. 즉, $C_{AB} = M_{BA}/M_{AB}$이다. [그림 17.5.2]는 A단에 재단모멘트 M_{AB}가 작용하며 B단으로 전달되는 경우이다.

B단이 고정되어 있으므로 A단에 작용한 M_{AB}때문에 $C_{AB}M_{AB}$라는 전달모멘트가 B단에 발생한다. 여기서 C_{AB}는 부재 AB에서 A단에서 B단으로의 전달률을 표시한다. A단에서의 처짐이 없다는 단부조건을 이용하여 최소일의 방법을 다음과 같이 된다.

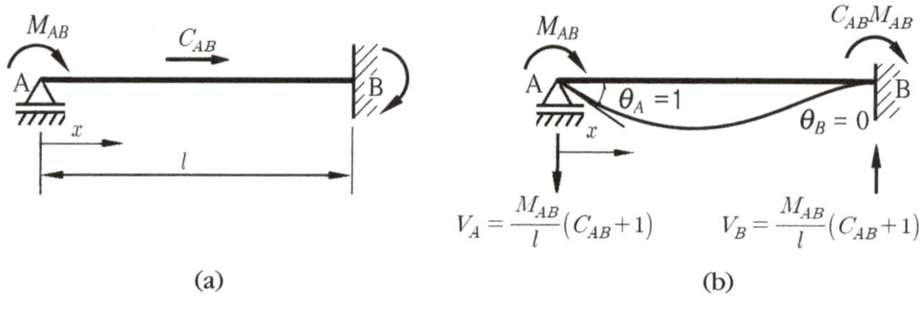

[그림 17.5.2]

$$\triangle_A = 0 = \frac{\partial W}{\partial V_A}$$

또는

$$\int_0^l M\left(\frac{\partial M}{\partial V_A}\right)\frac{dx}{I_x} = 0 \tag{f}$$

[그림 17.5.2(b)]에서 A단으로부터 거리 x인 단면의 모멘트는 다음과 같이 된다.

$$M = M_{AB} - V_A x = M_{AB}\left[1 - \frac{x}{l}(C_{AB}+1)\right] \tag{g}$$

따라서

$$\frac{\partial M}{\partial V_A} = -x \tag{h}$$

식 (g)와 (h)를 식 (f)에 대입하여 정리하면 다음과 같이 된다.

$$-M_{AB}\int_0^l \left[1 - \frac{x}{l}(C_{AB}+1)\right] x \frac{dx}{I_x} \tag{i}$$

위의 식 (i)로부터 전달률 C_{AB}는 다음과 같이 된다.

$$C_{AB} = \frac{l\int_0^l x \cdot \frac{dx}{I_x} - \int_0^l x^2 \frac{dx}{I_x}}{\int_0^l x^2 \frac{dx}{I_x}} \tag{17.5.2}$$

또한 B단으로부터 A단으로의 전달률 C_{BA}의 표현은 위의 식 (17.5.2)와 똑같지만 이때 x의 원점은 A단이 아니라 B단이 된다.

17.5.3 강도

A단에 대한 강도 S_{AB}는 $\theta_A = 1$을 유발하는 데 필요한 재단모멘트 M_{AB}로 정의되므로 [그림 17.5.2(b)]에서 $M_{AB} = S_{AB}$, $\theta_A = 1$로 대치하고 최소일의 방법을 적용하면 다음과 같이 된다.

$$\theta_A = 1 = \frac{\partial W}{\partial S_{AB}} = \int M\left(\frac{\partial M}{\partial S_{AB}}\right)\frac{dx}{EI_x} \tag{j}$$

여기서,

$$M = S_{AB} - V_A x = S_{AB}\left[1 - \frac{x}{l}(C_{AB}+1)\right] \tag{k}$$

따라서

$$\frac{\partial M}{\partial S_{AB}} = 1 - \frac{x}{l}(C_{AB}+1) \tag{l}$$

식 (k)와 (l)을 식 (j)에 대입하여 정리하면 다음과 같이 된다.

$$S_{AB}\int_0^l \left[1-\frac{x}{l}(C_{AB}+1)\right]^2 \frac{dx}{EI_x}=1$$

또는

$$S_{AB}=\frac{1}{\displaystyle\int_0^l \left[1-\frac{x}{l}(C_{AB}+1)\right]^2 \frac{dx}{EI_x}} \tag{m}$$

부재의 재료가 한가지로 되어 있다면 강도 S_{AB}는 다음과 같이 된다.

$$S_{AB}=\frac{E}{\displaystyle\int_0^l \left[1-\frac{x}{l}(C_{AB}+1)\right]^2 \frac{dx}{EI_x}} \tag{17.5.3}$$

부재 AB에서 B단의 강도 S_{BA}에 관한 표현은 위의 식 (17.1.3)과 동일하지만 x의 원점은 A단이 아니라 B단이 된다. 부등단면의 부재에서 일반적으로 S_{BA}는 S_{AB}의 값과는 다르다.

식 (17.5.1), (17.5.2), (17.5.3)에서 I_x는 x의 함수로 표시될 수 있어야 하며, 이 식들이 적분이 가능하여야만 한다. 만일, 이 식들이 적분이 곤란하거나 불가능하다면 근사적인 수치해석법을 사용하여야만 한다. 근사적인 수치해석법은 부재를 여러 개의 구간(가급적이면 등구간)으로 나누어 적분 대신 합산하는 방법으로 수행한다. 다시 말해서 부재를 n등분하였다면 각 식에서 dx 대신 l/n을, $\int_0^l$ 대신 $\sum_{m=1}^{n}$을 사용하여 계산하게 된다.

예제 17-5-1

[예제 17.5.3]를 최소일의 방법을 이용하여 풀어라.

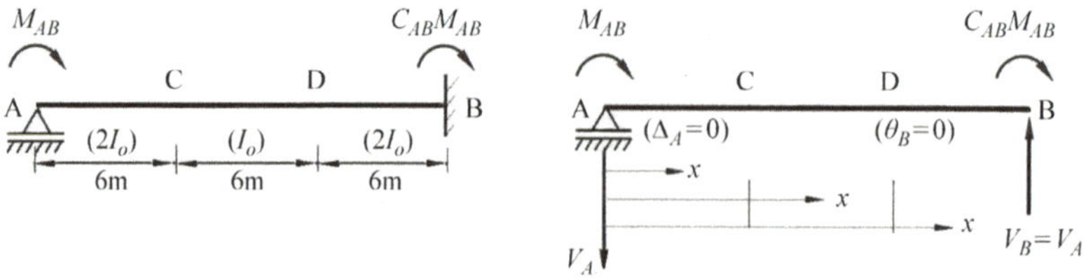

(a) 주어진 보

(b) 전단률 C_{AB}와 강도 S_{AB}

[그림 17.5.3]

풀이

(1) 전달률 C_{AB} : $\sum M_B = 0$으로부터

$$V_A = \frac{M_{AB}}{18}(1 + C_{AB}) \tag{a}$$

[그림 17.5.3(b)]의 구간 AC, CD, DB의 각 구간에서

$$M = M_{AB} - V_A x = M_{AB}\left[1 - \frac{x}{18}(1 + C_{AB})\right]$$

$$\frac{\partial M}{\partial V_A} = -x \tag{b}$$

(2) 적합조건

$$\triangle_A = 0 = \int_0^B M\left(\frac{\partial M}{\partial V_A}\right)\frac{dx}{E(2I_o)} + \int_0^D M\left(\frac{\partial M}{\partial V_A}\right)\frac{dx}{EI_o} + \int_0^B M\left(\frac{\partial M}{\partial V_A}\right)\frac{dx}{E(2I_o)} \tag{c}$$

또는

$$0 = -\frac{M_{AB}}{2}\int_0^6 x\left[1 - \frac{x}{18}(1 + C_{AB})\right]dx - M_{AB}\int_6^{12} x\left[1 - \frac{x}{18}(1 + C_{AB})\right]dx$$
$$-\frac{M_{AB}}{2}\int_{12}^{18} x\left[1 - \frac{x}{18}(1 + C_{AB})\right]dx$$

$$\therefore \frac{1}{2}\left[\frac{x^2}{2} - \frac{x^3}{54}(1 + C_{AB})\right]_0^6 + \left[\frac{x^2}{2} - \frac{x^3}{54}(1 + C_{AB})\right]_6^{12} + \frac{1}{2}\left[\frac{x^2}{2} - \frac{x^3}{54}(1 + C_{AB})\right]_{12}^{18} = 0$$

$$80 - 136C_{AB} = 0 \tag{d}$$

$$\therefore C_{AB} = 0.5882$$

(3) 강도 S_{AB} : A단에 대한 강도 S_{AB}는 $\theta_A = 1$을 유발하는 데 필요한 재단모멘트 M_{AB}로 정의되므로 $M_{AB} = S_{AB}$, $\theta_A = 1$이다.

최소일의 방법을 이용하면 다음과 같다.

$$\theta_A = 1 = \frac{\partial W}{\partial S_{AB}} = \int M\left(\frac{\partial M}{\partial S_{AB}}\right)\frac{dx}{EI} \tag{e}$$

AC, CD, DB 각 구간에서

$$M = S_{AB} - V_A x = S_{AB}\left[1 - \frac{x}{18}(C_{AB} + 1)\right]$$

$$\frac{\partial M}{\partial S_{AB}} = 1 - \frac{x}{18}(C_{AB} + 1) = 1 - \frac{x}{18}(0.5882 + 1) = 1 - 0.0882x \tag{f}$$

식 (f)를 식 (e)에 대입하여 정리하면 다음과 같이 된다.

$$\theta_A = 1 = S_{AB}\int_0^6 (1 - 0.0882x)^2\frac{dx}{E(2I_o)} + S_{AB}\int_6^{12}(1 - 0.0882x)^2\frac{dx}{E(I_o)}$$

$$+S_{AB}\int_{12}^{18}(1-0.0882x)^2\frac{dx}{E(2I_o)} \tag{g}$$

따라서

$$\int(ax+b)^n dx=\frac{1}{a(n+1)}(ax+b)^{n+1} \qquad (n\neq -1) \tag{h}$$

따라서 식 (g)는 다음과 같이 쓸 수 있다.

$$\theta_A=1=\frac{S_{AB}}{E(2I_o)}\left[\frac{-(1-0.0882x)^3}{0.0882(3)}\right]_0^6+\frac{S_{AB}}{E(I_o)}\left[\frac{-(1-0.0882x)^3}{0.0882(3)}\right]_6^{12}$$

$$+\frac{S_{AB}}{E(2I_o)}\left[\frac{-(1-0.0882x)^3}{0.0882(3)}\right]_{12}^{18} \tag{i}$$

$$\therefore S_{AB}=0.4048EI_o$$

EXERCISE

1. [P그림 17.1]과 같은 변단면보 AB에서 모멘트 면적법으로 전달률 C_{AB}, 강도 S_{AB}를 구하여라. 보의 폭은 $b=1\,\mathrm{m}$이고, 탄성계수 $E=2.0\times10^5\,\mathrm{MPa}$이다.

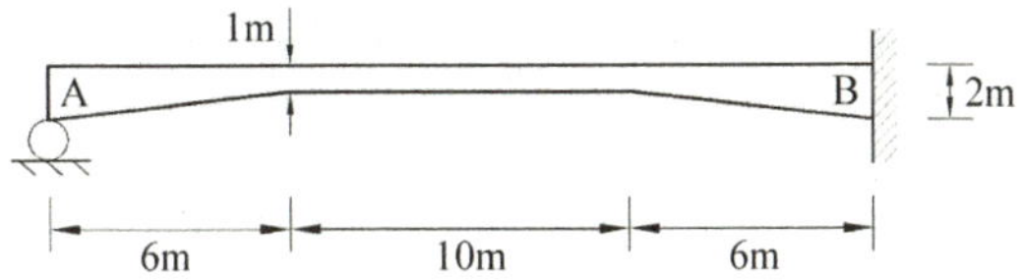

[P그림 17.1]

2. [P그림 17.2]와 같은 변단면보 AB에서 최소일의 방법으로 (a) 전달률 C_{AB}, 강도 S_{AB}를 구하여라. (b) 양단이 고정일 때 고정단모멘트 M_{AB}와 M_{BA}를 구하여라. 보의 폭은 $b=1\,\mathrm{m}$이고 탄성계수는 $E=200\,\mathrm{GPa}$이다.

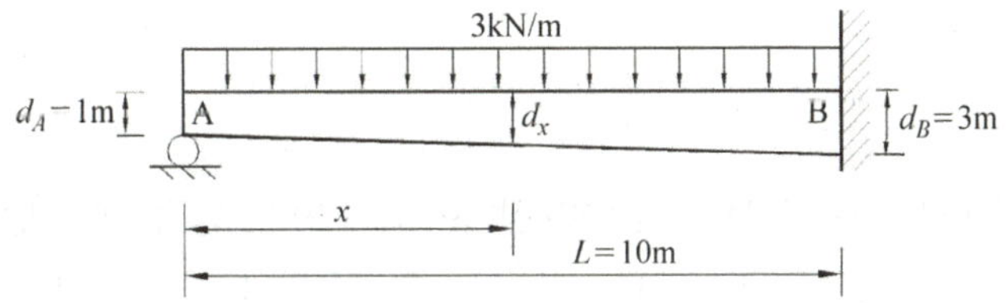

[P그림 17.2]

3. [P그림 17.3]과 같은 폭이 일정한 변단면보 AB에서 전달률 C_{AB}, 강도 S_{AB}를 구하여라.

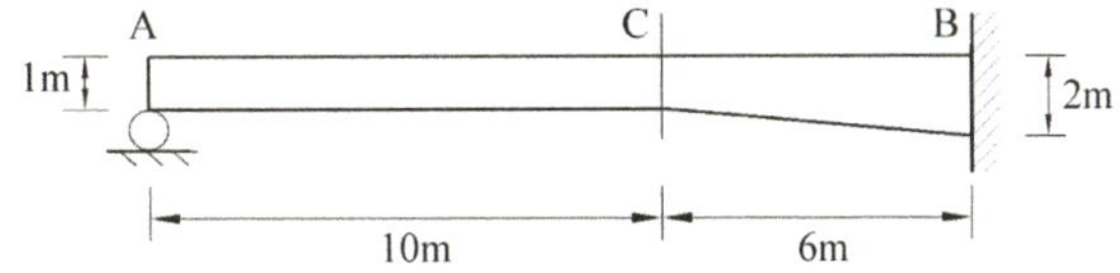

[P그림 17.3]

4. [P그림 17.4]와 같은 연속보의 임의의 경간 AB가 있다. (a) 전달률 C_{AB}와 C_{BA}, 그리고 강도 S_{AB}와 S_{BA}를 구하여라. (b) 양단이 고정일 때 고정단모멘트 M_{AB}와 M_{BA}를 구하여라. 보의 탄성계수는 $E = 200\,\mathrm{GPa}$이고 단면2차모멘트는 $I_1 = 5 \times 10^8\,\mathrm{mm}^4$이다.

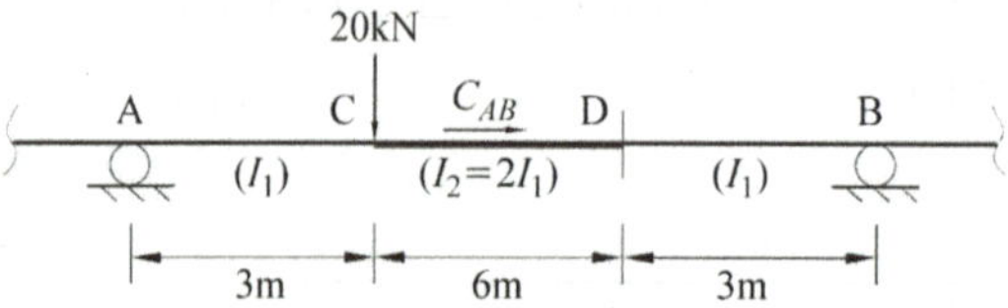

[P그림 17.4]

5. [P그림 17.5]와 같이 폭은 일정하나 단면이 상이한 보 AB에서 모멘트 면적법으로 전달률 C_{AB}와 강도 S_{AB}를 구하여라.

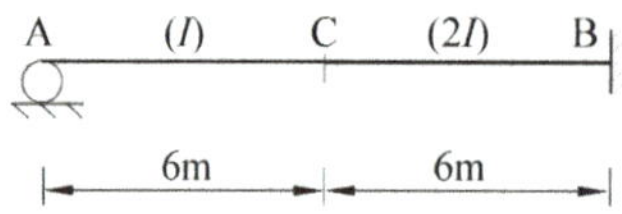

[P그림 17.5]

6. [P그림 17.6]과 같이 폭은 일정하나 단면이 상이한 보 AB의 중앙점 C에 집중하중 $P = 20\,\mathrm{kN}$이 작용하고 있다. (a) 고정단모멘트 M_{AB}와 M_{BA}를 구하라. (b) 모멘트 분배법으로 B단의 모멘트값을 계산하여라.

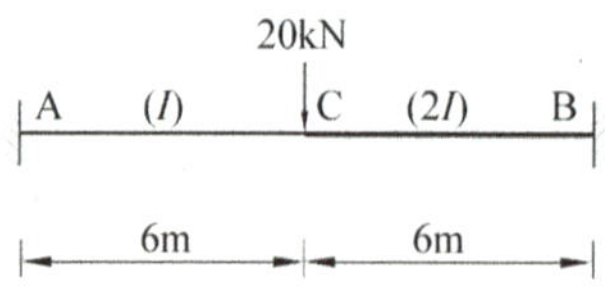

[P그림 17.6]

7. [P그림 17.7]과 같은 단면이 상이한 보 AB에 등분포하중 $w=10\,\mathrm{kN/m}$이 작용할 때 고정단모멘트 M_{AB}와 M_{BA}를 구하라.

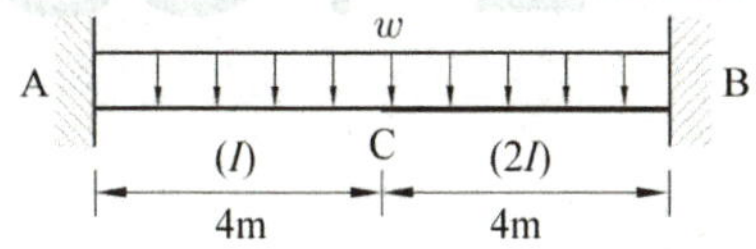

[P그림 17.7]

8. [P그림 17.8]과 같은 변단면모에서 (a) 전달률 C_{AB}와 C_{BA} 그리고 강도 S_{AB}와 S_{BA}를 구하여라. (b) B단에 모멘트 $M_B=150\,\mathrm{kN\cdot m}$가 반시계방향으로 작용할 때 A단의 모멘트 M_A값을 구하라.

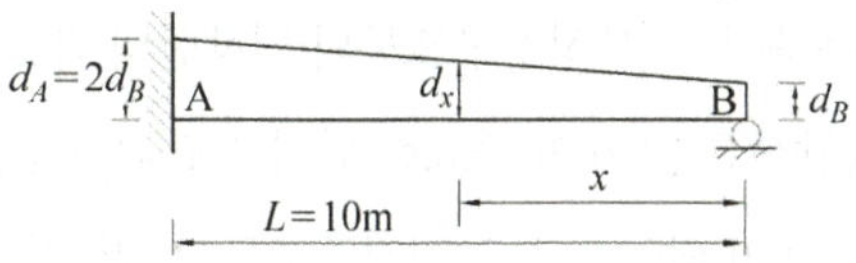

[P그림 17.8]

CHAPTER 18

부정정 구조물의 영향선

18.1 개요

지금까지 부정정구조물의 해석에 관한 여러 가지 방법을 다루었다. 그때마다 작용하중은 정하중이었다. 그러나 이동하중이 작용하는 부정정구조물의 해석 설계에서는 어떤 특정기능(부재력, 반력, 전단력, 휨모멘트, 처짐, 처짐각 등)의 최댓값을 일으키는 하중의 위치와 그 특정기능의 최댓값을 구하는 경우가 대부분이다. 부정정구조물의 영향선의 작도는 정정구조물의 영향선보다 어렵다. 정정구조물의 영향선은 몇 개의 중요한 위치에 단위하중을 놓고 하중위치에서의 종거값을 결정하여 직선으로 이으면 되었으나, 부정정구조물의 영향선은 보다 많은 점에서의 종거를 계산하여야 한다.

부정정구조물의 여러 가지 기능에 대한 영향선을 작성하기 위해서는 먼저 부정정력(redundant forces)에 대한 영향선을 결정하여야 한다. 부정정력의 영향선을 완성한 후에는 임의의 다른 반력, 부재력, 전단력, 휨모멘트 또는 처짐과 처짐각 등에 대한 영향선은 정역학적으로 결정할 수 있게 된다.

부정정구조물의 영향선을 작성할 때도 정정구조물의 영향선을 작도할 때와 같이 어느 특정 기능(부재력, 반력, 전단력, 휨모멘트, 처짐, 처짐각 등)의 영향선의 종거는 모든 점에 단위하중을 차례로 놓고 이들 각 위치마다 특정 기능의 값을 계산하면 그 하중 위치에서의 영향선의 종거가 된다. 그러나 부정정구조물의 영향선을 작도할 때 이와 같이 단위하중을 순차적으로 위치를 정하여 영향선을 작성하는 것은 특수한 경우를 제외하고는 너무 번거롭고 비실용적이다. 따라서 일반적으로 다음 절에서 논의되는 Müller - Breslau의 원리와 12장에서 다룬 Maxwell의 상반정리를 이용하면 부정정구조물의 영향선을 훨씬 쉽게 작도할 수 있게 된다.

이장에서는 Müller - Breslau의 원리와 Maxwell의 상반정리를 응용하여 보의 처짐 영향선과 단면력(구조물 내의 내력, 즉 전단력, 휨모멘트 및 비틀림 모멘트 등) 영향선 작도법을 전개하고 예제를 통하여 영향선의 작도를 다루었다.

18.2 Müller-Breslau의 원리

구조물의 어떤 한 응력요소(반력, 축방향력, 전단력, 휨모멘트, 처짐)에 대한 영향선종거는 구조물에서 그 응력요소에 대응하는 구속을 제거하고, 그 지점에 응력요소에 대응하는 단위변위를 일으켰을 때의 처짐곡선의 종거와 같다.

- 정리1 : 구조물의 어떤 반력(또는 모멘트)의 영향선은 반력이 생기는 지점을 제거하고(모멘트의 경우는 고정지점을 힌지로) 그 지점에 단위변위가 생기게 하는 처짐곡선이다.
- 정리2 : 어느 특정 기능(응력요소)의 영향선은 그 기능이 단위변위만큼 움직였을 때 구조물의 처짐모양이다.

위 정리를 영향선에 관한 Müller-Breslau의 원리라고 한다.

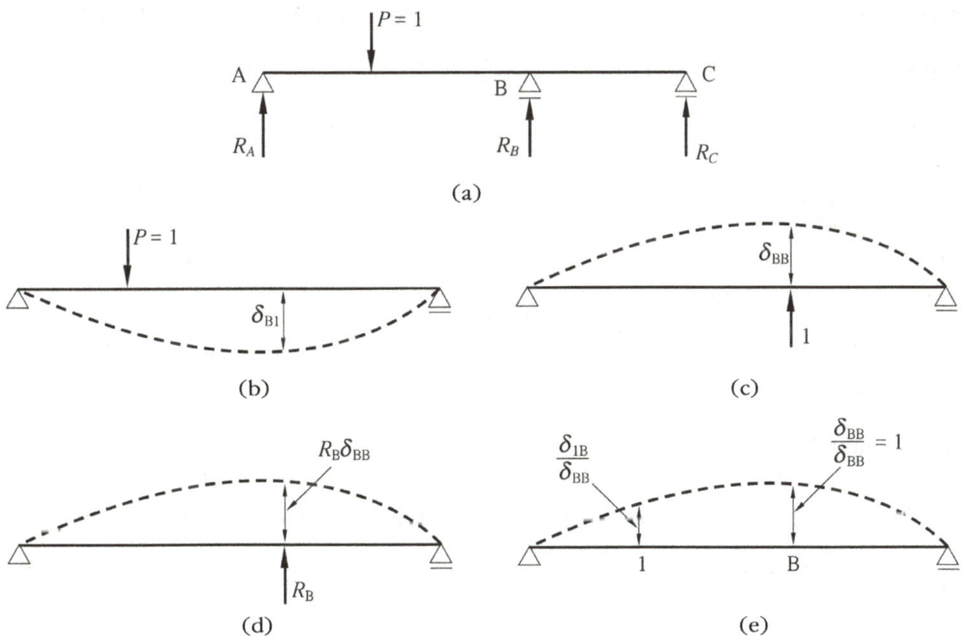

[그림 18.2.1]

[그림 18.2.1(a)]와 같은 2 경간 연속보에서 Müller-Breslau의 원리를 적용한 R_B의 영향선도를 작성하면 [그림 18.2.1(e)]와 같다. [그림 18.2.1(a)]에서 1 지점에 하중 $P = 1$이 작용할 경우 지점 B를 제거하면 이 보는 단순보로 되어 [그림 18.2.1(b)]의 점선과 같은 처짐곡선을 이루고, B지점에서 처짐은 δ_{B1}, [그림 18.2.1(c)]에서 B지점에 단위하중 1을 작용시키면 B지점과 1 지

점에서 상향처짐 δ_{BB}와 δ_{1B}가 생긴다. 따라서 [그림 18.2.1(d)]에서 B지점에 R_B를 작용시키면 B지점의 상향처짐값은 $R_B\delta_{BB}$로 된다. 이와 같은 관계를 변위의 적합조건식에 의해서 다음과 같은 관계식이 성립된다.

$$\delta_B = 0,\ \delta_{B1} - R_B\delta_{BB} = 0$$

$$\therefore\ R_B = \frac{1}{\delta_{BB}}\delta_{B1} \qquad (18.2.1)$$

상반정리에 의하여 $\delta_{B1} = \delta_{1B}$이므로

$$\therefore\ R_B = \frac{1}{\delta_{BB}}\delta_{B1} = \frac{1}{\delta_{BB}}\delta_{1B} \qquad (18.2.2)$$

이와 같이 [그림 18.2.1(c)]의 처짐곡선의 각 종거를 δ_{BB}로 나눈 값으로 나타내면 Müller-Breslau의 원리를 증명하는 [그림 18.2.1(e)]의 점선과 같은 곡선을 얻는다. 이 곡선이 R_B의 영향선이다. 위의 식 (18.2.2)에서 $(1/\delta_{BB})$이 스케일 계수(scale factor)이다.

18.3 영향선의 작성순서

18.3.1 영향선 형상 스케치

Müller-Breslau의 원리에 의해 개략적으로 스케치된 영향선인 정성적 영향선(qualitative influence line)을 작도한다.

① 특정 반력이나 부재력에 대한 보의 영향선을 구하려는 위치나 단면에서 이들 반력이나 부재력에 대응하는 보의 구속이나 힘의 전달능력을 제거하여 특정 반력이나 부재력을 해제시킨다. 그 응답이 수직반력이면, 수직 롤러 가이드를 이용하고, 전단력이면 미끄럼장치를, 휨모멘트이면 핀(pin)이나 힌지(hinge)를 설치하여 휨모멘트를 해제시키면 된다.

② 보 위의 이 해제점에 그 해제반력이나 부재력의 정(+) 방향으로 작용하는 해제반력이나 부재력에 의해 만들어지는 처짐곡선의 해제변위를 단위값으로 하여 보에 대한 영향선을 정성적으로 스케치한다.

18.3.2 영향선 종거계산

단위하중의 위치마다 정확히 영향선의 값을 구하는 정량적 영향선(quantitative influence line)을 작도한다.

① 영향선의 종거에 대한 수치값을 구하려면, 일반적으로는 위에서 언급한 해제된 연결부가 해제에 대응하는 단위하중을 받고 있을 때 축차적으로 보의 주요점들에 대한 처짐을 계산한다.

② 1차 부정정보의 경우에는 공액보법을 이용하여 계산한다. 공액보법에 의해 주요 종거점에서의 처짐을 구한 후 각 처짐값을 단위하중이 가해진 곳에서 구한 해제변위 값을 스케일계수로 하여 나눈다. 이와 같이 스케일계수를 적용한 결과 얻어지는 값이 영향선의 종거가 된다.

③ 2차 이상의 고차 부정정보의 경우에는 정성적인 영향선을 스케치한 후 영향선의 종거를 구하고자 하는 각 위치에 직접 단위하중을 작용시켜서 3연모멘트법이나 모멘트 분배법에 의해 특정 반력이나 부재력의 영향선 종거의 값을 구하는 것이 좋다.

18.4 Müller-Breslau의 원리를 이용한 영향선의 작성

Müller-Breslau의 원리는 영향선 작성에 아주 편리한 지름길을 마련하여 주며 특히 부정정구조물의 영향선을 작성하는데 불가결의 원리이다. Müller - Breslau의 원리와 Maxwell의 상반정리를 응용하여 보의 처짐영향선과 단면력(구조물 내의 내력, 즉 전단력, 휨모멘트 및 비틀림 모멘트 등)의 영향선을 도출하기 위하여 1차와 2차의 부정정보의 영향선의 작성법을 전개하고 예제를 통하여 영향선의 작성하였다.

18.4.1 1차 부정정구조물의 영향선

[1] 중간지점 B의 수직반력을 부정정력 X_1으로 선택하는 경우

[그림 18.4.1(a)]에 나타낸 보에서 [그림 18.4.1(b)]에 나타낸 바와 같이 지점B가 없는 단순보와 [그림 18.4.1(c)] 같은 하중P와 부정정력 X_1이 작용하고 B점의 처짐 $\Delta = 0$인 경우로 나누어 생각해 보자.

[그림 18.4.1(b)]의 기본계에서 지점B에 X_1과 같은 방향으로 단위 수직력 1을 작용시키면 [그림 18.4.1(b)]에 나타낸 바와 같이 기본계 단순보는 실선으로 변형되고 B점의 수직변위는 δ_{11}, x의 위치의 수직변위는 δ_{10}이 된다.

[그림 18.4.1(c)]와 [그림 18.4.1(d)]에 대해 『$Betti$의 상반정리』를 적용하면 다음과 같이 된다.

$$\delta_{11} \cdot X_1 + P \cdot \delta_{10} = 1 \cdot \Delta \tag{18.4.1}$$

[그림 18.4.1(a)]에 나타낸 보에서 P가 지점A에서부터 지점B까지 이동할 때 지점B의 수직변위는 항상 0이므로 [그림 18.4.1(c)]에서 Δ는 0이 된다. 그러므로 위의 식 (18.4.1)의 우변이 0이 되므로 다음과 같이 된다.

$$\delta_{11} \cdot X_1 + P \cdot \delta_{10} = 0 \tag{18.4.2}$$

$$\therefore X_1 = -P \cdot \frac{\delta_{10}}{\delta_{11}} \tag{18.4.3}$$

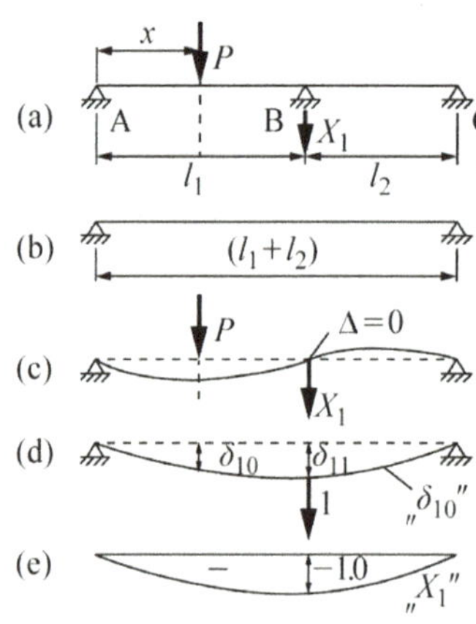

[그림 18.4.1]

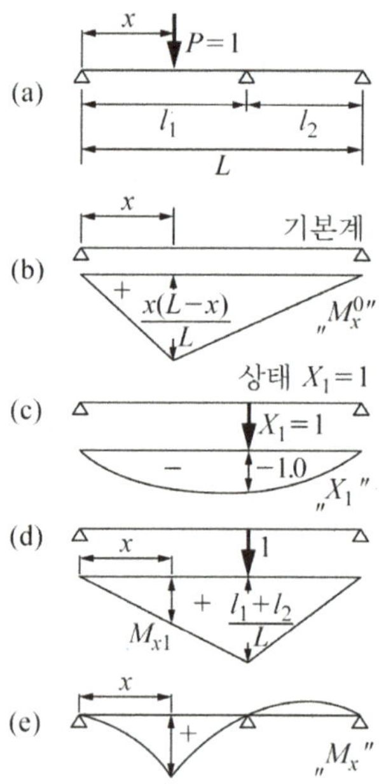

[그림 18.4.2]

[그림 18.4.1(a)]에서 P의 이동에 따라 X_1값은 변화하므로 식 (18.4.3)은 중요한 의미를 갖는다. 식 (18.4.3)에서 P재하위치에 따라 δ_{10}값은 변한다. 결국 P의 이동의 경우에는 식 (18.4.3)의 δ_{10}에 [그림 18.4.1(d)]의 δ_{10}곡선을 사용한다. δ_{10}곡선을 „ δ_{10}" 로 나타낸다. 이동하중으로

$P=1$을 사용하여 이동할 때 X_1값의 변화를 영향선 „ X_1 ″ 이라 나타내며 다음과 같은 식이 된다.

$$„ X_1 ″ = -\frac{1}{\delta_{11}} \cdot „ \delta_{10} ″ \tag{18.4.4}$$

여기서, δ_{11}은 [그림 18.4.1(d)]에 나타낸 바와 같으며 기본계 단순보의 B점에 단위수직력 1을 작용시 B점의 수직변위로서 정수이다. 결국, 식 (18.4.4)의 의미는 다음과 같다. 『집중수직력 $P=1$이 이동할 때, 부정정반력 X_1의 영향선 „ X_1 ″ 은 기본계에 $X_1=1$을 작용시켰을 때의 기본계의 수직변위곡선 „ δ_{10} ″ 을 정수$(-\delta_{11})$로 나눈 것이다. 여기서 δ_{11}은 기본계에서 $X_1=1$이 한 일이다』.

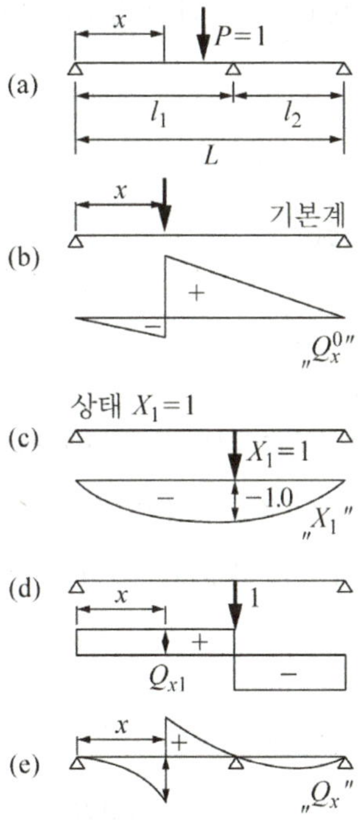

[그림 18.4.3]

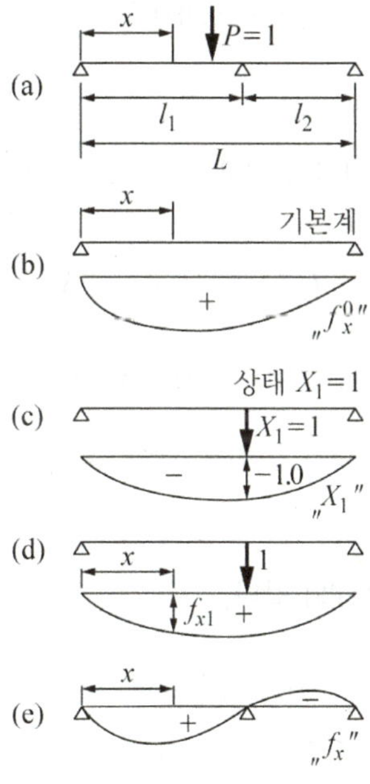

[그림 18.4.4]

(1) 휨모멘트 영향선

점 x의 휨모멘트영향선 „ M_x ″ 는 다음 식으로 구한다.

$$„ M_x ″ = „ M_x^{\circ} ″ + M_{x1} \cdot „ X_1 ″ \tag{18.4.5}$$

여기서 „ M_x° ″ 는 기본계의 점 x의 모멘트 영향선으로 [그림 18.4.2(b)]에 나타내었고,

M_{x1}은 [그림 18.4.2(d)]와 같이 $X_1 = 1$에 의한 모멘트도의 점 x의 값이며, „ X_1 ″ 은 [그림 18.4.2(c)]와 같은 부정정 반력 X_1의 영향선이다. [그림 18.4.2(e)]에 나타낸 것이 점 x의 휨모멘트영향선 „ M_x ″ 이다.

(2) 전단력영향선

점 x의 전단력 영향선 „ Q_x ″ 는 다음 식으로 구한다.

$$„\ Q_x\ ″ = „\ Q_x{}^{\circ}\ ″ + Q_{x1}„\ X_1\ ″ \tag{18.4.6}$$

여기서, „ $Q_x{}^{\circ}$ ″ 는 기본계의 점 x의 전단력 영향선으로 [그림 18.4.3(b)]에 나타내었고, Q_{x1}은 [그림 18.4.3(d)]와 같이 $X_1 = 1$에 의한 전단력도의 점 x의 값이며, „ X_1 ″ 은 [그림 18.4.3(e)]와 같은 부정정 반력 X_1의 영향선이다. 식 (18.4.6)에 나타낸 점 x의 전단력 영향선 „ Q_x ″ 는 [그림 18.4.3(e)]와 같다.

(3) 수직변위영향성

점 x의 수직변위 영향선 „ f_x ″ 는 다음 식으로 구한다.

$$„\ f_x\ ″ = „\ f_x{}^{\circ}\ ″ + f_{x1} \cdot „\ X_1\ ″ \tag{18.4.7}$$

여기서, „ $f_x{}^{\circ}$ ″ 는 기본계의 점 x의 수직변위 영향선으로 [그림 18.4.4(b)]에 나타내었고, f_{x1}은 [그림 18.4.4(d)]와 같이 $X_1 = 1$의한 수직변위도의 점x의 값이며, „ X_1 ″ 은 [그림 18.4.4(c)]와 같은 부정정반력 X_1의 영향선이다. 식 (18.4.7)의 점 x의 수직변위 영향선„ f_x ″ [그림 18.4.4(e)]와 같다.

[2] 중간지점 B의 휨모멘트를 부정정력 X_1으로 선택하는 경우

[그림 18.4.5(a)]는 1차 부정정이다. [그림 18.4.5(b)]와 같이 보의 중간지점B를 힌지로 가정하고 동시에 부정정 휨모멘트 $X_1 = 1$을 작용시킨다. 이때의 보의 휨곡선 δ_{10}은 [그림 18.4.5(c)]와 같이 된다. $Betti$의 상반법칙을 적용하면 다음과 같이 된다.

$$\delta_{11} X_1 = - P\delta_{10} \tag{18.4.8}$$

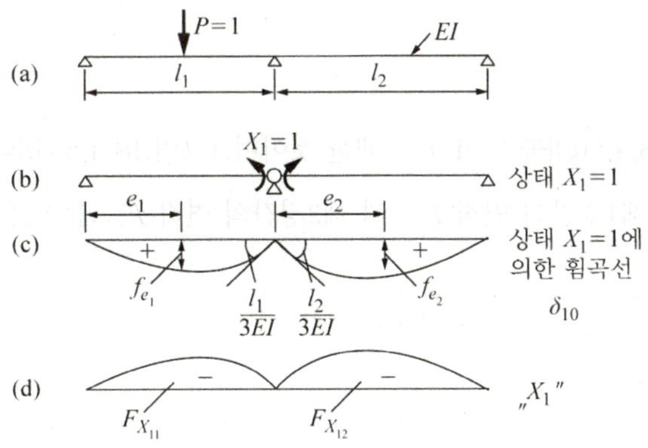

[그림 18.4.5]

여기서 δ_{11}은 $X_1 = 1$이 한 일이다. δ_{10}은 [그림 18.4.5(c)]와 같다.

$$\delta_{11} = \frac{l_1}{3EI} + \frac{l_2}{3EI} = \frac{1}{3EI}(l_1 + l_2)$$

$$f_{e_1} = \frac{l_1^2}{6EI}\left[\left(\frac{e_1}{l_1}\right) - \left(\frac{e_1}{l_1}\right)^3\right] \equiv \frac{l_1^2}{6EI}w_D \tag{18.4.9}$$

$$f_{e_2} = \frac{l_2^2}{6EI}\left[2\left(\frac{e_2}{l_2}\right) - 3\left(\frac{e_2}{l_2}\right)^2 + \left(\frac{e_2}{l_2}\right)^3\right] \equiv \frac{l_2^2}{6EI}w'_D$$

여기서, $w_D = \frac{e_1}{l_1} - \left(\frac{e_1}{l_1}\right)^3$, $w'_D = 2\left(\frac{e_2}{l_2}\right) - 3\left(\frac{e_2}{l_2}\right)^2 + \left(\frac{e_2}{l_2}\right)^3$ ([표 18.4.1]참조).

[표 18.4.1]

$\frac{e}{l}$	$\frac{1}{8}$	$\frac{2}{8}$	$\frac{3}{8}$	$\frac{4}{8}$	$\frac{5}{8}$	$\frac{6}{8}$	$\frac{7}{8}$	$\frac{8}{8}$
w_D	$\frac{63}{512}$	$\frac{120}{512}$	$\frac{165}{512}$	$\frac{192}{512}$	$\frac{195}{512}$	$\frac{168}{512}$	$\frac{105}{512}$	0
w'_D	$\frac{105}{512}$	$\frac{168}{512}$	$\frac{195}{512}$	$\frac{192}{512}$	$\frac{165}{512}$	$\frac{120}{512}$	$\frac{63}{512}$	0

결국 P의 이동의 경우에는 식 (18.4.8)의 δ_{10}에 [그림 18.4.5(c)]의 δ_{10}곡선을 사용한다. δ_{10}곡선을 „ δ_{10} " 로 나타낸다. 이동하중으로 $P=1$을 사용하여 이동할 때 X_1값의 변화를 영향선 „ X_1 " 이라 나타내며 다음과 같은 식이 된다. 식 (18.4.8)에서 $P=1$로 놓으면 X_1의 영향선 „ X_1 " 은 다음과 같이 된다.

$$„ X_1 " = -\frac{1}{\delta_{11}} \cdot „ \delta_{10} " \tag{18.4.10}$$

„ X_1 " 는 [그림 18.4.5(c)]를 $(-1/\delta_{11})$배한 것이며, [그림 18.4.5(d)]와 같이 된다.

[그림 18.4.5(d)]의 제1경간의 면적 F_{x11}과 제2경간의 면적 F_{x12}는 다음과 같다.

$$\begin{aligned} F_{x11} &= -\frac{1}{\delta_{11}}\int_0^{l_1}\frac{l_1^2}{6EI}\left[\left(\frac{e_1}{l_1}\right)-\left(\frac{e_1}{l_1}\right)^3\right]de_1 \\ &= -\frac{1}{\delta_{11}}\cdot\frac{l_1^3}{24EI} \\ &= -\frac{l_1^3}{8(l_1+l_2)} \end{aligned} \tag{18.4.11}$$

$$\begin{aligned} F_{x12} &= -\frac{1}{\delta_{11}}\int_0^{l2}\frac{l_2^2}{6EI}\left[2\left(\frac{e_2}{l_2}\right)-\left(\frac{e_2}{l_2}\right)^2+\left(\frac{e_2}{l_2}\right)^3\right]de_2 \\ &= -\frac{1}{\delta_{11}}\cdot\frac{l_2^3}{24EI} \\ &= -\frac{l_2^3}{8(l_1+l_2)} \end{aligned} \tag{18.4.12}$$

(1) 반력영향선

지점A의 반력영향선 „ R_A " 는 다음 식으로 구한다.

$$\begin{aligned} „ R_A " &= „ R_A{}^\circ " + R_{A1}\cdot „ X_1 " \\ &= „ R_A{}^\circ " + \frac{1}{l_1}\cdot „ X_1 " \end{aligned} \tag{18.4.13}$$

여기서, „ R_{A° " 는 [그림 18.4.6(c)], R_{A1}은 $X_1 = 1$의 상태에 있어서 지점A의 반력, „ X_1 " 은 [그림 18.4.6(d)]이다. 식 (18.4.13)을 계산하면 [그림 18.4.6(d)]와 같이 된다.

[그림 18.4.6(d)]의 제1경간의 면적 F_{RA1}과 제2경간의 면적 F_{RA2}는 다음과 같이 계산된다.

$$\begin{aligned} F_{RA1} &= F_{RA}{}^\circ + \frac{1}{l_1}F_{X11} = \frac{l_1}{2} + \frac{1}{l_1}F_{X11} \\ F_{RA2} &= \frac{1}{l_1}F_{X12} \end{aligned} \tag{18.4.14}$$

지점 B의 반력 영향선 „ R_B " 는 다음 식으로 구한다.

$$„ R_B " = „ R_B{}^{\circ} " - R_{B1}„ X_1 " \tag{18.4.15}$$
$$= „ R_B{}^{\circ} " - \left(\frac{1}{l_1} + \frac{1}{l_2}\right)„ X_1 "$$

여기서 „ R_B^o " 는 [그림 18.4.6(e)], R_{B1}은 $X_1 = 1$의 상태에서의 지점 B의 반력, „ X_1 " 은 [그림 18.4.5(d)]이다.

식 (18.4.15)는 [그림 18.4.6(f)]와 같이 된다.

[그림 18.4.6(f)]의 제1경간의 면적 F_{RB1}과 제2경간의 면적 F_{RB2}는 다음과 같이 계산된다.

$$F_{RB1} = F_{RB1}{}^{\circ} - \left(\frac{1}{l_1} + \frac{1}{l_2}\right)F_{X11} = \frac{l_1}{2} - \left(\frac{1}{l_1} + \frac{1}{l_2}\right)F_{X11} \tag{18.4.16}$$

$$F_{RB2} = F_{RB2}{}^{\circ} - \left(\frac{1}{l_1} + \frac{1}{l_2}\right)F_{X12} = \frac{l_2}{2} - \left(\frac{1}{l_1} + \frac{1}{l_2}\right)F_{X12}$$

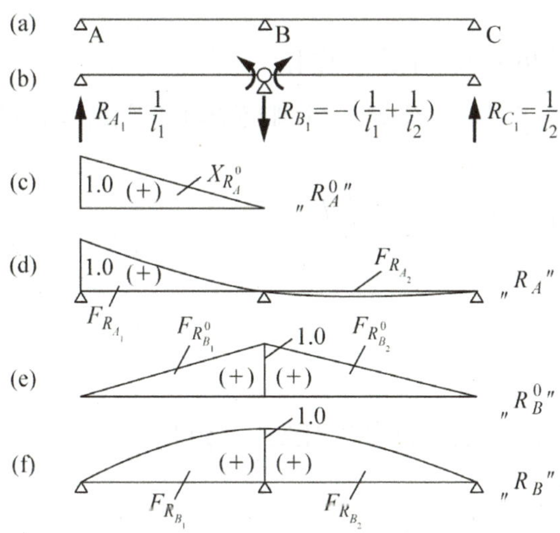

[그림 18.4.6]

(2) 전단력영향선

중간지점 B의 바로 좌측에 있어서 의 전단력영향선„ $_lQ_B$ " 는 다음 식으로 구한다.

$$„ {}_lQ_B " = „ {}_lQ_B{}^{\circ} " + {}_lQ_{B1} \cdot „ X_1 "$$
$$= „ {}_lQ_B{}^{\circ} " + \frac{1}{l_1} \cdot „ X_1 " \tag{18.4.17}$$

여기에서 „ $_lQ_B{}^{\circ}$ " 는 [그림 18.4.7(d)], $_lQ_{B1}$은 $X_1 = 1$의 상태에서의 지점 B의 바로 좌측

의 전단력, „ X_1 ″ 은 [그림 18.4.5(d)]이다.

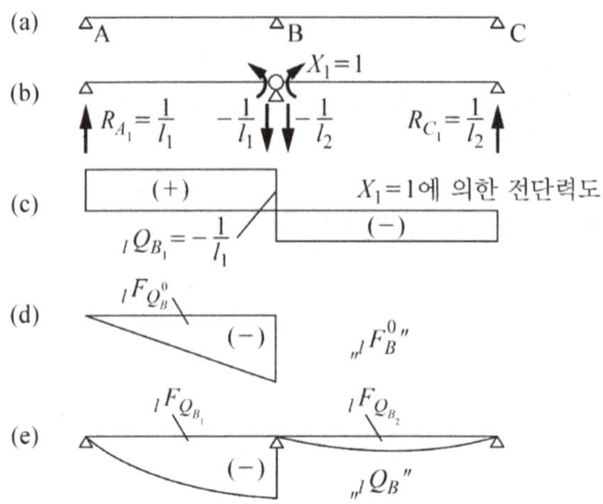

[그림 18.4.7]

식 (18.4.17)은 [그림 18.4.7(e)]와 같이 된다.

[그림 18.4.7(e)]의 제1경간의 면적 $_lF_{QB1}$와 제2경간의 면적 $_lF_{QB2}$는 다음과 같이 계산된다.

$$\begin{aligned} {}_lF_{QB1} &= {}_lF_{QB}{}^{\circ} + \frac{1}{l_1}F_{X11} = -\frac{l_1}{2} + \frac{1}{l_1}F_{X11} \\ {}_lF_{QB2} &= \frac{1}{l_1}F_{X12} \end{aligned} \tag{18.4.18}$$

(3) 휨모멘트영향선

점 x 의 휨모멘트영향선 „ M_x ″ 는 다음 식으로 구한다.

$$„\ M_x\ ″ = „\ M_x{}^{\circ}\ ″ + M_{x1}„\ X_1\ ″ \tag{18.4.19}$$

여기서 „ $M_x{}^{\circ}$ ″ 는 기본계의 점 x의 휨모멘트영향선으로 [그림 18.4.8(d)]로 표시되고, M_{x1}은 [그림 18.4.8(c)]와 같이 $X_1=1$은 [그림 18.4.5(d)]이다. 식 (18.4.19)는 [그림 18.4.8(e)]와 같이 된다.

[그림 18.4.8(e)]의 제1경간의 면적 F_{M1}과 제2경간의 면적 F_{M2}는 다음과 같이 된다.

$$\begin{aligned} F_{M1} &= F_M{}^{\circ} + M_{x1}F_{X11} = \frac{x(l_1-x)}{l_1} + M_{x1}F_{X11} \\ F_{M2} &= M_{x1}F_{X12} \end{aligned} \tag{18.4.20}$$

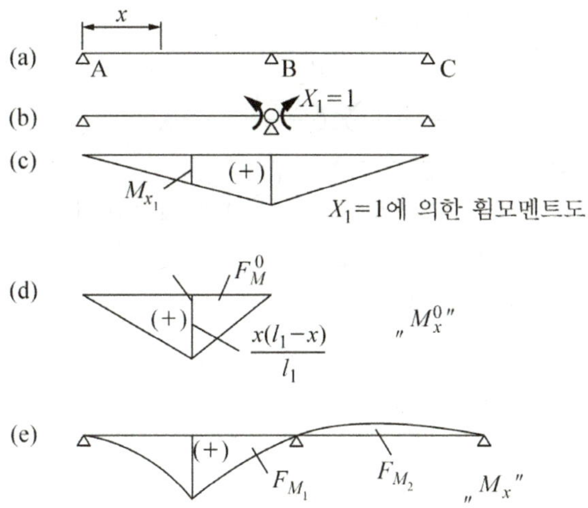

[그림 18.4.8]

(4) 수직변위영향선

점 x의 수직변위 영향선 „ f_x" 는 다음 식으로 구한다.

$$„ f_x" = „ f_x^{\circ}" + f_{x1} „ X_1" \qquad (18.4.21)$$

여기서 „ f_x°" 는 기본계의 점 x의 수직변위 영향선으로 [그림 19.4.9(d)]와 같으며 다음 식으로 나타낸다.

$$f_{xu} = \frac{l_1^{\ 3}}{6EI}\left(\frac{x'}{l_1}\right)\left(\frac{u}{l_1}\right)\left[1-\left(\frac{x'}{l_1}\right)-\left(\frac{u}{l_1}\right)^2\right],\quad 0 \le u \le x \qquad (18.4.22)$$

$$f_{xu} = \frac{\ell_1^3}{6EI}\left(\frac{x}{\ell_1}\right)\left(\frac{u'}{\ell_1}\right)\left[1-\left(\frac{x}{\ell_1}\right)^2-\left(\frac{u'}{\ell_1}\right)^2\right],\quad x \le u' \le \ell_1$$

f_{x_1}은 [그림 18.4.9(c)]와 같이 X_1=1에 의한 수직변위도의 점 x에 있어서의 값이며, „ X_1" 는 [그림 18.4.5(d)]이다. 식 (18.4.21)은 [그림 18.4.9(e)]와 같이 된다.

[그림 18.4.9(e)]의 제 1경간의 면적 F_{f_1}과 제 2경간의 면적 F_{f_2}는 다음과 같이 계산된다.

$$F_{f_1} = F_f^{\circ} + f_{x_{11}} F_{x_{11}} = \int_0^{\ell_1} f_{x_u} dx + f_{x_1} F_{x_{11}} \qquad (18.4.23)$$

$$F_{f_2} = f_{x_1} F_{x_{12}}$$

이상에서 알 수 있는 바와 같이 반력, 전단력, 휨모멘트, 수직변위 영향선의 계산에서 어느 경우든 X_1의 영향선 „ X_1" 은 공통으로 사용 되고 있다.

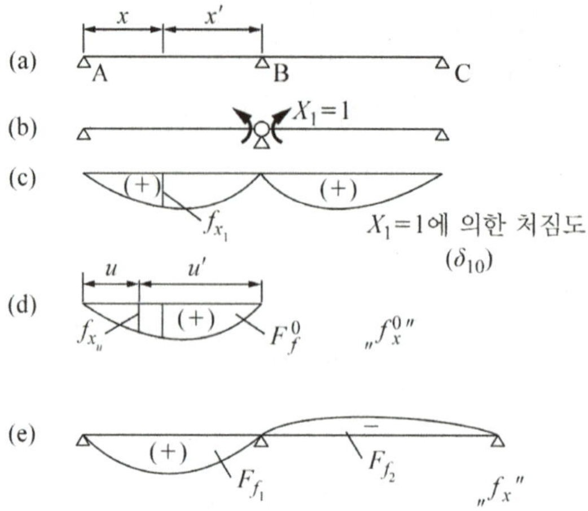

[그림 18.4.9]

(5) 임의의 단면에서 단면력의 영향선

일반적으로 점 x에서 단면력의 영향선은 다음과 같이 나타 낼 수 있다.

$$„S_x" = „S_x^{\circ}" + S_{x_1} \cdot „X_1" \tag{18.4.24}$$

여기서 „S_x°"는 기본계의 점x의 단면력의 영향선이고, S_{x_1}은 기본계에 $X_1 = 1$에 의한 단면력도의 점x에서 값이다.

18.4.2 2차 부정정구조물의 경우

[1] 중간지점 B, C의 수직반력을 부정정력 X_1, X_2으로 선택하는 경우

[그림 18.4.10(a)]에 나타낸 3경간연속 보를 고려해 보자.

이 보는 2차부정정 이므로 2개의 부정정력을 갖는다. 우선 중간지점 B와 C가 없는 [그림 18.4.10(b)]와 같이 단순보를 기본계로 한다. 그림에 나타낸 바와 같이 2개의 부정정력은 중간지점 B의 수직반력 X_1과 중간지점C의 수직반력 X_2를 선택하였다. [그림 18.4.10(a)]에서 수직력 P=1이 연속보 위를 이동에 따라 부정정 반력 X_1 및 X_2 값은 변화하므로 „X_1"과 „X_2"는 중요하다. *Betti*의 상반정리를 이용해보자. [그림 18.4.10(b)]에 나타낸 X_1, X_2, P가 지간 $(\ell_1 + \ell_2 + \ell_3)$인 단순보 기본계에 작용하는 경우를 고려한다.

이 기본계에 [그림 18.4.10(c)]와 같이 X_1, X_2, P가 작용하는 경우, [그림 18.4.10(d)]에 나타낸 바와 같이 $X_1 = 1$이 작용하는 경우, [그림 18.4.10(e)]에 나타낸 바와 같이 $X_2 = 1$이 작용하는 경우의 3가지종류를 고려해보자. 각 경우의 기본계의 수직변위곡선은 그림에 실선으로 나타내었다. [그림 18.4.10(c)]와 [그림 18.4.10(d)] 및 [그림 18.4.10(c)]와 [그림 18.4.10(e)]에 대해 "*Betti*의 상반정리"를 적용하면, 다음과 같은 2원 1차 연립가상일방정식이 된다.

$$\delta_{11} \cdot X_1 + \delta_{21} \cdot X_2 + P \cdot \delta_{10} = 1 \cdot \Delta_1 \qquad (18.4.25)$$
$$\delta_{12} \cdot X_1 + \delta_{22} \cdot X_2 + P \cdot \delta_{20} = 1 \cdot \Delta_2$$

이식은 X_1과 X_2에 관한 2원 연립가상일방정식으로 상반법칙에 의해 $\delta_{21} = \delta_{12}$가 된다. 식 (18.4.25)의 좌변의 계수행열을 $\begin{vmatrix} \delta_{11} & \delta_{21} \\ \delta_{12} & \delta_{22} \end{vmatrix} = D$로 하여 식을 풀면 다음과 같이 된다.

$$X_1 = \frac{P}{D}\begin{vmatrix} -\delta_{10} & \delta_{21} \\ -\delta_{20} & \delta_{22} \end{vmatrix} = P\left[-\frac{\delta_{22}}{D} \cdot \delta_{10} + \frac{\delta_{21}}{D} \cdot \delta_{20}\right] \qquad (19.4.26)$$
$$X_2 = \frac{P}{D}\begin{vmatrix} \delta_{11} & -\delta_{10} \\ \delta_{12} & -\delta_{20} \end{vmatrix} = P\left[-\frac{\delta_{11}}{D} \cdot \delta_{20} + \frac{\delta_{12}}{D} \cdot \delta_{10}\right]$$

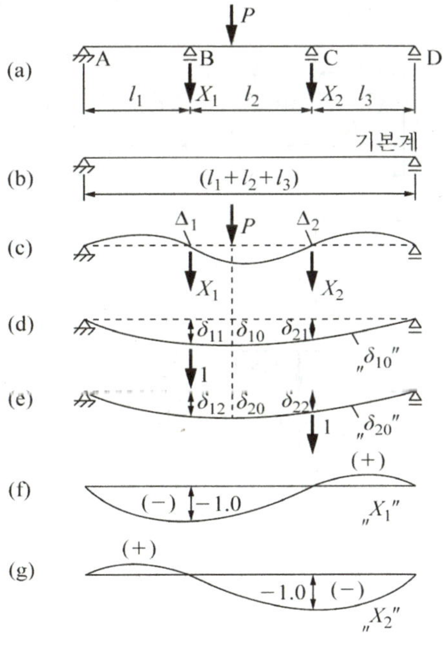

[그림 18.4.10]

식 (18.4.26)에서 P=1이 이동할 때 X_1의 영향선 „ X_1" 및 X_2의 영향선 „ X_2" 는 다음과 같이 된다.

$$„ X_1 " = -\frac{\delta_{22}}{D}„ \ \delta_{10} " + \frac{\delta_{21}}{D}„ \ \delta_{20} "$$

$$„ X_2 " = -\frac{\delta_{11}}{D}„ \ \delta_{20} " + \frac{\delta_{12}}{D}„ \ \delta_{10} " \qquad (18.4.27)$$

여기서 „ δ_{10} " 는 [그림 18.4.10(d)]에 나타낸 기본계의 수직변위곡선, „ δ_{20} " 는 [그림 18.4.10(e)]에 나타낸 기본계의 수직변위곡선이다. 또한, δ_{22}/D, δ_{21}/D, δ_{11}/D, δ_{12}/D는 정수이다.

식 (18.4.27)을 계산해보면 „ X_1 " 는 [그림 18.4.10(f)], „ X_2 " 는 [그림 18.4.10(g)]가 된다. 그리고 „ X_1 " 과 „ X_2 " 의 부호에 대해 알아보면, [그림 18.4.10(f)]의 정(+), 부(−)의 부호의 의미는 다음과 같다. 『P=1이 지간 ℓ_1과 ℓ_2구간을 이동할 때 지점B의 수직반력 X_1은 상향을, P=1이 지간 ℓ_3구간을 이동할 때 지점 B의 수직반력 X_1은 하향으로 작용함을 의미한다』.

(1) 휨모멘트영향선

[그림 18.4.11(a)] 나타낸 3경간 연속보에서 P=1이 이동할 때 점 x의 휨모멘트영향선 „ M_x " 을 구해보자.

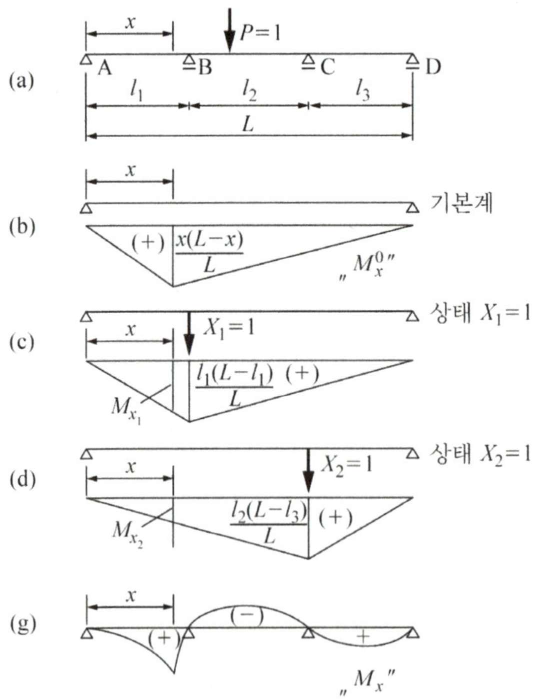

[그림 18.4.11]

[그림 18.4.11(b)]에 나타낸 기본계에 P=1이 이동할 때 점 x에서 휨모멘트 영향선 „ M_x° " 이며, 이 의미는 M_x의 우측상단 0의 기호로 나타내었다. [그림 18.4.11(c)]에 나타낸 M_{x_1}은 기본계에 $X_1=1$에 의한 휨모멘트의 점 x 값이며, [그림 18.4.11(d)]에 나타낸 M_{x_2}는 기본계에 $X_2=1$ 에 의한 휨모멘트의 점 x의 값이다. 그러므로 연속보의 점 x에서 휨모멘트영향선 „ M_x " 는 다음 식으로 구해진다.

$$„M_x" = „M_x^\circ" + M_{x_1} \cdot „X_1" + M_{x_2} \cdot „X_2" \tag{18.4.28}$$

여기서, „ X_1 " 와 „ X_2 " 는 [그림 18.4.10(f)]와 [그림 18.4.10(g)]에 주어진 것과 같다.

식 (18.4.28)은 [그림 18.4.11(b)]에 [그림 18.4.10(f)]를 M_{x_1} 배와 [그림 18.4.10(g)]를 M_{x_2} 배를 더한 값으로 [그림 18.4.11(e)]에 나타내었다.

(2) 전단력영향선

[그림 18.4.12(a)]에 나타낸 연속보에서 P=1이 이동할 때 점 x의 전단력영향선„ Q_x " 을 구해보자.

[그림 18.4.12(b)]는 나타낸 기본계에 P=1이 이동할 때 점x의 전단력 영향선 „ Q_x° " , [그림 18.4.12(c)]의 Q_{x_1}은 기본계에 $X_1=1$이 작용할 때 x점의 전단력, [그림 18.4.12(d)]의 Q_{x_2}는 기본계에 $X_2=1$이 작용할 때 x점의 전단력이다. 그러므로 연속보에서 점x에서 전단력 영향선 „ Q_x " 는 다음 식으로 구해진다.

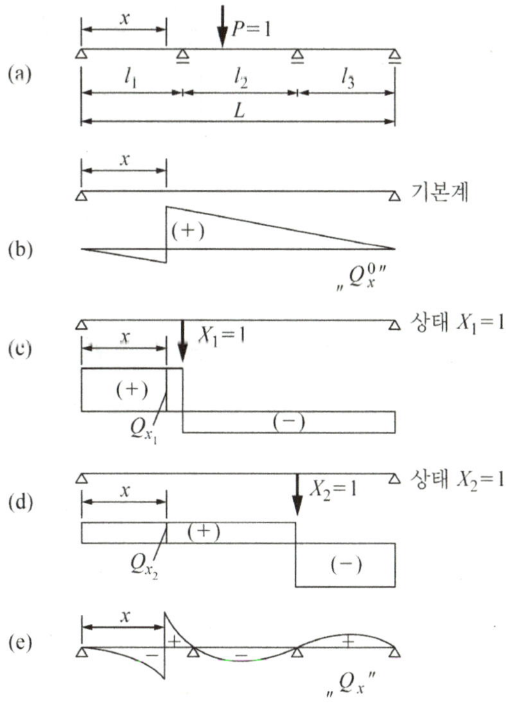

[그림 18.4.12]

$$„\ Q_x\ ''= „\ Q_x{}^{\circ}\ '' + Q_{x_1} \cdot „\ X_1\ '' + Q_{x_2} \cdot „\ X_2\ '' \qquad (18.4.29)$$

여기서 „ X_1 ″ 과 „ X_2 ″ 는 [그림 18.4.10(f)]와 [그림 18.4.10(g)]에 주어진 것과 같다.

(3) 수직변위영향선

[그림 18.4.13(a)]에 나타낸 연속보에서 P=1 이동할 때 점 x의 수직변위영향선 „ f_x ″ 를 구해보자.

[그림 18.4.13(b)]는 기본계에 P=1이 이동할 때 점 x의 수직변위영향선 „ $f_x{}^{\circ}$ ″, [그림 18.4.13(c)]의 f_{x_1}은 기본계에 $X_1 = 1$ 이 작용할 때 점 x의 수직변위 값이고, [그림 18.4.13(d)]의 f_{x_2}는 기본계에 $X_2 = 1$이 작용할 때 점 x의 수직변위 값이다.

점 x에서 수직변위 영향선 „ f_x ″ 는 다음 식으로 구해진다.

$$„\ f_x\ '' = „\ f_x{}^{\circ}\ '' + f_{x_1} \cdot „\ X_1\ '' + f_{x_2} \cdot „\ X_2\ '' \qquad (18.4.30)$$

여기서 „ X_1 ″ 과 „ X_2 ″ 는 [그림 18.4.10(f)]와 [그림 18.4.10(g)]에 주어진 것과 같다.

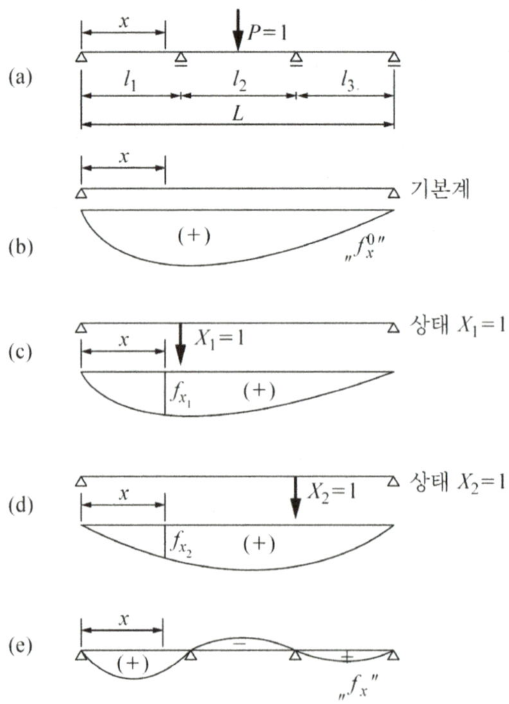

[그림 18.4.13]

[1] 중간지점 B, C의 휨모멘트를 부정정력 X_1, X_2로 선택하는 경우

[그림 18.4.14(a)]에 나타낸 연속보는 2차부정정구조물이다. [그림 18.4.14(b)] 또는 [그림 18.4.14(c)]와 같이 중간지점 B와 C를 힌지로 가정한 것을 기본계로 하고 동시에 부정정 휨모멘트 $X_{(1)}=1$및 $X_{(2)}=1$를 작용시킨다. 여기에서 부정정 휨모멘트 $X_{(1)}=1$은 [그림 18.4.14(b)]와 같이 $X_{1(1)}=1$과 $X_{2(1)}=1$의 2개의 지점 휨모멘트로 이루어지고 그럴 때의 수직변위곡선 δ_{10}은 [그림 18.4.14(c)]와 같다. 또 부정정 모멘트 $X_{(2)}=1$을 [그림 18.4.14(d)]와 같이 $X_{1(2)}=1$과 $X_{2(2)}=1$의 2개의 휨모멘트로 이루어지며 그럴 때의 수직변위곡선 δ_{20}은 [그림 18.4.14(e)]와 같다.

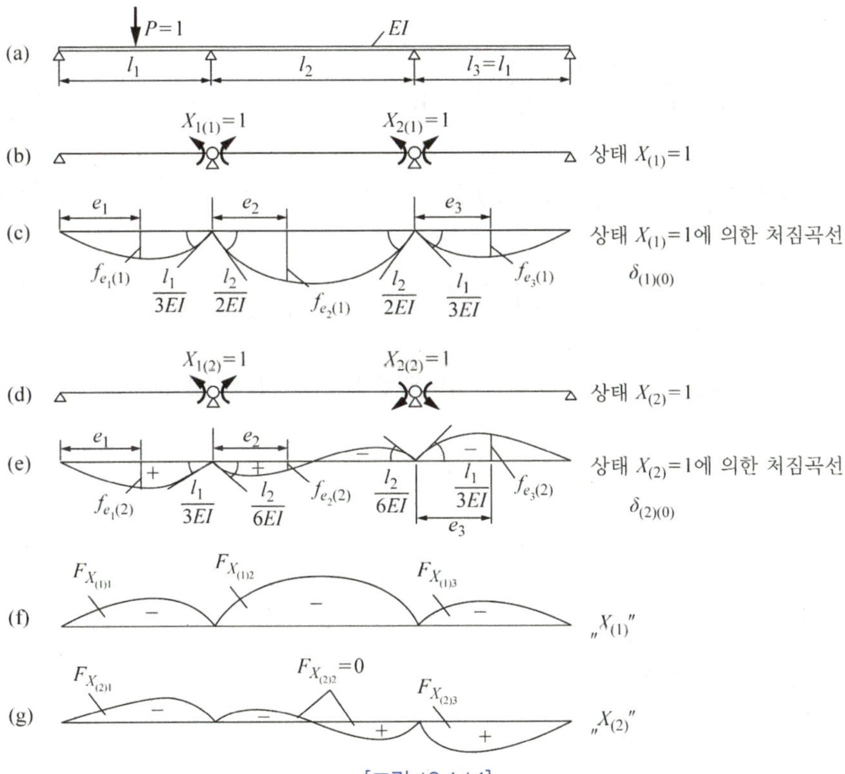

[그림 18.4.14]

여기에서 [그림 18.4.14(b)]와 [그림 18.4.14(d)]를 비교해보면 $X_{2(2)}=1$의 방향이 $X_{2(1)}=1$의 방향과 역방향인 것으로 한다. 2차부정정이므로 다음과 같은 2원 연립가상일방정식이 된다.

$$\delta_{11}X_1+\delta_{12}X_2=-P\delta_{10} \tag{18.4.31}$$

$$\delta_{21}X_1 + \delta_{22}X_2 = -P\delta_{20}$$

여기에서 δ_{11}은 $X_{(1)} = 1$이 하는 가상일이고 δ_{22}는 $X_{(2)} = 1$이 하는 가상일, δ_{12} 또는 δ_{21}은 $X_{(1)} = 1$과 $X_{(2)} = 1$과의 사이에서 하는 가상일이다.

또, δ_{10}은 [그림 18.4.14(c)], δ_{20}은 [그림 18.4.14(e)]와 같다. 즉,

$$\delta_{11} = \left(\frac{l_1}{3EI} + \frac{l_2}{2EI}\right) \times 2 \tag{18.4.32}$$

$$\delta_{22} = \left(\frac{l_1}{3EI} + \frac{l_2}{6EI}\right) \times 2 \tag{18.4.33}$$

$$\delta_{12} = \delta_{21} = 0 \tag{18.4.34}$$

$$f_{e1(1)} = f_{e1(2)} = \frac{{l_1}^2}{6EI}\left[\left(\frac{e_1}{l_1}\right) - \left(\frac{e_1}{l_1}\right)^3\right] \equiv \frac{{l_1}^2}{6EI} w_D \tag{18.4.35}$$

$$f_{e2(1)} = \frac{{l_2}^2}{6EI}\left[3\left(\frac{e_2}{l_2}\right) - 3\left(\frac{e_2}{l_2}\right)^2\right] \equiv \frac{{l_2}^2}{6EI}(w_D + w'_D) \tag{18.4.36}$$

$$f_{e2(2)} = \frac{{l_2}^2}{6EI}\left[\left(\frac{e_2}{l_2}\right) - 3\left(\frac{e_2}{l_2}\right)^2\right] \equiv \frac{{l_2}^2}{6EI}(w'_D - w_D) \tag{18.4.37}$$

여기서 ω_D, ω'_D, $\omega_D + \omega'_D$, $\omega'_D - \omega_D$의 값은 [표 18.4.1] 및 [표 18.4.2]에 나타낸 바와 같다.

[표 18.4.2]

$\frac{e}{l}$	$\frac{1}{8}$	$\frac{2}{8}$	$\frac{3}{8}$	$\frac{4}{8}$	$\frac{5}{8}$	$\frac{6}{8}$	$\frac{7}{8}$
$w_D + w'_D$	$\frac{168}{512}$	$\frac{288}{512}$	$\frac{360}{512}$	$\frac{384}{512}$	$\frac{360}{512}$	$\frac{288}{512}$	$\frac{168}{512}$
$w'_D - w_D$	$\frac{42}{512}$	$\frac{48}{512}$	$\frac{30}{512}$	0	$-\frac{30}{512}$	$-\frac{48}{512}$	$-\frac{42}{512}$

식 (18.4.31)에서 $P = 1$로 놓으면 X_1 및 X_2의 영향선 „ X_1" 및 „ X_2"는 $\delta_{12} = \delta_{21} = 0$이므로 다음과 같이 된다.

$$„X_1" = -\frac{\delta_{10}}{\delta_{11}}, \qquad „X_2" = -\frac{\delta_{20}}{\delta_{22}} \tag{18.4.38}$$

이것은 [그림 18.4.14(f), (g)]와 같다. 즉 [그림 18.4.14(f)]는 [그림 18.4.14(c)]를 $(-1/\delta_{11})$배 한 것이 되고, [그림 18.4.14(g)]는 [그림 18.4.14(e)]를 $(-1/\delta_{22})$배한 것이 된다.

[그림 18.4.14(f)의 제1경간의 면적 $F_{X(1)1}$와 제2경간의 면적 $F_{X(1)2}$, 그리고 제3경간의 면적 $F_{X(1)3}$은 다음과 같다.

$$\begin{aligned} F_{X(1)1} &= -\frac{1}{\delta_{11}}\int_o^{l_1}\frac{{l_1}^2}{6EI}\left[\left(\frac{e_1}{l_1}\right)-\left(\frac{e_1}{l_1}\right)^3\right]de_1 \\ &= -\frac{1}{\delta_{11}}\cdot\frac{{l_1}^3}{24EI} = \frac{{l_1}^3}{8(2l_1+3l_2)} \end{aligned} \tag{18.4.39}$$

$$\begin{aligned} F_{X(1)2} &= -\frac{1}{\delta_{11}}\int_o^{l_2}\frac{{l_2}^2}{6EI}\left[3\left(\frac{e_2}{l_2}\right)-3\left(\frac{e_2}{l_2}\right)^2\right]de_2 \\ &= -\frac{1}{\delta_{11}}\cdot\frac{{l_2}^3}{12EI} =-\frac{{l_2}^3}{4(2l_1+3l_2)} \end{aligned} \tag{18.4.40}$$

$$F_{X(1)3} = F_{X(1)1} =-\frac{1}{\delta_{11}}\cdot\frac{{l_1}^3}{24EI} = \frac{{l_1}^3}{8(2l_1+3l_2)} \tag{18.4.41}$$

[그림 18.4.14(g)]의 제1경간의 면적 $F_{X(2)1}$, 제2경간의 면적 $F_{X(2)2}$, 제3경간의 면적 $F_{X(2)3}$은 다음과 같다.

$$F_{X(2)1} = -\frac{1}{\delta_{22}}\frac{{l_1}^3}{24EI} = -\frac{{l_1}^3}{8(2l_1+l_2)} \tag{18.4.42}$$

$$F_{X(2)2} = 0 \tag{18.4.43}$$

$$F_{X(2)3} = -F_{X(2)1} = +\frac{1}{\delta_{22}}\cdot\frac{{l_1}^3}{24EI} = +\frac{{l_1}^3}{8(2l_1+l_2)} \tag{18.4.44}$$

(1) 반력영향선

(a) 지점 A의 반력 영향선 „ R_A ″

$$\begin{aligned} „\ R_A{}'' &= „\ R_A{}^{\circ}{}'' + R_{A(1)}\cdot „\ X_1{}'' + R_{A(2)}\cdot „\ X_2{}'' \\ &= „\ R_A{}^{\circ}{}'' + \frac{1}{l_1}\cdot „\ X_1{}'' + \frac{1}{l_1}\cdot „\ X_2{}'' \end{aligned} \tag{18.4.45}$$

여기서 „ $R_A{}^{\circ}$ ″ 는 [그림 18.4.15(d)], $R_{A(1)}$은 $X_1=1$ 상태에서의 지점 A의 반력, $R_{A(2)}$는 $X_2=1$ 상태에서의 지점 A의 반력, „ X_1 ″ 은 [그림 18.4.14(f)], „ X_2 ″ 는 [그림 18.4.14(g)]이다. 식 (18.4.45)는 [그림 18.4.15(e)]와 같이 된다.

[그림 18.4.15(e)]의 제1, 제2, 제3경간의 면적은 다음과 같다.

$$\begin{aligned} F_{RA1} &= F_{RA^\circ} + \frac{1}{l_1}F_{X(1)1} + \frac{1}{l_1}F_{X(2)1} \\ &= \frac{l_1}{2} + \frac{1}{l_1}F_{X(1)1} + \frac{1}{l_1}F_{X(2)1} \end{aligned} \tag{18.4.46}$$

$$F_{RA2} = \frac{1}{l_1}F_{X(1)2} + \frac{1}{l_1}F_{X(2)2} \tag{18.4.47}$$

$$F_{RA3} = \frac{1}{l_1}F_{X(1)3} + \frac{1}{l_1}F_{X(2)3} \tag{18.4.48}$$

(b) 지점B의 반력영향선 „ R_B″

$$\begin{aligned} „\ R_B'' &= „\ R_B{}^\circ{}'' + R_{B(1)} \cdot „\ X_1'' + R_{B(2)} \cdot „\ X_2'' \\ &= „\ R_B{}^\circ{}'' - \frac{1}{l_1} \cdot „\ X_1'' - \left(\frac{1}{l_1} + \frac{2}{l_2}\right) \cdot „\ X_2'' \end{aligned} \tag{18.4.49}$$

여기서, „ $R_B{}^\circ$ ″ 는 [그림 18.4.15(f)], $R_{B(1)}$은 $X_1 = 1$ 상태에서의 지점B의 반력, $R_{B(2)}$는 $X_2 = 1$ 상태에서의 지점B의 반력, „ X_1″ 은 [그림 18.4.14(f)], „ X_2″ 는 [그림 18.4.14(g)]이다.

식 (18.4.49)은 [그림 18.4.15(g)]와 같이 된다.

[그림 18.4.15(g)]의 제1, 제2, 제3경간의 면적은 다음과 같다.

$$\begin{aligned} F_{RB1} &= F_{RB1^\circ} - \frac{1}{l_1}F_{X(1)1} - \left(\frac{1}{l_1} + \frac{2}{l_2}\right)F_{X(2)1} \\ &= \frac{l_1}{2} - \frac{1}{l_1}F_{X(1)1} - \left(\frac{1}{l_1} + \frac{2}{l_2}\right)F_{X(2)1} \end{aligned} \tag{18.4.50}$$

$$\begin{aligned} F_{RB2} &= F_{RB2^\circ} - \frac{1}{l_1}F_{X(1)2} - \left(\frac{1}{l_1} + \frac{2}{l_2}\right)F_{X(2)2} \\ &= \frac{l_2}{2} - \frac{1}{l_1}F_{X(1)2} - \left(\frac{1}{l_1} + \frac{2}{l_2}\right)F_{X(2)2} \end{aligned} \tag{18.4.51}$$

$$F_{RB3} = -\frac{1}{l_1}F_{X(1)3} - \left(\frac{1}{l_1} + \frac{2}{l_2}\right)F_{X(2)3} \tag{18.4.52}$$

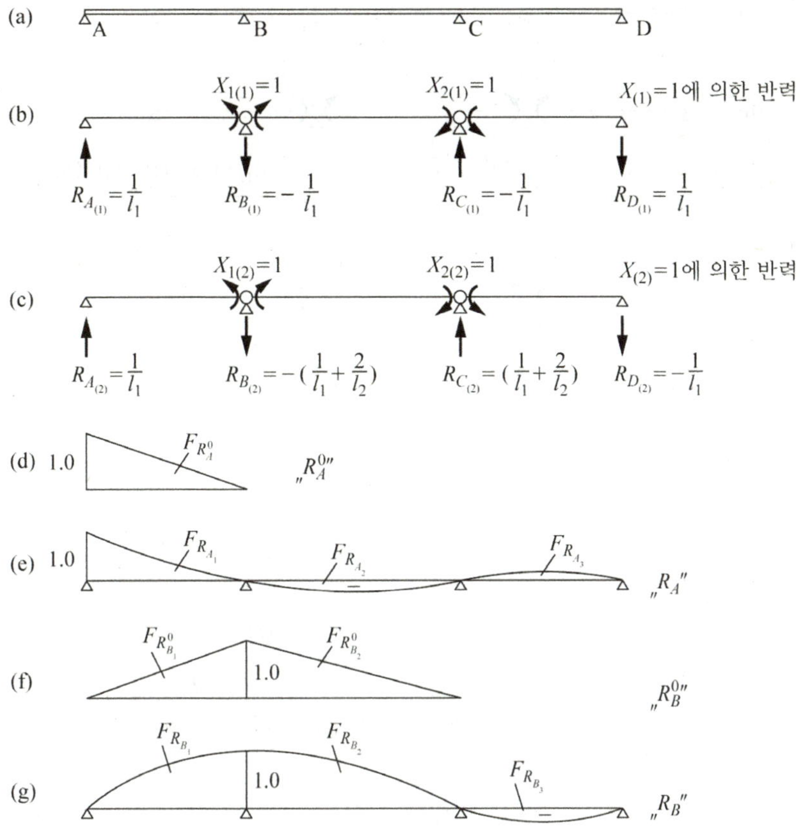

[그림 18.4.15]

(2) 전단력영향선

(a) 지점B의 바로 좌측에서의 전단력영향선 $„\ {}_lQ_B"$

$$
\begin{aligned}
„\ {}_lQ_B" &= „\ {}_lQ_B^{\circ}" + {}_lQ_{B(1)}\cdot „\ X_1" + {}_lQ_{B(2)}\cdot „\ X_2" \\
&= „\ {}_lQ_B^{\circ}" + \frac{1}{l_1}\cdot „\ X_1" + \frac{1}{l_1}\cdot „\ X_2"
\end{aligned}
\tag{18.4.53}
$$

여기서 $„\ {}_lQ_B^{\circ}"$ 는 [그림 18.4.16(f)], ${}_lQ_{B(1)}$은 $X_1=1$ 상태에서의 지점 B의 바로 좌측의 전단력, ${}_lQ_{B(2)}$는 $X_2=1$ 상태에서의 지점 B의 바로 좌측의 전단력, $„\ X_1"$ 은 [그림 18.4.14(f)], $„\ X_2"$ 는 [그림 18.4.14(g)]이다.

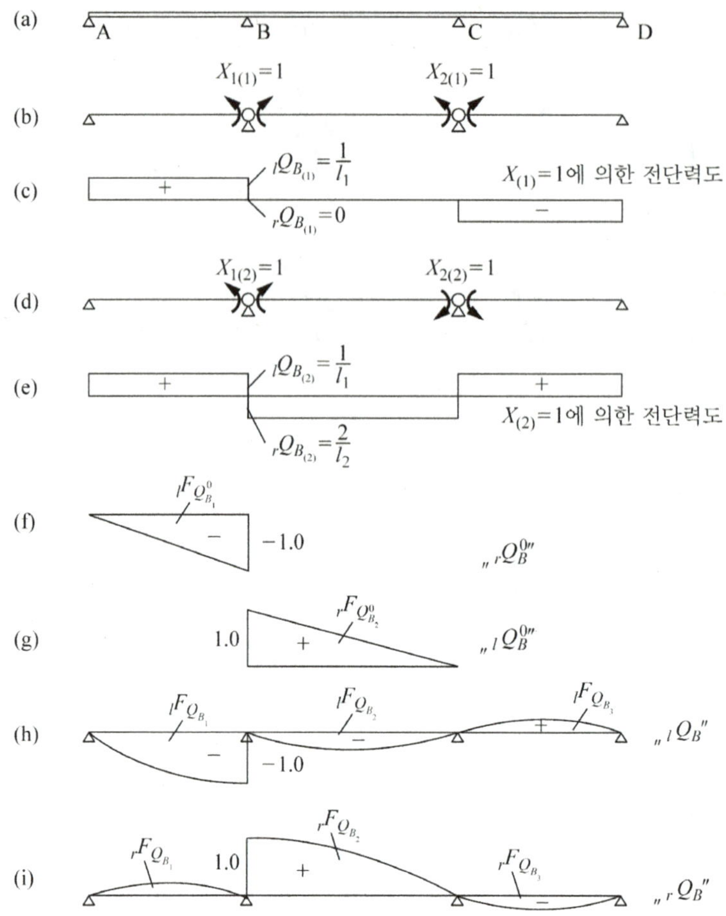

[그림 18.4.16]

식 (18.4.53)은 [그림 18.4.16(h)]와 같이 된다.

[그림 18.4.16(h)]의 제1, 제2, 제3경간의 면적은 다음과 같다.

$$_\ell F_{QB1} = {}_\ell F^{\circ}_{QB1} + \frac{1}{\ell_1}F_{X(1)1} + \frac{1}{\ell_1}F_{X(2)2} \tag{18.4.54}$$

$$=-\frac{\ell_1}{2} + \frac{1}{\ell_1}F_{X(1)1} + \frac{1}{\ell_1}F_{X(2)2}$$

$$_\ell F_{QB2} = \frac{1}{\ell_1}F_{X(1)2} + \frac{1}{\ell_1}F_{X(2)2} \tag{18.4.55}$$

$$_\ell F_{QB3} = \frac{1}{\ell_1}F_{X(1)3} + \frac{1}{\ell_1}F_{X(2)3} \tag{18.4.56}$$

(b) 지점 B의 바로 우측에서의 전단력 영향선 $_{''}\ {}_rQ_B{}''$

$$\begin{aligned} {}_{''}\ {}_rQ_B{}'' &= {}_{''}\ {}_rQ_B^{\circ}{}'' + {}_rQ_{B(1)} \cdot {}_{''}\ X_1{}'' + {}_rQ_{B(2)} \cdot {}_{''}\ X_2{}'' \\ &= {}_{''}\ {}_rQ_B^{\circ}{}'' + 0 - \frac{2}{\ell_2} \cdot {}_{''}\ X_2{}'' \\ &= {}_{''}\ {}_rQ_B^{\circ}{}'' - \frac{2}{\ell_2} \cdot {}_{''}\ X_2{}'' \end{aligned} \tag{18.4.57}$$

여기서 $_{''}\ {}_rQ_B^{\circ}{}''$ 는 [그림 18.4.16(g)], $_rQ_{B(1)}$은 $X_1 = 1$상태에서의 지점 B바로 우측의 전단력, $_rQ_{B(2)}$는 $X_2 = 1$상태에서의 지점 B 바로 우측의 전단력, $_{''}\ X_1{}''$ 은 [그림 18.4.14(f)], $_{''}\ X_2{}''$ 는 [그림 18.4.14(g)]이다.

식 (18.4.57)은 [그림 18.4.16(i)]와 같다.

[그림 18.4.16(i)]의 제1, 제2, 제3경간의 면적은 다음과 같다.

$${}_rF_{QB1} = -\frac{2}{\ell_2}F_{X(2)1} \tag{18.4.58}$$

$${}_rF_{QB2} = {}_rF_{QB2}^{\circ} - \frac{2}{\ell_2}F_{X(2)2} = \frac{\ell_2}{2} - \frac{2}{\ell_2}F_{X(2)2} \tag{18.4.59}$$

$${}_rF_{QB3} = -\frac{2}{\ell_2}F_{X(2)3} \tag{18.4.60}$$

(3) 휨모멘트영향선

점 x의 휨모멘트영향선 $_{''}\ M_x{}''$ 는 다음 식으로 구한다.

$${}_{''}\ M_x{}'' = {}_{''}\ M_x^{\circ}{}'' + M_{x(1)} \cdot {}_{''}\ X_1{}'' + M_{x(2)} \cdot {}_{''}\ X_2{}'' \tag{18.4.61}$$

여기서 $_{''}\ M_x^{\circ}{}''$ 는 기본계의 점 x의 휨모멘트영향선으로 [그림 18.4.17(f)]가 된다. 그리고 $M_{x(1)}$은 $X_1 = 1$인 상태의 휨모멘트도([그림 18.4.17(c)])의 점 x에서의 값, $M_{x(2)}$는 $X_2 = 1$인 상태의 휨모멘트도([그림 18.4.17(e)])의 점 x에서의 값이다. 그리고$_{''}\ X_1{}''$ 은 [그림 18.4.14(f)], $_{''}\ X_2{}''$ 는 [그림 18.4.14(g)]이다.

식 (18.4.61)은 [그림 18.4.17(g)]와 같이 된다.

[그림 18.4.17(g)]의 제1, 제2, 제3경간의 면적은 다음과 같다.

$$F_{M1} = M_{x(1)}F_{X(1)1} + M_{X(2)}F_{X(2)1} \tag{18.4.62}$$

$$\begin{aligned} F_{M2} &= F_M^{\circ} + M_{x(1)}F_{x(1)2} + M_{x(2)}F_{X(2)2} \\ &= \frac{x(\ell_2 - x)}{2} + M_{x(1)}F_{X(1)2} + M_{x(2)}F_{X(2)2} \end{aligned} \tag{18.4.63}$$

$$F_{M3} = M_{x(1)}F_{X(1)3} + M_{x(2)}F_{X(2)3} \text{ (18.4.64)}$$

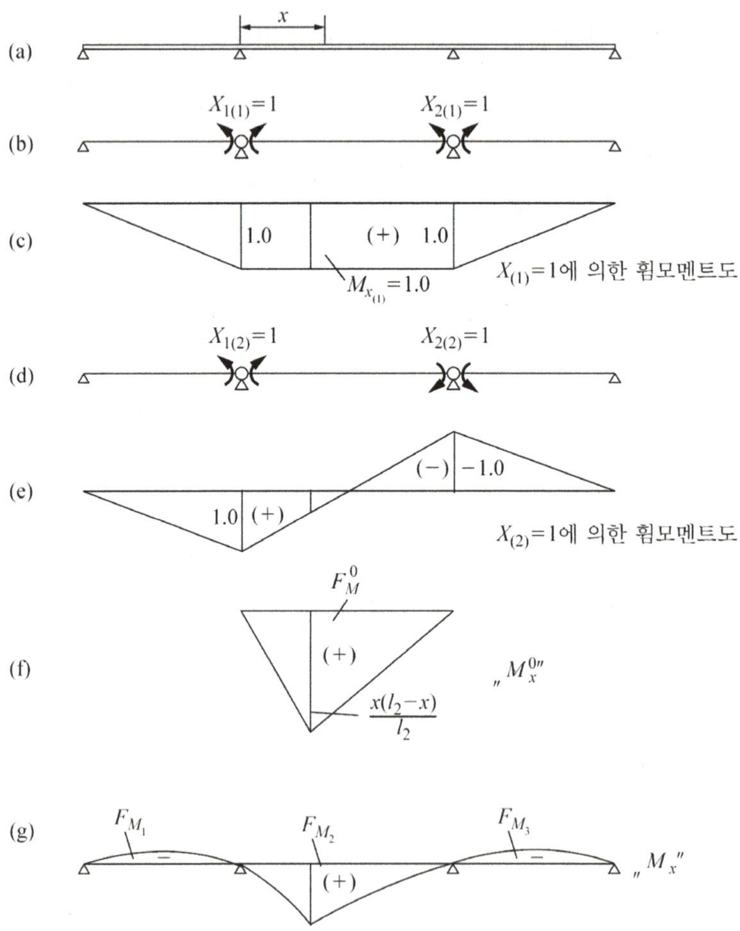

[그림 18.4.17]

(4) 수직변위영향선

점 x의 수직변위 영향선 „ f_x" 는 다음 식으로 구한다.

$$„ f_x" = „ f_x^{\circ} + f_{x(1)} \cdot „ X_1" + f_{x(2)} \cdot „ X_2" \tag{18.4.65}$$

여기서 „ f_x° " 는 기본계의 점 x의 수직변위 영향선으로 [그림 18.4.18(f)]와 같다. $f_{x(1)}$은 $X_1 = 1$상태의 수직변위도 ([그림 18.4.18(c)])의 점x의 값, $f_{x(2)}$는 $X_2 = 1$ 상태의 수직변위도 ([그림 18.4.18(e)])의 점 x의 값이다. 그리고 „ X_1 " 은 [그림 18.4.14(f)], „ X_2 " 는 [그림 18.4.14(g)]이다.

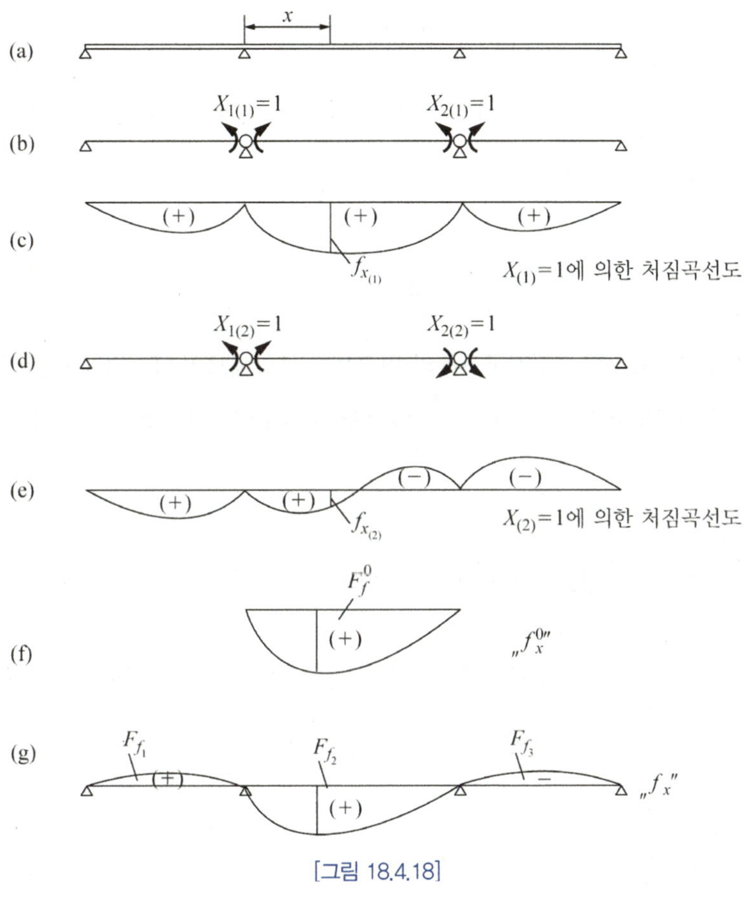

[그림 18.4.18]

식 (18.4.65)는 [그림 18.4.18(g)]와 같이 된다.

[그림 18.4.18(g)]의 제1, 제2, 제3경간의 면적은 다음과 같다.

$$F_{f1} = f_{x(1)}F_{X(1)1} + f_{x(2)}F_{X(2)1} \tag{18.4.66}$$

$$F_{f2} = F_f^{\circ} + f_{x(1)}F_{X(1)2} + f_{x(1)}F_{X(2)2} \tag{18.4.67}$$

$$F_{f3} = f_{x(1)}F_{X(1)3} + f_{x(2)}F_{X(2)3} \tag{18.4.68}$$

이상에서 알 수 있는 바와 같이 반력, 전단력, 휨모멘트, 수직변위에 대한 영향선의 계산에서 어느 경우든 X_1의 영향선 „ X_1″ 과 X_2의 영향선 „ X_2″ 을 공통으로 사용되고 있다.

(5) 임의의 점 x에서 단면력의 영향선

일반적으로 점 x에서 단면력의 영향선 „ S_x″ 는 다음과 같이 나타낼 수 있다.

$$„ S_x ″ = „ S_x^\circ ″ + S_{x1} \cdot „ X_1 ″ + S_{x2} \cdot „ X_2 ″ \tag{18.4.69}$$

여기서 „ S_x°″ 는 기본계의 점 x의 단면력의 영향선이고, S_{x1}과 S_{x2}는 기본계에 $X_1 = 1$과 $X_2 = 1$에 의한 각각 단면력에서 점x에서 값이다.

18.4.3 n차 부정정구조물의 영향선

지금까지 다룬 1차와 2차 부정정구조물의 연속보를 종합해보면 다음과 같다.

연속보의 n차 부정정구조물이더라도 점 x에서 단면력의 영향선 „ S_x″ 는 다음 식으로 나타낼 수 있다.

$$„ S_x ″ = „ S_x{}^\circ ″ + \sum_{i=1}^{n} S_{xi} \cdot „ X_i ″ \tag{18.4.70}$$

여기서 „ $S_x{}^\circ$″ 는 기본계의 점 x의 단면력의 영향선이고, S_{xi}는 기본계에서 $X_i = 1$에 의한 단면력에서 점 x에서 값이고, „ X_i″ 는 X_i의 영향선이다.

18.5 영향선의 작도

18.5.1 2경간 연속교 : Müller-Breslau의 원리

[그림 18.5.1(a)]에 나타낸 2경간 연속교에서 중간지점 ①의 부정정반력을 $X_1 = R_1$이라하고 임의의 하중재하상태에서 지점 ①에서 수직변위 δ_1을 $0(zero)$으로 하는 적합조건을 취하면 다음과 같은 1차방정식이 성립한다.

$$\delta_1 = 0, \quad P \cdot (\delta_1)_o - R_1 \cdot \delta_{11} = 0 \tag{18.5.1}$$

[1] 부정정반력 R_1의 영향선 „ R_1"

$P = 1$이 주형 위를 이동할 때 부정정반력 R_1의 영향선 „ R_1" 는 다음과 같이 된다.

$$„\ R_1\text{''} = \frac{1}{\delta_{11}} \cdot „\ (\delta_1)_o\text{''} \tag{18.5.2}$$

$$„\ R_1\text{''} = \frac{1}{\delta_{11}} \cdot „\ \delta_{1m}\text{''} = \frac{1}{\delta_{11}} \cdot „\ \delta_{m1}\text{''}$$

이 R_1의 영향선 „ R_1" 은 [그림 18.5.1(c)]의 처짐곡선과는 다르다.

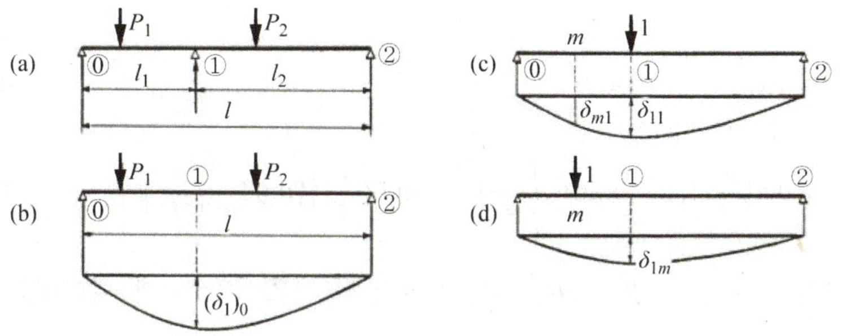

[그림 18.5.1]

예제를 이용하여 영향선의 형태를 구해보자. 먼저 [그림 18.5.2]에 나타낸 바와 같이 $\ell_1 = 0.6\ell$, $\ell_2 = 0.4\ell$으로 10등분하였다.

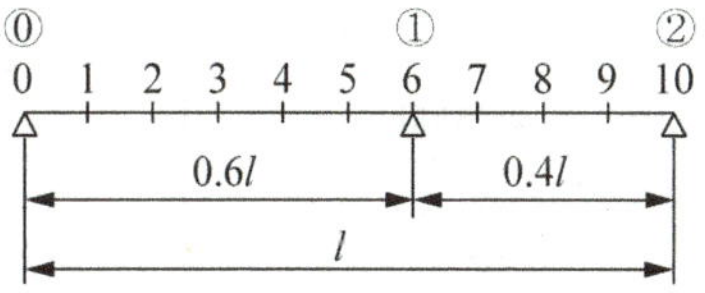

[그림 18.5.2]

1차계산은 [그림 18.5.2]에 나타낸 바와 같이 전체 지간장을 등단면으로 하여 처짐산은 다음 식을 이용하였다.

$$x \le a,\quad y = \frac{Pl^3}{6EI}\left(\frac{b}{\ell}\right)\left(\frac{x}{\ell}\right)\{1 - \left(\frac{b}{\ell}\right)^2 - \left(\frac{x}{\ell}\right)^2\} \tag{18.5.3}$$

$$x' \le b,\quad y' = \frac{Pl^3}{6EI}\left(\frac{a}{\ell}\right)\left(\frac{x'}{\ell}\right)\left\{1 - \left(\frac{a}{\ell}\right)^2 - \left(\frac{x'}{\ell}\right)^2\right\}$$

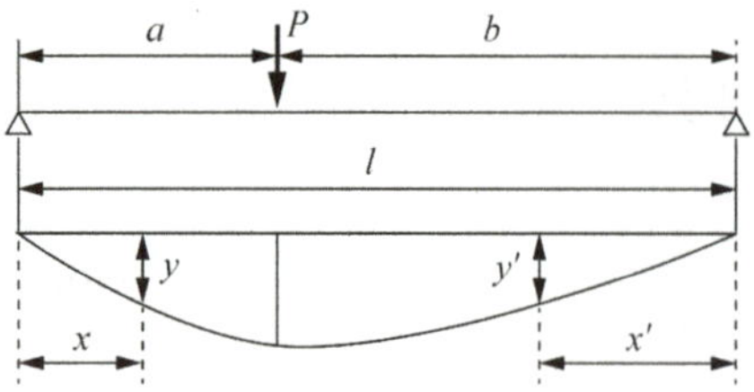

[그림 18.5.3] 기본계

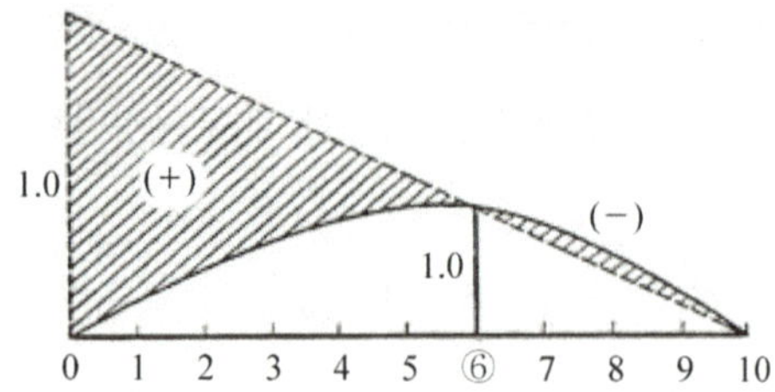

[그림 18.5.4] R_1의 영향선 „ R_1 ″

[그림 18.5.2]에 나타낸 2경간연속보의 부정정반력 R_1의 영향선 „ R_1 ″ 을 구하기 위해서는 $a/l = 0.6$, $b/l = 0.4$으로 10등분하여 기본계([그림 18.5.1(d)])의 „ δ_{m1} ″ 을 구해야 한다.

$$\delta_{m1} = \begin{cases} y = 0.4\left(\frac{x}{\ell}\right)\left\{1-0.16-\left(\frac{x}{\ell}\right)^2\right\} = 0.4\left(\frac{x}{\ell}\right)\left\{0.84-(\frac{x}{\ell})^2\right\}, & \frac{x}{\ell} \le 0.6 \\ y' = 0.6\left(\frac{x'}{\ell}\right)\left\{1-0.36-\left(\frac{x'}{\ell}\right)^2\right\} = 0.6\left(\frac{x'}{\ell}\right)\left\{0.64-\left(\frac{x'}{\ell}\right)^2\right\}, & \frac{x'}{\ell} \le 0.4 \end{cases}$$

이 기본계의 „ δ_{m1} ″ 및 „ R_1 ″ 의 계산결과를 [표 18.5.1]에 나타내었고, 여기서 $\delta_{11} = 0.1152$로 하였다. 부정정반력 R_1의 영향선 „ R_1 ″ 은 [그림 18.5.4]에 나타내었다.

[표 18.5.1]

반력 R_1의 영향선 „ R_1 ″		
절점	δ_{m1}	„ R_1 ″ $= \frac{1}{\delta_{11}} \cdot$ „ δ_{m1} ″
0	0.0000	0.0000
1	0.0332	0.2882
2	0.0640	0.5555
3	0.0900	0.7812
4	0.1088	0.9444
5	0.1180	1.0243
⑥	(0.1152)	1.0000
7	0.0990	0.8594
8	0;0720	0.6250
9	0.0378	0.3281
10	0.0000	0.0000

[2] 0점의 반력영향선 〃 R_o ″

[그림 18.5.4]에서 점선과 사선으로 나타낸 부분은 0점의 반력영향선 〃 R_o ″ 이다.

$$〃 R_o ″ = 〃 (R_o)_o ″ - 0.4 \cdot 〃 R_1 ″ \tag{18.5.4}$$

여기서 〃 $(R_o)_o$ ″ 는 기본계의 절점 0의 반력영향선이고, −0.4는 기본계의 반력영향선에서 ⑥점의 값(0.4)의 역방향의 값이다.

이 반력영향선 〃 R_o ″ 의 계산과정을 [표 18.5.2]에 나타내었고, 그 영향선은 [그림 18.5.5(b)]에 나타내었다.

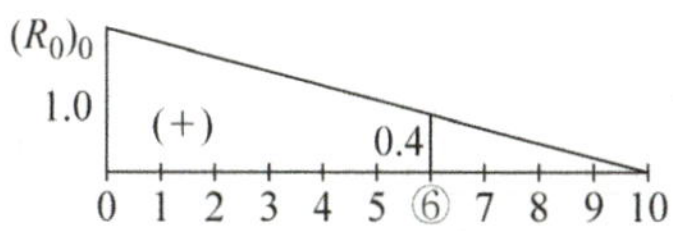

(a) 기본계의 P=1에 의한 0점의 반력$(R_o)_o$ 영향선

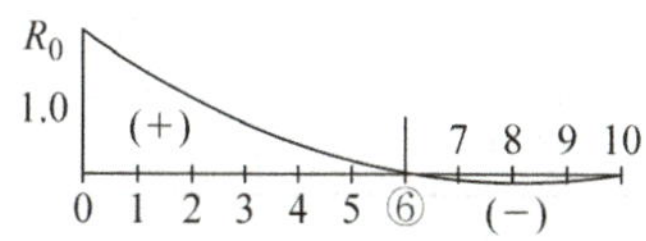

(b) 0점의 반력 영향선 R_o

[그림 18.5.5]

[표 18.5.2]

0점의 반력영향선 〃 R_o ″ = 〃 $(R_o)_o$ ″ − 0.4 · 〃 R_1 ″		
〃 $(R_0)_0$ ″	−0.4 · 〃 R_1 ″	〃 R_0 ″
1.0	0.0000	1.0000
0.9	−0.1153	0.7847
0.8	−0.2222	0.5778
0.7	−0.3125	0.3875
0.6	−0.3778	0.2222
0.5	−0.4097	0.0903
(0.4)	−0.4000	0.0000
0.3	−0.3438	-0.0438
0.2	−0.2500	-0.0500
0.1	−0.1312	-0.0312
0.0	0.0000	0.0000

[3] 절점 3의 전단력영향선 „ S_3 ″

$$„\ S_3\ ″ = „\ (S_3)_o\ ″ - 0.4 \cdot „\ R_1\ ″ \tag{18.5.5}$$

여기서 „ $(S_3)_o$ ″ 는 기본계의 절점 3의 반력영향선이고, (-0.4)는 기본계의 전단력영향선에서 절점 ⑥의 값(0.4)의 역방향의 값이다. 절점 3의 전단력영향선 „ S_3 ″ 는 그 계산과정은 [표 18.5.3]에 나타내었고, 영향선은 [그림 18.5.6(b)]에 나타내었다.

[표 18.5.3] „ S_3 ″ = „ $(S_3)_o$ ″ $-0.4 \cdot$ „ R_1 ″

절점	„ $(S_3)_o$ ″	$-0.4 \cdot$ „ R_1 ″	„ S_3 ″
0⓪	0	0.0000	0.0000
1	-0.1	-0.1153	-0.2153
2	-0.2	-0.2222	-0.4222
$3l$	-0.3	-0.3125	-0.6125
$3r$	+0.7	-0.3125	+0.3875
4	0.6	-0.3778	+0.2202
5	0.5	-0.4097	+0.0903
6①	(0.4)	-0.4000	0.0000
7	0.3	-0.3438	-0.0438
8	0.2	-0.2500	-0.0250
9	0.1	-0.1312	-0.0312
10②	0.0	0.0000	0.0000

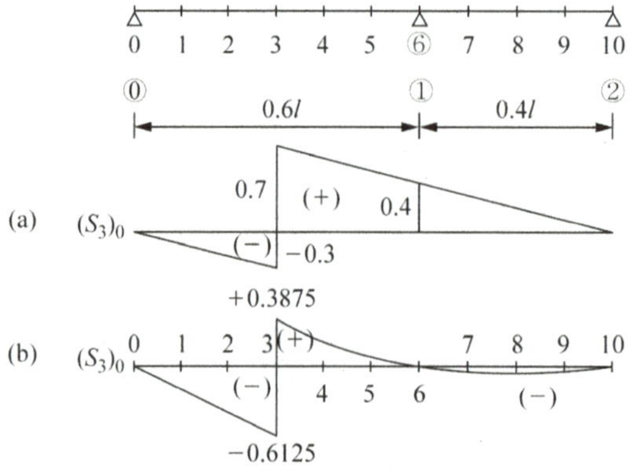

[그림 18.5.6] 절점 3의 전단력영향선 „ S_3 ″

[4] 중간지점의 전단력영향선 „ $_lS_6$ ″, „ $_rS_6$ ″

(1) 중간지점 좌측의 전단력영향선

$$„ {}_lS_6 ″ = „ (S_6)_o ″ - 0.4 \cdot „ R_1 ″ \quad (18.5.6)$$

여기서 „ $(S_6)_o$ ″ 는 기본계의 절점 6의 전단력영향선이고, (− 0.4)는 기본계의 전단력영향선에서 절점 ⑥의 우측 값(0.4)의 역방향의 값이다. 중간지점 ⑥의 좌측의 전단력영향선 „ $_lS_6$ ″ 는 그 계산과정은 [표 18.5.4]에 나타내었고, 영향선은 [그림 18.5.7(b)]에 나타내었다.

[표 18.5.4] „ $_lS_6$ ″ = „ $(S_6)_o$ ″ −0.4 · „ R_1 ″

절점	„ $(S_6)_o$ ″	$-0.4 \cdot$ „ R_1 ″	„ $_lS_6$ ″
0	0.0	0.0000	0.0000
1	-0.1	-0.1153	-0.2153
2	-0.2	-0.2222	-0.4222
3	-0.3	-0.3125	-0.6125
4	-0.4	-0.3778	-0.7778
5	-0.5	-0.4079	-0.9097
6*l*	-0.6	-0.4000	-1.0000
6*r*	(0.4)	-0.4000	0.0000
7	0.3	-0.3438	-0.0438
8	0.2	-0.2500	-0.0500
9	0.1	-0.1312	-0.0312
10	0.0	0.0000	0.0000

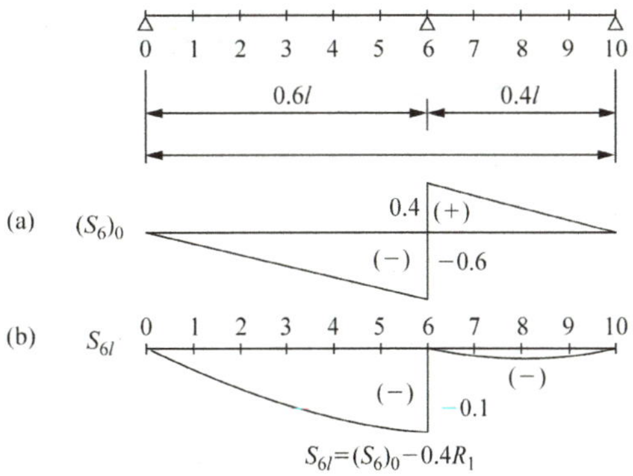

[그림 18.5.7] 중간지점의 좌측의 전단력영향선
„ $_lS_6$ ″ = „ $(S_6)_o$ ″ −0.4 · „ R_1 ″

(1) 중간지점 우측의 전단력영향선

$$„\ {}_{r}S_{6}\ " = „\ (S_{6})_{o}\ " + 0.6 \cdot „\ R_{1}\ " \tag{18.5.7}$$

여기서 „ $(S_6)_o$ " 는 기본계의 절점 6의 전단력영향선이고, (+0.6)는 기본계의 전단력영향선에서 절점 ⑥의 좌측 값(−0.6)의 역방향의 값이다. 중간지점 ⑥의 우측의 전단력영향선 „ ${}_{l}S_6$ " 는 그 계산과정은 [표 18.5.5]에 나타내었고, 영향선은 [그림 18.5.8(b)]에 나타내었다.

[표 18.5.5] „ ${}_{r}S_6$ " = „ $(S_6)_o$ " + 0.6 · „ R_1 "

절점	„ $(S_6)_o$ "	+0.6 · „ R_1 "	„ ${}_{r}S_6$ "
0	0.0	0.0000	0.0000
1	−0.1	0.1729	0.0729
2	−0.2	0.3338	0.1333
3	−0.3	0.4688	0.1688
4	−0.4	0.5666	0.1666
5	−0.5	0.6146	0.1146
$6l$	(−0.6)	0.6000	0.0000
$6r$	0.4	0.6000	1.0000
7	0.3	0.5156	0.8156
8	0.2	0.3750	0.5750
9	0.1	0.1969	0.2969
10	0.0	0.0000	0.0000

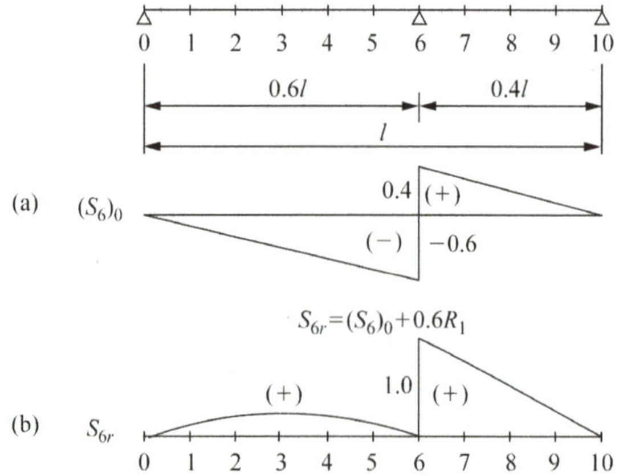

[그림 19.5.8] 중간지점의 우측의 전단력영향선
„ ${}_{r}S_6$ " = „ $(S_6)_o$ " + 0.6 · „ R_1 "

[5] 휨모멘트영향선

(1) 절점 3의 휨모멘트영향선

$$"M_3/l" = "(M_3/l)_o" - 0.12 \cdot "R_1" \qquad (18.5.8)$$

여기서 $"(M_3/l)_o"$는 기본계의 절점 3에서 휨모멘트영향선이다.

$"M_3/l"$의 영향선에서 절점 3에서 종거 M_3는 다음과 같이 된다.

$$M_3/l = 0.1163 \quad \Rightarrow \quad \therefore\ M_3 = 0.1163\, l = (0.1163/0.6) l_1 = 0.194 \cdot l_1$$

[표 18.5.6] $"M_3/l" = "(M_3/l)_0" - 0.12 \cdot "R_1"$

절점	$"\left(\frac{M_3}{l}\right)_0"$	$-0.12"R_1"$	$"\frac{M_3}{l}"$
0	0.00	0.0000	0.0000
1	0.07	-0.0346	0.0354
2	0.14	-0.0667	0.0733
3	0.21	-0.0937	0.1163
4	0.18	-0.1133	0.0667
5	0.15	-0.1229	0.0271
6	(0.12)	-0.1200	0.0000
7	0.09	-0.1031	-0.0131
8	0.06	-0.0750	-0.0150
9	0.03	-0.0394	-0.0094
10	0.00	0.0000	0.0000

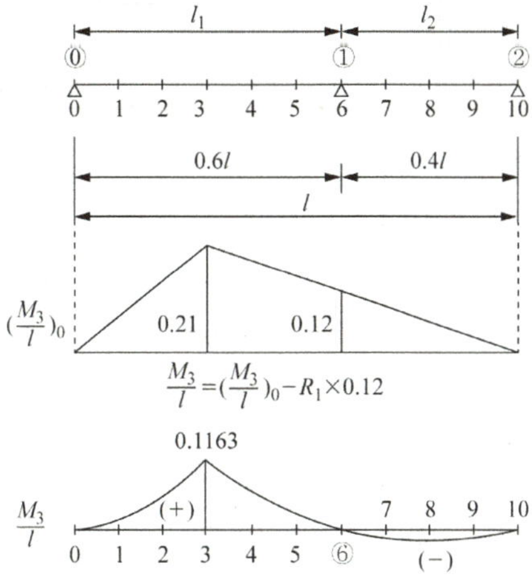

[그림 18.5.9] 절점 3의 휨모멘트영향선
$"M_3/l" = "(M_3/l)_o" - 0.12 \cdot "R_1"$

(1) 절점 6의 휨모멘트영향선

$$"M_6/l" = "(M_6/l)"_o - 0.24 \cdot "R_1" \tag{18.5.9}$$

$"M_6/l"$의 영향선에서 절점 6에서 종거 M_6는 다음과 같이 된다.

$$M_6/l = -0.0675 \Rightarrow \therefore M_6 = -0.0675\,l = -(0.0675/0.6)l_1 = -0.1125\,l_1$$

[표 18.5.7] $"M_6/l" = "(M_6/l)"_o - 0.24 \cdot "R_1"$

절점	$"\left(\frac{M_6}{l}\right)_o"$	$-0.24 \cdot "R_1"$	$"\frac{M_6}{l}"$
0⓪	0.00	0.0000	0.0000
1	0.04	-0.0692	-0.0292
2	0.08	-0.1333	-0.0533
3	0.12	-0.1875	-0.0675
4	0.16	-0.2266	-0.0666
5	0.20	-0.2458	-0.0458
6①	(0.24)	-0.2400	0.0000
7	0.18	-0.2063	-0.0263
8	0.12	-0.1500	-0.0300
9	0.06	-0.0784	-0.0184
10②	0.00	0.0000	0.0000

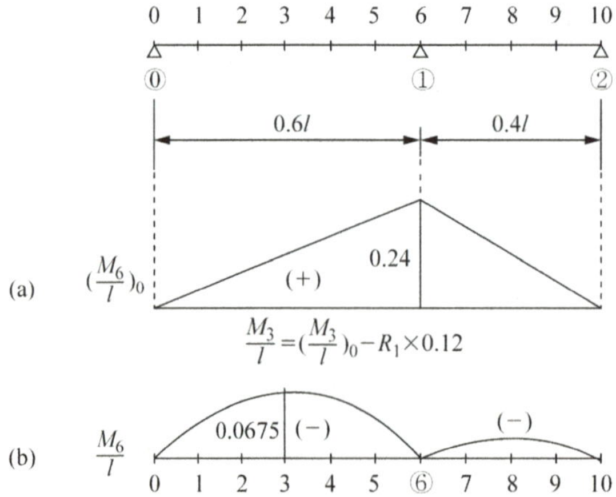

[그림 18.5.10] 절점 6의 휨모멘트영향선
$"M_6/l" = "(M_6/l)"_o - 0.24 \cdot "R_1"$

[6] 등분포하중이 만재된 경우의 단면력

영향선을 이용하여 연속보의 단면력을 구해보자. [그림 18.5.11]에 나타낸 전체지간이 l인 연속보의 중앙지점인 절점 ①의 지점반력 R_1을 부정정력으로 하고, 정정기본계의 절점 ①의 처짐을 $(\delta_1)_o$으로 하면 적합조건으로부터 다음과 같은 관계가 성립한다.

$$\delta_1 = (\delta_1)_o - R_1 \cdot \delta_{11} = 0$$

$$\therefore R_1 = \frac{(\delta_1)_o}{\delta_{11}} \tag{18.5.10}$$

여기서 $(\delta_1)_o$의 계산에는 다음과 같은 처짐식을 사용한다.

$$y = \frac{wl^4}{24EI}\left\{\left(\frac{x}{l}\right) - 2\left(\frac{x}{l}\right)^3 + \left(\frac{x}{l}\right)^4\right\} \tag{18.5.11}$$

$$\therefore y = (\delta_1)_0 = \frac{wl^4}{24EI}(0.6 - 2\times 0.6^3 + 0.6^4) = \frac{wl^4}{24EI}\times 0.2976$$

$$\delta_{11} = \frac{l^3}{6EI}\times 0.1152$$

$$R_1 = \frac{wl}{4}\times\frac{0.2976}{0.1152} = 0.64583wl$$

부정정력인 R_1의 값으로 각 절점의 단면력을 구한 것은 [표 18.5.8]과 같고, [그림 18.5.11]에 단면력을 나타내었다.

$$M_2 = \ 0.0283wl^2 = \ 0.0283\left(\frac{1}{0.6}\right)^2 wl_1^2 = \ 0.0786wl_1^2$$

$$M_6 = -0.0350wl^2 = -0.0350\left(\frac{1}{0.6}\right)^? wl_1^2 = -0.0970wl^2$$

$$M_9 = \ 0.0063wl^2 = \ 0.0063\left(\frac{1}{0.4}\right)^2 wl_2^2 = \ 0.0394wl_2^2$$

$$S_0 = \ 0.2417wl = \ 0.2417\times\left(\frac{1}{0.6}\right)wl_1 = 0.4028wl_1$$

$${}_lS_6 = -0.3583wl = -0.5972wl_1$$

[표 18.5.8] 단면력

절점	M	S
0	0.0000	0.2417wl
1	0.0192wl^2	
2	0.0283wl^2	
3	0.0275wl^2	
4	0.0167wl^2	
5	-0.0042wl^2	
6	-0.0350wl^2	$\frac{-0.3583wl}{+0.2875wl}$
7	-0.0113wl^2	
8	0.0025wl^2	
9	0.0063wl^2	
10	0.0000	-0.1125wl

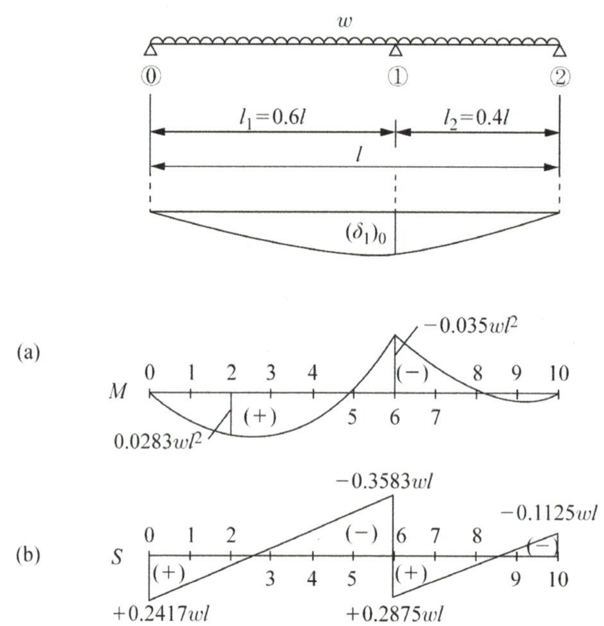

[그림 18.5.11] 단면력도

18.5.2 3경간 연속교 : Müller-Breslau의원리

[그림 18.5.12(a)]에 나타낸 3경간연속 보를 고려해 보자.

이 보는 2차부정정 이므로 2개의 부정정력을 갖는다. 우선 중간지점 B와 C가 없는 [그림 18.5.11(b)]와 같이 단순보를 기본계로 한다. 그림에 나타낸 바와 같이 2개의 부정정력은 중간지점 B의 수직반력 $X_1 = R_1$과 중간지점C의 수직반력 $X_2 = R_2$를 선택하였다.

[그림 18.5.12]에 나타낸 바와 같이 $l_1 = l_3 = 0.3l$, $l_2 = 0.4l$인 경우에 영향선을 구해보자. 여기서 δ_{1m}은 식 (18.5.3)을 이용한다.

$x \le a$,

$$\delta_{1m} = y = \frac{Pl^3}{6EI}\left(\frac{b}{\ell}\right)\left(\frac{x}{\ell}\right)\left\{1-\left(\frac{b}{\ell}\right)^2-\left(\frac{x}{\ell}\right)^2\right\}$$

$x' \le b$,

$$\delta_{1m} = y' = \frac{Pl^3}{6EI}\left(\frac{a}{\ell}\right)\left(\frac{x'}{\ell}\right)\left\{1-\left(\frac{a}{\ell}\right)^2-\left(\frac{x'}{\ell}\right)^2\right\}$$

$a/l = 0.3$, $b/l = 0.7$

$$\frac{x}{l} \leqq 0.3\ ,\ y = (0.7)\left(\frac{x}{l}\right)\left\{1-0.49-\left(\frac{x}{l}\right)^2\right\} = 0.7\left(\frac{x}{l}\right)\left\{0.51-\left(\frac{x}{l}\right)^2\right\}$$

$$\frac{x'}{l} \leqq 0.7\ ,\ y' = (0.3)\left(\frac{x'}{l}\right)\left\{1-0.09-\left(\frac{x'}{l}\right)^2\right\} = 0.3\left(\frac{x'}{l}\right)\left\{0.91-\left(\frac{x'}{l}\right)^2\right\}$$

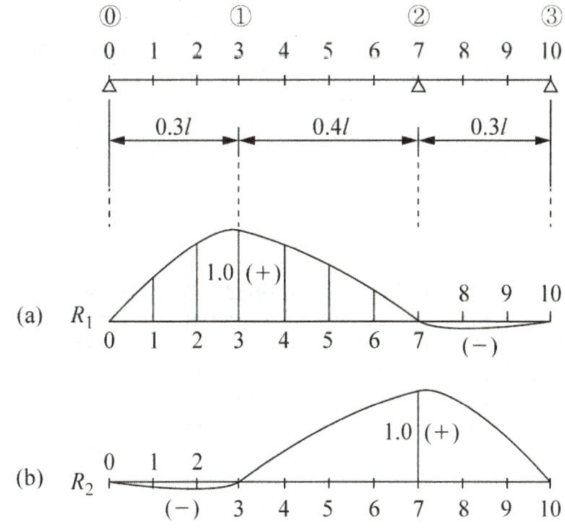

[그림 18.5.12] 3경간 연속교

[1] 반력영향선

지간의 전체길이 l을 10등분하여 δ_{1m}을 구한다. δ_{2m}은 δ_{1m}과 역대칭이므로 계산할 필요는 없다. 식 (18.4.26)을 이용하여 R_1을 구하는 과정을 [표 18.5.9]에 나타내었다. 이식은 R_1과 R_2에 관한 2원 연립가상일방정식으로 상반법칙에 의해 $\delta_{21} = \delta_{12}$가 된다. 식 (18.4.25)의 좌변의 계수행열을 $\begin{vmatrix} \delta_{11} & \delta_{21} \\ \delta_{12} & \delta_{22} \end{vmatrix} = D$로 하여 식을 풀면 다음과 같이 된다.

$$R_1 = \frac{P}{D}\begin{vmatrix} -\delta_{10} & \delta_{21} \\ -\delta_{20} & \delta_{22} \end{vmatrix} = P\left[-\frac{\delta_{22}}{D}\cdot\delta_{10} + \frac{\delta_{21}}{D}\cdot\delta_{20}\right]$$

$$R_2 = \frac{P}{D}\begin{vmatrix} \delta_{11} & -\delta_{10} \\ \delta_{12} & -\delta_{20} \end{vmatrix} = P\left[-\frac{\delta_{11}}{D}\cdot\delta_{20} + \frac{\delta_{12}}{D}\cdot\delta_{10}\right] \quad (18.4.26)$$

절점 ③ $\rightarrow \delta_{1m} = 0.0882\dfrac{l^3}{6EI} = \delta_{11}$

절점 ⑦ $\rightarrow \delta_{1m} = 0.0738\dfrac{l^3}{6EI} = \delta_{12}$

$$\therefore R_1 = \frac{\delta_{11}\delta_{1m} - \delta_{12}\delta_{2m}}{\delta_{11}^{\ 2} - \delta_{12}^{\ 2}} = 37.808642\ \cdot\ \delta_{1m} - 31.635802\ \cdot\ \delta_{2m}$$

R_1와 R_2의 영향선의 계산과정을 [표 18.9]에 나타내었고 [그림 18.5.12(b), (c)]에 나타내었으며 서로 역대칭이다.

[표 18.5.9] $R_1 = 37.808642\ \cdot\ \delta_{1m} - 31.635802\ \cdot\ \delta_{2m}$

지점 절점	$\frac{x}{l}$	$\frac{x'}{l}$	δ_{1m}	δ_{2m}	R_1	R_2
0 ◎ 0	0.0		0.0000	0.0000	0.00000	0.00000
1	0.1		0.0350	0.0270	0.46914	-0.08642
2	0.2		0.0658	0.0552	0.89583	-0.12803
1 ◎ 3	0.3	0.7	0.0882	0.0738	1.00000	0.00000
4		0.6	0.0990	0.0900	0.89583	0.27083
5		0.5	0.0990	0.0990	0.01111	0.61111
6		0.4	0.0900	0.0990	0.27083	0.89583
2 ◎ 7		0.3	0.0738	0.0882	0.00000	1.00000
8		0.2	0.0522	0.0658	-0.10803	0.83640
9		0.1	0.0270	0.0350	-0.08642	0.46914
3 ◎ 10		0.0	0.0000	0.0000	0.00000	0.00000

그리고 R_o 영향선은 다음과 같이 계산된다.

$$_{\prime\prime}R_0{}^{\prime\prime} = {}_{\prime\prime}(R_0)_o^{\prime\prime} - 0.7 \cdot {}_{\prime\prime}R_1{}^{\prime\prime} - 0.3 \cdot {}_{\prime\prime}R_2{}^{\prime\prime}$$

위의 R_o 영향선의 계산과정을 [표 18.5.10]에 나타내었고 영향선은 [그림 18.5.13(b)]에 나타내었다.

[2] 전단력영향선

그리고 전단력 영향선 $_{\prime\prime}S_{1.5}^{\prime\prime}$, $_{\prime\prime}S_{3l}^{\prime\prime}$, $_{\prime\prime}S_{3r}^{\prime\prime}$, $_{\prime\prime}S_5^{\prime\prime}$ 은 다음과 같이 계산된다.

$$_{\prime\prime}S_{1.5}^{\prime\prime} = {}_{\prime\prime}(S_{1.5})_o^{\prime\prime} - 0.7\,{}_{\prime\prime}R_1{}^{\prime\prime} - 0.3\,{}_{\prime\prime}R_2{}^{\prime\prime}$$

$$_{\prime\prime}S_{3l}^{\prime\prime} = {}_{\prime\prime}(S_3)_o^{\prime\prime} - 0.7\,{}_{\prime\prime}R_1{}^{\prime\prime} - 0.3\,{}_{\prime\prime}R_2{}^{\prime\prime}$$

$$_{\prime\prime}S_{3r}^{\prime\prime} = {}_{\prime\prime}(S_3)_o^{\prime\prime} + 0.3\,{}_{\prime\prime}R_1{}^{\prime\prime} - 0.3\,{}_{\prime\prime}R_2{}^{\prime\prime}$$

$$_{\prime\prime}S_5^{\prime\prime} = {}_{\prime\prime}(S_5)_o^{\prime\prime} + 0.3\,{}_{\prime\prime}R_1{}^{\prime\prime} - 0.3\,{}_{\prime\prime}R_2{}^{\prime\prime}$$

위의 영향선은 [그림 18.5.13(c)], [그림 18.5.14(b), (c), (d)]에 나타내었다.

[표 18.5.10] $_{\prime\prime}R_0{}^{\prime\prime} = {}_{\prime\prime}(R_0)_o^{\prime\prime} - 0.7 \cdot {}_{\prime\prime}R_1{}^{\prime\prime} - 0.3 \cdot {}_{\prime\prime}R_2{}^{\prime\prime}$

지점	절점	$(R_0)_0$	$-0.7 \cdot R_1$	$-0.3 \cdot R_2$	R_0
⓪	0	1.0	0.00000	0.00000	1.00000
	1	0.9	−0.32832	0.02593	0.59761
	2	0.8	−0.58549	0.03241	0.24692
①	3	0.7	−0.70000	0.00000	0.00000
	4	0.6	−0.62708	−0.08125	−0.10833
	5	0.5	−0.42778	−0.18333	−0.11111
	6	0.4	−0.18958	−0.26875	−0.05833
②	7	0.3	0.00000	−0.30000	0.00000
	8	0.2	+0.07562	−0.25093	0.02469
	9	0.1	+0.60490	−0.14074	0.01975
③	10	0.0	0.00000	0.00000	0.00000

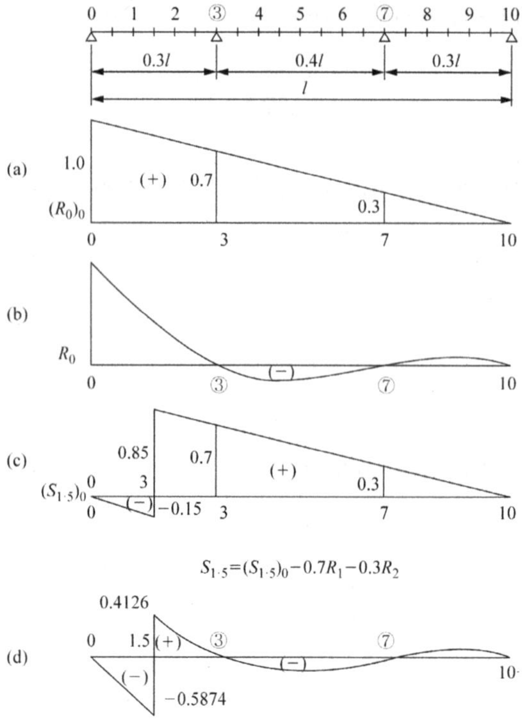

[그림 18.5.13]

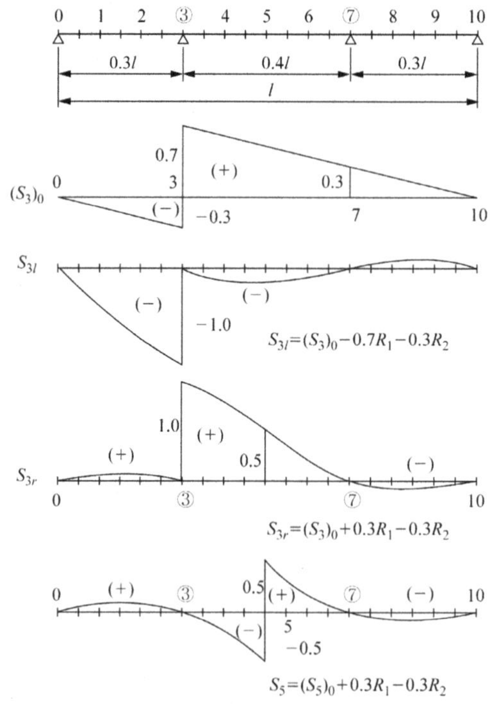

[그림 18.5.14]

[3] 휨모멘트영향선

휨모멘트영향선 $_{''}\dfrac{M_5{}''}{l}$, $_{''}\dfrac{M_3{}''}{l}$, $_{''}\dfrac{M_{1.5}{}''}{l}$ 은 다음과 같이 계산된다.

$$_{''}\frac{M_5{}''}{l} = {}_{''}\left(\frac{M_5}{l}\right)_o'' - 0.15 \cdot {}_{''}R_1{}'' - 0.15 \cdot {}_{''}R_2{}''$$

$$_{''}\frac{M_3{}''}{l} = {}_{''}\left(\frac{M_3}{l}\right)_o'' - 0.21 \cdot {}_{''}R_1{}'' - 0.09 \cdot {}_{''}R_2{}''$$

$$_{''}\frac{M_{1.5}{}''}{l} = {}_{''}\left(\frac{M_{1.5}}{l}\right)_o'' - 0.105 \cdot {}_{''}R_1{}'' - 0.045 \cdot {}_{''}R_2{}''$$

위의 영향선은 [그림 18.5.15(b), (d)], [그림 18.5.16]에 나타내었다.

[그림 18.5.16]의 $_{''}\dfrac{M_{1.5}{}''}{l}$ 영향선에서 단위하중이 점 1.5에 작용할 때 모멘트는 다음과 같다.

$$M_{1.5} = 0.06199\, l = \frac{0.0619}{0.3} l_1 = 0.2063 l_1$$

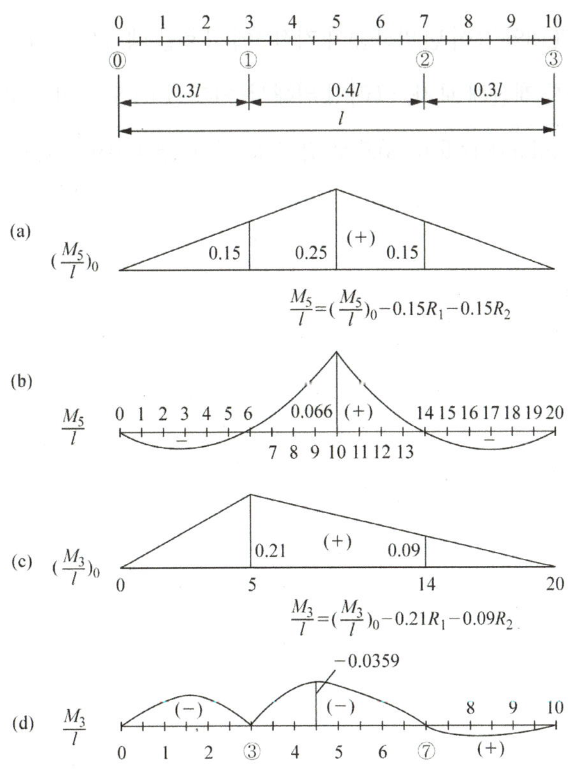

[그림 18.5.15] 휨모멘트영향선

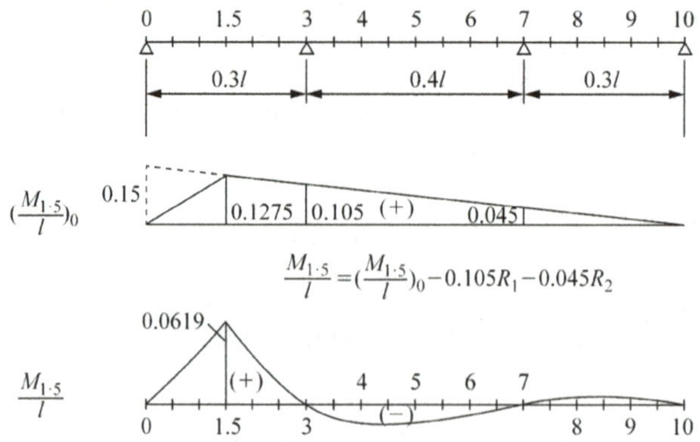

[그림 18.5.16] 휨모멘트영향선

18.5.3 2경간 연속보 : 공액보법

[그림 18.5.17(a)]와 같은 2경간 연속보에서 R_A, R_B, R_C, M_1, M_B, M_4의 영향선을 공액보법으로 구해보기로 한다. 여기서 EI는 일정하다고 본다. 이 보를 8등분하여 3m 간격으로 계산해 보자.

먼저, [그림 18.5.17(a)]와 같이 단위하중이 지점 3에 작용할 때, R_A, R_B, R_C, M_1, M_B, M_4의 영향선의 종거를 계산해 보자. 그러기 위해서는 [그림 18.5.1(a)]의 보의 지점반력을 구해야 한다. R_B를 여력(redundant forces)으로 잡고, [그림 18.5.17(b), (c)]를 참조하면, 다음과 같이 나타낼 수 있다.

$$R_B = \frac{\delta_{B3}}{\delta_{BB}} = \frac{\delta_{3B}}{\delta_{BB}}$$

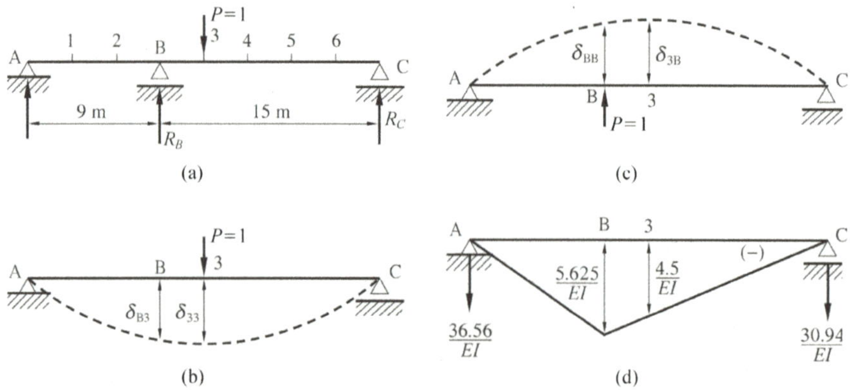

[그림 18.5.17]

[그림 18.5.17(c)]의 보의 공액보는 [그림 19.5.17(d)]와 같이 되므로, 공액보법에 의하여 다음과 같이 계산된다.

$$\delta_{BB} = \left(-\frac{36.56}{EI}\right)\times(9\,\mathrm{m}) + \left[\left(\frac{5.625}{EI}\right)\times(9\,\mathrm{m})\times\frac{1}{2}\right]\times\left(\frac{9}{3}\,\mathrm{m}\right) = -\frac{253.12}{EI}$$

$$\delta_{3B} = \left(-\frac{30.94}{EI}\right)\times(12\,\mathrm{m}) + \left[\frac{4.5}{EI}\times(12\,\mathrm{m})\times\frac{1}{2}\right]\times\left(\frac{12}{3}\,\mathrm{m}\right) = -\frac{263.28}{EI}$$

$$\therefore\ R_B = \frac{\delta_{3B}}{\delta_{BB}} = 1.04(\uparrow)$$

[그림 18.5.17(a)] 경우의 R_B가 구해졌으므로, 이 보의 R_A 및 R_C는 평형조건에 의하여 다음과 같이 된다.

$$\therefore\ R_A = -0.15(\downarrow)$$

$$\therefore\ R_C = 0.11(\uparrow)$$

따라서 [그림 18.5.17(a)]에서

$$M_1 = R_A\times(3\,\mathrm{m}) = (-0.15)\times(3\,\mathrm{m}) = -0.45$$

$$M_B = R_A\times(9\,\mathrm{m}) = (-0.15)\times(9\,\mathrm{m}) = -1.35$$

$$M_4 = R_C\times(9\,\mathrm{m}) = (0.11)\times(9\,\mathrm{m}) = 0.99$$

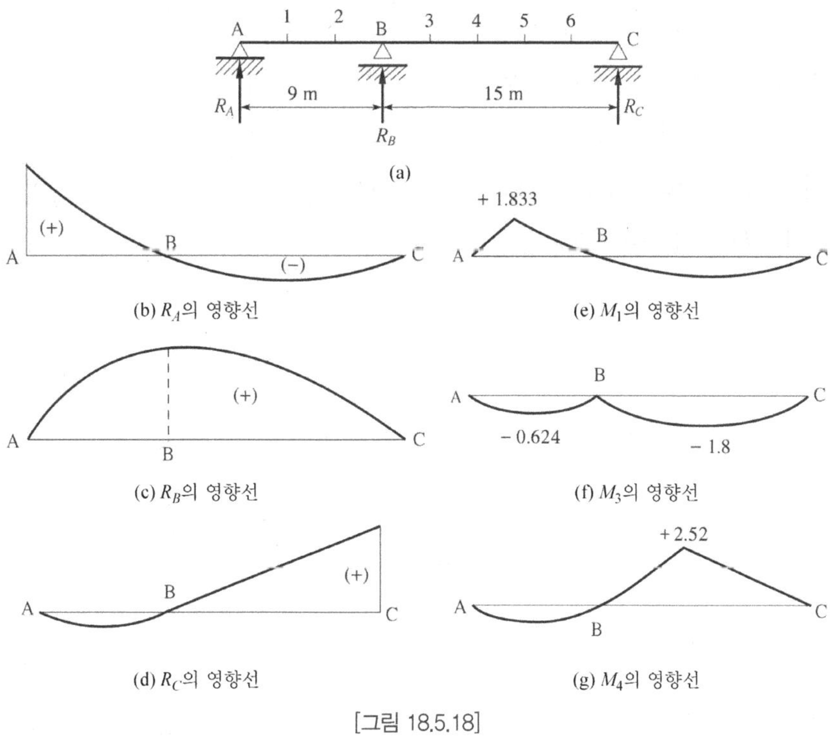

[그림 18.5.18]

즉, 주어진 보의 지점 3 에 단위하중이 작용할 때의 지점반력과 지점 1, B, 4의 휨모멘트가 구해졌으며, 이들 값이 해당 단면의 단면력에 대한 영향선의 종거이다. 단위하중을 지점 3 이외의 모든 등분점에 차례로 작용시켜서 위와 같은 계산을 되풀이하면 다음 [표 18.5.11]의 결과를 얻는다.

[표 18.5.11]

하중의 위치	$R_B = \frac{\delta_{PB}}{\delta_{BB}}$	R_A	R_C	M_1	M_B	M_4
A	0	+1	0	0	0	0
1	+0.422	+0.611	−0.033	+1.833	−0.500	−0.300
2	+0.778	+0.264	−0.042	+0.792	−0.624	−0.375
B	+1.000	0	0	0	0	0
3	+1.040	−0.150	+0.110	−0.450	−1.350	+0.990
4	+0.920	−0.200	+0.280	−0.600	−1.800	+2.520
5	+0.680	−0.175	+0.495	−0.525	−1.575	+1.455
6	+0.380	−0.10	+0.740	−0.300	−0.900	+0.660
C	0	0	+1.000	0	0	0

이들 값을 연결하면 다음 [그림 18.5.18]와 같이 각 영향선을 얻는다.

18.5.4 3경간 연속보 : 3연 모멘트의 정리

[그림 18.5.19(a)]와 같은 3경간 연속보에서 지점 B와 C의 M_B와 M_C의 영향선을 3연모멘트의 정리로 구해보기로 한다. 여기서 EI는 일정하다고 본다.

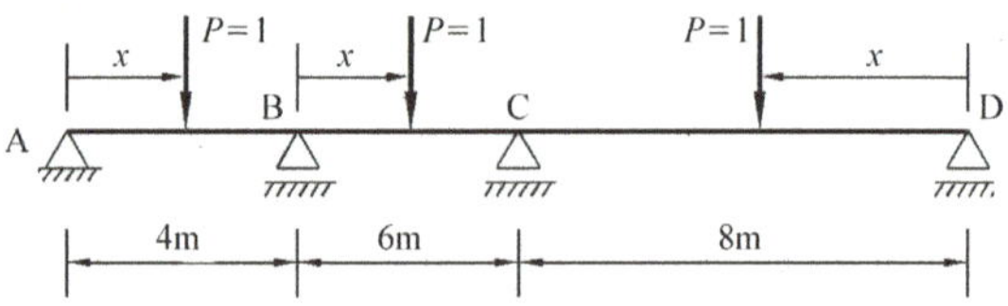

(a) 2차 부정정보

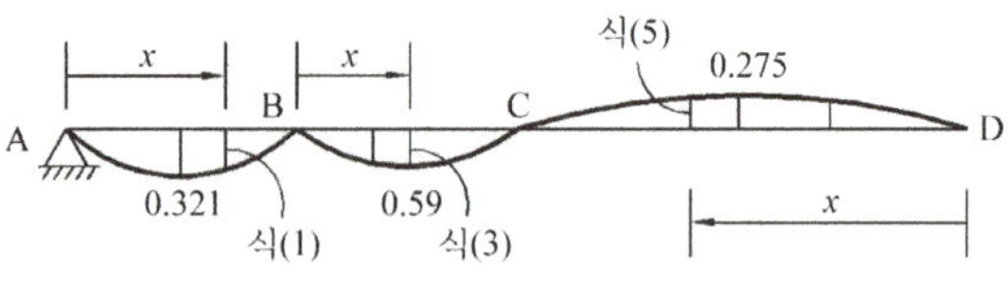

(b) M_e의 영향선

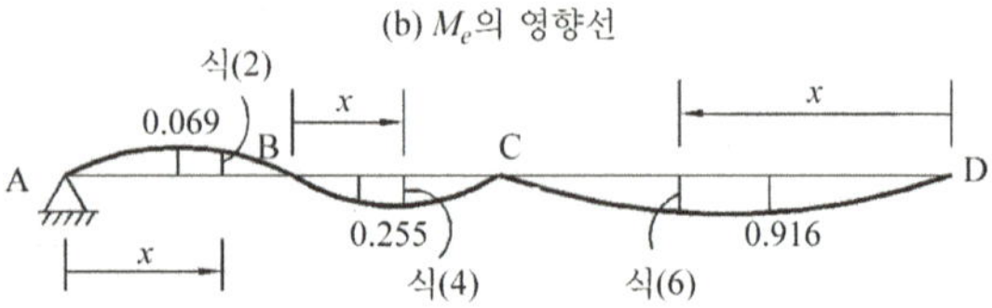

(c) M_C의 영향선

[그림 18.5.19]

[1] AB 사이에 단위하중 $P=1$이 작용하는 경우

ABC 구간 : $M_A=0$이므로 3연모멘트식은 다음과 같이 된다.

$$2M_B(4+6)+M_C(6)=-\left[\frac{1}{L}P_{ab}(L+a)\right]_{AB}=-\frac{1}{4}(1)(x)(4-x)(4+x)$$

따라서 위의 식은 다음과 같이 된다.

$$20M_B+6M_C=-\frac{x}{4}(16-x^2) \qquad ①$$

BCD 구간 : $M_D=0$이고 BC 또는 CD 사이에 $P=1$이 없으므로 3연모멘트식은 다음과 같이 된다.

$$M_B(6)+2M_C(6+8)=0$$

$$6M_B+28M_C=0$$

$$\therefore\ M_C=-\frac{3}{14}M_B \qquad ②$$

식 ①에 식 ②를 대입하면 다음과 같이 된다.

$$20M_B+6\left(-\frac{3}{14}M_B\right)=-\frac{x}{4}(16-x^2)$$

따라서 위의 식은 다음과 같이 된다.

$$\therefore\ M_B=-\frac{7}{524}x(16-x^2) \qquad (x\text{의 원점은 }A) \qquad (1)$$

식 (1)을 식 ②에 대입하면 다음과 같이 된다.

$$\therefore\ M_C=-\frac{3}{14}M_B=-\frac{3\times7}{14\times524}x(16-x^2)$$

또는

$$\therefore\ M_C=\frac{3}{1{,}048}x(16-x^2) \qquad (x\text{의 원점은 }A) \qquad (2)$$

$x=2$일 때, $\therefore\ M_B = -\dfrac{7}{524}(2)[16-(2)^2] = -0.3206$

$\therefore\ M_C = \dfrac{3}{1,048}(2)[16-(2)^2] = 0.0687$

[2] BC 사이에 단위하중 $P=1$이 작용하는 경우

ABC 구간 : $M_A=0$이므로 3연모멘트식은 다음과 같이 된다.

$$20M_B + 6M_C = -\left[\frac{1}{L}P_{cd}(L+d)\right]_{BC} \quad ①$$
$$= -\frac{1}{6}(1)(x)(6-x)(6+6-x)$$

BCD 구간 : $M_D=0$이고 AB 또는 CD 사이에 $P=1$이 없으므로 3연모멘트식은 다음과 같이 된다.

$$6M_B + 28M_C = -\left[\frac{1}{L}P_{ab}(L+a)\right]_{BC} \quad ②$$
$$= -\frac{1}{6}(1)(x)(6-x)(6+x)$$

식 ①과 식 ②를 연립으로 풀면 다음과 같이 된다.

$$\therefore\ M_B = -\frac{x}{1,572}(6-x)(150-17x) \quad (x\text{의 원점은 } B) \quad (3)$$

위의 식 (3)을 식 ②에 대입하여 정리하면 다음과 같이 된다.

$$\therefore\ M_C = -\frac{x}{1,572}(6-x)(24+13x) \quad (x\text{의 원점은 } B) \quad (4)$$

$x=2$일 때 $\therefore\ M_B = -\dfrac{(2)}{1,572}[6-(2)][150-17(2)] = -0.5903$

$\therefore\ M_C = -\dfrac{(2)}{1,572}[6-(2)][24+13(2)] = -0.2545$

[3] CD 사이에 단위하중 $P=1$이 작용하는 경우

ABC 구간 : $M_A=0$이므로 3연 모멘트식은 다음과 같이 된다.

$$20M_B+6M_C=0$$

$$\therefore\ M_C=-\frac{10}{3}M_B \qquad ①$$

BCD 구간 : $M_D=0$이고 AB 또는 BC 사이에 $P=1$이 없으므로 3연모멘트식은 다음과 같이 된다.

$$6M_B+28M_C=-\left[\frac{1}{L}P_{cd}(L+a)\right]_{CD} \qquad ②$$

$$=-\frac{1}{8}(1)(8-x)(x)(8+x)$$

식 ①을 식 ②에 대입하면 다음과 같이 된다.

$$6M_B+28\left(-\frac{10}{3}M_B\right)=-\frac{x}{8}(64-x^2)$$

$$\therefore\ M_B=\frac{3}{2,096}x(64-x^2) \qquad (x\text{의 원점은 }D) \qquad (5)$$

위의 식 (5)를 식 ①에 대입하여 정리하면 다음과 같이 된다.

$$\therefore\ M_C=-\frac{10}{3}M_B$$

또는

$$\therefore\ M_C=-\frac{5}{1,048}x(64-x^2) \quad (x\text{의 원점은 }D) \qquad (6)$$

$x=4$일 때, $\therefore\ M_B=\dfrac{3}{2,096}(4)[64-(4)^2]=0.2748$

$$\therefore\ M_C=-\frac{5}{1,048}(4)[64-(4)^2]=-0.9160$$

이들 값으로부터 [그림 18.5.19(b)]와 [그림 18.5.19(c)]에 M_B와 M_C의 영향선이 그려져 있다.

EXERCISE

1. [P그림 18.1]과 같은 연속보에서 지점반력 R_A와 지점 B의 휨모멘트 M_B에 대한 영향선을 그려라. 단, EI는 일정하다.

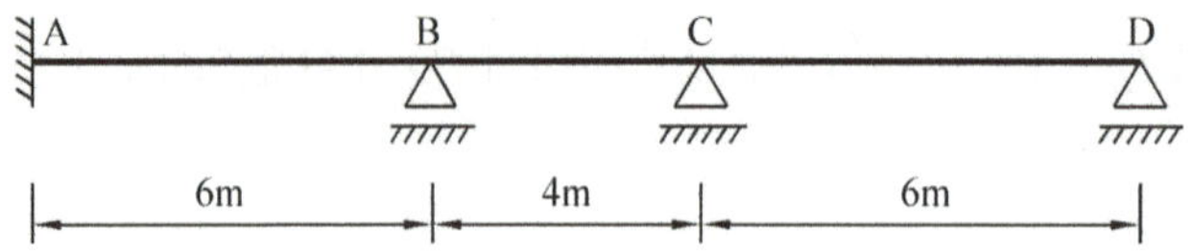

[P그림 18.1]

2. [P그림 18.2]와 같은 연속보에서 V_D와 V_B에 대한 영향선을 그려라. 단, EI는 일정하다.

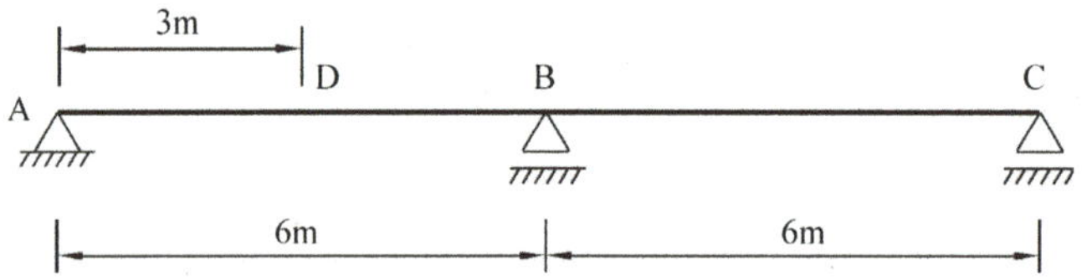

[P그림 18.2]

3. [P그림 18.3]과 같은 연속보에서 지점반력 R_B와 R_C에 대한 영향선을 그려라. 이 값을 이용하여 R_A, M_1, M_3 영향선을 그려라. 단, EI는 일정하다.

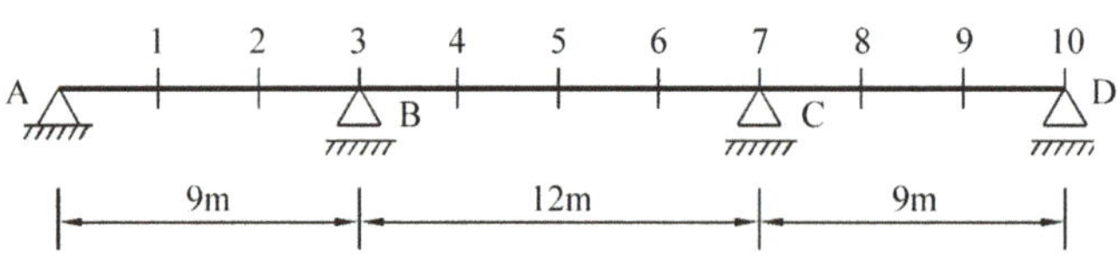

[P그림 18.3]

4. [P그림 18.4]와 같은 연속보에서 R_A, R_B, V_{x1}, V_{x2}, M_{x1}, M_B, M_{x2}에 대한 영향선을 개략적으로 그려라.

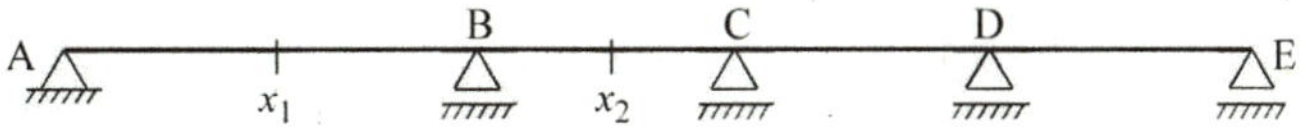

[P그림 18.4]

PART 5

매트릭스 구조 해석

STRUCTURAL MECHANICS

ABSTRACT

구조해석의 수준과 해석방법 또는 구조형식, 사용하중, 구조거동 등에 따라 구조해석법과 구조해석이론은 매우 다양하며, 이런 다양하고 전문적인 구조이론을 어느 한 기술자가 모두 알 수는 없다. 오늘날 고도로 전문화된 사회에서는 구조문제에 따라 그 분야의 권위적인 전문가에 의해 특정한 문제에 대해 고급구조해석이나 설계가 이루어져야 하지만 일반 구조설계자나 전문가는 일반 구조물에 대한 고전적인 구조해석이론과 컴퓨터에 의한 구조해석이론 정도는 잘 알고 있어야 한다. 급변하는 다양한 고급 구조해석이론에 대한 기초개념을 알고 있어야 복잡한 구조시스템의 해석과 설계를 성공적으로 수행할 수 있을 것이다.

5편 매트릭스 구조해석에서는 매트릭스 구조해석에 바탕을 두고 오늘날 구조해석기법의 대세를 이루고 있는 직접강도법을 다루었다. 마지막으로 컴퓨터에 의한 구조해석을 연습함으로써 다양한 분야로의 응용이 가능케 하였다.

S T R U C T U R A L M E C H A N I C S

CHAPTER 19

매트릭스 구조해석

19.1 개요

설계하중 하에서의 정정 또는 부정정구조물의 구조해석은 결코 쉽지는 않다. 그러므로 과거부터 사용하던 계산방법에 따라 여러 가지 해석방법이 개발되어 실제 사용되고 있다.

정정트러스의 해석에 많이 사용되는 Cremona의 방법이나 Williot의 변위도, 부정정라멘의 해석으로서 모멘트 분배법이나 처짐각법 등 우리들에게 익숙한 이러한 방법은 모두 작도법이나 수계산에 의한 풀이로서 매우 중요한 것이다.

1950년대에 접어들어 디지털 컴퓨터가 출현하여 그 탁월한 연산처리능력을 전제로 새로운 구조해석법이 급속도로 발전하였다. 그 중에서도 매트릭스 구조해석법 또는 매트릭스 유한요소법은 이론이 명쾌하고 실용성이 크기 때문에 오늘날에는 구조해석법의 주류가 되어 있으며 비단 트러스나 라멘뿐 아니라 쉘(shell), 판(plate), 입체구조, 진동, 더 나아가 탄소성문제나 대변형의 해석 등에도 널리 이용되고 있다. 다만, 매트릭스해석법은 아주 큰 기억용량을 필요로 하는 관계로 소형계산기의 적용에는 제약이 많았다. 그러나 최근에는 메모리의 발전으로 PC로도 위와 같은 해석도 충분히 해석할 수 있게 되었다.

강성매트릭스법에 대해서는 수많은 참고서가 출판되어 있으므로 상세한 설명은 그러한 문헌을 참고하기로 하고 강성매트릭스법과 같은 방법은 종래의 처짐각법에 의한 라멘의 해석에서 많이 이용되고 있으므로 그다지 어렵지 않음을 강조하고 싶다.

구조물을 해석하는 데 있어서는 다양한 문제해결 방법이 있겠지만 저자는 매트릭스와 컴퓨터를 효율적으로 이용함으로써 문제해결능력에 시간과 노력을 최소화 하고, 보다 나은 능률을 지향하는데 목적을 두고 매트릭스를 사용하여 수식의 유도, 전개, 매트릭스연산과정 및 프로그램을 소개하고자 한다.

따라서 그 개요와 방법을 알아보면, 매트릭스 구조해석의 기본식은 힘의 평형방정식, 응력과 변형률의 관계식 및 변형률과 변위와의 관계식이다. 이 방법은 힘 또는 변위의 경계조건을 만족하도록 풀어가는 것은 다른 해법과 같다. 이 경우 힘을 미지량으로 하는 해법을 응력법(유연도법, flexibility method), 변위를 미지량으로 하는 해법을 변위법(강성도법, stiffness method)이라 한다. 또한 변위법의 하나인 직접강성도법(direct stiffness method)도 있다.

해석하려는 구조물을 간단한 모양을 갖는 유한개의 부재 또는 요소(유한요소, finite element)의 집합체로 생각하고, 외력의 작용에 의하여 일어나는 구조물 또는 요소의 변형은 각 요소위에 놓이는 절점의 변위(절점변위)로, 요소에 일어나는 단면력은 절점에 있어서의 힘 또는 모멘트(절점력)로 정의되는 것으로 가정한다. 또한 외력도 절점을 통하여 구조물로 전달되는 것으로 가정한다. 만일 분포하중이 작용하는 경우에는 실제로 작용하고 있는 하중과 같은 값인 절점에 작용하는 힘(등가절점력)으로 바꾸어 생각한다. 그런데 각 절점에는 일반적으로 몇 개의 요소가 모이게 되므로 그 절점변위는 모이는 부재에 대해서는 동일하다. 또한 절점에 모이는 전체요소의 절점력은 그 절점에 작용하는 외력과 평형을 이룬다. 여기서 각 요소의 절점력이 그 절점변위의 1차함수로 표시된다면 각 절점에서의 평형조건식을 구조물전체에 대해 종합한 식은 절점변위를 미지수로 하는 다차원 연립1차방정식으로 된다. 이 방정식을 풀어서 절점변위를 구하면 각 요소의 변형상태가 정해지고 응력과 변형률을 구할 수 있게 된다. 따라서 직접강성도법은 변위법의 한 방법이지만 요소의 절점력과 절점변위를 관계지어주는 요소의 강성매트릭스를 직접 첨가시키므로 구조전체의 강성매트릭스를 얻을 수 있는 점이 변위법과 다르다. 또 얻어지는 다차원 연립1차방정식의 차원수는 해석하려는 구조물의 자유도와 같은 대단히 많은 수이므로 컴퓨터의 사용은 불가피하다.

오늘날 디지털 컴퓨터의 출현으로 구조물을 매트릭스로 나타내어 편리하고 신속하게 구조물을 해석할 수 있게 되었다.

본 교과서에서는 가장 많이 사용되고 있는 직접강성도법에 대해 설명하고, 강성도매트릭스법의 응용예로서 트러스 및 브레이스 요소를 포함한 임의의 형태 평면뼈대해석 프로그램에 포트란 언어를 사용하였다.

19.2절에서는 구조해석의 기본개념에 대해 기술하며, 주요내용으로 구조물의 성립조건, 구조해석방법, 가상일의 원리, 변위법에서 강성매트릭스의 형성과 특성, 구조물좌표계, 자유도, 강성매트릭스의 대폭(bandwidth), 구조물의 평형방정식, 강성매트릭스법과 처짐각법의 비교 등을 다루게 된다.

19.3절에서는 직접강성도법에 의해 평면트러스와 평면뼈대의 구조해석을 수계산으로 다루게 된다.

19.2 구조해석의 기본개념

구조해석(structural analysis)이란 구조물의 각 절점에서의 변위(displacements)와 부재력 또는 내부응력(member forces or stress)의 분포를 구하는 것이다.

19.2.1 구조물의 성립조건

구조물은 역학적으로 정정구조물과 부정정구조물로 나누어지며, 이들은 각각 다음의 조건들을 만족해야 한다.

- 정정구조물 : 평형조건
- 부정정구조물 : 평형조건, 적합조건, 탄성조건

[1] 평형조건 (equilibrium of forces)

'외부작용하중 = 대응하는 내력'을 만족

[2] 적합조건 (compatibility of displacements)

기하학적 조건으로서 '절점변위 = 대응하는 부재변형'을 만족한다. 즉, 부재(member or element)들의 변위는 외부작용하중으로 인한 변형 후에도 서로 적합성(compatibility)을 만족해야 한다.

[3] 탄성조건 (law of material behavior)

하중-변형(load-deformation)관계를 만족하는 조건으로, 선형탄성(linear elasticity)에서는 후크의 법칙(Hooke's law)을 따른다.

19.2.2 구조해석방법

[1] 변위법, 강성도법 또는 평형법

변위법은 하중-변위 관계에 있어 단위변위($u=1$)를 일으키는 데 필요한 하중의 크기(f)를 그 부재의 강성도계수(k)로 정의하고 절점변위를 미지수로한 평형방정식의 해를 구하는 방법이다.

즉, $f=\xi(u)$

$$\{f\}=[k]\cdot\{u\} \tag{19.2.1}$$

여기서, $\{f\}$는 힘(기지수), $\{u\}$는 변위(미지수), $[k]$는 강성도이다.

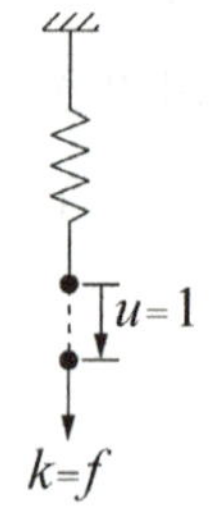

[그림 19.2.1]

[2] 응력법, 유연도법 또는 적합법

응력법은 단위하중($f = 1$)으로 말미암아 발생하는 변위(u)를 유연도계수로 정의하고, 부재력을 미지수로 한 적합방정식(compatibility equation)의 해를 구하는 방법이다.

즉, $u = \eta(f)$

$$\{u\} = [c] \cdot \{f\} \tag{19.2.2}$$

여기서, $[c]$는 유연도($= [k]^{-1}$)이다.

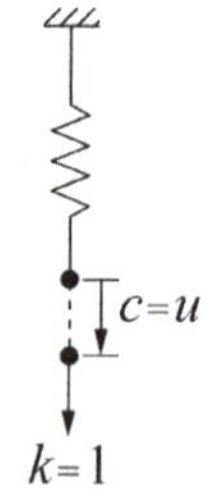

[그림 19.2.2]

[3] 혼합법 (Mixed method) 또는 복합법 (Hhybrid method)

혼합법은 변위법과 응력법을 혼합한 것이다.

19.2.3 가상일(또는 가상변위)의 원리

[1] 가상일(또는 가상변위)의 원리

외부하중을 받고 평형조건과 적합조건을 만족하고 있는 구조체에 추가적으로 가상변위를 주었을 때, 외부하중으로 인한 가상일은 내적가상일과 같다[즉, 외적 가상일과 내적 가상일의 합은

0이다].

여기서, F_1와 F_2는 외부작용하중(작용하는 동안 불변), U_1과 U_2는 가상변위(arbitrary displacements 또는 virtual displacements)이다.

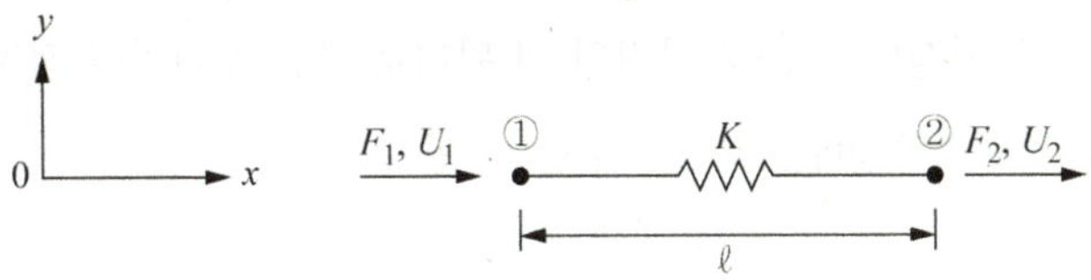

[그림 19.2.3]

- 외적 가상일

$$W_E = F_1 \cdot U_1 + F_2 \cdot U_2 \tag{19.2.3}$$

- 내적가상일

$$W_I = -K \cdot (U_2 - U_1)^2 \tag{19.2.4}$$

(−)부호는 외부작용하중에 의한 내력의 방향은 외부작용하중의 반대방향으로 작용함을 의미한다.

cf) U_1과 U_2가 실제변위(actual displacements)인 경우의 내적 가상일(W_I)은 다음과 같다.

$$W_I = -\frac{1}{2}K(U_2 - U_1)^2$$

식 (19.2.3)과 식 (19.2.4)에서 외적 가상일(W_E)과 내적 가상일(W_I)의 합은 영(0)이다. 즉

$$W_E + W_I = 0$$

$$F_1 \cdot U_1 + F_2 \cdot U_2 = K \cdot (U_2 - U_1)^2 \tag{19.2.5}$$

또는

$$\{U\}^T\{F\} = \{U\}^T[K]\{U\} \tag{19.2.6}$$

여기서

$$\{U\} = \begin{Bmatrix} U_1 \\ U_2 \end{Bmatrix}, \quad [K] = \begin{bmatrix} K & -K \\ -K & K \end{bmatrix}$$

식 (19.2.6)에서

$$\{F\} = [K]\{U\} \quad (\because U_1,\ U_2\text{가 임의의 가상변위}) \tag{19.2.7}$$

[2] 에너지의 원리

위에서 식 (19.2.7)은 가상일(또는 가상변위)의 원리로 구한 것이지만 절점변위를 가정하고 에너지의 원리를 이용하여 강성매트릭스를 구할 수 있다.

(1) 트러스 요소

트러스 부재에서는 응력은 일정하므로 다음과 같이 나타낼 수 있다.

$$E\frac{du}{dx} = \text{const}$$

변위 $\{u\}$는 x의 1차 함수이므로 다음과 같다.

$$\{u\} = [1 \quad x]\begin{Bmatrix}\alpha_1\\ \alpha_2\end{Bmatrix} = [S_x]\{\alpha_x\} \tag{19.2.8}$$

여기서 α_1, α_2는 미정의 함수로 절점 ⓘ$(x=0)$ 및 절점 ⓙ$(x=l)$에서의 절점변위 u_i, u_j로부터 정해진다.

$$\{\delta_x\} = \begin{Bmatrix}u_i\\ u_j\end{Bmatrix} = \begin{bmatrix}1 & 0\\ 1 & l\end{bmatrix}\begin{Bmatrix}\alpha_1\\ \alpha_2\end{Bmatrix} = [C_x]\{\alpha_x\} \tag{19.2.9}$$

$$\{\alpha_x\} = \begin{Bmatrix}\alpha_1\\ \alpha_2\end{Bmatrix}\begin{bmatrix}1 & 0\\ -\frac{1}{l} & \frac{1}{l}\end{bmatrix}\begin{Bmatrix}u_i\\ u_j\end{Bmatrix} = [C_x^{-1}]\{\delta_x\} \tag{19.2.10}$$

$$\therefore \{u\} = [1 \quad x]\begin{bmatrix}1 & 0\\ -\frac{1}{l} & \frac{1}{l}\end{bmatrix}\begin{Bmatrix}u_i\\ u_j\end{Bmatrix} = [S_x][C_x^{-1}]\{\delta_x\} \tag{19.2.11}$$

$\{u\}$가 정해지면 축방향의 변형률 $\{\varepsilon_x^t\}$는 다음과 같이 된다.

$$\{\varepsilon_x^t\} = \begin{Bmatrix}\frac{du}{dx}\end{Bmatrix} = \{\alpha_2\} = [0 \quad 1]\begin{Bmatrix}\alpha_1\\ \alpha_2\end{Bmatrix}$$

즉

$$\{\varepsilon_x^t\} = [B_t]\{\alpha_x\} = [B_t][C_x^{-1}]\{\delta_x\} \tag{19.2.12}$$

한편 평면 트러스요소의 응력에 대해서는 부재좌표계의 x방향의 축방향 응력 σ_x만 고려하면 된다. 그리고 축방향 응력 σ_x와 축방향 변형률 ε_x의 관계는 후크의 법칙($\sigma_x = E\varepsilon_x = E\varepsilon_x^t$)으로부터 $[D_1]=[E]$로 하면 다음과 같이 된다.

$$\{\sigma_x\}=[D_1]\{\varepsilon_x\} \tag{19.2.13}$$

다음에 가상변위를 $\{\delta_x^*\}$, 이것에 따르는 가상변형률을 $\{\varepsilon_x^*\}$로 하고 가상일의 원리를 적용한다. 먼저 내적 가상일(W_I)는 식 (19.2.12)와 (19.2.13)으로부터 다음과 같이 된다.

$$W_I = \int_V \{\varepsilon_x^*\}^T \sigma_x dV = \iiint \{\delta_x^*\}^T [C_x^{-1}]^T [B_t]^T [D_1][B_t][C_x^{-1}]\{\delta_x\} dxdydz$$

$\{\delta_x\}$, $\{\delta_x^*\}$는 x, y, z의 함수가 아니므로 다음과 같이 된다.

$$W_I = \{\varepsilon_x^*\}^T \left[\iiint [C_x^{-1}]^T [B_t^T][D_1][B_t][C_x^{-1}] dxdydz \right] \{\delta_x\} \tag{19.2.14}$$

한편 외적 가상일(W_E)는 다음과 같다.

$$W_E = \{\delta_x^*\}^T \{f_x\} \tag{19.2.15}$$

$W_E - W_I = 0$에 대입하고 $\{\delta_x^*\}^T$을 밖으로 내어 정리하면 다음과 같이 된다.

$$\{\delta_x^*\}^T [\{f_x\} - \left(\iiint [C_x^{-1}]^T [B_t]^T [D_1][B_t][C_x^{-1}] dxdydz \right) \{\delta_x\}] = 0 \tag{19.2.16}$$

가상변위에 관계없이 위의 식이 성립하기 위해서는 다음과 같아야 한다.

$$\{f_x\} = \left[\iiint [C_x^{-1}]^T [B_t]^T [D_1][B_t][C_x^{-1}] dxdydz \right] \{\delta_x\} \tag{19.2.17}$$

따라서 트러스요소의 강성행렬 $[k_x]$는 다음과 같이 된다.

$$\begin{aligned} [k_x] &= \iiint [C_x^{-1}]^T [B_t]^T [D_1][B_t][C_x^{-1}] dxdydz \\ &= \frac{EA}{l} \begin{bmatrix} 1 & -1 \\ -1 & 1 \end{bmatrix} \end{aligned} \tag{19.2.18}$$

(2) 일반적인 유한요소

위의 식 (19.2.18)은 평면 트러스요소뿐만 아니라 평면 라멘요소 또는 다른 유한요소의 강성행렬을 표시할 수도 있으므로 다음과 같이 일반적인 식으로 표시할 수 있다.

$$[k]=\iiint [C^{-1}]^T[B]^T[D][B][C^{-1}]dxdydz \tag{19.2.19}$$

(3) 평면 라멘요소

평면 라멘 요소에서는 x축 방향의 변위는 트러스 요소의 경우와 같고 y축 방향의 변위와는 분리시켜 고려하여야 하므로 y축 방향의 변위만을 고려한다. 라멘요소 위에 분포하중이 없는 경우에는 다음의 미분방정식이 성립된다.

$$EI\frac{d^4v}{dx^4}=0$$

따라서 변위 $\{v\}$는 다음과 같은 3차식을 고려한다.

$$\{v\}=[1 \;\; x \;\; x^2 \;\; x^3]\begin{Bmatrix}\alpha_1\\ \alpha_2\\ \alpha_3\\ \alpha_4\end{Bmatrix}=[S_y]\{\alpha_y\} \tag{19.2.20}$$

여기서 $\alpha_1 \sim \alpha_4$는 미정계수로 부재 끝에서 변위 $\{v_j\}=\{v_{x=0}\}$, $\{\theta_j\}=\left\{\left(\frac{dv}{dx}\right)_{x=0}\right\}$, $\{v_k\}=\{v_{x=l}\}$, $\{\theta_k\}=\left\{\left(\frac{dv}{dx}\right)_{x=l}\right\}$로부터 정해진다.

$$\{\delta_y\}=\begin{Bmatrix}v_i\\ \theta_i\\ v_j\\ \theta_j\end{Bmatrix}=\begin{bmatrix}1 & 0 & 0 & 0\\ 0 & 1 & 0 & 0\\ 1 & l & l^2 & l^3\\ 0 & 1 & 2l & 3l^2\end{bmatrix}\begin{Bmatrix}\alpha_1\\ \alpha_2\\ \alpha_3\\ \alpha_4\end{Bmatrix}=[S_y]\{\alpha_y\} \tag{19.2.21}$$

$$\{\alpha_y\}=\begin{Bmatrix}\alpha_1\\ \alpha_2\\ \alpha_3\\ \alpha_4\end{Bmatrix}=\begin{bmatrix}1 & 0 & 0 & 0\\ 0 & 1 & 0 & 0\\ -\frac{3}{l^2} & -\frac{2}{l} & \frac{3}{l^2} & -\frac{1}{l}\\ \frac{2}{l^3} & \frac{1}{l^2} & -\frac{2}{l^3} & \frac{1}{l^2}\end{bmatrix}\begin{Bmatrix}v_i\\ \theta_i\\ v_j\\ \theta_j\end{Bmatrix}=[C_y^{-1}]\{\delta_y\} \tag{19.2.22}$$

$$\therefore \{v\}=[S_y]\{\alpha_y\}=[S_y][C_y^{-1}]\{\delta_y\} \tag{19.2.23}$$

여기서 휨변형률 $\{\varepsilon_x^b\}$만을 따로 생각하면 다음과 같다.

$$\{\varepsilon_x^b\} = -y\left\{\frac{d^2v}{dx^2}\right\} = -y[0 \quad 0 \quad 2 \quad 6x]\begin{Bmatrix}\alpha_1\\ \alpha_2\\ \alpha_3\\ \alpha_4\end{Bmatrix}$$

즉

$$\{\varepsilon_x^b\} = [B_b]\{\alpha_y\} = [B_b]\left[C_y^{-1}\right]\{\delta_y\} \tag{19.2.24}$$

결국 평면 라멘요소의 변형률 $\{\varepsilon_x\}$는 축방향 변형률 $\{\varepsilon_x^t\}$과 휨변형률 $\{\varepsilon_x^b\}$의 합이므로 변형률은 다음과 같다.

$$\therefore \{\varepsilon_x\} = \{\varepsilon_x^t\} + \{\varepsilon_x^b\} = [B_t]\left[C_x^{-1}\right]\{\delta_x\} + [B_b]\left[C_y^{-1}\right]\{\delta_y\} \tag{19.2.25}$$

응력은 $\sigma_x = E\,\varepsilon_x$ 이므로 일반적으로 식 (19.2.13)으로 표시된다. 그런데 x축 방향의 강성은 평면트러스 요소의 강도와 같은 것이므로 y축 방향에 강성행렬 $[k_g]$를 구하기 위해서는 식 (19.2.19)를 고려하면 다음과 같이 된다.

$$[k_g] = [C_y^{-1}]^T\left(\iiint [B_b]^T[D_1][B_b]dxdydz\right)[C_y^{-1}] \tag{19.2.26}$$

$$[B_b]^T[D_1][B_b] = \begin{Bmatrix}0\\ 0\\ -2y\\ -6xy\end{Bmatrix}E[0 \quad 0 \quad -2y \quad -6xy]$$

$$= E\begin{bmatrix}0 & 0 & 0 & 0\\ 0 & 0 & 0 & 0\\ 0 & 0 & 4y^2 & 12xy^2\\ 0 & 0 & 12xy^2 & 36x^2y^2\end{bmatrix} \tag{19.2.27}$$

$$I = \int_A y^2 dA = \iint y^2 dydz \tag{19.2.28}$$

위의 식 (19.2.28)을 사용하여 식 (19.2.26)의 적분부분을 적분하면 다음과 같이 된다.

$$\iiint [B_b]^T[D_1][B_b]dxdydz = EI\begin{bmatrix}0 & 0 & 0 & 0\\ 0 & 0 & 0 & 0\\ 0 & 0 & 4l & 6l^2\\ 0 & 0 & 6l^2 & 12l^3\end{bmatrix} \tag{19.2.29}$$

위의 식 (19.2.29)를 식 (19.2.26)에 대입하면 평면라멘 요소의 y방향의 절점과 절점변위에 관한 강성매트릭스는 다음과 같이 구해진다.

$$\begin{Bmatrix} F_{yi} \\ M_{zi} \\ F_{yj} \\ M_{zj} \end{Bmatrix} = EI \begin{bmatrix} \frac{12}{l^3} & \frac{6}{l^2} & -\frac{12}{l^3} & \frac{6}{l^2} \\ \frac{6}{l^2} & \frac{4}{l} & -\frac{6}{l^2} & \frac{2}{l} \\ -\frac{12}{l^3} & -\frac{6}{l^2} & \frac{12}{l^3} & -\frac{6}{l^2} \\ \frac{6}{l^2} & \frac{2}{l} & -\frac{6}{l^2} & \frac{4}{l} \end{bmatrix} \begin{Bmatrix} v_i \\ \theta_i \\ v_j \\ \theta_j \end{Bmatrix} \tag{19.2.30}$$

19.2.4 변위법에서 강성매트릭스의 구성

강성(stiffness)이란, 예를 들어 [그림 19.2.4]에 나타낸 바와 같이 스프링부재에서 스프링강도 K는 '힘-변위' 관계직선에서 기울기를 나타낸다.

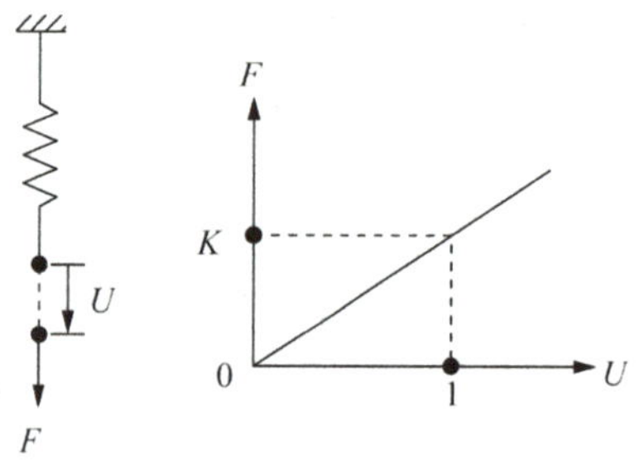

[그림 19.2.4]

2개의 스프링 A, B로 구성된 구조물의 강성매트릭스의 구성을 고려해보자.

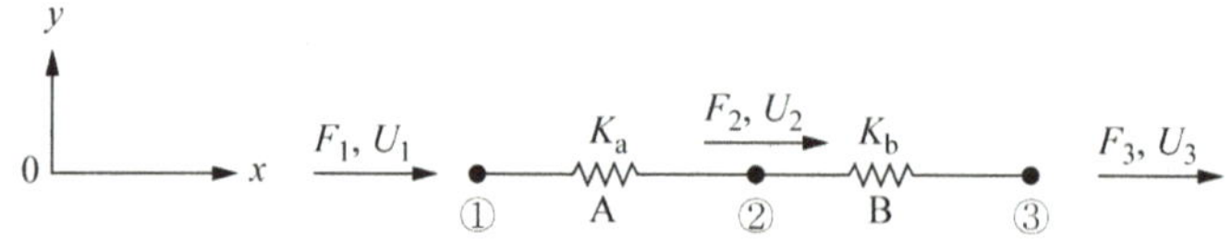

[그림 19.2.5]

여기서, F_1, F_2, F_3는 각각 절점 ①, ②, ③에 작용하는 힘이고, U_1, U_2, U_3는 각각 절점 ①, ②, ③에 생긴 변위이다.

[1] 절점 ②, ③

고정($U_{21}=0,\quad U_{31}=0$)

절점 ①: F_{11}을 가해 생긴 변위 U_{11}

$$\begin{cases} F_{11} = & K_a U_{11} \\ F_{21} = & -F_{11} \\ F_{31} = & 0 \end{cases} \tag{19.2.31}$$

여기서, F_{ij}와 U_{ij}는 각각 j절점에 작용하는 힘으로 인해 절점에 영향을 주는 힘과 변위이다.

[2] 절점 ①, ③

고정($U_{12}=0,\quad U_{32}=0$)

절점 ②: F_{22}, U_{22}

$$\begin{cases} F_{22} = & (K_a+K_b)U_{22} \\ F_{12} = & -K_a U_{22} \\ F_{32} = & -K_b U_{22} \end{cases} \tag{19.2.32}$$

[3] 절점 ①, ②

고정($U_{23}=0,\quad U_{13}=0$)

절점 ③: F_{33}, U_{33}

$$\begin{cases} F_{33} = & K_b U_{33} \\ F_{23} = & -F_{33} \end{cases} \tag{19.2.33}$$

[4] 절전 ①, ②, ③

각각 F_{11}, F_{22}, F_{33}
U_{11}, U_{22}, U_{33}

식 (19.2.31) + 식 (19.2.32) + 식 (19.2.33) :

$$F_1 = F_{11}+F_{12}+F_{13} = K_a U_{11} - K_a U_{22} \tag{19.2.34}$$

$$F_2 = F_{21}+F_{22}+F_{23} = -K_a U_{11} + (K_a+K_b)U_{22} - K_b U_{33} \tag{19.2.35}$$

$$F_3 = F_{31}+F_{32}+F_{33} = -K_b U_{22} + K_b U_{33} \tag{19.2.36}$$

식 (19.2.34), (19.2.35), (19.2.36)에서 $U_{11} = U_1$, $U_{22} = U_2$, $U_{33} = U_3$로 놓고 평형방정식을 매트릭스 형태로 표기하면 다음과 같이 나타낼 수 있다.

$$\begin{Bmatrix} F_1 \\ F_2 \\ F_3 \end{Bmatrix} = \begin{bmatrix} K_a & -K_a & 0 \\ -K_a & K_a + K_b & -K_b \\ 0 & -K_b & K_b \end{bmatrix} \begin{Bmatrix} U_1 \\ U_2 \\ U_3 \end{Bmatrix} \tag{19.2.37}$$

또는

$$\{F\} = [K]\{U\} \tag{19.2.38}$$

여기서,

$$\begin{aligned} [K] &= \begin{bmatrix} K_{11} & K_{12} & K_{13} \\ K_{21} & K_{22} & K_{23} \\ K_{31} & K_{32} & K_{33} \end{bmatrix} = \begin{bmatrix} K_a & -K_a & 0 \\ -K_a & K_a & 0 \\ 0 & 0 & 0 \end{bmatrix} + \begin{bmatrix} 0 & 0 & 0 \\ 0 & K_b & -K_b \\ 0 & -K_b & K_b \end{bmatrix} \\ &= [K_a] + [K_b] \end{aligned} \tag{19.2.39}$$

즉, 전체인 구조강성매트릭스(structural stiffness matrix)는 부재강성매트릭스(member stiffness matrix)의 조합/중첩으로 이루어진다.

$$[K] = \sum [K_M] \tag{19.2.40}$$

19.2.5 강성매트릭스의 특성

[1] 대칭강성매트릭스

상반이론(reciprocal theorem)으로 예견할 수 있듯이 강성매트릭스는 주대각 요소들(principal diagonal elements)을 대칭축으로 하여 대칭이다.

$K_{ij} = K_{ji}$ (symmetric)

[2] 주대각 요소

주대각 요소들은 모두 양(+)의 수, 즉

$K_{ij} > 0$ (positive definite)

[3] 전체 강성매트릭스 $[K]$ 의 특이성 (singularity)

경계조건이 없이 자유운동 상태인 전체강성매트릭스 $[K]$ 의 행렬식(determinant)은 0이다. 따라서 전체강성매트릭스의 역매트릭스 $[K]^{-1}$는 존재할 수 없으므로 미지수(변위)를 구하지 못한다(불능). 역학적으로는 강체(rigid body)의 자유운동(free motion)이 발생한다.

전체 강성매트릭스 $[K]$의 특이성은 경계조건을 부여함으로써 방지할 수 있다. 예를 들어 [그림 19.2.5]에 나타낸 스프링에서 절점 ③이 지점으로 구속되어 있다면 평형방정식은 다음과 같이 된다.

$$\begin{Bmatrix} F_1 \\ F_2 \\ \cdots \\ F_3 \end{Bmatrix} = \begin{bmatrix} K_a & -K_a & \vdots & 0 \\ -K_a & K_a+K_b & \vdots & -K_b \\ \cdots & \cdots & \cdots & \cdots \\ 0 & -K_b & \vdots & K_b \end{bmatrix} \begin{Bmatrix} U_1 \\ U_2 \\ \cdots \\ U_3 \end{Bmatrix} \tag{19.2.41}$$

여기서, F_1과 F_2는 외부작용하중(기지수), F_3는 반력(미지수), U_1과 U_2는 절점변위(미지수), U_3 =0이다.

$$\begin{Bmatrix} F_1 \\ F_2 \end{Bmatrix} = \begin{bmatrix} K_a & -K_a \\ -K_a & K_a+K_b \end{bmatrix} \begin{Bmatrix} U_1 \\ U_2 \end{Bmatrix} \tag{19.2.42}$$

not singular

$$\{F_3\} = [\,0 \quad -K_b\,] \begin{Bmatrix} U_1 \\ U_2 \end{Bmatrix} \tag{19.2.43}$$

식 (19.2.42)에서

$$\begin{Bmatrix} U_1 \\ U_2 \end{Bmatrix} = \begin{bmatrix} K_a & -K_a \\ -K_a & K_a+K_b \end{bmatrix}^{-1} \begin{Bmatrix} F_1 \\ F_2 \end{Bmatrix} \tag{19.2.44}$$

따라서 식 (19.2.43), (19.2.44)에서 U_1, U_2, F_3를 구할 수 있다.

[4] 직접강성(direct stiffness)의 합

K_{ii} : 절점 ⓘ에 연결된 모든 부재들의 직접강성의 합을 나타낸다.

[5] Indirect Stiffness

K_{ij} : 절점 ⓘ와 ⓙ로 구성되는 부재에서 절점 ⓙ의 거동이 절점 ⓘ에 미치는 영향을 나타내는 Indirect Stiffness.

[6] 강성매트릭스의 대폭(bandwidth)

강성매트릭스가 대폭이므로 변위법이 많이 사용됨.

19.2.6 구조물좌표계 (또는 전체좌표계)
(Global Coordinate System or Structure Coordinate System)

절점좌표, 절점하중, 절점변위, 지점반력 등과 같은 절점에 관한 사항은 구조물좌표계에 의거한다.

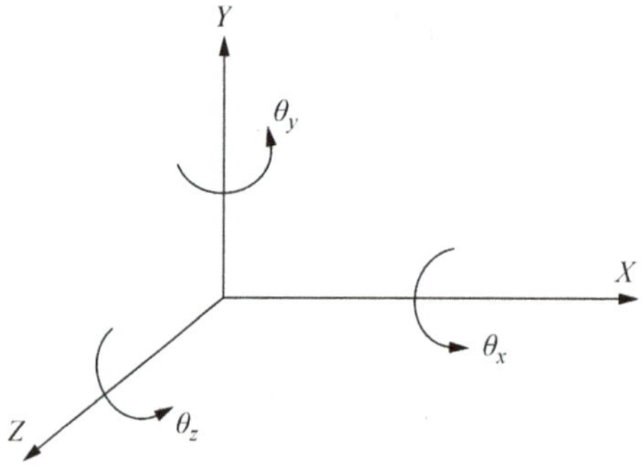

[그림 19.2.6] Cartesian의 오른손 좌표계

19.2.7 부재좌표 (또는 국부좌표계)
(Local coordinate system or member coordinate system)

부재하중, 부재단면력(X_m 방향 축력, Y_m 방향 전단력, θ_m 방향모멘트) 등 부재에 대한 사항은 부재좌표계에 의한다.

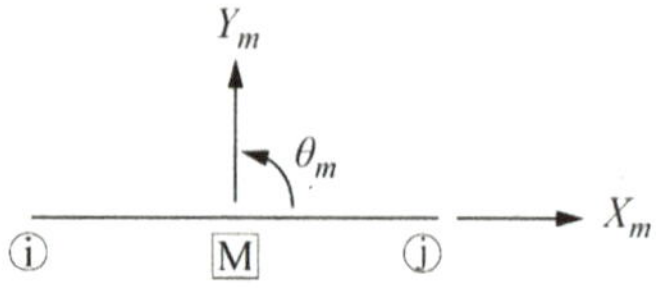

[그림 19.2.7]

단, ⓘ < ⓙ

ⓘ와 ⓙ는 부재의 절점 번호, Ⓜ은 부재의 번호, X_m 은 부재의 ⓘ절점에서 ⓙ 절점으로 향하는 방향, Y_m와 θ_m는 Cartesian의 오른손 좌표계에 의거함.

양(+) 방향만 표시하면, [그림 19.2.8]과 같다.

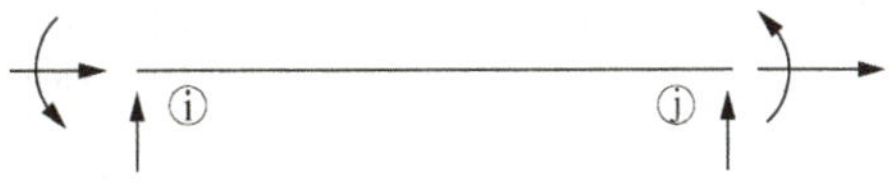

[그림 19.2.8]

19.2.8 자유도 (DOF, degree of freedom)

구조물 내의 임의의 부재는 절점하중(부재에 작용하는 하중으로 인한 등가절점하중 〈equivalent nodal forces〉 포함)과 절점변위로 인해 구조물의 다른 부재들과 절점에서 적합조건과 평형조건을 만족시키면서 역학적인 거동을 하게 되는데, 여기서 절점변위에 해당하는 부재의 단면력(축력, 전단력, 모멘트 등)이 존재하게 된다.

이때 절점에서 부재의 단면력과 함께 존재하는 변위성분의 개수가 그 부재해당 절점에서의 자유도(DOF)수가 된다. 그러므로 구조물의 미지수인 변위(변위법에서)의 X, Y, Z 성분들의 총합이 그 구조물의 총 자유도수가 된다.

[1] 3차원 뼈대 (Space frame)

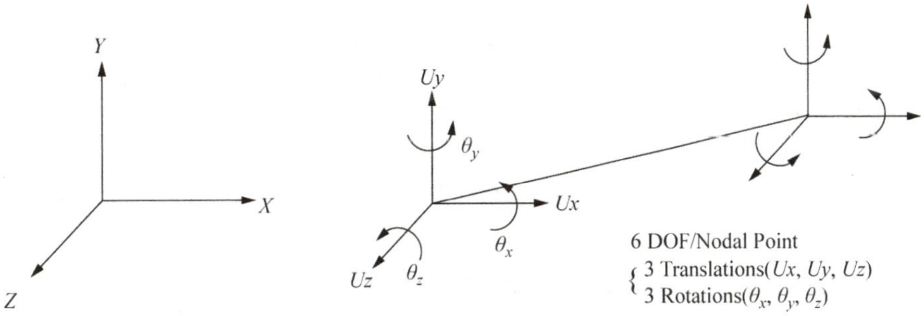

[그림 19.2.9]

[2] 2차원 뼈대 (Plane frame)

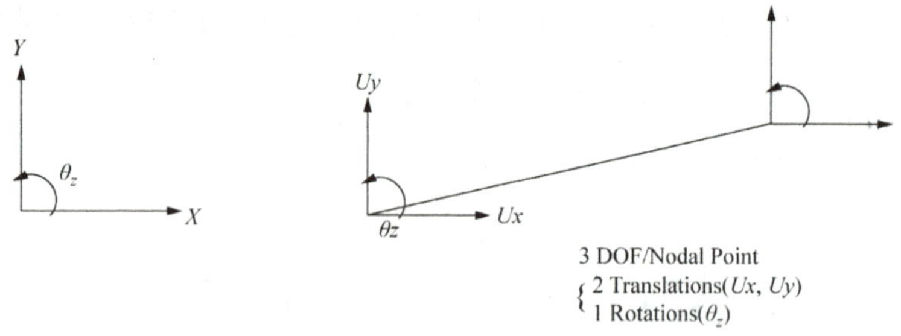

[그림 19.2.10]

[3] 3차원 트러스 (Space truss)

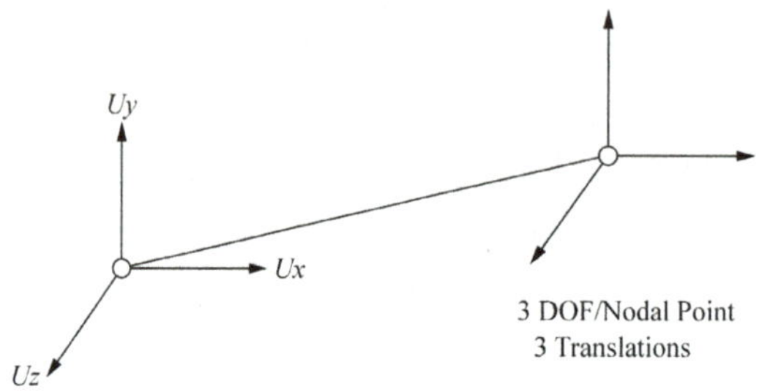

[그림 19.2.11]

[4] 평면 트러스 (Plane truss)

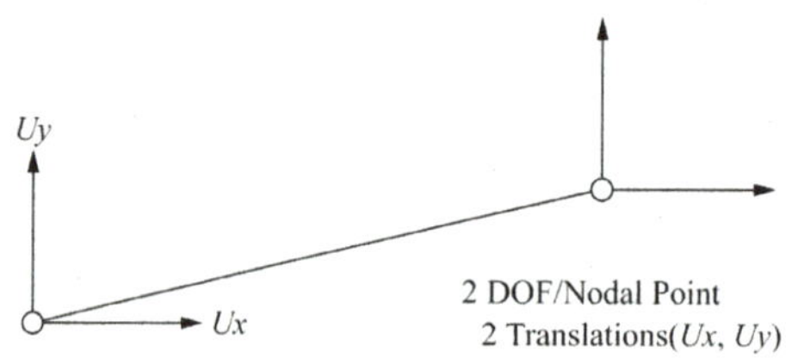

[그림 19.2.12]

20.2.9 강성매트릭스의 대폭 (Bandwidth)

전체 강성매트릭스의 band의 1/2로서 부재 양단 절점번호에 좌우된다. 평형방정식의 해를 구하기 위한 컴퓨터의 CPU Time은 대략 대폭(bandwidth)의 제곱에 비례한다.

$$\text{Bandwidth} = \text{절점당 DOF수} \times (\text{부재양단 절점차의 최대치}+1) - \text{구속자유도} \quad (19.2.45)$$

따라서 CPU Time을 줄이기 위해서는 위의 공식에서 '부재양단 절점 차의 최대치'를 가능한 한 작게 해야 한다. 아래 예는 이와 같은 절점번호기입(numbering)의 한 방법이다.

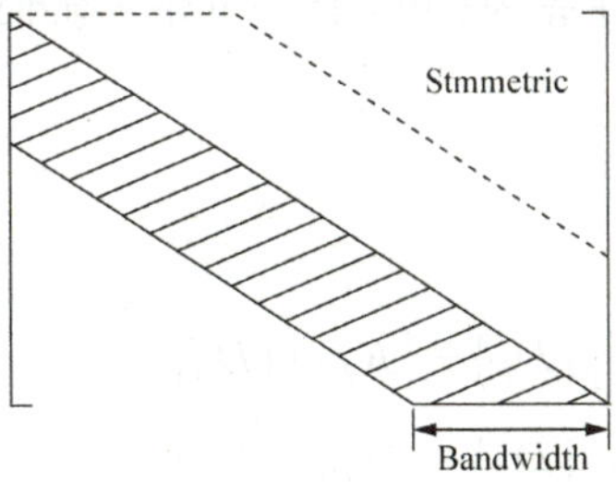

[그림 19.2.13]

예 nodal point numbering

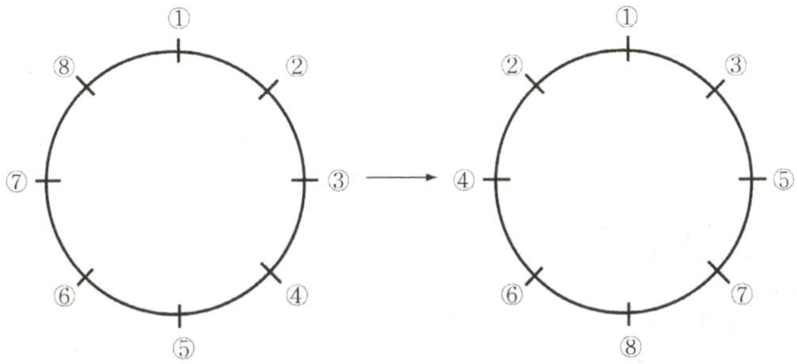

[그림 19.2.14]

19.2.10 구조물의 평형방정식

변위법(the stiffness method)에 의한 해석이므로 구조물 전체의 자유도수 만큼의 변위가 미지수가 된다. 절점평형방정식을 자유절점(구속된 자유도는 제외)과 지점에 대한 것을 분리해서 표기하면 다음과 같다.

$$\begin{Bmatrix} A_F \\ A_R \end{Bmatrix} = \begin{Bmatrix} A_{FMS} \\ A_{RMS} \end{Bmatrix} + \begin{bmatrix} K_{FF} \; K_{FR} \\ K_{RF} \; K_{RR} \end{bmatrix} \begin{Bmatrix} D_F \\ D_R \end{Bmatrix} \tag{19.2.46}$$

여기서, $\{A_F\}$는 기지절점하중, $\{A_R\}$은 미지지점반력, $\{A_{FMS}\}$은 기지부재하중으로 인한 고정단력(fixed-end-forces), $\{A_{RMS}\}$은 지점에서 기지부재하중으로 인한 고정단력(fixed-end-forces), $[K_{FF}]$는 자유절점변위로 인한 자유절점에서의 강성도매트릭스, $[K_{FR}]$은 지점변위로 인한 자유절점에서의 강성매트릭스, $[K_{RF}]$는 자유절점변위로 인한 지점에서의 강성매트릭스, $[K_{RR}]$은 지점변위로 인한 지점에서의 강성매트릭스, $\{D_F\}$는 자유절점변위(미지수), $\{D_R\}$은 지점변위(기지수, zero)이다.

식 (19.2.46)에서 지점침하 등 지점변위를 지정하는 경계요소가 추가되면 $\{D_R\}$은 Nonzero로 입력된다.

식 (19.2.46)에서

$$\{A_F\}=\{A_{FMS}\}+[K_{FF}]\{D_F\}+[K_{FR}]\{D_R\} \tag{19.2.47}$$

$$\{A_R\}=\{A_{RMS}\}+[K_{RF}]\{D_F\}+[K_{RR}]\{D_R\} \tag{19.2.48}$$

여기서 식 (19.2.47)은 자유절점에서의 절점평형방정식, 식 (19.2.48)은 지점에서의 절점평형 방정식이다.

$\{D_R\}=0$이면, 식 (19.2.47)에서

$$\begin{aligned}\{D_F\}&=[K_{FF}]^{-1}(\{A_F\}-\{A_{FMS}\})\\&=[K_{FF}]^{-1}(\{A_F\}-[R]^T\{A_{ML}\})\\&=[K_{FF}]^{-1}\{A_{FC}\}\end{aligned} \tag{19.2.49}$$

여기서, $[R]$는 변환매트릭스(rotation matrix or transformation matrix), $\{A_{ML}\}$은 부재고정단력(fixed-end-forces), $\{A_{FC}\}$는 기지외력벡터(절점하중), 즉 절점작용력 매트릭스(절점하중 ⟨joint load⟩ + 등가절점하중⟨equivalent joint load⟩)이다.

19.2.11 처짐각법과 강성매트릭스법의 비교

본 절에서는 다음에 제시한 예제를 처짐각법과 강성매트릭스법으로 해석하여 그 결과를 비교함으로서 강성매트릭스법의 기초를 정리하였다.

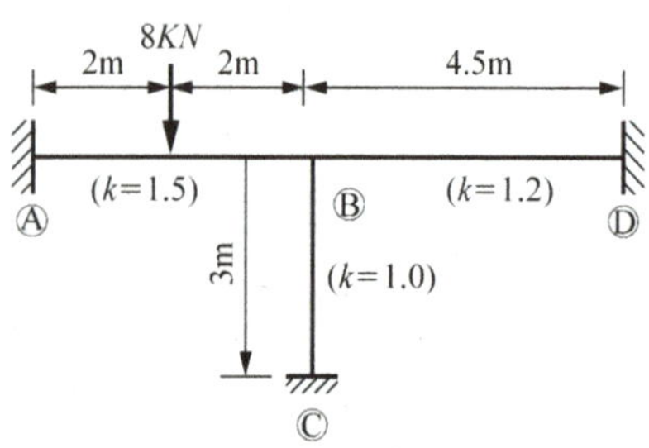

[그림 19.2.15]

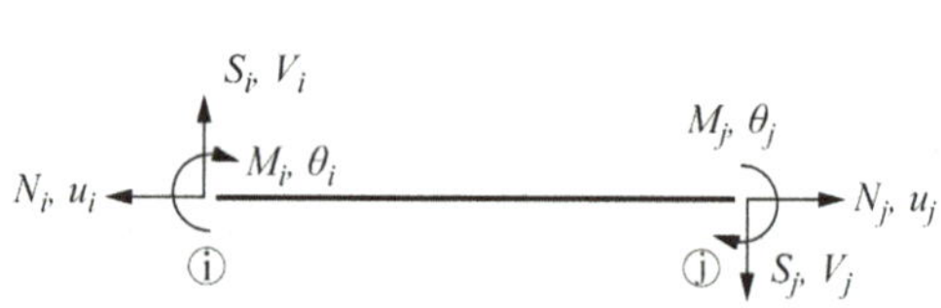

[그림 19.2.16]

[그림 19.2.15]에 나타낸 T형 라멘구조를 해석해보자. 예제의 경우 어떤 하중상태에 있어서도 지점의 이동은 없고 부재각은 모두 0(zero)이므로 다음과 같이 된다.

[1] 처짐각법

(1) 재단모멘트와 재단회전각의 관계 (처짐각의 기본식)

부재 $\overline{AB}$의 처짐각의 기본식

$$M_{AB} = 2EK_{AB}(2\theta_A + \theta_B - 3R) - C_{AB}$$
$$M_{BA} = 2EK_{BA}(\theta_A + 2\theta_B - 3R) + C_{BA}$$

부재 $\overline{AB}$에 대해

$$M_{AB} = 2E(1.5K_O)(2\theta_A + \theta_B) - \frac{PL}{8} = 3EK_O(2\theta_A + \theta_B) - 4$$
$$M_{AB} = 2E(1.5K_O)(\theta_A + 2\theta_B) + \frac{PL}{8} = 3EK_O(\theta_A + 2\theta_B) + 4$$

부재 $\overline{BD}$에 대해

$$M_{BD} = 2E(1.2K_O)(2\theta_B + \theta_D) = 2.4EK_O(2\theta_B + \theta_D)$$
$$M_{DB} = 2E(1.2K_O)(\theta_B + 2\theta_D) = 2.4EK_O(\theta_B + 2\theta_D)$$

부재 $\overline{BC}$에 대해

$$M_{BC} = 2E(1.0K_O)(2\theta_B + \theta_C) = 2EK_O(2\theta_B + \theta_C)$$
$$M_{CB} = 2E(1.0)K_O(\theta_B + 2\theta_C) = 2EK_O(\theta_B + 2\theta_C)$$

본 예제에서는 A, C, D점은 고정되어 있으므로 $\theta_A = \theta_C = \theta_D = 0$, $\theta_B \neq 0$이다. 따라서 다음과 같이 정리할 수 있다.

$$M_{AB} = 3EK_O\theta_B - 4 \qquad M_{BA} = 6EK_O\theta_B + 4$$
$$M_{BD} = 4.8EK_O\theta_B \qquad M_{DB} = 2.4EK_O\theta_B$$
$$M_{BC} = 4EK_O\theta_B \qquad M_{CB} = 2EK_O\theta_B$$

(2) 절점의 평형방정식 (절점방정식)

$\sum M_B = 0$

$M_{BA} + M_{BC} + M_{BD} = 0$

$(6EK_O\theta_B + 4) + (4EK_O\theta_B) + (4.8EK_O\theta_B) = 0$

$\therefore \theta_B = -\dfrac{4}{14.8} \cdot \dfrac{1}{EK_O} = -0.27\dfrac{1}{EK_O}$

(3) 부재의 재단모멘트 계산

θ_B를 (1)의 처짐각의 기본식에 대입하여 정리하면 부재의 재단모멘트는 다음과 같이 계산된다.

$$M_{AB} = 3EK_O\theta_B - 4 = 3EK_O\left(-0.27\frac{1}{EK_O}\right) - 4 = -4.81\,\mathrm{KN \cdot m}$$

$$M_{BA} = 6EK_O\theta_B + 4 = 6EK_O\left(-0.27\frac{1}{EK_O}\right) + 4 = 2.38\,\mathrm{KN \cdot m}$$

$$M_{BD} = 4.8EK_O\theta_B = 4.8EK_O\left(-0.27\frac{1}{EK_O}\right) = -1.296\,\mathrm{KN \cdot m}$$

$$M_{DB} = 2.4EK_O\theta_B = 2.4EK_O\left(-0.27\frac{1}{EK_O}\right) = -0.648\,\mathrm{KN \cdot m}$$

$$M_{BC} = 4EK_O\theta_B = 4EK_O\left(-0.27\frac{1}{EK_O}\right) = -1.08\,\mathrm{KN \cdot m}$$

$$M_{CB} = 2EK_O\theta_B = 2EK_O\left(-0.27\frac{1}{EK_O}\right) = -0.54\,\mathrm{KN \cdot m}$$

(4) 반력의 계산

부재 $\overline{AB}$에 대해

$\sum M_B = 0, \quad R_A \times 4 - 4.81 + 2.38 - 8 \times 2 = 0$

$\therefore R_A = (4.81 - 2.38 + 16)/4 = 4.6075\,\mathrm{KN}$

$\sum F_y = 0 \quad R_A + V_{B1} - 8 = 0$

$\therefore V_{B1} = 8 - 4.6075 = 3.3925\,\mathrm{KN}$

$x = 2\,\mathrm{m}$ 에서 휨모멘트

$$\therefore M_{x=2\,\mathrm{m}} = R_A \cdot (2\,\mathrm{m}) - M_{AB}$$

$$= (4.6075\,\mathrm{KN}) \cdot (2\,\mathrm{m}) - (4.81\,\mathrm{KN} \cdot \mathrm{m}) = 4.405\,\mathrm{KN} \cdot \mathrm{m}$$

부재 $\overline{BD}$에 대해

$$\sum M_D = 0, \quad V_{B2} \times 4.5 - 1.296 - 0.648 = 0$$

$$\therefore R_{B2} = (1.296 + 0.648)/4.5 = 0.432\,\mathrm{KN}$$

$$\sum F_y = 0, \quad V_{B2} + R_D = 0$$

$$\therefore R_D = -V_{B2} = -0.432\,\mathrm{KN}$$

$$\sum F_y = 0, \quad R_B - (R_{B1} + R_{B2}) = 0$$

$$\therefore R_B = R_{B1} + R_{B2} = 3.3925 + 0.432 = 3.825\,\mathrm{KN}$$

부재 $\overline{BC}$에서

$$\sum M_C = 0, \quad V_B \cdot (3\,\mathrm{m}) - 1.08\,\mathrm{KN} \cdot \mathrm{m} - 0.54\,\mathrm{KN} \cdot \mathrm{m} = 0$$

$$\therefore V_B = (1.08 + 0.54)/3 = 0.54\,\mathrm{KN}$$

$$\sum F_y = 0, \quad V_B + V_C = 0$$

$$\therefore V_C = -V_B = -0.54\,\mathrm{KN}$$

$$\sum F_x = 0, \quad R_B - R_C = 0, \quad \therefore R_C = R_B = 3.825\,\mathrm{KN}$$

[2] 매트릭스에 의한 해법

(1^O) 재단모멘트와 재단회전각의 관계 (부재강성매트릭스)

$$\begin{Bmatrix} M_{AB} \\ M_{BA} \end{Bmatrix} = 2E(1.5K_O)\begin{bmatrix} 2 & 1 \\ 1 & 2 \end{bmatrix}\begin{Bmatrix} \theta_A \\ \theta_B \end{Bmatrix} + \begin{Bmatrix} -\dfrac{PL}{8} \\ \dfrac{PL}{8} \end{Bmatrix} = EK_O\begin{bmatrix} 6 & 3 \\ 3 & 6 \end{bmatrix}\begin{Bmatrix} \theta_A \\ \theta_B \end{Bmatrix} + \begin{Bmatrix} -4 \\ 4 \end{Bmatrix}$$

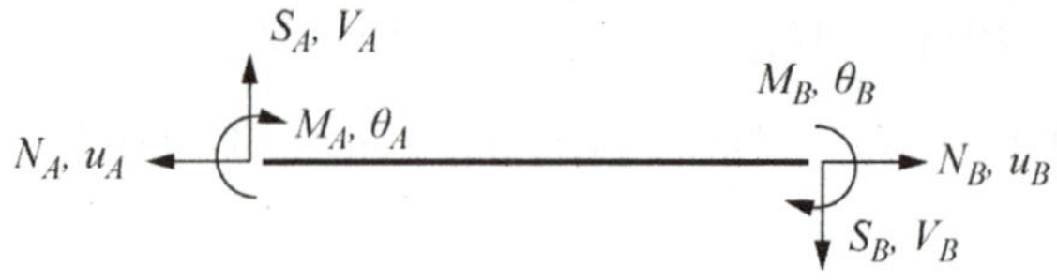

[그림 19.2.17] 부재력, 재단변위의 부호 정의(참조-1)*

$$\begin{Bmatrix} M_{BD} \\ M_{DB} \end{Bmatrix} = EK_O \begin{bmatrix} 4.8 & 2.4 \\ 2.4 & 4.8 \end{bmatrix} \begin{Bmatrix} \theta_B \\ \theta_D \end{Bmatrix}$$

$$\begin{Bmatrix} M_{BC} \\ M_{CD} \end{Bmatrix} = EK_O \begin{bmatrix} 4 & 2 \\ 2 & 4 \end{bmatrix} \begin{Bmatrix} \theta_B \\ \theta_C \end{Bmatrix}$$

(2^O) 절점의 평형방정식 (전체강성매트릭스)

각 절점의 외력 및 미지의 반력모멘트를 m_A, m_B, m_C, m_D로 하면 m_B=$M_{BA}+M_{BC}+M_{BD}=0$, $m_A=M_{AB}$, $m_C=M_{CB}$, $m_D=M_{DB}$의 4개의 식이 성립하므로 (1°)에 나타낸 식을 매트릭스로 나타내면 다음과 같이 된다(참조-2**).

$$\begin{Bmatrix} m_A \\ m_B \\ m_C \\ m_D \end{Bmatrix} = EK_O \begin{bmatrix} 6 & 3 & 0 & 0 \\ 3 & (6+4.8+4) & 2 & 2.4 \\ 0 & 2 & 4 & 0 \\ 0 & 2.4 & 0 & 4.8 \end{bmatrix} \begin{Bmatrix} \theta_A \\ \theta_B \\ \theta_C \\ \theta_D \end{Bmatrix} + \begin{Bmatrix} -4 \\ 4 \\ 0 \\ 0 \end{Bmatrix}$$

(3°) 구속조건을 고려하여 매트릭스를 재배치

$\theta_A=\theta_C=\theta_D=0$, $m_B=0$, $\theta_B \neq 0$에서

$$\begin{Bmatrix} m_A \\ 0 \\ m_C \\ m_D \end{Bmatrix} = EK_O \begin{bmatrix} 6 & 3 & 0 & 0 \\ 3 & (6+4.8+4) & 2 & 2.4 \\ 0 & 2 & 4 & 0 \\ 0 & 2.4 & 0 & 4.8 \end{bmatrix} \begin{Bmatrix} 0 \\ \theta_B \\ 0 \\ 0 \end{Bmatrix} + \begin{Bmatrix} -4 \\ 4 \\ 0 \\ 0 \end{Bmatrix}$$

매트릭스를 재배치하면 다음과 같이 된다.

$$\begin{Bmatrix} 0 \\ m_A \\ m_C \\ m_D \end{Bmatrix} = EK_O \begin{bmatrix} 14.8 & 3 & 2 & 2.4 \\ 3 & 6 & 0 & 0 \\ 2 & 0 & 4 & 0 \\ 2.4 & 0 & 0 & 4.8 \end{bmatrix} \begin{Bmatrix} \theta_B \\ 0 \\ 0 \\ 0 \end{Bmatrix} + \begin{Bmatrix} 4 \\ -4 \\ 0 \\ 0 \end{Bmatrix}$$

(4°) 미지의 변위를 계산

$$0 = 14.8EK_O\theta_B + 4, \quad \therefore \theta_B = -\frac{4}{14.8EK_O} = -0.27\frac{1}{EK_O}$$

(5°) 미지의 반력을 계산

$$\begin{Bmatrix} m_A \\ m_C \\ m_D \end{Bmatrix} = EK_O \begin{bmatrix} 3 \\ 2 \\ 2.4 \end{bmatrix} \{\theta_B\} + \begin{Bmatrix} -4 \\ 0 \\ 0 \end{Bmatrix}$$

θ_B를 대입하면 다음과 같이 된다.

$$\begin{Bmatrix} m_A \\ m_C \\ m_D \end{Bmatrix} = EK_O \begin{bmatrix} 3 \\ 2 \\ 2.4 \end{bmatrix} \left\{ -0.27\frac{1}{EK_O} \right\} + \begin{Bmatrix} -4 \\ 0 \\ 0 \end{Bmatrix} = \begin{Bmatrix} -4.810\,\text{KN}\cdot\text{m} \\ -0.540\,\text{KN}\cdot\text{m} \\ -0.648\,\text{KN}\cdot\text{m} \end{Bmatrix}$$

(6°) 부재의 재단모멘트 계산

(1^O)의 부재강성매트릭스에 절점회전각 θ_B를 대입하여 부재의 재단모멘트를 구한다.

$$\begin{Bmatrix} M_{AB} \\ M_{BA} \end{Bmatrix} = EK_O \begin{bmatrix} 6 & 3 \\ 3 & 6 \end{bmatrix} \begin{Bmatrix} 0 \\ -0.27\frac{1}{EK_O} \end{Bmatrix} + \begin{Bmatrix} -4 \\ 4 \end{Bmatrix} = \begin{Bmatrix} -4.81\,\text{KN}\cdot\text{m} \\ 2.38\,\text{KN}\cdot\text{m} \end{Bmatrix}$$

$$\begin{Bmatrix} M_{BD} \\ M_{DB} \end{Bmatrix} = EK_O \begin{bmatrix} 4.8 & 2.4 \\ 2.4 & 4.8 \end{bmatrix} \begin{Bmatrix} -0.27\frac{1}{EK_O} \\ 0 \end{Bmatrix} = \begin{Bmatrix} -1.296\,\text{KN}\cdot\text{m} \\ -0.648\,\text{KN}\cdot\text{m} \end{Bmatrix}$$

$$\begin{Bmatrix} M_{BC} \\ M_{CD} \end{Bmatrix} = EK_O \begin{bmatrix} 4 & 2 \\ 2 & 4 \end{bmatrix} \begin{Bmatrix} -0.27\frac{1}{EK_O} \\ 0 \end{Bmatrix} = \begin{Bmatrix} -1.08\,\text{KN}\cdot\text{m} \\ -0.54\,\text{KN}\cdot\text{m} \end{Bmatrix}$$

이상의 결과를 단면력도로 나타내면 [그림 19.2.18]과 같다.

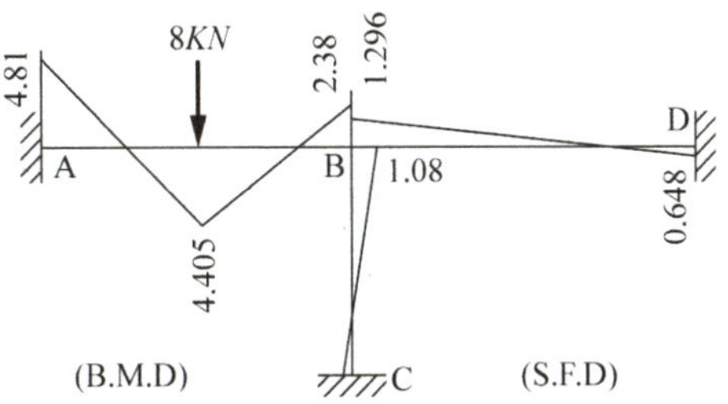

[그림 19.2.18] 휨모멘트도

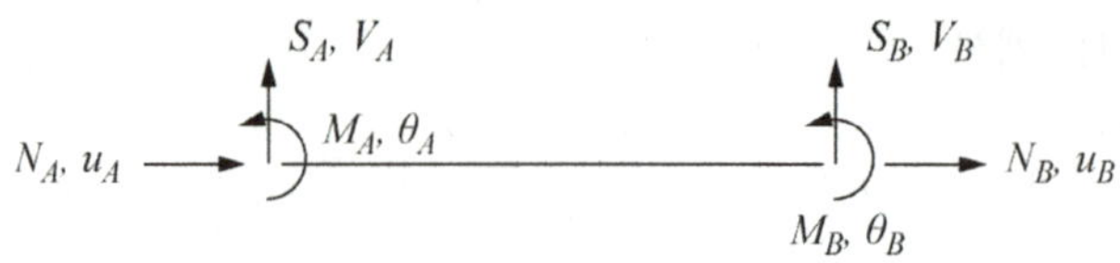

[그림 19.2.19] 재단력, 재단변위의 부호의 정의

[3] 참조 - 1*

일반적으로 매트릭스법의 단면력의 부호의 정의에서는 [그림 19.2.19]와 같이 양단으로 수학적 좌표축의 방법과 일치시키지만 본 절에서는 처짐각법과 유사성을 중요시하는 관점에서 이러한 정의를 택하였다. 트러스나 라멘의 정의와는 다르기 때문에 이점에 주의하여야 한다.

[4] 참조 - 2**

$$\begin{Bmatrix} m_A \\ m_B \\ m_C \\ m_D \end{Bmatrix} = \begin{Bmatrix} A_F \\ A_R \end{Bmatrix}$$: 절점외력 및 지점반력모멘트 벡터

$$\begin{Bmatrix} \theta_A \\ \theta_B \\ \theta_C \\ \theta_D \end{Bmatrix} = \{D_J\} = \begin{Bmatrix} D_F \\ D_R \end{Bmatrix}$$: 변위 벡터

$$\begin{Bmatrix} -4 \\ 4 \\ 0 \\ 0 \end{Bmatrix} = \{A_{ML}\} = \{A_{MS}\} = \begin{Bmatrix} A_{FMS} \\ A_{RMS} \end{Bmatrix}$$: 고정단력 벡터

(부재축과 전체 구조물축이 동일)

$$EK_O \begin{bmatrix} 6 & 3 & 0 & 0 \\ 3 & (6+4.8+4) & 2 & 2.4 \\ 0 & 2 & 4 & 0 \\ 0 & 2.4 & 0 & 4.8 \end{bmatrix} = [K_J] = \begin{bmatrix} K_{FF} & K_{FR} \\ K_{RF} & K_{RR} \end{bmatrix}$$: 절점강성매트릭스

$$\therefore \begin{Bmatrix} A_F \\ A_R \end{Bmatrix} = \begin{bmatrix} K_{FF} K_{FR} \\ K_{RF} K_{RR} \end{bmatrix} \begin{Bmatrix} D_F \\ D_R \end{Bmatrix} + \begin{Bmatrix} A_{FMS} \\ A_{RMS} \end{Bmatrix}$$

여기서 변수들에 대해서는 19.2.10절에 자세히 설명된 바 있다.

[5] 강성매트릭스법의 특징

이 예제에서 알 수 있듯이 처짐각법과 강성매트릭스법을 비교하면 다음과 같다.

		처짐각법	강성매트릭스법
1)	각부재의 재단력과 재단변위의 관계식을 세운다	(1)	(1^{O})
2)	절점외력과 재단력을 유도한다	(2)	(2^{O})
3)	구조의 경계조건을 고려한다	(1)	(3°)
4)	미지의 변위를 구한다	(2)	(4°)
5)	4)에서 구한 미지의 변위를 1)식에 대입하여 재단력을 구한다	(3)	(6°)
6)	필요에 따라 지점반력을 계산한다	(3)	(5°)

위와 같은 6단계의 계산순서에 의해 이루어진다는 것을 알 수 있다. 그러나 강성매트릭스법은 처짐각법을 단순히 매트릭스식으로 나타낸 것이 아니라, 해석방법으로서 다음과 같은 기본적인 차이점이 있다.

① 구조물의 절점외력과 부재단력과의 평형방정식의 유도방법

② 경계조건을 고려하는 방법

즉, ①항에 대해서는 처짐각법에서는 절점방정식이라 하고, 절점회전각이 생기는 절점에 대해서만 평형방정식을 세우지만, 강성매트릭스법은 모든 절점에 대하여 평형방정식을 유도하고 있으며, 여기서는 미지반력도 하나의 외력 항으로 다루어진다.

또 ②항에 대해서는 처짐각법은 재단력과 재단변위의 관계식을 유도할 때에 경계조건을 미리 감안하여 고정점에서의 재단변위를 0(zero)으로 하여 계산을 진행하지만, 강성매트릭스법의 경우에는 구조물전체의 평형방정식을 세운다음 경계조건을 일괄처리하고 있다.

처짐각법에 비해 강성매트릭스법의 조작이 얼핏 보기에는 매우 복잡한 것 같지만, 일단 구조물전체의 평형조건식(전체강성매트릭스)을 작성하면 지지조건(경계조건)이 다른 경우에도 단지 매트릭스연산만으로 풀 수 있다는 것이 장점이다.

[표 19.2.1]은 예제와 경계조건만 다른 경우의 전체강성매트릭스의 재배치방법과 분할 후의 부분매트릭스를 나타내고 있다.

[표 19.2.1] 구조물의 경계조건과 매트릭스의 재배치

경계조건	변위	반력	전체강성매트릭스의 분할	부분 매트릭스
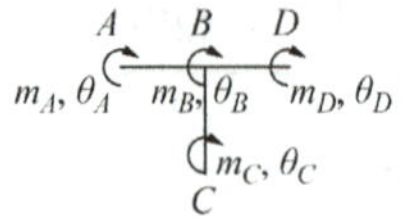	θ_A θ_B θ_C θ_D	m_A m_B m_C m_D	$\begin{Bmatrix} m_A \\ m_B \\ m_C \\ m_D \end{Bmatrix} = EK_O \begin{bmatrix} 6 & 3 & 0 & 0 \\ 3 & 14.8 & 2 & 2.4 \\ 0 & 2 & 4 & 0 \\ 0 & 2.4 & 0 & 4.8 \end{bmatrix} \begin{Bmatrix} \theta_A \\ \theta_B \\ \theta_C \\ \theta_D \end{Bmatrix} + \begin{Bmatrix} -4 \\ 4 \\ 0 \\ 0 \end{Bmatrix}$	
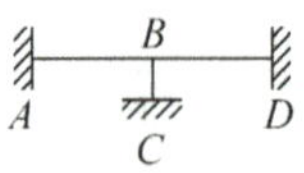	$\theta_A = 0$ θ_B ; ? $\theta_C = 0$ $\theta_D = 0$	m_A ;? $m_B = 0$ m_C ;? m_D ;?	$\begin{Bmatrix} 0 \\ m_A \\ m_C \\ m_D \end{Bmatrix} = EK_O \begin{bmatrix} 14.8 & 3 & 2 & 2.4 \\ 3 & 6 & 0 & 0 \\ 2 & 0 & 4 & 0 \\ 2.4 & 0 & 0 & 4.8 \end{bmatrix} \begin{Bmatrix} \theta_B \\ 0 \\ 0 \\ 0 \end{Bmatrix} + \begin{Bmatrix} 4 \\ -4 \\ 0 \\ 0 \end{Bmatrix}$	$[K_{FF}] = 14.8$ $[K_{RF}] = \begin{bmatrix} 3 \\ 2 \\ 2.4 \end{bmatrix}$
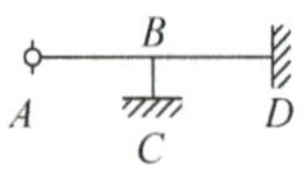	θ_A ; ? θ_B ; ? $\theta_C = 0$ $\theta_D = 0$	$m_A = 0$ $m_B = 0$ m_C ;? m_D ;?	$\begin{Bmatrix} 0 \\ 0 \\ m_C \\ m_D \end{Bmatrix} = EK_O \begin{bmatrix} 6 & 3 & 0 & 0 \\ 3 & 14.8 & 2 & 2.4 \\ 0 & 2 & 4 & 0 \\ 0 & 2.4 & 0 & 4.8 \end{bmatrix} \begin{Bmatrix} \theta_A \\ \theta_B \\ 0 \\ 0 \end{Bmatrix} + \begin{Bmatrix} -4 \\ 4 \\ 0 \\ 0 \end{Bmatrix}$	$[K_{FF}] = \begin{bmatrix} 6 & 3 \\ 3 & 14.8 \end{bmatrix}$ $[K_{RF}] = \begin{bmatrix} 0 & 2 \\ 0 & 2.4 \end{bmatrix}$
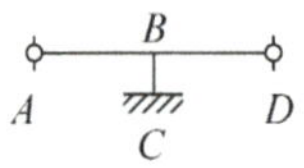	θ_A ; ? θ_B ; ? $\theta_C = 0$ θ_D ; ?	$m_A = 0$ $m_B = 0$ m_C ;? $m_D = 0$	$\begin{Bmatrix} 0 \\ 0 \\ 0 \\ m_C \end{Bmatrix} = EK_O \begin{bmatrix} 6 & 3 & 0 & 0 \\ 3 & 14.8 & 2.4 & 2 \\ 0 & 2.4 & 4.8 & 0 \\ 0 & 2 & 0 & 4 \end{bmatrix} \begin{Bmatrix} \theta_A \\ \theta_B \\ \theta_D \\ 0 \end{Bmatrix} + \begin{Bmatrix} -4 \\ 4 \\ 0 \\ 0 \end{Bmatrix}$	$[K_{FF}] = \begin{bmatrix} 6 & 3 & 0 \\ 3 & 14.8 & 2.4 \\ 0 & 2.4 & 4.8 \end{bmatrix}$ $[K_{RF}] = [0 \;\; 2 \;\; 0]$

예제에서는 미지절점변위θ_B 하나뿐이지만 미지절점변위의 수가 증가하더라도 매트릭스연산 자체는 다음과 같은 순서대로 하면 된다.

① 구조 전체의 절점변위 벡터 $\{D_J\}$를 미지절점변위와 경계조건이 주어진 기지변위로 분리하여 미지절점변위 $\{D_F\}$가 $\{D_J\}$ 벡터의 위쪽에 모이도록 전체강성매트릭스 $[K_J]$을 재배치한다.

② 재배치한 후의 전체강성매트릭스 $[K_J]$를 다음과 같이 4개 부분으로 분할한다.

$$\begin{Bmatrix} A_{FC} \\ A_{RC} \end{Bmatrix} = \begin{bmatrix} K_{FF} & K_{FR} \\ K_{RF} & K_{RR} \end{bmatrix} \begin{Bmatrix} D_F \\ D_R \end{Bmatrix} \tag{19.2.50}$$

여기서 $\{A_{FC}\}$는 기지외력 벡터(절점하중), $\{A_{RC}\}$는 미지반력 벡터, $\{D_F\}$는 미지변위 벡터, $\{D_R\}$는 기지변위 벡터이다.

다만 일반적인 구조해석에서는 경계조건으로서 $\{D_R\} = \{0\}$가 되는 일이 많으므로 다음과 같이 된다.

$$\{A_{FC}\} = [K_{FF}]\{D_F\} \tag{19.2.51}$$

$$\{A_{RC}\} = [K_{RF}]\{D_F\} \tag{19.2.52}$$

③ 식 (19.2.51)을 사용하여 미지절점변위 벡터 $\{D_F\}$을 다음 식으로 구한다.

$$\{D_F\} = [K_{FF}]^{-1}\{A_{FC}\} \tag{19.2.53}$$

④ 식 (19.2.53)으로 구한 $\{D_F\}$항을 식 (19.2.52)에 대입하여 구조물의 반력 $\{A_{RC}\}$을 계산한다.

이와 같이 강성매트릭스법에서 연산과정은 경계조건이 달라져도 통일적으로 다룰 수 있으므로 처짐각법보다 해석법으로서 일반성이 뛰어나다고 할 수 있다. 또 매트릭스연산 자체는 수계산에 알맞은 방법은 아니지만 컴퓨터를 사용하는 경우에는 매우 용이하게 실행할 수 있다. 그러한 측면에서는 계산량이 증가하더라도 연산의 이론적인 흐름의 명쾌한 강성매트릭스법은 컴퓨터용 해석법이라 할 수 있다.

실제 강성매트릭스법의 프로그램은 구조물의 형상, 하중조건 및 지지조건의 입력에서부터 연산결과의 출력에 이르기까지의 조작을 자동적으로 수행하기 때문에 프로그래밍에 있어서는 약간의 테크닉이 필요하지만 기본적인 방법은 앞에서 설명한 바와 같다.

마지막으로 일반적인 강성매트릭스법의 순서도는 [그림 19.2.20]에 나타낸 바와 같다.

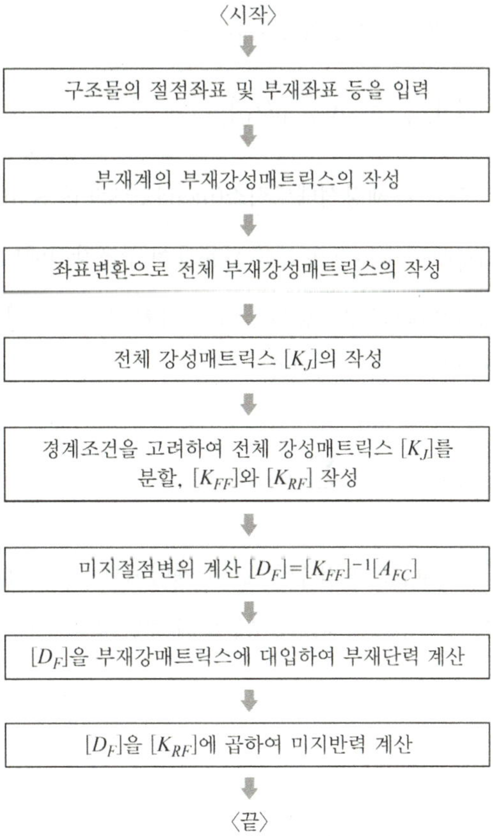

[그림 19.2.20] 강성매트릭스법의 순서도

19.3 직접강성법 (Direct Stiffness Method)

일반화시킨 강성법의 형식적인 해석방법보다는 부재강성행렬을 전체 구조좌표계로 변환시키고 구조절점변위와 부재변위 사이의 대응관계를 나타내는 번호를 부여하여 부재강성요소를 구조강성매트릭스의 해당 요소로 옮겨서 직접 조합하는 단순하고 직접적인 방법에 의거 구조시스템 강성방정식을 구하는 소위 직접강성법이 컴퓨터의 단순 연산논리구조에 적합한 해석기법으로 오늘날 모든 매트릭스구조해석과 유한요소법 프로그램에서 채택하고 있는 매우 효율적인 전산화해석기법이다. 직접강성법에 의한 절점강성매트릭스를 조립하는 방법을 보다 구체적으로 다음과 같이 기술할 수 있다.

먼저 구조물의 임의부재의 부재단부재력-변위방정식인 부재(국부)좌표계로 나타낸 부재강성방정식을 다음 절에서 구체적으로 설명하게 될 좌표변환에 의해 구조좌표계로 변환시키면, 부재 i의 강성방정식은 다음과 같다.

$$\{A_M\}_i = [K_M]_i\{D_M\}_i \tag{19.3.1}$$

모든 부재강성매트릭스(member stiffness matrix) $[K_M]_i$를 구조강성의 절점변위지수(joint displacement index)를 사용하여 구조강성매트릭스(structural stiffness matrix) $[K_J]_{n\times n}$크기로 나타내면 구조강성은 m개의 해당 부재강성요소의 합과 같게 되므로 구조강성은 다음과 같이 단순하게 조립된다.

$$[K_J]_{n\times n} = \sum_{i=1}^{m}[K_{MS}]_i \tag{19.3.2}$$

그러나 실제 컴퓨터 프로그래밍에서는 부재매트릭스의 합산은 필요 없고, 단순히 모든 부재매트릭스의 요소들을 구조강도의 해당 행과 열에 옮겨 놓기만 하면 되는 점을 유의해야 한다. 즉, $[K_J]_{jk} = \sum_{i}^{m}([K_{MS}]_{jk})_i$.

본 장에서는 직접강성법에 의한 트러스, 연속보 및 평면라멘의 해석에 대한 기본개념과 그 응용예제를 다루었다.

19.3.1 트러스의 해석

강성도법에 의한 해석을 위해서는 먼저 구조물을 일련의 유한요소(finite element)로 이산화되도록 분할해야 한다. 트러스의 해석에는 일반적으로 트러스를 구성하는 부재가 그대로 유한요소로 나타내어진다. 각 요소의 응력-변위 간의 성질을 결정한 다음, 이들을 상호 연관시키는 식을 만든다. 이 관계식을 표현하는 매트릭스를 구조강성매트릭스 $[K_J]$라 부른다. 일단 이 관계를 구하고 나면, 부재변위와 부재력은 구조물에 작용하는 주어진 재하조건으로부터 결정된다.

이 절에서는 직접강성법(direct stiffness method)을 이용하여 트러스의 강성매트릭스를 유도할 것이다. 이 방법에서는 두 개의 좌표계를 필요로 한다. 국부 또는 부재좌표계는 부재강성매트릭스 $[K_M]$을 유도하는 데 사용된다. 이 매트릭스는 단부재력 $\{A_M\}$과 부재의 양단변위 $\{D_M\}$의 관계를 나타낸다($\{A_M\}=[K_M]\{D_M\}$). 편의상 좌표축이 $\{A_M\}$, $\{D_M\}$와 일치하도록 만들기 위하여 국부좌표계의 한 축을 부재축으로 한다. 트러스의 각 부재들이 동일한 방향을 갖고 있지 않으므로 이를 각 부재의 국부좌표계를 전체구조물에 대해 동일한 방향을 갖는 하나의 전체좌표계(global coordinate system)로 변환시켜야 한다. 이는 힘과 변위의 변환매트릭스 $[R_T]$를 이용하면 가능하게 된다. 이 관계가 주어지면, 트러스의 부재강성매트릭스의 요소는 국부좌표로부터 전체좌표로 변환된다. 트러스부재의 강성매트릭스들이 이와 같이 결정되면, 전체트러스의 강성매트릭스 $[K_J]$는 각 부재상성매트릭스의 해당 각 요소들을 더해서 구할 수 있다. $[K_J]$를 사용하여 절점변위를 먼저 구할 수 있고, 그 다음 지점반력과 부재력을 구하게 된다. 이제부터 이 방법에 대해서 보다 상세하게 설명한다.

[1] 부재강성매트릭스

이 절에서는 단일 트러스부재에 대한 강성매트릭스를 유도한다. x', y'로 정의되는 국부 또는 부재좌표계를 사용하는데, [그림 19.3.1]에서 좌표의 원점은 근단 j로 불리는 부재의 한단에 위치시킨다. 따라서 x'축은 원단 k를 향한 정(+)의 방향으로 연장시킨다.

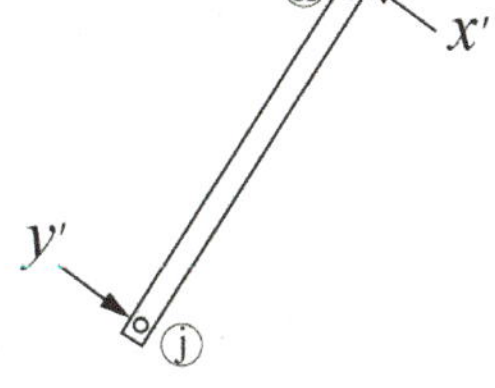

[그림 19.3.1]

이제 [그림 19.3.2(a)]와 같이 부재의 원단이 핀으로 고정되어 있을 때, 근단에 변위 $(D_M)_1$을 부여하면 부재단에는 이에 대응하는 힘이 발생한다. 이때 부재단 변위와 부재력의 부호는 부재 좌표의 정(+)의 방향과 같은 방향이면 정(+)이고, 반대방향이면 부(−)로 정의한다.

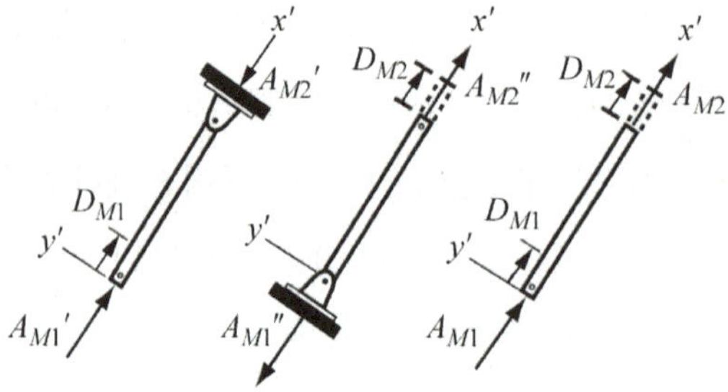

[그림 19.3.2]

$$(A_M)_1' = \frac{EA}{L}(D_M)_1, \quad (A_M)_2' = -\frac{EA}{A}(D_M)_1$$

$(A_M)'_2$는 평행조건으로 인하여 부(−)의 값을 갖는다. 마찬가지로 [그림 19.3.2(b)]와 같이 근단을 핀으로 고정하고, 원단에 $(D_M)_2$의 변위가 주어지면 다음과 같은 부재력이 생긴다.

$$(A_M)_1'' = -\frac{EA}{L}(D_M)_2, \quad (A_M)_2'' = \frac{EA}{L}(D_M)_2$$

[그림 19.3.2(c)]와 같이 겹침의 방법에 의해 $(D_M)_1$과 $(D_M)_2$ 모두에 의한 부재력은 다음과 같다.

$$(A_M)_1 = \frac{EA}{L}[(D_M)_1 - (D_M)_2]$$

$$(A_M)_2 = -\frac{EA}{L}[(D_M)_2 - (D_M)_1]$$

이 식들을 모두 매트릭스형태로 기술하면 다음과 같이 된다.

$$\begin{Bmatrix}(A_M)_1\\(A_M)_2\end{Bmatrix} = \frac{EA}{L}\begin{bmatrix}1 & -1\\-1 & 1\end{bmatrix}\begin{Bmatrix}(D_M)_1\\(D_M)_2\end{Bmatrix} \quad (19.3.3)$$

또는

$$\{A_M\}_i = [K_M]_i\{D_M\}_i \quad (19.3.4)$$

여기서,

$$[K_M]_i = \frac{EA}{L}\begin{bmatrix} 1 & -1 \\ -1 & 1 \end{bmatrix} \tag{19.3.5}$$

식 (19.3.5)에 의해 정의된 $[K_M]_i$는 부재강성매트릭스라 부른다. 식 (19.3.4)에서 보면, 강성매트릭스는 스프링에서 스프링강도 k가 스프링 내의 힘 F와 변위 x의 관계, 즉 $F = kx$로 나타내는 것과 마찬가지로 부재력과 부재변위의 관계를 나타낸다. 식 (19.3.3)의 유도과정을 살펴보면 부재의 평행과 적합조건이 모두 만족되고 있음도 알아야 한다.

[2] 변위 및 힘 변환매트릭스

트러스는 많은 부재(요소)로 구성되어 있기 때문에 국부좌표계로 정의된 부재력 $\{A_M\}$와 변위 $\{D_M\}$을 전체 트러스에 대한 단일 좌표계로 변환시키는 방법에 대해 알아보고자 한다. 이 좌표계는 전체 또는 구조좌표계로 일컬어지며 좌표 x, y로 표시한다. 편의상 x는 우측방향 일 때 정(+), y는 윗방향일 때 정(+)으로 한다. 전체 좌표계의 +축 x, y와 국부좌표계의 +축 x' 사이의 각은 [그림 19.3.3]에서와 같이 각각 θ_x와 θ_y로 정의한다. 이 각들의 방향여현(direction cosine) 값은 아래의 매트릭스해석에서 사용된다. 이들은 각각 $\lambda_x = \cos\theta_x$, $\lambda_y = \sin\theta_x$로 표시한다. λ_x, λ_y의 수치값은 일단 부재의 근단 j와 원단 k의 좌표가 지정되면 컴퓨터에 의해 자동 계산된다. 예를 들면, [그림 19.3.4]에 보인 부재의 길이가 L인 트러스부재 $\overline{j-k}$를 고려해보자. 여기서 j 및 k의 좌표는 전체 좌표계의 원점에 대한 좌표값이다(원점은 계산하기 편리한 임의의 점에 위치될 수도 있다).

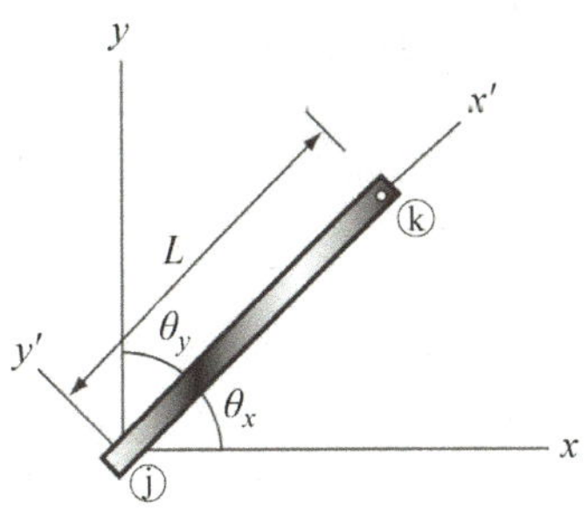

[그림 19.3.3]

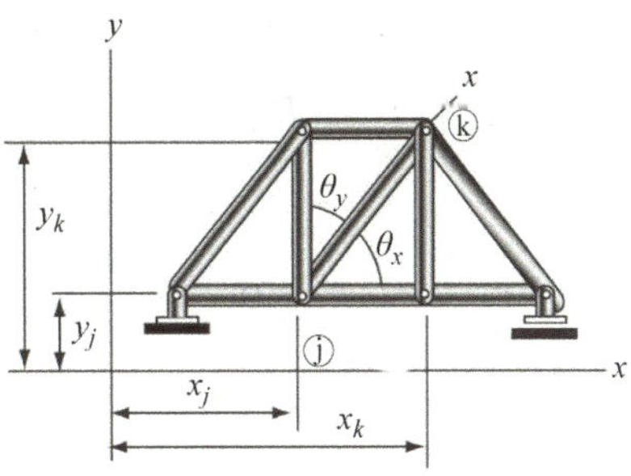

[그림 19.3.4]

입력자료의 계산은 다음과 같이 하게 된다.

$$\lambda_x = \cos\theta_x = \frac{x_k - x_j}{L} = \frac{x_j - x_i}{\sqrt{(x_k - x_j)^2 + (y_k - y_j)^2}} \tag{19.3.6}$$

$$\lambda_y = \sin\theta_x = \frac{y_k - y_j}{L} = \frac{y_k - y_j}{\sqrt{(x_k - x_j)^2 - (y_k - y_j)^2}} \tag{19.3.7}$$

$\overline{x-y}$ 평면의 다른 상한에 놓인 부재에 대한 이들 '일반화'된 방정식에서 대수적 등호는 자동적으로 고려된다.

(1) 변위변환매트릭스

[그림 19.3.5(a)]의 트러스부재를 고려해보자. 여기서 원단이 핀으로 고정된 경우 근단에는 x 방향 변위 $(D_{MS})_1$이 주어져 있고, 부재축에 따른 대응변위(변형)는 $(D_{MS})_1\cos\theta_x$ 임을 알 수 있다(θ_x 또는 θ_y의 변화는 매우 작기 때문에 무시할 수 있다). 마찬가지로, [그림 19.3.5(b)]에서 변위 $(D_{MS})_2$에 의한 부재축 방향 x' 축에 따른 변형은 $(D_{MS})_2\sin\theta_x$ 이다. 따라서 이들 두 전체 좌표변위의 부재축방향 변형량은 다음과 같다.

$$(D_M)_1 = (D_{MS})_1\cos\theta_x + (D_{MS})_2\sin\theta_x \tag{19.3.8}$$

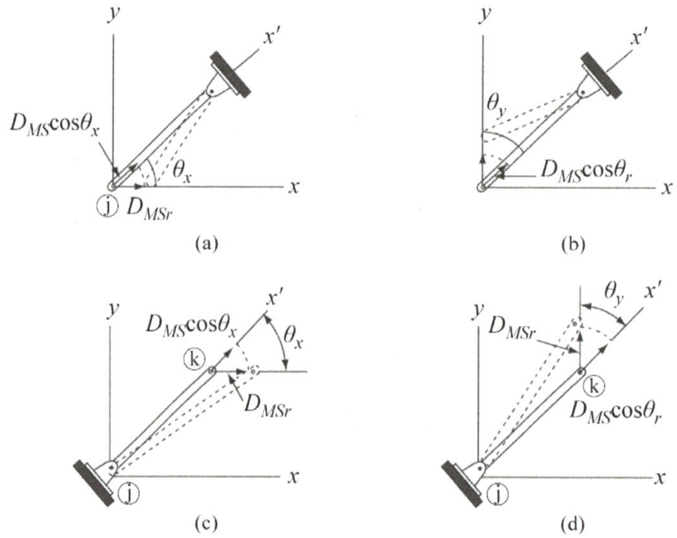

[그림 19.3.5]

유사한 방법으로, 정(+)의 변위$(D_{MS})_3$ 및 $(D_{MS})_4$를 근단 j는 핀으로 고정시키고 원단 k에 축자적으로 적용시키면, [그림 19.3.5(c) 및 (d)]와 같이 x'방향 변형량은 다음과 같이 된다.

$$(D_M)_2 = (D_{MS})_3 \cos\theta_x + (D_{MS})_2 \sin\theta_x \tag{19.3.9}$$

$\lambda_x = \cos\theta_x$ 및 $\lambda_y = \sin\theta_x$를 그 부재에 대한 방향여현으로 나타내면 다음과 같이 된다.

$$(D_M)_1 = (D_{MS})_1 \lambda_x + (D_{MS})_2 \lambda_y$$
$$(D_M)_2 = (D_{MS})_3 \lambda_x + (D_{MS})_4 \lambda_y$$

이를 매트릭스 형태로 나타내면 다음과 같이 된다.

$$\begin{Bmatrix} (D_M)_1 \\ (D_M)_2 \end{Bmatrix} = \begin{bmatrix} \lambda_x & \lambda_y & 0 & 0 \\ 0 & 0 & \lambda_x & \lambda_y \end{bmatrix} \begin{Bmatrix} (D_{MS})_1 \\ (D_{MS})_2 \\ (D_{MS})_3 \\ (D_{MS})_4 \end{Bmatrix} \tag{19.3.10}$$

또는

$$\{D_M\}_i = [R]_i \{D_{MS}\}_i \tag{19.3.11}$$

여기서,

$$[R]_i = \begin{bmatrix} \lambda_x & \lambda_y & 0 & 0 \\ 0 & 0 & \lambda_x & \lambda_y \end{bmatrix} \tag{19.3.12}$$

위의 유도과정에서 $[R]_i$는 4개의 전체 좌표 x, y변위 $\{D_{MS}\}_i$을 2개의 국부좌표 x'변위 $\{D_M\}_i$로 변환시킨다. 여기서 $[R]_i$는 변위변환매트릭스라고 일컫는다.

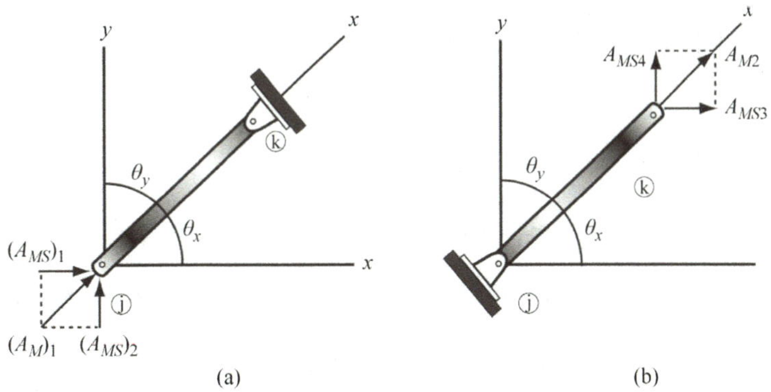

[그림 19.3.6]

(2) 힘변환매트릭스

이제 [그림 19.3.6(a)]와 같이 원단 k가 핀으로 고정된 부재의 근단 j에 힘$(A_M)_1$이 작용하는 경우를 고려해보자. 이때 j단에서의 $(A_M)_1$의 전체 좌표성분은 다음과 같이 된다.

$$(A_{MS})_1 = (A_M)_1 \cos\theta_x, \quad (A_{MS})_2 = (A_M)_1 \sin\theta_x \tag{19.3.13}$$

마찬가지로, [그림 19.3.6(b)]의 봉에 k단에 작용하는 힘$(A_M)_2$의 전체좌표성분은 다음과 같다.

$$(A_{MS})_3 = (A_M)_2 \cos\theta_x, \quad (A_{MS})_4 = (A_M)_2 \sin\theta_x \tag{19.3.14}$$

방향여현 $\lambda_x = \cos\theta_x$, $\lambda_y = \sin\theta_x$을 사용하면 다음과 같이 전체좌표계로 나타낼 수 있다.

$$(A_{MS})_1 = (A_M)_2 \lambda_x, \; (A_{MS})_2 = (A_M)_1 \lambda_y$$
$$(A_{MS})_3 = (A_M)_2 \lambda_x, \; (A_{MS})_4 = (A_M)_2 \lambda_y$$

이를 매트릭스 형태로 나타내면 다음과 같이 된다.

$$\begin{Bmatrix} (A_{MS})_1 \\ (A_{MS})_2 \\ (A_{MS})_3 \\ (A_{MS})_4 \end{Bmatrix} = \begin{bmatrix} \lambda_x & 0 \\ \lambda_y & 0 \\ 0 & \lambda_x \\ 0 & \lambda_y \end{bmatrix} \begin{Bmatrix} (A_M)_1 \\ (A_M)_2 \end{Bmatrix} \tag{19.3.15}$$

또는

$$\{A_{MS}\}_i = [R]_i^T \{A_M\}_i \tag{19.3.16}$$

여기서

$$[R]_i^T = \begin{bmatrix} \lambda_x & 0 \\ \lambda_y & 0 \\ 0 & \lambda_x \\ 0 & \lambda_y \end{bmatrix} \tag{19.3.17}$$

위에서 $[R]_i^T$는 부재단에 작용하는 2개의 국부좌표 (x')로 나타낸 힘$\{A_M\}_i$를 4개의 전체좌표 x, y로 나타낸 힘 $\{A_{MS}\}_i$로 변환시키는 매트릭스임을 알 수 있다. 앞의 $[R]_i$와 비교해 보면 힘변환매트릭스 $[R]_i^T$는 식 (19.3.12)의 변위변환매트릭스의 전치매트릭스(transposed matrix)가 된다.

[3] 전체좌표 부재강도매트릭스

앞 절에서 유도한 결과를 종합시켜 부재 i의 전체좌표계의 부재력 $\{A_{MS}\}_i$와 전체좌표계의 변위 $\{D_{MS}\}_i$를 적절하게 연관시키는 부재의 전체좌표계의 강성매트릭스를 결정해보자. 이를 위하여 식 (19.3.11)을 식 (19.3.4)에 대입하면 다음과 같이 된다.

$$\{A_M\}_i = [K_M]_i [R]_i \{D_{MS}\}_i \tag{19.3.18}$$

여기서, 식 (19.3.18)은 부재력 $\{A_M\}_i$와 전체 좌표계의 변위 $\{D_{MS}\}_i$와의 관계를 보여준다. 이 식을 식 (19.3.16)에 대입하면 결과적으로 다음과 같이 된다.

$$\{A_{MS}\}_i = [R]_i^T [K_M]_i [R]_i \{D_{MS}\}_i$$

또는

$$\{A_{MS}\}_i = [K_{MS}]_i \{D_{MS}\}_i \tag{19.3.19}$$

여기서

$$[K_{MS}]_i = [R]_i^T [K_M]_i [R]_i \tag{19.3.20}$$

매트릭스 $[K_{MS}]_i$를 전체 좌표계의 부재강성매트릭스(global member stiffness matrix)라 일컫는다. $[R]_i^T$, $[R]_i$ 및 $[K_M]_i$은 알고 있으므로 다음과 같이 나타낼 수 있다.

$$[K_{MS}]_i - \begin{bmatrix} \lambda_x & 0 \\ \lambda_y & 0 \\ 0 & \lambda_x \\ 0 & \lambda_y \end{bmatrix} \frac{EA}{L} \begin{bmatrix} 1 & -1 \\ -1 & 1 \end{bmatrix} \begin{bmatrix} \lambda_x & \lambda_y & 0 & 0 \\ 0 & 0 & \lambda_x & \lambda_y \end{bmatrix}$$

매트릭스 연산을 하면 다음과 같다.

$$[K_{MS}]_i = \frac{EA_X}{L} \begin{array}{c} \begin{matrix} j_x & j_y & k_x & k_y \end{matrix} \\ \begin{bmatrix} \lambda_x^2 & \lambda_x\lambda_y & -\lambda_x^2 & -\lambda_x\lambda_y \\ \lambda_x\lambda_y & \lambda_y^2 & -\lambda_x\lambda_y & -\lambda_y^2 \\ -\lambda_x^2 & -\lambda_x\lambda_y & \lambda_x^2 & \lambda_x\lambda_y \\ -\lambda_x\lambda_y & -\lambda_y^2 & \lambda_x\lambda_y & \lambda_y^2 \end{bmatrix} \end{array} \begin{matrix} j_x \\ j_y \\ k_x \\ k_y \end{matrix} \tag{19.3.21}$$

이 4×4 대칭매트릭스에서 각 요소의 위치는 근단 j에서의 x, y성분과 원단 k에서의 x, y성분과 각각 관련된다. 식 (19.3.21)에서 행과 열에 따라 표시한 j_x, j_y, k_x, k_y 기호들이 이를 나타내고 있다.

[4] 구조강성매트릭스

이미 고전적인 강성도법(변위법)의 초보적인 해석개념을 유연도법(응력법)과 대비시켜 설명한 바 있다. 이 고전적인 강성도법에서 기본방정식은 구조물의 자유절점변위(자유도)에 의해 결정되는 수식과 같은 구조물의 절점평행방정식이고, 이는 보다 일반식을 다음과 같이 작용력-변위 시스템방정식으로 정식화됨을 알 수 있다.

$$\{A_C\} = [K_J]\{D_J\} \tag{19.3.22}$$

여기서, $\{D_J\}$는 절점변위매트릭스, $\{A_C\}$는 조합된 절점하중, 즉 절점작용력매트릭스(부재의 고정단력 $\{A_{ML}\}$와는 다름)이다.

트러스 구조의 경우 위의 식 (19.3.22)와 같은 절점작용력과 변위 사이의 관계를 나타내는 구조강성방정식은 [그림 19.3.7]과 같은 트러스를 예로 들어 보면 다음과 같이 됨을 알 수 있다.

$$\begin{array}{c|c|c|c|c|c|c|c|c|}
 & 1 & 2 & 3 & 4 & 5 & 6 & 7 & 8 \\ \hline
1 & k_{11} & k_{12} & k_{13} & k_{14} & k_{15} & k_{16} & k_{17} & k_{18} \\ \hline
2 & k_{21} & k_{22} & k_{23} & k_{24} & k_{25} & k_{26} & k_{27} & k_{28} \\ \hline
3 & k_{31} & k_{32} & k_{33} & k_{34} & k_{35} & k_{36} & k_{37} & k_{38} \\ \hline
4 & k_{41} & k_{42} & k_{43} & k_{44} & k_{45} & k_{46} & k_{47} & k_{48} \\ \hline
5 & k_{51} & k_{52} & k_{53} & k_{54} & k_{55} & k_{56} & k_{57} & k_{58} \\ \hline
6 & k_{61} & k_{62} & k_{63} & k_{64} & k_{65} & k_{66} & k_{67} & k_{68} \\ \hline
7 & k_{71} & k_{72} & k_{73} & k_{74} & k_{75} & k_{76} & k_{77} & k_{78} \\ \hline
8 & k_{81} & k_{82} & k_{83} & k_{84} & k_{85} & k_{86} & k_{87} & k_{88} \\ \hline
\end{array}
\begin{Bmatrix} D_1 \\ D_2 \\ D_3 \\ D_4 \\ D_5 \\ 0 \\ 0 \\ 0 \end{Bmatrix}
=
\begin{Bmatrix} 0 \\ -P_2 \\ P_3 \\ 0 \\ 0 \\ R_6 \\ R_7 \\ R_8 \end{Bmatrix}$$

[5] 구조강성매트릭스의 조합

이와 같은 구조강도방정식은, 부재변위 $\{D_M\}$와 절점변위 $\{D_{MS}\}$ 사이의 변위적합 관계식을 이용하여 가상일의 원리에 의해 요소(부재)강성방정식으로부터 구조강성방정식을 유도할 수 있다. 그러나 이와 같은 소위 일반정식화에 의한 유도보다는 전산화해법에 적합한 직접강성도법에 의해 구조강성행렬을 조합(assembling)하는 것이 훨씬 더 쉽고 직관적이다.

예를 들면, [그림 19.3.7]과 같은 트러스에서 구조강성 $[K_J]_{ij}$는 관련 부재강성의 합 $\sum_i([K_{MS}]_{ij})_i$로부터 직접구할 수 있음을 쉽게 알 수 있다.

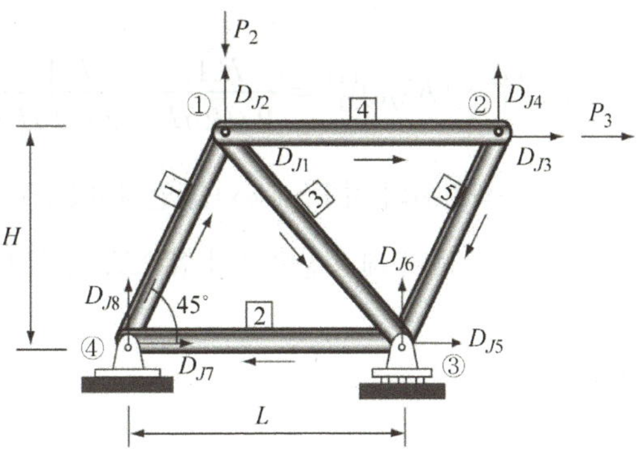

[그림 19.3.7]

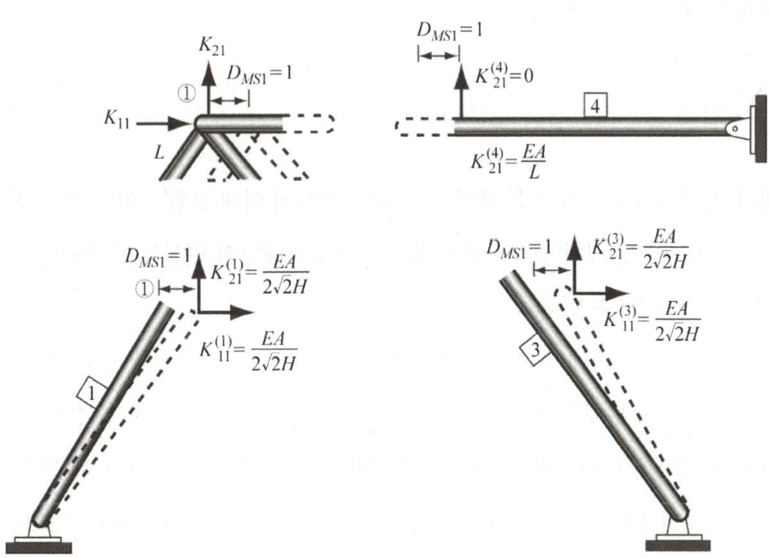

[그림 19.3.8]

먼저, [그림 19.3.8]에서 구조강성 $(K_J)_{11}$은 정의에 의해 $(D_{MS})_1$을 제외한 모든 변위를 구속했을 때 $(D_{MS})_1$=1이 되는 변위를 만드는 절점변위에 대응하는 작용력이다. 그러므로 부재변위의 지수(index)를 [그림 19.3.8]과 같이 나타낼 경우, $(K_J)_{11}$은 부재 1, 3, 4의 ①절점에서의 $(D_{MS})_1 = 1$일 때 식 (19.3.21)에 의해 구한 부재강성 $(K_{MS})_{11}^{(1)}$, $(K_{MS})_{11}^{(3)}$, $(K_{MS})_{11}^{(4)}$의 합과 같아야 한다는 사실은 쉽게 알 수 있다. 즉,

$$(K_J)_{11} = (K_{MS})_{11}^{(1)} + (K_{MS})_{11}^{(3)} + (K_{MS})_{11}^{(4)}$$
$$= \frac{EA}{2\sqrt{2}\,H} + \frac{EA}{2\sqrt{2}\,H} + \frac{EA}{L} = \frac{EA}{\sqrt{2}\,H} + \frac{EA}{L}$$

마찬가지로

$$(K_J)_{21} = (K_{MS})_{21}^{(1)} + (K_{MS})_{21}^{(3)} + (K_{MS})_{21}^{(4)} = \frac{EA}{2\sqrt{2}\,H} - \frac{EA}{2\sqrt{2}\,H} + 0 = 0$$

그런데 이는 바로 절점변위와 부재변위의 지수(index)를 일치시켰을 경우 요소강성의 합이 구조강성을 의미하므로, 결과적으로 모든 부재강성요소의 합으로 조합된다.

$$[K_J]_{j\,k} = \sum_{i=1}^{m}([K_{MS}]_{j\,k})_i \tag{19.3.23a}$$

또는 요소강성매트릭스 $[K_{MS}]_i$를 구조강도와 같은 크기로 확장하면 매트릭스의 합으로 기계적으로 조합하여 구할 수 있다.

$$[K_J] = \sum_{i=1}^{m}(K_J)_i \tag{19.3.23b}$$

수계산에서 변위자유도가 작은 문제에서는 어느 방법에 의해 조합하여도 별 상관은 없으나, 변위자유도가 많은 구조문제의 전산화해석에서는 프로그래밍의 연산논리에도 맞는 첫 번째 방법이 효율적임을 쉽게 알 수 있다.

매트릭스해석의 강성도법에 의한 구조강성방정식 식 (19.3.22)의 해를 구하려면 먼저 전체트러스에 대한 강성행렬을 부재강성으로부터 구하는 것부터 시작된다. 위에서 이미 트러스에서 임의의 부재에 대한 강성행렬이 모두 구해진 경우, 이들을 대응하는 절점변위 지수별로 합하거나 결합시켜서 트러스전체에 대한 절점구조강성매트릭스 $[K_J]$을 식 (19.3.23)으로부터 구할 수 있다. 부재강성행렬을 조합하는 방법으로 식 (19.3.23a)와 같이 할 경우에는 모든 요소강성매트릭스 $[K_{MS}]_i$를 단부에 해당변위 지수 $j-k$를 갖는 구조강성매트릭스 $[K_J]$ 위치에 옮겨 놓으면 되고, 단순하게 매트릭스의 합을 구하면 된다. 이때 구조강성의 조합은 트러스 절점변위 지수를 빠짐없이 표시하는 방법에 기초를 두고 있다. 이에 따르면 부재강성행렬을 결합할 때 특정한 절점변위 지수에 관련된 매트릭스요소만 모두 더해지도록 되어 있다. 매트릭스를 합치는 방법은 수치 예를 통해서 가장 쉽게 설명할 수 있다. 그러나 이에 앞서 절점, 부재, 그리고 하중 및 변위의 고유번호를 부여하고 표시하는 몇 가지 중요한 방법에 대하여 알아보고자 한다.

[6] 해석을 위한 구조모형화 (structural modeling)

(1) 절점표시 (joint identification)

매트릭스구조해석에서 절점번호는 ○ 내에 숫자로 표시한다. 각 절점의 번호는 임의로 부여될 수 있다([그림 19.3.9] 참조). 그렇지만, 앞에서 설명하였던 바 실제구조물의 해석에서는 구조강성매트릭스의 대폭(bandwidth)이 최소화 되도록, 즉 부재 양단의 절점변위 지수의 차이가 최소화 되도록 절점번호를 부여해야 한다.

그리고 하중 및 변위의 고유번호를 부여하고 표시하는 몇 가지 중요한 방법에 대하여 알아보고자 한다.

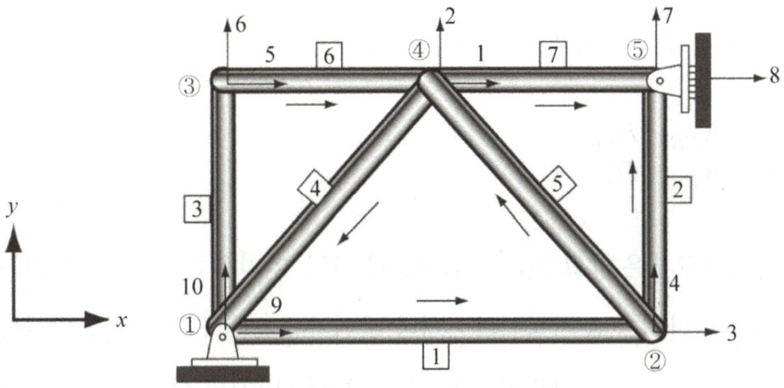

[그림 19.3.9]

(2) 부재표시 (Member identification)

각 부재는 □ 내에 숫자로 표시한다. 이들 번호는 각 부재에 임의로 부여될 수 있다(대형 트러스에서 $[K_J]$를 사용한 매트릭스조작은 $[K_J]$의 대폭(bandwidth)을 줄이기 위해 파형(wave pattern)으로 부재번호를 취하면 실제적으로 보다 더 효율적이다([그림 19.3.9] 참조).

(3) 부제의 방향 (Member Direction)

각 부재의 근단과 원단은 임의로 선택할 수 있다. 이들을 구별하기 위하여 부재축을 따라 화살표를 사용하는데 이때 화살표의 머리는 원단을 향하도록 한다([그림 19.3.9] 참조).

(4) 하중 및 변위방향 (Load and Displacement Direction)

전체좌표 x, y의 정(+)의 방향을 나타내기 위하여 각 절점에 두 개의 변위 지수번호를 1조로 하여 부여한다. 미지의 자유절점변위로부터 차례로 지수번호를 부여한 다음, 구속변위들은 나머지 번호들을 사용하도록 하였다. 예를 들면, 절점 ④, ②, ③, ⑤는 미지의 변위를 갖고 있기 때문에 1에서 7까지의 번호를 각 미지변위의 방향에 부여하였다. 이와 같이 절점의 변위구속으로 인하여 $(D_J)_8 = (D_J)_9 = (D_J)_{10} = 0$이 되므로 나머지 번호들은 절점 ⑤, ①의 구속된 변위 방향에 부여하였다. 이와 같은 방법으로 표시하는 이유는 뒤에 구조강성매트릭스를 분할하는데 편리를 도모함으로써 미지변위를 매우 손쉽게 구하기 위한 것이다. 실제 컴퓨터 프로그램해석에서는 프로그램 내에서 쉽게 변위 지수를 재배열할 수 있다.

[7] 트러스해석을 위한 강성도법의 응용

일단 앞 절의 방법들을 이용하여 구조강성매트릭스를 구한 후 절점의 처짐, 외적 반력, 내적 부재력을 구하려면, 먼저 구조강성방정식을 이용하여 절점변위부터 구해야 한다. 이를 위하여 구조강성매트릭스를 분할하면 $\{A_C\} = [K_J]\{D_J\}$는 다음과 같이 나타낼 수 있다(이와 같은 분할기법은 수치해석 예제에서 쉽게 이해할 수 있게 설명될 것이다).

$$\begin{Bmatrix} A_{FC} \\ A_{RC} \end{Bmatrix} = \begin{bmatrix} K_{FF} & K_{FR} \\ K_{RF} & K_{RR} \end{bmatrix} \begin{Bmatrix} D_F \\ D_R \end{Bmatrix} \tag{19.3.24a}$$

여기서, $\{A_{FC}\}$, $\{D_R\}$은 알고 있는 절점하중과 변위, 여기서 하중은 트러스에서 절점하중으로 되고, 이 변위는 일반적으로 지점침하이거나 변위자유도가 구속된 절점변위이지만, 일반적으로 그 값이 0(zero)으로 된다. 그리고 $\{A_{RC}\}$, $\{D_F\}$는 미지의 절점하중과 변위, 여기서 하중은 미지의 지점반력을 타내고, 변위는 임의의 방향으로 구속되지 않은 자유절점변위이다. 마지막으로 $[K_J]$는 분할된 구조강성행렬로, 이는 분할된 $\{A_C\}$와 $\{D_J\}$에 대응하도록 적절하게 분할하면 된다.

식 (19.3.24a)를 전개하면 다음과 같이 된다.

$$\{A_{FC}\} = [K_{FF}]\{D_F\} + [K_{FR}]\{D_R\} \tag{19.3.24b}$$

$$\{A_{RC}\} = [K_{RF}]\{D_F\} + [K_{RR}]\{D_R\} \tag{19.3.24c}$$

지점에서는 변위가 없으므로 대개 $\{D_R\} = 0$이다[$\{D_R\} \neq 0$인 경우는 $\{D_F\} = [K_{FF}]^{-1}(\{A_{FC}\} - [K_{FR}]\{D_F\})$, 즉 지점침하가 있는 경우와 스프링지점을 갖는 경우]. 이 경우로부터 식 (19.3.24b)는 $\{A_{FC}\} = [K_{FF}]\{D_F\}$가 된다. $\{D_F\}$에 대하여 풀면 다음과 같다.

$$\{D_F\} = [K_{FF}]^{-1}\{A_{FC}\} \tag{19.3.25}$$

이 식으로부터 미지절점변위에 대한 해를 직접 구할 수가 있다. 이 결과를 $\{D_R\} = 0$인 식

(19.3.24c)에 대입하면, 미지지점반력 $\{A_{RC}\}$을 구할 수 있다.

$$\{A_{RC}\} = [K_{RF}]\{D_F\} \tag{19.3.26}$$

식 (19.3.25)로부터 자유절점변위 $\{D_F\}$가 구해지면 부재력은 식 (19.3.18)을 사용하여 구할 수 있다.

$$\{A_M\} = [K_M][R]\{D_{MS}\} \tag{19.3.27a}$$

이 식을 전개하면 다음과 같이 된다.

$$\begin{Bmatrix} (A_M)_1 \\ (A_M)_2 \end{Bmatrix} = \frac{EA}{L}\begin{bmatrix} 1 & -1 \\ -1 & 1 \end{bmatrix}\begin{bmatrix} \lambda_x & \lambda_y & 0 & 0 \\ 0 & 0 & \lambda_x & \lambda_y \end{bmatrix}\begin{Bmatrix} (D_{MS})_1 \\ (D_{MS})_2 \\ (D_{MS})_3 \\ (D_{MS})_4 \end{Bmatrix}$$

평형으로 인하여 $(A_M)_1 = -(A_M)_2$이므로, 오직 하나의 힘만을 가짐을 알 수 있다. 여기서, [그림 19.3.6(b)]와 같이 인장으로 가정하여 $(A_M)_2$를 구할 수 있다.

$$(A_M)_2 = \frac{EA}{L}[-\lambda_x \quad -\lambda_y \quad \lambda_x \quad \lambda_y]\begin{Bmatrix} (D_{MS})_1 \\ (D_{MS})_2 \\ (D_{MS})_3 \\ (D_{MS})_4 \end{Bmatrix} \tag{19.3.27b}$$

특별히 이 식으로 계산된 결과치가 부(−)이면 이 부재는 압축이다.

매트릭스해석의 직접강성도법을 이용하여 트러스에서의 미지의 변위와 부재력을 구하는 해석순서를 아래에 요약하였다. 이 순서는 단순, 합성, 복합트러스 또는 정정트러스나 부정정트러스에 무관하게 일반적으로 적용할 수 있다.

[8] 해석순서

(1) 구조해석 모형화

① 일반적으로 임의의 한 절점에 원점을 정하고, 전체 좌표 x, y를 설정한다.

② 각 절점과 부재를 숫자로 표시하고 원단을 향하는 방향으로 화살표의 머리방향이 향하도록 부재를 따라 표시하여 각 부재의 원단과 근단을 임의로 규정한다.

③ 변위가 미지인 절점부터 절점번호를 부여하도록 하고, 변위가 지정된(구속된)절점은 차후에 부여하도록 한다. 이때 특히 하나의 부재 양단의 절점번호 차이가 최소로 되게끔 부여하는 기법을 쓸 필요가 있다. 또한, 주어진 문제를 고찰해서 알고 있는 변위와 하중 값인

$\{D_R\}$과 $\{A_{FC}\}$를 설정한다.

(2) 구조강성매트릭스 구성

① 각 부재에 대하여 방향여현인 λ_x, λ_y를 구한다.

② 부재강성매트릭스를 식 (19.3.21)을 사용하여 구한다.

③ 전체 트러스에 대한 구조강성매트릭스를 만들기 위해 이들 해당 부재강성매트릭스의 요소를 조합한다.

- $[K_J]_{j\,k} = \sum_{i=1}^{m}([K_{MS}]_{j\,k})_i$ 또는 $[K_J] = \sum_{i=1}^{m}[K_J]_i$
- 이때 부재강성매트릭스와 구조강성매트릭스는 모두 대칭이 되어야 한다는 것으로부터 계산을 $j \le k$인 부분에 대해서만 할 수 있다.

(3) 미지변위의 계산

① 식 (19.3.24)에 나타낸 것과 같이 강성매트릭스를 분할한다.

② 식 (19.3.25)을 이용하여 미지절점변위 $\{D_F\}$를 구한다.

실제 수치계산은 자유절점 구조강성방정식 $[K_{FF}]\{D_F\} = \{A_{FC}\}$로부터 Gauss 소거법 등으로 구한다(대형구조물의 매트릭스구조해석이나 유한요소법에서는 보다 전문적인 시스템방정식의 해법을 사용하는데, 반-대폭(half-bandwidth) 강성행렬을 이용하는 Cholesky 분해법이나 Frontal 해법, Skyline 해법 등을 이용하여 효율적으로 초대형 시스템방정식의 해를 구한다).

(4) 지점반력의 계산

식 (19.3.26)로부터 지점반력 $\{A_{RC}\}$을 구한다.

(5) 부재의 단면력 계산

식 (19.3.27)으로부터 각각의 부재력 $\{A_M\}$를 구한다.

[9] 트러스의 해석 예제

[그림 19.3.10(a))]와 같은 3개의 부재로 구성된 트러스에서 전체강성매트릭스를 구성하고 각 부재의 부재력을 구해보자. 단 EA는 일정하다.

(1) 구조해석 모형화

[그림 19.3.10(b)]와 같이 x, y축을 정하고 절점과 부재에 번호를 설정한다. 또한 부재의 시작

점과 끝점을 화살표로 표시하고, 변위번호를 각 절점에 정한다. 지점변위는 없고 절점하중은 다음과 같다.

$$\{D_R\}=\begin{Bmatrix}0\\0\\0\\0\end{Bmatrix}\begin{matrix}3\\4\\5\\6\end{matrix} \qquad \{A_{FC}\}=\begin{Bmatrix}30\\-60\end{Bmatrix}\begin{matrix}1\\2\end{matrix}$$

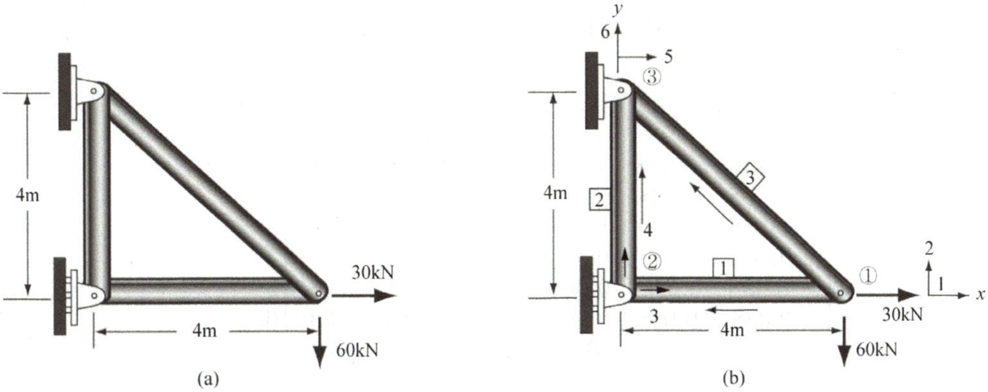

[그림 19.3.10]

(2) 구조강성매트릭스 구성

우선 각 부재별 부재강성매트릭스는 다음과 같다.

$$[부재\ 1]: \lambda_x=\frac{0-4}{4}=-1 \qquad \lambda_y=\frac{0-0}{4}=0$$

$$[K_{MS}]_1=\frac{EA}{4}\begin{bmatrix}1&0&-1&0\\0&0&0&0\\-1&0&1&0\\0&0&0&0\end{bmatrix}\begin{matrix}1\\2\\3\\4\end{matrix}$$
$$\begin{matrix}1&2&3&4\end{matrix}$$

$$[부재\ 2]: \lambda_x=\frac{0-0}{4}=0 \qquad \lambda_y=\frac{4-0}{4}=1$$

$$[K_{MS}]_2=\frac{EA}{4}\begin{bmatrix}0&0&0&0\\0&1&0&-1\\0&0&0&0\\0&-1&0&1\end{bmatrix}\begin{matrix}3\\4\\5\\6\end{matrix}$$
$$\begin{matrix}3&4&5&6\end{matrix}$$

[부재 1] : $\lambda_x = \dfrac{0-4}{4\sqrt{2}} = -\dfrac{1}{\sqrt{2}} \qquad \lambda_y = \dfrac{4-0}{4\sqrt{2}} = \dfrac{1}{\sqrt{2}}$

$$[K_{MS}]_3 = \frac{EA}{8\sqrt{2}}\begin{bmatrix} 1 & -1 & -1 & 1 \\ -1 & 1 & 1 & -1 \\ -1 & 1 & 1 & -1 \\ 1 & -1 & -1 & 1 \end{bmatrix}\begin{matrix}1\\2\\5\\6\end{matrix}$$
$$\begin{matrix}1 & 2 & 5 & 6\end{matrix}$$

구조강성매트릭스는 다음과 같이 매트릭스의 합으로 조합한다.

$$[K_J] = [K_{MS}]_1 + [K_{MS}]_2 + [K_{MS}]_3$$
$$= EA\begin{bmatrix} 0.338 & -0.088 & -0.25 & 0.00 & -0.088 & 0.088 \\ -0.088 & 0.088 & 0.00 & 0.00 & 0.088 & -0.088 \\ -0.250 & 0.000 & 0.25 & 0.00 & 0.000 & 0.000 \\ 0.000 & 0.000 & 0.00 & 0.25 & 0.000 & -0.250 \\ -0.088 & 0.088 & 0.00 & 0.00 & 0.088 & -0.088 \\ 0.088 & -0.088 & 0.00 & -0.25 & -0.088 & 0.338 \end{bmatrix}\begin{matrix}1\\2\\3\\4\\5\\6\end{matrix}$$
$$\begin{matrix}1 & 2 & 3 & 4 & 5 & 6\end{matrix}$$

그러나 이와 같은 형식적인 매트릭스의 합은 필요 없고, 각 부재매트릭스($[K_{MS}]_{jk})_{(i)}$을 $[K_{jk}]$ 위치에 옮겨서 $[K_J] = \sum([K_{MS}]_{jk})_{(e)}$로 합하면 된다.

(3) 미지변위의 계산

식 (19.3.24)을 사용하면 트러스에 대하여 $\{A_C\} = [K_J]\{D_J\}$

$$\begin{matrix} & [K_{FF}] & | & [K_{FR}] \end{matrix}$$
$$\begin{Bmatrix} 30 \\ -60 \\ (A_{RC})_3 \\ (A_{RC})_4 \\ (A_{RC})_5 \\ (A_{RC})_6 \end{Bmatrix} = EA\begin{bmatrix} 0.338 & -0.088 & -0.25 & 0.00 & -0.088 & 0.088 \\ -0.088 & 0.088 & 0.00 & 0.00 & 0.088 & -0.088 \\ -0.250 & 0.000 & 0.25 & 0.00 & 0.000 & 0.000 \\ 0.000 & 0.000 & 0.00 & 0.25 & 0.000 & -0.250 \\ -0.088 & 0.088 & 0.00 & 0.00 & 0.088 & -0.088 \\ 0.088 & -0.088 & 0.00 & -0.25 & -0.088 & 0.338 \end{bmatrix}\begin{Bmatrix} (D_J)_1 \\ (D_J)_2 \\ 0 \\ 0 \\ 0 \\ 0 \end{Bmatrix}\begin{matrix}\{D_F\} \\ \cdots \\ \{D_R\}\end{matrix}$$
$$\begin{matrix} & [K_{RF}] & | & [K_{RR}] \end{matrix}$$

위의 식과 같이 강성매트릭스를 분할한다.

식 (19.3.25)에 의해 미지의 절점변위 $\{D_F\}$를 구한다.

$$\{A_{FC}\} = [K_{FF}]\{D_F\} + [K_{FR}]\{D_R\} \quad ; \quad \{D_R\} = 0$$
$$\begin{Bmatrix} 30 \\ -60 \end{Bmatrix} = EA\begin{bmatrix} 0.338 & -0.088 \\ -0.088 & 0.088 \end{bmatrix}\begin{Bmatrix} (D_J)_1 \\ (D_J)_2 \end{Bmatrix}$$

따라서

$$30 = EA[0.338(D_J)_1 - 0.088(D_J)_2] \quad ①$$

$$-60 = EA[-0.088(D_J)_1 + 0.088(D_J)_2] \quad ②$$

식 ①과 ②를 연립방정식으로 풀면

$$(D_J)_1 = -\frac{120}{EA}, \qquad (D_J)_2 = -\frac{801.8}{EA} \qquad \therefore \{D_F\} = \frac{1}{EA}\begin{Bmatrix} -120.0 \\ -801.8 \end{Bmatrix}$$

(4) 지점반력의 계산

지점반력을 구한다.

$$\{A_{RC}\} = [K_{RF}]\{D_F\} + [K_{RR}]\{D_R\}\ ; \quad \{D_R\} = 0$$

$$\begin{Bmatrix} (A_{RC})_3 \\ (A_{RC})_4 \\ (A_{RC})_5 \\ (A_{RC})_6 \end{Bmatrix} = EA\begin{bmatrix} -0.250 & 0.000 \\ 0.000 & 0.000 \\ -0.088 & 0.088 \\ 0.088 & -0.088 \end{bmatrix}\begin{Bmatrix} (D_J)_1 \\ (D_J)_2 \end{Bmatrix}$$

$$= EA\begin{bmatrix} -0.250 & 0.000 \\ 0.000 & 0.000 \\ -0.088 & 0.088 \\ 0.088 & -0.088 \end{bmatrix}\frac{1}{EA}\begin{Bmatrix} -120.0 \\ -801.8 \end{Bmatrix} = \begin{Bmatrix} 30 \\ 0 \\ -60 \\ 60 \end{Bmatrix}$$

(5) 부재의 단면력 계산

위의 결과로부터 식 (19.3.27)을 이용하여 부재력을 구한다.

[부재 1] : $\lambda_x = \dfrac{0-4}{4} = -1 \qquad \lambda_y = \dfrac{0-0}{4} = 0$

$$(A_M)_1 = \frac{EA}{4}\{1 \ \ 0 \ \ -1 \ \ 0\}\frac{1}{EA}\begin{Bmatrix} -120.0 \\ -801.8 \\ 0.0 \\ 0.0 \end{Bmatrix} = -30\,\text{KN}$$

[부재 2] : $\lambda_x = \dfrac{0-0}{4} = 0 \qquad \lambda_y = \dfrac{4-0}{4} = 1$

$$(A_M)_2 = \frac{EA}{4}\{0 \ \ -1 \ \ 0 \ \ 1\}\frac{1}{EA}\begin{Bmatrix} 0 \\ 0 \\ 0 \\ 0 \end{Bmatrix} = 0$$

[부재 3] : $\lambda_x = \frac{0-4}{4\sqrt{2}} = -\frac{1}{\sqrt{2}} \qquad \lambda_y = \frac{4-0}{4\sqrt{2}} = \frac{1}{\sqrt{2}}$

$$(A_M)_3 = \frac{EA}{4\sqrt{2}}\left\{\frac{1}{\sqrt{2}} \quad -\frac{1}{\sqrt{2}} \quad -\frac{1}{\sqrt{2}} \quad \frac{1}{\sqrt{2}}\right\}\frac{1}{EA}\begin{Bmatrix}-120.0\\-801.8\\0.0\\0.0\end{Bmatrix} = 85.23\,\mathrm{KN}$$

[10] 입체트러스 해석

직접강성도법에 의한 입체트러스의 해석법은 평면트러스와 동일하다. 그러나 3차원 문제로 되면 트러스의 절점변위의 자유도가 2에서 3으로 되고, 트러스 부재좌표계와 전체좌표계 사이의 힘, 변위, 강도의 변환을 위한 3차원 변환매트릭스$[R]$을 포함하여야만 한다. 국부좌표계 x'의 항으로 정의되는 부재에 대한 강성매트릭스는 식 (19.3.5)로 주어지게 된다. 더욱이 식 (19.3.15)을 외견상으로 보면 전체좌표계와 국부좌표계 사이의 방향여현은 식 (19.3.6)와 식 (19.3.7)의 해석적 방정식을 사용하여 구할 수 있다. 즉,

$$\lambda_x = \cos\theta_x = \frac{x_k - x_j}{L} = \frac{x_k - x_j}{\sqrt{(x_k - x_j)^2 + (y_k - y_j)^2 + (z_k - z_j)^2}} \tag{19.3.28}$$

$$\lambda_y = \cos\theta_y = \frac{y_k - y_j}{L} = \frac{y_k - y_j}{\sqrt{(x_k - x_j)^2} + \sqrt{(y_k - y_j)^2} + \sqrt{(z_k - z_j)^2}} \tag{19.3.29}$$

$$\lambda_z = \cos\theta_z = \frac{z_k - z_j}{L} = \frac{z_k - z_j}{\sqrt{(x_k - x_j)^2} + \sqrt{(y_k - y_j)^2} + \sqrt{(z_k - z_j)^2}} \tag{19.3.30}$$

결과적으로 3차원에 대한 식 (19.3.12)의 변환매트릭스는 다음과 같다.

$$[R] = \begin{bmatrix}\lambda_x & \lambda_y & \lambda_z & 0 & 0 & 0\\ 0 & 0 & 0 & \lambda_x & \lambda_y & \lambda_z\end{bmatrix} \tag{19.3.31}$$

입체트러스의 전체 좌표 부재강성매트릭스는, 이 식을 식 (19.3.20) $[K_{MS}] = [R]^T[K_M][R]$에 대입함으로써 다음과 같이 구해진다.

$$[K_{MS}] = \begin{bmatrix}\lambda_x & \lambda_x & \lambda_z & 0 & 0 & 0\\ 0 & 0 & 0 & \lambda_x & \lambda_y & \lambda_z\end{bmatrix}^T \frac{EA}{L}\begin{bmatrix}1 & -1\\ -1 & 1\end{bmatrix}\begin{bmatrix}\lambda_x & \lambda_x & \lambda_z & 0 & 0 & 0\\ 0 & 0 & 0 & \lambda_x & \lambda_y & \lambda_z\end{bmatrix}$$

위의 식에 대한 매트릭스연산을 실시하면 다음과 같은 대칭매트릭스를 구할 수 있다.

$$
[K_{MS}] = \frac{EA}{L}
\begin{array}{|c|c|c|c|c|c|c}
\multicolumn{1}{c}{1} & \multicolumn{1}{c}{2} & \multicolumn{1}{c}{3} & \multicolumn{1}{c}{4} & \multicolumn{1}{c}{5} & \multicolumn{1}{c}{6} & \\
\hline
\lambda_x^2 & \lambda_x\lambda_y & \lambda_x\lambda_z & -\lambda_x^2 & -\lambda_x\lambda_y & -\lambda_x\lambda_z & 1 \\
\hline
\lambda_y\lambda_x & \lambda_y^2 & \lambda_y\lambda_z & -\lambda_y\lambda_x & -\lambda_y^2 & -\lambda_y\lambda_z & 2 \\
\hline
\lambda_z\lambda_x & \lambda_z\lambda_y & \lambda_z^2 & -\lambda_z\lambda_x & -\lambda_z\lambda_y & -\lambda_z^2 & 3 \\
\hline
-\lambda_x^2 & -\lambda_x\lambda_y & -\lambda_x\lambda_z & \lambda_x^2 & \lambda_x\lambda_y & \lambda_x\lambda_z & 4 \\
\hline
-\lambda_y\lambda_x & -\lambda_y^2 & -\lambda_y\lambda_z & \lambda_y\lambda_x & \lambda_y^2 & \lambda_y\lambda_z & 5 \\
\hline
-\lambda_z\lambda_x & -\lambda_z\lambda_y & -\lambda_z^2 & \lambda_z\lambda_x & \lambda_z\lambda_y & \lambda_z^2 & 6 \\
\hline
\end{array}
\qquad (19.3.32)
$$

이 식이 전체 좌표에 대한 부재강성매트릭스를 표시한 것이다. 행과 열을 따라 부여되어 있는 코드번호는 [그림 19.3.11]에 나타낸 부재에 대한 근단 j과 원단 k에서의 x, y, z방향을 각각 1, 2, 3, 4, 5, 6으로 방향을 나타낸 것이다.

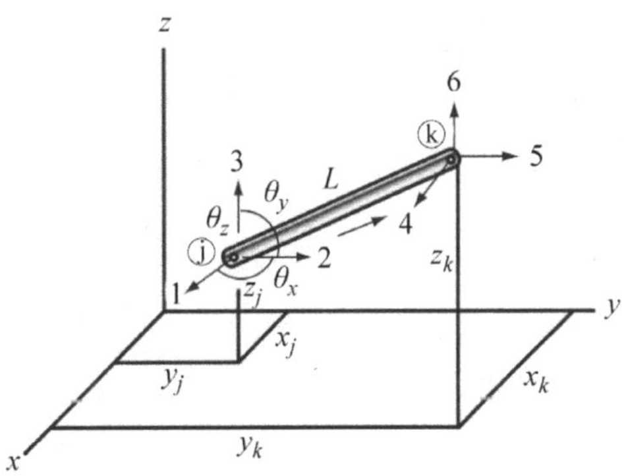

[그림 19.3.11]

컴퓨터프로그램에 있어서는 각 부재에 대하여 매트릭스곱셈 $[R]^T[K_M][R]$를 실행하는 것보다 식 (19.3.32)를 직접 사용하는 것이 일반적으로 더 효율적이다. 각 요소에 대하여 부재강성매트릭스를 구한 후, 이들 매트릭스를 절점강성매트릭스 $[K_J]$에서 각각의 해당 위치에 바로 배치시키면 된다($[K_J]_{jk} = \sum_{i=1}^{m}([K_{MS}]_{jk})_i$).

이렇게 함으로써 절점강성매트릭스 $[K_J]$를 구한 후에는 앞에서 보여준 평면트러스의 강성도법과 동일한 방법으로 절점변위, 지점반력, 부재의 단면력을 차례로 구하면 된다.

19.3.2 평면뼈대의 해석

[1] 평면뼈대요소

매트릭스 구조해석에서 직접강성도법을 적용하기 위해서는 먼저 뼈대를 구성하는 부재들을 어떻게 유한개의 요소로 분할할 것인가를 결정해야 한다. 이 요소들의 단부를 절점이라고 부르는데, 일반적으로 절점은 각 지점, 모서리나 휘어진 곳, 또는 외력이 작용하는 곳이나 뼈대상의 특정한 점의 변위를 구해야 하는 곳을 말한다. 예를 들면, [그림 19.3.12]와 같은 뼈대를 고려해보자. 여기서 절점은 ○ 내에 숫자로 표시하였다. 특히 절점 ⑤는 이점에서 변위를 구하기 위한 것이다. 따라서 뼈대는 5개의 요소로 되어 있는데, 각 요소는 두 개의 절점 사이를 연결하도록 되어 있다. 요소는 □ 내에 숫자로 나타내고 있다.

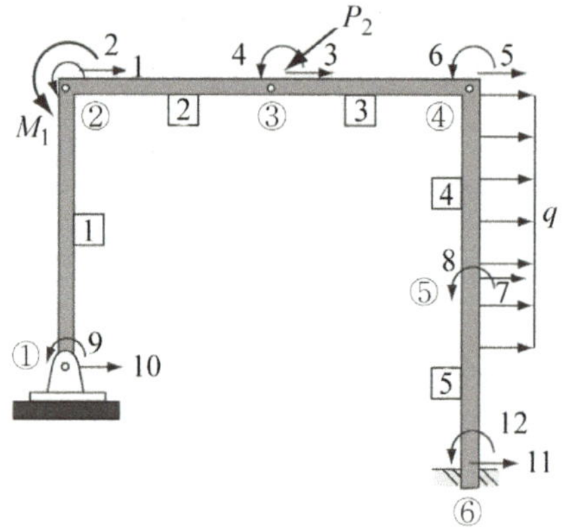

[그림 19.3.12]

만일 뼈대부재가 부재에 직접 작용하는 분포하중을 지지한다면 먼저, 분포하중을 절점에서의 정역학적으로 등가평형력으로 작용시키기 위하여 부재의 양단에 작용하는 고정단반력과 반대되는 등가작용력인 축력, 전단력 및 휨모멘트로 대치시켜야 한다. 즉, 전체 구조물의 축에 대한 부재의 고정단력을 $\{A_{MS}\}$라 하면, 등가절점하중(equivalent joint load)은 $\{A_E\} = -\{A_{MS}\}$가 된다.

예를 들어, 부록에 수록된 등분포하중을 받는 양단고정보의 고정단력 공식을 사용하면 [그림 19.3.13(a)]의 등분포하중을 받는 부재의 등가절점하중 $\{A_E\}$는 부(-)의 고정단부재력 $-\{A_{MS}\}$ 되므로, [그림 19.3.13(b)]와 같다.

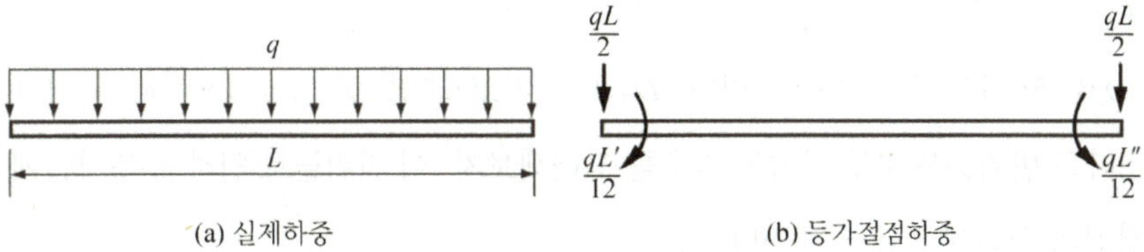

[그림 19.3.13]

$$\{A_E\}=\begin{Bmatrix}(A_E)_5\\(A_E)_6\\(A_E)_7\\(A_E)_8\end{Bmatrix}\begin{matrix}5\\6\\7\\8\end{matrix}=\begin{Bmatrix}qL/2\\qL^2/12\\qL/2\\-qL^2/12\end{Bmatrix}$$

이와 같이 등가의 절점하중을 구한 후에 절점하중과 미지의 절점변위에 대한 직접강성도법에 의한 매트릭스구조해석을 앞의 트러스구조의 해석과 유사한 방법으로 수행할 수 있다.

이 등가절점하중을 사용하여 매트릭스 구조해석을 행한 다음, 요소의 어느 한 점에서의 실제 내력 및 변위는 등분포하중에 의한 고정단부재력과 매트릭스해석으로부터 구한 단부재력을 겹쳐서 구할 수 있다.

[2] 부재강성매트릭스

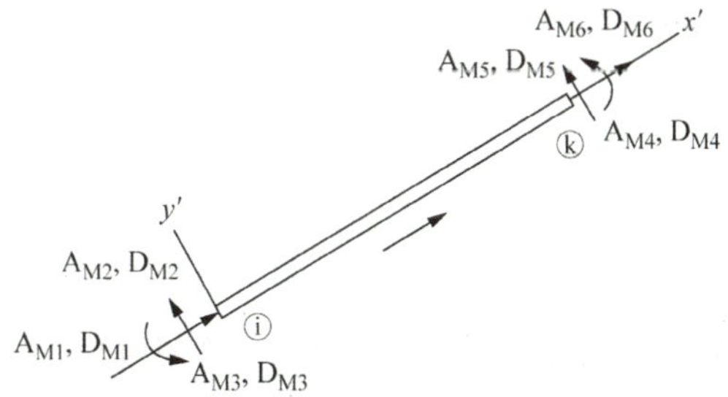

[그림 19.3.14]

이 절에는 [그림 19.3.14]와 같은 x', y', z' 국부좌표계를 사용하는 뼈대부재 ij에 대한 강성매트릭스를 유도한다. 좌표의 원점은 근단 j에 위치시키고 정(+)의 x'축은 원단 k쪽으로 향한다.

요소의 각 단에는 3개의 단부재력이 존재하는데 그중에 $(A_M)_1$과 $(A_M)_4$는 축력, $(A_M)_2$와 $(A_M)_5$는 전단력, $(A_M)_3$와 $(A_M)_6$는 반시계방향일 때 정(+)으로 보는데, 이는 오른손법칙에 의해 반시계방향의 모멘트 벡터는 지면 밖으로 향하는 정(+)의 z'축을 향하게 되기 때문이다. 이 단부재력에 대응하는 변위 $(D_M)_1$, $(D_M)_2$, $(D_M)_4$, $(D_M)_5$ 및 회전각 $(D_M)_3$, $(D_M)_6$도 [그림 19.3.14]에 주어져 있다.

(1) x' 변위

[그림 19.3.15(a)]와 같이 정(+)의 변위 $(D_M)_1$ 그리고 [그림 19.3.15(b)]의 $(D_M)_4$가 가해지고 부재력의 다른 변위들은 모두 구속된 경우를 고려해보자. 이 변위들로 인하여 부재단에 발생된 힘들은 겹침의 원리에 의해 구해진다.

즉,

$$(A_M)_1 = \frac{EA}{L}[(D_M)_1 - (D_M)_4]$$
$$(A_M)_2 = (A_M)_3 = 0$$
$$(A_M)_4 = \frac{EA}{A}[(D_M)_4 - (D_M)_1]$$
$$(A_M)_5 = (A_M)_6 = 0$$

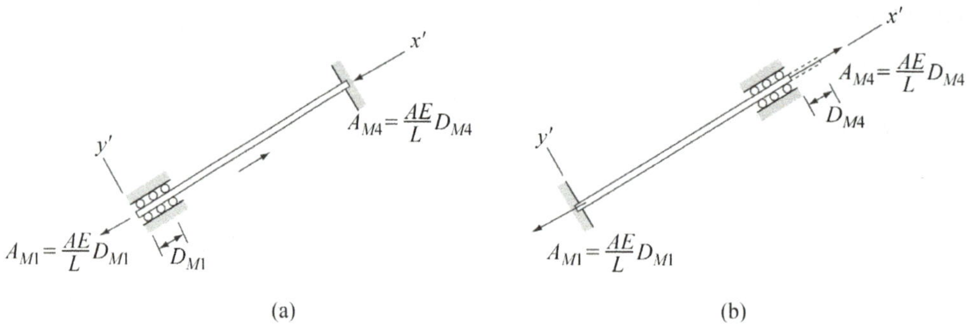

[그림 19.3.15] x'의 변위

(2) y' 변위

다른 변위들은 구속되어 있는 상태에서 변위 $(A_M)_5$가 가해질 때 이에 따른 전단력 및 휨모멘트는 [그림 19.3.16(b)]와 같다. 이 변위들을 겹치면 다음과 같다.

$$(A_M)_1 = 0$$
$$(A_M)_2 = \frac{12EI}{L^3}(D_M)_2 - \frac{12EI}{L^3}(D_M)_5$$
$$(A_M)_3 = \frac{6EI}{L^2}(D_M)_2 - \frac{6EI}{L^2}(D_M)_5$$
$$(D_M)_4 = 0$$
$$(A_M)_5 = -\frac{12EI}{L^3}(D_M)_2 + \frac{12EI}{L^3}(D_M)_5$$
$$(A_M)_6 = \frac{6EI}{L^2}(D_M)_2 - \frac{6EI}{L^2}(D_M)_5$$

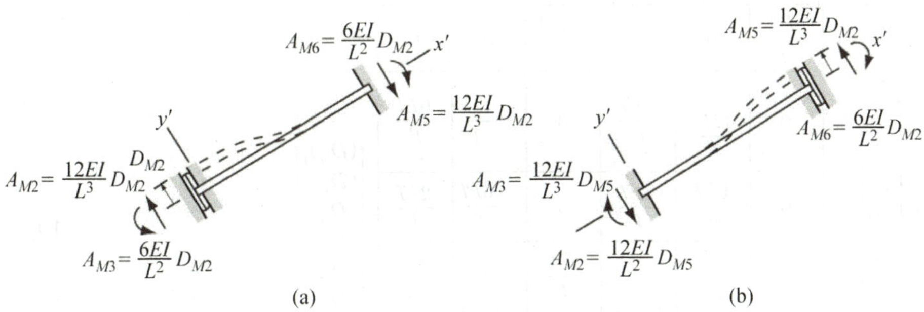

[그림 19.3.16] y' 변위

(3) z' 회전각

[그림 19.3.17(a)]와 같이 다른 변위는 일어날 수 없게 하면서 회전변위 $(D_M)_3$만 가해졌다고 하자. 이러한 변형이 일어나는데 필요한 전단력 및 휨모멘트는 그림에 주어진 바와 같다. 마찬가지로 $(D_M)_6$에 대응하는 단부재력들은 [그림 19.3.17(b)]와 같다.

$$(A_M)_1 = 0$$
$$(A_M)_2 = \frac{6EI}{L^2}(D_M)_3 + \frac{6EI}{L^2}(D_M)_6$$
$$(A_M)_3 = \frac{4EI}{L}(D_M)_3 - \frac{2EI}{L}(D_M)_6$$
$$(A_M)_4 = 0$$
$$(A_M)_5 = -\frac{6EI}{L^2}(D_M)_3 - \frac{6EI}{L^2}(D_M)_6$$
$$(A_M)_6 = \frac{2EI}{L}(D_M)_3 + \frac{4EI}{L}(D_M)_6$$

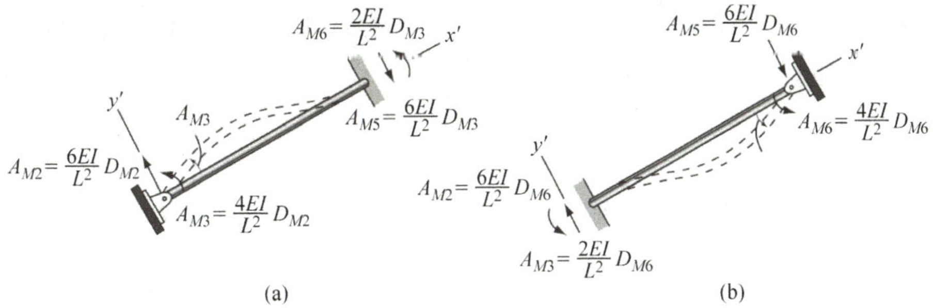

[그림 19.3.17] z' 회전각

이상의 모든 결과들을 겹쳐서 합하면, 다음과 같은 매트릭스형태의 방정식을 얻을 수 있다.

$$\begin{Bmatrix} (A_M)_1 \\ (A_M)_2 \\ (A_M)_3 \\ (A_M)_4 \\ (A_M)_5 \\ (A_M)_6 \end{Bmatrix} = \begin{bmatrix} \frac{EA}{l} & 0 & 0 & -\frac{EA}{l} & 0 & 0 \\ 0 & \frac{12EI}{l^3} & \frac{6EI}{l^2} & 0 & -\frac{12EI}{l^3} & \frac{6EI}{l^2} \\ 0 & \frac{6EI}{l^2} & \frac{4EI}{l} & 0 & -\frac{6EI}{l^2} & \frac{2EI}{l} \\ -\frac{EA}{l} & 0 & 0 & \frac{EA}{l} & 0 & 0 \\ 0 & -\frac{12EI}{l^3} & -\frac{6EI}{l^2} & 0 & \frac{12EI}{l^3} & -\frac{6EI}{l^2} \\ 0 & \frac{6EI}{l^2} & \frac{2EI}{l} & 0 & -\frac{6EI}{l^2} & \frac{4EI}{l} \end{bmatrix} \begin{Bmatrix} (D_M)_1 \\ (D_M)_2 \\ (D_M)_3 \\ (D_M)_4 \\ (D_M)_5 \\ (D_M)_6 \end{Bmatrix} \tag{19.3.33}$$

또는

$$\{A_M\}_i = [K_M]_i \{D_M\}_i \tag{19.3.34}$$

식 (19.3.33)의 대칭매트릭스 $[K_M]_i$는 부재강성매트릭스라 부른다. 이 매트릭스는 부재단의 축력, 전단력 그리고 휨모멘트로 인한 변위를 모두 고려해야 하는 36개의 요소를 갖고 있다. 매트릭스에서 각 요소의 열과 행의 위치를 나타내기 위하여 1에서 6까지의 번호를 사용하고 있는데, 이 숫자들은 [그림 19.3.14]에서 나타낸 바와 같이 6개의 (A_M)와 (D_M) 성분의 방향을 표시한다. 이상과 같이 유도한 부재강성방정식은 부재의 평형 및 변형 적합조건을 모두 만족시킨다.

[3] 변위 및 힘 변환매트릭스

트러스의 경우와 마찬가지로 국부좌표계 x', y', z'에 대한 부재내력 $\{A_M\}_i$와 변위 $\{D_M\}_i$를 전체 좌표계 x', y', z'의 값으로 변환시킬 수 있어야 한다. 그러므로 이를 위하여 변환매트릭스가 필요하게 된다.

(1) 변위변환매트릭스

[그림 19.3.18(a)]와 같은 뼈대부재를 고려해보자. 여기서, 전체좌표변위 $(D_{MS})_1$을 국부좌표변위로 변환시키면 다음과 같이 된다.

$$(D_M)_1 = (D_{MS})_1 \cos\theta_x, \ \ (D_M)_2 = -(D_{MS})_1 \sin\theta_x$$

또 [그림 19.3.17(b)]에서 전체좌표변위$(D_{MS})_2$도 다음과 같은 국부좌표변위를 갖는다.

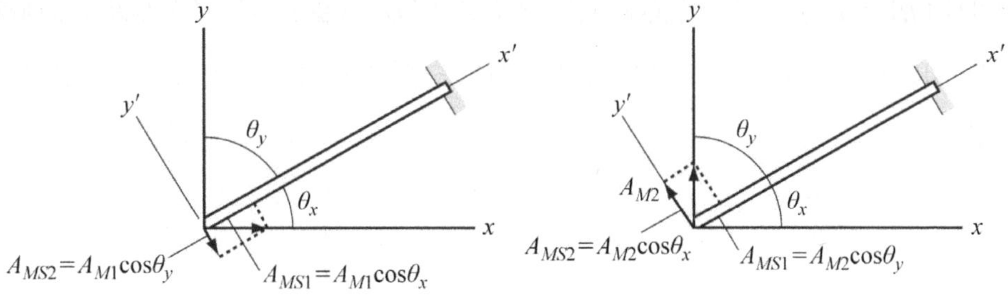

[그림 19.3.18]

$(D_M)_1 = (D_{MS})_2\sin\theta_x \quad (D_M)_2 = (D_{MS})_2\cos\theta_x$

마지막으로 z'와 z축은 다 같이 지면 밖으로 향하고 일치하므로, z축에 대한 회전변위 $(D_{MS})_3$는 z'축에 대한 대응하는 회전 $(D_M)_3$와 같아지게 된다.

그러므로

$(D_M)_3 = (D_{MS})_3$

마찬가지로, 부재의 원단에 x방향의 전체 좌표변위 $(D_{MS})_4$, y방향의 $(D_{MS})_5$ 그리고 회전각 $(D_{MS})_6$가 각각 가해질 경우의 변위식은 다음과 같이 된다.

$(D_M)_4 = (D_{MS})_4\cos\theta_x \quad (D_M)_5 = -(D_{MS})_4\sin\theta_x$

$(D_M)_5 = (D_{MS})_5\sin\theta_x \quad (D_M)_5 = (D_{MS})_5\cos\theta_x$

$(D_M)_6 = (D_{MS})_6$

이때 $\lambda_x = \cos\theta_x$, $\lambda_y = \sin\theta_x$를 방향여현으로 정의하면, 다음과 같은 매트릭스형태의 변환식이 유도된다.

$$\begin{Bmatrix} (D_M)_1 \\ (D_M)_2 \\ (D_M)_3 \\ (D_M)_4 \\ (D_M)_5 \\ (D_M)_6 \end{Bmatrix} = \begin{bmatrix} \lambda_x & \lambda_y & 0 & 0 & 0 & 0 \\ -\lambda_y & \lambda_x & 0 & 0 & 0 & 0 \\ 0 & 0 & 1 & 0 & 0 & 0 \\ 0 & 0 & 0 & \lambda_x & \lambda_y & 0 \\ 0 & 0 & 0 & -\lambda_y & \lambda_x & 0 \\ 0 & 0 & 0 & 0 & 0 & 1 \end{bmatrix} \begin{Bmatrix} (D_{MS})_1 \\ (D_{MS})_2 \\ (D_{MS})_3 \\ (D_{MS})_4 \\ (D_{MS})_5 \\ (D_{MS})_6 \end{Bmatrix} \tag{19.3.35}$$

또는

$$\{D_M\} = [R]\{D_{MS}\} \tag{19.3.36}$$

여기서 $[R]$는 x, y, z 전체 좌표에 대한 6개의 변위 $\{D_{MS}\}$을 x', y', z' 국부좌표에 대한 6개의 $\{D_M\}$으로 변환시키는 매트릭스임을 명백히 알 수 있다. 그러므로 $[R]$은 변위변환매트릭스라 한다.

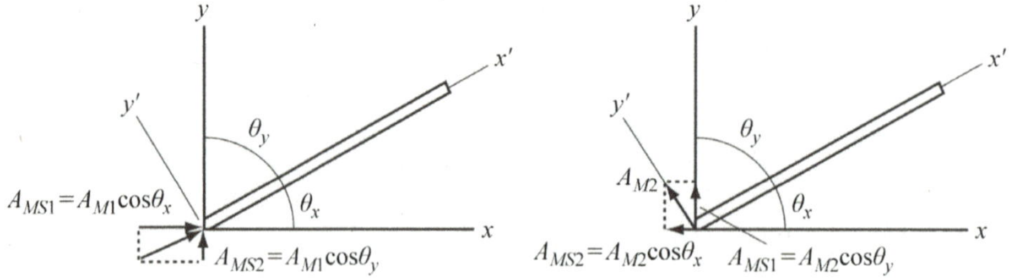

[그림 19.3.19]

(2) 힘변환매트릭스

국부좌표를 전체 좌표로 변환시키기 위하여 이제는 부재의 근단에 국부좌표에 대한 부재력의 각 성분을 작용시켜 보자. [그림 19.3.19(a)]와 같이 $(A_M)_1$을 작용시키면,

$$(A_{MS})_1 = (A_M)_1 \cos\theta_x \quad (A_{MS})_2 = (A_M)_1 \sin\theta_x$$

[그림 19.3.19(b)]와 같이 $(A_M)_2$가 작용하는 경우,

$$(A_{MS})_1 = -(A_M)_2 \sin\theta_x \quad (A_{MS})_2 = (A_M)_2 \cos\theta_x$$

그리고 $(A_M)_3$는 $(A_{MS})_3$와 일치하는 힘이므로 다음과 같다.

$$(A_{MS})_3 = (A_M)_3$$

마찬가지로 $(A_M)_4$, $(A_M)_5$, $(A_M)_6$에 대해서도 다음과 같은 관계가 도출된다.

$$(A_{MS})_4 = (A_M)_4 \cos\theta_x \qquad (A_{MS})_5 = (A_M)_4 \sin\theta_x$$
$$(A_{MS})_4 = -(A_M)_5 \cos\theta_x \qquad (A_{MS})_5 = (A_M)_5 \sin\theta_x$$
$$(A_{MS})_6 = (A_M)_6$$

이상의 식들을 $\lambda_x = \cos\theta_x$, $\lambda_y = \sin\theta_x$를 사용하여 매트릭스 형태로 표현하면 다음과 같이 된다.

$$\begin{Bmatrix} (A_{MS})_1 \\ (A_{MS})_2 \\ (A_{MS})_3 \\ (A_{MS})_4 \\ (A_{MS})_5 \\ (A_{MS})_6 \end{Bmatrix} = \begin{bmatrix} \lambda_x & -\lambda_y & 0 & 0 & 0 & 0 \\ \lambda_y & \lambda_x & 0 & 0 & 0 & 0 \\ 0 & 0 & 1 & 0 & 0 & 0 \\ 0 & 0 & 0 & \lambda_x & -\lambda_y & 0 \\ 0 & 0 & 0 & \lambda_y & \lambda_x & 0 \\ 0 & 0 & 0 & 0 & 0 & 1 \end{bmatrix} \begin{Bmatrix} (A_M)_1 \\ (A_M)_2 \\ (A_M)_3 \\ (A_M)_4 \\ (A_M)_5 \\ (A_M)_6 \end{Bmatrix} \tag{19.3.37}$$

또는

$$\{A_{MS}\} = [R]^T \{A_M\} \tag{19.3.38}$$

여기서, $[R]^T$는 변환매트릭스 $[R]$의 전치매트릭스로서 국부좌표로 나타낸 6개의 부재력을 전체좌표로 나타낸 6개의 부재력으로 변환시키는 매트릭스이다.

[4] 전체좌표 부재강성매트릭스

이제, 앞 절에서 유도한 결과들을 결합시켜 부재의 전체좌표로 나타낸 부재단부재력 $\{A_{MS}\}$와 전체 좌표에 대한 절점변위 $\{D_{MS}\}$의 관계를 나타내는 전체 좌표 부재의 강성매트릭스를 유도해보자. 이를 위하여, 먼저 식 (19.3.36)을 식 (19.3.34)에 대입하면 다음과 같다.

$$\{A_M\} = [K_M][R]\{D_{MS}\} \tag{19.3.39}$$

여기서, 이 식은 부재력 $\{A_M\}$와 전체좌표변위 $\{D_{MS}\}$의 관계를 보여준다. 식 (19.3.38)에 이 식을 대입하면 다음과 같다.

$$\{A_{MS}\} = [R]^T [K_M][R]\{D_{MS}\} \tag{19.3.40}$$

즉,

$$\{A_{MS}\} = [K_{MS}]\{D_{MS}\}$$

여기서,

$$[K_{MS}] = [R]^T [K_M][R] \tag{19.3.41}$$

위에서 $[K_{MS}]$는 전체 좌표계로 나타낸 부재강성매트릭스를 나타낸다. 식 (19.3.37), (19.3.35)을 사용하여 매트릭스연산을 함으로써 일반적인 형태로 $[K_{MS}]$의 요소들을 구할 수 있다. 그 결과는 다음과 같이 된다.

$$
[K_{MS}] = \begin{bmatrix}
\frac{EA}{L}\lambda_x^2 + \frac{12EI}{L^3}\lambda_y^2 & \left(\frac{EA}{L} - \frac{12EI}{L^3}\right)\lambda_x\lambda_y & -\frac{6EI}{L^2}\lambda_y & -\left(\frac{EA}{L}\lambda_x^2 + \frac{12EI}{L^3}\lambda_y^2\right) & -\left(\frac{EA}{L} - \frac{12EI}{L^3}\right)\lambda_x\lambda_y & -\frac{6EI}{L^2}\lambda_y \\
\left(\frac{EA}{L} - \frac{12EI}{L^3}\right)\lambda_x\lambda_y & -\left(\frac{EA}{L}\lambda_y^2 + \frac{12EI}{L^3}\lambda_x^2\right) & \frac{6EI}{L^2}\lambda_x & -\left(\frac{EA}{L} - \frac{12EI}{L^3}\right)\lambda_x\lambda_y & -\left(\frac{EA}{L}\lambda_y^2 + \frac{12EI}{L^3}\lambda_x^2\right) & \frac{6EI}{L^2}\lambda_x \\
-\frac{6EI}{L^2}\lambda_y & \frac{6EI}{L^2}\lambda_x & \frac{4EI}{l} & \frac{6EI}{L^2}\lambda_y & -\frac{6EI}{L^2}\lambda_x & \frac{2EI}{L} \\
-\left(\frac{EA}{L}\lambda_x^2 + \frac{12EI}{L^3}\lambda_y^2\right) & -\left(\frac{EA}{L} - \frac{12EI}{L^3}\right)\lambda_x\lambda_y & \frac{6EI}{L^2}\lambda_y & \left(\frac{EA}{L}\lambda_x^2 + \frac{12EI}{L^3}\lambda_y^2\right) & \left(\frac{EA}{L} - \frac{12EI}{L^3}\right)\lambda_x\lambda_y & \frac{6EI}{L^2}\lambda_y \\
-\left(\frac{EA}{L} - \frac{12EI}{L^3}\right)\lambda_x\lambda_y & -\left(\frac{EA}{L}\lambda_y^2 + \frac{12EI}{L^3}\lambda_x^2\right) & -\frac{6EI}{L^2}\lambda_x & \left(\frac{EA}{L} - \frac{12EI}{L^3}\right)\lambda_x\lambda_y & -\left(\frac{EA}{L}\lambda_y^2 + \frac{12EI}{L^3}\lambda_x^2\right) & -\frac{6EI}{L^2}\lambda_x \\
-\frac{6EI}{L^2}\lambda_y & \frac{6EI}{L^2}\lambda_x & \frac{2EI}{L} & \frac{6EI}{L^2}\lambda_y & -\frac{6EI}{L^2}\lambda_x & \frac{4EI}{l}
\end{bmatrix} \tag{19.3.42}
$$

이 6×6 매트릭스는 대칭임을 유의해야 한다. 또한, 매트릭스의 행과 열은 부재의 근단에 대한 부재변위 번호 1, 2, 3과 원단에 대한 번호 4, 5, 6을 사용하여 나타내고 있다. 실제로, 컴퓨터에 의해 각 요소에 대한 $[K_{MS}]$를 구하기 위해서는 식 (19.3.41)를 사용하여 매트릭스곱셈을 하기 보다는 식 (19.3.42)의 매트릭스의 요소들을 이용하여 컴퓨터에 직접 프로그램하는 것이 더 효율적이다.

[5] 뼈대해석을 위한 직접강성도법의 응용

일단 각 부재에 대한 $[K_{MS}]$가 구해지면, 구조강성방정식은 변위법에서 유도한 것과 같고 직접강성도법에 의해 부재강성매트릭스 $[K_{MS}]$로부터 구조강성매트릭스 $[K_J]$를 조립하는 과정도 앞 절의 트러스해석과 같다. 따라서 평면뼈대구조의 구조강성방정식 $\{A_C\} = [K_J]\{D_J\}$는 트러스해석에서 설명한 것과 동일한 해석순서를 일반화시켜 아래와 같이 정리할 수 있다. 구체적인 해석방법은 트러스해석 문제를 푸는 데 사용한 방법(식 (19.3.22)~식 (19.3.27))과 같으므로 여기서 다시 설명하지 않았다.

아래에 기술한 해석순서를 적용하여 뼈대구조에 대한 미지변위, 지점반력 그리고 각 부재의 단면력을 구할 수 있다. 이 방법은 정정이나 부정정구조를 막론하고 모두 동일하게 적용된다.

[6] 해석순서

(1) 구조해석 모형화

① 뼈대를 유한요소로 분할하고 각 요소 및 절점의 번호를 부여한다.

- 절점은 ○ 내에 숫자로 표시하고 부재는 □ 내에 숫자로 나타낸다.
- 일반적으로 요소는 지지점, 집중하중점, 우각부나 구부러진 점 또는, 부재내력이나 변위를 결정해야 하는 점들 사이를 잇는 부재 또는 부재의 부분으로 취한다.
- 각 요소의 근단과 원단은 요소를 따라 상징적으로 나타낸 화살표의 방향으로 표시하는데, 이때 화살표의 머리 부분은 원단을 향하도록 한다.

② 전체 좌표계 x, y, z를 선정한다. 이때 좌표의 원점은 요소들 중에 어느 편리한 절점에 위치시킨다. 절점의 변위가 미지인 절점변위로부터 먼저 절점번호를 부여하여 표시한 후, 절점의 변위 값을 알고 있는 절점변위에 대하여 차례로 다음 번호를 사용하여 나타낸다. 또한 주어진 문제로부터 지점침하와 같은 알고 있는 변위 $\{D_R\}$, 주어진 외적 절점하중 $\{A_{FC}\}$를 정한다.

③ 부재하중이 작용하는 경우에는 등가절점하중 $\{A_E\} = -\{A_{MS}\}$를 구하여 기존의 절점하중 $\{A_J\}$와 합한다.

$\{A_C\} = \{A_J\} + \{A_E\}$

(2) 구조강성매트릭스 구성

① 방향여현 λ_x, λ_y를 식 (19.3.6), (19.3.7)을 이용하여 구한다.

② 식 (19.3.42)를 이용하여 전체 좌표계로 표시된 각 부재의 부재강성행렬을 구한다.

③ 전체 뼈대에 대한 구조강성행렬 $[K_J]$를 구하기 위해 이들 해당 부재강성행렬의 요소를 조합한다.

- $[K_J]_{jk} = \sum_{i=1}^{m} ([K_{MS}]_{jk})_i$ 또는 $[K_J] = \sum_{i=1}^{m} [K_J]_i$
- 이때 부재강성행렬과 구조강성행렬은 모두 대칭이 되어야 한다는 것으로부터 계산을 $j \le k$인 부분에 대해서만 할 수 있다.

(3) 미지변위의 계산

① 식 (19.3.24)에 나타낸 것과 같이 강성행렬을 분할한다.

② 식 (19.3.25)을 이용하여 미지절점변위 $\{D_F\}$를 구한다.

(4) 지점반력의 계산

식 (19.3.26)로부터 지점반력 $\{A_{RC}\}$을 구한다. 부재하중이 있는 경우, 최종적인 반력은 다음과 같이 구한다.

$$\{A_R\}=\{A_{RC}\}+\{A_{MS}\}$$

(5) 부재의 단면력 계산

식 (19.3.39)로부터 각각의 부재의 $\{A_M\}_i$를 구한다. 부재하중이 있는 부재의 최종단면력 $\{A_{MC}\}_i$은 다음과 같이 부재하중에 의한 고정단부재력 $\{A_{ML}\}$을 합한다.

$$\{A_{MC}\}_i=\{A_M\}_i+\{A_{ML}\}_i$$

[7] 해석예제 (1)

[그림 19.3.20(a)]와 같은 3경간연속보에서 전체강성행렬을 구성하고 각 절점에서의 반력 및 휨모멘트를 구해보자. 단 EI는 일정하고 축방향력은 무시한다.

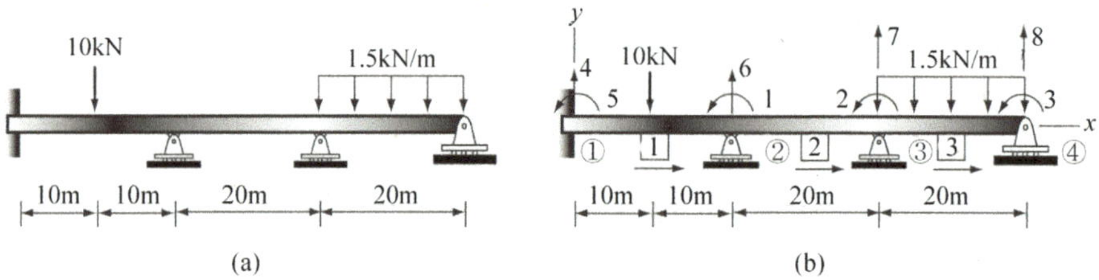

[그림 19.3.20]

(1) 구조해석 모형화

[그림 19.3.20(b)]에 나타낸 바와 같이 원점을 정하고 절점에 번호를 부여한다. 모멘트는 반시계방향을 정(+)으로 하였다. 각 절점하중은 부재하중의 고정단력 $\{A_{ML}\}$을 이용하여 등가절점하중으로 다음과 같이 구할 수 있다.

[부재 1]

$$(A_{ML})_{1,1}=\frac{P}{2}=\frac{10\text{ KN}}{2}=5\text{ KN}$$

$$(A_{ML})_{2,1}=\frac{PL}{8}=\frac{(10\text{ KN})(20\text{m})}{8}=25\text{KN}\cdot\text{m}$$

$$(A_{ML})_{3,1}=\frac{P}{2}=\frac{10\text{KN}}{2}=5\text{KN}$$

$$(A_{ML})_{4,1} = -\frac{PL}{8} = -\frac{(10\,\mathrm{KN})(20\,\mathrm{m})}{8} = -25\,\mathrm{KN}\cdot\mathrm{m}$$

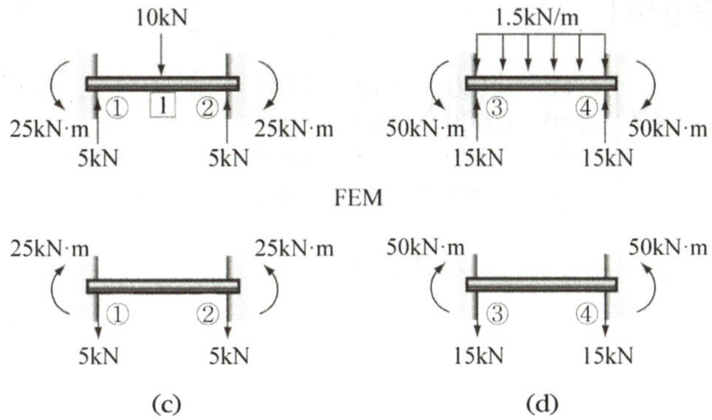

[그림 19.3.20] 등가절점하중(계속)

[부재 3]

$$(A_{ML})_{1,3} = \frac{qL}{2} = \frac{(1.5\,\mathrm{KN/m})(20\,\mathrm{m})}{2} = 15\,\mathrm{KN}$$

$$(A_{ML})_{2,3} = \frac{qL^2}{12} = \frac{(1.5\,\mathrm{KN/m})(20\,\mathrm{m})^2}{12} = 50\,\mathrm{KN}\cdot\mathrm{m}$$

$$(A_{ML})_{3,3} = \frac{qL}{2} = \frac{(1.5\,\mathrm{KN/m})(20\,\mathrm{m})}{2} = 15\,\mathrm{KN}$$

$$(A_{ML})_{4,3} = -\frac{qL^2}{12} = \frac{(1.5\,\mathrm{KN/m})(20\,\mathrm{m})^2}{12} = -50\,\mathrm{KN}\cdot\mathrm{m}$$

부재번호	$(A_{ML})_{1,i}$	$(A_{ML})_{2,i}$	$(A_{ML})_{3,i}$	$(A_{ML})_{4,i}$
1	5	25	5	-25
3	15	30	15	-50

따라서 등가절점하중 $\{A_E\} = -\{A_{ML}\}$는 [그림 19.3.20(c),(d)]로부터 자유절점변위(절점회전)에 해당하는 하중만 취하고 직접절점작용하중 $\{A_J\}$는 없으므로 $\{A_E\} = -\{A_{ML}\}$는 다음과 같다.

$$\{A_E\} = \begin{Bmatrix} 25 \\ -50 \\ 50 \end{Bmatrix} \begin{matrix} 1 \\ 2 \\ 3 \end{matrix} \text{ 이고 } \{A_R\} = \begin{Bmatrix} 0 \\ 0 \\ 0 \\ 0 \\ 0 \end{Bmatrix} \begin{matrix} 4 \\ 5 \\ 6 \\ 7 \\ 8 \end{matrix}$$

(2) 구조강성매트릭스 구성

전체 부재의 EI는 일정하고 $L = 20\,\text{m}$ 이므로 부재강성행렬, $[K_{MS}]_1$, $[K_{MS}]_2$, $[K_{MS}]_3$는 모두 다음과 같이 동일하다.

$$[K_{MS}] = [K_M] = \frac{EI}{L^3}\begin{bmatrix} 12 & 120 & -12 & 120 \\ 120 & 1,600 & -120 & 800 \\ -12 & -120 & 12 & -120 \\ 120 & 800 & -120 & 1,600 \end{bmatrix}$$

따라서 구조강성행렬을 조합하면 다음과 같다.

$$[K_J] = \sum_{i=1}[K_{MS}]_i = [K_{MS}]_1 + [K_{MS}]_2 + [K_{MS}]_3$$

$= \dfrac{EI}{L^3}$

1	2	3	4	5	6	7	8	
3,200	800	0	120	800	0	−120	0	1
800	3,200	800	0	0	120	0	−120	2
0	800	1,600	0	0	0	120	−120	3
120	0	0	12	120	−12	0	0	4
800	0	0	120	1,600	−120	0	0	5
0	120	0	−12	−120	24	−12	0	6
−120	0	120	0	0	−12	24	−12	7
0	−120	−120	0	0	0	−12	12	8

(3) 미지변위의 계산

① 우선 구조강성행렬 $\{A_C\} = [K_J]\{D_J\}$의 항으로 전개한다.

$$\begin{Bmatrix} 25 \\ -50 \\ 50 \\ (A_C)_4 \\ (A_C)_5 \\ (A_C)_6 \\ (A_C)_7 \\ (A_C)_8 \end{Bmatrix} = \frac{EI}{L^3}\,[K_J]\begin{Bmatrix} (D_J)_1 \\ (D_J)_2 \\ (D_J)_3 \\ 0 \\ 0 \\ 0 \\ 0 \\ 0 \end{Bmatrix} \quad \begin{matrix} \{D_F\} \\ \cdots \\ \{D_R\} \end{matrix}$$

	$[K_{FF}]$				$[K_{FR}]$		
3,200	800	0	120	800	0	−120	0
800	3,200	800	0	0	120	0	−120
0	800	1,600	0	0	0	120	−120
120	0	0	12	120	−12	0	0
800	0	0	120	1,600	−120	0	0
0	120	0	−12	−120	24	−12	0
−120	0	120	0	0	−12	24	−12
0	−120	−120	0	0	0	−12	12

② 식 (19.3.25)를 이용하여 미지절점변위 $\{D_F\}$를 구한다.

$$\{A_{FC}\} = [K_{FF}]\{D_F\} + [K_{FR}]\{D_R\}\ ;\ \{D_R\} = 0$$

$$\begin{Bmatrix} 25 \\ -50 \\ 50 \end{Bmatrix} = \frac{EI}{L^3}\begin{bmatrix} 3,200 & 800 & 0 \\ 800 & 3,200 & 800 \\ 0 & 800 & 1,600 \end{bmatrix}\begin{Bmatrix} (D_J)_1 \\ (D_J)_2 \\ (D_J)_3 \end{Bmatrix}$$

$$\begin{Bmatrix} (D_J)_1 \\ (D_J)_2 \\ (D_J)_3 \end{Bmatrix} = \frac{L^3}{EI}\begin{Bmatrix} 0.015625 \\ -0.031250 \\ 0.046875 \end{Bmatrix} = \frac{1}{EI}\begin{Bmatrix} 125 \\ -250 \\ 375 \end{Bmatrix} \text{rad}$$

(4) 지점반력의 계산

지점반력은 식 (19.3.26)을 이용하여 다음과 같이 구한다.

$$\{A_R\} = \{A_{RC}\} + \{A_{MS}\} = [K_{RF}]\{D_F\} + [K_{RR}]\{D_R\} + \{A_{MS}\};\ \{D_R\} = 0$$

$$\begin{Bmatrix} (A_R)_4 \\ (A_R)_5 \\ (A_R)_6 \\ (A_R)_7 \\ (A_R)_8 \end{Bmatrix} = \frac{EI}{L^3}\begin{bmatrix} 120 & 0 & 0 \\ 800 & 0 & 0 \\ 0 & 120 & 0 \\ -120 & 0 & 120 \\ 0 & -120 & -120 \end{bmatrix}\frac{L^3}{EI}\begin{Bmatrix} 0.015625 \\ -0.031250 \\ 0.046875 \end{Bmatrix} + \begin{Bmatrix} 5 \\ 25 \\ 5 \\ 15 \\ 15 \end{Bmatrix} = \begin{Bmatrix} 6.875\,\text{KN} \\ 37.500\,\text{KN}\cdot\text{m} \\ 1.250\,\text{KN} \\ 18.750\,\text{KN} \\ 13.125\,\text{KN} \end{Bmatrix}$$

(5) 부재의 단면력 계산

부재력은 부재 1, 2, 3에 식 (19.3.39)를 적용하여 구할 수 있다.

$$\{A_M\}_i = [K_M]_i[R]_i\{D_{MS}\}_i$$

[부재 1]

부재 1에 대하여 구하면 다음과 같다.

$$\{A_M\}_1 = [K_M]_1[R]_1\{D_{MS}\}_1$$

또는

$$\{A_M\}_1 = \begin{Bmatrix} (A_M)_4 \\ (A_M)_5 \\ (A_M)_6 \\ (A_M)_1 \end{Bmatrix} = \frac{EI}{L^3}\overset{\begin{matrix}4 & 5 & 6 & 1\end{matrix}}{\begin{bmatrix} 12 & 120 & -12 & 120 \\ 120 & 1600 & -120 & 800 \\ -12 & -120 & 12 & -120 \\ 120 & 800 & -120 & 1600 \end{bmatrix}}\begin{bmatrix} 1 & 0 & 0 & 0 \\ 0 & 1 & 0 & 0 \\ 0 & 0 & 1 & 0 \\ 0 & 0 & 0 & 1 \end{bmatrix}\frac{L^3}{EI}\begin{Bmatrix} 0 \\ 0 \\ 0 \\ 0.015625 \end{Bmatrix}\begin{matrix}4 \\ 5 \\ 6 \\ 1\end{matrix}$$

$$= \begin{Bmatrix} 1.875\,\mathrm{KN} \\ 12.5\,\mathrm{KN \cdot m} \\ -1.875\,\mathrm{KN} \\ 25.0\,\mathrm{KN \cdot m} \end{Bmatrix}$$

[부재 1]

부재 2에 대하여 구하면 다음과 같다.

$$\{A_M\}_2 = [K_M]_2 [R]_2 \{D_{MS}\}_2$$

또는

$$\{A_M\} = \begin{Bmatrix} (A_M)_6 \\ (A_M)_1 \\ (A_M)_7 \\ (A_M)_2 \end{Bmatrix} = \frac{EI}{L^3} \begin{array}{c} \begin{array}{cccc} 6 & 1 & 7 & 2 \end{array} \\ \left[\begin{array}{cccc} 12 & 120 & -12 & 120 \\ 120 & 1600 & -120 & 800 \\ -12 & -120 & 12 & -120 \\ 120 & 800 & -120 & 1600 \end{array}\right] \end{array} \begin{bmatrix} 1 & 0 & 0 & 0 \\ 0 & 1 & 0 & 0 \\ 0 & 0 & 1 & 0 \\ 0 & 0 & 0 & 1 \end{bmatrix} \frac{L^3}{EI} \begin{Bmatrix} 0 \\ 0.015625 \\ 0 \\ -0.03125 \end{Bmatrix} \begin{matrix} 6 \\ 1 \\ 7 \\ 2 \end{matrix}$$

$$= \begin{Bmatrix} -1.875\,\mathrm{KN} \\ 0 \\ 1.875\,\mathrm{KN} \\ -37.5\,\mathrm{KN \cdot m} \end{Bmatrix}$$

[부재 3]

부재 3에 대하여 구하면 다음과 같다.

$$\{A_M\}_3 = [K_M]_3 [R]_3 \{D_{MS}\}_3$$

또는

$$\{A_M\} = \begin{Bmatrix} (A_M)_6 \\ (A_M)_1 \\ (A_M)_7 \\ (A_M)_2 \end{Bmatrix} = \frac{EI}{L^3} \begin{array}{c} \begin{array}{cccc} 7 & 2 & 8 & 3 \end{array} \\ \left[\begin{array}{cccc} 12 & 120 & -12 & 120 \\ 120 & 1600 & -120 & 800 \\ -12 & -120 & 12 & -120 \\ 120 & 800 & -120 & 1600 \end{array}\right] \end{array} \begin{bmatrix} 1 & 0 & 0 & 0 \\ 0 & 1 & 0 & 0 \\ 0 & 0 & 1 & 0 \\ 0 & 0 & 0 & 1 \end{bmatrix} \frac{L^3}{EI} \begin{Bmatrix} 0 \\ -0.03125 \\ 0 \\ 0.046875 \end{Bmatrix} \begin{matrix} 7 \\ 2 \\ 8 \\ 3 \end{matrix}$$

$$= \begin{Bmatrix} 1.875\,\mathrm{KN} \\ -12.5\,\mathrm{KN \cdot m} \\ -1.875\,\mathrm{KN} \\ 50.0\,\mathrm{KN \cdot m} \end{Bmatrix}$$

이와 같은 방법으로 부재에 대하여 실행한 결과가 [그림 19.3.20(e)]의 맨 위의 그림이다. 최종적인 부재력은 $\{A_{ML}\}_i$와의 합으로 [그림 19.3.20(e)]에서와 같이 구할 수 있다. 즉, 부재하중이 있는 부재의 최종 부재력은 다음과 같은 식으로 구한다.

$$\{A_{MC}\}_i = \{A_M\}_i + \{A_{ML}\}_i = [K_M]_i [R]_i \{D_{MS}\}_i + \{A_{ML}\}_i$$

$$\{A_{MC}\}_1 = \{A_M\}_1 + \{A_{ML}\}_1 = \begin{Bmatrix} 1.875 \\ 12.5 \\ -1.875 \\ 25.0 \end{Bmatrix} + \begin{Bmatrix} 5.0 \\ 25.0 \\ 5.0 \\ -25.0 \end{Bmatrix} = \begin{Bmatrix} 6.875\,\mathrm{KN} \\ 37.5\,\mathrm{KN \cdot m} \\ 3.125\,\mathrm{KN} \\ 0 \end{Bmatrix}$$

$$\{A_{MC}\}_2 = \{A_M\}_2 = \begin{Bmatrix} -1.875\,\mathrm{KN} \\ 0 \\ 1.875\,\mathrm{KN} \\ -37.5\,\mathrm{KN \cdot m} \end{Bmatrix}$$

$$\{A_{MC}\}_3 = \{A_M\}_3 + \{A_{ML}\}_3 = \begin{Bmatrix} 1.875 \\ -12.5 \\ -1.875 \\ 50.0 \end{Bmatrix} + \begin{Bmatrix} 15.0 \\ 50.0 \\ 15.0 \\ -50.0 \end{Bmatrix} = \begin{Bmatrix} 16.875\,\mathrm{KN} \\ 37.5\,\mathrm{KN \cdot m} \\ 13.125\,\mathrm{KN} \\ 0 \end{Bmatrix}$$

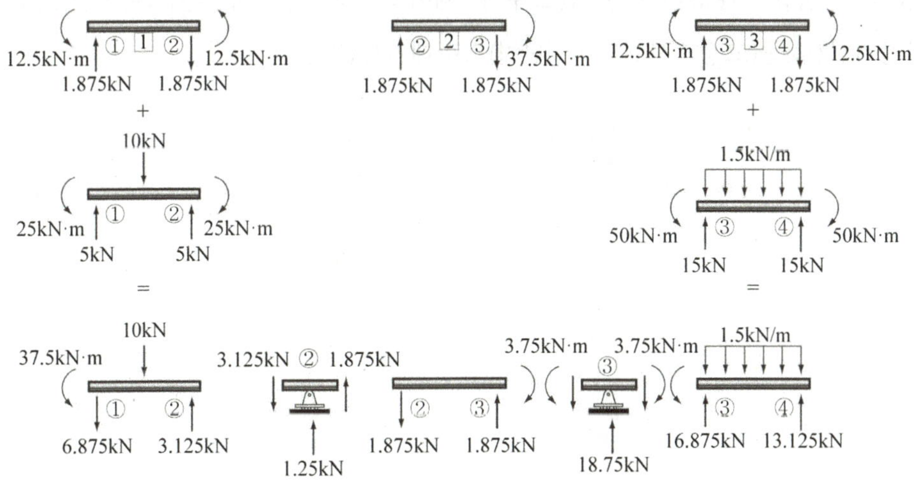

(e)

[그림 19.3.20] (계속)

[8] 해석예제 (2)

[그림 19.3.21(a)]와 같이 2개의 부재로 구성된 평면뼈대의 부재력을 구해보자. 2부재 모두 $I = 20000\,\mathrm{cm}^4$, $A = 60\,\mathrm{cm}^2$, $E = 2.1 \times 10^5$ MPa이다.

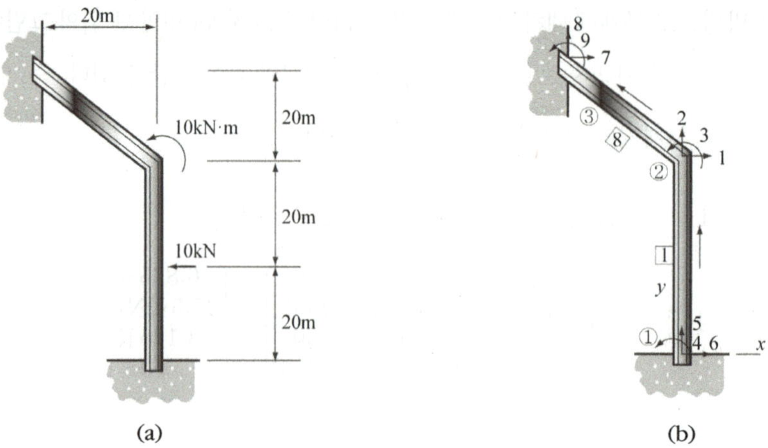

[그림 19.3.21]

(1) 구조해석 모형화

[그림 19.3.21(b)]와 같이 절점과 부재에 번호를 표시하고, 전체좌표계의 원점을 편의상 절점 ①에 위치시킨다. 절점에 대한 절점변위 index는 미지 값을 갖는 절점에 우선적으로 번호를 붙여 표시하였다. 절점 ①과 ③은 구속되었고 수직부재에 작용하는 집중하중은 [그림 19.3.21(c)]와 같이 등가절점하중(고정단 모멘트와 전단력)으로 대치시킨다.

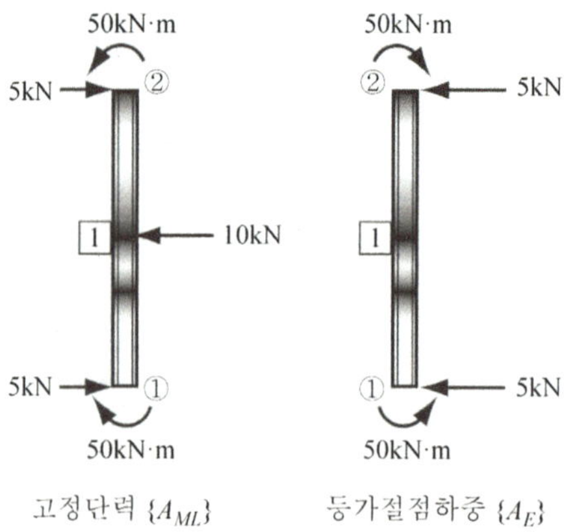

[그림 19.3.21(c)]

$$\{D_R\}=\begin{Bmatrix}0\\0\\0\\0\\0\\0\end{Bmatrix}\begin{matrix}4\\5\\6\\7\\8\\9\end{matrix}\qquad \{A_E\}=\begin{Bmatrix}-5\\-50\\-5\\50\end{Bmatrix}\begin{matrix}1\\3\\4\\6\end{matrix}\qquad \{A_J\}=\begin{Bmatrix}0\\0\\10\end{Bmatrix}\begin{matrix}1\\2\\3\end{matrix}$$

따라서 조합된 절점하중 $\{A_{FC}\}$는 다음과 같다.

$$\{A_{FC}\} = \{A_J\} + \{A_E\} = \begin{Bmatrix} 0 \\ 0 \\ 10 \end{Bmatrix}\begin{matrix} 1 \\ 2 \\ 3 \end{matrix} + \begin{Bmatrix} -5 \\ 0 \\ -50 \end{Bmatrix}\begin{matrix} 1 \\ 2 \\ 3 \end{matrix} = \begin{Bmatrix} -5 \\ 0 \\ -40 \end{Bmatrix}\begin{matrix} 1 \\ 2 \\ 3 \end{matrix}$$

(2) 구조강성매트릭스 구성

[부재 1] : $\lambda_x = \dfrac{0-0}{40} = 0 \quad \lambda_y = \dfrac{40-0}{0} = 1$

부재의 부재강성행렬에 공통적인 다음 항을 계산한다.

$$\frac{EA}{L} = \frac{(2.1\times10^7)(0.006)}{40} = 31{,}500\,\mathrm{KN/m}$$

$$\frac{12EI}{L^3} = \frac{12(2.1\times10^7)(0.0002)}{(40)^3} = 7.9\,\mathrm{KN/m}$$

$$\frac{6EI}{L^2} = \frac{12(2.1\times10^7)(0.0002)}{(40)^2} = 157.5\,\mathrm{KN/m}$$

$$\frac{4EI}{L} = \frac{4(2.1\times10^7)(0.0002)}{40} = 4{,}200\,\mathrm{KN/m}$$

$$\frac{2EI}{L} = \frac{2(2.1\times10^7)(0.0002)}{40} = 2{,}100\,\mathrm{KN/m}$$

$[K_J]_1 =$

4	5	6	1	2	3	
7.9	0	−157.5	−7.9	0	−157.5	4
0	31,500.0	0	0	−31,500.0	0	5
−157.5	0	4,200.0	157.5	0	2,100.0	6
−7.9	0	157.5	7.9	0	157.5	1
0	−31,500.0	0	0	31,500.0	0	2
−157.5	0	2,100.0	157.5	0	4,200.0	3

[부재 2] : $\lambda_x = \dfrac{-20-0}{20\sqrt{2}} = -\dfrac{1}{\sqrt{2}}, \ \lambda_y = \dfrac{60-40}{20\sqrt{2}} = \dfrac{1}{\sqrt{2}}$

부재의 부재강성행렬에 공통적인 다음 항을 계산한다.

$$\frac{EA}{L^3} = \frac{(2.1\times10^7)(0.006)}{20\sqrt{2}} = 44{,}547.7\,\mathrm{KN/m}$$

$$\frac{12EI}{L^3} = \frac{12(2.1 \times 10^7)(0.0002)}{(20\sqrt{2})^3} = 22.3\,\mathrm{KN/m}$$

$$\frac{6EI}{L^2} = \frac{6(2.1 \times 10^7)(0.0005)}{(20\sqrt{2})^2} = 5{,}939.7\,\mathrm{KN/m}$$

$$\frac{2EI}{L} = \frac{2(2.1 \times 10^7)(0.0002)}{(20\sqrt{2})} = 2{,}969.8\,\mathrm{KN/m}$$

$[K_J]_2 =$

1	2	3	7	8	9	
22,285.0	−22,262.7	−222.7	−22,285.0	22,262.7	−222.7	1
−22,262.7	22,285.0	−222.7	22,262.7	−22,285.0	−222.7	2
−222.7	−222.7	5,959.7	222.7	222.7	2,969.8	3
−22,285.0	22,262.7	222.7	22,285.0	−22,262.7	222.7	7
22,262.7	−222.5	222.7	−22,262.7	22,285.0	222.7	8
−222.7	−222.7	2,969.8	222.7	222.7	5,939.7	9

구조강성행렬을 조합하면 다음과 같다.

$$[K_J] = [K_J]_1 + [K_J]_2$$

$[K_J] =$

1	2	3	4	5	6	7	8	9	
22,292.9	−22,262.7	−65.2	−7.9	0	157.5	−22,285.0	22,262.7	−222.7	1
−22,262.7	53785.0	−222.7	0	−31,500.0	0	22,262.7	−22,285.0	−222.7	2
−65.2	−222.7	10,139.7	−157.5	0	2,100.0	222.7	222.7	2,969.8	3
−7.9	0	−157.5	7.9	0	−157.5	0	0	0	4
0	−31,500	0	0	31,500.0	0	0	0	0	5
157.5	0	2,100.0	−157.5	0	420.0	0	0	0	6
−22,285.0	22,262.7	222.7	0	0	0	22,285.0	−22,262.7	222.7	7
22,262.7	−22,285.0	222.7	0	0	0	−22,262.7	22,285.0	222.7	8
−222.7	−222.7	2,969.8	0	0	0	222.7	222.7	5,939.7	9

(3) 미지변위의 계산

① 2단계에서 구한 구조강성매트릭스를 이용하여 $\{A_C\} = [K_J]\{D_J\}$의 항으로 먼저 전개하고 이 매트릭스 $[K_J]$를 다음과 같이 분할한다[트러스해석 식 (19.3.24) 참조].

	K_{FF}		⋮			K_{FR}			
1	2	3	4	5	6	7	8	9	
22,292.9	-22,262.7	-65.2	-7.9	0	157.5	-22,285.0	22,262.7	-222.7	1
-22,262.7	53,785.0	-222.7	0	-31,500.0	0	22,262.7	-22,285.0	-222.7	2
-65.2	-222.7	10,139.7	-157.5	0	2,100.0	222.7	222.7	2,969.8	3 ⋯
-7.9	0	-157.5	7.9	0	-157.5	0	0	0	4
0	-31,500.0	0	0	31,500.0	0	0	0	0	5
157.5	0	2,100.0	-157.5	0	4,200.0	0	0	0	6
-22,285.0	22,262.7	222.7	0	0	0	22,285.0	-22,262.7	222.7	7
22,262.7	-22,285.0	222.7	0	0	0	-22,262.7	22,285.0	222.7	8
-222.7	-222.7	2,969.8	0	0	0	222.7	222.7	5,939.7	9
	K_{RF}		⋮			K_{RR}			

② 미지절점변위를 구하기 위하여 식 (19.3.25)을 이용하면 다음과 같다.

$$\{A_{FC}\} = [K_{FF}]\{D_F\} + [K_{FR}]\{D_R\}\ ;\ \{D_R\} = 0$$

$$\begin{Bmatrix} -5 \\ 0 \\ -40 \end{Bmatrix} = \begin{bmatrix} 22,292.9 & -22,262.7 & -65.2 \\ -22,262.7 & 53,785.0 & -222.7 \\ -65.2 & -222.7 & 10,139.7 \end{bmatrix} \begin{Bmatrix} (D_J)_1 \\ (D_J)_2 \\ (D_J)_3 \end{Bmatrix}$$

이 식을 풀면 다음과 같이 미지절점변위를 구할 수 있다.

$$\begin{Bmatrix} (D_J)_1 \\ (D_J)_2 \\ (D_J)_3 \end{Bmatrix} = \begin{Bmatrix} -0.00001943\,\text{m} \\ 0.00004299\,\text{m} \\ -0.00039519\,\text{rad} \end{Bmatrix}$$

(4) 지점반력의 계산

지점반력을 식 (19.3.26)로부터 구할 수 있다.

$$\{A_R\} = \{A_{RC}\} + \{A_{MS}\} = [K_{RF}]\{D_F\} + [K_{RR}]\{D_R\} + \{A_{MS}\};\ \{D_R\} = 0$$

$$\begin{Bmatrix} (A_R)_4 \\ (A_R)_5 \\ (A_R)_6 \\ (A_R)_7 \\ (A_R)_8 \\ (A_R)_9 \end{Bmatrix} = \begin{bmatrix} -7.9 & 0 & -157.5 \\ 0 & -31,500.0 & 0 \\ 157.5 & 0 & 2,100.0 \\ -22,285.0 & 22,262.7 & 222.7 \\ 22,262.7 & -22,285.0 & 222.7 \\ -222.7 & -222.7 & 2,969.8 \end{bmatrix} \begin{Bmatrix} -0.00001943 \\ 0.00004299 \\ -0.00039519 \end{Bmatrix} + \begin{Bmatrix} 5 \\ 0 \\ -50 \\ 0 \\ 0 \\ 0 \end{Bmatrix} = \begin{Bmatrix} 5.63\,\text{KN} \\ 6.11\,\text{KN} \\ -58.37\,\text{KN}\cdot\text{m} \\ 4.38\,\text{KN} \\ -6.13\,\text{KN} \\ -11.60\,\text{KN}\cdot\text{m} \end{Bmatrix}$$

(5) 부재의 단면력 계산

부재력은 부재 1, 부재 2에 식 (19.3.39) $\{A_M\}_i = [K_M]_i[R]_i\{D_{MS}\}_i$를 적용하여 구할 수 있다.

[부재 1]

부재 1에 대하여 구하면 다음과 같다.

$$\{A_M\}_1 = [K_M]_1[R]_1\{D_{MS}\}_1$$

$$= \begin{bmatrix} 7.9 & 0 & -157.5 & -7.9 & 0 & -157.5 \\ 0 & 31,500.0 & 0 & 0 & -31500.0 & 0 \\ -157.5 & 0 & 4200.0 & 157.5 & 0 & 2100.0 \\ -7.9 & 0 & 157.5 & 7.9 & 0 & 157.5 \\ 0 & -31,500.0 & 0 & 0 & 7.9 & 0 \\ -157.5 & 0 & 2100.0 & 157.5 & 0 & 4200.0 \end{bmatrix} \begin{bmatrix} 0 & 1 & 0 & 0 & 0 & 0 \\ -1 & 0 & 0 & 0 & 0 & 0 \\ 0 & 0 & 1 & 0 & 0 & 0 \\ 0 & 0 & 0 & 0 & 1 & 0 \\ 0 & 0 & 0 & -1 & 0 & 0 \\ 0 & 0 & 0 & 0 & 0 & 1 \end{bmatrix} \begin{Bmatrix} 0 \\ 0 \\ 0 \\ -0.00001943 \\ 0.00004299 \\ -0.00039519 \end{Bmatrix} \begin{matrix} 4 \\ 5 \\ 6 \\ 1 \\ 2 \\ 3 \end{matrix}$$

$$\begin{Bmatrix} (A_M)_4 \\ (A_M)_5 \\ (A_M)_6 \\ (A_M)_1 \\ (A_M)_2 \\ (A_M)_3 \end{Bmatrix} = \begin{Bmatrix} 6.135\,\text{KN} \\ -0.636\,\text{KN} \\ -8.293\,\text{KN}\cdot\text{m} \\ -6.135\,\text{KN} \\ 0.633\,\text{KN} \\ -16.578\,\text{KN}\cdot\text{m} \end{Bmatrix}$$

이때 부재 1은 부재하중이 있으므로 부재 1의 값들은 [그림 19.3.21(e)]의 두 번째의 고정단력과 다음과 같이 겹쳐야 된다.

$$\{A_{MC}\}_1 = \{A_M\}_1 + \{A_{ML}\}_1$$

$$\{A_{MC}\}_1 = \begin{Bmatrix} (A_M)_4 \\ (A_M)_5 \\ (A_M)_6 \\ (A_M)_1 \\ (A_M)_2 \\ (A_M)_3 \end{Bmatrix} + \begin{Bmatrix} (A_{ML})_4 \\ (A_{ML})_5 \\ (A_{ML})_6 \\ (A_{ML})_1 \\ (A_{ML})_2 \\ (A_{ML})_3 \end{Bmatrix} = \begin{Bmatrix} 6.135\,\text{KN} \\ -0.636\,\text{KN} \\ -8.293\,\text{KN}\cdot\text{m} \\ -6.135\,\text{KN} \\ 0.622\,\text{KN} \\ -16.578\,\text{KN}\cdot\text{m} \end{Bmatrix} + \begin{Bmatrix} 0\,\text{KN} \\ -5.0\,\text{KN} \\ -50\,\text{KN}\cdot\text{m} \\ 0\,\text{KN} \\ -5.0\,\text{KN} \\ 50\,\text{KN}\cdot\text{m} \end{Bmatrix} = \begin{Bmatrix} 6.135\,\text{KN} \\ 5.622\,\text{KN} \\ -58.293\,\text{KN}\cdot\text{m} \\ -6.135\,\text{KN} \\ -4.378\,\text{KN} \\ 33.422\,\text{KN}\cdot\text{m} \end{Bmatrix}$$

[부재 2]

부재 2에 대하여 같은 방법으로 계산하여 이 결과를 다음에 나타내었다.

$$\{A_M\}_2 = [K_M]_2[R]_2\{D_{MS}\}_2$$

$$
= \begin{bmatrix} 2,2285.0 & -22,262.7 & 222.7 & -22,285.0 & 22,262.7 & -222.7 \\ -22,262.7 & 22,285.0 & 222.7 & 22,262.7 & -22,285.0 & -222.7 \\ -222.7 & -222.7 & 5,959.7 & 222.7 & 222.7 & 2,969.8 \\ -22,285.0 & 22,262.7 & 222.7 & 22,285.0 & -22,262.7 & 222.7 \\ 22,262.7 & -222.5 & 222.7 & -22,262.7 & 22,285.0 & 222.7 \\ -222.7 & -222.7 & 2,969.8 & 222.7 & 222.7 & 939.7 \end{bmatrix} \begin{bmatrix} 0 & 1 & 0 & 0 & 0 & 0 \\ -1 & 0 & 0 & 0 & 0 & 0 \\ 0 & 0 & 1 & 0 & 0 & 0 \\ 0 & 0 & 0 & 0 & 1 & 0 \\ 0 & 0 & 0 & -1 & 0 & 0 \\ 0 & 0 & 0 & 0 & 0 & 1 \end{bmatrix} \begin{Bmatrix} -0.00001943 \\ 0.00004299 \\ -0.00039519 \\ 0.0 \\ 0.0 \\ 0.0 \end{Bmatrix} \begin{matrix} 1 \\ 2 \\ 3 \\ 7 \\ 8 \\ 9 \end{matrix}
$$

$$
\begin{Bmatrix} (A_M)_1 \\ (A_M)_2 \\ (A_M)_3 \\ (A_M)_7 \\ (A_M)_8 \\ (A_M)_9 \end{Bmatrix} = \begin{Bmatrix} -7.434\,\mathrm{KN} \\ -1.242\,\mathrm{KN} \\ -33.422\,\mathrm{KN \cdot m} \\ 7.434\,\mathrm{KN} \\ 1.242\,\mathrm{KN} \\ -11.704\,\mathrm{KN \cdot m} \end{Bmatrix}
$$

이때 부재 2는 절점 1에 절점모멘트 10 KN · m가 있으므로 부재 2의 값들은 다음과 같이 절점하중과 겹쳐야 된다.

$$
\{A_{MC}\}_2 = \{A_M\}_2 + \{A_J\}_2
$$

$$
\{A_{MC}\}_2 = \begin{Bmatrix} (A_M)_1 \\ (A_M)_2 \\ (A_M)_3 \\ (A_M)_7 \\ (A_M)_8 \\ (A_M)_9 \end{Bmatrix} + \begin{Bmatrix} (A_J)_1 \\ (A_J)_2 \\ (A_J)_3 \\ (A_J)_7 \\ (A_J)_8 \\ (A_J)_9 \end{Bmatrix} = \begin{Bmatrix} -7.434\,\mathrm{KN} \\ -1.242\,\mathrm{KN} \\ -33.422\,\mathrm{KN \cdot m} \\ 7.434\,\mathrm{KN} \\ 1.242\,\mathrm{KN} \\ -11.704\,\mathrm{KN \cdot m} \end{Bmatrix} + \begin{Bmatrix} 0 \\ 0 \\ 10.0\,\mathrm{KN \cdot m} \\ 0 \\ 0 \\ 0 \end{Bmatrix} = \begin{Bmatrix} -7.434\,\mathrm{KN} \\ -1.242\,\mathrm{KN} \\ -23.422\,\mathrm{KN \cdot m} \\ 7.434\,\mathrm{KN} \\ 1.242\,\mathrm{KN} \\ -11.704\,\mathrm{KN \cdot m} \end{Bmatrix}
$$

그러므로 부재에 대한 최종결과는 [그림 19.3.21(d), (e)]의 그림과 같다.

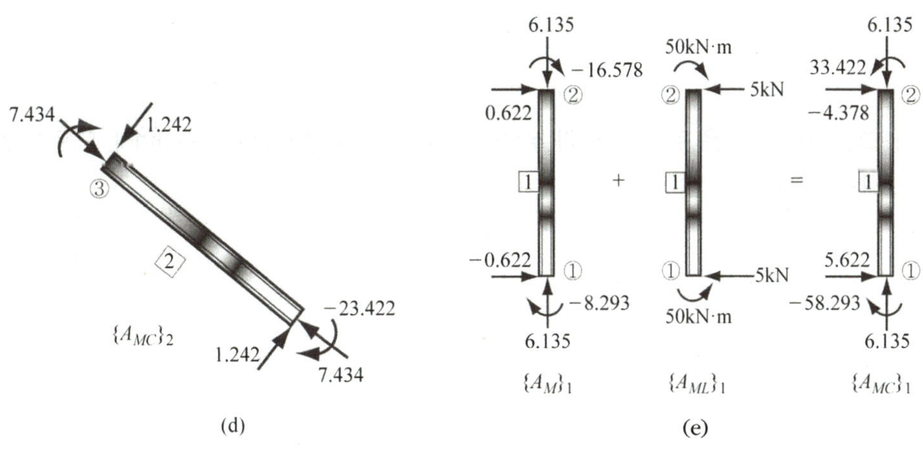

[그림 19.3.21]

EXERCISE

1. [P그림 19.1]과 같은 3개의 부재로 구성된 트러스에서 전체강성행렬을 구성하고 각 부재의 부재력을 구하여라. 단, EA는 일정하다.

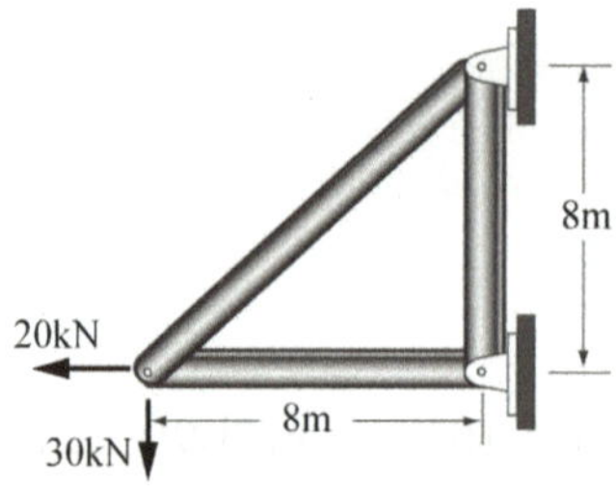

[P그림 19.1]

2. [P그림 19.2]와 같은 트러스에서 전체강성행렬을 구성하고 각 부재의 부재력을 구하여라. 단, EA는 일정하다.

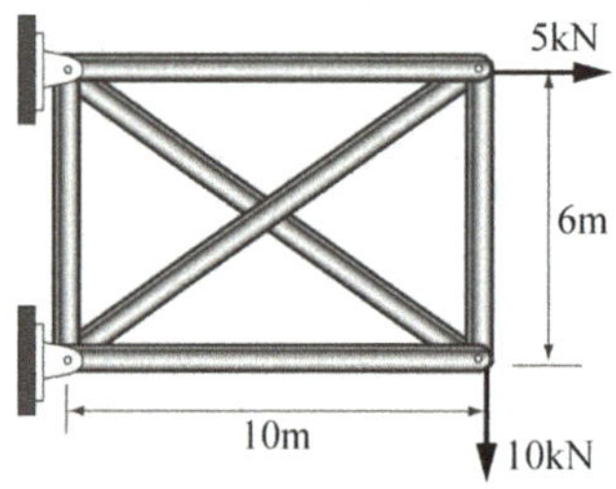

[P그림 19.2]

3. [P그림 19.3]과 같은 트러스에서 각 부재의 부재력과 각 지점의 반력을 구하여라. 모든 부재의 EA는 동일하다.

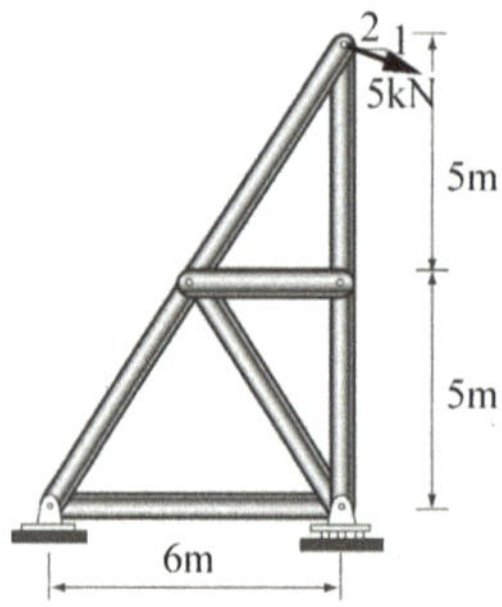

[P그림 19.3]

4. [P그림 19.4]와 같은 연속보에서 전체강성행렬을 조합하고 각 절점에서의 반력 및 휨모멘트를 구하여라. 단 EI는 일정하고 축방향력은 무시한다.

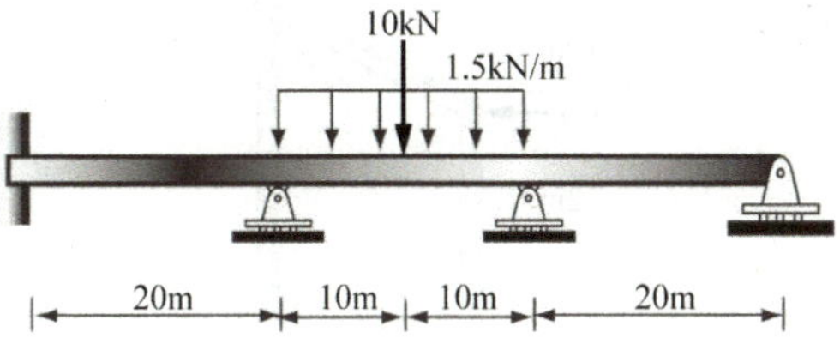

[P그림 19.4]

5. [P그림 19.5]와 같은 힌지를 갖는 연속보에서 전체강성행렬을 조합하고 각 절점에서의 반력 및 휨모멘트를 구하여라. 단 EI는 일정하고 축방향력은 무시한다.

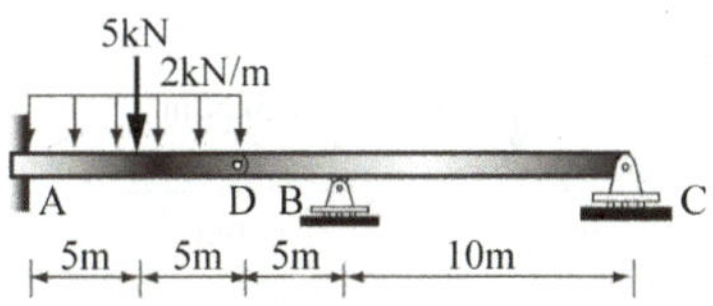

[P그림 19.5]

6. [P그림 19.6]과 같은 부등단면 2경간연속보의 전체강성행렬을 조합하고 각 절점에서의 반력 및 휨모멘트를 구하여라. 단 E는 일정하고 축방향력은 무시한다.

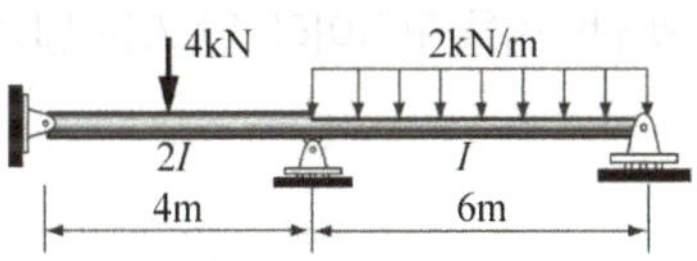

[P그림 19.6]

7. [P그림 19.7]과 같은 라멘의 전체강성행렬을 조합하고 각 절점에서의 부재력을 구하여라. 단 EI는 일정하다.

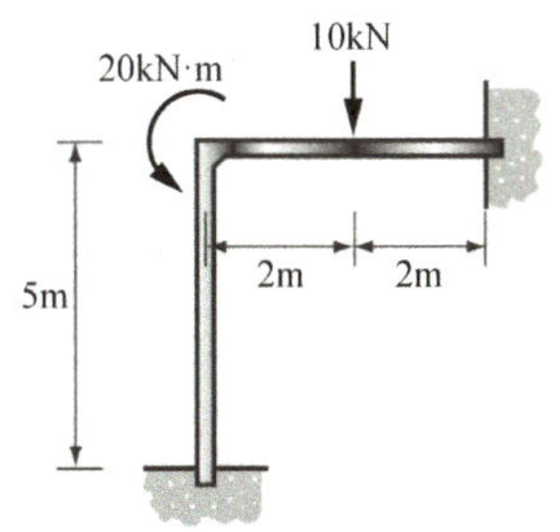

[P그림 19.7]

8. [P그림 19.8]과 같은 라멘의 단면력을 구하여라.

단 $I = 25{,}000\,\mathrm{cm}^4, A = 75\,\mathrm{cm}^2,\ E = 2.1 \times 10^5\,MPa$이다.

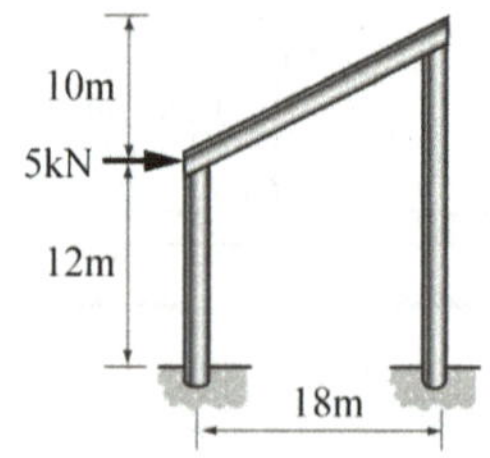

[P그림 19.8]

9. [P그림 19.9]와 같은 라멘의 단면력을 구하여라. 단 EI는 일정하다.

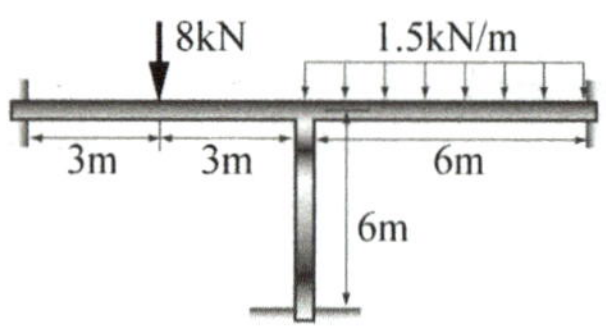

[P그림 19.9]

10. [P그림 19.10]과 같은 라멘의 단면력을 구하여라. 단 E는 일정하다.

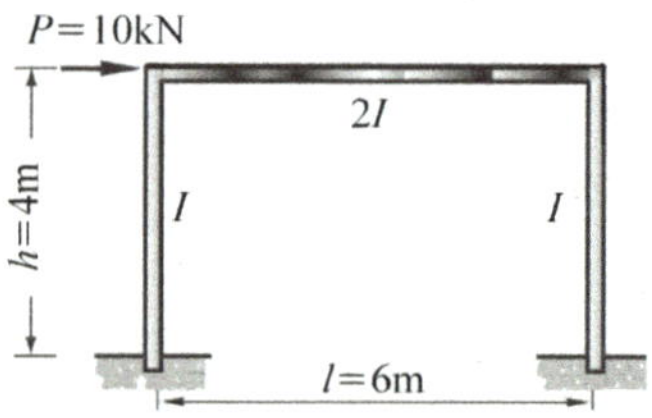

[P그림 19.10]

S T R U C T U R A L M E C H A N I C S

CHAPTER 20

컴퓨터에 의한 구조해석

20.1 개요

디지털 컴퓨터(Digital Computer)들은 1950년대 중반에 구조물들을 해석하기 위하여 처음으로 사용된 이후에, 컴퓨터 관련 기술 및 구조해석이론의 눈부신 발전에 힘입어 오늘날 제 4세대 후반의 첨단 멀티미디어 기능과 고도의 네트워크 기능을 갖춘 구조설계 및 해석의 많은 부분들이 PC(Personal Computer)에 의해 가능하도록 발전되고 있다. 이들 소위 PC들은 대부분 문제의 해를 구하는데 있어서 가격 면에서도 매우 효과적이다. 현재 많은 회사에서 이용하고 있는 상용 패키지(package) 프로그램을 이용하여 실무자들이 구조물의 해석을 별 어려움 없이 수행하고 있다.

구조물의 해석이나 설계에 컴퓨터를 사용하고자 할 때, 가급적 화상입력 방법으로 적절하게 데이터를 입력하고 빠져 있거나 제 위치에 있지 않는 부재나 절점들을 검토하기 위하여, 먼저 구조물의 입력을 검사하는 기능을 갖도록 전처리프로그램(Preprocessor)을 만드는 것이 좋다. 또 가능하다면 구조해석을 설계와 동일 프로그램으로 만드는 것보다는 분리시키되 모듈형 프로그램으로 만들어 데이터베이스를 통해 연결시켜야 한다. 이렇게 함으로써 단계별 해석검토가 가능함으로써 본격적인 설계가 가능하다. 본격적인 설계를 실시하기 전에 대략적인 검토나 평가도 수행할 수 있다. 이러한 검토는 일반적 역학교재에서 다루는 고전적 방법을 기초로 한 해석이나 간단한 근사해법들을 이용하여 수행할 수 있다. 이렇게 함으로써 컴퓨터 출력에 대한 맹목적인 믿음으로부터 발생하는 문제를 방지할 수 있을 것이다. 그러므로 공학도들은 최종설계에 대한 궁극적인 책임은 컴퓨터가 아니라 자기 자신이라는 것을 결코 잊어서는 안 된다.

본 교재에 첨부하여 사용하는 프로그램 CADAS(Computer Aided Design and Analysis of Structures)는 학생들이 이론적인 구조역학을 접근하는데 도움을 주고자 저자는 범용프로그램이 아닌 교육용프로그램을 작성하는 취지에서 전후처리 기능을 배제하였으며 기본 알고리즘은 미국 Stanford University의 William Weaver, Jr.와 James M. Gere 교수의 저서인 《Matrix Analysis of Framed Structures(Third edition, 1990)》 교재내용을 기초로 하여 상당한 부분을 수정하고 보완하여 작성하였다.

20.2절에서는 CADAS를 작성하는 데 필요한 부재양단의 단부조건에 따라 여러 가지 부재강성매트릭스를 정리하였고, 전체 부재강성매트릭스의 형성, 전체 절점강성매트릭스의 구성, 하중벡터의 구성, 강성과 하중매트릭스의 재배치, 전체 절점강성매트릭스의 해법을 다루었다.

20.3절에서는 뼈대구조물의 컴퓨터 프로그램의 구성을 다루었다.

20.4절에서는 컴퓨터로 구조물해석시의 주의사항을 다루었다.

20.5절에서는 Computer Programs CADAS의 사용설명서를 다루었다.

20.6절에서는 Computer Programs CADAS에 의한 적용 예제를 다루었다.

20.2 임의의 평면뼈대 구조물의 해석

20.2.1 기본 조건

[1] 단위

일관성 있게만 하면 된다. 예를 들어, 탄성계수를 tf/m^2로 하면, 모든 하중은 tf으로 하고, 좌표, 단면적, 단면2차 모멘트 등은 m, 단위하중은 $tf-m$ 단위로 통일해야 된다. 그리고 탄성계수를 $MPa(N/mm^2)$로 하면, 모든 하중은 N으로 하고, 좌표, 단면적, 단면2차 모멘트 등은 mm, 단위하중은 $N-mm$ 단위로 통일해야 된다.

[2] 제한조건

프로그램 CADAS에서는 다음과 같이 절점수와 부재수를 제한하고 있으나 더 많은 절점수와 부재수를 원하는 경우에는 프로그램에 설정된 배열(dimensions)을 수정함으로써 가능하다.

절점수 = 100개

부재수 = 100개

한 부재의 양단 절점번호의 최대 차이 = 10

20.2.2 이론적 배경

[1] 부재강성매트릭스의 형성

부재의 양단이 모두 자유도가 있는 것으로 해서 부재강성매트릭스 $[K_M]$ 을 구한 다음 부재양단의 부재조건에 따라 $[K_M]$ 을 수정한다.

$$[K_M]=\begin{bmatrix} \frac{EA_X}{L} & 0 & 0 & -\frac{EA_X}{L} & 0 & 0 \\ 0 & \frac{12EI_Z}{L^3} & \frac{6EI_Z}{L^2} & 0 & -\frac{12EI_Z}{L^3} & \frac{6EI_Z}{L^2} \\ 0 & \frac{6EI_Z}{L^2} & \frac{4EI_Z}{L} & 0 & -\frac{6EI_Z}{L^2} & \frac{2EI_Z}{L} \\ -\frac{EA_X}{L} & 0 & 0 & \frac{EA_X}{L} & 0 & 0 \\ 0 & -\frac{12EI_Z}{L^3} & -\frac{6EI_Z}{L^2} & 0 & \frac{12EI_Z}{L^3} & -\frac{6EI_Z}{L^2} \\ 0 & \frac{6EI_Z}{L^2} & \frac{2EI_Z}{L} & 0 & -\frac{6EI_Z}{L^2} & \frac{4EI_Z}{L} \end{bmatrix} \qquad (20.2.1)$$

위에서 구한 $[K_M]$ 은 부재상태(Hinge의 유무)에 따라 다음과 같이 재수정하게 된다.

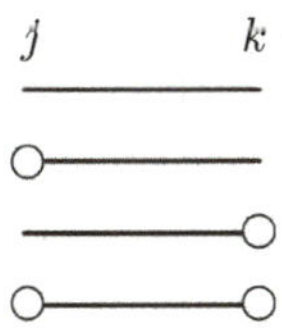

1) 부재의 양단이 고정인 경우
2) 부재의 시작단이 힌지이고, 끝단이 고정인 경우
3) 부재의 시작단이 고정이고, 끝단이 힌지인 경우
4) 부재의 양단이 힌지인 경우

(1) 절점 j가 Hinge인 경우 < j(Hinge)………… k(Fixed) >

$$[K_M]=\begin{bmatrix} \frac{EA_X}{L} & 0 & 0 & -\frac{EA_X}{L} & 0 & 0 \\ 0 & \frac{12EI_Z}{L^3} & 0 & 0 & -\frac{12EI_Z}{L^3} & \frac{6EI_Z}{L^2} \\ 0 & 0 & 0 & 0 & 0 & 0 \\ -\frac{EA_X}{L} & 0 & 0 & \frac{EA_X}{L} & 0 & 0 \\ 0 & -\frac{12EI_Z}{L^3} & 0 & 0 & \frac{12EI_Z}{L^3} & -\frac{6EI_Z}{L^2} \\ 0 & \frac{6EI_Z}{L^2} & 0 & 0 & -\frac{6EI_Z}{L^2} & \frac{4EI_Z}{L} \end{bmatrix} \qquad (20.2.2)$$

(2) 절점 k가 Hinge인 경우 < j(Fixed) ………… k(Hinge) >

$[K_M]=$ (20.2.3)

$\frac{EA_X}{L}$	0	0	$-\frac{EA_X}{L}$	0	0
0	$\frac{12EI_Z}{L^3}$	$\frac{6EI_Z}{L^2}$	0	$-\frac{12EI_Z}{L^3}$	0
0	$\frac{6EI_Z}{L^2}$	$\frac{4EI_Z}{L}$	0	$-\frac{6EI_Z}{L^2}$	0
$-\frac{EA_X}{L}$	0	0	$\frac{EA_X}{L}$	0	0
0	$-\frac{12EI_Z}{L^3}$	$-\frac{6EI_Z}{L^2}$	0	$\frac{12EI_Z}{L^3}$	0
0	0	0	0	0	0

(3) 절점 j, k가 Hinge인 경우 < j(Hinge) ………… k(Hinge) >

$[K_M]=$ (20.2.4)

$\frac{EA_X}{L}$	0	0	$-\frac{EA_X}{L}$	0	0
0	0	0	0	0	0
0	0	0	0	0	0
$-\frac{EA_X}{L}$	0	0	$\frac{EA_X}{L}$	0	0
0	0	0	0	0	0
0	0	0	0	0	0

[2] 전체 강성매트릭스의 구성
(Structual Stiffness Matrix, Joint Stiffness Matrix)

(1) 변환매트릭스(transformation matrix) 또는 회전매트릭스(rotation matrix)

* 부재 좌표계와 전체 좌표계의 상호변환 시에 사용한다.

전체 좌표계 ⇒ 부재 좌표계

(Z축에 관한 회전)

$$[R]=\begin{bmatrix} \cos\theta & \sin\theta & 0 \\ -\sin\theta & \cos\theta & 0 \\ 0 & 0 & 1 \end{bmatrix}$$

$[R]^T=[R]^{-1}$ 직교행렬(Orthogonal Matrix)

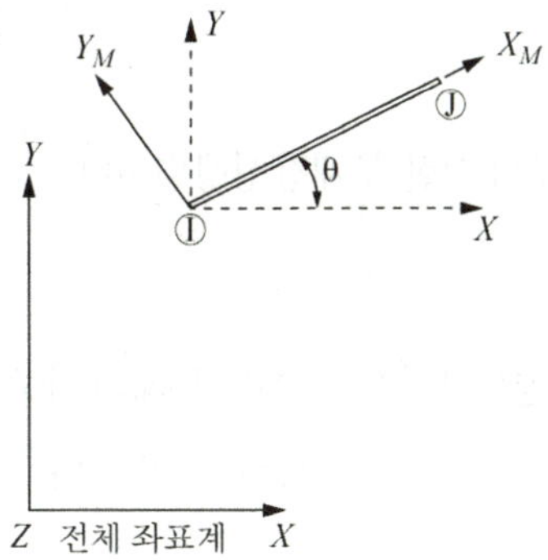

[그림 20.2.1]

부재의 '힘-변위' 관계식은 다음과 같다.

$$\{A_M\} = [K_M]\{D_M\} \tag{20.2.5}$$

또는

$$\begin{Bmatrix} A_{Mi} \\ A_{Mj} \end{Bmatrix} = \begin{bmatrix} k_{Mii} & k_{Mij} \\ k_{Mji} & k_{Mjj} \end{bmatrix} \begin{Bmatrix} D_{Mi} \\ D_{Mj} \end{Bmatrix} \tag{20.2.6}$$

부재강성행렬을 조합하기 전에 부재강성행렬을 전체좌표계로 변환시켜야 하므로, 식 (20.2.6)에서 $\{A_M\} = [R]\{A_{MS}\}$, $\{D_M\} = [R]\{D_{MS}\}$로 놓으면 다음과 같이 된다.

$$\begin{bmatrix} [R] & 0 \\ 0 & [R] \end{bmatrix} \begin{Bmatrix} A_i \\ A_j \end{Bmatrix} = \begin{bmatrix} k_{Mii} & k_{Mij} \\ k_{Mji} & k_{Mjj} \end{bmatrix} \begin{bmatrix} [R] & 0 \\ 0 & [R] \end{bmatrix} \begin{Bmatrix} D_i \\ D_j \end{Bmatrix} \tag{20.2.7}$$

또는

$$[R_T]\{A_{MS}\} = [K_M][R_T]\{D_{MS}\} \tag{20.2.8}$$

식 (20.2.8)에 $[R_T]^{-1}$을 전승(pre-multiplying)하면,

$$\begin{aligned} \{A_{MS}\} &= [R_T]^{-1}[K_M][R_T]\{D_{MS}\} = [R_T]^T[K_M][R_T]\{D_{MS}\} \\ &= [K_{MS}]\{D_{MS}\} \end{aligned} \tag{20.2.9}$$

그러므로

$$[K_{MS}] = [R_T]^T [K_M] [R_T] \tag{20.2.10}$$

여기서 $[K_{MS}]$는 전체 좌표계에 의한 부재강성행렬이다.

(2) 부재강성매트릭스의 조합

절점자유도에 대한 일련번호(평형방정식 번호)는 부재의 하중, 변위, 강성행렬의 요소들이 전체 하중, 변위, 강성행렬상의 어느 곳에 위치하는가를 뜻한다.

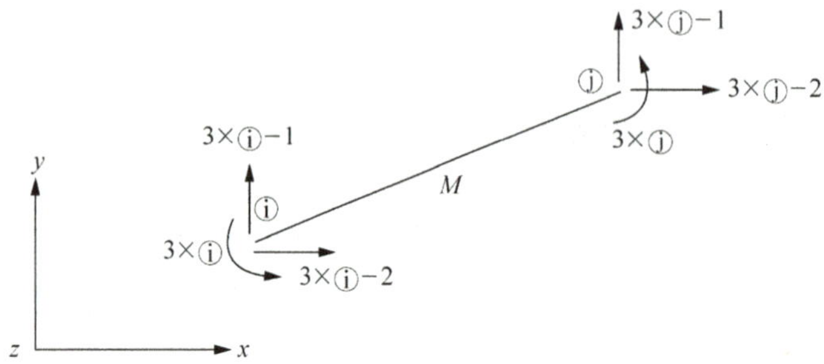

[그림 20.2.2]

부재 M에 대한 전체 강성매트릭스 상의 위치 ×ⓙ−1

⋱	1	2	⋯	3ⓘ-2	3ⓘ-1	3ⓘ	⋯	3ⓙ-2	3ⓙ-1	3ⓙ	⋯
1											
2											
⋮				⋮	⋮	⋮		⋮	⋮	⋮	
3ⓘ-2			⋯	k_{S11}	k_{S12}	k_{S13}	⋯	k_{S14}	k_{S15}	k_{S16}	
3ⓘ-1			⋯	k_{S21}	k_{S22}	k_{S23}	⋯	k_{S24}	k_{S25}	k_{S26}	
3ⓘ			⋯	k_{S31}	k_{S32}	k_{S33}	⋯	k_{S34}	k_{S35}	k_{S36}	
⋮				⋮	⋮	⋮		⋮	⋮	⋮	
3ⓙ-2			⋯	k_{S41}	k_{S42}	k_{S43}	⋯	k_{S44}	k_{S45}	k_{S46}	
3ⓙ-1			⋯	k_{S51}	k_{S52}	k_{S53}	⋯	k_{S54}	k_{S55}	k_{S56}	
3ⓙ			⋯	k_{S61}	k_{S62}	k_{S63}	⋯	k_{S64}	k_{S65}	k_{S66}	
⋮				⋮	⋮	⋮		⋮	⋮	⋮	
				Band Width =3(ⓙ-ⓘ+1)							

(20.2.11)

[3] 하중 (Load)

절점하중 = 외부작용 절점하중 + 부재하중에 의한 등가절점하중, 즉

$$\{A_C\} = \{A_J\} + \{A_E\} = \{A_J\} - [R_T]^T \{A_{ML}\} \tag{20.2.12}$$

여기서, $\{A_E\}$는 부재하중에 의한 등가절점하중(전체 좌표계), $\{A_{ML}\}$은 고정단력(fixed-end-forces, 부재 좌표계)이다.

예 고정단력(fixed-end-forces)

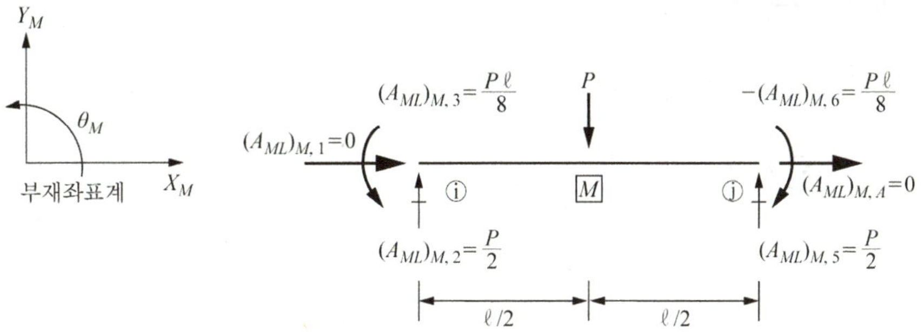

[그림 20.2.3] 기호수정

[4] 부재단면력

$$\{A_M\}=\{A_{ML}\}+[K_M][R_T]\{D_M\}=\{A_{ML}\}+[K_M]\{D_{MS}\} \tag{20.2.13}$$

[5] 전체강성매트릭스의 해

구조해석의 경제성과 정확도는 주로 전체강성행렬의 형성과 해(solution)에 의해 좌우된다. 본 교재에 주어진 프로그램 CADAS에서는 Cholesky의 평방근법(Cholesky's Square Root Method)을 사용하였다.

(1) 분해 (Decomposition or Factorization)

$$\{A_C\}_{n\times 1}=[K]_{n\times n}\{D\}_{n\times 1} \tag{20.2.14}$$

여기서

$$[K]_{n\times n}=[U]^T_{n\times n}[U]_{n\times n} \tag{20.2.15}$$

또는

$$\begin{bmatrix} k_{11}\,k_{12}\cdots k_{1n} \\ k_{21}\ \ddots\ \ \vdots \\ \vdots\ \ \ddots\ \vdots \\ k_{n1}\cdots\cdots k_{nn} \end{bmatrix}=\begin{bmatrix} U_{11} & 0 & \cdots & 0 \\ U_{12} & U_{22} & \ddots & \vdots \\ \vdots & & \ddots & 0 \\ U_{1n} & \cdots & \cdots & U_{nn} \end{bmatrix}\begin{bmatrix} U_{11} & U_{12} & \cdots & U_{1n} \\ 0 & U_{22} & & \vdots \\ \vdots & \ddots & \ddots & \vdots \\ 0 & \cdots & 0 & U_{nn} \end{bmatrix} \tag{20.2.16}$$

식 (20.2.16)에서

$$k_{ii} = U_{1i}^2 + U_{2i}^2 + \cdots + U_{ii}^2 = \sum_{k=1}^{i} U_{ki}^2$$

$$U_{ii} = \sqrt{k_{ii} - \sum_{k=1}^{i-1} U_{ki}^2} \quad (i > 1) \tag{20.2.17}$$

$$k_{ij} = U_{1i}U_{1j} + U_{2i}U_{2j} + \cdots + U_{ii}U_{ij} = \sum_{k=1}^{i} U_{ki}U_{kj}$$

$$U_{ij} = \frac{k_{ij} - \sum_{k=1}^{i-1} U_{ki}U_{kj}}{U_{ii}} \quad (1 < i < j) \tag{20.2.18}$$

$$U_{ij} = 0 \quad (i > j)$$

$$U_{11} = \sqrt{k_{11}} \tag{20.2.19}$$

(2) 해 (Solve)

식 (20.2.14)에서

$$\{A_C\} = [U]^T[U]\{D\} = [U]^T\{D^*\} \tag{20.2.20}$$

여기서

$$[U]\{D\} = \{D^*\} \tag{20.2.21}$$

또는

$$\begin{bmatrix} U_{11} & U_{12} & \cdots & U_{1n} \\ 0 & U_{22} & & \vdots \\ \vdots & \ddots & \ddots & \vdots \\ 0 & \cdots & 0 & U_{nn} \end{bmatrix} \begin{Bmatrix} d_1 \\ d_2 \\ \vdots \\ d_n \end{Bmatrix} = \begin{Bmatrix} d_1^* \\ d_2^* \\ \vdots \\ d_n^* \end{Bmatrix} \tag{21.2.22}$$

$$[U]^T\{D^*\} = \{A_C\} \tag{20.2.23}$$

또는

$$\begin{bmatrix} U_{11} & 0 & \cdots & 0 \\ U_{12} & U_{22} & \ddots & \vdots \\ \vdots & & \ddots & 0 \\ U_{1n} & \cdots & \cdots & U_{nn} \end{bmatrix} \begin{Bmatrix} d_1^* \\ d_2^* \\ \vdots \\ d_n^* \end{Bmatrix} = \begin{Bmatrix} A_C^1 \\ A_C^2 \\ \vdots \\ A_C^n \end{Bmatrix} \tag{20.2.24}$$

식 (20.2.24)에서

① 전진대입 (Forward Substitution)

$$d_i^* = \frac{A_C^i - \sum_{k=1}^{i-1} U_{ki} d_k^*}{U_{ii}} \quad (i > 1) \qquad d_1^* = \frac{A_C^1}{U_{11}} \quad (i = 1) \tag{20.2.25}$$

식 (20.2.22)와 (20.2.25)에서

② 후진대입 (Backward Substitution)

$$d_n = \frac{d_n^*}{U_{nn}}$$

$$d_i = \frac{d^* - \sum_{k=1}^{n} U_{ki} d_k}{U_{ii}} \quad (i < n) \tag{20.2.26}$$

20.3 뼈대구조물의 컴퓨터 프로그램

20.3.1 개요

본 장에서는 구조해석을 위한 컴퓨터의 응용에 대하여 Micro-Computer 사용의 효율성에 초점을 맞추어 간략하게 논의 하였다. Microsoft 사의 MS-Fortran을 이용하여 FORTRAN 언어로 작성된 컴퓨터프로그램 CADAS(Computer Aided Design and Analysis of Structures)를 여기에 게재하였다. 이 프로그램은 연속보, 평면트러스, 라멘, 트러스와 보의 복합구조, 케이블과 보의 복합구조 등을 포함한 문제들에 적용할 수 있게 되어 있다

20.3.2 컴퓨터 시스템

(1) 프로그램 능력

프로그램 CADAS는 19~20장에서 설명한 기호와 이론들을 바탕으로 하여 체계적인 직접강도법에 의한 매트릭스구조해석을 사용하여 교육용으로 개발되었다. 이 프로그램은 FORTRAN 언어를 구사하여 작성되었으며 PC에서 실행될 수 있도록 만들어졌다. 또한 이 프로그램은 19장에 있는 방법들의 적용범위를 확대시켜서 일반화하였으며, 이 교재에 게재된 입체트러스를 제외한

거의 모든 구조해석 문제들에 대해 해를 구할 수 있도록 되어 있다. 그러나 실제 상업용으로 사용되는 범용구조해석 프로그램(SAP2000, ADINA, LUSAS, FEAP, MIDAS 등)은 더욱 정교하다는 점을 알고 있어야 한다.

Weaver와 Gere 교수의 교재에 순서도로 주어진 프로그램은 적용대상 구조물의 형식에 따라 연속보(CB), 평면트러스(PT), 입체트러스(ST), 격자구조(GR), 평면뼈대(PF), 마지막으로 입체뼈대(SF)로 각기 다르게 작성되어 있다. 그러나 본 교제에서 주어진 프로그램 CADAS는 입체구조물을 제외한 연속보, 평면트러스, 라멘, 트러스와 보의 복합구조, 케이블과 보의 복합구조 등 모든 평면뼈대구조물의 해석을 가능케 하였다. 또한 각 프로그램은 절점수와 부재수가 100개로 제한되어 있기 때문에 이를 넘지 않도록 주의하여야 한다.

이 프로그램의 적용에 있어서 모든 부재는 같은 재질로 간주하였다. 그러나 서로 다른 재질의 부재를 사용할 경우에 대해서는 구조물해석시의 주의사항, 사용설명서에서 예를 들어 설명되어 있다. 외력의 경우, 여러 가지 형태의 하중에 대해 자동으로 처리되고, 부가적인 외력 효과인 온도나 지점침하, 기변형 등은 직접적인 방법으로 고려하여 자동으로 처리할 수 있게 수정하였다.

(2) 프로그램 실행

프로그램 CADAS를 사용하기 전에 먼저 구조물을 모형화하여 19장의 기호(예를 들면, 20장의 적용 예제의 절점번호와 부재번호)를 이용하여 해석하고자 하는 구조물에 표시하는 것이 입력 및 결과 분석을 효과적으로 할 수 있으므로 반드시 필요하다. 사용자들은 각각의 해석구조물에 맞는 입력데이터 문을 20.5절에 주어진 프로그램 사용설명서에 맞게 작성하여야 한다. 각각 입력데이터 문에 대한 설명은 20.5절의 '프로그램 사용설명서'에 상세하게 주어져 있으며, 20.6절에 주어진 적용 예제를 참고하는 것이 좋다. 특히 구조물에 대한 프로그램을 접근하기 전에 20.4절에 주어진 '구조물해석 시의 주의사항'에 대해서 충분히 이해하여 두는 것이 좋다. 이때 데이터 문을 작성하는 데 필요한 각 변수들에 대한 설명은 [표 20.3.1]과 같다.

[표 20.3.1] 데이터 문에서 사용되는 약어

변수명	내 용
NLC	load case의 수
M	부재수
NP	절점수
NSP	지점의 수
NEP	단면형태의 수
E	탄성계수
ALPHA	선팽창계수
EL( )	부재 길이
J	절점번호
X(J), Y(J)	절점의 x, y 좌표
KN	절점번호 증가치
I	단면형태 Code
AX(I)	단면적
AI(I)	단면2차모멘트
WT(I)	단위중량
MN	부재번호
JJ(MN), JK(MN)	부재의 j, k단의 절점번호
ID	단면형태 Code
MC(M)	부재의 단부조건
K	지점의 번호
K1(K),K2(K),K3(K)	X, Y, θ방향 변위 구속여부 (Free=0, Fix=1)
NLJ	절점하중의 수
NLM	부재하중의 수
NLMC	부재하중의 데이터 수
J	절점번호
AJX(J),AJY(J),AJM(J)	절점하중의 X, Y방향성분, 회전 모멘트
AML(,)	부재 간 하중으로 인한 고정단하중(부재축방향)
N	자유도수
DJ	전체좌표계에서 모든 절점에서의 처짐
AM( )	부재단에서의 최종적인 부재력(축력, 전단력, 모멘트)
AR( )	전체 좌표계에서의 지점반력

20.4 구조물 해석 시의 주의사항

20.4.1 트러스 구조물인 경우

① 트러스 부재의 단면2차모멘트(I)를 아주 적은 값으로 입력

예 I = 1.0E−10

② 절점에 2개 이상의 부재가 연결되어 있을 때, 적어도 한 부재에는 부재의 단부조건을 0으로 하여야 한다.

[그림 20.4.1]에서 부재 [1]의 단부조건 : code-2

부재 [2]의 단부조건 : code-0

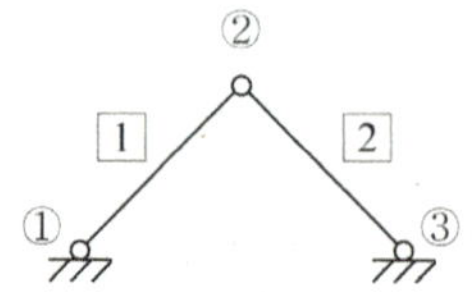

[그림 20.4.1]

20.4.2 대칭구조물의 경우

* 부재와 대칭축(대칭면)이 만나는 절점은 지점으로 모델링

[1] 대칭하중

절점 ③의 구속조건

X방향 변위 : 구속 (1)

Y방향 변위 : 자유 (0)

θ회전 변위 : 구속 (1)

부재 2의 단부조건 : code-0

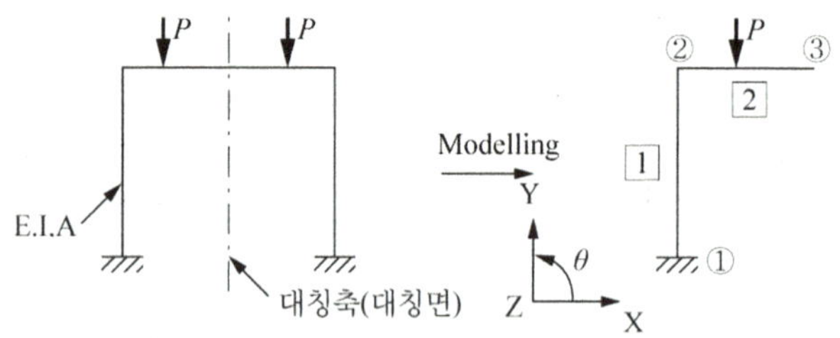

[그림 20.4.2]

[2] 비대칭하중

절점 ③의 구속조건

X방향 변위 : 자유 (0)

Y방향 변위 : 구속 (1)

θ회전 변위 : 자유 (0)

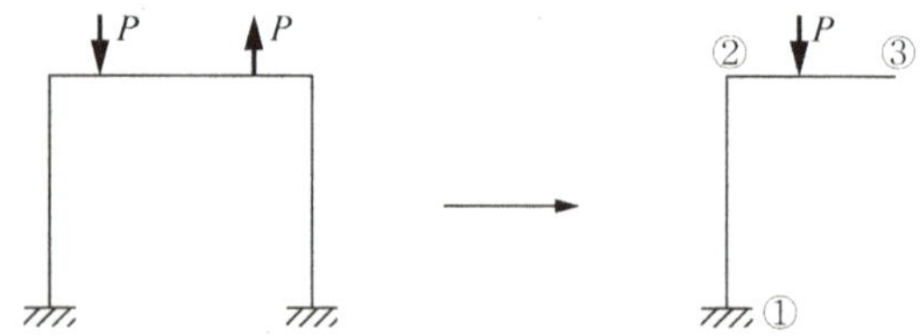

[그림 20.4.3]

[3] 대칭하중 (부재하중 + 절점하중)

절점 ③의 구속조건

X방향 변위 : 구속 (1)

Y방향 변위 : 자유 (0)

θ회전 변위 : 구속 (1)

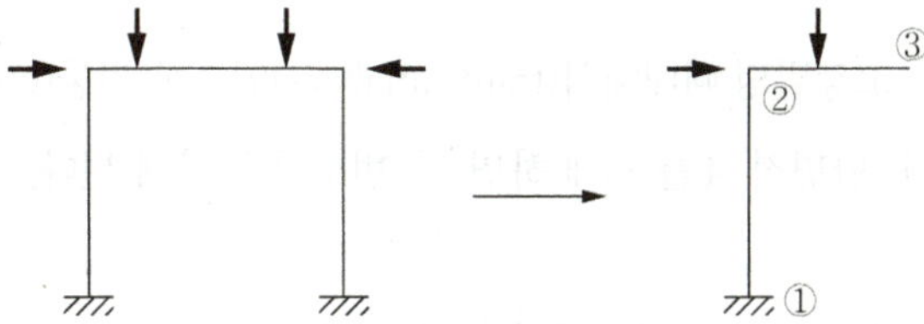

[그림 20.4.4]

[4] 3차원 뼈대 (2개의 평면에 대칭인 구조물)

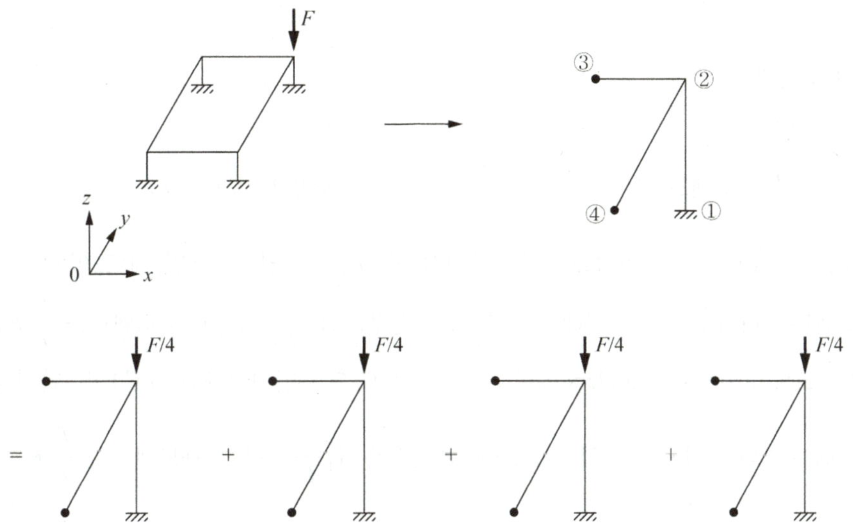

[그림 20.4.5]

③	④
대칭	대칭
X변위 구속	Y변위 구속
θ_y 변위 구속	θ_x 변위 구속
θ_z 변위 구속	θ_z 변위 구속

③	④
대칭	비대칭
X변위 구속	Y변위 구속
θ_y 변위 구속	Z변위 구속
θ_z 변위 구속	θ_y 변위 구속

③	④
비대칭	대칭
X변위 구속	Y변위 구속
Z변위 구속	θ_x 변위 구속
θ_x 변위 구속	θ_z 변위 구속

③	④
비대칭	비대칭
X변위 구속	Y변위 구속
Z변위 구속	Z변위 구속
θ_x 변위 구속	θ_y 변위 구속

20.4.3 축변형률 (Axial Strain)

고층빌딩 뼈대해석(frame analysis)일수록 기둥(column)의 축 변형률은 중요한 인자(factor)다. 단면적 A를 크게 하면, 축 변형률은 작게 된다.

20.4.4 부재의 단면형태 (Section Property of Members)

탄성계수가 두 가지 이상인 경우엔 단면적과 단면 2차 모멘트를 조정함으로써 고려할 수 있다. 예를 들어, 다음 두 가지 재료가 부재에 사용되는 경우를 설명하면,

재료1: 탄성계수 (E_1)	재료2: 탄성계수 (E_2)
단면적 (A_1)	단면적 (A_2)
단면2차모멘트 (I_1)	단면2차모멘트 (I_2)

이 경우, [2] Structural Control Line에서 탄성계수를 E_1으로 입력했다면, 재료2의 단면적과 단면2차모멘트는 다음 값으로 기입해야 한다. 즉 단면적은 $A_2\dfrac{E_2}{E_1}$, 단면2차 모멘트는 $\dfrac{I_2}{I_1}E_2$이다.

반대로 [2] Structural Control Line에서 탄성계수를 E_2으로 입력했다면, 재료1의 단면적과 단면2차모멘트는 다음 값으로 기입해야 한다. 단면적은 $A_1\dfrac{E_1}{E_2}$, 단면2차모멘트는 $\dfrac{I_1}{I_2}E_1$이다.

20.4.5 부재의 온도차

[1] 온도차

부재의 축방향, 즉 x방향 온도차는 부재축력을, 부재의 y방향 온도차는 부재의 휨모멘트를 유발한다.

$\Delta T_x > 0$: 압축력

$\Delta T_x < 0$: 인장력

$\Delta T_y = T_{y2} - T_{y1}$

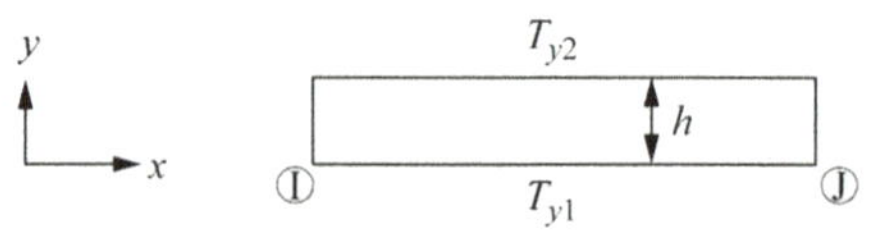

[그림 20.4.6]

[2] 온도하중의 경우 (하중형태 Code : 10)

제작오차나 프리스트레스 등으로 인해 유발되는 힘과 모멘트 등을 고려하기 위한 하중항이다.

(1) 부재의 길이가 지정된 길이보다 e만큼 길게 제작오차가 있을 때 ($\Delta T_x > 0$)

$$\therefore \Delta T_x = \frac{e}{\alpha l}$$

e : 부재 길이의 제작오차

α : 온도선팽창계수

l : 부재의 길이

(2) 프리스트레스 작용하중 P가 인장방향일 때 ($\Delta T_x < 0$)

$$\therefore \Delta T_x = -\frac{P}{\alpha A E}$$

E : 탄성계수

A : 부재의 단면적

20.4.6 경사부재의 하중재하

경사부재에 대해 예를 들어 보자.

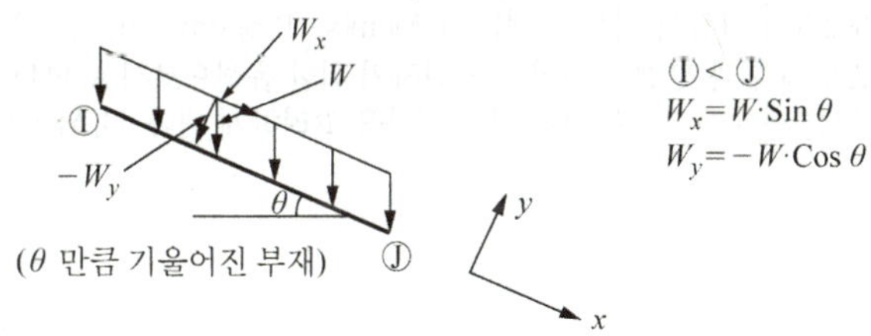

[그림 20.4.7]

[1] 등분포하중인 경우 (하중형태 Code : 1)

항상 W_x 는 부재의 축방향, W_y는 부재에 수직방향

[2] 집중하중인 경우 (하중형태 Code: 2)

항상 P_x 는 부재의 축방향, P_y는 부재에 수직방향

20.5 구조해석 프로그램 사용설명서

[1] TITLE LINE (1줄)

TITLE [7A10]

	TITLE	:	구조물을 표시하기 위한 임의의 명칭

[2] Structural Control Data Line (1줄)

N, NEP, M, NSP, NLC, E, ALPHA

	N	:	절점의 수
(1)	NEP	:	단면형태의 수
	M	:	부재의 수
	NSP	:	지점의 수
	NLC	:	Load Case의 수
(2)	E	:	탄성계수
(3)	ALPHA	:	선팽창계수

[주] (1) 단면형태, 즉, 단면적, 단면2차 모멘트가 다른 단면형태의 수
(2) 탄성계수가 2가지 이상이 필요한 때는 [4] Member Property Line의 〈주〉 (1), (2) 참조.
(3) 온도변화로 인해 힘과 모멘트 계산을 고려하기 위한 옵션으로서 ALPHA를 기입하면, 부재길이의 변화로 인한 영향과 부재두께로 인한 영향을 고려하게 된다. [9] Member Load Line 〈주〉 (2) 참조

[3] Nodal Point Data Line (절점수만큼 필요함)

J, X(J), Y(J), KN

	J	:	절점번호
	X(J)	:	절점의 X좌표
	Y(J)	:	절점의 Y좌표
(1)	KN	:	자동발생계수

[주] (1) 자동증분치로서 발생을 원하면 K=1, K=2, K=3 등. 원하지 않으면 K=0을 기입한다.

[4] Member Property Data Line (단면형태의 수만큼)

I, AX(I), AI(I)

	I	:	단면형태 코드(단면번호)
(1)	AX(I)	:	단면적
	AI(I)	:	단면2차모멘트

[주] (1) 탄성계수가 2가지 이상인 경우엔 단면적과 단면2차모멘트를 조정함으로써 고려할 수 있다. 예를 들어, 다음 두 가지 재료를 설명하면,

재료1:	재료2:
탄성계수 (E_1)	탄성계수 (E_2)
단면적 (A_1)	단면적 (A_2)
단면2차모멘트(I_1)	단면2차모멘트(I_2)

이 경우 [2] Structural Control Line에서 탄성계수를 E_1으로 기입했다면, 재료 2의 단면적과 단면 2차모멘트는 다음 값으로 입력해야 한다. 즉 단면적 $A_2\frac{E_2}{E_1}$, 단면2차모멘트 $\frac{I_2}{I_1}E_2$이다. 반대로 [2] Structural Control Line에서 탄성계수를 E_2으로 입력했다면, 재료 1의 단면적과 단면 2차 모멘트는 다음 값으로 기입해야 한다. 즉 단면적 $A_1\frac{E_1}{E_2}$, 단면 2차모멘트 $\frac{I_1}{I_2}E_1$.

[5] Member Data Line (부재수만큼)

M, JJ(M), JK(M), ID, MC(M)

	M	:	부재번호
	JJ(M)	:	부재의 시작 절점번호 I
	JK(M)	:	부재의 끝 절점번호 J
	ID	:	단면형태 코드(단면번호)
(1)	MC(M)	:	부재의 단부조건

[주] (1) 부재의 단부조건

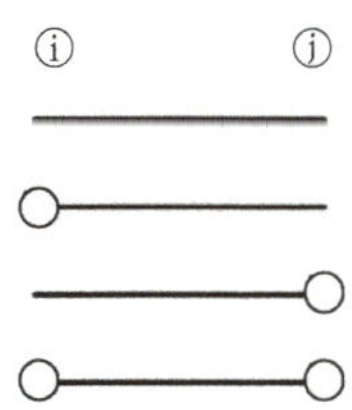

code	시작점		끝점
0	강결	→	강결
1	힌지	→	강결
2	강결	→	힌지
3	힌지	→	힌지

[그림 20.5.1]

[6] Support Point(Joint) Data Line (지점의 수만큼)

K, K1, K2, K3

	K	:	지점의 번호
(1)	K1	:	X-방향 변위의 구속여부
(1)	K2	:	Y-방향 변위의 구속여부
(1)	K3	:	회전각 변위의 구속여부

[주] (1) 구속(Fixed DOF) : 1
자유(Free DOF) : 0

지점 상태	K1	K2	K3
고 정	1	1	1
힌 지	1	1	0
롤 러	0	1	0

고정, 힌지, 롤러 이외의 특수한 지점상태의 경우는 그 지점상태의 자유도 성분의 자유, 구속에 따라 1 또는 0을 기입한다.
(참조 : 6. 구조해석시의 주의사항)

[7] Load Condition(Load Case) Data Line (1줄)

NLJ, NLM, NLMC, LOADTL [3I5,6A10]

	NLJ	:	하중이 주어진 절점의 수
(1)	NLM	:	하중이 주어진 부재의 수
	NLMC	:	부재하중의 데이터 수
(2)	LOADTL	:	하중을 설명하기 위한 임의의 명칭

[주] (1) 예를 들면, Vertical Load가 [그림 20.5.20와 같은 경우
NLM : 1 NLMC : 2
(2) 16Col. 뒤부터는 설명하기 위한 임의의 명칭을 입력

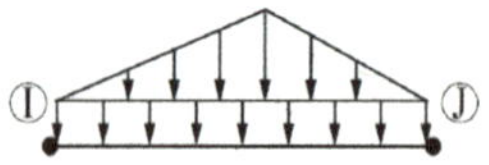

[그림 20.5.2]

[8] Nodal Load Data Line (절점에 주어진 하중의 수만큼)

K, AJX, AJY, AJM

	K	:	절점번호
(1)	AJX	:	X-방향의 하중성분
(1)	AJY	:	Y-방향의 하중성분
(1)	AJM	:	회전모멘트 하중

[주] (1) 절점에 주어진 하중의 입력은 전체 좌표계(global coordinate system)에 의해 하중의 부호와 크기를 결정한다.

[9] Member Load Data Line (데이터 수 〈 NLMC)

M, I, LD1, LD2, LD3, LD4, LD5, LD6, NNP

	M	:	부재번호
(1)	I	:	하중형태 코드
(2)	LD1	:	아래 〈주〉 (1) 참조
(2)	LD2	:	..
(2)	LD3	:	..
(2)	LD4	:	..
(2)	LD5	:	..
(2)	LD6	:	..
			* 참고 : 하중형태 테이블(1), (2)
(3)	NNP	:	같은 하중형태 부재수

[주] (1) 하중형태 코드는 다음과 같다.

Code	하중형태		Code	하중형태	
1	등분포	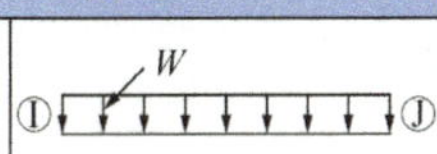	6	3삼각	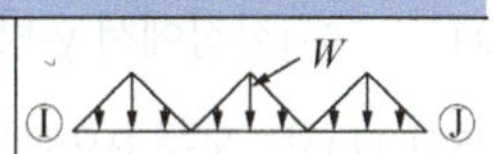
2	집중	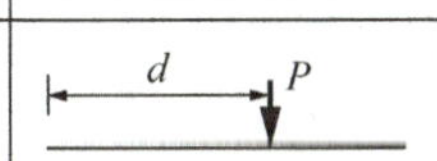	7	사다리꼴	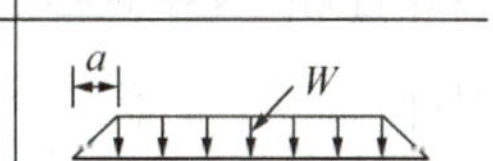
3	등변분포	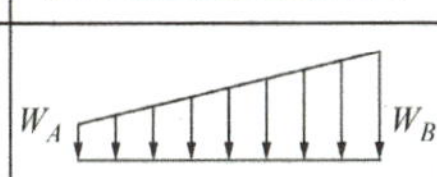	8	부분등 분포	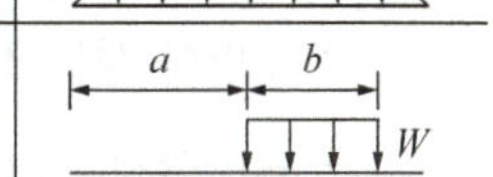
4	1삼각		9	기타	
5	2삼각	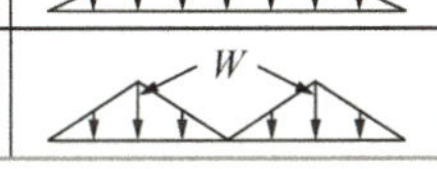	10	온도	

(2) 부재하중의 입력은 국부좌표계에 의거하여야 하는데, 정(+)의 방향은 다음과 같다.

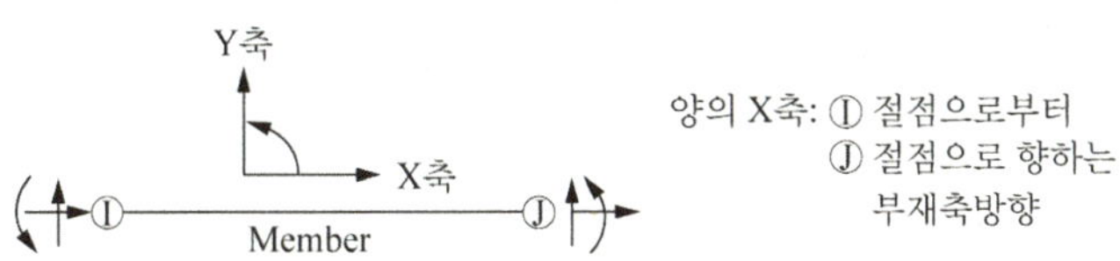

[그림 20.5.3] 국부좌표계와 양(+)방향의 힘과 모멘트

1. 등분포인 경우

LD1 : 등분포하중의 x-방향 성분(W_x)

LD2 : 등분포하중의 y-방향 성분(W_y)

LD3에서 LD6까지는 모두 0으로 입력

2. 집중하중

LD1 : i절점으로부터 집중하중 작용점까지의 거리(d)

LD2 : 작용하중의 x-방향 성분(P_x)

LD3 : 작용하중의 y-방향 성분(P_y)

LD4에서 LD6까지는 모두 0으로 입력

3. 등변분포

LD1 : i절점에서 x-방향 성분(W_{ix})

LD2 : j절점에서 x-방향 성분(W_{jx})

LD3 : i절점에서 y-방향 성분(W_{iy})

LD4 : j절점에서 y-방향 성분(W_{jy})

LD5와 LD6는 모두 0으로 입력

4. 1삼각

LD1 : x-방향 성분(W_x)

LD2 : y-방향성 분(W_y)

LD3에서 LD6까지는 모두 0으로 입력

5. 2삼각

LD1 : x-방향 성분(W_x)

LD2 : y-방향 성분(W_y)

LD3에서 LD6까지는 모두 0으로 입력

6. 3삼각

LD1 : x-방향 성분(W_x)

LD2 : y-방향 성분(W_y)

LD3에서 LD6까지는 모두 0으로 입력

7. 사다리꼴

LD1 : x-방향 성분(W_x)

LD2 : y-방향 성분(W_y)

LD3 : i절점으로부터 하중이 일정한 위치까지의 거리(a)

LD4에서 LD6까지는 모두 0으로 입력

8. 부분등분포

LD1 : x-방향 성분(W_x)

LD2 : y-방향 성분(W_y)

LD3 : ⓘ절점으로부터 하중 작용점까지의 거리(a)

LD4 : 하중이 작용하는 거리(b)

LD5와 LD6는 0으로 입력

9. 그 외의 경우

* (부재양단이 고정되었다고 가정하여 구한다)

LD1 : i절점의 x-방향 반력(R_{ix})

LD2 : i절점의 y-방향 반력(R_{iy})

LD3 : i절점의 고정단모멘트(M_i)

LD4 : j절점의 x-방향 반력(R_{jx})

LD5 : j절점의 y-방향 반력(R_{jy})

LD6 : j절점의 고정단모멘트(M_j)

0. 온도

LD1 : 부재의 x-방향 온도차(ΔT_x)

LD2 : 부재의 y-방향 온도차(ΔT_y)

LD3 : 부재단면의 높이(h)

LD4에서 LD6까지는 모두 0으로 입력

부재의 축방향, 즉 x-방향 온도차는 부재축력을, 부재의 y-방향 온도차는 부재의 휨모멘트를 유발한다.

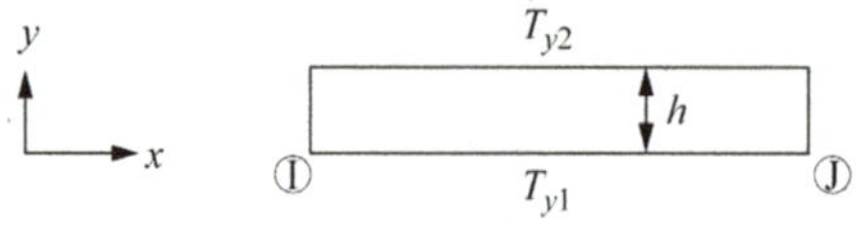

$\Delta T_x > 0$: 압축력

$\Delta T_x < 0$: 인장력

$\Delta T_y = T_{y2} - T_{y1}$

[그림 20.5.4]

* N.B. *

① 등분포인 경우(하중형태 Code : 1), 경사부재에 대해 예를 들면,

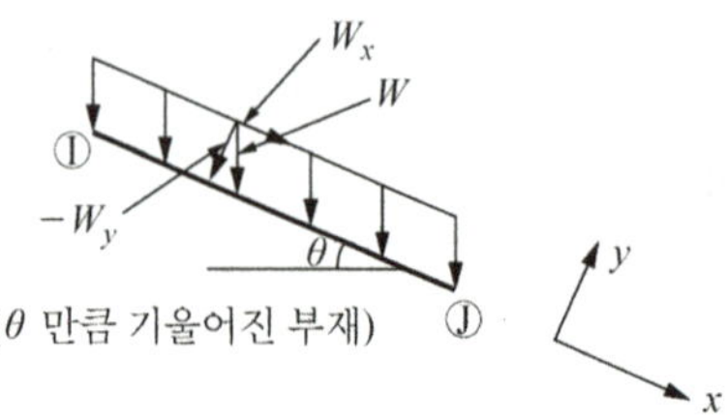

Ⓘ < Ⓙ

$W_x = W \cdot \mathrm{Sin}\,\theta$

$W_y = -W \cdot \mathrm{Cos}\,\theta$

[그림 20.5.5]

② 온도하중의 경우(하중형태 Code : 10)

제작오차나 프리스트레스 등으로 인해 유발되는 힘과 모멘트 등을 고려하기 위한 하중항이다.

ⓐ 부재의 길이가 지정된 길이보다 e만큼 길게 제작오차가 있을 때 ($\Delta T_x > 0$)

$$\Delta T_x = \frac{e}{\alpha\, l}$$

e : 부재길이의 제작오차

α: 온도선팽창계수

l : 부재의 길이

ⓑ 프리스트레스 작용하중 P가 인장방향일 때($\Delta T_x < 0$)

$$\Delta T_x = -\frac{P}{\alpha A E}$$

E : 탄성계수

A : 부재의 단면적

[표 20.5.1] 하중형태

		LD1	LD2	LD3	LD4	LD5	LD6
1	등분포	W_x	W_y				
2	집중하중	d	P_x	P_y			
3	등변분포	W_{ix}	W_{jx}	W_{iy}	W_{jy}		
4	1삼각	W_x	W_y				
5	2삼각	W_x	W_y				
6	3삼각	W_x	W_y				
7	사다리꼴	W_x	W_y	a			
8	부분등분포	W_x	W_y	a	b		
9	그 외의 경우	R_{ix}	R_{iy}	M_i	R_{jx}	R_{jy}	M_j
10	온도	$\triangle T_x$	$\triangle T_y$	h			

[표 20.5.2] 하중형태

Code	하중형태		Code	하중형태	
1	등분포	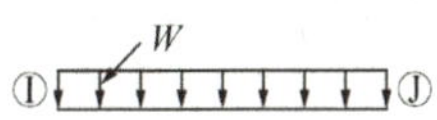	6	3삼각	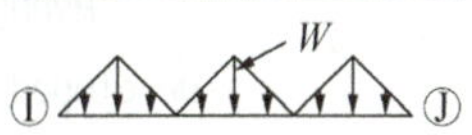
2	집중	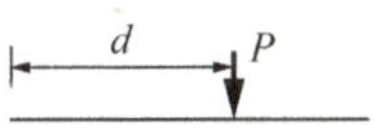	7	사다리꼴	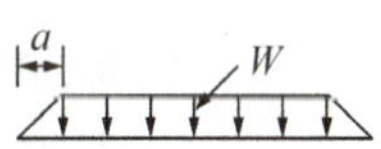
3	등변분포	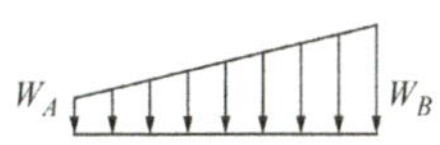	8	부분등 분포	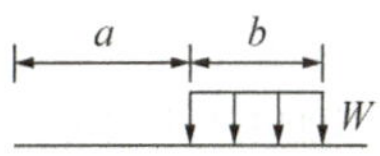
4	1삼각	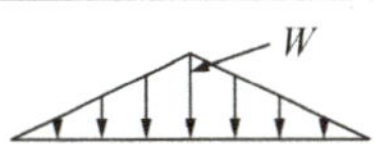	9	기타	
5	2삼각	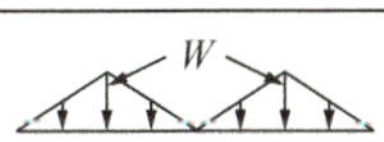	10	온도	

③ 같은 형태의 하중이 여러 부재에 작용할 경우에는, 즉 NNP에 같은 하중형태 부재수를 기재했을 경우에는 반드시 다음 Line(A-Data)에 부재번호를, 다음과 같이 기입해야 한다.

NS(k), k=1,NNP

예를 들어, 부재번호 1, 3, 5, 7, 10, 23 부재에 하중형태 3번과 같은 6개의 같은 하중이 작용할 경우에 다음과 같이 부재번호 1부재에 대해서만 하중을 입력시키고, 그 다음 줄에 부재번호 3, 5, 7, 10, 23을 기입하면 된다.

1 3 LD1 LD2 LD3 LD4 LD5 LD6 6

3, 5, 7, 10, 23 (A-Data)

* N.B. *

같은 형태의 하중에 있어서 NNP에 기입할 경우 부재하중의 Line수(NLMC)는 위의 경우 2가 아니고 6이 된다.

20.6 Computer 구조해석

```
---[CADAS Version1.0]------------------------------
   PFRAME
---------------------------------------------------
          DEPT. OF CIVIL ENGINEERING
               MYONGJI University
          Developed by Myongwoo, Lee
           -------------------------
        ALL RIGHTS RESERVED (12/1983)
          ===========================
---------------------------------------------------
 Input File Name :
 Output File Name [     ]
```

20.6.1 트러스

[1] 평면트러스

예제 20-6-1

[그림 20.6.1]과 같은 트러스의 단면력을 구하여라.

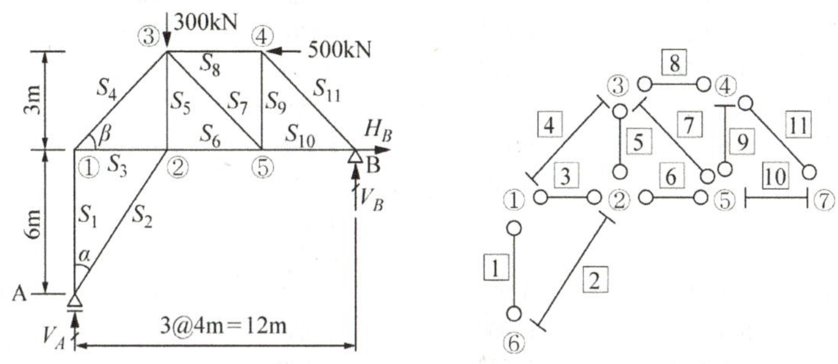

(a) (b) 구조해석 모형

[그림 20.6.1]

[입력 데이터]

데이터		데이터 구성요소
세 목		truss-1.dat KN-m 본문 예제) 3-2-1
구조물 데이터	a. 구조물 변수	7 1 11 2 1000000.0 0.0
	b. 절점좌표	1 0.0 6.0 0 2 4.0 6.0 0 3 4.0 9.0 0 4 8.0 9.0 0 5 8.0 6.0 0 6 0.0 0.0 0 7 12.0 6.0 0
	c. 단면정보	1 1.0 0.00000001
	d. 부재정보	1 1 6 1 3 2 2 6 1 0 3 1 2 1 3 4 1 3 1 0 5 2 3 1 3 6 2 5 1 3 7 3 5 1 2 8 3 4 1 3 9 4 5 1 2 10 5 7 1 0 11 4 7 1 3
	e. 절점 구속조건	6 0 1 0 7 1 1 0

<table>
<tr><th colspan="2">데이터</th><th>데이터 구성요소</th></tr>
<tr><th colspan="2">제 목</th><th>truss-1.dat KN-m 본문 예제) 3-2-1</th></tr>
<tr><td rowspan="2">하중 데이터</td><td>a. 하중변수</td><td>2 0 0</td></tr>
<tr><td>b. 절점하중</td><td>3 0.0 -300.0 0.0
4 -500.0 0.0 0.0</td></tr>
</table>

[출력결과]

MEMBER FORCES

MEMBER	JOINT	AXIAL FORCE	SHEAR FORCE	END MOMENT	CENTER MOMENT
1	1	325.000	0.000	0.000	0.000
	6	-325.000	0.000	0.000	
2	2	0.000	0.000	0.000	0.000
	6	0.000	0.000	0.000	
3	1	-433.333	0.000	0.000	0.000
	2	433.333	0.000	0.000	
4	1	541.667	0.000	0.000	0.000
	3	-541.667	0.000	0.000	
5	2	0.000	0.000	0.000	0.000
	3	0.000	0.000	0.000	
6	2	-433.333	0.000	0.000	0.000
	5	433.333	0.000	0.000	
7	3	-41.667	0.000	0.000	0.000
	5	41.667	0.000	0.000	
8	3	466.667	0.000	0.000	0.000
	4	-466.667	0.000	0.000	
9	4	25.000	0.000	0.000	0.000
	5	-25.000	0.000	0.000	
10	5	-466.667	0.000	0.000	0.000
	7	466.667	0.000	0.000	
11	4	-41.667	0.000	0.000	0.000
	7	41.667	0.000	0.000	

SUPPORT REACTIONS

JOINT	X-DR	Y-DR	MOMENT
6	0.000	325.000	0.000
7	500.000	-25.000	0.000

예제 20-6-2

[그림 20.6.2]와 같은 트러스의 단면력을 구하여라.

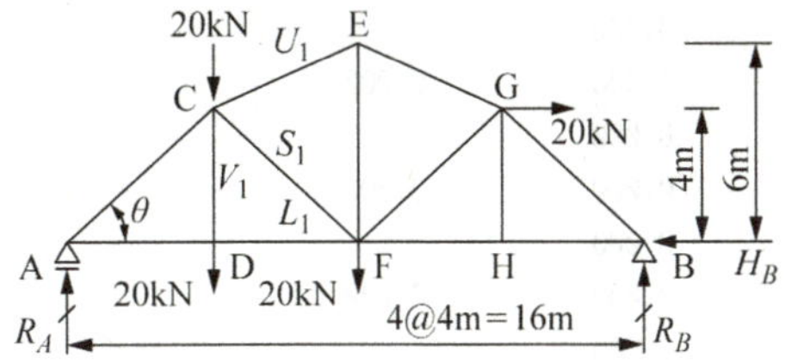

(a)

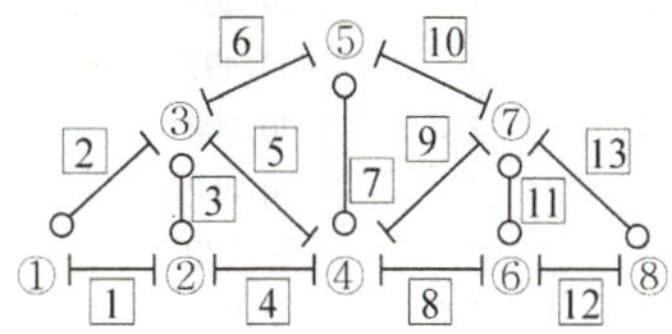

(b) 구조해석 모형

[그림 20.6.2]

[입력 데이터]

데이터		데이터 구성요소
제 목		truss-2.dat KN-m 본문 예제) 3-2-3
구조물 데이터	a. 구조물 변수	8 1 13 2 1 1000000.0 0.0
	b. 절점좌표	1 0.0 0.0 0 2 4.0 0.0 0 3 4.0 4.0 0 4 8.0 0.0 0 5 8.0 6.0 0 6 12.0 0.0 0 7 12.0 4.0 0 8 16.0 0.0 0
	c. 단면정보	1 1.0 0.00000001
	d. 부재정보	1 1 2 1 0 2 1 3 1 1 3 2 3 1 3 4 2 4 1 0 5 3 4 1 0 6 3 5 1 0 7 4 5 1 3 8 4 6 1 0 9 4 7 1 0 10 5 7 1 0 11 6 7 1 3 12 6 8 1 0 13 7 8 1 2
	e. 절점 구속조건	1 0 1 0 8 1 1 0
하중 데이터	a. 하중변수	4 0 0
	b. 절점하중	2 0.0 -20.0 0.0 3 0.0 -20.0 0.0 4 0.0 -20.0 0.0 7 20.0 0.0 0.0

[출력결과]

MEMBER FORCES

MEMBER	JOINT	AXIAL FORCE	SHEAR FORCE	END MOMENT	CENTER MOMENT
1	1	-35.000	0.000	0.000	0.000
	2	35.000	0.000	0.000	
2	1	49.497	0.000	0.000	0.000
	3	-49.497	0.000	0.000	
3	2	-20.000	0.000	0.000	0.000
	3	20.000	0.000	0.000	
4	2	-35.000	0.000	0.000	0.000
	4	35.000	0.000	0.000	
5	3	21.213	0.000	0.000	0.000
	4	-21.213	0.000	0.000	
6	3	22.361	0.000	0.000	0.000
	5	-22.361	0.000	0.000	
7	4	-20.000	0.000	0.000	0.000
	5	20.000	0.000	0.000	
8	4	-5.000	0.000	0.000	0.000
	6	5.000	0.000	0.000	
9	4	-21.213	0.000	0.000	0.000
	7	21.213	0.000	0.000	
10	5	22.361	0.000	0.000	0.000
	7	-22.361	0.000	0.000	
11	6	0.000	0.000	0.000	0.000
	7	0.000	0.000	0.000	
12	6	-5.000	0.000	0.000	0.000
	8	5.000	0.000	0.000	
13	7	35.355	0.000	0.000	0.000
	8	-35.355	0.000	0.000	

SUPPORT REACTIONS

JOINT	X-DR	Y-DR	MOMENT
1	0.000	35.000	0.000
8	-20.000	25.000	0.000

예제 20-6-3

[그림 20.6.3(a)]와 같은 트러스의 단면력과 처짐을 구하여라. 단, $E = 2.0 \times 10^5\,\mathrm{MPa}$이다. 그리고 ( )속의 값은 각 부재의 단면적(cm^2)이다.

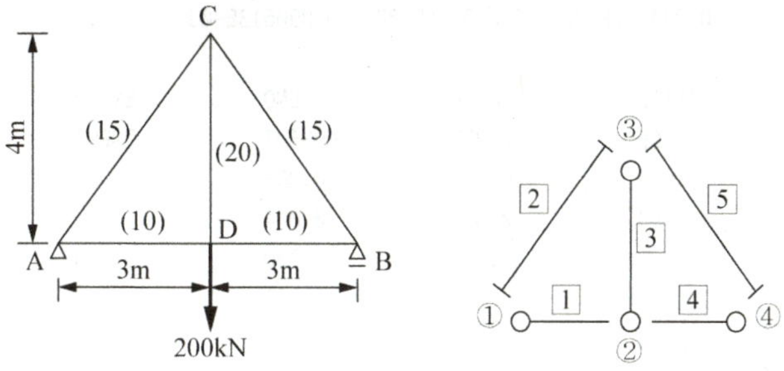

(a) (b) 구조해석 모형

[그림 20.6.3]

[입력 데이터]

데이터		데이터 구성요소
제 목		truss-3.dat KN-m 본문 예제) 11-2-24
구조물 데이터	a. 구조물 변수	4 3 5 2 1 200000000.0 0.0
	b. 절점좌표	1 0.0 0.0 0 2 3.0 0.0 0 3 3.0 4.0 0 4 6.0 0.0 0
	c. 단면정보	1 0.0010 0.00000001 2 0.0015 0.00000001 3 0.0020 0.00000001
	d. 부재정보	1 1 2 1 1 2 1 3 2 0 3 2 3 3 3 4 2 4 1 2 5 3 4 2 0
	e. 절점 구속조건	1 1 1 0 4 0 1 0
하중 데이터	a. 하중변수	1 0 0
	b. 절점하중	2 0.0 -200.0 0.0

[출력결과]

JOINT DISPLACEMENTS

JOINT	X-DR	Y-DR	ROT.
1	0.000000E+00	0.000000E+00	-0.890613E-03
2	0.112498E-02	-0.544785E-02	0.000000E+00
3	0.112498E-02	-0.344787E-02	0.000000E+00
4	0.224997E-02	0.000000E+00	0.890613E-03

MEMBER FORCES

MEMBER	JOINT	AXIAL FORCE	SHEAR FORCE	END MOMENT	CENTER MOMENT
1	1	-74.999	0.001	0.000	0.002
	2	74.999	-0.001	0.004	
2	1	124.998	0.000	0.000	0.000
	3	-124.998	0.000	0.001	
3	2	-199.998	0.000	0.000	0.000
	3	199.998	0.000	0.000	
4	2	-74.999	-0.001	-0.004	0.002
	4	74.999	0.001	0.000	
5	3	124.998	0.000	-0.001	0.000
	4	-124.998	0.000	0.000	

예제 20-6-4

[그림 20.6.4]와 같은 트러스의 단면력과 처짐을 구하여라. 단 탄성계수$(E_s) = 2.05 \times 10^5\,\mathrm{MPa}$이고 ( )안은 단면적$(\mathrm{cm}^2)$이다.

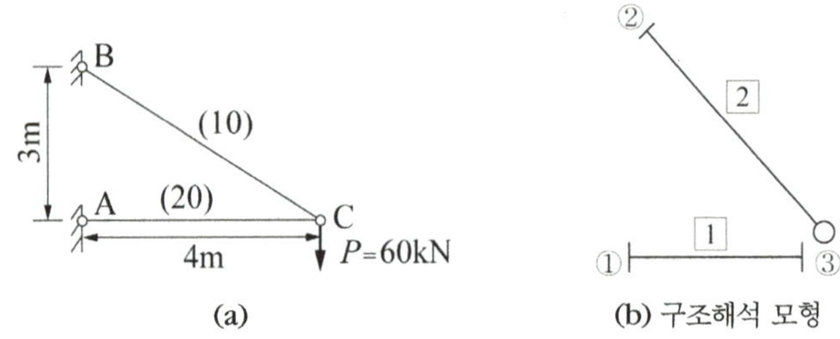

[그림 20.6.4]

[입력 데이터]

데이터		데이터 구성요소
제 목		truss-4.dat KN-m 본문 prob) 11-17
구조물 데이터	a. 구조물 변수	3 2 2 2 1 205000000.0 0.0
	b. 절점좌표	1 0.0 0.0 0 2 0.0 3.0 0 3 4.0 0.0 0
	c. 단면정보	1 0.0010 0.0000001 2 0.0020 0.0000001
	d. 부재정보	1 1 3 2 0 2 2 3 1 2
	e. 절점 구속조건	1 1 1 0 3 1 1 0
하중 데이터	a. 하중변수	1 0 0
	b. 절점하중	2 0.0 -60.0 0.0

[출력결과]

```
JOINT DISPLACEMENTS
             JOINT        X-DR           Y-DR          ROT.
                 1      0.000000E+00   0.000000E+00  -0.127642E-02
                 2     -0.780488E-03  -0.510569E-02  -0.127642E-02
                 3      0.000000E+00   0.000000E+00  -0.910569E-03
MEMBER FORCES
MEMBER   JOINT          AXIAL         SHEAR          END          CENTER
                        FORCE         FORCE         MOMENT        MOMENT
       1         1      80.000         0.000         0.000         0.000
                 2     -80.000         0.000         0.000
       2         2    -100.000         0.000         0.000         0.000
                 3     100.000         0.000         0.000
SUPPORT REACTIONS
             JOINT        X-DR         Y-DR        MOMENT
                 1      80.000         0.000         0.000
                 3     -80.000        60.000         0.000
```

예제 20-6-5

[그림 20.6.5(a)]에 나타낸 트러스의 단면력을 구하여라.

단 탄성계수$(E_s) = 2.1 \times 10^5\,\mathrm{MPa}$이고 ( )안은 단면적$(\mathrm{cm}^2)$이다.

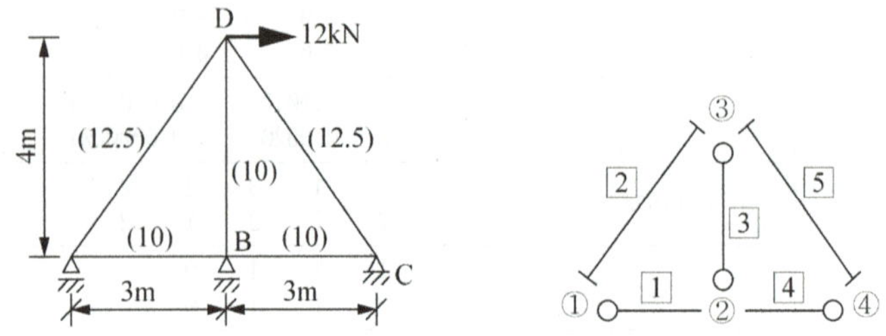

(a) (b) 구조해석모형

[그림 20.6.5]

[입력 데이터]

데이터		데이터 구성요소
제 목		truss-5.dat KN-m 본문 예제) 13-7-1
구조물 데이터	a. 구조물 변수	4 2 5 3 1 210000000.0 0.0
	b. 절점좌표	1 0.0 0.0 0 2 3.0 0.0 0 3 3.0 4.0 0 4 6.0 0.0 0
	c. 단면정보	1 0.00100 0.00000001 2 0.00125 0.00000001
	d. 부재정보	1 1 2 1 0 2 1 3 2 1 3 2 3 1 3 4 2 4 1 2 5 3 4 2 0
	e. 절점 구속조건	1 0 1 0 2 0 1 0 4 1 1 0
하중 데이터	a. 하중변수	1 0 0
	b. 절점하중	3 12.0 0.0 0.0

[출력결과]

```
JOINT DISPLACEMENTS
        JOINT        X-DR           Y-DR           ROT.
          1     0.153277E-03   0.000000E+00   0.000000E+00
          2     0.766386E-04   0.000000E+00   0.000000E+00
          3     0.394099E-03   0.322688E-04  -0.507937E-04
          4     0.000000E+00   0.000000E+00  -0.749953E-04
```

MEMBER FORCES

MEMBER	JOINT	AXIAL FORCE	SHEAR FORCE	END MOMENT	CENTER MOMENT
1	1	5.365	0.000	0.000	0.000
	2	-5.365	0.000	0.000	
2	1	-8.941	0.000	0.000	0.000
	3	8.941	0.000	0.000	
3	2	-1.694	0.000	0.000	0.000
	3	1.694	0.000	0.000	
4	2	5.365	0.000	0.000	0.000
	4	-5.365	0.000	0.000	
5	3	11.059	0.000	0.000	0.000
	4	-11.059	0.000	0.000	

SUPPORT REACTIONS

JOINT	X-DR	Y-DR	MOMENT
1	0.000	-7.153	0.000
2	0.000	-1.694	0.000
4	-12.000	8.847	0.000

예제 20-6-6

[그림 20.6.6(a)]에 나타낸 부정정 트러스의 단면력을 구하여라. 단, $E = 2.1 \times 10^5\ MPa$이고 ( )안은 각 부재의 단면적(cm^2)이다.

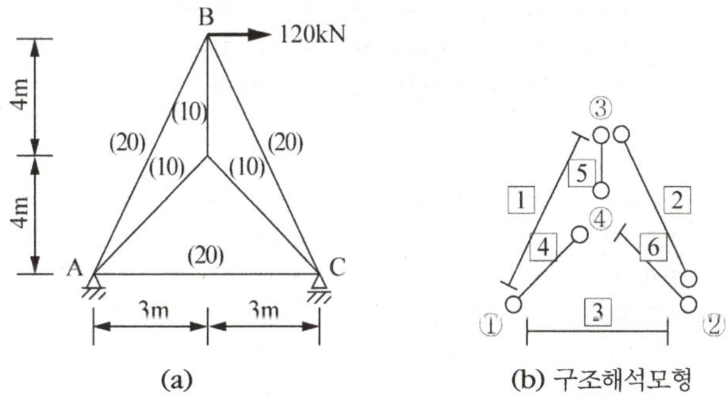

(a) (b) 구조해석모형

[그림 20.6.6]

[입력 데이터]

데이터		데이터 구성요소
제 목		truss-6.dat KN-m 본문 예제) 13-7-2
구조물 데이터	a. 구조물 변수	4 2 6 2 1 210000000.0 0.0
	b. 절점좌표	1 0.0 0.0 0 2 6.0 0.0 0 3 3.0 8.0 0 4 3.0 4.0 0
	c. 단면정보	1 0.002 0.00000001 2 0.001 0.00000001
	d. 부재정보	1 1 3 1 0 2 2 3 1 3 3 1 2 1 0 4 1 4 2 3 5 3 4 2 3 6 2 4 2 1
	e. 절점 구속조건	1 1 1 0 2 0 1 0
하중 데이터	a. 하중변수	1 0 0
	b. 절점하중	3 120.0 0 0

[출력결과]

```
JOINT DISPLACEMENTS
            JOINT          X-DR           Y-DR           ROT.
                1      0.000000E+00   0.000000E+00  -0.470100E-03
                2      0.848490E-03   0.000000E+00   0.235050E-03
                3      0.103244E-01  -0.196568E-03  -0.147423E-02
                4      0.424245E-03  -0.258097E-03   0.988508E-04
MEMBER FORCES
MEMBER      JOINT          AXIAL          SHEAR            END          CENTER
                           FORCE          FORCE         MOMENT          MOMENT
       1        1       -169.155          0.000          0.000           0.000
                3        169.155          0.000          0.000
       2        2        172.605          0.000          0.000           0.000
                3       -172.605          0.000          0.000
       3        1        -59.394          0.000          0.000           0.000
                2         59.394          0.000          0.000
       4        1         -2.019          0.000          0.000           0.000
                4          2.019          0.000          0.000
       5        3         -3.230          0.000          0.000           0.000
                4          3.230          0.000          0.000
       6        2         -2.019          0.000          0.000           0.000
                4          2.019          0.000          0.000
```

```
SUPPORT REACTIONS
        JOINT        X-DR        Y-DR      MOMENT
            1    -120.000    -160.000       0.000
            2       0.000     160.000       0.000
```

20.6.2 연속보

[1] 단순보

예제 20-6-7

[그림 20.6.7]과 같은 단순보의 단면력을 구하여라.

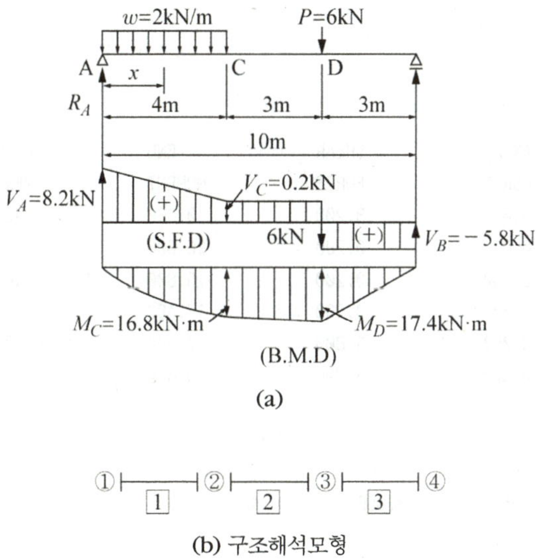

[그림 20.6.7]

[입력 데이터]

데이터		데이터 구성요소
제 목		beam-1.dat KN-m 본문 예제) 4-3-1
구조물 데이터	a. 구조물 변수	4 1 3 2 1 1000000.0 0.0
	b. 절점좌표	1 0.0 0.0 0 2 4.0 0.0 0 3 7.0 0.0 0 4 10.0 0.0 0
	c. 단면정보	1 1.0 1.000
	d. 부재정보	1 1 2 1 0 2 2 3 1 0 3 3 4 1 0
	e. 절점 구속조건	1 1 1 0 4 0 1 0
하중 데이터	a. 하중변수	1 1 1
	b. 절점하중	3 0.0 -6.0 0.0
	c. 부재하중	1 1 0 -2.0 0 0 0 0 0

[출력결과]

```
MEMBER FORCES
MEMBER JOINT        AXIAL        SHEAR          END       CENTER
                    FORCE        FORCE       MOMENT       MOMENT
    1      1        0.000        8.200        0.000       12.400
           2        0.000       -0.200       16.800
    2      2        0.000        0.200      -16.800       17.100
           3        0.000       -0.200       17.400
    3      3        0.000       -5.800      -17.400        8.700
           4        0.000        5.800        0.000
SUPPORT REACTIONS
         JOINT       X-DR        Y-DR       MOMENT
           1        0.000       8.200        0.000
           4        0.000       5.800        0.000
```

예제 20-6-8

[그림 20.6.8]과 같은 게르버보의 단면력을 구하여라.

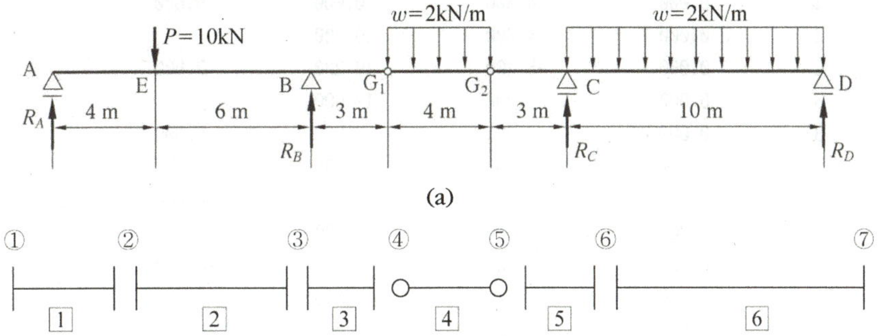

(b) 구조해석모형

[그림 20.6.8]

[입력 데이터]

데이터		데이터 구성요소
제 목		beam-2.dat KN-m 본문 예제) 4-3-6
구조물 데이터	a. 구조물 변수	7 1 6 4 1 1000000.0 0.0
	b. 절점좌표	1 0.0 0.0 0 2 4.0 0.0 0 3 10.0 0.0 0 4 13.0 0.0 0 5 17.0 0.0 0 6 20.0 0.0 0 7 30.0 0.0 0
	c. 단면정보	1 1.0 1.00
	d. 부재정보	1 1 2 1 0 2 2 3 1 0 3 3 4 1 0 4 4 5 1 3 5 5 6 1 0 6 6 7 1 0
	e. 절점 구속조건	1 0 1 0 3 1 1 0 6 0 1 0 7 0 1 0
하중 데이터	a. 하중변수	1 2 2
	b. 절점하중	2 0.0 -10.0 0.0
	c. 부재하중	4 1 0 -2.0 0 0 0 0 0 6 1 0 -2.0 0 0 0 0 0

[출력결과]

MEMBER FORCES

MEMBER	JOINT	AXIAL FORCE	SHEAR FORCE	END MOMENT	CENTER MOMENT
1	1	0.000	4.800	0.000	9.600
	2	0.000	-4.800	19.200	
2	2	0.000	-5.200	-19.200	3.600
	3	0.000	5.200	-12.000	
3	3	0.000	4.000	12.000	-6.000
	4	0.000	-4.000	0.000	
4	4	0.000	4.000	0.000	4.000
	5	0.000	4.000	0.000	
5	5	0.000	-4.000	0.000	-6.000
	6	0.000	4.000	-12.000	
6	6	0.000	11.200	12.000	19.000
	7	0.000	8.800	0.000	

SUPPORT REACTIONS

JOINT	X-DR	Y-DR	MOMENT
1	0.000	4.800	0.000
3	0.000	9.200	0.000
6	0.000	15.200	0.000
7	0.000	8.800	0.000

예제 20-6-9

[그림 20.6.9]의 내민보에서 단면력과 처짐을 구하여라. $E = 2.1 \times 10^5 MPa$, $I = 7{,}812.5\, cm^2$

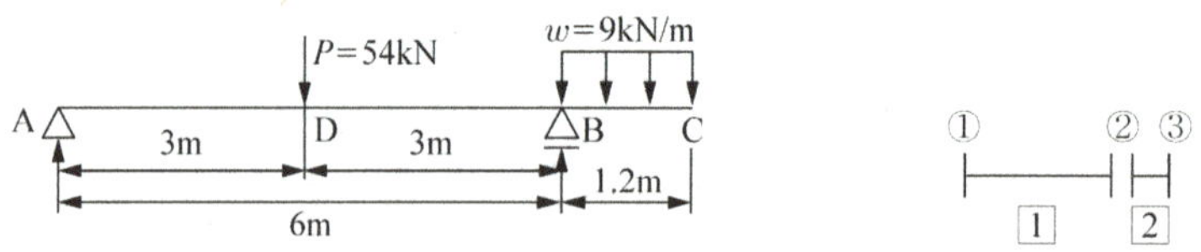

(a) (b) 구조해석모형

[그림 20.6.9]

[입력 데이터]

데이터		데이터 구성요소
제 목		beam-3.dat KN-m 본문 prob) 11-5
구조물 데이터	a. 구조물 변수	3 1 2 2 1 210000000.0 0.0
	b. 절점좌표	1 0.0 0.0 0 2 6.0 0.0 0 3 7.2 0.0 0
	c. 단면정보	1 1.0 0.000078125

데이터		데이터 구성요소
제 목		beam-3.dat KN-m 본문 prob) 11-5
	d. 부재정보	1 1 2 1 0 2 2 3 1 0
	e. 절점 구속조건	1 1 1 0 2 0 1 0
하중 데이터	a. 하중변수	0 2 2
	b. 부재하중	1 2 3.0 0.0 -54 0 0 0 0 2 1 0 -9.0 0 0 0 0 0

[출력결과]

```
JOINT DISPLACEMENTS
           JOINT      X-DR          Y-DR          ROT.
             1      0.000000E+00  0.000000E+00  -0.701074E-01
             2      0.000000E+00  0.000000E+00   0.661577E-01
             3      0.000000E+00  0.779674E-01   0.645778E-01
MEMBER FORCES
MEMBER   JOINT       AXIAL         SHEAR          END          CENTER
                     FORCE         FORCE          MOMENT       MOMENT
    1      1         0.000         25.920         0.000        77.760
           2         0.000         28.080        -6.480
    2      2         0.000         10.800         6.480        -1.620
           3         0.000          0.000         0.000
SUPPORT REACTIONS
           JOINT      X-DR          Y-DR         MOMENT
             1      0.000         25.920          0.000
             2      0.000         38.880          0.000
```

[2] 연속보

예제20-6-10

[그림 20.6.10]에 있는 연속보의 단면력을 구하여라. 단, EI는 일정하다.

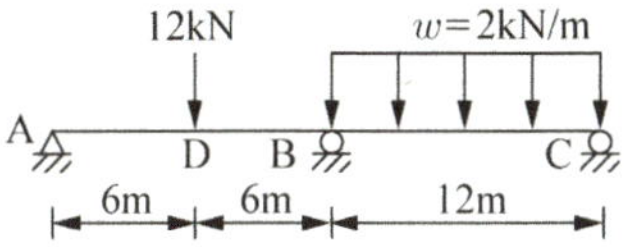

(a)

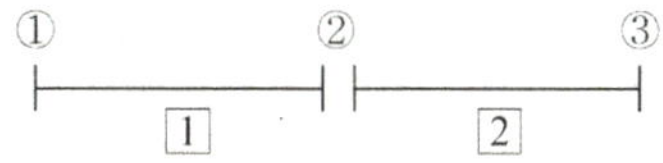

(b) 구조해석모형

[그림 20.6.10]

[입력 데이터]

데이터		데이터 구성요소
제 목		beam-4.dat KN-m 본문 예제) 13-3-2
구조물 데이터	a. 구조물 변수	3 1 2 3 1 1000000.0 0.0
	b. 절점좌표	1 0.0 0.0 0 2 12.0 0.0 0 3 24.0 0.0 0
	c. 단면정보	1 100000.0 100000.0
	d. 부재정보	1 1 2 1 0 2 2 3 1 0
	e. 절점 구속조건	1 1 1 0 2 0 1 0 3 0 1 0
하중 데이터	a. 하중변수	0 2 2
	b. 부재하중	1 2 6.0 0 -12.0 0 0 0 0 2 1 0 -2.0 0 0 0 0 0

[출력결과]

```
MEMBER FORCES
MEMBER   JOINT        AXIAL        SHEAR          END        CENTER
                      FORCE        FORCE       MOMENT        MOMENT
   1       1          0.000        3.375        0.000        20.250
           2          0.000        8.625      -31.500
   2       2          0.000       14.625       31.500        20.250
           3          0.000        9.375        0.000
SUPPORT REACTIONS
         JOINT        X-DR        Y-DR       MOMENT
           1          0.000       3.375        0.000
           2          0.000      23.250        0.000
           3          0.000       9.375        0.000
```

예제 20-6-11

[그림 20.6.11(a)]와 같은 부정정보의 단면력을 구하여라. 단, E는 일정하고 지점침하는 없다.

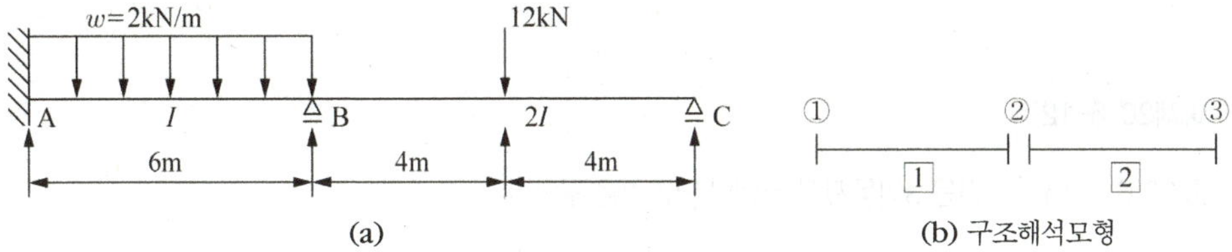

[그림 20.6.11]

[입력 데이터]

데이터		데이터 구성요소
제 목		beam-5.dat KN-m 본문 예제) 15-3-3
구조물 데이터	a. 구조물 변수	3 2 2 3 1 1000000.0 0.0
	b. 절점좌표	1 0.0 0.0 0 2 6.0 0.0 0 3 14.0 0.0 0
	c. 단면정보	1 100000.0 1.0 2 100000.0 2.0
	d. 부재정보	1 1 2 1 0 2 2 3 2 0
	e. 절점 구속조건	1 1 1 1 2 0 1 0 3 0 1 0
하중 데이터	a. 하중변수	0 2 2
	b. 부재하중	1 1 0.0 -2.0 0 0 0 0 0 2 2 4.0 0 -12.0 0 0 0 0

[출력결과]

```
MEMBER FORCES
MEMBER   JOINT        AXIAL      SHEAR        END     CENTER
                      FORCE      FORCE     MOMENT     MOMENT
    1        1        0.000      4.588      3.176      1.588
             2        0.000      7.412    -11.647
    2        2        0.000      7.456     11.647     18.176
             3        0.000      4.544      0.000
SUPPORT REACTIONS
         JOINT         X-DR       Y-DR     MOMENT
             1        0.000      4.588      3.176
             2        0.000     14.868      0.000
             3        0.000      4.544      0.000
```

20.6.3 라멘

[1] 라멘

예제20-6-12

[그림 20.6.12(a)]와 같은 3이동지점 라멘의 단면력을 구하라.

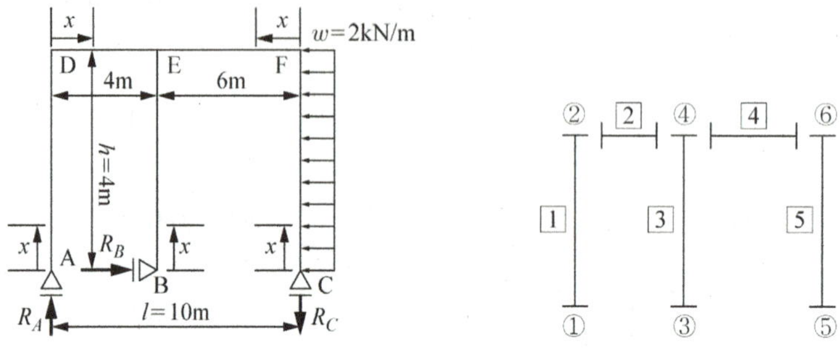

(a) 구조물도 (b) 구조해석모형

[그림 20.6.12]

[입력 데이터]

데이터		데이터 구성요소
제 목		rahmen-1.dat KN-m 본문 예제) 4-4-3
구조물 데이터	a. 구조물 변수	6 1 5 3 1 1000000.0 0.0
	b. 절점좌표	1 0.0 0.0 0 2 0.0 4.0 0 3 4.0 0.0 0 4 4.0 4.0 0 5 10.0 0.0 0 6 10.0 4.0 0
	c. 단면정보	1 1.00 1.0000
	d. 부재정보	1 1 2 1 0 2 2 4 1 0 3 3 4 1 0 4 4 6 1 0 5 5 6 1 0
	e. 절점 구속조건	1 1 0 0 3 0 1 0 5 0 1 0
하중 데이터	a. 하중변수	0 1 1
	b. 부재하중	5 1 0.0 2.0 0 0 0 0 0

[출력결과]

MEMBER FORCES

MEMBER	JOINT	AXIAL FORCE	SHEAR FORCE	END MOMENT	CENTER MOMENT
1	1	1.600	0.000	0.000	0.000
	2	-1.600	0.000	0.000	
2	2	0.000	1.600	0.000	3.200
	4	0.000	-1.600	6.400	
3	3	0.000	-8.000	0.000	-16.000
	4	0.000	8.000	-32.000	
4	4	8.000	1.600	25.600	-20.800
	6	-8.000	-1.600	-16.000	
5	5	-1.600	0.000	0.000	4.000
	6	1.600	-8.000	16.000	

SUPPORT REACTIONS

JOINT	X-DR	Y-DR	MOMENT
1	0.000	1.600	0.000
3	8.000	0.000	0.000
5	0.000	-1.600	0.000

예제 20-6-13

[그림 20.6.13(a)]와 같은 단순보계 라멘에서 단면력을 구하라.

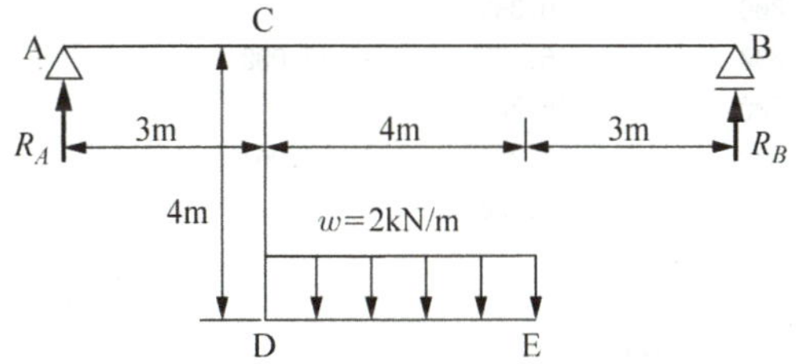

(a)

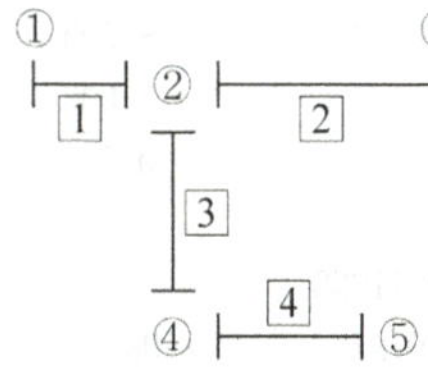

(b) 구조해석 모형

[그림 20.6.13]

[입력 데이터]

<table>
<tr><th colspan="2">데이터</th><th>데이터 구성요소</th></tr>
<tr><th colspan="2">제 목</th><th>rahmen-2.dat KN-m 본문 prob) 4-18</th></tr>
<tr><td rowspan="5">구조물 데이터</td><td>a. 구조물 변수</td><td>5 1 4 2 1 1000000.0 0.0</td></tr>
<tr><td>b. 절점좌표</td><td>1 0.0 0.0 0
2 3.0 0.0 0
3 10.0 0.0 0
4 3.0 -4.0 0
5 7.0 -4.0 0</td></tr>
<tr><td>c. 단면정보</td><td>1 1.0 1.0</td></tr>
<tr><td>d. 부재정보</td><td>1 1 2 1 0
2 2 3 1 0
3 2 4 1 0
4 4 5 1 0</td></tr>
<tr><td>e. 절점 구속조건</td><td>1 1 1 0
3 0 1 0</td></tr>
<tr><td rowspan="2">하중 데이터</td><td>a. 하중변수</td><td>0 1 1</td></tr>
<tr><td>b. 부재하중</td><td>4 1 0 -2.0 0 0 0 0</td></tr>
</table>

[출력결과]

```
MEMBER FORCES
MEMBER   JOINT      AXIAL       SHEAR        END       CENTER
                    FORCE       FORCE       MOMENT     MOMENT
   1       1        0.000       4.000        0.000      6.000
           2        0.000      -4.000       12.000
   2       2        0.000      -4.000      -28.000     14.000
           3        0.000       4.000        0.000
   3       2       -8.000       0.000       16.000    -16.000
           4        8.000       0.000      -16.000
   4       4        0.000       8.000       16.000     -4.000
           5        0.000       0.000        0.000

SUPPORT REACTIONS
         JOINT      X-DR        Y-DR       MOMENT
           1        0.000       4.000       0.000
           3        0.000       4.000       0.000
```

예제 20-6-14

[그림 20.6.14(a)]와 같은 3이동지점 라멘의 단면력을 구하라.

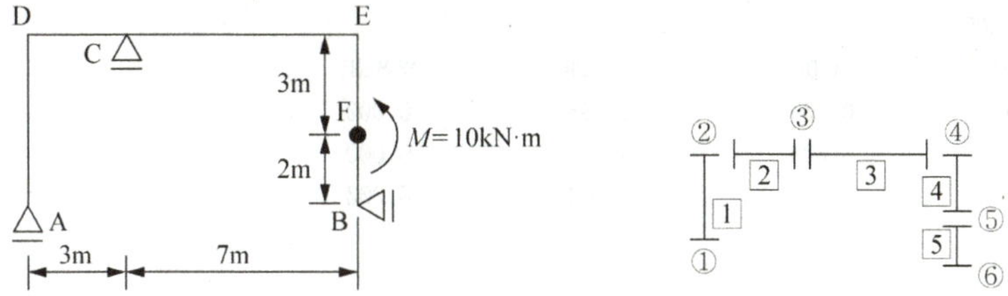

(a) (b) 구조해석 모형

[그림 20.6.14]

[입력 데이터]

데이터		데이터 구성요소
제 목		rahmen-3.dat KN-m Lee PP.156
구조물 데이터	a. 구조물 변수	6 1 5 3 1 1000000.0 0.0
	b. 절점좌표	1 0.0 0.0 0 2 0.0 5.0 0 3 3.0 5.0 0 4 10.0 5.0 0 5 10.0 2.0 0 6 10.0 0.0 0
	c. 단면정보	1 1.0 1.0
	d. 부재정보	1 1 2 1 0 2 2 3 1 0 3 3 4 1 0 4 4 5 1 0 5 5 6 1 0
	e. 절점 구속조건	1 0 1 0 3 0 1 0 6 1 0 0
하중 데이터	a. 하중변수	1 0 0
	b. 절점하중	5 0 0 10.0

[출력결과]

```
MEMBER FORCES
MEMBER   JOINT        AXIAL        SHEAR          END       CENTER
                      FORCE        FORCE       MOMENT       MOMENT
   1       1          3.333        0.000        0.000        0.000
           2         -3.333        0.000        0.000
   2       2          0.000        3.333        0.000        5.000
           3          0.000       -3.333       10.000
   3       3          0.000        0.000      -10.000       10.000
```

```
          4       0.000       0.000       10.000
    4     4       0.000       0.000      -10.000       10.000
          5       0.000       0.000       10.000
    5     5       0.000       0.000        0.000        0.000
          6       0.000       0.000        0.000
SUPPORT REACTIONS
       JOINT       X-DR        Y-DR       MOMENT
          1       0.000       3.333        0.000
          3       0.000      -3.333        0.000
          6       0.000       0.000        0.000
```

예제 20-6-15

[그림 20.6.15(a)]에 나타낸 라멘의 단면력을 구하여라. 단 E는 일정하다.

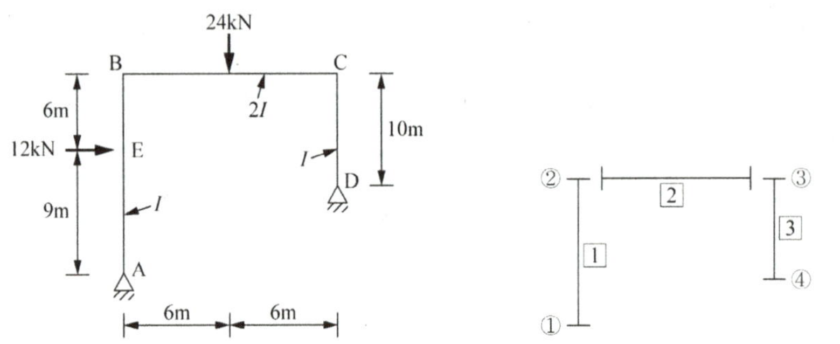

(a) (b) 구조해석 모형

[그림 20.6.15]

[입력 데이터]

데이터		데이터 구성요소
제 목		rahmen-4.dat KN-m 본문 예제) 13-6-3
구조물 데이터	a. 구조물 변수	4 2 3 2 1 1000000.0 0.
	b. 절점좌표	1 0.0 0.0 0 2 0.0 15.0 0 3 12.0 15.0 0 4 12.0 5.0 0
	c. 단면정보	1 100000.0 1.0 2 100000.0 2.0
	d. 부재정보	1 1 2 1 0 2 2 3 2 0 3 3 4 1 0
	e. 절점 구속조건	1 1 1 0 4 1 1 0
하중 데이터	a. 하중변수	0 2 2
	b. 부재하중	1 2 9.0 0.0 -12.0 0.0 0 0 0 2 2 6.0 0.0 -24.0 0.0 0. 0 0

[출력결과]

MEMBER FORCES

MEMBER	JOINT	AXIAL FORCE	SHEAR FORCE	END MOMENT	CENTER MOMENT
1	1	6.064	4.646	0.000	34.842
	2	-6.064	7.354	-2.317	
2	2	7.354	6.064	2.317	34.069
	3	-7.354	17.936	-73.545	
3	3	17.936	7.354	73.545	-36.772
	4	-17.936	-7.354	0.000	

SUPPORT REACTIONS

JOIN	X-DR	Y-DR	MOMENT
1	-4.646	6.064	0.000
4	-7.354	17.936	0.000

예제 20-6-16

[그림 20.6.16]과 같은 라멘의 단면력을 구하여라. 단, 지점침하는 없다.

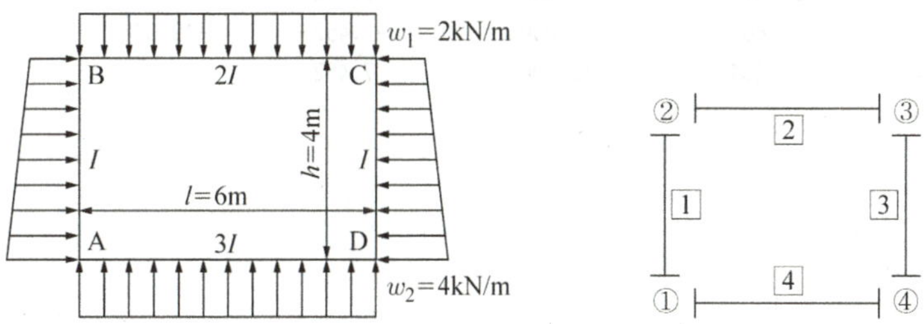

(a) (b) 구조해석 모형

[그림 20.6.16]

[입력 데이터]

데이터		데이터 구성요소
제 목		rahmen-5.dat KN-m 본문 예제) 15-4-3
구조물 데이터	a. 구조물 변수	4 3 4 2 1 1000000.0 0.
	b. 절점좌표	1 0.0 0.0 0 2 0.0 4.0 0 3 6.0 4.0 0 4 6.0 0.0 0
	c. 단면정보	1 100000.0 1.0 2 100000.0 2.0 3 100000.0 3.0
	d. 부재정보	1 1 2 1 0 2 2 3 2 0 3 3 4 1 0

데이터		데이터 구성요소
제 목		rahmen-5.dat KN-m 본문 예제) 15-4-3
		4 1 4 3 0
	e. 절점 구속조건	1 1 1 0 4 0 1 0
하중 데이터	a. 하중변수	0 4 4
	b. 부재하중	1 3 -1.5 -1.5 -4.0 -2.0 0 0 0 2 1 0.0 -2.0 0.0 0 0 0 0 3 3 1.5 1.5 -2.0 -4.0 0 0 0 4 1 0.0 4.0 0.0 0 0 0 0

[출력결과]

```
MEMBER FORCES
MEMBER   JOINT        AXIAL       SHEAR        END      CENTER
                      FORCE       FORCE     MOMENT      MOMENT
   1       1         12.000       7.484      7.452       0.182
           2         -6.000       4.516     -4.184
   2       2          4.516       6.000      4.184       4.816
           3         -4.516       6.000     -4.184
   3       3          6.000       4.516      4.184       0.182
           4        -12.000       7.484     -7.452
   4       1          7.484     -12.000     -7.452     -10.548
           4         -7.484     -12.000      7.452
```

예제 20-6-17

[그림 20.6.17(a)]와 같은 부정정 라멘의 단면력을 구하여라. 단, E 는 동일하다

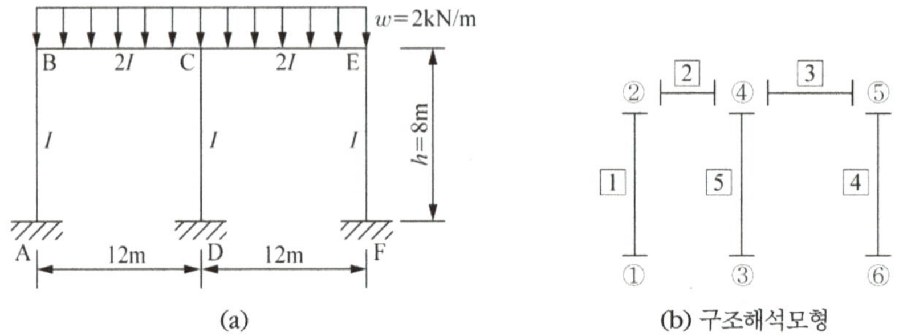

[그림 20.6.17]

[입력 데이터]

데이터		데이터 구성요소
제 목		rahmen-6.dat KN-m 본문 예제) 15-4-4
구조물 데이터	a. 구조물 변수	6 2 5 3 1 1000000.0 0.
	b. 절점좌표	1 0.0 0.0 0 2 0.0 8.0 0 3 12.0 0.0 0 4 12.0 8.0 0 5 24.0 0.0 0 6 24.0 8.0 0
	c. 단면정보	1 100000.0 1.0 2 100000.0 2.0
	d. 부재정보	1 1 2 1 0 2 2 4 2 0 3 4 6 2 0 4 5 6 1 0 5 3 4 1 0
	e. 절점 구속조건	1 1 1 1 3 1 1 1 5 1 1 1
하중 데이터	a. 하중변수	0 2 2
	b. 부재하중	2 1 0.0 -2.0 0.0 0 0 0 0 3 1 0.0 -2.0 0.0 0 0 0 0

[출력결과]

```
MEMBER FORCES
MEMBER   JOINT        AXIAL        SHEAR          END      CENTER
                      FORCE        FORCE       MOMENT      MOMENT
     1       1       10.286       -1.929       -5.143      -2.571
             2      -10.286        1.929      -10.286
     2       2        1.929       10.286       10.286      15.429
             4       -1.929       13.714      -30.857
     3       4        1.929       13.714       30.857      15.429
             6       -1.929       10.286      -10.286
     4       5       10.286        1.929        5.143       2.571
             6      -10.286       -1.929       10.286
     5       3       27.429        0.000        0.000       0.000
             4      -27.429        0.000        0.000
SUPPORT REACTIONS
            JOINT         X-DR         Y-DR       MOMENT
             1        1.929       10.286       -5.143
             3        0.000       27.429        0.000
             5       -1.929       10.286        5.143
```

20.6.4 합성구조물

[1] Tied–back 캔틸레버

예제 20-6-18

[그림 20.6.18]에 나타낸 합성구조물에서 축응력의 영향을 고려하여 부재력을 구하여라.
단, $A_1 = 640\,\mathrm{mm}^2$, $A_2 = 64{,}000\,\mathrm{mm}^2$, $I_2 = 128 \times 10^6\,\mathrm{mm}^4$, $E = 2.0 \times 10^5\,MPa$이다.

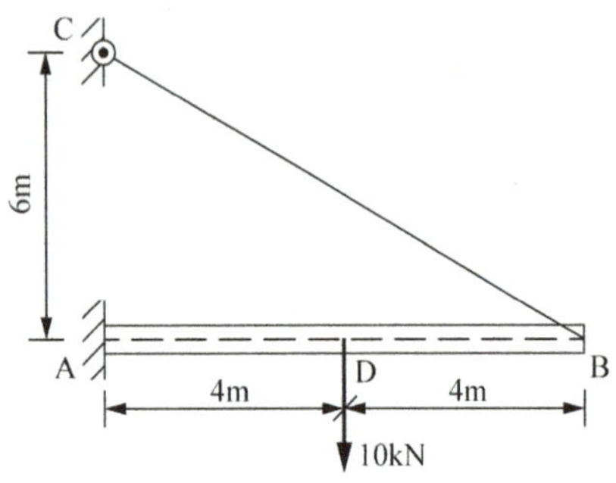

(a) 합성구조물

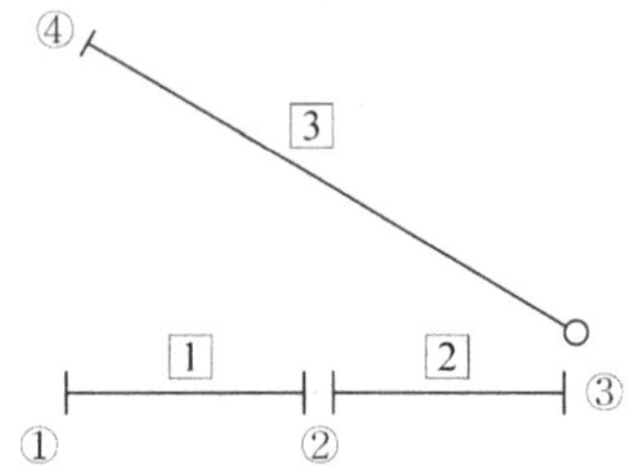

케이블은 휨을 받을 수 없으므로 단면 2차 모멘트의 값은 무한히 작게 하여 거의 0으로 가정하였다.

(b) 구조해석 모형

[그림 20.6.18]

[입력 데이터]

데이터		데이터 구성요소
제 목		cframe-1.dat KN-cm 본문 예제) 13-8-1
구조물 데이터	a. 구조물 변수	4 2 3 2 1 20000.0 0.0
	b. 절점좌표	1 0.0 0.0 0 2 400.0 0.0 0 3 800.0 0.0 0 4 0.0 600.0 0
	c. 단면정보	1 6.4 0.0000000001 2 640.0 12800.0
	d. 부재정보	1 1 2 2 0 2 2 3 2 0 3 3 4 1 1
	e. 절점 구속조건	1 1 1 1 4 1 1 0
하중 데이터	a. 하중변수	1 0 0
	b. 절점하중	2 0.0 -10.0 0

[출력결과]

```
JOINT DISPLACEMENTS
          JOINT        X-DR          Y-DR          ROT.
              1    0.000000E+00  0.000000E+00  0.000000E+00
              2   -0.126083E-03 -0.202918E+00 -0.288131E-03
              3   -0.252166E-03 -0.660045E-01  0.657492E-03
              4    0.000000E+00  0.000000E+00 -0.529549E-04
MEMBER FORCES
MEMBER   JOINT       AXIAL        SHEAR        END         CENTER
                     FORCE        FORCE        MOMENT      MOMENT
      1       1       4.035        6.974     1579.205      -184.404
              2      -4.035       -6.974     1210.397
      2       2       4.035       -3.026    -1210.397       605.199
              3      -4.035        3.026        0.000
      3       3      -5.043        0.000        0.000         0.000
              4       5.043        0.000        0.000
SUPPORT REACTIONS
          JOINT       X-DR        Y-DR        MOMENT
              1       4.035       6.974     1579.205
              4      -4.035       3.026        0.000
```

[2] King-post 구조물

예제 20-6-19

[그림 20.6.19(a)]에 나타낸 부정정합성구조물을 해석하여라. 단, $E = 2.0 \times 10^5$ MPa

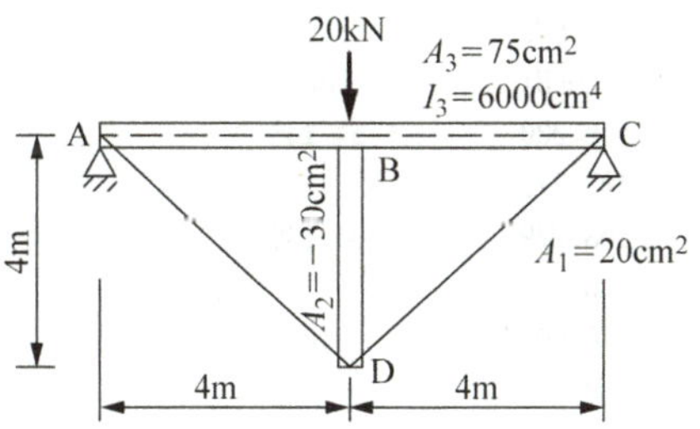

(a) 합성구조물

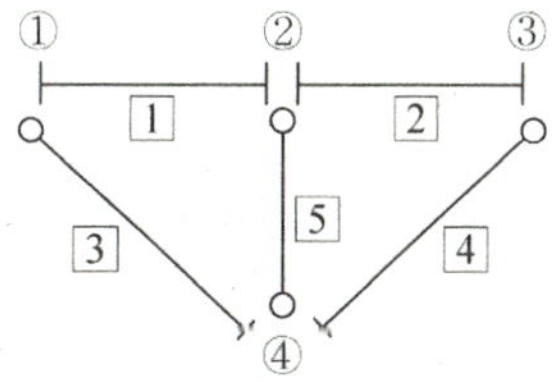

케이블과 중앙의 기둥은 휨을 받을 수 없으므로 단면 2차 모멘트의 값은 무한히 작게 하여 거의 0으로 가정하였다.

(b) 구조해석 모형

[그림 20.6.19]

[입력 데이터]

데이터		데이터 구성요소
제 목		cframe-2.dat KN-cm 본문 예제) 13-8-2
구조물 데이터	a. 구조물 변수	4 3 5 2 1 20000.0 0.0
	b. 절점좌표	1 0.0 0.0 0 2 400.0 0.0 0 3 800.0 0.0 0 4 400.0 -300.0 0
	c. 단면정보	1 75.0 6000.0 2 20.0 0.000000000001 3 30.0 0.000000000001
	d. 부재정보	1 1 2 1 0 2 2 3 1 0 3 1 4 2 1 4 3 4 2 1 5 2 4 3 3
	e. 절점 구속조건	1 1 1 0 3 0 1 0
하중 데이터	a. 하중변수	1 0 0
	b. 절점하중	2 0.0 -20.0 0

[출력결과]

```
JOINT DISPLACEMENTS
          JOINT       X-DR           Y-DR            ROT.
            1       0.000000       0.000000      -0.180465E-03
            2   -0.345931E-02  -0.481240E-01    -0.958228E-20
            3   -0.691862E-02      0.000000E     0.180465E-03
            4   -0.345931E-02  -0.383947E-01     0.504801E-21

MEMBER FORCES
MEMBER   JOINT        AXIAL          SHEAR            END        CENTER
                      FORCE          FORCE         MOMENT        MOMENT
    1       1        12.972          0.271          0.000        54.140
            2       -12.972         -0.271        108.279
    2       2        12.972         -0.271       -108.279        54.140
            3       -12.972          0.271          0.000
    3       1       -16.216          0.000          0.000         0.000
            4        16.216          0.000          0.000
    4       3       -16.216          0.000          0.000         0.000
            4        16.216          0.000          0.000
    5       2        19.459          0.000          0.000         0.000
            4       -19.459          0.000          0.000
SUPPORT REACTIONS
          JOINT       X-DR        Y-DR        MOMENT
            1        0.000      10.000         0.000
            3        0.000      10.000         0.000
```

예제 20-6-20

[그림 20.6.20]의 부정정 복합구조물의 단면력을 구하여라.

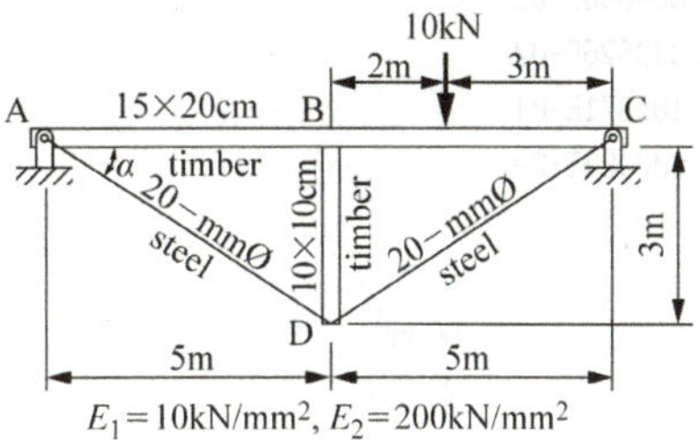

(a) 합성구조물

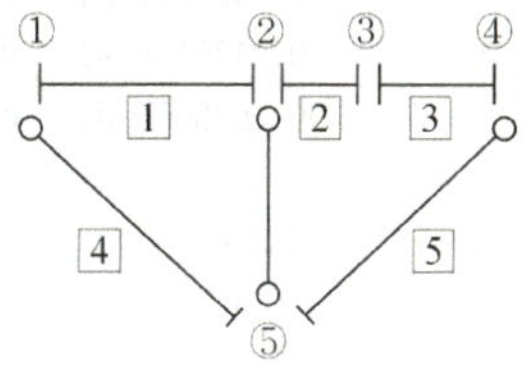

(b) 구조해석 모형

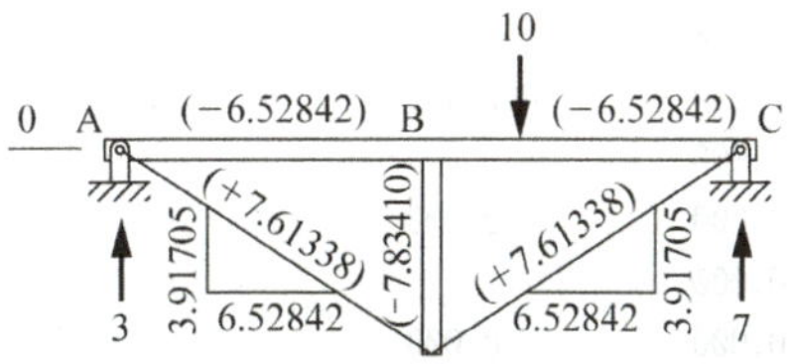

(c) 축력

$\theta_A = -3.46311\times10^{-3}rad$

$\theta_B = +8.00000\times10^{-3}rad$

$\theta_C = -10.53689\times10^{-3}rad$

Δ_H of B $= -0.10881\times^{-3}$m

Δ_V of B $= -1.78964\times^{-3}$m

Δ_H of C $= -0.21762\times^{-3}$m

Δ_H of D $= -0.10881\times^{-3}$m

Δ_V of D $= -1.55461\times^{-3}$m

(d) 처짐각과 처짐

▸ 주의사항

탄성계수가 서로 다르므로 목재 E_t를 기준으로 정하고, 케이블의 단면적과 단면2차모멘트에 E_s/E_t배하여 부재 정보에 입력한다. 케이블의 단면2차 모멘트의 값은 무한히 작게 하여 거의 0으로 가정하였다.

[그림 20.6.20]

[입력 데이터]

데이터		데이터 구성요소
제 목		cframe-3 KN-cm Wang ex) 16.4.2
구조물 데이터	a. 구조물 변수	5 3 6 2 1 1000.0 0.0
	b. 절점좌표	1 0.0 0.0 0 2 500.0 0.0 0 3 700.0 0.0 0 4 1000.0 0.0 0 5 500.0 -300.0 0
	c. 단면정보	1 300.0 10000.0 2 100.0 833.3 3 62.8 0.000000000001
	d. 부재정보	1 1 2 1 0 2 2 3 1 0 3 3 4 1 0 4 1 5 2 1 5 4 5 2 1 6 2 5 3 3
	e. 절점 구속조건	1 1 1 0 4 0 1 0
하중 데이터	a. 하중변수	1 0 0
	b. 절점하중	3 0.0 -10.0 0

[출력결과]

JOINT DISPLACEMENTS

JOINT	X-DR	Y-DR	ROT.
1	0.000000E+00	0.000000E+00	0.346290E-02
2	-0.108806E-01	-0.179032E+00	-0.800000E-02
3	-0.152329E-01	-0.177379E+01	-0.333626E-02
4	-0.217613E-01	0.000000E+00	0.105371E-01
5	-0.108806E-01	-0.155530E+00	0.000000E+00

MEMBER FORCES

MEMBER	JOINT	AXIAL FORCE	SHEAR FORCE	END MOMENT	CENTER MOMENT
1	1	6.528	-0.917	0.000	-229.258
	2	-6.528	0.917	-458.516	
2	2	6.528	6.917	458.516	233.187
	3	-6.528	-6.917	924.890	
3	3	6.528	-3.083	-924.890	462.445
	4	-6.528	3.083	0.000	
4	1	-7.613	0.000	0.000	0.000
	5	7.613	0.000	0.000	
5	4	-7.613	0.000	0.000	0.000
	5	7.613	0.000	0.000	
6	2	7.834	0.000	0.000	0.000
	5	-7.834	0.000	0.000	

SUPPORT REACTIONS

JOINT	X-DR	Y-DR	MOMENT
1	0.000	3.000	0.000
4	0.000	7.000	0.000

예제 20-6-21

[그림 20.6.21(a)]에 나타낸 부정정 복합구조물의 단면력을 구하여라.

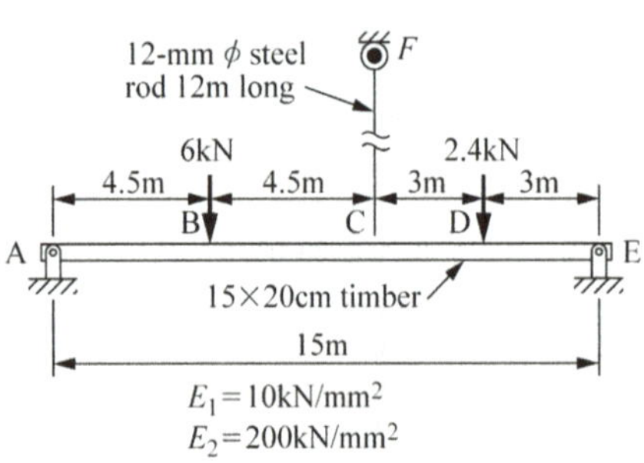

(a) 합성구조물

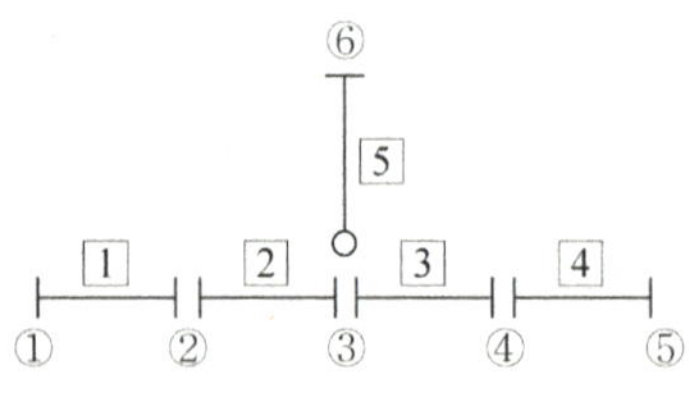

(b) 구조해석 모형

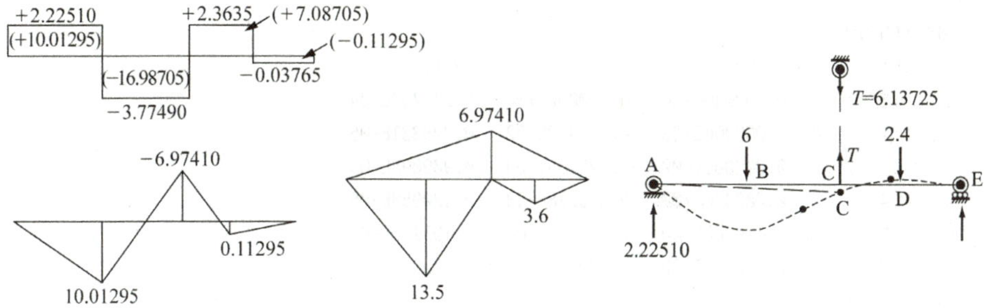

(c) 단면력도 (d) 변형도

$\theta_A = +20.2756 \times 10^{-3}\,\text{rad}$

$\theta_C = -9.0909 \times 10^{-3}\,\text{rad}$

$\theta_E = +1.0314 \times 10^{-3}\,\text{rad}$

$\Delta_C = CC' = 3.25591 \times 10^{-3}\,\text{m}$

▸ 주의사항

탄성계수가 서로 다르므로 목재 E_t를 기준으로 하고, 케이블의 단면적에 E_s/E_t 배하여 부재정보에 입력한다. 케이블의 단면2차모멘트의 값은 무한히 작게 하여 거의 0으로 가정하였다.

[그림 20.6.21]

[입력 데이터]

데이터		데이터 구성요소
제 목		cframe-4 KN-cm Wang ex) 16.2.1
구조물 데이터	a. 구조물 변수	6 2 5 3 1 1000.0 0.0
	b. 절점좌표	1 0.0 0.0 0 2 450.0 0.0 0 3 900.0 0.0 0 4 1200.0 0.0 0 5 1500.0 0.0 0 6 900.0 1200.0 0
	c. 단면정보	1 300.000 10000.0 2 22.608 0.000000001
	d. 부재정보	1 1 2 1 0 2 2 3 1 0 3 3 4 1 0 4 4 5 1 0 5 3 6 2 1
	e. 절점 구속조건	1 1 1 0 5 0 1 0 6 1 1 0
하중 데이터	a. 하중변수	2 0 0
	b. 절점하중	2 0.0 -6.0 0 4 0.0 -2.4 0

[출력결과]

JOINT DISPLACEMENTS

JOINT	X-DR	Y-DR	ROT.
1	0.000000E+00	0.000000E+00	-0.202759E-04
2	0.000000E+00	-0.574478E-02	0.225331E-05
3	0.000000E+00	-0.325755E-03	0.909098E-05
4	0.000000E+00	0.326278E-03	-0.120058E-05
5	0.000000E+00	0.000000E+00	-0.103110E-05
6	0.000000E+00	0.000000E+00	0.000000E+00

MEMBER FORCES

MEMBER	JOINT	AXIAL FORCE	SHEAR FORCE	END MOMENT	CENTER MOMENT
1	1	0.000	2.225	0.000	500.649
	2	0.000	-2.225	1001.299	
2	2	0.000	-3.775	-1001.299	151.948
	3	0.000	3.775	-697.402	
3	3	0.000	2.362	697.402	-343.052
	4	0.000	-2.362	11.299	
4	4	0.000	-0.038	-11.299	5.649
	5	0.000	0.038	0.000	
5	3	-6.137	0.000	0.000	0.000
	6	6.137	0.000	0.000	

SUPPORT REACTIONS

JOINT	X-DR	Y-DR	MOMENT
1	0.000	2.225	0.000
5	0.000	0.038	0.000
6	0.000	6.137	0.000

예제 20-6-22

[그림 20.6.22]의 부정정 복합구조물을 해석하여라.

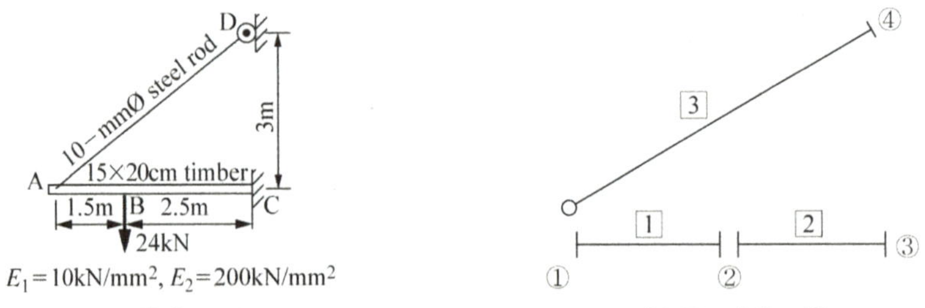

(a) 합성구조물　　(b) 구조해석 모형

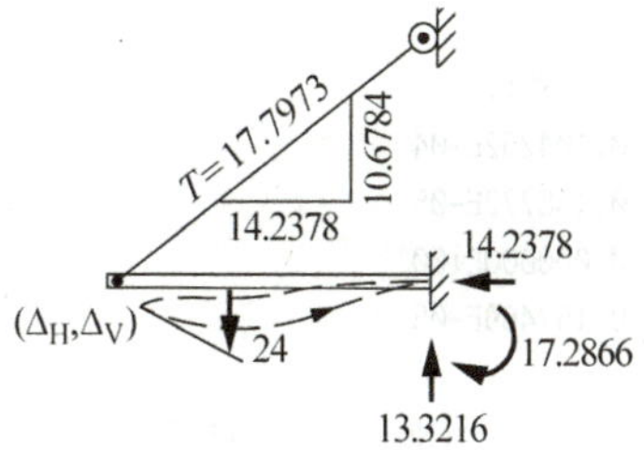

(c) 변형도와 단면력

$\Delta_H\ of\ A = +0.18984 \times 10^{-3}\, m$

$\Delta_V\ of\ A = -9.69487 \times 10^{-3}\, m$

$\theta_A = 10.42692 \times 10^{-3}\,\mathrm{rad}$

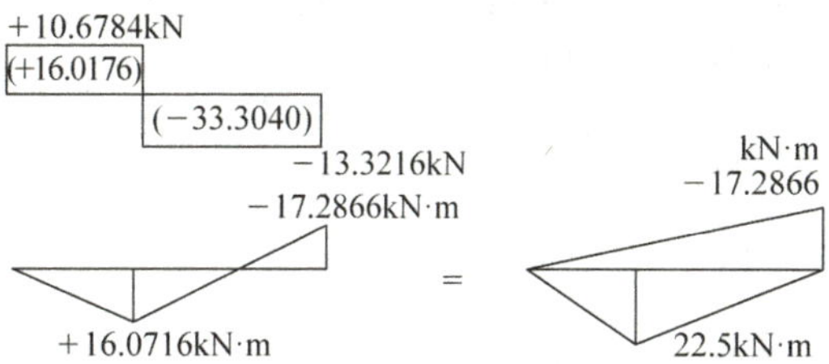

(d) 단면력도

▶ 주의사항

탄성계수가 서로 다르므로 목재E_t를 기준으로 하고, 케이블의 단면적에 E_s/E_t배하여 부재정보에 입력한다. 케이블의 단면2차 모멘트의 값은 무한히 작게 하여 거의 0으로 가정하였다.

[그림 20.6.22]

[입력 데이터]

데이터		데이터 구성요소
제 목		cframe-5 KN-cm Wang ex) 16.4.1
구조물 데이터	a. 구조물 변수	4 2 3 2 1 1000.0 0.0
	b. 절점좌표	1 0.0 0.0 0 2 150.0 0.0 0 3 400.0 0.0 0 4 400.0 300.0 0
	c. 단면정보	1 300.0 10000.0 2 15.7 0.000000001
	d. 부재정보	1 1 2 1 0 2 2 3 1 0 3 1 4 2 1
	e. 절점 구속조건	3 1 1 1 4 1 1 0
하중 데이터	a. 하중변수	1 0 0
	b. 절점하중	2 0.0 -24.0 0

[출력결과]

JOINT DISPLACEMENTS

JOINT	X-DR	Y-DR	ROT.
1	0.189834E-04	-0.969946E-03	-0.104252E-04
2	0.118646E-04	-0.193308E-02	0.158772E-05
3	0.000000E+00	0.000000E+00	0.000000E+00
4	0.000000E+00	0.000000E+00	0.157469E-05

MEMBER FORCES

MEMBER	JOINT	AXIAL FORCE	SHEAR FORCE	END MOMENT	CENTER MOMENT
1	1	14.238	10.678	0.000	800.861
	2	-14.238	-10.678	1601.723	
2	2	14.238	-13.322	-1601.723	-63.509
	3	-14.238	13.322	-1728.740	
3	1	-17.797	0.000	0.000	0.000
	4	17.797	0.000	0.000	

SUPPORT REACTIONS

JOINT	X-DR	Y-DR	MOMENT
3	-14.238	13.322	-1728.740
4	14.238	10.678	0.000

부록

단위환산

[표 1] SI계, CGS계 및 MKS계의 단위 대조표

단위계양	길이 (L)	질량(M)	시간 (T)	힘	응력	압력	에너지 (일)	공률
SI계	m	kgm	s	N	N/m^2 또는 Pa	Pa	J	W
CGS계	cm	gm	s	dyn	dyn/cm^2	dyn/cm^2	erg	erg/s
MKS계	m	$kgf \cdot s^2/m$	s	kgf	kgf/m^2	kgf/m^2	kgf · m	kgf · m/s

주) N: Newton Pa: Pascal J: Joul W: Watt

[표 2] 힘의 단위

N	dyn	kgf	lbf
1	1×10^5	1.01972×10^{-1}	2.2481×10^{-1}
1×10^5	1	1.01972×10^{-6}	2.2481×10^{-6}
9.80665	9.80665×10^5	1	2.20462
4.44822	4.44822×10^5	4.5359×10^{-1}	1

[표 3] 모멘트의 단위

N · m	kgf · m	lbf · ft
1	0.10197	0.73756
9.80665	1	7.23305
1.35581	0.13825	1

[표 4] 응력의 단위

kPa	N/mm^2 또는 MPa	kgf/mm^2	kgf/cm^2	$psi(lbf/in^2)$
1	1×10^{-3}	1.01972×10^{-4}	1.01972×10^{-2}	1.4504×10^{-1}
1×10^{3}	1	1.01972×10^{-1}	1.01972×10	1.4504×10^{2}
9.80665×10^{3}	9.80665	1	1×10^{2}	1.4223×10^{3}
9.80665×10	9.80665×10^{-2}	1×10^{-2}	1	1.4223×10
6.89476	6.89476×10^{-3}	7.031×10^{-4}	7.031×10^{-2}	1

주) kPa=1000 Pa MPa=106 Pa

[표 5] 압력의 단위

Pa	bar	kgf/cm^2	atm	$psi(lbf/in^2)$
1	1×10^{-5}	1.01972×10^{-5}	9.86923×10^{-6}	1.4504×10^{-4}
1×10^{5}	1	1.01972	9.86923×10^{-1}	1.4504×10
9.80665×10^{4}	9.80665×10^{-1}	1	9.67841×10^{-1}	1.4223×10
1.01325×10^{5}	1.01325	1.03323	1	1.470×10
6.89476×10^{3}	6.89476×10^{-2}	7.031×10^{-2}	6.804×10^{-2}	1

[표 6] 응력환산표(1)

kgf/cm^2	psi (lb per sq in)	N/mm2(MPa)	kgf/cm^2	psi (lb per sq in)	N/mm^2(MPa)
1	14.2	0.098	210	2,987	20.6
4	56.9	0.39	240	3,414	23.5
12	170.7	1.18	280	3,982	27.5
16	227.6	1.57	350	4,978	34.3
60	853.4	5.88	500	7,112	49.0
70	995.6	6.86	1,400	19,912	137.3
80	1,138	7.85	2,400	34,135	235.4
90	1,280	8.83	4,200	59,737	411.9
180	2,560	17.65			

[표 7] 응력환산표(2)

N/mm^2 (MPa)	kgf/cm^2	psi (lb per sq in)	N/mm^2 (MPa)	kgf/cm^2	psi (lb per sq in)
1	10.2	145	23	234.5	3,336
3	30.6	435	28	285.5	4,061
7	71.4	1,015	35	357	5,076
9	91.8	1,305	137	1,397	19,870
18	183.5	2,611	235	2,396	34,084
21	214.1	3,046	412	4,201	59,756

[표 8] 응력환산표 (3)

psi (lb per sq in)	N/mm^2 (또는 MPa)	kgf/cm^2	psi (lb per sq in)	N/mm^2 (또는 MPa)	kgf/cm^2
1	0.007	0.07	4,000	27.6	281
60	0.41	4.22	5,000	34.5	352
150	1.03	10.5	20,000	137.9	1,406
200	1.38	14.1	30,000	206.8	2,109
500	3.45	35.2	33,000	227.5	2,320
2,500	17.2	176	40,000	275.8	2,812
3,000	20.7	211	60,000	413.7	4,219
3,500	24.1	246			

[표 9] 그리스 문자

대문자	소문자	이름	대문자	소문자	이름
A	α	alpha	N	n	nu
B	β	beta	Ξ	ξ	xi
Γ	g	gamma	O	o	omicron
Δ	δ	delta	Π	π	pi
E	ε	epsilom	P	ρ	rho
Z	ζ	zeta	Σ	σ	sigma
H	η	eta	T	τ	tau
Θ	θ	theta	Υ	υ	upsilom
I	ι	iota	Φ	φ	phi
K	κ	kappa	X	χ	chi
Λ	λ	lambda	Ψ	ψ	psi
M	μ	mu	Ω	ω	omega

참고문헌

1. 서영갑 외 2인, 『구조역학』, 야정문화사, 1972.
2. 김원배, 『응용역학연습』, 학연사, 1981.
3. 박영석, 『구조역학』, 구미서관, 1997.
4. 조효남, 『구조역학』, 구미서관, 1998.
5. 신현묵, 『구조역학』, 학연사, 2001.
6. 양창현, 『구조역학』, 청문각, 2007.
7. 이명우 외 5인, IT 융 · 복합 교육과정 개발(스마트 토목설계 트랙), 2010 교육역량강화사업 연구보고서, 명지전문대학, 토목과, 2011.12
8. 이명우, 『응용역학』, 도서출판 대가, 2012.
9. 이명우, 『구조역학』, 도서출판 대가, 2013.
10. 도로교표준시방서 (1996), 대한토목학회.
11. 幕田貞夫, 『ラーメソの解法と設計例』, 東京 理工圖書株式會社, 1961.
12. J. S. Kinney, 『Indeterminate Structural Analysis』, Addison-wesley Publiishing Co. Inc. 1957.
13. E. Lightfoot, 『Moment Distribution』, John Wiley and sons, Inc. New York, 1961.
14. J. M. Gere, 『Moment Distribution』, D. Van Nostrand Co. Inc. 1963.
15. H. I. Laursem, 『Structural Analysis』, McGraw-Hill Co. Inc. 1969.
16. F.W. Beaufait, W.H. Rowan, P.G. Hoadley, and R.M. Hackett, 『Computer Methods of Structural Analysis』, Prentice-Hall, Englewood Cliffs. New Jersey, 1970.
17. C. K. Wang, 『Matrix Methods of Structural Analysis, 2nd ed.』, International, Scranton. Pennsylvania, 1970.
18. S. Timoshenko & J. N. Goodier (1970). Theory of Elasticity, 3rd ed., McGraw-Hill, New York.

19. S. Timoshenko & J. M. Gere, 『Mechanics of Materials』, D. Van Nostrand Co. Inc. 1972.

20. Ugural, A. C. (1981). Stresses in Plates and Shells, McGraw-Hill, New York.

21. A. Chajes, 『Structural Analysis』, Prentice-Hall, 1983.

22. C. K. Wang. 『Intermediate Structural Analysis』, McGraw-Hill Book Company, 1983

23. Myongwoo Lee, 『A Study of Computer-Oriented Direct Stiffness Method』, Myongji Univ., Dept. of Civil Eng., 1983.

24. S.H. Holzer, 『Computer Analysis of Structures』, Elsevier, New York, 1985.

25. J. B. Kennedy & M. K. S. Madugula, 『Elastic Analysis of Structures - Classical and Matrix Methods』, Harper & Row, Publishers. 1990.

26. William Weaver & James M. Gere, 『Matrix Analysis of Framed Structures』, Third Edition, Van Nostrand Reinhold, 1965, 1980, 1990.

27. AASHTO (1994, 1998, 2004, 2007, 2010). LRFD Bridge Design Specification, 1st~5th ed., AASHTO, Washington, DC.

28. 도로교설계기준 (2010), 대한토목학회.

29. 도로교설계기준(한계상태설계법) (2015), (사)한국도로교통협회, 2014.12

찾아보기

저자 : **이 명 우**

- 명지대학교에서 학위를 받고, 동명기술공단, 홍익기술단, 성보종합건설 등에서 설계 및 시공을 경험한 후, 명지전문대학에서 강의하고 있음.

출제 및 채점위원

- 서울시, 경기도, 한국산업인력관리공단 등

기술자문 및 설계심사위원

- 서울시, 경기도, 철도청, 철도시설공단, 철도공사, 조달청 등

주요 역서

『공업역학 (보문당, 2002)』

주요 저서

『Computer를 이용한 구조물의 해석 및 설계 (MJC & 한서기술단, 1997)』
『교량의 해석 및 설계 (문운당, 1999)』
『응용역학 (대가, 2012)』
『구조역학 (대가, 2012)』
『응용역학 (대영사, 2012)』
『2015 한계상태법을 기본으로 한 강교설계 (동화기술, 2017)』
『2015 한계상태법을 기본으로 한 콘크리트교설계 (동화기술, 2017)』
『매트릭스컴퓨터구조공학 (동화기술, 2017)』
『동적응답해석에 의한 내진설계내풍설계 (씨아이알, 2017)』
『해법 응용역학 (지우북스, 2018)』

해법 구조역학 정가 39,000원

발 행 2018년 3월 2일 초판 1쇄
저 자 이명우
발행인 정우용
발행처 도서출판 동화기술
경기도 파주시 광인사길 201(문발동, 파주출판도시)
Tel (031)955-4211~6 donghwapub@nate.com
Fax (031)955-4217 www.donghwapub.co.kr
(등록) 1977년 12월 19일/9-16호

Printed in Korea
ISBN 978-89-425-9173-2